Grundlegende Begriffe de
Entstehung und Entwicklu. g

Horst Hischer

Grundlegende Begriffe der Mathematik: Entstehung und Entwicklung

Struktur – Funktion – Zahl

2., überarbeitete und erweiterte Auflage

Springer Spektrum

Horst Hischer
Braunschweig, Deutschland

ISBN 978-3-662-62232-2   ISBN 978-3-662-62233-9   (eBook)
https://doi.org/10.1007/978-3-662-62233-9

Die Deutsche Nationalbibliothek verzeichnet diese Publikation in der Deutschen Nationalbibliografie;
detaillierte bibliografische Daten sind im Internet über http://dnb.d-nb.de abrufbar.

Planung/Lektorat: Iris Ruhmann
Springer Spektrum ist ein Imprint der eingetragenen Gesellschaft Springer-Verlag GmbH, DE und ist ein Teil
von Springer Nature.
Die Anschrift der Gesellschaft ist: Heidelberger Platz 3, 14197 Berlin, Germany

Vorwort zur zweiten Auflage

Die erste Auflage dieses Buches von 2012 hatte eine erfreuliche Aufnahme in der Leserschaft gefunden, sodass der Verlag nun eine neue Auflage plante, verbunden mit dem Vorschlag, Ergebnisse aus meinen aktuellen Studien zum Gleichungsbegriff in diese Neufassung zu integrieren. Damit ergab sich zugleich die Möglichkeit einer grundsätzlichen und ergänzenden Überarbeitung der bisherigen Fassung.

Vorliegendes Buch widmet sich ausgewählten grundlegenden Aspekten der Mathematik mit Blick auf deren Bildungsbedeutsamkeit. Hierzu zählen sowohl grundlegende Begriffe als auch grundlegende Themen und gewiss auch grundlegende Methoden. Wie bereits in der Fassung von 2012 erfolgt im Zusammenhang mit *fundamentalen Ideen* eine Fokussierung auf die mit *Struktur, Funktion* und *Zahl* bezeichneten *grundlegenden Begriffe der Mathematik*, nun ergänzt um den Themenkreis *„Gleichungen und Gleichheit"*. Generell wird zwischen dem (abstrakten) *Begriff* und seiner Bezeichnung, nämlich dem *Begriffsnamen*, unterschieden.

Doch „gibt" es eigentlich derartige mathematische Begriffe, haben sie einen „Seinsstatus"? Und wenn ja, welchen? ULRICH FELGNER schreibt hierzu in der Schlussbetrachtung seiner 'Philosophie der Mathematik in der Antike und in der Neuzeit' (2020):

> Es zeigte sich insbesondere, daß es ein Reich mathematischer Gegenstände nirgendwo zu geben scheint, weder in der sinnlich wahrnehmbaren Welt, noch in der übersinnlichen Welt. Es kann daher auch nicht sein, daß Mathematische Theorien durch die Objektbereiche, die sie angeblich untersuchen, bestimmt seien. […]

> Man redet dennoch in allen mathematischen Disziplinen über mathematische Objekte, so als ob es sie irgendwo oder irgendwie geben würde. Aber bemerkenswert ist doch, daß es dabei auf die Natur (oder die Substanz) der mathematischen Objekte überhaupt nicht ankommt […].

Er merkt an, dass DAVID HILBERT in einem *„Axiomatisches Denken"* titulierten Vortrag von 1917 eine Mathematische Theorie so gekennzeichnet habe, dass sie *„nichts anderes"* als ein *„Fachwerk von Begriffen"* sei, und er ergänzt:

> Es ist beim Aufbau einer mathematischen Theorie also nur zu sagen, daß es die Theorie mit einigen *„Systemen von Dingen"* zu tun hat und daß die Dinge, die in diesen Systemen enthalten sind, *„in gewissen gegenseitigen Beziehungen"* stehen. *„Die genaue und für mathematische Zwecke vollständige Beschreibung dieser Beziehungen erfolgt durch die Axiome"* dieser Theorie.

Bei den nachfolgend erörterten *grundlegenden Begriffen der Mathematik* geht es allerdings nicht darum, ob und wie oder wo derartige „Dinge" existieren, es geht also nicht primär um deren ontologischen Status, sondern es soll lediglich versucht werden, ein mit ihnen zu bildendes *Fachwerk der Begriffe* andeutungsweise erkennbar werden zu lassen.

Dieses Werk wendet sich an alle, die sich für Mathematik im Kontext von Unterricht interessieren, vor allem an diejenigen, die beruflich damit zu tun haben: im Lehramtsstudium, in Studienseminaren, in der Schule, in Lehre und Forschung zur Mathematik und ihrer Didaktik.

Jedoch ist dieses Buch kein Ersatz für übliche Vorlesungen und Bücher zur Mathematik im Rahmen des Lehramtsstudiums, auch ist es keine Sammlung von Vorschlägen zur Gestaltung von Mathematikunterricht. Vielmehr dient es der Reflexion und der Vertiefung der erwähnten grundlegenden Aspekte, wofür in den üblichen mathematischen Fachveranstaltungen wohl die notwendige Muße („scholé") fehlt. Aber Seminare und neuartige Vorlesungen wären wohl für solche Ziele ein geeigneter Ort – weniger am Anfang des Studiums, aber auch ggf. erst danach.

Die Konzeption dieses Buches basiert auf meiner in langer Lehr- und Unterrichtstätigkeit gewachsenen Auffassung, dass derartige grundlegende Aspekte für ein ertragreiches Unterrichten weder allein aus der Mathematik heraus, noch allein aus einer pädagogischen Perspektive heraus vermittelbar sind, sondern dass beide Seiten unter Berücksichtigung der *historischen Dimension der Entstehung von Mathematik* zusammengehören, was mit zu den *Aufgaben der Didaktik der Mathematik* gehört, deren Ziel in einem Zusammenführen von Mathematik und Pädagogik mit Blick auf den Mathematikunterricht bestehen muss – und zwar unter Berücksichtigung von einschlägigen Sichtweisen der Psychologie, der Soziologie und der Philosophie.

Solche neuartigen Lehrveranstaltungen können sich kaum an einem fachsystematischen Aufbau der Mathematik orientieren, vielmehr sollten sie *kulturhistorische und ontogenetische Aspekte der Entstehung und Entwicklung mathematischer Begriffe* mit im Blick haben: Denn in systematisch aufgebauten Fachvorlesungen sind zwar mathematische Teilgebiete optimiert und elegant darstellbar, aber das dient weniger einem Verständnis der Entstehung von Mathematik in dem o. g. Sinn.

So schreibt HANS FREUDENTHAL in seinem Buch „*Mathematik als pädagogische Aufgabe*":

> Ein jüngerer Kollege erzählte mir, daß er, sich nach erfolgreichem Mathematik-Studium der Forschungsarbeit zuwendend, lange Zeit meinte, mathematische Arbeiten würden in dem Stile erfunden, in dem man sie zu publizieren pflegt, und daß er – natürlich vergebens – versuchte, in diesem Stile zu forschen. *(1973, S. 59)*

Das macht deutlich, dass im Mathematikstudium (vor allem in Lehramtsstudiengängen – aber warum nicht auch sonst?) neben systematisch aufgebauten, rein mathematischen Lehrveranstaltungen auch reflektierende (und damit didaktische) wie die gerade beschriebenen sinnvoll und wohl auch erforderlich sind. Und so stellt vorliegendes Buch eine „Ernte" aus meinen Vorlesungen, Seminaren und Facharbeiten dar, die ich seit 1971 – erst an der Technischen Universität Braunschweig und dann an der Universität des Saarlandes – sowohl zur „Elementarmathematik vom höheren Standpunkt aus" als auch zur „Didaktik der Mathematik" konzipiert und durchgeführt bzw. betreut habe.

Die eingangs mit *Struktur*, *Funktion* und *Zahl* bezeichneten Begriffe stehen in enger Beziehung zueinander und können kaum systematisch aufeinander aufbauend adäquat behandelt werden. Insbesondere weist damit die hier genannte Reihenfolge *keine inhaltliche* und auch *keine systematische Hierarchie* auf. Gleichwohl wird hier der Versuch einer Ordnung gewagt, indem im ersten Kapitel mit „Begriff" begonnen wird, was aber in allen folgenden Kapiteln in je eigener Weise aufgegriffen wird.

Und so ist das gesamte Buch durch eine streckenweise eher hermeneutische Zugangsweise gekennzeichnet, indem – wie im BRUNERschen Spiralprinzip – Themen erneut aufgegriffen, erweitert und vertieft werden, was bei einer (auch) historisch orientierten Betrachtungsweise geradezu zwangsläufig geschieht. In diesem Sinn werden manche Abschnitte bzw. Kapitel eher in einem „Plauderton" behandelt, andere dagegen in systematischer Orientierung formaler, strenger und vermutlich auch anstrengender, was aber unvermeidlich ist, so insbesondere in den Kapiteln 5, 6 und 8.

Das Anliegen von **Kapitel 1** zeigt sich schon im Titel: *Mathematik kulturhistorisch begreifen*. So sind wir derzeit im Zusammenhang mit der sog. „Modellierung" und mit der „Anwendung der Mathematik" Zeugen einer Ausrichtungstendenz des Mathematikunterrichts, bei der die sog. „Nützlichkeit" der Mathematik als bildungsbedeutsamer Aspekt (über)betont wird, wobei dann weniger zum Tragen kommt, dass zum Menschsein nicht nur das „Nützliche" und damit das „ökonomisch Verwertbare" gehören, sondern dass erst das nicht auf Nutzen und Anwendung Gerichtete den Menschen „ganz Mensch" sein lässt, wie es SCHILLER 1785 formuliert hat:

> … der Mensch spielt nur, wo er in voller Bedeutung des Wortes Mensch ist, und er ist nur da ganz Mensch, wo er spielt. *(Die ästhetische Erziehung des Menschen in einer Reihe von Briefen, 15. Brief.)*

So ist die Mathematik seit ihren Anfängen in vorgeschichtlicher Zeit mit den konträren Ausrichtungen „Anwendung" und „Spiel des Geistes" verbunden, was in Abschnitt 1.1 am Beispiel der Geometrie(n) dargestellt wird und damit verdeutlichen soll, dass Mathematik ebenso wenig einer utilitaristischen Rechtfertigung bedarf wie Kunst, Musik und Dichtung. Damit gehört zum Begreifen von Mathematik auch eine historische Dimension, und das führt in Abschnitt 1.2 zum Konzept der „historischen Verankerung" des Mathematikunterrichts, wie es OTTO TOEPLITZ sinngemäß in einem Vortrag 1927 gefordert hat (vgl. Abschnitt 1.2.2.2):

> Wenn man an diese Wurzeln der Begriffe zurückginge, würden der Staub der Zeiten, die Schrammen langer Abnutzung von ihnen abfallen, und sie würden wieder als lebensvolle Wesen vor uns erstehen.

Durch diese *historische Verankerung* kann und soll eine *innermathematische Beziehungshaltigkeit* erreicht werden. Hier liegt dann ein enger Zusammenhang mit den *fundamentalen Ideen* vor, die u. a. durch *Historizität* und *Archetypizität* gekennzeichnet sind und die gemäß BRUNER „den Kern aller Naturwissenschaft und Mathematik bilden". Solche Ideen begegnen uns in einer Symbiose aus einer *grundlegenden Handlung* und einem *grundlegendem Begriff*, was zu dem gegenüber der ersten Auflage von 2012 inhaltlich erweiterten Abschnitt 1.3 führt, der sich dem „Begriff" und der „Begriffsbildung" im mathematischen Kontext widmet. Hier wird betont, dass *Begriff*, *Begriffsname* und *Begriffsinhalt* zu unterscheiden sind und dass der Prozess der ontogenetischen Begriffsbildung nur durch indirekte Beobachtung aus dem Wechselspiel im Umgang mit Objekt und Symbol erkennbar wird.

Mit **Kapitel 2** beginnt die Untersuchung inhaltlich grundlegender mathematischer Aspekte: *Strukturen* tragen und beschreiben das Gebäude der Mathematik und damit das „Fachwerk der Begriffe", und strukturelle Aspekte ermöglichen es erst, Teilgebäude der Mathematik zu entwerfen, zu bauen, zu verändern und zu erweitern, sodass Zusammengehörigkeiten zwischen ihnen erkennbar werden oder sogar erst hergestellt werden können.

Das Strukturieren der Mathematik ähnelt daher den Bemühungen sowohl in der Architektur als auch in der Städtebau- und Raumordnung. Dieses *Strukturieren als mathematische Aktivität* setzte in der ersten Hälfte des 19. Jahrhunderts ein und kann als *„Wende in der Algebra vom Verfahren zur Struktur"* angesehen werden: Ging es nämlich bis dahin vor allem darum, *Verfahren* zur Lösung von Gleichungen und Gleichungssystemen zu entwickeln, so etwa bei CARDANO in seiner „Ars Magna" von 1545, so galt das Interesse nunmehr den *Strukturen*, in denen Gleichungen usw. unter bestimmten Bedingungen lösbar sind.

Drei Ursachen gelten als Auslöser dieser neuen Ausrichtung der Mathematik: in Anknüpfung an das bis dahin übliche Verständnis von „Algebra" die grundsätzliche Untersuchung der *Auflösbarkeit algebraischer Gleichungen n-ten Grades* in der Gleichungslehre (ABEL und GALOIS); *Bewegungen und ihre Invarianten in der Geometrie* (KLEIN); *Quadratische Formen* in der Zahlentheorie (LAGRANGE und GAUß). Diese bis dahin zusammenhanglos erscheinenden Bereiche wiesen überraschenderweise Gemeinsamkeiten auf, die mit „Gruppe" als historisch *erstem Strukturbegriff* abstrahierend erfasst werden konnten (CAYLEY und WEBER).

Zur formalen Beschreibung solcher Strukturen kamen in demselben Jahrhundert als neue Werkzeuge bzw. Sprachen die „Erfindung" der Mathematischen Logik (BOOLE, FREGE) und der Mengenlehre (CANTOR) hinzu, gepaart mit einer dadurch möglichen zunehmend präziseren Axiomatisierung mathematischer Strukturen (DEDEKIND, PEANO, HILBERT). Andererseits lässt sich *derzeit* in der Mathematik in manchen Bereichen (wenn auch nicht überall) *eine „Wende von den Strukturen zurück zu den Verfahren"* beobachten, die u. a. durch die Verfügbarkeit von Methoden und Werkzeugen der Informatik wie u. a. den CAS (Computeralgebrasystemen) begünstigt wird. Als Beispiel einer mathematischen Struktur wird eine „Mengenalgebra" vorgestellt. Damit ist das inhaltliche Anliegen dieses Kapitels umrissen, das mit einem kurzen Einblick in die „Fuzzy Logic" endet.

Ergänzend ist hier anzumerken, dass in diesem Buch *Prinzipien der auf Axiomatisierung beruhenden Strukturierung* nur exemplarisch dargestellt werden – für Zahlen (in Kap. 6, 8) und für Gruppen (in Kap. 5) –, nicht jedoch für weitere Strukturen wie z. B. geometrische oder topologische.

Kapitel 3 widmet sich den *historischen Wurzeln des Zahlbegriffs*, beschränkt auf die vorgeschichtliche Zeit und die Antike. Der Umgang der Ägypter mit Zahlen, insbesondere mit „Stammbrüchen", wird angedeutet (und auch in Kapitel 7 angesprochen), und der entsprechende Umgang der Babylonier mit „Sexagesimalbrüchen" wird anhand zweier berühmter Keilschrifttafeln angedeutet. Schwerpunkt dieses Kapitels ist dann das mit „Alles ist Zahl" beschreibbare Zahlenverständnis der älteren Pythagoreer im Rahmen ihrer Proportionenlehre und der zugehörigen Wechselwegnahme, gefolgt vom Schock der Entdeckung der Inkommensurabilität durch HIPPASOS VON METAPONT (vermutlich am Quadrat oder am Pentagramm?) und der Auflösung dieses Schocks durch die jüngeren Pythagoreer (EUDOXOS) mit seiner genialen Erweiterung des Proportionsbegriffs unter Beibehaltung der Wechselwegnahme, so dass die Pythagoreer von da an aus unserer Sicht über den angeordneten Halbkörper der positiven reellen Zahlen verfügten.

Kapitel 4 zeigt – inhaltlich gegenüber der ersten Auflage erheblich erweitert – die *kultur-historische Entwicklung des Funktionsbegriffs:* von den Tabellen bei den Babyloniern vor rund 4 000 Jahren über kinematische Kurven bei den Pythagoreern, erste Funktionsgraphen vor rund 1 000 Jahren, der zeitgleich erfundenen neuen Notenschrift durch GUIDO VON AREZZO, graphischen Bewegungsdarstellungen durch NICOLE D'ORESME, in der Folgezeit bei „empirischen Funktionen" (als Tabellen oder „Kurven", z. B. bei HALLEY und LAMBERT) und bei Häufigkeitsverteilungen (z. B. bei HUYGENS und FOURIER). Es folgt der Beginn der expliziten Begriffsentwicklung von „Funktion" durch NEWTON, LEIBNIZ und die Brüder BERNOULLI bis hin zu EULER, gefolgt von der Entwicklung zum modernen Funktionsbegriff durch FOURIER, DIRICHLET und DU BOIS-REYMOND und dann über DEDEKIND, FREGE, PEIRCE, SCHRÖDER, PEANO, RUSSELL, ZERMELO und WHITEHEAD bis hin zur Krönung von „Funktion als Relation" durch HAUSDORFF 1914. Und derzeit begegnen uns Funktionen mit „vielen Gesichtern".

In **Kapitel 5** werden *strukturierende Werkzeuge* vorgestellt und untersucht: Relationen und speziell Funktionen, Äquivalenzrelationen und Ordnungsrelationen. Ferner wird erläutert, was unter einem Axiomensystem zu verstehen ist und was hier *Widerspruchsfreiheit, Unabhängigkeit* und *Vollständigkeit* bedeuten. Als konkrete mathematische Struktur wird eine BOOLEsche Algebra vorgestellt, und am Beispiel des Gruppenbegriffs werden musterhaft Schwierigkeiten bei der Entwicklung eines widerspruchsfreien und unabhängigen Axiomensystems aufgezeigt.

Kapitel 6 widmet sich in Anlehnung an DEDEKIND und PEANO der Entwicklung eines Axiomensystems für die *natürlichen Zahlen,* was zu einer „Dedekind-Peano-Algebra" genannten Struktur führt. Darauf aufbauend wird die Gültigkeit des Beweisverfahrens der vollständigen Induktion bewiesen (sic!). Der Rekursionssatz und die sich darauf gründende Möglichkeit zur rekursiven *Definition* der Addition und der Multiplikation werden dargestellt, schließlich auch der Monomorphiesatz: Dieser besagt, dass zwei beliebige Dedekind-Peano-Algebren isomorph sind, was zugleich bedeutet, dass das Axiomensystem für eine Dedekind-Peano-Algebra sogar *vollständig* ist. Zusätzlich wird eine Ordnungsrelation $\leq$ erklärt, die zu $(\mathbb{N}, +, \cdot, \leq)$ führt, dem angeordneten Halbring der natürlichen Zahlen. Abschließend werden „endliche Menge" und „unendliche Menge" im Sinne der genialen DEDEKINDschen Idee definiert, und mit Bezug auf Dedekind-Peano-Algebren werden „abzählbar" und „überabzählbar" definiert.

Kapitel 7 beginnt mit der *Entwicklung des Bruchbegriffs,* und zwar im Zusammenhang mit Aspekten der ontogenetischen und der kulturhistorischen Begriffsentwicklung, indem zunächst verdeutlicht wird, dass die Bezeichnung „Bruch" doppeldeutig ist, weil darunter fallweise eine Äquivalenzklasse oder ein Repräsentant dieser Klasse verstanden werden kann – eine Quelle für viele Fehlverständnisse bei „Laien", zu denen auch Schülerinnen und Schüler zählen. Solche Probleme treten bei „Bruchzahl" nicht auf, die aber kein Bruch ist, wohl aber durch unendlich viele Brüche darstellbar ist. Es folgen zwei Abschnitte über *Grundvorstellungen* bei Brüchen und über *Vorstellungen und Darstellungen von Brüchen* und ein ausführlicher Abschnitt über *Bruchrechnung.* Historische und aktuelle Aspekte zu *Bruchentwicklungen* schließen sich an: Stammbruchentwicklungen, Kettenbruchentwicklungen und FAREY-Folgen mit FORD-Kreisen.

In **Kapitel 8** wird zunächst der *konstruktive Aufbau des Zahlensystems* beschrieben, ausgehend von den natürlichen Zahlen über die ganzen Zahlen, die rationalen Zahlen bis hin zu den reellen Zahlen – oftmals durch konkrete ausführliche Durchführung der konstruktiven Schritte, z. T. aber nur durch deren Skizze. Dieser konstruktive Weg wird alternativ kontrastiert mit einer *axiomatischen Kennzeichnung der Menge der reellen Zahlen* und der *Aussonderung der anderen erwähnten Zahlenmengen*, wie es bereits HILBERT vorgeschlagen hatte, und es werden äquivalente Axiomensysteme für den angeordneten Körper der reellen Zahlen vorgestellt. Das Kapitel endet mit Beweisen zur Abzählbarkeit und Überabzählbarkeit und mit einem kurzen historischen und aktuellen Einblick in die Strukturen der komplexen Zahlen und der Quaternionen.

Kapitel 9 ist neu und widmet sich der Frage, was eine „Gleichung" ist, womit ein weiterer grundlegender Begriff der Mathematik angesprochen wird. Diese Frage scheint müßig zu sein, weil wohl alle, die irgendwie mit Mathematik zu tun haben, mit Gleichungen als einem quasi selbstverständlichen Werkzeug umgehen. Es zeigt sich aber, dass die in der Mathematik verwendete „Gleichheit" – ganz im Gegensatz zum Alltagsverständnis – meist die „Identität" ist, die allerdings mit Mitteln der Mathematischen Logik implizit definierbar ist. Doch andererseits ist die Bezeichnung „Gleichung" im Falle sog. „offener Terme" in den meisten Fällen nicht gerechtfertigt, weil hier i. d. R. gar nichts „gleich" *ist*, sondern zwei Dinge erst (im Sinne von „identisch") *„gleich" werden sollen*. Und schließlich wird auch die Geschichte der Entstehung des Gleichheitszeichens angesprochen.

Da nicht alle in diesem Buch aufgeworfenen Fragen und Probleme beantwortet werden (können), bleibt viel Raum für individuelle, eigenständige oder angeregte Vertiefungen – auch in Studien- und Examensarbeiten unterschiedlichen Umfangs und Schwierigkeitsgrades. Und ganz in diesem Sinn enthält das Buch zahlreiche Aufgaben, dazu in **Kapitel 10** ausführliche Lösungsvorschläge.

Sollte dieses Buch trotz sorgfältiger Durchsicht noch Fehler oder andere Ungenauigkeiten enthalten, so bitte ich um Mitteilung an den Verlag. Das betrifft auch Kommentare und Alternativen zu den Lösungen und ggf. weitere Anmerkungen zu diesem Buch.

Ich danke dem Verlag Springer Nature für die Anregung zur Konzeption einer Neuauflage dieses Buches, insbesondere danke ich hier sowohl Frau Iris Ruhmann als auch Frau Anja Groth für die ganz vorzügliche Betreuung von der Planung an bis hin zur Fertigstellung. Herrn Prof. Dr. Ulrich Felgner, Universität Tübingen, danke ich herzlich für wertvolle Kommentare zur ersten Auflage und vor allem für den reichhaltigen Gedankenaustausch zum Thema „Gleichungen" während der letzten beiden Jahre. Herrn Prof. Dr. Wilfried Herget, Universität Halle-Wittenberg, danke ich für die konstruktive Durchsicht der Texte. Und schließlich und ganz besonders danke ich meiner Frau Ingeborg dafür, dass sie meine konzentrierte Zurückgezogenheit während der Erstellung dieses Buches mitgetragen und ertragen hat. Ihr und meinen beiden Töchtern widme ich dieses Buch.

Horst Hischer, im Oktober 2020

Inhalt

Für Ingeborg, Monika und Corinna

1 Mathematik kulturhistorisch begreifen

1.1 Mathematik zwischen Anwendung und Spiel

1.1.1 Vorbemerkung

Die Mathematik begegnet uns seit ihren Anfängen in vorgeschichtlicher Zeit bis heute im Spannungsfeld zwischen zwei verschiedenen Seiten einer Medaille: einerseits mit einer nicht auf Nutzen und Anwendung gerichteten, quasi philosophischen Seite, die zur „Reinen Mathematik" (bzw. „Theoretischen Mathematik") gehört, andererseits auch mit einer auf Anwendung gerichteten utilitaristisch-technischen Seite, die typisch ist für die „Angewandte Mathematik" (bzw.: „Praktische Mathematik") und etliche Anwendungsdisziplinen wie z. B. Physik, Ingenieurwissenschaften und Wirtschaftswissenschaften. Im Spannungsfeld zwischen diesen beiden Seiten ist ein der Allgemeinbildung verpflichteter Mathematikunterricht zu inszenieren. Denn die Legitimation von Bildungszielen und Unterrichtsfächern darf sich nicht nur auf utilitaristische Aspekte der „Anwendbarkeit" oder der „Nützlichkeit für die Gesellschaft" gründen, vielmehr muss „Schule" *auch* ihrem nicht auf Nutzen gerichteten Wortursprung σχολή[1] (im Sinne von „Muße") gerecht werden! Diese grundsätzlichen Aspekte seien in diesem Kapitel *exemplarisch für die Geometrie* erläutert und durch ausgewählte Beispiele von den „Anfängen" bis heute veranschaulicht.

Das Wort „Geometrie" tritt (zumindest in der Mathematik) in einer Fülle von Wortkombinationen auf, wie beispielsweise in den nachfolgend ausgewählten, alphabetisch aufgeführten:

> Abbildungsgeometrie, Absolute Geometrie, Affine Geometrie, Algebraische Geometrie, Analytische Geometrie, Darstellende Geometrie, Desargues-Geometrie, Deskriptive Geometrie, Differentialgeometrie, Ebene Geometrie, Elliptische Geometrie, Endliche Geometrie, Euklidische Geometrie, Galois-Geometrie, Gewebe-Geometrie, Hyperbolische Geometrie, Innere Geometrie, Inzidenzgeometrie, Kugelgeometrie, Laguerre-Geometrie, Lie-Geometrie, Lobatschewski-Geometrie, Minkowski-Geometrie, Möbius-Geometrie, Nichteuklidische Geometrie, Pappus-Geometrie, Poisson-Geometrie, Projektive Geometrie, Pseudoeuklidische Geometrie, Pseudounitäre Geometrie, Raumgeometrie, Riemann-Geometrie, Sphärische Geometrie, Stochastische Geometrie, Synthetische Geometrie, Tropische Geometrie, Unitäre Geometrie, Vektorgeometrie, Wirklichkeitsgeometrie, …

Das konfrontiert uns zunächst mit der Tatsache, dass „Geometrie" doppelsinnig zu verstehen ist: einerseits als Bezeichnung für ein spezielles Teilgebiet und andererseits auch als Bezeichnung für die (prinzipiell offene) Kategorie des Insgesamt all dieser Teilgebiete. „Geometrie" bedeutet gemäß der griechischen Wortherkunft etwa „Erd-Messung" und meint damit ursprünglich einen recht praktischen, „anwendungsbezogenen" Bereich, wie er uns z. B. in den Bezeichnungen „Darstellende Geometrie" und „Raumgeometrie" zu begegnen scheint.

---

[1] Gelesen „s-cholé" (wie in „Häs-chen" oder „biss-chen"), transkribiert „schole".

© Der/die Autor(en), exklusiv lizenziert durch
Springer-Verlag GmbH, DE, ein Teil von Springer Nature 2021
H. Hischer, *Grundlegende Begriffe der Mathematik: Entstehung und Entwicklung*, https://doi.org/10.1007/978-3-662-62233-9_1

Aber wir finden auch „Geometrien", bei denen ein „Anwendungsbezug" nicht oder kaum erkennbar ist, so z. B. bei „Absoluter Geometrie" und bei „Inzidenzgeometrie". Dabei sei zur Vermeidung von Missverständnissen festgehalten, dass mit „Anwendungen" an dieser Stelle stets *Anwendungen außerhalb der Mathematik* gemeint sind, denn selbstverständlich können mathematische Erkenntnisse und Ergebnisse auch innerhalb der Mathematik angewendet werden – doch darum soll es hier nicht gehen, wenn nachfolgend von „Anwendungen" die Rede ist.

1.1.2   Das Morley-Dreieck zwischen Anwendung und Spiel

> […] es ist in der That bewundernswürdig, daß eine so einfache Figur,
> wie das Dreieck, so unerschöpflich an Eigenschaften ist.
>
> *August Leopold Crelle, 1821*

FRANK MORLEY (geboren 1860 in Woodbridge, Suffolk, England; gestorben 1937 in Baltimore, Maryland, USA), war gemäß [OAKLEY & BAKER 1978, 737] ein „großer algebraischer Geometer". Er wurde später durch einen nach ihm benannten Satz berühmt:[2]

Satz von Morley (ca. 1899):
Die drei Schnittpunkte der drei anliegenden Winkeldreiteilenden eines beliebigen Dreiecks bilden ein gleichseitiges Dreieck.

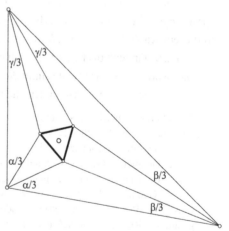

Bild 1.1 macht einerseits diesen Sachverhalt „offen sichtlich" und legt andererseits zugleich eine „naive" Konstruktion nahe: Mit einem Programm für bewegliche Geometrie lässt sich (mittels numerischer Winkeldrittelung!) das innere Dreieck „konstruieren", und die Erzeugung eines Kreises um einen der drei Eckpunkte durch einen der beiden anderen nebst interaktiver Variation des Ausgangsdreiecks visualisiert den Satz von MORLEY .

Bild 1.1: Ein Dreieck und sein Morley-Dreieck

Dabei sollte man jedoch nicht versäumen, über die Konsequenzen aus diesem Satz gebührend zu staunen: Denn durch solch eine „simple" Konstruktion wird *jedem Dreieck* eindeutig sein „eigenes" gleichseitiges Dreieck quasi als sein „Herzstück" zugeordnet, nämlich *sein Morley-Dreieck!* Der *Satz von Morley* ist daher auch unter der Bezeichnung „**Morleys Wunder**" (Morley's Miracle) bekannt geworden. Bei MORLEY selbst taucht dieser Satz allerdings nur nebenbei und implizit als Spezialfall einer von ihm 1900 in der Arbeit "On the metric geometry of the plane *n*-line" veröffentlichten Theorie auf.

---

[2]   Satz von MORLEY in der Formulierung gemäß [COXETER 1963, 41].

So wird bei [OAKLEY & BAKER 1978, 738] erwähnt, dass MORLEY „kein Aufheben(s)" wegen dieses Satzes gemacht und dazu auch nie einen Beweis publiziert habe:[3]

> Morley, of course, was well aware of the unique characteristics of his theorem and its ramifications. [...] but it pleased him to indicate that he had not bothered to make a big song and dance about it since it was only a small part of his general theory. And so he never enunciated, in print, just the simple theorem, nor did he ever publish a direct verification of it.

Verwundern mag allerdings, dass dieser geradezu ins Auge springende Satz erst so spät entdeckt worden ist – sind doch Dreiecke bereits seit EUKLID stets Gegenstand der (Elementar-) Geometrie und gibt es doch auch eine etablierte „Dreiecksgeometrie"! Gemäß [COXETER 1963, 46] liegt das möglicherweise an der für diesen Satz konstitutiven „Winkeldreiteilung":

> Dies mag der Grund dafür sein, daß der Satz von Morley [...] erst im zwanzigsten Jahrhundert gefunden wurde, man fühlte sich unfähig, über gedrittelte Winkel nachzudenken.

Die *Winkeldreiteilung* gehört zu den „drei berühmten klassischen Problemen der Antike" (neben der *Verdoppelung des Würfels* und der *Quadratur des Kreises*). Lässt man nur „Zirkel und Lineal" als „ideale" (nicht reale!) Konstruktionswerkzeuge zu, so konnte bekanntlich erst im 19. Jahrhundert abschließend geklärt werden, dass diese drei Probleme *in diesem Sinne* (!) *nicht lösbar* sind. Alle drei Konstruktionen sind jedoch kein Problem für praktische, etwa mechanische Anwendungen, weil es hierfür seit langem etliche Werkzeuge gibt, die jeweils hinreichend gute praxistaugliche Lösungen liefern. Und so ist das „Problem der Winkeldreiteilung" aus Sicht der Praxis und der Technik von ähnlicher Bedeutung wie etwa die Frage nach der Irrationalität von $\sqrt{2}$ oder die nach der Transzendenz von π: All diese „Probleme" sind für handwerkliche oder technische Anwendungen gleichermaßen irrelevant – dennoch sind es jeweils *fundamentale mathematische Fragen!*[4] – Typisch Mathematik?

Wenn man nun aber die Winkeldreiteilung nicht unter dem Aspekt von „Geometrie als Anwendung" sehen will, so gilt das auch für den Satz von MORLEY, der uns heute unter dem Aspekt von „Geometrie als Spiel" begegnet – genauer: unter dem Aspekt von „Geometrie als Spiel des Geistes", was noch zu erläutern sein wird.

PETER YFF (gesprochen „Eiff"; 8. 3. 1924 in Chicago geboren und daselbst 13. 11. 2019 gestorben, seit 1951 an der Amerikanischen Universität von Beirut tätig, 1986 dort emeritiert) bewies 1967 mit Hilfe sog. *trilinearer Koordinaten* den Satz von MORLEY. Dabei entdeckte und bewies er den nebenstehend genannten Satz (vgl. Bild 1.2):

> **Satz von Yff** (1967):
> *Ein beliebiges Dreieck und sein Morley-Dreieck liegen stets in Perspektive.*

---

[3] Der Satz von MORLEY wurde (wohl erstmalig) in [EBDEN 1908] und (erweitert) in [EBDEN 1909] als Aufgabe publiziert, und bald erschienen drei Beweise in [BEARD 1909], [NARANIENGAR 1909] und [SATYANARAYANAR 1909]. Unter http://www.cut-the-knot.org/triangle/Morley/ (26. 07. 2020) gibt es Hinweise auf weitere Beweise. 1976 publizierte E. P. B. UMBIGIO einen elementargeometrischen Beweis in *Esperanto* (vgl. [GLAESER 2005, 15]). Die Beweise liegen nicht auf der Hand, obwohl z. T. Kenntnisse der (klassischen!) Schulmathematik genügen.

[4] Siehe hierzu die ausführliche Untersuchung der drei „klassischen Probleme der Antike" in [HISCHER 2018].

Die drei Verbindungsstrecken zwischen
den Dreieckspunkten und den zugeordneten
Eckpunkten des Morley-Dreiecks haben also einen gemeinsamen Schnittpunkt, der ein
Perspektivzentrum für beide Dreiecke ist.
Das bedeutet weiterhin, dass *jedes Dreieck*
nicht nur projektiv, sondern sogar *perspek-*
tivisch auf ein gleichseitiges Dreieck abgebildet werden kann. Dieses Perspektivzentrum hieß ursprünglich „*Yff-Punkt*" des gegebenen Dreiecks, wird jetzt aber „*zweiter*
Morleypunkt" des Dreiecks genannt, während der in Bild 1.2 schwarz dargestellte
(i. a. davon verschiedene) Mittelpunkt des
Morleydreiecks nunmehr „*erster Morley-*
punkt" heißt, nachdem in den 1980er Jah-

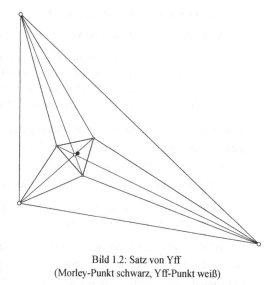

Bild 1.2: Satz von Yff
(Morley-Punkt schwarz, Yff-Punkt weiß)

ren eine 1913 publizierte Arbeit von TAYLOR & MARR entdeckt wurde, in der diese bereits einen
Beweis des Satzes von YFF vorgelegt hatten.

YFF hat seine eigene Entdeckung und den Beweis nie veröffentlicht, sondern er hat diese nur
in seinem Notizbuch festgehalten, weil sich „*lange Zeit kaum jemand für die Dreiecksgeometrie*
zu interessieren schien", wie er mir am 14. 03. 2011 mitteilte:

> It is true that I proved these results in 1967, but I never published them. I believe that they became
> known after I gave them to Clark Kimberling about 20 years ago. […] For a long time I did not know
> many others who were studying triangle geometry, and I merely wrote my results in a notebook.[5]

Durch den Einbezug von „Perspektive" bekommt der „Satz von Yff" – obwohl „spielerisch"
entdeckt – eine andere Qualität als der von MORLEY, denn „Perspektive" gehört originär in die
Darstellende Geometrie, also in einen primär anwendungsbezogenen Bereich. Und man wird
wohl schon über ein fundiertes Anschauungsvermögen verfügen müssen, um eine entsprechende Entdeckung machen zu können. Damit soll nicht verkannt werden, dass „Perspektive"
in der Projektiven Geometrie definiert und untersucht wird – dann ggf. weniger mit Blick auf
Anwendungen wie in der Darstellenden Geometrie.

Geometrische Sachverhalte können also einerseits (im ursprünglichen Verständnis von
„Geometrie") mit Bezug auf Anwendungen gesehen werden, und andererseits können sie offenbar ohne Anwendungsbezug (dann als „Spiel des Geistes") auftreten, wobei diese Sichtweisen
nicht stets trennscharf sein müssen. Das wird in den folgenden Abschnitten anhand von Beispielen vertieft. Doch zunächst folgen zwei Einschübe:

---

[5] Siehe hierzu die von CLARK KIMBERLING gepflegte "Encyclopedia of Triangle Centers", in der viele tausend
„Dreiecks-Mittelpunkte" mit Quellenangaben erfasst sind: http://faculty.evansville.edu/ck6/encyclopedia/ETC.html
(am 13.06. 2020 waren es 38899 Einträge). YFF hat mir seinen handschriftlich rekonstruierten Beweis zugesandt.

1.1.3 Mathematik zwischen „homo faber" und „homo ludens"

Statt von „Anwendung" sollte man in diesem Kontext besser von „Technologie" sprechen, was aber erfordern würde, das mit „Technologie" verbundene Konzept darzustellen, was aber nicht Anliegen dieses Buches ist.[6] Wesentliches sei anhand von Bild 1.3 erläutert:[7]

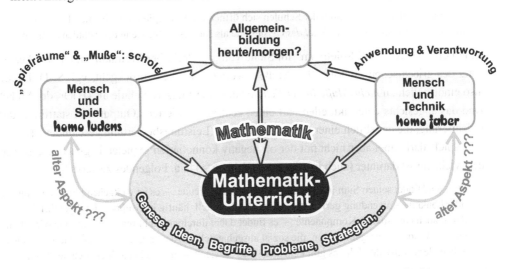

Bild 1.3: Mathematik(-Unterricht) im Spannungsfeld zwischen Anwendung und Spiel

Die Mathematik ist seit ihren babylonischen Anfängen vor rund 4500 Jahren stets auch auf reale Probleme außerhalb ihrer selbst angewendet worden. Sie hatte und hat hierbei maßgeblichen Anteil an der Entwicklung sowohl der Ingenieurwissenschaften als auch der Naturwissenschaften, insbesondere der Physik, und sie hat sich durch die Herausforderungen dieser Anwendungsdisziplinen in ganz besonderer Weise weiterentwickelt. Mit steigender Tendenz entwickelt sich nunmehr die Mathematik zu einem wichtigen Werkzeug in Wissenschaft und Technik und in weiteren Bereichen der Gesellschaft wie z. B. in der Finanzwirtschaft. Jedoch bringen solche Anwendungen auch *verantwortungsethische Herausforderungen* für den homo faber als den „(mittels Technik) gestaltenden Menschen" mit sich.

Der Mensch als homo sapiens begegnet uns aber nicht nur in der Rolle dieses homo faber, sondern auch als homo ludens, also als „spielender Mensch", was der niederländische Kulturhistoriker JOHAN HUIZINGA in seinem gleichnamigen Buch eindrucksvoll beschreibt.[8]

---

[6] Der seit langem in der Öffentlichkeit und auch in der Mathematikdidaktik übliche Gebrauch von „Technologie" ist oft oberflächlich und lässt die damit verbundene philosophisch-soziologische Dimension vermissen (wie sie durch „Anwendung und Verantwortung" und auch durch „homo faber" angedeutet wird), weil dann „Technologie" lediglich als unreflektierter Reimport aus dem Angloamerikanischen benutzt wird, wo dieses Wort schlicht für „Technik" verwendet wird. Ausführlichere Betrachtungen zu „Spiel" und „Technologie" und zu ihrem Verhältnis finden sich bisher u. a. in [HISCHER 2002a] und in [HISCHER 2016].

[7] Reduktion der Abbildung aus [HISCHER 2002a, 98]. Die hier auftretenden Termini „Genese", „Ideen", „Begriffe" usw. sind inhaltlich nicht trennscharf. Hierauf gehen wir in Abschnitt 1.3 ein.

[8] [HUIZINGA 1987]

Schon FRIEDRICH VON SCHILLER betont die Bedeutung des Spielens für das Menschsein:[9]

> [...] der Mensch spielt nur, wo er in voller Bedeutung des Wortes Mensch ist, und er ist nur da ganz Mensch, wo er spielt.

Und der Erziehungswissenschaftler HORST RUPRECHT schreibt dazu 1989:[10]

> Es ist klar, daß das Curriculum der Schulen sich öffnen muß für Spielräume in allen Fächern. *Mathematik* ist ein grandioses *Spiel des Geistes* und als solches müßte sie in den Schulen erscheinen.

RUPRECHT benutzt hier „Spielraum" im Sinne von „spielerischer Freiraum" als freie Übersetzung des griechischen „schole" für „Muße" (worauf „Schule" zurückgeht, vgl. S. 1). Er ruft also eindringlich zu *mehr Muße in der Schule* auf – aber: unsere Schule als (H)Ort der Muße? Und das angesichts einer aktuellen, auf einen zentral normierten „Output" hin stattfindenden Orientierung, die angeblich einer Objektivierung der Leistungsbewertung geschuldet ist?

„Spiel" darf dabei aber nicht mit der oft negativ konnotierten „Spielerei" gleichgesetzt werden, vielmehr ist darunter (auch im Sinne von HUIZINGA) u. a. Folgendes zu verstehen:[11]

> Das *Spiel* findet seinen Sinn in sich selbst – es erzeugt Freude – es ist weitgehend nicht auf Nutzen oder konkrete Anwendung gerichtet – es wird individuell, häufig in Gruppen durchgeführt, hat damit auch eine soziale Komponente – es findet dabei durchaus nicht regellos statt, wie wir schon an dem Wort „Spielregeln" sehen, die sozial ausgehandelt werden müssen – es erfordert von allen Mitspielern Aktivität, d. h., es gibt kein „passives Spielen" – und es bedarf dennoch der *Muße*.

So unterscheiden sich die Aspekte „Spiel" und „Anwendung" *grundsätzlich*: Denn zu *Anwendungen* gehört stets eine zu verantwortende *Außenwirkung* – sie sind *auf Nutzen gerichtet*. Das *Spiel* ist hingegen *nicht auf Nutzen gerichtet* und primär ohne (geplante) Außenwirkung. Beides trifft auch auf die Mathematik zu: *Mathematik als Anwendung* und *Mathematik als Spiel des Geistes* – und in „Spiel des Geistes" zeigt die Mathematik ihre philosophische und zweckfreie Seite.

Unterstellt man als (ein) Ziel des Mathematikunterrichts die *Vermittlung eines gültigen Bildes der Mathematik*, so sind bei dessen Inszenierung also die *beiden* Aspekte „Anwendung" und „Spiel" zu berücksichtigen. Insbesondere darf man nicht der Versuchung erliegen, dem Zeitgeist folgend den Mathematikunterricht damit *rechtfertigen* zu wollen, dass Mathematik nützlich und anwendbar sei. Der Philosoph ODO MARQUARD beschreibt eine solche „allgegenwärtige" Haltung als *„Ubiquisierung des Rechtfertigungsverlangens"* und schreibt u. a.:[12]

> Denn heute bedarf offenbar alles der Rechtfertigung: [...] nur eines bedarf – warum eigentlich? – keiner Rechtfertigung: die Notwendigkeit der Rechtfertigung vor allem und jedem.

So ist hervorzuheben:

- *Mathematik bedarf ebenso wenig einer Rechtfertigung wie Dichtung, Kunst und Musik!*

---

[9]   In: *„Die ästhetische Erziehung des Menschen in einer Reihe von Briefen, Fünfzehnter Brief"* (1785)

[10]   [RUPRECHT 1989, 38 f.]; Hervorhebungen nicht im Original.

[11]   Nach [HISCHER 2002a, 91 f.]; diese Aspekte wurden 1994 in einer Gruppe bei einer Arbeitstagung entwickelt.

[12]   [MARQUARD 1986, 11]

1.1.4 Mathematik und das Menschenrecht auf Irrtum

> „Woran arbeiten Sie?" wurde Herr K. gefragt. Herr K. antwortete:
> „Ich habe viel Mühe, ich bereite meinen nächsten Irrtum vor."
>
> *Bert Brecht, in 'Geschichten vom Herrn Keuner' (aus den 'Kalendergeschichten')*

Im Zusammenhang mit Anwendung und Spiel ist ein weiterer Aspekt bedeutsam: der *Irrtum*. So thematisiert der Sozialphilosoph BERND GUGGENBERGER ein Jahr nach Tschernobyl das *„Menschenrecht auf Irrtum"*, und zuvor merkt ODO MARQUARD an: *„Wir irren uns empor!*[13]

Warum ist all dies im vorliegenden Kontext erwähnenswert?

GUGGENBERGER plädiert für eine positive Sicht des Irrtums: Die alte Formel des errare humanum est – „Irren ist menschlich" – werde meist als Aussage über einen verzeihlichen Mangel des Menschen missverstanden. Hingegen komme in ihr ein besonderer Vorzug des Menschen zum Ausdruck, nämlich: Er ist des Irrens *fähig* und vermag daraus und *deshalb* zu lernen!

Insbesondere spricht GUGGENBERGER – passend zur o. g. Formel von ODO MARQUARD – von der *„Produktivkraft des Irrtums"* für die *Weiterentwicklung unseres Wissens*. Andererseits würden die heutigen großtechnischen Systeme tendenziell zur *Irrtumskatastrophe* neigen, und damit seien sie *nicht hinreichend fehlertolerant* und also unmenschlich. Er mahnt damit das „Menschenrecht auf Irrtum" an, d. h., die technischen Systeme müssten so gestaltet werden, dass menschliche Irrtümer nicht in die Katastrophe münden. Er kontrastiert solche irrtumsfeindlichen technischen Systeme mit dem *„spielerisch-freien Erproben"*, welches für das Menschsein im Sinne einer „tastenden Vernunft" wichtig sei. Und in der Tat sehen wir:

- Beim **Spiel** ist der Irrtum nicht nur möglich, und er ist nicht katastrophal, sondern er gehört dazu. Man weiß nicht, wie ein Spiel oder spielerisches Tun endet, andernfalls wäre es langweilig und kein Spiel mehr: Der Irrtum ist hier geradezu konstitutiv und also erwünscht.

- Hingegen in der **Technik** (und damit: bei **Anwendungen**) darf dieses nicht passieren. Der Ausgang von Handlungen, die Anwendungen nach sich ziehen, muss kalkulierbar sein: Der Irrtum ist unerwünscht, denn er kann in diesem Fall katastrophale Folgen haben.

Ob es möglich ist, technische Systeme *irrtumsfreundlich* zu entwickeln, sei dahingestellt. Im pädagogischen Kontext sollte jedoch die *Rolle des Irrtums in Lernprozessen* nachdenklich stimmen. GUGGENBERGER deutet die bereits erwähnte Formel *„Wir irren uns empor"* von ODO MARQUARD *evolutionstheoretisch*, und sie sei damit also sowohl chemisch und biologisch, also *phylogenetisch* (die stammesgeschichtliche Entwicklung betreffend), als auch kulturell und somit *kulturhistorisch* zu verstehen.

Darüber hinaus enthält diese Formel auch einen *ontogenetischen* (die Entwicklung des einzelnen Menschen betreffenden) und damit auch *pädagogischen* Aspekt, der in der Mathematik-Didaktik das „entdeckende Lernen" betrifft.

---

[13] [GUGGENBERGER 1987], ferner [MARQUARD 1981, 121] und [MARQUARD 1986, 22].

So sollte den Schülerinnen und Schülern vermittelt werden, dass mathematische Begriffe sowohl in kultur- und wissenschaftshistorischer als auch in anwendungs- und kontextbezogener Hinsicht dynamisch und vielfältig sind, dass also das *Bilden von Begriffen und Definitionen stets ein kreativer Prozess* ist, der i. d. R. mit vielen Irrtümern verbunden ist. Damit sollten aber pädagogische Situationen des Irrens nicht möglichst vermieden, sondern gesucht und gefördert werden – zur Entfaltung der *„Produktivkraft des Irrtums"* für den Menschen. Die kontrastierenden und komplementären Auffassungen von **Mathematik** einerseits **als Spiel (des Geistes)** und andererseits als Technik **und** damit **als Anwendung** können bei didaktischen Planungen möglicherweise dazu beitragen, diesen Aspekt hervortreten zu lassen.

Zur kritischen Reflexion der in der Mathematik verwendeten Methoden und Werkzeuge, aber auch zur Würdigung der zweifellos seit Anbeginn spielerischen Aspekte mathematischen Tuns gehört notwendig ein *Blick in die historische Entwicklung der Begriffe, Ideen, Probleme und Strategien.* Und hierzu gehört die nicht neue

- *Erkenntnis, dass die Gegenstände des Mathematikunterrichts nicht nur als Fertigprodukt im Sinne eines wohldurchdachten, ausgefeilten Systems vorgesetzt werden dürfen.*

Vielmehr *muss* der Unterricht die wesentliche Erfahrung des *Suchens, Irrens, Probierens, Entdeckens* – also: des (elementaren) *Forschens* – ermöglichen, und das bezieht sich dann auf verschiedenartige *Phasen des Unterrichts* wie etwa: *Begriffsentwicklung – Problemlösen – Algorithmenentwicklung.* Und solche Aspekte müssen auch im *Mathematikstudium* auftreten.

1.1.5   Ein Blick in die Anfänge der Geometrie

1.1.5.1   Geometrisches Handeln in vorgeschichtlicher Zeit

Archäologische Funde legen die Auffassung nahe, dass lange vor der Erfindung der Schrift zuerst die Wahrnehmung und Gestaltung geometrischer Strukturen durch den Menschen stand. So sind bereits für die Zeit um ca. 40 000 v. Chr. geometrisch gestaltete Ornamente, etwa auf Tongefäßen, nachweisbar.[14] Insbesondere aus der Jungsteinzeit, dem Neolithikum (von ca. 4 000 v. Chr. bis ca. 1700 v. Chr.), sind uns viele geometrische Muster überliefert, beispielsweise Ornamente auf Tongefäßen wie in Bild 1.4.[15]

Bild 1.4:
Geometrische Ornamente auf Tongefäßen

---

[14]   Z. B. [SCRIBA & SCHREIBER 2002, 6], Beispielabbildungen dazu fehlen dort leider.
[15]   [SCRIBA & SCHREIBER 2002, 7]; eine Zeitangabe zu der Abbildung fehlt. Es ist jedoch nicht zu vermuten, dass die Autoren die abgebildeten Gefäße der o. g. Zeit um 40 000 v. Chr. zuordnen, sondern dass diese Gefäße also zur erwähnten Jungsteinzeit gehören.

Praktischen Nutzen haben solche geometrischen Muster wohl kaum gehabt. Man findet sie auch auf Grab-Ornamenten, vermutlich als *religiös-beschwörende Motive*, was bei den o. g. Keramiken auch nicht auszuschließen ist, es kann aber auch einfach *spielerische Freude an Mustern* gewesen sein, so wie man dieses bei Kindern beobachten kann. Und das Spiel ist ohnehin eine wichtige Quelle kreativen Tuns (vgl. die „quasihochsymmetrische", in einem Zug zeichenbare Figur in Bild 1.5):[16]

Auch das Spiel als Quelle für die Beschäftigung mit geometrischen Eigenschaften sollte nicht übersehen werden. Nicht nur an Brettspiele, denen ja fast immer gewisse symmetrisch angelegte Muster zugrunde-liegen, ist zu denken. Die Ethnomathematik, die sich in jüngster Zeit den impliziten mathematischen Vorstel-lungen bei den Naturvölkern zugewandt hat, lieferte erstaunliche Forschungsergebnisse. Bei einem afrika-nischen Volksstamm in Angola findet sich beispiels-weise die Sitte, beim Erzählen der Sage von der Weltentstehung freihändig eine Figur aus einem einzi-gen, sich kunstvoll verschlingenden Kurvenzug zu zeichnen, was sorgfältige geometrische Überlegungen erfordert, soll das gewünschte Resultat mit seinen Symmetrieeigenschaften hervorgebracht werden [...].

Bild 1.5: In einem Zug zeichenbare Figur zur Weltentstehungssage der Jokwe in Angola: der Weg von Sonne (links), Mond (rechts) und Mensch (unten) zu Gott (oben).)

Zwar entstammt die in Bild 1.5 dargestellte Figur aus unserer abendländischen Perspektive nicht „vorgeschichtlicher Zeit". Dennoch gehört sie inhaltlich in diesen Kontext, weil dieser Kulturkreis strukturell als vorgeschichtlich anzusehen ist.

Diese Beispiele eint etwas, das [HUIZINGA 1997, 13] wie folgt beschreibt:

[...] Und schließlich betrachte man den Kult: Die frühe Gemeinschaft vollzieht ihre heiligen Hand-lungen, die ihr dazu dienen, das Heil der Welt zu verbürgen, ihre Weihen, ihre Opfer und ihre Mys-terien, in reinem Spiel im wahrsten Sinne des Wortes.

Hier erscheint also zunächst „Geometrie im Kult", dann gemäß HUIZINGA „Kult als Spiel" und damit insgesamt **Geometrie als Spiel**. Wir finden aber noch andersartige Beispiele in vorgeschichtlicher Zeit: Neben dem doch recht komplexen Beispiel in Bild 1.5 gibt es auch einfache, hochsymmetrische und ebenfalls *in einem Zug zeichenbare Figuren* wie insbesondere den *Kreis*. **Kreise** traten historisch sehr früh als geometrische Muster auf. Beispielsweise begegnen sie uns bekanntlich auch auf der britischen Insel in den berühmten Megalithen von **Stonehenge** und bei weiteren „henges" wie etwa dem hölzernen „Woodhenge". Für „henge" haben wir im Deutschen kein sprachliches Pendant, aber es gilt:

- Ein Henge ist ein prähistorisches, meist nahezu kreisförmiges Bauwerk, das aus einem Wall, einem Graben und einer ebenen Fläche im Zentrum besteht.

---

[16]   [SCRIBA & SCHREIBER 2002, 7]; Bild 1.5 aus [SCRIBA & SCHREIBER 2002, 8].

Stonehenge ist die bekannteste und am besten erhaltene *„Kreisgrabenanlage"*. Wir können hier nicht weiter auf die Bedeutung dieser Kreisgrabenanlage eingehen, die in der Zeit von ca. 3 000 bis 1100 v. Chr. in drei Bauphasen entstanden ist. Zumindest scheint heute festzustehen, dass *Stonehenge nicht nur kultische Bedeutung* hatte, *sondern auch astronomisch genutzt* wurde. So treten hier geometrische Strukturen nicht mehr nur im spielerischen oder kultischen Rahmen auf, sondern sie dienten – in Verbindung damit – auch praktischen Zwecken.

Doch es gibt sehr viel ältere Kreisgrabenanlagen wie z. B. das erst 1991 entdeckte und von 2002 bis 2004 in **Goseck** (Sachsen-Anhalt) freigelegte und schon ca. 4 800 v. Chr. entstandene Henge (Bild 1.6). Dieses ehemals hölzerne **Sonnenobservatorium** – also ein „Woodhenge" – diente vermutlich (wie Stonehenge) sowohl kultischen als auch astronomischen Zwecken.

Bild 1.6: rekonstruierte Kreisgrabenanlage in Goseck (Sachsen-Anhalt) – ca. 4800 v. Chr. entstanden

Als archäologische Besonderheit ist ferner **Göbekli Tepe** in Ostanatolien zu erwähnen, ein erst Anfang der 1960er Jahre entdeckter Komplex aus mehreren Kreisanlagen, die ca. 9 000 v. Chr. entstanden sind – quasi ein „anatolisches Henge". Hierbei handelt es sich um eine Kultanlage, vermutlich um einen Tempel einer „Jägergesellschaft".

Kreisgrabenanlagen wie die von Göbekli Tepe über Goseck bis hin zu Stonehenge dienten also *zumindest kultischen Zwecken*, so dass uns in vorgeschichtlicher Zeit **Geometrie als Spiel** begegnet und *bezüglich der astronomischen Bedeutung* auch **Geometrie als Anwendung**.

1.1.5.2 Am Beginn geschichtlicher Zeit

Die ägyptischen Pyramiden legen Zeugnis ab von dem geometrischen Können ihrer Planer und Erbauer. Weitere Kenntnisse des damaligen mathematischen Wissensstandes haben wir vor allem durch zwei aufgefundene Papyrusrollen, nämlich durch den *Papyrus Rhind* und durch den *Moskauer Papyrus*: Der Schotte HENRY RHIND entdeckte im Jahre 1858 im heutigen **Ägypten** die nach ihm benannte Papyrusrolle, die größtenteils im Britischen Museum in London aufbewahrt wird.

Diese beiden Papyri geben den Wissensstand von etwa 2000 v. Chr. wieder, und zwar in Form von Aufgabensammlungen mit Lösungshinweisen.

Eine dieser Aufgaben[17] betrifft die Berechnung des Flächeninhalts eines Vierecks mit (in unserer Notation) den Seitenlängen a, b, c und d, und zwar mit Hilfe einer (verbal notierten) Näherungsformel (unter zweimaliger Verwendung des *arithmetischen Mittels*).

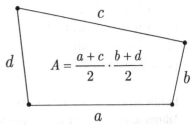

Bild 1.7: Ägyptische Flächeninhaltsberechnung durch zweimalige Mittelwertbildung

Wir würden das heute wie in Bild 1.7 veranschaulichen können: Unschwer ist erkennbar, dass die dort angegebene Formel nur in Sonderfällen richtig ist, dass sie aber dennoch in „rechtecknahen" Situationen offenbar näherungsweise brauchbar ist. (Die Ägypter verwendeten diese Formel übrigens auch zur Berechnung von Dreiecksflächeninhalten!)

Etwa aus derselben Zeit (dem Anfang des 2. Jahrtausends v. Chr.) stammt eine Formel der **Babylonier** zu einer „Teilungsaufgabe" für ein Viereck (sie lebten in Mesopotamien, dem sog. „Zwischenstromland", im heutigen Irak):[18] Ein viereckiges Feld mit den Seiten a, b, c, d ist durch eine von b nach d verlaufende Transversale x in zwei flächeninhaltsgleiche Teile zu zerlegen. Bild 1.8 visualisiert die Problemstellung und zeigt zugleich die „Lösung" in heutiger Notation als *quadratisches Mittel*, was verblüfft. Dabei fällt auf, dass nur zwei Seitenlängen in die Berechnung eingehen, abgesehen davon, dass die gesuchte Transversale nicht eindeutig existiert.

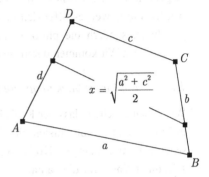

Bild 1.8: Babylonische Transversalenberechnung zur Flächeninhaltshalbierung

Beiden Beispielen ist neben der Verwendung eines Mittelwerts noch mehr gemein: So tritt hier „Geometrie" im ursprünglichen Wortsinn als „Erd-Messung" bzw. als „Landvermessung" auf, und damit liegt nur der Aspekt von **Geometrie als Anwendung** vor!

Weiterhin sind zwei babylonische Artefakte mit geometrischen Bezügen kurz zu erwähnen, auf die wir in Abschnitt 3.3.1 noch etwas näher eingehen werden:

Es ist einerseits die *Keilschrifttafel Yale YBC 7289*, die zwischen 1800 und 1600 v. Chr. entstanden ist und die als Ergebnis sexagesimale Aproximationen der Diagonalenlänge eines Quadrats mit den Kantenlängen 1 (bzw. 30) enthält, denn die Babylonier verfügten bereits über einen Algorithmus zur Approximation von Quadratwurzeln wie $\sqrt{2}$, den sie zur Aufstellung astronomischer Tafeln verwendeten.[19]

---

[17]   Vgl. [GERICKE 1970, 47] und [SCRIBA & SCHREIBER 2002, 13].

[18]   Bei [SCRIBA & SCHREIBER 2002, 18] als Formel, hier in Bild 1.8 graphisch dargestellt. Eine vertiefende Aufgabe dazu findet sich in [SCRIBA & SCHREIBER 2002, 24].

[19]   Mehr dazu u. a. in [HISCHER 2002b].

Und es ist die *Keilschrifttafel Plimpton 322* zu nennen, die (wie in einem heutigen Tabellen-kalkulationsprogramm) die Tabellierung einer Funktion zeigt: der geometrisch definierten Sekansfunktion (genauer: von $\sec^2$), einer (fast vergessenen) trigonometrischen Funktion, die gemeinsam mit der Kosekansfunktion in der Dreiecksgeometrie gerne benutzt wurde:[20]

$$\sec = 1 \,/\, \cos$$

Damit scheint viel dafür zu sprechen, dass **am Beginn geschichtlicher Zeit** vor rund 4 000 Jahren in der Geometrie der Aspekt „Anwendung" anstelle von „Spiel" dominiert hat! Jedoch dominiert und triumphiert rund 1500 Jahre später **in der pythagoreischen Mathematik** der Aspekt „Spiel des Geistes", und zwar nicht nur in der Geometrie, was hier nur angedeutet werden muss, weil es offensichtlich ist: Es ist die weniger auf Anwendung und Nützlichkeit gerichtete, sondern die philosophisch und grundlagentheoretisch geprägte Mathematik der Pythagoreer. Wir kommen darauf in den Abschnitten 3.3.4 und 3.3.5 zurück.

1.1.5.3   Ein kurzer Blick in andere Kulturen: China, Japan und Neuseeland

Wir haben gesehen, dass der Kreis bei der Entstehung geometrischen Handelns und Denkens in Europa und in Vorderasien eine besondere Rolle gespielt hat, und zwar zunächst in kulti-schen Zusammenhängen. Kreise wurden auch in China und in Japan untersucht, wenngleich z. T. unter einem für die damalige europäische Mathematik zunächst ungewöhnlichen Aspekt, geht es hier doch um

> das Einpassen von sich berührenden Kreisen in vorgegebene Figuren wie Halbkreise, Ellipsen und andere Formen [...].[21]

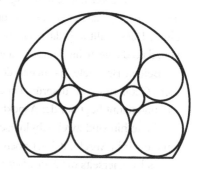

Damit sind **Kreispackungen** gemeint. Ein schönes Bei-spiel dazu zeigt Bild 1.9. Es ist die Nachbildung einer möglicherweise aus dem 14. Jahrhundert stammenden Darstellung.[22] Die korrekte Erzeugung solcher Kreis-packungen ist spontan gesehen nicht trivial.

Ein auf praktische Anwendung gerichteter Sinn sol-cher Darstellungen ist nicht erkennbar, so dass hier ver-mutlich **Geometrie als Spiel des Geistes** erscheint.

Das gilt wohl auch für die „schwebenden Kreise" aus Japan (17. Jahrhundert), wie sie in der Nachbildung in Bild 1.10 zu sehen sind:[23]

Bild 1.9:
chinesische Kreispackung (14. Jh.)

Angedeutet ist hier, dass die Mittelpunkte der acht einander berührenden Kreise die Eck-punkte eines regelmäßigen Achtecks bilden.

---

[20]   Mehr zu Plimpton 322 z. B. in [HISCHER 2002a, 327 ff.], ferner in Abschnitt 3.3.1.3 und in Aufgabe 3.1 (S. 120).
[21]   [SCRIBA & SCHREIBER 2002, 125]
[22]   In Anlehnung an eine Abbildung aus [SCRIBA & SCHREIBER 2002, 125] nachgebildet.
[23]   Nachbildung in Anlehnung an eine Abbildung aus [SCRIBA & SCHREIBER 2002, 133].

Die Konstruktion wird einfach und erfordert keine Berechnungen, wenn man mit dem Achteck beginnt, sie ist jedoch weniger einfach, wenn man (gemäß der japanischen Konstruktionsbeschreibung) den äußeren Kreis und seinen Abstand zu den sich berührenden Kreisen vorgibt.

Zwar mag Bild 1.10 an ein Kugellager erinnern, also an eine Anwendung, doch scheint auch hier der Aspekt **Geometrie als Spiel des Geistes** vorzuliegen, was elementargeometrische Fragen provoziert:

Bild 1.10: „schwebende Kreise"
(Japan, 17. Jh.)

- *Wie groß sind die Radien des äußeren und des inneren Berührkreises der acht schwebenden Kreise, wenn der Radius der neun kleinen Kreise gegeben ist?*

- *Auf welchen Kreisen liegen die Mittelpunkte und die Berührpunkte der schwebenden Kreise?*

- *Gibt es Analogien bei sechs schwebenden Kreisen?*

Von den japanischen schwebenden Kreisen ist der Sprung nicht weit in das 19. Jh. zu den *Steinerschen Kreisketten*[24] wie etwa im Beispiel in Bild 1.11. Mit Software für eine „Bewegliche Geometrie" sind solche Steinerschen Kreisketten auch animiert darstellbar, wobei sich dann in Bild 1.11 die 5 weißen (variablen) Kreise in dem (festen) großen um den (festen) inneren Kreis stets Kontakt haltend (bei „Erhaltung aller Kreiskontakte") „drehen" würden – und das ist einerseits so *unnütz* (wirklich?) und andererseits so *schön*.

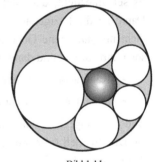

Bild 1.11:
Steinersche Kreiskette

Im Rahmen einer umfassenden Betrachtung liegt es nahe, beispielsweise auch ethnomathematische Forschungsergebnisse einzubeziehen. Hier sei neben der Bedeutung von Kreisen auf eine solche von **Spiralen** bei Tattoos verwiesen, die z. B. bei den Maori in Neuseeland eine herausragende Rolle spielen[25] – und zwar insbesondere bei kultischen Handlungen und damit dann auch im Aspekt von **Geometrie als Spiel**.

1.1.6 Einige aktuelle Beispiele

1.1.6.1 Raumgeometrie und Raumanschauung

Was ist Geometrie? Das erfährt man am besten, indem man sich mit „Geometrien" befasst. Da Sie als Leserin bzw. Leser dies zumindest schon in der Schule in geringem Umfang getan haben, werden Sie vielleicht folgenden ersten beiden Thesen zustimmen können:

---

[24] Im Zusammenhang mit JAKOB STEINERs *Schließungssätzen*, die auch *„Steinersche Porismen"* heißen.
[25] Mit Dank an meinen Kollegen HANS SCHUPP, Universität des Saarlandes, für diesen Hinweis.
Beispiele für solche Tattoos z. B. bei https://wiki.bme.com/index.php?title=Moko (25.05.2020).

- *Geometrie kann als die Lehre von den Raumgrößen bzw. als Wissenschaft des Raumes aufge-fasst werden.*
- *Geometrie kann als Abstraktion des empirischen Anschauungsraums aufgefasst werden: Sie basiert auf Eigenschaften des Raumes, die anschaulich bzw. durch Erfahrung gegeben sind.*

Hierbei wollen wir „Raum" naiv verstehen und noch nicht hinterfragen. Sie mögen ferner akzeptieren, dass diese Thesen dann auch auf die „abstrakten" Geometrien zutreffen, die ja letztlich daraus entstanden (sind). Mit gewissen Einschränkungen wird wohl auch gelten:

- *Geometrische „Axiome" finden ihre Entsprechung in den psychologischen Gesetzen der menschlichen Raumauffassung.*

Strittig mag vielleicht sein, ob folgende These für alle Geometrien gilt:

- *Geometrie ist auf unsere Erfahrungswelt anwendbar.*

Jedoch unstrittig dürfte sein:

- *Der menschliche Anschauungsraum ist dreidimensional.*

Es sei unterstellt, dass sich die Entwicklung raumgeometrischer Fähigkeiten fördern lässt. Dann hat die letztgenannte These zur Folge, dass sich Geometrie im Mathematikunterricht nicht nur auf ebene Geometrie beschränken darf und dass Raumgeometrie möglicherweise sogar am Anfang und dann stets wegweisend auftreten sollte. Das führt zu den Forderungen:

> ➢ Raumgeometrie gehört in den Geometrieunterricht!

> ➢ (Raum-)Geometrieunterricht muss (auch!) „zum Anfassen" (also haptisch) sein!

Bild 1.12 zeigt dazu links den bekannten „Necker-Würfel" als ein „Kipp-Bild". So kann z. B. ein Drahtmodell hilfreich sein, um aus je individueller Sicht – bei unterschiedlicher Haltung dieses Modells – die beiden mittleren Situationen zur „realisieren". Die Aufforderung, ein Drahtmodell für die vierte Ansicht in Bild 1.12 zu bauen, kann zu erstaunlichen Reaktionen führen – nicht nur bei Schülerinnen und Schülern, sondern durchaus auch bei Erwachsenen!

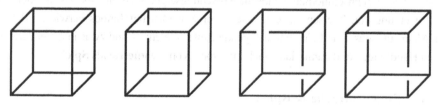

Bild 1.12: Drei verschiedene Interpretationen des links zu sehenden Necker-Würfels

Hieraus ergibt sich als Anregung für den Unterricht:

- *Geometrie als Spiel und unmögliche Figuren*

Das sollte durch eine Vielzahl von Beispielen sensibilisiert werden. Dazu gehört das 1972 von dem ungarischen Künstler VICTOR VASARELY geschaffene alte Renault-Logo als eine *unmögliche Figur*, das 1992 von Renault durch eine *mögliche Figur* abgelöst worden ist. Bild 1.13 zeigt eine Simulation zur Entwicklung des alten Logos: Das Bild ganz links kann spontan wie beim Kipp-Bild des Neckerwürfels in Bild 1.12 räumlich unterschiedlich gedeutet werden.

Das Bild in der Mitte ist eindeutig wie ein Rahmen oder eine Kiste ohne Boden und ohne Deckel deutbar. Hingegen durch eine kleine Änderung erweist sich das rechte Bild als eine *räumlich unmögliche Figur*, es ist gewissermaßen die Spar-Variante des früheren Renault-Logos vom 1972.

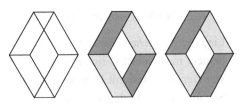

Bild 1.13: Simulationsentwicklung zum alten Renault-Logo

Zum Thema „unmögliche Figuren" findet man im World Wide Web viele Beispiele, und es gibt schöne illustrierte Bücher wie [SECKEL 2005], vor allem den Klassiker [ERNST 1985], der sogar „Bastelbögen" zum Kopieren und Ausschneiden enthält, mit denen man „unmögliche Drei-Balken-Konstruktionen" und „unmögliche Vier-Balken-Konstruktionen" real (sic!) erstellen kann, die bei geschickter Betrachtungsweise dennoch als möglich erscheinen (rechts in Bild 1.14 ist ein Foto einer solchen Bastelbogenkonstruktion zu sehen).

Bild 1.14: 3-Balken-Figur

Bei dem Aspekt „*Geometrie als Spiel und unmögliche Figuren*" werden Illusionen geschaffen und analysiert („Illusion" geht auf „in ludere" für „ein-spielen" zurück). So kann man z. B. nach dem „Volumen" der 2-Balken-Figur in Bild 1.15 fragen und dieses sogar berechnen – das ist dann die perfekte Illusion!

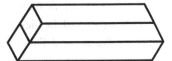

Bild 1.15: Volumen dieser unmöglichen 2-Balken-Figur?

Neben unmöglichen „räumlichen" Figuren findet man auch *falsche räumliche Darstellungen* wie z. B. nebenstehende verheerende „Globusdarstellungen". Derartige Negativ-Beispiele können jedoch – konstruktiv gewendet – zu einem weiteren beachtenswerten Aspekt als Anregung für die Unterrichtsgestaltung führen:

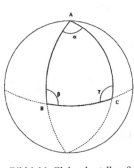

Bild 1.16: Globusdarstellung?

Bild 1.17: Globusdarstellung?

- *Geometrie als Anwendung und falsche Figuren*

Darüber hinaus können falsche Darstellungen, wie sie in Bild 1.16 und in Bild 1.17 zu sehen sind, in gegensteuernder Absicht zu der naheliegenden Forderung führen, auch

- *Elemente Darstellender Geometrie in den Mathematikunterricht*

aufzunehmen! (Vgl. dazu eine korrekte Globusdarstellung wie in Bild 4.5 auf S. 154.)

1.1.6.2   Inzidenzgeometrie und endliche Geometrie

Eine *axiomatische Geometrie* lässt sich spielerisch z. B. als „Inzidenzraum" entwickeln. Dazu braucht man zunächst eine nicht leere Menge $\mathcal{P}$ von *Punkten* und eine nicht leere Menge $\mathcal{G}$ von *Geraden*, und mit Hilfe einer *Inzidenzrelation* lässt sich dann abstrakt die anschauliche Situation erfassen, dass *ein Punkt P aus der Menge $\mathcal{P}$ auf einer Geraden g* aus der Menge $\mathcal{G}$ *liegt*, was mit „P inzidiert mit g" bezeichnet werden kann bzw. kurz mit „P inz g".

Für den angesprochenen Anschauungsraum gelten dann zumindest folgende Eigenschaften:

(1) *Zu je zwei verschiedenen* Punkten A und B aus $\mathcal{P}$ gibt es stets *genau eine* Gerade g aus $\mathcal{G}$, so dass diese beiden Punkte mit g inzidieren, also: A inz g und B inz g.

(2) *Zu jeder* Geraden g aus $\mathcal{G}$ gibt es stets mindestens *zwei verschiedene* Punkte A und B aus $\mathcal{P}$, die mit g inzidieren, also: A inz g und B inz g.

Obwohl beide Eigenschaften recht ähnlich aussehen, sind sie doch grundlegend verschieden: Wir beachten zunächst, dass (1) *zwei Teilforderungen* enthält: (1a) Je zwei Punkte inzidieren mit mindestens einer Geraden; (1b) je zwei Punkte inzidieren mit höchstens einer Geraden. Im Fall (1) wählt man also zunächst zwei beliebige verschiedene Punkte und findet dazu stets genau eine Gerade, die man wegen dieser Eindeutigkeit „die *Verbindungsgerade*" von A und B nennen darf und die hier mit $\langle A,B \rangle$ bezeichnet sei. Im Fall (2) hingegen wählt man eine beliebige Gerade und findet dazu stets zwei verschiedene Punkte, d. h.: Auf jeder Geraden liegen also mindestens zwei Punkte, weshalb (2) eine sog. „Reichhaltigkeitsforderung" ist.

In Bild 1.18 wird die durch (1) und (2) beschriebene Situation mit Hilfe einer sog. *Faltgeometrie* veranschaulicht.

Beide Eigenschaften überraschen wohl kaum in Bezug auf ihren „Wahrheitsgehalt", sie sind geradezu trivial im Sinne von „offensichtlich", und so entsteht die Frage, warum man diese beiden Eigenschaften überhaupt aufschreibt:

So wird mit den beiden Eigenschaften (1) und (2), die wir fortan

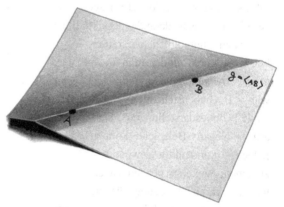

Bild 1.18: Faltgeometrie als Inzidenzgeometrie:: genau eine Gerade durch zwei gegebene Punkte

„Axiome" („Forderungen") nennen werden, ja keineswegs festgelegt, was ein „Punkt ist" und was eine „Gerade ist", sondern es werden nur deren wechselseitige Beziehungen beschrieben. Und damit sind wir also frei bezüglich gewünschter oder denkbarer *Interpretationen*! Hierin zeigt sich zugleich der Sinn und der Vorteil der sogenannten „axiomatischen Methode".

Die durch diese Axiome beschriebene „Geometrie" nennen wir *Inzidenzraum*, und jede „Struktur", die diese Axiome erfüllt, ist dann ein sog. *Modell für einen Inzidenzraum*.

Bild 1.19 zeigt dazu exemplarisch zwei *isomorphe Minimalmodelle* für einen *endlichen* Inzidenzraum.

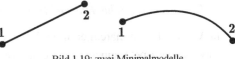

Bild 1.19: zwei Minimalmodelle
für einen „Inzidenzraum"

Bild 1.20 zeigt drei weitere Beispiele, bei denen wir zu klären haben, ob es Modelle für einen Inzidenzraum sind, ob also die *beiden* Axiome (1) und (2) jeweils erfüllt sind:

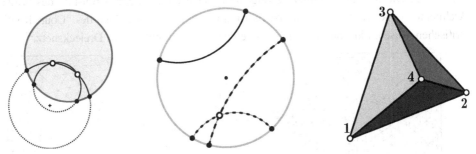

Bild 1.20: Ein „Nichtbeispiel" zu „Inzidenzraum" und zwei Beispiele dafür

Links in Bild 1.20 übernehmen die Kreise und die Kreisbögen innerhalb des großen Kreises die Rolle von „Geraden" (zwei solche „Geraden" sind hier dargestellt). Offensichtlich gibt es zu den beiden im großen Kreis hohl markierten „Punkten" mindestens zwei Geraden, mit denen diese Punkte inzidieren (sogar unendlich viele, wie unmittelbar einsichtig wird.). Da hier also die geforderte Eindeutigkeit nicht gegeben ist, existiert keine „Verbindungsgerade" im vorseitig beschriebenen Verständnis, und es liegt somit *kein Inzidenzraum* vor.

Im mittleren Beispiel werden als „Geraden" sog. „Orthokreisbögen" betrachtet, die also zum Randkreis orthogonal (umgangssprachlich: „senkrecht") liegen; von diesen sind exemplarisch drei dargestellt. Hier liegt ein Inzidenzraum vor (warum?); jedoch gilt hier nicht das „Parallelenaxiom", denn zu der oberen (durchgezogenen) „Geraden" gibt es keine eindeutige „Parallele" durch den hohl markierten Punkt – vielmehr gibt es sogar unendlich viele „Parallelen" zu ihr, wie unmittelbar erkennbar ist.

In diesen beiden ersten Beispielen von Bild 1.20 gibt es jeweils unendlich viele „Punkte" und „Geraden". Hingegen gibt es im rechten Beispiel, dass man sich als dreidimensionales Tetraeder vorstellen kann, nur vier „Punkte" und sechs „Geraden". Eine Betrachtung aller Fälle zeigt, dass hier ein Inzidenzraum vorliegt, und zwar als Beispiel für eine *endliche Geometrie*.

Erkennbar gilt für die Figur rechts in Bild 1.20 das *Parallelenaxiom*: Zu der Verbindungsgeraden vom Punkt 1 zum Punkt 2, die hier also mit $\langle 1, 2 \rangle$ bezeichnet sei (s. o.), und dem nicht mit ihr inzidierenden Punkt 4 gibt es genau eine „Parallele", die mit dem Punkt 4 inzidiert und die keinen „gemeinsamen Punkt" mit $\langle 1, 2 \rangle$ hat, nämlich die Gerade $\langle 3, 4 \rangle$. Da alle „Geraden" in diesem Fall gleichwertig sind, liegt hier also ein *Minimalmodell für einen Inzidenzraum* vor, in dem zusätzlich das *Parallelenaxiom* gilt. Sowohl „Inzidenzgeometrie" als auch speziell „endliche Geometrie" erscheinen in diesen Beispielen nur als „Spiel des Geistes". Sie haben ihren Wert in sich, ohne dass nach möglichen Anwendungen Ausschau gehalten werden muss!

1.1.6.3 Freiformarchitektur und Mathematik

Im Artikel „Freiformarchitektur und Mathematik" beschreiben POTTMANN & WALLNER[26] den Anwendungsaspekt anhand der Realisierung freier Formen in der modernen Architektur mit Hilfe der hierbei zunehmenden Bedeutung der Mathematik und insbesondere von Geometrie und Optimierung, wobei sich diese Gebiete durch solche *Anwendungen* zugleich gegenseitig befruchten. Die folgende Abbildung zeigt dazu ein beeindruckendes Beispiel des britischen Architekten CHRISTOPHER WILLIAMS: Es ist ein Entwurf für das Dach des "Court Roof" im Britischen Museum in London, ein von unten gesehenes, nicht ebenes Dreiecksnetz.[27]

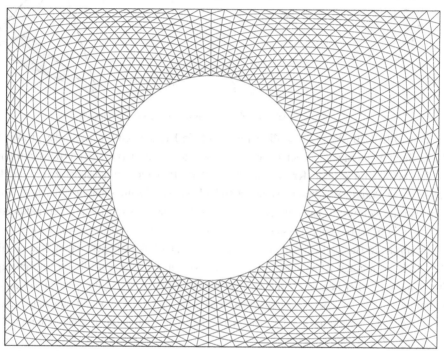

Bild 1.21: Dach des "Great Court Roof" im Britischen Museum als Dreiecksnetz

WILLIAMS beschreibt das Projekt im Abstract seines Artikels wie folgt:[28]

The steel and glass British Museum Great Court Roof covers a rectangular area of 70 by 100 metres containing the 44 metre diameter Reading Room. The paper describes in detail how the spiralling geometry of the steel members was generated working closely with the architects, Foster and Partners, and the engineers, Buro Happold[.] A combination of analytic and numerical methods were developed to satisfy architectural, structural and glazing constraints. Over 3000 lines of computer code were specially written for the project, mainly for the geometry definition, but also for structural analysis.

---

[26] [POTTMANN & WALLNER 2010]
[27] Mit großem Dank an CHRIS WILLIAMS für die Zusendung der mittels CAD erstellten Bilddatei. Diverse Bilder vom fertig gestellten Dach findet man im Web bei Suche nach "Great Court Roof".
[28] [WILLIAMS 2001]; im Original fehlender Punkt nach „Buro Happold" wurde in obigem Zitat ergänzt.

Er stellt die Formeln zur Berechnung dieser Oberfläche wie folgt vor [WILLIAMS 2001, 435]:

The shape of the roof is defined by a surface on which the nodes of the steel grid lie. The height of the surface, z, is a function of x in the easterly direction and y in the northerly direction. The origin lies on a vertical line through the centre of the Reading Room. The function is: $z = z_1 + z_2 + z_3$ where $z_1 = \left(h_{centre} - h_{edge}\right)\eta + h_{edge}$,

$$\frac{z_2}{\alpha} = \left(1 - \lambda\right)\left(\begin{array}{l} \left(35.0 + 10.0\psi\right)\dfrac{1}{2}\left(1 + \cos 2\theta\right) + \dfrac{24.0}{2}\left(\dfrac{1}{2}\left(1 - \cos 2\theta\right) + \sin\theta\right) \\ + \left(7.5 + 12.0\psi\right)\left(\dfrac{1}{2}\left(1 - \cos 2\theta\right) - \sin\theta\right) - 1.6 \end{array}\right)$$

$$- \frac{10.0}{2}\left(1 + \cos 2\theta\right) + 10.0\left[\frac{1}{2}\left(\frac{1}{2}\left(1 - \cos 2\theta\right) + \sin\theta\right)\right]^2 \left(1.0 - 3.0\alpha\right)$$

$$+ 2.5\left[\frac{1}{2}\left(\frac{1}{2}\left(1 - \cos 2\theta\right) - \sin\theta\right)\right]^2 \left(\frac{r}{a} - 1\right)^2$$

and

$$\frac{z_3}{\beta} = \lambda\left(\frac{3.5}{2}\left(1 + \cos 2\theta\right) + \frac{3.0}{2}\left(1 - \cos 2\theta\right) + 0.3\sin\theta\right)$$

$$+ 1.05\left(e^{-\mu\left(1 - \frac{x}{b}\right)} + e^{-\mu\left(1 + \frac{x}{b}\right)}\right)\left(e^{-\mu\left(1 - \frac{y}{c}\right)} + e^{-\mu\left(1 + \frac{y}{d}\right)}\right).$$

In these expressions the polar co-ordinates, $r = \sqrt{x^2 + y^2}$ and $\theta = \cos^{-1}\frac{x}{r} = \sin^{-1}\frac{y}{r}$, and

$$\eta = \frac{\left(1 - \frac{x}{b}\right)\left(1 + \frac{x}{b}\right)\left(1 - \frac{y}{c}\right)\left(1 + \frac{y}{d}\right)}{\left(1 - \frac{\alpha x}{rb}\right)\left(1 + \frac{\alpha x}{rb}\right)\left(1 - \frac{\alpha y}{rc}\right)\left(1 + \frac{\alpha y}{rd}\right)}, \quad \psi = \left(1 - \frac{x}{b}\right)\left(1 + \frac{x}{b}\right)\left(1 - \frac{y}{c}\right)\left(1 + \frac{y}{d}\right), \quad \alpha = \left(\frac{r}{a} - 1\right)\psi \quad \text{and}$$

$$\frac{1 - \frac{a}{r}}{\beta} = \frac{\sqrt{\left(b - x\right)^2 + \left(c - y\right)^2}}{\left(b - x\right)\left(c - y\right)} + \frac{\sqrt{\left(b - x\right)^2 + \left(d + y\right)^2}}{\left(b - x\right)\left(d + y\right)} + \frac{\sqrt{\left(b + x\right)^2 + \left(c - y\right)^2}}{\left(b + x\right)\left(c - y\right)} + \frac{\sqrt{\left(b + x\right)^2 + \left(d + y\right)^2}}{\left(b + x\right)\left(d + y\right)}.$$

The constants are $a = 22.245$, $b = 36.625$, $c = 46.025$, $d = 51.125$, $\lambda = 0.5$, $\mu = 14.0$, $h_{centre} = 20.955$ and $h_{edge} = 19.71$.

Bild 1.22: Formelsatz zur Berechnung von Bild 1.21

1.1.7 Fazit

Die hier – exemplarisch für die Geometrie – geführten Betrachtungen könnten analog auch für andere Gebiete geführt werden. So zeigt die Mathematik janusköpfig zwei Wesenheiten des Menschen: den homo faber („Anwendung" in Verbindung mit Nutzen und Verantwortung) und den homo ludens („Spiel des Geistes" als nicht auf Nutzen gerichteten Aspekt).

1.2   Mathematik im kulturhistorischen Kontext

1.2.1   Fundamentale Ideen und grundlegende Begriffe

1.2.1.1   Grundsätzliche Betrachtungen

JEROME SEYMOUR BRUNER stellt in dem Buch „Der Prozeß der Erziehung" die These auf, dass

> die Grundlagen eines jeden Faches jedem Menschen in jedem Alter in irgendeiner Form beigebracht werden können [und dass] die basalen Ideen, die den Kern aller Naturwissenschaft und Mathematik bilden, und die grundlegenden Themen, die dem Leben und der Dichtung ihre Form verleihen, ebenso einfach wie durchschlagend sind.[29]

BRUNER bewirkte damit – insbesondere auch in der Didaktik der Mathematik – eine bis heute nachhaltige Debatte über die Bedeutung dieser *basalen Ideen* für die Planung und Gestaltung von Unterricht, wobei in der fachlichen Diskussion andere Bezeichnungen wie insbesondere *fundamentale Ideen* – aber auch etwa *zentrale Ideen* oder *universelle Ideen* – mit je eigenen Akzentuierungen (!) anzutreffen sind. Ein Problem der mit diesen Bezeichnungen verbundenen Begriffe besteht in ihrer immanent angelegten verführerischen Aufforderung zu einer voraussetzungsfreien, subjektiven, spontanen und intuitiven bzw. gar naiven Deutung. Und folglich bietet die Fachliteratur hierzu auch vielseitige Interpretationen.

SCHWEIGER gebührt hier das Verdienst, 1992 die in der Literatur der vorausgegangenen zwanzig Jahre anzutreffende Reichhaltigkeit der inhaltlichen Auslegungen dieser recht vagen Bezeichnung vergleichend vorgestellt zu haben, und zwar mit seiner *„geisteswissenschaftlichen Studie"* über fundamentale Ideen.[30] So schreibt er auf S. 207 gegen Ende seines Überblicks vor einem Resümee und einer eigenen Position:

> Vergleicht man die [...] vorgestellten Kataloge, so zeigen sich überraschende Ähnlichkeiten, aber die Disparatheiten überwiegen.

Und es ergibt sich die Frage, wie man zu einem konsensfähigen Katalog fundamentaler Ideen kommen kann. [HEYMANN 1996] stellt sechs von ihm so genannte „zentrale Ideen" vor: die *Idee* der *Zahl*, des *Messens*, des *funktionalen Zusammenhangs*, des *räumlichen Strukturierens*, des *Algorithmus* und des *mathematischen Modellierens*.

Sie sind später (modifiziert als fünf „Leitideen") in die sog. „Bildungsstandards" der KMK[31] eingegangen: *Zahl, Messen, Raum und Form, funktionaler Zusammenhang, Daten und Zufall*.

Bei diesen beiden „Ideensammlungen" fällt zunächst auf, dass die jeweils genannten „Ideen" verschiedene sprachliche Ebenen betreffen:

---

[29]   [BRUNER 1970, 26]; die englische Originalfassung „The Process of Education" erschien 1960.

[30]   [SCHWEIGER 1992]; dort findet sich auch vorzüglicher Überblick über die bis dahin aktuelle Literatur. Auch sei auf das deutlich weiterführende Buch [SCHWEIGER 2010] hingewiesen.

[31]   Kultusministerkonferenz (*Ständige Konferenz der Kultusminister der Länder in der Bundesrepublik Deutschland*).

Denn beispielsweise wird mit „Zahl" ein *Begriff* bezeichnet, mit „Messen" hingegen eine *Handlung*. Zwar kann man einwenden, dass etwa die „Idee der Zahl" kulturhistorisch kaum ohne die „Idee des Zählens" entstehen konnte,[32] und dennoch bleibt die Frage bestehen, weshalb diese „Ideen" so ungleichartig formuliert wurden. Hilfreich und überzeugend ist in diesem Zusammenhang folgende Eingrenzung von SCHWEIGER:[33]

> Eine fundamentale Idee ist ein Bündel von <u>Handlungen</u>, Strategien und Techniken [...]

So ist der *Aspekt der Handlung* (unter Einschluss von *Strategien* und *Techniken*) daher – SCHWEIGER folgend – als *wesentlich* für fundamentale Ideen anzusehen.[34] Das betrifft dann fundamentale Ideen sowohl im deskriptiven als auch im normativen Sinn! Diese Auffassung wird dadurch gestützt, dass die Entstehung bzw. *Bildung eines Begriffs* – eines subjektiven Konstrukts! – an eine individuelle Handlung gebunden ist, nämlich an das *Begreifen*. Und das Begreifen bezeichnet als Handlung den Prozess der Entwicklung des Begriffs *im* Individuum und *durch* das Individuum, also die *ontogenetische Begriffsentwicklung* in Abgrenzung zur kulturhistorischen Begriffsentwicklung.[35] Damit sind das *Begreifen* (als Handlung) und der *Begriff* im Prozess der Begriffsentwicklung untrennbar aneinander gekoppelt – wobei dieser Prozess möglicherweise „handelnd" beginnt, andererseits wohl prinzipiell lebenslang unabgeschlossen bleibt. Schließt man sich dieser Auffassung an, so bedeutet das allerdings, dass beispielsweise „Zahl" für sich genommen noch keine fundamentale Idee bezeichnet, aber auch nicht das „Zählen" für sich genommen, sondern dass vielmehr erst beide gemeinsam die fundamentale Idee ausmachen, also „Zahl" als Bezeichnung für einen *grundlegenden Begriff* und „Zählen" als Bezeichnung für die zugehörige *grundlegende Handlung*, kurzum:

- *Eine fundamentale Idee offenbart sich einerseits als grundlegende Handlung und andererseits als grundlegender Begriff, insgesamt also in deren „Symbiose".*

So könnte man dann z. B. einige der „zentralen Ideen" bei HEYMANN wie folgt kennzeichnen:

- Zahl & Zählen, Maß & Messen, Algorithmus & Algorithmieren

Aber wie soll bzw. wie kann man analog mit Termini wie *„funktionaler Zusammenhang"*, *„Daten und Zufall"* und *„Raum und Form"* umgehen (wenn man diese denn verwenden will)? Letztgenannter Terminus ist – wie bei HEYMANN – durch *„räumliches Strukturieren"* ergänzbar. Hier wird man einwenden können, dass zur Handlung des „räumlichen Strukturierens" besser die „räumliche Struktur" als Bezeichnung des zugehörigen Begriffs zu stehen habe, weil das „Erfassen" der Struktur ein „Begreifen" und also ein Handeln ist (unter Einschluss des Denkens). Das Handeln bei „funktionalen Zusammenhängen" besteht im Herstellen, Erkennen und Untersuchen solcher Zusammenhänge, was man „funktionales Denken" zu nennen pflegt.

---

[32]   Vgl. Abschnitt 3.1.

[33]   Siehe Fußnote 30; unterstreichende Hervorhebung nicht im Original.

[34]   Dies hat auch mein Kollege und Freund HANS SCHUPP (Saarbrücken) mir gegenüber in vielen Gesprächen betont, und es ist der Tenor in [SCHUPP 1984] und SCHUPP [1992], vgl. Fußnote 38 auf S. 22.

[35]   Vgl. Abschnitt 1.3.

Schwierig wird es wohl, eine sinnvolle, knappe (verbale) Umschreibung des Handelns bei „Daten und Zufall" zu finden. Wir könnten uns ggf. aus diesen Formulierungsschwierigkeiten befreien, indem wir beachten, dass sich fundamentale Ideen stets in der Symbiose aus einer *grundlegenden Handlung* und einem zugehörigen *grundlegenden Begriff* zeigen (s. o.), dass also bei einer fundamentalen Idee zu einem grundlegenden Begriff stets auch eine grundlegende Handlung gehört – und vice versa. Berücksichtigt man dieses Junktim, so lässt sich eine konkrete fundamentale Idee *notfalls* nur durch einen zugehörigen Begriff *oder* durch eine zugehörige Handlung hinreichend gut benennen.

Allerdings müssen wir – wie implizit bereits bisher geschehen – den *„Begriff"* und die *„Bezeichnung eines Begriffs"* unterscheiden, wobei mit „Bezeichnung" hier nur der *Begriffsname als Ergebnis des Bezeichnens* (und nicht der Prozess des Bezeichnens) gemeint ist.[36]

Demgemäß sind z. B. „Zahl" und „Algorithmus" für sich genommen noch keine Begriffe, sondern nur Begriffsnamen, während der „Begriff" selber dann etwas Abstraktes ist, das sich im Individuum in je subjektiver Vorstellung handelnd entwickelt und ausbildet. In Abschnitt 1.3 kommen wir darauf zurück.

1.2.1.2   Kriterien bezüglich fundamentaler Ideen

Eine Analyse und Revision von SCHWEIGERs „geisteswissenschaftlicher Studie" führt zu der Feststellung, dass es *zwei unterschiedliche Klassen fundamentaler* Ideen gibt, die nachfolgend einerseits als *deskriptive* und andererseits als *normative* Kriterien bezeichnet werden.[37]

Fundamentale Ideen der Mathematik …

📖	… sind aufzeigbar in der *historischen Entwicklung* der Mathematik,	**Historizität**
✍	… sind, als *Archetypen des Handelns und Denkens*, auch *außerhalb der Mathematik, vor der wissenschaftlichen Aufnahme* auffindbar,	**Archetypizität**
Σ	… geben (zumindest partiell) Aufschluss über *das Wesen der Mathematik*,	**Wesentlichkeit**
↕	… sind tragfähig, um curriculare Entwürfe des Mathematikunterrichts *vertikal* zu gliedern,	**Durchgängigkeit**
∿	… sind geeignet, den Mathematikunterricht beweglicher und *durchsichtiger* zu gestalten.	**Transparenz**

Die *ersten drei Kriterien* sind **deskriptiv** – sie *können* hilfreich sein bei der *Suche* nach fundamentalen Ideen. Diese Kriterien gehen nahezu wörtlich auf [SCHUPP 1984, 60] zurück.[38]

---

[36] [LAMBERT 2003] und [REMBOWSKI 2018] verwenden aus demselben Grunde „Bezeichner" statt „Bezeichnung" bzw. „Begriffsname", und AUSTEDA verwendet alternativ dafür „Begriffswort" (vgl. das Zitat auf S. 38). In diesem Buch wird stattdessen künftig meistens das Wort „Terminus" verwendet.

[37] Vgl. u. a. [HISCHER 1998] und [HISCHER 2004].

[38] Die im zweiten Kriterium erwähnten Aspekte *„Handeln"* und *„wissenschaftliche Aufnahme"* führt [SCHUPP 1992, 106] auf, und er bezeichnet hier *„Handeln und Denken"* als *„(… höchst sublimierte) Tätigkeiten"*.

Die *letzten beiden Kriterien* hingegen sind **normativ** bzw. **präskriptiv**, d. h., sie beschreiben *Erwartungen* an einen gemäß solchen Ideen konzipierten Unterricht. Über diese fünf Aspekte hinaus ist zu berücksichtigen, dass die *Bedeutsamkeit von Ideen mit zunehmender Präzision abnimmt* (!), was zu einem ergänzenden Kriterium führt:

Fundamentale Ideen der Mathematik ...

≈	... sind eher vage als präzise.	**Vagheit**

Mit diesem *Aspekt der Vagheit* liegt ein *weiteres deskriptives Kriterium* vor, und SCHWEIGER betont im Zusammenhang mit dem Problem des Findens konkreter fundamentaler Ideen:[39]

> [Dieses Problem] dürfte mit der, fundamentalen Ideen zugeschriebenen <u>Vagheit</u> zusammenhängen. Es sei nochmals Jung 1978 zitiert: „Die <u>Idee einer Sache ist etwas vage</u>, braucht keine Detaillierung, macht sie erst sinnvoll." [...] Was Jung im Hinblick auf den lernzielorientierten Unterricht konstatiert, nämlich das Bestehen einer <u>Unschärferelation</u> „<u>Je präziser, desto bedeutungsloser</u>" [...] scheint auch hier zuzutreffen.

Wir können damit folgende *Unschärferelation* für fundamentale Ideen formulieren:

- Werden *Ideen zunehmend fundamentaler*, so wird ihre Beschreibung *zunehmend vager*, d. h., sie werden zunehmend *allgemeiner und unschärfer* – und umgekehrt!

Es ist an dieser Stelle zu ergänzen, dass in [VON DER BANK 2016] eine aktuelle und besonders gründliche Analyse des Forschungsfeldes „Fundamentale Ideen" samt einer davon getragenen Weiterentwicklung der Theorie vorliegt, die in eine sich darauf gründende unterrichtspragmatische Reduktion zur Nutzung in der Praxis mündet.

1.2.1.3 Ein Beispiel: „Mittelwert & Mittelwertbilden" und Konsequenzen

Das Konzept der fundamentalen Ideen sei konkretisiert am Beispiel der *Mittelwertbildung* und der *Mittelwerte*, und zwar zunächst anhand der vier *deskriptiven Kriterien*.[40]

Historizität: Die Idee der „Mittelwertbildung" ist in der historischen Entwicklung der Mathematik als Wissenschaft aufzeigbar.

- So zeigen archäologische und kulturgeschichtliche Untersuchungen, dass das Bilden von Mittelwerten die Menschheit beschäftigt hat, solange wir schriftliche Überlieferungen haben – nämlich von den ersten Anfängen der Mathematik in geschichtlicher Zeit bei den Babyloniern und bei den Ägyptern vor rund 4 000 Jahren über die Pythagoreer vor etwa 2 500 Jahren bis heute.

Archetypizität: Die Idee der „Mittelwertbildung" ist auch *außerhalb der Mathematik* auffindbar – gewissermaßen als ein *Archetyp des Handelns und Denkens*.[41]

---

[39] [SCHWEIGER 1992, 207] (Hervorhebungen nicht im Original), vgl. auch [SCHWEIGER 2010, 7].
[40] Vgl. auch z. B. [HISCHER 1998], [HISCHER 2003], [HISCHER 2004].
[41] „Arché" (ἀρχή) bedeutet im Griechischen „Grundlage" – passend zu „grundlegenden Begriffen". Zu „Handeln und Denken" siehe auch Fußnote 38.

- Dieser Aspekt ist kennzeichnend für viele Alltagsprobleme, so etwa für das Auftreten des sog. Simpson-Paradoxons im Zusammenhang mit Statistiken und Durchschnittswerten.[42] Erläutert man solche Beispiele Nicht-Mathematikern, so werden sie als paradox empfunden. Die Mittelwertbildung ist also (u. a.!) insofern *archetypisch*, als dass man nicht Mathematik studiert haben muss, um die Paradoxie in diesen Beispielen zu spüren. Die Mathematik ist jedoch hilfreich bei der Auflösung dieses Widerspruchs. Und darüber hinaus gibt es neben der numerischen *Mittelwert*bildung auch eine nichtnumerische (so in der Geometrie, aber auch jenseits der Mathematik, z. B. in der Musik[43]), die man *Mitten*bildung nennen könnte und die ebenfalls als ein Archetyp des Denkens aufzufassen ist.

Wesentlichkeit: Die Mittelwertbildung gibt (zumindest partiell) Aufschluss über das *Wesen* der Mathematik.

- So treten bei einer Analyse dessen, was „Mittelwerte" sind, u. a. folgende *wesentliche Aspekte mathematischen Handelns und Denkens* auf: Entdecken, Vermuten, Formalisieren, Beweisen, Widerlegen, Argumentieren, Verallgemeinern, Veranschaulichen, Systematisieren, Axiomatisieren und Theoriebilden.

Vagheit: Der mit den Bezeichnungen „*numerischer Mittelwert*" und „*Mitte*" verbundene Begriff ist vielfältig und keineswegs eindeutig.

- So kann das sog. Chuquet-Mittel[44] zwischen zwei Brüchen (als Summe der Zähler geteilt durch die Summe der Nenner, auch „Mediante" genannt) als vieldeutiger „Mittelwert" interpretiert werden, indem jeder numerische „Mittelwert" via passender Bruchdarstellung als Chuquet-Mittel auffassbar ist, so dass sich beliebig viele numerische „Mittelwerte" (als zweistellige Funktionen) erklären lassen, die sinnvollen axiomatischen Ansprüchen an Mittelwertbildung genügen.[45] Und es gibt neben den erwähnten nicht-numerischen Mitteln in Geometrie und Musik auch solche bei qualitativen Merkmalen in der Stochastik.

Die beiden *normativen Kriterien* beschreiben gegenüber den deskriptiven Kriterien *Erwartungen an den Unterrichtsprozess*. Für die Mittelwertbildung würde dies bedeuten:

Durchgängigkeit: Die Mittelwertbildung wäre dann eine *tragfähige Idee*, um curriculare Entwürfe des Mathematikunterrichts *durchgängig* gliedern zu helfen – von der Primarstufe bis hin zum Abitur und darüber hinaus.

- In Verbindung mit dem deskriptiven Kriterium der Historizität führt dies zur Einbeziehung kulturhistorischer Aspekte der Genese von Begriffen, Problemen und Ideen in den Unterricht, was eine „historische Verankerung" ermöglichen soll.[46]

---

[42] Vgl. dazu [HISCHER 2002 b] und die Abschnitte 7.1.2 und 7.1.10.
[43] Siehe hierzu die Betrachtungen in [HISCHER-BUHRMESTER 2004].
[44] Siehe dazu S. 284 ff.
[45] Vgl. [Hischer 2002 b] und [HISCHER & LAMBERT 2003].
[46] Siehe Abschnitt 1.2.2.

Transparenz: Die Mittelwertbildung als Idee soll bei der Planung, Durchführung und Auswertung von *Mathematikunterricht* helfen, um diesen *für alle Beteiligten inhaltlich* zu strukturieren und *transparent* zu machen.

- Dieses Transparenz-Kriterium bedeutet, dass die – gemäß den deskriptiven Kriterien bereits lokalisierten – *fundamentalen Ideen im Unterricht auch explizit bewusst gemacht* werden müssen, um damit – auch für die Schülerinnen und Schüler! – im Unterricht *als „roter Faden" im Sinne des Kriteriums der Durchgängigkeit* erscheinen zu können.

Im Vergleich mit den sechs bei [HEYMANN 1996] genannten Ideen (vgl. S. 20) fällt auf, dass die Idee der *Mittelwertbildung* nicht in diesen Rahmen hineinpasst. Denn offenbar ist diese Idee trotz der ihr anhaftenden Vagheit viel konkreter als die sechs HEYMANNschen Ideen. Andererseits wirkt sie gerade wegen ihrer Konkretheit viel unterrichtsnäher als die eher zu allgemeinen HEYMANNschen Ideen, die wiederum wegen ihrer Allgemeinheit und damit geringen Anzahl geeignet erscheinen, in knapper Form grundsätzliche inhaltliche Aspekte des Mathematikunterrichts festzumachen.

Eine Lösung aus diesem Dilemma besteht beispielsweise in folgender

These: Fundamentale Ideen gibt es auf zumindest zwei verschiedenen, prinzipiell offen zu denkenden Ebenen mit unterschiedlichem Konkretisierungsgrad.

Dies könnte dann etwa wie in Bild 1.23 aussehen:

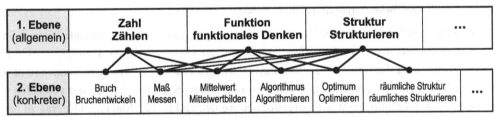

Bild 1.23: Mögliche Ebenen und Beziehungen fundamentaler Ideen

Hier wurden in der ersten Ebene andere „fundamentale Ideen" genannt als die bei HEYMANN, und zwar diejenigen, die in Gestalt dreier „grundlegender Begriffe" zugleich ein **inhaltlicher Leitfaden für dieses Buch** sind: **Struktur – Funktion – Zahl.**

In der zweiten Ebene steht exemplarisch zunächst „Bruch & Bruchentwickeln" (vgl. hierzu Kapitel 7), gefolgt von „Maß & Messen" (analog zu HEYMANN), „Mittelwert & Mittelwertbilden" (wie gerade skizziert), „Algorithmus & Algorithmieren" (analog zu HEYMANN), „Optimum & Optimieren" (analog zu SCHUPP) und „räumliche Struktur & räumliches Strukturieren" (in Modifikation von HEYMANN).

Zwischen den Ideen dieser beiden Ebenen bestehen inhaltliche Zusammenhänge, wie sie in Bild 1.23 unvollständig angedeutet sind. Im Unterricht geht es dann auf weiteren, nachgeordneten Ebenen unter Berücksichtigung der normativen Kriterien um das *Wecken von Grundvorstellungen zu Begriffen, Verfahren* usw., die mit diesen Ideen zusammenhängen.

1.2.2   Historische Verankerung

1.2.2.1   Verankernde Ideen

Die *Bedeutung kulturhistorischer Aspekte* für Einblicke in die Entwicklung der Mathematik
und für die Wahrnehmung von Mathematik zeigte sich bereits an mehreren Stellen dieses
Kapitels. Insbesondere legt das im letzten Abschnitt exemplarisch angesprochene *deskriptive
Kriterium* der *Historizität* nahe, dass es sowohl notwendig als auch nützlich sein kann, *kulturhistorische Aspekte der Genese von Ideen, Begriffen und Problemen* in den Unterricht einfließen zu lassen, um damit im Sinne der *normativen Kriterien* der *Durchgängigkeit* und der
Transparenz (auch) einen Beitrag zur sinnvollen vertikalen Strukturierung zu liefern. Fundamentale Ideen sollen damit im Sinne ihrer kulturhistorischen Bedeutung als wichtige „Ankerpunkte" im Curriculum erscheinen, also – um sich einer von DAVID AUSUBEL geprägten
Bezeichnung zu bedienen[47] – als *„verankernde Ideen"*. So schreibt AUSUBEL:[48]

> Eine auffällig wichtige Variable, die Lernen und Behalten von neuem logisch sinnvollem Material
> beeinflußt, ist die *Verfügbarkeit von spezifisch relevanten verankernden Ideen in der kognitiven
> Struktur* auf einem Inklusivitätsniveau, das optimale Beziehbarkeit und Verankerung (derivative
> oder korrelative Subsumtion) ermöglicht.

Und EDELMANN ergänzt:[49]

> Je nachdem, ob unterordnendes, überordnendes oder kombinatorisches Lernen angestrebt wird, sind
> jeweils spezifische „verankernde Ideen" zu reaktivieren.

So wird im Folgenden von der Hypothese ausgegangen, dass sich fundamentale Ideen in ihrer
Historizität und *Archetypizität* in Verbindung mit der Erwartung an die *Durchgängigkeit* und
die *Transparenz* der Unterrichtsgestaltung als „verankernde Ideen" erweisen können (und sollen). Solche (historischen) „Ankerpunkte" können dann „Knotenpunkte" in der vertikalen und
horizontalen Struktur der Wissensorganisation werden und im Idealfall einen Beitrag zu deren
„Vernetzung" liefern.[50] Zugleich wird – basierend auf jahrzehntelangen eigenen Erfahrungen
in der Lehre in Schule und Hochschule (und auch in kurzen Phasen bei Schulverwaltung und
Bildungsplanung) – unterstellt, dass dies nicht nur für den Mathematikunterricht an allge-
meinbildenden Schulen gilt, sondern auch für das Mathematikstudium – zumindest für das
Lehramtsstudium Mathematik. (Diese Hypothese harrt mit Bezug auf zu entwickelnde detaillierte Unterrichtskonzepte gerne einer empirischen Überprüfung.)

---

[47]   [AUSUBEL 1974, 140 f.], [AUSUBEL 1974, 156 f.]; vgl. dazu auch die AUSUBEL folgenden Darstellungen zur
         „Assimilation" bei [EDELMANN 1996, 6] *(„Verankerung im Vorwissen")*, [EDELMANN 1996, 213] und bei
         [EDELMANN 2000, 145] *(„Verankerung des neuen Wissens in der kognitiven Struktur")*.

[48]   [AUSUBEL 1974, 140]

[49]   [EDELMANN 1996, 213]; Hervorhebung nicht im Original.

[50]   Bezüglich des meist undefinierten und dann leider oft nur im Sinne von „Verbindung" gebrauchten Terminus
         „Vernetzung" vgl. die ausführliche Analyse in [HISCHER 2010]. Hier sei nur kurz angemerkt, dass „Vernetzung"
         von „Verzweigung" (bei einer Baumstruktur) zu unterscheiden ist, denn bei „idealer Vernetzung" gibt es zwi-
         schen je zwei Knoten mindestens 2 verschiedene Verbindungen. Siehe hier auch [Hischer 2016], Kapitel 10.

Das begründet das didaktische Konzept der *historischen Verankerung*,[51] das nachfolgend angedeutet sei. In diesem Sinn sind die beiden Kriterien *Historizität* und *Durchgängigkeit* untrennbar (!), weil sie den bereits angesprochenen Zusammenhang zwischen *kulturhistorischer Begriffsbildung* einerseits und *ontogenetischer Begriffsbildung* andererseits betonen.[52]

1.2.2.2   Otto Toeplitz: „genetische Methode" als didaktisches Konzept

OTTO TOEPLITZ – wohlbekannt durch das von ihm und HANS RADEMACHER verfasste schöne Buch 'Von Zahlen und Figuren'[53] – lieferte als Mathematiker einen wesentlichen und zugleich nachhaltigen Beitrag zur Bedeutung von Mathematikgeschichte für die Didaktik der Mathematik (an Schule und Hochschule), als er 1927 auf der DMV-Tagung[54] in seinem Vortrag mit dem Titel

- '*Das Problem der Universitätsvorlesungen über Infinitesimalrechnung und ihrer Abgrenzung gegenüber der Infinitesimalrechnung an den höheren Schulen*'

sagte und schrieb:[55]

> [...] alle diese Gegenstände der Infinitesimalrechnung, die heute als kanonisierte Requisiten gelehrt werden, der Mittelwertsatz, die Taylorsche Reihe, der Konvergenzbegriff, das bestimmte Integral, vor allem der Differentialquotient selbst, und bei denen nirgends die Frage berührt wird: warum so? wie kommt man zu ihnen?, alle diese Requisiten also müssen doch einmal Objekte eines spannenden Suchens, einer aufregenden Handlung gewesen sein, nämlich damals, als sie geschaffen wurden. Wenn man an diese Wurzeln der Begriffe zurückginge, würden der Staub der Zeiten, die Schrammen langer Abnutzung von ihnen abfallen, und sie würden wieder als lebensvolle Wesen vor uns erstehen.

In seinem Vortrag wandte sich TOEPLITZ insbesondere gegen den (offenbar schon damals vielfach) üblichen systematischen Aufbau und Stil der Anfängervorlesung,

> die mit einer sechswöchentlichen Dedekindkur anhebt und dann aus den Eigenschaften des allgemeinen Zahl- und Funktionsbegriffs die konkreten Regeln des Differenzierens und Integrierens herleitet, als wären sie notwendige, natürliche Konsequenzen, auf der anderen Seite die anschauliche Richtung, die den Zauber der Differentiale walten läßt und auch in der letzten Stunde der zwei Semester umspannenden Vorlesung den Nebel, der aus den Indivisibilien aufsteigt, nicht durch den Sonnenschein eines klaren Grenzbegriffs zerreißt [...].[56]

Er begründet das Vorliegen dieser Situation mit einer *„unüberbrückbaren Kluft"* (a. a. O.):

---

51   Bereits in [HISCHER 1981] (mit Bezug auf [VOLLRATH 1976]) vorgeschlagen.
52   Vgl. S. 21, insbesondere aber auch Abschnitt 1.3.
53   Erstauflage 1930; als Reprint der 2. unveränderten Auflage von 1933 noch immer im Handel.
54   DMV: Deutsche Mathematiker-Vereinigung e. V.
55   [TOEPLITZ 1927, 92].
56   [TOEPLITZ 1927, 88 f.]

Die exakte Richtung will dasjenige Maß von Strenge, das seit Weierstraß nicht mehr nur Geheimnis der führenden Mathematiker ist, sondern zum allgemeinen guten mathematischen Ton gehört, gleich vom ersten Moment des mathematischen Lehrgangs an statuieren; in konsequenter Durchführung dieser Idee stellt sie diejenige Fundierung des Zahlbegriffs, die die heute gangbare Grundlage der tatsächlichen Forschung bildet, in der dazu nötigen Ausführlichkeit an die Spitze; sie gelangt dadurch zu einer gewissen Einheitlichkeit des Stils, zu einer gewissen ästhetischen Wirkung, auf diejenigen, die für diesen Gang der Dinge reif sind. Aber zwischen diesen sitzen die zahlreichen Studierenden, die eine solche Reife abstrakten Denkens in ihrer ersten Universitätsstunde noch nicht besitzen, dagegen einen Heißhunger nach intuitiven, nach produktiven Begriffen. Die anschauliche Richtung will diesen Heißhunger befriedigen.[57]

Mit dem letzten Satz bezieht sich TOEPLITZ auf das klassische Werk 'Grundriß der Differential- und Integralrechnung' von KIEPERT & STEGEMANN aus dem 19. Jahrhundert, das in vielen Auflagen bis weit in das 20. Jahrhundert hinein erschienen ist und im Verlauf dieses Prozesses etliche, insbesondere ergänzende Veränderungen erfahren hat. Er bezeichnet dieses Werk (in dessen ursprünglicher Gestalt, also der ersten Auflage) als

ein Musterbeispiel der reinen Durchführung einer solchen Tendenz; es muß ein Funke von wirklichem didaktischen Genius darin stecken, der den Erfolg dieses Werks noch in seinen heutigen Abwandlungen bedingt. Der Vergleich mit den späteren Auflagen zeigt in diesem wie in einigen anderen berühmten Unterrichtswerken unseres Gegenstandes mit besonderer Deutlichkeit dasjenige, worauf es uns hier in erster Reihe ankommt, nämlich wie wenig jeder Versuch eines Kompromisses zwischen beiden Tendenzen die Sache fördert. In solchen späteren Auflagen […] pflegen hinter der „intuitiven" Definition der Reihenkonvergenz ein oder einige Paragraphen mit Feinheiten der Konvergenz eingeschoben zu werden, d. h. mit Sätzen, die sich mit wachsender Auflagenzahl asymptotisch ernsthaften Aussagen annähern. Das ist der Erfolg der schweren Vorwürfe, die von exakter Seite immer wieder erhoben worden sind. Gerade hier zeigt sich, wie sehr diese Ausbesserungsversuche am Kern der Sache vorbeigehen, und wie wenig auch die erhobenen Vorwürfe ins Schwarze getroffen hatten. Denn selbst wenn ein Leser diese eingeschobenen Paragraphen nicht überspringen sollte, so wäre er auf der Basis jener intuitiven Definition methodisch gar nicht darauf vorbereitet, irgend welche Feinheiten zu verstehen. Je exakter die Wortlaute, desto unverständlicher müssen sie ihm bleiben.[58]

TOEPLITZ weist dann auf einen weiteren Konflikt hin, der dadurch bedingt sei, dass es ja das unmittelbare Ziel dieser Anfängervorlesung sei, den „Unterbau für die späteren Kursusvorlesungen zu" liefern, und zwar nennt er hier anschließend

die kompakteren mathematischen Theorien wie Funktionentheorie, Differentialgeometrie usw. Zunächst muß sie dazu sozusagen das mathematische Handwerkszeug, die Technik des Differenzierens und Integrierens herbeibringen […]. Aber neben dieses unmittelbare Ziel stellt sich ganz von selbst noch ein anderes: der junge Student, der sich für die Mathematik entschlossen hat und erst endgültig entschließen möchte, will wissen, inwiefern die Mathematik spannend, inwiefern sie schön ist, ob sie es lohnt ihr sein Leben zu widmen.

---

[57] [TOEPLITZ 1927, 89]
[58] [TOEPLITZ 1927, 89 f.]
        Der letzte Satz in dem Zitat weckt Assoziationen an die auf S. 23 erwähnte Unschärferelation.

Damit meint er nicht etwa die „wenigen Auserwählten", die es „von Natur aus wissen", denn

> es sind nicht die schlechtesten Naturen unter unseren Anfängern, die auch wissen wollen, *warum* die Dinge geschehen. Und [...] nicht den 5 % Stockmathematikern, die an sich jedes Integral herrlich finden, nicht den 50 % der schlechtesten, die besser nicht auf unsere Hörerbänke gehörten, sondern den andern 45 % guter, erfreulicher Hörer sollen diese Betrachtungen hier gelten.[59]

Zugleich merkt TOEPLITZ kritisch an:[60]

> Wenn nun also die Vorlesung über Infinitesimalrechnung diesem jetzt wohl bezeichneten Kreise von Hörern etwas von der wahren Natur der Mathematik offenbaren will, so steht sie vor einem unleugbaren Hindernis, denn es findet sich in ihr nichts von der straffen Linie, die etwa die Funktionentheorie durchzieht, nichts von dem Schwung der Galoisschen Theorie oder von den schweigenden Gipfeln der Idealtheorie. Es fehlen die spannenden Ereignisse, die durchschlagenden Tatsachen, die aufregenden Probleme.

Hier spüren wir schon die Dramaturgie seiner Argumentation, die auf das hervorgehobene Zitat auf S. 27 („*all diese Gegenstände der Infinitesimalrechnung* ...") hinführt.

Doch zuvor geht er auf den *Mathematikunterricht* an „höheren Schulen" (womit er die Oberrealschule meint) ein, der von diesem hochschuldidaktischen Problem nicht abgekoppelt werden kann:[61]

> Das Eindringen der Infinitesimalrechnung in die höhere Schule, das den Kollegen von der Technischen Hochschule eine so erwünschte Entlastung bringt, ist für uns Universitätslehrer keine ganz ungetrübte Freude. Zunächst wird die Annehmlichkeit, daß ein erheblicher Teil unserer Hörer die Technik des Differenzierens und Integrierens schon mitbringt, dadurch beeinträchtigt, daß zwischen ihnen gymnasiale Studenten sitzen, die uns statt diesen wieder andere, im Grunde wichtigere Qualitäten darbieten. Aber entscheidender ist dieses: nur zu leicht glauben die Oberrealschüler, daß sie *alles*, was wir vortragen, schon auf der Schule gehabt haben, und zwar einfacher und besser, so daß sie gelangweilt von dannen laufen. Auf solcher Basis sind sie hernach unfähig, eine ernst einsetzende Funktionentheorie aufzufassen, und drücken deren Niveau. *Die Schule* vermag uns dieses Problem in keiner Weise zu erleichtern, und es ist gewiß nicht ihre Schuld. Denn *wenn* die Schule überhaupt Differentialrechnung lehrt – ich spreche im Augenblick *nicht* von der Frage, *ob* sie gut daran tut, dies überhaupt zu unternehmen – so muß sie es auf das *Gros* ihrer Schüler abstellen, die später nicht Mathematiker werden, und das ist ganz gewiß richtig, daß für dieses Gros keine Behandlung der Differentialrechnung in Betracht kommen kann, die eine günstige Basis für ein Universitätsstudium in Mathematik abgibt. Es wäre geradezu ein Verbrechen, wollte ein Lehrer einer höheren Schule eine solche Differentialrechnung produzieren vor Menschen, für die diese Kenntnis nie eine Erfüllung finden wird, wie sie unser Student dann in den höheren Vorlesungen genießt. Aber wie dem auch sei, für *uns* besteht das gekennzeichnete Problem und erfordert seine Lösung.

Hier schimmert durch, dass TOEPLITZ Vorbehalte gegen den Einzug der „Differential*rechnung*" in den Mathematikunterricht (der Oberrealschule) hat, was er an späterer Stelle präzisiert:

---

[59]   [Toeplitz 1927, 91]

[60]   A. a. O.

[61]   [Toeplitz 1927, 92]

Die Frage, *ob* es gut ist, daß die Schule sich die Differentialrechnung einverleibt hat, lasse ich ganz beiseite. Sie ist nicht aktuell, denn es scheint mir, daß hier ein fait accompli vorliegt, ein irreversibler Prozeß, der bereits so weit vorgeschritten ist, als daß man ihn zurücklaufen lassen könnte, selbst wenn man es wollte. Die Schule hat in der Fülle der Aufgaben des Differenzierens, des Integrierens und der Anwendungen davon ein Feld gefunden, das ihr reicher und mannigfaltiger, auch lebensvoller erscheint als die Dreieckskonstruktionen, in denen sie ehedem geatmet hat. Man kann fragen, ob es nicht schade ist, daß man ihr statt dessen nicht die Gefilde der synthetischen Geometrie erschlossen hat, und inwieweit man davon auch heute noch etwas in die Schule einführen könnte. Die Differentialrechnung ist da. Das heißt die formale Seite, die Technik des Operierens.[62]

Mit der hier von ihm indirekt – und dennoch deutlich! – kritisierten „Technik des Operierens" ist der (nur damalige?) Mathematikunterricht natürlich weit entfernt von dem, was „fundamentale Ideen der Analysis" ausmachen könnten. Doch kann denn der Mathematikunterricht mehr leisten? TOEPLITZ schlägt stattdessen eine von ihm erprobte *„genetische Methode"* vor, wobei er sich hier zwar expressis verbis (zunächst) auf das Mathematikstudium bezieht, implizit jedoch z. T. auch den Mathematikunterricht mitdenkt, was später deutlich wird:[63]

Den Vorschlag, den ich hier zur Bekämpfung aller dieser Schwierigkeiten vorbringe, habe ich seit 19 Jahren aus der Praxis der Vorlesung allmählich entwickelt und erprobt [...]; ich möchte ihn als die *genetische Methode* bezeichnen.

Er fährt dann mit dem Eingangszitat von S. 27 fort, welches von zentraler Bedeutung sowohl für seine Ausführungen als auch für die hier vorliegenden Überlegungen ist. Bei der von ihm so genannten „genetischen Methode" unterscheidet er eine *direkte* und eine *indirekte*:[64]

[...] entweder man könnte den Studenten direkt die Entdeckung in ihrer ganzen Dramatik vorführen und solcherart die Fragestellungen, Begriffe und Tatsachen vor ihnen entstehen lassen – das würde ich die *direkte genetische Methode* nennen –, oder man könnte für sich selbst aus solcher historischer Analyse lernen, was der eigentliche Sinn, der wirkliche Kern jedes Begriffs ist, und könnte daraus Folgerungen für das Lehren dieses Begriffs ziehen, die als solche nichts mehr mit der Historie zu tun haben – die *indirekte genetische Methode.*

Bezüglich der „direkten genetischen Methode" will TOEPLITZ von vornherein zwei möglichen Missverständnissen begegnen: Zum einen weist er mit Bezug auf FELIX KLEIN und GERHARD KOWALEWSKI ausdrücklich darauf hin,[64]

daß diese Idee nicht etwa an sich etwas neues darstellen will. F. Klein hebt gerade in der [...] erwähnten Düsseldorfer Rede das biogenetische Grundgesetz hervor [...];[65] und ferner kennen Sie alle das Buch von G. Kowalewski über die klassischen Probleme der Analysis des Unendlichen.

Und zum anderen möchte er

---

[62] [TOEPLITZ 1927, 95 f.]

[63] [TOEPLITZ 1927, 92]

[64] [TOEPLITZ 1927, 93]

[65] FELIX KLEIN bezieht sich hierbei auf das von ERNST HAECKEL vertretene „biogenetische Grundgesetz", das von [SCHUBRING 1978] ausführlich bezüglich seiner didaktischen Relevanz bzw. Nichtrelevanz analysiert wird, worauf wir aber nicht weiter eingehen können.

dem Mißverständnis vorbeugen, daß es sich hier um eine „historische Methode" handele. Dieses Schlagwort ist, nicht ohne Grund, unbeliebt; am Historischen haftet die Idee vom alten Zopf, den wir doch gerade abschneiden wollen, von den Umwegen, die die Forschung oft durchläuft, von der Subjektivität und Zufälligkeit der Entstehung wissenschaftlicher Entdeckungen. Es ist mir besonders wichtig, den Trennungsstrich nach dieser Seite zu ziehen.[66]

Es geht TOEPLITZ damit nicht um Vorlesungen zur Geschichte der Mathematik, denn:

Der Historiker, auch der der Mathematik, hat die Aufgabe, *alles* Gewesene, zu registrieren, ob es gut war oder schlecht. *Ich* will aus der Historie nur die Motive für *die* Dinge, die sich hernach bewährt haben, herausgreifen und will sie direkt oder indirekt verwerten. Nichts liegt mir ferner als eine Geschichte der Infinitesimalrechnung zu lesen; ich selbst bin als Student aus einer ähnlichen Vorlesung weggelaufen. Nicht um die *Geschichte* handelt es sich, sondern um die *Genesis* der Probleme, der Tatsachen und Beweise, um die entscheidenden Wendepunkte in dieser Genesis.[67]

1.2.3   Fazit: „historische Verankerung" statt „genetische Methode"

Die Überschrift mag irritieren, ist doch die *genetische Methode* bzw. das *genetische Prinzip* vor allem in der zweiten Hälfte des 20. Jahrhunderts sowohl in der Didaktik der Mathematik als auch in der Lernpsychologie und in der geisteswissenschaftlichen Pädagogik Gegenstand der Untersuchungen und Reflexionen gewesen. Hier sei insbesondere auf die 365 Seiten umfassende detaillierte Untersuchung von [SCHUBRING 1978] über *„Das genetische Prinzip in der Mathematik-Didaktik"* hingewiesen. FELIX KLEIN hat sich mit seinen Reformbemühungen auf das nicht unproblematische *biogenetische Grundgesetz* von HAECKEL bezogen,[65] und OTTO TOEPLITZ favorisiert – wie in Abschnitt 1.2.2.2 skizziert – die von ihm so genannte *genetische Methode*, die später [VOLLRATH 1968] mit der *„Geschichtlichkeit der Mathematik als didaktischem Problem"* ausführlich aufgreift. Und in [WITTMANN 1972] und [WITTMANN 1973] wird „genetisch" sogar expressis verbis im Titel *„Infinitesimalrechnung in genetischer Darstellung"* verwendet, wobei allerdings hier die von TOEPLITZ formulierten historischen Aspekte explizit keine Rolle spielen, worauf auch [SCHUBRING 1978, 190] hinweist. In dem Buch *„Grundfragen des Mathematikunterrichts"* formuliert [WITTMANN 1978] schließlich das von ihm so genannte *genetische Prinzip*, dem er die *genetische Methode* zugrunde legt:

Die genetische Methode zur Sequenzenbildung zeichnet sich […] dadurch aus, daß sie […] im Einklang mit den lernpsychologischen Prinzipien […] steht. Wir formulieren daher das *genetische Prinzip: Der* Mathematikunterricht *soll nach der genetischen Methode organisiert werden*. Nach der in diesem Buch entwickelten Konzeption ist das genetische Prinzip *oberstes* Unterrichtsprinzip.[68]

Die hier erwähnte „genetische Methode" beschreibt WITTMANN zuvor wie folgt:

---

[66]   [TOEPLITZ 1927, 93]
[67]   [TOEPLITZ 1927, 94]
[68]   [WITTMANN 1978, 138]. Diese normativen Formulierungen mittels *„soll … organisiert werden"* und *„ist … oberstes Unterrichtsgebot"* sind wohl – wie auch die erwähnte „Sequenzenbildung" – auf dem Hintergrund der „Lernzielorientierung" der 1970er Jahre („… die Schüler sollen …") zu sehen.

Eine Darstellung einer mathematischen Theorie heißt *genetisch*, wenn sie an den natürlichen *erkennt-nistheoretischen Prozessen der Erschaffung und Anwendung von Mathematik* ausgerichtet ist.[69]

Diese *„natürlichen erkenntnistheoretischen Prozesse"* charakterisiert WITTMANN anschlie-ßend durch sechs „Merkmale",[70] die jedoch ebenfalls keinen expliziten Bezug auf die für TOEPLITZ wichtigen historischen Aspekte nehmen, auf die dieser seine *direkte genetische Methode* bzw. seine *indirekte genetische Methode* gründet.[71]

Insgesamt wird damit deutlich, dass WITTMANN (unter Bezug auf die Lernpsychologie) mit „genetisch" nicht dasselbe meint wie rund 50 Jahre zuvor TOEPLITZ (als Mathematiker). Hinzu kommt, dass „genetisch" beispielsweise im entwicklungspsychologischen Kontext durch „onto-genetisch" präzisiert wird, im evolutionstheoretischen Kontext hingegen durch „phylogene-tisch"[72] – wobei diese beiden Aspekte dann im „biogenetischen Grundgesetz" von ERNST HAECKEL zusammenfließen,[65] worauf aber im Folgenden kein Bezug genommen wird. Daher wird nachfolgend – zwecks Vermeidung von Missverständnissen – die von TOEPLITZ für sein Konzept der Einbeziehung historischer Aspekte eingeführte Bezeichnung „genetisch" *nicht* verwendet. Stattdessen wird das nun kurz darzustellende, an den Vorstellungen von TOEPLITZ jedoch anknüpfende Konzept als „historische Verankerung" bezeichnet.[73]

Bild 1.24[74] visualisiert dieses Konzept, eingebettet in Vorstellungen von [KLEIN 1924], [TOEPLITZ 1927], [FREUDENTHAL 1973], [VOLLRATH 1976] und [WITTMANN 1978] – wenn-gleich ausdrücklich darauf hinzuweisen ist, dass FREUDENTHAL und WITTMANN gerade nicht für einen solchen von PAUL LA COUR so genannten *historisch-genetischen Bezug* plädieren, wie es [SCHUBRING 1978] erwähnt. Vielmehr werden FREUDENTHAL und WITTMANN in der Darstel-lung auf den nächsten Seiten in Bezug auf eine von ihnen geforderte „Beziehungshaltigkeit" herangezogen.

VOLLRATH (s. o.) erörtert von ihm so genannte „methodische Variablen", die der Beschrei-bung und Planung von (Analysis-)Unterricht dienen sollen, wobei er *zwei Klassen methodischer Variablen* unterscheidet, nämlich *Unterrichtsphasen* und *methodische Entscheidungen*. Beide Klassen sind miteinander verknüpft, denn methodische Entscheidungen beziehen sich auf die Gestaltung der Unterrichtsphasen und vice versa.

Er führt gemäß Bild 1.24 neun verschiedene *Unterrichtsphasen* auf,[75] wobei hier mit Bezug auf das Anliegen dieses Buches die „Begriffsentwicklung" hervorgehoben wurde. Als methodische Entscheidungen nennt er Probleme der *Auswahl*, der *Dosierung*, der *Komposi-tion* und der *Steuerung*.

---

[69] [WITTMANN 1978, 124]
[70] [WITTMANN 1978, 125]
[71] Vgl. S. 30 f.
[72] Zu „phylogenetisch" vgl. S. 7, zu „ontogenetisch" vgl. S. 21, S. 27 und insbesondere S. 40 ff.
[73] Erstmals in [HISCHER 1981] vorgeschlagen, dann in diversen Publikation und Vorträgen exemplarisch erläutert.
[74] [HISCHER 1981]
[75] In Bild 1.24 wurde im Sinne sprachlicher Gleichheit die Bezeichnung „Algorithmieren" anstelle von „Algorith-men" gewählt, passend zur Erörterung auf S. 21 und S. 25.

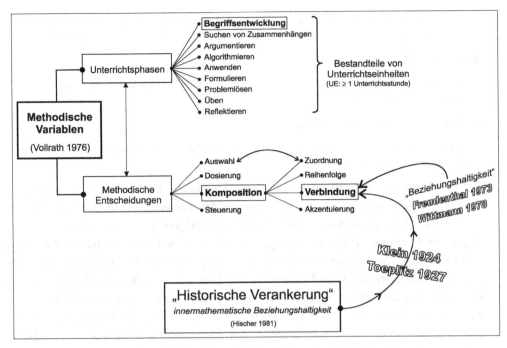

Bild 1.24: „Historische Verankerung" – Visualisierung eines didaktischen Konzepts

In Bezug auf „Begriffsentwicklung" (bzw. „Begriffsbildung") erweist sich die Variable „Komposition" als bedeutsam. Diese Variable gliedert VOLLRATH in die Teilvariablen *Zuordnung*, *Reihenfolge*, *Verbindung* und *Akzentuierung* auf. Mit *Verbindung* meint er insbesondere Verbindungen des jeweiligen mathematischen Inhalts mit anderen (inner- und außermathematischen Themenkreisen), also „Beziehungshaltigkeit":[76]

> Auch Freudenthal fordert, daß die Analysis „beziehungshaltig" unterrichtet wird, insbesondere sollte bereits der Anlauf zur Analysis beziehungshaltig sein, das ist mehr als nur „Anwendungstheorie".

FREUDENTHAL widmet der von ihm propagierten Beziehungshaltigkeit einen eigenen Abschnitt, aus dem Folgendes hervorgehoben sei:[77]

> Wenn ich über beziehungshaltige Mathematik spreche, so lege ich den Nachdruck auf Beziehungen zu erlebter Wirklichkeit, nicht zu einer eigens zu diesem Zweck konstruierten toten Scheinwirklichkeit [...]. Wohl kann diese Wirklichkeit eine Spielwelt sein [...]. Die Beziehungshaltigkeit sollte garantieren, daß die Mathematik, die man lernt, nicht vergessen wird.

Nun ist *Beziehungshaltigkeit* im wörtlichen Sinn das Gegenteil von *Beziehungslosigkeit*. *Verbindung* im Sinne von Beziehungshaltigkeit soll damit bewirken, dass der behandelte Themenkreis für die Lernenden vielseitig und ganzheitlich erscheint. Diesen Aspekt betont auch [VOLLRATH 1976, 17]:

---

76 [VOLLRATH 1976, 17]
77 [FREUDENTHAL 1973, 79]; betr. „Spielwelt" sei auch auf Abschnitt 1.1 zur Bedeutung von „Spiel" verwiesen.

Man kann dieses Vorgehen psychologisch begründen, denn ein Gebiet, das in vielseitiger, integrierter Form dargeboten wird, wird leichter behalten „als ein Aggregat von beziehungslosen Teilen [...]".

Hierbei bezieht sich VOLLRATH auf [STRUNZ 1968, 162]:

Was als sinnvoll gegliedertes Ganzes erscheint, wird leichter behalten als ein Aggregat von relativ beziehungslosen Teilen.

Und bei [WITTMANN 1978, 143] wird die

Forderung Freudenthals [...] in die Konzeption des vorliegenden Buchs aufgenommen als *Prinzip der Beziehungshaltigkeit*.

In Bild 1.24 wird dargestellt, dass dieses von FREUDENTHAL und WITTMANN propagierte „Prinzip der Beziehungshaltigkeit" eine Belegung der methodischen Variablen „Verbindung" von VOLLRATH ist. Konkret wird solche Beziehungshaltigkeit nun auch im Sinne der Vorstellungen von KLEIN und TOEPLITZ durch geeignete historische Bezüge als *innermathematische Beziehungshaltigkeit* realisiert, worauf sich das Konzept der *historischen Verankerung* mit Bezug auf AUSUBEL gründet: Gemäß Abschnitt 1.2.2.2 hat TOEPLITZ die Vorstellungen von FELIX KLEIN im Sinne der von ihm so genannten „genetischen Methode" weiterentwickelt und damit im Sinne von FREUDENTHAL und WITTMANN „Beziehungshaltigkeit" hergestellt – und zwar eine historisch geprägte *innermathematische Beziehungshaltigkeit*, die hier „historische Verankerung" genannt sei. Zugleich ist dies eine konkrete Belegung der methodischen Variablen „Verbindung":

Eine solche historische Verankerung soll durch Verwendung historischer Beispiele im Unterricht erreicht werden, die sich als tragfähige Bausteine einer Unterrichtseinheit erweisen. Diese Beispiele sollen gemäß TOEPLITZ vom „Staub der Zeit" befreit und in heutiger Formulierung dargestellt werden. *„Geschichte der Mathematik"* kann auf diese Weise ein spannender *didaktischer Aspekt* zur methodischen Gestaltung von Unterricht sein – und zugleich wird ein *Beitrag zur Kulturgeschichte* geliefert, wobei die deskriptiven und normativen Kriterien für fundamentale Ideen zum Tragen kommen.

Dieses Buch ist keine Sammlung ausgearbeiteter Unterrichtsvorschläge im Sinne der historischen Verankerung, wohl aber soll es grundsätzliche Anregungen für die Behandlung solcher Aspekte in Lehrveranstaltungen des Lehramtsstudiums Mathematik bieten. Anregungen für den Mathematikunterricht hierzu finden sich hingegen in einigen Aufsätzen im Literaturverzeichnis, beispielsweise:

- *Entdeckung der Irrationalität am Pentagon*
- *Mittelwerte, Algorithmen und Folgen; Mittelwertbildung*
- *Lösung klassischer Probleme der Antike mit Hilfe von Trisectrix und Quadratrix*

Auch ist es denkbar, geeignete historische Texte mit dem Ziel einer Interpretation zugrunde zu legen.[78]

---

[78]   Vgl. z. B. [JAHNKE 1998] und [HISCHER 2003 b].

1.3   Mathematik, Begriff und Begriffsbildung

1.3.1   Was ist ein „Begriff"? – Versuch einer eingrenzenden Beschreibung

> *Philosophie ist die Reflexion auf die Bedingungen der Möglichkeit*
> *genau dessen, was in jeder anderen als der philosophischen*
> *Einstellung für selbstverständlich genommen werden muss.*

GÜNTHER PATZIG in 'GOTTLOB FREGE: *Funktion, Begriff, Bedeutung*', 1962, S. 14.

Bisher war wie *selbstverständlich* sehr oft von „Begriff" die Rede und gelegentlich auch von „Begriffsbildung". Doch nun sei es gewagt, das *Selbstverständliche* zu hinterfragen:

1.3.1.1   Erste Fragen und erste Antworten

Was ist ein „Begriff"? Für die Mathematik scheint diese Frage müßig zu sein, denn Begriffe werden doch bekanntlich in *Definitionen* präzise und ein- bzw. abgrenzend erfasst, indem alle relevanten *Merkmale* notiert werden, jeweils basierend auf bereits definitorisch vorliegenden anderen Begriffen, letztlich zurückgehend auf „undefinierte Grundbegriffe" (wie z. B. „Menge"). So erfährt man das spätestens im Mathematikstudium in Vorlesungen und Lehrbüchern.

Nun wurde in den vorausgegangenen Abschnitten gelegentlich kommentarlos angemerkt, dass die Phrasen „Begriff" und „Bezeichnung eines Begriffs" („Begriffsname") zu unterscheiden seien: In dem Sinne wäre dann „Stetigkeit" kein Begriff, sondern (nur) ein „Begriffsname".

So ist erneut zu fragen: Was ist eigentlich ein *Begriff*?

Zunächst ist (erneut) anzumerken, dass Begriff" von „begreifen" kommt, und so wird klar, dass das „Begreifen" und damit der „Begriff" primär etwas Subjektives meint, das der „Begreifende" (also ein Individuum) auf sich selbst bezogen (also reflexiv) handelnd „erzeugt". Allein diese Feststellung macht deutlich, dass der „Begriff" weit mehr ist als nur das, was den formalen „Inhalt" einer notierten Definition ausmacht, bestehend u. a. aus gewissen Merkmalen (s. o.).

In der deutschsprachigen fachdidaktischen Literatur findet man neben „Begriff" vielfach das Wort „Konzept", dann als Übersetzung des englischen "concept" (anstelle von „Begriff"?), und in der Mathematik findet man z. B. einen Buchtitel wie 'Basic Notions of Algebra'. Doch diese anglo-amerikanischen Wörter wie „concept" oder „notion" helfen für sich genommen nicht ohne Weiteres weiter, insbesondere scheint hier „notion" keineswegs durch „concepts" austauschbar zu sein – und vice versa. Interessant ist ein Blick in die lateinischen Urformen:

conceptus: Gedanke, Vorstellung, auch: Fassen, Ergreifen, Behälter, ferner: Empfängnis.

conceptio: Ausdruck, auch: Abfassung von Rechtsformeln, ferner: Empfängnis.

notio: Kenntnis, Begriff, Vorstellung, auch: Kennenlernen, Kenntnisnahme.

Während in „notio" eine Tendenz zum aktiven Handeln durchschimmert, scheint sowohl bei „conceptus" als auch bei „conceptio" eine passive Haltung hinzuzukommen.

So wird zunächst deutlich, dass es beim „Begriff" nicht nur um ein „Wort" im Sinne einer *Bezeichnung* oder eines *Namens* gehen kann. Es steckt weitaus mehr dahinter. Aber was?

1.3.1.2 „Begriff" – ein Blick in wohl weniger bekannte Werke

Der Universalgelehrte, Mathematiker und Philosoph CHRISTIAN WOLFF (1679–1754) hat in seinen Werken das Wort „Begriff" in die deutsche Sprache eingeführt und dabei ausführlich dessen Bedeutungsvielfalt beschrieben. Hier folgt ein kurzer Blick in seine Hauptwerke:

- 1710: *'Der Anfangs-Gründe Aller Mathematischen Wissenschaften Erster Theil, Welcher Einen Unterricht Von Der Mathematischen Lehrart [...] enthält'.*

Nach der Vorrede schreibt WOLFF auf S. 5 im Abschnitt „Kurtzer Unterricht / Von der Mathematischen Methode" u. a.:

§. 1. Die Lehr-Art der Mathematicorum fängt an von den Erklärungen / gehet fort zu den Grundsätzen und hiervon weiter zu den Lehr-Sätzen und Aufgaben: überall aber werden Zusätze und Anmerkungen nach Gelegenheit angehängt.

§. 2. Die Erklärungen (*Definitiones*) sind zweyerley : Entweder Erklärungen der Wörter (*definitiones nominales*) oder Erklärungen der Sachen (*definitiones reales*).

§. 3. **Die Erklärungen der Wörter** geben einige Kennzeichen an / daraus die Sache erkannt werden kan / die einen gegebenen Nahmen führt Als wenn in der **Geometrie** gesaget wird / ein Qvadrat sey eine Figur / welche vier gleiche Seiten und gleiche Winckel hat.

§. 4. Die **Erklärungen der Sachen** sind ein klarer und deutlicher Begrief von der der Art und Weise / wie die Sache möglich ist: Als wenn in der **Geometrie** gesaget wird: ein Circul wird beschrieben / wenn eine gerade Linie sich umb einen festen Punkt beweget.

§. 5. Wir nennen einen **Begrief** einen jeden Gedancken / den man von einer Sache hat.

§. 6. Es ist aber ein **Begrief klahr** / wenn meine Gedancken machen / daß ich die Sache erkennen kan / so bald sie mir vorkommt / als z. E. daß ich weiß / es sey diejenige Figur / welche man einen Triangel nennet.

In §. 3 spricht WOLFF von „Kennzeichen" der „Sache", was wir als „Merkmale des Dings" deuten können, die im Kontext eines konkreten Begriffes auftauchen. So wird klar, dass es für ihn bei einem „Begriff" *nicht um ein Wort* geht, mit dem dieser Begriff benannt wird:

Man darf also den Begriffsnamen nicht mit dem jeweils gemeinten Begriff identifizieren!

Es folgen neben „klar" weitere Attribuierungen von „Begrief": „dunckel", „deutlich", „vollständig" und „unvollständig".

In den späteren Werken spricht WOLFF dann von „Begriff" statt zuvor von „Begrief":

- 1734: CHRISTIAN WOLFF, *'Vollständiges Mathematisches Lexikon [...]'*, Spalte 188 f.:

Begriff, wird diejenige Vorstellung genennet, die man sich von einer Sache in den Gedancken machet, daß man sagen kan, was man an ihr wahrnimmt, und dadurch man sie von andern unterscheidet. Z. E. Man stellet sich einen Circul als seine krumme Linie vor, welche beschrieben wird, wenn eine gerade Linie sich um einen festen Punct beweget; Und also hat man einen deutlichen Begriff davon. Denn durch die gerade Linie, vermittelst welcher der Circul beschrieben wird, unterscheidet sich diese Figur von allen andern, die durch krumme Linien eingeschlossen sind.

Nunmehr ist „Begriff" nicht nur ein „Gedanke von einer Sache", sondern eine *„Vorstellung"*, die man sich „von einer Sache in den Gedanken" macht – mitnichten aber nur ein „Wort"!

- 1740: CHRISTIAN WOLFF, *'Vernünfftige Gedancken Von den Kräfften des menschlichen Verstandes'*, S. 12:

    §. 4. **Einen Begriff** nenne ich eine jede Vorstellung einer Sache in unseren Gedancken. Z. E. Ich habe einen Begriff von der Sonne, wenn ich mir dieselbe in meinen Gedancken vorstellen kan, entweder durch ein Bild als wenn ich sie selber gegenwärtig sähe, oder durch blosse Worte damit ich zu verstehen gebe, was ich von der Sonne wahrgenommen, als daß sie sey der an dem Himmel bey Tage hellglänßender Cörper, so die Augen blendet, und es auf der Erde warm und helle machet : oder auch durch andere Zeichen, dergleichen in der Stern=Kunst das Zeichen ☉ ist.

- 1740: CHRISTIAN WOLFF, *'Vernünfftige Gedancken ...'*, S. 18:

    §. 9. Wenn der Begriff, den wir haben, zureicht die Sachen, wenn sie vorkommen, wieder zu erkennen, als wenn wir wissen, es sey eben diejenige Sache, so diesen oder einen anderen Nahmen führet, die wir in diesem oder jenem Orte gesehen haben; so ist er **klar** : hingegen **dunckel**, wenn er nicht zulangen will die Sache wieder zu erkennen. [...] So haben ihrer viele nur dunckle Begriffe von den Kunst=Wörtern, welche in der Mathematick und Welt=Weißheit gebrauchet werden.

Hierauf folgen weitere Paragraphen bis einschließlich §. 49.

Seine weiteren Ausführungen lassen den Schluss zu, dass er mit „Sachen" dasjenige „Ding" meint, das den mit einem bestimmten „Wort" benannten „Begriff" ausmacht: Denn gemäß §. 4 und §. 5 seiner *'Anfangs-Gründe'* von 1710 (s. o.) besteht für ihn ein „Begriff" in den „Gedancken von den Sachen", um die es geht, was er nun in §. 4 der *'Vernünfftigen Gedancken'* von 1740 „ *Vorstellung einer Sache in unseren Gedancken"* nennt, also Vorstellung(en) von dem „ *Ding"*, um das es geht. Ein „Ding" kann also auch etwas Abstraktes sein.

Wir betrachten ergänzend noch beispielhaft Auszüge aus zwei referierenden enzyklopädischen Darstellungen:

- 1894: *'Meyers Konversationslexikon'*, Band 2, S. 689 f.:

    Begriff heißt in der Logik jeder durch das Denken fest abgegrenzte Vorstellungsinhalt. Die Bildung eines Begriffes setzt hiernach voraus, daß die Thätigkeit des Denkens sich der nach psychologischen Gesetzen in uns entstandenen oder entstehenden Vorstellungen bemächtigt, und sie (nach Maßgabe ihres Inhaltes) in Beziehung zueinander bringt. Der B. kann deshalb nicht, wie die einzelne Vorstellung, als ein jemals im Bewusstsein fertig vorliegender Inhalt betrachtet werden, so daß die Begriffe eine besondere Art von Vorstellungen wären, sondern jeder B. bedeutet eine Summe von Denkakten; abgesehen von diesen letztern hat er keine eigene Realität in der Seele. Dies zeigt sich auch darin, daß der B. in engster Verbindung mit dem Urteil (s. d.) steht, welches die unmittelbarste Äußerung der Denkthätigkeit darstellt; sobald wir einen B. verdeutlichen wollen, werden wir zum Aussprechen eines oder mehrerer Urteile getrieben (Definition), welche also in dem B. gewissermaßen verdichtet sind; umgekehrt gewinnt in jedem Urteil ein Vorstellungsinhalt dadurch, daß er mit einem andern in Beziehung gesetzt wird, eine begriffliche Bedeutung. So geht denn die Entwickelung der Begriffe mit der Entwickelung des urteilenden Denkens Hand in Hand. Den ersten Anstoß zu derselben gibt die sinnliche Wahrnehmung, insofern auf Grund derselben nach den psychologischen Associationsgesetzen gewisse Elemente des Wahrgenommenen miteinander in engere Beziehung treten und sich von andern sondern; so entwickeln sich zunächst die Vorstellungen der einzelnen Dinge (s. d.). [...]

1978: FRANZ AUSTEDA, *'Wörterbuch der Philosophie'*, S. 21:

> **Begriff**: Denkeinheit, Bedeutungseinheit. Durch das Hören oder Lesen des als Zeichen dem Begriff
> zugeordneten Begriffswortes oder Symbols ergeht die Aufforderung, den Begriff gedanklich zu reali-
> sieren, d. h. die mit dem Begriffswort assoziierten Erlebnisinhalte zu reproduzieren. In jedem Begriff
> sind unzählige Erfahrungen zusammengeballt; da der Erfahrungsschatz veränderlich ist bzw. immer
> neue Erfahrungen „ankristallisieren", ist jeder Begriff „elastisch" und seinem Inhalt nach inkonstant,
> also ein „fieri", nicht ein „factum". Den Vorgang der Begriffsbildung nennt man Abstraktion [,…].

Auch aus dieser Beschreibung von „Begriff" bei AUSTEDA wird – die vorherigen Zitate gewissermaßen zusammenfassend – deutlich, dass ein „Begriff" nicht starr, sondern „elastisch"
(loc. cit.) und individuell veränderlich ist: So bedeutet das lateinische fieri u. a. *werden,
entstehen, wachsen, geschaffen werden*, womit also ein *Prozess* beschrieben wird, nämlich
das *Begreifen*. Der „Begriff" ist gemäß dieser Auffassung kein factum, also nicht nur ein
Geschaffenes, denn ein *Begriff entwickelt* sich – also bezogen auf die Mathematik sowohl *in
dieser Wissenschaft* als auch *im einzelnen Menschen* (im Individuum).

All diese Beschreibungen dessen, was unter „Begriff" zu verstehen ist bzw. besser: verstanden werden kann, laufen auf die Interpretation hinaus, dass der „Begriff" nicht zu verwechseln
ist mit dem so lautenden Namen, also dem „Begriffswort", dass also beispielsweise „Stetigkeit"
kein Begriff ist, sondern dass es einen Begriff gibt, der so genannt wird. Was jeweils inhaltlich
mit einem konkreten Begriff gemeint ist, wenn man das entsprechende Begriffswort nennt, ist
auf andere Weise und ggf. non-verbal zu erschließen. Und da dieses Erschließen individuell
erfolgt, wird erneut deutlich, dass Begriffe immer auch subjektiv konnotiert sind.

Das lässt sich kurz so zusammenfassen, dass man im Alltag in aller Regel leider nicht unterscheidet zwischen einem „Begriff" und einem (oder dem) zugehörigen „Begriffsnamen" (bzw.
„Begriffswort"). Denn der Begriff selber ist sehr viel mehr als nur sein Name.

- Daher wird in diesem Buch stets konsequent statt vom *Begriff „XYZ"* von dem mit *„XYZ"*
  bezeichneten *Begriff* oder vom *Terminus „XYZ"* die Rede sein .

Bei WOLFF sieht man dies entsprechend, indem er in den *'Anfangs-Gründen'* von 1710 von
den „Erklärungen der Wörter" spricht (§§ 2, 3), dies im Kontrast zu den „Erklärungen der
Sachen" (§§ 2, 4), wobei solche „Sachen" wohl erkannte Zusammenhänge bedeuten.

1.3.1.3 Was ist ein Begriff? — Gottlob Frege

Der Mathematiker und Philosoph GOTTLOB FREGE (1848–1927) hat neben GEORGE BOOLE
(vgl. dazu Abschnitt 5.3.4) die *Mathematische Logik* begründet. Logik war damals noch eine
philosophische Disziplin, und erst FREGE hat sie der Philosophie entrissen und der Mathematik zugeführt. Bezüglich „Begriff" sind insbesondere seine Schriften *'Function und Begriff'*
(1891) und *'Über Begriff und Gegenstand'* (1892) zu nennen, auf die wir z. T. noch zurückkommen werden (ferner auch seine sehr schwer verständliche und berühmte *'Begriffsschrift'*
von 1879).

GÜNTHER PATZIG hat diese beiden Schriften 1962 zusammen mit drei weiteren herausgegeben und schreibt zu Beginn seines Vorworts (vgl. [PATZIG 1962, 3]):

> Die vorliegende Sammlung von fünf Aufsätzen soll einem weiteren Kreis von philosophisch interessierten Lesern einige wesentliche Arbeiten Gottlob Freges bequem zugänglich machen, die bislang nur in verschollenen Bänden verschiedener Zeitschriften oder in englischer Übersetzung erreichbar waren.

FREGE weist in seiner o. g. Schrift *„Über Begriff und Gegenstand"*[79] darauf hin, dass das Wort „Begriff" sowohl einen philosophischen als auch einen psychologischen Aspekt enthalte:[80]

> Das Wort „Begriff" wird verschieden gebraucht, teils in einem psychologischen, teils in einem logischen Sinne, teils vielleicht in einer unklaren Mischung von beiden.

Dieser „unklare" bzw. „verschiedene" Gebrauch von „Begriff" betrifft nun nicht nur die Alltagssprache, sondern auch die wissenschaftliche Terminologie, was zu Missverständnissen und Irritationen führen kann und auch führt. FREGE nimmt hierzu folgenden (legitimen) Standpunkt ein (ebd.):

> Diese nun einmal vorhandene Freiheit findet ihre natürliche Beschränkung in der Forderung, daß die einmal angenommene Gebrauchsweise festgehalten werde. Ich habe mich dafür entschieden, einen rein logischen Gebrauch streng durchzuführen.

Diesen „rein logischen Standpunkt" entfaltet er in seiner o. g. Schrift *„Function und Begriff"*, was angemessen darzustellen hier weder möglich noch sinnvoll ist. Es sei aber angedeutet, in welcher Weise FREGE hier „Funktion" und „Begriff" gemeinsam betrachtet – so schreibt er unter anderem:[81]

> [...] Wir sehen daraus, wie eng das, was in der Logik Begriff genannt wird, zusammenhängt mit dem, was wir Funktion nennen. Ja, man wird geradezu sagen können: ein Begriff ist eine Funktion, deren Wert immer ein Wahrheitswert ist.

Das hinterlässt vermutlich – ohne detaillierte Kenntnis des bei FREGE dargestellten Kontextes – Ratlosigkeit. Nur so viel sei hier angemerkt: FREGE entwickelt zuvor allein aus der Logik heraus, was er unter „Funktion" verstanden wissen will,[82] betrachtet hierbei zunächst *Funktionen mit nur einem Argument*, legt zugleich Wert auf die Feststellung,

> daß das Argument nicht mit zur Funktion gehört, sondern mit der Funktion zusammen ein vollständiges Ganzes bildet [,][83]

und er ergänzt nach einer detaillierten Betrachtung:[84]

---

[79] Eine Erwiderung auf eine kritische Entgegnung des englischen Philosophen und Logikers BRUNO KERRY (1858–1989), der sowohl Einwände gegen CANTORs Mengenlehre als auch gegen FREGES Logik hatte.

[80] Vgl. [FREGE 1892b, 192] in [PATZIG 1962, 64].

[81] [FREGE 1891, 15] in [PATZIG 1962, 26].

[82] Hier sei nun absichtlich nicht von der *Entwicklung eines Begriffs von „Funktion"* gesprochen, um eine Selbstreflexivität zu umgehen, solange dies möglich ist.

[83] [FREGE 1891, 6] in [PATZIG 1962, 19].

[84] [FREGE 1891, 8] in [PATZIG 1962, 20]; Hervorhebung nicht im Original.

Wir nennen nun das, wozu die Funktion durch ihr Argument ergänzt wird, den <u>Wert der Funktion</u> für dies Argument. So ist z. B. 3 der Wert der Funktion $2 \cdot x + x$ für das Argument 1 [...].

Nachdem FREGE den „Funktionsbegriff" zunächst auf der Basis der Arithmetik bei Zahlen und Termen entwickelt, weitet er diesen nun aus, indem er in einem ersten Erweiterungsschritt als Argumente nicht mehr nur arithmetische Terme zulässt, sondern auch verbale Beschreibungen (wie sie z. B. bei der berühmten *Dirichlet-Funktion*[85] vorliegt, einer fallweisen Zuordnung für rationale bzw. irrationale Argumente), in einem weiteren Schritt dann auch Gleichungen bzw. Ungleichungen, die als „Funktionswert" (s. o.) dann „wahr" oder „falsch" liefern. Damit erscheint dann für ihn ein „Begriff" als eine „Wahrheitsfunktion", und *alle Objekte, die als Argument dieser Funktion den Wert „wahr" liefern, fallen dann unter diesen Begriff.* – Das mag sowohl irritieren als auch „zu eng" wirken, und daher seien zunächst andere Aspekte betrachtet.

1.3.2   Begriffsbildung als Prozess

1.3.2.1   *Begriffsbildung in ontogenetischer und in kulturhistorischer Sicht*

Bei dem aus „Begriff" und „Bildung" zusammengesetzten Wort „Begriffs-Bildung" fällt auf, dass es etliche weitere mit „Bildung" in dieser Weise zusammengesetzte Bezeichnungen gibt, z. B.: *Ausbildung, Einbildung, Vorbildung, Umbildung, Abbildung, Nachbildung, Allgemeinbildung, Berufsbildung, Schulbildung, Halbbildung, Scheinbildung, Herzensbildung,* ...

Hier zeigt sich sofort, dass das Wort „Bildung" in jedem dieser Termini in einem neuen, eigenen Zusammenhang verwendet wird und auftaucht. So hat z. B. „Aus-Bildung" meist nichts mit „Ein-Bildung" zu tun (trotz des identischen grammatischen Aufbaus), und ein Zusammenhang mit „Begriffs-Bildung" ist auch nicht erkennbar; „Berufsbildung" ist vielleicht als eine „Bildung *für* einen Beruf" deutbar, aber das gilt keineswegs analog für die anderen Bezeichnungen, denn beispielsweise ist „Schulbildung" *keine* „Bildung *für* die Schule" usw.

Für den Terminus „Begriffsbildung" gibt es grammatisch zwei Deutungsmöglichkeiten: Eine „Bildung *durch* Begriffe" (wie z. B. „Schulbildung") oder eine „Bildung *von* Begriffen". Im vorliegenden mathematischen und mathematikdidaktischen Kontext scheidet der erste Fall gewiss aus. Zum verbleibenden zweiten Fall – Bildung *von* Begriffen – sei bemerkt und vermerkt, dass bei keinem der anderen o. g. zehn Beispiele eine hierzu analoge Deutung erkennbar zu sein scheint. Doch es bleibt die Frage: Was soll „Begriffsbildung" bedeuten?

Zur ersten Einkreisung sei festgestellt, dass „Begriffsbildung" nicht nur in der Pädagogik eine Rolle spielt, sondern dass „Begriffsbildung", in Ergänzung zu dem auf S. 39 erwähnten Zitat von FREGE, sowohl für die Philosophie als auch für die Psychologie ein wesentlicher und klassischer Untersuchungsgegenstand ist – wenn auch *in je spezifischer Sichtweise*, was nicht nur darauf beruht, dass „Begriff" gemäß FREGE unterschiedlich verstanden wird.

---

[85]   Vgl. S. 179.

Dies sei kurz erläutert, wobei vorauszuschicken ist, dass anstelle von „Begriffsbildung" in der Fachliteratur teilweise (dann synonym?) die Bezeichnung „Begriffsentwicklung" verwendet wird.[86]

So begegnet uns „Begriffsbildung" bereits in der Literatur zur Didaktik der Mathematik unter zwei völlig unterschiedlichen Aspekten, die nicht nur – wie gerade erwähnt – auf verschiedenen Auffassungen von „Begriff" beruhen. Beispielsweise ist die gängige Bezeichnung *„Entwicklung des Zahlbegriffs"* doppeldeutig und recht missverständlich, etwa:

- *Entwicklung des Zahlbegriffs beim Kinde*
- *Entwicklung des Zahlbegriffs von den Pythagoreern über Dedekind und Peano bis Hilbert*

Hier werden zwei für die Didaktik der Mathematik wesentliche Aspekte von „Begriffsbildung" – nämlich die *Bildung* (bzw. die Entwicklung, s. o.) *des Zahlbegriffs* – mit demselben Wort benannt, wenngleich diese Aspekte (zunächst) wohl kaum vereinbar sind.

Genauer handelt es sich hier der Reihe nach folgende *Aspekte von Begriffsbildung*:[87]

- Begriffsbildung im **ontogenetischen** Sinn
- Begriffsbildung im **kulturhistorischen** Sinn

Das sei exemplarisch bei der *'Algebra in der Sekundarstufe'* von HANS-JOACHIM VOLLRATH belegt und erläutert (Bild 1.25): Hier werden expressis verbis sowohl *„Begriffsbildung"* als auch *„Begriffsbildungsprozesse"* behandelt. Zwar mag die Bezeichnung „Begriffsbildungsprozess" redundant erscheinen, jedoch ist sie üblich, und sie hebt auf etwas Besonderes ab:

Da „Bildung" sprachlich sowohl einen *Prozess* als auch einen *Zustand* bezeichnet, wird durch die Bezeichnung „Begriffsbildungsprozess" eine besondere Qualität von „Begriffsbildung" hervorgehoben, nämlich der prozessuale, dynamische Aspekt.

Wir betrachten die fünf Sätze aus Bild 1.25 nun im Einzelnen:

Satz ① teilt etwas zur Herausbildung von Begriffen *„im Laufe des Algebraunterrichts"* mit, und damit wird u. a. der *Begriffsbildungsprozess im Individuum* und also der *ontogenetische Aspekt* von „Begriffsbildung" angesprochen.

2. Begriffsbildung im Algebraunterricht
2.1 Begriffsbildungsprozesse
① Der Zahlbegriff, der Verknüpfungsbegriff, die Begriffe Term und Gleichung, sowie der Funktionsbegriff bilden sich im Laufe des Algebraunterrichts heraus.
② Diese Begriffsbildungsprozesse spiegeln bis zu einem gewissen Grade die historische Entwicklung wider.
③ Die Lernenden können sich dieser Begriffsentwicklungen in reflektierenden Phasen des Unterrichts bewußt werden.
④ Man sollte versuchen, ihnen den Eindruck zu vermitteln, daß diese Begriffsentwicklungen nicht abgeschlossen sind.
⑤ Tatsächlich besteht ja auch in der Sekundarstufe II die Möglichkeit, weiter an den Begriffen zu arbeiten und Neues zu schaffen.

Bild 1.25: Kommentierter Auszug aus [VOLLRATH 1994, 235]; unterstreichende Hervorhebungen nicht im Original

---

[86] Im hier vorliegenden knappen Rahmen soll nicht von der reizvollen Möglichkeit getrennter Interpretationen der beiden Bezeichnungen Gebrauch gemacht werden, weil das hier im Wortsinn „abwegig" wäre.

[87] Vgl. hierzu auch die vorangehenden Betrachtungen auf den Seiten 7, 21, 27 und 32.

In Satz ② wird dann auch der *kulturhistorische Aspekt* von „Begriffsbildung" betont, und es wird die Meinung vertreten, dass der ontogenetische Aspekt diesen widerspiegele, wenn auch nur *„bis zu einem gewissen Grade"*.

Satz ③ ist doppeldeutig, weil hier auch aus dem Kontext heraus sowohl der ontogenetische als auch der kulturhistorische Aspekt zu subsumieren sind: Einerseits können (und sollen) sich die Schülerinnen und Schüler der (ontogenetischen) Begriffsentwicklung bei sich selbst bewusst werden, und andererseits geht es auch um die Bewusstmachung der Historizität dieser Begriffsentwicklung, also um den kulturhistorischen Aspekt: *Beides ist „bildungsbedeutsam",* womit zugleich ein anderer, pädagogischer Aspekt von „Bildung" vorliegt.

Entsprechendes gilt auch in Satz ④: So sollen die Schülerinnen und Schüler erkennen, dass die Begriffsentwicklung bei ihnen selbst nicht abgeschlossen ist, und es geht ferner auch um ihre (!) Erkenntnis, dass Begriffe der Mathematik im Fluss und damit im Wandel sind.

Satz ⑤ führt zwar explizit zum ontogenetischen Aspekt zurück. Berücksichtigt man aber das didaktische Prinzip des „entdeckenden Lernens" in dem Sinne, dass auch kulturhistorische Aspekte „wiederentdeckt" bzw. „nachentdeckt" werden können, so liegt hier implizit auch eine Verbindung zum kulturhistorischen Aspekt vor.

1.3.2.2   Aspektvielfalt von „Begriffsbildung" im mathematikdidaktischen Kontext

Primär versteht man in Pädagogik, Psychologie und Philosophie „Begriffsbildung" weniger kulturhistorisch im Sinne von Abschnitt 1.3.2.1, sondern *eher ontogenetisch*, indem also der *Begriffsbildungprozess bei den Menschen* im Blickpunkt der Untersuchungen steht:

In der **Psychologie** betrachtet man vornehmlich das jeweilige Individuum, d. h., man untersucht dann den Aufbau sog. *kognitiver Strukturen* und damit *subjektive Strukturen des Wissens*.

In der **Philosophie** betrachtet man „Begriffsbildung" beim Menschen schlechthin im Rahmen der Erkenntnistheorie (wenngleich marginal auch kulturhistorische Aspekte interessieren):

Es geht dann um sog. *epistemologische Strukturen* des Wissens und hier insbesondere um *intersubjektive Strukturen* dieses Wissens, über die also viele Menschen gleichermaßen verfügen (im Gegensatz zu subjektiven Strukturen des Wissens beim Individuum). Solche intersubjektiven Strukturen eignen sich die Menschen *kommunikativ und interaktiv im sozialen Kontext* an. SEEGER erläutert das, passend zu dem Zitat von FREGE auf S. 39, wie folgt:[88]

> „Wissen" kann sowohl unter einer psychologischen wie unter einer epistemologischen Perspektive betrachtet werden. Es kann einmal als Wissen eines individuellen Menschen, als kognitive Struktur rekonstruiert werden oder es kann als Produkt eines Gemeinwesens, einer „Sprachgemeinschaft" usw. unter epistemologischen Aspekten betrachtet werden.

Die Bezeichnung „Epistemologie" geht gemäß [FELGNER 2020 b, VIII] auf das griechische *epistêmê* für *„das Verständnis, das Wissen"* zurück und bedeutet *„Wissenschaftslehre"* bzw. *„Erkenntnistheorie"* (im Angloamerikanischen heißt es entsprechend "epistemology").

---

[88]   Siehe [SEEGER 1990, S. 130]; [EDELMANN 1996 b, S. 22] schränkt hingegen (als Lernpsychologe) „Wissen" so ein, dass dieses *„in jedem Fall subjektiv"* sei.

Epistemologische Untersuchungen haben in der mathematikdidaktischen Literatur der letzten Jahrzehnte Raum gegriffen, und zwar in einem Zweig der empirischen Unterrichtsforschung, der sich mit der Analyse der „Entwicklung von Wissen" befasst.[89]

In der **Pädagogik** werden nun im Zusammenhang mit Begriffsbildung die kognitive *und* die epistemologische Wissensstruktur betrachtet (also *subjektive und intersubjektive* Strukturen des Wissens).

Auch die **Didaktik der Mathematik** hat beide Strukturen zu berücksichtigen, wobei neben dieser ontogenetischen Aspektgruppe – wie in Abschnitt 1.3 artikuliert – auch die auf S. 41 angesprochenen *kulturhistorischen Aspekte* einfließen, wozu Ergebnisse und Erkenntnisse aus der **Geschichte der Mathematik** heranzuziehen sind, und alles schließlich in Wechselwirkung mit der **Mathematik** als fachlicher Mutterwissenschaft.

Bild 1.26 visualisiert die hier erörterten Zusammenhänge, in denen „Aspekte der Begriffsbildung" erkennbar werden, die wir im Folgenden näher betrachten.[90]

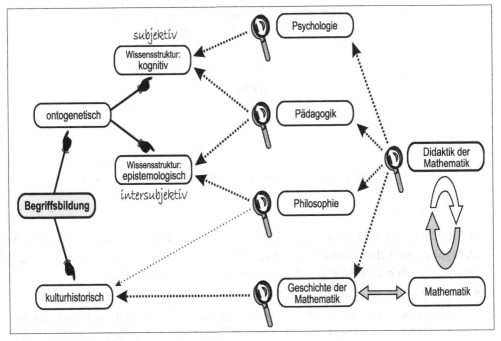

Bild 1.26: Aspekte von Begriffsbildung in der Mathematik aus mathematikdidaktischer Sicht

Verallgemeinernd wird der hier dargestellte Prozess der Begriffsbildung nachfolgend in Bild 1.27 erfasst, das auf einer Idee von ANSELM LAMBERT beruht und in dieser Gestalt bereits 2002 in dem Buch 'Mathematikunterricht und Neue Medien' veröffentlicht wurde.[91]

---

[89]   Vgl. etwa [BROMME & STEINBRING 1990], [SEEGER 1990] und [STEINBRING 1993].
[90]   Eine Weiterentwicklung einer Abbildung aus [HISCHER 1996, 10]; vgl. auch Bild 1.24 auf S. 33.
[91]   [HISCHER & LAMBERT 2002, 145].

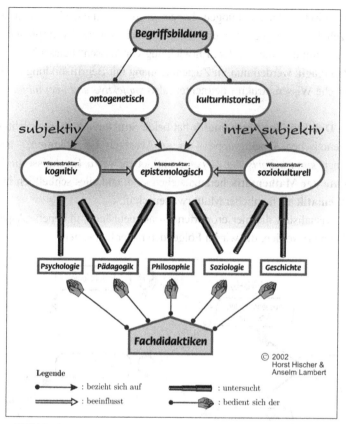

Bild 1.27: Prozess der Begriffsbildung aus allgemeiner fachdidaktischer Sicht

1.3.2.3   Phasen der Begriffsbildung

In Ergänzung zu Bild 1.26 und Bild 1.27 veranschaulicht Bild 1.28[92] auf der nächsten Seite idealtypisch zwei *Begriffsbildungsphasen,* die für den Prozess der *ontogenetischen Begriffs-bildung* bezüglich der *subjektiven Wissensstruktur* wichtig sind, nämlich

- *die Einführung des Begriffs und die Definition des Begriffs.*[93]

    Von der Einführung eines Begriffs wird gesprochen, wenn die Schüler mit dem Begriff lediglich durch Umschreibung seines Inhalts und Umfangs,[94] durch seine Verwendung in verschiedenen Zu-sammenhängen, durch Angaben von Beispielen und ähnliches vertraut zu machen sind. Ist dagegen vom Definieren des betreffenden Begriffs die Rede, soll das Erarbeiten des Begriffs tatsächlich bis zu dessen Definition geführt werden.

---

[92]   Bild 1.28 hat eine lange Vorgeschichte der Entwicklung: Eine Grundversion wurde bereits in [HISCHER 1982] mit Bezug auf Betrachtungen in [BOCK & GIMPEL 1975], [VAN DORMOLEN 1976] und [WITTMANN 1978] vorgestellt, später leicht modifiziert in [HISCHER 1996, 11] und dann in [Hischer 2002, 147] veröffentlicht.

[93]   Gemäß [BOCK & GIMPEL 1975, 145].

[94]   Der „Begriffsumfang" entsteht durch die Beispiele, die „unter diesen Begriff fallen" – im Gegensatz zum „Begriffsinhalt" (den „definierenden, charakteristischen Eigenschaften" eines Begriffs).

Unter „Definition" wird üblicherweise (wie im o. a. Zitat) nur die formale (bzw. verbalisierte) Fassung als „*Endprodukt*" des „Definierens" verstanden – andererseits wird mit „Definition" aber auch der „*Prozess des Definierens*" bezeichnet (wie er etwa ontogenetisch bei den Schülerinnen und Schülern[95] stattfindet).

Beachtet man aber, dass „De-finition" wörtlich „Ab-grenzung" bedeutet, so findet bereits in der sog. „Einführungs-Phase" eine Definition statt.

1. *Einführung eines Begriffs*

   Bei der *Einführung* werden die Schülerinnen und Schüler über die Begegnung mit Beispielen und Nichtbeispielen[97] mit dem *Umfang* des neuen Begriffs vertraut gemacht, und durch „Sortie-

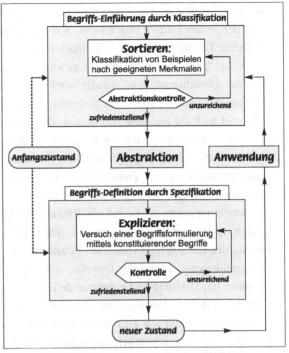

Bild 1.28: „Phasendiagramm" der Begriffsbildung

ren" erfolgt eine „Klassifikation" dieser Objekte nach geeigneten Merkmalen, d. h., sie nähern sich diesem *Begriff* durch *Klassenbildung* und *Abstraktion*.

So kann ein *Begriff höherer Ordnung* entstehen. Ein Verständnis von Begriffen höherer Ordnung ist gemäß RICHARD R. SKEMP nur über *Klassenbildung* (wie in Bild 1.28) möglich.[96]

2. *Definition eines Begriffs*

   Nach zufriedenstellender Abstraktionskontrolle wird versucht, den zunächst an Beispielen und Nichtbeispielen[97] (ggf. zaghaft) „gewonnenen Begriff" auf schwierigere Fälle anzuwenden, was eine Präzisierung der „Begriffsvorstellung" erfordert. Das erfolgt in ersten Ansätzen für eine mehr oder weniger formale *Definition*. Dieses „Begriffsfestlegen" nennt man auch *Explizieren*: Man versucht in dieser Phase, den Begriff mittels bekannter, sog. *konstituierender Begriffe* durch *Spezifizieren* festzulegen. Nach erneuter Kontrolle ist der Schüler bzw. die Schülerin dann von dem jeweiligen *Anfangszustand*, der durch sein bzw. ihr *Vorwissen* gegeben ist, zu einem *neuen Zustand* gelangt.

---

[95] Die folgenden Erläuterungen meinen mit „Schülerinnen und Schülern" grundsätzlich alle „Lernenden", wobei letztgenannte unpersönliche Bezeichnung nachfolgend nicht verwendet wird.

[96] Vgl. z. B. [VAN DORMOLEN 1978, 54]. Gemäß [AUSUBEL 1974, 109 ff.] liegt hier „Subsumtion" vor („unterordnendes Lernen"): Bei der „derivativen Subsumtion" ergeben sich neue Begriffe (höherer Ordnung) durch *Ableitung* aus bereits bestehenden von allgemeinerer Bedeutung (z. B. Quadrat als spezielles Rechteck), und bei der „korrelativen Subsumtion" sind die neuen Bedeutungen mit *den alten verbindbar*, aber nicht (implizit) in ihnen enthalten (z. B. ebene und sphärische Geometrie).

Das Begriffsbildungsdiagramm in Bild 1.28 zeigt nun an, dass dieser *„Anfangszustand"* vor *jeder der beiden Phasen* liegen kann. Wie ist das zu verstehen? – Der übliche Aufbau mathematischer Lehrbücher und Vorlesungen folgt dem Schema *„Definition – Satz – Beweis – Beispiel(e)"*, und dieses Schema ist gewiss der Notwendigkeit einer komprimierten Darstellung der gewachsenen bzw. ständig wachsenden Stofffülle in Verbindung mit dem wissenschaftsmethodischen Ideal eines systematischen Aufbaus einer Theorie geschuldet. Dazu gehört wohl auch die implizite Auffassung, dass ein *„Lernen von Begriffen durch Definitionen"* nicht nur möglich, sondern sogar normal sei. Dem ist aber zweierlei entgegenzuhalten:

Einerseits verläuft die mathematische Forschung auf dem kreativen Weg beim Vorstoß zu neuen Begriffen vielfach (wenn nicht sogar meist) umgekehrt zum obigen Schema: Anhand konkreter Beispiele entstehen neue Vermutungen, die ersten Beweisansätze führen zu vorläufigen Satzformulierungen, die ggf. die Bildung und Definition neuer Begriffe nahelegen bzw. erfordern, so dass von da an das Gebäude „von vorne" über *Definition – Satz – Beweis* neu aufgebaut werden kann, gefolgt von neuen Beispielen und ggf. Modifikationen der Definition(en), der Satzformulierung(en) und der Beweise, wobei dieser Prozess fortgesetzt wird und dabei vom Bemühen um Straffung und zunehmende Eleganz der Darstellung und weiterhin um Einbau in andere Gebiete bzw. Verknüpfung mit anderen Gebieten gekennzeichnet ist.

Andererseits sind wir zwar beim Aneignen „fertiger" mathematischer Gebiete fast immer mit der Situation konfrontiert, uns zunächst neue „Begriffe" durch Interpretation vorgelegter Definitionen aneignen zu *müssen*, jedoch „verstehen" wir diese nicht schon dann vollständig, wenn wir „nur" darauf aufbauende Sätze und Beweise nachvollzogen haben, sondern wenn wir auch in der Lage sind, einen konkreten Objektvorrat in „Beispiele für diesen Begriff" und „Beispiele gegen diesen Begriff" *klassifizierend* im Sinne der Sortierphase von Bild 1.28 einzuteilen. – Dabei mag diese Sortierphase ggf. nur kommunikationslos „im Kopf" ablaufen.

Das bedeutet nun, dass es ein *Lernen von Begriffen allein über Definitionen* nicht geben kann, dass vielmehr zugleich das Erfassen von Beispielen *für* den Begriff und von Beispielen *gegen* den Begriff stets erforderlich ist – ganz im Sinne von „de-finieren" als „ab-grenzen". Der „Anfangszustand" in Bild 1.28 kann somit sowohl mit der Sortierphase als auch mit der Explikationsphase beginnen, und der Begriffsbildungsprozess ist als *Kreisprozess* zu denken, der prinzipiell offen sein kann und damit *Stufen des Begriffsverständnisses* beschreibt.

Das bedeutet zusammenfassend: Zum wirklichen Begriffsverständnis ist stets ein kritischer Bezug auf vorhandene oder zu suchende Objekte im Sinne einer *Einteilung in Beispiele und Nichtbeispiele*[97] erforderlich, oder anders und nochmals:

- Ein *„Lernen von Begriffen durch Definitionen"* ohne abgrenzenden Bezug auf *Beispiele und Nichtbeispiele* kann es gar nicht geben.

Diese These wird durch empirische Untersuchungen am so genannten „epistemologischen Dreieck" gestützt:

---

[97] Üblich ist zwar „Gegenbeispiel", was aber streng genommen unpassend ist: Denn solche Beispiele richten sich nicht „gegen" eine Begriffsdefinition, sondern es sind „keine" Beispiele dafür! Vgl. [HOUSTON 2012, 129].

1.3.2.4   Das epistemologische Dreieck

SEEGER, BROMME und STEINBRING haben bei ihrer empirischen Analyse der *Entstehung von Wissen im Unterricht* herausgearbeitet, dass im Rahmen *ontogenetischer Begriffsbildung* zu unterscheiden sei zwischen *Objekt, Symbol* und *Begriff* – wobei sie deren Zusammenhänge in dem von ihnen entwickelten und so genannten *epistemologischen Dreieck* darstellen.[98] So schreibt beispielsweise STEINBRING hierzu:

> In Situationen der Problemlösung oder der Weiterentwicklung mathematischen Wissens sieht man sich [...] der Anforderung ausgesetzt, eine Beziehung zwischen allgemeinen strukturellen Aspekten des Wissens und Bedingungen einer mehr oder weniger konkreten, gegenständlichen Situation vorzunehmen.[99]

> [...] Dieses für den Mathematikunterricht zentrale Problem der Herstellung einer Beziehung zwischen *symbolisch-struktureller Ebene* und *gegenständlich-kontextbezogener Ebene* des Wissens ist beispielhafter Ausdruck für die Wechselbeziehung zwischen *subjektbezogenen* und *objektiven* Momenten in der Wissensentwicklung. [...] Wir gehen davon aus, daß die *Bedeutung des mathematischen Begriffes* sich als eine Beziehungsform zwischen *Zeichen (oder Symbol)* und *Gegenstand (oder Objekt)* im epistemologischen Dreieck konstituiert.[100]

Bereits [BROMME & STEINBRING 1990, 161] betonen, dass nur die Objektebene und die Symbolebene einer direkten Beobachtung zugänglich seien, die Begriffsebene hingegen nur indirekt:

> Diese beiden Ebenen kann man in Unterrichtsverläufen explizit beobachten; den Begriffsinhalt [...] kann man jedoch nicht direkt identifizieren.

Ihre empirischen Unterrichtsanalysen führen uns zu folgender bedeutsamen **Konsequenz:**

> Der *mathematische Begriff entsteht* in kommunikativen Situationen *durch Herstellung von Beziehungen einerseits* zwischen den *Gegenständen bzw. Objekten* in der *Empirie-Sphäre* **(Anwendungsfälle)** und *andererseits* zwischen den *Zeichen bzw. den Symbolen* in der *Kalkül-Sphäre* **(mathematische Struktur).**
>
> *Nur diese beiden Sphären sind einer Beobachtung im Unterricht direkt zugänglich*, weil die Kommunikation und die Handlungen sowohl der Schülerinnen und Schüler als auch der Lehrkraft sich hierauf beziehen.

Bild 1.29 auf S. 48 zeigt eine Weiterentwicklung des von BROMME, SEEGER und STEINBRING eingeführten epistemologischen Dreiecks, wobei anstelle der von ihnen verwendeten bildlichen Vorstellung von „Ebenen" hier diejenige von „Sphären" im Sinne von „Bereichen" gewählt wird. (Diese Abbildung ist eine Detaillierung von Abb. 1 in [HISCHER 1996, 8] und erschien auch als Titelbild von [HISCHER & WEIß, 1996].)

---

[98]   Vgl. [BROMME & STEINBRING 1990], [SEEGER 1990, 139] und [STEINBRING 1993, 118], [HISCHER 1996].

[99]   [STEINBRING 1993, 116]; Hervorhebungen nicht im Original.

[100]   [STEINBRING 1993, 117]; unterstreichende Hervorhebung nicht im Original.

Wegen der *nicht direkt beobachtbaren Begriffs-Bildung* wird hier die Begriffs-Sphäre nur schemenhaft angedeutet. Zugleich bilden „Objekt" und „Symbol" aufgrund ihrer *direkt zugänglichen Beobachtbarkeit* (s. o.) die *Basis*, während der „Begriff" als ein abstraktes Konstrukt zwischen „Objekt" und „Symbol" wie auf einer *höheren Sphäre* zu denken ist.

In dieser modifizierten, neuen Version des epistemologischen Dreiecks wurden also gegenüber der ursprünglichen „oben" und „unten" vertauscht, sodass es also „auf den Kopf gestellt" erscheint. Der vage „Begriff" schwebt verschwommen über allem.

Bild 1.29: modifiziertes epistemologisches Dreieck

1.3.3   Fazit: Begriff – Grundbegriff – Grundlegender Begriff

Die Ähnlichkeit zwischen den Darstellungen des ontogenetischen Begriffsbildungsprozesses in Bild 1.28 und Bild 1.29 ist auffällig, denn jeweils liegen zwei unterschiedliche Bereiche vor, die aber paarweise übereinstimmen: Die *Empirie-Sphäre* im epistemologischen Dreieck ist lediglich eine andere Kennzeichnung der *Sortierphase* im Phasendiagramm, und entsprechend ist die *Kalkül-Sphäre* nur eine andere Kennzeichnung der *Explikationsphase* aus dem Phasendiagramm. Sowohl in der Empirie-Sphäre als auch in der Sortierphase „erfassen" die Schülerinnen und Schüler konkrete Objekte, sammeln Erfahrungen mit ihnen und klassifizieren und „begreifen" sie damit fortschreitend.

Diese Objekte können sowohl materiell als auch nicht-materiell sein, aber es sind stets Beispiele oder Nichtbeispiele[97] für den zu erarbeitenden Begriff, und sie dienen damit der Erfassung des *Begriffsumfangs*.[94] Durch zunehmende *symbolisierende Abstraktion* nähern sich die Schülerinnen und Schüler der Beschreibung einer gemeinsamen **mathematischen Struktur** dieser Objekte und damit dem *Begriffsinhalt*.[94]

Die Verwendung von Symbolen bei diesem Abstraktionsprozess dient der Kommunikation zwischen den Beteiligten und bedarf daher eines Regelsystems. Ein solches regelgeleitetes Umgehen mit Symbolen basiert auf einem (zu entwickelnden) *Kalkül* unter Einschluss der Mathematischen Logik. Die auf diese Weise erarbeitete formale oder verbale (vorläufige) „Definition" wird dann auf die vorhandenen (und auch auf neue) Objekte der Empirie-Sphäre „rückwirkend" angewendet, wobei diese Objekte als *Anwendungsfälle* erscheinen, gefolgt von einem erneuten Wechsel in die Kalkül-Sphäre, in der man „kalkuliert" (in Verbalisierung des Umgehens mit einem Kalkül).

Aufgrund der o. g. Kommunikation findet diese *ontogenetische Begriffsbildung nicht nur subjektiv* statt, *sondern auch intersubjektiv* (vgl. Bild 1.26 und Bild 1.27).

Während in Bild 1.29 explizit dargestellt wird, dass der „Begriff" eigentlich nicht konkret fassbar ist und sich nur im *Wechselspiel* der individuellen und sozialen Handlungen *zwischen der Empirie-Sphäre und der Kalkül-Sphäre* – gewissermaßen „hintergründig" – entwickelt, wird dieses in Bild 1.28 nur implizit angedeutet. Beiden Beschreibungen des Begriffsbildungsprozesses ist aber gemeinsam, dass der (wiederholende!) *Sphärenwechsel unverzichtbar* ist und dass das im Unterricht oft zu beobachtende Verharren in der Kalkülebene keine adäquate Begriffsbildung ermöglicht.

Beispielsweise wird kein adäquates Bruchverständnis entwickelt, wenn lediglich Bruchrechenregeln „gelernt" und angewendet werden, und entsprechend wird kein Verständnis für infinitesimale Prozesse entwickelt, wenn etwa nur Grenzwert- und Ableitungsregeln „gelernt" und angewendet werden.

In beiden Fällen wird dann die Empirie-Sphäre vernachlässigt, und die Kalkül-Sphäre wird überbetont. Umgekehrt wird man der Frage nachgehen müssen, wie es z. B. um die Begriffsentwicklung bei zunehmendem Computereinsatz bestellt ist; denn Software enthält Algorithmen und Kalküle, die man nicht mehr individuell beherrschen muss, so dass dadurch die Kalkül-Sphäre vernachlässigt wird.

Der *Prozess der ontogenetischen Begriffsbildung* ist also *nur indirekt* aus den *beiden* Sphären heraus *erschließbar*, und damit ist z. B. streng genommen „Stetigkeit" kein Begriff, sondern nur eine *Bezeichnung* (ein *Name*) für einen Begriff, der sich im *Wechselspiel* des Umgangs mit konkreten Beispielen und Nichtbeispielen in der Empirie-Sphäre (Aufbau des Begriffsumfangs) und „kalkulierend" mit Symbolen in der Kalkül-Sphäre (Aufbau des Begriffsinhalts) quasi hermeneutisch entwickelt – und zwar individuell! Somit sind „Begriffsname", „Begriffsumfang" und „Begriffsinhalt" zu unterscheiden und jeweils nicht mit dem „Begriff" zu verwechseln.

- Dennoch dürfen wir z. B. vom „Begriff der Stetigkeit" sprechen, wenn wir beachten, dass sowohl der Begriffsname „Stetigkeit" als auch dessen formale Definition noch nicht den *Begriff* ausmachen – denn dieser muss erst *subjektiv gebildet* werden.

Nun bleibt noch zu erläutern, warum im Titel dieses Buchs von „Grundlegenden Begriffen der Mathematik" die Rede ist und warum es nicht „Grundbegriffe der Mathematik" heißt:

Diese beiden Termini sind hier in – aller Vorsicht formuliert – wie folgt zu verstehen:

- *„Grundlegende Begriffe"* sind explizit definierbar, *„Grundbegriffe"* nur implizit. Beispielsweise bezeichnet „Stetigkeit" einen „grundlegenden Begriff" der Analysis, jedoch keinen „Grundbegriff", während etwa „Punkt" einen „Grundbegriff" axiomatischer Geometrien bezeichnet, nicht jedoch einen „Grundbegriff" der Analytischen Geometrie, wohl aber einen ihrer „grundlegenden Begriffe". Diese mathematischen Termini sind jedoch nicht mit dem didaktischen Terminus „Grundvorstellung"[101] zu verwechseln.

---

[101] Siehe hierzu Fußnote 614 auf S. 427, ferner S. 249, S. 251 und vor allem Abschnitt 7.2 auf S. 300 ff.

2 Grundlagen mathematischer Strukturen

2.1 Überblick

Das „Gebäude" der Mathematik wird durch „Strukturen" getragen, deren Grundlagen nachfolgend skizziert werden, beginnend mit einem Einblick in die Entstehung der „Algebra" auf der Basis ihrer historischen Wurzeln, nämlich den *Verfahren* zur *Auflösung von Gleichungen*:

Im 19. Jahrhundert führten drei neue mathematische Vorstöße (Untersuchungen dieser Auflösbarkeitsfragen durch ABEL und GALOIS, eine neue vergleichende Sicht der Geometrien durch FELIX KLEIN, ferner zahlentheoretische Entdeckungen bei Quadratischen Formen durch GAUß und LAGRANGE) über eine zusammenfassende Abstraktion zur Etablierung eines vorläufigen abstrakten Gruppenbegriffs durch CAYLEY und WEBER. Ende des 19. Jahrhunderts kamen die Entwicklung der Mengenlehre durch CANTOR und die der mathematischen Logik, beginnend mit FREGE im Anschluss an BOOLE, hinzu, gefolgt von einer formalen, axiomatischen Fassung des Gruppenbegriffs.

Diese *Wende in der Algebra vom Verfahren zur Struktur* war der Beginn einer grundsätzlichen Tendenz in der Mathematik bis weit in die zweite Hälfte des 20. Jahrhunderts hinein: eine *axiomatische Fundierung und Strukturierung nahezu aller Teilgebiete der Mathematik*, wie sie sich u. a. im Programm der BOURBAKI-Gruppe zeigte. Andererseits ist derzeit teilweise, z. B. in der Algebra, eine *Wende zurück zu den Verfahren* erkennbar, beispielsweise begleitet durch die Verfügbarkeit und fortschreitende Entwicklung der Computeralgebrasysteme.

Wir werden uns hierzu langsam vortasten, um uns einen „Begriff"[102] davon zu erarbeiten, was unter „Strukturen" zu verstehen ist und welche Bedeutung sie für die Mathematik haben. Eine wichtige Rolle zur Erfassung und Beschreibung von Strukturen spielen dabei zunächst elementare *Grundlagen aus der Mengenalgebra und aus der mathematischen Logik*.

2.2 Algebra: vom Verfahren zur Struktur — und wieder zurück

2.2.1 Elementare algebraische Strukturen in naiver Sicht

Bereits in den Grundvorlesungen zu Analysis und Linearer Algebra werden *Gruppe*, *Ring* und *Körper* kurz eingeführt, die – historisch gesehen – zugleich am *Beginn struktureller Betrachtungsweisen in der Mathematik* stehen und als „klassische Strukturen" aufzufassen sind. Sie betreffen zentrale und grundlegende Begriffe der *Algebra*, einem wichtigen Teilgebiet der *Wissenschaft* Mathematik. In Vorlesungen wie beispielsweise zu Algebra, Topologie und Projektiver Geometrie werden solche und andere Strukturen dann vertiefend untersucht.

---

[102] Vgl. Abschnitt 1.3.

Doch wie kann man beispielsweise jemandem, der nur über Grundkenntnisse aus der sog. „Schulmathematik" verfügt, nahebringen, worum es bei diesen drei o. g. Strukturen geht? Und wie kann man vor allem verallgemeinernd verdeutlichen, was „Strukturen" bedeuten?

Dazu nennen wir zunächst einige in numerischen Bereichen einleuchtende Eigenschaften:

- In *Gruppen* sind Gleichungen vom Typ $a + x = b$ und $a \cdot x = b$ stets *eindeutig* nach x auflösbar, wenn man bei der letzten Gleichung noch $a \neq 0$ voraussetzt.

- In *Körpern* lassen sich sogar Gleichungen vom Typ $a \cdot x + b = c$ stets *eindeutig* nach x auflösen, sofern man auch hier $a \neq 0$ voraussetzt.

- In *Ringen* sind hingegen Gleichungen vom Typ $a \cdot x + b = c$ *nicht notwendig stets lösbar.* So ist beispielsweise $3x + 2 = 1$ nicht lösbar, wenn man für x nur ganze Zahlen zulässt: Die ganzen Zahlen bilden mit der Addition und der Multiplikation einen *Ring*.

Weil *Verfahren zur Gleichungslösung* die historischen **Ursprünge der Algebra** bilden, gelten Gruppen, Ringe und Körper als typische Beispiele für **algebraische Strukturen**, obwohl solche *Verfahren* in den Forschungen der wissenschaftlichen Algebra des 19. Jahrhunderts und im Wesentlichen auch des 20. Jahrhunderts weniger interessierten, denn hier dominierten **strukturelle Untersuchungen**. Wieso aber kam es zu einer *Wende der Betrachtungsweise?*

2.2.2 Die grundlegende Wende in der „Algebra": vom Verfahren zur Struktur

In seiner „Geschichte der Algebra" schreibt [SCHOLZ 1990, 291]:

> Tatsächlich haben sich etwa ab Beginn des 19. Jahrhunderts die Bedingungen, die Ziele, die Methoden und die Inhalte mathematischer Forschung sukzessive aber merklich verschoben; und diese Verschiebung ist auch innerhalb des algebraischen Denkens deutlich zu verzeichnen. Wollte man diese Verschiebung in einem Satz benennen, so würde man wohl davon sprechen, daß die Algebra, die zu Beginn des 19. Jahrhunderts im wesentlichen das symbolische Wissen der Gleichungslösungen zum Inhalt hatte, im Laufe des 19. Jahrhunderts, zum Teil herauswachsend aus dem algebraisierenden Studium anderer Wissensgebiete, zum Teil in Selbstreflexion auf die eigene symbolische Tätigkeit – gewissermaßen „aus freien Stücken" – ganze Klassen neuer Symbolsysteme entwarf und sich mehr und mehr in eine Wissenschaft verwandelte, der es um die Charakterisierung eigener, als „algebraisch" angesehener *Strukturen* ging. Man sollte die zuletzt angedeutete nahezu tautologische Figur[103] – Algebra als Wissenschaft von den als „algebraisch" angesehenen Strukturen – nicht als Ausrutscher ansehen, sondern als einen Ausdruck der drastisch angestiegenen Neigung zur Selbstreferentialität des mathematischen Wissens der Moderne (selbst der Beigeschmack des Tautologischen wird so zu einem Hinweis auf latente Probleme ebendieser Orientierung.)

So ist festzuhalten, dass „Algebra" bis etwa zu Beginn des 19. Jahrhunderts diejenige mathematische Disziplin war, bei der es darum ging, *wie* man Gleichungen unterschiedlichen Typs löst. Dann erfolgte insofern eine *Wende der Betrachtung*, als dass man zunehmend fragte, *ob* und vor allem: *unter welchen Bedingungen* Gleichungen *lösbar* sind, wobei das *Studium dieser Bedingungen* zugleich eine Untersuchung der zugrunde liegenden *Strukturen* bedeutete:

---

[103] Betr. „tautologisch" vgl. S. 83.

Dies war also der *Beginn der strukturalistischen Sichtweise in der Mathematik*, mit der wir uns in diesem Kapitel beschäftigen werden. Gleichwohl ist festzuhalten, dass „Algebra" in der *Wissenschaft Mathematik* auch heute noch eine ganz *andere Bedeutung* hat als das gleichnamige Gebiet in dem *Schulfach Mathematik*: In Letzterem ist man nämlich – aus dieser Sichtweise heraus – im Begriffsverständnis letztlich um rund zweihundert Jahre zurück! Dabei ist es eine ganz andere Frage, ob der Mathematikunterricht zum Thema „Algebra" überhaupt etwas anderes leisten kann oder etwa gar sollte! Zu dieser Frage muss gewiss die Didaktik der Mathematik Stellung nehmen und Begründungen liefern.

Andererseits gewinnt in den letzten Jahrzehnten in der Mathematik auch das ursprüngliche Verständnis von Algebra wieder an Bedeutung, indem nämlich *Computeralgebrasysteme* (CAS) entwickelt und untersucht werden: Man betrachtet für gegebene Strukturen *softwarebasierte Algorithmen*, die in Verbindung mit implementierten Datenbanken z. B. Gleichungen und Gleichungssysteme tatsächlich *symbolisch* (also nicht numerisch!) lösen. Dazu sind u. a. sog. *Parser* erforderlich, um die Struktur gegebener Terme automatisch zu analysieren. Trotz der beeindruckenden Leistungen solcher CAS haben diese aber nichts mit „Künstlicher Intelligenz" zu tun. Aber es liegt hier eine *„Wende von der Struktur zurück zum Verfahren"* vor – konträr zur auf S. 51 erwähnten *„Wende in der Algebra vom Verfahren zur Struktur"* im 19. Jahrhundert.

2.2.3   „Algebra": zur Entstehung der Bezeichnung

Das Wort „Algebra" geht auf *Ḥisab al-jabr w'al-muḳabala*[104] zurück, ein Werk des von etwa 780 bis etwa 850 in Bagdad lebenden persisch-arabischen Mathematikers ALCHWARISMI,[105] der vermutlich aus dem Gebiet des Aral-Sees in Russland stammte. [FELGNER 2005, 4] schreibt:

> Die arabische Algebra war eine „rhetorische Algebra", das heißt eine mathematische Theorie, die vollständig in der Umgangssprache formuliert war und außer einigen Zeichen für konkrete natürliche Zahlen keine Symbole verwandte.

Gemäß einer Mitteilung von ULRICH FELGNER ist der oben zitierte Namensbestandteil *„al-jabr"* ein medizinischer Ausdruck, der ursprünglich das „Einrenken" (von Gelenken) bedeutet: Es werden (im heutigen Verständnis) negative Terme an die richtige Stelle (auf die andere Seite des Gleichheitszeichens) gesetzt, also „eingerenkt".[106] Es geht also (im heutigen Verständnis) um die „Umformung" zu lösender Gleichungen. [SESIANO 1990, 102 f.] verweist auf die Aussprache „al-dschabr" in diesem Sinne und schreibt erläuternd:

---

[104] Die Transliteration ist in unterschiedlichen Schreibweisen auffindbar.

[105] Gemäß [FELGNER 2005, S. 4] liegt die Betonung auf der zweiten Silbe, und zwar dort auf dem „a", wobei das „i" der letzten (vierten) Silbe lang ist. Das „ch" ist ein rauher Rachenlaut. Der Konsonant „w" wird wie das englische „w" (wie etwa in "water") ausgesprochen. Der Name ist daher wie folgt auszusprechen: Alchwuārismi (oder Alchwoārismi). In der klassischen Lautschrift schreibt man al-Ḫuwārizmī oder al-Kwārizmī. Weitere Informationen, auch zur Aussprache, unter: http://www.eslam.de/ (13.06.2020). Ein Portrait auf einer russischen Briefmarke findet sich unter http://www.eslam.de/begriffe/c/chwarizmi.htm und auch unter https://commons.wikimedia.org/wiki/File:1983_CPA_5426.jpg (13.06.2020).

[106] Mit Dank an ULRICH FELGNER für diesen Hinweis.

Treten auf einer Seite einer Gleichung abgezogene Glieder auf, so werden ihre Beträge zur betreffenden Seite addiert. Der gleiche Betrag wird dann zur anderen Seite hinzugefügt.

Der zweite Namensbestandteil „al-muḳabala" (mit einem Punkt unter dem „k", in internationaler Lautschrift auch stattdessen mit „q") bedeutet „ausgleichen", womit hier „bilanzieren" gemeint ist.[107] In [BECKER & HOFMANN 1951] wird der Titel mit *„Ergänzung und Ausgleich bei Gleichungsumformungen"* übersetzt. Im Prinzip werden Umformungsschritte formuliert, die noch heute in der Schule beim Auflösen von Gleichungen „per Hand" benutzt werden.

Der Anfang des Titels, nämlich *„ al-jabr"*, wandelte sich durch Übersetzung ins Lateinische hin zu unserem heutigen **Algebra**. Somit kann das Buch von ALCHWARISMI als *erstes Lehrbuch der Algebra* gelten. Auch der Name des Autors, ALCHWARISMI, ist unsterblich geworden, denn dieser wandelte sich im Laufe der Zeit zum heutigen **Algorithmus**, also einem Wort für bestimmte „Verfahren" – und Verfahren beschrieb ja ALCHWARISMI in seinem Buch (s. o.). So konnte er auch quadratische Gleichungen lösen, wie allerdings schon weit vor ihm EUKLID,[108] und es ist an dieser Stelle auch auf DIOPHANT hinzuweisen mit den nach ihm benannten polynomialen Gleichungen und rationalen Lösungen.

Ganz im Sinne von ALCHWARISMI war dann *Algebra* bis etwa zu Beginn des 19. Jahrhunderts die *Lehre von den Lösungsverfahren für Gleichungen*. Beispielsweise waren noch bis damals, also bis vor rund 200 Jahren, exakte Lösungsverfahren für Gleichungen dritten Grades von besonderem Interesse – eine Aufgabe, der man sich heute z. B. im Mathematikunterricht wohl in aller Regel nicht (bzw. genauer: nicht mehr) widmet.

Schließlich ist ein weiterer *„wichtiger Algebraiker der frühen Zeit"* zu erwähnen, nämlich der um ca. 880 lebende Ägypter ABU KAMIL, über dessen „Algrebra" SESIANO schreibt:[109]

Trotz seiner Lobworte für al-Kwārizmī fällt dem Leser seiner *Algebra* auf, daß er viel weiter und tiefer als sein Vorgänger ging. Sein Lehrbuch wurde zur Grundlage einer ganzen Reihe späterer Algebrabücher, sowohl im Morgenland wie in den maurischen Ländern und Spanien.

Nach Abū Kāmil wurde der Anteil der Anwendungen in den algebraischen Abhandlungen immer größer, und die Algebra trennte sich immer mehr von der Geometrie. Ein Rückgriff auf die Geometrie erwies sich jedoch unter gewissen Umständen als nötig; dann nämlich, wenn die damaligen algebraischen Kenntnisse die Mathematiker im Stich ließen. Dies war für die Auflösung der Gleichung 3. Grades durch den Perser 'UMAR KHAYYĀM[110] (ca. 1048–1130) der Fall [...].

Diese „geometrische" Methode war bei quadratischen Gleichungen (wie schon bei EUKLID, s. o.) im Prinzip die *quadratische Ergänzung*.[111] Wir stellen diese Methode jedoch (wie auch die im Zitat erwähnte für Gleichungen dritten Grades) hier nicht dar, weil sie im Sinne einer „historischen Verankerung" (gemäß Abschnitt 1.2.2. auf S. 26 ff.) in Bezug auf „Mathematische Strukturen" verzichtbar ist, und so wenden wir uns direkt Gleichungen dritten Grades zu.

---

[107] Alles nach einem dankenswerten Hinweis von ULRICH FELGER.

[108] [SESIANO 1990, 103 ff.].

[109] [SESIANO 1990, 101].

[110] Übliche deutsche Transliteration ist nach einem Hinweis von ULRICH FELGNER an mich heute allerdings „Omar Chayyam", vgl. dazu auch http://www.eslam.de/suche.htm (Link gültig am 27. 04. 2020).

[111] Vgl. [JAHNKE 1995, 188 ff.] und [SESIANO 1990, 104 f.].

2.2.4 Cardano und seine Formeln

Ein bekanntes Verfahren zur Lösung von Gleichungen dritten Grades geht auf den italienischen Arzt HIERONIMUS **CARDANO**[112] zurück (Bild 1.3), der 1501 in Pavia geboren wurde und 1576 in Rom starb. Er war auch Naturwissenschaftler und Mathematiker und publizierte 1545 das Buch *'Ars magna'*,[113] in dem erstmals *symbolische Lösungen kubischer Gleichungen* vorgestellt werden, wie wir sie in heutiger Formulierung aus Formelsammlungen kennen.[114]

Bild 2.1:
HIERONIMUS CARDANO

In heutiger Sicht legte CARDANO seinen Formeln – der von ALCHWARISMI eingeführten und von OMAR CHAYYAM[110] weitergeführten Systematik folgend – kubische Gleichungen mit positiven Koeffizienten zugrunde, und zwar in unserer Notation für die Fälle $x^3 + bx = c$ und $x^3 = bx + c$.

Für den ersten Fall wählt CARDANO die Substitution $x = u - v$ mit $u, v > 0$. Wir kennen zwar nur sein Ergebnis, aber er ist vermutlich wie folgt vorgegangen:

Ersetzung von x in der ersten Gleichung durch $u - v$ liefert eine Gleichung dritten Grades in u und v, die z. B. dann gelöst wird, wenn $u^3 - v^3 = c$ und $3uv = b$ erfüllt ist. Dieses Gleichungssystem für u und v benutzt CARDANO. Erhebt man die zweite dieser beiden Gleichungen in die dritte Potenz, so geht es also darum, zwei (positive) Zahlen zu finden, deren Differenz und Produkt gegeben sind – ein Aufgabentyp, der sich bereits bei der babylonischen Mathematik um ca. 2 000 v. Chr. findet.[115]

Um mit Cardanos Formeln (vgl. die nachfolgende Aufgabe 2.1) die Lösungen einer beliebigen Gleichung dritten Gerades ermitteln zu können, musste diese mit Hilfe einer Substitution zunächst so umgewandelt werden, dass kein quadratisches Glied mehr vorkommt. Ohne Beschränkung der Allgemeinheit kann der Koeffizient des kubischen Gliedes als 1 angesetzt werden, so dass wir von der **Normalform** einer Gleichung dritten Grades ausgehen können:

$$\xi^3 + a \cdot \xi^2 + b \cdot \xi + c = 0 \qquad (2.2\text{-}1)$$

Mit Hilfe der anschließenden Substitution

$$x := \xi + \frac{a}{3} \qquad (2.2\text{-}2)$$

entsteht hieraus die so genannte **reduzierte Form**

$$x^3 + p \cdot x + q = 0, \qquad (2.2\text{-}3)$$

die der Normalform einer quadratischen Gleichung ähnelt.

---

[112] Man findet auch die Vornamen „Girolamo" oder „Gerolamo". ULRICH FELGNER schrieb mir jedoch: *Cardano hat in allen seinen Publikationen seinen Namen lateinisch geschrieben: Hieronimus Cardanus. Wenn er Florentiner gewesen wäre, dann hätte das auf den Vornamen „Girolamo" hingedeutet. Er war aber in Pavia geboren und insofern muß man davon ausgehen, daß sein Vorname im lombardischen Dialekt „Geronimo" lautet.*

[113] [ANDERSEN 1990, 165]; vollständiger Titel: Ars magna sive de Regulis Algebraicis („Große Kunst – oder: Über die algebraischen Regeln").

[114] Die weiteren Betrachtungen in diesem Abschnitt über CARDANO folgen [ANDERSEN 1990, 167 ff.].

[115] [HØYRUP 1990, 33 ff.]

Dieser Reduktionsschritt lässt sich für uns als *Schnitt einer Normalparabel dritten Gerades mit einer Geraden* interpretieren. Die über diesen Ansatz entwickelten komplizierten *Cardanischen Formeln* haben jedoch für die Praxis keine Bedeutung erlangt. CARDANO, der wesentliche Anregungen zu seinem Verfahren von TARTAGLIA bekommen hatte und deshalb später in tiefen Streit mit diesem über die Urheberschaft geriet, kommentierte diese „Regeln" 1545 in seiner *'Ars magna'* wie folgt:

> Scipio Ferro von Bologna entdeckte die Regel in diesem Kapitel vor etwa 30 Jahren. Er teilte sie Antonio Mario Fiore von Venedig mit, der einmal einen Disput mit Niccolo Tartaglia von Brescia hatte und dadurch den Anlaß dafür gab, daß auch Niccolo die Regel entdeckte. Auf unsere Anfragen übergab Niccolo sie uns, hielt aber den Beweis zurück. Mit dieser Hilfe gerüstet suchten wir den Beweis. Das gelang, wie wir zeigen werden; das Verfahren dabei war aber sehr schwierig.[116]

Auch Gleichungen vierten Grades konnte man unter Rückgriff auf Gleichungen dritten Grades (und damit auf CARDANOs Formeln) prinzipiell lösen, wobei das Verfahren noch aufwändiger und unhandlicher wurde.[117] Gleichungen fünften und höheren Grades erwiesen sich dagegen als äußerst widerständig – die Lösung dieses Problems blieb später erst NIELS HENRIK **ABEL** und EVARISTE **GALOIS** vorbehalten, und sie war damit über den *Gruppenbegriff* zugleich *einer der Grundsteine der modernen Algebra*, was im Folgenden skizziert werden soll.

Aufgabe 2.1

(a) Gegeben sei die Gleichung $x^3 + bx = c$ mit $b, c > 0$ und $x = u - v$ mit $u, v > 0$.

Zeigen Sie, dass die nebenstehende Wahl von u und v eine Lösung liefert:

$$u^3 = \sqrt{\left(\frac{c}{2}\right)^2 + \left(\frac{b}{3}\right)^3} + \frac{c}{2}, \quad v^3 = \sqrt{\left(\frac{c}{2}\right)^2 + \left(\frac{b}{3}\right)^3} - \frac{c}{2}$$

(b) CARDANO gibt das Beispiel $x^3 + 6x = 20$ an (ersichtlich ist 2 eine Lösung). Zeigen Sie mit Hilfe von CARDANOs Regel aus (a), dass auch $\sqrt[3]{\sqrt{108} + 10} - \sqrt[3]{\sqrt{108} - 10}$ eine Lösung ist. Darüber hinaus gilt sogar $\sqrt[3]{\sqrt{108} + 10} - \sqrt[3]{\sqrt{108} - 10} = 2$. Beweis?

(c) RAFAEL BOMBELLI (ca. 1526–1672) zeigte, dass $\sqrt[3]{\sqrt{108} + 10} = \sqrt{3} + 1$ und $\sqrt[3]{\sqrt{108} - 10} = \sqrt{3} - 1$ gilt. Können Sie das nachvollziehen?

(d) Berechnen Sie analog zu (a) eine Lösung von $x^3 = bx + c$ mit $x^3 = bx + c$ und $x = u + v$.

(e) Transformieren Sie die Normalform (2.2-1) der Gleichung dritten Grades mittels einer Zuordnung $\xi \mapsto x - d$ so, dass

1) das quadratische Glied, 2) das lineare Glied, 3) das konstante Glied verschwindet.

---

[116] [ANDERSEN 1990, 165 f.]
[117] Vgl. etwa [BRONSTEIN et. al. 2000, 42 f.].

2.2.5 „Gruppen" – wie es dazu kam

Als erster für die „moderne" aktuelle Algebra typischer Begriff tauchte historisch das auf, was wir heute mit „**Gruppe**" bezeichnen.

Rückblickend ist festzustellen, dass im Laufe des 19. Jahrhunderts zumindest *drei unterschiedliche Fragestellungen* und Gebiete zur Entwicklung des Gruppenbegriffs geführt haben, wie sie in Bild 2.2 dargestellt sind:

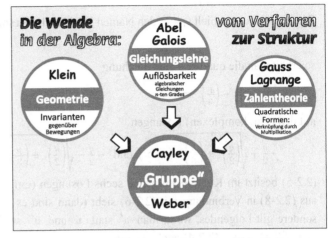

Bild 2.2: Zur Entwicklung des Gruppenbegriffs im 19. Jh.

- die Untersuchung der *Auflösbarkeit algebraischer Gleichungen* n-ten Grades innerhalb der **Gleichungslehre**, also der „bisherigen Algebra" (ABEL, GALOIS)

- *Bewegungen und ihre Invarianten* in der **Geometrie** (KLEIN)

- *Quadratische Formen* in der **Zahlentheorie** (LAGRANGE, GAUß)

Diese drei historischen Zugänge zum Gruppenbegriff werden nachfolgend beschrieben:[118]

2.2.5.1 Gleichungslehre: mit Permutationen
von Cardano über Hudde bis zu Abel und Galois

100 Jahre nach CARDANO hatte JOHANNES **HUDDE** (1628–1704), der 30 Jahre lang Bürgermeister von Amsterdam war und auch durch die sog. „Huddeschen Regeln" für Polynome bekannt geworden ist,[119]

> [...] durch Verwendung symbolisch-algebraischer Methoden einen Lösungsweg für kubische Gleichungen angegeben, der aus systematischen Gründen große Vorteile gegenüber der von Cardano angewandten Vorgehensweise besaß.[120]

So gelang es HUDDE, die reduzierte Form (2.2-3) von CARDANO mit Hilfe der durch

$$u + v = x, \ u \cdot v = -\frac{p}{3} \tag{2.2-4}$$

gegebenen Substitution für x wie folgt umzuwandeln:

---

[118] Eine ausführliche vergleichende Darstellung gibt z. B. [GRAY 1990b].
Eine detaillierte historische Darstellung der *Entstehung der Galoistheorie* gibt [SCHOLZ 1990, 365–398], der wir hier folgen, allerdings aus didaktischen Gründen modifiziert.

[119] Vgl. [HISCHER & SCHEID 1992, 182] und [HISCHER & SCHEID 1995, 189].

[120] [SCHOLZ 1990, 366]

$$u^6 + q \cdot u^3 - \left(\frac{p}{3}\right)^3 = 0 \, . \tag{2.2-5}$$

Diese Gleichung erhielt später den Namen **Huddesche Resolvente**.[121] Substituiert man hier

$$z := u^3 , \tag{2.2-6}$$

so erhält man die quadratische Gleichung

$$z^2 + q \cdot z - \left(\frac{p}{3}\right)^3 = 0 \tag{2.2-7}$$

mit den (ggf. komplexen) Lösungen

$$-\frac{q}{2} + \sqrt{\left(\frac{q}{2}\right)^2 + \left(\frac{p}{3}\right)^3} \ (=: z_1) \ \text{ und } \ -\frac{q}{2} - \sqrt{\left(\frac{q}{2}\right)^2 + \left(\frac{p}{3}\right)^3} \ (=: z_2) \, . \tag{2.2-8}$$

(2.2-5) besitzt im Komplexen genau sechs Lösungen (ggf. „mehrfache"), was man nun auch aus (2.2-8) in Verbindung mit (2.2-6) sieht (dann sind es ggf. sogar drei „doppelte"). Insbesondere gilt Folgendes, wenn man u' statt u und u'' statt v schreibt: Ist u' eine Lösung von (2.2-5), so mit (2.2-4) auch u'' mit

$$u'' := -\frac{p}{3u'} \, . \tag{2.2-9}$$

Somit kann man die sechs Lösungen von (2.2-5) zu drei Paaren kombinieren, welche die drei gesuchten Lösungen von CARDANOs reduzierter Form (2.2-3) liefern und die im Sinne von (2.2-9) unter Bezug auf (2.2-4) von folgendem Typ sind:

$$x_j = u'_j + u''_j \ \text{ mit } j \in \{1, \ 2, \ 3\} \tag{2.2-10}$$

Wir machen nun einen kleinen Ausflug in die Menge $\mathbb{C}$ der komplexen Zahlen, die man als

$$x_j = a + \mathrm{i}\, b \ \text{ mit } \ a, b \in \mathbb{R} \ \text{ und } \ \mathrm{i}^2 = -1$$

schreiben kann und die bekanntlich durch „Punkte" bzw. „Vektoren" in der sog. „GAUß'schen Zahlenebene" darstellbar sind.[122]

Mit $r := \sqrt{a^2 + b^2}$ und $\mathrm{e}^{\mathrm{i}\varphi} = \cos\varphi + \mathrm{i} \cdot \sin\varphi$ (der „*Eulerschen Formel*") gilt dann

$$a + b \cdot \mathrm{i} = r \cdot \mathrm{e}^{\mathrm{i}\varphi} = r \cdot (\cos\varphi + \mathrm{i} \cdot \sin\varphi) \, , \tag{2.2-11}$$

wobei φ der (hier „Argument" genannte) Winkel ist, den der *Vektor* $a + \mathrm{i}\, b$ mit der reellen Achse einschließt. Mit der ABRAHAM DE MOIVRE (1667–1754, Bild 2.5) zugeschriebenen Formel (der „*de Moivreschen Formel*")

$$(\cos\varphi + \mathrm{i} \cdot \sin\varphi)^n = \cos(n\varphi) + \mathrm{i} \cdot \sin(n\varphi)$$

folgt aus (2.2-11) schließlich

$$(a + b \cdot \mathrm{i})^n = r^n \cdot (\cos(n\varphi) + \mathrm{i} \cdot \sin(n\varphi)) \, , \tag{2.2-12}$$

was als „Drehung" der gegebenen komplexen Zahl $x_j = u'_j + u''_j$ mit dem Argument φ auf das n-fache Argument $n\varphi$ gedeutet werden kann.

---

[121] Der Name „Resolvente" geht nach [CANTOR 1889, 554 f.] auf EULER zurück.
[122] Vgl. Abschnitt 8.4.6.

Umgekehrt lassen sich so aus einer komplexen Zahl durch „Winkelteilung" Wurzeln ziehen, wobei diese dann mehrdeutig sind: Speziell hat etwa die Zahl 1 im Komplexen nämlich *drei dritte Wurzeln*, und *eine davon* ist z. B.

$$\omega := e^{i \cdot \frac{2\pi}{3}} = \tfrac{1}{2}(-1 + i \cdot \sqrt{3}), \tag{2.2-13}$$

wie man leicht durch Nachrechnen bestätigt. Beispielsweise erhält man

$$(-1 + i \cdot \sqrt{3})^3 = (1 - 2 \cdot i\sqrt{3} - 3)(-1 + i \cdot \sqrt{3}) = -2(1 + i\sqrt{3})(-1 + i \cdot \sqrt{3}) = -2(-1 - 3) = 8,$$

also

$$\omega^3 = \left(\tfrac{1}{2}(-1 + i \cdot \sqrt{3})\right)^3 = 1.$$

Damit gibt es nun drei verschiedene „dritte Einheitswurzeln", nämlich

$$\omega, \ \omega^2 \text{ und } \omega^3 = 1 = \omega^0, \tag{2.2-14}$$

denn

$$(\omega^2)^3 = (\omega^3)^2 = 1^2 = 1.$$

(2.1) Anmerkung

Der Begriffsname **Wurzel** begegnet uns hier in zwei grundverschiedenen Bedeutungen:

(a) Als Name für die bei gegebenem $a \in \mathbb{R}_0^+$ und $n \in \mathbb{N}^*$ (eindeutig existierende!) nicht-negative Zahl $b \in \mathbb{R}_0^+$ mit der Eigenschaft $b^n = a$, bezeichnet mit $\sqrt[n]{a} := b$.

(b) Als Name für die Nullstelle eines Polynoms. Ein Polynom vom Grad größer als Eins hat damit mehrere Wurzeln, die komplex und ggf. gleich sein können.[123]

Es sei nun α_1 einer der drei komplexen Werte von $\sqrt[3]{z_1}$ aus (2.2-8). Dann ergeben sich folgende Lösungen für (2.2-6):

$$u_1' = \alpha_1, \ u_2' = \omega \cdot \alpha_1, \ u_3' = \omega^2 \cdot \alpha_1. \tag{2.2-15}$$

Unter Rückgriff auf (2.2-9) und Beachtung von (2.2-14), wonach $\omega^{-1} = \omega^2$ gilt, erhalten wir:

$$u_1'' = \alpha_2, \ u_2'' = \omega^2 \cdot \alpha_2, \ u_3'' = \omega \cdot \alpha_2 \tag{2.2-16}$$

Hierbei ist also α_2 einer der drei komplexen Werte von $\sqrt[3]{z_2}$. Damit ergibt sich für das Gleichungssystem (2.2-10):

$$\begin{aligned}
x_1 &= u_1' + u_1'' = \alpha_1 + \alpha_2 \\
x_2 &= u_2' + u_2'' = \omega \cdot \alpha_1 + \omega^2 \cdot \alpha_2 \\
x_3 &= u_3' + u_3'' = \omega^2 \cdot \alpha_1 + \omega \cdot \alpha_2
\end{aligned} \tag{2.2-17}$$

Diese drei gesuchten Wurzeln x_j – „Wurzel" ist hier im Sinne von Anmerkung (2.1.b) zu verstehen – der reduzierten kubischen Gleichung (2.2-3) sind also in Gleichung (2.2-17) als Linearkombinationen der sechs Wurzeln $u_1', u_1'', u_2', \ldots$ der Huddeschen Resolvente bzw. als Linearkombination von zwei „ausgezeichneten" Wurzeln, nämlich α_1 und α_2, dargestellt.

---

[123] Man könnte daher zur Vermeidung von Missverständnissen $\sqrt[n]{a}$ besser „Radikal" statt „Wurzel" nennen (vgl. S. 62) und „Wurzel" dann für die Nullstellen eines Polynoms reservieren.

Jedoch schon LEONHARD **EULER** (1707–1783) und
ÉTIENNE **BÉZOUT** (1730–1783) hatten bemerkt,

> dass umgekehrt auch die Wurzeln der Huddeschen Resolvente [...]
> leicht (tatsächlich sogar linear) durch die Wurzeln der Ausgangsglei-
> chung [...] ausgedrückt werden können.[124]

Für die *sechs Wurzeln* der Huddeschen Resolvente ergeben sich
folgende Linearkombinationen der *drei Wurzeln* der Ausgangsgleichung:

Bild 2.3: EULER

$$u_1' = \tfrac{1}{3}\left(x_1 + \omega \cdot x_3 + \omega^2 \cdot x_2\right) \qquad u_1'' = \tfrac{1}{3}\left(x_1 + \omega \cdot x_2 + \omega^2 \cdot x_3\right)$$

$$u_2' = \tfrac{1}{3}\left(x_2 + \omega \cdot x_1 + \omega^2 \cdot x_3\right) \qquad u_2'' = \tfrac{1}{3}\left(x_2 + \omega \cdot x_3 + \omega^2 \cdot x_1\right)$$

$$u_3' = \tfrac{1}{3}\left(x_3 + \omega \cdot x_2 + \omega^2 \cdot x_1\right) \qquad u_3'' = \tfrac{1}{3}\left(x_3 + \omega \cdot x_1 + \omega^2 \cdot x_2\right) \qquad (2.2\text{-}18)$$

Erkennbar entstehen die 6 (= 3!) rechten Seiten von (2.2-18) durch alle möglichen Vertau-
schungen (= „Permutationen")[125] der drei „Koeffizienten" x_j in *einem* dieser Ausdrücke, die
jeweils als Polynom in ω aufgefasst werden können.

Es sei nun die linke Seite von (2.2-5) in Anlehnung an „HUDDE" mit H(u) bezeichnet, und
die sechs Wurzeln der Huddeschen Resolvente seien jetzt vereinfachend mit u_k bezeichnet,
wobei also $k \in \{1,\ 2,\ \dots,\ 6\}$ gilt.

Unabhängig von (2.2-18) gilt dann zunächst:

$$\mathrm{H}(u) = (u - u_1) \cdot\ \dots\ \cdot (u - u_6) \qquad\qquad (2.2\text{-}19)$$

Diese Beziehung ist „trivial", sofern man den „Fundamentalsatz der Algebra" kennt.[126] Allerdings benötigen wir diesen Fundamentalsatz hier nicht, um uns von der Gültigkeit der Gleichung (2.2-19) zu überzeugen: So liegt es nahe, es mittels Ausmultiplizieren zu versuchen,
und zwar unter Verwendung von (2.2-16), (2.2-13) und (2.2-8)) und im Vergleich mit (2.2-5),
worauf hier aber verzichtet sei.

Ersetzen wir nun in (2.2-19) die u_k durch die Linearkombinationen der x_j, so sehen wir:

- H(u) ist ein Polynom 6. Grades in u, dessen Koeffizienten Polynome in x_j sind.

---

[124] [SCHOLZ 1990, 366 f.]; betr. „Huddesche Resolvente" vgl. Gleichung (2.2-5) auf S. 58,
und betr. „Ausgangsgleichung" vgl. die „reduzierte Form" (2.2-3) auf S. 55.

[125] Eine „Permutation" der Objekte $a_1, a_2, \dots, a_n$ ist eine *andere Anordnung* dieser Objekte, von denen es
insgesamt $n \cdot (n-1) \cdot \dots \cdot 3 \cdot 2 \cdot 1$ Möglichkeiten gibt, abgekürzt $n!$ (gelesen: „n Fakultät").
Man vergleiche hierzu auch die heutige Auffassung von „Permutation" als einer speziellen Funktion (S. 65,
insbesondere auch Definition (5.33) auf S. 210.

[126] „Jedes Polynom n-ten Grades besitzt genau n (komplexe) Nullstellen." Gemäß [BOS & REICH 1990, 216]
und [GRAY 1990a, 274] ahnte möglicherweise bereits DÉSCARTES diesen „Fundamentalsatz", der anscheinend
im 17. Jahrhundert von den Mathematikern noch ohne Beweis akzeptiert worden ist.

Aufgabe 2.2

(a) Beweisen Sie die Gültigkeit des Gleichungssystems (2.2-18) von EULER-BÉZOUT.

(b) Lösen Sie mit Hilfe der Huddeschen Resolvente und dem zugehörigen Verfahren

$$\xi^3 + 3\xi^2 + 6\xi + 5 = 0$$

exakt, und bestätigen Sie die reelle Lösung durch Nachrechnen von Hand.

(Dabei ergibt sich $\sqrt[3]{\sqrt{5}+2} - \sqrt[3]{\sqrt{5}-2} = 1$. Beweis?)

Da nun bei jeder der sechs Permutation der x_j die Gleichungen im EULER-BÉZOUT-System 2.2-18 insgesamt erhalten bleiben, sich dabei nur ihre Reihenfolge ändert, bleiben auch die Linearfaktoren in 2.2-19 bis auf die Reihenfolge erhalten, und damit haben wir bewiesen, wobei das Polynom $H(u)$ aus 2.2-19 **Huddesches Polynom** genannt sei:

(2.2) Satz
Die Koeffizienten des Huddeschen Polynoms 6. Grades sind invariant gegenüber den Permutationen der sie bildenden Wurzeln x_1, x_2, x_3 der reduzierten Cardanischen Form.

Diese Koeffizienten sind Terme in x_j, die wir vorübergehend mit $T_k(x_1, x_2, x_3)$ bezeichnen. Die T_k können wir dann gemäß Abschnitt 5.1.4 auch als *dreistellige Funktionen* auffassen. Wir können nun Satz **(2.2)** darauf bezogen interpretieren: Dazu sei S_3 die Menge aller Permutationen[125] von $\{1, 2, 3\}$, also etwa $S_3 = \{\sigma_1, \dots, \sigma_6\}$ mit $\sigma_i = \sigma_j \Leftrightarrow i = j$. Mit dieser Notation können wir dann Satz **(2.2)** wie folgt schreiben:

(2.3) Folgerung
Für alle $i \in \{1, 2, \dots, 6\}$, $k \in \{0, 1, \dots, 6\}$ gilt:

$$T_k(\sigma_i(x_1), \sigma_i(x_2), \sigma_i(x_3)) = T_k(x_1, x_2, x_3).$$

Das ist inhaltlich dieselbe Behauptung wie in Satz **(2.2)**. Hier wird lediglich ausgesagt, dass diese Funktionsterme $T_k(x_1, x_2, x_3)$ *invariant* sind gegenüber einer beliebigen Vertauschung ihrer Argumentvariablen x_1, x_2, x_3. Funktionen mit einer solchen *Invarianzeigenschaft* nannte man bereits zu Eulers Zeiten **symmetrisch**, also genau dann, wenn ihre Funktionsterme gegenüber beliebigen *Permutationen* der Argumentvariablen *invariant* sind, d. h., wenn diese Terme also bezüglich der Argumentvariablen „symmetrisch" aufgebaut sind.

Symmetrische Funktionen dieser Art sind uns aus der Analysis wohlbekannt, etwa bei dem Funktionsterm

$$f(x, y) := x^2 + y^2.$$

Die „Symmetrieeigenschaft" der hierdurch erklärten Funktion ist offensichtlich, denn es gilt

$$f(x, y) := f(y, x) \text{ für alle } x, y,$$

wobei anzumerken ist, dass hier nur zwei Permutationen möglich sind, nämlich die „Identität" (eine „triviale" Permutation) und diejenige, die diese beiden Variablen vertauscht.

(2.4) Anmerkungen

(a) Es gibt noch eine ganz *andersartige Symmetrieeigenschaft*, die sich auf den Funktionsgraphen bezieht, so etwa bei *geraden Funktionen* bzw. *ungeraden Funktionen*, die
durch die **„Funktionalgleichungen"**

$$f(-x) = f(x) \text{ bzw. } f(-x) = -f(x)$$

gekennzeichnet sind. Das ist hier jedoch *nicht* mit „Symmetrie" gemeint!

(b) Später zeigte sich, dass die Menge S_n aller Permutationen einer Menge mit n Elementen bezüglich der Hintereinanderausführung dieser Permutationen eine Gruppe bildet.
Und weil die n-stelligen symmetrischen Funktionen im Sinne von Folgerung (2.3)
invariant gegenüber allen Permutationen aus S_n sind, nannte man diese Gruppe die

„symmetrische Gruppe vom Grad n".

Dies erklärt dann auch die Bezeichnung S_n.

EULER und BÉZOUT hatten durch ihre Analyse der Huddeschen Resolvente das Tor zu einer
neuen Methode aufgestoßen, indem sie *Permutationen der gesuchten Wurzeln* in den Blickpunkt rückten. Sie versuchten alsdann, diese Methode auf Gleichungen höheren als dritten
Grades zu übertragen, scheiterten dabei aber.

JOSEPH-LOUIS **LAGRANGE** (1736–1813) griff 1771 die Überlegungen von EULER und
BÉZOUT in einer großen Untersuchung über die Auflösbarkeit algebraischer Gleichungen auf.[127]
Er verfolgte dabei das Ziel, die Auflösung der allgemeinen algebraischen Gleichung n-ten
Grades in Analogie zu kubischen Gleichungen zu realisieren.

Auch benutzte er wie seine Vorgänger Permutationen zur Untersuchung, ferner implizit
bereits die *symmetrische Gruppe* und *Untergruppen*. Und schon in diesem Zusammenhang entstand der berühmte Satz, den wir heute „*Untergruppensatz von Lagrange*" nennen und welcher
besagt, dass jede endliche Gruppe nur solche Untergruppen haben kann, deren *Elementeanzahl*
ein *Teiler der Elementeanzahl der gegebenen Gruppe* ist.

Und obwohl LAGRANGE die Begriffe *Gruppe* und *Körper* noch *nicht* zur Verfügung hatte,
lieferte er mit seiner Arbeit die Grundlagen für die spätere *Galoistheorie*. Aber es gelang ihm
nicht, sein Ziel zu erreichen, auch nicht fast 30 Jahre später, nämlich 1798 in einer erneuten Untersuchung. Das zu lösende Problem erwies sich als weitaus schwieriger denn erwartet! Bevor
es dann GALOIS endlich gelang, sind noch weitere bedeutsame Stationen zu nennen:[128]

PAOLO **RUFFINI** (1765–1822) formulierte 1799 in seinem Buch „*Teoria generale delle
equazioni ...*" (wohl!) erstmalig die Behauptung, dass die allgemeine algebraische Gleichung,
für deren Grad $n \geq 5$ gilt, nicht durch **Radikale** lösbar sei, womit ineinander geschachtelte
Wurzelausdrücke gemeint sind.

Wenngleich seine Begründung noch lückenhaft war, so arbeitete er die Bedeutung der
Permutationsgruppen für diesen Problemkreis noch deutlicher heraus als LAGRANGE.

---

[127] [Scholz 1990, 368 ff.]
[128] [Scholz 1990, 372 ff.]

Erst der Norweger NIELS HENRIK **ABEL** (1802–1829) lieferte einen lückenlosen Beweis für RUFFINIS Behauptung.

Doch bereits zuvor gelang es im Jahre 1796 CARL FRIEDRICH **GAUß** (1777–1855), dieses Problem für einen Spezialfall positiv zu lösen, und zwar für

$$x^p - 1 = 0, \quad p \text{ Primzahl}, \, p \neq 2 \, . \tag{2.2-20}$$

Nach Division durch $(x - 1)$, den trivialen Teiler, ergibt sich die so genannte *Kreisteilungsgleichung*

$$x^{p-1} + x^{p-2} + \ldots + x + 1 = 0 \, . \tag{2.2-21}$$

Der Name rührt daher, dass die Wurzeln (vgl. S. 59) dieser Gleichung im Komplexen den Einheitskreis gleichmäßig teilen – eine Verallgemeinerung von (2.2-14).

GAUß verwendete ebenfalls implizit Permutationsgruppen für seine Lösung, ohne den Gruppenbegriff zur Verfügung zu haben, sogar die *Galoisgruppe* taucht bei ihm bereits implizit auf! [SCHOLZ 1990, 373 f.] merkt hierzu an (also in Bezug auf GAUß):

> Man muß sich dabei vergegenwärtigen, daß es für ihn und andere Mathematiker dieser Zeit völlig selbstverständlich war, daß die „Permutationen der Wurzeln" algebraische Gesetze zu respektieren hatten und insofern deutlich mehr waren als abstrakte Wurzelpermutationen, nämlich implizit gehandhabte *Automorphismen des Zerfällungskörpers des betrachteten Polynoms*.

GAUß bewies dann den Satz, dass (2.2-21) bzw. (2.2-20) durch Radikale lösbar ist, also durch geschachtelte Wurzelterme aus rationalen Zahlen. SCHOLZ ergänzt dazu:[129]

> Zu Beginn des 19. Jahrhunderts ergab sich damit für die Auflösungstheorie algebraischer Gleichungen eine differenzierte Situation: Auf der einen Seite hatte Ruffini weitgehend, wenn auch noch nicht vollständig, klar gemacht, daß man keine weitere allgemeine Lösungsformel für Gleichungen n-ten Grades ($n \geq 5$) erwarten konnte. Auf der anderen Seite zeigte Gauß' Untersuchung, daß dadurch die Möglichkeit zur algebraischen Auflösung recht interessanter spezieller Gleichungsklassen höheren Grades keineswegs ausgeschlossen war. Dies war die Situation, als sich Niels Henrik *Abel* in den 1820er Jahren diesem Themenfeld zuwandte.

ABEL war bereits vor Kenntnis der Arbeiten **RUFFINIS** davon überzeugt, dass die Auflösung der allgemeinen algebraischen Gleichung größeren als fünften Grades durch Radikale nicht möglich sei, und ihm gelang es schließlich, die Lücken in **RUFFINIS** Beweis zu schließen. Obwohl der Gruppenbegriff explizit noch nicht zur Verfügung stand, untersuchte ABEL das, was wir heute „kommutative Gruppen" nennen, und er entwickelte dabei implizit den so genannten **Struktursatz für endliche kommutative Gruppen**, welcher besagt, dass *jede endliche kommutative Gruppe als direktes Produkt zyklischer Gruppen darstellbar* ist. Ihm zu Ehren werden kommutative Gruppen daher **abelsch** genannt – eine von LEOPOLD **KRONECKER** (1823–1891) eingeführte Bezeichnung. ULRICH **FELGNER** ergänzt Folgendes mit Bezug auf die Überschrift dieses Unterkapitels:[130]

---

[129]   [Scholz 1990, 375]; Namens-Hervorhebungen nicht im Original.
[130]   In einer Mitteilung an mich vom 13.01.2013 als Rückmeldung zur ersten Auflage dieses Buches von 2012.

Nachdem Abel im Dezember 1823 gezeigt hatte (unter Verwendung einer Arbeit von Cauchy, 1815, über Symmetrie-Gruppen rationaler Funktionen), daß es keinen einheitlichen Ausdruck mit Wurzelzeichen und Parametern gibt, der für alle nicht-konstanten Polynome 5. Grades (über Q) eine Lösung beschreibt, konnte er 1828 zeigen, daß aber stets Polynome mit kommutativer Gruppe durch Radikale lösbar sind. Für diesen Satz gab Galois 1831 eine Verallgemeinerung, indem er zeigte, daß Polynome genau dann durch Radikale lösbar sind, wenn ihre Gruppe eine Normalreihe mit abelschen Faktoren hat. Dieser wunderbare Satz wird immer seine Bedeutung beibehalten und deshalb wird der Weg „vom Verfahren zur Struktur" zwar gelegentlich auch wieder zurückführen, aber niemals endgültig den erreichten Standpunkt wieder aufgeben.

Durch EVARISTE **GALOIS** (1811–1832) kam es dann insofern zum entscheidenden Durchbruch, als dass durch ihn erstmals eine Theorie der von ABEL vorgelegten Konzepte geliefert wurde. Folgende Skizze aus dem kurzen Leben von GALOIS ist aufschlussreich:[131]

Galois entwickelte schon in jungen Jahren seine genialen Ideen, stieß zu Lebzeiten auf Unverständnis und wurde früh aus dem Leben gerissen [...]

Als 17- und 18-jähriger fiel er zweimal bei Aufnahmeprüfungen zur *Ecole Polytechnique* durch, das erstemal wegen schlechter Vorbereitung, das zweitemal wegen Arroganz gegenüber den Prüfern. Das hinderte ihn nicht, noch im selben Jahr der Pariser *Académie des Sciences* zwei kleinere Arbeiten über die algebraische Auflösung von Gleichungen einzusenden, die der Akademie von Cauchy [...] tatsächlich auch vorgelegt wurden, danach aber verloren gingen, ohne je wieder aufzutauchen. Galois entschied sich im Oktober 1829 zur Aufnahme eines Studiums an der *Ecole Normale Superieur*. Das blieb aber nur eine kurze Episode, weil er noch im Dezember des ereignisreichen Jahres 1830 aufgrund seiner Beteiligung an der Julirevolte und weitergehender republikanischer Aktivitäten relegiert wurde. So trat er zum Beispiel im Sommer 1830 der republikanischen Nationalgarde bei, die wenig später verboten wurde.

Im Februar 1830 legte er der *Académie* ein Mémoire über Gleichungstheorie vor, in der er einige ziemlich allgemeine Kriterien für die algebraische Auflösbarkeit ableitete. [...] Das Mémoire blieb jedoch völlig unbeachtet und ging sogar verloren [...]

Im Frühsommer desselben Jahres publizierte Galois drei kleinere mathematische Forschungsarbeiten, von denen eine eine kurze Zusammenfassung seines der Akademie eingereichten Mémoires enthielt [...] und andere Ansätze der Galoistheorie von Körpererweiterungen mit Primzahlcharakteristik [...]. In der erstgenannten Note [...] findet man allerdings nur knappe Aussagen, keine Beweise; es findet sich lediglich der auf das (verschwundene) Mémoire gerichtete lakonische Hinweis:

„Alle diese Sätze sind aus der <u>Theorie der Permutationen</u> abgeleitet." [...]

Zwischen Mai und Juli des Jahres 1830 wurde Galois zweimal verhaftet. Nach der zweiten Verhaftung wurde er wegen republikanischer Agitation und angeblichen Aufrufs zur Gewaltanwendung gegen den König zu einer Gefängnisstrafe verurteilt. Im Gefängnis schrieb er eine weitere wissenschaftliche Arbeit und erhielt die Nachricht von der <u>Ablehnung seiner Arbeit</u> [...] durch die *Académie* <u>wegen angeblicher Unausgereiftheit und Unverständlichkeit</u>. Im März 1832 wurde er aufgrund einer in Paris grassierenden Choleraepidemie (ohne Haftentlassung) in ein Genesungsheim verlegt.

---

[131] Aus [SCHOLZ 1990, 376 ff.]; Hervorhebungen nicht im Original.

Von dort aus ließ sich Galois zu einem Duell provozieren, obwohl er sich realistischerweise dabei keine großen Chancen einräumte. In der Nacht vom 29. 5. zum 30. 5. 1832, dem Tag des Duells, schrieb er in einem eilig verfaßten Brief an seinen Freund Auguste Chevalier ein kurzes Resümee seiner wichtigsten mathematischen Ideen nieder [...]. Nach der durcharbeiteten Nacht wurde er tödlich verletzt und starb am Tage drauf in einem Pariser Hospital.

[Es war] ein Glücksfall, daß der (unvollständige) wissenschaftliche Nachlaß Evariste Galois' von dessen Bruder Alfred und seinem Freund Chevalier solange aufbewahrt wurde, bis sich in J. Liouville ein ausgewiesener (und einflußreicher) Mathematiker fand, der die Wichtigkeit des skizzenhaft notierten Galoisschen Werks erkannte. Liouville veröffentlichte einen Teil des Nachlasses schließlich im Jahre 1846 in dem von ihm herausgegebenen Journal. Erst ab diesem Zeitpunkt konnten die Galoisschen Ideen überhaupt breitere Wirkung innerhalb der Mathematik entfalten.

Wir können auf die Ideen von GALOIS hier nicht weiter eingehen, ohne seine Theorie explizit darzustellen, was der höheren Algebra vorbehalten ist. Ziel dieser Ausführungen war vielmehr, zu zeigen, wie **am Beginn der Wende in der Algebra** – weg von einer reinen Gleichungslehre und hin zu einer Strukturtheorie – **Permutationen** gestanden haben. Und GALOIS *war mit seiner bahnbrechenden Theorie nun der Erste, der die Bezeichnung „Gruppe"* *verwendete*, wenngleich er diesen Begriff nirgends explizit definierte, jedoch konnten ihn die Mathematiker jener Zeit implizit entnehmen:[132]

Das Konzept der *Gruppe*, das Galois im Sinn hatte, war nicht allzu schwierig ans Licht zu bringen: Die Gesamtheit aller Permutationen der Wurzeln war so ein Ding und ebenso alle darin enthaltenen multiplikativ abgeschlossenen kleineren Gesamtheiten. Daß die zu permutierenden Objekte Wurzeln einer Gleichung waren, war keine wesentliche Bedingung und konnte fallen gelassen werden, wie es Cauchy in einem Artikel aus dem Jahre 1845 tat. So entstand rasch die Auffassung, daß eine „Gruppe" typischerweise eine Gesamtheit von Permutationen ist, die man kombinieren und auch wieder rückgängig machen kann. Dies [Anm.: also die „Gruppe"] war ein genügend elementares Objekt, dessen Eigenschaften man nicht notwendigerweise weiter ausleuchten mußte; die begriffliche Entwicklung konnte also eine Weile stehen bleiben. [...]

Nehmen wir zum Verständnis das folgende elementare

(2.5) Beispiel

Es seien die zu permutierenden Wurzeln einer kubischen Gleichung mit x_1, x_2, x_3, bezeichnet. Dann gibt es 3! $(= 6)$ verschiedene *Anordnungsmöglichkeiten* (vgl. Bild 2.4 und Folgerung (2.3) auf S. 61):

A_1	x_1	x_2	x_3		A_2	x_1	x_3	x_2
A_3	x_2	x_1	x_3		A_4	x_2	x_3	x_1
A_5	x_3	x_1	x_2		A_6	x_3	x_2	x_1

Bild 2.4: 6 Permutationen von 3 Objekten

Unter einer „Permutation" P_n versteht man heute eine Abbildung, die von der Anordnung A_1 auf direktem Wege zur Anordnung A_n führt, in heutiger Notation also: $P_n(A_1) := A_n$

Offensichtlich ist dabei aber die spezielle Bezeichnung der umzuordnenden Elemente unwichtig, denn jedes P_n bedeutet lediglich eine spezifische *Umordnungsregel*, etwa:

---

132   [GRAY1990, 301]; Hervorhebungen nicht im Original.

P_3: *Lasse das letzte Element stehen, und vertausche die ersten beiden.*

Oder:

P_5: *Schiebe alle Elemente um eine Position nach rechts, und hole das letzte an die erste Stelle.*

In diesem Sinne ist dann $P_n(A_k)$ für alle Indizes k und n erklärt. Wenn man nun damals von der „Multiplikation" solcher Permutationen sprach, so bedeutete dies im heutigen Verständnis die *Hintereinanderausführung der betreffenden Permutationen*, z. B.:

$$(P_2 \cdot P_3)(A_1) = P_2(P_3(A_1)) = P_2(A_3) = A_4 = P_4(A_1)$$

Bei der Argumentation im dritten Schritt, der zu A_4 führte, haben wir bereits die Unabhängigkeit vom speziellen Argument A_1 ausgenutzt, und so ergibt sich allgemein

$$(P_2 \cdot P_3)(A_k) = P_4(A_k) \quad \text{für alle } k,$$

woraus dann für die „Multiplikation" der beiden Permutationen folgt:[133] $P_2 \cdot P_3 = P_4$

So war offensichtlich, dass die „Multiplikation" dieser Permutationen stets wieder eine Permutation aus der vorliegenden „Gruppe" von Permutationen liefert, womit also implizit der *Gruppenbegriff* erfunden war, wenn auch zunächst nur für endlich viele Permutationen.[134]

2.2.5.2   Felix Klein und die Geometrie: Invarianten bei Bewegungen

FELIX **KLEIN** (1849–1925) griff mit seinem *Erlanger Programm*, einer Abhandlung, die er im Alter von nur 23 Jahren zum Antritt seiner Professur in Erlangen verfasste, damalige Strömungen zur Geometrie auf. So untersuchte er in dieser Arbeit die Frage, was denn Geometrie eigentlich sei.

Diese Frage stellte sich nachdrücklich, nachdem die klassische *euklidische Geometrie* Gesellschaft durch andere „Geometrien" bekommen hatte (vgl. Abschnitt 1.1).

Das bedeutet in Kürze:

- Die euklidische Geometrie ist die Geometrie unseres „alltäglichen" Anschauungsraumes, in der parallele Geraden keinen Schnittpunkt haben bzw. in der es zu einer gegebenen Geraden g und einem nicht darauf liegenden Punkt P genau eine Gerade h gibt, die durch P geht und keinen Schnittpunkt mit g hat.

- Ferner gelten in der euklidischen Geometrie vertraute Abstandsbeziehungen wie:

$$d((x_1, y_1), (x_2, y_2)) = \sqrt{(x_1 - x_2)^2 + (y_1 - y_2)^2}$$

In den *nichteuklidischen Geometrien* gelten solche „vertrauten" Beziehungen jedoch nicht mehr.

---

[133]   Heute schreibt man oft $P_m \circ P_n$ statt $P_m \cdot P_n$ und nennt dies die „Verkettung" oder „Komposition". Darauf gehen wir aber erst im späteren systematischen Aufbau in Abschnitt 5.1.6 ein.

[134]   Der historischen Korrektheit halber muss angemerkt werden (vgl. [GRAY 1990, 306] und [SCHOLZ 1990, 380]), dass GALOIS anstelle der hier benutzten Bezeichnungen „Permutation" und „Anordnung" von „Substitution" und „Permutation" sprach. Für ihn war somit „Permutation" (im Gegensatz zum heutigen Sprachgebrauch!) das *Ergebnis* der Umordnung und nicht die Umordnung selbst, welche er „Substitution" nannte. Immerhin eine erfreulich subtile Unterscheidung, welche die moderne Unterscheidung zwischen „Funktionswert" und „Funktion" vorwegnimmt!

Wir brauchen dabei nur an die Kugeloberfläche, die sog. „Sphäre", zu denken, bei der Kreise durch zwei gegenüberliegende Punkte in die Rolle von „Geraden" schlüpfen.[135]

FELIX KLEIN gelang es nun, die unterschiedlichen Geometrien unter einem gemeinsamem methodischem Aspekt zu betrachten, indem er *Transformationen*[136] eines geometrischen Raumes untersuchte, die bestimmte Eigenschaften von Figuren invariant lassen. Im euklidischen Raum sind das die sog. „Bewegungen", welche u. a. Streckenlängen und Winkelgrößen invariant lassen, nämlich: Drehung, Achsenspiegelung, Verschiebung.

> Diese Transformationen bilden, wie er [Anm: gemeint ist KLEIN] ausführte, eine <u>Gruppe</u>, und man sollte nun seiner Ansicht nach jede Geometrie als einen Raum zusammen mit einer <u>Gruppe von Transformationen</u> auffassen, die die wesentlichen Eigenschaften der Figuren dieses Raumes unverändert lassen. Weitere Geometrien entstehen diesem Konzept nach durch Übergang zu einem Unterraum eines vorgegebenen Raumes und der Auszeichnung einer <u>Untergruppe</u> der vorgegebenen Gruppe. Je kleiner die Gruppe, desto mehr Eigenschaften der Figuren würden erhalten bleiben. [...] Auf diese Weise formulierte er [...] eine ganze Hierarchie von Geometrien [...].[137]

Halten wir also fest, dass der mit „*Gruppe*" bezeichnete Begriff für KLEIN dazu diente, um mit Hilfe von „*Invarianten gegenüber Transformationen*" ein besseres Verständnis dessen zu erreichen, was „Geometrie" ist bzw. was „Geometrien" sind.

2.2.5.3 *Gauß, Lagrange und die Zahlentheorie: Quadratische Formen*

LAGRANGE (1736–1813) befasste sich im Rahmen zahlentheoretischer Untersuchungen mit den sog. „*binären Quadratischen Formen*",[138] also Termen der Gestalt $Ax^2 + Bxy + Cy^2$ mit ganzen Zahlen A, B, C (wir könnten das heute „*binäre quadratische Terme*" nennen).

„Binär" heißen diese „Formen" deshalb, weil sie aus *zwei* Variablen (hier: x und y) gebildet werden, und „quadratisch", weil sie, bezogen auf diese Variablen, von quadratischer „Dimension" sind (wobei also auch der Term xy als „quadratisch" gilt).

Sodann interessierte sich LAGRANGE für die Frage, welche ganzen Zahlen durch Quadratische Formen darstellbar sind, wenn x und y ganze Zahlen sind, oder anders: Falls $A, B, C, n \in \mathbb{Z}$ gegeben sind, gibt es dann $x, y \in \mathbb{Z}$ mit $n = Ax^2 + Bxy + Cy^2$? Dass diese Frage nicht trivial ist, sehen wir an der Form $x^2 + 5y^2$:

Die kleinsten hier darstellbaren positiven ganzen Zahlen sind offenbar der Reihe nach $0, 1, 4, 5, 6, 9, ...$ (vgl. Bild 2.5).

Also sind z. B. 2, 3, 7 und 8 *nicht durch eine Quadratische Form dieses „Typs" darstellbar!*

x y	0	1	2	3	...
0	0	5	20	45	...
1	1	6	21	46	...
2	4	9	24	49	...
3	9	14	29	54	...
...	...	...	...	...	...

Bild 2.5: Quadratische Formen vom Typ $x^2 + 5y^2$

---

[135] Vgl. die Beispiele in Abschnitt 1.1.6.2.
[136] Vgl. Definition (5.33.d) in Kapitel 5.
[137] [GRAY 1990, 309]; Hervorhebungen nicht im Original.
[138] Vgl. etwa [GOLDSTEIN 1990, 260].

LAGRANGE untersuchte dann, ob und unter welchen Bedingungen die *Teiler einer solchen Form selbst wieder eine Quadratische Form* sind. So gilt z. B. $21 = 3 \cdot 7 = 1^2 + 5 \cdot 2^2$ (also ist 21 vom Typ $x^2 + 5y^2$). Zwar sind 3 und 7 nach Bild 2.5 *nicht von diesem Typ*, aber wegen $3 = 2 \cdot 0^2 + 2 \cdot 0 \cdot 1 + 3 \cdot 1^2$ und $7 = 2 \cdot 1^2 + 2 \cdot 1 \cdot 1 + 3 \cdot 1^2$ sind beide vom Typ $2x^2 + 2xy + 3y^2$. Nun gilt beispielsweise $20 = 4 \cdot 5 = 0^2 + 5 \cdot 2^2$, also ist 20 vom Typ $x^2 + 5y^2$, und die Teiler 4 und 5 sind gemäß Bild 2.5 als Quadratische Formen desselben Typs darstellbar. Es gibt also ganze Zahlen, die als Quadratische Form darstellbar sind und deren Teiler ebenfalls als Quadratische Form darstellbar sind, wenn auch nicht notwendig vom selben Typ.

LANGRANGE entdeckte und bewies aber einen noch viel weitergehenden Satz:

(2.6) Satz (LAGRANGE)

Es seien $t, A, B, C \in \mathbb{Z}$.

Falls $t \mid Ax^2 + Bxy + Cy^2$ gilt, so ist $t = A'x^2 + B'xy + C'y^2$ mit $A', B', C' \in \mathbb{Z}$, und es gilt

$$B'^2 - 4A'C' = B^2 - 4AC.$$

Der durch $\Delta := B'^2 - 4A'C'$ definierte Ausdruck heißt *Diskriminante* der Quadratischen Form. Sämtliche Teiler einer Quadratischen Form sind also ebenfalls von Quadratischer Form (wenn auch nicht notwendig desselben Typs, wie wir gesehen haben), und sie alle haben dieselbe Diskriminante. Wir bestätigen diesen Satz sofort an $0^2 - 4 \cdot 1 \cdot 5 = -20 = 2^2 - 4 \cdot 2 \cdot 3$ und bewundern zugleich die Entdeckung dieses Satzes (ganz unabhängig von der Würdigung des hier nicht dargestellten Beweises).[139]

Nun liegt es nahe, nach der „Umkehrung" dieses Satzes zu fragen, d. h.: Was ergibt sich bei der Multiplikation von zwei Quadratischen Formen desselben Typs? Entsteht dann wieder eine Quadratische Form? Und falls dies der Fall sein sollte: Ist diese Form vom selben Typ, und hat sie dieselbe Diskriminante?

GAUß untersuchte in diesem Sinne die Multiplikation Quadratischer Formen mit derselben Diskriminante.[140] Dies sei exemplarisch anhand der beiden gerade betrachteten Quadratischen Formen angedeutet:

(a) $x^2 + 5y^2$, $\Delta = 0^2 - 4 \cdot 1 \cdot 5 = -20$ (b) $2x^2 + 2xy + 3y^2$, $\Delta = 2^2 - 4 \cdot 2 \cdot 3 = -20$

Multiplikation dieser beiden Quadratischen Formen führt zu interessanten Ergebnissen:

(1) $(x^2 + 5y^2)(u^2 + 5v^2)$ ergibt eine Quadratische Form vom selben Typ (a) und damit auch mit derselben Diskriminante.

(2) $(2x^2 + 2xy + 3y^2) \cdot (2u^2 + 2uv + 3v^2)$ ergibt eine Quadratische Form vom Typ (a) und damit auch mit derselben Diskriminante wie beim Beispiel (1).

---

[139] Hinsichtlich des Beweises sei auf Literatur zur Zahlentheorie verwiesen.
[140] [Gray 1990, 312].

Aufgabe 2.3

In [GRAY 1990, 312] wird auszugsweise zu GAUß' Betrachtungen u. a. mitgeteilt:

$$\left(x^2 + 5y^2\right) \cdot \left(u^2 + 5v^2\right) = \left(xu + 5yv\right)^2 + 5\left(xv - yu\right)^2$$

$$\left(2x^2 + 2xy + 3y^2\right) \cdot \left(2u^2 + 2uv + 3v^2\right) = \left(2xy + xv + yu - 2yv\right)^2 + 5\left(xv + yu + yv\right)^2$$

Beweisen Sie die Gültigkeit der ersten Gleichung! Bei der zweiten Gleichung hat sich leider im Quelltext ein Druckfehler eingeschlichen. Wie muss diese Gleichung richtig lauten?

Es liegt die weitere Frage nahe, was sich für $\left(2x^2 + 2xy + 3y^2\right) \cdot \left(u^2 + 5v^2\right)$ ergibt – wieder eine Quadratische Form, evtl. mit derselben Diskriminante, etwa vom Typ (b)? So erweisen sich schließlich derartige Quadratische Formen als *abgeschlossen gegenüber der Multiplikation*, wobei Typ (a) als neutrales Element auftritt und (2) besagt, dass die Quadratischen Formen vom Typ (b) die „Ordnung 2" haben, weil sie mit sich selbst multipliziert wieder das neutrale Element ergeben (eigentlich immer: Repräsentanten aus den entsprechenden Klassen!).

GAUß hat somit über diese Untersuchungen implizit den Gruppenbegriff entdeckt, ohne ihn allerdings schon so benannt zu haben.

2.2.5.4 Gruppen bei Cayley und Weber: die Geburt der modernen Algebra

In den drei Beispielen (Huddesche Resolvente, Abbildungen in der Geometrie, Quadratische Formen) tauchte also ahnungsvoll der Gruppenbegriff im Zusammenhang mit gewissen Invarianten auf, wobei jeweils gilt: *Gruppen operieren auf anderen Systemen und lassen dabei gewisse Eigenschaften invariant!*

Dies war offensichtlich eine entscheidende Beobachtung in der Mathematik, die zur formalen *Herausbildung des Gruppenbegriffs* geführt hat und die damit zugleich strukturelle Betrachtungsweisen eröffnete! Eine wohl erste, sehr frühe abstrakte Definition des Gruppenbegriffs stammt von ARTHUR **CAYLEY** (1821–1895) aus dem Jahre 1854:[141]

> Eine Menge von paarweise verschiedenen Symbolen 1, α, β, ... , derart, dass das Produkt von irgend zweien von ihnen (gleich in welcher Anordnung) oder das Produkt irgendeines mit sich selbst stets zur Menge gehört, heißt eine *Gruppe*.

CAYLEY abstrahierte schon Permutationen, indem er Matrizen und Quaternionen[142] betrachtete. Aber seine Untersuchungen blieben zunächst ohne Bedeutung und ohne Beachtung.

> Erst nachdem Jordans Buch veröffentlicht war und andere Mathematiker, wie etwa Klein, das Gruppenkonzept zu nutzen begannen, nahm Cayley das Thema wieder auf und schrieb im Jahre 1878 vier Aufsätze darüber. Darin insistierte er auf dem abstrakten Charakter des Gruppenkonzeptes und formulierte das Problem, alle Gruppen einer gegebenen (endlichen) Ordnung zu finden. Aber, so fügte er hinzu, obwohl nicht alle Gruppen per se Permutationsgruppen sein müssen, ist dennoch *jede Gruppe der Ordnung n eine Untergruppe der Gruppe der Permutationen von n Elementen.*

---

[141]   [GRAY 1990, 309].
[142]   Quaternionen sind Verallgemeinerungen von komplexen Zahlen, vgl. Abschnitt 8.4.6.

Dieses Theorem, das er mittels der schon 1854 eingeführten Multiplikationstafel einer Gruppe bewies, trägt jetzt seinen Namen. In unserem Zusammenhang liegt seine Bedeutung darin, daß es zeigt, wie Cayley darzulegen versuchte, was eine Gruppe im abstrakten Sinne, das heißt unabhängig von irgendeinem Kontext oder einer spezifischen Darstellungsweise, ist. *Dies ist ein Zeichen dafür, daß sich das Gruppenkonzept von spezifischen Problemsituationen emanzipiert hatte und eigenständig betrachtet werden konnte. Damit wurde ein neues Thema innerhalb der reinen Mathematik eröffnet.*[143]

- Konkret heißt dies, dass damit eine *Methode zum Objekt* wurde.

Denn Gruppen bildeten bis dahin nur eine *Methode* zur Untersuchung von Gebieten wie Geometrie, Zahlentheorie oder Gleichungstheorie.

Damit war aber die moderne Algebra geboren!

Und 1893 formulierte dann HEINRICH MARTIN WEBER (1842–1913) vier Postulate zu einer axiomatischen Charakterisierung des Gruppenbegriffs:[144]

1. eindeutige Komposition (= Zusammensetzung)
2. Assoziativität
3. Links- und Rechtskürzbarkeit
4. eindeutige Auflösung der Gleichung $a \cdot x = b$ nach jeder der drei Größen bei Vorgabe der beiden anderen

Das sind bis auf formale Aspekte im Wesentlichen die noch heute üblichen „Gruppenaxiome".

---

[143]   [GRAY 1990, 309 f.]
[144]   Aus [GRAY 1990, 314].

2.3   Logik und Mengen

2.3.1   Vorbetrachtung

Wenn die Mathematik in Bereiche der Realwissenschaften und auch in praktische Wissenschaften
Einzug hält, und verallgemeinert: wenn Mathematik angewendet wird, so treten Kommunikations-
probleme auf, die nicht nur mit Unterschieden der jeweiligen Fachsprachen, sondern darüber hinaus
mit Unterschieden zwischen der formalmathematischen und der natürlichen Sprache zusammenhängen. Man würde heute sagen, die „Schnittstellen" müssen angepaßt werden.

Beispielsweise frage ein Bürger A einen Bürger B: *„Können Sie mir bitte sagen, wie spät es ist?"*

Wenn B nun ein „normaler" Mensch mit „gesundem Menschenverstand" ist und hilfsbereit dazu,
so wird er selbstverständlich dem Frager die augenblickliche Uhrzeit nennen. Ist B aber beispielsweise ein Mathematiklehrer und A ein Schüler, so wird der Lehrer diesem Schüler möglicherweise –
je nach Situation – mit „Ja" oder „Nein" antworten, um damit dem Schüler bewußt zu machen, daß
dieser seine Frage unpräzise gestellt habe.

Denn das können wir Mathematiker doch: präzise formulieren, und wir wissen auch, wie wichtig
das ist, um unsere Theorien bilden und anwenden zu können.[145]

Hiermit wird plausibel, dass man sich im Bereich „Sprache und Logik" schnell in einer ver-
trackten Situation verheddern kann. Daher werden wir uns im Rahmen dieser „elementaren"
Betrachtungen über Grundbegriffe der Mathematik nicht mit „Logik schlechthin" befassen
(können), denn dazu müssten wir u. a. die Philosophie und auch die Psychologie heranziehen,
sondern wir beschränken uns auf die *Mathematische Logik* und hier *ansatzweise* nur auf die
Aussagenlogik, ergänzt um weitere nützliche formale Aspekte wie *Quantoren* und ausgewählte
Aspekte der Mengenalgebra.

Dennoch muss eingestanden werden, dass ein solches Unterfangen, auf wenigen Seiten
etwas halbwegs Seriöses und vielleicht auch noch Belastbares zu *Logik und Mengen* schreiben
zu wollen, schnell als vermessen angesehen werden kann. Dieses gilt insbesondere angesichts
der Tatsache, dass seit ARISTOTELES und dessen Zeitgenossen etwa von der zweiten Hälfte des
19. bis in die Mitte des 20. Jahrhunderts von Mathematikern wie z. B. DEDEKIND, CANTOR,
FREGE, RUSSELL, HILBERT über GÖDEL und VON NEUMANN bis hin zu HAUSDORFF, ZERMELO,
FRAENKEL und vielen anderen hierzu *grundlegend gerungen* worden ist.

Da leider solche Fragen, die die Logik und Mengen betreffen, heute im Mathematikstudium
(zumindest für das Lehramt) vielfach kaum mehr eine explizite Rolle spielen, sondern wohl
eher marginal (und ggf. nur nomenklatorisch) zu Beginn der Anfängervorlesungen auftauchen,
können und wollen wir uns dieser Herausforderung in aller Bescheidenheit ansatzweise stellen.

Ausdrücklich ist aber darauf hinzuweisen, dass die nachfolgenden Betrachtungen trotz
ernsthaften Bemühens oberflächlich bleiben müssen und wohl Missverständnisse bewirken
können. Und so sei auf die umfangreiche Literatur zur Mathematischen Logik verwiesen.

---

[145] Aus [HISCHER 1991, 13].

2.3.2   Aussagen und „klassische" Aussagenlogik

In der *Aussagenlogik* modelliert man gewisse Teile der Umgangssprache mit dem Ziel, deren logische Struktur zu erfassen, um damit beispielsweise im wissenschaftlichen Kontext präzise Untersuchungen und Feststellungen zu ermöglichen. Und man erhofft sich durch eine solche Sprachpräzisierung eine eindeutige, also *zweifelsfreie Kommunikation*, und zwar in den sog. „exakten Wissenschaften", zu der die Mathematik und u. a die Naturwissenschaften zählen. *Modellierungen*[146] können aber zu Vereinfachungen der „wirklichen" Strukturen führen, wodurch tatsächlich vorhandene Unterschiede verwischt werden können, was Verzerrungen oder gar Verfälschungen zur Folge haben kann. Wir betrachten hier die *klassische Aussagenlogik*.

(2.7) Beispiele

(a) „Mathematikunterricht und Neue Medien" habe ich mal als einen Buchtitel gewählt. Hätte ich mich stattdessen für den Titel „Neue Medien und Mathematikunterricht" entschieden, so wäre dieser zwar *aus mathematisch-logischer Sicht* gleichbedeutend mit dem ersten, *nicht jedoch aus psychologischer Sicht*, denn die unterschiedliche Reihenfolge wird umgangssprachlich meist auch unterschiedlich wertend und gewichtend aufgefasst! Während also das logische „und" als *kommutative Verknüpfung* zweier Sprachbestandteile aufgefasst wird, ist das „und" der *Alltagssprache* keineswegs immer kommutativ!

(b) In einem Liebesbrief steht:[147] „*Ich liebe Dich, und ich liebe Dich, und ich liebe Dich!"* Aus Sicht der *Aussagenlogik* werden hier drei identische Aussagen (die etwa mit p bezeichnet seien) durch „und" verknüpft, was man dann durch $p \wedge p \wedge p$ symbolisieren kann und was sich dann aufgrund von logischen Umformungsregeln „gleichwertig" durch p beschreiben lässt, kurz gekennzeichnet durch $p \wedge p \wedge p \Leftrightarrow p$. Es wäre jedoch eine sowohl unzulässige als auch fatale Entstellung des Briefes, wenn man obige Formel durch „*Ich liebe Dich!"* abkürzen würde, denn das würde eine andere Stimmung ausdrücken.

(2.8) Anmerkung

Diese Beispiele seien exemplarisch vorangestellt, um *vor der Vermessenheit zu warnen*, die aus der Umgangssprache heraus modellierte Sprache der *Aussagenlogik* (als Teil der mathematischen Logik) „rückwärts" gerichtet *auf die Umgangssprache* und beispielsweise auf die Literatur *anzuwenden* – und dieser dann gar „Mängel" im Ausdruck unterstellen zu wollen!

Das sei etwas vertieft: So sollten wir berücksichtigen, dass beispielsweise die Dichtung von den angedeuteten Eigenschaften der natürlichen Sprache geradezu lebt, denn *Dichtung will schließlich individuell gedeutet werden!* Und auch wir Mathematiker müssen akzeptieren, dass es kein lästiger Mangel von Poesie und Prosa ist, wenn dort die Aussagen nicht scharf sind und wenn individuelle, unterschiedliche Interpretationen möglich (und ggf. auch beabsichtigt!) sind.

---

[146] „Modell" und „Modellierung" werden in Abschnitt 5.3.3 im Zusammenhang mit „Axiomatisierung" betrachtet.
[147] In Anlehnung an [VARGA 1972, 55].

Im Gegensatz dazu stehen die notwendigen sprachlichen Schärfen in wissenschaftlichen Standards der exakten Wissenschaften wie der Mathematik. Es geht somit um die *Achtung andersartiger Denkstile*, und solche Fragen wie nach der Uhrzeit (S. 71) sollten in normalen Situationen des menschlichen Miteinanders auch von Mathematikern durch *assoziatives „Mitdenken"* und *nicht durch logisch stringente Auslegung* beantwortet werden.

Die folgende Tabelle zeigt eine Zusammenstellung von Symbolen der Aussagenlogik, wie sie in diesem Buch verwendet werden:

Tabelle 2.3.1: Verwendete Symbole der Aussagenlogik

Symbol	Name	Notationen bzw. Lesarten (ggf. Kommentare)
$\neg$	Negation	nicht, non
$\wedge$	Konjunktion	und
$\vee$	Adjunktion	oder (einschließendes bzw. nicht ausschließendes oder; lat. „vel")
$\dot{\vee}$	Disjunktion	entweder ... oder ... (ausschließendes oder; lat. „aut ... aut ...")
$\rightarrow$	Subjunktion	$p \rightarrow q$ — wenn p, dann q — aus p folgt q — p ist hinreichend für q — q ist notwendig für p
$\Rightarrow$	Implikation	$p \Rightarrow q$ — p impliziert q
$\leftrightarrow$	Bijunktion	$p \leftrightarrow q$ — p gilt genau dann, wenn q gilt — p gilt dann und nur dann, wenn q gilt — p ist notwendig und hinreichend für q (z. T.: q ist gleichwertig mit p)
$\Leftrightarrow$	Äquivalenz	$p \Leftrightarrow q$ — p ist äquivalent zu q
$:=$ $=:$		per definitionem gleich (Der Doppelpunkt steht auf der Seite des *Definiendums*, also *des zu Definierenden* – auf der anderen Seite steht das *Definiens*, und das ist *das der Definition zugrunde Liegende*)
$:\Leftrightarrow$ $\Leftrightarrow:$		per definitionem äquivalent (Der Doppelpunkt steht auch hier auf der Seite des *Definiendums*.)
$\bigwedge$ (auch $\forall$)	Generalisator Allquantor	Für alle ... gilt: ...
$\bigvee$ (auch $\exists$)	Partikularisator Existenzquantor	Es gibt (mindestens) ein ..., so dass gilt: ... Es gibt (mindestens) ein ..., für das gilt: ...
$\dot{\bigvee}$ (auch $\overset{!}{\bigvee}$ oder $\exists !$)		Es gibt genau ein ..., so dass gilt: ... Es gibt genau ein ..., für das gilt: ...

(2.9) Anmerkungen

(a) p und q nennt man in diesem Zusammenhang „aussagenlogische Variable".

(b) Die Bezeichnungen „Disjunktion" und „Adjunktion" werden oftmals nicht wie im hier vorgestellten Sinn verwendet, sie werden teilweise sogar inhaltlich vertauscht. Ihre inhaltlichen Unterschiede werden anhand der Definitionen über *Wahrheitstafeln* deutlich. Die Adjunktion wird manchmal auch weniger glücklich „Alternative" genannt.

(c) *„Subjunktion" und „Implikation"* bzw. *„Bijunktion" und „Äquivalenz"* werden im „mathematischen Alltag" oft *identifiziert*, und es werden dann nur die Symbole $\Rightarrow$ bzw. $\Leftrightarrow$ verwendet. Es gibt aber subtile Unterschiede, über die sich nachzudenken lohnt, die wir hier aber nicht vertiefen, sondern nur andeuten können.

Ein wesentlicher Unterschied sei hier allerdings kurz erwähnt: Mit der Subjunktion und der Bijunktion werden (wie übrigens auch bei der Konjunktion, der Adjunktion und der Disjunktion) Aussagen *ohne Inhaltsbezug* (in der sog. „Objektsprache") zu neuen Aussagen verknüpft, während die Implikation und die Äquivalenz jeweils (innerhalb einer „Metasprache") *inhaltliche Beziehungen* zwischen zwei Aussagen beschreiben.

(d) Die *Quantorsymbole* $\bigwedge$ bzw. $\bigvee$ haben in *logisch-inhaltlicher* Sicht z. T. Vorteile gegenüber $\forall$ bzw. $\exists$, obwohl letzteren durchaus ein *mnemotechnischer Wert* zukommt und sie sich im Gegensatz zu $\bigwedge$ bzw. $\bigvee$ gut für eine „eindimensionale Schreibweise" wie etwa $\forall x \in \mathbb{R} : x^2 \geq 0$ eignen. Als weniger schön und gar „entstellend" ist aber die oft zu findende Verwendung von $\forall$ bzw. $\exists$ am Ende einer Formelzeile anzusehen, wenn diese Symbole lediglich als Abkürzung der Floskel „für alle ..." usw. auftreten.

- Doch was ist eigentlich eine *Aussage*?

Naheliegend ist folgender *Definitionsversuch:* „Eine **Aussage** ist ein sprachliches Gebilde, von dem eindeutig feststeht, ob es **wahr** oder **falsch** ist."

Das soll dann bedeuten, dass wir der in diesem „sprachlichen Gebilde" auftretenden Behauptung in jedem Fall zustimmen können oder auch nicht. *Doch taugt das als Definition von „Aussage"?* Wir untersuchen dieses Problem, indem wir weitere Fragen stellen, um uns heranzutasten an das, was wir unter „Aussage" verstehen *wollen*:

(1) Kommt es darauf an, dass *alle* Menschen bei den als „Aussage" aufzufassenden sprachlichen Gebilden *grundsätzlich* in der Lage sind, einen „Wahrheitswert" festzustellen (der mit „wahr" oder „falsch" bezeichnet sei)?

(2) Oder kommt es gar darauf an, dass *alle* Menschen, wenn sie denn „korrekt" vorgehen, einem ihnen vorgelegten sprachlichen Gebilde, das sie als Aussage auffassen, *denselben* Wahrheitswert zuordnen?

Während bei (1) die *Existenz eines zumindest subjektiven Wahrheitsbegriffs* zugrunde liegt, würde (2) bedeuten, dass es einen *objektiven Wahrheitsbegriff* gibt. Doch was von beiden ist richtig? Lässt sich so etwas überhaupt entscheiden? – Und wir können weiter fragen, z. B.:

(3) Genügt es, wenn man bei (1) und (2) „alle Menschen" durch „einige Menschen" ersetzt?

(4) Ist es überhaupt möglich, bei einem vorgelegten sprachlichen Gebilde zu *entscheiden*, *ob* dieses eine Aussage – etwa im Sinne von (1) oder von (2) – ist?

Um uns weiter vorzutasten, betrachten wir einige

(2.10) Beispiele

(a) „*Es gibt im Universum außer der Erde weitere Planeten, die von intelligenten Wesen bewohnt werden.*" — *Wollen* wir das als Aussage ansehen?

Unterstellen wir dazu versuchsweise, dass wir uns auf eine eindeutige Definition bzw. Interpretation von „*intelligentes Wesen*" einigen könnten. Unterstellen wir ferner, dass es absolut feststeht, ob es solche Planeten gibt („mindestens einen Planeten" würde man diese Sprachfigur in der Mathematik deuten). Gleichwohl wird derzeit vermutlich kein Erdenbürger definitiv entscheiden können, *ob* diese Behauptung „stimmt". Wohl werden manche dies aus unterschiedlichen Ansätzen heraus mit voller Überzeugung bejahen bzw. verneinen und auch begründen, aber dies sind dann nur *Meinungen*, die von manch anderen nicht geteilt werden. – Wollen wir dann dennoch solche Sätze im Sinne der zu präzisierenden „Aussagenlogik" als „Aussagen" bezeichnen? Offensichtlich können *wir* (nur derzeit?) nicht entscheiden, ob diese Behauptung „wahr" oder „falsch" ist, selbst wenn der Wahrheitswert feststehen würde und dieser sich nur unserer Kenntnis entzöge!

(b) „*Am 31. Mai 2041 regnet es um 11:25 h draußen vor dem Hörsaal XYZ der Fachrichtung Mathematik der Universität des Saarlandes.*" — *Wollen* wir das als Aussage ansehen?

Unterstellen wir, dass „*... regnet es ... draußen*" eindeutig interpretierbar sei. Unterstellen wir ferner, dass die Entwicklung des Universums *nicht deterministisch* ist. (Das bedeutet, dass nicht der gesamte noch vor uns liegende Ablauf der Entwicklung des Universums in allen Einzelheiten vorherbestimmt ist.) Dann kann zu einem Zeitpunkt *vor* dem 31. Mai 2041 niemand feststellen, ob obige Behauptung wahr oder falsch ist! Gleichwohl wird man zu dem Zeitpunkt eine Feststellung über den Wahrheitswert treffen können, sofern „man" „draußen" vor dem (noch existierenden?) Hörsaal steht. Doch wird zu dem betreffenden Zeitpunkt *jeder Mensch* in der Lage sein, über den Wahrheitswert zu entscheiden?

(c) „*Es gibt unendlich viele Primzahlen.*" — *Wollen* wir das als Aussage ansehen?

Es ist nicht tragisch, falls Sie als Leserin oder Leser nicht wissen, ob diese Behauptung stimmt oder nicht stimmt. Gleichwohl mögen Sie einsehen, dass deren Wahrheitswert unabhängig von Ihrer individuellen Kenntnis feststeht. So werden Sie wohl kaum Probleme haben, dies als „Aussage" (im mathematisch-logischen Verständnis) anzusehen, noch dazu, wenn ich Ihnen versichere, dass es einen auf EUKLID zurückgehenden Beweis gibt, den ich mit Ihnen im Gespräch in rund 15 min entwickeln könnte. (Aber Vorsicht: Sie dürfen meine *Behauptung* über einen existierenden und leicht zu führenden Beweis nicht mit dem *Beweis* selber verwechseln – Autoritätsgläubigkeit ist in der Wissenschaft verfehlt!)

(d) *„Es gibt unendlich viele Primzahlzwillinge."* — *Wollen* wir das als Aussage ansehen?

Ein *Primzahlzwilling* besteht aus zwei aufeinanderfolgenden Primzahlen mit dem Abstand 2, also sind die ersten Primzahlzwillinge: (3;5), (5;7), (11;13), (17;19), ... Seit Langem besteht die Vermutung, dass es unendlich viele Primzahlzwillinge gibt. Jedoch konnte diese Vermutung bisher weder widerlegt noch bewiesen werden. Gleichwohl ist auch hier einsichtig, dass ihr Wahrheitswert feststeht, obwohl (wohl?) niemand diesen bisher kennt! So werden wir diese Sprachfigur *vom Standpunkt der Mathematik als Aussage* ansehen!

Diese Beispiele machen deutlich, dass es schwierig (vielleicht sogar unmöglich?) ist, zu *definieren*, was eine *Aussage* ist! Wohl aber gelangen wir zu der Gewissheit, dass es sprachliche Gebilde gibt, von denen eindeutig feststeht, *ob* sie wahr oder falsch sind, und zwar unabhängig davon, ob wir selber ihren konkreten Wahrheitswert kennen!

Obiger „Definitionsversuch" *beschreibt* daher durchaus unser Wollen", wenn wir also künftig von „Aussagen" sprechen. Gleichwohl wird damit *nicht definiert*, was eine Aussage ist, weil wir von vorgelegten „sprachlichen Gebilden" nicht stets entscheiden können, *ob sie eine Aussage sind oder nicht.

Klar sollte aber sein, dass Fragen und Anweisungen keine Aussagen sind, z. B.: „Wie viele Primzahlzwillinge gibt es unter 1000?" — „Gesucht sind alle Primzahlzwillinge unter 1000!"
Unsere Vorgehensweise der *Modellierung logischer Zusammenhänge im Rahmen einer zu entwickelnden „Aussagenlogik"* lässt sich daher wie folgt skizzieren:

- Wir verzichten aus gutem Grund darauf, zu definieren, was eine „Aussage" ist, sondern wir befassen uns einfach mit *Aussagen als* solchen *sprachlichen Gebilden, von denen feststeht (oder bei denen wir zumindest unterstellen), dass sie entweder wahr oder falsch sind.*

- Wir betrachten *nicht den Inhalt* von Aussagen, sondern *nur ihren Wahrheitswert.* Insbesondere interessieren wir uns dafür, welchen Wahrheitswert eine Aussage hat, die aus anderen Aussagen durch „logische Verknüpfungen" wie „und", „oder" etc. zusammengesetzt ist.

Das führt zu den folgenden grundlegenden Aspekten der klassischen Aussagenlogik als einer *Modellierung von Logik*:

1. „Aussage" tritt für uns als ein undefinierter sog. *Grundbegriff* auf.

2. Aussagen können genau einen der Wahrheitswerte „wahr" (abgekürzt: „w") oder „falsch" (abgekürzt: „f") annehmen (⌂ „zweiwertige Logik", es gibt nur zwei „Wahrheitswerte").

Die Annahme von „genau zwei Wahrheitswerten" wird oft mit dem sog. tertium non datur identifiziert („*Eine dritte Möglichkeit gibt es nicht"* – der *„Satz vom ausgeschlossenen Dritten"* der Scholastik). Es gibt aber einen subtilen Unterschied:

Die „zweiwertige" Aussagenlogik basiert auf *genau zwei Wahrheitswerten*; beim tertium non datur wird hingegen unterstellt, dass *jede Aussage entweder wahr oder falsch ist* und dass es kein Drittes gibt. Gleichwohl werden wir diese feinsinnige Unterscheidungsmöglichkeit künftig *nicht* nutzen (müssen).

2.3.3 Aussagenlogische Junktoren

Die anzudeutende *zweiwertige Aussagenlogik* (mit den Wahrheitswerten „w" und „f") geht auf den griechischen Philosophen **ARISTOTELES** (384–324 v. Chr.) zurück und wird daher z. T. *Aristotelische Logik* genannt). Daneben gibt es auch „mehrwertige" Logiken, zu denen u. a. die *dreiwertige Logik* von JAN ŁUKASIEWICZ (1878–1956) mit „möglich" als drittem Wahrheitswert gehört, aber auch die „Fuzzy Logic".[148] Wir betrachten hier die zweiwertige Logik:

In nebenstehender Tabelle werden $\neg$, $\wedge$, $\vee$, $\dot{\vee}$, $\rightarrow$, $\leftrightarrow$, die in Tabelle 2.3.1 beschriebenen **aussagenlogischen Junktoren**, mit Hilfe von **Wahrheitstafeln** definiert. p, q, r, ... stehen hier für beliebige Aussagen, genannt **aussagenlogische Variable**.

Tabelle 2.3.2:
Wahrheitstafel der aussagenlogischen Junktoren

p	$\neg p$
w	f
f	w

p	q	$p \wedge q$	$p \vee q$	$p \dot{\vee} q$	$p \rightarrow q$	$p \leftrightarrow q$
w	w	w	w	f	w	w
w	f	f	w	w	f	f
f	w	f	w	w	w	f
f	f	f	f	f	w	w

Wir untersuchen nun die so definierten Junktoren auf ihre Tauglichkeit zur *Modellierung der Logik in unserer Umgangssprache:*

2.3.3.1 Das aussagenlogische NICHT

$\neg$ ist eine **einstellige Verknüpfung**. Hier wird der Wahrheitswert im Sinne einer *Verneinung* (**Negation**) einfach gewechselt. Eine Konsequenz daraus ist dann, dass die *doppelte Verneinung* wieder zum Ausgang zurückführt, dass also $\neg(\neg p)$ denselben Wahrheitswert hat wie p.

p	$\neg p$	$\neg(\neg p)$
w	f	w
f	w	f

Doch ist das vernünftig? Wohlgemerkt: Es ist *nicht von derselben Bedeutung* die Rede, sondern nur *vom selben Wahrheitswert!* Liegt da etwa ein Unterschied vor?

So gibt es ja die berühmte „bayerische doppelte Verneinung", z. B.:

- *„Ich habe keinen Hunger nicht gehabt!"*

Das *„nicht"* dient hier bekanntlich *nur* der *Verstärkung* der Mitteilung *„Ich habe keinen Hunger gehabt!"* und ist also *keine formallogische Verneinung* von *„Ich habe keinen Hunger gehabt!".* Es fällt uns nicht schwer, wenn dies als formallogische Verneinung aufzufassen wäre, es als *„Ich habe Hunger gehabt!"* zu identifizieren, was jedoch keinesfalls die Botschaft dieser Mitteilung ist. (Liegt hier überhaupt eine „Aussage" in unserem Sinn vor?)

Und wir alle kennen sicherlich Fragen vom Typ:

- *„Hast Du keinen Hunger gehabt?"*

Wäre die Frage an Sie gerichtet: Wie sollten bzw. würden Sie dann korrekt antworten? Die gesamte Situation lässt sich strukturiert wie in Bild 2.6 darstellen:

---

[148] Vgl. Abschnitt 2.3.11.

- Betrachten wir zunächst den **oberen Fall**, dass Sie *keinen Hunger* gehabt haben:

Sollen Sie dann mit *„Ja!"* oder mit *„Nein!"* antworten? Die Sache wird skurril: Wenn Sie streng logisch vorgehen, müssten Sie die in der Frage enthaltene Aussage (also: keinen Hunger gehabt zu haben) bejahen und also mit *„Ja!"* antworten. Viele Menschen antworten hingegen in dieser Situation mit *„Nein!"*, und sie verstärken also damit nur die in der Frage enthaltene Negation wie bei der doppelten bayerischen Verneinung.

Was sollen wir aber davon halten, wenn man auf *dieselbe Frage in derselben Situation* sowohl mit *„Ja!"* als auch mit *„Nein!"*

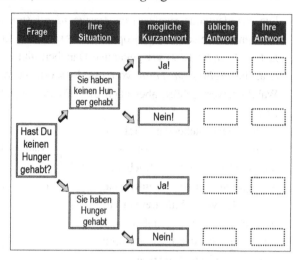

Bild 2.6: Richtige Antwort auf „verneinte" Frage?

antworten kann – und beide Antworten dasselbe bedeuten (sollen)? Was würden denn wohl diejenigen, die hier selber mit *„Nein!"* antworten würden, schlussfolgern, wenn man ihnen mit *„Ja!"* antwortete? Wohl kann man diese vertrackte Situation vermeiden, indem man sich nicht auf *„Ja!"* bzw. *„Nein!"* beschränkt, sondern die konkrete Botschaft beifügt, also: *„Ja, ich habe keinen Hunger gehabt!"* bzw. *„Nein, ich habe keinen Hunger gehabt!"* Zwar wird dann die erste Antwort vielfach Stirnrunzeln hervorrufen, dennoch meinen diese beiden scheinbar konträren Mitteilungen dasselbe. So etwas wollen und müssen wir aber in der Mathematik (und eigentlich in jeder Wissenschaft!) vermeiden!

Wir stellen daher fest, dass das *„Ja!"* bzw. das *„Nein!"* in dem hier betrachteten nicht-wissenschaftlichen Diskurs ersatzlos entfallen kann, weil beides nicht(s) zur Klärung beiträgt.

- Betrachten wir nun den **unteren Fall**, dass Sie tatsächlich *Hunger* gehabt haben:

Sollen Sie dann mit „Ja!" oder mit „Nein!" antworten? Die Sache wird noch skuriler: Wenn Sie streng logisch vorgehen, müssten Sie die in der Frage enthaltene Aussage (also: keinen Hunger gehabt zu haben) negieren und also mit *„Nein!"* antworten. Sie werden dann jedoch damit rechnen müssen, dass logisch nicht geschulte Gesprächspartner dies wie die doppelte bayerische Verneinung deuten, dass Sie also keinen Hunger gehabt hätten. Daher wäre es sinnvoll, Ihre Antwort ausführlicher zu gestalten: *„Nein, ich habe Hunger gehabt!"* Auch hier müssen Sie wegen des vorangestellten *„Nein"* zumindest mit Stirnrunzeln rechnen – aber durch den Nachsatz ist die Botschaft ja geklärt!

Wegen des zuerst besprochenen Falls ist es aber offensichtlich, dass die denkbare und mögliche Kurzantwort *„Ja!"* überhaupt nicht(s) zur Klärung beiträgt. Und Sie mit Ihrer mathematisch-logischen Einübung würden diese Antwort auch vermeiden wollen, diese möglicherweise noch nicht mal zähneknirschend mit einem klärenden Zusatz wie z. B. in *„Ja, ich habe Hunger gehabt!"* verwenden wollen! Interessanterweise verfügt die deutsche Sprache aber noch über ein anderes *„Ja!"*, mit dem dann auch eine zweifelsfreie Kurzantwort möglich wird und in der Tat auch üblich ist: *„Doch!"* – Wenn diese Antwort gegeben wird, ist auch ohne Zusatz klar, dass der Antwortende Hunger gehabt hat!

Das bedeutet also per saldo, dass wir in der deutschen Sprache neben den beiden Möglichkeiten *„Ja!"* und *„Nein!"* mit *„Doch!"* noch eine dritte haben.

Gilt etwa das tertium non datur in der deutschen Sprache nicht?

Diese Frage soll hier nicht weiter vertieft werden, wir überlassen sie der Germanistik und der Philosophie. Hier sollte nur exemplarisch angedeutet werden, dass das tertium non datur eine *besondere Denkweise* modelliert – die allerdings im mathematisch-naturwissenschaftlich-technischen Bereich besonders erfolgreich und dort wohl gewiss auch unverzichtbar ist![149] Diese Denk- und Sichtweise ist aber nicht für Dichtung und Literatur gültig!

2.3.3.2 Das aussagenlogische UND — die Konjunktion

$p \wedge q$ (gelesen: „p und q") ist also gemäß der rechts stehenden Wahrheitstafel dann und nur dann wahr, wenn *sowohl p als auch q* wahr sind. Das scheint dem „Alltags-Und" zu entsprechen. Man könnte auch treffend formulieren, dass $p \wedge q$ dann und nur dann wahr ist, wenn p und q *zugleich wahr* sind. Es wäre allerdings unsinnig, zu formulieren, dass p und q *gleichzeitig wahr* sind, denn die Zeit taucht in diesem Zusammenhang nicht auf!

p	q	$p \wedge q$
w	w	w
w	f	f
f	w	f
f	f	f

Allerdings findet man diese abwegige Formulierung „gleichzeitig" sehr häufig.

Falls nun in der Alltagssprache das Wort „und" auftaucht, müssten wir das dann stets durch das aussagenlogische UND kodieren? Dazu betrachten wir zwei Beispiele.

(2.11) Beispiele

(a) *„Im Folgenden betrachten wir nur gerade und ungerade Funktionen."*[150]

(b) *„2 ist zwar eine Primzahl, dennoch ist sie gerade."*[151]

Ad (a):

Zunächst ist festzustellen, dass *keine Aussage* vorliegt. Es geht uns aber um das „und". Hier ist nicht etwa gemeint, dass alle „im Folgenden" betrachteten Funktionen gerade *und* ungerade sind (also beide Eigenschaften zugleich besitzen), sondern dass sie „gerade *oder* ungerade" sind. Das sprachliche „und" wäre damit durch das aussagenlogische ODER zu kodieren. Man könnte sogar „ENTWEDER ... ODER ..." nehmen (worauf wir später eingehen), wenn man die inhaltliche Tatsache berücksichtigt, dass beide Eigenschaften sich ausschließen.

---

[149] Gleichwohl versucht man in der sog. „Fuzzy Logik" die immanente *Vagheit der Sprache* zu modellieren (vgl. Abschnitt 2.3.11).

[150] In Abwandlung eines Beispiels in [BOCK & WALSCH 1975, 61 f.].

[151] Aus [BOCK & WALSCH 1975, 60].

Würde man in (a) das „nur" weglassen, so wäre es aus formal-logischer Sicht möglich, dass neben geraden *und* ungeraden Funktionen „im Folgenden" auch noch andere betrachtet würden. Man könnte diesen Sachverhalt z. B. wie folgt sprachlich präzisieren: *„Im Folgenden betrachten wir nur solche Funktionen, die entweder gerade oder ungerade sind oder die eine andere Eigenschaft haben."* Damit könnten die zu betrachtenden Funktionen aber *alle* Eigenschaften haben, und dieser Satz wäre *ohne jede eingrenzende Wirkung* – er wäre „ohne Sinn" (und also *unsinnig*). Man kann daher unterstellen, dass der Autor dieses „Alternativ-Satzes" das „nur" mitgedacht hat – allerdings hat er dies leider nicht gesagt bzw. geschrieben!

Ad (b):

Hier liegt eine Aussage vor. Zunächst entnehmen wir ihr, dass die Zahl 2 die Eigenschaft hat, eine Primzahl und zugleich eine gerade Zahl zu sein. Damit enthält dieser Satz das aussagenlogische UND, obwohl das sprachliche „und" gar nicht vorkommt. Zugleich wird deutlich, dass dieser Satz *psychologisch* mehr zum Ausdruck bringt als nur die dürre Botschaft:

(b*) *„2 ist eine Primzahl und gerade."*

Diesen Unterschied zwischen (b) und (b*) bzw. die Gemeinsamkeit zwischen diesen beiden Sätzen kann man wie folgt kennzeichnen:[151] (b) und (b*) unterscheiden sich zwar **intensional**, jedoch nicht **extensional** (vgl. Abschnitt 1.3: „Begriffsinhalt" vs. „Begriffsumfang").

2.3.3.3 Das aussagenlogische ODER — Adjunktion und Disjunktion

$p \vee q$ (gelesen: „ p oder q ") ist gemäß nebenstehender Wahrheitstafel dann und nur dann wahr, wenn *eine* der beiden Aussagen p , q *oder sogar beide* zugleich wahr sind.[152] Doch wird damit unser „Alltags-ODER" modelliert?

p	q	$p \vee q$
w	w	w
w	f	w
f	w	w
f	f	f

Im vorseitigen Beispiel (2.11.a) haben wir gesehen, dass unser sprachliches „*oder*" auch in der Bedeutung von „*entweder ... oder ...*" auftritt, was also heißt, dass nicht beide Teilaussagen zugleich wahr sein können. Das wäre dann wie in der zweiten nebenstehenden Wahrheitstafel zu modellieren!

p	q	$p \mathbin{\dot\vee} q$
w	w	f
w	f	w
f	w	w
f	f	f

Da somit in $p \vee q$ der Fall, dass beide Teilaussagen für das Eintreten der Wahrheit der Gesamtaussage wahr sein können, mit *eingeschlossen* wird, dieser Fall jedoch in $p \mathbin{\dot\vee} q$ *ausgeschlossen* wird, unterscheidet man diese beiden verschiedenen „oder" durch die Bezeichnungen „*einschließendes ODER*"[153] (im ersten Fall) und „*ausschließendes ODER*" (im zweiten Fall, $p \mathbin{\dot\vee} q$ wird also gelesen als „entweder p oder q ").

Interessanterweise verfügt nun die **lateinische Sprache** über zwei verschiedene „ODER" in genau diesen *beiden* Bedeutungen, nämlich:

---

[152] Ein delikates Problem am Rande: Wir haben bei dieser Beschreibung des aussagenlogischen „ODER" das „Alltags-Oder" verwendet! Auch werden Sie bemerkt haben, dass wir hier (wie auch schon beim UND) die Sprachwendung *„dann und nur dann"* verwendet haben, die wir noch als aussagenlogischen Junktor definieren werden! – Das ist alles recht vertrackt ...

[153] Statt *„einschließendes oder"* ist auch *„nicht ausschließendes oder"* üblich, vgl. [VARGA 1972, 64].

- *einschließendes „ODER":*   ... **vel** ...
- *ausschließendes „ODER":*   aut ... aut ...

Das begründet die Wahl des Zeichens ∨ (**vel**) als Symbol für das einschließende ODER (und entsprechend für das UND). Betrachten wir noch ein vielleicht verblüffendes

(2.12) Beispiel — ein drittes ODER:[154]

> Stefan las ein aufregendes Buch. Und als er sich zu Tisch setzte, sah er während des Essens hinein. *»Ich bitte dich, Stefan, lege jetzt das Buch weg«*, sagte sein Vater, *»entweder der Mensch ißt, oder er liest.«*

Offensichtlich liegt hier ein ganz anderes *„entweder ... oder ..."* vor als das in der Wahrheitstabelle von S. 80 definierte. Denn schließlich kann ja die Situation eintreten, dass ein Mensch weder isst noch liest!

- *Eine aussagenlogische Kodierung von Sätzen der Umgangssprache darf also nicht formal geschehen, sie muss stets inhaltlich geleitet sein!*

2.3.3.4   Das aussagenlogische WENN ... DANN — die Subjunktion

p	q	$p \rightarrow q$
w	w	w
w	f	f
f	w	w
f	f	w

Diesen Junktor pflegt man mittels nebenstehender Wahrheitstafel zu definieren und zu begründen. Bis auf den Fall in der dritten Zeile wirkt auch alles plausibel: Denn wieso soll ein Schluss von einer falschen Voraussetzung auf eine wahre Behauptung als korrekt angesehen werden?

Mit Hilfe von Bild 2.7 können wir aber dieses Problem klären: Verkehrsschilder dieses Typs sind wohlbekannt, und so stellt sich die Frage, wie man sich als Autofahrer(in) verhalten muss, um mit dem Verkehrsrecht nicht in Konflikt zu kommen. Tabelle 2.3.3 beschreibt alle Fälle.

Dieser Sachverhalt lässt sich offenbar wie folgt aussagenlogisch kodieren:

Bild 2.7: Wann ist das Verhalten richtig?

Tabelle 2.3.3

Straße ist nass	Geschwindigkeit ist max. 80 $\frac{km}{h}$	Fahrverhalten ist richtig
JA	JA	JA
JA	NEIN	NEIN
NEIN	JA	JA
NEIN	NEIN	JA

p : Die Straße ist nass.

q : Die Geschwindigkeit beträgt maximal 80 $\frac{km}{h}$.

$p \rightarrow q$: Das Fahrverhalten ist korrekt.

Damit liefert uns diese Tabelle die Wahrheitstafel für die Subjunktion (manchmal auch „materiale Implikation" genannt), denn:

Der einzige Fall von Fehlverhalten gegenüber dem Straßenverkehrsrecht liegt genau dann vor, wenn man trotz nasser Straße schneller als die zugelassene Höchstgeschwindigkeit fährt – und das ist gewiss plausibel![155]

---

[154] Aus [VARGA 1972, 65]; Textauszeichnungen nicht im Original.

[155] Wir sehen übrigens in diesem Beispiel von dem Problem ab, von welchem Zustand ab eine Straße als „nass" zu bezeichnen sei. Das könnte man ggf. mit der „Fuzzy Logic" modellieren! Somit gehen wir davon aus, dass der Wahrheitswert von p und q stets eindeutig ermittelbar ist, was allerdings in der Praxis schwierig sein kann (wenngleich es für Juristen einträglich und damit vorteilhaft sein kann).

2.3.3.5 Das aussagenlogische GENAU DANN ... WENN — die Bijunktion

Dieser Junktor zielt auf die Modellierung der *logischen* (nicht aber der inhaltlichen) *Gleichwertigkeit* von zwei Aussagen: Diejenige zusammengesetzte
Aussage, die durch Bijunktion von zwei Aussagen entsteht, wird *genau dann*
als wahr angesehen, *wenn* die beiden „Basisaussagen" denselben Wahrheitswert haben. Das leistet dann die nebenstehende Wahrheitstafel.

p	q	$p \leftrightarrow q$
w	w	w
w	f	f
f	w	f
f	f	w

2.3.3.6 Gegensätze: „konträr" versus „kontradiktorisch"

Was ist der Gegensatz zu „schwarz"? Die wohl übliche Antwort ist „weiß". Aber wäre auch
„nicht schwarz" eine richtige Antwort? Doch was heißt hier überhaupt „richtig"?

Als Gegensatz zu „sterblich" wird man „unsterblich" erwarten, was wohl gleichbedeutend
mit „nicht sterblich" ist. Und was ist der Gegensatz zu „bunt"? Hier liegt „einfarbig" als Antwort nahe. Aber ist das dasselbe wie „unbunt" und damit wie „nicht bunt"?

So zeigen uns schon diese Beispiele zwei zu unterscheidende Typen von „Gegensatz": Sowohl „weiß" als auch „nicht schwarz" sind (andersartige) *Gegensätze* zu „schwarz": „weiß" ist
ein **konträrer Gegensatz** zu „schwarz", „nicht schwarz" ist *der* **kontradiktorische Gegensatz**
zu „schwarz". Formal: $\neg p$ ist *kontradiktorischer Gegensatz* zu p, hingegen sind p und q
konträre Gegensätze, falls sie *nicht zugleich* gelten, falls also $p \wedge q$ falsch ist. Kontradiktorische Gegensätze sind damit stets konträre Gegensätze, aber nicht umgekehrt.

Und *Komplementärfarben* scheinen kontradiktorische Gegensätze zu sein. Ist das physiolo-
gisch klar? Ist eine physikalische *Definition* nötig?

2.3.4 Aussagenkalkül und aussagenlogische „Gesetze"

Formale Gebilde wie z. B. $p \vee q$ und $p \rightarrow q$ nennt man *aussagenlogische Terme*.[156] Diese
präzisieren wir, indem wir zunächst *Grundbestandteile eines Aussagenkalküls* voraussetzen:

Grundbestandteile des Aussagenkalküls	
aussagenlogische Konstanten: W F	*aussagenlogische Variable:* p q ...
aussagenlogische Junktoren: $\neg \wedge \vee \dot{\vee} \rightarrow \leftrightarrow$	*Klammern* („technische Zeichen"): ( )

Mit den *aussagenlogischen Konstanten* W bzw. F werden zwei „Aussagen" bezeichnet,
deren Wahrheitswert stets (unveränderlich) w bzw. f ist. Eine *aussagenlogische Variable*
steht für eine beliebige Aussage, also das, was man gemäß Abschnitt 2.3.2 dafür hält.

Solche aussagenlogischen Konstanten und Variablen werden mit Hilfe von Junktoren und
Klammern unter Beachtung bestimmter Regeln zu *aussagenlogischen Termen* zusammengesetzt, und diese werden wir mit großen Buchstaben bezeichnen. Damit können wir die Bezeichnung **aussagenlogischer Term** inhaltlich wie folgt „konstruktiv" erklären:

---

[156] Teilweise heißen sie auch „aussagenlogische Ausdrücke".

(2.13) Vereinbarung („Aussagenkalkül")

(A1)   Jede aussagenlogische Konstante ist ein **aussagenlogischer Term**.

(A2)   Jede aussagenlogische Variable ist ein **aussagenlogischer Term**.

(A3)   Sind P und Q *aussagenlogische Terme*, so auch
$$(P), (\neg P), (P \wedge Q), (P \vee Q), (P \,\dot\vee\, Q), (P \to Q) \text{ und } (P \leftrightarrow Q).$$

(A4)   Mit diesen Zeichenreihen sind *alle aussagenlogischen Terme* darstellbar.

Ein solches System von Regeln, das die systematische Konstruktion aller „zulässigen" Objekte aus „Grundbestandteilen" jeweils „nach Bedarf" und gewissermaßen „kalkulierend" ermöglicht, heißt **Kalkül**.[157] Somit wird in (2.13) vereinbart, was ein **Aussagenkalkül** ist. Zusätzlich werden **Klammern-Ersparnisregeln** vereinbart, die eine vereinfachte Schreibweise ermöglichen, zunächst die folgende:

Außenklammern können stets weggelassen werden. Ergänzend wird eine **Bindungsstärke der Junktoren** vereinbart, meist wie folgt: $\neg$ bindet stärker als alle anderen Junktoren; $\wedge$, $\vee$ und $\dot\vee$ binden stärker als $\to$ und $\leftrightarrow$. Das lässt sich wie in Bild 2.8 visualisieren, wobei die noch zu erläuternde *Implikation* und die *Äquivalenz* bereits hinzugenommen worden sind.

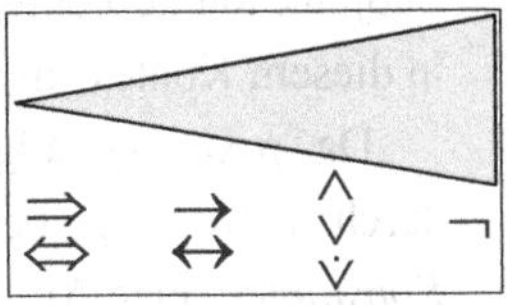

Bild 2.8: Bindungsstärke aussagenlogischer Junktoren und Beziehungen

Beispielsweise ist $((p \wedge q) \to p)$ ein aussagenlogischer Term, für den man „gleichwertig" und verkürzt $p \wedge q \to p$ schreiben darf. „Gleichwertig" heißt hierbei, dass die Wahrheitstafeln dieser beiden aussagenlogischen Terme denselben *„Wertverlauf"* haben.

So betrachten wir z. B. die Wahrheitstabelle von $p \wedge q \to p$, die wir schrittweise aufbauen können, beginnend mit der Spalte für $p \wedge q$ in nachfolgender Wahrheitstafel. Überrascht stellen wir fest, dass $p \wedge q \to p$ nur den Wahrheitswert w annimmt, dass dieser aussagenlogische Term damit *stets wahr* und also *allgemeingültig* ist!

p	q	$p \wedge q$	$p \wedge q \to p$
w	w	w	w
w	f	f	w
f	w	f	w
f	f	f	w

Das können wir verallgemeinern, indem wir die Bezeichnung *„aussagenlogisches Gesetz"* verwenden, wobei es stattdessen besser *„aussagenlogischer Satz"* heißen sollte:[158]

(2.14) Vereinbarung („aussagenlogisches Gesetz" oder „Tautologie")

P sei ein aussagenlogischer Term. Liefert P bei jeder Belegung der ihn bildenden aussagenlogischen Variablen mit den Wahrheitswerten w und f den Wahrheitswert w, dann heißt P **allgemeingültig** – anders: P ist eine **Tautologie**[159] bzw. ein **aussagenlogisches Gesetz**.

---

[157] Es ist *„der Kalkül"*. Es gibt auch *„das Kalkül"*, das man in seine Überlegungen einbezieht.

[158] Ein **Gesetz** kennt man in den Erfahrungswissenschaften (z. B. in den Naturwissenschaften) als eine Feststellung über einen Sachverhalt, von dessen Wahrheit man aufgrund von beobachtenden und/oder messenden Experimenten überzeugt ist (z. B. „Fallgesetz" in der Physik, „Gesetz der großen Zahl" bei Zufallsexperimenten). Davon zu unterscheiden ist ein **Satz** (oder gleichwertig: ein **Theorem**) in der Mathematik, den man aufgrund bestimmter akzeptierter Voraussetzungen unter Anwendung logischer Regeln „beweisen" kann. Insofern wäre hier eigentlich die Bezeichnung „aussagenlogischer Satz" angebracht, weil dieses „Gesetz" ja mit Hilfe einer Wahrheitstafel „bewiesen" worden ist. Allerdings hat sich der historische Terminus „aussagenlogisches Gesetz" etabliert.

Ist P eine Tautologie, so schreibt man in der Mathematischen Logik dafür auch $\models P$. Insbesondere kürzt man subjunktiv bzw. bijunktiv erzeugte Tautologien oft wie folgt ab:

Statt $\models P \rightarrow Q$ schreibt man: $\qquad P \Rightarrow Q$

Statt $\models P \leftrightarrow Q$ schreibt man: $\qquad P \Leftrightarrow Q$

$\Rightarrow$ heißt (aussagenlogische) **Implikation**, und $P \Rightarrow Q$ liest man: P *impliziert* Q.

$\Leftrightarrow$ heißt (aussagenlogische) **Äquivalenz**, und $P \Leftrightarrow Q$ liest man: P ist *äquivalent zu* Q.

Die **Implikation** kann damit als allgemeingültiger subjunktiv aufgebauter aussagenlogischer Term aufgefasst werden, die **Äquivalenz** als allgemeingültiger bijunktiv aufgebauter aussagenlogischer Term.[160] Diese Implikation gehört einer sog. *Metasprache* an und wird daher auch „metasprachliche Implikation" genannt, während die einer *Objektsprache* angehörende Subjunktion „objektsprachliche Implikation" heißt. Die Unterschiede sind subtil und können in diesem Kontext nicht vertieft werden, so dass uns nur ein naiver Umgang mit beiden bleibt.

Da $p \wedge q \rightarrow p$ allgemeingültig ist, können wir das sowohl durch $\models p \wedge q \rightarrow p$ als auch durch $p \wedge q \Rightarrow p$ beschreiben. Bezeichnen wir mit „W" eine der beiden aussagenlogischen *Konstanten* (eine Aussage, deren Wahrheitswert stets „wahr", also „w" ist, siehe S. 82), so können wir offensichtlich statt $p \wedge q \Rightarrow p$ auch $p \wedge q \rightarrow p \Leftrightarrow W$ schreiben (vgl. Bild 2.8). Solche Tautologien lassen sich durch Aufstellen von Wahrheitstafeln beweisen (Feststellen der „Wertverlaufsgleichheit"), ggf. aber auch durch Rückgriff auf bereits bewiesene Tautologien. Im folgenden Satz sind einige nützliche Tautologien zusammengestellt, die sich z. B. durch Aufstellen der jeweiligen Wahrheitstafeln beweisen lassen (was zur Übung angeraten sei).

(2.15) Satz

$p \overset{\wedge}{\underset{\vee}{}} p \Leftrightarrow p$	Idempotenz	$p \overset{\wedge}{\underset{\vee}{}} q \Leftrightarrow q \overset{\wedge}{\underset{\vee}{}} p$	Kommutativität
$(p \overset{\wedge}{\underset{\vee}{}} q) \overset{\wedge}{\underset{\vee}{}} r \Leftrightarrow p \overset{\wedge}{\underset{\vee}{}} (q \overset{\wedge}{\underset{\vee}{}} r)$	Assoziativität	$(p \overset{\wedge}{\underset{\vee}{}} q) \overset{\vee}{\underset{\wedge}{}} r \Leftrightarrow (p \overset{\vee}{\underset{\wedge}{}} r) \overset{\wedge}{\underset{\vee}{}} (q \overset{\vee}{\underset{\wedge}{}} r)$	Distributivität
$p \leftrightarrow q \Leftrightarrow (p \rightarrow q) \wedge (q \rightarrow p)$	Identitivität	$(p \rightarrow q) \wedge (q \rightarrow r) \Rightarrow p \rightarrow r$	Transitivität
$(p \overset{\wedge}{\underset{\vee}{}} q) \overset{\vee}{\underset{\wedge}{}} p \Leftrightarrow p$	Absorptionsgesetze	$\neg(p \overset{\wedge}{\underset{\vee}{}} q) \Leftrightarrow \neg p \overset{\vee}{\underset{\wedge}{}} \neg q$	de Morgansche Gesetze
$\neg(\neg p) \Leftrightarrow p$	doppelte Verneinung	$p \overset{\wedge}{\underset{\vee}{}} \neg p \Leftrightarrow \overset{F}{\underset{W}{}}$	tertium non datur
$p \rightarrow q \Leftrightarrow \neg q \rightarrow \neg p$	Beweis durch Kontraposition	$p \wedge \overset{W}{\underset{F}{}} \Leftrightarrow \overset{p}{\underset{F}{}}$, $\quad p \vee \overset{W}{\underset{F}{}} \Leftrightarrow \overset{W}{\underset{p}{}}$	
$p \rightarrow q \Leftrightarrow \neg(p \wedge \neg q)$	Beweis durch Widerspruch	$p \rightarrow q \Leftrightarrow \neg p \vee q$	

---

[159] „Tautologie" enthält das griechische „tauto" für „dasselbe", hier also „derselbe Wahrheitswert w".

[160] Die Bezeichnung „Äquivalenz" tritt jedoch in der Mathematik auch noch in anderen Zusammenhängen auf, beispielsweise bei Äquivalenzrelationen, auf die wir in Abschnitt 5.2 eingehen werden.

2.3.5 Quantoren und Variablenbindung

Unter einer **Aussageform** wollen wir hier, wie üblich, ein sprachliches Gebilde verstehen, das Variablen enthält und bei *sinnvollen Einsetzungen für alle Variablen* durch *Konstanten* in eine Aussage übergeht (z. B. $a^b = b^a$, nicht aber z. B. $(a + b)^2$). Aussageformen kann man mit Hilfe der Junktoren zu komplexeren Aussageformen zusammensetzen. Es gibt zwei wichtige, grundsätzlich verschiedene Möglichkeiten, Aussageformen in Aussagen zu überführen, was hier naiv und elementar dargestellt sei:[161]

- *Variablenbelegung* und *Variablenbindung*

Bei der **Variablenbelegung** werden für die Variablen konkrete, konstante Werte *aus einem zulässigen* Bereich eingesetzt, und die Variablen sind dann *Platzhalter* für solche Werte, z. B.:

- $x^2 + 1 = 0$ ist eine Aussageform. Für x können Zahlen eingesetzt werden:
  Einsetzung von 1 führt zur falschen Aussage $2 = 0$, es gilt also $2 = 0 \Leftrightarrow \text{F}$.
  Einsetzung von i (mit $i^2 = -1$) führt zur wahren Aussage $0 = 0$, es gilt also $0 = 0 \Leftrightarrow \text{W}$.

Die **Variablenbindung** findet beispielsweise mit Hilfe von **Quantoren**[162] statt, indem nicht nur ein konkreter Wert für die Einsetzung angeboten wird, sondern z. B. ein ganzer Bereich. Hierfür kommen unter anderem **Allquantoren** und **Existenzquantoren** in Frage, etwa:

- $P(x, y)$ sei eine Aussageform mit zwei Variablen (z. B. eine Gleichung oder eine Ungleichung). Eine mögliche Quantifizierung der Variablen x ist:
$$\bigwedge_x P(x, y)$$

Hier ist x eine **gebundene Variable** und y eine **freie Variable**: x ist „von außen" nicht mehr erkennbar und darf durch eine andere Variable (außer y) ausgetauscht werden, hingegen darf y als außen noch erkennbare Variable nicht ohne Weiteres ausgetauscht werden.[163]
Weitere Beispiele für Variablenbindung:

- $f(x)$: f und x sind in dieser Gestalt (noch) freie Variable.

- $\lim_{x \to 0} f(x)$: Hier ist f eine freie Variable, und x ist eine gebundene Variable.

- $\bigwedge_f \left(f \text{ ist stetig in } 0 \to \lim_{x \to 0} f(x) = f(0) \right)$: f und x sind hier gebundene Variable.

Man möge sich folgende Umformungstechniken für Quantoren klarmachen:

- $\neg \bigwedge_x P(x) \Leftrightarrow \bigvee_x \neg P(x)$ und $\neg \bigvee_x P(x) \Leftrightarrow \bigwedge_x \neg P(x)$

- $\bigwedge_x \bigwedge_y P(x, y) \Leftrightarrow \bigwedge_y \bigwedge_x P(x, y)$, daher schreibt man kurz: $\bigwedge_{x,y} P(x, y)$

---

[161] Zur Vertiefung sei z. B. verwiesen auf [HERMES & MARKWALD 1962, 17 ff.], [MARKWALD 1972] und [DEISER 2010, 451 f.].
[162] Der Terminus „Quantor" ist gemäß [LORENZEN 1970, 102] eine von DAVID HILBERT geprägte *„gewaltsame Verkürzung"* des Terminus „Quantifikator", der wiederum eine Re-Latinisierung des von CHARLES SANDERS PEIRCE eingeführten Terminus "Quantifier" ist.
[163] Das ähnelt „lokalen Variablen" und „globalen Variablen" bei Programmiersprachen.

○ $\bigvee_{x} \bigvee_{y} P(x,y) \Leftrightarrow \bigvee_{y} \bigvee_{x} P(x,y)$, daher schreibt man kurz: $\bigvee_{x,y} P(x,y)$

○ Aber man beachte: $\bigvee_{x} \bigwedge_{y} P(x,y)$ und $\bigwedge_{y} \bigvee_{x} P(x,y)$ sind nicht äquivalent!

Denn hier gibt es auf der linken Seite ein x, so dass $P(x,y)$ für alle y erfüllt ist, während es rechts zu jedem y je ein (ggf. „privates") x gibt. Kennen Sie dazu ein Beispiel?

Aufgabe 2.4

(a) $P(x)$ und $Q(x)$ seien Aussageformen. Untersuchen Sie die folgenden behaupteten Äquivalenzen auf Gültigkeit! (Begründung! Ggf. Widerlegung durch ein Nichtbeispiel!)

Bei den nicht vorliegenden Äquivalenzen prüfen Sie, ob stattdessen wenigstens eine Implikation vorliegt!

1) $\bigwedge_{y} \bigvee_{x} P(x,y) \Leftrightarrow \bigvee_{x} \bigwedge_{y} P(x,y)$ 　　4) $\bigvee_{x} \big(P(x) \vee Q(x) \big) \Leftrightarrow \Big(\bigvee_{x} P(x) \Big) \vee \Big(\bigvee_{x} Q(x) \Big)$

2) $\bigwedge_{x} \big(P(x) \vee Q(x) \big) \Leftrightarrow \Big(\bigwedge_{x} P(x) \Big) \vee \Big(\bigwedge_{x} Q(x) \Big)$ 5) $\bigvee_{x} \big(P(x) \wedge Q(x) \big) \Leftrightarrow \Big(\bigvee_{x} P(x) \Big) \wedge \Big(\bigvee_{x} Q(x) \Big)$

3) $\bigwedge_{x} \big(P(x) \wedge Q(x) \big) \Leftrightarrow \Big(\bigwedge_{x} P(x) \Big) \wedge \Big(\bigwedge_{x} Q(x) \Big)$ 6) $\bigvee_{x} \big(P(x) \vee Q(x) \big) \Leftrightarrow \Big(\bigvee_{x} P(x) \Big) \vee \Big(\bigvee_{y} Q(y) \Big)$

(b) Für beliebige aussagenlogische Variable p und q sei der Junktor $\downarrow$ durch folgende umgangssprachliche Deutung erklärt: $p \downarrow q :\Leftrightarrow$ weder p noch q

1) Stellen Sie die zugehörige Wahrheitstafel auf!

2) Führen Sie den hierdurch definierten neuen aussagenlogischen Junktor über mindestens eine Äquivalenz auf bereits bekannte zurück!

3) Die hierdurch erklärte neue Wahrheitsfunktion trägt auch den Namen „NOR". Können Sie diese Namensgebung begründen?

4) Eine weitere Wahrheitsfunktion heißt „NAND". Ihr entsprechender Junktor wird häufig mit $|$ symbolisiert. Wie wird die zugehörige Wahrheitstabelle aussehen?

5) Negation, Konjunktion, Adjunktion und Subjunktion lassen sich äquivalent nur mit Hilfe von NOR ausdrücken. Geben Sie entsprechende aussagenlogische Terme an!

6) p, q und r seien beliebige Aussagen. Gilt dann $(p \downarrow q) \downarrow r \Leftrightarrow p \downarrow (q \downarrow r)$?

(c) Ein „Nullquantor" sei wie folgt definiert: $\bigwedge\!\!\!\!\!/_{x} P(x) :\Leftrightarrow$ Es gibt kein x, für das $P(x)$ gilt.

Stellen Sie den Nullquantor, den Allquantor und den Existenzquantor jeweils auf zwei Arten gleichbedeutend mit Hilfe eines der anderen beiden Quantoren dar!

(d) Mit $\neg, \wedge, \vee, \dot{\vee}, \rightarrow, \leftrightarrow, \downarrow$ und $|$ kennen Sie bereits sieben aussagenlogische zweistellige Junktoren. Wie viele zweistellige Junktoren sind insgesamt möglich?

2.3.6   Zur „Ersetzungsregel" und einer Konsequenz

Es seien P und Q aussagenlogische Terme, und p sei eine in P und Q vorkommende aussagenlogische Variable. Ferner sei R ein weiterer aussagenlogischer Term, und P ' bzw. Q ' seien aussagenlogische Terme, die aus P bzw. Q dadurch hervorgehen, dass man dort überall p durch (R) ersetzt. Dann ist folgende **Ersetzungsregel**[164] plausibel:

> Wenn $P \Leftrightarrow Q$ gilt, dann gilt stets auch P ' $\Leftrightarrow Q$ ' .

Würde man dies in der Form $(P \Leftrightarrow Q) \to (P' \Leftrightarrow Q')$ schreiben, so träfe man jedoch nicht das Gemeinte, weil ja nicht eine aussagenlogische Verknüpfung zu bilden ist, sondern darüber hinaus eine Feststellung über die Wahrheit dieses Terms, also über seine Allgemeingültigkeit, zu treffen ist. Also sollte bzw. müsste man die Implikation nehmen!?

Würde man daher dann diese Ersetzungsregel in der Gestalt $(P \Leftrightarrow Q) \Rightarrow (P' \Leftrightarrow Q')$ ausdrücken, so entstünde eine delikate formale Situation:

Hier würden dann nämlich $\Leftrightarrow$ und $\Rightarrow$ „auf verschiedenen Stufen" gebraucht, obwohl diese Symbole „auf derselben Stufe" erklärt sind (oder etwa nicht?). Auch ist ja ferner $\Rightarrow$ für diese „neue, höhere" Stufe formal (noch) gar nicht erklärt.

Dennoch schreibt man das in der Praxis aus Bequemlichkeit vielfach so!

Formal korrekt könnten wir z. B. auch sagen, dass $(P \Leftrightarrow Q) \to (P' \Leftrightarrow Q')$ allgemeingültig ist, dass also eine Tautologie vorliegt, oder wir könnten $\models (P \Leftrightarrow Q) \to (P' \Leftrightarrow Q')$ schreiben (wie auf S. 83).

Wir könnten aber auch für diese „Implikation auf höherer Stufe" ein neues Zeichen wie z. B. $\Longrightarrow$ erfinden und dann schreiben: $(P \Leftrightarrow Q) \Longrightarrow (P' \Leftrightarrow Q')$

Insbesondere sehen wir, dass sich das hier aufgetretene Problem auf weitere „Stufen" *iterieren* (fortsetzen) lässt. Die Konsequenz ist:

Einer logisch präzisen Formalisierung sind offenbar Grenzen gesetzt. Also:

> - Mathematik kann (im Gegensatz zu einem Computerprogramm) nicht (nur!) formal betrieben werden. Eine saubere Formalisierung ist nicht immer streng durchzuhalten.

Wir erkennen dies insbesondere an der gerade für die Mathematik typischen und unverzichtbaren Wendung „*wenn ... dann ...*" und damit an der „Folgerung", die wir offensichtlich ständig auf verschiedenen „Stufen" der Logik verwenden.

Wir sehen das auch an der Verwendung von „Konsequenz" in diesem Abschnitt, weiterhin an dem ersten Absatz („Es seien ... dann gilt ..."), an „$\Rightarrow$ " auf verschiedenen „Stufen" und ferner z. B. an dem „also"!

Daher verfolgen wir diesen Exkurs innerhalb des hier nur möglichen naiven Kontextes nicht weiter und müssen Interessierte auf die Literatur zur Mathematischen Logik verweisen.

---

[164] Vgl. beispielsweise [MARKWALD 1972, 21].

2.3.7   Mengen

2.3.7.1   Zur Entstehung der Mengenlehre

„Mengenlehre" ist ein subtiles Gebiet der Grundlagen der Mathematik. DEISER schreibt zu Beginn des ersten Kapitels seines Buch „*Einführung in die Mengenlehre*":[165]

> Wir besitzen ein intuitives Verständnis des Begriffs „Menge" und der Beziehung „*a* ist ein Element von *b*". Für „*a* ist ein Element von *b*" schreiben wir kurz $a \in b$.

Wir schließen uns dieser Auffassung an und wagen einen Einblick in die Entstehung des mit „Menge" verbundenen und für die Mathematik fundamentalen und nicht mehr wegzudenkenden Begriffs. Dabei wird es hier nicht um „Mengenlehre" gehen können, schon gar nicht um „axiomatische Mengenlehre", sondern nur um sehr wenige *Aspekte einer naiven Mengenlehre* als Fragmente einer *Mengenalgebra*. Und im Übrigen konnte es auch im Mathematikunterricht niemals wirklich um „Mengenlehre" gehen, sondern nur um eine der Präzisierung dienenden „Sprache" – worauf man allerdings nicht ohne Not verzichten sollte. Ganz anders ist es hingegen in der Wissenschaft Mathematik, wie z. B. FELGNER schreibt:[166]

> Die Mengenlehre ist heute in der Mathematik unverzichtbar, weil sie all die Gegenstände zu konstruieren gestattet, worüber man in der Mathematik sprechen möchte. Sie erlaubt es, neben der Interpretation der mathematischen Formalismen in der natürlichen Umwelt auch Interpretationen in den verschiedensten Mengenwelten zu geben. Das ist ihr eigentlicher Sinn und Zweck.

Nach verbreiteter Auffassung hat GEORG **CANTOR** (1845–1918), der von 1879 bis 1913 in Halle an der Saale wirkte, die oben erwähnte intuitive Vorstellung zur Basis der durch ihn begründeten *Mengenlehre* gemacht – denn er schreibt 1895 in seiner Abhandlung „*Beiträge zur Begründung der transfiniten Mengenlehre*": [167]

> Unter einer „Menge" verstehen wir jede Zusammenfassung *M* von bestimmten wohlunterschiedenen Objekten *m* unserer Anschauung oder unseres Denkens (welche die „Elemente" von *M* genannt werden) zu einem Ganzen.

Diese sinnige *Beschreibung* von „Menge" durch CANTOR (er nennt sie übrigens mitnichten „Definition"!) *taugt leider nicht zur Definition* von „Menge", wie BERTRAND **RUSSELL** (1872–1970) zeigte. (RUSSELL war Mathematiker und Philosoph, und 1950 erhielt er den Nobelpreis für Literatur. Seine bedeutenden Beiträge zur Mathematik waren den Grundlagen der Mathematik, insbes. der Logik, gewidmet. Sein berühmtestes Werk sind die gemeinsam mit ALFRED WHITEHEAD 1910 bis 1913 verfassten dreibändigen „*Principia Mathematica*".)

So liegt es nahe, auf der Basis von CANTORs „Definition" beispielsweise die folgende „Menge" zu bilden:

---

[165] [DEISER 2010, 15].
[166] In einer Mitteilung an mich vom 13.01.2013 zur Kommentierung der ersten Auflage dieses Buchs.
[167] In: *Mathematische Annalen* **46**(1895), S. 481 – 512; zitiert bei [DEISER 2010, 15].

- *Es sei M die Menge aller Mengen, die sich nicht selbst als Element enthalten.*

Wir würden das heute formal wie folgt notieren können: $M = \{X \mid X \notin M\}$.

RUSSELL stellte die Frage, ob dann wohl $M \in M$ oder $M \notin M$ gilt, denn aufgrund des tertium non datur[168] ist nur entweder $M \in M$ oder $\neg M \in M$ (wofür wir $M \notin M$ schreiben werden) möglich. Es sei nun Y eine beliebige Menge. Falls $Y \in M$ gilt, dann folgt (gemäß obiger Beschreibung von M) $Y \notin M$, falls aber $Y \notin M$ gilt, dann folgt entsprechend $\neg Y \notin M$, was wir aufgrund der doppelten Verneinung als $Y \in M$ deuten können. Damit wäre $Y \in M \leftrightarrow Y \notin M$ für alle Y wahr (es wäre eine Tautologie), speziell wäre also auch $M \in M \leftrightarrow M \notin M$ wahr, im Widerspruch zum tertium non datur, demgemäß genau eine der beiden Aussagen $M \in M$ bzw. $M \notin M$ wahr ist (siehe oben).

Diese Russellsche Antinomie der Mengenlehre wird oft wie folgt verkleidet präsentiert:

> **Russelsche Antinomie der Mengenlehre**
> In einem Dorf arbeitet ein Barbier, und er hat an seinem Friseurladen folgendes Schild hängen: *„Ich rasiere alle Einwohner dieses Dorfes, die sich nicht selbst rasieren."*

Wird sich der Barbier nun selber rasieren oder nicht? Falls er zu denen gehört, die sich nicht selber rasieren, so wird er sich selber rasieren (müssen). Falls er sich aber selber rasiert, so darf er sich nicht selber rasieren. Ist dieser Widerspruch auflösbar?[169]

Gelegentlich findet man zur Mathematik folgende „empirische Feststellung": „Wenn ein Satz den Namen eines Mathematikers trägt, stammt dieser Satz meist nicht von ihm." Und so sollte man hier wohl besser „Russell-Zermelo-Antinomie" sagen, denn ZERMELO hatte diese Antinomie unabhängig von RUSSELL entdeckt.

FELGNER stellt dazu fest:[166]

> Die angegebene Antinomie wurde zuerst von Ernst Zermelo (wohl noch im Jahre 1900) aufgestellt und erst ein Jahr später auch von Russell gefunden. Näheres dazu in meinem Kommentar zum Zermeloschen Axiomensystem in Band 1 der Gesammelten Werke Zermelos (Springer-Verlag, Berlin 2010). Ausführliche historische Anmerkungen zur mengentheoretischen Symbolik habe ich in den Anmerkungen zu Hausdorffs Grundzügen der Mengenlehre (Band 2 der Hausdorffschen Werke, Springer-Verlag, Berlin 2002, pp. 577-617) gegeben, und davon haben inzwischen einige Autoren von Monographien über Mengenlehre (ohne Quellenangabe) ausgiebig profitiert.

DEISER zitiert dazu aus einer Abhandlung von ZERMELO aus dem Jahre 1908:[170]

> Und doch hätte schon die elementare Form, welche Herr B. Russell den mengentheoretischen Antinomieen gegeben hat, sie [die Skeptizisten der Mengenlehre] überzeugen können, daß die Lösung dieser Schwierigkeiten ... in einer geeigneten Einschränkung des Mengenbegriffs zu suchen ist ...

---

[168]   Vgl. S. 76, 79 und 84.

[169]   Eine „Antinomie" gilt oft als *unauflösbarer Widerspruch, ein* „Paradoxon" dagegen als *auflösbarer Widerspruch.* Allerdings ist die RUSSELLsche Antinomie innerhalb der axiomatischen Mengenlehre auflösbar, indem sie dort als Satz erscheint, was hier nicht darstellbar ist (vgl. [DEISER 2010, 426]).

[170]   ZERMELO: Neuer Beweis für die Möglichkeit einer Wohlordnung. In: *Mathematische Annalen* **65**(1908), 107-128.

ZERMELO bezieht sich in dieser Passage bei „RUSSELL" in einer Fußnote auf „*The principles of Mathematics, Vol. I*" von RUSSELL & WHITEHEAD (1903) und fügt daselbst hinzu (a. a. O.):

> Indessen hatte ich selbst diese Antinomie unabhängig von Russell gefunden, und sie schon vor 1903 u. a. Herrn Prof. Hilbert mitgeteilt.

Zugleich suggeriert das erste o. g. Zitat von ZERMELO, dass diese Antinomie auflösbar ist – wenn man nur einen „geeigneten" Mengenbegriff zugrunde legt. Damit wäre es nur eine Frage des Standpunktes, ob eine Antinomie vorliegt oder nicht. Und in der Tat löst sich in der *axiomatischen Mengenlehre* von ZERMELO und FRAENKEL die „RUSSELLsche Antinomie" auf und wird zum Satz, wie [DEISER 2010, 426] zeigt. Das wird auch durch das nachfolgende Zitat, das weitere Einkleidungen der RUSSELLschen Antinomie nennt, nahegelegt:[171]

> Außermathematische Beispiele für Objekte, die sich selbst als Element enthalten[,] sind zudem etwa: Die „Menge aller Ideen" ist wieder eine Idee; ein Katalog, der alle Titel von Büchern listet, listet seinen eigenen Titel; usw. In der heute üblichen axiomatischen Mengenlehre sind Mengen x mit der Eigenschaft $x \in x$ durch das sog. Fundierungsaxiom ausgeschlossen.

Hieraus ist erahnbar, dass durch geeignete **Axiome** (also grundlegende und gleichwohl sinn-volle Voraussetzungen, die nicht bewiesen und als plausibel akzeptiert werden) das Auftreten unliebsamer Probleme vermeidbar ist. Die Entwicklung eines Axiomensystems wird daher von einer Strategie geleitet, die „Verbot des Unerwünschten" genannt werden kann.[172]

Der Terminus **Menge** stammt von BERNHARD BOLZANO (1781–1848) aus seinen posthum erschienenen „Paradoxien des Unendlichen" von 1851, wo er sich der uns möglicherweise sperrig bzw. intuitiv kaum eingängig erscheinenden Bezeichnung „*Inbegriff*" bedient:[173]

> Es gibt Inbegriffe, die, obgleich dieselben Teile [Elemente] A, B, C, D, … enthaltend, doch nach dem Gesichtspunkte (Begriffe), unter denen wir sie so eben auffassen, sich als v e r s c h i e d e n … darstellen … Wir nennen dasjenige, worin der Grund dieses Unterschiedes an solchen Inbegriffen besteht, die A r t d e r V e r b i n d u n g oder A n o r d n u n g ihrer Teile. Einen Inbegriff, den wir einem solchen Begriffe unterstellen, bei dem die Anordnung seiner Teile gleichgültig ist (an dem sich also nichts für uns Wesentliches ändert, wenn sich bloß diese ändert), nenne ich eine M e n g e …

Unter „Inbegriff" versteht BOLZANO „*ein in einem einheitlichen Denkakte, in einer logischen Synthese Zusammengefaßtes, Ganzes*",[174] und damit wird und wirkt seine „Definition" von „Menge" recht modern: Es kommt bei einer Menge *nicht* auf die Reihenfolge ihrer Elemente an. Eine Menge ist für BOLZANO also ein spezieller Inbegriff im oben verstandenen Sinn. 1888 – also 7 Jahre vor CANTOR – präsentiert RICHARD DEDEKIND (1831–1916) in seinem 1887 als Skript fertiggestellten Buch '*Was sind und was sollen die Zahlen?*' auf S. 2 eine *intuitive Beschreibung von „Menge*", wobei er die Bezeichnung „System" (statt „Menge") verwendet und auch noch keine Mengenlehre bzw. Mengentheorie entwickelt.

---

[171] Aus [DEISER 2010, 185]; das „Fundierungsaxiom" wird bei [DEISER 2010, 434] erörtert.

[172] Vgl. [HISCHER 1996, 212 ff.], erstmals 1976 in Oberwolfach vorgeschlagen. Siehe auch S. 253.

[173] Zitiert nach [DEISER 2010, 19 f.]. Der Zusatz in eckigen Klammern wurde von DEISER erläuternd eingefügt.

[174] Nach RUDOLF EISLER: '*Wörterbuch der Philosophie*', 1904 (http://www.textlog.de/4016.html, 26. 07. 2020).

DEDEKIND schreibt hier u. a.:[175]

> Es kommt sehr häufig vor, daß verschiedene Dinge *a*, *b*, *c* … aus irgend einer Veranlassung unter
> einem gemeinsamen Gesichtspuncte aufgefaßt, im Geiste zusammengestellt werden, und man sagt
> dann, daß sie ein System *S* bilden; man nennt die Dinge *a*, *b*, *c* … die E l e m e n t e des Systems *S*,
> sie sind e n t h a l t e n in *S*; umgekehrt b e s t e h t *S* aus diesen Elementen. Ein solches System *S* (oder
> ein Inbegriff, eine Mannigfaltigkeit, eine Gesammtheit) ist als Gegenstand unseres Denkens eben-
> falls ein Ding (1); es ist vollständig bestimmt, wenn von jedem Ding bestimmt ist, ob es Element
> von *S* ist oder nicht. Das System *S* ist daher dasselbe wie das System *T*, in Zeichen *S* = *T*, wenn jedes
> Element von *S* auch Element von *T* ist, und jedes Element von *T* auch Element von *S* ist …

Hier zeigt sich bereits das „Extensionalitätsaxiom" der Mengenlehre, auf das wir noch eingehen werden.[176] [DEISER 2011, 20] schreibt ergänzend:

> Neben „Menge" wurde im 19. Jahrhundert auch mehr oder weniger gleichwertig verwendet: Man-
> nigfaltigkeit, Gesamtheit, Inbegriff, Varietät, Klasse, Vielheit, System.

> Dedekinds Wortwahl „System" orientiert sich an der griechischen Tradition der Zahl als System von
> Einheiten oder Monaden […].[177]

Wir finden also die Bezeichnungen **Menge** bei BOLZANO und **Element** bei DEDEKIND *vor*
CANTOR in dessen Sinn, während DEDEKINDS „System" in seinem Sinn in der Mathematik
nicht überlebt hat. Doch wie kam es zum heutigen Symbol ∈ in der *Ist-Element-von-
Beziehung*?

Dieses Symbol ∈ nur als eine Stilisierung des griechischen ε zu deuten, ist kaum zufriedenstellend. [DEISER 2011, 21] teilt hierzu mit, dass GIUSEPPE **PEANO** (1858–1932) im Jahre 1889
zunächst das Symbol ε im Zusammenhang mit einer lateinisch geschriebenen Arbeit über die
nach ihm benannten Axiome eingeführt hat. Er zitiert aus PEANOS Arbeit:

> Signum ε significat *est*. Ita a ε b legitur *a est quoddam b*; a ε K significat *a est quaedam classis* […]

Und er ergänzt dann:

> Das kleine Epsilon geht hierbei auf ἐστίν, altgriechisch für „er, sie, es ist" zurück, *a* ∈ *b* meint
> also „*a* ist ein *b*", *a* ist eines derer von *b*, das „Sein des Seienden" der Mengen sind also ihre Ele-
> mente. Georg Cantor gebrauchte überraschenderweise keine Abkürzung für den Ausdruck „*a* ist
> Element von *b*", und erst in den 20er Jahren des 20. Jahrhunderts setzte sich eine Abkürzung und
> die Schreibweise von Peano durch.

Konkret verweist DEISER anschließend auf FELIX HAUSDORFF:

> *Hausdorff (1927):* „Die fundamentale Beziehung eines Dinges a zu einer Menge A, der es angehört,
> bezeichnen wir mit G. Peano in Wort und Formel folgendermaßen: a ist Element von A: a ε A."

Schließlich erwähnt DEISER noch, dass HAUSDORFF in dem rund 500 Seiten starken Werk
'Grundzüge der Mengenlehre' von 1914 wie CANTOR *ohne Elementzeichen ausgekommen* sei.

---

[175] [DEDEKIND 1888, 2]; unterstreichende Hervorhebungen nicht im Original.
[176] Vgl. S. 93, 98, 103, 221; wir sprechen aber zunächst wie DEISER vom „Extensionalitätsprinzip".
[177] Vgl. hierzu Abschnitt 3.3.4.2.

2.3.7.2   Mengen — grundlegende Notationen und Definitionen

Die RUSSELLsche Antinomie zeigt, dass die *Cantorsche „Definition" nicht dazu geeignet ist, zu definieren, was eine „Menge" ist.* Insbesondere wird plausibel, dass mit **Menge** lediglich ein **undefinierter Grundbegriff** bezeichnet wird – wie z. B. „Aussage" in der Aussagenlogik[178] oder wie „Punkt" und „Gerade" in axiomatischen Geometrien. Wir legen also im Sinne des Zitats von DEISER[179] nur ein *intuitives Verständnis von „Menge"* zugrunde:

(2.16) Vereinbarung für den Umgang mit Mengen

Grundlegend ist die **Elementbeziehung** „$x \in M$ " in folgendem Sinn:
„Das Ding x ist ein Element von der Menge M" oder kurz: *„x ist ein Element von M"*

Immerhin können wir auf diesem „dünnen Eis" einen durchaus „sauberen Aufbau" beginnen, zunächst mit einer Definition von $x \notin M$, und zwar so, wie wir es bereits „naiv" bei der Untersuchung der RUSSELLschen Antinomie auf der Basis des tertium non datur gemacht haben:

(2.17) Definition $x \notin M :\Leftrightarrow \neg\, x \in M$

Und wegen der „doppelten Verneinung" gemäß Satz (2.15) erhalten wir sofort:

(2.18) Folgerung $\neg(x \notin M) \Leftrightarrow x \in M$

Wie üblich verwenden wir folgende weitere

(2.19) Vereinbarungen *(zur Darstellung von Mengen)*

Aufzählende Darstellung, z. B.: $\{0, 1\}$, $\{1, 2, 3, ...\}$, $\{a, b\}$

Beschreibende Darstellung, z. B.: $\{x \mid P(x)\}$ gelesen: *Menge aller x, für die gilt: $P(x)$"*
                                                                        (dabei ist $P(x)$ eine Aussageform)

Falls bei der *aufzählenden Darstellung* Missverständnisse entstehen sollten, so schreiben wir z. B. $\{a; b\}$ anstelle von $\{a, b\}$. Hier liegt eine **Umfangsdefinition** einer konkreten Menge vor, d. h., die Menge wird *extensional* gekennzeichnet. Die *beschreibende Darstellung* einer konkreten Menge ist hingegen eine **Inhaltsdefinition**, d. h., die Menge wird dann *intensional* gekennzeichnet.[180] Statt $\{x \mid P(x)\}$ findet man auch die Schreibweise $\{x : P(x)\}$.

Die Verwendung geschweifter Klammern für die Darstellung von Mengen hat GEORG CANTOR 1895 eingeführt, wenn auch nicht so wie heute, sondern etwa durch $M = \{m\}$, und zwar gemäß [DEISER 2010, 30] im Sinne von *„M als Zusammenfassung vieler m"*. Die uns heute vertraute aufzählende Darstellung hat dann bald darauf ERNST **ZERMELO** eingeführt:[181]

Zermelo (1908): „Die Menge, welche nur die Elemente a, b, c, ..., r enthält, wird zur Abkürzung vielfach mit {a, b, c, ..., r} bezeichnet werden."

---

[178] Vgl. S. 76.
[179] S. 88.
[180] Betr. „extensional" und „intensional" vgl. auch S. 80.
[181] So zitiert bei [DEISER 2010, 30]

Darauf aufbauend sind folgende weitere abkürzende Schreibweisen üblich und sinnvoll:

(2.20) Abkürzungen

(1) $\{x \in M \mid P(x)\} := \{x \mid x \in M \wedge P(x)\}$ (2) $x_1, \ldots, x_n \in M :\Leftrightarrow x_1 \in M \wedge \ldots \wedge x_n \in M$

(3) $\bigwedge\limits_{x \in M} P(x) :\Leftrightarrow \bigwedge\limits_{x} \left(x \in M \to P(x) \right)$ (4) $\bigvee\limits_{x \in M} P(x) :\Leftrightarrow \bigvee\limits_{x} \left(x \in M \wedge P(x) \right)$

(2.21) Anmerkung

Es sei $M := \{x_1, x_2, \ldots, x_n\}$, dann gilt, wie man sich leicht klar macht:

$$\bigwedge\limits_{x \in M} P(x) :\Leftrightarrow P(x_1) \wedge P(x_2) \wedge \ldots \wedge P(x_n), \quad \bigvee\limits_{x \in M} P(x) :\Leftrightarrow P(x_1) \vee P(x_2) \vee \ldots \vee P(x_n)$$

Das begründet und motiviert dann die Symbolwahl $\bigwedge$ bzw. $\bigvee$ für die Quantoren, nämlich als ein „großes UND" für den Allquantor und als ein „großes ODER" für den Existenzquantor. Die Wahl dieser Symbole resultiert aus dem Ziel eines systematischen formalen Aufbaus, und sie sind in ganz anderer Weise mnemotechnische Abkürzungen als $\forall$ und $\exists$, weil sie auf die aussagenlogischen Wurzeln zurückgehen, nämlich das UND und das ODER. Darüber hinaus werden diese Quantorsymbole auch für den Fall unendlicher Mengen M verwendet, obwohl sich die Schreibweise in Anmerkung (2.21) nur auf endliche Mengen gründet. Andererseits haben die beiden Symbole $\forall$ und $\exists$ den Vorteil einer eindimensionalen, schnelleren Schreibweise, und sie sind mittlerweile international üblich. Dem kann man entgegenhalten, dass man in der Mathematik seit Langem und gerne und weiterhin zweidimensionale Symbole benutzt, so z. B. für Grenzwert, Integral, Summe, Produkt.

Bekannte Zahlenmengen lassen sich dann offenbar wie folgt andeutend *beschreiben*:

- $\mathbb{N} = \{0, 1, 2, 3, \ldots\}$, $\mathbb{N}^* = \{1, 2, 3, \ldots\}$ *Menge der natürlichen Zahlen*
- $\mathbb{Z} = \{\ldots, -2, -1, 0, 1, 2, \ldots\}$ *Menge der ganzen Zahlen*
- $\mathbb{Q} = \{\frac{p}{q} \mid p \in \mathbb{Z} \wedge q \in \mathbb{N}^*\}$ *Menge der rationalen Zahlen*
- $\mathbb{R} = $ Menge aller endlichen und unendlichen Dezimalbrüche *Menge der reellen Zahlen*
- $\mathbb{C} = \{a + b\,\mathrm{i} \mid a, b \in \mathbb{R}\}$ mit $\mathrm{i}^2 = -1$, $\mathrm{i} \notin \mathbb{R}$ *Menge der komplexen Zahlen*

(2.22) Anmerkungen

(a) Diese Gleichungen sind bewusst nicht mittels „$:=$" als Definitionen geschrieben. Zwar mag das bei $\mathbb{N}$, $\mathbb{Z}$ und $\mathbb{R}$ einsichtig sein, aber warum nicht bei $\mathbb{Q}$ und $\mathbb{C}$?

(b) Die Darstellung $\mathbb{N} = \{0, 1, 2, 3, \ldots\}$ statt $\mathbb{N} = \{1, 2, 3, \ldots\}$ mag verwundern. Ihr liegt jedoch die mengentheoretisch begründete Auffassung von den natürlichen Zahlen als „Anzahlen" („Kardinalzahlen") zugrunde, also solchen Zahlen, die die Mächtigkeit endlicher Mengen darstellen. In diesem Sinn ist $\mathbb{N}$ auch schon seit den 1970er Jahren in einer DIN-Norm festgelegt, und auch im Mathematikunterricht wird $\mathbb{N}$ so verstanden. In der Wissenschaft Mathematik findet man jedoch weiterhin beide Auffassungen, so dass man sich stets informieren muss, was gemeint ist. [DEISER 2010, 27] verwendet in seinem grundlagentheoretischen Werk $\mathbb{N} = \{0, 1, 2, 3, \ldots\}$.

2.3.7.3   Extensionalitätsprinzip und Mengeninklusion

(2.23) Definition A und B seien Mengen.

$A = B :\Leftrightarrow \bigwedge\limits_{x} \left(x \in A \leftrightarrow x \in B \right)$ **Mengengleichheit**   „*Extensionalitätsprinzip*"

$A \neq B :\Leftrightarrow \neg A = B$ **Mengenungleichheit**

$A \subseteq B :\Leftrightarrow \bigwedge\limits_{x} \left(x \in A \rightarrow x \in B \right)$ **Mengeninklusion**   „*ist Teilmenge von*"

$A \subset B :\Leftrightarrow A \subseteq B \wedge A \neq B$ **echte Mengeninklusion** „*ist echte Teilmenge von*"

(2.24) Anmerkungen

(a) Beim **Extensionalitätsprinzip** (das in der axiomatischen Mengenlehre zum „Extensionaltätsaxiom" wird) möge man sich klarmachen, dass die Gleichheit von Mengen tatsächlich einer formalen Klärung bedarf und sich nicht von selber ergibt! So folgt erst aufgrund des Extensionalitätsprinzips z. B. $\{1, 1\} = \{1\}$. Generell bedeutet dies, dass in der aufzählenden Darstellung einer Menge jedes Element nur einmal aufgeführt werden muss bzw. Wiederholungen bedeutungslos sind. Weiterhin ist wegen des Extensionalitätsprinzips z. B. $\{1, 2\} = \{2, 1\}$. Generell bedeutet dies, dass es in der aufzählenden Darstellung einer Menge nicht auf die Reihenfolge der Elemente ankommt!

(b) Nach [DEISER 2010, 33] hat ERNST SCHRÖDER 1890 das Zeichen ϵ in seiner „Algebra der Logik" eingeführt, das „*später für die Teilmengenrelation verwendet und zu* $\subseteq$ *stilisiert*" wurde. Man beachte ferner, dass in der Mathematik leider oft $\subset$ bzw. $\not\subset$ statt $\subseteq$ bzw. $\subset$ üblich ist, was insbesondere deshalb misslich ist, weil $A \not\subset B$ als $\neg A \subset B$ interpretierbar ist, was keinesfalls gleichbedeutend mit „ A *ist echte Teilmenge von* B" ist. Sinnvoller wäre es, letzteren Sachverhalt dann durch $A \underset{\neq}{\subseteq} B$ zu beschreiben.

(c) Evident ist die Aussage: $\bigwedge\limits_{x,A} \left(x \in A \leftrightarrow \{x\} \subseteq A \right)$

Gleichwertig dazu ist $x \in A \Leftrightarrow \{x\} \subseteq A$. Zum Beweis wäre es hilfreich, auf $x \in \{x\}$ (für alle x) zurückgreifen zu können. Doch diese Aussage ist nicht aus den bisherigen Definitionen und Sätzen ableitbar, wohl aber aus der Vereinbarung (2.19) über die aufzählende Darstellung von Mengen, die jedoch keine strenge Definition ist. Wir belassen es daher vorläufig (!) bei dem *naiven Standpunkt*, auch $x \in \{x\}$ als *evident* anzusehen.

(d) Üblich ist die Abkürzung $A \subseteq B \subseteq C :\Leftrightarrow A \subseteq B \wedge B \subseteq C$ (entsprechend für $\subset$). In diesem Sinn gilt dann z. B.: $\mathbb{N}^{*} \subset \mathbb{N} \subset \mathbb{Z} \subset \mathbb{Q} \subset \mathbb{R} \subset \mathbb{C}$.

2.3.7.4   Aussonderungsprinzip und leere Menge

Das **Aussonderungsaxiom** der axiomatischen Mengenlehre verlangt, dass man aus *jeder* Menge M stets eine Teilmenge durch Vorgabe einer Aussageform $P(x)$ *aussondern* kann. Da wir in diesem Rahmen *keine axiomatische Mengenlehre* betreiben (können), nennen wir es nur **Aussonderungsprinzip**, das also aus *zwei Forderungen besteht*:

   (1) $\{x \in M \mid P(x)\}$ ist eine Menge   (2) $\{x \in M \mid P(x)\} \subseteq M$

So gilt z. B. $A := \{x \in \mathbb{N} \mid x < 0\} \subseteq \mathbb{N}$ und $B := \{x \in \{-1\} \mid x \neq x\} \subseteq \{-1\}$. Offensichtlich enthalten weder A noch B irgendwelche Elemente. Weil sie aber aufgrund des Aussonderungsprinzips ebenfalls Mengen sein sollen, sind A und B jeweils **leere Mengen**. Allerdings sind diese beiden leeren Mengen Teilmengen von recht unterschiedlichen (nämlich „disjunkten", wie wir später sagen) Mengen – und also wohl verschieden!? Jedoch wird sich zeigen, dass *diese beiden leeren Mengen übereinstimmen* und also identisch sind.

(2.25) Definition

Es sei A eine beliebige Menge. Dann gilt: $\qquad A$ ist **leer** $:\Leftrightarrow \bigwedge\limits_{x} x \notin A$

(2.26) Anmerkungen

(a) Dass hier in einer Definition „gilt" steht, wird von der Auffassung getragen, dass eine „Definition" und ein „Satz" (sofern jeweils als Äquivalenz formuliert) sich im Prinzip nur dadurch formal unterscheiden, dass die „Gültigkeit" der in einem Satz vorliegenden Aussage *bewiesen* werden muss, jedoch die „Gültigkeit" der Aussage in einer Definition *akzeptiert* wird. Das ist *dann* der wesentliche *formale* Unterschied, der auch durch die Wahl formallogischer Symbole (= oder :=, ⇔ oder :⇔, ↔ oder :↔) deutlich wird. Deshalb wird hier *in Definitionen meist „ist" statt „heißt"* geschrieben. Anders ist es bei Namensgebungen als „Vereinbarungen", die formal keine „Definitionen" sind.

(b) Definition (2.25) beginnt mit „*Es sei A eine beliebige Menge.*", und oft schreibt und sagt man stattdessen nur „*Es sei A eine Menge.*", meint damit aber genau dasselbe. Nun ähnelt diese Formulierung sehr der bei einem Existenzquantor, also „Es gibt eine Menge A …". Doch tatsächlich liegt hier ein *versteckter Allquantor* vor, d. h.: In Definitionen ist „*Es sei A eine Menge …*" gleichbedeutend mit: „*Für jede Menge A gilt: …*".

(2.27) Satz   Es gibt nur eine leere Menge.

Beweis:

Es seien A und B leere Mengen, und x sei ein beliebiges Objekt. Dann gilt wegen Definition (2.25) $x \in A \Leftrightarrow \mathrm{F} \wedge x \in B \Leftrightarrow \mathrm{F}$, also $x \in A \Leftrightarrow x \in B$, was gleichbedeutend ist mit $\bigwedge\limits_{x} \left(x \in A \leftrightarrow x \in B \right)$. Mit dem Extensionalitätsprinzip in Def. (2.23) bedeutet dies $A = B$. ◆

(2.28) Bezeichnung

Die eindeutig existierende leere Menge wird mit $\varnothing$ bezeichnet.

[DEDEKIND 1888, 2] hatte übrigens noch eine recht reservierte Haltung zur „leeren Menge":

> Dagegen wollen wir das leere System, welches gar kein Element enthält, aus gewissen Gründen hier ganz ausschließen, obwohl es für andere Untersuchungen bequem sein kann, ein solches zu erdichten.

(2.29) Anmerkung

Das Symbol $\varnothing$ wurde gemäß [DEISER 2004, 31] von ANDRÉ **WEIL** (1906–1998) aus den skandinavischen Sprachen adaptiert. Es assoziiert die „Elementeanzahl 0". Die ebenfalls sinnfällige Bezeichnung {} wurde bzw. wird manchmal im Mathematikunterricht genutzt.

2.3.8   Mengenalgebra

2.3.8.1   Verknüpfungen von Mengen und Venn-Diagramme

Wir können nun mengenalgebraische Operationen und Bezeichnungen inhaltlich definieren:

(2.30) Definition:

A, B und X seien Mengen, und $\mathcal{A}$ sei eine Menge von Mengen.[182] Dann gilt:

(a) $A \cup B := \{x \mid x \in A \lor x \in B\}$, $\bigcup \mathcal{A} := \{x \mid \bigvee\limits_{M \in \mathcal{A}} x \in M\}$ „Vereinigung"

(b) $A \cap B := \{x \mid x \in A \land x \in B\}$, $\bigcap \mathcal{A} := \{x \mid \bigwedge\limits_{M \in \mathcal{A}} x \in M\}$ „Durchschnitt"

(c) $A \setminus B := \{x \mid x \in A \land x \notin B\}$ „Differenz"

(d) Falls $A \subseteq X$ (X ist eine „Universalmenge"): $\complement_X A := X \setminus A$ „relatives Komplement"

(e) $A \, \Delta \, B := (A \setminus B) \cup (B \setminus A)$ „symmetrische Differenz"

(f) A und B sind **disjunkt** $:\Leftrightarrow A \cap B = \varnothing$

(g) $\mathcal{A}$ ist **paarweise disjunkt** $:\Leftrightarrow \bigwedge\limits_{M,N \in \mathcal{A}} \left(M \neq N \rightarrow M \cap N = \varnothing \right)$

(2.31) Anmerkungen

(a) Die Symbole $\cup$ und $\cap$ findet man erstmals 1988 bei GIUSEPPE PEANO, und dann hat BARTEL VAN DER WAERDEN[183] in seinem zweibändigen Werk „Moderne Algebra" von 1930 die Symbole $\in$, $\subseteq$, $\cap$, $\cup$ populär gemacht, worauf [DEISER 2010, 35] hinweist.

(b) Anstelle von $A \setminus B$ (gelesen: „A ohne B") schreibt man z. T. auch $A - B$ und liest das dann auch „A minus B".

(c) Wenn keine Missverständnisse zu befürchten sind, so schreibt man für das Komplement einer Menge statt $\complement_X A$ nur $\complement A$, oft auch nur $A\,'$ oder $\bar{A}$ oder $-A$.

(d) Es sei I eine beliebige sog. „Indexmenge" mit $\mathcal{A} = \{A_\iota \mid \iota \in I\}$.[184]

Dann ist $\bigcup \mathcal{A} = \{x \mid \bigvee\limits_{\iota \in I} x \in A_\iota\} =: \bigcup\limits_{\iota \in I} A_\iota$ und $\bigcap \mathcal{A} = \{x \mid \bigvee\limits_{\iota \in I} x \in A_\iota\} =: \bigcap\limits_{\iota \in I} A_\iota$.

(e) Es gilt: $\{A_\iota \mid \iota \in I\}$ ist **paarweise disjunkt** $\Leftrightarrow \bigwedge\limits_{\iota, \eta \in I} \left(\iota \neq \eta \rightarrow A_\iota \cap A_\eta = \varnothing \right)$

---

[182] $\mathcal{A}$ ist das große „A" in der Schriftart (Font) „Sütterlin".

[183] Gesprochen „Waarden" (niederdeutsches Dehnungs-E) und nicht etwa „Wärden".

[184] ι ist der kleine griechische Buchstabe „jota". I kann endlich, abzählbar oder sogar überabzählbar sein.

Viele grundlegende Beziehungen und Verknüpfungen zwischen Mengen lassen sich durch **Venn-Diagramme** (auch: „Mengendiagramme") veranschaulichen (Bild 2.9), benannt nach JOHN **VENN** (1834–1923). VENN war 1859 zunächst Priester und dann seit 1862 Professor für Moralphilosophie in Cambridge, wo er über Logik und Wahrscheinlichkeitstheorie forschte.

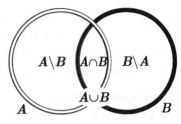

Bild 2.9: allgemeines Venn-Diagramm

Solche Diagramme hatte aber bereits LEIBNIZ zur Darstellung der syllogistischen Schlüsse benutzt.[185]

(2.32) Beispiele

(a) Mit $A := \{1, 3, 7\}$, $B := \{3, 4, 5\}$ und der Universalmenge $X := \{1, 2, 3, 4, 5, 6, 7\}$ gilt:
$A \cup B = \{1, 3, 4, 5, 7\}$, $A \cap B = \{3\}$, $A \setminus B = \{1, 7\}$,
$B \setminus A = \{4, 5\}$, $A \Delta B = \{1, 4, 5, 7\}$, $A' = \{2, 4, 5, 6\}$,
$B' = \{1, 2, 6, 7\}$ und $A \setminus B \cap B \setminus A = \varnothing$.

Das Venn-Diagramm in Bild 2.10 visualisiert alles.

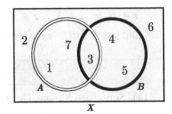

Bild 2.10: konkretes Venn-Diagramm

(b) Mit $A_n := {]}-\frac{1}{n}, \frac{1}{n}[$ ($n \in \mathbb{N}^*$) und $\mathcal{O} := \{A_n \mid n \in \mathbb{N}^*\}$ ist $\mathcal{O}$ eine Intervallschachtelung,[186] dabei ist $\bigcap \mathcal{O} = \bigcap_{n \in \mathbb{N}^*} A_n = \{0\}$ (der sog. „Kern" der Intervallschachtelung),

und wegen $A_1 \supset A_2 \supset \dots$ ist $\bigcup \mathcal{O} = A_1 = {]}-1; 1[$.

(c) Der folgende Satz zeigt einige für das „Rechnen mit Mengen" nützliche Eigenschaften:

(2.33) Satz)

A, B, C seien Mengen, und X sei eine Universalmenge (also $A, B, C \subseteq X$). Dann gilt:

$A \overset{\cap}{\underset{\cup}{}} A = A$ ☞ Idempotenz $\qquad$ $A \overset{\cap}{\underset{\cup}{}} B = B \overset{\cap}{\underset{\cup}{}} A$ ☞ Kommutativität

$(A \overset{\cap}{\underset{\cup}{}} B) \overset{\cap}{\underset{\cup}{}} C = A \overset{\cap}{\underset{\cup}{}} (B \overset{\cap}{\underset{\cup}{}} C)$ ☞ Assoziativität $\qquad$ $(A \overset{\cap}{\underset{\cup}{}} B) \overset{\cup}{\underset{\cap}{}} C = (A \overset{\cup}{\underset{\cap}{}} C) \overset{\cap}{\underset{\cup}{}} (B \overset{\cup}{\underset{\cap}{}} C)$ ☞ Distributivität

$A = B \Leftrightarrow A \subseteq B \land B \subseteq A$ ☞ Identitivität $\qquad$ $A \subseteq B \land B \subseteq C \Rightarrow A \subseteq C$ ☞ Transitivität

$(A \overset{\cap}{\underset{\cup}{}} B) \overset{\cup}{\underset{\cap}{}} B = B$ ☞ Absorptionsgesetze $\qquad$ $(A \overset{\cap}{\underset{\cup}{}} B)' = A' \overset{\cup}{\underset{\cap}{}} B')$ ☞ de Morgansche Gesetze

$(A')' = A$ ☞ Komplement vom Komplement $\qquad$ $A \overset{\cap}{\underset{\cup}{}} A' = \overset{\varnothing}{\underset{X}{}}$ ☞ tertium non datur

$A \subseteq B \Leftrightarrow B' \subseteq A'$ $\qquad\qquad$ $A \cap \overset{X}{\underset{\varnothing}{}} = \overset{A}{\underset{\varnothing}{}} \qquad A \cup \overset{X}{\underset{\varnothing}{}} = \overset{X}{\underset{A}{}}$

---

[185] Mit Dank an ULRICH FELGNER für diesen Hinweis.
[186] Es ist $]a, b[:= \{x \in \mathbb{R} \mid a < x < b\}$, ein „offenes Intervall" (Voraussetzung (8.105) auf S. 404).

Dieser Satz erinnert von der Struktur her an die Tautologien in Satz (2.15), S. 84 (bis auf die beiden Aussagen dort in der letzten Zeile, die hier fehlen) – und das ist kein Zufall, denn mit diesen Tautologien bzw. mit Definition (2.30) lässt sich Satz (2.33) beweisen. Es ist eine nützliche Übung, diesen Beweis zu führen, was hier für zwei Beispiele dargestellt sei:

Auszugsweiser Beweis:

- $(A \cup B) \cap B = \{x \mid (x \in A \cup B) \wedge x \in B\} = \{x \mid (x \in A \vee x \in B) \wedge x \in B\} = \{x \mid x \in B\} = B$

- $A \subseteq B \Leftrightarrow \bigwedge_x (x \in A \to x \in B)$. Mit $p \to q \Leftrightarrow \neg q \to \neg p$ *(Beweis durch Kontraposition)*

  ergibt sich weiter: $\dots \Leftrightarrow \bigwedge_x (x \notin B \to x \notin A)$. Wegen Def. (2.30.c) und (2.30.d) gilt:

  $x \notin B \Leftrightarrow x \in X \wedge x \notin B \Leftrightarrow x \in X \backslash B \Leftrightarrow x \in B'$, analog ist $x \notin A \Leftrightarrow x \in A'$,

  und somit ist: $\dots \Leftrightarrow \bigwedge_x (x \in B' \to x \in A') \Leftrightarrow B' \subseteq A'$.   ◆

Aufgabe 2.5

(a) Schreiben Sie das Definiens in Definition (2.25) sowohl mit Hilfe des Existenzquantors als auch mit Hilfe des Nullquantors aus Aufgabe 2.4.c.

(b) Beweisen Sie unter Bezug auf die Definition der Mengengleichheit: $\varnothing = \{x \mid x \neq x\}$

(c) Beweisen Sie (durch Anwendung von Wahrheitstafeln oder durch Rückgriff auf bereits bewiesene Aussagen), dass für alle Mengen A, B, C gilt:

1) $A \subseteq A$, 2) $\varnothing \subseteq A$, 3) $A \subseteq \varnothing \Leftrightarrow A = \varnothing$, 4) $A \subseteq B \wedge B \subseteq C \Rightarrow A \subseteq C$,

5) $A = B \Leftrightarrow A \subseteq B \wedge B \subseteq A$ (andere Formulierung des *Extensionalitätsprinzips*)

(d) Es sei X eine Universalmenge und $A, B, C \subseteq X$. Ferner sei mit A' wieder das Komplement von A bezüglich X bezeichnet (usw.).

1) Beweisen Sie: $\varnothing' = X$, $X' = \varnothing$, $A \setminus B = A \cap B'$.

2) Vereinfachen Sie dann folgende mengenalgebraische Terme weitestgehend (entweder formal oder durch Rückgriff auf Venn-Diagramme):
$(A \cap B')' \cup B$, $(A \cap B \cap C) \cup (A' \cap B \cap C) \cup B' \cup C'$, $((A' \cap B) \cup (B' \cup C'))'$.

3) Beweisen Sie drei der folgenden Aussagen unter Rückgriff auf die Definitionen, und veranschaulichen Sie die Gültigkeit der drei übrig bleibenden Aussagen mit Hilfe von Venn-Diagrammen:

$(A \setminus B) \setminus C = (A \setminus C) \setminus B$, $(A \cup B) \setminus C = (A \setminus C) \cup (B \setminus C)$,

$A \setminus (B \cup C) = (A \setminus B) \cap (A \setminus C)$, $A \setminus (B \setminus C) = (A \setminus B) \cup (A \cap C)$,

$A \triangle B = (A \cup B) \setminus (A \cap B)$, $A \cap B = (A \cup B) \setminus (A \triangle B)$.

4) Die folgenden jeweils links stehenden mengenalgebraischen Terme wurden durch „Ausmultiplizieren" umgeformt. Untersuchen Sie mit Hilfe von Venn-Diagrammen, ob eine der dabei entstandenen Aussagen wahr ist! Geben Sie darüber hinaus im Falle der möglichen Gültigkeit einer dieser Aussagen einen formalen Beweis an:

$A \cup (B \triangle C) = (A \cup B) \triangle (A \cup C)$, $A \cap (B \triangle C) = (A \cap B) \triangle (A \cap C)$.

2.3.8.2 Potenzmengen

Es sei die Menge A aller Teilmengen einer beliebigen gegebenen Menge gesucht, z. B.:

- Gegeben sei $M := \{1, 2\}$, A besteht aus 4 Teilmengen: $\emptyset, \{1\}, \{2\}, M$.

- Die Menge aller Teilmengen von $\emptyset$ ist $\{\emptyset\}$, die Menge aller Teilmengen davon ist $\{\emptyset, \{\emptyset\}\}$, die Menge aller Teilmengen davon ist $\{\emptyset, \{\emptyset\}, \{\{\emptyset\}\}, \{\emptyset, \{\emptyset\}\}\}$.

Wir erkennen am letzten Beispiel: Die Menge aller Teilmengen der leeren Menge enthält ein Element, die Menge aller Teilmengen dieser Menge enthält zwei Elemente, die Menge aller Teilmengen dieser Menge enthält vier Elemente, ...

So entsteht die Vermutung, dass die Menge aller Teilmengen einer „n-elementigen Menge" genau 2^n Elemente enthält. Das legt folgende Definition von „Potenzmenge" nahe:

> **(2.34) Definition**
> Für eine beliebige Menge M ist $\mathcal{P}(M) := \{T \mid T \subseteq M\}$, genannt **Potenzmenge** von M.[187]

Die Potenzmenge von M ist also die *Menge aller Teilmengen* von M. Doch müssen wir uns fragen: Existiert stets eine solche Menge? Bei endlichen Mengen M werden wir wohl an der Existenz ihrer Potenzmenge nicht zweifeln, weil wir – wenn wir hinreichend fleißig sind und systematisch vorgehen – alle Teilmengen notieren können (ggf. lässt sich diese Arbeit einem Computer anvertrauen).

Jedoch hat sich gezeigt, dass es nicht möglich ist, für jede gegebene Menge M die Existenz ihrer Potenzmenge zu *beweisen*, falls diese Menge unendlich viele Elemente besitzt. Man löst das in der axiomatischen Mengenlehre, indem man die *Existenz der Potenzmenge einer beliebigen Menge* durch ein *Potenzmengenaxiom „sichert"*, das wir hier aber nur in „elementarer Sicht" **Potenzmengenprinzip** nennen und das also lautet:[188]

- **Jede Menge besitzt eine Potenzmenge**.

Bevor wir nun die obige Vermutung über die Elementeanzahl der Potenzmenge beweisen, treffen wir noch eine terminologische

> **(2.35) Vereinbarung**
> Die Anzahl der Elemente einer endlichen Menge M heißt **Mächtigkeit** von M und wird mit $|M|$ oder $\#M$ oder $\operatorname{card} M$ bezeichnet.

> **(2.36) Anmerkungen**
> (a) Es mag verwundern, dass hier nicht „Definition" steht. Der Grund dafür: Wir benutzen „endlich" noch naiv, ohne das definiert zu haben. Das können wir aber später unter Verwendung des Begriffs einer *injektiven Funktion* nachholen. Und so verwenden wir die Bezeichnung „endliche Menge" vorläufig nicht streng, sondern nur anschaulich.

---

[187] $\mathcal{P}$ ist das große „P" in Sütterlin.

[188] Es wird verwundern, dass man sich hier mit einem unbewiesenen „Prinzip" begnügt. In der „Axiomatischen Mengenlehre" kann man dieses ebenso nicht beweisen, wohl aber die Verträglichkeit mit den anderen Axiomen – mit dem Ziel, damit eine in sich widerspruchsfreie Argumentationsgrundlage zu erhalten.

(b) Ein weiterer Grund dafür, hier nicht von einer „Definition" zu sprechen, besteht darin, dass die „Mächtigkeit einer Menge" erst jenseits der „endlichen Mengen" bedeutsam wird, während es bei endlichen Mengen völlig genügen könnte, von ihrer „Elemente-anzahl" zu sprechen. So werden wir in Abschnitt 6.6 definieren (können), dass zwei Mengen A und B genau dann „gleichmächtig" sind, wenn zwischen ihnen eine Bijek-tion existiert. In der (axiomatischen) Mengenlehre sagt man dann, A habe „dieselbe Mächtigkeit" wie B, wobei zunächst noch offen ist, was denn die „Mächtigkeit" *an sich* ist. Wir können die damit verbundene Problematik auch wie folgt beschreiben:

(c) Die Bezeichnung „Mächtigkeit" ist im hier vorliegenden Falle endlicher Mengen völlig überzogen, wir können einfach „Elementeanzahl" sagen. „Mächtigkeit" greift als neue sehr mächtige (sic!) Bezeichnung erst bei unendlichen Mengen in Verallgemeinerung des (zunächst endlichen) Anzahlbegriffs. Beispielsweise erweisen sich dann die Zah-lenmengen $\mathbb{N}$, $\mathbb{Z}$ und $\mathbb{Q}$ als „gleichmächtig", was man durch $|\mathbb{N}| = |\mathbb{Z}| = |\mathbb{Q}|$ be-schreibt, während $\mathbb{R}$ dann (erstaunlicherweise?) „sehr viel mächtiger" ist.

(d) $\mathrm{card}\ M$ steht für *„Kardinalität von M"*. Damit ist der *Kardinalzahlaspekt* der natürli-chen Zahlen gemeint, also ihre *Anzahl*-Eigenschaft. Das begründet übrigens auch die Vereinbarung, 0 als kleinste natürliche Zahl anzusehen. Neben dem Kardinalzahlaspekt gibt es noch den *Ordinalzahlaspekt*, der (oberflächlich beschrieben) die *Zählzahl*-Eigenschaft der natürlichen Zahlen für Zwecke der „Nummerierung" hervorhebt (*erster, zweiter, ...*), was dazu führt, 1 als kleinste natürliche Zahl anzusehen. All dies wird in der axiomatischen Mengenlehre subtil untersucht.[189]

In diesem Sinn formulieren und beweisen wir dann:

(2.37) Satz
Für alle endlichen Mengen M gilt: $|\mathfrak{P}(M)| = 2^{|M|}$

Beweis:[190]
Es sei $|M| =: n \in \mathbb{N}$. Wir führen den Beweis durch vollständige Induktion über n.[191]
    Zunächst gilt für $n = 0$: $|\mathfrak{P}(M)| = |\mathfrak{P}(\varnothing)| = |\varnothing| = 1 = 2^0 = 2^{|M|}$.

Es sei nun für alle Mengen mit n Elementen die Behauptung wahr, $\bar{M}$ sei eine beliebige Menge mit $n + 1$ Elementen, und es sei $m \in \bar{M}$. Dann gilt nach der Induktionsvoraussetzung $|\mathfrak{P}(\bar{M}\setminus\{m\})| = 2^n$. $\mathfrak{P}(\bar{M})$ besteht einerseits aus allen Teilmengen von $\bar{M}\setminus\{m\}$, und es kommen noch diejenigen hinzu, die aus ihnen durch Hinzufügen von m entstehen, und das sind noch mal genauso viele, also folgt:

$$|\mathfrak{P}(\bar{M})| = 2 \cdot |\mathfrak{P}(\bar{M}\setminus\{m\})| = 2 \cdot 2^n = 2^{n+1} \qquad\qquad \blacklozenge$$

---

[189] Vgl. insbesondere [DEISER 2010].

[190] Dies ist die übliche *Beweisidee*, auf die interessanterweise auch einer meiner früheren Schüler einer 8. Klasse im Unterrichtsgespräch gekommen ist. Natürlich war hier weder das Beweisverfahren der vollständigen Induktion noch der Name dieses Verfahrens bekannt.

[191] Auf das Verfahren der *vollständigen Induktion* gehen wir in Abschnitt 6.4.1 ausführlich ein.

2.3.8.3 Mengenalgebra als Struktur

Satz (2.33) zeigt, dass man mit Mengen „rechnen" kann – ganz ähnlich wie mit Zahlen. Das führt uns zu einer ersten formal begründeten **Struktur**, nämlich einer sog. „Mengenalgebra":

(2.38) Definition

Es sei X eine Menge und $\mathcal{O} \subseteq \mathcal{P}(X)$.

$$(X, \mathcal{O}) \text{ ist eine } \textbf{Mengenalgebra} \quad :\Leftrightarrow \quad \begin{cases} (\text{MA}1) & X \in \mathcal{O} & \text{„A ist nicht leer"} \\[2mm] (\text{MA}2) & \bigwedge_{A,B \in \mathcal{O}} A \cup B \in \mathcal{O} & \text{„Summe"} \\[2mm] (\text{MA}3) & \bigwedge_{A,B \in \mathcal{O}} A \setminus B \in \mathcal{O} & \text{„Differenz"} \end{cases}$$

(2.39) Anmerkungen

(a) Statt „$(X, \mathcal{O})$ ist eine Mengenalgebra" sagen wir auch „$\mathcal{O}$ ist **Mengenalgebra über** X".

(b) Die drei „Axiome" (MA1), (MA2) und (MA3) sind durch „UND" verknüpft. (MA1) ist die übliche Forderung bei der Definition von Strukturen, nämlich dass die „Trägermenge" (hier A) nicht leer ist. (MA2) und (MA3) kennzeichnen die **Abgeschlossenheit** der Trägermenge hinsichtlich der beiden betrachteten Verknüpfungen. Eine Menge A von Teilmengen einer gegebenen Menge X ist also genau dann eine Mengenalgebra über X, wenn sie 1. nicht leer ist und wenn sie 2. „abgeschlossen" gegenüber der „Addition" und der „Subtraktion" ihrer „Elemente" (den betreffenden Teilmengen von X) ist, d. h., wenn „Summe" und „Differenz" von je zwei Mengen aus A wieder in $\mathcal{O}$ liegen.

(c) Es mag verwundern, dass die anderen in Definition (2.29) eingeführten Mengenverknüpfungen hier nicht auftreten. Tatsächlich zeigt sich aber, dass für sie aus den hier angegebenen Axiomen ganz entsprechende Eigenschaften folgen. Und zugleich zeigt sich hierbei etwas für die **axiomatische Methode** sehr Typisches, nämlich mit möglichst wenigen Axiomen auskommen zu wollen, worauf wir in Abschnitt 5.3.1 eingehen.

(2.40) Beispiel

- $\mathcal{P}(X)$ und $\{\varnothing, X\}$ sind für jede Menge X stets **triviale Mengenalgebren** über X.

Der folgende Satz zeigt, dass in einer Mengenalgebra alle Verknüpfungen uneingeschränkt „ausgeführt" werden können, dass man hier also ohne jede Einschränkung „rechnen" kann.

(2.41) Satz

Es sei $(X, \mathcal{O})$ eine Mengenalgebra. Dann gilt:

(MA4) $\quad \varnothing \in \mathcal{O}$	(MA5) $\quad \bigwedge_{A \in \mathcal{O}} A' \in \mathcal{O}$
(MA6) $\quad \bigwedge_{A,B \in \mathcal{O}} A \bigtriangleup B \in \mathcal{O}$	(MA7) $\quad \bigwedge_{A,B \in \mathcal{O}} A \cap B \in \mathcal{O}$

Beweis:

(MA4): (MA1) $\Rightarrow X \in \mathcal{A} \underset{(MA3)}{\Rightarrow} X \setminus X \in \mathcal{A}$. Wegen Def. (2.29.d) ist $X \setminus X = X'$,

und nach Satz (2.33) ist $X' = \varnothing$, per saldo also: $\varnothing = X' = X \setminus X \in \mathcal{A}$

(MA5): $A \in \mathcal{A} \underset{(MA1),(MA3)}{\Rightarrow} X \setminus A \in \mathcal{A} \underset{Def.(2.30.d)}{\Leftrightarrow} A' \in \mathcal{A}$

(MA6): $A, B \in \mathcal{A} \underset{(MA3)}{\Rightarrow} A \setminus B \in \mathcal{A} \wedge B \setminus A \in \mathcal{A} \underset{\substack{(MA2),\\ Def.\,(2.30.e)}}{\Rightarrow} A \Delta B \in \mathcal{A}$

(MA7): $A \cap B \underset{Satz\,(2.33)}{=} A \cap (B')' \underset{Satz\,(2.33)}{=} A \setminus B'$

   $A, B \in \mathcal{A} \underset{(MA5)}{\Rightarrow} A \in \mathcal{A} \wedge B' \in \mathcal{A} \underset{(MA3)}{\Rightarrow} A \setminus B' = A \cap B \in \mathcal{A}$ ◆

(2.42) Anmerkung

Eine *Mengenalgebra* besteht also aus einer nichtleeren Menge von Teilmengen einer gegebenen Universalmenge X (einer nichtleeren Teilmenge der Potenzmenge $\mathcal{P}(X)$) und dieser Universalmenge.

Diese **Trägermenge** $\mathcal{A}$ der Mengenalgebra enthält die gegebene Universalmenge X als Element, und die Mengenoperationen *Komplement, Durchschnitt, Vereinigung, Differenz* und *symmetrische Differenz* sind in $\mathcal{A}$ uneingeschränkt durchführbar.

Man könnte diese Mengenalgebra daher mit Hilfe des 7-Tupels $(X, \mathcal{A}, \complement_X, \cup, \cap, \setminus, \Delta)$ axiomatisch vollständig beschreiben. Da diese Verknüpfungen aber „unverhandelbar" sind, weil sie ohnehin dazugehören, kann man auf deren Angabe verzichten und nennt also nur das Paar $(X, \mathcal{A})$.

Die Universalmenge X gehört somit als die Bezugsmenge zwingend dazu!

(2.43) Beispiele

Gesucht seien alle Mengenalgebren $\mathcal{A}$ über einer beliebigen Menge X. Wegen Beispiel (2.40) gehören $\mathcal{P}(X)$ und $\{\varnothing, X\}$ dann stets dazu!

(1) Es sei $X = \varnothing$. Dann ist $\mathcal{P}(X) = \{\varnothing\} = \{\varnothing, X\}$. Weitere Mengenalgebren gibt es hier nicht. Also ist nur $\mathcal{A} = \{\varnothing\}$ möglich.

(2) Es sei $X = \{1\}$, also $\mathcal{P}(X) = \{\varnothing, \{1\}\} = \{\varnothing, X\}$, und mit Beispiel (2.40) ist das eine triviale Mengenalgebra, und das ist wieder die einzige Mengenalgebra.

(3) Es sei $X = \{1, 2\}$, also $\mathcal{P}(X) = \{\varnothing, \{1\}, \{2\}, X\}$. Gemäß Beispiel (2.40) existieren die beiden trivialen Mengenalgebren $(X, \mathcal{P}(X))$ und $(X, \{\varnothing, X\})$, und diese sind hier verschieden. Angenommen, es würde eine davon verschiedene dritte Mengenalgebra $(X, \mathcal{A})$ existieren, dann müsste auch $\{1\} \in \mathcal{A}$ oder $\{2\} \in \mathcal{A}$ gelten (warum?). Falls der erste Fall eintritt, gilt $X \setminus \{1\} \in \mathcal{A}$ wegen (MA3), also $\{2\} \in \mathcal{A}$ und damit $\mathcal{A} = \mathcal{P}(X)$, und dasselbe folgt für den zweiten Fall. Es gibt hier also genau zwei Mengenalgebren über X.

Aufgabe 2.6

(a) Es sei X eine Menge und $\mathfrak{A} \subseteq \mathfrak{P}(X)$. Untersuchen Sie, ob $(X, \mathfrak{A})$ eine Mengen-algebra ist, wenn das Axiomensystem (MA2) $\wedge$ (MA3) $\wedge$ (MA7) erfüllt ist.

(b) Konstruieren Sie alle Mengenalgebren über $X := \{1, 2, 3\}$!

(c) Ein Mengensystem $\mathfrak{M}$[192] werde schrittweise wie folgt erzeugt – beginnend mit (i) und dann (ii) wiederholend unter Beachtung von (iii):

   (i) $\varnothing \in \mathfrak{M}$

   (ii) Ist $M \in \mathfrak{M}$, so auch $\{M\} \cup M$.

   (iii) $\mathfrak{M}$ ist **minimal** in dem Sinne, dass nur diejenigen Elemente enthalten sind, die konstruktiv durch (i) und (ii) erzwungen werden.

Bearbeiten Sie dann:

   1) Welches sind die ersten fünf Elemente von $\mathfrak{M}$?

   2) Formulieren Sie aufgrund dieser Konstruktionsergebnisse eine Vermutung über den Aufbau dieses Mengensystems, und begründen Sie diese.

   3) Kann $\mathfrak{M}$ eine Mengenalgebra sein?

2.3.9 Paarmengen und Produktmengen

Im letzten Abschnitt tauchte das „geordnete Paar" $(X, \mathfrak{A})$ auf, wobei aus gutem Grunde die Menge X an erster Stelle stand, ausgehend von der Vorstellung, dass zunächst diese Menge gegeben sein müsse, um darauf aufbauend $\mathfrak{A}$ als Teilmenge der Potenzmenge $\mathfrak{P}(X)$ bilden zu können. Und es tauchte in Anmerkung (2.42) ein „7-Tupel" auf.

Was sind das alles für Gebilde? Da scheint es keine Probleme zu geben, denn es ist doch völlig klar, was man unter einem *geordneten Paar* wie etwa (a, b) zu verstehen hat: Es besteht aus zwei Objekten, nämlich aus a und b. Jedoch im Gegensatz zur *Menge* $\{a, b\}$ besteht die-ses geordnete Paar auch im Falle $a = b$, also bei (a, a), aus genau zwei Objekten, während $\{a, a\} = \{a\}$ und damit also $|\{a, a\}| = 1$ gilt

Und es besteht ein weiterer wesentlicher Unterschied zur Menge $\{a, b\}$: Während wegen des Extensionalitätsprinzips[193] für beliebige a, b stets $\{a, b\} = \{b, a\}$ gilt, tritt $(a, b) = (b, a)$ dann und nur dann ein, wenn $a = b$ gilt – darum heißt es nämlich *„geordnetes Paar"*.

Also können wir zum nächsten Thema übergehen? Das hängt vom Standpunkt ab:

Falls wir einfach zum nächsten Thema übergehen, so würden wir einen *naiven Standpunkt* einnehmen, indem wir „lokal" eine gewisse ordnende Struktur schaffen, und das wäre mit einer solchen (üblichen und pragmatischen) Definition für „geordnetes Paar" gewiss erreichbar.

---

[192] $\mathfrak{M}$ ist das große „M" in „Sütterlin".

[193] Vgl. S. 94.

Falls wir uns jedoch von dem Wunsch und Bestreben leiten lassen, das „Fundament" der Mathematik logisch konsistent auf möglichst wenige „Grundsteine" zu beschränken, wie es zum Beispiel in den *„Principia Mathematica"* von RUSSELL und WHITEHEAD begonnen wurde[194] und wie es später auch im Programm der BOURBAKI-Gruppe[195] angestrebt und fortgeführt wurde, so wird man bemüht sein, Definitionen neuer Begriffe auf bereits vorhandene „Grundbegriffe" und Definitionen zurückzuführen.

Der mit „geordnetes Paar" bezeichnete Begriff würde dann in solch einem Konzept definitorisch auf *„Menge"* als einen *undefinierten Grundbegriff* (S. 92) aus der „axiomatischen Mengenlehre" (S. 94, 100) zurückgeführt werden (können!).

Bezüglich einer solchermaßen gesuchten Definition für „geordnetes Paar" gelang dies 1921 dem polnischen Mathematiker KAZIMIERZ **KURATOWSKI** (1896–1980) in genialer Weise durch die Festsetzung $(a, b) := \{\{a\}, \{a, b\}\}$, die wir gleich noch untersuchen werden. Doch zunächst und sogleich muss nun kritisch gefragt werden, ob denn diese im Definiens $\{\{a\}, \{a, b\}\}$ aufgeführte Menge stets existiert. Wodurch ist das gesichert?

So zeigte sich bei der Entwicklung der axiomatischen Mengenlehre, dass die *Existenz* einer solchen Menge *mitnichten beweisbar* ist, sondern separat durch ein eigenes Axiom *gefordert* werden muss, das „Paarmengenaxiom". Wir formulieren aber nur ein „Paarmengenprinzip", weil hier eine axiomatische Mengenlehre nicht durchführbar ist (vgl. hierzu Abschnitt 2.3.10):

(2.44) Paarmengenprinzip

$$\bigwedge_{x,y} \bigvee_{M} M = \{x, y\}$$

In Worten: Zu je zwei Objekten existiert eine Menge, die genau diese beiden Objekte als Elemente enthält, wobei diese „Paarmenge" M im Falle $x = y$ nur aus x besteht.

Damit existieren zu beliebigen Objekten x, y zunächst die Mengen $\{x, x\}$ $(= \{x\})$ und $\{x, y\}$, und also existiert im nächsten Schritt dann auch zu diesen beiden „Objekten" die daraus bestehende Menge $\{\{x\}, \{x, y\}\}$, und *damit* (!) ist endlich folgende Definition möglich:

(2.45) Definition („geordnetes Paar")

$$\bigwedge_{a,b} (a, b) := \{\{a\}, \{a, b\}\}$$

Falls Missverständnisse entstehen können, schreiben wir $(a; b)$ anstelle von (a, b). Nun bleibt noch zu prüfen, ob das Gewünschte, nämlich ein „geordnetes" Paar, erreicht wurde:

(2.46) Satz $(a, b) = (c, d) \Leftrightarrow a = c \wedge b = d$

Beweis:

Wir führen den Beweis getrennt in beiden Richtungen durch.

---

[194] Vgl. S. 88.
[195] Vgl. Fußnote 386, S. 197.

„$\Leftarrow$" $(a,b) = \{\{a\},\{a,b\}\} = \{\{c\},\{c,d\}\} = (c,d)$

„$\Rightarrow$" Es gilt: $(a,b) = (c,d) \underset{\text{Def. (2.45)}}{\Leftrightarrow} \{\{a\},\{a,b\}\} = \{\{c\},\{c,d\}\}$,

Wegen des Extensionalitätsprinzips[196] folgt zunächst $\{a\} = \{c\} \vee \{a\} = \{c,d\}$.

Es folgt eine Fallunterscheidung mit Verwendung des Extensionalitätsprinzips:

(1) $\{a\} = \{c\}$: Dann ist $\underline{a = c}$, also $\{\{a\},\{a,b\}\} = \{\{a\},\{a,d\}\}$, und damit $\{a,b\} = \{a\} \vee \{a,b\} = \{a,d\}$.

Falls $\{a,b\} = \{a\}$, dann ist $a = b$, also folgt

$\{\{a\},\{a,d\}\} = \{\{a\},\{a,b\}\} = \{\{a\},\{a,a\}\} = \{\{a\}\}$ und damit $d = a = b$.

Falls $\{a,b\} \neq \{a\}$ dann folgt $a \neq b$, es ist dann auch $a \neq d$, und es folgt $\underline{b = d}$.

(2) $\{a\} = \{c,d\}$: Dann ist $d = \underline{c = a}$. Die Voraussetzung $\{\{a\},\{a,b\}\} = \{\{c\},\{c,d\}\}$ reduziert sich dann auf $\{\{a\},\{a,b\}\} = \{\{a\},\{a,a\}\}$, also auf $\{\{a\},\{a,b\}\} = \{\{a\}\}$, woraus $\{a,b\} = \{a\}$ und schließlich $b = a$ und damit $\underline{b = d}$ wegen $a = d$ folgt. ◆

Das ermöglicht eine weitere bekannte Definition, zurückgehend auf ERNST ZERMELO (1908):

(2.47) Definition

Für alle Mengen A, B ist $A \times B := \{(a,b) \mid a \in A \wedge b \in B\}$,

genannt **kartesisches Produkt** oder **Produktmenge** von A und B.

Diese Definition scheint zwar wegen Definition (2.45) sinnvoll zu sein, aber gleichwohl müssen wir wie z. B. bei der Potenzmenge oder der Paarmenge fragen, wodurch die Existenz dieser „Produktmenge" gesichert ist. Erfreulicherweise ist dazu kein neues Axiom nötig, wie in Aufgabe 2.7.d gezeigt werden soll. Die Namensgebung „Produktmenge" ergibt sich aus dem nächsten Satz. Zunächst können wir diese Definition in bekannter Weise verallgemeinern:

(2.48) Verallgemeinerungen

(1) **Geordnetes n-Tupel**, rekursiv für $n \geq 3$: $(a_1, a_2, \ldots, a_{n-1}, a_n) := ((a_1, a_2, \ldots, a_{n-1}), a_n)$

Spezielle Bezeichungen: $n = 3$: **Tripel**, $n = 4$: **Quadrupel**.

(2) $A_1 \times \ldots \times A_{n-1} \times A_n := (A_1 \times \ldots \times A_{n-1}) \times A_n$, ferner $A^1 := A$, $A^{n+1} := A^n \times A$ (für $n \geq 1$).

(2.49) Satz

Für endliche Mengen $A_1, A_2, \ldots, A_n$ mit $n \geq 2$ gilt: $|A_1 \times \ldots \times A_n| = |A_1| \cdot \ldots \cdot |A_n|$.

Beweisskizze: (vollständige Induktion)

Induktionsanfang: Für $n = 2$ gilt anschaulich mit Blick auf die Anzahl der Elemente einer Rechteckmatrix $|A_1 \times A_2| = |A_1| \cdot |A_2|$ (Beweis durch vollständige Induktion in Aufgabe 2.7(f)). Es sei nun $|A_1 \times \ldots \times A_n| = |A_1| \cdot \ldots \cdot |A_n|$ für ein beliebiges n mit $n \geq 2$. Dann folgt:

$|A_1 \times \ldots \times A_{n+1}| = |(A_1 \times \ldots \times A_n) \times A_{n+1}| = |A_1 \times \ldots \times A_n| \times |A_{n+1}| = (|A_1| \cdot \ldots \cdot |A_n|) \cdot |A_{n+1}|$ ◆

---

[196] Vgl. S. 98.

Aufgabe 2.7
(a) Könnte man „geordnetes Paar" auch durch $(a,b) := \{a,\{a,b\}\}$ definieren? Haben Sie eine weitere Idee für eine Definition?
(b) Welche Bedingung müsste für ein geordnetes Tripel (a,b,c) in Analogie zu Satz (2.46) gelten? Könnte man in diesem Sinn „geordnetes Tripel" wie folgt analog zu Definition (2.45) durch $(a,b,c) := \{\{a\},\{a,b\},\{a,b,c\}\}$ definieren?
(c) Beweisen Sie: $\bigwedge_{x,A}\left(x \in A \leftrightarrow \{x\} \subseteq A\right)$ (Hinweis: Anmerkung (2.24.c) auf S. 94!)
(d) Beweisen Sie unter Verwendung des Aussonderungsprinzips, des Paarmengenprinzips und des Potenzmengenprinzips die Existenz der Produktmenge zweier Mengen.
(e) Beweisen Sie: $A_1 \times \ldots \times A_n = \left\{(a_1, \ldots, a_n) \mid a_1 \in A_1 \wedge \ldots \wedge a_n \in A_n\right\}$
(f) Beweisen Sie durch vollständige Induktion: Für endliche Mengen gilt $|A \times B| = |A| \times |B|$.

2.3.10 Erste Anmerkungen zur „axiomatischen Mengenlehre"

In der bisherigen Darstellung der mit „Mengen" verbundenen Probleme wurden mehrfach „Axiome" erwähnt und auch schon benutzt, wenn auch z. T. nur als „Prinzipe", so beispielsweise das **Extensionalitätsprinzip** (S. 94, 98, 103), das **Aussonderungsprinzip** (S. 94), das **Potenzmengenprinzip** (S. 99) und zuletzt das **Paarmengenprinzip** (S. 104).

Dabei ist unter einem **Axiom** (griech.: „ἀξιώμα", also „axioma") ein *„keines Beweises bedürfender Grundsatz"* zu verstehen.

An der vorliegenden, noch „naiven" Einführung in das Thema „Mengen" wurde bereits erkennbar, dass die Zusammenstellung eines *Axiomensystems* von folgendem vordergründigen Bestreben getragen wird (was in Abschnitt 5.3.2 vertieft wird):

- **Axiome als Grundlage für eine zu entwickelnde Theorie:** Es sind plausible Axiome als nicht bewiesene oder nicht beweisbare Grundsätze zu finden, die eine argumentative Basis für eine Theorie bilden können.

- **Widerspruchsfreiheit** (oder auch **Konsistenz** genannt): Die Axiome dürfen in ihrer Gesamtheit nicht zu logischen Widersprüchen führen.

Während diese beiden Aspekte für jedes Axiomensystem gelten, können situativ bedingt noch die beiden folgenden hinzukommen:

- **Unabhängigkeit:** Das Axiomensystem soll insofern „minimal" sein, dass keines der Axiome aus den anderen logisch ableitbar ist, also *in* dem Axiomensystem nicht beweisbar ist.

Das ist im Sinne von „Sparsamkeit" zwar erstrebenswert, muss und kann jedoch nicht stets von vornherein erfüllt sein. Vielmehr kann es sich erst bei einer vertiefenden Betrachtung zeigen, dass auf das eine oder andere Axiom verzichtet werden kann, weil es aus den anderen ableitbar ist.

Und für ganz wenige Situationen kann noch folgende weitere Forderung hinzukommen:

- **Vollständigkeit**: Das Axiomensystem ist „maximal" in dem Sinne, dass es durch Hinzufügung eines weiteren, logisch nicht ableitbaren Axioms widerspruchsvoll wird.

Damit wird erneut klar, weshalb wir hier bisher nur **„Prinzip" statt „Axiom"** gesagt haben:[197] In einer axiomatischen Mengenlehre wäre u. a. die Widerspruchsfreiheit der „Axiome" zu sichern, was hier nicht leistbar ist. Daher sprechen wir in diesem naiven Zugang nur von „Prinzipen".

2.3.11 Vage Logik (Fuzzy Logic) — ein kurzer Einblick

Das Eingangszitat auf S. 71 (*„Können Sie mir bitte sagen, wie spät es ist?"*) macht plausibel, dass der Anwendbarkeit der mathematischen Logik auf die Interpretation natürlicher Sprache Grenzen gesetzt sind. Hierauf basieren auch viele Probleme im Bereich der sog. „Künstlichen Intelligenz" (KI), so etwa bei der Entwicklung so genannter „Redepartner-Modelle":

Bei solchen Redepartner-Modellen geht es darum, einen „maschinellen Redepartner" zu „befähigen", zumindest und zunächst in eingeschränkten Situationen mit einem menschlichen Redepartner sinnvoll „kommunizieren" zu können.

Doch wie soll ein solcher künstlicher Redepartner in der Lage sein, auf die o. g. Frage nach der Uhrzeit nicht einfach nur mit „Ja" oder „Nein" zu antworten, sondern zu erkennen, dass er die Uhrzeit nennen soll? Denn diese Frage erfordert ein situatives und möglichst auch wohlwollendes „Mitdenken" des Gesprächspartners, das sich nicht auf eine gnadenlose zweiwertige Ja-Nein-Logik stützen kann (wie sie allerdings in anderen Bereichen wie etwa der Mathematik erfolgreich ist).

Ein weiterer Aspekt: Die meisten „Mengen" in der realen Welt sind keine Mengen im mathematischen Verständnis, man denke etwa an die *„Menge der großen Tiere"* oder die *„Menge der intelligenten Menschen"*. Denn die Attribute „groß" und „intelligent" grenzen nicht scharf aus, und so ist – oder war? – im Mathematikunterricht einige Mühe darauf zu verwenden, einen „Begriff dafür zu entwickeln", dass beispielsweise die „Menge der großen Tiere" keine Menge (wohlgemerkt: im mathematischen Sinn!) ist.

Andererseits sind wir Menschen im Rahmen kommunikativen Handelns selbstverständlich in der Lage, mit „vagen" oder „unscharfen" Informationen durchaus etwas anfangen zu können, weil es ein Vorzug unserer Spezies ist, mitdenken zu können. Folglich bemüht sich die KI-Forschung, vage Sprachbildungen auch semantisch mit geeigneten mathematischen Mitteln in den Griff bekommen.

Lotfi Zadeh (1921–2017), amerikanischer Mathematiker und Informatiker, arbeitete seit Mitte der 1960er Jahre an der Lösung dieses Problems, indem er einen anderen, in der "scientific community" lange Zeit wenig anerkannten Weg ging.[198]

---

[197] Siehe die Anmerkung in Fußnote 188 auf S. 99.
[198] [Zadeh 1984]

Während die „klassische" KI-Forschung es mit immer leistungsstärkerer Hardware unter Rückgriff auf die zweiwertige Logik versucht(e), gibt bzw. gab ZADEH diesem Verfahren grundsätzlich keine Chance und hatte deshalb seine „Fuzzy Logic" (auch „unscharfe Logik" genannt) entwickelt, die im Folgenden „vage Logik" genannt sei. ZADEH will „mit der Ungenauigkeit der realen Welt fertig werden" (*Coping with the Imprecision of the Real World*),[199] denn es klaffe eine große Lücke zwischen der Genauigkeit der klassischen Logik und der Ungenauigkeit der realen Welt. Sein wesentlicher Ansatz sei kurz erläutert:[200]

Attribute wie etwa „groß", die sich auf ein bestimmtes Objekt beziehen, werden nicht mit „wahr" oder „falsch" gekennzeichnet, sondern stattdessen wird ihre *Zugehörigkeit* – etwa zur „Menge" von „großen" Objekten – durch eine Anteilsangabe beschrieben. Dazu führt ZADEH die „Fuzzy Set" ein, also eine „unscharfe Menge", die hier „vage Menge" genannt sei.

Bereits in der CANTORschen Mengenlehre können Zugehörigkeiten von Elementen zu einer Menge, wie üblich, durch eine „charakteristische Funktion" beschrieben werden:

(2.50) Bezeichnung

Es sei X eine nichtleere Menge, $A \subseteq X$ und ferner $\chi_A(x) := \begin{cases} 0 & \text{für} & x \in X \setminus A \\ 1 & \text{für} & x \in A \end{cases}$.

χ_A heißt dann **charakteristische Funktion** von A bezüglich X.[201]

$\chi_A(x)$ nimmt also genau zwei verschiedene Werte an, die „charakteristisch" dafür sind, ob x Element der Menge A ist oder nicht. Man könnte $\chi_A(x)$ daher auch als *Zugehörigkeitsgrad* der Elemente x aus der Menge A auffassen und χ_A dann als *Zugehörigkeitsfunktion* bezeichnen. Da A durch χ_A umkehrbar eindeutig festgelegt ist, kann man A durch diese Zugehörigkeitsfunktion als gegeben betrachten, und wegen $A = \{x \in X \mid \chi_A(x) = 1\}$ lässt sich eine *Menge mit ihrer charakteristischen Funktion* (der Zugehörigkeitsfunktion) sogar *identifizieren*.

ZADEH verallgemeinert nun obige Definition dahingehend, dass für den Zugehörigkeitsgrad *beliebige Werte* aus dem reellen Intervall [0; 1] zugelassen sind, wodurch eine unscharfe bzw. *„vage Menge"* gekennzeichnet wird, weil nun fließende, *unscharfe Übergänge* zwischen der klassischen Alternative von Zugehörigkeit und Nichtzugehörigkeit möglich sind:

(2.51) Bezeichnung

E sei X eine nichtleere Menge (im Cantorschen Sinn), und es sei $\mu : X \rightarrow [0; 1]$.
Dann heißt μ **vage Menge**.[202]

Das Zeichen „μ" wurde wegen "membership" bzw. „Möglichkeit" gewählt, denn man spricht auch von „Möglichkeitswert" (englisch "possibility") statt von „Zugehörigkeitsgrad".

---

[199] [Zadeh 1984, 9 ff.]

[200] Vgl. auch [Hischer 2002, 128 ff.].

[201] χ ist das kleine griechische „Chi".

[202] Im Englischen "fuzzy set", z. B. [ZADEH 1984], [KLIR & FOLGER 1988].

Die Bezeichnung (2.51) ist eine Verallgemeinerung von Bezeichnung (2.50):

Es sei $A := \{x \in X \mid \mu(x) = 1\} \subseteq X$.

Falls $\mu(x) \in \{0; 1\}$ für alle $x \in X$ gilt (es gibt dann also nur die Funktionswerte 0 und 1), stimmt μ wegen $A = \{x \in X \mid \chi_A(x) = 1\}$ mit der charakteristischen Funktion überein, also $\mu = \chi_A$, und CANTORsche Mengen können, wie oben erwähnt, mit ihrer charakteristischen Funktion identifiziert werden.

(2.52) Beispiele

Physiker arbeiten erfolgreich mit typisch „unscharfen" bzw. „vagen Angaben" wie $x \gg 1$ und lesen das dann als *„ x ist groß gegen* 1 ". Dies ist aber ohne Angabe eines „Fehlerintervalls" keine Aussage im Sinne der Aussagenlogik. Auch im Alltag verwendet man solche Angaben und kommuniziert damit sogar ggf. problemlos (z. B.: „Es waren viele Menschen im Stadion." oder „Der Zug hat wenige Minuten Verspätung.").

Bild 2.11 zeigt eine mögliche Modellierung der *„Menge" aller reellen Zahlen, die wesentlich größer als* 1 *sind,* so dass bei dieser *Modellierung* gilt: Zahlen unterhalb von 8 „fallen durch"; alle Zahlen ab etwa 25 gehören dazu; die Zahlen dazwischen liegen in einer „subjektiven Grauzone".

In den Anfängen der Fuzzy Logic bezeichnete man übrigens diese *Zugehörigkeits- bzw. Möglichkeitsfunktion* μ in Anlehnung an *"possibility"* noch mit p. Das führte allerdings zu Verwechselungen mit der Wahrscheinlichkeitsfunktion p (für *„probability"*).

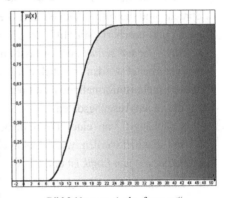

Bild 2.11: $x \gg 1$ als „fuzzy set"

So erkennen wir auf Anhieb *einen* grundsätzlichen Unterschied zwischen *possibility* und *probability*:

Im Allgemeinen ist nämlich $\int_X \mu \neq 1$, hingegen ist stets $\int_X p = 1$.

Dieses Beispiel macht also klar, dass die *Zugehörigkeitsfunktion* μ *keine objektive Größe* ist, sondern nur vom jeweiligen subjektiven Standpunkt aus präzise festlegbar ist, wobei dieser subjektive Standpunkt u. a. auch räumlichen und zeitlichen Schwankungen unterworfen ist!

Gleichwohl lässt sich hier ein neuer Mengenkalkül aufbauen mit beispielsweise verallgemeinerter Durchschnitts- und Vereinigungsbildung und mit Gesetzmäßigkeiten wie auch verallgemeinerten de Morganschen Gesetzen und den Distributivgesetzen, worauf wir hier nicht weiter eingehen können.

Abschließend sei festgehalten: ZADEH will die Vagheiten und Genauigkeiten bzw. Ungenauigkeiten der Alltagssprache durch Bildung „vager Mengen" erfassen. Zu einer „vagen Logik" kommt er nun, indem darüber hinaus auch noch *vage Quantoren* zugelassen werden, z. B.:

- *viele, wenige, die meisten, einige, ganz wenige, viel mehr als 10, eine große Anzahl, sehr wenige, ...*

Durch solche vagen Quantoren, die beliebig gebildet werden können, unterscheidet sich ZADEHS „Fuzzy Logic" auch von der „mehrwertigen Logik", die der polnische Mathematiker JAN ŁUKASIEWICZ (1878–1956) in den 1920er Jahren begründete (vgl. S. 77).

Und es gibt in der vagen Logik *vage Wahrheitswerte* und *vage Wahrscheinlichkeiten*, z. B.:

- *es ist ziemlich wahr – es ist mehr oder weniger wahr – es ist wenig wahrscheinlich – es ist durchaus möglich – ...*

ZADEH führt hierzu aus, dass auf diese Weise die vage Logik ein System bilden würde, das hinreichend flexibel und ausdrucksreich sei, um einen Rahmen für die Semantik natürlicher Sprachen zu bilden.

Zusammenfassend besteht also sein Ansatz in Folgendem: Die Aussagen der natürlichen Sprache und die Informationen über die reale uns umgebende Welt sind in der Regel vage, ungenau und unscharf. Mit Hilfe der „Fuzzy Logic" sollen diese Vagheiten – zwar *subjektiv und situativ – formal scharf* (sic!) erfasst und mittels Schlussfolgerungsregeln zu neuen Informationen verarbeitet werden (nämlich mit Hilfe der Möglichkeitsfunktion μ, also den „Fuzzy Sets"). Diese Ergebnisinformationen sind naturgemäß ebenfalls vage und damit angemessen in Bezug auf die vagen Ausgangsdaten.

Unabhängig von einer Beurteilung der wissenschaftlichen Güte der Fuzzy Logic sollte hiermit deutlich werden, wie einseitig doch die von uns üblicherweise verwendete zweiwertige *Modellierung von Logik* ist und wie weit sie von der natürlichen Sprache entfernt ist. Denn:

- Einsicht in die Grenzen führt zugleich auch zu einer Stärkung der Anwendbarkeit, weil sie uns davor bewahren kann, unsere Möglichkeiten im Diskurs zu überschätzen![203]

---

[203] Es gibt eine reichhaltige Literatur über „Fuzzy Logic". Exemplarisch seien die Klassiker [YAGER et al. 1987] (ausgewählte Werke von LOTFI ZADEH) und [KLIR & FOLGER 1988] genannt.

3 Zu den historischen Wurzeln des Zahlbegriffs

Die ganzen Zahlen hat der liebe Gott geschaffen, alles andere ist Menschenwerk.
Leopold Kronecker
1886 in einem Vortrag bei der Berliner Naturforscher-Versammlung,
in: *Jahresbericht der Deutschen Mathematiker-Vereinigung*, **2**(1893), S. 19

... die Zahlen sind freie Schöpfungen des menschlichen Geistes,
sie dienen als ein Mittel, um die Verschiedenheit der Dinge leichter und schärfer aufzufassen.
Richard Dedekind
Oktober **1887** im Vorwort seines Buches
'*Was sind und was sollen die Zahlen?*' (Vieweg, 1888)

Insofern sich die Sätze der Mathematik auf die Wirklichkeit beziehen, sind sie nicht sicher,
und insofern sie sicher sind, beziehen sie sich nicht auf die Wirklichkeit.
Albert Einstein
am 27. Januar **1921** in einem Festvortrag an der
Preußischen Akademie der Wissenschaften zu Berlin über '*Geometrie und Erfahrung*'

3.1 Was ist eine Zahl?

Diese Frage scheint trivial zu sein. Aber was würden *Sie* denn antworten? Was antwortet eine Schülerin oder ein Schüler (der Oberstufe, der zehnten Klasse, der fünften Klasse, der ersten Klasse), was antwortet ein Kind im Vorschulalter, etwa ein vierjähriges Kind? (Zur philosophischen Vertiefung sei hier auf die subtilen Analysen in [FELGNER 2020 b] verwiesen.)

3.1.1 Subjektive Theorien zum Zahlbegriff

Vermutlich gehen Sie nahezu tagtäglich in irgendeiner Art und Weise mit Zahlen um, und so besitzen Sie eine subjektive Vorstellung von „Zahl", man könnte im Sinne von Abschnitt 1.3 auch sagen, dass Sie für sich einen „Zahlbegriff" entwickelt haben, oder anders: dass Sie eine „*subjektive Theorie zum Zahlbegriff*" besitzen, berücksichtigend, dass das griechische „theoría" u. a. als „begründete Sichtweise" (zur Beschreibung von Wirklichkeit) aufgefasst werden kann.

Bevor Sie weiterlesen, sollten Sie sich etwas Zeit nehmen und zunächst notieren, was denn *Ihre subjektive Theorie zum Zahlbegriff* ist. Also kurz: Was *ist* für Sie eine „Zahl"?

Zu Beginn meiner Vorlesungen über den „Aufbau des Zahlensystems" im Rahmen einer Reihe über „Elementarmathematik vom höheren Standpunkt" habe ich diese Frage oft zu Beginn gestellt und dem Plenum Zeit für eine kurze schriftliche Beantwortung in Pinnwand-technik gegeben. Tabelle 3.1 zeigt eine lose geordnete, gebündelte Zusammenstellung als Auswertung typischer Antworten. Da andererseits diese Beschreibungen recht unterschiedlich sind, ergibt sich weiterhin, dass die subjektiven Vorstellungen zum Zahlbegriff inhaltlich ein sehr großes Spektrum abdecken, auch wenn sie manchmal etwas rätselhaft formuliert sind.

H. Hischer, *Grundlegende Begriffe der Mathematik: Entstehung
und Entwicklung*, https://doi.org/10.1007/978-3-662-62233-9_3

Tabelle 3.1: Subjektive Theorien zum Zahlbegriff – Antworten auf die Frage: „Was ist eine Zahl?"

- Die Vorstellung über Zahlen ist tief im Menschen verwurzelt.
- Zahl ist das Ergebnis eines Zählens.
- Eine Zahl ist eine Position auf dem Zahlenspeer.
- Beschreibung der Entfernung von zwei Punkten in einer Maßeinheit.
- Versuch des Menschen, Größenordnungen zu beschreiben, z. B. x cm.
- Angabe der Menge von Gegenständen.
- Informationseinheit zur Mengenangabe.
- Zahl: quantitativer Aspekt, Wort: qualitativer Aspekt.
- Eine Zahl ist ein Symbol für die Mächtigkeit einer nicht-unendlichen Menge.
- Zahl = Hilfsmittel zur Angabe von Mächtigkeiten.
- Gedankliches Hilfsmittel zur Beschreibung von Mächtigkeiten von Mengen, Längen, Volumina, ...
- Eine Zahl ist ein Symbol.
- Eine Zahl ist ein Schriftzeichen mit einer bestimmten Bedeutung.
- Element einer Gruppe, eines Rings, eines Körpers, eines Monoids.
- Kommunikationselement.
- Element einer mathematischen Grundmenge.
- Eine Zahl ist eine Aufzählung von existierenden Gegenständen oder keine reale Aufzählung von existierenden Gegenständen.
- …

Lassen wir uns auf eine fiktive Anschlussdiskussion mit dem Auditorium bzw. mit Ihnen ein:

3.1.2   Vertiefende Diskussion

Solche Fragen wie „Was ist eine Zahl?", die ja auf die Definition eines *Begriffs* abzielen, sind offenbar schwieriger als erwartet – und so tastet man sich bei der Beantwortung gerne durch Angabe von Beispielen heran.

Also modifizieren wir die Frage: „Können Sie ein *Beispiel für eine Zahl* nennen?"

Diese Frage scheint einfacher zu sein als die Ausgangsfrage, und so werden Sie vielleicht spontan Beispiele wie etwa

$$„5"$$

nennen.

Und wenn ich nun skeptisch die Augenbrauen hochziehe und nachstoße, indem ich frage: *„Meinen Sie wirklich, dass* 5 *eine Zahl ist?"*, dann werden Sie bei Ihrer Vorbildung – spitzfindig, wie Sie vermutlich in der Mathematik sozialisiert worden sind – wohl antworten, dass 5 natürlich keine *Zahl* sei, sondern eine *Ziffer.* Da ich jedoch auf einem *Beispiel für eine Zahl* beharre, werden Sie mir nun z. B. mit

$$„15"$$

ein Versöhnungsangebot machen. Zufriedenheit allenthalben?

Ich kontere und nenne alternative Beispiele:

$$\text{XV} \qquad \text{卌 卌 卌}$$

Vielleicht akzeptieren Sie die Figur links noch mit einem „na ja ..." – doch evtl. werden Sie bei der rechten Figur protestieren und sagen, dies sei doch nur eine *Strichliste*. Andererseits ist die links zu sehende Figur auch nur eine abgewandelte Strichliste, wie sie bekanntlich bereits die alten Römer benutzt haben!

Und nun werden Sie vielleicht ausweichend sagen, die letzten beiden Figuren seien nur *Zahlzeichen*. Aber dann ist doch 15 *auch* nur ein Zahlzeichen, also ein „Zeichen für eine Zahl"! Oder etwa nicht? Und ich treibe es noch auf die Spitze, indem ich frage, was denn

$$3 \cdot 5$$

sei. Und ihre Antwort, dies sei ein *Produkt*, kontere ich dann damit, dass dies auch nur ein Zahlzeichen wie 15 sei, denn bekanntlich ist doch $3 \cdot 5 = 15$. Einverstanden? Wenn aber 5 und 15 Zahlen wären, dann müsste auch $3 \cdot 5$ eine Zahl sein. Gerade hat sich aber gezeigt, dass 15 und $3 \cdot 5$ als *Zahlzeichen* angesehen werden können. Und so sehen wir hieran:

Das **Zeichen** und das durch dieses Zeichen **Bezeichnete** sind zu unterscheiden![204] Denn das Zeichen *zeigt* auf etwas, nämlich auf das dadurch Bezeichnete, auch wenn wir dieses Bezeichnete nicht immer leicht wahrnehmen oder erkennen können. Damit haben wir zwar ein Problembewusstsein geschaffen, doch zugleich sind wir (noch) die Antwort schuldig geblieben, was eine Zahl denn eigentlich ist!

An dieser Stelle ist ein kritischer Kommentar von ULRICH FELGNER einzufügen:[205]

> Die Figuren 0, 1, 2, 3, ... müssen nichts bezeichnen, etwa dann, wenn man nur eine Arithmetik für kaufmännische Bedürfnisse aufbauen will (so wie es auf den Grundschulen und Handelsschulen auch üblich ist). Man kann dann nominalistisch vorgehen und die Figuren 0, 1, 2, ... etc. als Haltesignale beim Abzählen einführen. Dann sind sie nicht die Namen von irgendwelchen abstrakten oder idealisierten Gegenständen und es gibt nichts, was sie bezeichnen (oder benennen). Die Figuren beziehen sich auf Handlungen (Verfahren). Die Rechenregeln muß man alle explizit aufstellen (es sind unendlich viele!). Man kann sie nicht aus allgemeineren Prinzipien ableiten. Die Gültigkeit des Kommutativ-Gesetzes beispielsweise läßt sich hier nicht beweisen, sondern nur durch unvollständige Induktion plausibel machen.

> Wenn man die Arithmetik als mathematische Theorie aufbauen will, dann sollten die Figuren 0, 1, 2, ... konstante Terme sein. Nach dem Vorbild von Grassmann und Dedekind lassen sich hier aus einigen wenigen Postulaten die übrigen zahlentheoretischen Einsichten ableiten. Dabei werden die Figuren als Terme behandelt. Man kann sich mit der Syntax dieser Arithmetik begnügen. Eine Interpretation (in einem Modell) muß man nicht geben. Die „Zeichen" 0, 1, 2, ... müssen also auch hier nichts bezeichnen. Aber sie können Objekte bezeichnen. Die Dedekindsche Interpretation (1888) benötigt die Mengenlehre als Fundament.

Zumindest scheint (!) wohl festzustehen: Es „gibt" eine *Zahl* (doch was heißt das eigentlich? – vgl. hierzu das Zitat von FELGNER im Vorwort auf der ersten Seite), die wir mit 15 oder mit XV oder mit ⅠⅠⅠⅠ ⅠⅠⅠⅠ ⅠⅠⅠⅠ oder mit $3 \cdot 5$ oder mit $\sqrt{225}$ oder *mit „positive Lösung von* $x^2 = 225$ " oder mit ... *bezeichnen* können. Diese „Zahl" wird daher wohl etwas *Abstraktes* sein, das wir im Bedarfsfalle konkret wie z. B. oben *bezeichnen* können.

---

[204]   Es sei hierzu auch auf die Erörterungen in Abschnitt 1.3, speziell etwa in 1.3.3 verwiesen.

[205]   Mit Dank für diese Mitteilung vom 13. 01. 2013 an mich. Siehe auch die Betrachtungen in [FELGNER 2020 b].

So erkennen wir die „mit 5 bezeichnete Zahl" in unserer inneren Vorstellung z. B. auch beim *Anblick von fünf Gegenständen*. Dies wäre dann eine *Anzahl*, also eine Zahl, mit der wir zählen, indem wir *Gesamtheiten messen*. Wenn wir aber in einem Kochrezept z. B. die Mengenangabe „$3/8\,\ell$" lesen, dann wird hier offenbar nicht wie in einer Strichliste gezählt, sondern hier wird ganz anders *gemessen*. Hinter diesem Zeichen offenbart sich damit möglicherweise ein *anderer Zahlbegriff* als hinter dem Zeichen 5.

Und wenn wir gar das Zeichen $1 + 3\,i$ betrachten?

Hiermit wird zwar bekanntlich eine bestimmte *komplexe Zahl bezeichnet*, jedoch wird hier weder gezählt noch gemessen (oder etwa doch?). Liegt hier damit möglicherweise ein weiterer Zahlbegriff vor? Und wenn Sie bisher gedacht haben, dass $1 + 3\,i$ eine *komplexe Zahl sei*, so habe ich Sie möglicherweise völlig ratlos gemacht, weil Sie nun vermutlich nicht mehr wissen, was denn eine komplexe Zahl *eigentlich ist!* Und dennoch sprechen auch Mathematiker und Mathematikerinnen in „normaler Kommunikation" von der „komplexen Zahl $1 + 3\,i$" und haben damit kein Problem. Es ist also eine Frage des philosophischen Anspruchsniveaus und des jeweiligen Kontextes, was wir unter dem mit „Zahl" bezeichneten „Begriff" verstehen wollen oder zumindest zu verstehen bereit sind. Da wir in unserem Kontext versuchen wollen, „den Dingen ein wenig auf den Grund zu gehen", müssen wir etwas tiefer schürfen, ohne bereits für alles gleich eine Begründung und eine akzeptable Antwort zu finden oder finden zu können.

3.1.3   Aspekte von Begriffsbildung

Der Aspekt der *Begriffsbildung*, der u. a. in den Disziplinen Psychologie, Philosophie, Logik, Pädagogik und Soziologie und auch in der Didaktik der Mathematik untersucht wird, wurde in Abschnitt 1.3 betrachtet. Bild 3.1 verdeutlicht erneut die Aspekte „*ontogenetische Begriffsbildung*" und „*kulturhistorische Begriffsbildung*", konkret bezogen auf die Doppeldeutigkeit der Bezeichnung „*Entwicklung des Zahlbegriffs*".[206] Zugleich ist Bild 3.1 eine partielle Konkretisierung von Bild 1.26 bzw. Bild 1.27 aus Abschnitt 1.3.2.2. „Ontogenetische Begriffsentwicklung" meint hier also die Entwicklung eines Begriffs „*innerhalb*" *eines bestimmten*

Individuums im Laufe seines Lebens, „kulturhistorische Begriffsentwicklung" bezieht sich hingegen darauf, wie sich ein Begriff im Laufe der historischen Entwicklung (z. B. *innerhalb der Mathematik* als Wissenschaft) entwickelt (hat). Zugleich macht diese Darstellung erneut deutlich, dass es wichtig und nützlich ist, aus didaktischer Sicht Zusammenhänge zwischen diesen *beiden Begriffsbildungsprozessen* zu untersuchen.

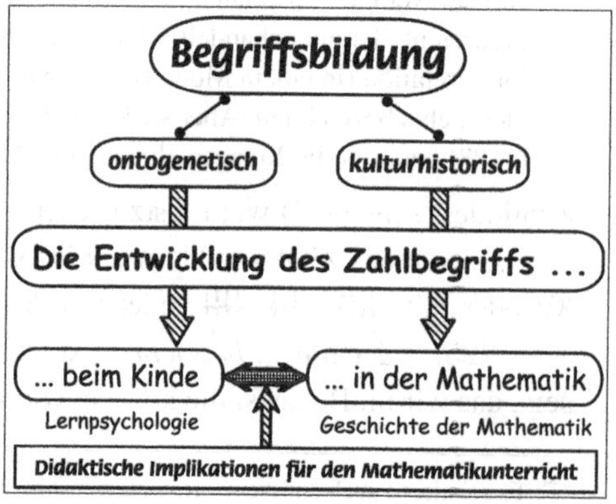

---

206   Vgl. hierzu Abschnitt 1.3.2.1.

Bild 3.1: Zur Entwicklung des Zahlbegriffs

3.2   Zum Zahlbegriff in vorgeschichtlicher Zeit

Viele archäologische Funde sprechen dafür, dass *Zahlzeichen* in der Entwicklung der Menschheit noch *vor der Erfindung der Schrift* und damit *in vorgeschichtlicher Zeit* auftauchten! So wurde 1937 in Dolní Věstonice in Mähren (einer bedeutenden archäologischen Ausgrabungsstätte im heutigen Tschechien[207]) ein sog. *Kerbholz* gefunden, dessen Entstehung auf ca. 30 000 v. Chr. datiert wird.[208] Es handelt sich gemäß STRUIK um einen

> 7 Zoll langen Knochen eines jungen Wolfs, in welchen 55 tiefe Kerben eingeschnitten sind, von denen die ersten 25 in Gruppen zu 5 angeordnet sind. Danach kommt eine doppelt so lange Kerbe, mit der die Reihe abschließt; dann beginnt von der nächsten, ebenfalls doppelt so langen Kerbe eine neue Reihe, die bis 30 läuft.

Das widerspricht gemäß STRUIK (ebd.) der alten Auffassung, dass das *Zählen* als ein *Zählen mit den Fingern begonnen* (!) habe, das ja auf Fünfern und Zehnern beruht. Dieses

> kam erst auf einer gewissen Stufe der gesellschaftlichen Entwicklung auf. Nachdem es einmal erfunden war, konnten die Zahlen mittels einer Grundzahl ausgedrückt werden, mit deren Hilfe große Zahlen gebildet werden konnten; so entstand eine primitive Art der Arithmetik. Vierzehn wurde als 10 + 4, manchmal auch als 15 – 1 ausgedrückt. Die Multiplikation begann, als 20 nicht in der Form 10 + 10, sondern als 2×10 ausgedrückt wurde. Solche Verdoppelungsoperationen wurden jahrtausendelang als eine Art Mittelding zwischen Addition und Multiplikation verwendet, nicht nur in Ägypten und in den alten Indus-Kulturen, sondern bis in die europäische Renaissance hinein.

Hier geht es also um die Verwendung von *Zahlzeichen* für *Zahlen* zum *Zählen* und um erste, noch sehr einfache Versuche zum Rechnen. Daneben waren *mit der Entwicklung der Sprache* auch aussprechbare *Namen für Zahlen* zu bilden, also „Ausdrücke für Zahlen" bzw. das, was wir heute „Zahlwörter" nennen. Dies sei notwendig gewesen, um sich im Rahmen zwischenmenschlicher Kommunikation mit anderen über die Zahlen, die wohl zunächst nur *Anzahlen* waren, verständigen zu können. STRUIK schreibt hierzu (ebd.):

> Ausdrücke für Zahlen – die nach Adam Smith eine der „abstraktesten Ideen, deren Bildung der menschliche Geist fähig ist" darstellen – kamen nur langsam in Gebrauch. Ihr erstes Auftreten trug eher qualitativen Charakter, indem man nur zwischen *eins* (genauer eigentlich „e i n e m Mann" anstelle von „einem M a n n "), *zwei* und *viel* unterschied. Der alte qualitative Ursprung der Zahlenvorstellungen kann noch in gewissen dualen Ausdrucksweisen festgestellt werden, die in manchen Sprachen, wie im Griechischen oder Keltischen, vorkommen. Als der Zahlbegriff ausgebaut wurde, bildete man größere Zahlen zunächst durch Addition: 3 durch Addition von 2 und 1, 4 durch Addition von 2 und 2, 5 durch Addition von 2 und 3.
>
> Nachstehend ein Beispiel dazu von einigen australischen Stämmen:
>
> *Murray River:* 1 = enea, 2 = petcheval, 3 = petcheval-enea, 4 = petcheval-petcheval
>
> *Kamilaroi:* 1 = mal, 2 = bulan, 3 = guliba, 4 = bulan-bulan, 5 = bulan-guliba, 6 = guliba-guliba

---

[207] Z. B. im World Wide Web zu recherchieren.
[208] Vgl. z. B. [STRUIK 1972, 27] und [RESNIKOFF & WELLS 1983, 9].

STRUIK schreibt dann weiter:[209]

> Die Entwicklung von Handwerk und Handel trug wesentlich zu dieser Herausbildung der Zahlen
> vorstellung bei. Zahlen wurden zu größeren Einheiten zusammengefaßt, üblicherweise durch die
> Verwendung der Finger einer Hand oder beider Hände, ein im Handelsverkehr ganz natürliches
> Verfahren. Dies führte zur Zählung zuerst mit 5, dann mit 10 als Grundzahl, die noch durch Additi
> on und manchmal auch durch Subtraktion ergänzt wurde, so daß 12 als 10 + 2 oder 9 als 10 – 1 auf
> gefaßt wurde. Manchmal wurde auch 20, die Anzahl der Finger und Zehen, als Grundzahl gewählt.
> Unter 307 von W. C. Eels untersuchten Zahlensystemen von primitiven amerikanischen Stämmen
> waren 146 dezimal, 106 verwendeten 5 sowie 5 und 10 oder auch 20 sowie 5 und 20 als Grundzahl.
> Das Zwanzigersystem kam in seiner ausgeprägtesten Form bei den Maya in Mexiko und bei den
> Kelten in Europa vor.

Letzteres lebt im französischen Wort „quatre-vingt" als „vier Zwanziger" fort, wofür sich
hingegen im Deutschen die Kurzform „achtzig" für „acht Zehner" herausgebildet hat.

3.3   Zum Zahlbegriff in der Antike

3.3.1   Babylonische Keilschrifttafeln

3.3.1.1   Grundsätzliches

Seit dem 19. Jh. kennt die archäologische Forschung die sog. „Keilschrifttafeln" der Babylonier. Die Babylonier lebten in *Mesopotamien* (griech. „Zwischenstromland"), einem Gebiet
zwischen Euphrat und Tigris, also im heutigen *Irak*. Mesopotamien entstand in der Zeit von
8 000 bis 3 000 v. Chr. dadurch, dass der Getreideanbau aus den natürlichen Vorkommen der
regenreichen Bergregionen im heutigen Iran durch Kolonisation in die Tiefebene des
Schwemmlandgebiets von Euphrat und Tigris verlagert wurde. Da in dem Überschwemmungsland stets genügend frischer Lehm oder Ton zur Verfügung stand, der sich an der Sonne
bzw. in Öfen gut trocknen ließ, ist es nachvollziehbar, dass Tonplatten geformt und verwendet
wurden, in die mit einem Keil leicht Symbole „eingraviert" werden konnten:

Bild 3.2 zeigt symbolisch zwei unterschiedliche „Keilzeichen", wobei die
rechte Darstellung zur Spekulation führen mag, dass dieses Zeichen wohl eher
linkshändig erzeugt worden ist, wobei
jedoch auch in diesem Kulturkreis mehrheitlich rechtshändig geschrieben wird.

Zur Entstehung der Keilschrift sei
angemerkt:[210]

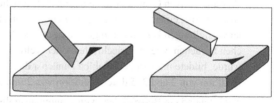

Bild 3.2:
Keilgravur der babylonischen Keilschrift

---

[209]   [STRUIK 1972, 26 f.] zitiert hier gegen Ende [EELS 1913] .

Die archäologische Forschung geht heute davon aus, daß etwa um 3 000 v. Chr. hier in Mesopotamien aus dieser Notwendigkeit der wirtschaftlichen Organisation und Verwaltung heraus die *erste Schrift* entstanden ist, und zwar zunächst als Bilderschrift, indem für bestimmte Wörter und Vorstellungen *Symbole* benutzt wurden.

Diese erste Schrift verbreitete sich dann vermutlich nach Ägypten und Indien mit je eigenen Ausprägungen. In Mesopotamien hingegen entwickelte sich aus diesen Anfängen bald eine besondere Schrift, nämlich die sog. *Keilschrift*, die zuerst von den *Sumerern* übernommen wurde (daher auch oft *„sumerische Keilschrift“*), dann u. a. von den Akkadern, den Assyrern, den Babyloniern und den Hethitern. Diese Keilschrift wurde übrigens etwa gegen 1500 v. Chr. bis hin zu einer *alphabetischen Keilschrift* weiter entwickelt, dem sog. *Ugaritisch*, das zum Vorläufer des griechischen und lateinischen Alphabets wurde.

Die Sumerer wurden gegen 2 000 v. Chr. von den Babyloniern vertrieben, einem semitischen Volk, das gegen 1900 v. Chr. seinen Hauptsitz in Babylon errichtete. Die Babylonier entwickelten mit ihrem *Sexagesimalsystem* ein Stellenwertsystem zur *Zahldarstellung*, das dem Dezimalsystem insofern überlegen ist, als dass die Basiszahl 60 eine besonders hohe Anzahl echter Teiler hat, nämlich 10. Sie benutzten zur Zahldarstellung zwei verschiedene Keilsymbole, ein senkrechtes für „1“ (Bild 3.2, links) und ein waagerechtes für „10“ (Bild 3.2, rechts).

Seit der ersten Hälfte des 19. Jahrhunderts wurden im heutigen Irak etwa *eine halbe Million babylonischer Keilschrifttafeln* ausgegraben bzw. in Bibliotheken gefunden. Wir können dankbar sein, dass dieses kulturelle Erbe nahezu 4 000 Jahre bis zu seiner Entdeckung (zunächst!) überdauern durfte. Unter diesen Tafeln befinden sich etwa vierhundert, die mathematische Probleme oder mathematische Tabellen enthalten.

Viele dieser Keilschrifttafeln sind in Museen von Paris, Berlin und London und ferner in archäologischen Sammlungen der Universitäten von Yale, Columbia und Pennsylvania zu sehen. Eine erste Interpretation dieser „mathematischen“ Tafeln stammt von [NEUGEBAUER 1935], eine spätere von [NEUGEBAUER & SACHS 1945, 38 ff.] und von [NEUGEBAUER & SACHS 1945, 42 f.].

Besondere Berühmtheit haben die beiden Tafeln *„Yale YBC 7289“*[211] und *„Plimpton 322“*[212] erlangt, auf die wir nun kurz eingehen werden.

3.3.1.2   Yale YBC 7289

Die Keilschrifttafel Yale YBC 7289 ist vermutlich zwischen 1600 und 1800 v. Chr. entstanden. Bild 3.3 zeigt eine Transkription und Bild 3.4 deren Transliteration als Übersetzung in unsere heutige Zeichensprache.

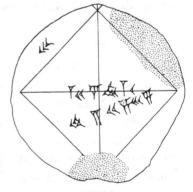

Bild 3.3:
Transkription von Yale YBC 7289

---

[210]   [BARRACLOUGH 1979, 53]

[211]   Sammlungsstück Nr. 7289 der „Yale Babylonian Collection“ an der Yale University, USA.

[212]   In der Columbia University, USA, aufbewahrtes Sammlungsstück Nr. 322 von GEORGE ARTHUR PLIMPTON (1855 – 1936), einem erfolgreichen New Yorker Verleger.

Erkennbar sind jeweils ein Quadrat mit zwei Diagonalen, ferner auf der Oberseite der horizontalen Diagonalen die Folge der *Zahlzeichen* 1, 24, 51, 10, wie sie sich aus der *Bündelung* der oben bereits erwähnten Zeichen für „Eins" und „Zehn" (siehe Bild 3.2) ergeben und wie sie in Bild 3.5 separat symbolisiert dargestellt sind. Da die archäologische Forschung ergeben hat, dass diese Zahlzeichen als Zähler von Brüchen zu interpretieren sind, deren Nenner Potenzen von 60 sind, also in einem „Sexagesimalsystem" (Sechzigersystem) analog zum Dezimalsystem,

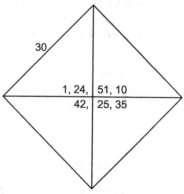

Bild 3.4: Transliteration von Yale YBC 7289

Bild 3.5: Zahlzeichen oberhalb der waagerechten Diagonalen von YBC 7289

ergibt sich eine Deutung des oberen Eintrags an der waagerechten Diagonalen in gemäß Bild 3.5 als folgender Term:

$$1 + \frac{24}{60} + \frac{51}{60^2} + \frac{10}{60^3} \qquad (3.3\text{-}1)$$

Approximiert man diese Sexagesimaldarstellung durch eine Dezimalzahl, so ergibt sich verblüffenderweise ein Näherungswert für $\sqrt{2}$ mit einer Genauigkeit von 6 geltenden Ziffern – und das vor knapp 4000 Jahren!

Das führt zu der Frage, wie die Babylonier dies ohne unsere heutigen Hilfsmittel wie z. B. Taschenrechner erreichen konnten, und warum sie das gemacht haben. (Auf das babylonische Verfahren gehen wir in Abschnitt 3.3.4.6 ein.) Angemerkt sei noch, dass die Angabe „30" an der Quadratseite in Bild 3.3 bzw. in Bild 3.4 als Längenangabe der Quadratseite zu deuten ist, aus der sich dann die mit „42" beginnende Länge der Diagonalen angenähert ergibt.

3.3.1.3 Plimpton 322

Bild 3.6 zeigt ein Foto der ungefähr 13 cm × 9 cm großen Tafel Nr. 322, die zu einer Sammlung gehört, die von dem Verleger George ARTHUR **PLIMPTON** zusammengestellt wurde und die daher „Plimpton 322" genannt wird.

Diese Tafel wurde in den 1920er Jahren bei *Senkereh* (dem antiken *Larsa* im damaligen Babylonien) gefunden.

Bild 3.6: Keilschrifttafel Plimpton 322

Noch bis vor Kurzem konnte man nur eingrenzen, dass sie vermutlich aus der Zeit von etwa 1900 bis 1600 v. Chr. stamme. Bild 3.7 zeigt eine Transkription der Tafel mit einer aus 15 Zeilen und 4 Spalten bestehenden Tabelle. Die Tafel ist zwar links oben und rechts in der Mitte beschädigt, aber sie konnte rekonstruiert werden.

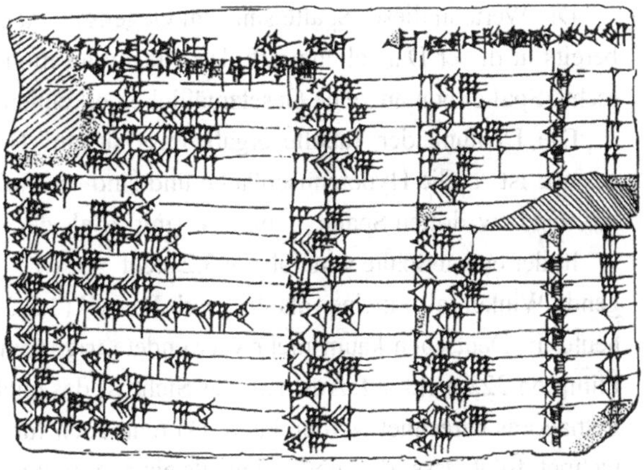

1945 wurde sie erstmals dechiffriert (siehe [RESNIKOFF & WELLS 1983, 63]). 2001 stellte die britische Mathematikhistorikerin und Orientalistin ELEANOR ROBSON mit Bild 3.7 eine neue Transkription vor und dazu mit Tabelle 3.2 die zugehörige Transliteration.[213] Zugleich konnte sie die Entstehung der Tafel auf den Zeitraum zwischen 1822 und 1762 v. Chr. eingrenzen.

Bild 3.7: Transkription von Plimpton 322

Es handelt sich hierbei um eine *numerische Tabelle*, wie wir sie heute bei *Tabellenkalkulationsprogrammen* kennen: Beachten wir wieder, dass in diesem Kulturkreis – wie noch heute meist in semitischen Schriften – von rechts nach links geschrieben wurde, so erkennen wir in Tabelle 3.2 in der ersten Spalte ganz rechts eine dezimale *Zeilennummerierung* (wie bei einem Tabellenkalkulationsprogramm – hier mit 3 Spalten und 15 Zeilen).

Die oberste Zeile in Tabelle 3.2 enthält sogar *Spaltenköpfe* mit informierendem Text über die Inhalte der Spalten. In den Tabellenzellen stehen wie in Bild 3.3 bis Bild 3.5 Zahlzeichen in sexagesimaler Darstellung. Deren „Kommastellung" muss jeweils aus dem Kontext interpretiert werden, und das führt z. B. zu:

Tabelle 3.2: Transliteration von Bild 3.7

1;59,0,15	1,59	2,49	1
1;56,56,58,14,50,6,15	56,7	1,20,25	2
1;55,7,41,15,33,45	1,16,41	1,50,49	3
1;53,10,29,32,52,16	3,31,49	5,9,1	4
1;48,54,1,40	1,5	1,37	5
1;47,6,41,40	5,19	8,1	6
1;43,11,56,28,26,40	38,11	59,1	7
1;41,33,45,14,3,45	13,19	20,49	8
1;38,33,36,36	8,1	12,49	9
1;35,10,2,28,27,24,26,40	1,22,41	2,16,1	10
1;33,45	45	1,15	11
1;29,21,54,2,15	27,59	48,49	12
1;27,0,3,45	2,41	4,49	13
1;25,48,51,35,6,40	29,31	53,49	14
1;23,13,46,40	28	53	15

$$1; 59, 0, 15 = 1 + \frac{59}{60} + \frac{0}{60^2} + \frac{15}{60^3} \tag{3.3-2}$$

Die „Vorkomma-Eins" steht aber nicht explizit in der linken Spalte, sie ist „hinzuzudenken".

---

[213] Tabelle erstellt nach [ROBSON 2001, 173] und [ROBSON 2002 a, 107].

Die Werte in dieser Spalte sind (im Gegensatz zu den anderen) nicht ganzzahlig, und es fällt bereits in dieser Darstellung auf, dass sie streng monoton fallen, während die mittlere und die rechte Spalte spontan keine Gesetzmäßigkeit erkennen lassen.

Die Deutung der Tabelle ergab, dass sie auf Berechnungen am rechtwinkligen Dreieck basiert: Ist c die Hypotenusenlänge und sind a und b die Kathetenlängen, so stehen in der zweiten bzw. dritten Spalte a bzw. c (mit a als der kürzeren der beiden Katheten).

In der ersten Spalte von Tabelle 3.2 steht $\sec^2(\alpha)$ (dabei ist α der der Seite a gegenüberliegende Winkel (also kleiner als $45°$, vgl. Formel (3.3-3) auf S. 121), und $\sec$ ist der *Sekans*, eine heute im Deutschen kaum mehr verwendete trigonometrische Funktion). Die Kathete b tritt in Plimpton 322 nicht auf. Aus heutiger Sicht ist das auch nicht nötig, weil sie nach dem Satz des Pythagoras berechnet werden kann. Da man auch für diese Kathete stets ganzzahlige Werte errechnet, folgt, dass a, b und c jeweils ein sog. *pythagoreisches Zahlentripel* bilden.

Aufgabe 3.1
(a) Wandeln Sie die sexagesimalen Darstellungen aus Tabelle 3.2 (Spalten 1 bis 3) in dezimale Darstellungen um (ggf. unter Verwendung eines Tabellenkalkulationssystems oder eines Computeralgebrasystems).
(b) Fügen Sie zwischen zweiter und dritter Spalte eine Spalte für b ein, und berechnen Sie die entsprechenden Werte für b in dezimaler Darstellung.
(c) Weisen Sie nach, dass die sexagesimalen Werte für $\sec^2(\alpha)$ in Plimpton 322 exakt sind.
(d) Denkt man sich in Spalte 1 die „Eins" nicht hinzu, so steht hier $\tan^2(\alpha)$. Warum?

Die Babylonier kannten noch keines der uns geläufigen Winkelmaße, weder das Bogenmaß der griechischen Antike noch unser Gradmaß. Stattdessen kennzeichneten sie einen konkreten Winkel mit Hilfe eines rechtwinkligen Dreiecks durch die Längen der gegenüberliegenden Kathete und der Hypotenuse – und dieses wohl (nur?) für den Fall, dass die drei Seiten ein *pythagoreisches Zahlentripel* bildeten.

Und so nehmen wir nebenbei zur Kenntnis, dass der berühmte *Satz des Pythagoras* den Babyloniern schon mindestens 1 300 Jahre vor Pythagoras (als möglicherweise unbewiesene Erfahrungstatsache, wenn auch nur als *arithmetische* Aussage) bekannt gewesen sein muss, und dass die Namensgebung historisch nicht ganz korrekt ist (was in der Mathematik nicht selten ist). FELGNER schreibt dazu:[214]

> Einen Beweis des Satzes (als *geometrische* Aussage), wenn auch nur unter Verwendung der sinnlichen Anschauung, haben erst die Pythagoreer gefunden. Sie haben die Aussage dieses Satzes auch als *universell gültige* Aussage (d. h. als Aussage, die für alle (!) rechtwinkligen Dreiecke gilt) erkannt, und das war eine Leistung, die anzuerkennen ist. Die Namensgebung ist deshalb vermutlich nicht so ganz falsch. (Den ersten begrifflich geführten Beweis soll nach Proklos zuerst Euklid gefunden haben.)[215]

---

[214] Vgl. die Anmerkung zur Russel-Zermelo-Antinomie auf S. 89.
[215] Mit Dank an ULRICH FELGNER für diese Kommentierung zur 1. Auflage, die er mir am 13. 01. 2013 mitteilte.

Seit der in den 1930er Jahren gewonnenen Erkenntnis des Auftretens pythagoreischer Zahlentripel galt Plimpton 322 lange Zeit als *ältestes erhaltenes Dokument der Zahlentheorie*, was aber gemäß ELEANOR ROBSON in dieser Sicht nicht mehr aufrechterhalten werden kann:[216]

So diente diese Tafel lediglich Lehrenden zur *Vorbereitung ihrer Übungsaufgaben für den Unterricht*. Man kann also davon ausgehen, dass die Tafel entsprechend mehrfach für diesen Gebrauch kopiert wurde (wobei dann auch Fehler entstanden). In Plimpton 322 wurde also vor knapp 4000 Jahren eine *trigonometrische Funktion tabelliert*, in heutiger Formulierung:

$$f(a, c) := \frac{c^2}{c^2 - a^2} = \sec^2(\alpha) \qquad (3.3\text{-}3)$$

3.3.2 In Kürze: zur Arithmetik der alten Ägypter

Das Wort „Arithmetik" geht auf das griechische αριθμός *(arithmos)* für „Zahl" zurück: „Arithmetik" steht für αριθμητική τέχνη *(arithmetike techne)*, wörtlich etwa „zahlenmäßige Kunst". Welchen Beitrag haben die Ägypter zur Arithmetik und zum Zahlenverständnis geleistet? BECKER & HOFMANN schreiben zu Beginn ihrer '*Geschichte der Mathematik*':[217]

> Schon die Griechen des 5. Jahrhunderts [...] lassen die Geometrie in Ägypten entstehen: Die jährlichen Überschwemmungen des Nil hätten die Grenzen der Felder verwischt; das habe Anlaß zur Landmessung *(geometria)* gegeben. Aristoteles sagt später, die Geometrie als Wissenschaft sei in Ägypten entstanden, denn dort habe der Stand der Priester Muße genossen. Spätere Nachrichten lassen eine große Anzahl griechischer Philosophen und Mathematiker wie Thales und Pythagoras, Oinopides und Demokrit, Platon und Eudoxos, nach Ägypten reisen und dort Geometrie lernen; auch der Glaube an die uralte ägyptische Priesterwelt verbreitet sich schon im Altertum und hat sich bis in unsere Tage fortgepflanzt. Die neuere Forschung hat diesen Glauben zerstört; was wir von ägyptischer Mathematik wissen, stammt aus den Kreisen der „Schreiber", d. h. der Verwaltungsbeamten der großen staatlichen und privaten Güter. [...] Also nicht aus irgendeiner mystischen Tiefe ist die älteste Mathematik in Ägypten und ähnlich auch in Babylonien entstanden, sondern aus praktisch-technischen Bedürfnissen, nicht nur der Vermessung überschwemmter Gebiete, sondern auch der Konstruktion von allerlei Hoch- und Tiefbauten, ferner auch der Herstellung von Brot und Bier, endlich der Lösung juristischer und wirtschaftlicher Probleme wie der Verteilung einer Erbschaft nach gewissen Regeln, der Zins- und Zinseszinsrechnung u. dgl. m.

Das ist ernüchternd. Einerseits wird aus ARISTOTELES' Einschätzung deutlich, dass zum Entstehen der Geometrie als Wissenschaft (und damit der Mathematik als Wissenschaft) „Muße" erforderlich sei (womit also „Mathematik als Spiel" betont wird[218]), und im Widerspruch dazu zeigt sich, dass die „Mathematik" im alten Ägypten (wie in Babylonien) nur *praktisch-technischen Bedürfnissen* diente, also unter dem Aspekt der „Anwendung" zu sehen ist:[219]

---

[216] Vgl. [ROBSON 2001] und [ROBSON 2002 a].
[217] [BECKER & HOFMANN 1951, 17]; Hervorhebungen nicht im Original. Der Terminus „Geometrie" ist hier im Zitat *pars pro toto* für „Mathematik" anzusehen.
[218] Vgl. Abschnitt 1.1, insbesondere Abschnitt 1.1.3.
[219] Vgl. auch die beiden Beispiele in Abschnitt 1.1.5.2.

Die ägyptische Mathematik ist also im wesentlichen <u>Berechnung</u>; auch da, wo sie geometrisch ist, will sie berechnen. Die räumlichen Verhältnisse sind <u>nur ein Anwendungsgebiet</u> der mathematischen Überlegungen; eine „reine" *Geometrie als Selbstzweck*, als eine „freie Wissenschaft", <u>ist</u> vor den Griechen <u>unbekannt</u>.[220]

Die Ägypter dokumentierten ihr Wissen nicht wie die Babylonier auf dauerhaften Tontafeln, sondern vor allem auf (vergänglichen) Papyrusrollen, daneben auch beispielsweise durch Inschriften auf Stelen. Unsere Kenntnis der antiken ägyptischen Mathematik beruht insbesondere auf zwei erhaltenen Papypri: dem *Papyrus Rhind* und dem *Moskauer Papyrus* (vgl. Abschnitt 1.1.5.2).

Diese Papyri zeigen, dass die Ägypter (wie die Babylonier mit dem Sexagesimalsystem) mit ihrem dekadischen System zur Darstellung natürlicher Zahlen (mit Hilfe von Hieroglyphen) eine gewisse arithmetische Kunstfertigkeit entwickelt hatten, die auch Produktbildungen möglich machte. Hier waren sie (wie die Babylonier) sowohl den späteren Griechen (die kein dem babylonischen oder dem ägyptischen vergleichbares symbolisches Zahlendarstellungssystem besaßen) als auch den späteren Römern (mit deren schwerfälligem Buchstaben-System) überlegen. Besondere Beachtung verdient die ägyptische Darstellung von Bruchteilen mit Hilfe von *Stammbrüchen*, auf die wir in Abschnitt 7.5.2 eingehen werden.

3.3.3   Hatten Babylonier und Ägypter schon einen „Zahlbegriff"?

Wie die archäologischen Funde belegen, konnten Babylonier und Ägypter wohl mit ihren „Zahlensystemen" und Methoden schon recht erfolgreich „rechnen", und das nicht nur „ganzzahlig", sondern auch mit Bruchteilen: die Babylonier mit Hilfe der *Sexagesimaldarstellung von Bruchteilen*, wie wir es in Abschnitt 3.3.1.2 bei *Yale YBC 7289* und in Abschnitt 3.3.1.3 bei *Plimpton 322* gesehen haben, und die Äygypter mit ihrem ausgefeilten System der „Stammbrüche", die wir in Abschnitt 7.5.2 betrachten.

Und sowohl die Babylonier als auch die Ägypter verwendeten beispielsweise bereits bei der Berechnung des Kreisflächeninhalts Näherungswerte für π (3,16 bei den Ägyptern und 3 bzw. $3\,^1/_8$ bei den Babyloniern).[221] Gleichwohl ist uns nicht überliefert, ob sie ein „Zahlenverständnis" besaßen und wie dieses ggf. beschaffen war. So schreibt GERICKE:

> Wir müssen den Babyloniern zubilligen, daß sie gewußt haben, daß ihre Werte nicht genau waren und daß man die Genauigkeit unter Umständen verbessern kann. Von der Frage, ob es eine „Zahl" gibt, die den Faktor, mit dem man die Quadratseite multiplizieren muß, um die Diagonale zu erhalten, genau darstellt, ist in den überlieferten Texten nicht die Rede. Leider wissen wir nicht, was die Lehrer außer den niedergeschriebenen Texten noch mündlich erörterten.

GERICKE fährt im anschließenden Abschnitt mit dem Titel „Bemerkungen zum vorgriechischen Zahlbegriff" fort:

---

[220] [BECKER & HOFMANN 1951, 18]; Hervorhebungen nicht im Original; betr. „freie Wissenschaft" vgl. das Zitat zu Fußnote 225 auf S. 124.
[221] [GERICKE 1970, 14] bzw. [GERICKE 1970, 17]. Alle weiteren Zitate zu GERICKE ebd. S.17 ff.

Wenn auch die Frage, was eine Zahl ist, nicht ausdrücklich gestellt wurde, so lässt sich doch aus manchen Anzeichen erschließen, als was eine Zahl aufgefaßt wurde. Noch im Griechischen und Lateinischen werden einige Zahlwörter dekliniert wie Adjektive. Das deutet darauf hin, daß man die Zahl als eine Eigenschaft der gezählten Dinge ansah.

Es wird uns vermutlich schwer fallen, eine „Zahl" als eine an ein zu zählendes Ding gebundene Eigenschaft zu „begreifen", möglicherweise, weil wir schon frühzeitig anders sozialisiert worden sind? GERICKE gibt hierzu Beispiele an:

> Manchmal wurden auch für verschiedenartige Dinge verschiedene Zahlwörter verwendet. Reste davon sind noch in unserer Sprache vorhanden. Man spricht (oder sprach bis vor kurzem) von einem Joch Ochsen, einem Paar Schuhe, einer Mandel Eier, einem Ries Papier.[222] Es ist schon eine Leistung der Abstraktion, die Zahl von den gezählten Gegenständen zu lösen.[223]

Immerhin gibt es Hinweise darauf, dass sowohl die Ägypter als auch die Babylonier die „Zahl" von den zu zählenden bzw. gezählten Dingen teilweise schon lösen konnten, worauf GERICKE mit einigen Beispielen hinweist, u. a.:

> Dazu gehören die Haufen-Rechnungen der Ägypter, z. B.: „Ein Haufen und sein 7 tel ist 19". Der „Haufen" ist dabei eigentlich nichts anderes als eine Zahl. [...]

> Bei den Babyloniern heißen zwei zueinander reziproke Zahlen *igû* und *igibû*, und es gibt Aufgaben, in denen nach solchen Zahlen gefragt wird, z. B. auf einem altbabylonischen Text, der sich in Berlin befindet [...]:

> „$1/_{13}$ der Summe von *igû* und *igibû* habe ich mit 6 multipliziert und vom *igû* abgezogen; es blieb 30"

Beide Aufgaben sind nicht ganzzahlig lösbar. Doch welcher „Zahlbegriff" lag hier vor? ULRICH FELGNER teilt dazu mit:[215]

> Die Babylonier und die Ägypter kannten die Zahlen als Figuren (um das Rechnen algorithmisch darstellen zu können), aber allem Anschein nach haben sie die Zahlen nicht als ideale Gegenstände aufgefaßt (etwa als endliche Mengen von mehr oder weniger abstrakten Einheiten, wie bei Platon und Euklid).

3.3.4   Pythagoreer: Größenverhältnisse als Proportionen

3.3.4.1   Pythagoreer: Mathematik als „freie Wissenschaft", als „Spiel des Geistes"

Wir wissen also nicht, welchen *Zahlbegriff* die Babylonier und Ägypter hatten, obwohl sie vor rund 4000 Jahren bereits erstaunliche Rechenkünste hatten und auch effektive Approximationsverfahren beherrschten.

Mehr wissen wir dagegen von den griechischen Philosophen, beginnend mit THALES VON MILET (624–548 v. Chr.) und PYTHAGORAS VON SAMOS (580–500 v. Chr.).

---

[222] 1 Joch Ochsen = 1 Gespann Ochsen, 1 Mandel Eier = 15 Eier, 1 Ries Papier = 500 Bogen Papier.
[223] Man vergleiche hierzu die Unterscheidung „konkrete Brüche" vs. „abstrakte Brüche" auf S. 270.

PYTHAGORAS gründete in Unteritalien einen Geheimbund: die nach ihm benannte Schule der „Pythagoreer", deren Blütezeit um 500 v. Chr. („ältere Pythagoreer") war und die bis in den Anfang des 4. Jahrhunderts v. Chr. bestand („jüngere Pythagoreer"), zuletzt in Metapont:

> Pythagoras von Samos wandert nicht lange nach der Mitte des 6. Jahrh. nach Kroton in Unter-italien aus, gründet dort eine religiös-philosophische Lebensgemeinschaft, die auch politische Bedeutung gewinnt, und stirbt um 500 v. Chr. Die Nachrichten über ihn sind [...] sehr spärlich; schon früh wird er zur mythischen Figur und seine persönlichen Leistungen sind von denen seiner Anhänger nicht zu trennen. Über dies berichtet ausführlicher erst Aristoteles: er bezeichnet sie als „die (Philosophen) von Italiens Küste, die ‚Pythagoreer' genannt werden."[224]

Den Pythagoreern geht es nicht vordergründig um „Anwendungen" (wie den Babyloniern und den Ägyptern), sondern um das, was in Kapitel 1 „Spiel des Geistes" genannt wurde, also – wie bereits in den Abschnitten 1.1.5.2 und 1.1.5.3 angesprochen – um eine *weniger auf Anwendung und Nützlichkeit gerichtete, sondern vielmehr stark philosophisch geprägte Mathematik*, wie wir u. a. von Berichten des Philosophen PROKLOS (412–485) wissen:[225]

> Und Proklos [...] berichtet, im wesentlichen, wenn auch nicht wörtlich [...]: Pythagoras gestaltete das Wissen um die Geometrie zu einer freien Lehre um. „Freie Lehre", das soll heißen: nicht nur Bestandteil der Erziehung des freien Griechen, sondern eine „<u>freie Wissenschaft</u>" im Sinne des Aristoteles [...], die lediglich um ihrer selbst willen getrieben wird. Es ist also hier die Geburts-stunde der reinen Mathematik, im Gegensatz zu aller vorgriechischen, zu praktischen oder <u>sakralen Zwecken</u> angewandten.[226]

> Pythagoras und seine Schüler haben dieses mathematische Wissen zugleich zur Grundlage ihrer philosophischen Weltauffassung gemacht: die <u>Zahl ist das Wesen der Welt</u>.

Hierin zeigt sich die bekannte pythagoreische Kurzformel *„Alles ist Zahl"*. Der Pythagoreer PHILOLAOS VON KROTON (ca. 470–399 v. Chr.) soll das wie folgt beschrieben haben:[227]

> Groß, allvollendend, allwirkend und göttlichen und himmlischen sowie menschlichen Lebens Urgrund und Führerin, im Gemeinschaft mit allem, ist die <u>Kraft der Zahl</u> und besonders der <u>Zehnzahl</u>. Ohne dies aber ist alles unbegrenzt und unklar und unsichtbar. Denn <u>erkenntnisspendend ist die Natur der Zahl</u> und führend und lehrend für jeden in jedem [...]

Die hier erwähnte „Zehnzahl" ist die „heilige *Tetraktys*" der Pytha-goreer, die auch in ihrer Musiktheorie eine Rolle spielte. Sie lässt sich symbolisch wie in Bild 3.8 darstellen, denn die „Zehn" ergibt sich wegen $1 + 2 + 3 + 4 = 10$ als „Vierheit" („Tetraktys") aus den ersten vier „Zahlen".

Bild 3.8: Tetraktys

---

[224] [BECKER & HOFMANN 1951, 46]

[225] [BECKER & HOFMANN 1951, 47 f.]; Unterstreichungen nicht im Original; betr. „freie Wissenschaft" vgl. das Zitat auf S. 122 zu Fußnote 220.

[226] Mit „sakralen Zwecken" scheint ein Widerspruch zum Aspekt „Spiel" von Kapitel 1 vorzuliegen. Aber PROKLOS behauptet hier nur, dass die „pythagoreische Mathematik" nicht sakralen Zwecken diente, während nach [HUIZINGA 1987] der Aspekt „Spiel" auch kultische Handlungen umfasst.

[227] [BECKER & HOFMANN 1951, 48]; Hervorhebungen nicht im Original.

3.3.4.2   Zum Zahlenverständnis der Pythagoreer — Eins ist keine „Zahl"!

Zwar tritt die „Eins" in der Tetraktys als „elementarer" und quasi generierender Punkt auf, jedoch ist sie im *Zahlenverständnis der Pythagoreer* nicht etwa eine „Zahl", sondern nur eine „Einheit", aus der sich die „Zahlen" (additiv oder summatorisch, wie wir heute sagen würden) zusammensetzen. GERICKE erläutert diese merkwürdig anmutende Auffassung und widmet der „Eins" sogar einen eigenen Abschnitt:[228]

> Wenn die Zahl nach Definition eine aus Einheiten bestehende Menge ist, so ist die Einheit selbst keine Zahl. Wir könnten vielleicht sagen: Das ist richtig, aber die Eins als die aus einer Einheit bestehende Menge ist eine Zahl. Diesen Unterschied zwischen einer Menge, die nur ein Element enthält, und diesem Element selbst – ein Unterschied, der Anfängern noch heute Schwierigkeiten macht – haben die Griechen anscheinend nicht erkannt. ARISTOTELES sagt ausdrücklich: „Die Eins ist keine Zahl" (οὐκ ἔστιν τὸ ἓν ἀριθμζ) [...]. Er erläutert das etwa so: Wie eine Maßeinheit der Anfang und die Grundlage (ἀρχή)[229] des Messens, aber selbst kein Maß ist, so ist die Eins die Grundlage des Zählens, der Ursprung der Zahl, aber selbst keine Zahl.

Zuvor merkt GERICKE in seinem Abschnitt „Die genetische Definition" mit Bezug auf den syrischen Geschichtsschreiber IAMBLICHOS von Chalkis (ca. 250–330) an:[230]

> Die Definition der Zahl als Zusammenfassung von Einheiten [...] schreibt Iamblichos dem Thales zu, der sie seinerseits von den Ägyptern gelernt habe. [...]

> Tatsächlich sind ja die ältesten Zahlendarstellungen stets Zusammenstellungen von Einheiten, nämlich von Kerben auf Tierknochen oder Eindrücken eines Griffels in eine Tontafel oder von Strichen. Auch hat man sicher schon früh Zahlen durch ausgelegte Steinchen ([...] *calculi*) dargestellt [...]

GERICKE weist anschließend darauf hin, dass bereits zur *„Zeit der Perserkriege"* die

> Begriffe „gerade Zahl" und „ungerade Zahl" geläufig waren und möglicherweise sogar schon Definitionen, die bei EUKLID so lauten: „Gerade ist eine Zahl, die sich halbieren lässt, und ungerade, die sich nicht halbieren lässt oder die sich um eine Einheit von einer geraden Zahl unterscheidet. [...]

Und er fährt passend zu Abschnitt 3.1 („Was ist eine Zahl?") fort:

> Nun ist es allerdings leichter, zu sagen, was eine gerade und was eine ungerade Zahl ist, als was eine Zahl ist, so daß also die Definition von gerade und ungerade älter sein könnte als die des Begriffes Zahl.

> Bei EUKLID lautet die Definition VII, 2: „Zahl ist die aus Einheiten zusammengesetzte Menge" [...].

> EUKLID hat auch nicht versäumt, vorher zu erklären, was Einheit ist (Def. VII, 1): „Einheit ist, wonach jedes Ding genannt wird."[231]

Und schließlich ist noch eine Sonderstellung der Eins zu beachten:[232]

---

[228] [GERICKE 1970, 29]
[229] Gelesen: „arché".
[230] [GERICKE 1970, 26]; für das griech. „Iamblichos" im Deutschen auch „Jamblichos", lateinisch „Jamblichus".
[231] [GERICKE 1970, 27]; Hervorhebungen nicht im Original.
[232] [GERICKE 1970, 30]

Jede Zahl außer 1 ist die Hälfte der Summe ihrer beiden Nachbarn; die 1 hat aber als Anfang der Zahlenreihe nur einen Nachbarn [...]. Noch auffallender ist, daß bei Multiplikation mit 1 jede Zahl, ja jeder algebraische Ausdruck, ungeändert bleibt [...]. In solchen Besonderheiten kann man eine sachliche Rechtfertigung dafür sehen, daß man die Definition der Zahl pedantisch genau nahm und die Eins nicht als Zahl anerkannte.

Ergänzend sei zur Sonderstellung der Eins noch angemerkt, dass das „eigentliche" Zählen erst bei „Zwei" beginnt (vgl. die Unterscheidung zwischen „e i n e m Mann" und „einem M a n n " auf S. 115).

3.3.4.3 „Alles ist Zahl"

Das *Zahlenverständnis der Pythagoreer*, wie es sich z. B. in der *arithmetica universalis* des berühmten Pythagoreers ARCHYTAS VON TARENT (428–365 v. Chr.) offenbart, *beschränkt sich also auf die mit* 2, 3, 4, ... *bezeichneten natürlichen Zahlen*, die als das *Wesen aller Dinge* angesehen wurden:

> **(3.1) Zahlenverständnis der Pythagoreer** (ARCHYTAS VON TARENT, 428–365 v. Chr.)
>
> **„Alles ist Zahl"**

Damit ist z. B. gemeint, dass sich „Größenverhältnisse" *(Proportionen)* durch „Zahlenverhältnisse" ausdrücken lassen. „Natürliche Zahlen" (größer als Eins) betrachten wir hier als „vorhandene" Objekte, mit denen wir „zählen" – wohl wissend, dass wir in der Mathematik eine Möglichkeit haben, diese zu *definieren*, was wir aber später erörtern und vorstellen werden.

Und über die vorseitigen Betrachtungen zur Eins hinaus sei ferner erwähnt, dass jedes „Zahlenverhältnis" auch ohne Verwendung der Eins darstellbar ist. Und damit ist für die Pythagoreer jedes „Größenverhältnis" ohne Verwendung der Eins darstellbar. *Größen* sind für uns vorläufig (in stark vereinfachter Sicht) beispielsweise Längen, Flächeninhalte, Volumina usw., und solche Größen lassen sich bekanntlich vergleichen, sofern sie vom gleichen Typ sind, falls es also „gleichartige" Größen sind, etwa Längenangaben wie z. B. „23 m". Die *Maßzahlen solcher Größen* – im Beispiel also „23" – sind aus heutiger Sicht *positive reelle Zahlen*, bei den Pythagoreern waren es zunächst (!) nur (natürliche) „Zahlen" (> 1).

Wir beachten nun, dass die Pythagoreer unsere Formelschreibweise mit Variablen usw. noch nicht kannten, sondern stattdessen nur eine umständliche verbale Notation verwendeten. Daher sei das pythagoreische Konzept der Proportionen – die sog. „*Proportionenlehre*" – nachfolgend *in heutiger Notation* skizziert: Sind a und b *gleichartige Größen*, so kann entschieden werden, ob $a < b$, $a = b$ oder $a > b$ gilt (genannt „*Trichotomie*", was „*Drei-Schnitt*" bedeutet). Ferner kann $a + b$ und im Falle von $b < a$ auch $a - b$ gebildet werden.

Da Größenverhältnisse durch *Zahlenverhältnisse der Maßzahlen* beschrieben wurden, ist nochmals zu beachten (s. o.), dass die Pythagoreer *in unserer Sichtweise* nur „positive" Größen kannten.

Ist m eine „Zahl" (im gerade beschriebenen pythagoreischen Sinn), und ist a eine Größe, so bedeute $m \cdot a$, oder kurz ma, die aus m Summanden bestehende Summe $a + a + \dots + a$.[233]

Größen müssen bekanntlich „gemessen" werden, wozu ein „Maß" (z. B. ein „Maßstab") erforderlich ist. Wir setzen „Maß" aus unserer Sicht im Sinne der Pythagoreer wie folgt fest:

(3.2) Definition

a und e seien gleichartige Größen.

e ist **Maß** für a :$\Leftrightarrow$ es existiert eine „Zahl" m mit $a = me$

Statt „e ist Maß für a" sagt man auch „a wird von e gemessen". Größen werden hier also nur „ganzzahlig" gemessen (bei me ist m die *Maßzahl*). So werden z. B. zwei Strecken der Länge 6 cm bzw. 9 cm im Sinne dieser Definition beide von der Größe 3 cm „gemessen", daher ist die Größe 3 cm ein *gemeinsames Maß* von 6 cm und 9 cm, aber auch 1 cm ist ein gemeinsames Maß; die Größe 3 cm ist damit ein *größeres gemeinsames Maß*:

(3.3) Definition

a, b und e seien gleichartige Größen.

e ist **gemeinsames Maß** für a und b :$\Leftrightarrow$ e ist Maß sowohl für a als auch für b

---

Wesentlich ist nun die folgende

(3.4) Grundüberzeugung der älteren Pythagoreer

Zu je zwei gleichartigen Größen existiert stets ein gemeinsames Maß.

Wegen der Ganzzahligkeit der *Maßzahlen* ergibt sich daraus dann sogar die Existenz eines *größten gemeinsamen Maßes* für je zwei gleichartige Größen. Da sich diese Überzeugung später als falsch erwies, nannte man zwei Größen in dem Fall, dass sie ein gemeinsames Maß besaßen, *kommensurabel* (also „gemeinsam messbar"), andernfalls jedoch *inkommensurabel* (EUKLID definiert dies so zu Beginn seines 10. Buches). Nun sind zwar diese Bezeichnungen an dieser Stelle im Rahmen unserer Vorgehensweise nicht sinnvoll, weil die erste (noch) nicht abgrenzend ist und die zweite (noch) inhaltsleer ist (so dass beide nicht „definierend" sind) – gleichwohl sei hier bereits vorab die *Entdeckung der Inkommensurabilität* angekündigt.

Das vorseitig unten genannte Beispiel der beiden Größen 6 cm (=: a) und 9 cm (=: b) mit dem gemeinsamen Maß 3 cm *würden wir heute* durch „a verhält sich zu b wie 2 zu 3" beschreiben können und könnten es abgekürzt als „$a : b = 2 : 3$" oder als $\frac{a}{b} = \frac{2}{3}$ notieren.

Dann würde also ein „Größenverhältnis" mit Hilfe eines „Zahlenverhältnisses" oder eines „Bruchs" beschrieben. Die Pythagoreer kannten aber keine Brüche, sondern nur (natürliche) „Zahlen" (> 1), wollten aber dennoch „Größenverhältnis" als „Zahlenverhältnis" beschreiben, wozu sie immerhin auf „ganzzahlige Vielfache" ma von Größen im Sinne von Definition (3.2) (und der zugrunde liegenden „Summenbildung" $a + a + \dots + a$) zurückgreifen konnten. Das führt unter „Umwidmung" des (bei der Taschenrechner-Division üblichen) Zeichens ÷ zu:

---

[233] Wir würden das heute *rekursiv* definieren (bzw. „iterativ", wie man es manchmal auch nennt). Wir lassen hier aber anachronistisch auch $1 \cdot a = a$ zu.

(3.5) Definition — Größenverhältnis

Für gleichartige Größen a und b mit einem gemeinsamen Maß e und Zahlen m und n gilt:

$$a \div b = m \div n \; :\Leftrightarrow \; a = me \; \wedge \; b = ne$$

Hier wird also ein (undefiniertes, symbolisches) „Größenverhältnis" $a \div b$ mit einem (ebenso undefinierten) „Zahlenverhältnis" $m \div n$ *verglichen*, wobei wir $a \div b = m \div n$ lesen als: „*a* verhält sich zu b wie m zu n". Genauer: Sogar der *gesamte Ausdruck* $a \div b = m \div n$ wird hier (unter Einschluss des „Gleichheitszeichens") als *neue symbolische Darstellung* definiert!

Wir beachten ferner, dass hier zunächst nur ein Größenverhältnis mit einem Zahlenverhältnis verglichen wird. In naheliegender Weise ergibt sich aber auch die Möglichkeit, *zwei Größenverhältnisse* (also zwei Paare von je zwei gleichartigen Größen) zu *vergleichen*:

(3.6) Definition — Verhältnisgleichheit („Proportion")

Es seien (a, b) und (c, d) zwei Paare jeweils gleichartiger Größen. Dann gilt:

$$a \div b = c \div d \; :\Leftrightarrow \; \text{es gibt Zahlen } m, n \text{ mit } a \div b = m \div n \wedge c \div d = m \div n.$$

„Paare jeweils gleichartiger Größen" bedeutet nur, dass die *„Partner" eines Paares jeweils gleichartige Größen* sind. So kann in Definition (3.6) etwa (a, b) das Paar von zwei Längen und (c, d) das Paar von zwei Volumina sein, so dass z. B. $3\,\mathrm{m} \div 5\,\mathrm{m} = 12\,\ell \div 20\,\ell$ gilt.

3.3.4.4 Wechselwegnahme und größtes gemeinsames Maß

Es stellt sich die Frage, wie man ein gemeinsames Maß oder sogar ein größtes gemeinsames Maß zweier gegebener gleichartiger Größen finden kann. Eine hierfür geeignete Methode ist die *Wechselwegnahme,* die von den Handwerkern viele Jahrhunderte vor der Inanspruchnahme durch die pythagoreische Mathematik zur vergleichenden Längenmessung benutzt wurde.

Der Altphilologe KURT VON FRITZ (1900–1985) schreibt hierzu:

> Wie müssen es die Pythagoreer angefangen haben, wenn sie das Verhältnis zwischen den Längen zweier gerader Linien finden wollten? Wieder war die Methode eine alte, die viele Jahrhunderte vor dem Beginn der griechischen Philosophie und Wissenschaft den Handwerkern als Faustregel bekannt war, nämlich die „Methode der Wechselwegnahme", durch die man das größte gemeinsame Maß findet.[234]

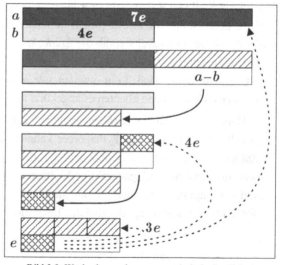

---

[234] [v. FRITZ 1964, 295]

Bild 3.9: Wechselwegnahme – exemplarisch visualisiert

Bemerkenswert ist hier kulturhistorisch, dass ein primär auf Nutzen und praktische Anwendung (durch Handwerker) gerichtetes Verfahren in eine nicht auf „Nutzen" gerichtete, spielerische, quasi „virtuelle" geistige Rolle (in der Mathematik) schlüpft (vgl. Abschnitt 1.1).

Die Wechselwegnahme sei zunächst anhand von Bild 3.9 erläutert: Es seien zwei Holzstangen der zu messenden Längen a und b gegeben, und a sei die größere Länge. Dann *nehme man die kürzere* Stange (hier b) durch Anlegen an die längere (hier a) *so oft wie möglich von der längeren weg* (also hier von a und in diesem Fall genau einmal). Das ergibt ein neues Paar von „gedachten Stangen" mit den Längen b und $a-b$, wobei jetzt $b > a-b$ gilt. Auf dieses neue Stangenpaar wende man dasselbe Verfahren an. Im Beispiel von Bild 3.9 kann man im letzten Schritt die dann kleinere (gedachte) „Stange" der Länge e dreimal von der längeren *ohne Rest* wegnehmen, so dass man rückwirkend $b = 4e$ und $a = 7e$ erhält. Diese Wechselwegnahme ist (als ein „wechselseitiges Wegnehmen") ein **Algorithmus**:

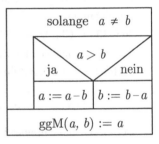

Bild 3.10: Struktogramm
für die Wechselwegnahme

(3.7) Bezeichnung

Es seien a, b zwei gleichartige Größen.

Die **Wechselwegnahme** von (a, b) ist der Algorithmus, der durch das Struktogramm in Bild 3.10 gegeben ist.

Falls der Fall $a = b$ eintritt (wenn die Wechselwegnahme also abbricht und der Algorithmus damit terminiert), dann liefert die Wechselwegnahme offenbar das *größte gemeinsame Maß*, das hier mit $\mathrm{ggM}(a, b)$ bezeichnet sei.

Nun besaßen in der Sicht der älteren Pythagoreer zwei gleichartige Größen wegen ihrer **Grundüberzeugung** (S. 127) *stets* ein *gemeinsames Maß* und damit also auch ein *größtes gemeinsames Maß*, so dass es für sie selbstverständlich war, dass (aus unserer Sicht im Umkehrschluss) die Wechselwegnahme stets abbricht – etwas anderes konnten sie sich offenbar gar nicht vorstellen, denn andernfalls wäre ja „nicht alles Zahl"! Damit können wir die Grundüberzeugung der Pythagoreer (ihr „Credo") aus heutiger Sicht auch wie folgt darstellen:

(3.8) Folgerung — Grundüberzeugung der Pythagoreer **in anderer Formulierung**

Weil (!) zwei gleichartige Größen stets ein gemeinsames Maß besitzen,
bricht deren Wechselwegnahme stets ab.

Wenn wir hier das *„weil"* durch ein *„wenn"* ersetzen und das „stets" an beiden Stellen weglassen, erhalten wir einen üblichen mathematischen Satz (als Deutung des Algorithmus in Bild 3.10):

- *„Wenn zwei gleichartige Größen ein gemeinsames Maß besitzen, dann bricht deren Wechselwegnahme ab."*

Bricht umgekehrt die Wechselwegnahme ab, so liefert sie – wie bereits erörtert – ein gemeinsames Maß, das also dann existiert, und so erhalten wir:

> **(3.9) Satz**
>
> Zwei beliebige gleichartige Größen besitzen genau dann ein gemeinsames Maß,
> wenn ihre Wechselwegnahme abbricht.

Dieser Satz ist unabhängig davon gültig, dass sich die Grundüberzeugung (3.8) später nach
Entdeckung der Inkommensurabilität als falsch erwies. Aus dem Struktogramm der Wechselwegnahme in Bild 3.11 erkennen wir ferner unmittelbar:

> **(3.10) Folgerung**
>
> Sind a, b gleichartige Größen, so gilt:
>
> (1) $\mathrm{ggM}(a, b) = \mathrm{ggM}(b, a)$ (2) $a > b \;\Rightarrow\; \mathrm{ggM}(a, b) = \mathrm{ggM}(a - b, b)$

Die Wechselwegnahme kennen wir auch heute noch, und zwar in der Zahlentheorie unter der
Bezeichnung *„euklidischer Algorithmus"* (benannt nach EUKLID von Alexandria, der etwa
365–300 v. Chr. lebte). Dies ist das Verfahren zur Berechnung des größten gemeinsamen Tei-
lers zweier natürlicher Zahlen (ggT), bei dem man in jedem Schritt ein möglichst großes
Vielfaches der einen Zahl von der anderen subtrahiert – also als Wechselwegnahme!

3.3.4.5   *Pythagoreische Mittelwerte und babylonischer Approximationsalgorithmus*

Der Geschichtsschreiber IAMBLICHOS von Chalkis (ca. 250 bis ca. 330) berichtet, dass PYTHA-
GORAS von seinen Reisen nach Mesopotamien die Kenntnis der drei „stetigen Proportionen"
und der „musikalischen Proportion" mitgebracht habe, die schon die Babylonier kannten.
Hiermit im Zusammenhang steht die Untersuchung von **Mittelwerten** *(Mediäteten): arithme-*
tisches, geometrisches und harmonisches Mittel. Diese Mittelwerte wurden (wie andere Mittelwerte, vgl. [HISCHER 2002 b; 2003 a]) durch Verhältnisgleichheiten definiert (also durch
„Proportionen", wie sie in Abschnitt 3.3.4.3 – „Alles ist Zahl" – eingeführt wurden):

> **(3.11) Definition**
>
> Es seien x, y und m gleichartige Größen mit $x < m < y$. Dann gilt:
>
> m ist **arithmetisches Mittel** von x und y $:\Leftrightarrow$ $(m - x) \div (y - m) = x \div x$
>
> m ist **geometrisches Mittel** von x und y $:\Leftrightarrow$ $(m - x) \div (y - m) = x \div m$
>
> m ist **harmonisches Mittel** von x und y $:\Leftrightarrow$ $(m - x) \div (y - m) = x \div y$

Wir beachten den systematischen Aufbau der drei Gleichungen: Die linken Seiten bleiben unverändert, ebenso die „Zähler" auf den rechten Seiten der Gleichungen, während die „Nenner"
auf den rechten Seiten der Gleichungen von oben nach unten wachsen. (Man möge sich bei
Bedarf die drei definierenden Gleichungen „modern" mittels Bruchschreibweise notieren!)
Diese Mittelwerte von x, y sind als Lösungen der drei Gleichungen jeweils eindeutig bestimmt, und wir bezeichnen sie der Reihe nach sinnfällig wie folgt: $A(x,y)$, $G(x,y)$, $H(x,y)$.

Aufgabe 3.2

(a) Ermitteln Sie mit Hilfe der Wechselwegnahme die größten gemeinsamen Maße:

$$\text{ggM}(8{,}4;\ 18{,}9), \qquad \text{ggM}(\tfrac{13}{30}; \tfrac{5}{42}) \qquad \text{(aus einer Klassenarbeit für eine 9. Klasse)}$$

(b) Verifizieren Sie, dass für beliebige gleichartige Größen x, y mit $x < y$ gilt:

(1) $A(x,y) = \dfrac{x+y}{2}$, $\quad G(x,y) = \sqrt{xy}$, $\quad H(x,y) = \dfrac{2xy}{x+y}$

(2) $A(x,y) \cdot H(x,y) = xy = \big(G(x,y)\big)^2$, $\ G(A(x,y), H(x,y)) = G(x,y)$, $\ \dfrac{x}{A(x,y)} = \dfrac{H(x,y)}{y}$

Die drei Gleichungen in (b.2) sind äquivalent. Deren letzte kannten bereits die Pythagoreer, sie hatten diese Gleichung von den Babyloniern als „*musikalische Proportion*" übernommen, denn sie lässt sich wie folgt harmonisch deuten: Man stelle vier auf denselben Grundton gestimmte Monochorde M_1, M_2, M_3 und M_4 nebeneinander mit jeweils derselben Saitenlänge x auf. Greift man nun bei M_1 die Länge $y := \tfrac{x}{2}$ ab, bei M_2 die Länge $A(x,y)$, bei M_3 die Länge $H(x,y)$, und schlägt man die vier Saitenabgriffe (M_4 bleibt in voller Länge!) in der Reihenfolge $M_1 - M_2 - M_3 - M_4$ nacheinander als „Arpeggio" an, so erklingt eine „Kadenz": $M_1 - M_2$ bilden hierbei dasselbe Intervall wie $M_3 - M_4$, nämlich jeweils eine Quinte.

Aufgabe 3.3

Den Babyloniern war inhaltlich bereits folgende sog. „*babylonische Ungleichungskette*" bekannt, auf der ihr Approximationsalgorithmus für Quadratwurzeln beruht ($y := \tfrac{x}{2}$):

$$x \leq y \Rightarrow x \leq H(x,y) \leq G(x,y) \leq A(x,y) \leq y$$

Beweisen Sie diese Ungleichungskette rechnerisch durch algebraische Umformung und elementargeometrisch anhand der Figur in Bild 3.11!

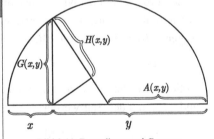

Bild 3.11: Darstellung nach PAPPUS VON ALEXANDRIA (3. Jh. n. Chr.)

Daraus ergibt sich der babylonische Algorithmus für die Approximation von Quadratwurzeln, formuliert in heutiger Notation von einem naiven Kenntnisstand der reellen Zahlen aus: Es seien $x_0, y_0 \in \mathbb{R}^+$ mit $x_0 < y_0$ gegeben, und es werden rekursiv drei Folgen erklärt:

$$x_{n+1} := H(x_n, y_n), \quad y_{n+1} := A(x_n, y_n), \quad z_{n+1} := G(x_n, y_n)$$

Es folgt dann: $x_0 < x_1 < x_2 < \ldots < x_n < \ldots z_1 = z_2 = \ldots z_n = \ldots < y_n < \ldots y_2 < y_1 < y_0$.
Hierin erkennen wir die in Bild 3.12 angedeutete *Intervallschachtelung*, und nun lässt sich der in Abschnitt 3.3.1.2 dargestellten Approximation bei Yale YBC 7289 numerisch nachspüren.[235]

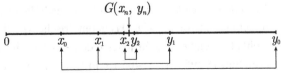

Bild 3.12: babylonische Intervallschachtelung

---

[235] Vgl. [HISCHER & SCHEID 1982] und [HISCHER 1998; 2002b; 2003a; 2004a].

3.3.4.6 Babylonischer Algorithmus und Heron-Verfahren

Wir betrachten den babylonischen Algorithmus etwas genauer. Zunächst beachten wir, dass das Gleichheitszeichen in der Ungleichungskette von Aufgabe 3.3 nur für $x = y$ gilt, also:

$$x < y \Rightarrow x < H(x,y) < G(x,y) < A(x,y) < y \tag{3.3-4}$$

Daraus erhalten wir den babylonischen Algorithmus wie folgt, indem wir alles nun gleich aus heutiger Sicht für positive reelle Zahlen x, y interpretieren: Es sei ein $a \in \mathbb{R}^+$ gegeben und ein Approximationswert für $\sqrt{a}$ gesucht. Ferner sei eine multiplikative Zerlegung von a gemäß $a = xy$ (und damit also $G(x,y) = \sqrt{a}$) mit $x, y \in \mathbb{R}^+$ und $x < \sqrt{a} < y$ gegeben. Eine solche multiplikative Zerlegung lässt sich stets finden: Ist nämlich $a > 1$, so kann man offenbar z. B. $x := 1$ und $y := a$ wählen, und für den Fall $a < 1$ wähle man $x := a$ und $y := 1$. Es folgt mit Aufgabe 3.2.b.2 und mit (3.3-4):

$$A(x,y) \cdot H(x,y) = \left(G(x,y)\right)^2 \tag{3.3-5}$$

$$x < H(x,y) < \underset{= \sqrt{a}}{G(x,y)} < A(x,y) < y \tag{3.3-6}$$

Das bedeutet: Aus einer bereits vorliegenden „Einschachtelung" $x < \sqrt{a} < y$ erhalten wir eine neue, bessere mit Hilfe des harmonischen *und* des arithmetischen Mittels, während das geometrische Mittel $G(x,y)$ „stabil" und unverändert bleibt, nämlich $G(x,y) = \sqrt{a}$. Und diesen Prozess können wir offensichtlich iterativ *ad infinitum* fortsetzen. So erhalten wir die bereits auf der vorigen Seite erwähnte *Intervallschachtelung*, denn aus (3.3-6) ergibt sich wegen $-H(x,y) < -x$ mit $A(x,y) = \frac{x+y}{2}$ für alle $x, y \in \mathbb{R}_+$:

$$0 < A(x,y) - H(x,y) < A(x,y) - x = \tfrac{1}{2}(y - x) \tag{3.3-7}$$

Notieren wir diesen Prozess in Folgenschreibweise für zwei rekursiv definierte Folgen $\langle x_n \rangle$ und $\langle y_n \rangle$ mit den Startwerten $x_0 := x$ und $y_0 := y$ gemäß

$$x_{n+1} := H(x_n, y_n) \text{ und } y_{n+1} := A(x_n, y_n), \tag{3.3-8}$$

so erhalten wir mittels vollständiger Induktion aus (3.3-7)

$$y_n - x_n < \frac{y_0 - x_0}{2^n} \text{ für alle } n \in \mathbb{N}. \tag{3.3-9}$$

Wählt man als Startwerte, wie bereits oben dargestellt, $x := 1$ und $y := a$ für den Fall $a > 1$ und andernfalls $x := a$ und $y := 1$, so gilt wegen (3.3-5)

$$G(x_n, y_n) = \sqrt{a} \text{ für alle } n \in \mathbb{N}. \tag{3.3-10}$$

Der **babylonische Algorithmus** konvergiert somit. Wesentlich hierfür sind sowohl die *babylonische Ungleichungskette* (3.3-4) als auch die *musikalische Proportion* aus Aufgabe 3.2.b.2 in der Gestalt von (3.3-5). Das geometrische Mittel wird hierbei zwar nicht wirklich benötigt, wohl aber zeigt es uns für jedes n den zu approximierenden *Kern* der Intervallschachtelung an (vgl. Satz (8.105.V4), S. 405 f.). In Bild 3.12 wird diese Situation visualisiert. Zugleich liefert und das geometrische Mittel in bekannter Weise zwei Startwerte für den Algorithmus:

Um $\sqrt{a}$ für ein $a \in \mathbb{R}^+$ mit $a > 1$ zu approximieren, wähle man, wie schon erwähnt, $x_0 := 1$ und $y_0 := a$. Wegen $G(x,y) = \sqrt{xy}$ (Aufgabe 3.2.b.1) und (3.3-10) ist $x_n y_n = a$, und mit (3.3.8) erhalten wir:

$$y_{n+1} = \tfrac{1}{2}\left(y_n + \frac{a}{y_n}\right) \tag{3.3-11}$$

Der somit *entschachtelte babylonische Algorithmus* wird gemäß [BOYER 1968, 31] auch nach

3.3.5   Die Entdeckung der Irrationalität

3.3.5.1   Das Pentagramm der Pythagoreer

Bild 3.13 zeigt das Erkennungszeichen der Pythagoreer: ein *Penta-gramm*. Dieses entsteht aus einem *regelmäßigen Fünfeck*[236], dessen fünf Seiten nach außen bis hin zu den Schnittpunkten verlängert werden. Da sich diese Figur andererseits ohne Absetzen in einem Zuge zeichnen lässt, war sie für die Pythagoreer von geheimnisvoller Bedeutung.

Bild 3.13:
Pentagramm
bzw. Pentalpha

Sie nannten die Figur auch *Pentalpha*, weil das große griechische A („alpha") fünfmal erkennbar ist. Die magische Bedeutung des Penta-gramms hat sich bis in die Neuzeit erhalten, und so gilt dieses Zeichen im deutschen Sprachraum z. B. unter der Bezeichnung *Drudenfuß* als Symbol zur Abwehr von bösen Geistern, wie etwa in Goethes *„Faust I"*, Szene im Studierzimmer (siehe Bild 3.14):

Bild 3.14:
Pentagramma
im Faust I

Mephisto:	Gesteh ichs nur! Daß ich hinausspaziere,
	verbietet mir ein kleines Hindernis:
	Der Drudenfuß auf Eurer Schwelle —
Faust:	Das Pentagramma macht dir Pein?
	Ei, sage mir, du Sohn der Hölle,
	Wenn das dich bannt,
	wie kamst du dann herein?
	Wie ward ein solcher Geist betrogen?
Mephisto:	Beschaut es recht! Es ist nicht gut gezogen;
	Der eine Winkel, der nach außen zu,
	Ist, wie du siehst, ein wenig offen.

Bild 3.15:
Pentagon

Verbindet man die Sternspitzen des in Bild 3.13 zu sehenden Penta-gramms, so entsteht ein *regelmäßiges Fünfeck* (Bild 3.15), das die Pytha-goreer *Pentagon* („fünf Winkel") nannten. Dessen Diagonalen bilden die Ausgangsfigur, also das Pentagramm, und im Inneren entsteht – als Schnittfigur – ein neues, kleineres regelmäßiges Fünfeck.

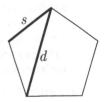

Bild 3.16:
Seite und
Diagonale
im Pentagon

---

[236] Es hat gleich große Innenwinkel und gleich lange Seiten.

Im Jahre 1945 publizierte der Altphilologe KURT VON FRITZ aufgrund einer historischen und philologischen Analyse die *Vermutung*, der Pythagoreer HIPPASOS VON METAPONT habe ca. 450 v. Chr. entdeckt, dass *Seite und Diagonale des regelmäßigen Fünfecks kein gemeinsames Maß* besitzen,[237] was zur Folge hätte, dass mit den Bezeichnungen von Bild 3.16 gemäß Definition (3.5) die *Proportion* $d \div s = m \div n$ *für keine „Zahlen"* m, n *erfüllt* ist.

Wir können das wie folgt notieren:

$$\text{Für alle „Zahlen"} \quad m, n \quad \text{gilt:} \quad \frac{d}{s} \neq \frac{m}{n}$$

Wenn aber diese beiden Strecken kein gemeinsames Maß haben, wird die Grundüberzeugung der älteren Pythagoreer (S. 127) und damit die Vorstellung einer stets gegebenen *Kommensurabilität* hinfällig: Die *Irrationalität* wäre damit entdeckt worden.

Wir folgen dieser These zunächst „spielerisch", ergänzen dann aber im Abschnitt 3.3.5.8 die nachfolgenden Betrachtungen durch einen kritischen Rückblick und weisen schon an dieser Stelle darauf hin, dass gemäß [FELGNER 2020 b, 4 ff.] HIPPASOS die Irrationalität wohl (auch) am Verhältnis von Seite und Diagonale eines Quadrats und damit also an $\sqrt{2}$ entdeckt haben könne (siehe auch S. 143).

3.3.5.2   *Hippasos von Metapont und das Pentagon*

Bevor wir zu den Konsequenzen kommen, entsteht gewiss die spannende Frage, wie HIPPASOS angeblich feststellen konnte, dass Seite und Diagonale im regelmäßigen Fünfeck, dem Pentagon, kein gemeinsames Maß besitzen, und warum er überhaupt das Pentagon untersucht hat. Dazu werfen wir zunächst einen Blick in einige verfügbare, HIPPASOS betreffende historische Kommentare.

So fanden die Analysen von V. FRITZ Eingang 1951 in die 'Geschichte der Mathematik' von BECKER und HOFMANN, die dort mit Bezug auf den Dialog „Theätet" von PLATON schreiben:[238]

> [...] das fiktive Datum der Szene ist das Todesjahr des Sokrates, 399. Theodorus von Kyrene, der Platons eigener Lehrer der Mathematik gewesen ist, hat demnach gegen 430 „geblüht". Von diesem wird nun im Dialog erzählt, er habe die Irrationalität aller Quadratzahlen bis zu der aus 17 bewiesen. Die Wurzel aus 2 wird nicht genannt, offenbar deshalb nicht, weil ihre Irrationalität bereits vorher, also erheblich vor 430 bewiesen war.

> Mit dieser Feststellung kann man die Nachricht zusammenstellen, daß Hippasos (um 450) für den Verrat des Geheimnisses der <u>Konstruktion des Dodekaeders</u> und der <u>Entdeckung der Inkommensurabilität</u> aus dem pythagoreischen Bunde ausgestoßen wurde und <u>im Meer umgekommen</u> sei. Der Untergang bei einem Schiffbruch wird dahin gedeutet, „daß alles Unausgesprochene (*alogon*) und Unsichtbare (*aneideon*) sich zu verbergen liebt. [...]" [...].

SIEGFRIED HELLER schreibt unter Verweis auf den bereits erwähnten syrischen Geschichtsschreiber IAMBLICHOS von Chalkis (ca. 250–330), einen Neuplatoniker:[239]

---

[237] [V. FRITZ 1945] (englische Originalfassung); deutsche Übersetzung in [V. FRITZ 1965].

[238] [BECKER & HOFMANN 1951, 56 f.]; unterstreichende Hervorhebungen nicht im Original.

[239] [HELLER 1965, 320]; unterstreichende Hervorhebungen nicht im Original. Zu Iamblichos siehe auch S. 125.

Die uns zugänglichen Berichte über die erste <u>Entdeckung der Irrationalität</u> [...] machen [...] einen durchaus glaubwürdigen Eindruck. Die Überlieferung ist aber auch mit legendenhaftem Beiwerk geschmückt – ein Zeichen dafür, welch ungeheures Aufsehen seinerzeit das Bekanntwerden der Entdeckung hervorgerufen haben muß.

Als erster Entdecker des Irrationalen wird ein Philosoph pythagoreischer Prägung, H i p p a s o s mit Namen, bezeichnet. Er könnte nach den Angaben sogar noch ein unmittelbarer Schüler von P y t h a g o r a s gewesen sein. [...]

I a m b l i c h o s [...] berichtet [...], H i p p a s o s habe „zuerst die <u>aus zwölf Fünfecken zusammenge-setzte Kugel</u> öffentlich beschrieben und sei deshalb als ein Gottloser im Meere umgekommen". Ferner habe er „als erster das Wesen der Messbarkeit und Unmessbarkeit an Unwürdige verraten".

Bereits 1945 weist V. FRITZ auf diese „Legendenhaftigkeit" hin (vgl. [V. FRITZ 1965, 275]):

[...] die bei Jamblichus berichtete Geschichte, Hippasos sei im Meer ertrunken, und das sei eine Strafe der Götter gewesen, weil er die geheimen mathematischen Lehren der Pythagoreer veröffent-licht habe.

HIPPASOS muss also eine für den Geheimbund der Pythagoreer ganz schreckliche Entdeckung gemacht haben, indem er sich mit der „*aus zwölf Fünfecken zusammengesetzten Kugel*" befasst hat, dem *Dodekaeder* (Bild 3.17), einem der fünf Platonischen Körper, und wobei er hierbei frevelhafterweise das Geheimnis der Konstruktion dieses Dodekaeders verraten hat. Aber damit nicht ge-nug:

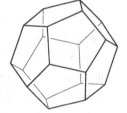

Bei der Beschäftigung mit den 12 Pentagonen, aus denen das Dode-kaeder (= „Zwölfflächner") besteht, muss ihm ein Licht aufgegangen sein, welches die *Grundüberzeugung* der pythagoreischen Lehre (siehe S. 127) erschütterte und wofür er dann von den Göttern mit dem Tod durch Schiffuntergang bestraft worden sei.

Bild 3.17: Dodekaeder

Es bleibt die Frage, was HIPPASOS veranlasst haben mag, ein Dodekaeder zu betrachten. [V. FRITZ 1965, 294 f.] bietet dafür eine plausible Erklärung:

Daß Hippasos sich für das Dodekaeder, und zwar insofern, als es eine „aus 12 regelmäßigen Fünf-ecken bestehende Kugel" darstellt, interessierte, ist sehr wahrscheinlich. Denn regelmäßige Dodeka-eder kamen in Italien als Naturprodukte in Form von Schwefelkieskristallen vor. Bei dem Interesse der Pythagoreer an geometrischen Formen müssen diese Kristalle zweifellos ihre Aufmerksamkeit auf sich gelenkt und den Wunsch geweckt haben, diese Form mathema-tisch zu untersuchen.

Schwefelkies (FeS_2, „Pyrit", auch „Eisenkies" oder „Katzengold" ge-nannt) dient zur Herstellung von Schwefelsäure und Eisen und kris-tallisiert in Form von Dodekaedern oder Würfeln.

Bild 3.18 zeigt einen solchen Pyrit-Kristall, gefunden auf der Insel Elba (Toskana, Italien).

Bild 3.18:
Pyrit-Kristall

3.3.5.3   Wechselwegnahme bei Diagonale und Seite im regelmäßigen Fünfeck

Der „Lösungsweg" von HIPPASOS deutet sich bereits in Bild 3.15 in Verbindung mit Bild 3.16 an: nämlich die Anwendung der Wechselwegnahme auf Seite und Diagonale des Pentagons:[240]

> Die Verbindung von Dodekaederkonstruktion und Irrationalität kann man so deuten, daß Hippasos am Fünfeck, d. h. an der stetigen Teilung, die Inkommensurabilität von Fünfeckseite und -diagonale entdeckt hat (K. v. Fritz). In der Tat ergibt das sog. Euklidische Teilerverfahren, die „Wechselweg-nahme" (*antaneiresis* oder *anthyphairesis*), ein sicher altes, wohl ursprünglich auf den Gebrauch der Meßschnur zurückgehendes Verfahren [...], das einer Kettenbruchentwicklung äquivalent ist.

Bild 3.19 ist aus Bild 3.15 lediglich durch Hervorhebung und Benennung einiger Seiten nebst zusätzlicher Einzeichnung und Benennung einer Diagonalen im inneren Fünfeck entstanden. Aus Symmetriegründen liegt jede Diagonale parallel zu „ihrer" gegenüberliegenden Seite, und daher enthält die Figur fünf Parallelogramme, wobei jede Seite s zu zwei dieser Parallelogramme gehört. Wendet man nun die Wechselwegnahme gemäß Bezeichnung (3.7) von S. 129 auf Diagonale und Seite eines Pen-

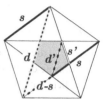

s d d' s' s $d-s$

Bild 3.19:
Wechselwegnahme
am Pentagon

tagons an, beginnend mit dem Paar (d, s) in Bild 3.19, so ergibt sich zunächst $(d, s) \mapsto (s, d - s)$ und dann:

$$(s, d - s) \mapsto (d - s, s - (d - s)) = (d', s - d') = (d', s')$$

Insgesamt folgt:

$$\text{ggM}(d, s) = \text{ggM}(d - s, s) = \text{ggM}(s - (d - s), s) = \text{ggM}(d', s')$$

Im Prozess der Wechselwegnahme ergibt sich also *nach den ersten beiden Schritten* aus der Diagonalen und der Seite des Ausgangspentagons die Diagonale und die Seite des inneren Pentagons. Bild 3.20 visualisiert, dass dieser Prozess nicht abbrechen kann, weil jedem Pentagon durch Einzeichnen der Diagonalen „sein" inneres Pentagon zugeordnet wird, womit also eine *nichtabbrechende Figurenfolge* entsteht.

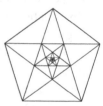

Bild 3.20:
nichtabbrechende
Figurenfolge

Das bedeutet, dass der Algorithmus „Wechselwegnahme" – angewendet auf Diagonale und Seite eines beliebigen Pentagons – stets nicht abbricht. Wegen der Folgerung (3.8) auf S. 129 **Grundüberzeugung** und Satz (3.9) können damit *Diagonale und Seite eines beliebigen Pentagons kein gemeinsames Maß* besitzen, was weiterhin zur Folge hat, dass sich die *Grundüberzeugung der Pythagoreer* (S. 127) als falsch erweist: *„Alles ist Zahl"* ist also *bei dem zugrundeliegenden Zahlenverständnis nicht haltbar* (gewesen).

Damit haben wir folgenden Satz „entdeckt" und soeben bereits bewiesen: Würden Seite und Diagonale ein gemeinsames Maß besitzen, so müsste die Wechselwegnahme abbrechen.

(3.12) Satz (möglicherweise HIPPASOS von Metapont zuzuschreiben, ca. 450 v. Chr.)
In jedem regelmäßigen Fünfeck besitzen Seite und Diagonale kein gemeinsames Maß.

---

[240] [BECKER & HOFMANN 1951, 57]; auf die hier erwähnte „stetige Teilung" und die „Kettenbruchentwicklung" gehen wir kurz auf S. 144 ein, auf Letztere etwas ausführlicher in Abschnitt 7.5.3.

Damit brach die pythagoreische Proportionenlehre zusammen, und es kam zur *„Grundlagen-krise" der pythagoreischen Mathematik*. Die Pythagoreer spalteten sich daraufhin gemäß [HELLER 1965, 323] in zwei Gruppen: die Anhänger der alten Lehre, *„die auf des Meisters Wort schwören"*, genannt ἀκουσματικοί (*akousmatikoi*, die „Akusmatiker", die nur „hörend" teilnehmen, vgl. „Akustik"), und die *„Neuerer"*, die mit HIPPASOS von der Existenz *irrationaler Zahlen* überzeugt waren, genannt μαθηματικοί (*mathematikoi*, die „Mathe-matiker", von *mathema* für „Wissenschaft"). Die *Mathematiker* sind also die „dem Neuen Aufgeschlossenen" – im Gegensatz zu den „autoritätsgläubigen" Akusmatikern.

3.3.5.4 Inkommensurabilität und Konsequenzen für die Verhältnisgleichheit

Die schon auf S. 127 angekündigten Bezeichnungen „kommensurabel" und „inkommensura-bel" sind nunmehr gerechtfertigt, und sie können wie folgt definiert werden:

(3.13) Definition

Es seien a und b gleichartige Größen.

* a und b sind **kommensurabel** $\quad :\Leftrightarrow\quad$ die Wechselwegnahme von (a, b) bricht ab
* a und b sind **inkommensurabel** $\quad :\Leftrightarrow\quad$ a und b sind nicht kommensurabel

---

Anders: Zwei gleichartige Größen sind genau dann inkommensurabel, wenn ihre Wechsel-wegnahme nicht abbricht. Sie besitzen dann – im Gegensatz zu kommensurablen Größen – kein gemeinsames Maß (vgl. S. 127) und damit auch kein „Verhältnis".

Die Entdeckung der Inkommensurabilität löste bei den Pythagoreern einen Schock aus, von dem man sich aber durch einen genialen Kunstgriff erholte. KURT V. FRITZ schreibt:[241]

> Die Ausdehnung der Proportionenlehre auf inkommensurable Größen erforderte eine völlig neue Auffassung von Verhältnis und Proportion und ein neues Kriterium, um zu bestimmen, ob zwei Paare von Größen, die inkommensurabel sind, denselben λόγοσ haben.[242] Die frühe Lösung dieses Problems ist äußerst scharfsinnig. Anstatt das Ergebnis des Prozesses der Wechselwegnahme zum Kriterium der Proportionalität[243] zu machen (nämlich die beiden Zahlenbündel,[244] die ermittelt wer-den, indem man zwei kommensurable Größen mit dem durch die Wechselwegnahme gefundenen, größten gemeinsamen Maß misst), verwendete man den Prozeß der Wechselwegnahme selbst als Kriterium der Proportionalität[243]. Man setzte dieses Kriterium fest, indem man die Proportionalität neu definierte, so daß sie sich auf kommensurable wie auch auf inkommensurable Größen anwen-den ließ. In wörtlicher Übersetzung lautet diese Definition: *Größen haben denselben λόγοσ, wenn sie dieselbe Wechselwegnahme haben.*[245] Es ist bemerkenswert, daß in dieser Definition der Begriff λόγοσ seine ursprüngliche Bedeutung eingebüßt hat.

---

[241] [V. FRITZ 1965, 303]

[242] λόγοσ ist „logos" und bedeutet hier (!) „Verhältnis", woraus im Lateinischen „ratio" wurde.

[243] KURT V. FRITZ schreibt nicht, was er mit „Proportionalität" meint. Aus dem Kontext ergibt sich aber, dass die Eigenschaft des Vorliegens einer Proportion gemäß Definition (3.5) oder (3.6) gemeint ist (S. 127).

[244] Mit „Zahlenbündel" ist vermutlich das gemäß Definition (3.5) gegebene „Zahlenpaar" (m, n) gemeint.

[245] Hier zitiert V. FRITZ 'ARISTOTELES, *Topik* 158b, 32 ff.'.

Was bedeutet das? Die im Zitat genannte „ursprüngliche Bedeutung" von *logos*, also das „Verhältnis" bzw. die „ratio", bezieht sich darauf, dass für zwei kommensurable Größen a und b deren „Größenverhältnis" $a \div b$ auf ein „Zahlenverhältnis" $m \div n$ zurückgeführt werden kann, weil man mit Hilfe der Wechselwegnahme stets ein gemeinsames Maß e ermitteln kann, so dass $a = me \, \wedge \, b = ne$ gilt. Das ist aber nun bei Seite und Diagonale eines Pentagramms nicht mehr möglich, hier gibt es kein *logos* (im ursprünglichen Sinn). Und nun kommt der geniale, für die Wissenschaft Mathematik typische Schritt der abstrahierenden Verallgemeinerung: Der mit *logos* bezeichnete Begriff löst sich erweiternd von der ursprünglichen Einengung, so dass der *Begriffsumfang* (also das, was unter diesen Begriff fällt) – unter Einschluss der alten Bedeutung – zunimmt:

(3.14) Definition — Verhältnisgleichheit („Proportion")
Verallgemeinerung von Definition (3.6)
Es seien (a, b) und (c, d) zwei Paare jeweils gleichartiger Größen. Dann gilt:
$$a \div b = c \div d \; :\Leftrightarrow \; (a, b) \text{ und } (c, d) \text{ haben } \textbf{die gleiche Wechselwegnahme}$$

Hier wird also wiederum vorausgesetzt, dass zwei gleichartigen Größen stets ein abstraktes „Verhältnis" zugeordnet ist, ohne dieses numerisch zu konkretisieren (wie wir es heute tun).

(3.15) Anmerkung
„Die gleiche Wechselwegnahme" bedeutet, dass die beiden Wechselwegnahmealgorithmen *synchron* ablaufen.
(Das wird auf der nächsten Seite in Beispiel (3.17) erläutert.)

Die Pythagoreer[246] erholten sich also dadurch von dem „Schock", den Hippasos angeblich mit der Entdeckung der Inkommensurabilität ausgelöst hatte, dass sie die auf ihrer Grundüberzeugung (3.4) und der Definition (3.6) beruhende „klassische" Proportionenlehre auf inkommensurable Größenpaare ausdehnten, und zwar durch den mit Definition (3.14) erfassten Kunstgriff:

Die abstrakte Verhältnisgleichheit $a \div b = c \div d$, die im „klassischen" Fall der Kommensurabilität konkret durch zwei synchron ablaufende, terminierende Algorithmen (den Wechselwegnahmen) erfasst bzw. beschrieben werden konnte, wurde nun *auch im Fall der Inkommensurabilität konkret durch zwei synchron ablaufende, jedoch nicht terminierende Algorithmen erfasst.* Damit ist also in jedem Fall eines vorliegenden Paares gleichartiger Größen a und b deren *Verhältnis* (also deren *„Proportion"* bzw. *„logos"* oder *„ratio"*) mit der auf sie angewendeten Wechselwegnahme zu identifizieren, also – was gemäß Definition (3.7) dasselbe ist – mit dem Algorithmus „Wechselwegnahme".

Deuten wir dies alles aus unserer heutigen Sicht in Bezug auf das Thema „Zahlbegriff", so ist Folgendes festzuhalten:

---

[246] Und vielleicht auch die auf S. 137 erwähnten „Akusmatiker"? Quellenangaben dazu sind mir nicht bekannt.

(3.16) Deutung — „Zahl" in der griechischen Antike

- Das Zahlenverständnis der älteren Pythagoreer beschränkte sich gemäß ihrem Credo „Alles ist Zahl" auf die **Menge der natürlichen Zahlen** 2, 3, 4, ...
- Die älteren Pythagoreer verfügten mit ihrer Proportionenlehre auf der Basis ihrer Grundüberzeugung der Existenz eines gemeinsamen Maßes für gleichartige Größen indirekt über das, was wir die **Menge der positiven rationalen Zahlen** nennen.
- Nach der Entdeckung der Inkommensurabilität verfügten die jüngeren Pythagoreer (die „Mathematiker"[247]) mit Hilfe der Wechselwegnahme indirekt über das, was wir **Menge der positiven reellen Zahlen nennen**.
- Wir können aus unserer Sicht für beliebige gleichartige Größen a und b deren „Verhältnis" („Proportion") $a \div b$, das durch die auf das Paar (a, b) angewendete Wechselwegnahme eindeutig definiert ist, mit „positive reelle Zahl" identifizieren und wie heute üblich mit $a : b$ oder $\frac{a}{b}$ bezeichnen.

Gleichwohl ist festzuhalten, dass „Zahl" für die Pythagoreer weiterhin nur „natürliche Zahl" war und dass sie sowohl über „positive rationale Zahl" als auch über „positive reelle Zahl" nicht explizit, sondern *nur implizit* mittels ihrer **erweiterten Proportionenlehre** im Sinne von Definition (3.14) verfügten, während wir heute den Zahlbegriff derart erheblich erweitert haben, dass wir sowohl rationale „Zahlen" als auch reelle „Zahlen" explizit kennen.

Wir haben dabei für die von uns so genannten (positiven) „rationalen Zahlen" die lateinische Bezeichnung „ratio" in der Bedeutung von „Verhältnis" im Sinne des griechischen „logos" in dessen ursprünglicher Verwendung für die Proportion kommensurabler Größen übernommen, obwohl – wie vorseitig dargestellt – die Bedeutung von „logos" sich nach der Entdeckung der Inkommensurabilität derart erweitert hatte, dass nunmehr zwei beliebige gleichartige (ggf. auch inkommensurable) Größen stets ein „logos" hatten. Diese Feststellungen lassen sich noch wie folgt zuspitzen: Aus unserer heutigen Sicht ist bei den jüngeren Pythagoreern jede positive reelle Zahl mit einem konkret ablaufenden Algorithmus der Wechselwegnahme zu identifizieren:

(3.17) Beispiel[248]

Bild 3.21 zeigt zwei Rechtecke mit gleicher Höhe, den Grundseiten a, b und den Flächeninhalten A, B. Dann gilt $A \div B = a \div b$, weil die Wechselwegnahmen von (a, b) und (A, B) ganz offensichtlich synchron ablaufen: Denn wenn man a genau n-mal von b „wegnehmen" kann, dann kann man auch A genau n-mal von B „wegnehmen" – und umgekehrt. Flächeninhalte von Rechtecken gleicher Höhe „verhalten" sich also wie die Längen ihrer Grundseiten.

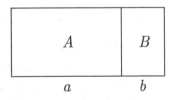

Bild 3.21: Wechselwegnahme bei zwei höhengleichen Rechtecken

---

[247] Vgl. S. 137.
[248] Ähnlich bei [V. FRITZ 1965, 304], dort mit drei Strecken und drei Rechtecken.

ARCHIMEDES von Syrakus (287–212 v. Chr.) zeigte an diesem Beispiel mit Hilfe der Wechselwegnahme, dass der Flächeninhalt eines Rechtecks *proportional* zu einer Grundseite ist, wobei keine kommensurablen Strecken vorausgesetzt werden mussten – und Flächeninhalt und Seitenlänge sind sogar keine „gleichartigen" Größen. Wie soll das gehen? Insbesondere in der Experimentalphysik spielt die mit $x \sim y$ beschriebene und durch $y/x = \text{const.}$ charakterisierte „Proportionalität" eine große Rolle. So erweist sich der elektrische Widerstand R eines zylindrischen Leiters bei konstantem Querschnitt q als proportional zur Länge ℓ, also $R \sim \ell$, und bei konstanter Länge ist dieser umgekehrt proportional zum Querschnitt, also $R \sim 1/q$, per saldo $R \sim \ell/q$, was zu $R = \rho \frac{\ell}{q}$ führt (mit dem spezifischen Widerstand ρ).

Wir betrachten das Beispiel aus Bild 3.21 genauer: $A \div B = a \div b$ bedeutet gemäß Definition (3.6) die Existenz zweier „Zahlen" m und n, sodass $A \div B = m \div n \wedge a \div b = m \div n$ gilt. Aufgrund unsereres lange eingeübten Umgangs mit rationalen Zahlen können wir „Verhältnisse" wie $A \div B$ usw. als Brüche deuten und erhalten dann die Gleichung $A : B = a : b$ oder äquivalent $A : a = B : b$. Nun denken wir uns das rechte Rechteck in Bild 3.21 unveränderlich, etwa $B : b =: c$, wobei c *konstant* ist und so $A = c \cdot a$ folgt. Im Sinne der Physik gilt dann $A \sim a$, gelesen „A ist **proportional** zu a". Und wenn nun ein Rechteck mit dem Flächeninhalt A die Seitenlängen a und b hat, gilt sowohl $A \sim a$ als auch $A \sim b$, und damit ist $A \sim ab$. (Verdoppelung der Seitenlängen liefert Vervierfachung des Flächeninhalts!)

(3.18) Anmerkung

Beispiel (3.17) verdeutlicht, dass Definition (3.14) die ursprüngliche Definition (3.6) tatsächlich mit einschließt: Denn wenn zwei gleichartige Größen a, b kommensurabel sind (wenn sie also ein gemeinsames Maß besitzen), bricht ihre Wechselwegnahme ab und umgekehrt (gemäß Satz (3.9)), und „abbrechende Wechselwegnahme" bei (a, b) bedeutet die Existenz einer Proportion $a \div b = m \div n$ gemäß Definition (3.5).

3.3.5.5 *Irrationalität*

Im Sinne der Deutung (3.16) und der nachfolgenden Betrachtungen können wir in Anknüpfung an Definition (3.13) jetzt „rational" und „irrational" definieren, ohne aber bereits von „rationalen Zahlen" oder „irrationalen Zahlen" zu sprechen:

(3.19) Definition

Es seien a und b gleichartige Größen.

- das Verhältnis $a \div b$ ist **rational** $:\Leftrightarrow$ a und b sind kommensurabel
- das Verhältnis $a \div b$ ist **irrational** $:\Leftrightarrow$ a und b sind inkommensurabel

---

Natürlich ist hier in formaler Sicht der Vorspann „das Verhältnis" entbehrlich. Aufgrund der vorseitigen und obigen Betrachtungen liegt dann folgende bequeme Notation nahe:[249]

---

[249] In Kapitel 7 über Brüche werden wir in Abschnitt 7.1 zunächst wieder „zurückrudern", indem der Term $a{:}b$ erst für die Division reserviert wird, um später zu zeigen, dass $a{:}b$ fallweise mit einem „Bruch" identifizierbar ist.

> **(3.20) Bezeichnung**
>
> • Sind a und b gleichartige Größen, so sei künftig $a \div b =: a : b =: \dfrac{a}{b}$.

Mit Definition (3.19) und der Bezeichnung (3.20) können wir Satz (3.12), den Satz von HIPPASOS, nun umformulieren (vgl. Bild 3.16 und Bild 3.19):

> **(3.21) Folgerung** (Satz von HIPPASOS, ca. 450 v. Chr.)
>
> In jedem regulären Fünfeck mit der Seitenlänge s und der Diagonalenlänge d gilt:
>
> $$\frac{d}{s} \text{ ist irrational.}$$

Der Beweis von Satz (3.21) erfolgte über die Wechselwegnahme, die sich durch Betrachtung an Bild 3.20 (der nichtabbrechenden Figurenfolge) als nicht-terminierender Algorithmus erwies. Und diese Wechselwegnahme verläuft denkbar einfach: Bei jedem Schritt wird die eine Länge genau einmal von der anderen „weggenommen", und nach je zwei Schritten wiederholt sich dieser Prozess. Daraus folgt die *Gleichheit der Verhältnisse von Diagonale und Seite bei jedem regulären Fünfeck*.[250] Damit wissen wir zwar, dass es eine irrationale Zahl gibt, jedoch haben wir für sie noch keine „übliche Bezeichnung", also kein „Zeichen" wie z. B. $\sqrt{2}$.[251] Als einzige „Kennzeichnung" haben wir bisher *„Verhältnis von Diagonale und Seite im regulären Fünfeck"*.

Um diese „Bezeichnungslücke" zu schließen, betrachten wir Bild 3.22, das zeigt, wie man auch auf andere Weise jedem Pentagon ein kleineres zuordnen kann, das allerdings etwas größer als das durch den Diagonalenschnitt wie in Bild 3.19 gebildete ist: Bezeichnen wir mit d' und s' die Diagonalenlänge bzw. Seitenlänge im kleineren (gestrichelt umrandeten, grau hervorgehobenen) Pentagon, so ist offenbar $d' = s$ und $s' = d - s$, und es ergibt sich *bereits nach dem ersten Schritt der Wechselwegnahme* aus Seite und Diagonale wieder Seite und Diagonale des nachfolgendes Pentagons. Da das Größenverhältnis erhalten bleibt (wie es oben gerade nochmals hervorgehoben wurde), gilt:

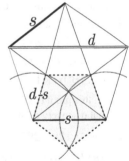

Bild 3.22: Wechselwegnahme am Pentagon

$$\frac{d'}{s'} = \frac{d}{s} \quad \text{und damit} \quad \frac{s}{d-s} = \frac{d}{s} \tag{3.3-12}$$

Mit $x := \dfrac{d}{s}$ erhalten wir $\dfrac{1}{x-1} = x$ oder $x^2 - x - 1 = 0$ mit der positiven Lösung:

$$\frac{d}{s} = \tfrac{1}{2}(\sqrt{5}+1) \quad \text{bzw.} \quad \frac{s}{d} = \tfrac{1}{2}(\sqrt{5}-1) \tag{3.3-13}$$

Damit erhalten wir in heutiger Formulierung aus dem Satz von HIPPASOS:

---

[250]   Das würden wir heute auch über die *„Ähnlichkeit"* zwei beliebiger regulärer Fünfecke begründen können.
[251]   Vgl. die Erörterungen in Abschnitt 3.1 auf S. 112 ff.

(3.22) Folgerung

$\frac{1}{2}\left(\sqrt{5}+1\right)$ ist irrational.

Wir beachten: Die Entdeckung der Irrationalität am Pentagon setzt kein konkrete „Zahl" wie die mit $\sqrt{2}$ bezeichnete voraus und bezieht sich auch vom Ansatz her nicht auf eine solche!

3.3.5.6   *Alternativen zur Entdeckung der Inkommensurabilität?*

Es mag verwundern, dass an $\frac{1}{2}\left(\sqrt{5}+1\right)$ die Irrationalität entdeckt sein soll, wo doch $\sqrt{2}$ eine viel „einfachere" Zahlendarstellung ist und überdies als Längenverhältnis von Diagonale und Seite im Quadrat auftritt – ist das Quadrat doch eine viel „einfachere" Figur als das Pentagon! Hier sei an das Zitat auf S. 134 zum Theätet-Dialog bezüglich $\sqrt{2}$ erinnert. Der dort erwähnte hinlänglich bekannte indirekte Irrationalitätsbeweis zu $\sqrt{2}$ steht schon bei EUKLID:

> Glücklicherweise ist der ursprüngliche Beweis der Irrationalität der Quadratwurzel aus 2 in einem Anhang zum zehnten Buch von Euklids Elementen erhalten; und daß dieser Beweis tatsächlich, wenigstens in seinem allgemeinen Umriß, der ursprüngliche ist, wird durch Aristoteles bezeugt. Ein Blick auf diesen Beweis lässt erkennen, daß er keinerlei geometrisches Wissen voraussetzt, das über den Satz des Pythagoras in seiner besonderen Anwendung auf das gleichschenklig-rechtwinklige Dreieck hinausgeht.[252]

Diesen, bei EUKLID äußerst langatmig dargestellten Beweis können wir heute sehr knapp führen, auch mit unserer bisherigen Terminologie: Es sei s die Länge der Quadratseite und d die Länge der Diagonale eines Quadrats, und e sei das größte gemeinsame Maß, also $s = pe$ und $d = qe$ mit teilerfremden „Zahlen" p, q.

Es folgt $d^2 = 2s^2 \Rightarrow q^2 = 2p^2 \Rightarrow 2 \mid q$ und $2 \mid p$, im Widerspruch zur Teilerfremdheit von p und q. [BOYER 1968, 80] schreibt hierzu:

> In this proof the degree of abstraction is so high that the possibility that it was the basis for the original discovery of incommensurability has been questioned.

[V. FRITZ 1985, 292 f.] stützt und detailliert diese Einschätzung des „euklidischen Beweises":

> Der Beweis verlangt nicht nur ein beträchtliches Maß von abstraktem Denken, sondern auch von strenger logischer Argumentation. Abgesehen davon zeigt die schwerfällige Sprache des Beweises, wie er in dem Anhang bei Euklid wiedergegeben wird, deutlich, mit welchen Schwierigkeiten die frühen griechischen Mathematiker zu kämpfen hatten, wenn sie einen derartigen Beweis führten. [...] Wenn daher der Beweis als solcher, wie die gemeinsamen Abschnitte in Platon und Aristoteles anzudeuten scheinen, dem 5. Jahrhundert angehört, darf man mit Sicherheit annehmen, daß er in seiner ursprünglichen Form noch viel schwerfälliger war. Höchst bedeutsam ist auch, daß der gesamte Beweis, wie er dargeboten wird, die Begriffe *kommensurabel* und *inkommensurabel* als etwas bereits Bekanntes verwendet, genau wie dies Theodorus in Platons *Theaetet* tat. Das setzt voraus, daß die Inkommensurabilität schon bekannt war, als der Beweis entwickelt wurde.

---

[252] [V. FRITZ 1965, 291]; V. FRITZ zitiert hierbei: „Euklid, *Elementa* X, Append. 27, S. 408 ff. (Dieser Appendix ist in H e a t h s Übersetzung von Euklids Elementen nicht enthalten.)".
Dieser hier erwähnte Anhang findet sich auch in der EUKLID-Ausgabe [EUKLID 1962, 313 f.], schöner ist jedoch die Übersetzung zu lesen, die sich in einer Fußnote bei [V. FRITZ 1965, 291 f.] findet.

Diese Anmerkungen zur Kommensurabilität und zur Inkommensurabilität passen zu unserer auf S. 137 beschriebenen Vorgehensweise. [V. FRITZ 1965, 293 f.] schreibt dann weiter:

> [...] Denn man kann kaum glauben, daß die frühen griechischen Mathematiker die Inkommensurabilität der Diagonale und der Seite eines Quadrats durch einen Prozeß der Schlussfolgerung entdeckten, der für sie offenkundig so mühsam war, wenn sie nicht schon vorher vermuteten, daß es überhaupt so etwas wie die Inkommensurabilität gab. Wenn sie dagegen den Sachverhalt bereits auf einem einfacheren Weg entdeckt hatten, steht es in vollem Einklang mit dem, was wir über ihre Methoden wissen, wenn wir annehmen, daß sie sich sofort die Mühe gaben herauszufinden, ob es noch andere Beispiele von Inkommensurabilität gebe. In diesem Fall war das gleichschenklig-rechtwinklige Dreieck natürlicherweise das erste Objekt ihrer weiteren Untersuchungen.

Halten wir fest, dass die durch die zitierte Geschichtsforschung angelegte Sammlung von Indizien dafür zu sprechen scheint, dass die Inkommensurabilität (und damit in späterer Sichtweise die Irrationalität) am Verhältnis von Seitenlänge und Diagonalenlänge eines (beliebigen) regulären Fünfecks entdeckt worden ist, und zwar durch die „offensichtlich" nicht abbrechende Wechselwegnahme. Das gilt aber auch für die Wechselwegnahme von Seitenlänge und Diagonalenlänge eines Quadrats, die gemäß [FELGNER 2020 b, 5 ff.] ebenfalls auf HIPPASOS zurückgehen soll. Lässt sich vielleicht auch dieser Prozess ähnlich wie beim Pentagon geometrisch darstellen? Das können wir wie folgt entwickeln: Bild 3.23 zeigt dazu eine iterative konstruktive Erzeugung eines Quadrats aus einem gegebenen (hier kleinen) Quadrat.

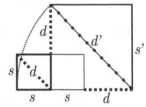

Bild 3.23: Quadrat-Iteration

Ersichtlich gilt hier $s' = s + d$. Der gestrichelt dargestellte Kreisbogen suggeriert $d' = 2s + d$, so dass dann $d' = s + s'$ folgen würde.[253] Doch woraus kann man erkennen, dass das gilt? Mit dem Satz des Pythagoras: So gilt einerseits zunächst $d'^2 = 2(s + d)^2 = 2s^2 + 4sd + 2d^2$, aber andererseits ist $(2s + d)^2 = 4s^2 + 4sd + d^2 = \ldots = 2s^2 + 4sd + 2d^2$ (siehe kleines Quadrat!). Nun wendet man diese Iteration „rückwärts" an, vom großen Quadrat hin zum kleinen. Wir tauschen dazu in obigen Rekursionen d mit d' und s mit s', lösen sie nach s' und d' auf und erhalten: $s' = d - s$ und $d' = s - s'$. Daran erkennen wir, dass auch hier Wechselwegnahme vorliegt, die aufgrund der Umkehrung des ursprünglichen Prozesses jedem Quadrat ein kleineres zuordnet.

Das wird in Bild 3.24 in den ersten drei Schritten visualisiert, wobei wir uns nur noch klarmachen müssen, dass die drei dick herausgezeichneten Strecken in dem Streckenzug gleich lang sind, nämlich s': Der Diagonalenabschnitt hat wegen der Rekursion $s' = d - s$ und dem eingezeichneten Viertelkreis die Länge s'. Er bildet mit der Nachbarstrecke ein gleichschenkliges, rechtwinkliges Dreieck, so dass beide die Seiten des ersten erzeugten Quadrats sind.

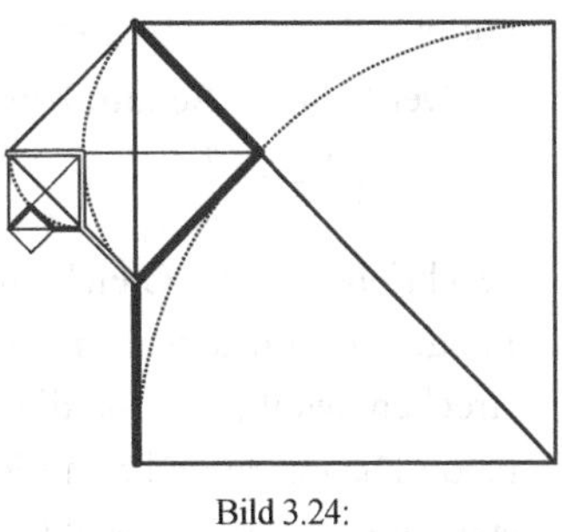

Bild 3.24:
Wechselwegnahme beim Quadrat

---

[253]   [HELLER 1965, 334] erwähnt und visualisiert diese Rekursionen mit Bezug auf den Lehrsatz II im 10. Buch von EUKLIDs Elementen.

Diese zweite Strecke bildet gemeinsam mit der dritten Strecke, dem langen Diagonalen-abschnitt, und der unteren Quadratseite einen Drachen, so dass alle drei „dick" dargestellten Strecken gleich lang sind und also $d' = s - s'$ gilt. Damit ist der Algorithmus beschrieben. Er bricht ersichtlich nicht ab, womit – wie beim Pentagon – gezeigt ist, dass in jedem Quadrat Seitenlänge und Diagonalenlänge inkommensurabel sind.

Es bleibt die Frage, ob die *erstmalige* Entdeckung der Inkommensurabilität am Quadrat oder am Pentagon erfolgte (vgl. nächste Seite unten). [FELGNER 2020, 4 ff.] präferiert den Weg über das Quadrat, V. FRITZ präferiert jedoch den Weg über das Pentagramm: Die nichtabbrechende Wechselwegnahme springt hier schon bei Bild 3.19 und Bild 3.20 auf S. 136 direkt ins Auge, die oben dargestellte Wechselwegnahme am Quadrat ist aber für eine primäre Entdeckung sehr komplex. Beide o. g. Verfahren gründen sich jedoch auf die Wechselwegnahme, die den Pytha-goreern als Verfahren zur Bestimmung eines (größten) gemeinsamen Maßes bekannt war. Für den Mathematikunterricht bietet sich wohl als *primärer Weg* einer über das Pentagon an.

3.3.5.7 Ergänzungen

Von Gleichung (3.3-1) gelangten wir zu $x^2 - x - 1 = 0$ mit der positiven Lösung $\frac{1}{2}(\sqrt{5} + 1)$.

In $x^2 - x - 1 = 0 \Leftrightarrow x = \dfrac{1}{1+x}$ ersetzen wir rechts im Nenner x durch $\dfrac{1}{1+x}$ und

erhalten damit: $x = \dfrac{1}{1+x} = \dfrac{1}{1+\frac{1}{1+x}} = \ldots = \dfrac{1}{1+\frac{1}{1+\frac{1}{1+\ldots}}} =: [1; 1, 1, \ldots] =: [1; \overline{1}] = \frac{1}{2}(\sqrt{5}+1)$

Es ergibt sich ein **unendlicher regulärer periodischer Kettenbruch** mit der Periode 1 (bei dem alle Teilnenner 1 sind, vgl. Abschnitt 7.5.3). Dies ist zugleich der *einfachste unendliche reguläre Kettenbruch*, und er *ergibt sich in einfacher Weise* durch die Wechselwegnahme am Pentagon. Dieser Kettenbruch liefert einen schönen Approximationsalgorithmus für $\frac{1}{2}(\sqrt{5}+1)$ mit Hilfe eines Taschenrechners unter Verwendung der $1/x$-Taste (Bild 3.25): Nach Eingabe des Startwerts 1 (ohne Verwendung der Wurzeltaste) folgt $[1; 1, 1, \ldots] \approx 1,618$. Setzt man $x := \frac{1}{2}(\sqrt{5}+1)$ und $y := \frac{1}{2}(\sqrt{5}-1)$, so ergibt sich $xy = 1$, $x - y = 1$ und $1/x = \frac{1}{2}(\sqrt{5}-1)$.

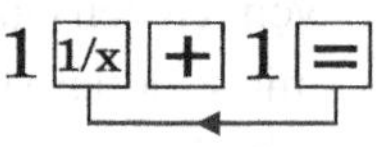

1 $\boxed{1/x}$ $\boxed{+}$ 1 $\boxed{=}$

Bild 3.25:
TR-Algorithmus

Der **Goldene Schnitt** bzw. die **Stetige Teilung** wird durch

$$\frac{s}{d-s} = \frac{d}{s}$$

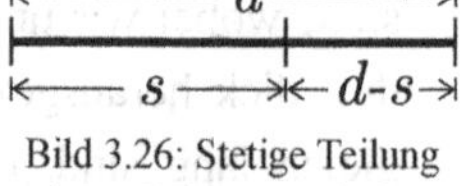

beschrieben (siehe Gleichung (3.3-12) auf S. 141): Eine Strecke der Länge d wird durch eine Teilstrecke der Länge s so in zwei Teil-strecken geteilt, dass sie diese Gleichung erfüllen (Bild 3.26). Damit teilen sich also im Pen-tagon Diagonale und Seite im Goldenen Schnitt, bzw. es wird die Diagonale durch die Seite stetig geteilt. Daraus ergibt sich eine Methode, *ein reguläres Fünfeck mit Zirkel und Lineal* zu konstruieren: Bei gegebener Seitenlänge s konstruiere man wegen $(\frac{s}{2}\sqrt{5})^2 = (\frac{s}{2})^2 + s^2$ zu-nächst $\frac{s}{2}\sqrt{5}$ und daraus $d = \frac{s}{2}\sqrt{5} + \frac{s}{2}$. (Ähnlich geht es bei gegebener Seitenlänge d.)

Bild 3.26: Stetige Teilung
bzw. Goldener Schnitt

Bild 3.27 zeigt als Alternative zu Bild 3.20 (S. 136) eine weitere **nicht-abbrechende Figurenfolge von Fünfecken**, basierend auf der Wechselwegnahmekonstruktion aus Bild 3.22 (S. 141).

Die Folge der **Fibonacci-Zahlen** ist iterativ erklärt durch $F_0 = F_1 = 1$ und $F_n = F_{n-1} + F_{n-2}$ für $n \geq 2$.

Die **Wechselwegnahme benachbarter Fibonacci-Zahlen** ergibt in jedem Schritt nach einmaliger Wegnahme das nächst kleinere Paar, und sie endet bei dem Anfangspaar $(1, 1)$, also ist $\mathrm{ggT}(F_n, F_{n-1}) = 1$. Es besteht hier eine Verwandtschaft mit der Wechselwegnahme beim regulären Fünfeck, denn gemäß Gleichung (3.3-12) gilt

$$(s/d)^2 + (s/d) = 1,$$

und es ist

$$(F_n / F_{n+1})^2 + (F_n / F_{n+1}) = 1 + (-1)^n / F_{n+1}^2.$$

Daher ist es vielleicht weniger verwunderlich, dass

$$\lim_{n \to \infty} \frac{F_n}{F_{n+1}} = \tfrac{1}{2}(\sqrt{5} - 1)$$

gilt.

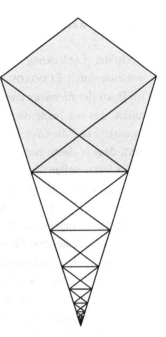

Bild 3.27:
Nichtabbrechende Figurenfolge
regulärer Fünfecke

3.3.5.8 *Ein kritischer Rückblick*

Die bisherigen Betrachtungen zur Entdeckung der Inkommensurabilität sind elementar-mathematisch reizvoll und bieten gewiss viele Möglichkeiten zur vertiefenden Betrachtung im Unterricht, aber auch z. B. im Studium in Proseminaren. Gleichwohl wurde bisher deutlich, dass diese Betrachtungen sich lediglich auf Vermutungen der Analysen von KURT V. FRITZ stützen. In diesem Sinn schreibt ULRICH FELGNER:[254]

> Kurt von Fritz hatte vermutet, daß die Inkommensurabilität am regulären Pentagramm entdeckt worden sein könnte. Andere Historiker bezweifeln das (etwa Wilbur Knorr et al.).
>
> In der antiken Literatur wird immer nur von Seite und Diagonale eines Quadrates gesprochen, wenn von der Entdeckung der Inkommensurabilität die Rede ist. Aristoteles, der immer sehr sorgfältig bei der Darstellung der Gedanken seiner Vorgänger ist, erwähnt in seiner Zweiten Analytik (Buch I, 71b27) und im 1. Buch seiner Metaphysik (983a15-23) auch nur die Inkommensurabilität von Seite und Diagonale eines Quadrates. Plausibel ist, daß Hippasos seine Entdeckung am Pentagramm und Dodekaeder gemacht hat, aber genauso plausibel ist es anzunehmen, daß Hippasos der ganz zentralen pythagoräischen Frage nachging, ob die Längen der drei Seiten eines gleichseitigen rechtwinkligen Dreiecks ein pythagoräisches Zahlentripel bilden. Man kann nur Vermutungen anstellen. Der Verweis auf Hippasos bei Jamblichos ist nicht sehr aussagekräftig.

---

[254] In einem Brief vom 13. 01. 2013 an mich.

3.4   Fazit

Nach der Entdeckung der Inkommensurabilität fand ein weiterer Ausbau der Proportionenlehre durch **EUDOXOS** VON KNIDOS (ca. 400–347 v. Chr.) statt (wie es EUKLID im Fünften Buch der *Elemente* darstellt): Die *Gleichartigkeit von Größen* wird durch ein Axiom postuliert, das wir heute nach **ARCHIMEDES** benennen (die „Archimedizität" als *Messbarkeitsaxiom*);[255] und die *Gleichheit von Größenverhältnissen* wird nach EUDOXOS derart charakterisiert, dass er damit bereits im Wesentlichen das *Schnittaxiom* von **DEDEKIND** vorwegnimmt. So ist festzustellen, dass den griechischen Mathematikern des 4. Jahrhunderts v. Chr. über ihren „Größenbegriff" etwas zur Verfügung stand, das wir heute als *archimedisch angeordneten Halbkörper der positiven reellen Zahlen* bezeichnen würden (vgl. Abschnitte 8.2.4 und 8.3.2).

Wenn wir sagen, dass die Pythagoreer die Inkommensurabilität (wie auch immer) „entdeckt" haben, so bedeutet das: Sie haben ihre „Zahlen" nicht etwa konstruiert (wie es hier in den Kapiteln 6 und 8 dargestellt wird), sondern diese gewissermaßen analysierend „erobert", also quasi „axiomatisch" *charakterisiert* – eine Methode, die 1900 von DAVID HILBERT wieder verwendet wurde:[256] Wir finden bei ihnen die Spannweite von den positiven ganzen Zahlen (größer als Eins) über Zahlen- und Größenverhältnisse (als *„Zahlen neuer Art"* aufzufassen, nämlich als *positive rationale Zahlen*) bis hin zu EUDOXOS als heute so genannte *positive reelle Zahlen*.

Beim Vergleich des Umgangs mit „Zahlen" bei den Pythagoreern (seit etwa 500 v. Chr.) und den Ägyptern und den Babyloniern (um etwa 2 000 v. Chr.) fällt auf, dass in diesen Hochkulturen (aus unserer Sicht) „natürliche Zahlen" als *Anzahlen* zum „Zählen" verwendet wurden (bei den Pythagoreern ab „Zwei", s. o.), dass aber vor allem jeweils auch Wege gefunden wurden, „Bruchteile" zum Messen von „Größen" zu bezeichnen: Bei den Ägyptern waren es Summen von „Stammbrüchen"[257] (aus unserer Sicht von Brüchen mit dem Zähler „Eins"), bei den Babyloniern hingegen „Sexagesimalbrüche" (aus unserer Sicht Summen von Brüchen, deren Nenner eine Potenz von 60 ist). Während die *Ägypter* „Bruchteile" *durch* endlich *viele Nenner* kennzeichneten (und auch so notierten), erledigten die *Babylonier* das durch *endlich viele Zähler* (und notierten das auch so).[258] Die (älteren) *Pythagoreer* hingegen verwendeten für Größenverhältnisse *Proportionen* (Zahlenverhältnisse, also aus unserer Sicht per Zähler und Nenner*).

In allen drei Hochkulturen konnten damit (aus unserer Sicht!) positive rationale Zahlen beschrieben werden: Bei den Ägyptern und den Babyloniern zwar nur für gewisse Sonderfälle, die ihren approximierenden Methoden zugänglich waren, bei den Pythagoreern *im Prinzip* aber für alle positiven rationalen Zahlen, noch dazu mit folgendem entscheidenden Vorteil: Durch den Algorithmus der Wechselwegnahme konnten sie durch den Schachzug von EUDOXOS (s. o.) im Prinzip sogar jede positive reelle Zahl begrifflich erfassen (zumindest aus unserer Sicht).

---

[255]   Vgl. hierzu die ausführliche „moderne" Darstellung der Archimedizität in Abschnitt 8.2.4.
[256]   Betr. „Axiomatik" vgl. Abschnitt 5.3; zu HILBERTs Weg vgl. Abschnitt 8.4.1.
[257]   Siehe hierzu Abschnitt 7.5.2.
[258]   Vgl. hier die kurzen Darstellungen in Abschnitt 7.5.2 sowie in den Abschnitten 3.3.1 und 3.3.4.6.

4 Zur Kulturgeschichte des Funktionsbegriffs

4.1 Was ist eine Funktion? – Problematisierung

Der mit „Funktion" bezeichnete Begriff nimmt in der Mathematik die zentrale Stellung eines nicht mehr weg zu denkenden Grundbegriffs ein. Wie und wann kam es zur Entwicklung und Entstehung dieses Begriffs? Wo stehen wir heute?

Bild 4.1 zeigt ein übliches Funktionssymbol, wie es die Allianz-Gruppe 2001 als Werbebanner für eine „Mathematikertage" genannte Veranstaltung nutzte und dabei anpries:

> Karrieren, die funktionieren: [...] Absolventinnen und Young Professionals erleben in zwei hochinteressanten Tagen die Zukunft der Mathematik [...]

Bild 4.1: Funktionssymbol in der Werbung

Raumfüllend tritt hier im Kontext von *„funktionieren"* das Symbol $f(x)$ hervor, das die angesprochenen Abiturientinnen und Abiturienten bereits von der Schule her kennen und dem die Werbemanager offenbar eine entscheidende Signalwirkung zutrauten: Einerseits sollte es werdende Mathematikerinnen und Mathematiker ansprechen, und andererseits sollte es auch für die *„Zukunft der Mathematik"* stehen!

Aber *warum* soll ausgerechnet $f(x)$ diese Rolle übernehmen? Und was ist mit diesem Symbol $f(x)$ eigentlich gemeint? *„Natürlich eine Funktion!"*, werden viele sofort sagen. Manch andere hingegen werden kritisch widersprechen und sagen, *„nein, $f(x)$ ist doch keine Funktion, sondern ein Funktionswert!"*, und wiederum andere werden vielleicht präzisierend korrigieren und dagegen halten, *„ $f(x)$ ist der Term der Funktion f"* usw. ...

Tatsächlich findet man in der Mathematik und in ihren Anwendungen unterschiedliche und sogar konfligierende *Sprech- bzw. Schreibweisen* wie z. B.:

- ○ *die Funktion* $y = f(x)$ ...
- ○ *die Funktion* $f(x)$ ...
- ○ *die Funktion* f ...
- ○ *die Funktion* $y = y(x)$
- ○ *die Funktion* $x \mapsto f(x)$
- ○ *der Weg ist eine Funktion der Zeit* ...
- ○ oder es wird eine *Parabel* einfach als *„quadratische Funktion"* bezeichnet ...
- ○ oder es wird eine *Wertetabelle* als *Funktion* bezeichnet
- ○ ...

Strengen formalen Ansprüchen hält hierbei wohl (zunächst?) nur *„die Funktion f"* stand, mit gewissen Abstrichen auch noch *„die Funktion $y = y(x)$ "* – oder?

© Der/die Autor(en), exklusiv lizenziert durch
Springer-Verlag GmbH, DE, ein Teil von Springer Nature 2021
H. Hischer, *Grundlegende Begriffe der Mathematik: Entstehung und Entwicklung*, https://doi.org/10.1007/978-3-662-62233-9_4

So ist zu fragen: Soll das bedeuten, dass in der heutigen Mathematik und ihren Anwendungen nicht klar ist, was eine Funktion ist bzw. dass es kein einheitliches Begriffsverständnis dessen gibt, was eine Funktion ist?

Dieser Verdacht wird genährt, wenn man zur Kenntnis nimmt, dass (auch in der Mathematik) beispielsweise in zunehmendem Maße (wieder!) von *„Funktionen mit mehreren Veränderlichen"* gesprochen wird (etwa bei Titeln von Lehrbüchern oder von Vorlesungen), wo doch eine Funktion in strenger Begriffsauffassung (nämlich als rechtseindeutige Relation) gar keine Veränderlichen hat bzw. haben kann (korrekt wäre: „einstellige" bzw. „mehrstellige Funktionen"). So weist dann diese Sprechweise darauf hin, dass solche Autoren *Funktionen (wieder?) als Terme* auffassen, also der Sprechweise *„die Funktion $f(x)$"* zuneigen – wie es bis weit über die Mitte des 20. Jahrhunderts üblich war. Spürt man dem in Gesprächen mit Mathematikern nach, so wird diese Vermutung insofern bestätigt, als dass das, was für sie eine Funktion *ist*, i. d. R. von dem Kontext abhängt, in dem sie forschend tätig sind:

Beispielsweise sind für viele Numeriker (kontextbezogen nachvollziehbar) „Funktion" und „Tabelle" Synonyme, oder sie identifizieren (ebenfalls kontextbezogen nachvollziehbar) „Funktion" mit „Term". Und man findet (z. B. in der Analysis) die Auffassung, Funktionen seien spezielle *Abbildungen*, und zwar von $\mathbb{R}^n$ in $\mathbb{R}$. „Abbildung" ist dann lediglich eine „eindeutige Zuordnung" im Sinne eines undefinierten und unmittelbar einleuchtenden Grundbegriffs, womit dann „Funktion" und „Abbildung" – im Gegensatz zur mengentheoretisch begründeten Auffassung – also *nicht* identifiziert werden.

Für Zahlentheoretiker sind Funktionen oft nur Abbildungen von $\mathbb{Z}$ in $\mathbb{R}$ oder in $\mathbb{C}$, und damit können sie sogar sehr gut leben, weil sie im Wesentlichen nur Funktionen dieses Typs untersuchen. Und die althergebrachte Bezeichnung „Funktionentheorie" ist mitnichten eine „Theorie der Funktionen" schlechthin, also im Sinne der Auffassung von „Funktion als rechtseindeutiger Relation". Vielmehr verweist diese Bezeichnung auf ein historisches (möglicherweise überkommenes?) Verständnis von „Funktion".[259]

Wagen wir noch einen Blick in die Physik als *dem* bedeutenden Anwendungsfeld der Mathematik: Wenn Physiker z. B. die Gleichung $s = s(t)$ eine *„Weg-Zeit-Funktion"* nennen (besser wäre übrigens *„Zeit-Weg-Funktion"*), muss man sich als formal strenger Mathematiker mit Grausen abwenden, weil hier die Variable s in zwei formal unterschiedlichen und unvereinbaren Rollen auftritt. Andererseits kommt in dieser Formulierung eine sehr schöne und inhaltlich sehr reichhaltige Auffassung zum Ausdruck, die in einer formal einwandfreien (und dann auch aufgeblähten!) Darstellung verloren gehen würde. Physiker werden es sich auch nicht nehmen lassen, $\Psi(x,t)$ als *„Wellenfunktion"* zu bezeichnen und beispielsweise die für sie sehr schöne Formulierung $U = U(t)$ zu verwenden, um damit auszudrücken, dass – in dem konkreten Kontext – die *„Spannung eine Funktion der Zeit"* sei.

---

[259] Analog ist übrigens die „Zahlentheorie" – insbesondere als „elementare Zahlentheorie" – keine „Theorie der Zahlen" schlechthin, sondern klassisch insbesondere eine „Ganzzahlentheorie".

Zusammenfassend sei festgestellt: Im physikalischen Kontext ist eine solche Sichtweise von „Funktion" nicht nur nachvollziehbar, sondern gewiss auch sinnvoll und situationsadäquat, im rein mathematischen Kontext ist sie aber kaum tragbar – und beide Standpunkte haben ihre Berechtigung!

Und schließlich sei den Leserinnen und Lesern empfohlen, einen kritischen und gewiss „aufschlussreichen" Blick in aktuelle Lehrbücher, mathematische Handbücher und Formelsammlungen zu werfen, um „Klarheit" über die Heterogenität dieses publizierten Funktionsbegriffs zu erhalten. Der Verlockung zur Analyse dieser Erscheinungsvielfalt sei hier widerstanden.

Aber wie kommen wir in dieser terminologisch und begrifflich verworrenen Situation weiter? Eine *Funktion als rechtseindeutige Relation* aufzufassen, würde das Problem keinesfalls lösen, denn noch nicht mal bei Mathematikern würde das auf einhellige Zustimmung stoßen:

Zwar würden grundlagentheoretisch orientierte Mathematiker (in der sog. „Theoretischen Mathematik") und (theoretische) Informatiker einer Deutung von „Funktion als Relation" wohl zustimmen können, aber wir haben gerade gesehen, welch unterschiedliche Auffassungen sich selbst in der Mathematik etabliert haben – wohl weil die ontologische Frage nach dem, was denn eine Funktion *eigentlich* ist, für viele vor allem unwichtig ist. Allerdings ist diese Feststellung aus didaktischer Perspektive wenig erquicklich, wenn *einerseits* mit „Funktion" gemäß gängiger Auffassung ein wesentlicher und unverzichtbarer Grundbegriff der Mathematik (und in der Folge auch: des Mathematikunterrichts!) bezeichnet wird und wenn *andererseits* der Funktionsbegriff im Mathematikunterricht ontogenetisch *entwickelt* werden soll!

Immerhin müssen wir festhalten, dass es in der Mathematik, diesem Prototyp der exakten Wissenschaften, offensichtlich *keine einheitliche formale Definition dessen* gibt, was eine *Funktion* ist! Dies lässt sich, wie zuvor angedeutet, durch viele Beispiele belegen – sowohl durch individuelle Umfragen als auch durch einen Blick in die aktuelle Lehrbuchliteratur. Und dennoch soll „Funktion" einen *wesentlichen Grundbegriff der Mathematik* bezeichnen, der in nahezu allen Teilgebieten und auch in den Anwendungen der Mathematik vorkommt? Ja, durchaus und zwar gerade wegen dieser Uneinheitlichkeit! Genauer:

Der mit *„ Funktion"* bezeichnete Begriff weist u. a. schon wegen der hier skizzierten *Vagheit* eine große *Reichhaltigkeit* auf, wie es für *fundamentale Ideen* der Mathematik im Sinne von Abschnitt 1.2 typisch ist. Zugleich verweisen die bereits skizzierten Formulierungen, die einen unterschiedlichen Gebrauch des *Wortes* „Funktion" aufzeigen, auf einen *gemeinsamen Kern von Eigenschaften* hin, die den mathematischen, „Funktion" genannten *Begriff* ausmachen, sodass wir sagen können:

• *Funktionen haben viele Gesichter,*[260] in denen sie uns begegnen.

---

[260]   Adaptiert vom Titel *„ Funktionen haben viele Gesichter"* von [HERGET & MALITTE & RICHTER 2000].

Im Sinne von Kapitel 1 – *„Mathematik kulturhistorisch begreifen"*– werden wir aber auch der Frage nachgehen (müssen!), wie es historisch zur Entstehung des Funktionsbegriffs kam.

Naheliegend wäre es, in der mathematikhistorischen Literatur danach zu suchen, wer die Bezeichnung „Funktion" in die Mathematik eingebracht hat. Dann würde man schnell darauf stoßen, dass es LEIBNIZ im Jahre 1673 war, der das Wort – zwar noch nicht ganz im heutigen Sinn – *erstmals* im mathematischen Kontext verwendet hat, dass dann in der Folgezeit eine zunehmende definitorische Ausschärfung durch EULER, DIRICHLET und andere stattgefunden hat, bis sich in der ersten Hälfte des 20. Jahrhunderts unter dem Einfluss der mengentheoretisch orientierten Sicht der Mathematik die formal strenge Begriffsdefinition von *Funktion als rechts-eindeutiger Relation* herausgebildet hat, die in den 1970er Jahren auch Eingang in den Mathematikunterricht der Gymnasien gefunden hatte (wo sie heute kaum mehr anzutreffen ist) und die wir auch heute noch – neben anderen – (manchmal) in der Mathematik finden.

Bedauerlicherweise führt dieser „historisch" gemeinte Weg nicht weiter, denn wir dürfen uns *nicht* an dem *Wort* „Funktion" orientieren, wenn wir nach der historischen Entwicklung des damit bezeichneten *Begriffs* suchen, sondern wir müssen vielmehr die mit diesem Begriff intendierten *Inhalte* in den Blick nehmen. Wir merken an dieser Stelle (wieder) an, dass wir nicht der Gefahr erliegen dürfen, den *Begriff* mit der *Bezeichnung* für diesen Begriff zu verwechseln, genauer: Es sind *Begriff*, Begriffs*inhalt* und Begriffs*name* zu unterscheiden![261]

Konkret entsteht die Frage: Wenn denn „Funktion" nur der *Name eines Begriffs* ist, was ist denn dann der *Inhalt dieses Begriffs* und insbesondere: Was macht hier den *Begriff* aus?

Es ist naheliegend, diejenige mathematische Theorie, die diesen Namen trägt und damit eigentlich dafür „zuständig" ist, zu befragen: nämlich die *Funktionentheorie!* Aber auch dieser Ansatz führt nicht weiter, weil es sich hierbei – wie bereits eingangs bemerkt – um eine *Theorie differenzierbarer und integrierbarer Funktionen auf der Menge der komplexen Zahlen* handelt: Diese Ende des 18. Jahrhunderts entstandene Theorie ist damit also lediglich eine *„Theorie der komplexen Funktionen"* und trifft das *damalige Verständnis* des Funktionsbegriffs! Jedoch heute – gut 200 Jahre danach – wäre es viel sinnvoller, die entsprechende Theorie als eine *„Komplexe Analysis"* zu bezeichnen, wie es übrigens im angloamerikanischen Sprachraum üblich ist.

Wie kommen wir weiter? „Funktion" taucht sprachlich auch in „funktionieren" auf. Doch wann „funktioniert" denn etwas in unserem Sprachverständnis? – Falls der Vorgang so abläuft, „wie es sein soll" oder „wie es geplant ist", z. B.: Wenn etwa infolge des Betätigens einer Taste gar nichts oder nicht das Gewünschte geschieht (falls also etwa die falsche Lampe aufleuchtet oder keine oder deren mehrere), dann *funktioniert* das betreffende Gerät *nicht*. (Und das tritt gemäß Abschnitt 2.3.3.4 gerade dann ein, wenn die Subjunktion $p \rightarrow q$ falsch ist.).

Wir erwarten also wie bei einer Maschine auf eine bestimmte *Eingabe* eine *eindeutig bestimmte Ausgabe*, und damit ist etwas Typisches des Funktionsbegriffs angesprochen: die *eindeutige Zuordnung*.

---

[261] Vgl. Abschnitt 1.3.

Dies ist aber nicht die einzige typische Eigenschaft! Vielmehr zeigt eine *Analyse der heute üblichen Verwendungszusammenhänge*, bei denen in der Mathematik und ihren Anwendungen wie vor allem der Physik der Funktionsbegriff eine Rolle spielt, eine erstaunliche Vielfalt im Umgang mit Funktionen, die in ihrer Gesamtheit als *„Funktionales Denken"* beschrieben werden kann, also ein *„auf Funktionen bezogenes Denken"*. Bereits im „Meraner Lehrplan" von 1905 zur Neugestaltung des gymnasialen Mathematikunterrichts, an dem FELIX KLEIN maßgeblich mitgewirkt hat, wurde gefordert, dass der Mathematikunterricht *„der Erziehung zum funktionalen Denken"* dienen und die *„Gewohnheit des funktionalen Denkens"* pflegen solle.[262] VOLLRATH weist in seiner Untersuchung zum „funktionalen Denken" darauf hin,

> daß es bisher nur wenige Versuche gibt, diesen Begriff zu definieren. Offensichtlich ist die Bezeichnung so suggestiv, daß nur selten das Bedürfnis danach entsteht.[263]

VOLLRATH hebt also die Unbestimmtheit der von ihm so genannten „didaktischen Denkweisen" (und *jeder* didaktischen Denkweise!) geradezu als Vorteil hervor, sofern diese dadurch *„für verschiedene Sichtweisen und Entwicklungen offen ist"*, verbunden mit der Kennzeichnung:[263]

> *Funktionales Denken ist eine Denkweise, die typisch für den Umgang mit Funktionen ist.*

Das „funktionale Denken" betrifft dann die eingangs genannten Aspekte, die den *Umgang mit Funktionen* kennzeichnen und von denen einige wesentliche wie folgt zusammengefasst seien:

Erscheinungsformen von Funktionen in Gestalt „vieler Gesichter"

- eindeutige Zuordnung
- Abhängigkeit einer Größe (als einer „abhängigen Variablen") von einer anderen (als einer „unabhängigen Variablen"), speziell auch zeitabhängige Größen
- (Werte-)Tabelle, insbesondere auch empirische Wertetabelle
- Kurve, Graph, Datendiagramm, Funktionsplot
- Formel
- … ?

So kann man „Formeln", wie wir sie insbesondere in Mathematik und Physik kennen, als *Funktionsgleichungen* begreifen, oft bestehend aus Termen mit mehreren Variablen, also im Sinne der früher (und jetzt zunehmend wieder) so genannten *„Funktionen mit mehreren Veränderlichen"*. Und auch ein *Funktionsplot* als graphische Darstellung einer Funktion durch einen *Funktionenplotter* kann als *Erscheinungsform einer Funktion* angesehen werden.

Die in dieser bewusst noch offen gehaltenen Liste genannten Aspekte des Funktionsbegriffs müssen wir also zugrunde legen, wenn wir aus einem didaktischen Anliegen heraus nach der kulturhistorischen Entwicklung des Funktionsbegriffs Ausschau halten, um Hinweise für eine zu gestaltende ontogenetische Begriffsentwicklung zu erhalten.[264]

---

[262]   Vgl. zum „funktionalen Denken" z. B. [VOLLRATH 1989, 3] und [KRÜGER 2000].

[263]   [VOLLRATH 1989, 6]

[264]   Vgl. Abschnitt 1.3.2, ferner Bild 3.1 in Abschnitt 3.1.3.

4.2   Zeittafel zur Entwicklung des Funktionsbegriffs

Auf die vorseitigen „Erscheinungsformen" gründet sich folgende Zeittafel mit wesentlichen Stationen der Entwicklung des Funktionsbegriffs in kulturhistorischer Sicht. Sie soll zugleich deutlich machen, dass der Funktionsbegriff erst durch die Gesamtheit „vieler Gesichter" erschließbar wird, nicht aber in Beschränkung auf eines oder wenige von ihnen.

Tabelle 4.1: Wesentliche Stationen bei der kulturhistorischen Entwicklung des Funktionsbegriffs

19. Jh. v. Chr.	**Babylonier**: *Tabellierung* von Funktionen
ab 5. Jh. v. Chr.	**griechische Antike**: kinematisch erzeugte *Kurven*

ca. 1000 n. Chr.	Erste *zeitachsenorientierte Funktionen:*
	 Klosterschule:
	    graphische Darstellung des Zodiac in einem *Koordinatensystem*
	 Guido von Arezzo
	    Erfindung der *Notenschrift* als weitere zeitachsenorientierte Funktion

14. Jh.	**Nicole d'Oresme**: *graphische Darstellung* zeitabhängiger Größen
15./16. Jh.	**Rheticus**: erste *trigonometrische Tafel* **Napier**: erste *logarithmische Tafel*
17. Jh.	**Graunt**: erste *demographische Statistik* **Huygens**: *Lebenslinie* **Halley**: *Ludftdruckkurve* **Newton**: *Fluxionen, Fluenten* **Leibniz, Jakob I Bernoulli**: erstmals das Wort *„Funktion"* **Johann I Bernoulli**: *„Ordinaten"*

18. Jh.	**Johann I Bernoulli, Euler**:
	    (erste) Definition von Funktion, als *„analytischer Ausdruck"* (als *„Term"*)
	 Euler: Funktion erstmals als grundlegender Begriff,
	    (auch) als *freihändig gezeichnete Kurve*
	 Lambert et al.: graphische Darstellung *empirischer Zusammenhänge*
	 Playfair: *Datenvisualisierung,* **Pouchet**: *Nomogramme*
	 Fourier: *Häufigskeitsverteilung*

19. Jh.	**Fourier, Dirichlet, Dedekind**: termfreie Definiton von Funktion als *eindeutige Zuordnung* **Du Bois-Reymond**: Funktion als *Tabelle – Tabelle* als Funktion **Peano, Peirce, Schröder**: Funktion als *Relation*
Anfang 20. Jh.	**Hausdorff**: mengentheoretische Fassung: Funktion als *zweistellige rechtseindeutige Relation*
21. Jh.	... die große Vielfalt, z. B. *Bilder als Funktionen*

Diese Tabelle zeigt auf den ersten Blick, dass die Ursprünge des Funktionsbegriffs (wie es auch schon für den Zahlbegriff dargestellt wurde) auf eine rund 4000 Jahre alte Entwicklungsgeschichte zurückgehen. Hier werden einige besonders markante Etappen im Sinne von „Meilensteinen" der Geschichte des Funktionsbegriffs dargestellt, wobei also die vielfältigen „Erscheinungsformen" von S. 151 zu berücksichtigen sind.

Auf die Stationen dieser Zeittafel gründet sich die weitere Strukturierung dieses Kapitels.

4.3 Babylonier und griechische Antike

4.3.1 Babylonier: Tabellierung von Funktionen

Im Zusammenhang mit der babylonischen Keilschrifttafel *Plimpton 322* wurde in Abschnitt 3.3.1.3 betont, dass die dort zu sehende Tabelle 3.1 (S. 112) die *Tabellierung einer trigonometrischen Funktion* zeigt, nämlich von $\sec^2(\alpha)$ (vgl. dazu Formel (3.3-3) auf S. 121). Gemäß Bild 1.3 gilt also

$$\sec^2(\alpha) = \frac{c^2}{c^2 - a^2}.$$

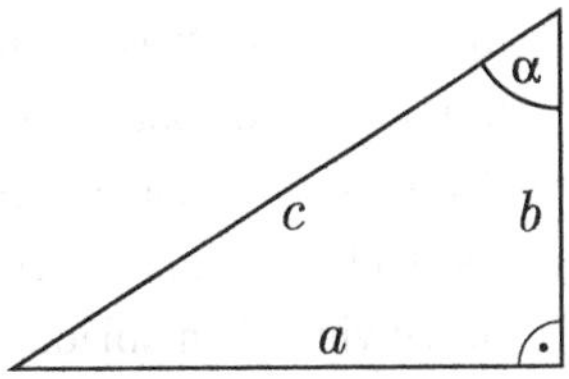

Bild 4.2: zur babylonischen Tabellierung einer Funktion

In Aufgabe 3.1 auf S. 120 sollte diese Tabellierung der Babylonier numerisch konkret nachvollzogen werden.

In dieser Tabelle begegnet uns also – wohlgemerkt aus heutiger Sicht! – erstmals eine „Funktion" so, wie auch heute noch Numeriker oftmals „Funktion" verstehen: Für sie ist dann nämlich eine Funktion einfach als eine Tabelle auffassbar. Und insbesondere transzendente Funktionen wie z. B. der Logarithmus und trigonometrische Funktionen waren bekanntlich für praktische Anwendungen noch bis vor wenigen Jahrzehnten im Wesentlichen nur tabelliert verfügbar – auch im Mathematikunterricht bis in die 1970er Jahre hinein als „Logarithmentafeln".

Im Falle einer endlichen Definitionsmenge ist „Funktion als Tabelle" sogar ein tragfähiges Konzept, verallgemeinerbar auch für abzählbar unendliche Definitionsmengen als (unendliche Tabelle) gut vorstellbar – und letztlich sogar auf überabzählbare Definitionsmengen zumindest gedanklich übertragbar.[265]

4.3.2 Griechische Antike: kinematisch erzeugte Kurven als Funktionen

In der griechischen Antike untersuchte man bereits „Kurven", die dann durch „Bewegung" entstanden waren, auch wenn es nur *gedachte Bewegungen* waren, wobei man insbesondere zunächst an den Kreis denken mag. Es ist aber zu beachten, dass „Kurve" hier klassisch als eine *freihändig durchgezogene Linie* im Sinne von EULER (vgl. S. 176 f.) zu verstehen ist, nicht aber im modernen Sinne, bei dem der Kurvenbegriff schließlich eine ganz erhebliche Erweiterung erfahren hat, so etwa bei Fraktalen wie der *Schneeflockenkurve* von HELGE VON KOCH oder gar durch „verrückte" *flächenfüllende Kurven* wie etwa bei der *Peanokurve*.[266]

In diesem Sinn geht es dann um „kinematisch erzeugte" Kurven, durchaus unter einem zeitbezogenen, *kinematischen Aspekt*. Derart erzeugte Kurven sind heutzutage aufgrund der Verfügbarkeit von Programmen zu einer „beweglichen Geometrie" wieder sehr aktuell, weil sich so schöne und aufschlussreiche „zeitgesteuerte" Animationen erstellen lassen.

---

[265] Wir kommen darauf in den Abschnitten 4.7.3 und 4.9 zurück.

[266] Beide Kurven werden z. B. in [HISCHER & SCHEID 1982] und [HISCHER & SCHEID 1995] untersucht.

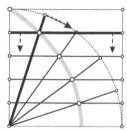

So zeigt Bild 4.3 als erstes wichtiges Beispiel aus der griechischen Antike die **Trisectrix**, die um 420 v. Chr. von HIPPIAS von Elis erfunden wurde, um das Problem der *Dreiteilung eines beliebigen Winkels* zu lösen. Als sich später zeigte, dass mit ihr sogar die *Quadratur des Kreises* „lösbar" ist, wurde sie auch **Quadratrix** genannt.[267] Diese Kurve entsteht *kinematisch* als Ortskurve einer Kombination aus einer *Rotations*- und einer *Translationsbewegung*, die beide synchron mit konstanter Winkelgeschwindigkeit bzw. konstanter geradliniger Geschwindigkeit ablaufen.

Bild 4.3: Trisectrix des
HIPPIAS von Elis
(ca. 420 v. Chr.)

Bild 4.4 zeigt ein später entstandenes berühmtes Beispiel: Auf einem mit konstanter *Winkelgeschwindigkeit* rotierenden Radialstrahl (hier als Pfeil zu sehen) bewegt sich mit konstanter *Bahngeschwindigkeit* ein Punkt vom Mittelpunkt nach außen. Dieser beschreibt die **Archimedische Spirale**, die ebenso wie die Trisectrix zur Winkeldrittelung geeignet ist.[267] (Der hier markierte Winkel ist bezüglich des wahren Werts numerisch um 2π ergänzt zu denken!)

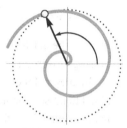

Bild 4.4: Spirale des
ARCHIMEDES von Syrakus
(287 – 212 v. Chr.)

In Bild 4.5 ist eine *kinematisch erzeugte dreidimensionale Kurve* zu sehen, nämlich die **Hippopede** („Pferdefessel") des EUDOXOS, die man sich wie eine gekrümmte Acht als Bahn eines Planeten an der gedachten „Himmelskugel" vorstellen muss: Zwei konzentrische Kugeln gleichen Durchmessers bewegen sich gegenläufig um ihre Achsen, welche gegeneinander geneigt sind. Ein auf einer Kugel fest gedachter Punkt beschreibt dabei die Hippopede. Solche *kinematischen Kurven* pflegen wir heute mit Hilfe von Parameterdarstellungen zu beschreiben, deren Parameter t als *Zeitvariable* gedacht werden kann.[268] Eine derart formal-symbolische Beschreibung gab es zwar damals noch nicht, aber *wir* „sehen" heute in solchen Kurven *Funktionen*, so dass in diesem visualisierenden Sinne auch *bereits in der Antike der Funktionsbegriff angelegt* war.

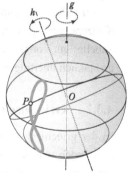

Bild 4.5: Hippopede des
EUDOXOS von Knidos

Neben dieser *kinematischen Erzeugung* von Kurven kannte man in der Antike auch eine solche durch den *Schnitt von zwei Flächen*, so etwa gemäß Bild 4.6 die alternative Erzeugung der *Hippopede* als Schnitt einer Kugel mit einem durchstoßenden, den Pol tangierenden Zylinder. Derart erzeugte Kurven betrachtet und behandelt man heute in der Algebraischen Geometrie als „Varietäten", also als „Nullstellenmengen" von Polynomen – und das ist eine *andere Funktionendarstellung*"!

Bild 4.6: Hippopede als
Nullstellenmenge

---

[267] Ausführlich in [HISCHER 2018] dargestellt.

[268] Kinematische Kurven lassen sich schön – auch interaktiv animiert – mit geeigneten Funktionenplottern erzeugen, insbesondere auch mit Programmen für eine „bewegliche Geometrie".

4.4   Zeitachsenorientierte Darstellungen im Mittelalter

Unser Leben „verläuft" in der Zeit, und reale funktionale Zusammenhänge sind häufig *zeitabhängig* (so z. B. die *Zeit-Weg-Funktionen* in der Physik). Eindimensionale zeitabhängige Vorgänge werden (zumindest im abendländischen Kulturkreis) seit Langem über einer von links nach rechts verlaufenden „Zeitachse" graphisch dargestellt.[269]

Zeitachsenorientierte Darstellungen sind die außerhalb der Mathematik am meisten genutzte Methode zur Visualisierung realer Daten. Dies ist das Ergebnis einer Langzeitstudie von EDWARD R. TUFTE:[270] Er untersuchte u. a. die (von 1974 bis 1980 erschienenen) 15 weltweit bedeutendsten Periodika daraufhin, wie sie *Daten visualisieren*, und er zog daraus eine Stichprobe von insgesamt knapp 4000 Graphiken. Eines der verblüffenden Ergebnisse seiner Hochrechnung war, dass *mehr als 75 % der verwendeten Graphiken zeitachsenorientiert sind*. Solchen Darstellungen kommt also in unserem Alltagsverständnis offenbar eine besondere Bedeutung zu – passend zum Kriterium der *Archetypizität bei fundamentalen Ideen*.[271]

4.4.1   Klosterschule: Zodiac – Planetenbahnen im Tierkreis

Vermutlich **950 n. Chr.**, evtl. erst **im 11. Jh.**, entstand in einer Klosterschule die in Bild 4.7 zu sehende Zeichnung, die GÜNTHER in einem Manuskript der Bayerischen Nationalbibliothek in München fand und 1877 in einer Abhandlung beschrieb.[272] FUNKHOUSER entdeckte diese Abhandlung und auch das Original dieser Zeichnung und publizierte dazu 1936

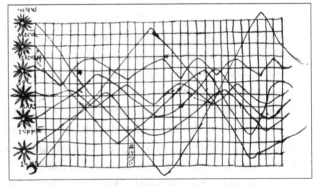

Bild 4.7: Zodiac – Planetenbahnen im Tierkreis
über einer horizontalen Zeitachse, um ca. 1000 n. Chr.

eine Note in *Osiris,* einer Fachzeitschrift für die Geschichte von Wissenschaft und Technik, und TUFTE machte diese Entdeckung 1983 in seinem Buch publik. FUNKHOUSER schreibt:[273]

> Dieser Graph ist in der Geschichte graphischer Methoden bedeutsam und begegnet uns hier als <u>ältestes vorhandenes Beispiel</u> für den Versuch, <u>veränderbare Werte</u> in einer Weise <u>darzustellen</u>, die heute üblichen Methoden ähnelt: als entscheidendes Merkmal die Verwendung eines Koordinatengitters zum Zeichnen von Kurven.

---

[269]   Ähnlich sind in der klassischen Malerei Gemälde meist von oben links nach unten rechts zu lesen.
[270]   [TUFTE 1983, 28]
[271]   Vgl. Abschnitt 1.2.1.2.
[272]   [GÜNTHER 1877, 20 ff.]
[273]   [FUNKHOUSER 1936, 260 und 262] (Übersetzung von Hischer; Hervorhebung nicht im Original).

Es handelt sich nach FUNKHOUSER bei dieser Quelle um einen etwa 400 n. Chr. geschriebenen zweibändigen Kommentar von MACROBIUS über ein Werk von CICERO, in dem MACROBIUS den damaligen Stand von Physik und Astronomie darstellt. Dieser Kommentar enthält in einer späteren *Abschrift*, die möglicherweise im 10. Jh. angefertigt wurde, einen Anhang eines unbekannten Schreibers mit dem Titel „De cursu per zodiacum", also: „Über den Tierkreis":[274]

> Dieser Anhang [...] ist eine kurze Beschreibung der Planetenbahnen durch den Zodiac (also: den Tierkreis). Die graphische Darstellung dient der Veranschaulichung dieser Beschreibung. Das gesamte Werk scheint eine Zusammenstellung für die <u>Verwendung in Klosterschulen</u> zu sein.

> Es handelt sich offensichtlich um eine graphische Darstellung der Inklination der Planetenbahnen als <u>Funktion der Zeit</u>.

Damit liegt uns hier nach heutigem Kenntnisstand die **historisch erstmalige graphische Darstellung einer „zeitabhängigen Funktion"** vor, und zwar die zeitabhängige Darstellung der *Inklination* der *Planetenbahnen* von Venus, Merkur, Saturn, Mars und Jupiter und der Bahnen von Mond und Sonne.[275]

Gemäß TUFTE und FUNKHOUSER seien allerdings der astronomische Inhalt dieser Graphik und des Begleittextes verworren und wenig in Einklang zu bringen mit den aktuellen Bewegungen der Planeten. Die horizontale Zeitachse sei in 30 Abschnitte unterteilt, und für jeden der sieben Himmelskörper sei auf der Vertikalachse ein eigener Startpunkt zur Abtragung des Abstandes vom Zodiac, also vom Tierkreis, vorgesehen, aber zwischen den sieben Kurven bestünde kein zeitlicher Zusammenhang, wie man an den Perioden sehen würde, womit für jede Kurve die Zeitachse in eigener Weise zu interpretieren sei.

FUNKHOUSER weist noch darauf hin, dass in der Mitte der Darstellung sowohl ein Fehler als auch eine Korrektur zu erkennen seien. Und wenn man weiterhin die damaligen beschränkten Mittel für zeitliche Beobachtungen und das Fehlen objektiver Daten berücksichtige, so sei diese graphische Darstellung *„ kaum mehr als* ein *schematisches Diagramm, wie es heutzutage Lehrer an der Tafel zur Veranschaulichung skizzieren würden".*[276]

Gleichwohl ist hier die Absicht des Verfassers zu erkennen, *Messwerte einer zeitabhängigen Funktion graphisch darzustellen.* Und faktisch wurde hier bereits ein *Koordinatensystem* benutzt – also fast 700 Jahre vor DESCARTES (1596–1650). Auch spricht TUFTE von einem *geheimnisvollen und isolierten Wunder in der Geschichte der graphischen Datenpräsentation,* dass es rund 800 Jahre gedauert habe, bis die nächste zeitachsenorientierte Darstellung von Messdaten auftauchte, und zwar bei JOHANN HEINRICH LAMBERT, worauf wir noch eingehen werden.[277] Allerdings irrt TUFTE hier, weil CHRISTIAAN HUYGENS bereits 100 Jahre zuvor (1669) eine solche Darstellung angibt, worauf wir auf S. 165 noch eingehen werden.

---

[274] A. a. O.; Übersetzung von Hischer; FUNKHOUSER versichert hierzu, dass er sich bei der Interpretation mit einem Wissenschaftler vom Observatorium des Harvard College beraten habe; Hervorhebungen nicht im Original.

[275] [FUNKHOUSER 1936] berichtet erstmals darüber, und [TUFTE 1983, 28] greift dies auf; vergleiche auch Bild 4.5.

[276] [FUNKHOUSER 1936, 260 und 262].

[277] [TUFTE 1983, 28 f.]; zu JOH. H. LAMBERT vgl. S. 167 ff.

4.4.2 Guido von Arezzo: Notenschrift als zeitachsenorientierte Darstellung

Nahezu zur selben Zeit kreiert der italienische Benediktiner-Mönch GUIDO VON AREZZO (ca. **990er** bis nach **1033**), der auch Musiktheoretiker und Musikpädagoge war, eine *Notenschrift*, aufbauend auf den damals noch gebräuchlichen gregorianischen „Neumen":[278]

> Epochemachend ist Guidos Erfindung, die bis dahin verwendeten Neumenschriften auf das (bis heute gebräuchliche) Liniensystem im Terzabstand zu setzen. Dadurch wurden die einzelnen Tonschritte in einer geordneten Diatonik dargestellt, die Intervallstruktur ist eindeutig abzulesen. Dieses Notensystem machte es möglich, auch bisher unbekannte Melodien zu lernen und korrekt vom Blatt zu singen. Gleichzeitig aber wurde damit aus der Gesamtheit der klingenden Musik allein der Tonhöhenverlauf zu dem, was an den Melodien wesentlich sein soll, zur zentralen Toneigenschaft. Die zweite zentrale Toneigenschaft aller nachfolgenden europäischen Musik, die Tondauer, wurde wenig mehr als 200 Jahre später in der Modusschrift der Notre-Dame-Komponisten schriftlich zu fixieren versucht.

Mit Hilfe dieser nunmehr international üblichen Notenschrift entstehen gedruckte oder auch handschriftliche „Notentexte" (wie z. B. Partituren), die als *zeitachsenorientierte Funktionen* aufgefasst werden können: Die Zeitachse verläuft wieder von links nach rechts, und die Noten werden nach Tonhöhe und Dauer als Funktionswerte (ggf. als Tupel) vertikal über diskreten Zeitpunkten aufgetragen. Bei GUIDO VON AREZZO fehlte diese Zuordnung der Töne und ihrer Dauer zu den Zeitpunkten auf der Zeitachse noch, die dann erst später erfolgte (s. o.).

Bei der Aufführung musikalischer Werke auf Basis von Notentexten gibt es aber im Sinne interpretatorischer Freiheit meist keine strenge zeitliche Zuordnung der Dauer einzelner Töne zu präzisen Zeitpunkten, denn ein „punktgenaues Timing" hat i. d. R. nichts mit guter Musik zu tun, sondern ist nur ein „Gerüst", dies auch im Gegensatz zur Wiedergabe bei MIDI-Dateien.[279]

4.4.3 Darstellung zeitabhängiger Größen durch Nicole d'Oresme

NICOLE D'ORESME[280] war ein bedeutender Wissenschaftler, Philosoph, Ökonom und Theologe des **14. Jahrhundert**s. Sein genaues Geburtsdatum (oft wird 1323 genannt) ist nicht bekannt. Er ist vermutlich zwischen 1320 und 1330 in der Normandie geboren (möglicherweise, aber nicht gesichert: in Caen). Er starb am 11. Juli 1382 in Lisieux, wo er am 16.11.1377 von König Charles V. zum Bischof geweiht wurde. MORITZ CANTOR schreibt dazu:[281]

> Auf Veranlassung des Königs übersetzte Oresme mehrere aristotelische Schriften aus den schon vorhandenen lateinischen Uebersetzungen in's Französische. Seine Ausdrucksweise in dieser letzteren Sprache wird sehr gerühmt. Auch sein Latein war vorzüglich [...].

---

[278] Nach [MERTENS & MÖLLER 1990, 59], daraus auch das nachfolgende Zitat.
Mit Dank an MONIKA HISCHER-BUHRMESTER für diesen Literaturhinweis!

[279] Vgl. hierzu Abschnitt 4.8.3, S. 192 f. und die dort erwähnte „Piano-Rolle".

[280] Gemäß [CANTOR 1900, 128] tritt ORESME (auch „Oresmius") in der Literatur auch unter den Vornamen *Nikolaus* oder *Nicholas* auf, ferner unter den Namen *Orem*, *Horem* und *Horen*. Daher ist *Oresme* möglicherweise eher französisch wie „Orème" auszusprechen.

[281] [CANTOR 1900, 128]

Im mathematischen Kontext betrachtet ORESME u. a. die zeitliche Veränderung von „Größen" in geometrischer Darstellung, worin STEINER einen wichtigen Beitrag zur Entstehung eines „geometrischen Funktionsbegriffs" sieht.[282] So gab es damals in der Wissenschaft eine Diskussion über die Zunahme bzw. Abnahme dessen, was man in der Physik „Größen"[283] nennt, namentlich im berühmten *Merton-College* in Oxford, wo das Phänomen von *Bewegung und Geschwindigkeit* untersucht und diskutiert wurde:

> The study of space and motion at Merton College arose from the mediaeval discussion of the intension and remission of forms, i. e. the increase and decrease of the intensity of qualities.[284]

Aus dem Zusammenhang folgt, dass hier mit "forms" und "quantities" gemeinsam und zutreffend „Größen"[283] wie z. B. *Länge, Zeit* und *Geschwindigkeit* gemeint sind, die CANTOR sinnfällig „messbare Naturerscheinungen" nennt.[285] Es geht also um die *Zunahme* und *Abnahme* solcher Größen und damit um deren (zeitliche!) *„Veränderung"*, womit bereits *Grundfragen der Analysis* angesprochen werden.

ORESME wird das – möglicherweise 1364 geschriebene – Werk *'Tractatus de latitu-dinibus formarum'* zugeschrieben, das aber erst 1486 als sog. „Inkunabel" erschien. Bild 4.8

Bild 4.8: ORESME – *Tractatus de latitudinibus formarum*

zeigt den Anfang der ersten Seite, beginnend mit „Incipit putilis tractatus de latitudinibus forma" („forma" hier in Abkürzung von „formarum"), gefolgt von dem Hinweis auf „doctoré magistrum Nicolaú Horem", den Autor.

CANTOR übersetzt „latitudinibus formarum" als „*Ausmaass der Erscheinungen*",[286] so dass der Anfangstext in Bild 4.8 wohl wie folgt zu verstehen ist:

> „*Hier beginnt die sehr nützliche Abhandlung über das Ausmaß der Erscheinungen (von) doctoré magistrum Nicolaú Horem ...*"

---

[282] [STEINER 1969, 14 f.]
[283] Eine Präzisierung von „Größe" ist nicht trivial; vgl. Abschnitt 4.6.2, ferner FELGNERS Zitat auf S. 176.
[284] [BARON 1969, 81]
[285] [CANTOR 1900, 129]
[286] [CANTOR 1900, 130]

Was ist damit gemeint? – Aus heutiger Sicht könnte man den Titel dieser Arbeit folgenderma-
ßen deuten: *Über die zeitliche Veränderung von Größen.* Die erste Figur in Bild 4.8 zeigt
„latitudo uniformis", also „gleichförmige Größen", die nächste Figur hingegen „latitudo
difformis", also „ungleichförmige Größen" – beides bezüglich Veränderung in der Zeit zu sehen.

Bild 4.9 zeigt eine Montage weiterer
Figuren aus dem Anfang des *'Tractatus'*
zur *„zeitlichen Veränderung von Größen"*, mit denen ORESME seine Vorstellung bezüglich solcher Veränderungen
von Größen eingangs *visualisiert.* Diese
Figuren mögen bei uns sogleich Assoziationen sowohl an *Balkendiagramme*
als auch an *Säulendiagramme* hervor-
zurufen, und sie machen deutlich, dass
graphische *Darstellungen* von *Daten*

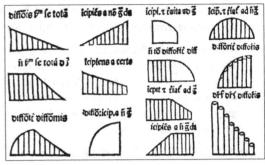

Bild 4.9: Beispiele für „Veränderung von Größen" aus S. 1 bis 3
des „Tractatus de latitudinibus formarum" von ORESME

auch (!) im Sinne *funktionalen Denkens* zu betrachten sind (siehe auch S. 21 und S. 151).

ORESME verwendet diese Darstellungen für die Veränderung physikalischer *zeitabhängiger
Größen* wie beispielsweise die *Geschwindigkeit*:

- Die *Veränderung* (in der Zeit) scheint für ORESME ein wesentlicher Aspekt zu sein!

Er unterscheidet zwischen der zeitlichen *Extension* einerseits und der *Intension* der Größe
andererseits. Dies ist so zu verstehen, dass die *Extension* durch von links nach rechts abgetragene Punkte (als Abszissen) auf der horizontalen *Zeitachse* erfasst wird und über jedem dieser
Punkte die jeweils aktuelle *Intension* durch eine Strecke entsprechender Länge (als Ordinate)
dargestellt wird.

Diese Strecken können in beliebiger Richtung abgetragen werden, aber die senkrechte Abtragung ist bei ihm die übliche. Die (horizontale) Extension nennt er „longitudo", also „Länge",
und die vertikal abgetragene Intension nennt er „latitudo", also „Weite".

Damit ist festzuhalten, dass uns bei ORESME in dem Paar aus *longitudo* und *latitudo* wohl
historisch *erstmalig zweidimensionale Koordinaten* begegnen, also das, was später „kartesische
Koordinaten" genannt wurde – knapp 300 Jahre vor DESCARTES! Das, was uns in dem Zeitdia-
gramm des Zodiacs (Bild 4.7 auf S. 155) erstmalig *qualitativ* als Koordinatensystem begegnet,
erfährt hier bei ORESME erstmals eine *quantitative* Ausrichtung.[287]

Die oberen Punkte bzw. Markierungen der als kontinuierlich aufzufassenden *Intensionen,*
also der „Säulen" in den Säulendiagrammen aus Bild 4.9, schließen mit den Randwerten ein
Flächenstück ein, dessen Inhalt für ORESME ein Maß für die *Quantität* einer weiteren Größe ist,
in diesem Beispiel also für den zurückgelegten Weg.

---

[287] [BARON 1969, 82] weist darauf hin, dass ORESME sogar die *Möglichkeit dreidimensionaler Koordinaten* diskutiert, um solche Größen darstellen zu können, die sowohl eine zeitliche als auch eine räumliche Extension haben.

ORESME spricht in diesem Zusammenhang von „figurae". Eine solche figura wird von zwei latitudines gebildet, also zwei senkrechten Größendarstellungen, dem Stück longitudo, das sich (unten) zwischen ihnen befindet, und der Verbindungslinie der Endpunkte aller umfassten latitudines. Die in Bild 4.9 erkennbaren figurae werden bei ORESME nicht nur von Strecken begrenzt, sondern auch von „Kurven" wie Kreisbögen.[288] Gemäß CANTOR weist ORESME auf ein *Extremwertverhalten* hin, wobei die Figur oben rechts in Bild 4.9 betrachtet sei:[288]

> Wird die Figur durch einen Kreisabschnitt gebildet, welcher, wie wir sahen, nicht grösser als der Halbkreis sein darf, so wächst in ihr die latitudo vom Anfang bis zur Mitte und nimmt dann wieder bis zum Ende ab. Bei einer solchen Figur ist die Aenderung der Geschwindigkeit des Wachsens und Fallens am obersten Punkte am langsamsten, dagegen ist die grösste Geschwindigkeit der Zunahme, beziehungsweise der Abnahme, am Anfang und am Ende der Figur vorhanden.

ORESME hat also mit der koordinatenorientierten Darstellung zeitabhängiger Größen das wesentliche Prinzip erfasst, dass eine reelle stetige einstellige Funktion durch eine „Kurve" dargestellt werden kann. Er konnte dieses Prinzip jedoch nur im Falle einer „linearen" Funktion effektiv anwenden, obwohl er es wie in Bild 4.9 (weitsichtig?) allgemeiner dargestellt hatte. Es sind (zumindest mir) jedoch keine Hinweise darauf bekannt, dass ORESME eine Kurve als „Summe ihrer Punkte" bzw. eine Fläche als „Summe ihrer Linien" im Sinne etwa von „Indivisibeln" ansah. Dies wäre andererseits auch ein statischer Aspekt, während ORESME wohl eher eine kinematische bzw. dynamische Sichtweise hatte.[289] So bewies er mit seiner Methode die im Merton-College[290] in der ersten Hälfte des 14. Jhs. aufgestellte *„Merton-Regel"*: Wird ein Körper in der Zeit t von der Anfangsgeschwindigkeit v_1 *gleichmäßig* auf die Endgeschwindigkeit v_2 beschleunigt, so gilt $s = \frac{1}{2}(v_1 + v_2)t$ **für den zurückgelegten Weg** s.

Dazu sei Bild 4.10 aus ORESMEs Traktat betrachtet,[291] aus deren Figuren das Wesentliche ersichtlich ist: Die Geschwindigkeit steigt vom Anfangswert (hier im oberen Bild: $v_1 = 0$) gleichmäßig auf den Endwert, so dass sich ein Dreieck (allgemein: ein Trapez) ergibt, dessen Flächeninhalt den zurückgelegten Weg darstellt. Diesen Flächeninhalt kann man aber auch aus dem Rechteck berechnen, und das ergibt die *Merton-Regel*.

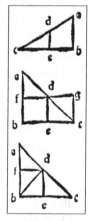

Im Konzept von ORESME ist ein Vorläufer von NEWTONs *„Fluxionen"* erkennbar, also jenen „fließenden" Größen, mit denen dieser seine Analysis begründete. Im Unterschied zu NEWTON war ORESME jedoch nur an der endgültigen Form der „Qualitäten" interessiert, also den „Figuren" wie z. B. an Dreiecken, Trapezen etc., nicht hingegen an „momentanen" Eigenschaften, die dann für die Differentialrechnung wesentlich wurden.

Bild 4.10: Beweis
der Merton-Regel
durch ORESME

---

[288] [CANTOR 1900, 131]
[289] [BARON 1969, 86]
[290] Vgl. S. 158.
[291] Aus der siebtletzten Seite der Inkunabel [ORESME 1486].

4.5 16. bis 18. Jh.: Tafeln, empirische Tabellen und Graphen

Zeitachsenorientierte Funktionen spielen auch nach dem Mittelalter in der Neuzeit eine große Rolle bis heute, und zwar im Kontext von Anwendungen der Mathematik als *empirische Funktionen.* Hinzu kommen nun aber *auch nicht zeitachsenorientierte* empirische Funktionen. Und andererseits entwickeln sich zunehmend theoretische Konzepte zum Funktionsbegriff.

Da termdefinierte Funktionen bekanntlich zur Beschreibung realer Vorgänge der Umwelt meistens nur näherungsweise „modellierend" taugen, mag es nicht verwunderlich sein, dass *empirische Funktionen* (unter Einschluss zeitachsenorientierter Funktionen) vielfach *nur numerisch* auftreten, und zwar einerseits in Gestalt von Tabellen wie schon bei den Babyloniern oder später als sog. „Tafeln", andererseits auch graphisch, z. B. in Gestalt von Linien, Kurven oder Charts. Wir beginnen mit tabellierten Funktionen.

4.5.1 1551 Rheticus – erste trigonometrische Tabellen

GEORG JOACHIM VON LAUCHEN **RHETICUS** (1514–1574), auch „Rhäticus" genannt, veröffentlicht 1551 die vermutlich erste trigonometrische Tabelle. Sein Tabellenwerk besteht aus insgesamt sieben Tafeln, wobei jede dieser Tafeln aus drei Teiltafeln besteht, die sich über je zwei gegenüberliegende Druckseiten erstrecken. Bild 4.11 zeigt von der ersten dieser sieben Tafeln ausschnittsweise deren linke Teiltafel, und rechts davon, etwas abgesetzt, ist der linke Teil der mittleren Teiltafel zu sehen (überschrieben mit „Maius latus includen=", was auf der rechten, hier nicht gezeigten Druckseite mit „tium angulum rectum" vervollständigt wird).

CANON DOCTRINAE TRIANGVLORVM IN QVO TRIQVETRI

		Subtendens angulum rectum				Maius latus includen=	
		Perpendicu:	Different:	Basis	Differe:	Hypotenusa	Differ:
0	0	.....	29088	10000000	43	....	43
	10	29088	29088	9999957	127	10000043	127
	20	58177	29088	9999830	211	10000170	211
	30	87265	29088	9999619	296	10000381	296
	40	116353	29086	9999323	381	10000677	381
	50	145439	29086	9998942	455	10001058	465
1	0	174525	29083	9998477	550	10001523	551
	10	203608	29081	9997927	635	10002074	635
	20	232689	29080	9997292	719	10002709	719
	30	261769	29078	9996573	803	10003428	804
	40	290847	29075	9995770	889	10004232	890
	50	319922	29073	9994881	973	10005122	974
2	0	348995	29069	9993908	1059	10006096	1059

Bild 4.11: Ausschnitt (oberer Teil) aus der ersten Tafel von insgesamt 14 Tafeln von RHETICUS

Ganz links in Bild 4.11 beginnt die Winkelzählung in 1°-Schritten, rechts daneben stehen Zwischenwerte in 10-Winkelminuten-Schritten.

In der Spalte „Perpendicu" (= „perpendicula") stehen die Sinus-Werte und in der Spalte „Basis" die Kosinus-Werte. Die Spalten „Differentia" geben jeweils die Differenz des aktuellen Werts zum nächsten an, so dass man mittels *linearer Interpolation* Zwischenwerte berechnen kann – wie man es auch noch heute machen würde. (Die mit „Hypotenusa" beginnende mittlere Teiltafel wird hier nicht erörtert.)

4.5.2   1614 John Napier: erste „Logarithmentafeln"?

Der schottische Gutsbesitzer JOHN NAPIER (1550–1617), "Laird of Merchiston",[292] veröffentlicht 1614 seine „Logarithmentafeln" und gilt seitdem als „Erfinder" der Logarithmen:

Bild 4.12: Titelseite von
NAPIERS Logarithmentafel

> Der Gedanke logarithmischen Rechnens findet sich wohl
> zuerst (1484) bei dem Franzosen Nicolas Chuquet und
> dann, etwas weiter entwickelt, bei Michael Stifel
> (1486–1567) in seiner „Arithmetica integra", die 1544 in
> Nürnberg erschien. An ein praktisches Rechnen mit den
> Logarithmen konnte man jedoch erst nach der Erfindung
> der Dezimalbrüche (um 1600) denken. An der Erfindung
> der Dezimalbrüche und ihrer Symbolik war der Schwei-
> zer Mathematiker Jobst Bürgi (1552–1632) sehr stark
> beteiligt. Er war es auch, der die erste Logarithmentafel
> in den Jahren 1603–1611 berechnete. Da er diese aber,
> trotz mehrfacher Aufforderung durch den Astronomen
> Johann Kepler (1571–1630), mit dem er in Prag wirk-
> te, erst 1620 unter dem Titel „Arithmetische und geomet-
> rische Progresstabuln" erscheinen ließ, kam ihm der
> schottische Gutsbesitzer John Napier oder Neper
> (1550–1671) zuvor.
>
> Lord Napier berechnete seine Logarithmen unabhän-
> gig von Bürgi und veröffentlichte sie 1614 zu Edin-
> burgh unter dem Titel „Mirifici logarithmorum canonis
> descriptio". Erst 1619, also nach dem Tode Napiers, kam zu dieser „Descriptio" eine „Construc-
> tio" heraus, in der die Berechnungsmethoden angegeben waren. Während Bürgis Tafeln rein nu-
> merisch sind, ist Napiers „Descriptio" eine Tafel für die Logarithmen der trigonometrischen
> Funktionen. Beide Verfasser, Bürgi und Napier, haben nicht an eine Basis oder ein System der
> Logarithmen gedacht. Die ursprünglichen Logarithmen von Napier haben nichts gemein mit den
> nach ihm benannten Neperschen oder natürlichen Logarithmen mit der Basis e.[293]

Die Bemerkung von FRANKE im obigen Zitat, dass NAPIERS Logarithmen *„nichts gemein"*
hätten mit den „natürlichen Logarithmen", bedarf einer Klärung: Dazu zeigt Bild 4.14 einen
vergrößerten Ausschnitt aus dem oberen Teil der in Bild 4.13 zu sehenden Tabelle von NAPIER.

Deutlich ist ein zur mittleren Spalte spiegelsymmetrischer Aufbau zu erkennen. Wir lesen
dann z. B. links oben $\sin(44°30')$ und ganz rechts $\cos(44°30') = \sin(45°30')$ ab, was mit den
„heutigen" Werten erfreulich übereinstimmt. In den Nachbarspalten stehen – ausweislich der
Tabellenköpfe – die „Logarithmen" dieser Werte und in der mittleren Spalte die Differenzen
aufeinanderfolgender „Logarithmen", so dass man wie bei den trigonometrischen Tabellen von
RHETICUS in Bild 4.11 mittels *linearer Interpolation* Zwischenwerte berechnen kann.

---

[292] Er selbst schrieb sich "Jhone Neper"; "Laird" ist kein Adelstitel, sondern (nur) ein Landadelstitel. Historische
Portraits von NAPIER z. B. unter http://www-history.mcs.st-and.ac.uk/PictDisplay/Napier.html. (02. 04. 2016)

[293] Aus *'Zur Geschichte der Logarithmentafel'* von Dr. WALTER FRANKE in [SCHLÖMILCH 1957, VI].

Berechnen wir z. B. mit der ln-Taste eines Taschenrechners „unbekümmert" die Logarithmen dieser Werte, so stimmen diese – bis auf die fehlenden negativen Vorzeichen und bis auf die Tatsache, dass diese „Logarithmen" monoton fallen statt zu steigen – in der verfügbaren Stellenzahl mit den Werten in der Tabelle überein, was bedeuten würde, dass NAPIER seine Logarithmen zwar nicht zur Basis e berechnet hat, aber immerhin zur Basis $\frac{1}{e}$, denn wenn

$y = (\frac{1}{e})^x = e^{-x}$ gilt, dann ist

$\log_{\frac{1}{e}}(y) = x = -\log_e(y) = -\ln(y)$.

NAPIER scheint damit tatsächlich – im Widerspruch zu FRANKES Anmerkung! – die *natürlichen Logarithmen* erfunden zu haben. Und auch CANTOR stellt das mit der Basis $\frac{1}{e}$ so dar![294] Es lässt sich aber zeigen, dass die NAPIERS „Constructio" zugrundeliegende Basis

Gr.	44		+ | –			
44 min	Sinus	Logarithmi	Differentia	logarithmi	Sinus	
30	7009093	3553767	174541	3379226	7132504	30
31	7011167	3550808	168723	3382085	7130465	29
32	7013241	3547851	162905	3384946	7128425	28
33	7015314	3544895	157087	3387808	7126385	27
34	7017387	3541941	151269	3390572	7124344	26
35	7019459	3538989	145451	3393538	7122303	25
36	7021530	3536038	139632	3396406	7120261	24
37	7023601	3533089	133814	3399275	7118218	23
38	7025671	3530142	127996	3402146	7116175	22
39	7027741	3527197	122178	3405019	7114131	21
40	7029810	3524253	116359	3407894	7112086	20
41	7031879	3521311	110541	3410770	7110041	19
42	7033947	3518371	104723	3413648	7107995	18
43	7036014	3515432	98904	3416528	7105949	17
44	7038081	3512495	93086	3419409	7103902	16
45	7040147	3509560	87268	3422292	7101854	15
46	7042213	3506626	81450	3425176	7099806	14
47	7044278	3503694	75632	3428062	7097757	13
48	7046342	3500764	69814	3430940	7095708	12
49	7048406	3497835	64006	3433829	7093658	11
50	7050469	3494908	58178	3436730	7091607	10
51	7052532	3491983	52360	3439623	7089556	9
52	7054594	3489060	46543	3442517	7087504	8
53	7056655	3486139	40726	3445413	7085452	7
54	7058716	3483219	34908	3448311	7083399	6
55	7060776	3480301	29090	3451211	7081345	5
56	7062836	3477385	23273	3454112	7079291	4
57	7064895	3474470	17455	3457015	7077236	3
58	7066953	3471557	11637	3459920	7075181	2
59	7069011	3468645	5818	3462827	7073125	1
60	7071068	3465735	0	3465735	7071068	0 min Gr.
			45			45

Bild 4.13: eine Seite aus NAPIERs Logarithmentafel

den Wert $10^7 \cdot (e^{-1})^{-0,000001} \approx 1.000.001$ hat,[295] womit FRANKE voll bestätigt wird (s. o.):

NAPIERS Tafeln enthalten also mitnichten „natürliche Logarithmen".

Gr.	44		+ | –			
44 min	Sinus	Logarithmi	Differentia	logarithmi	Sinus	
30	7009093	3553767	174541	3379226	7132504	30
31	7011167	3550808	168723	3382085	7130465	29
32	7013241	3547851	162905	3384946	7128425	28
33	7015314	3544895	157087	3387808	7126385	27
34	7017387	3541941	151269	3390572	7124344	26
35	7019459	3538989	145451	3393538	7122303	25

Das von NAPIER erfundene Kunstwort „logarithmus" geht auf „logos" und „arithmos" aus dem Griechischen zurück und bedeutet also „Verhältniszahl":

Bild 4.14: vergrößerter Ausschnitt aus dem oberen Teil von Bild 4.13

Den *Verhältnissen* von Gliedern einer geometrischen Folge entsprechen die *Differenzen* ihrer Exponenten, und diese Exponenten sind die *„Verhältniszahlen"*.

Erst BRIGGS hat später Tafeln zu *dekadischen Logarithmen* entwickelt:[296]

In einem Anhang zur „Constructio" sprach N a p i e r zuerst den Gedanken aus, eine feste Basis zu nehmen, einen Gedanken, der dann von seinem Freunde, dem Oxforder Professor H e n r y B r i g g s (1556–1630), verwirklicht wurde. B r i g g s nahm als Basis seiner Logarithmen die Zahl 10 und gab 1624 die „Arithmetica logarithmica", eine Tafel der Zahlenlogarithmen, heraus. Er starb jedoch, bevor er seine sehr weit gediehenen logarithmisch-trigonometrischen Tafeln veröffentlichen konnte.

---

[294] [CANTOR 1900, 736]
[295] Vgl. z. B. die ausführliche Analyse von NAPIERs „Constructio" in [SONAR 2011, 296 ff.].
[296] Aus „Zur Geschichte der Logarithmentafel" von Dr. Walter FRANKE in [SCHLÖMILCH 1957, VI f.].
Die *Briggsschen Logarithmentafeln* wurden noch bis in die1970er Jahre hinein im Mathematikunterricht benutzt.

4.5.3   1662 John Graunt: erste demographische Statistik

1662 erfindet der Londoner Tuchhändler Captain JOHN GRAUNT[297] (1620–1674) die *demographische Statistik* für die Entwicklung von Lebenserwartungstabellen (Bild 4.16). Kurz nach Erscheinen seines Werks wurde er auf Empfehlung von König CHARLES II. in die „Royal Academy" aufgenommen, denn gemäß [GRAETZER 1883, 6] müsse man *„auch Kaufleute, welche soviel Talent und so grosse Kenntnisse besitzen, aufnehmen"*. 1676, zwei Jahre nach seinem Tode, erschien bereits die sechste Auflage. Bild 4.15 zeigt aus der dritten Auflage von 1665 die erste Seite aus seiner Statistik mit den Daten von 1604 bis 1627 für London. Der additive Zusammenhang erschließt sich leicht. [GRAETZER 1883, 7] merkt an:

> Nicht die Resultate, zu denen Graunt gelangte, sind das Verdienstvolle, sondern die Priorität des Verfahrens und das geistvolle Vorgehen dabei.

Natural and Political
OBSERVATIONS
Mentioned in a following INDEX
and made upon the
Bills of Mortality.

BY

Capt. *JOHN GRAUNT*,

Fellow of the *Royal Society*.

With reference to the *Government, Religion, Trade, Growth, Air, Diseases*, and the several Changes of the said CITY.

—— *Non, me ut miretur Turba, laboro,*
Contentus paucis Lectoribus. ——

The Third EDITION, much Enlarged.

LONDON,
Printed by *John Martyn*, and *James Allestry*, Printers to the *Royal Society*, and are to be sold at the sign of the *Bell* in St. *Pauls* Church-yard.
MDCLXV.

Bild 4.16: Titelseite aus [GRAUNT 1665], 3. Auflage

CHRISTIAAN HUYGENS hat GRAUNTs Daten 1669 erstmals graphisch ausgewertet, was zum nächsten Abschnitt führt.

(174)

The Table of Burials and Christnings in London.

Anno Dom.	97 Parishes.	16 Parishes.	Out-Parishes.	Buried in all.	Besides of the Plague	Christned
1604	1518	2097	708	4313	896	5458
1605	2014	2974	960	5948	444	6504
1606	1941	2920	935	5796	2114	6614
1607	1879	2772	1019	5670	2352	6582
1608	2391	3218	1149	6758	2262	6845
1609	2494	3610	1441	7545	4240	6388
1610	2326	3791	1369	7486	1803	6785
1611	2152	3398	1166	6716	627	7014
	16715	24780	8747	50242	14752	51190
1612	2473	3843	1461	7778	64	6986
1613	2406	3679	1418	7503	16	6846
1614	2369	3504	1494	7367	22	7208
1615	2446	3791	1613	7850	37	7682
1616	2490	3876	1697	8063	9	7985
1617	2397	4109	1774	8280	6	7747
1618	1815	4715	2066	9596	18	7735
1619	2339	3857	1804	7999	9	8127
	19735	31374	13328	64436	171	60316
1620	2726	4819	2146	9691	21	7845
1621	2438	3759	1915	8112	11	8039
1622	2811	4217	2392	8943	16	7894
1623	3591	4721	2783	11095	17	7945
1624	3385	5919	2895	12199	11	8299
1625	5143	9819	3886	18848	35417	6983
1626	2150	3285	1965	7401	134	6701
1627	2315	3400	1988	7711	4	8408
	24569	39940	19970	84000	35631	62114

Bild 4.15: Sterbetabelle aus [GRAUNT 1665, 174]

---

[297] Ausführlichere Informationen zu GRAUNT z. B. in [GRAETZER 1883] und [CAMPBELL-KELLY et al. 2003].

4.5.4   1669 Christiaan Huygens: „Lebenslinie" und „Lebenserwartungszeit"

CHRISTIAAN HUYGENS (1629–1695) und sein jüngerer Bruder LODEWIJK interessierten sich für die *demographische Statistik* von JOHN GRAUNT. LODEWIJK berechnet aus proportionalen Abschnitten der Tabellen von GRAUNT für verschiedene Altersgruppen deren *restliche Lebenserwartungszeit*. CHRISTIAAN schreibt dazu in zwei Briefen vom 21. und vom 28. November 1669 an LODEWIJK,[298] dass lineare Interpolation in diesem Falle nicht das zielführende Verfahren sei. Stattdessen wählt er für die Lösung dieses Problems eine *Ausgleichskurve*,[299] die er durch *graphische Interpolation* erhält. Er stellt dazu mit Bezug auf die Daten von GRAUNT, die er „englische Tabelle" nennt, Punkte in einem

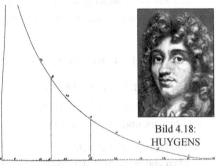

Bild 4.18: HUYGENS

Bild 4.17: „Lebenslinie" von HUYGENS, basierend auf GRAUNTs Tabellen

Koordinatensystem dar, indem er als Abszissenachse das Alter und als Ordinatenachse die Anzahl der noch Lebenden dieses Alters wählt. Er verbindet dann diese Punkte durch eine glatte Kurve, genannt *Lebenslinie* (« ligne de vie », siehe Bild 4.17).[300] Diese Graphik ist wie folgt zu lesen:

Von 100 Neugeborenen haben z. B. 16 das Alter 36 erreicht (siehe die Ordinate etwas links von der Mitte), 10 das Alter 46 usw. Daraus berechnet er die *„Lebenserwartungszeiten"* und erhält so z. B. für einen 16-jährigen eine Lebenserwartungszeit von noch 15 Jahren, während LODEWIJK zuvor 20 errechnet hatte.

Alter x	erreicht y
6	64
16	40
26	25
36	16
46	10
56	6
66	3
76	1
86	0

4.5.5   1686 Edmund Halley: Luftdruckkurve

EDMUND HALLEY (1656–1742), wohlbekannt durch den nach ihm benannten Kometen, berichtet 1686 über Beobachtungen, die er mit einem Barometer in verschiedenen Höhen gemacht hat. Dabei interpretiert er seine Messwertpaare aus Höhe und Luftdruck als Punkte, die auf einer *Hyperbel* liegen (siehe Bild 4.20). Hier erscheint also eine *Hyperbel* nicht mehr wie in der Antike im geometrischen Zusammenhang als Kegelschnitt, sondern *als Schaubild einer reellen einstelligen Funktion*.

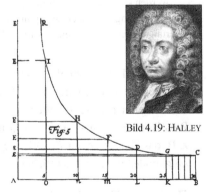

Bild 4.19: HALLEY

Bild 4.20: Luftdruckkurve von HALLEY

---

[298]   Siehe [HUYGENS 1669].

[299]   Vgl. weitere Beispiel auf S. 169 und S. 172.

[300]   [BOYER 1947, 148] spricht von dieser „Lebenslinie" HUYGENS' als historisch *"early graph of statistical data"*.

Die Punkte auf einer Hyperbel anzunehmen, legen zwar die Koordinaten der Kurve in grober Betrachtung nahe, obwohl es physikalisch nicht zutreffend ist, denn eigentlich liegt eher eine Exponentialfunktion vor. Aber konnte er das wissen?

Es sei noch angemerkt, dass HALLEY die Untersuchungen von GRAUNT zu Lebenserwartungstabellen wesentlich verbessert und vertieft hat.[301]

4.5.6   1741 / 1761 Johann Peter Süßmilch: geistiger Vater der Demographie

JOHANN PETER SÜßMILCH (1707–1767),[302] „Königlich Preußischer Oberkonsistorialrath, Probst in Cölln, und Mitglied der Königlichen Akademie der Wissenschaften“, gilt als geistiger Vater der Statistik und Demographie:

Ein Demograph versucht die vielfältigen Ursachen und Wirkungen der lokalen und zeitlichen Variationen in der Anzahl der Ehen, Geburten und Sterbefälle einer Bevölkerung zu erschließen. Mit seiner „Göttlichen Ordnung“ wurde Süßmilch zum Stammvater der Demographen in Deutschland [...]. Wie der Ökonom Oskar Morgenstern (1902–1977) den Mathematiker John von Neumann [...] für die mathematische Modellierung wirtschaftlichen Verhaltens gewinnen konnte, so gelang es Süßmilch, den Mathematiker Euler anzuregen, das Verhalten von Populationen zu modellieren. Dabei spielte die theologische Harmonie und ihr gemeinsames Wirken gegen die „Freygeister“ eine nicht unwesentliche Rolle. Wenn auch Eulers Wachstumsmodellen heute keine praktische Bedeutung zugebilligt werden kann, so ist sein Beitrag zur Mathematisierung [...] einer Disziplin wie Bevölkerungswesen eine wissenschaftliche Pioniertat [...].[303]

Bild 4.21: Titelblatt der zweiten Auflage von SÜßMILCHs Buch von 1761]

In seinem 1741 erstmals erschienenen, 1761 grundlegend überarbeiteten Buch (Bild 4.21) verwendet er diverse Tabellen mit statistischen Bevölkerungsdaten – auch konstruierte –, um z. B. das Phänomen der *Bevölkerungsverdoppelung* modellhaft zu verdeutlichen.

---

301 Vgl. dazu und zur Kritik an GRAUNTs Vorgehensweise die ausführliche Darstellung in [GRAETZER 1883].

302 Portrait von SÜßMILCH in [FRIENDLY 2009, 12] und in [FRIENDLY & DENIS 2001].

303 [GIRLICH 2011, 14]; vielfältige Infos zu SÜßMILCH sind auch im World Wide Web zu finden, z. B. unter http://www.deutsche-biographie.de/sfz82026.html (24.03.2020).

Es verdient Beachtung, dass SÜßMILCH z. B. in Bild 4.22 die prognostizierten Daten nach einem Ratschlag von LEONHARD EULER zum besseren Verständnis auf eine Grundgesamtheit von 100.000 normiert. SÜßMILCH schreibt hierzu:[304]

> Es entstehet also hieraus eine Progreßion, wodurch die Zeiten der Verdoppelung können bestimmet werden. Ich habe hiebey meinen hochgeschätzten Freund und academischen Collegen, den Herrn Prof. Euler um Hülfe angesprochen, dem ich auch hiemit öffentlich für die gehabte Mühe danke.

Wenn in einem Lande 100000 Menschen leben, und es stirbt Einer von 36,			
Und es verhalten sich sodann die Gestorbenen zu den Gebornen, wie	So wird also bann der Ueberschuß der Gebornen seyn:	Dieser Ueberschuß die Gebornen wird sodann seyn von der Summe aller Lebende:	Und also wird die Verdoppelung erfolgen in Jahren:
11	277	$\frac{1}{361}$	250$\frac{1}{2}$ Jahren
12	555	$\frac{1}{180}$	125
13	722	$\frac{1}{138}$	96
14	1100	$\frac{9}{10}$	62$\frac{3}{4}$
15	1388	$\frac{7}{1}$	50$\frac{1}{4}$
16	1666	$\frac{3}{10}$	42
17	1943	$\frac{1}{1}$	35$\frac{3}{4}$
18	2221	$\frac{4}{5}$	31$\frac{3}{4}$
19	2499	$\frac{4}{10}$	28
20	2777	$\frac{1}{36}$	25$\frac{3}{10}$
22	3332	$\frac{3}{10}$	21$\frac{1}{4}$
25	4165	$\frac{1}{24}$	17
30	5554	$\frac{1}{18}$	12$\frac{3}{4}$

(Die Zeilen sind links mit „10 :" zusammengefasst.)

Bild 4.22: Bevölkerungswachstum, Prognose

4.5.7   1762 / 1779 Johann Heinrich Lambert: Langzeittemperaturmessungen

JOHANN HEINRICH LAMBERT (1728–1777) war nicht nur ein großer Mathematiker des 18. Jhs. (er bewies u. a. 1766 als erster die Irrationalität von π), sondern er beschäftigte sich als Mitglied der Königlich-Preußischen Akademie der Wissenschaften in Berlin auch mit Physik, Philosophie und technischen Anwendungen der Mathematik:[305]

> „Da waren Erfindungen technischer Art meist nach ihren Beschreibungen auf ihre Brauchbarkeit zu prüfen, vom Zoll zurückgehaltene optische und mechanische Instrumente zu begutachten, die Herstellung von Salz zu optimieren, der Plan zur Errichtung einer Schwefelsäurefabrik durchzusehen, eine Maschine zu beurteilen, eine Wassermaschine im Botanischen Garten zu erproben, die Frage der Berechtigung eines Brunnenbaumeisters auf Zahlung eines Vorschusses zu untersuchen, ein Universitätsstudienplan im Fach Philosophie zu prüfen und dergleichen mehr. [...]"

Für einen heutigen Mathematiker ist dieses Spektrum von Aufgaben undenkbar. [...]

Lambert war an der Berliner Akademie tätig, die unter aktiver Beteiligung von Leibniz im Jahre 1700 nach dem Vorbild der damals schon berühmten englischen „Royal Society" (London 1662) und der französischen „Académie Royale des Sciences" (Paris 1662) gegründet wurde. Die Akademien waren für die weitere Entwicklung der Naturwissenschaften und der Mathematik in vielfältiger Hinsicht von entscheidender Bedeutung [...].

1779 erschien posthum von diesem „weyland Königlich Preußischen Oberbaurath und ordentlichen Mitglied der Königlich Preußischen Academie der Wissenschaften, auch mehrerer anderer Academien und gelehrten Gesellschaften" das 360 Seiten und „acht Kupfertafeln" umfassende Werk „Pyrometrie oder vom Maaße des Feuers und der Wärme". So schreibt WENCESLAUS JOHANN GUSTAV KARTEN in seiner „Vorrede" für dieses Buch u. a.:

> Wenn ich vielleicht einigen Antheil daran hätte, daß Herr Lambert noch in den letzten Monaten seines Lebens ein Werk vollendet hat, wozu er im Jahr 1760 schon Hoffnung gemacht hatte; so müßte es mir doch um so mehr zum vorzüglichen Vergnügen gereichen, auch an der Bekanntmachung desselben nach dem Tode des verdienstvollen Verfassers einigen Antheil zu haben. [...]

---

[304] [SÜßMILCH 1761, 279 f.]; Zitat mit den damals üblichen Zeichen für Umlaute und langen „s" am Silbenanfang..

[305] [MAAß 1988, 13 f.]; im hier kursiv gesetzten Absatz zitiert MAAß aus einer Studie von K.-R. BIERMANN.

Noch wenig Tage vor feinem am 25ften September 1777 erfolgten Tode hat er das ganze vollftändig ins Reine gebrachte Werk dem Herrn Verleger felbst zum Druck übergeben [...].

Und JOHANN AUGUST EBERHARD ergänzt diese Vorrede um eine Laudatio mit dem Titel *„ Ueber Lamberts Verdienste um die Theoretische Philosophie"*.

Um zu sehen, worum es in diesem Werk geht, sei exemplarisch ein Blick in den „VIII. Theil" mit der Überschrift *„ Von der Sonnenwärme"* geworfen und hierin das „VII. Hauptstück" mit dem Titel *„ Vertheilung der Sonnenwärme unter der Erde "* etwas näher betrachtet.

Lambert will die Phänomene „Wärme" und „Feuer" naturwissenschaftlich erklären. In den ersten sechs Teilen des Werkes entwickelt er eine experimentell gestützte Theorie (und damit eine „Wärmelehre"), die er mathematisch mit Methoden der damaligen Analysis beschreibt (er verwendet sowohl die „Subtangente" als auch Leibnizsche Differentialquotienten, wobei er auch zu Funktionsgleichungen und speziell zu Differentialgleichungen gelangt).

Sein o. g. „Hauptstück" aus dem letzten (sechsten Teil) beginnt mit § 669:[306]

Die Oerter ausgenommen, die zunächst an einem feyerfpeyenden Berge liegen, ift die Grundwärme überhaupt geringer als die Winterkälte. Die Wärme, welche demnach die Erde von der Sonne erhält, vertheilt fich unter der Oberfläche fo, daß fie fich einem beftimmten Grade nähert, und diefe Näherung würde, überhaupt betrachtet, logarithmisch feyn, wenn die Oberfläche alle Tage gleich viel Wärme erhielte und wieder verlöre.[307] Dieser gleichförmigen Erwärmung kommen nun die Länder unter dem Aequator am nächsten. Also müßte man dorten Beobachtungen anstellen, um die Subtangente der logarithmifchen Linie ausfündig zu machen.

Er fährt dann zu Beginn von § 670 fort:

In Europa herrfchet in der jährlichen Erwärmung und Erkältung zu viel Ungleichheit, und diefe machet, daß die Veränderungen an der Oberfläche bis in eine ziemliche Tiefe ähnliche Veränderungen unter der Erde nach fich ziehen.

LAMBERT erwähnt hierzu Versuche von MARIOTTE und HALES, *„wovon [...] die merkwürdigsten vorkommen"*, und er kommt dann zur Beschreibung seiner Vorgehensweise:[307]

Es blieben alfo, um die Vertheilung der Wärme unter der Erde vollftändigere Beobachtungen zu machen. Und dazu entschloß fich auf meinen Antrag Herr Ott, ein gelehrter Kaufmann in Zürich im Jahr 1762.

So ist 1762 als Beginn von Lamberts Darstellung in dem 1779 erschienenen Werk anzusehen. Daher sind in der Überschrift dieses Abschnitts beide Jahresdaten gemeinsam angegeben. In den nachfolgenden Paragraphen 672 und 673 gibt Lambert eine *Versuchsbeschreibung*:[308]

Herr Ott ließ in dem Garten auf feinem vor der Stadt Zürich gelegnen Landguthe Thermometer mit Röhren von behöriger Länge an einem Orte eingraben, der dem Sonnenfchein und allen Abwechslungen des Wetters frey ausgefetzt war. Die Kugeln der Thermometer waren $\frac{1}{4}$, $\frac{1}{2}$, 1, 2, 3, 4, 6 Fuß tief, und die Röhren lang genug, dass die Stuffenleiter über der Erde empor ftunden.

---

[306] [LAMBERT 1779, 356]

[307] [LAMBERT (ebd., § 671); er bezieht sich hier auf seine in § 162 gemachten Ausführungen zur Temperaturmessung durch HALES in unterschiedlicher Tiefe; zu den Schriftzeichen siehe Fußnote 304.

[308] [Lambert 1779, 357]; Bild 4.24 zeigt die im obigen Zitat von Lambert beschriebene „Tafel".

Die Thermometer waren mit Wein-
geiste gefüllt, weil dieser sich stark
ausdehnt, und der in der Röhre befind-
liche Theil zu dem in der Kugel ein
unmerklicheres Verhältniß hat, als
wenn Quecksilber gebraucht worden
wäre. [...] Er setzte die Beobachtungen
$4\frac{1}{2}$ Jahre lang, bis kurz vor seinem
Tode, fort. Er schickte sie mir im
Frühling 1768, da ich dann eine ziemlich vollständige Abschrift davon
machen ließ, damit, wenn sie beym
Zurückeschicken verlohren gehen sollten, sie so ziemlich wieder hergestellt
werden konnten.

[...] Es hatte sich nun Herr Ott nicht
bloß die Mühe gegeben, den Stand der
Thermometer aufzuzeichnen. Er be-
rechnete für halbe und ganze Monate
das Mittel aus den Graden eines jeden
Thermometers, indem er sie zusammen
addirte, und die Summe durch die Anzahl der Beobachtungen theilte. Auch
bemerkte er die größten und kleinsten
Höhen, und nahm von diesen besonders
das Mittel, welches von jenem oft
merklich verschieden war, und auch
weniger brauchbar ist. Endlich nahm
Herr Ott das wahre Mittel für jeden

Menate.	Fuß Tiefe der Thermometer unter der Erde.						
	¼	½	1	2	3	4	6
Januar.	− 8¼	− 80	− 7¼	− 68	− 60	− 50	− 35
Februar.	− 90	− 82	− 78	− 70	− 65	− 54	− 45
Merz.	− 29	− 52	− 49	− 53	− 53	− 48	− 46
April.	+ 3	− 20	− 20	− 28	− 29	− 32	− 32
May.	+ 22	+ 13	+ 11	+ 2	− 2	− 6	− 16
Junn.	+ 51	+ 38	+ 33	+ 24	+ 18	+ 11	+ 1
July.	+ 54	+ 42	+ 40	+ 32	+ 32	+ 26	+ 18
August.	+ 44	+ 40	+ 38	+ 34	+ 36	+ 32	+ 26
September.	+ 24	+ 22	+ 24	+ 25	+ 29	+ 28	+ 18
October.	− 12	+ 16	− 13	− 7	+ 1	+ 6	+ 14
November.	− 48	− 46	− 42	− 30	− 21	− 13	0
December.	− 72	− 71	− 66	− 56	− 46	− 25	− 20
Mittel.	− 12	− 18	− 17	− 16	− 13	− 11	− 9

Bild 4.23: Lamberts Temperaturtabelle „unter der Erde" in unterschiedlicher Tiefe aufgrund der Ott'schen Messungen aus 4 Jahren

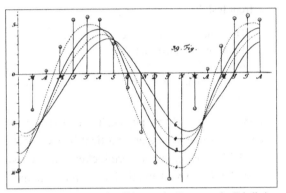

Bild 4.24: LAMBERTs Visualisierung der Daten aus der Tabelle in
Bild 4.23 durch Schaubilder quasi-periodischer Funktionen

Monat aller 4 Jahre, damit, was etwa das eine Jahr zu viel oder zu wenig hatte, durch die übrigen abge-
glichen würde. Dieses gab ihm in $\frac{1}{8}$ Theilen des *du CRESTschen* Thermometers folgende Tafel [...].

Bild 4.24 zeigt LAMBERTs Visualisierung der Messdaten durch interpolierende Kurven als
Schaubildern quasi-periodischer Funktionen. LAMBERT kommentiert diese Visualisierung wie
folgt (S. 358, § 674):

Nach diesen Zahlen habe ich für die 1, 3, 4, 6 Fuß tiefen Thermometer eben so viele krumme Linien
gezeichnet, die Ordinaten aber für den nur 3 Zoll tiefen durch o angedeutet, theils um die Figur
nicht zu verwirren, theils auch, weil dieses Thermometer noch mehrere Jahre durch hätte beobachtet
werden müssen, um seinen wahren mittlern Gang bestimmen zu können.

In dieser Beschreibung wird ein Druckfehler des Setzers auffallen: Statt „3 Zoll" muss es
wohl „$\frac{1}{4}$ Zoll" heißen. Ferner passt in Bild 4.24 die Skalierung der Ordinatenachse nicht zu
den Daten. Wenn man jedoch die Visualisierung dieser Daten nachvollzieht, ergibt sich eine
qualitativ sehr gute Übereinstimmung mit LAMBERTs Darstellung, wobei er offenbar „von
Hand" schöne *Ausgleichskurven* erstellt hat, mit denen er ggf. geringfügige Abweichungen
von einem idealen Verlauf „ausgeglichen" hat. Und selbst die von ihm nicht dargestellte Spalte
zu „2 Zoll" würde vorzüglich in sein „Schema" passen.

Zuvor, im VI. Hauptstück, das „Anwendungen der Theorie auf Beobachtungen" betitelt ist, geht er auf die „*äußere Sonnenwärme"* (also oberhalb der Erdoberfläche) ein, wofür er bereits eine Formel für den Verlauf der mittleren Jahrestemperatur in Abhängigkeit vom Breitengrad entwickelt hat. Er testet diese Formel (die wir als Funktionsgleichung ansehen müssen) am Beispiel des 60. Breitengrades (≈ Oslo), wo er auf gut mittelbare Messdaten aus neunzehn (!) Jahren zurückgreifen kann.

Bild 4.25 zeigt eine Übereinstimmung zwischen Theorie (durchgezogene Linie) und Praxis (einzelne Punkte). LAMBERT stellt daher mit Bezug auf Bild 4.25 erfreut fest:[309]

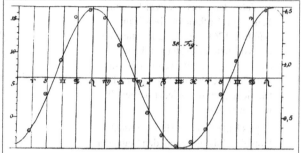

Bild 4.25: mittlere Jahrestemperatur beim 60. Breitengrad (Punkte: langjährig gemessen; durchgezogene Linie: gemäß LAMBERTs Theorie)

Die in der Figur gezeichneten Linien haben überhaupt eben die Gestalt, welche die für die äußere Sonnenwärme gezeichneten haben.

LAMBERT hat anhand physikalischer Experimente mit mathematischen *Mitteln* eine Theorie entwickelt und verifiziert. So liegt hier ein frühes Beispiel für *mathematisches Modellieren* mit Hilfe einer empirisch ermittelten Funktion vor. Dabei hat LAMBERT die in Bild 4.25 dargestellte Kurve mathematisch begründet und nicht nur als eine Ausgleichskurve gezeichnet.

4.5.8   1786 William Playfair: Linien-, Balken- und Tortendiagramme

GRAUNT und SÜßMILCH präsentierten statistische Datensätze in *Tabellenform*, während HUYGENS die Daten von GRAUNT durch *Ausgleichskurven* in einem Koordinatensystem dargestellt hat, eine Visualisierung, die auch HALLEY und LAMBERT für ihre physikalisch ermittelten Messwerte gewählt haben, wobei anzumerken ist, dass schon ORESME für seine Vorstellungen Visualisierungen gewählt hat, die sowohl simulierten Funktionsgraphen als auch *Balkendiagrammen* ähneln. WILLIAM **PLAYFAIR** (1759–1823) hat nun erstmals weitere neue Formen der Präsentation statistischer Daten mit Hilfe von „Charts" eingeführt, so auch mit *Liniendiagrammen*. Und in seinem Hauptwerk, dem 'Commercial and Political Atlas' von 1786 (Neuerscheinung: 2005), findet man neben Liniendiagrammen für Handelsbilanzen zum ersten Mal auch ein *Balkendiagramm*.

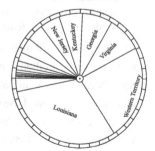

Neben der Darstellung endlicher Datensätze durch Linien- und Balkendiagramme hat PLAYFAIR auch *Tortendiagramme* (sog. "pie charts") wie z. B.in Bild 4.26 eingeführt.[312]

Bild 4.26: Tortendiagramm (USA) von PLAYFAIR

---

[309] [LAMBERT 1779, 358]

4.5.9 1795 / 1797 Louis Ézéchiel Pouchet: Nomogramme

1795 bzw. 1797 erfindet Louis Ézéchiel Pouchet (1748–1809) *Nomogramme* zur näherungsweisen Ausführung von Multiplikationen wie in Bild 4.27 dargestellt:[310] Bei diesem speziellen Fall sind alle Zahlenpaare, die auf derselben Kurve liegen, *produktgleich*, d. h., diese Kurven sind *Niveaulinien* von zweistelligen *Funktionen*, in Bild 4.27 also von $f(x, y)$ mit $z \in \{5, 10, 15, 20, \ldots, 100\}$, so dass hier $4,8 \cdot 5,1 \approx 24,5$ ablesbar ist.

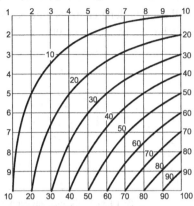

Verallgemeinert ist ein *Nomogramm* eine graphische Darstellung funktionaler Beziehungen zwischen n Variablen. Aus $n - k$ gegebenen Größen werden nach einer [...] Ablesevorschrift die restlichen k (meist $k = 1$) ermittelt.[311]

Bild 4.27: Nomogramm nach Pouchet
Beispiel: $4,8 \cdot 5,1 \approx 24,5$

Auch *Rechenschieber* gehören damit in das Gebiet der *Nomographie*. Beide Werkzeuge sind klassische, ehemals wichtige „Analog-Rechner".

4.5.10 1796 James Watt & John Southern: Dampfmaschine und Kreisprozess

John Southern (ca.1758–1815) und James Watt (1736–1819) führen 1796 in England die *erste automatische Aufzeichnung von Messwertdaten-Paaren* durch, und zwar für die Aufzeichnung von Druck und Volumen bei Dampfmaschinen mit dem sog. „Watt-Indikator", einer bis 1822 geheim gehaltenen Erfindung.[312]

Dieses tatsächlich im Sinne des Wortes *„funktionierende"* Gerät zeichnet eine geschlossene Linie: Hier wird ein *thermodynamischer „Kreisprozess"* visuell erfasst! Das Studium und Verständnis dieser Kurve, die einen *funktionalen Zusammenhang* zwischen Druck und Volumen darstellt, ist zugleich ein Schlüssel zum Verständnis der *„Funktion"* der Dampfmaschine!

Bild 4.28: Watt

Dieser Watt-Indikator visualisiert beeindruckend eine wohl ungewöhnliche Sichtweise von „Funktion" in der Rolle eines technischen Mediums, und er vermittelt einen wichtigen Zusammenhang zur Funktionsweise der Dampfmaschine und erlaubt deren Untersuchung und Kontrolle. Der Watt-Indikator ist so in doppeltem Sinn eine „Funktion": sowohl wegen der *Funktionsweise* als auch wegen der mechanischen Realisierung einer Funktion in Gestalt einer *materialisierten Funktion*.[313]

---

[310] Eine Nachbildung aus [Friendly & Denis 2001], die mit dieser Abbildung eine angebliche Arbeit von Pouchet aus dem Jahre 1795 zitieren; eine ähnliche Abbildung liegt allerdings in [Pouchet 1797] vor.

[311] [Lexikon der Mathematik 2000]; zu „Rechenschieber" siehe Beispiel (6.21), S. 266.

[312] Gemäß [Friendly & Denis 2001].

[313] Die Leserinnen und Leser seien hierzu auf den Link bei [Friendly & Denis 2001] verwiesen, wo dieser hier nicht wiedergegebene schöne Ausschnitt als „Kreisdiagramm" zu sehen ist.

4.5.11   1817 Alexander von Humboldt: erstmals geographische Isothermen

ALEXANDER VON HUMBOLDT[314] (1769–1859) erstellt aufgrund von Messungen bei seiner Welterkundung erstmals eine Karte geographischer *Isothermen* für die nördliche Halbkugel von 90° westlicher Breite bis 120° östlicher Breite: In

Bild 4.29: V. HUMBOLDT

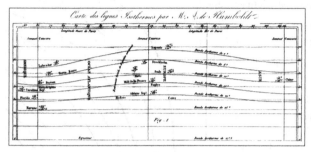

Bild 4.30: Isothermen auf der nördlichen Halbkugel zwischen 90° West und 120 ° Ost

Bild 4.30 sind die Längengrade horizontal und die Breitengrade vertikal abgetragen. Diese fünf Kurven sind *Ausgleichskurven zu empirisch ermittelten Daten*, sie treten also als *Schaubilder empirischer Funktionen* auf.[315]

4.5.12   1821 Jean Baptiste Joseph Fourier: Häufigkeitsverteilungen

JEAN BAPTISTE JOSEPH FOURIER (1768–1830) stellt die *Häufigkeitsverteilung der Altersstruktur* der Einwohner von Paris in einem Koordinatensystem graphisch dar.

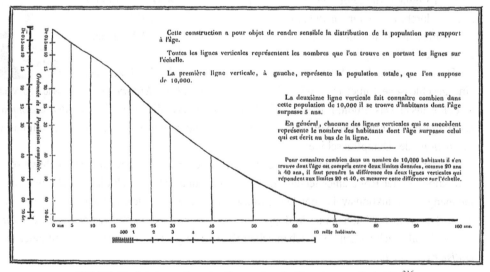

Bild 4.31: Häufigkeitsverteilung der Altersstruktur der Einwohner von Paris 1821[316]

---

314 Siehe auch S. 178 und S. 180.
315 Zu „Schaubildern" siehe Abschnitt 4.8.6, zu „Ausgleichskurven" siehe Beispiele auf S. 169 und S. 172.
316 Aus [FOURIER 1833].

4.6 Beginn der expliziten Begriffsentwicklung von „Funktion"

4.6.1 Überblick

In den bisherigen Beispielen – angefangen von den Babyloniern über zeitachsenorientierte Darstellungen bis hin zu empirischen Daten und deren Darstellungen in Tabellen oder bei diversen graphischen Figuren – begegnet uns der mathematische *Terminus „Funktion" noch nicht explizit!* Insbesondere tauchen diese Beispiele nicht immer im Kontext *mathematischer* Betrachtungen auf. Wohl aber werden mit ihnen die in Abschnitt 4.1 angesprochenen „vielen Gesichter" betont, unter denen wir Funktionen erkennen können (S. 149, S. 151). Sieht man von LAMBERTs „Wärmelehre" ab, wie sie in Abschnitt 4.5.7 angedeutet ist, so scheinen auch Funktionsterme oder gar Funktionsgleichungen hierbei keine Rolle zu spielen (vielleicht mag man sie bei ORESMES Beweis der Merton-Regel[317] „hineindenken"). Jedoch waren später für FOURIER seine empirische Untersuchungen[318] ein Anlass, über den mit „Funktion" bezeichneten Begriff nachzudenken, der in der Mathematik zuvor schon erste Ansätze zu seiner Entwicklung erfahren hat. Daher soll zunächst ein sehr *kurzer historischer Rückblick* anderer Art folgen, weil sich dann *an der Nahtstelle „Fourier" ein neuer Ast* weiterentwickeln wird.

4.6.2 1671 Isaac Newton: Fluxionen und Fluenten

ISAAC NEWTON (1643–1727) behandelt 1671 in seinem Werk 'De Methodis Serierum et Fluxionum' erstmals systematisch die von ihm so genannten *Fluxionen* und *Fluenten*, veröffentlicht diese Abhandlung jedoch merkwürdigerweise nicht – sie wurde erst posthum 1736 in englischer Übersetzung von JOHN COLSON gedruckt. In diesem Werk entwickelt er für (physikalische, zeitabhängige) Größen sein Konzept von *Analysis:*

Bild 4.32: NEWTON

Ist x eine „gegebene zeitabhängige Größe", so bezeichnet er (in heutiger Sicht) deren zeitliche Ableitung – eine „erzeugte Größe" – mit $\dot{x}$ und nennt sie *„Fluxion"* (also: „Fluss") von x, entsprechend bildet er $\ddot{x}$ als *Fluxion der Fluxion* – eine in der Physik noch immer übliche Schreibweise. In Umkehrung dessen sucht er zu x eine neue „erzeugte Größe" derart, dass x dann deren Fluxion ist, und er nennt diese neue Größe *„Fluente"* $\overset{\shortmid}{x}$ von x, womit er in unserem Sinne also zu einer *Stammfunktion* gelangt. Doch was ist eine „Größe"?

Gemäß FELGNER hat YOUSCHKEVITSCH 1976 in einem Essay behauptet, dass erstmalig DESCARTES von „variablen Größen" gesprochen habe, jedoch:[319]

> Der unglückliche Sprachgebrauch geht vielmehr auf ISAAC NEWTON zurück. Die abhängige Größe bezeichnete er als „erzeugte Größe" (genita) und betrachtete sie „als unbestimmt und veränderlich, gleichsam durch beständige Bewegung oder beständiges Fließen fortwährend oder abnehmend" [...].
> NEWTONS Terminologie ist der Kinematik entlehnt und entspricht physikalischen Modellvorstellungen sehr gut. In der Reinen Mathematik ist sie allerdings weniger treffend.

---

[317] Siehe S. 160.
[318] Wie auf S. 172 angedeutet.
[319] [FELGNER 2002, 623]

So ist festzuhalten, dass die Fluxionen und Fluenten im physikalischen Kontext bei NEWTON für das stehen, was man „zeitabhängige Funktionen" zu nennen pflegt. Noch heute bezeichnet man in der Physik die Ableitungen zeitabhängiger „Größen" wie den „Weg" s mit $\dot{s}, \ddot{s}$ usw. und kommt dann zu diversen *Differentialgleichungen* wie z. B. $m \cdot \ddot{s} = -D \cdot s$ (*Hookesches Gesetz* als dem Zusammenhang zwischen Massenbeschleunigung und Auslenkung).

4.6.3   1673 / 1694 Gottfried Wilhelm Leibniz: erstmals das Wort „Funktion"

Bei LEIBNIZ (1646–1716) finden wir die *erstmals dokumentierte Verwendung des Wortes „Funktion" im mathematischen Kontext*, und zwar 1673 in seiner gemäß FELGNER[320] unveröffentlichten Abhandlung „Methodus tangentium inversa, seu de functionibus", was etwa Folgendes bedeutet: „*Eine Methode, Tangenten umzukehren – oder: über Funktionen"*. Aber LEIBNIZ meint damit noch nicht das, was wir heute unter „Funktion" verstehen:

Bild 4.33: LEIBNIZ

> Das Wort „Funktion" hatte bei Leibniz noch nicht die heutige mathematische Bedeutung, vielmehr wird es im Sinne von „funktionell" als Aufgabe, Stellung oder Wirkungsweise eines Glieds innerhalb eines Organismus bzw. einer Maschine verstanden [...][321]

Bei diesem „*inversen Tangentenproblem"* (das also „funktioniert"[322]), geht es nur darum,

> von einer Eigenschaft der Tangente einer Kurve deren Koordinaten zu bestimmen, nach einer Stammfunktion zu suchen.

Bereits 1675 erfindet LEIBNIZ die

> Infinitesimalrechnung auf eigenem Wege und völlig unabhängig von Newtons Fluxionsrechnung.[323]

Und 1694 publiziert er den Aufsatz „Nova calculi differentialis applicatio et usus ad multiplicem linearum construtionem ex data tangentium conditione" im Juli-Heft der Fachzeitschrift 'Acta Eruditorum' (was etwa „Gelehrtenzeitschrift" bedeutet). Hier verwendet er das Wort „Function" für die **Subtangente** einer Kurve:

> Leibniz nannte Function dasjenige Stück einer Geraden, welches abgeschnitten wird, indem man Gerade zieht, zu deren Herstellung nur ein fester Punkt und ein Curvenpunkt nebst der dort stattfindenden Krümmung in Gebrauch treten.[324]

Diese „Subtangente" ist (bei konkret gegebener Kurve) als Strecke bestimmter Länge vom Tangentenberührpunkt abhängig, und somit können wir heute sagen, dass sie eine „*Funktion des Tangentenberührpunktes"* ist![325]

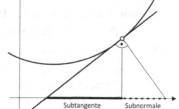

Bild 4.34: Subtangente an eine „Kurve"

---

[320] Siehe dazu [FELGNER 2002, 621].

[321] [KRÜGER 2000, 44]

[322] Betr. „funktionieren" vgl. auch das Zitat zu Bild 4.1 auf S. 147.

[323] So dargestellt bei [HOCHSTETTER 1979, 14] (ehemals Direktor der Leibniz-Forschungsstelle Münster).

[324] [CANTOR 1901, 215]; zu „Subtangente" siehe die aktuelle Veranschaulichung in Bild 4.34.

[325] Man beachte, dass das lateinische „functio" für „Verrichtung" oder „Ausführung" steht, sodass gemäß LEIBNIZ die Subtangente quasi die „Ausführung" der Tangentenberührpunktbewegung ist.

4.6.4   1691 / 1694   Jakob I. Bernoulli

JAKOB I. BERNOULLI (1655–1705) verwendet 1691 erstmalig für trigonometrische Funktionen die Funktionszeichen „sin.", „tang." und „sec.".[326]
Und MORITZ CANTOR berichtet mit Bezug auf die zitierte LEIBNIZ'sche
Verwendung des Wortes „Function" für die Subtangente einer Kurve (s. o.),
dass JAKOB I. BERNOULLI

> im Octoberheft 1694 der A. E. auf den Leibnizischen Aufsatz im Julihefte
> Bezug nehmend sich des gleichen Wortes im gleichen Sinne bediente.[327]

Bild 4.35: JAKOB I.
BERNOULLI

4.6.5   1706 / 1718   Johann I. Bernoulli: erstmals Definition von „Funktion"

1706 verwendet JOHANN I. BERNOULLI (1667–1748) das Wort „Funktion"
öffentlich in den Pariser ʻ*Abhandlungen der Académie des Sciences*ʼ, denn

> Gleich im Wortlaute der ersten Aufgabe sprach er von den *fonctions
> quelquonque de ces appliquées* [...].[328]

BERNOULLI meint also *„irgendwelche Funktionen von diesen Anwendungen"*, wobei er „Funktion" (hier!) aber *noch nicht definiert*. Seine Aussage
können wir immerhin so deuten, dass Funktionen hier für ihn *noch keine
eigenständigen Objekte* sind, sondern nur Werkzeuge für irgendwelche
Zwecke

Bild 4.36:
JOHANN I.
BERNOULLI

    Zwölf Jahre später, 1718, liefert JOHANN I. BERNOULLI dann in den erwähnten Abhandlun-
gen der Académie des Sciences *erstmalig eine Definition für „Funktion"*.[329]

> Dort heisst es, er verstehe unter Function einer veränderlichen Grösse einen Ausdruck, der auf
> irgend eine Weise aus der veränderlichen Grösse und Constanten zusammengesetzt sei. Erst von
> da an war der neue Kunstausdruck der Wissenschaft erworben, und noch 12 Jahre später, in den
> Abhandlungen der Académie des Sciences für 1730, unterschied wieder Johann Bernoulli zwischen
> algebraischen und transcendenten Functionen, wenn er auch mit letzterem Namen nicht
> den weiten Sinn verband, der ihm nachmals beigelegt wurde, sondern ihn nur auf Integrale algebra-
> ischer Functionen bezog.

In JOHANN I. BERNOULLIs Definition erscheint also aus unserer Sicht eine Funktion als
„Term", und das korrespondiert dann mit der vielfach noch heute – oder heute auch wieder –
anzutreffenden Sprechweise *„die Funktion f(x)"* (wie in Abschnitt 4.1 dargestellt).
    Weiterhin spricht BERNOULLI von *„Funktion einer veränderlichen Größe"*. Hier geht es also
wie bei ORESME um „Größen" und deren „Veränderung", aber die *verursachende veränderliche
Größe muss *nicht mehr explizit die Zeit* sein!*[330]

---

[326] [v. BRAUNMÜHL 1900]
[327] [CANTOR 1901, 215]; „A. E" steht für „Acta Eruditorum".
[328] [CANTOR 1901, 456]
[329] [CANTOR 1901, 457]
[330] Bezüglich „veränderliche Größe" sei auf Abschnitt 4.6.2 und FELGNERs Zitat auf S. 176 verwiesen.

Somit liegt hier *einerseits eine deutliche Erweiterung des* bisherigen *Funktionsbegriffs* vor, weil *nicht mehr nur die Zeitabhängigkeit* untersucht wird. *Andererseits* findet durch die Notwendigkeit der Darstellbarkeit durch Terme nicht nur eine – zunächst – sehr nützliche Konkretion statt, sondern *aus unserer heutigen Sicht* zugleich *auch eine Einschränkung,* die später erst wieder DIRICHLET aufbrach.[331] Gleichwohl liegt BERNOULLI mit seiner Betonung der *Veränderung* in der Tradition seiner Vorgänger seit ORESME.

ULRICH FELGNER ergänzt das in seinem historischen Abriss, damit zu EULER überleitend:[332]

Funktionen sind bei J. BERNOULLI und L. EULER demnach sprachliche Gebilde, und zwar Terme endlicher oder unendlicher Länge, die aus konkreten Zahlzeichen und den Operationen der Addition, Subtraktion, Multiplikation, Division, Potenzierung und Wurzelziehung aufgebaut sind. Man vergleiche damit EULERS allgemeiner gefaßte Definition des Funktionsbegriffs im Vorwort zu seinen *Institutiones calculi differentialis* (1755):

[...] Sind nun Größen derart von anderen Größen abhängig, daß, wenn letztere sich ändern, auch erstere einer Änderung unterliegen, so heißen die ersteren Größen Funktionen der letzteren; eine Benennung, die sich so weit erstreckt, daß sie alle Arten, wie eine Größe durch eine andere bestimmt werden kann, unter sich begreift. Wenn also x eine veränderliche Größe bedeutet, so heißen alle Größen, welche auf irgendeine Art von x abhängen, oder dadurch bestimmt werden, Funktionen von x.

4.6.6   1748 Leonhard Euler: erstmals „Funktion" als grundlegender Begriff

Während für LEIBNIZ das *Differential der Grundbegriff seiner Analysis* war und er wie auch JOHANN I. BERNOULLI Funktionen nur als Hilfsmittel *benutzte,* wird bei LEONHARD **EULER** (1707–1783) erstmalig die *Funktion zum grundlegenden Begriff von eigenem Interesse,* und zwar in seinem berühmten Werk '*Analysin in infinitorum*'.[333] In Band 1, Kapitel 1, S. 18 definiert EULER im Sinne von BERNOULLI:[334]

Eine <u>Funktion</u> einer veränderlichen Zahlgröße ist ein <u>analytischer Ausdruck</u>, der   Bild 4.37: EULER
auf irgend eine Weise aus der veränderlichen Zahlgröße und aus eigentlichen
Zahlen oder aus konstanten Zahlgrößen zusammengesetzt ist.

EULERS Präzisierung gegenüber BERNOULLI besteht erkennbar darin, dass er zuvor erläutert, was *veränderliche* und was *konstante Größen* sind. FELGNER weist hier aber zu Recht auf folgendes Problem hin:[335]

Daß hier bei BERNOULLI, EULER und vielen anderen Autoren der Ausdruck „veränderliche Größe" sehr unglücklich gewählt worden ist, hat GOTTLOB FREGE in seinem Essay *Was ist eine Funktion* [...] mit aller Deutlichkeit klargelegt. Die einzelnen Größen, die als Argumente einer Funktion auftreten können, verändern sich nicht (auch nicht mit der Zeit). Was sich ändern darf, sind die Belegungen der Variablen mit einzelnen Größen.

---

[331] Siehe dazu Abschnitt 4.7.2.

[332] [FELGNER 2002, 622]; der zweite Absatz mit kleinerem Schriftgrad ist ein Zitat EULERS bei FELGNER.

[333] Vgl. den englischen Nachdruck [EULER 1988].

[334] Deutsche Übersetzung bei [FELGNER 2002, 622]; Hervorhebungen nicht im Original.

[335] [FELGNER 2002, 622]; vgl. hierzu auch die Anmerkung zu NEWTON auf S. 173.

Aber auch damit ist natürlich noch nicht geklärt, was eine „Größe" ist. Das kann hier jedoch nicht vertieft werden. EULERS Definition bleibt aus einem weiteren Grund unbefriedigend, weil er nämlich nicht explizit erklärt, was ein „analytischer Ausdruck" ist. Möglicherweise werden wir ihm gerecht, wenn wir darunter einen „Term" verstehen.

JAHNKE gibt ganz in diesem Sinn dazu folgende Deutung:[336]

> Was unter ,analytischem Ausdruck' zu verstehen ist, wird als klar unterstellt. Es sind alle Ausdrü-cke, die durch endlich- oder unendlich-fache Anwendung der algebraischen Operationen Addition, Subtraktion, Multiplikation, Division, Potenzieren, Wurzelziehen und der mit ihrer Hilfe definierten Operationen höherer Stufe gebildet werden können. Der Begriff war für Euler offen, insofern auch neu definierte Operationen auftreten konnten.

Euler gab eine Klassifikation der Funktionen nach dem Typus des analytischen Ausdrucks, die wir auch heute noch benutzen und die z. T. auf Leibniz zurückging. Er unterschied zwischen *algebraischen* und *transzendenten* Funktionen. Transzendent sind solche Funktionen, die nicht algebraisch sind, die also von „Exponential- und logarithmischen Größen" und von „unzählig vielen" anderen, „auf welche die Integralrechnung führt", abhängen [...]. Die algebraischen Funktionen wiederum zerfallen in *rationale* und *irrationale*, in *entwickelte* (explizite) und *unentwickelte* (implizite), die rationalen in *ganze* und *gebrochene*. Bedeutsam ist auch seine Unterscheidung von *eindeutigen* und *mehrdeutigen* Funktionen. Zwar war die Mehrdeutigkeit von Wurzelausdrücken[337] lange bekannt, doch wurde es erst zu dieser Zeit deutlich, daß das Studium dieses Phänomens eine Aufgabe von prinzipieller Bedeutung ist.

Darüber hinaus sieht EULER „Funktion" *auch als Beziehung zwischen den Koordinaten der Punkte einer freihändig in der Ebene gezeichneten Kurve.*

- Somit verwendet EULER situativ entweder eine *rechnerische* oder eine *geometrische* Funktionsauffassung.[338]

4.7   Entwicklung zum modernen mathematischen Funktionsbegriff

Im Jahre 1829, rund 110 Jahre nach der ersten mathematischen Definition von „Funktion" durch JOHANN I. BERNOULLI[339] und rund 80 Jahre nach EULERs verbesserter Definition,[340] präsentiert JOHANN PETER GUSTAV LEJEUNE **DIRICHLET** eine sowohl richtungsweisende als auch revolutionäre Definition für „Funktion". Es ist die Zeit des Beginns der sog. „exakten Grundlegung der Analysis", und hier ist *zunächst und vor allem* JEAN BAPTISTE **FOURIER** zu nennen, auf dessen *wesentlichen Vorarbeiten* sein Schüler DIRICHLET anschließend aufbaut.

---

[336] [JAHNKE 1999 a, 143 f.]
[337] Diese alte Mehrdeutigkeit wurde aber definitorisch beseitigt. Der Terminus „Wurzel" tritt aber in der Mathematik in zwei grundverschiedenen Bedeutungen auf (Anmerkung 2.1 auf S. 59): *Lösung einer Gleichung vs. Term.*
[338] [STEINER 1969]; dort S. 14 f. zum „geometrischen Funktionsbegriff" und S. 16 f. zum „rechnerischen".
[339] Siehe S. 175.
[340] Siehe S. 176.

4.7.1 1822 Jean Baptiste Fourier: erste termfreie Definition von „Funktion"

THOMAS SONAR schreibt zu FOURIER (1768–1830):

> Fourier war der Sohn eines Schneiders, der auf einer Kriegsschule in Auxerre erzogen wurde, wo
> man ihn mit 18 Jahren zum Professor machte. Obwohl er Anhänger der Ideen der Französischen
> Revolution war, kam er aber fast selbst während der Terrorherrschaft der Jakobiner um. Als Nach-
> folger von Lagrange wurde er 1797 Professor für Analysis und Mechanik an der École Polytechnique.
> [...] Er lebte in Paris und war von 1815 an auf Lebenszeit Sekretär der Académie des Sciences. Sein
> berühmtestes Werk ist *Théorie analytique de la chaleur* (Analytische Theorie der Wärme) aus dem
> Jahr 1822, in der er mit den nach ihm benannten Reihen die Fourier-Analyse begründet, die heute
> aus Mathematik und Physik nicht mehr wegzudenken ist.

In diesem 1822 erschienenen Hauptwerk, der *Theorie der Wärme*, definiert FOURIER erstmals
„Funktion" allgemeiner als vor ihm BERNOULLI und EULER.

Er verlangt nämlich nicht mehr, dass Funktionen durch „analytische Ausdrücke" – also
durch „Terme" – gegeben sein müssen, indem er bestimmt:

> Allgemein repräsentiert die Funktion $f(x)$ eine Folge von Werten oder Ordinaten, von denen jeder
> beliebig ist. Da die Abszissen x unendlich viele Werte annehmen dürfen, so gibt es auch unendlich
> viele Ordinaten $f(x)$. Alle haben *bestimmte* Zahlenwerte, die positiv, negativ oder Null sein kön-
> nen. Es wird keineswegs angenommen, dass diese Ordinaten einem gemeinsamen <u>Gesetz</u> unterwor-
> fen sind; sie folgen einander <u>auf irgendeine Weise</u>, und jede Ordinate ist so gegeben, als wäre sie al-
> lein gegeben.[341]

Diese verallgemeinernde Sichtweise wird auf FOURIERs eigene Beschäftigung mit *empirischen Daten aus der Physik* (Theorie der Wärme, s. o.) *und der Soziologie* (nämlich der von
ihm betrachteten Häufigkeitsverteilung[342]) zurückzuführen sein.

Denn solche „Primärdaten" sind – wenn überhaupt – nur angenähert durch termdefinierte
Funktionen darstellbar (und damit dann durch solche modellierbar). Damit erscheinen also in
der Tat nachträglich die vielfältigen graphischen bzw. numerischen bzw. mechanischen
Darstellungen empirischer Daten – vor allem durch GRAUNT, HUYGENS, HALLEY, SÜßMILCH,
LAMBERT, PLAYFAIR, WATT, VON HUMBOLDT und FOURIER – mit *Bezug auf diese Definition von
Fourier* vor rund 200 Jahren *als Funktionen*.

Allerdings waren diese *Funktionen* bisher nur „Mittel zum Zweck", sie haben „mittelbare
Bedeutung", sie erscheinen damit *als Medien zur Darstellung von Kultur und Natur*.[343]

Doch das ändert sich von nun ab *grundlegend*, weil sie zum eigenständigen *Objekt*
mathematischer Untersuchungen werden. FOURIER hat damit maßgeblich die Entwicklung des
modernen, allgemeinen Funktionsbegriffs ab etwa der Mitte des 19. Jahrhunderts begründet.

---

[341] Übersetzung aus [FELGNER 2002, 623], dort im französischen Original; unterstreichende Hervorhebung nicht im
       Original; „Folge" ist nicht im heutigen Sinn zu verstehen, sondern wohl nur als „Menge".
[342] Siehe dazu Abschnitt 4.5.12 auf S. 172 und zuvor schon die Zeittafel auf S. 152.
[343] Bezüglich dieses „medialen Aspekts" siehe die ausführlichen Analysen in [Hischer 2016] und [Wagner 2016].

4.7.2 1829 / 1837 Dirichlet: termfreier Funktionsbegriff

JOHANN PETER GUSTAV LEJEUNE **DIRICHLET** (1805–1859)[344] ist nicht etwa Franzose, wie der Name suggeriert. Er wurde 1805 in Düren geboren, einer Stadt zwischen Aachen und Köln, die damals in napoleonischer Zeit zum französischen Protektorat gehörte. Seine Familie kam aus der belgischen Stadt Richelet, und so wurde er *„der Junge aus Richelet"* bzw. der *„Le jeune de Richelet"* genannt, woraus dann *„Lejeune Dirichlet"* wurde.

So ist sein Name wohl wie „Dirischlə" auszusprechen, also mit offenem „e" wie in „Bett".

Bereits im Alter von 12 Jahren hatte er seine Leidenschaft für Mathematik entdeckt und gab dafür sein Taschengeld aus. In der Schule, einem Bonner Gymnasium, galt er als ungewöhnlich aufmerksam und sowohl für Mathematik als auch für Geschichte besonders begabt.[345] Im Jahre 1822, also im Alter von 17, nahm er das Mathematikstudium auf. Da aber

> an den deutschen Universitäten zu dieser Zeit [...] (außer Gauß) keine nennenswerten Mathematiker tätig waren, wählte er Paris als Studienort, „zu dieser Zeit noch das unbestrittene Weltzentrum der Mathematik" [...]
>
> [...] der junge Dirichlet studierte Fouriers Werk über die Wärmeleitung (das im Jahr seiner Ankunft in Paris erschien) ebenso wie Cauchys *Cours d'Analyse* und hatte persönlichen Kontakt zur Fourier.[346]

Um nun den weiteren Verlauf zu verstehen, muss man wissen, dass zu der Zeit klar war, dass mit CAUCHYS Integralbegriff zumindest stetige Funktionen integrierbar waren. Ausgehend von FOURIERS Untersuchungen über trigonometrische Reihen entstand aber die Frage, ob auch für „beliebige Funktionen" ein bestimmtes Integral definierbar wäre. Und hier ist nun der Beitrag DIRICHLETs zu sehen:

1829 – im Alter von nur 24 Jahren – veröffentlicht er in *Crelles Journal* eine Arbeit mit dem Titel « *Sur la convergence des séries trigonométriques qui servent a représenter une fonction arbitraire entre des limites données* ».[347] In dieser Arbeit veröffentlicht er dann auch die berühmte nach ihm benannte Funktion, die als „Dirichlet-Monster"[346] bekannt ist und die wir heute verallgemeinert für reelle Zahlen a, b mit $a \neq b$ wie folgt beschreiben können:

$$\mathrm{dir}_{a,b}(x) := \begin{cases} a & \text{für } x \in \mathbb{Q} \\ b & \text{für } x \notin \mathbb{Q} \end{cases}$$

Diese Funktion ist überall unstetig. Damit hat er eine Funktion erzeugt, die im Sinne des bisher verwendeten Integralbegriffs *nicht integrierbar* ist. Aber diese Funktion wird (ganz im Sinne FOURIERS!) quasi *„auf irgendeine Weise"* (wenn auch dennoch „gesetzmäßig"!) erzeugt. FOURIER und sein Schüler DIRICHLET haben so die Tür aufgestoßen, um den bis dahin dominierenden EULERschen Funktionsbegriff zu verallgemeinern.

---

[344] Portraits von DIRICHLET unter http://www-history.mcs.st-and.ac.uk/PictDisplay/Dirichlet.html (01. 07. 2020).

[345] http://www-history.mcs.st-and.ac.uk/history/Biographies/Dirichlet.html (01. 07. 2020).

[346] [BOTTAZZINI 1999, 331]

[347] „Über die Konvergenz trigonometrischer Reihen, die der Darstellung einer beliebigen Funktion zwischen gegebenen Grenzen dienen"

Zunächst ein kurzer Blick zurück:[348] 1823 fand DIRICHLET in Paris einen Gönner in MAXI-MILIEN SÉBASTIEN FOY, einem General von NAPOLEON, in dessen Haus er aufgenommen wurde und dessen Familie er Deutschunterricht gab. So fand er in Paris ausgezeichnete Rahmenbedingungen für seine Studien. Als General FOY 1825 starb, änderten sich diese Bedingungen.

ALEXANDER VON HUMBOLDT, der sich ebenfalls sehr für DIRICHLET einsetzte, ermutigte diesen, nach Deutschland zurückzukehren. Allerdings wollte DIRICHLET nicht als Student an eine Universität gehen, sondern als Dozent – und das im Alter von 20 Jahren!

Und so gab es ein großes spezifisch deutsches Problem: Er war nicht habilitiert! Nun wäre es für DIRICHLET ein Leichtes gewesen, eine Habilitationsschrift vorzulegen, aber das war nicht erlaubt, denn er war noch nicht einmal promoviert, und er sprach nicht lateinisch, was Anfang des 19. Jahrhunderts in Deutschland noch Bedingung war.

Es gab dann doch eine trickreiche Lösung: Die Universität zu Köln verlieh ihm die Ehrendoktorwürde, und an der Universität zu Breslau reichte er eine Habilitationsschrift über Polynome und Primteiler ein, und nach einer langen Kontroverse zwischen deutschen Professoren für und gegen ihn bekam er in Breslau seine erste Professur. Aber: Das Niveau war ihm dort zu niedrig, ihn zog es nach Berlin, und schließlich gelang es ihm, an die Berliner Universität zu wechseln, wo er von 1828 bis 1855 tätig war. Er wurde dann Nachfolger von GAUß in Göttingen, und sein Schüler RIEMANN wurde dort später sein Nachfolger.

1837 veröffentlicht DIRICHLET im *Repertorium der Physik* eine Arbeit *'Über die Darstellung ganz willkürlicher Funktionen durch Sinus- und Cosinusreihen'*, anknüpfend an seine Pariser Arbeit. Hier finden wir seine verallgemeinerte Definition einer *Funktion,* denn er

> verlangt von einer Funktion nur noch, dass „jedem x ein einziges, endliches y " entsprechen soll. Auf eine einheitliche analytische Darstellbarkeit greift auch er nicht mehr zurück. Genauso wie FOURIER betont auch er, dass die abhängige Größe y nicht immer „nach demselben Gesetz von x abhängig" sein müsse, wenn x die Werte zwischen zwei reellen Zahlen a und b durchläuft.[349]

DIRICHLET betont hier also wie FOURIER,[350] dass – in heutiger Sprechweise – die „Funktionswerte" y nicht nach einem „Gesetz" vom „Argument" x abhängig sein müssen. Was bedeutet das? DIRICHLET schreibt hierzu:

> […] ja man braucht nicht einmal an eine durch mathematische Operationen ausgedrückte Abhängigkeit zu denken. Geometrisch dargestellt, d. h. x und y als Abscisse und Ordinate gedacht, erscheint eine stetige Function als eine zusammenhängende Kurve, von der jeder zwischen a und b enthaltenen Abscisse nur ein Punkt entspricht. Diese Definition schreibt den einzelnen Theilen der Kurve kein gemeinsames Gesetz vor; man kann dieselbe aus verschiedenenartigsten Theilen oder ganz gesetzlos gezeichnet denken. […] So lange man über eine Function nur für einen Theil des Intervalls bestimmt hat, bleibt die Art ihrer Fortsetzung für das übrige Intervall ganz der Willkür überlassen.[351]

---

[348] Darstellung nach http://www-history.mcs.st-and.ac.uk/history/Biographies/Dirichlet.html (01. 07. 2020).
[349] [FELGNER 2002, 623 f.]; Hervorhebungen nicht im Original.
[350] Vgl. S. 178 f.
[351] [DIRICHLET 1837, 135 f.], zitiert auch bei [FELGNER 2002, 624]; Hervorhebungen nicht im Original.

Mit den „mathematischen Operationen" meint DIRICHLET das, was wir heute „Terme" nennen. Diese von ihm „gesetzlos" genannte Entstehung konkreter Funktionen entstand also – im Gegensatz zu den *analytischen Ausdrücken* bei EULER – aufgrund der Notwendigkeit der Betrachtung *empirischer funktionaler Zusammenhänge*! FELGNER erläutert diese „Wende":[352]

> Funktionen sind [...] bei Fourier und Dirichlet dem Begriffe nach eindeutige Zuordnungen. Im Begriff der Funktion ist die Definierbarkeit durch einen analytischen Ausdruck nicht eingeschlossen. Dieser Funktionsbegriff wird oft nur mit dem Namen Dirichlets in Verbindung gebracht, obwohl doch Fourier der eigentliche Urheber ist.
>
> [...] Funktionen im Sinne von Fourier und Dirichlet müssen weder differenzierbar noch stetig sein.

Würde man dieses noch mit Hilfe der Mengensprache der Strukturmathematik umformulieren, so waren **FOURIER und DIRICHLET** im Grunde bei der allgemeinsten Auffassung einer *Funktion als einer rechtseindeutigen Relation* angelangt. Auf sie beide geht somit die *moderne Auffassung des Funktionsbegriffs als abstrakte Abbildungsvorschrift* zurück, wobei sie aber – natürlich! – noch nicht die Termini „Menge" und „reelle Zahl" benutzen (konnten).

4.7.3   1875   Du Bois-Reymond: Funktion als Tabelle

1875 veröffentlicht der Tübinger Mathematiker PAUL DU BOIS-REYMOND (1831–1889) unter dem Einfluss der für das 19. Jh. kennzeichnenden „exakten Grundlegung der Analysis" in *Crelles Journal* eine Arbeit mit dem Titel *'Versuch einer Classification der willkürlichen Functionen reeller Argumente nach ihren Aenderungen in den kleinsten Intervallen'*.[353] In diesem „Versuch" untersucht er fünf einzeln von ihm betrachtete Funktionenklassen:[353]

> Eintheilung der Functionen nach der Art wie sie in einem ganzen, wenn auch beliebig kleinen Intervall verlaufen.
>
> I.   Die voraussetzungslose Function [...]
>
> II.   Die integrirbare Function [...]
>
> III. Die stetige Function [...]
>
> IV. Die differentiirbare und die gewöhnliche Function [...]
>
> V.   Die Function, die der Dirichletschen Bedingung genügt

Hier ist nur die erstgenannte Klasse von Interesse, zu der er schreibt (a. a. O.):

> Die mathematische Function, falls keine besondere Bestimmung für sie vorliegt, ist eine den Logarithmentafeln ähnliche ideale Tabelle, vermöge deren jedem vorausgesetzten Zahlenwerthe der unabhängigen Veränderlichen ein Werth oder mehrere, oder ein zwischen Grenzen, die in der Tabelle gegeben sind, unbestimmter Werth der Function zugehört. Keine Horizontalreihe der Tabelle hat irgend einen Einfluss auf die anderen, d. i. jeder Werth in der Columne der Functionalwerthe besteht für sich und kann für sich geändert werden, ohne dass die Columne aufhört eine mathematische Function darzustellen.
>
> Mehr enthält der Begriff der mathematischen Function nicht und auch nicht weniger, er ist damit völlig erschöpft.

---

[352] [FELGNER 2002, 624]; Hervorhebung nicht im Original.
[353] [DU BOIS-REYMOND 1875, 21 ff.]

Als Beispiel einer voraussetzungslosen Function, die zu keiner der folgenden Klassen gehört, diene die von Dirichlet angegebene, welche Null ist für jeden rationalen, Eins für jeden irrationalen Werth des Arguments.

Das ist eine großartige Definition, die zugleich an das kulturhistorisch erstmalige Auftreten von Funktionen in Gestalt von Tabellen bei den Babyloniern (S. 153) bis hin zu LAMBERT (S. 167 f.) und FOURIER (S. 172) erinnert, und sie ist noch heute in der Numerik zu finden.

FELGNER kommentiert diesen von DU BOIS-REYMOND geprägten Begriff von „Funktion":

Auch diese Beschreibung des Funktionsbegriffes ist recht allgemein. Eine Gesetzmäßigkeit muss einer Tabelle nicht unbedingt zugrunde liegen. In die Spalte der Funktionswerte kann man ja nach Belieben Werte hineinschreiben. Aber diesen hohen Grad von Allgemeinheit hat man wohl nur bei endlichen Tabellen erreicht. [...] Was ist überhaupt eine „ideale" Tabelle [...]?

DU BOIS-REYMOND schreibt 1876 über DIRICHLET, den „großen Schüler" von FOURIER:[354]

Wenn die Entwicklung des modernen Funktionsbegriffs unstreitig von den Fourierschen Entdeckungen ihren Ausgang nahm, so wird man gerechter Weise die bewußte Förderung jenes Begriffs und der damit zusammenhängenden Prinzipien der Integralrechnung usw. auf Fouriers großen Schüler zurückführen müssen, der mehr als irgend einer seiner Zeitgenossen, besonders durch seine Untersuchungen über die Darstellungsformeln für willkürliche Funktionen, zur Läuterung dessen beigetragen hat, was man die Metaphysik der Analysis zu nennen pflegt.

Auch hier wird wieder auf das wesentlich Neue an DIRICHLETs Verständnis von „Funktion" Bezug genommen, nämlich die *Darstellung willkürlicher Funktionen*.

4.7.4 1887 Richard Dedekind: Abbildung als eindeutige Zuordnung

RICHARD DEDEKIND (1831–1916) ist wohlbekannt durch die nach ihm benannten „Schnitte" zur *vollständigen Charakterisierung* des angeordneten Körpers der reellen Zahlen.

1887 definiert er in seinem dann erst 1888 erschienenen Buch '*Was sind und was sollen die Zahlen?*' (in dem er diese „Schnitte" behandelt) in heutiger Sicht eine **Abbildung als eine eindeutige Zuordnung** (Bild 4.38) und damit im heutigen Sinne von „Funktion".

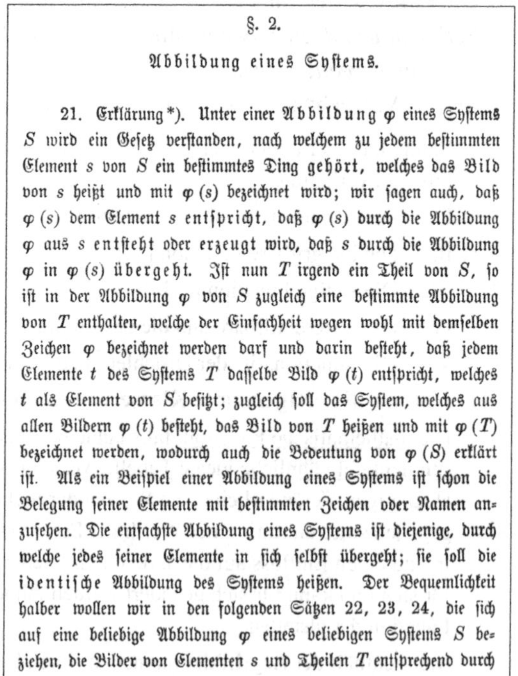

§. 2.

Abbildung eines Systems.

21. **Erklärung***). Unter einer Abbildung φ eines Systems S wird ein Gesetz verstanden, nach welchem zu jedem bestimmten Element s von S ein bestimmtes Ding gehört, welches das Bild von s heißt und mit φ(s) bezeichnet wird; wir sagen auch, daß φ(s) dem Element s entspricht, daß φ(s) durch die Abbildung φ aus s entsteht oder erzeugt wird, daß s durch die Abbildung φ in φ(s) übergeht. Ist nun T irgend ein Theil von S, so ist in der Abbildung φ von S zugleich eine bestimmte Abbildung von T enthalten, welche der Einfachheit wegen wohl mit demselben Zeichen φ bezeichnet werden darf und darin besteht, daß jedem Elemente t des Systems T dasselbe Bild φ(t) entspricht, welches t als Element von S besitzt; zugleich soll das System, welches aus allen Bildern φ(t) besteht, das Bild von T heißen und mit φ(T) bezeichnet werden, wodurch auch die Bedeutung von φ(S) erklärt ist. Als ein Beispiel einer Abbildung eines Systems ist schon die Belegung seiner Elemente mit bestimmten Zeichen oder Namen anzusehen. Die einfachste Abbildung eines Systems ist diejenige, durch welche jedes seiner Elemente in sich selbst übergeht; sie soll die identische Abbildung des Systems heißen. Der Bequemlichkeit halber wollen wir in den folgenden Sätzen 22, 23, 24, die sich auf eine beliebige Abbildung φ eines beliebigen Systems S beziehen, die Bilder von Elementen s und Theilen T entsprechend durch s' und T' bezeichnen; außerdem setzen wir fest, daß kleine und große lateinische Buchstaben ohne Accent immer Elemente und Theile dieses Systems S bedeuten sollen.

Bild 4.38: Seite 6 aus [Dedekind 1888]

DEDEKIND verwendet hier den Termimnus „System" anstelle von „Menge", einer damals noch nicht im heutigen mathematischen Verständnis üblichen Bezeichnung.[355] Bemerkenswert ist, dass er nicht $\varphi(s)$ als „Abbildung" (bzw. „Funktion") bezeichnet, sondern φ – also terminologisch geradezu bewundernswert modern und präzise!

„Theil von S" bedeutet bei DEDEKIND „Teilmenge von S", und er weist auch fast entschuldigend auf den formalen Unterschied zwischen $\varphi(t)$ und $\varphi(T)$ hin, er unterscheidet also in heutiger Terminologie formal zwischen dem „Funktionswert" eines Arguments und der „Menge aller Funktionswerte der Elemente einer gegebenen Menge von Argumenten" – was heute leider eher nicht sauber gemacht wird. Der Bezug von „Abbildung" auf ein „Gesetz" zu Beginn seiner „Erklärung" scheint ein Rückfall in die Zeit *vor* FOURIER und DIRICHLET zu sein, jedoch zeigt seine spätere Bemerkung, dass *„ein Beispiel einer Abbildung eines Systems [...] schon die Belegung seiner Elemente mit bestimmten Zeichen oder Namen"* sei, dass er ganz im Sinne von FOURIER und DIRICHLET denkt und mit „Gesetz" mitnichten nur „termdefinierte" Abbildungen (bzw. Funktionen) im Blick hat.

- *So liegt hier bei DEDEKIND eine erstaunlich aktuelle Funktionsdefinition vor!*

4.7.5 1891 Gottlob Frege: Präzision – *Funktion, Argument, Funktionswert*

Der Mathematiker und Philosoph GOTTLOB **FREGE** (1848–1927) begründet – neben GEORGE **BOOLE** – mit subtilen Analysen die *Mathematische Logik*, ist doch Logik damals noch eine philosophische Disziplin, die erst FREGE der Philosophie entreißt und der Mathematik zuführt!

Am 9. 1. 1891 hält FREGE vor der Jenaischen Gesellschaft für Medizin und Naturwissenschaften einen Vortrag über „Funktion und Begriff", im dem er einleitend feststellt:[356]

> Ich gehe von dem aus, was in der Mathematik Funktion genannt wird. Dieses Wort hat nicht gleich anfangs eine so weite Bedeutung gehabt, als es später erlangt hat. Es wird gut sein, unsere Betrachtung bei der ursprünglichen Gebrauchsweise zu beginnen und erst dann die späteren Erweiterungen ins Auge zu fassen. Ich will zunächst nur von Funktionen eines einzigen Arguments sprechen. Ein wissenschaftlicher Ausdruck erscheint da zuerst in seiner ausgeprägten Bedeutung, wo man seiner zum Aussprechen einer Gesetzmäßigkeit bedarf. Dieser Fall trat für die Funktion ein bei der Entdeckung der höheren Analysis. Da zuerst handelte es sich darum, Gesetze aufzustellen, die von Funktionen im Allgemeinen gelten. In die Zeit der Entdeckung der höheren Analysis ist also zurückzugehen, wenn man wissen will, was zuerst in der Mathematik unter dem Wort „Funktion" verstanden wurde.

FREGE geht es nicht etwa darum, wann Funktionen kulturhistorisch erstmals auftauchten (was – wie bisher geschildert – zu den babylonischen Keilschrifttafeln führen würde), sondern vielmehr darum, was zuerst *in der Mathematik* unter dem Wort „Funktion" verstanden wurde, und zwar um *„ Gesetze [...], die von Funktionen im Allgemeinen gelten"*.

FREGE fährt dann fort:[356]

---

[355] Vgl. hierzu die Betrachtungen zur Entstehung der Mengenlehre in Abschnitt 2.3.7.1.
[356] [FREGE 1881, 16].

Auf diese Frage erhält man wohl als Antwort: »unter einer Funktion von x wurde verstanden ein Rechnungsausdruck, der x enthält, eine Formel, die den Buchstaben x einschließt.« Danach würde z. B. der Ausdruck

$$2 \cdot x^3 + x$$

eine Funktion von x,

$$2 \cdot x^3 + 2$$

eine Funktion von 2 sein. Diese Antwort kann nicht befriedigen, weil dabei Form und Inhalt, Zeichen und Bezeichnetes nicht unterschieden werden, ein Fehler, dem man freilich jetzt in mathematischen Schriften, selbst von namhaften Verfassern, sehr oft begegnet.[357]

Er fragt also nicht, wann und wie zuerst in der Mathematik das Wort „Funktion" verwendet wurde (was zu LEIBNIZ und BERNOULLI führen würde), sondern vielmehr, wann zuerst der mit „Funktion" bezeichnete Begriff in der Mathematik *erörtert* wurde, wann dieser Begriff also zu einem *mathematischen Objekt* wurde, was dann zwar zunächst zu EULER führt, aber in der Tat erst bei FOURIER und DIRICHLET Fahrt aufnimmt. Es sollte daher nicht verwundern, dass FREGE sich auch damit befasst, was denn eigentlich ein „Begriff" ist, was hier nur mittelbar angedeutet werden kann:[358]

In seiner kritischen Schrift *„Über Begriff und Gegenstand"*[359] weist FREGE darauf hin, dass das Wort „Begriff" sowohl einen philosophischen als auch einen psychologischen Aspekt enthalte, denn das Wort

„Begriff" wird verschieden gebraucht, teils in einem psychologischen, teils in einem logischen Sinne, teils vielleicht in einer unklaren Mischung von beiden.[360]

Dieser „unklare" bzw. „verschiedene" Gebrauch von „Begriff" betrifft nicht nur die Alltagssprache, sondern auch die wissenschaftliche Terminologie, was zu Missverständnissen führen kann, was aber für FREGE zugleich eine „Freiheit zur Entscheidung" ist:

Diese nun einmal vorhandene Freiheit findet ihre natürliche Beschränkung in der Forderung, daß die einmal angenommene Gebrauchsweise festgehalten werde. Ich habe mich dafür entschieden, einen rein logischen Gebrauch streng durchzuführen.[360]

Diesen „rein logischen Standpunkt" entfaltet er in seiner anderen wichtigen, bereits erwähnten Schrift *„Funktion und Begriff"*. Es wird verwundern, dass FREGE hier „Funktion" und „Begriff" gemeinsam betrachtet. So schreibt er dazu unter anderem:

[…] Wir sehen daraus, wie eng das, was in der Logik Begriff genannt wird, zusammenhängt mit dem, was wir Funktion nennen. Ja, man wird geradezu sagen können: ein Begriff ist eine Funktion, deren Wert immer ein Wahrheitswert ist.[361]

---

[357]   Und auch heute noch kann man entsprechenden „Fehlern" begegnen ...

[358]   Siehe hierzu die didaktischen Anmerkungen in [HISCHER 1996] in Abschnitt 1.3 (S. 35 ff.).

[359]   [FREGE 1892]; es handelt sich um eine Erwiderung auf eine kritische Entgegnung des englischen Philosophen und Logikers BRUNO KERRY (1858 – 1989), der sowohl Einwände gegen CANTORs Mengenlehre als auch gegen FREGES Logik hatte.

[360]   Wie schon auf S. 39 zitiert.

[361]   [FREGE 1881, 26]

Das mag rätselhaft wirken. Nur so viel sei hier angedeutet: FREGE entwickelt zuvor allein aus der Logik heraus, was er unter „Funktion" verstanden wissen will. Dazu betrachtet er zunächst *Funktionen mit nur einem Argument* und legt zugleich Wert auf die Feststellung,

> daß das Argument nicht mit zur Funktion gehört, sondern mit der Funktion zusammen ein vollständiges Ganzes bildet,[362]

und er ergänzt nach einer detaillierten Betrachtung:[363]

> Wir nennen nun das, wozu die Funktion durch ihr Argument ergänzt wird, den <u>Wert der Funktion</u> für dies Argument. So ist z. B. 3 der Wert der Funktion $2 \cdot x^2 + x$ für das Argument 1 […].

Nachdem FREGE diesen merkwürdig erscheinenden „Funktionsbegriff" zunächst auf der Basis der Arithmetik bei Zahlen und Termen entwickelt, weitet er ihn nun aus, indem er in einem ersten Erweiterungsschritt als Argumente *nicht mehr nur arithmetische Terme* zulässt, sondern auch *verbale Beschreibungen* wie z. B. beim *Dirichlet-Monster*.[364]

In einem weiteren Schritt lässt er dann auch Gleichungen bzw. Ungleichungen als „Funktionen" zu, die dann jedoch als „Funktionswert" (s. o.) „wahr" oder „falsch" liefern.

- Damit erscheint für FREGE ein „Begriff" als „Wahrheitsfunktion", und alle Objekte, die als Argument dieser Funktion den Wert „wahr" liefern, fallen dann unter diesen Begriff.

4.7.6   Ende 19. Jh. Peirce, Schröder, Peano: erstmals Funktion als Relation

Ende des 19. Jahrhunderts zeichnet sich der Beginn einer neuen Sichtweise ab, indem – aus heutiger Perspektive – erstmals *versucht* wird, *Funktionen als Relationen* und *Relationen als Mengen geordneter Paare* aufzufassen.[365] Und zwar erfolgen diese ersten Schritte 1883 durch CHARLES SANDERS **PEIRCE** (1839–1914), dann 1895 durch ERNST **SCHRÖDER** (1841–1902) und schließlich 1897 durch GIUSEPPE **PEANO** (1858–1932), wobei sie „geordnetes Paar" noch naiv und undefiniert verwenden.

ULRICH FELGNER schreibt zu diesem von ihnen entwickelten „Relationenkalkül":[366]

> Der Relationenkalkül war von Ch. S. Peirce, E. Schröder und G. Peano im ausgehenden 19. Jahrhundert entwickelt worden, aber keiner von ihnen konnte sagen, was Relationen (im ganz allgemeinen Sinne) „sind". Genauso wenig war man damals in der Lage zu sagen, was Funktionen (im allgemeinsten Sinne des Wortes) ihrer Natur nach „sind". Man konnte die aristotelische Frage, in welchem Sinne die Funktionen und Relationen ein Dasein haben, nicht beantworten. Deshalb beschränkte man sich darauf zu fordern, daß sie entweder durch sprachliche Ausdrücke gegeben sind, oder daß sie durch Abstraktion gewonnen (und mental konstruiert) werden können.

---

[362] [FREGE 1881, 19]
[363] [FREGE 1881, 20]; Hervorhebung nicht im Original.
[364] Siehe S. 179.
[365] [FELGNER 2002, 626]
[366] Persönliche Mitteilung an mich am 26. 08. 2011.

4.7.7   1903 – 1910   Russell, Zermelo, Whitehead: Annäherung an „Funktion als Relation"

1903 nähert sich BERTRAND RUSSELL (1872–1970) der Auffassung „Funktion als Relation":

> Die Rückführung des Funktionsbegriffs auf den Relationsbegriff findet sich (andeutungsweise) schon bei Bertrand Russell in seinen *'Principles of Mathematics' (Cambridge 1903), § 254, p. 263. Das findet aber alles nur in der Sprache* statt.[366]

RUSSELL hatte jedoch zunächst noch Bedenken, Relationen als Mengen geordneter Paare aufzufassen, noch 1914 schrieb er an NORBERT WIENER:[366]

> I do not think that a relation ought to be regarded as a set of ordered pairs.

1908 definiert ERNST **ZERMELO** (1871–1953) „Funktion" als „kartesisches Produkt" zweier Mengen, und **1910** definieren BERTRAND **RUSSELL** und ALFRED NORTH **WHITEHEAD** (1861–1947) erstmals „Relation" im 1. Band ihrer *'Principia Mathematica'*:

> We may regard a relation [...] as a class of couples. [...] This view of relations as classes of couples will not, however, be introduced into our symbolic treatment, and is only mentioned in order to show that it is possible so to understand the meaning of the word »relation« that a relation shall be determined by its extension.[367]

FELGNER ergänzt hierzu, es sei bemerkenswert, dass PEIRCE, SCHRÖDER, PEANO, RUSSELL und WHITEHEAD nicht sagen, was ein „geordnetes Paar" ist. Diese Lücke wird dann aber von HAUSDORFF geschlossen und später in genialer Weise von dem polnischen Mathematiker KAZIMIERZ **KURATOWSKI** (1896–1980) präzisiert.[368]

4.7.8   1914   Felix Hausdorff: mengentheoretische Definition von „Funktion" als „Relation"

FELIX **HAUSDORFF** (1868–1942) definiert erstmalig *„geordnetes Paar"*, wenn auch noch nicht so elegant wie später 1921 KURATOWSKI (s. o.), darauf aufbauend dann *Funktion* nahezu als das, was wir heute *zweistellige, rechtseindeutige Relation* nennen würden.

FELGNER schreibt hierzu erläuternd:[366]

> Was „sind" Relationen? Erst zu Beginn des 20. Jahrhunderts wurde es unter Verwendung mengentheoretischer Begriffe möglich, diese Frage zu beantworten. Ausschlaggebend war die Beschreibung des Begriffs des geordneten Paares. Insofern findet sich *bei Hausdorff erstmals eine vollständig befriedigende Definition des Funktionsbegriffs*. Hausdorff kannte den Begriff der Relation – vergleiche etwa seine Notizen bei der Lektüre von Russells „Principles" im Nachlass (Kapsel 49, Fasz. 1068, Seite 25 – 26) oder seine *„Untersuchungen über Ordnungstypen"*, Teil V, p. 117, aus dem Jahre 1907.

---

[367] [FELGNER 2002, 627]
[368] Vgl. Abschnitt 2.3.9.

Aber er zog es fast immer vor, direkt über Mengen von geordneten Paaren zu sprechen. Das tat er auch bei seiner Definition des Funktionsbegriffs in seinem Buch *„Grundzüge der Mengenlehre"* (1914, p. 33).

In meinem Essay über den Funktionsbegriff in Band II der Hausdorffschen Werke habe ich nur von einer „Umschreibung" des Funktionsbegriffs gesprochen, aber nicht von einem „Zitat". Ein Zitat war auch nicht nötig, denn in dem Band konnte man ja nachschlagen, wie Hausdorff sich selbst ausdrückt. Wann die etwas schwerfällige Ausdrucksweise von rechtseindeutigen und linkstotalen Relationen etc. aufkam, weiß ich nicht. Vermutlich erst nach 1945. In dieser Ausdrucksweise übertreibt man eine prinzipiell sinnvolle Systematik, die aber davon ablenkt, daß es wichtiger ist zu verstehen, warum die Begriffe der Funktion und der Relation nicht von der Beschreibbarkeit in irgendeiner Sprache abhängen sollen. Die Begriffe sollen in begrifflich reiner Form eingeführt werden, ohne Zuhilfenahme irgendwelcher Mittel, die ihn einengen.

Diese formale Definition von *„Funktion als rechtseindeutige Relation"* hat seit Mitte des 20. Jhs. Einzug in die Hochschule gehalten, später auch in die Schule, sie wird jedoch heute weder in der Schule noch in Wissenschaft und Anwendung durchgängig so verwendet – gleichwohl ist es eine umfassende (und wohl die umfassendste) und zugleich präzise Definition:

Mittels des geordneten Paares lässt sich auf der Basis des Mengenbegriffs der Funktionsbegriff in voller Allgemeinheit definieren. Es war HAUSDORFF, der diese allgemeine Definition als erster vorgeschlagen hat. Er stützt sich nicht auf „analytische Ausdrücke", auf „Gesetze", „ideale Tabellen" oder umgangssprachlich festgelegte „Relationen", sondern ausschließlich auf den Mengenbegriff. Funktionen sind Mengen von geordneten Paaren, wobei auch geordnete Paare ausschließlich unter Verwendung des Mengenbegriffs definiert sind. Jede Teilmenge C des Cartesischen Produkts $A \times B$ faßt HAUSDORFF als mehrdeutige Abbildung aus A in B auf [...].[369]

So ist es interessant, dass HAUSDORFF sein Zweites Kapitel mit „§1. Eindeutige Funktionen" beginnt und später „§4. Nichteindeutige Funktionen" behandelt.[370] Er scheint aber in diesem Werk das Wort „Relation" nicht zu verwenden, so dass es bei der ihm zugeschriebenen Verwendung des „Relationsbegriffs" wohl weniger um die explizite Verwendung der Bezeichnung geht, sondern um das inhaltlich damit gemeinte, was durch die Wahl seiner Bezeichnungen „Eindeutige Funktion" und „Nichteindeutige Funktion" gestützt wird.

---

[369]   [FELGNER 2002, 629]; Hervorhebung nicht im Original.
[370]   [HAUSDORFF 1914, 32 und 43]

4.8   „Gesichter" von Funktionen — die aktuelle große Vielfalt

4.8.1   Funktion als Relation – oder?

Legt man den um die Jahrhundertwende vom 19. zum 20 Jh. entwickelten formalen Maßstab der Mathematik aus Mengenlehre und Aussagenlogik zugrunde, so liegt die Auffassung nahe, dass ein Weg zu einer *formal zufriedenstellenden* und zugleich *inhaltlich umfassenden* Defini-

tion des Funktionsbegriffs wohl (nur?) über den Relationsbegriff führt, basierend auf dem Mengenbegriff, also gemäß HAUSDORFF via *Funktion als rechtseindeutige Relation* (vgl. S. 186 f.). Dieser Weg wird im folgenden Kapitel betrachtet. Bild 4.39 visualisiert dazu das Wesentliche, nämlich „Funktion als rechtseindeutige Relation" vs. „nicht rechtseindeutige Relation".

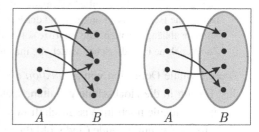

Bild 4.39: links: nicht rechtseindeutige Relation, rechts: rechtseindeutige Relation (Funktion)

So kann man z. B. die *Verkettung* (eine zweistellige Operation) und die *Inversion* (eine einstellige Operation) bereits für Relationen definieren und dann diverse Eigenschaften wie etwa die Assoziativität der Relationenverkettung beweisen, wobei all diese Eigenschaften damit speziell auch für Funktionen gelten. Und wenn dann irgendwo in der Mathematik oder in Anwendungen Funktionen in diesem Sinne als Relationen auftauchen, kann man auf diese grundlegenden Eigenschaften zurückgreifen. In strukturtheoretischer Sicht liegt also mit „Funktion als einer speziellen (rechtseindeutigen) Relation" ein *Werkzeug* vor, das von ähnlich grundlegender Bedeutung ist wie „Menge". Es steht damit ein umfassendes Begriffsverständnis zur Verfügung, so dass etwa „Funktional", „Operator", „Operation", „Morphismus", „Tabelle" etc. als spezielle Funktionen aufgefasst werden können.

Diese Sichtweise ist jedoch in der Mathematik nicht einheitlich, wie bereits in Abschnitt 4.1 skizziert wurde. Denn Anwender – sowohl in mathematischen Teilgebieten als auch außerhalb der Mathematik – empfinden diese Charakterisierung nicht immer als nützlich bzw. als wirklich gewinnbringend.

Und so gibt es vielfältige „bereichsspezifische", engere Auffassungen von „Funktion":

- Etwa in der Funktionentheorie sind Funktionen oft einfach nur *eindeutige Zuordnungen zwischen Teilmengen* von $\mathbb{C}$, der Menge der komplexen Zahlen, und das genügt dort.

- In der Numerik gilt Ähnliches, und erst recht reicht es hier vielfach aus, den Term $f(x)$ oder eine numerische Tabelle als Funktion aufzufassen – und dies dann ganz in der Tradition der in Abschnitt 4.3 ff. skizzierten kulturhistorischen Entwicklung.

- Andere wiederum bestehen auf einem Unterschied zwischen „Abbildung" und „Funktion", um diese Bezeichnungen dann für unterschiedliche Gebiete bzw. Bereiche zu reservieren.

- Physiker werden Ausdrücke wie $s(t)$ weiterhin als Funktion ansehen, und sie werden sogar selbstverständlich davon sprechen, dass z. B. $s = s(t)$ gilt, und dies dann eine „Zeit-Weg-Funktion" nennen, weil hiermit natürlich ein inhaltlicher Aspekt wunderbar zum Ausdruck kommt, der in der formal-abstrakten Charakterisierung als Relation (also als Paarmenge) nicht ins Auge springt bzw. (scheinbar?) verloren gegangen ist. Dabei ist die Schreibweise $s = s(t)$ *formal falsch* bzw. unsinnig, obwohl sie so aussagekräftig, wenngleich auch in sich widersprüchlich ist: Wie kann denn s zugleich Funktion und Funktionswert sein?

Und sowohl in der Analysis als auch z. B. in der Numerik scheint man vielfach – im Widerspruch zur hier skizzierten mengentheoretisch begründeten Begriffsbildung – nicht auf die Bezeichnung *„Funktionen mit mehreren Veränderlichen"* verzichten zu wollen, obwohl eine Funktion, aufgefasst als Relation, doch keine Variablen besitzt. Zwar enthält der *Funktionsterm* $f(x, ...)$ eine oder mehrere Variable, nicht aber die *Funktion f*. Stattdessen wären in formal strenger Sicht die Bezeichnungen „einstellige Funktion" bzw. „mehrstellige Funktion" angemessen, entsprechend „nullstellige Funktion" für sog. „Konstante".[371] Andererseits hat der kulturhistorische Abriss in den Abschnitten 4.3 bis 4.5 gezeigt, welche Bedeutung *Veränderung* und *Zeitachsenorientierung* bei der Entwicklung des Funktionsbegriffs gespielt haben.

Es zeigt sich damit, dass der Funktionsbegriff in der Mathematik und in den Anwendungen weder formal noch inhaltlich einheitlich gesehen wird – und das trotz der vorzüglichen mengentheoretischen Grundlagenbildung im 20. Jahrhundert. Der Funktionsbegriff begegnet uns also im 21. Jahrhundert *vage* und *mit vielen Gesichtern*.[372] Zugleich erfüllt die *Idee*, die zu der Ausbildung des mit „Funktion" bezeichneten Begriffs geführt hat, die deskriptiven Kriterien für **fundamentale Ideen:**

- *Historizität, Archetypizität, Wesentlichkeit und Vagheit.*[373]

Bei aller Vagheit und Variationsvielfalt der konkreten Auslegungen – was typisch für fundamentale Ideen ist – bleibt aber als *gemeinsamer inhaltlicher Kern* die **eindeutige Zuordnung**. Denn selbst eine sog. *„mehrdeutige Zuordnung"* lässt sich *eindeutig* interpretieren, indem dem Argument ein n-Tupel zugeordnet wird, so dass man auch die obskuren „mehrdeutigen Funktionen" *nicht als inneren Widerspruch ansehen muss*, sondern sie mit Sinn erfüllen *kann*. Auch die Auffassungen einer Funktion als Term oder als Tabelle oder in der Gestalt $s = s(t)$ zeigen jeweils den Aspekt der *eindeutigen Zuordnung*. So bietet es sich an, zwischen *Funktionen im weiteren Sinne* und *Funktionen im engeren Sinne* zu unterscheiden, etwa wie folgt:

- **Funktionen im weiteren Sinne** bilden dann in der Gestalt von rechtseindeutigen Relationen ein die Mathematik und die außermathematischen Anwendungen übergreifend strukturierendes Konzept des sog. *„funktionalen Denkens"*: „Funktion" wird hier auf „Menge" als Grundbegriff zurückgeführt, und das ist auch beweistechnisch erfolgreich verwendbar.

---

[371] Vgl. hierzu Abschnitt 5.1.4.

[372] Vgl. S. 149 ff.

[373] Vgl. Abschnitt 1.2.1.

- **Funktionen im engeren Sinne** hingegen stellen *typische Verwendungsweisen* in bestimmten speziellen mathematischen oder außermathematischen Bereichen dar, aber auch aus didaktischer Perspektive im Mathematikunterricht: „Funktion" wird hierbei also nicht auf „Menge" zurückgeführt und kann sogar als *undefinierter Grundbegriff* auftreten (z. B. in Gestalt einer „eindeutigen Zuordnung", wie es gemäß S. 182 f. bereits DEDEKIND machte).

Der kulturhistorische Überblick in den Abschnitten 4.3 ff. deutet an, in welcher Vielfalt „funktionales Denken" die letzten 4000 Jahre der Menschheitsgeschichte durchzogen hat. Und weiterhin sind mit dem funktionalen Denken grundlegende und wesentliche Prinzipien mathematischen Handelns verbunden. Die Aussage von HELMUT NEUNZERT, „*Mathematik ist überall, nur wer weiß das schon?*",[374] ließe sich daher diesbezüglich wie folgt modifizieren:

- *Funktionen sind überall, nur wer weiß das schon?*

In den folgenden Abschnitten werden aktuelle *Gesichter von Funktionen* vorgestellt – in Ergänzung zu den historischen in den Abschnitten 4.3 ff. bereits aufgeführten „Gesichtern":

- *Tabelle als Funktion:* babylonische Keilschrifttafel Plimpton 322 (S. 153)
- *kinematische Kurven:* (Trisectrix, Archimedische Spirale) bei den Pythagoreern (S. 154)
- *Graph als Funktion:* Darstellung des Zodiak als zeitabhängige Funktion (S. 156)
- *Notentext als zeitabhängige Funktion:* GUIDO VON AREZZO (S. 157)
- *Säulendiagramme für zeitabhängige Größen als Funktion:* ORESME (S. 157 ff.)
- *Tabelle als Funktion:* RHETICUS (S. 161), NAPIER (S. 162), GRAUNT (S. 164), SÜßMILCH (S. 166), FOURIER (S. 172)
- *empirische Kurven als Funktion:*
  HUYGENS (S. 165), HALLEY (S. 165), LAMBERT (S. 167), FOURIER (S. 172)

Anmerkenswert ist hierzu, dass derartige „Funktionen" damals noch nicht Gegenstand der jeweiligen Untersuchung, sondern nur „Mittel zum Zweck" waren, also nur ein *Hilfsmittel* oder gar ein *Werkzeug* zur Betrachtung eines außermathematischen Sachverhalts – nicht aber wie heute z. B. in der Analysis oder in der Funktionentheorie *Objekt* einer Betrachtung.

Eingangs wurde auf S. 188 festgehalten, dass jenseits einer präzisen formalen Erfassung des Funktionsbegriffs in Gestalt einer „rechtseindeutigen Relation" bei aller Unterschiedlichkeit ihrer konkreten Erscheinungsformen, also ihrer „Gesichter", der gemeinsame Kern in der *eindeutigen Zuordnung* zu sehen ist. Hiermit wird zwar ein mathematisch *undefinierter Grundbegriff* angesprochen, was bei einem mengentheoretischen Rückgriff auf „Relation" vermeidbar wäre, der aber *mnemotechnisch Wesentliches* trifft.

Das bringt als weiteren Vorteil mit sich, dass wir mit dieser durch den Aspekt der eindeutigen Zuordnung gegebenen „Begriffsbrille" Ausschau danach halten können, wo uns – in diesem Sinn – Funktionen begegnen. Dazu seien exemplarisch einige aktuelle Beispiele skizziert.

---

[374] Vgl. z. B. [NEUNZERT 1990].

4.8.2 Bilder als Funktionen – Sichtbare Funktionen

Bild 4.40 zeigt ausschnittsweise eine Vorlesungsbeschreibung aus einem „Modul-Handbuch" für das Mathematikstudium. Zu den Grundlagen dieser Vorlesung über Bildbearbeitung und Bildverarbeitung gehört offenbar die *Sichtweise*, „Bilder als Funktionen" deuten bzw. betrachten zu können. Man denke hier z. B. an „Bilder", die auf den Displays von Computern, Smart Phones, TV-Monitoren etc. erscheinen.

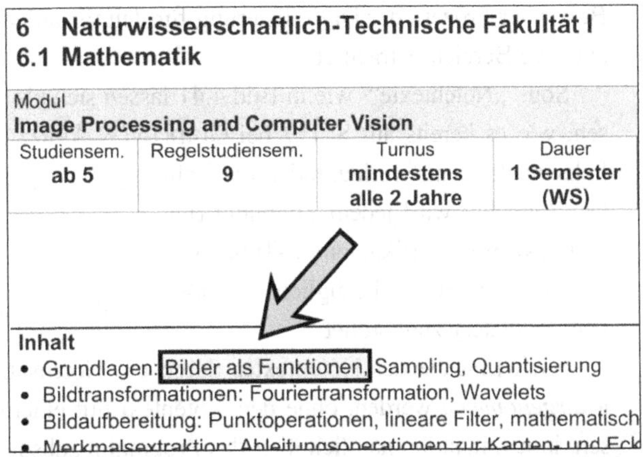

6 Naturwissenschaftlich-Technische Fakultät I			
6.1 Mathematik			
Modul **Image Processing and Computer Vision**			
Studiensem. **ab 5**	Regelstudiensem. **9**	Turnus **mindestens alle 2 Jahre**	Dauer **1 Semester (WS)**
Inhalt			

- Grundlagen: Bilder als Funktionen, Sampling, Quantisierung
- Bildtransformationen: Fouriertransformation, Wavelets
- Bildaufbereitung: Punktoperationen, lineare Filter, mathematisch
- Merkmalsextraktion: Ableitungsoperationen zur Kanten- und Eck

Bild 4.40: Ausschnitt aus einer Seite eines Modulhandbuchs von 2008 (zu einer Mathematik-Vorlesung an der Universität des Saarlandes)

Diese „Bilder" bestehen aus endlich vielen Punkten (hier unpräzise „Pixel" genannt), meist angeordnet als Rechteckmatrix, und jedem Pixel (und damit einem Ort) wird zu jedem Zeitpunkt genau ein bestimmter Farbwert (inkl. Helligkeitswert) zugeordnet (genauer: bei RGB 3 Pixel in den Farben R, G, B): Solche „Bilder" *sind* also (ggf. orts- und/oder zeitabhängige) „sichtbare" Funktionen! Verallgemeinert können damit insbesondere auch jegliche in einem Koordinatensystem visuell dargestellte Funktionen als „sichtbare Funktionen" angesehen werden. Wir betrachten das etwas genauer:

Ein *Funktionsplot* ist das Ergebnis der Visualisierung einer (termdefinierten) reellen Funktion (und damit des *gedachten Funktionsgraphen*) durch einen *Funktionenplotter* – entweder als Bildschirmanzeige[375] auf einem Display oder als ein handhabbarer Ausdruck. Dieser *Funktionsplot ist* zugleich *eine Funktion*, denn als eindeutige Darstellung (Funktion!) einer rechnerintern erzeugten *Wertetabelle* in Gestalt einer endlichen *Bildpunktmatrix* ist er ebenfalls eine Tabelle (nur in anderer Gestalt) und damit eine Funktion. Doch damit nicht genug:

So ist bereits der *Funktionenplotter eine Funktion*, denn er liefert auf die Eingabe eines Funktionsterms etc. eine eindeutige (sichtbare!) Ausgabe. Damit ist aber jeder *Funktionsplot*, aufgefasst als Darstellung einer Funktion f durch Punkte $(x, f(x))$ in einem Koordinatensystem, eine *reelle Funktion mit endlicher Definitionsmenge* D_f (und endlicher Wertemenge). Jedes Element von D_f ist hier eine *isolierte Stelle* (anders: eine leere „gelochte" Umgebung), und daraus ergibt sich der erstaunliche *erste Hauptsatz für Funktionenplotter*:

- *Jeder Funktionsplot ist stetig.*[376]

Das hat zur Konsequenz, dass sich Unstetigkeitsstellen reeller Funktionen mit Funktionenplottern *nicht* darstellen lassen, insbesondere gilt also:

- *Unstetigkeit ist eigentlich nicht visuell darstellbar, sondern nur denkbar!*

---

[375] … auch „*Rendern*" genannt: Prozess der „Umrechnung" einer Graphik z. B. auf eine konkrete Bildschirmanzeige.

[376] Siehe [HISCHER 2002a, 307 f.] und [HISCHER 2016, 157 ff.].

4.8.3   Hörbare Funktionen

Bevor der Prozess der Digitalisierung für den visuellen Bereich erörtert wird, sei zunächst der auditive Bereich betrachtet.

Sog. „Notentexte" wie in Bild 4.41 lassen sich als *zeitachsenorientierte Funktionen* auffassen, wie es bereits auf S. 157 bei GUIDO VON AREZZO angemerkt wurde: Bei horizontal von links nach rechts verlaufender (gedachter) Zeitachse wird jedem Zeitpunkt (näherungsweise) vertikal ein n-Tupel von Notenwerten (u. a. bezüglich Tonhöhe und Tondauer) zugeordnet.

Bild 4.41: Anfang eines Menuetts für Klavier als Notentext

Nach Eingabe des Notentextes durch ein Notensatzprogramm[377] kann dieser auch *auditiv wahrgenommen* werden, ohne den Notentext mit einem Instrument händisch erklingen zu lassen, indem man ihn nämlich über das Programm „abspielt": In Bild 4.41 ist im dritten Takt eine beim Abspielen laufende Zeitmarke (die sog. „Wiedergabelinie") strichliert angedeutet.

Der Aspekt, einen Notentext als Funktion zu sehen, wird visuell noch deutlicher, wenn man ihn in eine sog. MIDI-Datei[378] konvertiert, wie sie hier in Bild 4.42 zu sehen ist und wie sie direkt mit dem Notensatzprogramm erzeugt werden kann. Diese MIDI-Datei kann man dann zwar über einen Mediaplayer eines Computers hörbar machen, aber das offenbart nicht ihre Struktur, die man jedoch mit Hilfe eines MIDI-Editors *sichtbar* machen kann wie in Bild 4.42,[379] das eine Transformation des Notentextausschnitts aus Bild 4.41 zeigt. Die strichliert dargestellte Wiedergabelinie steht hier an derselben Stelle wie in Bild 4.41.

Bild 4.42: Anfang desselben Menuetts als „Piano-Rolle"

Musiker nennen diese Darstellung „**Piano-Rolle**", denn sie hat prinzipiell dieselbe Struktur wie die papierne Steuerrolle der früher um 1900 herum beliebten elektrischen Klaviere: Das *technische Medium* „Piano-Rolle" war also schon damals eine „materialisierte Funktion", die dazu diente, ein mechanisches (!) Instrument (hier also: ein Klavier) erklingen zu lassen. (Auch der Watt-Indikator war eine materialisierte Funktion.[380])

---

[377]   Der Beruf des Notenstechers ist wie der des Schriftsetzers faktisch ausgestorben. Komponisten, Arrangeure und auch Musikverlage bedienen sich heute zur Erstellung von Notentexten leistungsfähiger *Notensatzprogramme*.

[378]   MIDI-Dateien sind *Steuerdateien* zur Aktivierung digital gesteuerter realer oder synthetischer Musikinstrumente (vgl. auch Fußnote 279, S. 157).

[379]   Hier wurde das Studiomusikprogramm Samplitude™ verwendet, es gibt aber auch kostenlose MIDI-Editoren (man suche im WWW).

[380]   Vgl. S. 171; ebenso sind auch Scanner materialisierte Funktionen (vgl. Abschnitt 4.8.5, S. 195).

Tonaufnahmen über ein Mikrophon wurden früher zunächst *analog* auf Tonbändern aufge-zeichnet, um danach ggf. weiterverarbeitet und dann *analog* auf Schallplatten oder seit den 1980er Jahren *digital* auf Audio-CDs konserviert zu werden. Aufzeichnungen dieses analogen Typs gehören heute der Vergangenheit an, sie werden nunmehr nahezu ausschließlich nur noch digital per Hard-Disc-Recording oder auf Speicherkarten generiert. Dabei wird das i. d. R. ana-loge akustische Eingangssignal zunächst durch ein Mikrophon in ein analoges zeitabhängiges Spannungssignal $U(t)$ umgewandelt, das über einen A/D-Wandler *digitalisiert* wird, indem zu äquidistanten Zeitpunkten t der jeweils aktuelle Spannungswert $U(t)$ als ein für das Intervall zu wählender *Mittelwert* „abgetastet" („gesampelt") wird.

Für solche digitalen Aufzeichnungen benötigt man Dateiformate, die das hörbare Frequenz-spektrum in hinreichend hoher Auflösung zur Weiterbearbeitung und späteren Archivierung (auf CD bzw. DVD) erfassen, nämlich meist Dateien im PCM-Format (Puls-Code-Modulation). Bild 4.43 zeigt einen Ausschnitt aus einer Mono-Spur einer solchen digitalen Musikaufzeich-nung, Bild 4.44 zeigt einen daraus horizontal und vertikal gezoomten Ausschnitt.

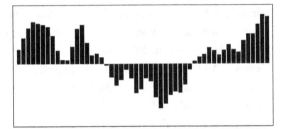

Bild 4.43: Ausschnitt aus einem Mono-Kanal   Bild 4.44: horizontal und vertikal gezoomter Ausschnitt aus
einer PCM-Datei (z. B. Dateityp „WAV")   Bild 4.43 – Treppenfunktion aus „Samples"

Hier lässt sich die durch das *Sampling* bedingte *Diskretisierung* gut erkennen, so dass diese PCM-Dateien als *Treppenfunktionen* – bestehend aus einzelnen „Samples" – erscheinen. Das Wesentliche daran wird im nächsten Abschnitt kurz erläutert.

Auch eine PCM-Datei ist also neben Notentexten und MIDI-Dateien als *zeitachsenorientier-te Funktion* weiteren Typs aufzufassen, die sich einerseits als Schaubild einer Treppenfunktion *sichtbar* machen lässt (wie in Bild 4.43 und in Bild 4.44) und die andererseits über einen nach-geschalteten D/A-Wandler mit Verstärker und Lautsprecher auch *hörbar* gemacht werden kann. Bei dieser Treppenfunktion werden die abgetasteten Samples als Funktionswerte über den hori-zontalen Abtastzeitpunkten der Zeitachse dargestellt.

Bei der Bildschirmdarstellung werden jedoch nicht Abtast*zeitpunkte*, sondern äquidistante, lückenlos aufeinander folgende Abtast*intervalle* benutzt, über denen die Samples dann als Funk-tionswerte aufgetragen werden.

Insgesamt erkennen wir hier eine *mehrfache Verkettung hintereinandergeschalteter Funk-tionen*, wobei in der Sprache der Technik $S_1(t)$ und $S_2(t)$ Funktionsterme „*zeitabhängiger Schallpegelfunktionen*" und $U_1(t)$, $U_2(t)$ und $U_3(t)$ jeweils Funktionsterme „*zeitabhängiger Spannungspegelfunktionen*" sind (Bild 4.45):

$$S_1(t) \overset{\text{Mikrophon}}{\longmapsto} U_1(t) \overset{\text{A/D-Wandlung}}{\longmapsto} \text{PCM-Datei} \overset{\text{D/A-Wandlung}}{\longmapsto} U_2(t) \overset{\text{Verstärkung}}{\longmapsto} U_3(t) \overset{\text{Lautsprecher}}{\longmapsto} S_2(t)$$

Bild 4.45: Signalkette bei der Verarbeitung von Audiosignalen

Da sowohl die jeweiligen (in „funktionaler" Sicht „verketteten") Umwandlungen als auch die jeweils umzuwandelnden bzw. umgewandelten Größen *als Funktionen aufzufassen* sind (sic!), treten bereits in dieser sehr vereinfachten und auch verkürzten Darstellung dieser „Signalkette" von $S_1(t)$ und bis hin zu $S_2(t)$ mindestens elf (verkettete) Funktionen auf.

4.8.4   Digitalisierung als Diskretisierung durch Abtastung und Quantisierung

Die Phase der A/D-Wandlung („Analog-Digital-Wandlung") in Bild 4.45 ist typisch für die zur Digitaltechnik gehörende Audiotechnik und Bildverarbeitung/-bearbeitung. Es findet eine zweifache *Diskretisierung* des *analogen* (als „kontinuierlich" unterstellten) Eingangssignals durch *Abtastung* (Sampling) und *Quantisierung* statt (vgl. Bild 4.40), was kurz erläutert sei.

Bezogen auf die Audiotechnik denken wir uns in Bild 4.46 nach rechts die Zeit t abgetragen und nach oben den zeitabhängigen Spannungspegel $U(t)$, der von einem Mikrophon durch Aufnahme eines „Audio-Signals" an einen digitalen Vorverstärker übergeben wird. Dieses Signal sei hier ein Sinussignal, z. B. $U(t) = U_{\max} \cdot \sin(2t)$ mit $U_{\max} = 5\,\text{V}$. Durch eine mit konstanter Frequenz „getaktete" elektronische Schaltung soll nun zu jeweils zeitlich äquidistanten Zeitpunkten der jeweils aktuelle Spannungspegel gemessen werden:

Zunächst wird aus dem analogen Eingangssignal durch *zeitlich äquidistante Abtastung* (als *erste Diskretisierung*) eine Treppenfunktion erzeugt (hellgraue Balken). In diesem Beispiel wurde das Intervall $[0;\,1]$ in 10 Abtastintervalle zerlegt, und die Abtastung wurde (exemplarisch) stets in den *Intervallmitten* vorgenommen. Dazu müssen diese i. d. R. nicht ganzzahligen Mittelwerte noch auf eines der hier elf möglichen ganzzahligen „Quantenniveaus" $-5, -4, \ldots, 0, \ldots, 5$ in geeigneter Weise gerundet werden. Die schwarzen Balken mit weißen Punkten zeigen gerundete mögliche „ganzzahlige" Vertikalwerte an, die also diese *Quantisierung* liefern, und das ist dann die *zweite Diskretisierung* innerhalb dieser Digitalisierung.

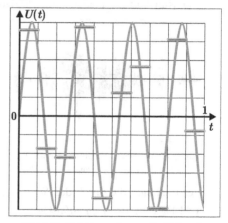

Bild 4.46: **Abtastung** eines analogen Signals

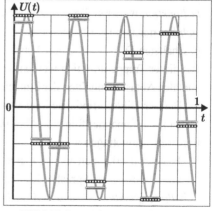

Bild 4.47: **Quantisierung** der Abtastwerte

Diese zeitlich äquidistante Pegelmessung heißt „**Abtastung**" bzw. „**Sampling**", und der jeweils abzutastende Wert (in Bild 4.46 durch kleine horizontale hellgraue Balken dargestellt) heißt „*Sample*" („Probe"). Die zur Abtastung verwendete konstante Frequenz heißt „*Abtastrate*" oder „*Samplingfrequenz*", bezeichnet mit f_S (übliche Werte sind in der Audiotechnik vor allem 44.1 kHz, 48 kHz oder 96 kHz). Diese Samples werden als *Binärwörter* „digital" (also durch *zwei* „Bit" genannte Werte, vorstellbar als „0" oder „1") gespeichert. Ein „8-Bit-Wort", „Byte" genannt, besteht aus 8 „Bits", z. B. $\boxed{0|0|1|0|1|1|0|1}$. Für die **Quantisierung** wählt man bei qualitativ hochwertigen Aufnahmen und vor allem für die Bearbeitung 24-Bit-Wörter (oder sogar noch länger), im Ergebnis (z. B. bei Audio-CDs) ggf. nur als 16-Bit-Wörter. Bei 16-Bit-Wörtern gibt es 2^{16} verschiedene Quantisierungswerte, und das ist der *Quantisierungsumfang*, der manchmal in der Audiotechnik auch „Auflösung" genannt wird.

4.8.5 Scanner als materialisierte Funktion

Die **Digitalisierung** analoger Daten bedeutet damit – sowohl bei Audiodaten als auch bei Bilddaten – deren Umwandlung in Binärwörter durch (zumindest!) *zweifache Diskretisierung*, deren Prinzip Bild 4.47 für Audiodaten zeigt. So begegnet uns damit auch der Prozess der *Digitalisierung* als eine *Funktion*. Das sei anhand der Bilderfolge in Bild 4.48 für das Scannen eines Bildes (hier des Buchstaben „*f*") exemplarisch erläutert.

Das Grundprinzip wird bereits an der Erzeugung einer „Bilddatei" als *Graustufengraphik* deutlich: Das Original sei hier ein reines Schwarzweißbild (links in Bild 4.48). Zunächst sei über das zu scannende Objekt ein gedachtes *Raster* gelegt, in diesem Fall ein „Quadratgitter" aus 24 Zeilen zu jeweils 12 Quadraten. Dieses Originalbild wird jetzt zeilenweise „*abgetastet*" (z. B. von unten nach oben),

Bild 4.48: Scannen durch Sampling und Quantisierung

indem in jeder Zeile 12 einzelne Pixel[381] „abgetastet" werden. Auf photosensorischem technischem Wege wird hier die „Helligkeit" dieser Pixel in geeigneter Weise als je einer von endlich vielen „*Graustufenwerten*" gemessen. Dazu wird also für jedes Pixel ein „Sample" seines Helligkeitswertes ermittelt. Bei dieser „*Diskretisierung*" wird die prinzipiell kontinuierlich gedachte (!) Originalgraphik durch die Rasterung in endlich viele Teile mit jeweils eigenem, zu messendem „Farbwert" (hier also „Graustufenwert") zerlegt.

Das dritte Bild deutet die Graustufenwerte der einzelnen Pixel an, berücksichtigend, dass etliche Quadrate nicht „voll schwarz" sind, sondern einen gewissen Weißanteil erhalten, der in der „Mischung" einen sog. „Grauwert" liefert. Durch diese Mischung erscheint das gescannte Ergebnis im dritten Bild dem Auge weicher und zugleich schärfer als ohne diesen „Anti-Aliasing" genannten Trick. (Deshalb sollte man einen S/W-Text zur Qualitätsverbesserung auch in „Graustufen" scannen!) Ganz rechts ist das dritte Bild durch ein Säulendiagramm dargestellt.

---

[381] „Pixel" soll hier einfach für „Bildpunkt" stehen. (Gleichwohl ist „Pixel" komplexer definiert.)

4.8.6   Funktionenplotter, Funktionsplots und Schaubilder von Funktionen

Funktionenplotter[382] liefern als *technische Medien* einen ausschnittweisen visuellen Eindruck von konkreten Funktionsgraphen (also den Funktionen!),[383] indem sie eindeutig einen **Funktionsplot**[384] als „Bild" liefern: eine aus „Pixeln" bestehende Rechteckmatrix, die dann gemäß Abschnitt 4.8.2 ebenfalls eine Funktion ist.

Hier zeigen sich allerdings terminologische bzw. sprachliche Schwierigkeiten, wenn man – wie mit Bezug auf DIEUDONNÉ in Abschnitt 4.8.7 dargestellt – „Funktion" und „Funktionsgraph" (wegen der Rückführung von „Funktion" auf „Relation", also als „Paarmenge") identifiziert. Das Problem lässt sich aber wie folgt lösen: Das, was man oft (z. B. im Mathematikunterricht) „Funktionsgraph" oder „Graph einer Funktion" nennt und womit dann eine *bildliche, visuelle Darstellung in einem Koordinatensystem* gemeint ist, sei (wie schon in den bisherigen kulturhistorischen Betrachtungen) „**Schaubild**" (der Funktion) genannt – ein zwar etwas aus der Mode gekommener, aber dennoch schöner, suggestiver und *reaktivierenswerter Terminus*, der darüber hinaus den Vorteil hat, dass der *Ausschnitt des Koordinatensystems samt Vermaßung* in ihm mit eingeschlossen ist (wie auch beim Funktionsplot), was aber bei „Funktion" nicht per se der Fall ist.

Damit sind dann bei einer gegebenen Funktion alle je erzeugten „realen" Schaubilder (und auch ihre ggf. existierenden Funktionsplots) *Funktionen* (als eindeutige Zuordnungen).[385]

Wenn man allerdings darauf verzichtet, „Funktion" formal als spezielle Relation zu definieren und also „Funktion" z. B. nur als „eindeutige Zuordnung" (im Sinne eines undefinierten Grundbegriffs) auffasst, dann sind „Funktion" und „Funktionsgraph" (bzw. „Graph einer Funktion") im Prinzip wohlunterscheidbar, sofern man nämlich weiterhin für den Graphen formal $G_f := \{(x, f(x)) \mid x \in A\}$ wählt (also aufgefasst als Menge von Punkten in einem Koordinatensystem). Gleichwohl ist aber auch dann zwischen einerseits „Funktionsgraph" und andererseits sowohl „Schaubild" als auch „Funktionsplot" zu unterscheiden: Der Funktionsgraph ist also nur ein *gedachtes Bild* der Funktion, und dazu gibt es verschiedene konkrete Schaubilder.

4.8.7   Funktion und Funktionsgraph: eine kuriose formale Konsequenz

Es sei eine *kaum beachtete Kuriosität* erwähnt: Im Mathematikunterricht (aber auch in der Hochschule) pflegt man zwischen einer *Funktion* f und ihrem *Funktionsgraphen* G_f zu unterscheiden, wobei dann $G_f := \{(x, f(x)) \mid x \in A\}$ mit der Argumentmenge A ist (s. o.). Wenn nun f als eine spezielle Relation aufgefasst wird und eine Relation als Teilmenge einer Produktmenge, dann ist definitionsgemäß $f = \{(x, f(x)) \mid x \in A\} = G_f$, d. h., es folgt:

- *Eine Funktion und ihr Graph sind dann (!) dasselbe!*

---

[382]   Die auch zu findende Bezeichnung „Funktionsplotter" ist sprachlich falsch, so wie auch z. B. „Funktionstheorie" falsch wäre (zumindest nicht das treffen würde, was „Funktionentheorie" meint: „Theorie der Funktionen").

[383]   Denn gemäß Abschnitt 4.8.7 ist der Funktionsgraph einer Funktion genau diese Funktion!

[384]   Ein „Plot" ist immer ein von einem „Plotter" erzeugtes Bild.

[385]   Der erste Klammerzusatz ist nötig, weil „Funktionsplots" sich auf „numerische" Funktionen beziehen.

Hierauf wies bereits 1960 JEAN DIEUDONNÉ (1906–1992) hin:[386]

> It is customary, in the language, to talk of a mapping and a functional graph as if they were two kinds of objects in one-to-one correspondence, and to speak therefore of "the graph of a mapping", but this is a mere psychological distinction (corresponding to whether one looks on F either "geometrically" or "analytically").

Im nächsten Abschnitt wird als Fazit eine Lösung für dieses Problem im Sinne eines Rückblicks und eines didaktischen Ausblick angeboten: „Funktion als Tabelle".

4.9   Fazit

Wir sahen, dass in den kulturhistorischen Spuren der Entwicklung des Funktionsbegriffs, beginnend bei den Babyloniern vor rund 4000 Jahren, mehrfach Tabellen auftraten, in denen wir heute Funktionen erkennen können.[387] Eine „Tabelle" ist eines der vielen „Gesichter", unter denen uns Funktionen begegnen,[388] also kurz: *Tabelle als Funktion*. Und auch beim Beginn der exakten Fassung des mathematischen Funktionsbegriffs im 19. Jahrhundert tritt noch (oder „wieder"?) ein „Tabellenkonzept" auf, nämlich bei PAUL DU BOIS-REYMOND:[389]

> Die mathematische Function […] ist eine den Logarithmentafeln ähnliche ideale Tabelle.

Das ist aber nicht mehr nur die Auffassung von „Tabelle als Funktion", sondern geradezu invers eine *Definition* im Sinne von „Funktion als Tabelle" – dies auch in Übereinstimmung mit der mehrfach erwähnten häufig bei Numerikern anzutreffenden Auffassung. Dieses kann sowohl Anlass als auch Anregung sein zur Begründung eines fachlichen und methodischen Konzepts für die *ontogenetische Entwicklung des Funktionsbegriffs* im Mathematikunterricht.

Auf der Basis der zuvor dargestellten *kulturhistorischen Entwicklung des Funktionsbegriffs* mag es genügen, hiermit ein aus subjektiver Sicht tragfähiges Konzept vorzuschlagen und zur Diskussion zu stellen.

Zwar ist auch ein Weg über geordnete Paare und Relationen als Paarmengen durchaus erfolgreich gangbar, aber ein solcher Weg ist im Mathematikunterricht auch gar nicht erforderlich, denn das mit „*Funktion als Tabelle*" bezeichnete *didaktische Konzept* ist hinreichend umfassend.

Bild 4.49 zeigt das Wesentliche der Auffassung sowohl von „*Funktion als Tabelle*" als auch von „*Tabelle als Funktion*", mit einer *Eingangsspalte* für das Argument x und einer *Ausgangsspalte* für den Funktionswert $f(x)$.

x	$f(x)$
...	...
...	...
...	...
...	...

Bild 4.49:
Funktion als Tabelle
und
Tabelle als Funktion

---

[386] [DIEUDONNÉ 1960, 5]; DIEUDONNÉ war Gründungsmitglied der 1935 unter dem Pseudonym „NICOLAS BOURBAKI" gegründeten Gruppe französischer Mathematiker. Weitere Informationen zu DIEUDONNÉ z. B. unter http://www-history.mcs.st-and.ac.uk/Biographies/Dieudonne.html (26. 07. 2020).

[387] Vgl. hierzu die zusammenfassende Übersicht auf S. 152.

[388] Vgl. S. 149 f. und Abschnitt 4.8, S. 188 ff.

[389] Siehe S. 181.

Diese Darstellung enthält all das, was eine Funktion als „rechtseindeutige Relation" ausmacht (mit Bezug auf „Tabelle" als einem undefinierten, intuitiv erfassbaren Grundbegriff), sie ist aber zugleich von jeglichem vermeidbarem Formalismus radikal befreit, denn:

- die geordneten Paare $(x, f(x))$ sind stets präzise erkennbar;

- wenn sich in der Eingangsspalte keine Werte wiederholen, so liegt automatisch auch Rechtseindeutigkeit vor, also eine eindeutige Zuordnung;

- wenn sich in der Ausgangsspalte keine Werte wiederholen, so liegt automatisch auch Linkseindeutigkeit vor, und die Funktion ist dann also „umkehrbar" (injektiv);

- die Argumentmenge und die Wertemenge sind unmittelbar ablesbar;

- die Argumentmenge kann durch neu einzufügende bzw. zu löschende Zeilen jederzeit erweitert bzw. reduziert werden;

- diese Vorstellung von „Funktion als Tabelle" ist in abstrahierender Sichtweise auch auf abzählbare Definitionsmengen gedanklich (!) erweiterbar, und

- sie kann dann zum „Folgenbegriff" führen;

- die Vorstellung von „Funktion als Tabelle" ist gedanklich (!) sogar auf überabzählbare Definitionsmengen ausdehnbar (also aufzufassen als eine „gedachte Tabelle"), und

- die verschiedenen „Gesichter von Funktionen" sind durchaus als Tabellen auffassbar: Es liegt kein prinzipieller Unterschied zwischen dem Graphen[390] einer Funktion und einer Tabelle vor, und auch „zeitabhängige Funktionen" können als Tabelle *gedacht* werden.

Das auf DU BOIS-REYMOND zurückgehende Tabellenkonzept von Bild 4.49 ist auf „mehrstellige Funktionen"[391] erweiterbar, wie es in Bild 4.50 angedeutet wird: Wenn sich kein „Eingangstupel" $(x_1, ..., x_n)$ wie-

x_1	x_2	x_3	...	x_n	$f(x_1, x_2, x_3, ..., x_n)$
...	...	...	...	...	...
...	...	...	...	...	...

Bild 4.50: *n*-stellige Funktion als Tabelle

derholt, so liegt automatisch eine Funktion vor. Auch das ist gedanklich auf abzählbare und überabzählbare Definitionsmengen erweiterbar.

Wenn es jedoch um Grundlagenfragen, etwa *in der Strukturmathematik*, darum geht, situativ zu *beweisen*, dass eine Funktion vorliegt, *reicht das Tabellenkonzept keinesfalls mehr aus*, dann entfaltet das Verständnis von „Funktion als Relation" unter Rückgriff auf den Mengenbegriff ggf. seine Macht. Das wird in Kapitel 6 und vor allem in Kapitel 8 deutlich werden.

Denn dann stellt das auf Mengenlehre und Logik beruhende Instrumentarium eine einwandfreie und *äußerst leistungsfähige formale Fassung des Funktionsbegriffs* zur Verfügung, die für eine saubere und präzise Kennzeichnung mathematischer Strukturen unerlässlich ist:

---

[390] Vgl. hierzu die formale Definition von „Funktionsgraph" auf S. 196.

[391] Die Bezeichnung „Funktion mit mehreren Veränderlichen" wird hier vermieden (vgl. S. 148, 151 und 189), obwohl sie im Sinne der vielen „Gesichter von Funktionen" und damit der Auffassung von „Funktion als Term" wieder eine gewisse Rechtfertigung erfährt. .

Nämlich „**Relation**" als mengentheoretisch definierter grundlegender strukturierender „Baustein", worauf sich wichtige Relationen wie **Funktion, Äquivalenzrelation** und **Ordnungsrelation** gründen. Und damit liegt ein *Werkzeugkasten* vor, mit dem man *mathematische Strukturen* beschreiben und beweistechnisch untersuchen bzw. *außermathematische Situationen strukturierend modellieren* kann. Das wird im folgenden Kapitel dargestellt.

Der lange Weg der kulturgeschichtlichen Entwicklung zum „modernen" Funktionsbegriff startete ruhig und fast unmerklich, nahm mit Beginn der Neuzeit an Fahrt auf und explodierte mit großer Wucht seit der Mitte des 19. Jahrhunderts. Das Ergebnis in seiner nahezu vollendeten Form durch HAUSDORFF und die Etablierung durch die BOURBAKI-Gruppe ist als wissenschaftliche Glanzleistung der Mathematik anzusehen.

Doch was ist von dieser begrifflichen Ausschärfung übrig geblieben, wenn man sich – wie in Abschnitt 4.1 skizziert – den tatsächlich heute praktizierten Umgang in der Mathematik und ihren Anwendungen mit dem vor Augen führt, was dort jeweils „Funktion" genannt wird? Braucht „man" angesichts der „vielen Gesichter", unter denen uns Funktionen nun begegnen, den erreichten formalen „begrifflichen" Höhenflug vielleicht in aller Regel gar nicht, weil – gerade bei „Anwendern" – ganz andere Fragen „interessant" sind oder geworden sind?

Und weiter: Braucht man vielleicht auch Mengenlehre und Logik gar nicht mehr (wie ehedem?) so sehr in der Mathematik – so möchte man wohl fragen angesichts der Tatsache, dass entsprechende Vorlesungen kaum mehr angeboten werden, und wenn, dann eher in der Informatik oder in der Philosophie.

Hier sei nur rhetorisch gefragt: Ist vielleicht vieles, was ursprünglich (mit CANTOR, FREGE und RUSSELL usw.) in die Mathematik gehörte, nunmehr in die Informatik abgewandert – eine Disziplin, die u. a. deshalb in den 1960er Jahren entstanden ist, weil die Mathematiker sich damals mehrheitlich nicht für die aufkommenden Fragestellungen interessierten oder interessieren wollten? So ist ja die Informatik als neue Disziplin u. a. von Mathematikern begründet worden, die in der Mathematik nicht mehr die Heimat fanden, die sie suchten.

So müssen wir zur Kenntnis nehmen, dass sich in der derzeit vorliegenden und praktizierten Vielfalt des Verständnisses von „Funktion" die kulturhistorische Aspektvielfalt der Begriffsentwicklung widerspiegelt: Jeder bzw. jede sucht sich den Aspekt heraus, der ihm oder ihr kontextbezogen am besten passt, um dann tatsächlich damit erfolgreich arbeiten zu können! Und möglicherweise sollten wir das nicht bedauern, sondern eher den großen Reichtum wertschätzen, mit dem sich uns der mit „Funktion" bezeichnete Begriff durch seine vielen Gesichter als *fundamentale Idee* zeigt!

Anders ist es allerdings in der Grundlagenforschung zur Mathematik: Dort hat das Konzept von „Funktion als Tabelle" nur im Sinne eines intuitiven, undefinierten Grundbegriffs keinen Platz (wobei sich „Tabelle" allerdings über den Mengenbegriff definieren lässt …).

Hingegen ist für den Mathematikunterricht eine Auffassung von „Funktion als Tabelle" bedenkenswert, da einerseits eine mengentheoretische Fassung hier ohnehin obsolet ist und da andererseits „Tabelle" begrifflich intuitiv zugänglich ist.

5 Strukturierung durch Relationen und Funktionen

5.1 Relationen und Funktionen — grundlegende Definitionen

5.1.1 Vorbetrachtungen zur Definitionsfindung

„Relation" bedeutet wörtlich „Beziehung", und so wird es im einfachsten Fall darum gehen, „Beziehungen" zwischen zwei Mengen bzw. genauer: zwischen den Elementen von zwei Mengen zu beschreiben, also darum, ob a zu b „gehört" bzw. ob a zu b „in Beziehung steht", falls etwa $a \in A$ und $b \in B$ gilt. Sofort ist ersichtlich, dass eine konkrete, etwa mit R bezeichnete Relation dann zutreffend durch die Angabe derjenigen geordneten Paare $(a,b) \in A \times B$ gekennzeichnet werden kann, die hier „in Beziehung stehen". Das legt nahe, jede Teilmenge der Produktmenge $A \times B$ als „Relation zwischen A und B" aufzufassen:

$$R \text{ ist } \textbf{Relation} \text{ von } A \text{ nach } B \; :\Leftrightarrow R \subseteq A \times B \qquad (5.1\text{-}1)$$

Die Formulierung „von A nach B" soll dabei eine Richtung andeuten, wobei man manchmal auch „aus A in B" sagt. Beispielsweise wäre dann $\{(1;3),(1;-1),(0;0)\}$ eine Relation von $\mathbb{N}$ nach $\mathbb{Z}$, aber auch von $\mathbb{Z}$ nach $\mathbb{Z}$ oder von $\mathbb{Q}$ nach $\mathbb{R}$ u. v. a. m., wenn auch z. B. nicht von $\mathbb{N}$ nach $\mathbb{N}$. Was spricht also dagegen, dann bereits $\{(1;3),(1;-1),(0;0)\}$, also diese „Paarmenge", als Relation anzusehen und festzulegen?

$$\text{Eine } \textbf{Relation} \text{ ist eine Menge von geordneten Paaren} \qquad (5.1\text{-}2)$$

Das wäre dann eine Definition in Übereinstimmung mit den in Abschnitt 4.7.6 (S. 185) erwähnten Betrachtungen von PEANO, PEIRCE und SCHRÖDER von Ende des 19. Jahrhunderts, die eine „Relation als Menge geordneter Paare" und eine „Funktion als Relation" aufgefasst haben, was ab Anfang des 20. Jahrhunderts über HAUSDORFF schließlich zu der Auffassung (in unserer heutigen Sprechweise) geführt hat, eine „Funktion als rechtseindeutige Relation" anzusehen. So wäre dann $\{(1;3),(1;-1),(0;0)\}$ keine Funktion, weil das „erste Element" 1 zu zwei verschiedenen „zweiten Elementen" (nämlich 3 und −1) in Relation steht, weil also die „Beziehung" von links „nach rechts" nicht eindeutig verläuft (vgl. Bild 4.39, S. 188). Hingegen wäre dann die „abgespeckte" Relation $\{(1;3),(0;0)\}$ eine Funktion.

Nun müssen wir auch das Ganze im Blick haben, denn wir wollen natürlich – auf der Basis von „Relation" – eine Definition für „Funktion" entwickeln, die auch die heute üblichen Bezeichnungen wie „injektiv" und „surjektiv" abdeckt. Wir könnten dann bei Funktionen „injektiv" mit „linkseindeutig" identifizieren. So wäre bereits die Relation $\{(1;3),(1;-1),(0;0)\}$, die ja keine Funktion ist, linkseindeutig, erst recht die Funktion $\{(1;3),(0;0)\}$. Aber könnten wir auch entscheiden, ob die Funktion $\{(1;3),(0;0)\}$ surjektiv ist? Das würde doch bedeuten, dass *alle möglichen „Funktionswerte"* auch tatsächlich als solche auftauchen. Das ist jedoch ohne eine Angabe einer sinnvollen „Obermenge" für die Zweitelemente der Paare gar nicht möglich, was also dazu führt, lieber (5.1-1) als Definition zu wählen.

© Der/die Autor(en), exklusiv lizenziert durch
Springer-Verlag GmbH, DE, ein Teil von Springer Nature 2021
H. Hischer, *Grundlegende Begriffe der Mathematik: Entstehung und Entwicklung*, https://doi.org/10.1007/978-3-662-62233-9_5

Diese Überlegung führt nun oft dazu, „Relation" als ein Tripel zu definieren, etwa wie folgt:

(R, A, B) ist **Relation** von A nach B $:\Leftrightarrow$ $R \subseteq A \times B$.   (5.1-3)

Diese Definition enthält gewiss alles Wesentliche, und so wäre dann eine Funktion auch hier als spezielle Relation zu kennzeichnen, dann also als (f, A, B) wie folgt:

(f, A, B) ist Funktion $:\Leftrightarrow$ $f \subseteq A \times B \land f$ ist rechtseindeutig.   (5.1-4)

Das ist zwar formal einwandfrei, leider jedoch sehr schwerfällig zu handhaben. Auch entsteht der „Schönheitsfehler", nicht mehr schon f als „Funktion" ansprechen zu können.

Fassen wir zusammen: Worauf kommt es an? Für die Beschreibung der „eindeutigen Zuordnung", die typisch für Funktionen ist, also für die „Rechtseindeutigkeit", wird eine Produktmenge $A \times B$ als Obermenge der Paarmenge f *nicht* benötigt, ebenso nicht für die Beschreibung der „Linkseindeutigkeit" einer Funktion, also für ihre „Injektivität". Wohl aber benötigen wir für die Beschreibung der „Surjektivität" einer Funktion f die Produktmenge $A \times B$, zumindest aber die Obermenge B der „Zweitelemente".

Das legt nun nahe, „Relation" nur gemäß (5.1-2) zu definieren und fallweise den Bezug auf eine entsprechende Produktmenge gemäß (5.1-1) oder (5.1-3) hinzuzunehmen. Da wir aber den Inhalt von (5.1-3) jederzeit durch die Sprechweise in (5.1-1) erfassen können, können wir den formalen Aufwand bei den nachfolgenden Definition erfreulich klein halten.

5.1.2   Binäre und mehrstellige Relationen

Wir beginnen gleich allgemein, wobei wir auf die durch „geordnetes Paar", „Produktmenge" und „geordnetes n-Tupel" in Abschnitt 2.3.9 bezeichneten Begriffe zurückgreifen:

(5.1) Definition

Es sei R eine Menge und $n \in \mathbb{N}^* \setminus \{1\}$.

R ist eine **n-stellige Relation** $:\Leftrightarrow$ $\bigwedge\limits_{x \in R} x$ ist ein geordnetes n-Tupel

---

(5.2) Anmerkungen

(a) Statt „2-stellige Relation" sagt man auch **binäre Relation**,
     statt „3-stellige Relation" auch **ternäre Relation**.

(b) Ist R eine n-stellige Relation,
     so gibt es Mengen $A_1, A_2, \ldots, A_n$ mit $R \subseteq A_1 \times A_2 \times \ldots \times A_n$.

(c) Wenn nichts anderes erwähnt wird, sagen wir nur **Relation** statt „binäre Relation".

(5.3) Beispiele

(a) Für alle n ist $\varnothing \subseteq A_1 \times A_2 \times \ldots \times A_n$, $\varnothing$ ist *dann* eine n-stellige Relation („*leere Relation*").

(b) Eine n-stellige Relation kann ggf. als *Lösungsmenge* einer Aussageform mit n Variablen aufgefasst werden, z. B. $\{(x, y, z) \in \mathbb{N}^3 \mid x^2 + y^2 = z^2\} = \{(0, 0, 0), \ldots, (3, 4, 5), \ldots\}$.

(5.4) Definition

A, B, und R seien Mengen.

(a) R ist **Relation von** A **nach** B $\quad :\Leftrightarrow R \subseteq A \times B$

(b) R ist **Relation in** A $\qquad\qquad :\Leftrightarrow R \subseteq A \times A$

(5.5) Definition

Es sei $R \subseteq A \times B$.

(a) $\displaystyle\bigwedge_{x \in A} \bigwedge_{y \in B} x \, R \, y \;:\leftrightarrow\; (x,y) \in R$

(b) $\mathrm{D}_R \;:=\;$ **Definitionsbereich** von $R := \{x \mid \bigvee_y (x,y) \in R\}$

(c) $\mathrm{W}_R \;:=\;$ **Wertebereich** von $R := \{y \mid \bigvee_x (x,y) \in R\}$

(d) $R^{-1} \;:=\;$ **Umkehrrelation** von $R := \{(y,x) \mid (x,y) \in R\}$

(5.6) Anmerkung

Bei $R \subseteq A \times B$ sagt man oft auch: „A ist **Vorbereich**, und B ist **Nachbereich** von R".

Es müsste dann jedoch präzise „*ein* Vorbereich" und „*ein* Nachbereich" heißen!

(5.7) Beispiele

(a) $A \times B$ ist die **triviale Relation** von A nach B, und es gilt:

$\mathrm{D}_{A \times B} = A$, $\mathrm{W}_{A \times B} = B$, $(A \times B)^{-1} = B \times A$.

(b) Für jede Menge M ist $\mathrm{id}_M := \{(x,x) \mid x \in M\}$, genannt **Gleichheitsrelation** in M.

Es ist $\mathrm{D}_{\mathrm{id}_M} = \mathrm{W}_{\mathrm{id}_M} = M$, $\mathrm{id}_M^{-1} = \mathrm{id}_M$, und es gilt $a \, \mathrm{id}_M \, b \Leftrightarrow (a,b) \in \mathrm{id}_M \Leftrightarrow a = b$.

(c) Für $M := \{1,2,3\}$ sei $\leq_M := \{(1,1),(1,2),(1,3),(2,2),(2,3),(3,3)\}$.

(Kleiner-oder-gleich-Relation in M). Offenbar ist $a \leq_M b \Leftrightarrow (a,b) \in \leq_M \Leftrightarrow a \leq b$ mit

$\mathrm{D}_{\leq_M} = M = \mathrm{W}_{\leq_M}$. Weiterhin ist $\leq_M^{-1} = \{(1,1),(2,1),(3,1),(2,2),(3,2),(3,3)\} =: \geq_M$

(d) Gegeben seien eine Menge M_1 von Punkten, $M_1 = \{A,B,C,D,E\}$, und eine Menge M_2 von Geraden, $M_2 = \{g_1, g_2, g_3, g_4\}$, wie in Bild 5.1. Das liefert folgende binäre Relation $\Diamond$ (das ist hier nur ein temporäres Phantasiezeichen):

$\Diamond := \{(x,y) \in M_1 \times M_2 \mid x \text{ liegt auf } y\}$

$= \{(C,g_2),(D,g_2),(D,g_1),(E,g_3)\}$

Mit Definition (5.5.a) gilt auch im Einzelnen:

$C \Diamond g_2$, $\; D \Diamond g_2$, $\; D \Diamond g_1$, $\; E \Diamond g_3$

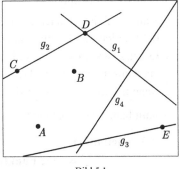

Bild 5.1

(5.8) Veranschaulichung von Relationen

(a) durch Schaubilder im Koordinatensystem

Die Paare werden als „Punkte" in einem Koordinatensystem dargestellt, so wie es für Beispiel (5.7.c) in Bild 5.2 zu sehen ist: Links ist $\leq_M$ zu sehen und rechts $\geq_M$. Eine solche Darstellung ist nicht an numerische „Koordinaten" gebunden.

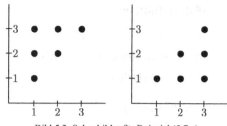

Bild 5.2: Schaubilder für Beispiel (5.7.c)

(b) durch Pfeildiagramme

Es sind zwei Typen zu unterscheiden: *Relation in einer Menge* und *Relationen von einer Menge nach einer Menge*. $(a, b) \in R$ wird stets dadurch dargestellt, dass ein Pfeil von a nach b verläuft. Bild 5.3 zeigt links (Beispiel (5.7.c)) ein

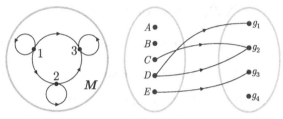

Bild 5.3: Pfeildiagramme (links Beispiel 5.7.c, rechts 5.7.d)

Pfeildiagramm für eine *Relation in einer Menge* und rechts (Beispiel (5.7.d)) ein Pfeildiagramm für eine *Relation von einer Menge nach einer (weiteren) Menge*. (Die Bezeichnung „rechts"-eindeutig ist übrigens der Tatsache geschuldet, dass wir *von links nach rechts* lesen.)

5.1.3 Funktionen

Wir können nun Funktionen als spezielle Relationen charakterisieren, indem wir den *Aspekt der eindeutigen Zuordnung* formalisieren. Dazu benötigen wir einige Hilfsdefinitionen.

(5.9) Definition

Es sei R eine (binäre) Relation.

(a) R ist **linkseindeutig** $:\Leftrightarrow \bigwedge\limits_{x_1, x_2, y} x_1 R y \wedge x_2 R y \to x_1 = x_2$

(b) R ist **rechtseindeutig** $:\Leftrightarrow \bigwedge\limits_{x, y_1, y_2} x R y_1 \wedge x R y_2 \to y_1 = y_2$

(c) R ist **injektiv** $:\Leftrightarrow$ R ist sowohl linkseindeutig als auch rechtseindeutig

---

(5.10) Anmerkung

Statt „injektiv" ist auch die Bezeichnung **eineindeutig** (für „in beiden Richtungen eindeutig") üblich (beides nicht erst für Funktionen, sondern schon allgemein bei Relationen!). Es mag verwundern, dass „injektiv" nicht nur mit „linkseindeutig" identifiziert wird, was durchaus möglich wäre. Der Grund liegt im Blick auf „Funktionen", für die „injektiv" und „eineindeutig" Synonyme sind, denn Funktionen sind per definitionem rechtseindeutig.

Damit haben wir folgende Definition schon vorweggenommen:

(5.11) Definition

f ist eine **Funktion** $:\Leftrightarrow$ f ist eine rechtseindeutige Relation

---

(5.12) Anmerkungen

(a) Das ist eine erfreulich schlanke Definition, die z. B. auch [DEISER 2010] wählt.

(b) Synonym zu „Funktion" findet man auch „Abbildung" und „Operator". Manchmal werden „Funktion" und „Operator" als spezielle Abbildungen angesehen, und „Abbildung" wird dann nur als „eindeutige Zuordnung" aufgefasst, wobei *„Zuordnung" als* intuitiv einsichtiger und damit *undefinierter Grundbegriff* auftritt! *Wir haben hier* hingegen „Zuordnung" (als Relation) und *„Funktion" auf „Menge"* (als einen undefinierten Grundbegriff!) *zurückgeführt* und damit dass *„Fundament" klein gehalten.*

Aufgabe 5.1

(a) Für die folgenden (binären) Relationen in $\mathbb{R}$ sind jeweils der Definitionsbereich und der Wertebereich gesucht, es ist der Relationsgraph zu skizzieren, und es ist zu prüfen, ob ggf. eine Funktion vorliegt.

$$R_1 := \{(x,y) \mid 9x^2 + 16y^2 = 25\}, \ R_2 := \{(x,y) \mid |x| + |y| = x + y \wedge |x| \le 5 \wedge |y| \le 5\},$$

$$R_3 := R_1 \cap R_2, \ R_4 := \{(x,y) \mid |x| \le 1 \wedge xy = x + y\}, \ R_5 := \{(x,y) \mid \tfrac{1}{x} \le 1\}, \ R_6 := R_4 \cap R_5.$$

(b) Beweisen Sie, dass für alle (binären) Relationen R und S gilt:

$$(R \cap S)^{-1} = R^{-1} \cap S^{-1}, \quad (R^{-1})^{-1} = R, \quad R^{-1} = S^{-1} \Leftrightarrow R = S.$$

Stellen Sie $R^{-1} \subseteq S^{-1}$ äquivalent durch eine Beziehung zwischen R und S dar.

(5.13) Definition

Es sei $R \subseteq A \times B$.

(a) R ist **linkstotal** $:\Leftrightarrow \mathrm{D}_R = A$ (b) R ist **rechtstotal** $:\Leftrightarrow \mathrm{W}_R = B$

(5.14) Anmerkung

Die Bezeichnungen „linkstotal" und „rechtstotal" sind also *nur dann sinnvoll*, wenn der *Bezug* der Paarmenge R zu einer *konkreten Produktmenge* $A \times B$ mittels $R \subseteq A \times B$ gegeben ist. Es ist also sowohl *sinnlos* als auch *unmöglich*, eine (binäre) Relation oder eine Funktion per se auf die Eigenschaften „linkstotal" bzw. „rechtstotal" zu untersuchen, ohne eine Bezugsproduktmenge zugrunde zu legen – „linkstotal" und „rechtstotal" bezeichnen *Relativbegriffe*. Wohl aber sind solche Bezugsmengen gemäß Definition (5.9) bei „linkseindeutig", „rechtseindeutig" und „injektiv" nicht nur entbehrlich, sondern sogar unnütz.

Unmittelbar einsichtig sind folgende üblicherweise verwendeten Zusammenhänge:

(5.15) Folgerung

Es sei f eine Relation und $R \subseteq A \times B$.

(a) R ist linkstotal $\Leftrightarrow$ $\bigwedge\limits_{x \in A} \bigvee\limits_{y \in B} xRy$

(b) R ist rechtstotal $\Leftrightarrow$ $\bigwedge\limits_{x \in A} \bigvee\limits_{y \in B_1} xRy$

(c) f ist Funktion $\Leftrightarrow$ $\bigwedge\limits_{x \in \mathrm{D}_f} \bigvee\limits_{y \in \mathrm{W}_f} x \, f \, y$

(5.16) Anmerkungen

(a) Da Funktionen gemäß Definition (5.11) stets rechtseindeutige Relationen sind, folgt, dass linkseindeutige Funktionen gemäß Definition (5.9.c) **injektiv** sind.

(b) Rechtstotale Funktionen heißen **surjektiv**, und Funktionen, die sowohl injektiv als auch surjektiv sind, heißen **bijektiv** – aber: Man beachte dazu Anmerkung (5.14)!

(5.17) Deutung der Relationseigenschaften am Pfeildiagramm (vgl. S. 204)

- **rechtseindeutig:**   Von jedem Punkt (links) geht höchstens ein Pfeil *(nach rechts)* aus.
- **linkseindeutig:**   Zu jedem Punkt (rechts) führt höchstens ein Pfeil *(von links)* hin.
- **linkstotal:**   Von jedem Punkt *(links)* geht mindestens ein Pfeil (nach rechts) aus.
- **rechtstotal:**   Zu jedem Punkt *(rechts)* führt mindestens ein Pfeil (von links) hin.

Schon GOTTLOB FREGE hat zwischen *Funktion*, *Argument* und *Funktionswert* unterschieden (vgl. Abschnitt 4.7.5), und so wählen wir folgende übliche Schreib- und Bezeichnungsweisen:

(5.18) Definition

Es sei f eine Funktion.

(a) x ist **Argument** von f $:\Leftrightarrow$ $x \in D_f$,   (b) $y = f(x)$ $:\Leftrightarrow$ $(x,y) \in f$,

(c) $f(x)$ (gelesen: „f von x") heißt **Funktionswert** von f an der Stelle x.

(5.19) Anmerkung

Statt „Argument" findet man auch „Urbild" oder „Original", statt „Funktionswert" auch „Bild". Und neben $f(x)$ findet man in der Literatur z. B. auch fx, xf und x^f.

Genauer könnte man auch zwischen „Argument" und „Argumentvariable" unterscheiden!

(5.20) Beispiele

(a) Die **Sinusfunktion** ist streng genommen $\sin$, nicht aber $\sin(x)$!

(b) Nimmt man diesen Formalismus ernst, so ist z. B. $\sin(\frac{\pi}{4}) = \frac{1}{2}\sqrt{2} \leftrightarrow (\frac{\pi}{4}, \frac{1}{2}\sqrt{2}) \in \sin$.

Hierfür zwar formal gleichwertig (und dann also korrekt) $\frac{\pi}{4} \sin \frac{1}{2}\sqrt{2}$ zu schreiben

(wobei $\sin$ als Relation aufgefasst wird!), ist jedoch weder üblich noch sinnvoll.

(c) Es sei $f := \{(-1,0), (0,0), (1,-2)\}$. f ist eine Funktion mit $D_f = \{-1,0,1\}$, $W_f = \{-2,0\}$ und $f(-1) = 0 = f(0)$ (f ist daher nicht injektiv), und es ist $f(1) = -2$.

Wir kommen nun zu einem ersten wichtigen Satz, der aussagt, genau wann zwei beliebige Funktionen mengentheoretisch als „gleich" anzusehen sind.

(5.21) Satz — Funktionengleichheit

f und g seien Funktionen. Dann gilt:

$$f = g \quad \Leftrightarrow \quad D_f = D_g \;\wedge\; \bigwedge_{x \in D_f \cap D_g} f(x) = g(x)$$

Beweis:[392]

„⇒" $f = g \Rightarrow D_f = D_g \Rightarrow D_f \cap D_g = D_f$. Es folgt:

$$x \in D_f \cap D_g \Rightarrow (x, f(x)) \in f \wedge (x, g(x)) \in g \underset{f=g}{\Rightarrow} (x, f(x)) \in f \wedge (x, g(x)) \in f$$

$$\underset{f \text{ rechtseindeutig}}{\Rightarrow} f(x) = g(x)$$

„⇐" $f = \{(x, f(x)) \mid x \in D_f\} \underset{\substack{D_f = D_g \\ f(x) = g(x)}}{=} \{(x, g(x)) \mid x \in D_g\} = g$

◆

Die Anmerkungen unter den beiden Folgepfeilen im ersten Beweisteil bzw. unter dem Gleichheitszeichen im zweiten Beweisteil sind eine zweckmäßige und übliche Kurznotation für die Begründung des hier jeweils vollzogenen Schlusses.

- Beim zweiten Teil des Beweises wurde ausgenutzt, dass Funktionen (wie schon Relationen) gemäß der zugrundeliegenden Definition Mengen sind und dass damit hier „nur" die Gleichheit zweier Mengen nachzuweisen ist!

(5.22) Definition

R und S seien Relationen, und M sei eine Menge.

(a) $R[M] := \{y \mid \bigvee_{x \in M} (x, y) \in R\}$, genannt **Bildmenge** von M unter R.

(b) $R^{-1}[M]$ heißt **Urbildmenge** von M unter R.

(c) R ist **Restriktion** von S :⇔ S ist **Fortsetzung** von R :⇔ $R \subseteq S$

(d) $R \mid M := R \cap (M \times W_R)$, genannt **Restriktion von** R **auf** M.

(5.23) Anmerkungen

(a) Statt $R[M]$ schreibt man oft nur $R(M)$ (wie bei Funktionswerten). Gerade bei Funktionen f sollte aber vorteilhafter zwischen $f(x)$ als einem Funktionswert und $f[M]$ als einer *Menge von Funktionswerten* unterschieden werden.

(b) Bei Funktionen f ist für $f[M]$ auch die Bezeichnung „Bild" und für $f^{-1}[M]$ die Bezeichnung „Urbild" üblich. Diese Kurzbezeichnungen können allerdings missverstanden werden, wie Anmerkung (5.19) zeigt.

(c) Statt $f^{-1}[M]$ schreibt man manchmal auch $f^{-}[M]$ bzw. $f^{-}(M)$, um f^{-1} für den Fall zu reservieren, dass f^{-1} selbst eine Funktion ist („Umkehrfunktion").

(d) Oft setzt man bei $f[M]$ voraus, dass $M \subseteq D_f$ gilt, entsprechend bei $f^{-1}[M]$, dass $M \subseteq W_f$ gilt. Wir haben dieses ausdrücklich nicht getan und eine allgemeinere Formulierung gewählt. In diesem Sinn ist dann z. B. $\log[\{-1\}] = \emptyset$.

Der nächste Satz bietet nützliche „Werkzeuge" für den Umgang mit Relationen und Funktionen.

---

[392] Wir führen den Beweis – wie bei Äquivalenzen meist üblich und oft nützlich – getrennt für beide Richtungen .

(5.24) Satz

R, S seien Relationen, f und g seien Funktionen, und M sei eine Menge. Dann gilt:

(a) $R^{-1}[M] = \{x \mid \bigvee\limits_{y \in M} (x,y) \in R\}$

(b) $R[M] = R[M \cap D_R]$, $\quad R^{-1}[M] = R^{-1}[M \cap W_R]$

(c) $R[M] = \varnothing \Leftrightarrow M \cap D_R = \varnothing$, $\quad R^{-1}[M] = \varnothing \Leftrightarrow M \cap W_R = \varnothing$

(d) $R[M] \subseteq W_R$, $\quad R^{-1}[M] \subseteq D_R$, $\quad R[D_R] = W_R$, $\quad R^{-1}[W_R] = D_R$

(e) $f[M] = \{f(x) \mid x \in M \cap D_f\} \subseteq W_f$, $\quad f^{-1}[M] = \{x \in D_f \mid f(x) \in M\} \subseteq D_f$

(f) $f \mid M = \{(x, f(x)) \mid x \in M \cap D_f\}$

(g) f ist Restriktion von $g \Leftrightarrow D_f \subseteq D_g \ \wedge \bigwedge\limits_{x \in D_f \cap D_g} f(x) = g(x)$

Aufgabe 5.2

Beweisen Sie Satz (5.24).

(5.25) Beispiele

(a) Für die Funktion f aus (5.20.c) gilt:

$f[\mathbb{N}^*] = f[\mathbb{N}^* \cap D_f] = f[\{1\}] = \{f(x) \mid x \in \{1\}\} = \{f(1)\} = \{-2\}$;

$f^{-1}[\mathbb{N}^*] = f^{-1}[\mathbb{N}^* \cap W_f] = f^{-1}[\mathbb{N}^* \cap \{-2, 0\}] = f^{-1}[\varnothing] = \varnothing$;

$f \cup \{(2,1)\}$ ist als Fortsetzung von f ebenfalls eine Funktion;

$f \cup \{(1,1)\}$ ist als Fortsetzung von f zwar eine Relation, jedoch keine Funktion;

$f \mid \{0\} = \{(x, f(x) \mid x \in \{0\}\} = \{(0, f(0))\} = \{(0,0)\}$.

(b) $\sin[\mathbb{R}] = [-1; 1] = \sin[[0, 2\pi]]$, $D_{\sin} = \mathbb{R}$; $\sin^{-1}[\mathbb{R}] = \{x \in \mathbb{R} \mid \sin x \in \mathbb{R}\} = \mathbb{R}$;

$\sin(0) = \sin(\pi) = 0 \wedge 0 \neq \pi \Rightarrow (0,0) \in \sin \wedge (\pi,0) \in \sin \wedge 0 \neq \pi$, damit ist $\sin$ nicht links-

eindeutig, d. h., $\sin^{-1}$ ist keine Funktion; wegen $\bigwedge\limits_{x \in [-\frac{\pi}{2}; \frac{\pi}{2}]} (x \neq y \rightarrow \sin x \neq \sin y)$ ist

jedoch $\sin \mid [-\frac{\pi}{2}; \frac{\pi}{2}]$ linkseindeutig, und damit ist $(\sin \mid [-\frac{\pi}{2}; \frac{\pi}{2}])^{-1}$ eine Funktion.

Unmittelbar ist erkennbar:

(5.26) Folgerung

Für Funktionen f gilt:

f ist eineindeutig (injektiv) $\Leftrightarrow f$ ist linkseindeutig $\Leftrightarrow f^{-1}$ ist rechtseindeutig

$\Leftrightarrow f^{-1}$ ist eine Funktion $\Leftrightarrow \bigwedge\limits_{x,y \in D_f} f(x) = f(y) \rightarrow x = y \Leftrightarrow \bigwedge\limits_{x,y \in D_f} x \neq y \rightarrow f(x) \neq f(y)$

(5.27) Beispiel

Für beliebige Mengen M ist nach Beispiel (5.7.b) $\mathrm{id}_M = \{(x,x) \mid x \in M\}$. id_M ist erkennbar eine injektive Funktion, nämlich die **identische Funktion** auf M.

———

Wir kommen nun zu dem häufig auftretenden Fall, dass die Definitionsmenge einer Funktion und eine Obermenge der Wertemenge gegeben bzw. bekannt sind.

(5.28) Definition

f sei eine Relation, und A und B seien Mengen.

$$f : A \to B \quad :\Leftrightarrow \quad f \text{ ist eine \textbf{Funktion von } } A \text{ \textbf{ in } } B$$

$$:\Leftrightarrow \quad f \subseteq A \times B \ \wedge \ f \text{ ist rechtseindeutig } \wedge \ \mathrm{D}_f = A$$

(5.29) Anmerkungen

(a) Man könnte in der Voraussetzung von (5.28) statt „Relation" gleich „Funktion" schreiben, aber so ist es allgemeiner, insbesondere wäre dann „f ist rechtseindeutig" überflüssig.

(b) Man könnte geneigt sein, in (5.28) neben A und B auch f nur als Menge vorauszusetzen, erhält dann aber das Problem, dass sowohl „f ist rechtseindeutig" als auch „$\mathrm{D}_f = A$" nicht erklärt sind, d. h., die letzte Zeile in (5.28) ergäbe dann keinen Sinn.

(c) $f \subseteq A \times B$ bedeutet gemäß Definition (5.4.a), dass f eine „Relation von A nach B" ist. Ist f darüber hinaus eine Funktion, so ist f auch „Funktion von A nach B", was aber von „Funktion von A in B" zu unterscheiden ist, weil bei letztgenannter Formulierung $\mathrm{D}_f = A$ gilt, was bei „Funktion von A nach B" nicht gelten muss.

(d) $f : A \to B$ ist eine *Behauptung* (Aussage) darüber, dass f eine Funktion von A in B ist, wie es in der letzten Zeile von (5.28) als Definiens steht. Das bedeutet mit (5.15.c) und (5.18): Zu jedem $x \in A$ existiert genau ein $y \in B$, für das $y = f(x)$ gilt.

(e) Ist $f : A \to B$, so gilt also: $f = \{(x, f(x)) \mid x \in A\} = \{(x,y) \in A \times B \mid y = f(x)\}$.

(f) Sowohl A als auch B können leer sein, so dass es also eine *leere Funktion* gibt, was bei Beweisen ggf. nützlich sein kann! Das möge man bei Bedarf ausschließen.

(g) Ist f eine Funktion, so ist $f : \mathrm{D}_f \to \mathrm{W}_f$, d. h., *dann* ist f per definitionem rechtstotal. Mit $B \supseteq \mathrm{W}_f$ gilt stets $f : \mathrm{D}_f \to B$, und f muss dann nicht rechtstotal sein.

(h) Üblich ist auch: $A \overset{f}{\to} B \ :\Leftrightarrow \ f : A \to B$.

(i) Spielt der Funktionsname keine Rolle, so schreibt man z. T. auch nur kurz $A \to B$ und meint damit eine „Funktion (bzw. Abbildung) von A in B".

(j) Funktionen sind ggf. *termdefinierbar*, insbesondere bei reellen oder komplexen Funktionen (dies gilt aber in aller Regel *nicht für empirische Funktionen*, vgl. Abschnitt 4.5). Beispielsweise sei $f := \{(x, x^2 + 2x) \mid x \in \mathbb{R}\}$. Hier wird jedem $x \in \mathbb{R}$ eindeutig der „Funktionswert" $x^2 + 2x$ zugeordnet, notierbar als $x \mapsto x^2 + 2x$.

Falls f termdefinierbar ist, so ist f also durch die folgenden *beiden* Angaben festgelegt:

$$f: A \to B \quad \text{und} \quad \bigwedge_{x \in A} x \mapsto f(x).$$

Das führt mit Bezug auf Definition (5.28) und Anmerkung (5.29.j) zu folgender Notation:

(5.30) Definition

Es sei $f: A \to B$, und f sei termdefinierbar mittels dem Funktionsterm $f(x)$. Dann gilt:

$$(A \to B, x \mapsto f(x)) := f.$$

(5.31) Anmerkungen

(a) Mit dieser Definition liegt eine nützliche und zugleich vollständige Möglichkeit zur Beschreibung einer termdefinierbaren Funktion vor. Alternativ ist empfehlenswert:

$$f = \begin{cases} A \to B \\ x \mapsto f(x) \end{cases} \text{(als Feststellung)} \quad \text{oder} \quad f := \begin{cases} A \to B \\ x \mapsto f(x) \end{cases} \text{(als konkrete Definition)}$$

(b) Die Pfeile $\to$ und $\mapsto$ sind streng zu unterscheiden. So bedeuten z. B.:

$\{1\} \to \{2, 3\}$: Dem Element 1 wird das Element 2 oder das Element 3 zugeordnet.

$\{1\} \mapsto \{2, 3\}$: Der Menge $\{1\}$ wird die Menge $\{2, 3\}$ zugeordnet.

(c) Ist f termdefinierbar, $f: A \to B$ (gelesen: „f ist eine Funktion von A in B"), und liegen die Mengen A, B ohnehin fest, so kann man f konkret kurz durch $x \mapsto f(x)$ erklären, z. B. $x \mapsto e^x$.

(5.32) Beispiel

Damit ist die Logarithmusfunktion formal wie folgt definierbar: $\ln := (\mathbb{R}^+ \to \mathbb{R}, x \mapsto \int_1^x \frac{dt}{t})$

Hierbei ist x – wie schon in (5.30) – eine *gebundene Variable* (vgl. Abschnitt 2.3.5).

Die folgende Definition klärt nützliche und übliche Schreib- und Sprechweisen.

(5.33) Definition

Es sei $f: A \to B$.

(a) $f: A \underset{1\text{-}1}{\to} B \;:\Leftrightarrow\; f$ ist injektiv

(b) $f: A \overset{auf}{\to} B \;:\Leftrightarrow\; f[A] = B$ \hfill f ist dann **surjektiv** (bezüglich B)

(c) $f: A \overset{auf}{\underset{1\text{-}1}{\to}} B \;:\Leftrightarrow\; f: A \overset{auf}{\to} B \;\wedge\; f: A \underset{1\text{-}1}{\to} B$ \hfill f ist dann **bijektiv** (zwischen A und B)

(d) f ist **Transformation** von $A \;:\Leftrightarrow\; f: A \overset{auf}{\underset{1\text{-}1}{\to}} A$

(e) f ist **Permutation** von $A \;:\Leftrightarrow\; A$ ist endlich[393] $\wedge\; f$ ist Transformation von A

---

[393] Betr. „Permutation" vgl. Abschnitt 2.2.5.1, S. 65 f.; „endlich" sei hier naiv verstanden, vgl. Abschnitt 6.6.

Tabelle 5.1 zeigt eine Übersicht über die bisher behandelten Fälle bei Funktionen. Die Angabe „×" besagt hier, dass die betreffende Eigenschaft definitiv erfüllt ist; die Angabe „möglich" besagt, dass die betreffende Eigenschaft zwar erfüllt sein kann, aber nicht kennzeichnend für den betreffenden Funktionstyp ist; und die Angabe „·/." besagt schließlich, dass das Erfülltsein dieser Eigenschaft aufgrund fehlender Voraussetzungen *nicht beurteilbar* ist, weil nämlich jeweils der erforderliche Bezug zu einer Produktmenge fehlt.

Tabelle 5.1: Übersicht zu Funktionskennzeichnungen

	rechts-eindeutig	links-eindeutig	rechts-total	links-total
f ist Funktion	×	möglich	·/.	·/.
f ist injektiv	×	×	·/.	·/.
$f: A \to B$	×	möglich	möglich	×
$f: A \overset{\text{auf}}{\to} B$	×	möglich	×	×
$f: A \underset{1-1}{\to} B$	×	×	möglich	×
$f: A \underset{1-1}{\overset{\text{auf}}{\to}} B$	×	×	×	×

(5.34) Anmerkungen

(a) Ist $f: A \overset{\text{auf}}{\to} B$, so liest man das als „$f$ ist Funktion von A **auf** B".

(b) In der angloamerikanischen Literatur heißt es "one-to-one" für „eineindeutig", "function from A **into** B" für „Funktion von A in B" und "function from A **onto** B" für „Funktion von A auf B".

Die nächsten beiden Sätze zeigen nützliche und unmittelbar einleuchtende Eigenschaften von Funktionen. Der erste ist eine triviale Folgerung:

(5.35) Folgerung

Es sei $f \subseteq A \times B$. Dann gilt: $\qquad f: A \underset{1-1}{\overset{\text{auf}}{\to}} B \quad \Leftrightarrow \quad f^{-1}: B \underset{1-1}{\overset{\text{auf}}{\to}} A$

(5.36) Satz

Es sei $f: A \to B$, $S \subseteq A$ und $T \subseteq B$. Dann gilt:

(a) $f[f^{-1}[T]] \subseteq T$, $\qquad f[f^{-1}[T]] = T \quad \Leftarrow \quad f: A \overset{\text{auf}}{\to} B$

(b) $f^{-1}[f[S]] \supseteq S$, $\qquad f^{-1}[f[S]] = S \quad \Leftarrow \quad f: A \underset{1-1}{\to} B$

Diese vier Aussagen sind leicht einzusehen, in der nachfolgenden Aufgabe sollen sie bewiesen werden. Sie lassen sich ferner mit Mengendiagrammen plausibel veranschaulichen (bzw. „visuell beweisen"), wie es Bild 5.4 und Bild 5.5 (nächste Seite) für zwei Fälle zeigen.

Aufgabe 5.3

Beweisen Sie Satz (5.36).

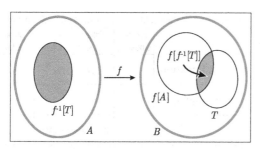

Bild 5.4: Veranschaulichung von $f[f^{-1}[T]] \subseteq T$

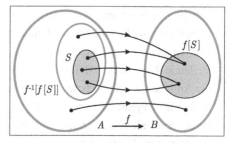

Bild 5.5: Veranschaulichung von $f^{-1}[f[S]] \supseteq S$

Die nächste Definition zeigt eine zunächst vielleicht merkwürdig anmutende, aber recht sinnvolle und durchaus übliche Notation, die durch den anschließenden Satz begründet wird:

(5.37) Definition

Für alle Mengen A, B gilt: $B^A := \{f \mid f \colon A \to B\}$.

(5.38) Anmerkung

Wegen $f \subseteq A \times B$ ist offensichtlich stets $B^A \subseteq \wp(A \times B)$.[394] Während $\wp(A \times B)$, also die Potenzmenge der Produktmenge $A \times B$, aus allen binären Relationen von A nach B besteht, enthält B^A eine gewisse Teilmenge davon, nämlich alle Funktionen von A in B.

(5.39) Satz [395]

Für endliche, nichtleere Mengen A, B gilt: $|B^A| = |B|^{|A|}$.

Beweis:

Wir führen ihn durch vollständige Induktion über $n := |A|$. Für $n = 1$ ist $|A \times B| = |B|$ und damit $|B^A| = |B| = |B|^1 = |B|^n$ für alle Mengen B. Es gelte nun $|B^A| = |B|^n$ für alle Mengen A, B mit $|A| = n$ mit beliebigem n. Mit $|B| =: m$ gibt es also genau m^n Funktionen von A in B. Mit einem beliebigen $a \notin A$ (warum existiert das?) bilden wir $A' := A \cup \{a\}$, also $|A'| = n + 1$. Jedes $f \in B^A$ lässt sich auf m-fache Weise zu $f' \in B^{A'}$ mit $f'(a) \in B$ fortsetzen, so dass es also insgesamt $m^n \cdot m = m^{n+1}$ Funktionen von A' in B gibt.

$\blacklozenge$

Aufgabe 5.4

(a)   Konstruieren Sie $\{1, 2\}^{\{1\}}$ und $\{1, 2, 3\}^{\{1, 2\}}$.

(b)   • Wie viele (binäre) Relationen gibt es in einer n-elementigen Menge? Beweis?

   • Wie viele hierunter sind *rechtseindeutig*, und wie viele von diesen sogar zugleich *linkstotal*, *rechtstotal* und *linkseindeutig*? Beweis?

   • Nebenbei ergibt sich: $n! < (n+1)^n < 2^{n^2}$ für alle $n \in \mathbb{N}^*$. Warum?

---

[394]   Betr. „Potenzmenge" vgl. Abschnitt 2.3.8.2.
[395]   [Deiser 2010, 133] verwendet übrigens das Symbol $^A B$ anstelle von B^A.

(c)   Konstruieren Sie alle (binären) Relationen in $\{1,2\}$, und stellen Sie diese durch Pfeildiagramme dar. Entscheiden Sie dann, ob diese Relationen *linkstotal* bzw. *rechtstotal*
bzw. *linkseindeutig* bzw. *rechtseindeutig* sind. (Hinweis: Wie sind „links" und „rechts"
bei Pfeildiagrammen *in einer Menge* wie bei Bild 5.3 links, auf S. 204 zu deuten?)

5.1.4   „Mehrstellige Funktionen" versus „Funktionen mehrerer Veränderlicher"?

Dieser „Abschnitt" ist eigentlich nur eine Anmerkung, die aber besonders hervorgehoben sei.
In Kapitel 4 wurde an mehreren Stellen die früher und heute wieder übliche Bezeichnung
„Funktionen mehrerer Veränderlicher" bemängelt. Diese Kritik soll nun detailliert begründet
werden (wobei es hier nicht darauf ankommt, ob man „Veränderliche" oder „Variable" sagt).

Selbstverständlich ist der Terminus *„Funktionen mehrerer Veränderlicher"* seit Langem
geläufig und sowohl sehr eingängig als auch anschaulich. Es geht hierbei bekanntlich um Funktionen, deren Funktionswerte (genauer: *Funktionsterme*) nicht vom Typ $f(x)$ sind, sondern
vom Typ $f(x,y,...)$ bzw. $f(x_1, ... , x_n)$. Es sieht so aus, als hätten wir diesen Typ mit der bisherigen Terminologie noch nicht erfasst, jedoch ist dieser Typ tatsächlich im bisherigen Konzept integriert, denn die „Argumente" solcher Funktionen sind n-Tupel $(x_1, ... , x_n)$, die aus
einer Produktmenge $A_1 \times ... \times A_n$ stammen, so dass gilt:

$$f : A_1 \times ... \times A_n \to B, \text{ also } f \in (A_1 \times ... \times A) \times B = A_1 \times ... \times A \times B.$$

Eine solche *mehrstellige Relation*[396] f ist also – schon wegen der rekursiven Definition der
Produktmenge – auch als eine binäre Relation interpretierbar. Mit $x := (x_1, ... , x_n)$ ist dann

$$f(x) = f((x_1, ... , x_n)) \in B,$$

wobei verabredet wird, ein (inneres) Klammernpaar wegzulassen, also nur

$$f(x) = f(x_1, ... , x_n)$$

zu schreiben. Im Sinne der Anmerkung (5.31.a) auf S. 210 können wir dann schreiben:

$$f = \begin{cases} A_1 \times ... \times A_n & \to B \\ (x_1, ... , x_n) & \mapsto f(x_1, ... , x_n) \end{cases}$$

Hier tauchen nun erkennbar n sog. „Veränderliche" (bzw. „Variable") $x_1, ... , x_n$ auf, aber:
Diese Variablen sind *gebunden*,[397] und das bedeutet: Wenn man diese n Variablen durch irgendwelche n andere (paarweise verschiedene) Variablen austauscht, ändert sich an der „Funktion" f gar nichts, denn diese Variablen sind „außen" gar nicht erkennbar (wie sog. „lokale Variable" in Programmiersprachen, die nicht mit „globalen Variablen" kollidieren dürfen).

> ➢   Das bedeutet nun per saldo, dass eine solche Funktion f überhaupt keine Variablen
> besitzt: *Mithin ist es sinnlos, von „Funktionen mehrerer Veränderlicher" zu sprechen*
> – es sei denn, man identifiziert in enger Sicht „Funktion" mit „Term".

---

[396]   Vgl. Definition (5.1) von S. 202.
[397]   Vgl. das Beispiel zur Logarithmusfunktion auf S. 210 und insbesondere Abschnitt 2.3.5, S. 85 f.

Wenn wir also den Funktionsbegriff im Sinne des hier vorgestellten Aufbaus ernst nehmen, so gibt es hier *keine Veränderlichen* und damit auch *keine Funktionen mehrerer Veränderlicher*, weil die in den (ggf. vorhandenen Funktionstermen) auftretenden Variablen als *gebundene Variable* „außen" nicht in Erscheinung treten – es sei denn, man begreift $f(x)$ bzw. $f(x_1, \ldots, x_n)$ als „Funktion" und nicht f, was allerdings *sowohl eine terminologische als auch begriffliche Rückkehr in die Zeit vor der Mitte des 20. Jahrhunderts* bedeuten würde.

- Wir werden hier stattdessen konsequent von *„mehrstelligen Funktionen"* sprechen.

5.1.5 Binäre Operationen (Verknüpfungen) und mehrstellige Operationen

Verknüpfungen kennt man spätestens seit der Grundschule, etwa die Addition und die Multiplikation. Was passiert hier eigentlich?

Sind beispielsweise zwei beliebige natürliche Zahlen a, b gegeben,[398] so wird diesen eindeutig eine mit $a + b$ bzw. $a \cdot b$ bezeichnete (ggf. neue) natürliche Zahl zugeordnet, wobei man in der Grundschule vor allem dem Verständnis der *Bedeutung* von $a + b$ bzw. $a \cdot b$ Beachtung schenken muss. Darauf gehen wir an dieser Stelle noch nicht ein (erst in den Kapiteln 6 bis 8), vielmehr ist festzustellen, dass hier zwei zweistellige Funktionen von $\mathbb{N} \times \mathbb{N}$ in $\mathbb{N}$ vorliegen, nämlich eine für die Addition und eine für die Multiplikation:

$$\alpha := \begin{cases} \mathbb{N} \times \mathbb{N} \to \mathbb{N} \\ (x, y) \mapsto x + y \end{cases} \quad \text{und} \quad \mu := \begin{cases} \mathbb{N} \times \mathbb{N} \to \mathbb{N} \\ (x, y) \mapsto x \cdot y \end{cases}.$$

Es ist also $\alpha(x, y) = x + y$ und $\mu(x, y) = x \cdot y$ für alle $x, y \in \mathbb{N}$.

Wir gehen nun noch einen Schritt weiter, indem wir diese „Additionsfunktion" α mit der Addition + identifizieren, entsprechend gilt dies für die „Multiplikationsfunktion" μ mit der Multiplikation $\cdot$, so dass wir also „dreist" – aber formal einwandfrei! – schreiben (können):

$$+(x, y) = x + y, \quad \cdot (x, y) = x \cdot y.$$

Das führt uns verallgemeinernd zur Definition von Verknüpfungen und darüber hinaus zu *„n-stelligen Operationen"*, wobei wir beachten, dass α und μ als Funktionen definitionsgemäß *spezielle Relationen* und damit *Mengen* sind. (Wir werden davon in Abschnitt 6.5 bei der Definition der Verknüpfungen in $\mathbb{N}$ Gebrauch machen.) Anstelle von α bzw. μ, die ja für + bzw. $\cdot$ stehen, wählen wir ein abstraktes Verknüpfungssymbol, das wir hier mit $*$ bezeichnen. Damit ist $*$ also eine Relation und folglich eine Menge.

(5.40) Definition

$A, B, *$ seien nichtleere Mengen, und es sei $n \in \mathbb{N}^*$.

(a) $*$ ist *n*-**stellige Operation** auf A $:\Leftrightarrow$ $* : A^n \to A$

(b) $*$ ist **Verknüpfung auf** A $:\Leftrightarrow$ $* : A^2 \to A$

(c) $*$ ist **äußere Verknüpfung** von A nach B $:\Leftrightarrow$ $* : A \times B \to B$

---

[398] Streng genommen müsste es gemäß Abschnitt 3.1 heißen: *„zwei mit a, b bezeichnete natürliche Zahlen"*. Dieses wohl bedenkend, können wir aber im vorliegenden Kontext, wie üblich, von den „Zahlen a, b" sprechen.

(5.41) Anmerkung

Mit der Notation von Definition (5.37) können wir in (5.40) der Reihe nach schreiben:
$$*: A^n \to A \iff * \in A^{A^n}, \quad *: A^2 \to A \iff * \in A^{A^2}, \quad *: A \times B \to B \iff * \in B^{A \times B}.$$

In Verallgemeinerung von $+(x,y) = x + y$, $\cdot(x,y) = x \cdot y$ kommen wir zu:

(5.42) Definition

$A, B, *$ seien nichtleere Mengen. Dann gilt:
$$\bigwedge_{* \in B^{A \times B}} \bigwedge_{a \in A} \bigwedge_{b \in B} a * b := *(a,b).$$

(5.43) Anmerkungen

(a) Eine „Verknüpfung in A" ist zugleich eine „zweistellige Operation in A", die man auch **binäre Operation** nennt.

(b) Ist $* \in A^{A^2}$, dann ist gemäß Definition (5.37) $* \subseteq A^3$, d. h., eine zweistellige (oder: binäre) Operation in A ist eine dreistellige (oder: „ternäre") Relation in A.

(5.44) Beispiele

(a) $+, -, \cdot$ sind Verknüpfungen in $\mathbb{Q}$, $\div$ („geteilt durch") hingegen nicht, wohl aber in $\mathbb{Q}^*$, und $-$ ist keine Verknüpfung in $\mathbb{N}$.

(b) Ist $\mathcal{Q}$ eine Mengenalgebra (vgl. Abschnitt 2.3.8.3), so sind $\cup, \cap, \setminus$ und Δ Verknüpfungen in $\mathcal{Q}$, was wir als $\cup, \cap, \setminus, \Delta \in \mathcal{Q}^{\mathcal{Q} \times \mathcal{Q}}$ schreiben können. Hingegen ist die Komplementbildung, also $(\mathcal{Q} \to \mathcal{Q}; A \mapsto A') \in \mathcal{Q}^{\mathcal{Q}}$, eine **1-stellige Operation**!

(c) Es sei (in üblicher, knapper, wenn auch wenig präziser Notation!) X ein Vektorraum über $\mathbb{R}$. Dann ist die *skalare Multiplikation* $(\mathbb{R} \times X \to X; (\lambda, \mathscr{v}) \mapsto \lambda \cdot \mathscr{v}))$ (nicht zu verwechseln mit dem Skalarprodukt) eine *äußere Verknüpfung* von $\mathbb{R}$ nach X (zumindest früher im Mathematikunterricht oft auch „S-Multiplikation" genannt).

(5.45) Definition

Es sei M eine nichtleere Menge und $*, \bullet \in M^{M \times M}$. Dann gilt:

(a) $*$ ist **kommutativ** $\quad :\iff \quad \displaystyle\bigwedge_{a,b \in M} a * b = b * a$

(b) $*$ ist **assoziativ** $\quad :\iff \quad \displaystyle\bigwedge_{a,b \in M} a * b = b * a$

(c) $\bullet$ ist **linksdistributiv über** $*$ $\quad :\iff \quad \displaystyle\bigwedge_{a,b,c \in M} a \bullet (b * c) = (a \bullet b) * (a \bullet c)$

(d) $\bullet$ ist **rechtsdistributiv über** $*$ $\quad :\iff \quad \displaystyle\bigwedge_{a,b,c \in M} a \bullet (b * c) = (a \bullet b) * (a \bullet c)$

(e) $\bullet$ ist **distributiv über** $*$ $\quad :\iff \quad \bullet$ ist links- und rechtsdistributiv über $*$

(5.46) Beispiel

$+, \cdot$ sind in $\mathbb{Q}$ kommutativ und assoziativ, $-$ ist in $\mathbb{Q}$ weder kommutativ noch assoziativ, und $\cdot$ ist in $\mathbb{Q}$ distributiv über $+$, hingegen ist $+$ in $\mathbb{Q}$ nicht distributiv über $\cdot$. In Mengenalgebren[399] ist aber sowohl $\cup$ distributiv über $\cap$ als auch umgekehrt $\cap$ distributiv über $\cup$.

> **Aufgabe 5.5**
>
> Suchen oder erfinden Sie zwei Verknüpfungen derart, dass die eine linksdistributiv über der anderen, jedoch nicht rechtsdistributiv über der anderen ist – bzw. umgekehrt!

5.1.6   Verkettung von Relationen

Funktionen kann man (als „Operationen" gedacht) *„hintereinander ausführen"*, etwa $f(g(x)) =: (f \circ g)(x)$. In der Analysis gibt es dann dazu die „Kettenregel", nämlich $(f \circ g)'(x) = f'(g(x)) \cdot g'(x)$, und so nennt man diese mit $\circ$ bezeichnete *Verknüpfung von Funktionen* „Verkettung", passend zur auf S. 194 in Bild 4.45 beschriebenen „Signalkette".

(In der Mathematik findet man z. T. statt „Verkettung" auch die didaktisch weniger sinnhafte Bezeichnung „Komposition", passend zum englischen *"composition"*).

Erfreulicherweise lässt sich die Verkettung bereits für (binäre) Relationen definieren, so dass dann die Funktionenverkettung als Sonderfall davon erscheint:

> **(5.47) Definition — Relationenverkettung**
> Für alle binären Relationen R und S gilt:
> $$S \circ R := \{(x,z) \mid \bigvee_y [(x,y) \in R \land (y,z) \in S]\}, \text{ gelesen } „S \text{ nach } R" \text{ oder } „S \text{ Kreis } R".$$

(5.48) Beispiel

Es sei $M := \{1,2,3,4\}$,
$S := \{(1,3),(3,3),(4,1)\}$, und
$R := \{(1,1),(1,2),(2,2),(3,4)\}$.
Dann ist $R, S \subseteq M^2$,
$R \circ S = \{(1,4),(3,4),(4,1),(4,2)\}$
und $S \circ R = \{(1,3),(3,1)\}$.
Offensichtlich ist R keine
Funktion, $R \circ S$ ebenfalls nicht,
wohl aber sind S und $S \circ R$
Funktionen. $S \circ R$ wird in Bild
5.6 dargestellt.   Erstellen Sie ein Verkettungsdiagramm für $R \circ S$!

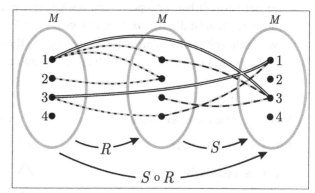

Bild 5.6: Relationenverkettung

---

[399] Vgl. Abschnitt 2.3.8.

(5.49) Satz

f, g, h seien Funktionen und A, B, C, D seien Mengen. Dann gilt:

(a) $A \overset{f}{\to} B \wedge B \overset{g}{\to} C \Rightarrow A \overset{g \circ f}{\to} C \wedge \bigwedge\limits_{x \in A} (g \circ f)(x) = g(f(x))$

(b) $A \overset{f}{\to} B \wedge B \overset{g}{\to} C \wedge C \overset{h}{\to} D \Rightarrow h \circ (g \circ f) = (h \circ g) \circ f$

Beweis:

Teil (a): $g \circ f = \{(x,z) \mid \bigvee\limits_{y} (x,y) \in f \wedge (y,z) \in g\} = \{(x,z) \in A \times C \mid \bigvee\limits_{y \in B} y = f(x) \wedge z = g(y)\}$

$\qquad\qquad = \{(x,z) \in A \times C \mid z = g(f(x))\} \subseteq A \times C$

Da z wegen $z = g(f(x))$ eindeutig bestimmt ist, ist $g \circ f$ rechtseindeutig, also ist $g \circ f$ eine Funktion. Wegen $f: A \to B$ existiert zu jedem $x \in A$ genau ein $y \in B$, für das $y = f(x)$ gilt, und damit existiert zu jedem $x \in A$ genau ein $z \in C$ mit $z = g(f(x))$, so dass $g \circ f$ als Relation von A in C linkstotal ist und also $D_{g \circ f} = A$ folgt und damit $g \circ f: A \to C$ gilt.

Teil (b): Wegen (a) ist $h \circ g: B \to D$, und weiter ist mit $f: A \to B$ wegen (a) $(h \circ g) \circ f: A \to D$. Ebenso ist wegen (a) $g \circ f: A \to C$ und mit $h: C \to D$ wegen (1) $h \circ (g \circ f): A \to D$. Somit ist $D_{h \circ (g \circ f)} = D_{(h \circ g) \circ f}$. Weiter folgt für alle $x \in A$ mit (a):

$((h \circ g) \circ f)(x) = (h \circ g)(f(x)) = h(g(f(x)) \wedge (h \circ (g \circ f))(x) = h((g \circ f)(x)) = h(g(f(x))$.

Mit Satz (5.21) („Funktionengleichheit") folgt schließlich $h \circ (g \circ f) = (h \circ g) \circ f$. ◆

(5.50) Anmerkungen

(a) Satz (5.49.a) besagt, dass die **Verkettung zweier Funktionen wieder eine Funktion** ergibt. Außerdem macht Satz (5.49.a) eine Aussage über die Struktur des Funktionswerts der Verkettungsfunktion.

(b) Satz (5.49.b) besagt, dass die **Funktionenverkettung assoziativ** ist. In der folgenden Aufgabe soll gezeigt werden, dass **bereits die Relationenverkettung assoziativ** ist.

(c) Die Eigenschaft (5.45.b) der Assoziativität (oft „Assoziativgesetz" genannt) ist eine für viele Untersuchungen wichtige und nützliche Eigenschaft. Sie im konkreten Fall als gültig nachzuweisen, ist jedoch ggf. nicht einfach. Falls es gelingt, die konkrete Verknüpfung als *Funktionenverkettung* darzustellen, ist mit Satz (5.49.b) alles Notwendige getan. Mit obiger Anmerkung (b) reicht es aber erfreulicherweise sogar aus, die konkrete Verknüpfung lediglich als *Relationenverkettung* darzustellen!

Aufgabe 5.6

(a) Zeigen Sie, dass die Verkettung beliebiger binärer Relationen assoziativ ist!

(b) Es sei $M := \{1, 2, \ldots, 5\}$, $R := \{(x,y) \in M^2 \mid x < y\}$, $S := \{(x,y) \in M^2 \mid x \text{ ist Teiler von } y\}$ und $T := \{(x,y) \in M^2 \mid 2x \le y\}$. Veranschaulichen Sie sowohl $(R \circ S) \circ T$ als auch $R \circ (S \circ T)$ durch Pfeildiagramme, bestätigen Sie $(R \circ S) \circ T = R \circ (S \circ T)$, und geben Sie $R \circ S \circ T$ in aufzählender Schreibweise an!

5.2   Äquivalenzrelationen und Ordnungsrelationen

5.2.1   Eigenschaften binärer Relationen: Formalisierung und Visualisierung

Wir wollen nun verabreden, unter welchen Bedingungen wir eine Relation reflexiv, symmetrisch usw. nennen wollen. Ist etwa R eine Relation in M (vgl. Definition (5.4)), so heißt R bekanntlich reflexiv, wenn $x\,R\,x$ (also $(x,x) \in R$) für alle $x \in M$ gilt. Doch nun tritt folgendes Problem auf: Ist R eine Relation in M, also $R \subseteq M^2$, und ist $M \subset N$ (echte Teilmenge), so ist $R \subset N^2$, also ist R auch eine Relation in N. Wäre R nun reflexiv (bezogen auf M), so muss R noch lange nicht reflexiv bezogen auf N sein, denn aus $x\,R\,x$ für alle $x \in M$ folgt ja nicht notwendig $x\,R\,x$ für alle $x \in N$.

• Daran wird ersichtlich, dass im Falle von $R \subseteq M^2$ nicht die Paarmenge R schon selber reflexiv sein kann, sondern dass *notwendig dazu die jeweilige Bezugsmenge anzugeben* ist!

Zwecks „ballastfreier" Formulierung von Definitionen und Sätzen treffen wir folgende

(5.51) Voraussetzung für diesen Abschnitt: M ist eine nichtleere Menge und $R \subseteq M^2$.

(5.52) Definition A, B seien Mengen.	(5.53) Deutung in der Pfeilsprache	
	visuell	verbal
R ist **reflexiv in** $M :\Leftrightarrow \bigwedge\limits_{x \in M} x\,R\,x$		überall Schleifen
R ist **irreflexiv in** $M :\Leftrightarrow \bigwedge\limits_{x \in M} \neg x\,R\,x$		nirgends Schleifen
R ist **symmetrisch** $:\Leftrightarrow \bigwedge\limits_{x,y} x\,R\,y \to y\,R\,x$		wenn eine Verbindung, dann in beiden Richtungen (keine Einbahnstraßen; ungerichteter Graph)
R ist **asymmetrisch** $:\Leftrightarrow \bigwedge\limits_{x,y} x\,R\,y \to \neg y\,R\,x$		wenn eine Verbindung, dann nur in einer Richtung; nirgends Schleifen (höchstens Einbahnstraßen, gerichteter Graph)
R ist **identitiv** $:\Leftrightarrow \bigwedge\limits_{x,y} x\,R\,y \wedge y\,R\,x \to x = y$		Verbindung zwischen verschiedenen Punkten nur in einer Richtung; Schleifen möglich
R ist **transitiv** $:\Leftrightarrow \bigwedge\limits_{x,y,z} xRy \wedge yRz \to xRz$		wenn überhaupt eine Verbindung, dann eine kürzeste (Existenz von Überbrückungspfeilen)
R ist **konnex in** $M :\Leftrightarrow \bigwedge\limits_{x,y} x\,R\,y \vee y\,R\,x$		zwischen je zwei Punkten mindestens eine Verbindung; überall Schleifen

Statt „konnex" sind auch die Bezeichnungen „total" oder „vergleichbar" üblich.

Aufgabe 5.7

(a) In Definition (5.52) fehlt bei *symmetrisch, asymmetrisch, identitiv* und *transitiv* der Zusatz „in M" absichtlich, entsprechend fehlt bei den Quantoren der Zusatz „$\in M$". Warum ist das hier richtig?
Warum ist dieser Zusatz jedoch bei *reflexiv, irreflexiv* und *konnex* sogar nötig?

(b) „irreflexiv" ist nicht gleichbedeutend mit „nicht reflexiv". Warum?

(c) Statt „identitiv" ist auch die Bezeichnung „antisymmetrisch" üblich.
Das darf jedoch nicht mit „asymmetrisch" verwechselt werden! Warum?

(d) Es sei M eine nicht leere Menge und $R \subseteq M^2$.
Behauptung: Ist R symmetrisch und transitiv, so auch reflexiv.
Beweis: Es seien $x, y \in M$ beliebig gewählt. Wegen der Symmetrie von R gilt mit $x\,R\,y$ auch $y\,R\,x$. Wegen der Transitivität von R folgt aus $x\,R\,y \wedge y\,R\,x$ schließlich $x\,R\,x$, und zwar für alle $x \in M$.
1) Der Satz ist dennoch falsch, wie Sie durch ein Nichtbeispiel nachweisen sollen!
2) Wo aber steckt der Fehler im angegebenen „Beweis"?

(5.54) Satz: R ist asymmetrisch $\Leftrightarrow$ R ist identitiv und irreflexiv in M

Dieser Satz ist inhaltlich plausibel, insbesondere über die „Pfeilsprache" von (5.53).
Wir können ihn aber auch rein formal, „ohne inhaltlichen Bezug" beweisen:

Beweis:
„$\Rightarrow$" 1) Wir führen einen Beweis durch Widerspruch[400] und nehmen an, R sei nicht irreflexiv in M. Dann existiert ein $x \in M$, so dass $\neg x\,R\,x$ falsch und also $x\,R\,x$ wahr ist. Wegen der Asymmetrie ist $x\,R\,x \rightarrow \neg x\,R\,x$ auch für dieses $x \in M$ wahr. Wegen der Definition der Subjunktion[401] ist $x\,R\,x \rightarrow \neg x\,R\,x$ für dieses $x \in M$ aber falsch. Da eine Aussage nicht zugleich wahr und falsch sein kann, kann also $x\,R\,x$ für kein $x \in M$ eintreten – im Widerspruch zur Annahme, die damit falsch ist. Damit ist R irreflexiv in M.

2) Für beliebig gewählte $x, y \in M$ gelte $x\,R\,y \wedge y\,R\,x$. Wegen der schon bewiesenen Irreflexivität ist hier der Fall $x = y$ nicht möglich, denn sonst würde ja $x\,R\,x$ eintreten können. Damit ist aber $x\,R\,y \wedge y\,R\,x \rightarrow x = y$ für alle $x, y \in M$ wahr.

„$\Leftarrow$" Es sei $x, y \in M$ mit $x\,R\,y$. Annahme: $y\,R\,x$. Wegen der Identitivität ist dann $x = y$. Weil nach Voraussetzung u. a. $x\,R\,y$ gilt, folgt wegen $x = y$ auch $x\,R\,x$, im Widerspruch zur vorausgesetzten Irreflexivität von R. Damit ist aber die Annahme falsch, es gilt also $\neg y\,R\,x$ und damit per saldo $x\,R\,y \Rightarrow \neg y\,R\,x$. ◆

---

[400] Vgl. Satz (2.15) in Abschnitt 2.3.4.
[401] „Subjunktion", vgl. Abschnitt 2.3.3.4.

In der folgenden Definition häufig auftretender Relationen sei M eine Menge und $R \subseteq M^2$.

(5.55) Definition	reflexiv in M	irreflexiv in M	symme-trisch	asymme-trisch	identitiv	transitiv	konnex in M
R ist **Äquivalenzrelation** in M	×		×			×	
R ist **Halbordnungsrelation** in M	×				×	×	
R ist **Totalordnungsrelation** in M	(×)				×	×	×
R ist **Striktordnungsrelation** in M		(×)		×	(×)	×	

(5.56) Anmerkungen

(a) Die eingeklammerten Kreuze sind kein Teil der Definition. Sie bedeuten, dass diese Eigenschaften ebenfalls erfüllt sind, aber nicht gefordert werden müssen, weil sie beweisbar sind. So ist z. B. unmittelbar einsichtig, dass „reflexiv" aus „konnex" folgt. Und mit Satz (5.54) lässt sich eine Striktordnungsrelation äquivalent durch „irreflexiv, identitiv und transitiv" statt durch „asymmetrisch und transitiv" kennzeichnen.

(b) Allen Ordnungsrelationen ist gemeinsam, identitiv und transitiv zu sein. Das Gemeinsame an Ordnungsrelationen und Äquivalenzrelationen besteht nur in der Transitivität.

(5.57) Beispiele

(a) G sei die Menge aller Geraden in einer Ebene. Für die Parallelität $\parallel$ gilt dann: $g \parallel g$, $g \parallel h \Rightarrow h \parallel g$, $f \parallel g \wedge g \parallel h \Rightarrow f \parallel h$, also ist $\parallel$ eine Äquivalenzrelation in G. Für die Orthogonalität $\perp$ gilt $\neg g \perp g$, also ist $\perp$ keine Äquivalenzrelation in G. Zwar ist $\perp$ symmetrisch, aber nicht transitiv, denn es gilt: $f \perp g \wedge g \perp h \Rightarrow \neg f \perp h$.

(b) id_M ist eine Äquivalenzrelation in M.

(c) $\leq$ ist eine Totalordnungsrelation in $\mathbb{N}$ (bzw. in $\mathbb{Z}, \mathbb{Q}, \mathbb{R}$), nicht aber in $\mathbb{C}$. Und $<$ ist eine Striktordnungsrelation in $\mathbb{N}$ (bzw. in $\mathbb{Z}, \mathbb{Q}, \mathbb{R}$), nicht aber in $\mathbb{C}$.

(d) $\subseteq$ ist eine Halbordnungsrelation in $\mathfrak{P}(M)$ („Potenzmenge", vgl. S. 99), aber keine Totalordnungsrelation, denn falls z.B. $M = \{1, 2\}$ ist, so gilt weder $\{1\} \subseteq \{2\}$ noch $\{2\} \subseteq \{1\}$.

Aufgabe 5.8

Durch nebenstehende Pfeildiagramme sind zwei (binäre) Relationen in einer vierelementigen Menge M erklärt.

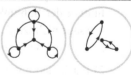

(a) Genau welche Eigenschaften aus Definition (5.52) besitzen diese Relationen?

(b) Ergänzen Sie diejenigen Relationen, die nicht Äquivalenzrelationen sind, durch möglichst wenige Pfeile zu Äquivalenzrelationen.

(c) Betrachten Sie das Knobelspiel „Stein, Schere, Papier". M sei die Menge dieser drei Ereignisse, und es sei eine Relation $\nearrow$ in M erklärt durch: $x \nearrow y :\Leftrightarrow x$ schlägt y.

Welche Eigenschaften hat diese Relation?

(d) In $\mathbb{N}^2$ sei $(a, b) \underset{D}{=} (c, d) :\Leftrightarrow a - b = c - d$ (das sind „differenzgleiche Paare").

Dann ist $\underset{D}{=}$ eine Äquivalenzrelation in $\mathbb{R}^2$. Beweis?

5.2.2 Quotientenmengen und Zerlegungen

(5.58) Weitere Voraussetzung für diesen Abschnitt: $\sim$ ist eine Äquivalenzrelation in M.

(5.59) Definition

(a) $\displaystyle\bigwedge_{a\in M} [a]_\sim := \{x \in M \mid x \sim a\}$, genannt **Äquivalenzklasse** zu a bezüglich $\sim$.

(b) b ist **Repräsentant** von $[a]_\sim :\Leftrightarrow b \in [a]_\sim$

(c) $M/\sim := \{[a]_\sim \mid a \in M\}$, genannt **Quotientenmenge** von M **nach** $\sim$.

(5.60) Anmerkungen

(a) Die Äquivalenzklasse zu a bezüglich $\sim$ besteht zunächst aus allen Elementen aus M, die zu a äquivalent sind. Damit sind dann zugleich alle Elemente einer Äquivalenzklasse untereinander paarweise äquivalent. Warum?

(b) Ein Repräsentant ist ein beliebiges Element einer Äquivalenzklasse. Warum?

(c) Die Quotientenmenge besteht aus allen bezüglich $\sim$ möglichen Äquivalenzklassen. Die gegebene Menge M wurde damit in solche Klassen „aufgeteilt" (die sich als paarweise disjunkt erweisen werden). Das motiviert das „Divisionszeichen" bei $M/\sim$.

(d) Das konkrete Relationszeichen bei $[a]_\sim$ lassen wir ggf. weg, wenn alles klar ist.

(5.61) Satz
$$\bigwedge_{a,b\in M} b \in [a]_\sim \leftrightarrow [b]_\sim = [a]_\sim$$

Beweis:
Wir benutzen das Extensionalitätsprinzip.[402]

$$[b]_\sim = [a]_\sim \Leftrightarrow \bigwedge_x x \in [b]_\sim \leftrightarrow x \in [a]_\sim \underset{(5.59)}{\Leftrightarrow} \bigwedge_x x \sim b \leftrightarrow x \sim a \underset{\substack{\Rightarrow:\,\text{reflexiv}\\ \Leftarrow:\,\text{trans., symm.}}}{\Leftrightarrow} b \sim a \Leftrightarrow b \in [a]_\sim \quad \blacklozenge$$

Jeder Repräsentant einer Äquivalenzklasse (also jedes Element dieser Klasse) erzeugt also diese Klasse, wie es auch zu erwarten ist. Wir knüpfen nun an Definition (5.59.c) an:

(5.62) Definition
Es sei $\mathfrak{Z} \subseteq \mathcal{P}(M)$.[403]

$\mathfrak{Z}$ ist eine **Zerlegung** von M :$\Leftrightarrow$
$$\begin{cases} (Z1) & \displaystyle\bigwedge_{T\in\mathfrak{Z}} Z \neq \varnothing \\ (Z2) & \mathfrak{Z} \text{ ist paarweise disjunkt} \\ (Z3) & \displaystyle\bigcup \mathfrak{Z} = M \end{cases}$$

---

[402] Vgl. Definition (2.23) in Abschnitt 2.3.7.3, S. 94. Der Beweis erfordert zusätzliche Zwischenbetrachtungen.

[403] $\mathfrak{Z}$ ist das große „Z" in Sütterlin.

(5.63) Anmerkungen

(a) Synonyme für „Zerlegung" sind „Partition" und „Klasseneinteilung".

(b) Eine beliebige Zerlegung bildet stets keine Mengenalgebra. Warum?

(5.64) Weitere Voraussetzung für diesen Abschnitt: $\mathfrak{z}$ ist eine **Zerlegung** von M.

(5.65) Satz
$$\bigwedge_{a \in M} \overset{1}{\bigvee_{T \in \mathfrak{z}}} a \in T$$

Beweis:

Existenz: $a \in M \underset{(Z3)}{\Leftrightarrow} a \in \bigcup \mathfrak{z} \underset{\text{Def.}(2.3.29.a)}{\Leftrightarrow} \bigvee_{T \in \mathfrak{z}} a \in T$

Eindeutigkeit: $a \in T_1 \in \mathfrak{z} \land a \in T_2 \in \mathfrak{z} \Rightarrow a \in T_1 \cap T_2 \underset{(Z2)}{\Rightarrow} T_1 = T_2$ [404]   ◆

(5.66) Satz $M/\sim$ ist eine Zerlegung von M.

Beweis:

(Z1): Wegen Voraussetzung (5.51) existiert ein $a \in M$. Es gilt: $a \sim a \Rightarrow a \in [a] \Rightarrow [a] \neq \varnothing$.

(Z2): Zu zeigen ist $[a] \neq [b] \Rightarrow [a] \cap [b] = \varnothing$. Wir führen den Beweis durch Kontraposition:

$[a] \cap [b] \neq \varnothing \Rightarrow \bigvee_{c \in M} c \in [a] \land c \in [b] \underset{\text{Satz}(5.61)}{\Leftrightarrow} [c] = [a] \land [c] = [b] \Rightarrow [a] = [b]$

(Z3): Zunächst gilt: $\bigwedge_T (T \in M/\sim \to T \subseteq M) \Rightarrow \bigcup M/\sim \subseteq M$

Damit folgt: $x \in M \Rightarrow x \in [x] \in M/\sim \Rightarrow \bigvee_{T \in M/\sim} x \in T \Rightarrow x \in \bigcup M/\sim$

Somit ist $M \subseteq \bigcup M/\sim$, und insgesamt folgt $M = \bigcup M/\sim$.   ◆

Der folgende Satz ist in gewissem Sinn eine „Umkehrung" des letzten Satzes.

(5.67) Satz
$$\{(a,b) \in M^2 \mid \bigvee_{T \in \mathfrak{z}} a \in T \land b \in T\} \text{ ist eine Äquivalenzrelation in } M.$$

Beweis:

Die im Satz genannte Paarmenge sei mit S bezeichnet. Ferner seien $a, b, c \in M$ beliebig.

Reflexivität: $a \in M \underset{(Z3)}{\Leftrightarrow} a \in \bigcup \mathfrak{z} \underset{\text{Def.}(2.3.30.a)}{\Leftrightarrow} \bigvee_{T \in \mathfrak{z}} a \in T \underset{\substack{\text{Idempotenz} \\ \text{der Konjunktion}}}{\Leftrightarrow} \bigvee_{T \in \mathfrak{z}} a \in T \land a \in T \Leftrightarrow a S a$

Symmetrie: $a S b \Leftrightarrow \bigvee_{T \in \mathfrak{z}} a \in T \land b \in T \underset{\substack{\text{Kommutativität} \\ \text{der Konjunktion}}}{\Leftrightarrow} \bigvee_{T \in \mathfrak{z}} b \in T \land a \in T \Leftrightarrow b S a$

Transitivität:

$a S b \land b S c \Rightarrow \bigvee_{T_1, T_2 \in \mathfrak{z}} a \in T_1 \land b \in T_1 \cap T_2 \land c \in T_2 \underset{\substack{(Z2): \\ T_1 = T_2}}{\Rightarrow} \bigvee_{T \in \mathfrak{z}} a \in T \land c \in T \Leftrightarrow a S c$ ◆

---

[404] Zur Erläuterung des letzten Beweisschrittes: Dass Mengen „paarweise disjunkt" sind, bedeutet, dass je zwei verschiedene Mengen einen leeren Durchschnitt haben, und das wiederum bedeutet: Wenn sie keinen leeren Durchschnitt haben, können sie nicht verschieden sein, sind also gleich.

Eine Zerlegung **induziert** also eine Äquivalenzrelation, was zur nächsten Definition führt:

(5.68) Definition

$$\frac{M}{\mathfrak{z}} := \{(a,b) \in M^2 \mid \bigvee_{T \in \mathfrak{z}} a \in T \wedge b \in T\}$$

(gelesen: „M durch $\mathfrak{z}$", genannt: auf M mittels $\mathfrak{z}$ **induzierte Äquivalenzrelation**)

(5.69) Satz $\qquad\qquad M/\sim = \mathfrak{z} \Leftrightarrow \dfrac{M}{\mathfrak{z}} = \sim$

Beweis:

„$\Rightarrow$": $(x,y) \in \dfrac{M}{\mathfrak{z}} \Leftrightarrow \bigvee_{T \in \mathfrak{z}} x \in T \wedge y \in T \underset{\mathfrak{z} = M/\sim}{\Leftrightarrow} \bigvee_{a \in M} x \in [a] \wedge y \in [a] \Leftrightarrow \bigvee_{a \in M} x \sim a \wedge y \sim a$

$\underset{\text{Symmetrie}}{\Leftrightarrow} \bigvee_{a \in M} x \sim a \wedge a \sim y \underset{\substack{\text{"}\Rightarrow\text{": Transitivität} \\ \text{"}\Leftarrow\text{": } x \sim x, \, a := x}}{\Rightarrow} x \sim y \Leftrightarrow (x,y) \in M/\sim$

„$\Leftarrow$": $T \in M/\sim \Leftrightarrow \bigvee_{a \in M} T = [a] \Leftrightarrow \bigvee_{a \in M} T = \{x \in M \mid x \sim a\}$

$\underset{\sim = \frac{M}{\mathfrak{z}}}{\Leftrightarrow} \bigvee_{a \in M} T = \{x \in M \mid \bigvee_{T^* \in \mathfrak{z}} x \in T^* \wedge a \in T^*\} \underset{\substack{\text{"}\Rightarrow\text{": } \mathfrak{z} \text{ Zerlegung} \Rightarrow T = T^* \\ \text{"}\Leftarrow\text{": } T^* := T}}{\Leftrightarrow} T \in \mathfrak{z}$ ◆

(5.70) Folgerung $\qquad\qquad M/\dfrac{M}{\mathfrak{z}} = \mathfrak{z} \quad \wedge \quad \dfrac{M}{M/\sim} = \sim$

Zerlegungen und Äquivalenzrelationen sind somit nur zwei Seiten derselben Medaille:

Durch eine Äquivalenzrelation ergibt sich eindeutig eine Zerlegung als Menge aller Äquivalenzklassen, und durch eine Zerlegung ergibt sich eindeutig eine Äquivalenzrelation, indem nämlich Äquivalenz zweier Elemente die Zugehörigkeit zur selben Zerlegungsteilmenge bedeutet. Dabei führt dieser zweimal nacheinander durchgeführte Prozess stets wieder zum Ausgang zurück, also zur selben Äquivalenzrelation bzw. zur selben Zerlegung, was sich in obiger „Bruchnotation" leicht merken lässt.

Wir können dies auch als zwei „Kreisprozesse" beschreiben:

$$\sim \;\mapsto\; M/\sim \;\mapsto\; \frac{M}{M/\sim} = \sim \qquad\qquad \mathfrak{z} \;\mapsto\; \frac{M}{\mathfrak{z}} \;\mapsto\; M/\frac{M}{\mathfrak{z}} = \mathfrak{z}$$

(5.71) Folgerung

Kennt man alle Zerlegungen einer Menge, so kennt man auch alle Äquivalenzrelationen in dieser Menge und umgekehrt.

(5.72) Beispiel

Es seien alle Äquivalenzrelationen einer endlichen Menge gesucht. Konkret wählen wir exemplarisch eine dreielementige Menge, die ohne Einschränkung der Allgemeinheit etwa mit $M := \{1, 2, 3\}$ bezeichnet sei. Dazu verwenden wir die drei uns bisher zur Verfügung stehenden Darstellungen:

- als **Mengendiagramm**
  (zur *Darstellung der Zerlegungen*)

- als **Pfeildiagramm**
  (zur *Darstellung der Relationen*)

- in **Mengenschreibweise**
  (zur Darstellung der
  Elemente als geordnete Paare)

Bild 5.7 zeigt die Lösung: Bereits aus der graphischen Darstellung aller Zerlegungen durch Tortendiagramme (linke Spalte) folgt, dass es genau fünf Fälle gibt.

Relation als Zerlegung	Relation als Pfeildiagramm	Relation in Mengenschreibweise
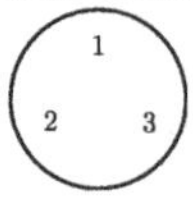		$M \times M$
		$\mathrm{id}_M \cup \{(2,3),(3,2)\}$
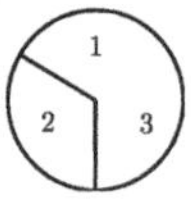		$\mathrm{id}_M \cup \{(1,3),(3,1)\}$
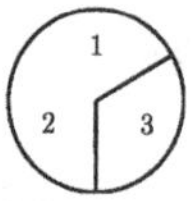		$\mathrm{id}_M \cup \{(1,2),(2,1)\}$
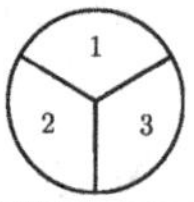	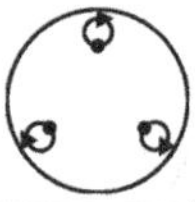	id_M

Bild 5.7: Zerlegungen einer 3-elementigen Menge

Wir haben in Satz (5.61) gesehen, dass jedes Element einer Äquivalenzklasse als Repräsentant dieser Klasse dienen kann. Das heißt, dass man aus jeder Klasse genau ein Element benötigt, um damit alle Klassen „vollständig" repräsentieren und bilden zu können:

(5.73) Definition

Es sei $E \subseteq M$.

E ist **vollständiges Repräsentantensystem** von M bezüglich $\sim \ :\Leftrightarrow \ \bigwedge\limits_{K \in M/\sim} \overset{1}{\bigvee\limits_{r \in E}} r \in K$

(5.74) Beispiel

Es sei $\sim := \{(m,n) \in \mathbb{N}^2 \mid m - n \text{ ist gerade}\}$. Dann rechnet man schnell nach, dass $\sim$ eine Äquivalenzrelation in $\mathbb{N}$ ist (das ist *nicht* die „Proportionalität" in der Physik, vgl. S. 140):

- $m - m = 0$ für alle m, 0 ist gerade, also gilt $m \sim m$ für alle m.

- Falls $m \sim n$ gilt, falls also $m - n$ gerade ist, dann ist auch $n - m$ gerade, also $n \sim m$.

- Es sei nun $\ell \sim m \wedge m \sim n$, d. h., es existieren $p, q \in \mathbb{Z}$ mit $\ell - m = 2p \wedge m - n = 2q$.

  Dann folgt $\ell - n = \ell - m + m - n = 2(p+q)$, so dass $\ell - n$ gerade ist und also $\ell \sim n$ gilt.

Und es ergibt sich: $\mathbb{N}/\sim = \{[1]_\sim, [2]_\sim\} = \{[11]_\sim, [36]_\sim\} = \dots$

Vollständige Repräsentantensysteme sind daher z. B. $\{1, 2\}$ und $\{11, 36\}$.

5.2.3 Halbordnung, Totalordnung, Striktordnung, Trichotomie, Wohlordnung

Wir betrachten nun wesentliche Eigenschaften von Ordnungsrelationen, wobei Definition (5.55) zugrunde gelegt wird.

(5.75) Schreib- und Sprechweise für alle zu betrachtenden Ordnungen

(M, R) ist eine **...ordnung** $\;:\Leftrightarrow\;$ R ist eine ...ordnungsrelation in M

(5.76) Satz

(a) (M, R) ist Halbordnung $\Rightarrow (M, R\backslash\text{id}_M)$ ist Striktordnung

(b) (M, R) ist Striktordnung $\Rightarrow (M, R\cup\text{id}_M)$ ist Halbordnung

---

(5.77) Anmerkung

Der Satz ist plausibel, wenn man an die Halbordnungsrelationen $\leq$ bzw. $\subseteq$ und ihre zugeordneten Striktordnungsrelationen $<$ bzw. $\subset$ denkt. Insbesondere ist plausibel, dass (5.76.b) in gewissem Sinn die Umkehrung von (5.76.a) ist und (b) aus (a) folgt:

In (a) werden alle Paare (x, x) aus der Relation entfernt, und in (b) werden genau diese (dort fehlenden) Paare hinzugefügt.

Wir beweisen hier nur (a) und überlassen den Beweis von (b) als Übungsaufgabe.

Beweis von Satz (5.76.a):

Wegen $\text{id}_M = \{(x, x) \mid x \in M\}$ ist $R\backslash\text{id}_M$ irreflexiv. Im Folgenden sei $R\backslash\text{id}_M =: \overline{R}$.

Die Wenn-Dann-Eigenschaften Identitivität und Transitivität sind als Allaussagen „erblich", d. h., sie gelten auch für alle Teilmengen, also für $\overline{R}$. Es bleibt die Asymmetrie von $\overline{R}$ zu zeigen: $x\,\overline{R}\,y \Rightarrow \neg y\,\overline{R}\,x$. Nun ist $\overline{R}$ wie R identitiv (s. o.), d. h., es gilt: $x\,\overline{R}\,y \wedge y\,\overline{R}\,x \Rightarrow x = y$. Wir betrachten zwei Fälle:

$x = y$: Dann ist also die rechte Seite der Subjunktion $x\,\overline{R}\,y \wedge y\,\overline{R}\,x \to x = y$ wahr[405] und damit auch die Subjunktion selbst.[406]

$x \neq y$: Dann ist rechte Seite der Subjunktion $x\,\overline{R}\,y \wedge y\,\overline{R}\,x \to x = y$ falsch, und weil eine Implikation vorliegt, also eine allgemeingültige Subjunktion, ist auch die linke Seite stets falsch. Das bedeutet: Wenn $x\,\overline{R}\,y$ gilt, kann nicht zugleich $y\,\overline{R}\,x$ gelten, und damit gilt $x\,\overline{R}\,y \Rightarrow \neg y\,\overline{R}\,x$. $\hfill \blacklozenge$

(5.78) Voraussetzung für diesen Abschnitt:

$(M, \sqsubseteq)$ ist eine Halbordnung ($\sqsubseteq$ gelesen: **vor oder gleich**),

$\sqsubset := \sqsubseteq \backslash\, \text{id}_M$ (gelesen: **vor**), $\quad \sqsupset := \sqsubset^{-1}$ (gelesen: **nach**),

$\sqsupseteq := \sqsubseteq^{-1}$ (gelesen: **nach oder gleich**))

---

[405] Es liegt ja eine Implikation vor, also eine allgemeingültige Subjunktion!

[406] Weil die Subjunktion hier stets wahr ist, kann die linke Seite sowohl wahr als auch falsch sein (wobei sie wegen der Irreflexivität stets falsch ist, was aber hier gar nicht interessiert).

Unmittelbar ergibt sich aus Satz (5.76):

(5.79) Folgerung

$$a \sqsubset b \Leftrightarrow a \sqsubseteq b \wedge a \neq b, \qquad a \sqsubseteq b \Leftrightarrow a \sqsubset b \vee a = b$$

$$a \sqsubset b \wedge b \sqsubseteq c \Rightarrow a \sqsubset c, \qquad a \sqsubseteq b \wedge b \sqsubset c \Rightarrow a \sqsubset c, \qquad a \sqsubset b \wedge b \sqsubset c \Rightarrow a \sqsubset c$$

(5.80) Anmerkung

Wie üblich ist $a \sqsubseteq b \sqsubseteq c :\Leftrightarrow a \sqsubseteq b \wedge b \sqsubseteq c$ etc. (genannt „Ungleichungskette").

Die zusätzliche Voraussetzung der Konnexität im nächsten Satz bedeutet, dass (M, R) eine Totalordnung ist.

(5.81) Satz — Trichotomie in Totalordnungen

Es sei $\sqsubseteq$ konnex in M. Dann gilt: $\qquad \bigwedge_{a,b \in M} a \sqsubset b \mathbin{\dot\vee} a = b \mathbin{\dot\vee} a \sqsupset b$

Von den drei möglichen Eigenschaften ist also stets genau eine wahr.

Beweis:

Wegen der Konnexität von $\sqsubseteq$ in M gilt für alle $a, b \in M$: $a \sqsubseteq b \vee b \sqsubseteq a$. Mit Folgerung (5.79) ist das äquivalent zu $a \sqsubset b \vee a = b \vee a \sqsupset b$. Es bleibt nur noch zu zeigen, dass je zwei dieser drei Fälle unverträglich sind.

Annahme 1: $a \sqsubset b \wedge a = b$. Mit Folgerung (5.79) bedeutet das $a \sqsubseteq b \wedge a \neq b \wedge a = b$, eine stets falsche Aussage. Damit ist diese Annahme nicht möglich.

Annahme 2: $a \sqsubset b \wedge a \sqsupset b$. Mit Folgerung (5.79) bedeutet das $a \sqsubseteq b \wedge a \neq b \wedge b \sqsubseteq a$, und wegen der Identität von $\sqsubseteq$ erhalten wir die falsche Aussage $a = b \wedge a \neq b$. Auch diese Annahme ist also nicht möglich.

Annahme 3: $a = b \wedge a \sqsupset b$. (Behandlung wie Annahme 1.)   ◆

(5.82) Beispiel

$\mathbb{R}$ ist (aufgrund unserer bisherigen Erfahrung bzw. unserer „Grundüberzeugung") durch $\leq$ totalgeordnet, daher ist für beliebige $a, b \in \mathbb{R}$ stets genau eine der drei Aussagen $a < b$, $a = b$ oder $a > b$ wahr („Trichotomie", siehe auch S. 126).

(5.83) Definition

Es sei $e \in T \subseteq M$.

e ist **kleinstes** Element von T bezüglich $\sqsubseteq$ $:\Leftrightarrow \bigwedge_{x \in T} e \sqsubseteq x$, $\quad e =: \min(T)$ (**Minimum**)

e ist **größtes** Element von T bezüglich $\sqsubseteq$ $:\Leftrightarrow \bigwedge_{x \in T} x \sqsubseteq e$, $\quad e =: \max(T)$ (**Maximum**)

(5.84) Anmerkung

Eine beliebige Teilmenge T einer halbgeordneten Menge braucht weder ein größtes noch ein kleinstes Element zu besitzen. Dieses sehen wir etwa an Beispiel (5.57.d).

Allerdings sagt uns unsere Erfahrung mit Zahlenmengen, dass jede Menge von natürlichen Zahlen ein kleinstes Element besitzt, dass dies aber nicht für die Menge der positiven Bruchzahlen gilt, weil es hier zu jedem Bruch einen kleineren gibt. Sollte jedoch in einer Totalordnung jede nichtleere Teilmenge ein kleinstes Element besitzen, so liegt eine „Wohlordnung" vor:

(5.85) Definition

Es sei $\sqsubseteq$ konnex in M (also Totalordnungsrelation in M).

$$(M, \sqsubseteq) \text{ ist eine } \textbf{Wohlordnung}$$
$$:\Leftrightarrow$$

Jede nichtleere Teilmenge von M besitzt ein kleinstes Element bezüglich $\sqsubseteq$.

Angesichts der Tatsache, dass es in der Menge der positiven Bruchzahlen kein kleinstes Element gibt, ist vielleicht ist der folgende, sehr tief liegende Satz der axiomatischen Mengenlehre eine Überraschung, den wir hier nur als Lemma („Hilfssatz") aufführen können:

(5.86) Lemma — Wohlordnungssatz (ERNST ZERMELO, 1904)

Jede Menge kann wohlgeordnet werden.

Damit kann also aus jeder Menge eine Wohlordnung gebildet werden (auch aus den positiven rationalen Zahlen!). Und da Wohlordnungen spezielle Totalordnungen sind, folgt sofort:

(5.87) Folgerung   Jede Menge kann totalgeordnet werden.

(5.88) Beispiele

(a) Für jede Menge M ist $(\mathfrak{P}(M), \subseteq)$ eine Halbordnung, für $|M| > 1$ aber keine Totalordnung und damit auch keine Wohlordnung. Wohl ist in $\mathfrak{P}(M)$ aber $\varnothing$ ein kleinstes und M ein größtes Element bezüglich $\subseteq$. Mit $M := \{1, 2, 3\}$ ist dann $\mathfrak{P}(M) = \{\varnothing, \{1\}, \{2\}, \{3\}, \{1, 2\}, \{1, 3\}, \{2, 3\}, M\}$.
In Bild 5.8 ist die zugehörige Ordnungsrelation $\subseteq$ durch ein (selbsterklärendes) sog. **Hasse-Diagramm** dargestellt (benannt nach dem Zahlentheoretiker HELMUT HASSE).
Man kann dieses Diagramm auch dreidimensional deuten.

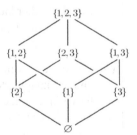

Bild 5.8: Hasse-Diagramm

(b) Für endliche nichtleere Mengen ist der im Wohlordnungssatz angelegte Prozess einfach zu realisieren: Man entnehme M ein beliebiges Element, etwa a_0 genannt, und bilde $M_1 := M \backslash \{a_0\}$. Falls $M_1 \neq \varnothing$, können wir ein Element $a_1 \in M_1$ entnehmen und $M_2 := M_1 \backslash \{a_1\}$ bilden. Allgemein lautet also der Algorithmus: Ist $M_n \neq \varnothing$ für ein $n \in \mathbb{N}$, so wähle man irgendein Element aus M_n, nenne es a_n und bilde damit $M_{n+1} := M_n \backslash \{a_n\}$. Aufgrund der Endlichkeit von M bricht der Algorithmus ab: Es gibt dann ein $N \in \mathbb{N}$ mit $M_N = \{a_N\} \neq \varnothing$ und $M_{N+1} = \varnothing$. Auf diese Weise entsteht eine endliche Folge $\langle a_n \rangle$ mit einer natürlichen Ordnung, nämlich $a_m \sqsubseteq a_n :\Leftrightarrow m \leq n$, und so ist dann auf M offensichtlich eine Totalordnungsrelation erklärt: Die Elemente sind wie auf einer Kette „linear" angeordnet, und das Hasse-Diagramm besteht im Gegensatz zum vorherigen Beispiel nur aus einem einzigen Strang, nämlich dieser Kette. Und es ist weiterhin offensichtlich, dass jede beliebige Teilkette ein kleinstes Element besitzt, was bedeutet, dass die gegebene endliche Menge durch dieses Verfahren wohlgeordnet wurde.

(c) Offensichtlich funktioniert der in (b) beschriebene Algorithmus auch für alle abzählbaren Mengen (bricht aber hier nicht ab), so dass damit jede abzählbare Menge wohlgeordnet werden kann.

(d) Dass die Menge der reellen Zahlen durch die vertraute Relation $\leq$ totalgeordnet werden kann, ist anschaulich klar. Das zu beweisen, ist eine andere Sache und hängt von der vorliegenden Argumentationsbasis ab (vgl. hierzu Abschnitt 8.3.2). Aber spätestens seit der ersten Analysisvorlesung sollte bekannt sein (hoffentlich schon aus dem Mathematikunterricht), dass $(\mathbb{R}, \leq)$ keine Wohlordnung ist, denn beispielsweise besitzt bereits $\mathbb{Q}_+$ kein kleinstes Element! Dennoch existiert nach dem Wohlordnungssatz eine Ordnungsrelation $\sqsubseteq$, so dass $(\mathbb{R}, \sqsubseteq)$ eine Wohlordnung ist. Der nicht elementare Beweis verwendet anstelle einer Abzählung eine sog. „Aufzählung", was wir hier nicht darstellen können.[407]

(e) Da wegen des Wohlordnungssatzes auch $\mathbb{C}$ (die Menge der komplexen Zahlen) wohlgeordnet werden kann, kann $\mathbb{C}$ insbesondere totalgeordnet werden. Doch wie soll das gehen?

Aufgabe 5.9

(a) Betrachten Sie die Relationen in den Pfeildiagrammen aus Aufgabe 5.8:

   (1) Sofern nötig und möglich, sind diese Relationen durch möglichst wenige Pfeile (in einer anderen Farbe) zu Halbordnungsrelationen zu ergänzen, und es ist zu prüfen, ob hierbei sogar Totalordnungsrelationen entstehen!

   (2) In Halbordnungsrelationen kann man „Maximum" und „Minimum" erklären (die aber nicht existieren müssen). Treten solche Elemente bei den Halbordnungen in (1) auf?

(b) Wie üblich sei für eine beliebige komplexe Zahl $z \in \mathbb{C}$ der Realteil von z mit $\operatorname{Re} z$ und der Imaginärteil von z mit $\operatorname{Im} z$ bezeichnet (vgl. Abschnitt 8.4.6). Es seien dann ferner in $\mathbb{C}$ folgende (binäre) Relationen erklärt:

$$\sqsubset := \{(w, z) \in \mathbb{C}^2 \mid \operatorname{Re} w < \operatorname{Re} z \vee (\operatorname{Re} w = \operatorname{Re} z \wedge \operatorname{Im} w < \operatorname{Im} z)\}, \quad \sqsubseteq := \sqsubset \cup \operatorname{id}_{\mathbb{C}}$$

   (1) Zeigen Sie, dass $(\mathbb{C}, \sqsubseteq)$ eine Totalordnung ist.

   (2) Veranschaulichen Sie die Relation $\sqsubseteq$ als Gebiet in der Gaußschen Zahlenebene.

(c) Die Mengeninklusion ist stets eine Halbordnungsrelation in der Potenzmenge einer beliebigen Menge. Warum?

   Betrachten Sie dann konkret die Potenzmenge von $\{1, 2, 3\}$, und geben Sie Beispiele für folgende Teilmengen dieser Potenzmenge an:

   (1) zwei nichttriviale Mengen, die sowohl ein größtes als auch ein kleinstes Element besitzen,

   (2) zwei Mengen, die zwar ein größtes, jedoch kein kleinstes Element besitzen,

   (3) zwei Mengen, die zwar ein kleinstes, jedoch kein größtes Element besitzen,

   (4) zwei Mengen, die weder ein kleinstes noch ein größtes Element besitzen.

(d) Beweisen Sie Satz (5.76.b).

---

[407] Vgl. [DEISER 2010, 222 ff.].

5.3 Strukturierung und Axiomatik — Grundsätzliches

5.3.1 Axiomatische Methode

5.3.1.1 Was sind Axiome?

Im Laufe des Studiums begegnet man zumindest den *Vektorraum-Axiomen* und den *Gruppen-Axiomen*, dann aber vermutlich eher in der Wahrnehmung, dass sie der *Definition* bestimmter mathematischer Objekte bzw. Strukturen dienen, hier also von „Vektorraum" und „Gruppe". Diese Deutung klärt aber leider nicht die erkenntnistheoretische Rolle von Axiomen.

Denn das griechische Wort „Axiom" bezeichnet eine grundlegende Aussage, die nicht bewiesen wird oder nicht bewiesen werden kann, deren *Gültigkeit* aber gewissermaßen „gefordert" und damit vorausgesetzt wird, so dass sie die Rolle einer wahren Aussage annimmt. Entsprechend gibt es im Lateinischen als Pendant zu „Axiom" das Wort „Postulat" für „Forderung".[408] *Meyers Konversationslexikon* von 1894 bietet hierzu folgende Erläuterung an:

> **Axiom** (griech.), ein Satz von einleuchtender Gewißheit, der eines Beweises weder bedarf, noch fähig ist. Gäbe es nicht wirkliche Axiome, so fehlte allen Beweisen, durch die ja immer nur die Gewißheit eines Satzes auf die eines andern begründet wird, der Boden. Für gewöhnlich fragen wir freilich meist nicht nach den letzten Gründen einer Behauptung, sondern sind mit der Angabe der unmittelbar nächsten Gründe zufrieden, weshalb den meisten Menschen die Axiome, auf die sich alle Schlußfolgerungen in letzter Linie stützen, gar nicht zum Bewußtsein kommen. [...]

Und rund 100 Jahre später schreibt der Physiker und Philosoph GERHARD VOLLMER:

> [...] Die Sätze der *Logik* sind zwar sicher, aber leer. Nicht besser steht es mit der *Mathematik*. Soweit mathematische Theorien überhaupt über die Logik hinausführen, beruhen sie auf Axiomen, aus denen mit Hilfe logischer Schlüsse auf weitere Sätze (Theoreme) geschlossen wird. Es wird also gezeigt, welche Sätze wahr sind, *wenn* man die Axiome als wahr unterstellt. *Ob* die Axiome wahr sind, das kann der Mathematiker nicht entscheiden, schon deshalb nicht, weil in jedem Axiom undefinierte Begriffe auftreten, die im Rahmen der mathematischen Theorie gar keine Bedeutung haben. Deshalb sagt Bertrand Russel einmal spöttisch: „Mathematik ist ein Gebiet, bei dem wir nie wissen, wovon wir eigentlich reden und ob das, was wir sagen, auch wahr ist."[409]

Und ABRAHAM FRAENKEL schreibt in seiner *„ Einführung in die Mengenlehre"* von 1928:

> Dieser Aufbau der Mengenlehre verläuft nach der sog. *axiomatischen Methode*, die vom historischen Bestand einer Wissenschaft (hier der Mengenlehre) ausgeht, um durch logische Analyse der darin enthaltenen Begriffe, Methoden und Beweise die zu ihrer Begründung erforderlichen Prinzipien – die *Axiome* – aufzusuchen und aus ihnen die Wissenschaft herzuleiten.[410]

---

[408] Allerdings werden z. B. in der Übersetzung von EUKLIDs Elementen, [EUKLID 1962], beide Bezeichnungen in unterschiedlicher Bedeutung verwendet, was hier aber nicht vertieft sei. Das erste Buch beginnt direkt vor § 1 der Reihe nach mit drei Abschnitten: *Definitionen, Postulate, Axiome.*

[409] [VOLLMER 1988a, 26 f.]; vgl. das Zitat von ALBERT EINSTEIN aus dem Jahre 1921 (auf S. 111).

[410] So zitiert in [DEISER 2010, 421].

Das sollte nachdenklich stimmen, gehört doch FRAENKEL mit CANTOR, HAUSDORFF und ZERMELO zu den ganz Großen in der Fundierung der axiomatischen Mengenlehre: Axiome stehen also *nicht am historischen Anfang* der Entwicklung einer mathematischen Theorie, sondern *erst in der Schlussphase* ihrer „reifenden" Formulierung – dann allerdings dort in neuer Sichtweise als argumentative Basis am Beginn dieser Schlussphase, so wie z. B. in EUKLIDs „Elementen".

Aber ist es dann nicht eine **antididaktische Inversion**, wenn Lehrbücher und Anfängervorlesungen mit Axiomen beginnen (von einem so inszenierten Mathematikunterricht ganz zu schweigen), weil das dem Lernenden geradezu suggerieren muss, dass Mathematik so entsteht? HANS FREUDENTHAL treibt das bezüglich des Mathematikunterrichts ironisierend und kritisierend auf die Spitze:[411]

> Es ist dies, was ich die „antididaktische Inversion" genannt habe. Das einzige, was didaktisch relevant wäre, die Analyse des Lehrstoffes, wird unterschlagen; dem Schüler wird das Resultat der Analyse vorgesetzt und er darf zusehen, wie der Lehrer, der weiß, wo es hingeht, es zusammensetzt.

Nun spricht das *nicht gegen eine axiomatische Methode* (weder in der Hochschule noch in der Schule) – vielmehr geht es *um deren richtige Platzierung* im Rahmen einer „historischen Verankerung" (vgl. Abschnitt 1.2.2): Diese (unverzichtbare!) Methode betrifft das *Aufsuchen, Entdecken und Formulieren von Axiomen* zur Begründung und „Absicherung" *bereits entdeckter Sachverhalte*, um damit ein (ggf. neues) mathematisches Gebäude auf solide Fundamente bauen zu können, dadurch aber auch die Entdeckung neuer (versteckter) Sachverhalte zu ermöglichen.

Das bedeutet: *Axiome* begegnen uns in der Mathematik als nicht zu beweisende *Theoreme*, also quasi als „Sätze", *deren Wahrheit* wir nicht beweisen (können oder wollen oder müssen), sondern deren „Wahrheit" wir (aus welchen Gründen auch immer) *voraussetzen*.

Diese Rolle von Axiomen ähnelt dem von FREUDENTHAL so genannten „lokalen Ordnen", das für den Mathematikunterricht im Sinne redlicher Vorgehensweise empfiehlt:[412]

> Wenn der Schüler konstruktiv entdeckt, daß man auf dem Kreis den Halbmesser genau sechsmal abtragen kann, und wenn er das damit erklärt, daß die Winkel im gleichseitigen Dreieck 60° sind, so ist das durchaus streng. Dem Edel-Mathematiker ist das natürlich ein Greuel. Denn was wird hier nicht alles vorausgesetzt! Wieviel Axiome braucht man nicht, um zu diesem Resultat zu kommen, ob man es nach Euklid, nach Hilbert oder mit linearer Algebra macht! [...]
>
> Natürlich soll der Schüler bei einer Aufgabe wie der des regelmäßigen Sechsecks sich fragen: „Was habe ich eigentlich vorausgesetzt?" Wir wissen schon, daß der Schüler, wenn er das immer fortsetzt, sich schließlich in Ungreifbarem oder Zirkelschlüssen verlieren muß. *Wir* wissen es. Der Schüler weiß es noch nicht. Er muß auch das erleben. Ohne solche Erkenntnisse kann er jedenfalls den <u>Sinn der Axiomatik</u> nicht erfassen.
>
> Bis dahin betreibt er, was man <u>lokales Ordnen</u> des Feldes nennen kann [...]

---

411 [FREUDENTHAL 1973, 100]; Hervorhebung nicht im Original. Siehe auch das Zitat zu Fußnote 440 auf S. 250.
412 [FREUDENTHAL 1973, 142]; unterstreichende Hervorhebungen nicht im Original.

5.3.1.2 Was ist Axiomatik?

Diese Frage wurde implizit bereits beantwortet. So ähnelt zwar *Axiomatik* als Methode dem o. g. „Lokalen Ordnen", was etwas zur Klärung beiträgt, jedoch versteht man darunter sehr viel mehr: Beispielsweise ist der im letzten Zitat erwähnte „Satz über die Größe der Innenwinkel in einem gleichseitigen Dreieck" *kein Axiom* im üblichen Verständnis, sondern lediglich ein (dann ggf. subjektiv) nicht bewiesener Satz, der dem „lokalen Ordnen des Feldes" dient.

Und weiterhin gibt es bedeutende mathematische Sätze, deren Beweis nur wenige Mathematiker wirklich selbst nachvollzogen haben, die aber dennoch für andere Mathematiker noch lange *nicht die Rolle eines Axioms* bekommen (man denke etwa an den in den Jahren 1993 und 1994 durch ANDREW J. WILES vollendeten über 100 Seiten langen Beweis des „großen Satzes von FERMAT" – rund 350 Jahre, nachdem FERMAT diesen Satz entdeckt hatte).[413]

Ein *mathematischer Satz übernimmt* aber erst dann die *Rolle eines Axioms* innerhalb einer bestimmten mathematischen Theorie und damit bezüglich der **axiomatischen Methode**, …

1) … wenn er in dem Sinne *grundlegend* für diese Theorie ist, dass sie *deduktiv*[414] auf diesem Axiom (und ggf. auf weiteren Axiomen) beruht bzw. aufbaut,

2) … wenn seine *Gültigkeit* für die vorliegende Theorie *vorausgesetzt* wird und

3) … wenn dieser Satz *deshalb eines Beweises in diesem Rahmen nicht bedarf.*

Dabei kann dieses „Axiom" spielerisch (vgl. Abschnitt 1.1) durch sein logisches Gegenteil ersetzt oder weggelassen werden, was dann andere Theorien generiert.

Ein Beispiel hierfür ist das *Parallelenaxiom* der euklidischen Geometrie(n): Sowohl die Negation als auch Weglassen dieses Axioms liefern unterschiedliche Geometrien, und das führte zur Entdeckung der nichteuklidischen Geometrie(n). Ferner kommt es nicht darauf an, ob ein so gewähltes „Axiom" durch Hinzunahme ggf. weiterer Begründungen beweisbar ist, weil es eine letztendliche „absolute" Begründung ohnehin nicht geben kann. Daher *müssen* sich alle mathematischen Theorien auf irgendwelche Axiome gründen, die allerdings *zweckmäßig, plausibel, akzeptabel* und *in sich stimmig* (d. h. *widerspruchsfrei*, siehe dazu S. 233) zu wählen sind.

Beachten wir diese Kennzeichnungen, so ist zu fragen, ob man beispielsweise von „Gruppen-Axiomen" oder „Vektorraum-Axiomen" sprechen kann oder sollte, weil in diesem Fall ja nicht „grundlegende Wahrheiten" unbewiesen notiert werden, sondern weil hier mit Hilfe einer Liste von Eigenschaften ein neuer mathematischer Begriff *formal definiert* wird.[415]

Denn wir haben hervorgehoben, dass ein *Axiom ein mathematischer Satz* ist (der allerdings nicht bewiesen wird). Oder wir müssten unterstellen, dass „Axiom" oftmals in der Mathematik auch noch in einem weiteren, anderen und „erweiterten" Sinn verwendet wird, nämlich für Definitionen, was aber in gewissem Widerspruch zur kulturhistorischen und philosophischen Auffassung stünde …

---

[413] Dieser „simpel" formulierbare Satz besagt, dass $x^n + y^n = z^n$ für $n > 2$ nicht ganzzahlig lösbar ist.

[414] Siehe den folgenden Abschnitt 5.3.2.

[415] Vgl. hierzu die Erörterungen in Abschnitt 1.3.

5.3.1.3   Deduktion, Induktion und Abduktion

Deduktion kommt vom lateinischen „de-ducere" für „herabführen". In der Mathematik ist eine *Deduktion* die logisch korrekte „Herleitung" einer Aussage aus anderen, also ein *Beweis* (z. B. die Herleitung eines Spezialfalls aus einer allgemeineren Aussage). Insbesondere ist das zu Deduzierende in den Voraussetzungen bereits enthalten. [VOLLMER 1988a, 11] schreibt:

> Deduktive Schlüsse sind zwar wahrheitsbewahrend (das ist erfreulich); aber sie erweitern unser Wissen nicht (das ist bedauerlich).

Konträr zu „Deduktion" ist (in diesem logischen Kontext) **Induktion**, beruhend auf dem lateinischen „in-ducere" für „hin(ein)führen": Damit wird z. B. in der Physik oder in der Ökonomie eine probate *erfahrungswissenschaftliche Methode bezeichnet*, die von einzelnen Aussagen *induktiv* „hinführt" zu umfassenderen Aussagen. Im mathematischen Kontext erscheinen solche einzelnen „generierenden" Aussagen dann ggf. als Spezialfälle dieser induktiv gewonnenen neuen Aussage, sie sind damit *deduzierbar*. Und so wird üblicherweise (gemäß POPPER) wissenschaftsmethodologisch zwischen *deduktiven* und *induktiven* Methoden unterschieden.

Nun kennen wir auch die **vollständige Induktion** (vgl. hierzu Abschnitt 6.4.1): Dieses Beweisverfahren heißt deshalb „vollständig", weil der „hinführende" *Induktionsschluss* über einen Allquantor *vollständig durchgeführt* wird, und damit liegt *wissenschaftsmethodologisch keine Induktion* vor; vielmehr gilt trotz der irreführenden Bezeichnung: Die **vollständige Induktion ist eine Deduktion**, weil der durch sie erbrachte Beweis logisch korrekt und „deduzierend" erfolgt. Leider wird derzeit in der Mathematik diese Beweismethode (auch international) oft sogar nur „Induktion" genannt.[416]

Möglicherweise liegt ein Grund für diese heutzutage in der Mathematik oft anzutreffende Deutung von „Induktion" als „vollständige Induktion" darin, dass für „Induktion" im oben beschriebenen (unvollständigen!) Sinn in der Mathematik ohnehin als wahrheitssichernde bzw. „wahrheitsbewahrende" (s. o.) Erkenntnismethode kein Platz gesehen wird (anders als in den Erfahrungswissenschaften). Dabei mag es kurios erscheinen, dass ohne eine solche (unvollständige) „induktive Methode" *Vermutungen* im Sinne von „Entdeckungen", die neuen mathematischen Sätzen und Theorien i. d. R. vorausgehen, kaum zustande kommen können.

Denn nach **PEIRCE** (siehe auch Abschnitt 4.7.6, S. 185) führen weder Induktion noch Deduktion zu „wissensvermehrenden" (s. o.) Entdeckungen, sondern nur die **Abduktion** (von „ab-ducere" für „weg führen"): So zeige beispielsweise eine Beobachtung, dass eine Aussageform $q(x)$ (vgl. Abschnitt 2.3.5, S. 85) für ein konkretes $\tilde{x}$ wahr ist. Was mag der Grund dafür sein? Würde es eine allgemeingültige Subjunktion $p(x) \to q(x)$ geben, so wäre die Wahrheit von $p(\tilde{x})$ eine plausible Begründung für das Eintreten von $q(\tilde{x})$.

---

[416] [DEISER 2007] und [DEISER 2010] schreibt nur „Induktion", [OBERSCHELP 1976] und [EBBINGHAUS et. al. 1988] hingegen „vollständige Induktion", ebenso [BEHNKE et al. 1962] in allen Beiträgen.
Und auch [DEDEKIND 1988, 15] verwendet bereits die Bezeichnung *„vollständige Induction"*.

Damit schlüpft die Implikation $p(x) \Rightarrow q(x)$ durch „Abduktion" in die Rolle einer Hypothese, die an weiteren Beispielen durch „Induktion" überprüfbar ist und die dann ggf. mittels „Deduktion" (auf Basis eines ggf. zu entwickelnden Axiomensystems) beweisbar ist. Im Gegensatz zur Subjunktion wird hier also nicht von einer Ursache auf eine Wirkung geschlossen, sondern umgekehrt, was zwar keine Beweiskraft hat, hingegen der *Hypothesenbildung* dient:

> Die Abduktion ist also kein sicherer Schluss. Allerdings ist dies die einzige Schlussform, welche die Generierung neuer Erkenntnisse ermöglicht. ([MEYER 2007, 291])

Nach PEIRCE dient damit die Induktion nur dem Hypothesentest. Diese „Induktion im engeren Sinn" meint also viel weniger als die POPPERsche „Induktion im weiteren Sinn", welche die Abduktion mit einschließt. Nachfolgend betrachten wir stets *„Induktion im weiteren Sinn"*.

5.3.2 Axiomensysteme

5.3.2.1 Anforderungen an ein Axiomensystem

Zunächst: Ein „Axiomensystem" besteht aus einer endlichen[417] Menge von Axiomen im bisher beschriebenen Sinn, die logisch konjunktiv durch UND verbunden sind, die also nicht nur jeweils einzeln erfüllt sein müssen, sondern stets in ihrer „konjunktiven" Gesamtheit. Zwei Beispiele haben wir bereits kennen gelernt, nämlich die Axiomensysteme für einen „Inzidenzraum" (in Abschnitt 1.1.6.2) und für eine „Mengenalgebra" (in Abschnitt). Und in Abschnitt 2.3.8.3 wurden bereits wesentliche Aspekte für Axiomensysteme aufgelistet:

- *Grundlage für eine zu entwickelnde Theorie* — *Widerspruchsfreiheit (bzw. Konsistenz)* — *Unabhängigkeit* — *Vollständigkeit*

Die letzten drei Aspekte erläutern wir nachfolgend anhand konkreter Beispiele.

5.3.2.2 Widerspruchsfreiheit

Die Forderung nach der Widerspruchsfreiheit eines Axiomensystems ist eine naheliegende, wenn auch keine notwendige:[418]

> Widerspruchsfreiheit muß nur gefordert werden, wenn das Axiomensystem keinen vorgegebenen Gegenstandsbereich modelliert. Wenn die Axiome Idealisierungen beinhalten, dann ist unklar, ob sie Gegenstandsbereiche modellieren, und dann sollte (wie David Hilbert immer wieder betont hat) zu ihrer Rechtfertigung ein Widerspruchsfreiheitsbeweis gegeben werden.

Sind etwa A_1, ..., A_n die betreffenden Axiome (z. B. bei einer Mengenalgebra[419]), so darf die Situation $A_1 \wedge A_2 \wedge \ldots \wedge A_n \Leftrightarrow F$[420] nicht eintreten, denn dann wäre das Axiomensystem in keinem Fall erfüllbar, was daran liegt, dass diese Axiome sich dann in ihrer Gesamtheit logisch widersprechen.

---

[417] Nur darauf beschränken wir uns hier sinnvollerweise und erörtern auch nicht, ob anderes denkbar ist.

[418] Gemäß einer Mitteilung von ULRICH FELGNER an mich vom 13. 2. 2013.

[419] Vgl. Abschnitt (b).

[420] Vgl. Abschnitt 2.3.4.

Würde man zum Axiomensystem einer Mengenalgebra als ein weiteres Axiom z. B. $\emptyset \notin \mathcal{O}l$ hinzufügen, so wäre dieses System nicht mehr widerspruchsfrei, sondern widerspruchsvoll, weil ja $\emptyset \in \mathcal{O}l$ beweisbar ist![419] Bei diesem Beispiel ist es offenkundig, dass keine Widerspruchs-freiheit vorliegt, jedoch sonst ist die Widerspruchsfreiheit eines Axiomensystems nicht immer einfach erkennbar, vor allem: Diese ist nicht immer *beweisbar*. Kann sie denn jemals beweisbar sein, und ggf. wie?

Tatsächlich existiert ein sehr einfaches Kriterium, mit dem die Widerspruchsfreiheit ggf. „offen sichtlich" werden kann (sofern sie vorliegt): falls man nämlich ein sog. **Modell** für dieses Axiomensystem findet oder ein solches „konstruieren" kann.[421] Beispielsweise können wir von dem Axiomensystem für einen Inzidenzraum definitiv sagen, dass es widerspruchsfrei ist, weil Bild 1.19 (S. 17) ein Modell zeigt – und in Bild 1.20 sind sogar zwei Modelle erkennbar. (Nun mag man höchstens noch sophistisch anzweifeln, ob diesen bildhaft gegebenen Strukturen ein Konkretheitsanspruch zukommt, so dass sie als ein „Modell" gelten können.) Andererseits: Falls man kein Modell findet oder ein solches nicht zu konstruieren vermag, ist man nicht klüger als zuvor, denn dann kann das Axiomensystem sowohl widerspruchsfrei als auch widerspruchsvoll sein. Das ist z. B. die Situation bei der axiomatischen Mengenlehre. So schreibt EBBINGHAUS hierzu:[422]

> Gottlob FREGE (1848–1925), einer der Väter der mathematischen Logik, gab im ersten Band seiner *Grundgesetze der Arithmetik* ein Axiomensystem für die CANTORsche Mengenlehre an. Sein Ziel war es, die Mathematik logisch-mengentheoretisch zu begründen. Eines seiner Axiome präzisiert die Vorstellung von Mengen als Umfänge oder Extensionen von Eigenschaften, wie man sie aus dem CANTORschen Mengenbild herauslesen konnte und wie sie auch DEDEKIND öfter benutzt hat. Es lautet in seiner Sprechweise:
>
> *Fregesches Komprehensionsaxiom* (von lat. *comprehensio* = das Zusammenfassen).
>
> Zu jeder Eigenschaft E existiert die Menge $M_E := \{x : x \text{ ist Menge und } E \text{ trifft zu auf } x\}$
> [...] 1901 entdeckte dann Bertrand Russell [...] die Inkonsistenz des Komprehensionsaxioms [...]

Die Folgen aus dieser RUSSELLschen Antinomie haben wir bereits in Abschnitt 2.3.7 erörtert. Dieses Beispiel zeigt, dass ein (auch für einen hochkarätigen Logiker wie FREGE) „nahelie-gendes" Axiom in Konflikt zu bereits vorliegenden Axiomen treten kann, so dass es also *nicht konsistent* mit diesen ist bzw. in Widerspruch zu diesen gerät und also ein *widerspruchsvolles Axiomensystem* entstehen kann, für das es dann *kein Modell* mehr gibt.

Wenn wir jedoch beispielsweise den Standpunkt einnehmen, die axiomatische Mengenlehre als widerspruchsfrei vorauszusetzen, weil wir keinen vernünftigen Grund sehen, an ihrer Plausi-bilität zu zweifeln, und wenn wir dann auf dieser Basis aufgrund akzeptierter logischer Struktu-ren ein Objekt konstruieren, das ein konkretes Axiomensystem erfüllt, so werden wir es als ein Modell für dieses Axiomensystem ansehen (können).

---

[421]   Streng genommen ist diese *„semantische Widerspruchsfreiheit"* von der zuerst skizzierten *„syntaktischen Wi-derspruchsfreiheit"* zu unterscheiden (vgl. z. B. [HERMES & MARKWALD 1961, 32 und 41]).
[422]   [EBBINGHAUS 1988, 305]

Wir wissen sogar seit den grundlegenden Untersuchungen von KURT GÖDEL, dass ein Beweis der Widerspruchsfreiheit für die axiomatische Mengenlehre gar nicht möglich ist:[423]

> Auf der anderen Seite versuchten zahlreiche Mathematiker, unter ihnen auch RUSSELL und ZERMELO, durch eine Revision der sich in den FREGESchen Axiomen niederschlagenden Vorstellung über den Mengenbegriff zu einer widerspruchsfreien Axiomatisierung der von CANTOR eröffneten Möglichkeit zu kommen. Einer der entschiedensten geistigen Führer dieser Richtung wurde David HILBERT [...].

> Im folgenden sollen die bekanntesten Axiomensysteme kurz vorgestellt werden. Sie gelten heute bei den Mengentheoretikern als widerspruchsfrei. Ein Widerspruchsfreiheitsbeweis, wie er bis in die zwanziger Jahre unseres Jahrhunderts noch für möglich gehalten wurde, kann nach einem von K. GÖDEL (1931) stammenden Satz der mathematischen Logik selbst mit Hilfsmitteln von der methodischen Stärke der Mengenlehre nicht erbracht werden [...].

Und EBBINGHAUS fügt ergänzend hinzu, an späterer Stelle auf *„inhaltliche Argumente, die für die Widerspruchsfreiheit sprechen,"* einzugehen.[423]

Die axiomatische Mengenlehre stellt also in Verbindung mit der mathematischen Logik für die Mathematik ein vorzügliches Werkzeug dar, jedoch können wir nicht den Nachweis im Sinne eines stichhaltigen „Beweises" erbringen, dass dieses Werkzeug korrekt arbeitet. Wohl aber können wir aufgrund seiner offensichtlichen Plausibilität und der damit erzielbaren Ergebnisse zu der Überzeugung gelangen, dass sie vernünftig ist. Das erinnert dann sehr an das Zahlverständnis (3.3.4.3, S. 126) der älteren Pythagoreer, *„Alles ist Zahl"*, und ihre darauf aufbauende Grundüberzeugung *„Zu je zwei gleichartigen Größen existiert ein gemeinsames Maß."* (S. 127). Allerdings haben sich beide als falsch erwiesen, doch die axiomatische Mengenlehre scheint dagegen gefeit zu sein ...

5.3.2.3   Unabhängigkeit

> Eine (in der klassischen Mathematik) weder beweisbare noch widerlegbare Aussage nennt man *unabhängig* (von der klassischen Mathematik).[424]

Knapper wird es nur noch durch Weglassung der Parenthesen betr. „klassische Mathematik":

- Eine weder beweisbare noch widerlegbare Aussage nennt man **unabhängig.**

Ein Axiom A eines Axiomensystems ist damit *unabhängig* (von den anderen Axiomen), wenn es ohne Erzeugung von Widersprüchen durch seine Negation ¬A ersetzt werden kann, wie es z. B. für das Parallelenaxiom der euklidischen Geometrie gilt. Denn würde ¬A das restliche Axiomensystem widerspruchsvoll machen, so wäre ja A aus diesen restlichen Axiomen deduzierbar gewesen. Daraus ergibt sich zugleich eine andere, einfache Deutung von „unabhängig":

- Ein **Axiomensystem** ist genau dann **unabhängig**, wenn keines seiner Axiome aus den restlichen deduzierbar ist.

---

[423]   [EBBINGHAUS 1988, 306]

[424]   [DEISER 2010, 150]; mit „klassische Mathematik" meint DEISER *„die durch die Tradition begründete und zur Zeit allgemein akzeptierte Mathematik"*; die Leserinnen und Leser seien auf DEISERs ausführliche aufschlussreiche Ausführungen betr. „klassische Mathematik" verwiesen.

In Abschnitt 5.3.5 gehen wir hierauf ausführlich exemplarisch ein, weisen aber bereits jetzt auf eine wichtige Anmerkung bei [HERMES & MARKWALD 1961, 29 f.] hin:

> Die Unabhängigkeit ist im allgemeinen wünschenswert, jedoch nicht unbedingt erforderlich. Oft lässt sich der Vorteil der Unabhängigkeit nur durch große Komplikationen erkaufen.

5.3.2.4　Vollständigkeit

Im Sinne von Abschnitt 2.3.10 können wir „Vollständigkeit" wie folgt kennzeichnen:

- Das Axiomensystem ist genau dann **vollständig**, wenn es durch Hinzufügen irgendeines weiteren, nicht deduzierbaren Axioms widerspruchsvoll wird.

Ein vollständiges Axiomensystem ist also *maximal* in dem Sinne, dass kein „neues" (nicht deduzierbares) Axiom hinzugefügt werden kann, weil es sonst seine Widerspruchsfreiheit verliert und kein Modell mehr besitzt. Beispielsweise ist das Axiomensystem, das die reellen Zahlen als einen *besonderen,* archimedisch angeordneten Körper charakterisiert, vollständig, weshalb man die entsprechende Struktur auch als *„vollständigen, archimedisch angeordneten Körper"* bezeichnet. Diese „Vollständigkeit" der reellen Zahlen wird im Prozess der „konstruktiven Vervollständigung" durch ein „abschließendes" Axiom erreicht, das in unterschiedlichen (äquivalenten) Fassungen auftritt.[425] „Vollständigkeit" begegnet uns hier also neben der Lückenlosigkeit der reellen Zahlen auch als besondere Eigenschaft dieses Axiomensystems.

5.3.3　„Modell" und „Modellierung" — (wie) passt das zusammen?

„Modell", „Modellbildung" und „Modellierung" sind aktuelle Termini in der Didaktik der Mathematik, doch nicht nur dort, sondern auch z. B. in der Angewandten Mathematik. Doch hat das etwas mit dem zu tun, was in den bisherigen Ausführungen definitionslos und selbstredend als „Modell" eines Axiomensystem bezeichnet wurde? Was ist hier überhaupt ein „Modell"? Nun können wir hier nicht auf die mit den Namen CARNAP und TARSKI verbundene philosophische „Modelltheorie" und deren aktuelle Entwicklung eingehen. Stattdessen sei eine naive, persönliche Deutung vorgestellt, und zwar bezogen und beschränkt auf ein *„Modell für ein Axiomensystem"*:

> - Ein **Modell** ist ein (subjektiv) zweifelsfrei existierendes, konkretes Objekt, das ein gegebenes Axiomensystem erfüllt.　(∗)

Zum Vergleich sei eine *intuitive* „Eingangsdefinition" von [DEISER 2010, 153] herangezogen:

> Ein Modell ist intuitiv eine Welt für ein mathematisches Axiomensystem, ein Bereich von Objekten, innerhalb dessen die Axiome gelten, oder etwas weniger hochgestochen, ein konkretes Beispiel.

Das ist dieselbe Sicht wie die unter (∗) präsentierte, auch wenn DEISER von „Objekten" spricht, was in obiger Sicht aber dasselbe bedeutet:

---

[425]　Vgl. Abschnitt 8.4.2; ferner [LANDAU 1930], [COHEN & EHRLICH 1963], [STEINER 1966], [OBERSCHELP 1976], [HISCHER & SCHEID 1982], [EBBINGHAUS et. al. 1983, 40 ff.] und [HISCHER & SCHEID 1995].

So kann z. B. „die strukturierte Menge $\mathbb{N}$ der natürlichen Zahlen" als ein „Objekt" aufgefasst werden, während auch die Zahlen selber als „Objekte" anzusehen sind. In diesem Sinn soll dann im nächsten Kapitel das PEANOsche Axiomensystem für $\mathbb{N}$ schrittweise entwickelt werden, und zwar durch „Modellierung" einer „intuitiven" Vorstellung von $\mathbb{N}$. Das bedeutet allgemein: Bei der „Entwicklung" eines Axiomensystems haben wir bereits ein „Modell" vor Augen, das allerdings nachträglich bei der Überprüfung des Axiomensystems die „Nagelprobe" bestehen muss. Vor allem sind wir an dem Aufsuchen weiterer, möglichst „anderer" (nicht isomorpher) Modelle interessiert. Doch das ist dann schon der wesentliche Unterschied zum o. g. „Modellieren", wenn man sich damit arrangieren kann, dass dieses sog. *Modellieren* oder die *Modellbildung* (bei der Anwendung von Mathematik) lediglich die *Entwicklung eines Axiomensystems* ist: Denn auch die beim eingangs erwähnten „üblichen" Modellieren auftretenden Formeln, Algorithmen usw. sind als „Axiome" im Sinne von „Forderungen" auffassbar.

5.3.4   Mengenalgebra als Boolesche Algebra

GEORGE BOOLE (1815–1864), eignete sich autodidaktisch mathematische Kenntnisse an, wurde 1949 Professor an einem College in Irland und zählt mit seinen beiden Hauptwerken *"The Mathematical Analysis of Logic"* (1847) und *"An Investigation of the Laws of Thought"* (1854) neben GOTTLOB FREGE[426] zu den Mitbegründern der Mathematischen Logik. Die von ihm entdeckten und formulierten Zusammenhänge mündeten in einen Logik-Kalkül und später in die Untersuchung von *Strukturen*, die im 20. Jh. als *Boolesche Algebren* (1913 durch den Logiker HENRY MAURICE SHEFFER) und als *Boolesche Ringe* (1936 durch den Mathematiker MARSHALL HARVEY STONE) bezeichnet wurden. So schreibt STONE in der Einleitung seiner grundlegenden, 75 Seiten umfassenden Arbeit:[427]

> Boolean algebras are those mathematical systems first developed by George Boole in the treatment of logic by symbolic methods and since extensively investigated by other students of logic, including Schröder, Whitehead, Sheffer, Bernstein, and Huntington.

Auf der nächsten Seite wird eine Definition von „Boolesche Algebra" vorgestellt.

Aufgabe 5.10

Zeigen Sie, dass bei geeigneter Interpretation jede Mengenalgebra als Boolesche Algebra aufgefasst werden kann und umgekehrt!

Das ist im Wesentlichen der „Satz von Stone" (s. o.): *Jede Boolesche Algebra ist isomorph zu einer geeigneten Mengenalgebra.* Damit ist zugleich gesichert, dass für das Axiomensystem ein *Modell* existiert, basierend auf axiomatischer Mengenlehre und Aussagenlogik.

Wir können heute eine Boolesche Algebra wie folgt definieren ($\mathscr{B}$ ist das „B" in Sütterlin):

---

[426]   Vgl. die Abschnitte 2.1, 2.3.1, 2.3.7.1, 4.3.4, 4.3, 5.1.3 und 5.3.2.2.
[427]   [STONE 1936, 37].

(5.89) Definition	Kommentare:
Es sei $\mathscr{L}$ eine nicht leere Menge, $\sqcup$ und $\sqcap$ seien zweistellige Operationen, ζ sei eine einstellige Operation ($\zeta(x) =: x'$), und $\underline{0}$ und $\underline{1}$ seien 0-stellige Operationen.	Voraussetzungen
($\mathscr{L}$, $\sqcup$, $\sqcap$, ζ, $\underline{0}$, $\underline{1}$) ist eine **Boolesche Algebra** $:\Leftrightarrow$	Benennungen
(B1) $\underline{0} \in \mathscr{L}$, $\underline{1} \in \mathscr{L}$	„Konstanten" in $\mathscr{L}$
(B2) $\zeta : \mathscr{L} \to \mathscr{L}$	ζ ist Funktion von $\mathscr{L}$ in $\mathscr{L}$:
(B3) $\sqcup : \mathscr{L} \times \mathscr{L} \to \mathscr{L}$	$\mathscr{L}$ ist bezüglich $\sqcup$ abgeschlossen
(B4) $\sqcap : \mathscr{L} \times \mathscr{L} \to \mathscr{L}$	$\mathscr{L}$ ist bezüglich $\sqcap$ abgeschlossen
(B5) $\sqcup$ und $\sqcap$ sind kommutativ und assoziativ	vgl. Definition (5.44.a)
(B6) $\sqcup$ ist distributiv über $\sqcap$, und $\sqcap$ ist distributiv über $\sqcup$	vgl. Definition (5.44.e)
(B7) $\underline{0} \sqcup x = x \sqcup \underline{0} = \underline{0}$ für alle $x \in \mathscr{L}$	$\underline{0}$ ist Nullelement
(B8) $\underline{1} \sqcap x = x \sqcap \underline{1} = x$ für alle $x \in \mathscr{L}$	$\underline{1}$ ist Einselement
(B9) $x \sqcup x' = x' \sqcup x = \underline{1}$ für alle $x \in \mathscr{L}$	„Komplement"
(B10) $x \sqcap x' = x' \sqcap x = \underline{0}$ für alle $x \in \mathscr{L}$	„Komplement"

5.3.5   Zur Unabhängigkeit eines Axiomensystems am Beispiel von Gruppen

In Abschnitt 2.2.5.4 wurde auf S. 69 die Definition von „Gruppe" durch HEINRICH MARTIN WEBER aus dem Jahre 1893 vorgestellt:[428]

1. eindeutige Komposition (= Zusammensetzung)
2. Assoziativität
3. Links- und Rechtskürzbarkeit
4. eindeutige Auflösung der Gleichung $a \cdot x = b$ bei Vorgabe von je zwei Größen nach der dritten

Wie können wir das nun mit unseren bisherigen strukturellen Hilfsmitteln formalisieren?

Offensichtlich geht es darum, eine *Menge* – sie sei vorerst M genannt – *und* im Sinne von Definition (5.40.a) auf S. 214 eine darauf erklärte *Verknüpfung* (nämlich die o. g. „eindeutige Komposition") *in ihrem Zusammenwirken* zu *beschreiben*. In der Eigenschaft Nr. 4 bei WEBER wird diese Verknüpfung als Multiplikation geschrieben, es kann aber auch eine andere sein – und daher bezeichnen wir sie vorerst abstrakt mit $*$ wie in Definition (5.40.a).

---

[428] Aus [GRAY 1990, 314].

Somit sind eine Menge M (genannt **Trägermenge**) und eine auf ihr erklärte Verknüpfung $*$ in ihrem *Zusammenspiel* zu beschreiben. Dieses führt dann zu der „modernen" Auffassung der strukturtheoretisch orientierten Mathematik, das **Paar** $(M,*)$ **als Gruppe** zu bezeichnen – ähnlich wie wir es gerade bei der Definition einer *Booleschen Algebra durch ein 6-Tupel* oder bei der Beschreibung einer *Halbordnung* in Satz (5.76) (S. 225) *durch ein geordnetes Paar* gemacht haben. Damit soll die Botschaft vermittelt werden, dass eine **Menge für sich genommen keine Gruppe** sein kann, sondern die **betreffende Verknüpfung unverzichtbar dazugehört**.

Im Sinne von WEBER kommen wir damit zu einem ersten Ansatz einer formalisierten Gruppendefinition (vgl. Def. 3.47):

(5.90a) Definition „Gruppe" — 1. Ansatz

Es sei M eine nicht leere Menge und $*$ eine Verknüpfung.

$$(M,*) \text{ ist eine } \textbf{Gruppe}$$

$$:\Leftrightarrow$$

$$\text{(G1a)} \quad \bigwedge_{a,b\in M} a*b \in M$$

$$\text{(G2a)} \quad \bigwedge_{a,b,c\in M} (a*b)*c = a*(b*c)$$

$$\text{(G3a)} \quad \bigwedge_{a,b,c\in M} (a*c = b*c \to a=b) \wedge \bigwedge_{a,b,c\in M} (c*a = c*b \to a=b)$$

$$\text{(G4a)} \quad \bigwedge_{a,b\in M} \overset{1}{\bigvee_{x\in M}} a*x=b \;\wedge\; \bigwedge_{a,x\in M} \overset{1}{\bigvee_{b\in M}} a*x=b \;\wedge\; \bigwedge_{b,x\in M} \overset{1}{\bigvee_{a\in M}} a*x=b$$

Dieses Axiomensystem wirkt zwar sehr opulent, aber es gibt genau das wieder, was wir bei WEBER finden. Bei genauerer Betrachtung erkennen wir: Die zweite Eigenschaft aus (G4a) folgt bereits aus (G1a), und die dritte Eigenschaft in (G4a) unterscheidet sich von der ersten in (G4a) nur durch die Reihenfolge der „Faktoren".

Man hatte dann in der Mathematik bald erkannt, dass eine Gruppe äquivalent etwa wie folgt (in einer heute oft üblichen Weise) charakterisiert werden kann:

(5.90b) Definition „Gruppe" — 2. Ansatz

Es sei M eine nicht leere Menge und $*$ eine Verknüpfung.

$$(M,*) \text{ ist eine } \textbf{Gruppe}$$

$$:\Leftrightarrow$$

(G1b)	$\displaystyle\bigwedge_{a,b\in M} a*b \in M$	Abgeschlossenheit
(G2b)	$\displaystyle\bigwedge_{a,b,c\in M} (a*b)*c = a*(b*c)$	Assoziativität
(G3b)	$\displaystyle\bigvee_{e\in M}\bigwedge_{a\in M} a*e = a$	Existenz eines rechtsneutralen Elements
(G4b)	$\displaystyle\bigwedge_{a\in M}\bigvee_{a'\in M} a*a' = e$	zu jedem Element existiert ein rechtsinverses Element

(5.91) Anmerkungen

(a) Dieses sind zwar auch vier Axiome, aber die letzten beiden sind viel schwächer als (G3a) und (G4a).

(b) Es werden ein „Rechtsneutrales" und zu jedem Element „sein Rechtsinverses" gefordert, was sehr schwach ist, aber ausreicht, wie man beweisen kann (dies wird in der „Algebra" gemacht). Alternativ kann man auch nur „Links-..." fordern. Manchmal fordert man auch beides, was aber nicht nötig (und auch überbestimmt) ist!

(c) Man beachte die *unterschiedliche Reihenfolge der Quantoren* in (G3b) und (G4b)!

(d) Was stört:

    1. $*$ wird als Verknüpfung vorausgesetzt. Dann besagt aber (G1b) nur noch, dass $*$ nicht aus M herausführt![429] Das könnte man dann auch gleich in die Voraussetzung aufnehmen, indem man also $*$ als „innere Verknüpfung" voraussetzt. Viele Autoren machen das so, so dass es dann eigentlich nur noch drei Gruppenaxiome gibt.

    2. (G4b) kann man nur aufschreiben, wenn (G3b) bereits vorliegt. Das ist *in formaler Hinsicht sogar falsch*, denn e ist in (G3b) eine *gebundene Variable*, hingegen ist e in (G4b) eine *freie Variable*.[430]

All diese Probleme könnte man vermeiden, indem man neben M und $*$ auch e in die Voraussetzung mit aufnimmt, ferner auch eine „Inversenfunktion" i. Dann wäre allerdings sogar ein *Quadrupel* $(M, *, i, e)$ zu charakterisieren, also ähnlich, wie wir es kommentarlos bei Definition (5.89) für eine Boolesche Algebra gemacht haben oder wie wir es früher auf S. 102 in der Anmerkung (2.42) als Möglichkeit für die Beschreibung einer Mengenalgebra mittels $(X, \mathfrak{A}, \complement_X, \cup, \cap, \setminus, \triangle)$ angedeutet haben.

Die Definition wäre dann wie folgt zu modifizieren:

(5.90c) Definition „Gruppe" — 3. Ansatz

Es sei M eine nicht leere Menge, $*$ und i seien Funktionen und $e \in M$.

$$(M, *, i, e) \text{ ist eine } \textbf{Gruppe}$$

$$:\Leftrightarrow$$

(G1c)	$* : M \times M \to M$	Abgeschlossenheit
(G2c)	$*$ ist assoziativ	Assoziativität
(G3c)	$\bigwedge\limits_{a \in M} a * e = a$	Rechtsneutrales
(G4c)	$i : M \to M \ \wedge \ \bigwedge\limits_{a \in M} a * i(a) = e$	Rechtsinversenfunktion

---

[429] Das haben wir zwar auch in Definition (5.89) bei der Booleschen Algebra so gemacht, aber dort „waren wir noch nicht so weit", es hätte an dieser Stelle zu einer (vermeidbaren) Irritation geführt.

[430] Vgl. S. 85.

Überzeugend ist das auch noch nicht, weil (G2c) nicht ohne (G1c) formulierbar ist. Und (G4c) wirkt sehr opulent. Andererseits ist bezüglich der Systematik erfreut anzumerken:

- $*$ ist eine 2-stellige Funktion; i ist eine 1-stellige Funktion; e ist eine 0-stellige Funktion (also eine „Konstante").

Daher könnte es sich lohnen, einen weiteren detaillierteren Anlauf zu wagen:

(5.90d) Definition „Gruppe" — 4. Ansatz

Es sei M eine Menge, $e \in M$, $*$ eine Verknüpfung mit $M \times M \subseteq D_*$ und i eine Funktion mit $i \,|\, M : M \to M$.

$$(M, *, i, e) \text{ ist eine \textbf{Gruppe}}$$
$$: \Leftrightarrow$$

(G1d)	$*[M \times M] \subseteq M$	Abgeschlossenheit
(G2d)	$*|M \times M$ ist assoziativ	Assoziativität
(G3d)	$\bigwedge\limits_{a \in M} a * e = a$	Rechtsneutrales
(G4d)	$\bigwedge\limits_{a \in M} a * i(a) = e$	Rechtsinversenfunktion

---

D_* ist hier gemäß Def. (5.40) auf S. 214 der Definitionsbereich der Verknüpfung $*$, also $D_* = A \times A$ mit einer Menge A. Es soll hiermit lediglich ausgedrückt werden, dass $*$ nicht nur auf $M \times M$ erklärt sein muss, dass also $M \times M \subseteq A \times A$ gelten kann. Und $*|M \times M$ ist die Restriktion von $*$ auf $M \times M$ (vgl. Def. 5.22 auf S. 207).

In dieser Version (5.90d) ist jedes Axiom bei einer konkret vorliegenden Struktur dieses Typs $(M, *, i, e)$ *unabhängig von den jeweils anderen Axiomen überprüfbar!* Das bedeutet allerdings nicht dasselbe wie „unabhängig" im Sinne von S. 197.

Eine solche Unabhängigkeit lässt sich z. B. wie folgt erreichen:

(5.90e) Definition „Gruppe" — 5. Ansatz

Es sei M eine nicht leere Menge, und $*$ sei eine Verknüpfung mit $M \times M \subseteq D_*$.

$$(M, *, i, e) \text{ ist eine \textbf{Gruppe}}$$
$$: \Leftrightarrow$$

(G1e)	$*[M \times M] \subseteq M$	Abgeschlossenheit
(G2e)	$*|M \times M$ ist assoziativ	Assoziativität
(G3e)	$\bigvee\limits_{e \in M} \bigwedge\limits_{a \in M} a * e = a$	Rechtsneutrales
(G4e)	$\bigvee\limits_{e \in M} \bigvee\limits_{i \in M^M} \bigwedge\limits_{a \in M} (a * e = a \wedge a * i(a) = e)$	Rechtsneutrales, Rechtsinversenfunktion

(5.92) Anmerkungen

(a)   Man könnte zwar für $*$ nur „Funktion" statt „Verknüpfung" voraussetzen, dann aber würde (G2e) formal auf (G1e) basieren (ohne (G1e) nicht formulierbar sein), denn die *Assoziativität* ist nicht für beliebige Funktionen, sondern *nur für Verknüpfungen definiert*, also für binäre Operationen (vgl. Def. (5.40) und Anmerkung (5.43.a).

(b)   (G3e) folgt offenbar aus (G4e), somit kann (G3e) weggelassen werden, wenn man nur „Gruppe" definieren möchte. (Und so wird es häufig gemacht.)

(c)   (G4e) macht deutlich, dass die *Inversenbildung eine Funktion* ist, die nur in Abhängigkeit von einem bereits existierenden (neutralen) Element e erklärbar ist.

(d)   Man könnte geneigt sein, (G4e) wie folgt zu ersetzen:

$$\bigvee_{e \in M} \left[\left(\bigwedge_{a \in M} a * e = a \right) \wedge \bigvee_{i \in M^M} \bigwedge_{a \in M} (a * i(a) = e) \right]$$

Sodann muss (und kann!) man zeigen, dass dies logisch äquivalent zu (G4e) ist.

(e)   Die „neutralen" Elemente e in (G3e) und (G4e) müssen (formal gesehen!) nicht eindeutig existieren, und sie können insbesondere im Prinzip verschieden sein. Falls aber eine Gruppe vorliegt, so lässt sich deren Eindeutigkeit und Gleichheit beweisen.

Obwohl (G3e) aus (G4e) folgt, ist es vorteilhaft, beide Axiome zu notieren, um Strukturen betrachten zu können, in denen zwar (G3e) gilt, nicht aber (G4e). Aber ist das hier erfüllt? Angenommen, dass wir eine konkrete Struktur $(M, *)$ gefunden haben, in der zwar (G1e) und (G2e) erfüllt sind, nicht aber (G3e), dann kann natürlich auch (G4e) nicht erfüllt sein, obwohl beide Axiome „formal unabhängig" voneinander formuliert sind, so dass also jedes von beiden untersucht werden kann, ohne dass dabei auf das andere zurückgegriffen werden muss. Damit wissen wir zunächst, dass das *Axiomensystem in* (5.90.e) *nicht unabhängig* ist, denn: Wenn ein widerspruchsfreies Axiomensystem *unabhängig* ist,[431] kann jedes Axiom (A) durch $\neg$ (A) ersetzt werden, so dass auch das neue Axiomensystem widerspruchsfrei ist.

Das gibt versuchsweise Anlass zu einer neuartigen Definition:

(5.93) Definition

Ein Axiomensystem heißt **separiert**, wenn jedes Axiom ohne die anderen untersuchbar ist.

Und sofort erhalten wir:

(5.94) Folgerung

Das Axiomensystem in (5.90.e) ist zwar separiert, aber dennoch nicht unabhängig.

Die „Separiertheit"[432] garantiert also noch nicht die Unabhängigkeit!

---

[431] Vgl. hierzu S. 235.

[432] Die Bezeichnung „Separiertheit eines Axiomensystems" wurde extra im Rahmen der hier vorliegenden Betrachtungen eingeführt, wobei mir unbekannt ist, wo und ob sie (ggf. in anderer Bezeichnung) bereits verwendet wurde. So bleibt mir nur, es an dieser Stelle mit LUDWIG WITTGENSTEIN zu halten, „*... weil es mir gleichgültig ist, ob das was ich gedacht habe, vor mir schon ein anderer gedacht hat*". (Ferner: „separiert" darf nicht mit dem üblich Terminus „separabel" verwechselt werden.)

Mit Bezug auf die Betrachtungen betreffs „Abduktion" auf S. 232 liegt es dennoch nahe, das Axiomensystem in Def. (5.90.e) mit Blick auf die angestrebte Unabhängigkeit zunächst so abzuändern, dass es separiert ist. Wie kann das gelingen? Es muss (G4e) erfüllbar sein, obwohl (G3e) nicht erfüllt ist. Da nun in (G4e) das Element e durch die Gleichung $a * e = a$ als rechtsneutral – genau wie in (G3e) – beschrieben wird, muss ja nur diese Forderung in (G4e) entfallen. Wir werden dann noch aus ästhetischen Gründen die Variable e durch eine andere ersetzen, obwohl das formal nicht nötig ist, denn e ist hier ja eine gebundene Variable (vgl. Abschnitt 2.3.5). Das führt zum folgenden Versuch, bei dem wir zugleich noch die Kommutativität hinzufügen:

(5.95) Definition

Es sei M eine nicht leere Menge, und $*$ sei eine Verknüpfung mit $M \times M \subseteq D_*$.
Damit seien folgende Axiome für $(M, *)$ erklärt:

(G1)	$*[M \times M] \subseteq M$	**Abgeschlossenheit** bezüglich der Verknüpfung
(G2)	$* \mid M \times M$ ist assoziativ	**Assoziativität** der Verknüpfung
(G3)	$\bigvee\limits_{e \in M} \bigwedge\limits_{a \in M} a * e = a$	**rechtsneutrales Element** – Existenz
(G4)	$\bigvee\limits_{f \in M} \bigvee\limits_{i \in M^M} \bigwedge\limits_{a \in M} (a * i(a) = f)$	**Rechtsinversenfunktion** – Existenz
(G5)	$* \mid M \times M$ ist kommutativ	**Kommutativität** der Verknüpfung

---

$(M, *)$ würden wir genau dann eine „*Gruppe*" nennen wollen, wenn die ersten vier Axiome erfüllt sind, darüber hinaus wäre $(M, *)$ eine „*abelsche Gruppe*", wenn auch (G5) erfüllt ist.

(5.96) Satz

Das Axiomensystem in Definition (5.95) ist widerspruchsfrei und unabhängig.

Beweis:

Widerspruchsfreiheit: Bezogen auf die Menge $\mathbb{Z}$ (ganze Zahlen) mit der üblichen Addition ist $(\mathbb{Z}, +)$ ein Modell für das Axiomensystem. ✓
(In Aufgabe 5.11.e wird darüber hinaus auch ein endliches Modell betrachtet.)

Unabhängigkeit: Wir müssen jedes der fünf Axiome negieren und zeigen, dass es für das jeweils existierende neue Axiomensystem (aus wiederum fünf Axiomen) ein Modell gibt.

(1) $\neg$ (G1) $\wedge$ (G2) $\wedge$ (G3) $\wedge$ (G4) $\wedge$ (G5): Wähle $M := \mathbb{Z} \cup \{-\frac{1}{2}, \frac{1}{2}\}$ und damit $(M, +)$.

Es ist alles bis auf (G1) erfüllt (mit 0 als rechtsneutralem Element und $i(a) := -a$). ✓

(2) (G1) $\wedge \neg$ (G2) $\wedge$ (G3) $\wedge$ (G4) $\wedge$ (G5): Wähle $M := \{0, 1, 2\}$ und $*$ wie in nebenstehender „Verknüpfungstafel". M ist bezüglich $*$ abgeschlossen, $*$ ist kommutativ, 0 ist rechtsneutral, und mit $f := 0$ existiert auch eine Rechtsinversenfunktion i, für die man z. B. $i(0) := 0$, $i(1) := 1$ und $i(2) := 1$ wählen kann (geht es auch anders?).

$*$	0	1	2
0	0	1	2
1	1	0	0
2	2	0	0

Aber es ist $1 * (1 * 2) = 1 * 0 = 1$ und $(1 * 1) * 2 = 0 * 2 = 2$, also ist $*$ nicht assoziativ. ✓

(3) $(G1) \wedge (G2) \wedge \neg(G3) \wedge (G4) \wedge (G5)$: Mit $M := \mathbb{N}^* \cup \{\infty\}$ sei $m * n := m + n$ und $m + \infty :=$
$\infty + m := \infty$ für alle $m, n \in \mathbb{N}^*$, ferner $\infty + \infty := \infty$. Dann sind offenbar (G1) und (G5)
erfüllt, und man überzeugt sich leicht, dass auch (G2) erfüllt ist. $m + e = m$ ist genau
dann für alle $m \in \mathbb{N}^*$ erfüllt, wenn $e = 0$ ist, aber es ist $0 \notin M$, und damit ist (G3)
nicht erfüllt. Jedoch ist (G4) z. B. erfüllt mit $f := \infty$ und $i(m) := \infty$ für alle $m \in \mathbb{N}^*$. ✓

(4) $(G1) \wedge (G2) \wedge (G3) \wedge \neg(G4) \wedge (G5)$: Wähle $(M, *) := (\mathbb{N}, +)$. ✓

(5) $(G1) \wedge (G2) \wedge (G3) \wedge (G4) \wedge \neg(G5)$: Hier wähle man irgendeine nichtabelsche Gruppe
(z. B. eine geeignete Menge quadratischer regulärer Matrizen mit der Multiplikation als
Verknüpfung). ✓

◆

Damit scheinen wir am Ziel zu sein – aber:

- Es ist zu beachten, dass im üblichen Verständnis in Gruppen e und f stets übereinstimmen, was hier jedoch nicht gefordert wurde. Zwar ist zu fragen, ob man $e = f$ beweisen kann, jedoch findet man (leider?) Beispiele, bei denen $e \neq f$ gilt (Aufgabe 5.11.a).

- Aus dieser Schwierigkeit könnten wir uns zwar durch die Forderung der Übereinstimmung von e und f mit einem weiteren Axiom befreien (nachfolgend in Def. (5.97) als Axiom (G6) bezeichnet), müssten dann aber zugleich die gerade erreichte Unabhängigkeit des Axiomensystems für „Gruppe" wieder aufgeben:

(5.97) Definition	Tabelle: Elementare algebraische Strukturen						
Es sei M eine nicht leere Menge, und $*$ sei eine Verknüpfung mit $M \times M \subseteq D_*$.	*Name der Struktur*	(G1)	(G2)	(G3)	(G4)	(G5)	(G6) $e=f$
	Verknüpfungsgebilde	×					
$(M, *)$ ist jeweils genau dann eine der rechts genannten Strukturen, wenn die daneben stehenden Eigenschaften erfüllt sind:	**Halbgruppe**	×	×				
	Monoid	×	×	×			
	Gruppe	×	×	×	×		×
	abelsche Gruppe	×	×	×	×	×	×

(5.98) Anmerkungen

(a) Die Entwicklung eines widerspruchsfreien Axiomensystems für „Gruppe" hat sich bezüglich der gewünschten Unabhängigkeit als schwierig erwiesen (vgl. das Zitat von HERMES & MARKWALD auf S. 236 oben). Zwar liegt ein solches Axiomensystem gemäß Satz (5.96) in Definition (5.95) vor, allerdings beschreibt es eine allgemeinere Struktur als „Gruppe". Bei „Gruppe" haben wir daher (hier) mit dem Zusatzaxiom (G6) *auf das Ziel der Unabhängigkeit verzichtet.*

(b) Mit Bezug auf den Gruppenbegriff könnte man anstelle von „rechtsneutral" und „rechtsinvers" alternativ auch „linksneutral" und „linksinvers" fordern, denn bei Gruppen lässt sich beweisen, dass jedes linksneutrale Element auch rechtsneutral ist (und umgekehrt) und dass diese Elemente eindeutig sind. Entsprechendes gilt bei den Inversenfunktionen. Bei „einfacheren" bzw. allgemeineren Strukturen können jedoch andere Situationen auftreten.

(c) Anstelle von „Verknüpfungsgebilde" ist vor allem in der Informatik auch die Bezeichnung **Gruppoid** üblich.

(d) Streng genommen wird üblicherweise beim Monoid sowohl die Existenz eines linksneutralen als auch die eines rechtsneutralen Elements gefordert, wobei dann beide gleich sein müssen. Auch diese Bezeichnung ist wie „Gruppoid" vor allem in der Informatik üblich. Ein **Monoid** ist also eine **Halbgruppe mit neutralem Element**. Solche Strukturen betrachtet man in der Linguistik oder in der Informatik bei formalen Sprachen, wenn es nämlich darum geht, aus Wörtern und Zeichen durch Nebeneinanderschreiben ein neues Wort zu bilden: Von dieser Verknüpfung fordert man also die Assoziativität und die Existenz eines neutralen Elements (nämlich das „leere Wort").

(e) Bei dem Paar $(M, *)$ wird M die **Trägermenge** dieser Struktur genannt. Eine **Menge wird** also in diesem Fall **dadurch strukturiert**, dass man sie mit einer Verknüpfung versieht, die noch gewisse weitere Eigenschaften erfüllt, beispielsweise die Gruppenaxiome oder nur einige davon.

(f) Es gibt vielfache **weitere Strukturierungsmöglichkeiten**. So kann man z. B. eine **Trägermenge** M durch eine Totalordnungsrelation $\sqsubseteq$ in M strukturieren und erhält dann eine **Totalordnung** $(M, \sqsubseteq)$, wie es schon in Abschnitt 5.2.1 dargestellt wurde.

(g) Und schließlich gelangt man generell zu mathematischen **Strukturen**, indem man eine oder mehrere **Trägermengen** mit mehrstelligen Funktionen und/oder Relationen versieht, wobei dann zwingend **Verträglichkeitsaxiome** (wie z. B. das Distributivgesetz) das **Zusammenspiel** dieser Funktionen und Relationen **regeln** (müssen!).

Aufgabe 5.11

(a) Konstruieren Sie ein Modell für das Axiomensystem in Definition (5.95) mit $e \neq f$. (Hinweis: Ein solches Modell ergibt sich z. B. durch Variation von Modell (3) aus dem Beweis von Satz (5.96).)

(b) Untersuchen Sie die folgenden auf $\mathbb{R}$ erklärten Verknüpfungen auf Assoziativität, auf Kommutativität, auf die Existenz von links- bzw. rechtsneutralen Elementen und ggf. auch auf die Existenz von Links- bzw. Rechtsinversenfunktionen:

1) $x * y := 0$,   2) $x * y := y$,   3) $x * y := (x + y)^2$,   4) $x * y := e^{x + y}$,

5) $x * y := x + y - xy$,   6) $x * y := x - y - xy$,   7) $x * y := \sqrt[3]{x^3 + y^3}$

(c) Es sei $(G, *)$ eine Gruppe mit dem rechtsneutralem Element e und der Rechtsinversenfunktion i, und es seien $a, b \in G$ beliebig gewählt. Beweisen Sie dann:

1) i ist auch Linksinversenfunktion, 2) e ist auch linksneutrales Element,

3) die Gleichungen $a * x = b$ und $x * a = b$ sind in G eindeutig lösbar,

4) $i(i(a)) = a$, 5) $i(a * b) = i(b) * i(a)$, 6) $a * b = a * c \Rightarrow b = c$ („Kürzungsregel"),

7) $(G, *)$ ist abelsch $\Leftrightarrow$ $i(a * b) = i(a) * i(b)$,

8) $(a * b)^2 = a^2 * b^2 \Rightarrow (G, *)$ ist abelsch (gilt die Umkehrung?),

9) $a^2 = e \Rightarrow (G, *)$ ist abelsch (gilt die Umkehrung?).

(d) Für alle $a, x, y \in \mathbb{R}$ sei $x * y := a \cdot (1 + xy) + 2(x + y)$.

Lässt sich a so wählen, dass $(\mathbb{R} \setminus \{-a\}, *)$ eine abelsche Gruppe ist?

(e) Das durch die nebenstehende Verknüpfungstafel gegebene Gruppoid $(G, \cdot)$ ist eine abelsche Gruppe.

Beweis?

(Ohne Rückgriff auf die aus der „Algebra" bekannte Eigenschaft, dass hier erkennbar eine zyklische Gruppe vorliegt!)

$\cdot$	1	2	3
1	1	2	3
2	2	3	1
3	3	1	2

5.3.6 Fazit

Das Axiomensystem aus Definition (5.95) ist zwar widerspruchsfrei und unabhängig, es ist aber nicht vollständig, weil wir ja z. B. in Definition (5.96) das Axiom (G6) unter Beibehaltung der Widerspruchsfreiheit hinzufügen konnten. Aber auch dieses neue Axiomensystem ist (noch) nicht vollständig, wie z. B. die Verknüpfungstafel aus Aufgabe 5.11.e zeigt, bei der $x^3 = 1$ für alle $x \in G$ gilt.

Das kann Anlass für ein neues Axiom (G7) sein, wenn man zuvor in einer Gruppe $(G, *)$ Potenzen x^n für alle $x \in G$ und alle $n \in \mathbb{N}^*$ erklärt hat:

$$(G7) \quad \bigvee_{n \in \mathbb{N}^*} \bigwedge_{a \in G} a^n = e \quad \text{(wobei } e \text{ das neutrale Element in } (G, *) \text{ ist)}.$$

Dieses um (G7) vermehrte neue Axiomensystem ist (semantisch) *widerspruchsfrei*, wie das Beispiel aus Aufgabe 5.11.e zeigt, und es ist *unabhängig*, weil es z. B. von der Gruppe $(\mathbb{Q}^+, \cdot)$ mit dem neutralen Element 1 *nicht* erfüllt wird: (G7) ist also nicht aus den anderen deduzierbar. Damit ist das Axiomensystem $(G1) \wedge \ldots \wedge (G6)$ in Definition (5.96) jedoch *nicht vollständig*, weil ein nicht deduzierbares Axiom hinzugefügt werden kann und dennoch hierfür ein Modell existiert.

6 Natürliche Zahlen in axiomatischer Sichtweise

6.1 Was sind natürliche Zahlen?

* *Was „sind" natürliche Zahlen?*

Das ist eine *philosophische Frage* ontologischen Charakters, weil hier nach dem „Sein" eines Dings gefragt wird. „Ontologie" ist in der Philosophie die *Lehre vom Sein*. Und so geht ULRICH FELGNER in seinem grundlegenden Buch zur ʻ*Philosophie der Mathematik*ʼ (2020) der Frage nach, welchen Seinsstatus die „Dinge" haben, um die es in der Mathematik geht.

Schon die Betrachtungen zum Zahlbegriff in Abschnitt 3.1 haben gezeigt, dass dies eine sehr schwierige Frage ist. Zwar können wir innerhalb eines wissenschaftlichen Kontextes, wie etwa in der Mathematik, versuchen, uns nützlich erscheinende Bezeichnung durch eine Definition inhaltlich unmissverständlich zu beschreiben, um sie so einer *Begriffsbildung* zuzuführen,[433] aber auch in der Mathematik bedarf eine konkrete Definition der Akzeptanz in der „community". Sonst kann es geschehen, dass die Definierenden mit „ihrer" Definition allein bleiben.

Nun haben wir in der Mathematik beispielsweise die Möglichkeit, *natürliche Zahlen als Mächtigkeiten endlicher Mengen* aufzufassen, aber ist das eine hilfreiche *Definition*? Sie setzt doch voraus, dass die Begriffe „*Mächtigkeit einer Menge*" und „*endliche Menge*" bereits definiert sind, und zwar ohne Rückgriff auf den Begriff „natürliche Zahlen" – ein nicht triviales Unterfangen! Und gleichwohl bleibt die Frage, ob und wie es diese Zahlen denn dann „gibt"!

Und selbst wenn eine solche Definition (neben anderen) in der Mathematik allgemein anerkannt wäre, so würde dies außerhalb der Mathematik nicht unbedingt auf Zustimmung stoßen müssen, auch wenn man beim „Zählen" und der „Anzahlbestimmung" von natürlichen Zahlen Gebrauch macht, wenn auch vielleicht eher unbewusst!

Wohl aber könnte man z. B. *soziologisch* untersuchen, welche Vorstellungen die Menschen von dem haben, was man in der Mathematik „natürliche Zahl" nennt, und man könnte *kulturhistorisch* untersuchen, wie sich diese Vorstellungen im Laufe der Menschheitsgeschichte entwickelt haben! Das sind dann jedoch qualitativ ganz andere Fragen als die nach dem „Sein"!

In diesem Sinn könnten wir alternativ fragen:

* *Was „wissen" wir über natürliche Zahlen?*

Dieses ist dann eine *erkenntnistheoretische Frage*. Neben die *Ontologie* tritt mit dieser Frage die *Erkenntnistheorie*, die auch *Epistemologie* heißt,[433] und schließlich ist noch ergänzend die *Methodologie* zu berücksichtigen, die Lehre von den *Methoden zur Erlangung von Wissen*. Die Grundfragen dieser unterschiedlichen philosophischen, wissenschaftstheoretisch wichtigen Sichtweisen kann man z. B. nach [VOLLMER 1988b, 41] kurz wie folgt kennzeichnen:

---

[433] Vgl. Abschnitt 1.3.

Ontologie:	*Wie sieht die Welt aus?*
Epistemologie:	*Wie sieht unser Wissen von der Welt aus?*
Methodologie:	*Wie erlangen wir solches Wissen?*

Offensichtlich werden in dieser Auflistung die Ansprüche an das, *was wir über das Wissen wissen wollen*, von oben nach unten bescheidener. Bezogen auf natürliche Zahlen könnten wir analog fragen:

Ontologie:	*Was sind natürliche Zahlen?*
Epistemologie:	*Was wissen wir über natürliche Zahlen?*
Methodologie:	*Wie erlangen wir Wissen über natürliche Zahlen?*

Wir werden hier insbesondere methodologisch vorgehen und epistemologisch lediglich zu Beginn fragen: Welche **intuitive Vorstellung** haben wir über natürliche Zahlen?

Hier sind zwei grundsätzliche Vorstellungen zu unterscheiden, nämlich die *ordinale* und die *kardinale* Auffassung: Bei der *ordinalen Auffassung* geht es um das *Zählen*, also um das *geordnete* Aufeinanderfolgen der natürlichen Zahlen als *Abzählen*: 1, 2, 3, 4, ... oder: erste(r), zweiter(r), dritter(r), ... – auf jede **Zählzahl** folgt eindeutig eine nächste, dazwischen ist keine andere. Diese Auffassung führt zu $\mathbb{N} = \{1, 2, 3, 4, ...\}$. Bei der *kardinalen Auffassung* geht es hingegen um die **Anzahl**, wie wir sie naiv bereits als *Mächtigkeit von Mengen* kennen, und diese Auffassung führt zu $\mathbb{N} = \{0, 1, 2, 3, 4, ...\}$.

Und welches ist nun die *richtige* Auffassung?

Diese Frage ist wenig hilfreich, denn *beide Auffassungen* kommen schon im Vorschulalter spontan vor und sind situativ „richtig" oder nicht.

[VOLLMER 1988b, 125 f.] weist in diesem Kontext darauf hin, dass *Zahlen von* 0 *bis* 7 *oder* 8 *anschaulich* seien, hingegen *Zahlen über* 100 *unanschaulich*. Hierbei bezieht er sich unausgesprochen auf den kardinalen Aspekt, also auf *Anzahlen*. Sein Hinweis bedeutet, dass wir Menschen Anzahlen bis etwa zu 7 oder 8 auf einen Blick erfassen können (z. B. Würfelaugen), bei Anzahlen über 100 jedoch große Schwierigkeiten haben, dies treffsicher zu tun, und dazwischen finden wir fließende Übergänge zunehmender Ungenauigkeit. Er zitiert in diesem Zusammenhang REICHENBACH:[434]

> Ein Tausendeck hat für uns, auch wenn es gezeichnet vor uns steht, keinen besonderen bildhaften Charakter mehr, der es etwa von einem Tausendundviereck unterschiede.

Anders ist es hingegen beim Zählen. Hier können wir prinzipiell *beliebig weit zählen*, auch wenn wir ggf. von der *„gezählten Anzahl"* keinerlei quantitative Vorstellung mehr haben. Gemäß [VOLLMER 1988b, 126] ist die

> *Unendlichkeit* bei Zahlen, Entfernungen, Zeiten oder beim Raum

zwar unanschaulich, aber

---

[434] Zitiert bei [VOLLMER 1988b, 136] in der Anmerkung 34 zu S. 126 mit Bezug auf:
REICHENBACH, H.: *'Philosophie der Raum-Zeit-Lehre'*. Berlin: de Gruyter 1928, S. 58.

> [...] was wir uns vorstellen, ist nur, daß wir zu jeder vorgegebenen Zahl noch eine größere angeben
> können bzw. daß wir an jede genannte Länge immer noch ein Stück anfügen können, nicht jedoch
> die Unendlichkeit selbst [...].

So geht beispielsweise der niederländische Mathematiker und Mathematikdidaktiker HANS FREUDENTHAL von der *ordinalen Auffassung* der natürlichen Zahlen aus – einer tragfähigen *intuitiven Grundvorstellung*. Er nimmt also den *Zählprozess* als epistemologischen Ausgangspunkt, um methodologisch Erkenntnisse über die natürlichen Zahlen – und damit sogar über die reellen Zahlen insgesamt! – zu gewinnen. Er schreibt hierzu:[435]

> Die Zahlengerade [...] soll vom Anfang oder fast vom Anfang des Rechnens an gebraucht werden.
> Zunächst werden auf ihr nur die natürlichen Zahlen bemerkt und markiert [...]

Das ist wie in Bild 6.1 darstellbar:

Bild 6.1:

Wir werden bei der Untersuchung des Zahlensystems diese Spur aufnehmen und verfolgen, indem wir mit einem *axiomatischen Aufbau* für die natürlichen Zahlen beginnen. Dabei legen wir die Betrachtungen über „Axiomatisierung und Strukturierung" aus Abschnitt 5.3 zugrunde.

6.2   Die Nachentdeckung der Dedekind-Peano-Axiome

Nach diesen grundsätzlichen Vorbetrachtungen werden wir nun die natürlichen Zahlen genauer betrachten. Zu Beginn von Kapitel 3 wurden u. a. KRONECKER und DEDEKIND zitiert:

Kronecker: Die ganzen Zahlen hat der liebe Gott geschaffen, alles andere ist Menschenwerk.

Dedekind: Die Zahlen sind freie Schöpfungen des menschlichen Geistes, sie dienen als ein Mittel, um die Verschiedenheit der Dinge leichter und schärfer aufzufassen.

Wir werden nun *einerseits* **KRONECKER** folgen, indem wir – wie die Pythagoreer[436] – die natürlichen Zahlen (die KRONECKER „ganze Zahlen" nennt) als gegeben voraussetzen, um darauf dann alle anderen „Zahlen" *als Menschenwerk* konstruktiv aufzubauen versuchen. Um Letzteres durchführen zu können, benötigen wir „Eigenschaften" der natürlichen Zahlen in einem streng formalisierten Sinn, was einen systematischen „Aufbau des Zahlensystems" ermöglicht. Wir benötigen also Axiome, mit denen präzise beschrieben wird, welche Eigenschaften für uns natürliche Zahlen haben bzw. haben sollen, und diese Axiome sind damit dann ganz im Sinne von **DEDEKIND** „*freie Schöpfungen des menschlichen Geistes"*.

Das hier vorzustellende Axiomensystem für die natürlichen Zahlen wird meist nach GIUSEPPE **PEANO** (1852–1932) benannt, obwohl es zuvor schon von RICHARD **DEDEKIND** (1831–1916) in seinem Buch „*Was sind und was sollen die Zahlen?"* publiziert worden ist.[437]

---

[435]   [FREUDENTHAL 1973, 195]

[436]   Vgl. Abschnitt 3.3.4.

[437]   Vgl. hierzu S. 91 oben. Dieses Buch wurde von ihm 1887 abgeschlossen und erschien 1888.

ULRICH FELGNER schreibt dazu:[438]

> Peano erwähnt am Ende seiner Schrift (1889), daß ihm Dedekinds Essay (1888) vorgelegen habe.
> Daß sich Peano genauso wie Dedekind nur auf die Angabe der Null und der Nachfolger-Funktion f
> beschränkt hat, ist ein weiterer Hinweis darauf, daß Peano von Dedekind abhängt. Für Dedekind ist
> der Bereich der natürlichen Zahlen eine Halbgruppe (in Bezug auf 0 und f), die ein paar einfachen
> Postulaten genügt und keine echten Substrukturen besitzt und deshalb (!!) das Prinzip der vollst.
> Induktion erfüllt. Dies ist ein rein algebraischer Gedanke, auf den der Algebraiker Dedekind gekom-
> men ist. Der Analytiker Peano hat ihn von Dedekind übernommen. Mehr darüber habe ich in einem
> Essay „Das Induktions-Prinzip" im Jahresbericht der DMV 114 (2012), pp. 23–45) ausgeführt.

Wir nennen diese Axiome daher „Dedekind-Peano-Axiome".[439] In vielen Lehrbüchern und
Vorlesungen zur Analysis wird dieses Axiomensystem eingangs kurz vorgestellt. Doch werden sich bei der Präsentation dieser Axiome (hoffentlich? vermutlich?) viele fragen:

- (Wieso) werden hierdurch die Eigenschaften der natürlichen Zahlen angemessen erfasst?
- Werden die natürlichen Zahlen hierdurch wirklich *definiert*?

Und vielleicht (hoffentlich) wird man auch fragen:

- *Wie* sind DEDEKIND und PEANO auf diese Axiome gekommen?

Die letzte Frage zu beantworten, würde bedeuten, den Nachlass dieser beiden Mathematiker
zu untersuchen, wobei fraglich ist, ob das hilfreich ist und überhaupt erfolgreich sein kann.
Denn meistens überliefern Wissenschaftler (auch Mathematiker) ihrer Nachwelt in ihren
Publikationen nicht, *wie* sie ihre Erkenntnisse gewonnen bzw. entdeckt haben. Und *ob* sie ihre
vielfältigen, nicht veröffentlichten, oft mit Irrtümern behafteten Forschungsversuche aufbewahrt haben, ist sehr zweifelhaft, denn diese wandern meist gleich oder später in den Papier-
korb. HANS FREUDENTHAL schreibt in diesem Sinn:[440]

> So schreiben wir nun einmal unsere mathematischen Arbeiten; die Gedanken, die uns zum Resultat
> führten, verheimlichen wir; wir wissen nicht einmal, wie wir ihnen Ausdruck verleihen sollten – es
> wäre, wenn wir es täten, so etwas wie die Ausstellung schmutziger Wäsche. Gerade wir Mathema-
> tiker sind nun einmal gewöhnt zu objektivieren, was an und für sich eine gute Gewohnheit ist. Wie
> wir auf eine Idee gekommen sind, braucht niemanden zu interessieren. Das ist ganz richtig; wir
> schreiben eine mathematische Arbeit und keine „Bekenntnisse".

Und an früherer Stelle schreibt FREUDENTHAL:[441]

> Ein jüngerer Kollege erzählte mir, daß er, sich nach erfolgreichem Mathematik-Studium der For-
> schungsarbeit zuwendend, lange Zeit meinte, mathematische Arbeiten würden in dem Stile erfun-
> den, in dem man sie zu publizieren pflegt, und daß er – natürlich vergebens – versuchte, in diesem
> Stile zu forschen.

---

[438] In einer Mitteilung an mich vom 13. 1. 2013 in Rückmeldung zur ersten Auflage dieses Buches.
[439] Wie schon in der ersten Auflage dieses Buches und anderen Publikationen von mir zuvor.
[440] [FREUDENTHAL 1973, 101]
[441] [FREUDENTHAL 1973, 59]

Wir wissen also nicht, *wie* DEDEKIND und PEANO – unabhängig voneinander? – auf das nach ihnen benannte Axiomensystem gekommen sind, und fragen stattdessen:

• (Wie) können *wir* die Dedekind-Peano-Axiome nachentdecken?

Einst zeigte BERNHARD HORNFECK auf eine beeindruckende „entwickelnde" Weise einen Weg hierzu auf, den ich skizzenhaft als Student in einer Vorlesung bei ihm kennengelernt hatte. Nachdem ich dieses Konzept später in eigenen Vorlesungen zur Elementarmathematik für die Lehrämter an Gymnasien und Realschulen vertiefend ausgearbeitet und in einem Aufsatz mit dem Titel *„Zum Verständnis des Induktionsaxioms"* publiziert hatte,[442] sagte mir HANS-JOACHIM KOWALSKY, er habe sich das schon immer so klar gemacht. Nur war es wohl bis dahin so noch nicht aufgeschrieben worden – passend zu den Zitaten von FREUDENTHAL.

Dieses mittlerweile weiterentwickelte und vielfach in Lehrveranstaltungen verwendete Konzept des Nachentdeckens der Peano-Axiome soll nun im Detail vorgestellt werden. Hierzu sei zunächst wie bei FREUDENTHAL die schon in Bild 6.1 dargestellte *ordinale Auffassung* der Menge der natürlichen Zahlen zugrunde gelegt, genannt „Kettenmodell":

Bild 6.2: Kettenmodell der Menge der natürlichen Zahlen

Dieses **Kettenmodell** visualisiert schon einige **intuitive Grundvorstellungen** der – wie üblich mit ℕ bezeichneten – *strukturierten Menge* der natürlichen Zahlen, nämlich …

1. den **Anfang**,

2. das **Aufeinanderfolgen**,

3. das **Nicht-Abbrechen** dieser „Zahlenfolge" und

4. deren **diskrete Struktur**: zwischen aufeinanderfolgende Zahlen passt keine weitere.

Wir stellen uns hier also die natürlichen Zahlen *wie auf einer Perlenkette aufgefädelt* vor, einer Kette, die jedoch nicht geschlossen ist und die auch niemals abbricht. Ob wir damit bereits „alle" intuitiven Grundvorstellungen von ℕ erfasst haben, sei zunächst dahingestellt.

Andererseits: Was sollen „alle" Grundvorstellungen sein? Kann es die überhaupt geben?

So sind die nachfolgenden Schritte von dem Bemühen getragen, möglichst „alle" Eigenschaften dieses zugrunde gelegten Kettenmodells formal zu beschreiben, und zwar *mit Hilfe unmittelbar einleuchtender Axiome*.

Zunächst sehen wir eine sehr einfache Eigenschaft, nämlich das Anfangselement: Welches soll das sein, 0 oder 1? Das hängt davon ab, ob wir die natürlichen Zahlen als *Zählzahlen* (ordinaler Aspekt) oder als *Anzahlen* (kardinaler Aspekt) verstehen wollen (vgl. S. 248). Wir entscheiden dieses Problem vorläufig dadurch, dass wir mit der in ℕ = {0, 1, 2, …} angedeuteten Darstellung den kardinalen Aspekt zugrunde legen und damit dann das in Bild 6.2 gemeinte ordinale Kettenmodell wie folgt ergänzen:[443]

---

[442] [HISCHER & LUCHT 1976]

[443] Es würde aber bis hierher alles genau so funktionieren, wenn wir als Anfangselement 1 genommen hätten oder z. B. 2 wie die Pythagoreer (vgl. S. 125 f.)! Aber irgendwo und irgendwie muss man mal anfangen …

$$0$$

Bild 6.3: Kettenmodell mit Anfangselement 0

Dem entnehmen wir das „triviale" erste Axiom (aber auch Einfaches sollte man notieren):

> **(N1)** $0 \in \mathbb{N}$

Aus **(N1)** folgt speziell $\mathbb{N} \neq \varnothing$, was zugleich auch die Existenz dieser Menge fordert.

Die Pfeile im Kettenmodell sollen die *Nachfolgereigenschaft* darstellen, die wir mit Hilfe einer **Nachfolgerfunktion** ν (griechisches „nü" wegen „N") wie folgt beschreiben können:

> **(N2)** $\bigwedge\limits_{n \in \mathbb{N}} \nu(n) \in \mathbb{N}$

Jede natürliche Zahl besitzt also einen *eindeutigen* **Nachfolger**, der selbst wiederum eine natürliche Zahl ist. Durch dieses Axiom werden *Verzweigungen* wie beispielsweise die folgende *ausgeschlossen:*

Bild 6.4

Aber auch Diagramme wie

| Bild 6.5 | Bild 6.6 | Bild 6.7 |

erfüllen diese beiden Axiome **(N1)** und **(N2)**, anders: Sie bilden jeweils ein **Modell** *für das Axiomensystem* **(N1)** $\wedge$ **(N2)**. Allerdings decken diese „Modelle" unsere Vorstellungen von der Struktur der natürlichen Zahlen gewiss (noch) *nicht* treffend ab, was bedeutet, dass das Axiomensystem **(N1)** $\wedge$ **(N2)** noch nicht „scharf" ist.

Für das Weitere wählen wir daher folgende **Strategie:**

> • *Wenn wir ein System von Axiomen gefunden haben, das außer dem Kettenmodell noch davon abweichende grundsätzlich andere Modelle besitzt, so bedarf es offenbar der Hinzunahme mindestens eines weiteren Axioms.*

Was stört uns nun an den letzten drei „unpassenden" Modellen? Weshalb entsprechen Sie nicht unseren Vorstellungen von den natürlichen Zahlen? Welches Axiom fehlt noch?

Bei ihnen hat auch das Anfangselement 0 einen *Vorgänger*, oder anders: Die 0 tritt auch als Nachfolger auf. Das darf aber nicht eintreten, denn vor der 0 gibt es keine natürliche Zahl. Gemäß unserer Strategie müssen wir dies verbieten, und das führt zum dritten Axiom:

> **(N3)** $\bigwedge\limits_{n \in \mathbb{N}} \nu(n) \neq 0$

Modelle für das nun erweiterte Axiomensystem **(N1)** $\wedge$ **(N2)** $\wedge$ **(N3)** liegen z. B. auch in den beiden folgenden Figuren vor:

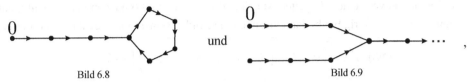

Bild 6.8   Bild 6.9

aber hier gibt es jeweils ein „Element" mit mehr als einem Vorgänger. Da auch das unserer Vorstellung von $\mathbb{N}$ widerspricht, *verbieten* wir das gemäß der o. g. Strategie durch **(N4)**:

$$\textbf{(N4)}\quad \bigwedge_{m,n\in\mathbb{N}}\Big(\nu(m)=\nu(n)\rightarrow m=n\Big)$$

Wir haben hier die *Injektivität der Nachfolgerfunktion* gefordert. Sind wir nun fertig? Oder gibt es etwa auch Modelle für **(N1)** $\wedge$ **(N2)** $\wedge$ **(N3)** $\wedge$ **(N4)**, die nicht unserer Vorstellung von der Menge der natürlichen Zahlen entsprechen? Wir werden fündig: Für die Beispiele

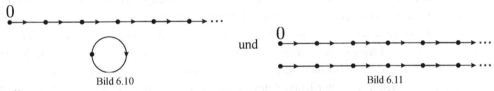

Bild 6.10   Bild 6.11

gilt:

a) **(N1)** $\wedge$ **(N2)** $\wedge$ **(N3)** $\wedge$ **(N4)** ist jeweils erfüllt.

b) Es gibt jeweils eine *echte Teilkette*
    (nämlich in diesen Beispielen stets die obere Kette),
    in der **(N1)** $\wedge$ **(N2)** $\wedge$ **(N3)** $\wedge$ **(N4)** erfüllt ist.

Da diese beiden neuen Beispiele also Modelle für **(N1)** $\wedge$ **(N2)** $\wedge$ **(N3)** $\wedge$ **(N4)** sind, jedoch ebenfalls unserer intuitiven Vorstellung von den natürlichen Zahlen widersprechen, werden wir auch diese *„unerwünschten Beispiele"* durch Hinzunahme eines weiteren Axioms auszuschließen versuchen, um sie also zu „verbieten".

Wir heben die bisher verwendete erfolgreiche Strategie hervor:

(6.1) Bezeichnung — „Verbot des Unerwünschten" als Strategie:

Besitzt ein zu entwickelndes Axiomensystem ein unerwünschtes Modell, so bedarf es der Hinzunahme mindestens eines weiteren Axioms, um dieses Modell auszuschließen.

$\mathbb{N}$ besitzt keine echte Teilmenge, die **(N1)** $\wedge$ **(N2)** $\wedge$ **(N3)** $\wedge$ **(N4)** erfüllt. Positiv formuliert heißt das: Ist T eine beliebige Teilmenge von $\mathbb{N}$, die anstelle von $\mathbb{N}$ das Axiomensystem **(N1)** $\wedge$ **(N2)** $\wedge$ **(N3)** $\wedge$ **(N4)** erfüllt, so ist stets $T = \mathbb{N}$, also in formaler Notierung:

$$0\in T \wedge \bigwedge_{n}\Big(n\in T\rightarrow \nu(n)\in T\Big)\wedge \bigwedge_{n}\nu(n)\neq 0 \wedge \bigwedge_{m,n}\Big(\nu(m)=\nu(n)\rightarrow m=n\Big)\Rightarrow T=\mathbb{N}\,.$$

Da die beiden letztgenannten Eigenschaften der Nachfolgerfunktion ν, also (**N3**) und (**N4**), als All-Eigenschaften bereits in der umfassenden Menge $\mathbb{N}$ gelten, bleiben sie auch in T für die Restriktion von ν auf T gelten, sie sind also **erblich** und brauchen damit nicht mehr genannt zu werden. Übrig bleibt dann nur noch die „**Induktionsaxiom**" genannte Forderung:[444]

$$(\mathbf{N5}) \bigwedge_{T \subseteq \mathbb{N}} \left[\left(0 \in T \wedge \left(\bigwedge_n n \in T \to \nu(n) \in T \right) \right) \to T = \mathbb{N} \right]$$

Auf diesem *Induktionsaxiom* beruht das Beweisverfahren der *vollständigen Induktion*, wie wir noch sehen werden. Aber sind vielleicht noch weitere Axiome nötig, um unsere intuitive Vorstellung von der Menge der natürlichen Zahlen zweifelsfrei zu charakterisieren? Auf diese Frage kommen wir später zurück.

6.3   Abstraktion: Dedekind-Peano-Algebra

Wir haben die Dedekind-Peano-Axiome „passig" für die Menge der natürlichen Zahlen formuliert, wobei wir noch eine gewisse Freiheit darin sahen, uns für 0 oder 1 als *„erste natürliche Zahl"* zu entscheiden. Das schließt die Möglichkeit ein, dass es noch andere Beispiele mit einem „ersten Element" und einer „Nachfolgerfunktion" gibt, Beispiele, die zwar die fünf Dedekind-Peano-Axiome erfüllen, die jedoch dennoch nicht unserer Vorstellung von der „Struktur" der Menge der natürlichen Zahlen entsprechen. Um dieses untersuchen zu können, werden wir die Dedekind-Peano-Axiome abstrakt formulieren, so wie man das z. B. in der modernen Algebra bei Gruppen, Ringen und Körpern macht. Wir nehmen also unsere intuitive Vorstellung von der „strukturierten Menge der natürlichen Zahlen" als Anregung, wollen und müssen uns in den Formulierungen aber von „Zahl" lösen, um auch anderen (ggf. noch nicht denkbaren) Strukturen den Weg an einer „Teilnahme an diesem Spiel" nicht zu verwehren.

Wir sehen uns dazu die bisherigen Beispiele und die Axiome an. Was kommt dort vor? Zunächst eine Menge. Statt $\mathbb{N}$ wählen wir jetzt verallgemeinert M. Dann tritt die 0 als ein ausgezeichnetes Element auf. Hierfür wählen wir abstrahierend z. B. e, um so anzudeuten, dass wir ein *„erstes Element"* kennzeichnen wollen. Und schließlich tritt noch eine Nachfolgerfunktion auf, die wir verallgemeinernd wie Dedekind z. B. mit φ bezeichnen können.

Nun hatten wir gesehen, dass wegen (**N2**) z. B. Verzweigungen wie in Bild 6.12 nicht auftreten können (für das zu entwickelnde Axiomensystem: *„nicht auftreten dürfen"*). Um so etwas aber überhaupt formulieren zu können, ist es sinnvoll und wichtig, ν nicht schon als eine Funktion vorauszusetzen (die ja in Bild 6.12 nicht vorliegt – ebenso weder in Bild 6.4 noch in Bild 6.8), sondern zunächst nur als *binäre Relation* in M, die wir hier vereinfacht als Teilmenge von $M \times M$ auffassen, $\varphi \subseteq M^2$:[445]

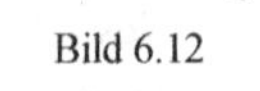

Bild 6.12

Damit ergibt sich aufgrund der Vorbetrachtungen zunächst folgendes Axiomensystem:

---

[444] Hier wird logisch eine „Sprache der 2. Stufe" verwendet, weil außen über „alle Mengen" quantifiziert wird.
[445] Vgl. dazu die ausführliche Betrachtung von Relationen in Kapitel 5.

(6.2) Definition (RICHARD DEDEKIND 1887, GIUSEPPE PEANO 1889)

Es sei M eine Menge, e ein Objektname und $\varphi \subseteq M^2$.

$$(M, e, \varphi) \text{ ist eine \textbf{Dedekind-Peano-Algebra}}$$

$$:\Leftrightarrow$$

(P1) $e \in M$

(P2) $\varphi : M \to M$ (hier ist → der Zuordnungspfeil bei Funktionen)

(P3) $e \notin \varphi[M]$ ($\varphi[M]$ ist die Bildmenge von M unter φ)

(P4) φ ist linkseindeutig

(P5) $\bigwedge\limits_{T \subseteq M} \left(e \in T \wedge \varphi[T] \subseteq T \to T = M \right)$ (hier ist → der aussagenlogische Subjunktionspfeil)

(6.3) Anmerkungen

(a) Hier wird also eine als „Dedekind-Peano-Algebra" bezeichnete mathematische Struktur *axiomatisch definiert*, in einer Weise, wie es typisch ist für mathematische Strukturen wie z. B. „Gruppe" oder „Topologischer Raum". Typisch ist dabei ferner, dass eine sog. „Trägermenge" (hier mit M bezeichnet) zugrunde gelegt wird, und zwar in Verbindung mit Relationen (zu denen gemäß Kapitel 5 auch Funktionen und Operationen gehören).

(b) Die Dedekind-Peano-Axiome wurden mit dem Ziel der *Unabhängigkeit* formuliert, wozu sie zunächst möglichst *separiert* sein sollten.[446] Insofern wurde das Element e mit in das zugrunde gelegte Tripel aufgenommen. Hätten wir das nicht gemacht, dann hätte Axiom **(P1)** z. B. „$M \neq \varnothing$" oder „es existiert ein e mit $e \in M$" lauten müssen – mit jeweils beträchtlichen Folgeproblemen für die anderen Axiome, weil dort ja nicht auf *irgendein* Element e Bezug genommen wird (bzw. werden soll oder kann), sondern auf genau das in **(P1)** erwähnte. Ganz entsprechend haben wir das übrigens z. B. auch bei „sauberer" Formulierung der Gruppenaxiome angestrebt.[447]

(c) Axiom **(P2)** fordert die eindeutige Zuordnung, schließt also Verzweigungen aus. Das ist aber nur sinnvoll, wenn φ nicht schon als Funktion vorausgesetzt wird, sondern nur als Relation. Und das ist hier geschehen: Die Relation φ soll sogar Funktion sein!

(d) Wenn φ eine Funktion ist, so bedeutet hier $\varphi[M] = \{\varphi(x) \mid x \in M \cap D_\varphi\}$, also das „Bild" von M unter φ mit dem Definitionsbereich D_φ. $\varphi[M]$ ist aber auch für binäre Relationen φ erklärt, so dass **(P5)** auch für Relationen sinnvoll ist.[448]
Und zwar ist $\varphi[T] := \{y \in M \mid \bigwedge\limits_{x \in T} (x, y) \in \varphi\}$.

(e) Die Linkseindeutigkeit in **(P4)** bedeutet für Funktionen „Injektivität", und dabei ist Linkseindeutigkeit bereits für binäre Relationen erklärt.[448]

---

[446]   Vgl. die Abschnitte 5.3.2.3 und 5.3.4, 5.3.5, hier Definition (5.93).

[447]   Vgl. hierzu die Betrachtungen in Abschnitt 5.3.5.

[448]   Vgl. Abschnitt 5.1.3: Definition (5.22) und Anmerkung (5.23), S. 207.

Die Bezeichnung „Dedekind-Peano-*Algebra*" mag verwundern, weil man bei einer Algebra *Verknüpfungen in einer Menge* erwartet, wie beispielsweise in einer Mengenalgebra,[449] in einer Gruppe[447] oder z. B. in einem Vektorraum. Das können wir aber wie folgt klären:[448]

(P2) ist äquivalent zu $\varphi \in M^M$ mit M^M als Spezialfall von $B^A := \{f \mid f : A \to B\}$, der Menge aller Funktionen von A in B. Diese Schreibweise ist deshalb sinnvoll, weil für den Fall endlicher Mengen $|B^A| = |B|^{|A|}$ gilt.[450] Eine **zweistellige Verknüpfung** in einer Menge A ist eine Funktion von $A \times A$ in A, so dass wir damit etwa für die Addition in $\mathbb{R}$ nicht nur $+ : \mathbb{R} \times \mathbb{R} \to \mathbb{R}$ schreiben könnten, sondern auch $+ \in \mathbb{R}^{\mathbb{R} \times \mathbb{R}}$. Da nun bei einer Dedekind-Peano-Algebra $\varphi \in M^M$ und damit $\varphi \in M^{M^1}$ gilt, kann man φ als **einstellige Verknüpfung** auffassen. Und wir können noch einen Schritt weiter gehen:

Wir können nämlich **(P1)** mit Hilfe der vorübergehenden, etwas abstrus wirkenden „Definition" $M^0 := 1$ symbolisch in der Form $e \in M^{M^0}$ schreiben und so analog e als **nullstellige Verknüpfung** in M auffassen – und das wäre dann eine „Konstante".

Würden wir diese Interpretation wählen, könnten wir **(P1)** und **(P2)** auch wie folgt lesen:

(P1) M ist bezüglich e (als einer nullstelligen Verknüpfung) *abgeschlossen*.

(P2) M ist bezüglich φ (als einer einstelligen Verknüpfung) *abgeschlossen*.

Dies macht klar, dass hier eine *algebraische Struktur* vorliegt. Das *Zusammenspiel der beiden Verknüpfungen* wird durch die **(P3)** und **(P5)** geregelt, sog. „**Verträglichkeitsaxiome**". (Das Distributivgesetz ist z. B. ein Verträglichkeitsaxiom bezüglich Addition und Multiplikation.)

Vom strukturmathematischen Standpunkt ergibt sich die Frage, ob das in Definition (6.2) vorgestellte Axiomensystem überhaupt ein **Modell** besitzt, genauer:

(1) Existiert eine Dedekind-Peano-Algebra?

(2) Wie unterscheiden sich verschiedene Dedekind-Peano-Algebren?

Die **Frage (1)** könnte man beantworten, indem man ein auf „grundlegenderen" Strukturen basierendes Modell konstruiert, etwa mit Hilfe der axiomatischen Mengenlehre:

$$\varnothing, \{\varnothing\}, \{\varnothing, \{\varnothing\}\}, \ldots$$

$\varnothing$ würde dann für e stehen, und für die Nachfolgerfunktion φ würde man $\varphi(n) := n \cup \{n\}$ wählen können. So würde man zu *beweisen* haben, dass $\{M, \varnothing, \varphi\}$ mit der auf diese Weise durch angedeutet mit $M := \{\varnothing, \{\varnothing\}, \{\varnothing, \{\varnothing\}\}, \ldots\}$ erzeugten Menge eine Dedekind-Peano-Algebra ist.[451] Wir verzichten hier auf den Beweis, dass die oben skizzierte, auf JOHN VON NEUMANN (1903–1957) zurückgehende Konstruktion dieser Menge tatsächlich eine Dedekind-Peano-Algebra liefert, um uns anderen Fragen zuwenden zu können.

Und zwar lösen wir das Problem der Modellexistenz einfach durch ein Axiom:

(6.4) Axiom   Es existiert eine Dedekind-Peano-Algebra.

---

[449] Vgl. Abschnitt (b).
[450] Vgl. Satz (5.39) in Abschnitt 5.1.3.
[451] Vgl. hierzu Aufgabe 2.6.c in Abschnitt 2.3.8.3, S. 103.

Dieses Axiom stützen wir durch das Kettenmodell, das unserer intuitiven Auffassung bei der Entwicklung der Dedekind-Peano-Axiome zugrunde lag – es folgt damit *sowohl* KRONECKER *als auch* DEDEKIND, obwohl beide (als grundlagentheoretische Gegner!) ganz unterschiedliche Standpunkte einnehmen.[452] Wir beachten aber, dass damit dieses Axiom eine völlig andere Qualität als die fünf Dedekind-Peano-Axiome hat: Letztere sind vom Typ der Gruppenaxiome, mit denen eine Struktur *definitorisch beschrieben* wird, während das Axiom (6.4) im Sinne eines unbewiesenen Satzes zu verstehen ist, den wir hier aus gutem Grund nicht beweisen wollen, indem wir seine *postulierte Gültigkeit* an den Anfang einer Theorie stellen! Gleichwohl verzichten wir hier auf eine Unterscheidung zwischen „Axiom" und „Postulat", wie sie zu Beginn von Abschnitt 5.3 (S. 229) angedeutet wurde.

Es bleibt noch die zweite **Frage (2)** nach dem Unterschied zwischen verschiedenen Dedekind-Peano-Algebren zu beantworten. Ähnlich wie bei Gruppen, Körpern etc. kann man für Dedekind-Peano-Algebren eine *Isomorphie als strukturelle Übereinstimmung* erklären, und es ergibt sich dann, dass *zwei beliebige Dedekind-Peano-Algebren stets isomorph sind*. Das werden wir in Abschnitt 6.4.4 beweisen (S. 268). Diesen – noch zu beweisenden – Satz kann man auch wie folgt beschreiben:

Es gibt bis auf Isomorphie genau eine Dedekind-Peano-Algebra, und daher nennt man das Dedekind-Peano-Axiomensystem dann *monomorph* oder *kategorisch*.[453]

Dann aber ist es *vom axiomatischen Standpunkt* her völlig *gleichgültig*, ob wir $\{1, 2, 3, \dots\}$ oder $\{0, 1, 2, \dots\}$ als Menge der natürlichen Zahlen bezeichnen.

Wir folgen der mengentheoretisch begründeten kardinalen Auffassung von natürlichen Zahlen als Mächtigkeiten endlicher Mengen, die in eine DIN-Norm Eingang gefunden hat, obwohl Zahlentheoretiker das oft anders sehen und weiterhin $\{1, 2, 3, \dots\}$ als Menge der natürlichen Zahlen zugrunde legen (was bei ihnen durchaus sinnvoll ist), und so vereinbaren wir:

(6.5) Bezeichnungen
Unter allen isomorphen Dedekind-Peano-Algebren sei eine fest mit $(\mathbb{N}, 0, \nu)$ bezeichnet.
$\mathbb{N}$ heißt **Menge der natürlichen Zahlen**, ν heißt **Nachfolgerfunktion** auf .
0 heißt **Null**, $\nu(0) =: 1$ (**Eins**), ..., $\nu(8) =: 9$ (**Neun**), $\mathbb{N}^* := \mathbb{N} \setminus \{0\}$.

(6.6) Anmerkungen
(a) Streng genommen sind $0, 1, 2, 3, \dots, 9$ *keine Zahlen*, sondern nur *Zeichen für Zahlen!*

(b) Wir müssen uns der Willkür bei der Wahl des „Anfangselementes" von $\mathbb{N}$ bewusst sein.

(c) Die Dedekind-Peano-Axiomensystem ist **vollständig**. Das bedeutet: Bei Vermehrung der Axiome um ein weiteres, das aus diesen nicht ableitbar (beweisbar) ist, wird das Axiomensystem zwangsläufig *widerspruchsvoll*, d. h. es besitzt dann kein Modell mehr. (Das ist eine Eigenschaft aller monomorphen Axiomensysteme.)

---

[452] Vgl. die Zitate von KRONECKER und DEDEKIND zum Beginn von Kapitel 3, S. 111.

[453] Vgl. [HERMES & MARKWALD 1962, 31] und [OBERSCHELP 1976, 43].

(d) Die Dedekind-Peano-Axiome sind **unabhängig**. Das bedeutet: Keines der fünf Axiome ist aus den anderen ableitbar. Und damit kann jedes durch seine Negation ersetzt werden, ohne dass das neue System widerspruchsvoll wird (vgl. Abschnitt 5.3.2.3, S. 235).

Sowohl die Vollständigkeit als auch die Unabhängigkeit müssen noch bewiesen werden.

Aufgabe 6.1

Nachfolgend sind acht Strukturen (M, e, φ) durch Relationsdiagramme dargestellt, wobei M die jeweils angedeutete Punktmenge und φ zunächst nur die durch Pfeile gekennzeichnete *Relation* in M ist. D. h. also, ein Pfeil von x nach y bedeutet: $(x, y) \in \varphi$, in Worten: x steht in Relation zu y. (φ muss somit in diesen Beispielen nicht notwendig in jedem Fall eine Funktion sein!)

- Sofern die Voraussetzungen zur Formulierung der Dedekind-Peano-Axiome erfüllt sind, geben Sie für die einzelnen Strukturen (M, e, φ) jeweils an, welche der fünf Dedekind-Peano-Axiome erfüllt sind und welche nicht!

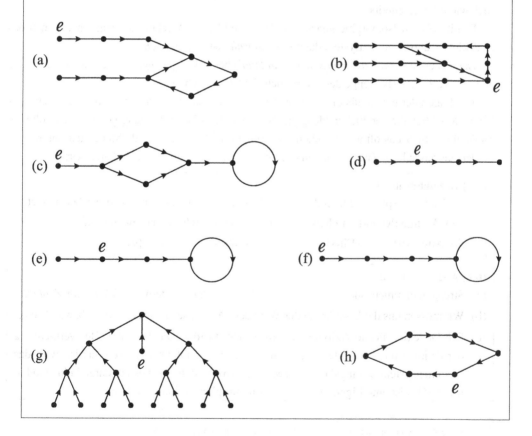

6.4 Analyse von Dedekind-Peano-Algebren

6.4.1 Vollständige Induktion

Spätestens im ersten Studiensemester begegnet man der „vollständigen Induktion", die vielfach Verständnisschwierigkeiten bereitet. Erfreulicherweise lässt sich nun sogar *beweisen* (!), dass dieses Beweisverfahren gültig ist, denn es basiert wesentlich auf dem Induktionsaxiom.

(6.7) Satz — Beweisen durch vollständige Induktion

Ist (M, e, φ) eine Dedekind-Peano-Algebra und $p(x)$ eine Aussageform mit $x \in M$, so gilt:

$$p(e) \ \wedge \ \left[\bigwedge_{x \in M} [p(x) \ \rightarrow \ p(\varphi(x))] \right] \Rightarrow \bigwedge_{x \in M} p(x)$$

(6.8) Bezeichnungen

$p(e)$ ist der **Induktionsanfang**, $p(x)$ ist die **Induktionsvoraussetzung**, $p(\varphi(x))$ ist die **Induktionsbehauptung**, die in eckigen Klammern notierte quantifizierte Subjunktion ist der **Induktionsschluss** (bzw. **-schritt**), und $\bigwedge_{x \in M} p(x)$ ist die **zu beweisende Aussage**.

Beweis von Satz (6.7):

Mit $T := \{x \in M \mid p(x)\} \subseteq M$, der „Lösungsmenge" von $p(x)$, gilt $\bigwedge_{x \in M} (x \in T \leftrightarrow p(x))$.

Damit ist $p(e) \wedge \bigwedge_{x \in M} (p(x) \rightarrow p(\varphi(x)))$ äquivalent zu $e \in T \wedge \bigwedge_{x \in M} (x \in T \rightarrow \varphi(x) \in T)$.

Wegen $\bigwedge_{x \in M} (x \in T \rightarrow \varphi(x) \in T) \ \Leftrightarrow \ \varphi[T] \subseteq T$ liefert Axiom **(P5)** dann $T = M$. ◆

Die erwähnten **Verständnisprobleme bei der** Anwendung der **vollständigen Induktion** betreffen einerseits die Induktionsvoraussetzung, in der man *„das voraussetzt, was man beweisen will"* (so ein oft sinngemäß zu hörender kritischer Einwand). Dieser Einwand macht aber zugleich deutlich, dass das **eigentliche Verständnisproblem in der hier vorliegenden Subjunktion** zu sehen ist (vgl. Abschnitt 2.3.3.4, S. 81). Dazu betrachten wir ein Beispiel.

(6.9) Bezeichnung

Es sei (M, e, φ) eine Dedekind-Peano-Algebra, $A \neq \varnothing$, $\varnothing \neq T \subseteq M$ und $f \in A^T$.

Diese Funktion f heißt **Folge**, $\langle f(n) \rangle_{n \in T} := f$.

Zur Erinnerung:[454] $f \in A^T$ ist gleichbedeutend mit $f : T \rightarrow A$, d. h.: f ist Funktion (bzw. Abbildung) von T in A. Mit $f(n) =: a_n$ ist also $f = \langle a_n \rangle_{n \in T}$. Wenn keine Missverständnisse entstehen, schreiben wir kurz $\langle a_n \rangle$, insbes. bei $T = M = \mathbb{N}$.

Satz (6.7) zeigt, dass das *Beweisen mittels vollständiger Induktion* ein korrektes Verfahren ist, sofern wir die Existenz einer Dedekind-Peano-Algebra unterstellen (diese wurde durch Axiom (6.4) „gesichert" – sie kann aber ggf. mengentheoretisch konstruiert werden, etwa mit Bezug auf VON NEUMANN gemäß S. 256).

---

[454] Vgl. Definition (5.37) und Satz (5.39) in Abschnitt 5.1.3 (S. 212).

(6.10) Beispiel

Für eine Folge $\langle a_n \rangle$ gelte $a_{n+1} = a_n + 2n + 3$ für alle $n \in \mathbb{N}$.

Wenn nun $a_0 = 1$ ist, so ergibt sich für die ersten Glieder: $1, 4, 9, 16, \ldots$

Das legt *induktiv*[455] die Vermutung $a_n = (n+1)^2$ für alle $n \in \mathbb{N}$ nahe.

Wir führen den Beweis nun durch *vollständige Induktion:*

Induktions-Anfang: $(0+1)^2 = 1 = a_0$ ✓

Induktions-Voraussetzung: Für *irgendein* n gelte $a_n = (n+1)^2$.

Induktions-Behauptung: Für *dieses* n gilt dann $a_{n+1} = (n+2)^2$.

Induktions-Schluss:

$$a_{n+1} \underset{\text{Def.}}{=} a_n + 2n + 3 \underset{\text{Ind.Vor.}}{=} (n+1)^2 + 2n + 3 = n^2 + 4n + 4 = (n+2)^2. ✓$$

➤ Da diese Umformung *für alle* $n \in \mathbb{N}^*$ gültig ist, ist die Vermutung bewiesen.

Wäre der „Startindex" nicht $n = 0$, sondern z. B. $n = 1$ mit $a_1 = 1$, so ergäbe sich für die Anfangsglieder $1, 6, 13, 22$ usw. Würden wir nun zu jedem Glied 3 addieren, so erhielten wir $4, 9, 16, 25, \ldots$, also *induktiv*[455] als Vermutung $a_n = (n+1)^2 - 3$ für alle $n \in \mathbb{N}^*$.

Der Beweis verläuft dann wie folgt:

Induktions-Anfang: $2^2 - 3 = 1 = a_1$ ✓

Induktions-Voraussetzung: Für *irgendein* n gelte $a_n = (n+1)^2 - 3$.

Induktions-Behauptung: Für *dieses* n gilt $a_{n+1} = (n+2)^2 - 3$.

Induktions-Schluss:

$$a_{n+1} \underset{\text{Def}}{=} a_n + 2n + 3 \underset{\text{Ind.Vor.}}{=} (n+1)^2 - 3 + 2n + 3 = n^2 + 4n + 1 = (n+2)^2 - 3. ✓$$

➤ Da diese Umformung *für alle* $n \in \mathbb{N}^*$ gültig ist, ist auch diese Vermutung bewiesen.

Wir sehen an diesem Beispiel, dass es *nicht* auf das Anfangselement ankommt.

Und so folgt mit Satz (6.7), dass eine *beliebige Dedekind-Peano-Algebra als Grundlage eines Beweises mittels vollständiger Induktion* dienen kann!

So bilden beispielsweise die Quadratzahlen mit dem Anfangselement 0 und dem natürlichen „Aufeinanderfolgen" als Nachfolgerfunktion eine Dedekind-Peano-Algebra, und als Anfangselement kann irgendeine Quadratzahl gewählt werden!

Aufgabe 6.2

(a) Es sei $(\mathbb{N}, 0, \nu)$ die „übliche" Dedekind-Peano-Algebra mit $1 := \nu(0)$, ferner seien für Addition und Multiplikation folgende vertraute Eigenschaften vorausgesetzt (jeweils für alle $m, n \in \mathbb{N}$):

(1) $n + 0 = n$, (2) $n + \nu(m) = \nu(n + m)$, (3) $n \cdot 0 = 0$, (4) $n \cdot \nu(m) = n \cdot m + n$.

---

[455] Hier ist „induktiv" wirklich im Sinne der „induktiven Methode" gemeint, vgl. Abschnitt 5.3.1.3 (S. 232 f.).

Hierauf aufbauend lassen sich alle bekannten algebraischen Eigenschaften von Addition und Multiplikation in $\mathbb{N}$ beweisen, was jedoch *an dieser Stelle* noch nicht erfolgen soll.

Beweisen Sie dann mit Bezug hierauf speziell (ggf. durch vollständige Induktion):
(i) $\nu(n) = n+1$, (ii) $\nu(n+m) = \nu(n)+m$, (iii) $0+n = n$, (iv) $n \cdot 1 = n$.

(b) Lassen sich folgende fünf fragmentarischen Tripel so komplettieren, dass jeweils eine Dedekind-Peano-Algebra entsteht? Ggf. wie? (Dabei sei $2\mathbb{N}+1 := \{2n+1 \mid n \in \mathbb{N}\}$.)
$(\mathbb{N}^*, 1, \ldots)$ $(2\mathbb{N}+1, \ldots, \ldots)$ $(\{n^2 \mid n \in \mathbb{N}\}, \ldots, \ldots)$ $(\mathbb{Z}, \ldots, \ldots)$ $(\mathbb{R}, \ldots, \ldots)$

6.4.2 Unabhängigkeit der Dedekind-Peano-Axiome

Man vergleiche hierzu Anmerkung (6.6.c) auf S. 257.

(6.11) Satz Die Dedekind-Peano-Axiome sind unabhängig.

Der Beweis wird nur in seinen Grundzügen angedeutet. Die detaillierte Ausführung bleibt einer Übungsaufgabe vorbehalten.

Beweisskizze:
Für den Beweis nutzen wir mit Axiom (6.4) (S. 256) die Existenz einer Dedekind-Peano-Algebra aus. Hierfür wählen wir die gemäß Bezeichnung (6.5) (S. 257) gegebene Struktur $(\mathbb{N}, 0, \nu)$. Wir geben der Reihe nach fünf Beispiele $B_1, \ldots, B_5$ an, die jeweils alle Dedekind-Peano-Axiome bis auf eines erfüllen, was man konkret nachrechnen kann. Das erste Beispiel erfüllt genau (P1) nicht, das zweite genau (P2) nicht usw.:

(1) $M := \mathbb{N} \setminus \{0\}$, $\varphi := \nu \mid M$, $(M, 0, \varphi) =: B_1$

(2) $M := \{0\}$, $\varphi := \varnothing$, $(M, 0, \varphi) =: B_2$

(3) $M := \{0\}$, $\varphi := \{(0;0)\}$, $(M, 0, \varphi) =: B_3$

(4) $M := \{0;1\}$, $\varphi := \{(0;1),(1;1)\}$, $(M, 0, \varphi) =: B_4$

(5) $M := \mathbb{N} \cup \{\mathbb{N}\}$, $\varphi := \nu \cup \{(\mathbb{N}, \mathbb{N})\}$, $(M, 0, \varphi) =: B_5$ ◆

Für den letzten Fall könnte man z. B. auch eines der Beispiele von S. 253 (mit echten Teilketten) nehmen, das zur Formulierung des Induktionsaxioms führte.

Aufgabe 6.3

Beweisen Sie, dass die Dedekind-Peano-Axiome unabhängig sind, indem Sie fünf Beispiele angeben, die jeweils alle Dedekind-Peano-Axiome bis auf eines erfüllen. Sie können dazu eigene Beispiele (M, e, φ) erfinden oder die in der Beweisskizze von Satz (6.11) angegebenen verwenden.

6.4.3   Homomorphismen in Dedekind-Peano-Algebren

In Abschnitt 6.3 hatten wir die Bezeichnung „Dedekind-Peano-Algebra" plausibel gemacht, indem wir e als 0-*stellige Verknüpfung* in M und φ als 1-*stellige Verknüpfung* in M gekennzeichnet haben. Genau dies ist damit dann der Inhalt der Dedekind-Peano-Axiome (**P1**) und (**P2**). Es wird sich als nützlich erweisen, künftig auch solche verallgemeinerten Strukturen zu betrachten, bei denen wir *nur diese ersten beiden Dedekind-Peano-Axiome* voraussetzen. Dazu definieren wir eine „**0-1-Algebra**" als vereinfachte Hilfsstruktur, wobei die Bezeichnung an „**0-stellige**" Verknüpfung für e und an „**1-stellige**" Verknüpfung für φ erinnern soll:

(6.12) Definition

Es sei M eine Menge, e ein Objektname und $\varphi \subseteq M^2$.

$$(M, e, \varphi) \text{ ist eine } \textbf{0-1-Algebra} \quad :\Leftrightarrow \quad (\text{P1}) \wedge (\text{P2}) \text{ ist erfüllt}$$

Indem wir e und φ als 0-stellige bzw. 1-stellige Verknüpfung auffassen, bedeutet das (wobei die erwähnte „Abgeschlossenheit von M bezüglich φ" einschließt, dass φ eine Funktion ist):

(6.13) Folgerung — (unter den Voraussetzungen von Definition (6.12))

$$(M, e, \varphi) \text{ ist eine 0-1-Algebra } \Leftrightarrow M \text{ ist bezüglich } e \text{ und } \varphi \text{ abgeschlossen}$$

Eine Dedekind-Peano-Algebra ist damit eine **0-1-Algebra**, die zusätzlich auch die Axiome (**P3**), (**P4**) und (**P5**) erfüllt.

(6.14) Definition

Es seien (M, e, φ) eine 0-1-Algebra, T eine Menge und $a \in M$.

$$(T, a, \varphi) \text{ ist } \textbf{Unteralgebra} \text{ von } (M, e, \varphi) \quad :\Leftrightarrow \quad T \subseteq M \wedge (T, a, \varphi | T) \text{ ist 0-1-Algebra}$$

Hier bedeutet „$(T, a, \varphi | T)$ ist 0-1-Algebra": $a \in T \wedge \varphi[T] \subseteq T$ (anders: T ist bezüglich a und φ abgeschlossen). Eine Unteralgebra (T, a, φ) ist dann in eine 0-1-Algebra „eingebettet".

(6.15) Bezeichnung

$$(T, a, \varphi) \subseteq | (M, e, \varphi) \quad :\Leftrightarrow \quad (T, a, \varphi) \text{ ist } \textbf{Unteralgebra} \text{ von } (M, e, \varphi)$$

Für den Sonderfall $a = e$ kann eine 0-1-Algebra (M, e, φ) *keine echte* Unteralgebra besitzen, sofern das Induktionsaxiom (**P5**) erfüllt ist. Anders formuliert:

(6.16) Satz

Es sei (M, e, φ) eine 0-1-Algebra, die (**P5**) erfüllt. Dann gilt:

$$\bigwedge_T [(T, e, \varphi) \subseteq | (M, e, \varphi) \ \rightarrow \ T = M]$$

Beweis:

Es sei $(T, e, \varphi) \subseteq | (M, e, \varphi)$, d. h., es ist $T \subseteq M \wedge e \in T \wedge \varphi[T] \subseteq T$.
Das Induktionsaxiom liefert $T = M$.   ◆

Wir benötigen nun die „*Nachfolgermenge*" eines beliebigen Elements einer 0-1-Algebra, worunter wir hier anschaulich die *Menge aller seiner Nachfolger* verstehen wollen. In der Dedekind-Peano-Algebra $(\mathbb{N}, 0, \nu)$ soll dies bei einem beliebigen Element $n \in \mathbb{N}$ natürlich die Menge $\{n, n+1, n+2, \ldots\}$ sein, wobei wir – dem bisherigen axiomatischen Aufbau folgend – die Addition als Verknüpfung in $\mathbb{N}$ erst noch einführen müssen, wozu wir den sog. *Rekursionssatz* benötigen. Dessen Formulierung und Beweis bedürfen einiger Vorbereitung:

(6.17) Definition

Es sei (M, e, φ) eine 0-1-Algebra und $a \in M$.

$$\mathfrak{N}(a, (M, e, \varphi)) := \cap \big\{ T \mid (T, a, \varphi) \subseteq | (M, e, \varphi) \big\}^{456}$$

Dann ist $\mathfrak{N}(a, (M, e, \varphi))$ die **Nachfolgermenge** von a bezüglich (M, e, φ) .

Diese Definition wird evtl. auf Anhieb als „harte Kost" erscheinen und nicht unmittelbar einsichtig sein. Warum so umständlich, und warum ist nicht einfach (T, a, φ) eine „Nachfolgermenge" von a bezüglich (M, e, φ)? Das sei an einem Beispiel plausibel gemacht, etwa $(M, e, \varphi) := (\mathbb{N}, 0, \varphi)$, $T_1 := \{2, 4, 6, 8, \ldots\}$, $T_2 := \{4, 6, 8, \ldots\}$, $T_3 := \{4, 8, 12, \ldots\}$ mit $a = 4$ und $\varphi(n) := n + 4$ für alle $n \in \mathbb{N}$. Dann ist $(\mathbb{N}, 0, \varphi)$ eine 0-1-Algebra, und $(T_1, 4, \varphi)$, $(T_2, 4, \varphi)$ und $(T_3, 4, \varphi)$ sind Unteralgebren von $(\mathbb{N}, 0, \varphi)$. Aber nur T_3 kann hier als „Nachfolgermenge" von 4 bezüglich $(\mathbb{N}, 0, \varphi)$ aufgefasst werden (denn nur T_3 enthält genau die Nachfolger von 4 bezüglich $(\mathbb{N}, 0, \varphi)$), und es ist $T_3 = T_1 \cap T_2 \cap T_3$. Damit ist T_3 gemäß Konstruktion auch nicht nur „eine", sondern „die" Nachfolgermenge von 4 bezüglich $(\mathbb{N}, 0, \varphi)$. Verallgemeinert sei nun $\mathfrak{T} := \big\{ T \mid (T, a, \varphi) \subseteq | (M, e, \varphi) \big\}$,[457] d. h. $\cap \mathfrak{T} = \{x \mid \bigwedge_{T \in \mathfrak{T}} x \in T\}$.

Gilt also $a \in M$ mit einer Unteralgebra (T, a, φ) von (M, e, φ), so enthält die entsprechende „Nachfolgermenge" all die Elemente, die zu *jeder Trägermenge* T der Unteralgebren gehören. Der folgende Satz trägt u. a. zur *Rechtfertigung der Bezeichnung „Nachfolgermenge"* bei:

(6.18) Satz

Es sei (M, e, φ) eine 0-1-Algebra, $a \in M$ und $\mathfrak{N}_a := \mathfrak{N}(a, (M, e, \varphi))$. Dann gilt:

(1) $\bigwedge_T \big((T, a, \varphi) \subseteq (M, e, \varphi) \to \mathfrak{N}_a \subseteq T \big)$ **(2)** $(\mathfrak{N}_a, a, \varphi) \subseteq | (M, e, \varphi)$

(3) $\mathfrak{N}_a = \{a\} \cup \{x \in M \mid \bigvee_{y \in \mathfrak{N}_a} x = \varphi(y)\}$

(4) $\mathfrak{N}(a, (M, e, \varphi))$ erfüllt **(P3)** $\Rightarrow$ $\mathfrak{N}(a, (M, e, \varphi))$

(5) (M, e, φ) erfüllt **(P5)** $\Rightarrow \mathfrak{N}_e = M$

(6) (M, e, φ) ist eine Dedekind-Peano-Algebra $\Rightarrow \bigwedge_{x \in M \setminus \{e\}} \overset{1}{\bigvee_{y \in M}} x = \varphi(y)$

(7) (M, e, φ) ist eine Dedekind-Peano-Algebra $\Rightarrow \bigwedge_{x \in M} \varphi(x) \neq x$

---

456 $\mathfrak{N}$ ist das große „N" in Sütterlin (𝔑𝔯𝔠𝔥𝔩𝔦𝔫).

457 $\mathfrak{T}$ das große „T" in Sütterlin (𝔗𝔯𝔠𝔥𝔩𝔦𝔫). Zu $\cap \mathfrak{T}$ vgl. Abschnitt 2.3.8.1, Def. (2.30), S. 96.

  $\subseteq |$ steht hier temporär für „*ist Unteralgebra von*" (in Analogie zu „Unterring", vgl. S. 385).

Beweis:

(1) Das folgt direkt aus Definition (6.17).

(2) Zunächst ist $\mathcal{M}_a \subseteq M$ wegen Definition (6.17).

Wegen $M \subseteq M \wedge a \in M \wedge \varphi[M] \subseteq M$ ist $(M, a, \varphi) \subseteq| (M, e, \varphi)$, also $\mathcal{T} \neq \varnothing$, also

ist $\bigwedge_{T} [(T, a, \varphi) \subseteq| (M, e, \varphi) \to a \in T]$ wahr, woraus zusammen folgt: $a \in \bigcap \mathcal{T} = \mathcal{M}_a$.

Und schließlich ergibt sich damit:

$$\varphi[\mathcal{M}_a] = \varphi[\bigcap\mathcal{T}] = \varphi[\bigcap\{T \mid T \in \mathcal{T}\}] \subseteq \bigcap\{\varphi[T] \mid T \in \mathcal{T}\} \subseteq \bigcap\{T \mid T \in \mathcal{T}\} = \mathcal{M}_a.$$

Der vorletzte Schritt gründet sich auf den Spezialfall $f[A \cap B] \subseteq f[A] \cap f[B]$.

(3) Es ist zu zeigen, dass für alle $x \in M$ gilt: $x \in \mathcal{M}_a \Leftrightarrow x = a \vee \bigvee_{y \in \mathcal{M}_a} x = \varphi(y)$.

„$\Rightarrow$" Es sei $x \in \mathcal{M}_a$: Falls $x = a$, dann sind wir fertig. Daher sei nun $x \neq a$.

Annahme: $\bigwedge_{y \in \mathcal{M}_a} \varphi(y) \neq x$, d. h.: $x \notin \varphi[\mathcal{M}_a]$. Wir setzen nun $\mathcal{M}^* := \mathcal{M}_a \setminus \{x\} \subset \mathcal{M}_a$.

Damit ist $\mathcal{M}_a = \mathcal{M}^* \cup \{x\}$. Zunächst gilt $(\mathcal{M}^*, a, \varphi) \subseteq| (M, e, \varphi)$, denn:

(i) $\mathcal{M}^* \underset{\text{Def.}}{\subset} \mathcal{M}_a \underset{(1)}{\subseteq} M$, also $\mathcal{M}^* \underset{(1)}{\subseteq} M$.

(ii) $(2) \Rightarrow a \in \mathcal{M}_a \underset{a \neq x}{\Rightarrow} a \in \mathcal{M}^*$.

(iii) $\mathcal{M}^* \subset \mathcal{M}_a \Rightarrow \varphi[\mathcal{M}^*] \underset{(b)}{\subseteq} \varphi[\mathcal{M}_a] \subseteq \mathcal{M}_a = \mathcal{M}^* \cup \{x\}$ (siehe oben).

Wegen $x \notin \varphi[\mathcal{M}_a]$ und $\varphi[\mathcal{M}^*] \subseteq \varphi[\mathcal{M}_a]$ ist $x \notin \varphi[\mathcal{M}^*]$, es folgt $\varphi[\mathcal{M}^*] \subseteq \mathcal{M}^*$,

mit (ii) ist $(\mathcal{M}^*, a, \varphi) \subseteq| (M, e, \varphi)$, und wegen (a) (der Minimalität von $\mathcal{M}_a$)

folgt $\mathcal{M}_a \subseteq \mathcal{M}^*$ im Widerspruch zu $\mathcal{M}^* \subset \mathcal{M}_a$!

Damit ist obige Annahme falsch, und also ist die erste Richtung bewiesen.

„$\Leftarrow$" Es sei $x \in M$.

Falls $x = a$, dann ist gemäß (b) $x \in \mathcal{M}_a$.

Falls $x \neq a$, dann gilt $\bigvee_{y \in \mathcal{M}_a} x = \varphi(y)$, also $x \in \varphi[\mathcal{M}_a]$, und mit (2) ist $x \in \mathcal{M}_a$.

(4) $x \in \mathcal{M}_a \setminus \{a\} \underset{(c)}{\Rightarrow} \bigvee_{y \in \mathcal{M}_a} x = \varphi(y)$, also ist $\mathcal{M}_a \setminus \{a\} \subseteq \varphi[\mathcal{M}_a]$.

Weiterhin gilt mit (2): $(\mathcal{M}_a, a, \varphi) \subseteq| (M, e, \varphi) \Rightarrow \varphi[\mathcal{M}_a] \subseteq \mathcal{M}_a \underset{(P3)}{\Rightarrow} \varphi[\mathcal{M}_a] \subseteq \mathcal{M}_a \setminus \{a\}$

Insgesamt gilt also $\varphi[\mathcal{M}_a] = \mathcal{M}_a \setminus \{a\}$.

(5) Wegen (2) ist $(\mathcal{M}_e, e, \varphi) \subseteq| (M, e, \varphi)$, und wegen Satz (6.16) folgt $\mathcal{M}_e = M$.

(6) Hier wird behauptet, dass φ sowohl surjektiv als auch injektiv ist. Die Injektivität ist bereits wegen **(P4)** erfüllt. Wegen (4) und (5) ist $\varphi[M] = M \setminus \{e\}$, also ist φ auch surjektiv.

(7) Es sei $T := \{x \in M \mid \varphi(x) \neq x\}$. Zu zeigen ist dann $T = M$. Stattdessen zeigen wir $(T, e, \varphi) \subseteq\mid (M, e, \varphi)$, woraus dann mit Satz (6.16) $T = M$ folgt:

(i) $T \subseteq M$ gilt per definitionem.

(ii)   **(P3)** $\Rightarrow e \neq \varphi(e) \Rightarrow e \in T$

(iii) Es gilt: $x \in T \Rightarrow \varphi(x) \neq x \underset{\text{(P4)}}{\Rightarrow} \varphi(\varphi(x)) \neq \varphi(x) \Rightarrow \varphi(x) \in T$, d. h. $\varphi[T] \subseteq T$.

Insgesamt folgt $(T, e, \varphi) \subseteq\mid (M, e, \varphi)$.

$\blacklozenge$

Unser Ziel wird es sein, für Dedekind-Peano-Algebren einen *Isomorphiebegriff* definitorisch zu fassen, um den *Monomorphiesatz* formulieren zu können, der besagt, dass zwei beliebige Dedekind-Peano-Algebren isomorph sind.

Dazu ist es sinnvoll, zunächst einen *Homomorphiebegriff* definitorisch zu fassen, um dann – wie üblich – Isomorphismen als bijektive Homomorphismen kennzeichnen zu können.

(6.19) Anmerkung

Homomorphismen sind **strukturerhaltende Abbildungen:**[458]
Das für Homomorphismen Wesentliche lässt sich durch ein sog.
kommutatives Diagramm wie in Bild 6.13 veranschaulichen:
Dieses besagt, dass es egal ist, ob man erst in M „rechnet" und
dann durch den Homomorphismus α nach N abbildet oder
umgekehrt. Die Reihenfolge der „Operationen" ist vertauschbar
(„kommutativ"): $\alpha \circ \varphi = \psi \circ \alpha$

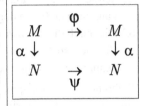

Bild 6.13:
kommutatives Diagramm

Das kommutative Diagramm lässt sich auch knapp wie folgt deuten:

- *Mit den Bildern wird „genauso gerechnet" wie mit den Urbildern*, wobei sowohl die Verknüpfungen als auch die Relationen bei den Bildern ggf. durch andere Symbole dargestellt sind und auch andere Namen haben können.

(6.20) Definition

(M, e, φ) und (N, f, ψ) seien 0-1-Algebren und $\alpha \in N^M$ (also $\alpha: M \to N$).

(a) α ist **0-1-Homomorphismus** von (M, e, φ) in (N, f, ψ)
$:\Leftrightarrow \alpha \circ \varphi = \psi \circ \alpha \wedge \alpha(e) = f$

(b) α ist **0-1-Isomorphismus** von (M, e, φ) auf (N, f, ψ)
$:\Leftrightarrow \alpha$ ist bijektiver 0-1-Homomorphismus von (M, e, φ) auf (N, f, ψ)

(c) $(M, e, \varphi) \simeq (N, f, \psi)$ $:\Leftrightarrow$ (M, e, φ) ist **isomorph** zu (N, f, ψ)
$:\Leftrightarrow$ Es existiert ein 0-1-Isomorphismus von (M, e, φ) auf (N, f, ψ).

---

[458] „Homomorphie" bedeutet im griechischen Wortursprung „gleiche Struktur". Zu „Gleichheit" siehe Kapitel 9.

(6.21) Beispiele

(a) Wir betrachten $\exp$, also die *Exponentialfunktion* mit $\exp(x) = e^x$. Dann gilt bekanntlich $\exp(x+y) = \exp(x) \cdot \exp(y)$ für alle $x, y \in \mathbb{R}$, und das ist eine Potenzrechenregel. Wenn wir als bekannt unterstellen, dass $(\mathbb{R}, \cdot)$ eine kommutative Halbgruppe und $(\mathbb{R}, +)$ eine abelsche Gruppe (und also auch eine kommutative Halbgruppe) ist, begegnet uns $\exp$ hier als (injektiver) *Homomorphismus* von der kommutativen Halbgruppe $(\mathbb{R}, +)$ in die kommutative Halbgruppe $(\mathbb{R}, \cdot)$, wobei die Addition in eine Multiplikation übergeht.

Betrachten wir aber als „Bildstruktur" $(\mathbb{R}^+, \cdot)$ anstelle von $(\mathbb{R}, \cdot)$, so ist $\exp$ sogar ein *Isomorphismus* von der Gruppe $(\mathbb{R}, +)$ *auf* die Gruppe $(\mathbb{R}^+, \cdot)$, weil $\exp$ nunmehr bijektiv ist, aufgefasst als $\exp : \mathbb{R} \to \mathbb{R}^+$.

Auf dieser Isomorphie beruht übrigens die Möglichkeit eines *Rechenschiebers*, der in seiner Grundidee ein haptisches *Modell* für die isomorphe Übersetzung der Multiplikation positiver reeller Zahlen in die Addition reeller Zahlen darstellt.

(b) Entsprechend können wir die *Logarithmusfunktion* $\log$ als Umkehrfunktion von $\exp$ betrachten, also $\log := \exp^{-1}$ mit $\log(x \cdot y) = \log(x) + \log(y)$ für alle $x, y \in \mathbb{R}^+$. Hier kann man zu (a) analoge Betrachtungen durchführen.

(c) Die durch die „*Funktionalgleichung*" $f(x+y) = f(x) + f(y)$ definierten *linearen Funktionen* (für die also $f(x) = ax$ gilt) sind weitere wichtige Homomorphismen. (Im Widerspruch dazu nennt man im Mathematikunterricht Funktionen vom Typ $f(x) = ax + b$ oft „linear".)

Während all dies Beispiele für Homomorphismen – also für strukturerhaltende Abbildungen – sind, gilt dies für die trigonometrischen Funktionen wegen der Additionstheoreme nicht. Das bedeutet, dass die Homomorphie etwas Besonderes ist, die keineswegs für alle „anständigen" Funktionen gilt. Als Hilfsgröße führen wir nun das „direkte Produkt" von zwei 0-1-Algebren ein, das sich als eine neue, nützliche 0-1-Algebra erweist:

(6.22) Definition

Es seien (M, e, φ) und (N, f, ψ) 0-1-Algebren und $\varphi \bullet \psi := \begin{cases} M \times N & \to & M \times N \\ (m,n) & \mapsto & (\varphi(m), \psi(n)) \end{cases}$,

gelesen „φ Punkt ψ" oder auch „φ mal ψ". Dann gilt: $\left(M \times N, (e, f), \varphi \bullet \psi \right)$ ist **direktes Produkt** von (M, e, φ) und (N, f, ψ).

Unmittelbar sieht man:

(6.23) Folgerung

Das direkte Produkt von zwei 0-1-Algebren ist wieder eine 0-1-Algebra.

Nach diesen Hilfsbetrachtungen können wir nun einen Satz formulieren, der grundlegend für den *Monomorphiesatz für Dedekind-Peano-Algebren* und für den *Rekursionssatz* ist.

(6.24) Satz

(M, e, φ) sei eine Dedekind-Peano-Algebra, und (N, f, ψ) sei eine 0-1-Algebra. Dann existiert genau ein 0-1-Homomorphismus von (M, e, φ) in (N, f, ψ), nämlich

$$\mathcal{R}\left((e, f), \left(M \times N, (e, f), \varphi \bullet \psi \right) \right).$$

Das ist nicht nur ein Existenz- und Eindeutigkeitssatz, sondern dieser Satz ist darüber hinaus auch konstruktiv, weil der eindeutig existierende Homomorphismus konkret angegeben wird.

Beweis:
Wir setzen für das Folgende $\alpha := \mathcal{H}\big((e,f),(M \times N,(e,f),\varphi \bullet \psi)\big)$.
Dann besteht der Satz aus *drei* Behauptungen:
(1) $\alpha : M \to N$,
(2) α ist ein 0-1-Homomorphismus von (M, e, φ) in (N, f, ψ),
(3) α ist der einzige derartige Homomorphismus.

Wir erläutern die Behauptung (1) nur bezüglich der Beweisidee, beweisen aber die anderen beiden Teile ausführlich.

(1) $\boxed{\alpha : M \to N}$
Als Nachfolgermenge besteht α gemäß Definition (6.17) aus Elementen der Trägermenge $M \times N$, und somit ist α eine Relation von M nach N. Der Nachweis für $\alpha : M \to N$ ist daher erbracht, wenn gezeigt worden ist, dass diese Relation rechtseindeutig und linkstotal ist. Auf diesen Nachweis sei hier verzichtet, er sei als Knobelaufgabe anheimgestellt.

(2) $\boxed{\alpha \text{ ist ein 0-1-Homomorphismus von } (M, e, \varphi) \text{ in } (N, f, \psi)}$
Hierzu ist gemäß Definition (6.21.a) zu zeigen:

$$\alpha \circ \varphi = \psi \circ \alpha \text{ und } \alpha(e) = f, \text{ also } \bigwedge_{m \in M} \alpha(\varphi(m)) = \psi(\alpha(m)) \text{ und } \alpha(e) = f.$$

Wegen Satz (6.18.c) ist $\{(e,f)\} \subseteq \mathcal{H}\big((e,f),(M \times N,(e,f),\varphi \bullet \psi)\big) = \alpha$, also $(e,f) \in \alpha$, und weil α nach (1) eine Funktion ist, folgt damit $\alpha(e) = f$.
Gemäß Voraussetzung ist α eine Nachfolgermenge in $M \times N$ mit der Nachfolgerfunktion $\varphi \bullet \psi$, so dass also aus $(m,n) \in \alpha$ stets $(\varphi \bullet \psi)(m,n) \in \alpha$ folgt. Weil α eine Funktion ist, gilt $(m,n) \in \alpha \Leftrightarrow \alpha(m) = n$.
Nun sei $m \in M$ beliebig gewählt. Dann ist $(m,\alpha(m)) \in \alpha$ wegen $\alpha : M \to N$, und es folgt:
$(m,\alpha(m)) \in \alpha \Rightarrow (\varphi \bullet \psi)(m,\alpha(m)) \in \alpha \underset{\text{Def. (6.21)}}{\Leftrightarrow} (\varphi(m),\psi(\alpha(m))) \in \alpha \Leftrightarrow \alpha(\varphi(m)) = \psi(\alpha(m))$.

(3) $\boxed{\alpha \text{ ist der einzige 0-1-Homomorphismus von } (M, e, \varphi) \text{ in } (N, f, \psi)}$
Es sei also neben α auch β ein 0-1-Homomorphismus von (M, e, φ) in (N, f, ψ).
Wir betrachten dann die durch $T := \{x \in M \mid \alpha(x) = \beta(x)\} \subseteq M$ gegebene Menge T.
Wegen $\alpha(e) = f = \beta(e)$ folgt $e \in T$.
Es sei nun $m \in T$. Dann folgt:
$\alpha(\varphi(m)) = (\alpha \circ \varphi)(m) = (\psi \circ \alpha)(m) = \psi(\alpha(m)) = \psi(\beta(m)) = (\psi \circ \beta)(m) = (\beta \circ \varphi)(m) = \beta(\varphi(m))$,
also $\varphi(m) \in T$ per definitionem von T und damit sogar $\varphi[T] \subseteq T$ (bzw. $\varphi \mid T : T \to T$).

Wegen **(P5)** folgt $T = M$ und somit schließlich $\alpha = \beta$. $\blacklozenge$

6.4.4   Der Monomorphiesatz für Dedekind-Peano-Algebren

Wir sind nun in der Lage, die auf den Seiten 257 und 265 angekündigte *Monomorphie der Dedekind-Peano-Axiome* zu beweisen, welche besagt, dass zwei beliebige Dedekind-Peano-Algebren stets isomorph sind. Zuvor formulieren wir jedoch einen anderen Satz, der „übliche Erwartungen" an Isomorphismen zum Ausdruck bringt:

(6.25) Satz

(M, e, φ) und (N, f, ψ) seien 0-1-Algebren. Dann gilt:

(a) Wenn β ein 0-1-Isomorphismus von (M, e, φ) auf (N, f, ψ) ist, dann ist β^{-1} ein 0-1-Isomorphismus von (N, f, ψ) auf (M, e, φ).

(b) Wenn (M, e, φ) eine Dedekind-Peano-Algebra ist und $(M, e, \varphi) \simeq (N, f, \psi)$ gilt, dann ist (N, f, ψ) eine Dedekind-Peano-Algebra.

Einprägsam heißt dies: Die Umkehrung eines 0-1-Isomorphismus ist wieder ein 0-1-Isomorphismus, und das isomorphe Bild einer Dedekind-Peano-Algebra ist wieder eine Dedekind-Peano-Algebra. Würde dieses nicht gelten, so wäre hier definitorisch etwas schiefgelaufen.

Aufgabe 6.4

Beweisen Sie Satz (6.25).

Hinweis: Bei (a) kann die Bijektivität von β in Verbindung mit der Definition (6.20) ausgenutzt werden. Beim Beweis von (b) nutzt man vorteilhaft Satz (6.24) aus, demgemäß eindeutig ein vermittelnder 0-1-Homomorphismus existiert. Der Rest ist ein „Durchrechnen" der Dedekind-Peano-Axiome.

Damit kommen wir zum **Monomorphiesatz**, der in einem gewissen Sinn als „Umkehrung" von Satz (6.25) aufgefasst werden kann.

(6.26) Satz — Monomorphie der Dedekind-Peano-Axiome
Je zwei Dedekind-Peano-Algebren sind isomorph.

Aber in welchem Sinn soll dieser Satz eine „Umkehrung" von Satz (6.25) sein? (Es liegt ja *keine logische Umkehrung* vor.) Gemeint ist: Nach Satz (6.25) ist das isomorphe Bild einer beliebigen Dedekind-Peano-Algebra wieder eine Dedekind-Peano-Algebra, und nach diesem Monomorphiesatz sind zwei beliebige Dedekind-Peano-Algebren stets isomorph.

Beweis:

Es seien (M, e, φ) und (N, f, ψ) Dedekind-Peano-Algebren, $\alpha : M \to N$, $\beta : N \to M$, wobei α und β die gemäß Satz (6.24) eindeutig existierenden 0-1-Homomorphismen seien.

Mit $T := \{x \in M \mid (\beta \circ \alpha)(x) = x\} \subseteq M$ ist $(\beta \circ \alpha)(e) = \beta(\alpha(e)) = \beta(f) = e$, also $e \in T$, und es folgt $(\beta \circ \alpha) \circ \varphi = \beta \circ (\alpha \circ \varphi) = \beta \circ (\psi \circ \alpha) = (\beta \circ \psi) \circ \alpha = (\varphi \circ \beta) \circ \alpha = \varphi \circ (\beta \circ \alpha)$, also $(\beta \circ \alpha)(\varphi(x)) = \varphi((\beta \circ \alpha)(x)) = \varphi(x) \in T$ für alle $x \in T$, d. h., $\varphi[T] \subseteq T$, und wegen **(P5)** folgt $T = M$, insgesamt also $\beta \circ \alpha = \mathrm{id}_M$ (die identische Abbildung auf M). Wegen der Symmetrie dieser Überlegungen bezüglich (M, e, φ) und (N, f, ψ) gilt auch $\alpha \circ \beta = \mathrm{id}_N$.

Sind f, g beliebige Funktionen mit $f : A \to B$, $g : B \to A$, $f \circ g = \mathrm{id}_B$ und $g \circ f = \mathrm{id}_A$, so sind f und g bijektiv (Beweis?), und damit ist α sogar ein 0-1-Isomorphismus.   ◆

Kennen wir nun *irgendeine* Dedekind-Peano-Algebra, so können wir daraus eine neue (wenn auch immer nur eine dazu isomorphe!) konstruieren, etwa wie folgt:

(6.27) Satz

Es sei (M, e, φ) eine Dedekind-Peano-Algebra, ferner sei

$a \notin M$, $M_a := M \cup \{a\}$ und $\varphi_a := \varphi \cup \{(a, e)\}$.

Dann sind (M_a, a, φ_a) und $(M \backslash \{e\}, \varphi(e), \varphi | (M \backslash \{e\}))$ jeweils Dedekind-Peano-Algebren.

Es wird hier also jeweils nur das „Anfangsglied" manipuliert.

Beweisskizze:

Man zeigt, dass φ_a bzw. φ die gesuchten Isomorphismen sind!

So ist $\varphi_a : M_a \to M$ (warum?), und es gilt:

$\varphi_a[M_a] = \varphi_a[M \cup \{a\}] = \varphi_a[M] \cup \varphi_a[\{a\}] = \varphi[M] \cup \{e\} \subseteq (M \backslash \{e\}) \cup \{e\} = M$.

(Man begründe die einzelnen Schritte! Es wird auch Satz (6.18) benutzt. An welcher Stelle?) Damit ist φ_a surjektiv.

Ferner lässt sich zeigen, dass mit φ auch φ_a injektiv ist, also ist φ_a bijektiv. Zu zeigen bleibt (warum?) $\varphi_a \circ \varphi_a = \varphi \circ \varphi_a \wedge \varphi_a(a) = e$, was man leicht nachrechnet.

Im zweiten Fall ist φ bijektiv von M auf $M \backslash \{e\}$, und es bleibt zu zeigen, dass gilt (warum?): $\varphi(e) = \varphi(e) \wedge (\varphi | (M \backslash \{e\})) \circ \varphi = \varphi \circ \varphi$. Auch das rechnet man leicht nach.   ◆

Aufgabe 6.5

Machen Sie Satz (6.27) visualisierend plausibel.

(6.28) Anmerkung

Der *Monomorphiesatz* (6.26) besagt, dass *alle Modelle* für das Axiomensystem einer Dedekind-Peano-Algebra *isomorph* sind. Es gibt also im Sinne der Isomorphie nur eine Struktur als Modell – was den Namen **Mono**morphie begründet.

Wenn man nun dieses Axiomensystem (P1) ∧ (P2) ∧ (P3) ∧ (P4) ∧ (P5) aus Definition (6.2) um ein weiteres – etwa (P6) – erweitern würde, das aus (P1) ∧ (P2) ∧ (P3) ∧ (P4) ∧ (P5) nicht ableitbar bzw. deduzierbar[459] ist, so kann es dafür kein Modell mehr geben, weil es dann widerspruchsvoll wird.[460]

Mit der Argumentation aus Abschnitt 5.3.1.4 erhalten wir damit:

(6.29) Folgerung

Das Axiomensystem für eine Dedekind-Peano-Algebra ist **vollständig**.

---

[459] Vgl. Abschnitte 5.3.1.3 (S. 232) und 5.3.2.2 (S. 233).
[460] Vgl. Abschnitt 5.3.1.4.

Das für das Tripel (M, e, φ) gegebene Axiomensystem einer Dedekind-Peano-Algebra ist also keiner Erweiterung dadurch fähig, dass ein weiteres nicht ableitbares Axiom hinzugefügt werden kann. Ein solches Axiomensystem, dessen sämtliche Modelle isomorph sind, nennt man – wie bereits oben angedeutet – **monomorph** oder auch **kategorisch**.[461]

Da das Dedekind-Peano-Axiomensystem entwickelt worden ist, um die Struktur der Menge der natürlichen Zahlen zu erfassen, können wir in diesem Sinne zusammenfassend feststellen:

> **(6.30) Folgerung**
>
> Die Struktur der **Menge der natürlichen Zahlen ist einzigartig.**

6.4.5   Der Rekursionssatz

Der bereits im Anschluss an Satz (6.16) auf S. 262 angekündigte Rekursionssatz besagt, dass es die **Möglichkeit des rekursiven Definierens** gibt, wie man es bei „rekursiv definierten Folgen" zu tun pflegt. Wie müssen wir uns das vorstellen?

„Normale" Folgen können gemäß Bezeichnung (6.9) über einer Dedekind-Peano-Algebra erklärt werden (es gibt noch allgemeinere Folgen, so die „Moore-Smith-Folgen", auf die wir hier nicht eingehen[462]). Ist etwa (M, e, φ) eine Dedekind-Peano-Algebra, und ist f die rekursiv zu definierende Folge, so ist der „Anfangswert" $f(e)$ festzulegen, und es wird ein „Bildungsgesetz" benötigt, welches beschreibt, wie man für ein beliebiges $x \in M$ aus dem Folgenwert $f(x)$ den Folgenwert des Nachfolgers $\varphi(x)$ von x erhält. Dazu verwendet man eine weitere Funktion, die etwa g genannt sei und die diesen „Nachfolger-Folgenwert" angibt, so dass dann $f(\varphi(x)) = g(f(x))$ gilt. Konkret für $(M, e, \varphi) = (\mathbb{N}, 0, \nu)$ mit $\nu(n) = n + 1$ und $f(n) = a_n$ wäre dann $a_{n+1} = g(a_n)$.

Welche Eigenschaften muss eine solche Funktion g erfüllen, damit die Möglichkeit einer *rekursiven Definierbarkeit* der Folge f gesichert ist? Sehr wenig:

Wir benötigen nur, dass g Nachfolgerfunktion in einer 0-1-Algebra ist, dass also gemäß Definition (6.14) die Axiome (**P1**) und (**P2**) erfüllt sind. Die Existenzsicherung von f folgt dann aus der vorausgesetzten Dedekind-Peano-Algebra (M, e, φ) und hier vor allem über das Induktionsaxiom:

> **(6.31) Satz — Rekursionssatz** (DEDEKIND 1887)
>
> Es sei (M, e, φ) eine Dedekind-Peano-Algebra, und (R, a, g) sei eine 0-1-Algebra.
> Dann gilt:
>
> $$\bigvee_{f \in R^M}^{1} \left(f(e) = a \wedge \bigwedge_{x \in M} f(\varphi(x)) = g(f(x)) \right)$$

Hier bedeutet wieder $f \in R^M \Leftrightarrow f : M \to R$.

---

[461]   Vgl. [HERMES & MARKWALD 1962, 31] und [OBERSCHELP 1976, 43].
[462]   Vgl. z. B. [HISCHER & SCHEID 1982, 128 f.] und [HISCHER & SCHEID 1995, 135 und 271].

Beweis:

Gemäß Definition der Verkettung gilt: $\left(\bigwedge_{x \in M} f(\varphi(x)) = g(f(x)) \right) \Leftrightarrow f \circ \varphi = g \circ f$.

Zu zeigen ist, dass es genau eine Abbildung f von M in R gibt mit $f(e) = a \wedge f \circ \varphi = g \circ f$.
Nach Definition (6.20.a) ist f ein 0-1-Homomorphismus von (M, e, φ) in (R, a, g), und
gemäß Satz (6.24) existiert ein solcher Homomorphismus eindeutig.   ◆

Damit enthält Satz (6.24) bereits implizit den Rekursionssatz. Der Rekursionssatz sichert nun
beispielsweise die Möglichkeit der rekursiven Definierbarkeit von Potenzen. Dazu benötigen
wir zunächst ein *Verknüpfungsgebilde* („*Gruppoid*"), also ein geordnetes Paar $(H, *)$, bestehend aus einer Menge H und einer zweistelligen Verknüpfung $* : H \times H \to H$, womit also
H bezüglich $*$ *abgeschlossen* ist.[463]

H ist nach Definitionsvoraussetzung nicht leer, so dass ein Element $a \in H$ existiert. (In
Analogie zu Definition (6.12) könnte man $(H, a, *)$ als „0-2-Algebra" bezeichnen.) Um dann
Potenzen als Zusammenfassung von $a * a * \cdots * a = a^n$ (wobei n die „Anzahl" der Faktoren
bedeuten soll) zu erklären, muss man auch zu „Rechenregeln" wie $a^m * a^n = a^{m+n}$ gelangen
können – sonst würde die Definition nichts taugen.

Wie sich zeigt, geht das aber nur, wenn die Verknüpfung $*$ *assoziativ* ist, und daher setzen
wir $(H, *)$ vor vornherein als *Halbgruppe* voraus.

Nun wird man Potenzen rekursiv gemäß $a^{n+1} := a^n * a$ zu erklären suchen, und dazu ist
auch ein *Startwert* erforderlich. Hierbei ist es eine Frage des Geschmacks, ob man mit $n = 0$
oder $n = 1$ startet, ob man also a^0 oder a^1 als „Anfangspotenz" wählt. Wegen des Monomor-
phiesatzes für Dedekind-Peano-Algebren ist dies im Prinzip gleichgültig. Wenn man allerdings
mit $n = 1$ startet, treten Ausdrücke wie $a^0 * a^m = a^{0+m} = a^m$ auf, und das bedeutet, dass in
$(H, *)$ ein *neutrales Element* vorkommen muss, nämlich a^0.

Wir müssten dann $(H, *)$ sogar als *Monoid* voraussetzen,[463] worauf wir hier aber verzichten,
indem wir den allgemeineren Weg wählen, also nur eine Halbgruppe zugrunde legen, und zwar
gemäß Bezeichnung (6.5) die Dedekind-Peano-Algebra $(\mathbb{N}^*, 1, \nu)$ mit $\mathbb{N}^* = \mathbb{N} \setminus \{0\}$

(6.32) Satz

Es sei $(H, *)$ eine Halbgruppe mit $a \in H$.
Dann hat das folgende *Funktionalgleichungssystem* genau eine Lösung mit $p_a : \mathbb{N}^* \to H$:

$$p_a(1) = a \wedge \bigwedge_{n \in \mathbb{N}^*} p_a(\nu(n)) = p_a(n) * a$$

- Eine *Funktionalgleichung* hat als Lösung eine *Funktion* (oder deren mehrere) wie es z. B. für
  Differentialgleichungen oder die in (6.21) auf S. 266 genannten Beispiele gilt.
- Ein *Funktionalgleichungssystem* besteht dann aus mindestens zwei Funktionalgleichungen,
  z. B. den Additionstheoremen der Trigonometrie.

---

[463] Vgl. Definitionen (5.95) und (5.97).

Beweis:

Wir benutzen den Rekursionssatz (6.31) und wählen dort $(M, e, \varphi) = (\mathbb{N}^*, 1, \nu)$. Als 0-1-Algebra wählen wir (H, a, g) mit $g(x) := x * a$ für alle $x \in H$. Dann geht $f(e) = a$ in $p_a(1) = a$ über, und es folgt für alle $n \in \mathbb{N}^*$: $p_a(\nu(n)) = g(p_a(n)) = p_a(n) * a$.

$\blacklozenge$

(6.33) Definition — Potenzen in Halbgruppen

Es sei $(H, *)$ eine Halbgruppe, $a \in H$ und p_a die nach Satz (6.32) eindeutig existierende Funktion. Dann gilt für alle $n \in \mathbb{N}^*$:

$$a^n := p_a(n)$$

a^n heißt **Potenz**, a heißt **Basis** der Potenz a^n, und n heißt deren **Exponent**.

Oft definiert man Folgen rekursiv wie folgt: $a_0 := a \wedge a_{n+1} := g(n, a_n)$ (für alle $n \in \mathbb{N}$). Beispielsweise sei $g(n, a_n) := \sqrt{(n+1) \cdot a_n}$. Mit $a_0 := 1$ erhalten wir für die ersten Glieder:

$$1, 1, \sqrt{2}, \sqrt{3\sqrt{2}}, \sqrt{4\sqrt{3\sqrt{2}}}, \dots$$

Aber ist auf diese Weise überhaupt eine Folge eindeutig definiert? Der Rekursionssatz erfasst nämlich diesen Fall formal noch nicht, wohl aber seine verallgemeinerte Form:

(6.34) Satz — Verallgemeinerter Rekursionssatz

Es sei (M, e, φ) eine Dedekind-Peano-Algebra, $a \in R \neq \varnothing$ und $g: M \times R \to R$. Dann gilt:

$$\bigvee_{f \in R^M}^{1} \left[f(e) = a \wedge \bigwedge_{x \in M} f(\varphi(x)) = g(x, f(x)) \right]$$

Auf den umfangreichen Beweis, der sich auf die bisherigen Aussagen stützt, sei verzichtet.[464]

Bei M können wir an $\mathbb{N}$ und bei R an $\mathbb{R}$ denken. Und ferner liegt hier offensichtlich eine Verallgemeinerung von Satz (6.31) vor, weil $f(\varphi(x))$ nicht nur von $f(x)$ abhängt, sondern explizit auch noch von x.

Im Hinblick auf die Einführung von Addition und Multiplikation in $\mathbb{N}$ benötigen wir aber noch eine weitere Verallgemeinerung des Rekursionssatzes:

(6.35) Satz — Rekursion mit Parametern

Es sei (M, e, φ) eine Dedekind-Peano-Algebra, $R \neq \varnothing$, $P \neq \varnothing$, $g: P \times M \times R \to R$ und $a: P \to R$. Dann gilt:

$$\bigvee_{f \in R^{P \times M}}^{1} \bigwedge_{p \in P} \left[f(p, e) = a(p) \wedge \bigwedge_{x \in M} f(p, \varphi(x)) = g(p, x, f(p, x)) \right]$$

Auch diesen Satz werden wir hier nicht beweisen.[465]

---

[464] Er findet sich z. B. bei [OBERSCHELP 1976, 19 ff.] und original bei [DEDEKIND 1888, 33 ff.].

[465] Er findet sich ebenfalls z. B. bei [OBERSCHELP 1976, 24 f.].

Wir erkennen hier unschwer eine Verallgemeinerung von Satz (6.34), weil der „Startwert" a der Rekursion von einem Parameter p abhängt und die Funktionswerte der rekursiv zu definierenden Funktion f explizit von diesem Parameter abhängen. Wenn die „Parametermenge" P einelementig ist, geht Satz (6.35) in Satz (6.34) über. Und eigentlich ist diese Funktion f aus Satz (6.35) schlicht eine *zweistellige Funktion*, „mit Parametern" ist der Tradition geschuldet.

6.5 Der angeordnete Halbring der natürlichen Zahlen

Wir sind nunmehr in der Lage, mit Hilfe des Rekursionssatzes **Addition** und **Multiplikation** als Verknüpfungen in $\mathbb{N}$ und zugleich die übliche **Ordnungsrelation** „kleiner-oder-gleich" in $\mathbb{N}$ **zu definieren**. Bei der Addition können wir uns an Aufgabe 6.2.a (vgl. S. 260) orientieren: Und zwar verwenden wir die dort betrachteten Eigenschaften $n + 0 = n$ mit $n + \nu(m) = \nu(n + m)$ (für alle $m, n \in \mathbb{N}$).

Erstaunlicherweise reichen diese beiden aus, um die Addition in $\mathbb{N}$ so zu definieren, dass sie alle Eigenschaften aufweist, die uns seit der Schulzeit vertraut sind.

(6.36) Satz

Es gibt genau eine Funktion $\mathcal{O}\!l : \mathbb{N} \times \mathbb{N} \to \mathbb{N}$, die folgende Funktionalgleichungen erfüllt:
$$\mathcal{O}\!l(m, 0) = m \quad \wedge \quad \mathcal{O}\!l(m, \nu(n)) = \nu(\mathcal{O}\!l(m, n))$$

Beweis:

Wir wählen in Satz (6.35) $R := P := M := \mathbb{N}$, $a := \mathrm{id}_{\mathbb{N}}$ und $g := (\mathbb{N}^3 \to \mathbb{N}; (x, y, z) \mapsto \nu(z))$. Als Dedekind-Peano-Algebra wählen wir $(\mathbb{N}, 0, \nu)$. Dann folgt
$$f(m, 0) = f(p, e) = a(p) = \mathrm{id}_{\mathbb{N}}(m) = m \quad \text{und}$$
$$f(m, \nu(n)) = f(p, \varphi(x)) = g(p, x, f(p, x)) = g(m, n, f(m, n)) = \nu(f(m, n)),$$
und wir schreiben nun noch $\mathcal{O}\!l$ anstelle von f. $\quad\blacklozenge$

(6.37) Definition

Die eindeutig existierende Funktion $\mathcal{O}\!l$ aus Satz (6.36) heißt **Addition in** $\mathbb{N}$. Schreibweise:
$$\mathcal{O}\!l =: +_{\mathbb{N}} \quad (\text{„Plus"})$$

(6.38) Anmerkungen

(a) Es ist damit $+_{\mathbb{N}} : \mathbb{N} \times \mathbb{N} \to \mathbb{N}$.

(b) Für 2-stellige Verknüpfungen $* \in M^{M \times M}$ gilt $*(a, b) =: a * b$ für alle $a, b \in M$.
Somit gilt hier: $+_{\mathbb{N}}(m, n) =: m +_{\mathbb{N}} n$ für alle $m, n \in \mathbb{N}$.

(c) Wenn keine Missverständnisse zu befürchten sind, schreiben wir nur $+$ statt $+_{\mathbb{N}}$.

(d) Wir beachten, dass mit Definition (6.5) $\nu(0) = 1$ gilt.

(e) Terme vom Typ $m +_{\mathbb{N}} n$ bzw. $m + n$ nennen wir „Summe" und ihre Bestandteile „Summanden", und das trotz der Problematisierung in Abschnitt 3.1.2.

(6.39) Satz

Für alle $\ell, m, n \in \mathbb{N}$ gilt:

(a) $m + 0 = m$, (b) $\nu(m+n) = m + \nu(n)$, (c) $\nu(m) = m + 1$, (d) $\nu(m+n) = \nu(m) + n$,

(e) $0 + m = m$, (f) $m + n = n + m$, (g) $\ell + (m+n) = (\ell + m) + n$,

(h) $m + \ell = n + \ell \Leftrightarrow m = n$, (i) $m \neq 0 \Rightarrow m + n \neq 0$, (j) $m + n = 0 \Leftrightarrow m = 0 \wedge n = 0$.

---

0 ist bzgl. + gemäß (a) rechtsneutral und gemäß (e) linksneutral; gemäß (f) ist die Addition in $\mathbb{N}$ *kommutativ*, und gemäß (g) ist sie auch *assoziativ*. Mit Bezug auf Definition (5.96) ist $(\mathbb{N}, +)$ damit ein *kommutatives Monoid*. (h) ist die aus Aufgabe 5.11.b.6 bekannte „**Kürzungsregel**“, und eine Halbgruppe, in der die Kürzungsregel gilt, heißt „**regulär**“.

Damit erhalten wir also:

(6.40) Folgerung

$(\mathbb{N}, +)$ ist ein kommutatives, reguläres Monoid.

Beweis von Satz (6.39):

(a) und (b) gelten wegen Satz (6.36). (c), (d) und (e) wurden bereits in Aufgabe 6.2.a (auf naiver Basis) bewiesen. Nachfolgend werden nur (f) und (g) bewiesen (durch vollständige Induktion), während (h), (i) und (j) erst in einer Übungsaufgabe bewiesen werden sollen:

Wegen (c) können wir stets vereinfachend $m + 1$ statt $\nu(m)$ (usw.) schreiben. Wir führen beide Beweise mittels vollständiger Induktion über n durch.

(f): Für $n = 0$ gilt: $m + 0 \underset{(a)}{=} m \underset{(e)}{=} 0 + m$. ✓

Es gelte nun $m + n = n + m$ für alle m und ein n. Dann folgt für dieses n und alle m:

$$m + (n+1) \underset{(b)}{=} (m+n) + 1 \underset{\text{Ind.-Vor.}}{=} (n+m) + 1 \underset{(d)}{=} (n+1) + m$$

Da n hierbei keinen Einschränkungen unterlag, ist dieser Schluss für alle n gültig. ✓

(g): Für $n = 0$ gilt: $\ell + (m+0) \underset{(a)}{=} \ell + m \underset{(a)}{=} (\ell + m) + 0$ ✓

Es gelte $\ell + (m+n) = (\ell + m) + n$ für alle ℓ, m und ein n.

Für dieses n und alle ℓ, m folgt:

$$\ell + (m+(n+1)) \underset{(b)}{=} \ell + ((m+n)+1) \underset{(b)}{=} (\ell + (m+n)) + 1 \underset{\text{I.V.}}{=} ((\ell + m) + n) + 1 \underset{(b)}{=} (\ell + m) + (n+1)$$

Da n hierbei keinen Einschränkungen unterlag, ist dieser Schluss für alle n gültig. ✓ ◆

Bemerkenswert hieran ist, dass diese in Satz (6.39) aufgeführten additiven „Rechenregeln“ nur aus den beiden elementaren „Regeln“ $m + 0 = m$ und $(m+n) + 1 = m + (n+1)$ mit Hilfe der vollständigen Induktion beweisbar sind.

• *Diese beiden „Grundregeln“ enthalten also den gesamten additiven Aufbau der Menge der natürlichen Zahlen!*

Analog gilt das für die Multiplikation, die an späterer Stelle als „abgekürzte“ Addition definiert wird.

Zuvor aber ergänzen wir die additive Struktur der natürlichen Zahlen um die vertraute Ordnungsrelation, für die die Multiplikation noch nicht benötigt wird. Diese Ordnungsrelation können wir im Sinne von Abschnitt 5.2.3 als geeignete Teilmenge von $\mathbb{N} \times \mathbb{N}$ definieren.

Die nachfolgende Definition ist plausibel: Genau dann gilt $m \leq n$, wenn es eine Zahl k mit $m + k = n$ gibt.

(6.41) Definition

$$\leq_{\mathbb{N}} := \{(m,n) \in \mathbb{N}^2 \mid \bigvee_{k \in \mathbb{N}} m + k = n\}, \quad <_{\mathbb{N}} := \leq_{\mathbb{N}} \setminus \mathrm{id}_{\mathbb{N}}, \quad \geq_{\mathbb{N}} := \leq_{\mathbb{N}}^{-1}, \quad >_{\mathbb{N}} := <_{\mathbb{N}}^{-1}.$$

Dabei heißen:

$\leq_{\mathbb{N}}$: **Kleiner-oder-gleich-Relation** in $\mathbb{N}$, $\geq_{\mathbb{N}}$: **Größer-oder-gleich-Relation** in $\mathbb{N}$,

$<_{\mathbb{N}}$: **Kleiner-Relation** in $\mathbb{N}$, $>_{\mathbb{N}}$: **Größer-Relation** in $\mathbb{N}$.

(6.42) Anmerkungen

(a) Ist R eine zweistellige Relation (wie z. B. $\leq_{\mathbb{N}}$), so ist $R^{-1} = \{(y,x) \mid (x,y) \in R\}$, genannt „Umkehrrelation" oder „inverse Relation" zu R (vgl. Def. (5.5.d)).

(b) Man könnte definieren: $\leq_{\mathbb{N}^*} := \leq_{\mathbb{N}} \cap (\mathbb{N}^* \times \mathbb{N}^*) = \leq_{\mathbb{N}} \mid \mathbb{N}^*$, analog $\geq_{\mathbb{N}^*}$, $<_{\mathbb{N}^*}$, $>_{\mathbb{N}^*}$.

(c) Den Index $\mathbb{N}$ bzw. $\mathbb{N}^*$ lassen wir fort, wenn keine Missverständnisse zu befürchten sind.

(d) Offensichtlich gilt $m \leq n \Leftrightarrow (m,n) \in \leq \Leftrightarrow (n,m) \in \leq^{-1} \Leftrightarrow n \geq m$ und
$0 + 0 = 0 \Leftrightarrow 0 \leq 0 \Rightarrow \leq_{\mathbb{N}} \neq \varnothing$.

(e) $m \leq n$ kann man wegen Definition (6.41) auch wie folgt deuten:
   Die **Gleichung** $m + x = n$ **ist in** $\mathbb{N}$ **lösbar.**

(6.43) Satz

Für alle $n \in \mathbb{N}$ gilt: (a) $0 \leq n$,   (b) $n \leq n+1$,   (c) $n \leq n$,   (d) $n = 0 \vee n \geq 1$.

Beweis: (a): $0 + n = n$, (b): $n + 1 = n + 1$, (c): $n + 0 = n$, (d) folgt aus Satz (6.18.c).   ◆

(6.44) Satz

(a) $\leq_{\mathbb{N}}$ ist eine Totalordnungsrelation in $\mathbb{N}$.   (b) $<_{\mathbb{N}}$ ist eine Striktordnungsrelation in $\mathbb{N}$.

Der Beweis soll in der folgenden Aufgabe erbracht werden.

Aufgabe 6.6

(a) Beweisen Sie (ggf. mittels vollst. Induktion) die Aussagen (h), (i) und (j) aus Satz (6.39).

(b) Beweisen Sie (ggf. mittels vollständiger Induktion) Satz (6.44). Dabei können Sie u. a. vorteilhaft die Kürzungsregel bezüglich der Addition in $\mathbb{N}$ verwenden (vgl. S. 274).

Mit den in Abschnitt 5.2.3, Folgerung (5.79) auf S. 226 aufgelisteten Eigenschaften für beliebige Ordnungsrelationen ergeben sich die nachfolgenden vertrauten Beziehungen:

(6.45) Folgerung

Für alle $\ell, m, n \in \mathbb{N}$ gilt:

(a) $m < n \Leftrightarrow m \leq n \wedge m \neq n$, (b) $m \leq n \Leftrightarrow m < n \vee m = n$,

(c) $\ell \leq m \wedge m \leq n \Rightarrow \ell \leq n$,   (d) $\ell < m \wedge m < n \Rightarrow \ell < n$,

(e) $\neg m \leq n \Leftrightarrow m > n$, (f) $\neg m < n \Leftrightarrow m \geq n$, (g) $m < n \mathbin{\dot\vee} m = n \mathbin{\dot\vee} m > n$.

Wir kommen nun in Analogie zu Satz (6.36) auf S. 273 zur Einführung der Multiplikation $\mathfrak{M}$ über den folgenden Satz:

(6.46) Satz

Es gibt genau eine Funktion $\mathfrak{M}: \mathbb{N} \times \mathbb{N} \to \mathbb{N}$, die folgende Funktionalgleichungen erfüllt:

$$\mathfrak{M}(m,0) = 0 \quad \wedge \quad \mathfrak{M}(m,n+1) = \mathfrak{M}(m,n) + m$$

Beweis:

Wir wählen in Satz (6.35) wieder $R := P := M := \mathbb{N}$, ferner $a := (\mathbb{N} \to \mathbb{N}; n \mapsto 0)$ und $g := (\mathbb{N}^3 \to \mathbb{N}; (x,y,z) \mapsto z + \ldots x)$. Mit $(\mathbb{N}, 0, \nu)$ als einer Dedekind-Peano-Algebra folgt:

$$f(m,0) = f(p,e) = a(p) = 0 \quad \text{und}$$
$$f(m,n+1) = f(p, \varphi(x)) = g(p,x,f(p,x)) = g(m,n,f(m,n)) = f(m,n) + m$$

Schließlich schreiben wir $\mathfrak{M}$ anstelle von f.   ◆

(6.47) Definition

Die eindeutig existierende Funktion $\mathfrak{M}$ aus Satz (6.46) heißt **Multiplikation in** $\mathbb{N}$.
Schreibweise:

$$\mathfrak{M} =: \cdot_{\mathbb{N}} \quad (\text{„Mal"})$$

(6.48) Anmerkungen

(a) Es ist damit $\cdot_{\mathbb{N}}: \mathbb{N} \times \mathbb{N} \to \mathbb{N}$.

(b) Analog zur Addition gilt hier gilt hier: $\cdot_{\mathbb{N}}(m,n) =: m \cdot_{\mathbb{N}} n$ für alle $m, n \in \mathbb{N}$.

(c) Wenn keine Missverständnisse zu befürchten sind, schreiben wir künftig nur $\cdot$ statt $\cdot_{\mathbb{N}}$ und ferner wie üblich nur mn statt $m \cdot n$.

(d) Verabredung (Klammernersparnis-Regel): *Punktrechnung geht vor Strichrechnung.*

In Analogie zur Satz (6.39) gilt (und auch der Beweis verläuft entsprechend):

(6.49) Satz

Für alle $\ell, m, n \in \mathbb{N}$ gilt:

(a) $m \cdot 0 = 0$, (b) $m(n+1) = mn + m$, (c) $m \cdot 1 = m$, (d) $(m+1)n = mn + n$,

(e) $0 \cdot m = 0$, (f) $1 \cdot m = m$, (g) $mn = nm$, (h) $\ell(mn) = (\ell m)n$, (i) $\ell(m+n) = \ell m + \ell n$.

Gemäß (c) ist 1 rechtsneutral und gemäß (f) auch linksneutral bzgl. $\cdot$, gemäß (g) ist die Multiplikation in $\mathbb{N}$ *kommutativ* und gemäß (h) *assoziativ*, und gemäß (i) ist $\cdot$ distributiv über $+$.

Aufgabe 6.7

(a) Beweisen Sie Satz (6.49).

(b) Mit den Bezeichnungen (6.5) war für die „übliche" Dedekind-Peano-Algebra $(\mathbb{N}, 0, \nu)$ festgesetzt worden: $\nu(0) =: 1$, $\nu(1) =: 2$, $\ldots$, $\nu(6) =: 7$, $\nu(7) =: 8$, $\nu(8) =: 9$.

Beweisen Sie damit *nur unter Rückgriff auf die bewiesenen „Rechenregeln"* (die Sätze über Addition, Multiplikation und Ordnungsrelation und die Potenzbildung in Halbgruppen gemäß Def. (6.33) – also ohne Ihr Grundschulwissen) die folgenden Aussagen:

(1) $5 + 4 = 2 + 7 = 3^2 = 9$,   (2) $3 \cdot (4 + 3) = 5 \cdot 4 + 1$,   (3) $9 \cdot 2^3 + 2 < 3^4$.

Wegen Satz (6.49) ist $(\mathbb{N}, \cdot)$ ein kommutatives Monoid (vgl. Folgerung (6.40)), und weil auch das Distributivgesetz gilt, ist $(\mathbb{N}, +, \cdot)$ ein kommutativer Halbring mit den neutralen Elementen 0 und 1. Darüber hinaus gelten auch die üblichen Eigenschaften für die Ordnungsrelation:

(6.50) Satz

Für alle $m, n, x \in \mathbb{N}$ und alle $y \in \mathbb{N}^*$ gilt:

(a) $n < n + 1$,   (b) $m \leq n \Leftrightarrow m < n + 1$,   (c) $m \leq n + 1 \Leftrightarrow m \leq n \vee m = n + 1$,

(d) $m \leq n \Leftrightarrow m + x \leq n + x$, (e) $m < n \Leftrightarrow m + x < n + x$,   (f) $m < n \Leftrightarrow m + 1 \leq n$,

(g) $m < n \Leftrightarrow my < n$,   (h) $m \leq n \Leftrightarrow my \leq ny$,   (i) $m \leq n \Rightarrow mx \leq nx$,

(j) $m = n \Leftrightarrow my = ny$.

Der einfache Beweis sei den Leserinnen und Lesern zur Übung überlassen. Ferner sei erwähnt, dass (d) und (e) die **Monotoniegesetze bezüglich der Addition** sind, entsprechend sind (g) und (h) die **Monotoniegesetze bezüglich der Multiplikation**. Und man beachte den subtilen Unterschied zwischen (h) und (i), der in den Voraussetzungen begründet ist!

$(\mathbb{N}, +)$ und $(\mathbb{N}, \cdot)$ sind Halbgruppen, $(\mathbb{N}, \leq)$ ist eine Totalordnung, und es gelten die *Verträglichkeitsbedingungen* (das Distributivgesetz und die Monotoniegesetze). Zusammenfassend kennzeichnet man damit solche Strukturen wie $(\mathbb{N}, +, \cdot, \leq)$ als einen **angeordneten Halbring**.

6.6   Endlichkeit und Abzählbarkeit

Wir sind jetzt in der Lage, die für die Mathematik wichtigen Begriffe *endlich*, *unendlich*, *abzählbar* und *überabzählbar* zu klären.

Eine zugleich geniale wie einfache Idee zur Definition der Endlichkeit geht auf RICHARD DEDEKIND zurück, die wir heute wie folgt beschreiben können:[466] Eine injektive Funktion von *einer endlichen Menge in sich* (!) kann als Wertemenge niemals eine **echte Teilmenge** dieser Menge ergeben! Hingegen finden wir bei unendlichen Mengen stets eine solche Funktion!

---

[466]   Vgl. [DEDEKIND 1888, 17]; DEDEKIND hatte das Skript seines Buches im Oktober 1887 fertiggestellt.

Bild 6.14 veranschaulicht diesen Sachverhalt:

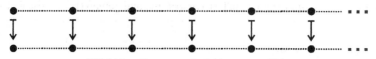

Bild 6.14: zu DEDEKINDs Definition von „endlich"

Jedem Element der oberen Menge wird das darunter angedeutet injektiv zugeordnet. Falls die obere Menge endlich ist und die untere eine Teilmenge der oberen ist, dann „geht diese Zuordnung auf", es bleibt nichts übrig – in diesem Fall sind „beide" Mengen sogar identisch! Bei unendlichen Mengen kann jedoch durchaus eine echte Teilmenge entstehen, beispielsweise, indem jeder natürlichen Zahl n (oben) ihr doppelter Wert $2n$ (unten) zugeordnet wird.

Diesen Sachverhalt beschreiben wir nun formal definitorisch:

(6.51) Definition (DEDEKIND 1887)

Es sei M eine Menge:

$\quad$ (a) M ist **unendlich** $\quad :\Leftrightarrow \bigvee\limits_{\varphi \in M^M} \left(\varphi \text{ ist injektiv } \wedge \ \varphi[M] \subset M \right)$

$\quad$ (b) M ist **endlich** $\quad :\Leftrightarrow \neg\,(M \text{ ist unendlich})$

Zur Beachtung: „$\subset$"steht hier für „echte Teilmenge"! In verbaler Formulierung heißt das:

(6.52) Folgerung

(a) Eine beliebige Menge ist genau dann unendlich, wenn es eine Injektion dieser Menge auf eine echte Teilmenge von ihr gibt.

(b) Eine beliebige Menge ist genau dann endlich, wenn sie nicht unendlich ist.

Zugleich erkennen wir unmittelbar die beiden nächsten Folgerungen:

(6.53) Folgerung

Erfüllt eine beliebige 0-1-Algebra (M, e, φ) die Dedekind-Peano-Axiome (**P3**) und (**P4**), so ist ihre Trägermenge M unendlich.

(6.54) Folgerung

Eine Menge M ist genau dann endlich, wenn jede Injektion von M in M eine Bijektion ist.

Speziell ist damit auch $\varnothing$ endlich, weil die „leere Funktion" bijektiv ist. (Warum gilt das?) Würde der folgende Satz nicht gelten, so hätten wir „endlich" gewiss falsch definiert:

(6.55) Satz

$\qquad\qquad$ Jede Teilmenge einer beliebigen endlichen Menge ist endlich..

Beweis:

Es sei M eine endliche Menge und $T \subseteq M$. Falls $T = \varnothing \vee T = M$, dann ist T endlich.

Daher sei nun $T \subset M \wedge T \neq \varnothing$.

Wir führen einen *Widerspruchsbeweis* und machen also die *Annahme: T* ist unendlich.

Wegen Definition (6.51.a) existiert dann eine Injektion φ mit $\varphi: T \underset{1\text{-}1}{\to} T \wedge W_\varphi = \varphi[T] \subset T$.

Speziell ist damit $\varphi[T] \neq T$. Wegen $T \subset M$ ist $S := M \setminus T \neq \varnothing$.

Wir bilden nun $\psi := \varphi \cup \mathrm{id}_S$. Dann gilt:

(1) ψ ist eine Funktion, denn φ und id_S sind Funktionen mit $D_\varphi \cap D_{\mathrm{id}_S} = T \cap (M \setminus T) = \varnothing$.

(2) $D_\psi = M$ (denn: $D_\psi = D_\varphi \cup D_{\mathrm{id}_S} = T \cup (M \setminus T) = M$).

(3) $\psi: M \to M$ (denn: $D_\psi = M$ und $W_\psi = W_\varphi \cup W_{\mathrm{id}_S} \subset T \cup (M \setminus T) = M$).

(4) ψ ist injektiv (denn: $\psi = \varphi \cup \mathrm{id}_S$, $D_\varphi \cap D_{\mathrm{id}_S} \underset{(1)}{=} \varnothing$, φ ist injektiv, und id_S ist injektiv).

(5) $\psi[M] \subset M$

(denn: $\psi[M] = \psi[T \cup S] \underset{T \cap S = \varnothing}{=} \psi[T] \cup \psi[S] \underset{\psi = \varphi \cup \mathrm{id}_S}{=} \varphi[T] \cup S \underset{\varphi[T] \subset T}{\subset} T \cup S = M$).

Aus der Injektivität von ψ und wegen $\psi[M] \subset M$ folgt mit Definition (6.51.a), dass M unendlich ist, im Widerspruch zur vorausgesetzten Endlichkeit von M. Damit war die Annahme falsch, und das Gegenteil tritt ein, d. h., T ist endlich. ◆

Als *Anfang* von $\mathbb{N}$ werden wir nun Mengen wie $\{0, 1, 2, \ldots, n\}$ mit $n \in \mathbb{N}$ bezeichnen. Dazu dient folgende Definition mit einer der Algebra entlehnten Symbolik:

(6.56) Definition — Anfang von $\mathbb{N}$

$$\bigwedge_{n \in \mathbb{N}} \mathbb{Z}_n := \{x \in \mathbb{N} \mid x < n\}$$

(6.57) Beispiele

$\mathbb{Z}_0 = \{x \in \mathbb{N} \mid x < 0\} = \varnothing$, $\mathbb{Z}_1 = \{x \in \mathbb{N} \mid x < 1\} = \{0\}$, $\mathbb{Z}_n = \{x \in \mathbb{N} \mid x < n\} = \{0, 1, \ldots, n-1\}$.

Einleuchtend und naheliegend ist dann mit diesen Bezeichnungen:

(6.58) Satz

$$\bigwedge_{n \in \mathbb{N}} \mathbb{Z}_{n+1} = \mathbb{Z}_n \cup \{n\}$$

Beweis:

Für alle $n \in \mathbb{N}$ gilt:

$\mathbb{Z}_{n+1} \underset{\text{Def. }(6.56)}{=} \{x \in \mathbb{N} \mid x < n + 1\} \underset{\text{Satz }(6.50.\text{b})}{=} \{x \in \mathbb{N} \mid x \leq n\} \underset{\text{Folgerung }(6.45.\text{b})}{=} \{x \in \mathbb{N} \mid x < n \vee x = n\}$

$= \{x \in \mathbb{N} \mid x < n\} \cup x \in \mathbb{N} \mid x = n\} = \mathbb{Z}_n \cup \{n\}$ ◆

Nun erwarten wir, dass jeder Anfang von $\mathbb{N}$ endlich ist. Satz (6.58) legt einen Beweis durch vollständige Induktion nahe: Aus der Endlichkeit von $\mathbb{Z}_n$ folgt die Endlichkeit von $\mathbb{Z}_{n+1}$:

(6.59) Satz

Jeder Anfang von $\mathbb{N}$ ist endlich.

Beweis:

Es sei $E := \{n \in \mathbb{N} \mid \mathbb{Z}_n \text{ ist endlich}\} \underset{\text{Def. (6.51.a)}}{=} \{n \in \mathbb{N} \mid \neg \bigvee_{\varphi \in \mathbb{Z}_n^{\mathbb{Z}_n}} (\varphi \text{ ist injektiv} \wedge \varphi[\mathbb{Z}_n] \subset \mathbb{Z}_n)\}. \quad (*)$

Wir zeigen dann mittels vollständiger Induktion: $E = \mathbb{N}$.

Induktionsbeginn: $\mathbb{Z}_0 = \varnothing$, und die leere Menge ist endlich. Ferner ist $\mathbb{Z}_1 = \{0\}$, und die einzige Injektion von $\{0\}$ in $\{0\}$ ist $\mathrm{id}_{\mathbb{Z}_1}$, und $\mathrm{id}_{\mathbb{Z}_1}$ ist bijektiv, also ist $\{0\}$ endlich. ✓

Induktionsvoraussetzung: Es sei $\mathbb{Z}_{n+1}$ endlich für ein $n \in \mathbb{N}$ (also $n + 1 \in E$).

Induktionsbehauptung: $\mathbb{Z}_{n+2}$ ist endlich für dieses n (also $n + 2 \in E$).

Induktionsschluss: Es sei nun $\varphi : \mathbb{Z}_{n+2} \underset{1\text{-}1}{\to} \mathbb{Z}_{n+2}$ mit $\varphi[\mathbb{Z}_{n+2}] =: T \subset \mathbb{Z}_{n+2}$, d. h., φ ist eine Bijektion von $\mathbb{Z}_{n+2}$ auf T, wobei T eine echte Teilmenge von $\mathbb{Z}_{n+2}$ ist.

Zu zeigen ist dann wegen $(*)$, dass eine solche Bijektion nicht existiert.

Dabei sind *drei Fälle* möglich:

$\left(n + 1 \in T \wedge \varphi(n + 1) = n + 1\right) \dot{\vee} \left(n + 1 \in T \wedge \varphi(n + 1) \neq n + 1\right) \dot{\vee} \; n + 1 \notin T$

Fall 1: $n + 1 \in T \wedge \varphi(n + 1) = n + 1$

Wir betrachten $\varphi_1 := \{(k, \varphi(k)) \mid k \in \mathbb{Z}_{n+1}\} \subseteq \{(k, \varphi(k)) \mid k \in \mathbb{Z}_{n+2}\} = \varphi$, und damit ist φ_1 diejenige Restriktion von φ, die jedem Element des Anfangs $\mathbb{Z}_{n+1}$ injektiv ein Element aus $\mathbb{Z}_{n+1}$ zuordnet, denn als Restriktion von φ ist auch φ_1 injektiv. Wegen $T = \varphi[\mathbb{Z}_{n+2}] \subset \mathbb{Z}_{n+2}$ und $n + 1 \notin \mathbb{Z}_{n+1}$ ist $\varphi_1[\mathbb{Z}_{n+1}] = T \setminus \{\varphi(n + 1)\} = T \setminus \{n + 1\} \subset \mathbb{Z}_{n+2} \setminus \{n + 1\} \underset{\text{Satz (6.59)}}{=} \mathbb{Z}_{n+1}$,

per saldo also $\varphi_1[\mathbb{Z}_{n+1}] \subset \mathbb{Z}_{n+1}$, insbesondere auch $\varphi_1 : \mathbb{Z}_{n+1} \to \mathbb{Z}_{n+1}$. Da nun φ_1 injektiv ist und $\mathbb{Z}_{n+1}$ nach Induktionsvoraussetzung endlich ist, entsteht mit $\varphi_1[\mathbb{Z}_{n+1}] \subset \mathbb{Z}_{n+1}$ gemäß Satz (6.54) ein Widerspruch zur Bijektivität von φ_1, wegen der $\varphi_1[\mathbb{Z}_{n+1}] = \mathbb{Z}_{n+1}$ gilt.

➤ Also wäre $n + 1 \notin E$ im Widerspruch zur Induktionsvoraussetzung:

Fall 1 tritt somit nicht ein.

Fall 2: $n + 1 \in T \wedge \varphi(n + 1) \neq n + 1$

Dann ist also $m := \varphi(n + 1) \neq n + 1$, und es gibt ein $\ell \in \mathbb{N}$ mit $\varphi(\ell) = n + 1 \wedge \ell \neq n + 1$ (weil φ eine Bijektion von $\mathbb{Z}_{n+2}$ auf T ist, s. o.). Hier findet also gegenüber der Bijektion φ nur ein Austausch zweier Wertzuordnungen statt: $\ell \mapsto n + 1$ und $n + 1 \mapsto m$ mit $\ell, m \neq n + 1$. Damit können wir aus φ eine neue Funktion φ_2 konstruieren, die ebenfalls eine Bijektion von $\mathbb{Z}_{n+2}$ auf $\mathbb{Z}_{n+2}$ ist: $\varphi_2 := \{(k, \varphi(k)) \mid k \neq \ell \wedge k \neq n + 1\} \cup \{(\ell, m), (n + 1, n + 1)\}$.

Es ist also $\varphi_2[\mathbb{Z}_{n+2}] = \varphi[\mathbb{Z}_{n+2}] = T \subset \mathbb{Z}_{n+2}$ mit $\varphi_2(n + 1) = n + 1$, so dass damit φ_2 wie auch φ die Voraussetzungen von Fall 1 erfüllt, was auf denselben Widerspruch führt.

➤ Also ergäbe sich wieder $n + 1 \notin E$ im Widerspruch zur Induktionsvoraussetzung:

Auch Fall 2 tritt nicht ein.

Fall 3: $n + 1 \notin T$

Wegen $T \subset \mathbb{Z}_{n+2} = \mathbb{Z}_{n+1} \cup \{n+1\}$ und $n + 1 \notin T$ folgt zunächst $T \subseteq \mathbb{Z}_{n+1}$. Wir betrachten nun $\varphi_3 := \varphi \setminus \{(n+1, \varphi(n+1))\}$, also: $D_{\varphi_3} = D_\varphi \setminus \{n+1\} = \mathbb{Z}_{n+2} \setminus \{n+1\} = \mathbb{Z}_{n+1}$.

Da zu Beginn des Induktionsschlusses φ als Bijektion von $\mathbb{Z}_{n+2}$ auf T vorausgesetzt wurde, sodass also $T = \varphi[\mathbb{Z}_{n+2}]$ gilt, ist φ_3 eine Bijektion von $\mathbb{Z}_{n+1}$ auf $T \setminus \{\varphi(n+1)\}$.

Wegen $T = \varphi[\mathbb{Z}_{n+2}]$ und $n + 1 \in \mathbb{Z}_{n+2} = \mathbb{Z}_{n+1} \cup \{n+1\}$ gilt speziell $\varphi(n+1) \in T$.

Aus $T \subseteq \mathbb{Z}_{n+1}$ (s. o.) und $\varphi(n+1) \in T$ folgt dann $T \setminus \{\varphi(n+1)\} \subset \mathbb{Z}_{n+1}$.

Es existiert also mit φ_3 eine Injektion von $\mathbb{Z}_{n+1}$ auf eine echte Teilmenge von $\mathbb{Z}_{n+1}$, und damit ergibt sich $n + 1 \notin E$ im Widerspruch zu $n + 1 \in E$ aus der Induktionsvoraussetzung.

➢ Also ergäbe sich auch hier $n + 1 \notin E$ im Widerspruch zur Induktionsvoraussetzung: *Auch Fall 3 tritt somit nicht ein.* ◆

Folgende weitere Schritte seien hier nur angedeutet:

- Zwei Mengen A und B heißen **gleichmächtig**, wenn eine Bijektion von A auf B existiert. Wir schreiben dann z. B.: A glm B.

- Damit ist eine Menge A genau dann **endlich**, wenn ein $n \in \mathbb{N}$ existiert mit: A glm $\mathbb{Z}_n$.

- Ist A glm $\mathbb{Z}_n$, so heißt n **Mächtigkeit** von A, symbolisiert: $|A| := \# A := \text{card}\, A := n$.

Auch im Falle unendlicher Mengen gibt es den Begriff der Mächtigkeit, allerdings gibt es hier **verschiedene Stufen des Unendlichseins** (so ist z. B. die Potenzmenge von $\mathbb{R}$ „mächtiger" als $\mathbb{R}$ (vgl. hierzu Anmerkung (2.36.c) auf S. 100).

Die *Abzählbarkeit* vermittelt einen ersten Eindruck zur Frage der Mächtigkeit von $\mathbb{R}$:

(6.60) Definition

Es sei M eine Menge.

(a) M ist **abzählbar** $:\Leftrightarrow$ Es gibt eine Bijektion von $\mathbb{N}$ auf M

(b) M ist **höchstens abzählbar** $:\Leftrightarrow$ M ist endlich oder abzählbar

(c) M ist **überabzählbar** $:\Leftrightarrow$ M ist unendlich und nicht abzählbar

---

Diese Definitionen machen deutlich, dass jede abzählbare Menge unendlich ist, dass jedoch eine unendliche Menge nicht notwendig abzählbar sein muss. So wird sich später z. B. die Menge der reellen Zahlen als unendliche, nicht abzählbare Menge erweisen.

Mit dem Monomorphiesatz (6.26) und Definition (6.60.b) erhalten wir sofort:

(6.61) Folgerung

Die Trägermenge jeder Dedekind-Peano-Algebra ist abzählbar.

Andererseits gilt (überraschenderweise?):

(6.62) Satz

Die Potenzmenge jeder abzählbaren Menge ist überabzählbar.

Beweis:

Es sei M abzählbar, also auch unendlich, und damit existiert eine Injektion $\varphi : M \to M$ mit $\varphi[M] \subset M$ (und insbesondere $\varphi[M] \neq M$).

Es sei nun $\hat{M} := \{\{m\} \mid m \in M\} \subset \mathcal{P}(M)$, $\psi := (M \to \hat{M}; m \mapsto \{m\})$ (ψ ist bijektiv, also gilt M glm $\hat{M}$) und $\hat{\varphi} := \psi \circ \varphi \circ \psi^{-1}$ (also ist $\hat{\varphi}$ injektiv).

Wegen M glm $\hat{M}$ ist auch $\hat{M}$ unendlich. Damit enthält $\mathcal{P}(M)$ eine unendliche Teilmenge und ist also nach Satz (6.55) selbst unendlich.

Annahme: $\mathcal{P}(M)$ ist abzählbar.

Dann existiert eine Bijektion α von $\mathbb{N}$ auf $\mathcal{P}(M)$.

Mit einer Bijektion β von $\mathbb{N}$ auf M ist $\alpha \circ \beta^{-1}$ eine Bijektion von M auf $\mathcal{P}(M)$, insbesondere ist $(\alpha \circ \beta^{-1})(x) \in \mathcal{P}(M)$ für jedes $x \in M$, also ist $(\alpha \circ \beta^{-1})(x) \subseteq M$.

Wir bilden nun die Menge T gemäß $T := \{x \in M \mid x \notin (\alpha \circ \beta^{-1})(x)\} \in \mathcal{P}(M)$.

Wegen der Bijektivität von $\alpha \circ \beta^{-1}$ existiert ein $y \in M$ mit $T = (\alpha \circ \beta^{-1})(y)$.

Für dieses y gilt nun entweder $y \in T$ oder $y \in T$.

Per definitionem von T gilt aber: $y \in T \Leftrightarrow y \notin T$. Folglich war die Annahme falsch.

$\blacklozenge$

Aufgabe 6.8

Es sei $A \subseteq \mathbb{N}$ mit folgender Eigenschaft: $\bigwedge\limits_{x \in \mathbb{N}} \left(x + 1 \in A \to x \in A \right) \ \wedge \ \bigvee\limits_{x \in A} x + 1 \notin A$.

Klären Sie durch anschauliche Argumentation:

- Ist A ein Anfang von $\mathbb{N}$?

- Besitzt jeder Anfang von $\mathbb{N}$ diese Eigenschaft?

Hier sei passend eine Anekdote angefügt: Als meine jüngste Tochter Corinna etwa 11 Jahre alt war und wir uns mal über natürliche und ganze Zahlen und über das Unendliche unterhielten, kommentierte sie das Gespräch zu meiner Überraschung und Freude wie folgt:

„$\mathbb{N}$ ist *anfänglich und unendlich*, und $\mathbb{Z}$ ist *unanfänglich und unendlich* …"

Allerdings spiel(t)en solche Aspekte in ihrem Mathe*unterricht* wohl i. d. R. keine Rolle …

7 Bruch und Bruchentwicklung

7.1 Was ist eigentlich ein „Bruch"? — Erste vorsichtige Ansätze

7.1.1 Vorgeschichte

Bruchrechnung ist im Mathematikunterricht schon immer ein Ärgernis gewesen – und ist es oft auch heute noch. Aber „Bruchrechnung" erschöpft sich nicht etwa nur im „kompetenten" Beherrschen der sog. „Bruchrechenregeln" – denn diese kann man durchaus „erfolgreich" einüben und praktizieren, ohne zu „wissen" bzw. zu „verstehen", was ein Bruch denn „eigentlich" ist. Gleichwohl kann man bei mathematikdidaktisch weniger gut informierten Personen durchaus der Auffassung begegnen, dass es vor allem auf die Fähigkeit und Fertigkeit im technischen Umgang mit Brüchen ankäme – wobei zweifelsfrei *auch das* wichtig ist!

So zeigt sich, dass in einem fehlerhaften oder unzureichenden Verständnis des Bruch-*Begriffs* eine Ursache für viele mit der Bruchrechnung zusammenhängende Probleme zu finden ist, die dann auch später *nach* der Schule nachhaltig „Früchte tragen".

Im Sommersemester 1967 präsentierte BERNHARD HORNFECK an der Technischen Hochschule Braunschweig während seiner Vorlesung „Algebra I" im Zusammenhang mit den dort betrachteten „Bruchrechenregeln in Körpern" zu seinem Vergnügen und dem des Auditoriums folgende – gewiss erfundene, wenn auch nicht unmögliche – Anekdote.[467]

In einer Schule erkrankte einst der Mathelehrer einer sechsten Klasse für längere Zeit. Der Schulleiter war ratlos, denn er hatte keinen Ersatz, und es war doch in dieser Klasse dringend die Bruchrechnung einzuführen! Da fiel sein Blick auf einen gerade nicht ausgelasteten Biologielehrer, denn *„als Naturwissenschaftler kann der doch so was"*. Und so übernahm dieser den Auftrag, erklärte den Kindern, was ein Bruch ist („Bruchstrich", die Zahl darüber heißt „Zähler", die darunter „Nenner"), wie man sie multipliziert (Zähler · Zähler durch Nenner · Nenner), addiert (Zähler + Zähler durch Nenner + Nenner), kürzt und erweitert. Die Kinder hatten das sofort verstanden, und alsbald konnte die erste Klassenarbeit geschrieben werden, die zum Stolz des Biolehrers und zur Freude des Schulleiters glänzend ausfiel. Doch als der Biolehrer den Mathelehrer am Krankenbett besuchte, um von seinem Erfolg zu berichten, standen dem armen Kollegen die Haare zu Berge.
Gefasst, aber freundlich erläuterte er am Beispiel ½ + ½, dass sich doch nach diesem Additionsverfahren und anschließendem Kürzen als Ergebnis wieder ½ ergeben würde. Dem Biolehrer wurde sein fataler Irrtum sofort bewusst, er bedankte sich für den Hinweis und begann die nächste Mathestunde sogleich mit den Worten: *„Also Kinder, der Kultusminister hat gerade einen neuen Erlass herausgegeben, und demnach werden Brüche künftig anders addiert ..."*

War das denn wirklich so falsch, was dieser Lehrer da gemacht hat – und wenn ja, warum?

---

[467] Sinngemäß, wenn auch nicht wortwörtlich, aus der Erinnerung wiedergegeben. Leider hat er diese „Anekdote" nicht in sein bekanntes Lehrbuch „Algebra" aufgenommen. Dem sei hiermit posthum abgeholfen.

7.1.2   Paradoxien bei Brüchen — das Chuquetmittel[468]

Bild 7.1 zeigt ein mögliches Bewertungsergeb-
nis einer fiktiven, nur aus zwei Aufgaben bestehenden, Klausur. Der Aufgabensteller (der zugleich Referent sei) hat also bei der ersten Aufgabe 16 erreichbare Punkte vorgesehen, bei der

1. Korrektur	Aufg. 1	Aufg. 2	Summe
erreichbare Punkte	16	48	64
erreichte Punkte	3	23	26
Anteil an Aufgabe	18,8 %	47,9 %	40,6 %

Bild 7.1: Erstkorrektur einer fiktiven Klausur

zweiten hingegen aus guten Gründen gar 48. Da es bei der Bewertung ohnehin nur auf den
prozentualen Anteil der erreichten Punkte ankommt, ist diese differenziertere Punktvergabe
für ihn per saldo ohne Belang. Bei einer Mindestgrenze von beispielsweise 40 % der erreichbaren Punkte für die Note „ausreichend" hätte der Kandidat noch Glück gehabt.

Die Korreferentin hält nun bei Aufgabe 1
eine feinere Punktverteilung für angemessen, und
sie verdoppelt daher die Anzahl der erreichbaren
Punkte. Für sie ist dies ebenfalls mit Blick auf eine gerechte Bewertung per saldo ohne Belang. So

2. Korrektur	Aufg. 1	Aufg. 2	Summe
erreichbare Punkte	32	48	80
erreichte Punkte	7	24	31
Anteil an Aufgabe	21,9 %	50,0 %	38,8 %

Bild 7.2: Zweitkorrektur derselben Klausur

kann sie – wie in Bild 7.2 zu sehen – bei Aufgabe 1 sieben anstelle der sonst zu erwartenden
sechs Punkte vergeben, ferner hält sie bei Aufgabe 2 einen weiteren „vergessenen" Punkt für angemessen. So gerecht kann das in der Praxis durchaus vorgehen! Einverstanden?

Doch was stellen wir voller Erstaunen fest?

- *Beide Aufgaben* werden von der Korreferentin *besser bewertet* als vom Referenten –
  und *dennoch* ist ihre *Gesamtbewertung schlechter* als beim Referenten!

Kann denn das sein? Haben wir uns da nicht etwa irgendwo gründlich verrechnet? – Wir
kontrollieren die einzelnen Schritte, zunächst bei der Erstkorrektur: Bei der ersten Aufgabe
wurden 3 von 16 möglichen Punkten erreicht, der „Anteil" ist also 3/16, und das sind ungefähr 18,8 %. Bei der zweiten Aufgabe wurden 23 von 48 möglichen Punkten erreicht, also der
Anteil 23/48, und das sind ungefähr 47,9 %.

Um nun zu einer Gesamtbewertung zu gelangen, wurden aber gar nicht diese Anteilsbewer-
tungen für die einzelnen Aufgaben berücksichtigt, sondern es wurde das Verhältnis[469] aus der
Summe der *erreichten* Punkte zur Summe der *erreichbaren* Punkte gesetzt, also wurde der Anteil 26/64 betrachtet – das sind ungefähr 40,6 %.

Und das können wir durch $\dfrac{3}{16} \oplus \dfrac{23}{48} = \dfrac{26}{64}$ beschreiben, allgemein durch $\dfrac{a}{b} \oplus \dfrac{c}{d} = \dfrac{a+c}{b+d}$.

Bei beiden Korrekturen wurde also die **falsche Bruchaddition** aus der Vorgeschichte 7.1.1
verwendet. Soll das etwa bedeuten, dass man auf diese Weise gar nicht zu Gesamtbewertun-
gen kommen darf? Wie sollte man es denn wohl sonst machen? Würde man etwa das arithmetische Mittel aus den prozentualen Einzelbewertungen nehmen, so erhielte man 33,4 %, und
das ist sicherlich keine angemessene Bewertung.

---

[468]   Vgl. [HISCHER 2003, 40 ff.] und [HISCHER 2004, 5 f.].
[469]   Vgl. hierzu die pythagoreischen Zahlenverhältnisse, die in Abschnitt 3.3.4 beschrieben wurden.

So kommen wir einerseits zu der Einsicht, dass zwar die vorgestellte Bewertungsform sinnvoll ist, und dennoch schmerzt dieses *paradoxe Ergebnis* sehr, das wir in Abwandlung einer Formulierung von [MEYER 1994] auch wie folgt kennzeichnen können:

- *Man kann global verlieren, obwohl man überall lokal gewinnt!*

Das ist also ein *Paradoxon!* Wir beachten: Ein *Paradoxon* wird manchmal im Unterschied zu einer *Antinomie* gesehen: Es liegt dann zwar in beiden Fällen ein *Widerspruch* vor, jedoch mit folgendem wesentlichen Unterschied: Die Antinomie offenbart einen *unauflösbaren Widerspruch* (z. B.: die RUSSELsche Antinomie der Mengenlehre[470]), hingegen stellt dann in dieser (nicht generell üblichen) Sichtweise das Paradoxon nur einen *scheinbaren Widerspruch* dar, der also prinzipiell auflösbar ist (z. B. beim „Wettlauf von Achilles mit der Schildkröte").

Typisch für derartige Paradoxa ist nun, dass diese scheinbaren Widersprüche nicht nur von einzelnen Menschen aufgrund etwa persönlicher unzureichender Denkfähigkeit gesehen werden, sondern dass sie für nahezu alle Menschen gleichermaßen auftreten und damit gewissermaßen „archetypisch" sind.[471]

Nach [JAHNKE 1993] begeht unsere sonst erfolgreiche kognitive Struktur offenbar einen spontanen für sie typischen „lokalen Fehler": Wir verfügen wohl über *grundlegende Vorstellungen*, auf die sich unser Denken und unsere Intuition stützen – „grundlegend" in der Weise, dass diese Vorstellungen mit den Kernaussagen in diesen Paradoxa nicht zu vereinbaren sind, unser Denken sich also gegen solche Widersprüche „auflehnt".

Dieses Beispiel hat gezeigt, dass die hier verwendete bekanntlich „falsche Bruchaddition" manchmal dennoch durchaus sinnvoll ist. Der französische Arzt NICOLAS **CHUQUET** formulierte sie bereits im Jahre 1484 in dem Buch 'Triparty en la science des nombres' (Dreiteilige Abhandlung über das Wissen von den Zahlen)[472] bei seiner *Regel der mittleren Zahlen*, die wir in heutiger Notation für beliebige positive Zahlen a, b, c, und d wie folgt notieren können:

$$\frac{a}{b} < \frac{c}{d} \Rightarrow \frac{a}{b} < \frac{a+c}{b+d} < \frac{c}{d}$$

Die Gültigkeit dieser Ungleichungskette lässt sich durch elementare Termumformungen leicht nachweisen. Da der „Summenbruch" zwischen den beiden Ausgangsbrüchen liegt, ist er als *Mittelwert* zwischen diesen anzusehen, der aus historischen Gründen **Chuquet-Mittel** heißt. Diese „Mittelwertregel" ist für die bekannte „Schorle-Aufgabe" hilfreich (Bild 7.3):

- *Zwei Schorlegläser mit jeweils bekanntem Mischungsverhältnis aus Wein und Selters werden zusammengeschüttet. Welches resultierende Mischungsverhältnis ergibt sich?*

Das Chuquet-Mittel liefert die gesuchte Antwort, wobei das resultierende Mischungsverhältnis zwischen den beiden gegebenen Mischungsverhältnissen liegt.

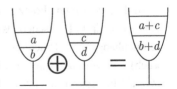

Bild 7.3: Schorle-Mischung und Chuquet-Mittel

---

[470]   Siehe aber die wesentliche Einschränkung dieser Feststellung zur „Unauflösbarkeit" auf S. 89 f.
[471]   Vgl. die Abschnitte 1.2.1.2 und 1.2.1.3.
[472]   Vgl. z. B. [BOYER 1968, 304] und [CANTOR 1892, 318].

Aufgabe 7.1

Beweisen Sie die *Mittelwertregel* von Chuquet algebraisch durch Termumformung.

Chuquets *Regel der mittleren Zahlen* ist visualisierbar, indem man die Brüche als *Steigungen von Strecken* oder als Geschwindigkeiten interpretiert (Bild 7.4): Der Summenbruch erscheint als *Steigung der Verbindungsstrecke* und damit als *„mittlere Steigung"* oder *„mittlere Geschwindigkeit"*. Und wenn man nun beim o. g. „Klausurparadoxon" bei Aufgabe 1 die Anzahl der erreichbaren Punkte nur verdoppelt, so ergibt sich

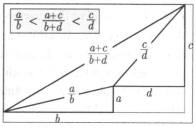

Bild 7.4: : Visualisierung der „Regel der mittleren Zahlen" von Chuquet

$$\frac{6}{32} \oplus \frac{23}{48} = \frac{29}{80}, \text{ und es folgt } \frac{26}{64} = \frac{130}{320} > \frac{126}{320} = \frac{29}{80}.$$

Diese merkwürdige „Bruchaddition" ist also abhängig von der speziellen Bruchdarstellung, genauer: Es ist gar nicht möglich, eine „Addition" von Brüchen auf diese Weise eindeutig zu erklären, weil das Ergebnis nicht unabhängig von der jeweiligen Bruchdarstellung ist – diese „Addition" ist nämlich bekanntlich *nicht „wohldefiniert"*, und das bedeutet, dass sie *nicht repräsentantenunabhängig* ist.[473] Hier begegnen wir der kontextabhängigen *Doppeldeutigkeit* dessen, was man *„Bruch"* nennt – und das ist für viele Verständnisschwierigkeiten verantwortlich, die sich nicht einfach „hinweg definieren" lassen: der Deutung entweder als *Äquivalenzklasse* oder als *Repräsentant dieser Äquivalenzklasse*.[473] Auf diese für das Verständnis der Bruchrechnung wichtigen Aspekte werden wir später noch vertiefend eingehen (müssen).

7.1.3   Etymologische Aspekte

Zunächst berücksichtigen wir, dass „Bruch" von *„brechen"* kommt, und so erhält man einen Bruch beim „Brechen" bzw. „Zerbrechen" eines Ganzen als *„Bruchteil des Ganzen"* (Bild 7.5). Daraus wird schon klar, dass *nicht* bereits ein *Ding an sich* ein „Bruchteil" sein kann, sondern dies nur in Bezug auf ein gegebenes „Ganzes" gilt, dass uns also ein „Bruch" als geordnetes Paar aus diesen beiden begegnet.[474]

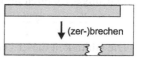

Bild 7.5: Bruchteil eines Ganzen durch (Zer-)Brechen

Im Englischen und Französischen hat man für „Bruch" die Bezeichnung *„fraction"*, und dazu kennen wir im Deutschen als sprachverwandte Bezeichnungen *„Fraktion"* (z. B. für einen zusammenhängenden „Bruchteil" eines Parlaments), *„Fraktur"* (Bezeichnung für einen Knochenbruch), *„Fragment"* (unvollständiges Bruchstück eines Schriftstücks oder Notenwerks) und *„fragil"* für „zerbrechlich". In der Mathematik kennt man weiterhin auch *„Fraktale"*, auf die wir hier nicht eingehen. Alle diese Bezeichnungen basieren auf dem Lateinischen:

frangere, frango, fregi, fractur: brechen, zerbrechen.

---

[473]   Zu „Repräsentanten" vgl. Abschnitt 5.2.2. Zur „Wohldefiniertheit" vgl. Abschnitt 7.1.10.
[474]   Vgl. Abschnitt 2.3.9.

7.1.4 Erste historische Aspekte

Brüche im Sinne von Bruchteilen eines Ganzen gibt es seit den Anfängen der Mathematik in historischer Zeit, und zwar vor ca. 4 000 Jahren sowohl bei den **Ägyptern** als auch bei den **Babyloniern**, wie schon in den Abschnitten 3.3.1 und 3.3.2 angedeutet wurde.

So konnten die Babylonier mit ihrem Sexagesimalsystem bereits hervorragende Approximationen nicht ganzzahlig messbarer Größen erstellen, wie etwa die Keilschrifttafel Yale YBC 7289 zeigt:[475]

$$1 + \frac{24}{60} + \frac{51}{60^2} + \frac{10}{60^3} = 1,414212\ldots \approx 1,414213\ldots = \sqrt{2}$$

Eine andere wichtige Methode der Darstellung von Bruchteilen eines Ganzen begegnet uns vor etwa 4 000 Jahren bei den Ägyptern in ihren so genannten „Stammbrüchen", was wir in heutiger Sichtweise als Brüche mit dem Zähler 1 deuten können. Die Ägypter konnten dann einen *Bruchteil als Summe von verschiedenen Stammbrüchen* darstellen, wobei solche Darstellungen zwar – wie wir zeigen können – möglich, aber nicht eindeutig sind, z. B. gilt

$$\frac{7}{10} = \frac{1}{3} + \frac{1}{5} + \frac{1}{6}, \text{ aber auch } \frac{7}{10} = \frac{1}{2} + \frac{1}{5}.$$

Es ist bis heute nicht eindeutig geklärt, mit welchen Verfahren die Ägypter ihre Darstellungen erhielten. (Auf Stammbrüche gehen wir in Abschnitt 7.5.2 auf S. 348 ff. näher ein.)

Aufgabe 7.2

Zerlegen Sie $\frac{3}{7}$ und $\frac{99}{100}$ in Summen nicht identischer Stammbrüche.

Versuchen Sie, jeweils mehrere verschiedene Zerlegungen zu finden.

Sowohl die babylonische Darstellung für $\sqrt{2}$ als Summe von Sexagesimalbrüchen als auch die ägyptischen Stammbruchzerlegungen können wir als „Bruchentwicklungen" ansehen, was zugleich (neben anderen Aspekten) den Titel dieses Kapitels plausibel erscheinen lässt.

7.1.5 Was ist ein Bruch? – (Typische?) Schlaglichter einer Umfrage

Es ist durchaus sinnvoll, zu Beginn einer Vorlesung über „(Didaktik der) Bruchrechnung" (und auch bei anderen Vorlesungen) eine schriftliche Umfrage bei den Teilnehmerinnen und Teilnehmern durchzuführen, um sich ein Bild über deren Vorwissen und ihre Einstellungen zu machen.

So ergab eine der von mir oft durchgeführten Erhebungen zur Frage „Was ist ein Bruch?" folgende (erfahrungsgemäß typische) Antworten (bei Lehramtsstudierenden für Realschulen und Gymnasien), die auf der nächsten Seite aufgelistet sind:

---

[475] Siehe Abschnitt 3.3.1.2, S. 117 f.

- Division zweier Zahlen.
- Ein Bruch ist eine Zahl der Art $\frac{a}{b}$, wobei $a, b \in \mathbb{Q}$. Beispiele: $\frac{2}{3}, \frac{4}{5}, \frac{2}{8}$
- Ein Bruch ist die Darstellung der Division zweier ganzer Zahlen.
- Ein Bruch beschreibt einen Teil einer Zahl. Er besteht aus Zähler und Nenner.
- Gebilde aus horizontalem Strich, über dem und unter dem Zahlen und Variablen stehen können, wobei die Gesamtheit des unteren Teils $\neq 0$ sein muss.
- Darstellung einer Zahl durch den Ausdruck $\frac{p}{q}$, wobei $p, q \in \mathbb{Z}$.
- Ein Bruch ist ein Zahlzeichen zur Darstellung einer rationalen Zahl.
- Teil eines Ganzen.
- $\frac{a}{b} = a : b$, wobei $a \in \mathbb{Z}$ und $a \in \mathbb{Z} \setminus \{0\}$.
- Die Zahl $x \in \mathbb{Q}$, die die Gleichung $b \cdot x = a$ löst, $x \in \mathbb{Q}$ mit $x = \frac{a}{b}$ und $a, b \in \mathbb{Z}$.
- Ein Bruch entspricht einem $\in \mathbb{Q}$ mit folgender Darstellungsweise: $\frac{a}{b}$ mit $a, b \in \mathbb{Z}$.
- Unter einem Bruch $\frac{m}{n}$ versteht man die Division eines math. Terms m durch einen Term n, wobei $n \neq 0$ sein muss!
- Ein Bruch ist ein Element folgender Menge $\mathbb{Q} = \{\frac{p}{q} ; p \in \mathbb{Z}, q \in \mathbb{Z}^*\}$.
- Ein Bruch hat Zähler und Nenner.
- Ein Bruch ist die Division von Termen.
- Teile eine Zahl durch eine andere.
- Der x.te Teil vom Ganzen

Diese Umfrageergebnisse zu Vorlesungsbeginn zeigen, dass die meisten Teilnehmerinnen und Teilnehmer sich nicht sicher waren, was *Brüche* „eigentlich" sind. Da aber andererseits alle Teilnehmerinnen und Teilnehmer Mathematik als Studienfach haben und sie sich mehrheitlich bereits in der zweiten Hälfte ihres Studiums befanden, darf und muss unterstellt werden, dass sie nicht nur in der Schule, sondern wohl auch in der Hochschule (möglicherweise bisher nicht reflektiert, siehe auch Abschnitt 7.1.1) so sozialisiert worden sind, dass *Brüche besondere Zahlen* sind, mit denen man wie folgt *nahezu uneingeschränkt (?) rechnen* kann:

(R1) Die Summe von zwei beliebigen Brüchen ist wieder ein Bruch.
(R2) Die Differenz von zwei beliebigen Brüchen ist wieder ein Bruch.
(R3) Das Produkt von zwei beliebigen Brüchen ist wieder ein Bruch.
(R4) Der Quotient von zwei beliebigen Brüchen ist wieder ein Bruch.
(R5) Jeder Bruch kann (sogar mit einem Bruch!) erweitert oder gekürzt werden, ohne seinen „Wert" zu verändern.

Wir werden diese Erkenntnisse nun schrittweise formalisieren, indem wir naiv vorgehen und (vorläufig) noch nicht das strukturierende Instrumentarium aus Kapitel 5 verwenden.

7.1.6   Wir tasten uns heran — erste algebraische Aspekte

Offenbar bilden die „Brüche" eine nichtleere Menge – sie sei *vorübergehend* mit *Br* bezeichnet –, in der man (mit kleinen Einschränkungen bei (R2) und (R4)) wie folgt „rechnen" kann:

- Summe, Differenz, Produkt und Quotient von zwei beliebigen Elementen aus *Br* ergeben stets wieder ein Element aus *Br*.

Die Elemente von Br sollen also die von uns zu betrachtenden „Brüche" sein, obwohl wir noch gar nicht sicher sind, was denn Brüche eigentlich sind – ganz zu schweigen davon, dass wir *noch keine formale Definition* dafür haben, was wir unter „Bruch" verstehen (wollen!). Das oben genannte „uneingeschränkt" müssen wir allerdings relativieren:

In (R2) geht dies gewiss nur dann, wenn „Brüche" auch negativ sein können, denn sonst würde diese Aussage falsch sein, wie wir z. B. an $\frac{1}{2} - \frac{2}{3}$ sehen. Und in (R4) bekommen wir Probleme, wenn der Bruch, durch den geteilt wird, Null ist (warum denn eigentlich?). Aber ist „Null" denn überhaupt ein Bruch? – Viele Fragen und Probleme!

Die im obigen Kasten beschriebene Eigenschaft formulieren wir nun – etwa bezogen auf die Addition – plausibel wie folgt:

- Die Menge Br ist bezüglich der Addition **abgeschlossen**.

Dies ist also nur eine andere Formulierung von (R1); entsprechend kann man (R2), (R3) und (R4) formulieren. Man bleibt also bei diesen Rechenoperationen, die wir verallgemeinert **„Verknüpfungen"** nennen (vgl. Abschnitt 5.1.5), – *mit gewissen, oben erwähnten Einschränkungen* – innerhalb der gegebenen Menge, oder anders: *Die vier Verknüpfungen führen nicht aus der Menge Br hinaus (sofern wir negative Brüche zulassen und – falls Null als Bruch akzeptiert wird – sofern wir die Division durch Null ausschließen).* Uns fehlt aber bisher noch eine schlüssige Begründung dafür, dass die Division durch Null nicht zugelassen werden soll!

So ist z. B. $\{0, 1, 2, 3, \ldots\}$ bezüglich der Addition abgeschlossen (Alltagswissen: *„Die Summe von natürlichen Zahlen ist stets wieder eine natürliche Zahl"*), nicht aber bezüglich der Subtraktion, weil man ja beim Subtrahieren zwangsläufig die negativen Zahlen benötigt!

Und wie können wir (R5) interpretieren? Zunächst bemühen wir unsere bisherige Erfahrung und erinnern uns, dass ein Bruch $\frac{a}{b}$ doch (lediglich?) eine andere Schreibweise für $a:b$ ist, also für die Division (oder etwa nicht?).[476] Dann ist also $\frac{a}{b}$ eine neue „Zahl" x mit der Eigenschaft $a = b \cdot x$. Wenn wir nun den Bruch $\frac{a}{b}$ *erweitern*, etwa mit k, so ist $\frac{a}{b} = \frac{a \cdot k}{b \cdot k}$, wie wir aus der Schule wissen. Einverstanden? (Und diese Gleichung können wir bekanntlich auch so interpretieren, dass der rechts stehende Bruch mit k *gekürzt* wurde.) Für die oben aufgeführte Zahl x gilt somit analog $a \cdot k = (b \cdot k) \cdot x$, und zusammenfassend folgt: $a = b \cdot x \Leftrightarrow a \cdot k = (b \cdot k) \cdot x$.

Dies ist somit eine andere Formulierung von (R5); es ist die sog. *„Kürzungsregel"*, die man aber nur in einer Richtung (etwa von links nach rechts) zu formulieren braucht, weil die andere Richtung dann daraus ableitbar ist. Berücksichtigen wir nun noch, dass für das Rechnen mit „Zahlen" weitere Gesetze wie das *Assoziativgesetz* und das *Kommutativgesetz* für die Addition und die Multiplikation und ferner das *Distributivgesetz* gelten, so pflegt man die bisher beobachteten Eigenschaften beim Rechnen mit Brüchen in der *Algebra* (aus dem Vorlesungskanon der Hochschulmathematik, nicht zu verwechseln mit dem gleichnamigen Gebiet der Schulmathematik) mit Hilfe struktureller Begriffe wie „Gruppe" und „Körper" zu beschreiben.

---

[476] Diese Auffassung wurde auch in früheren schriftlichen Umfragen oftmals genannt – obwohl sie (zunächst) nicht korrekt ist, wie sich später noch zeigen wird.

So stellen wir also des Weiteren mit Blick auf unsere Erfahrungen mit Brüchen fest:

> • *Die Menge aller Brüche (unter Einschluss der 0 und der negativen Brüche) ist bezüglich der Addition eine kommutative* **Gruppe** *(gleichbedeutend: „abelsche Gruppe").*

Hier wird also (u. a.) zum Ausdruck gebracht, dass Summe und Differenz von zwei Brüchen stets wieder einen Bruch ergeben. Lässt man aber nur positive Brüche zu, so gilt lediglich:

> • *Die Menge der positiven Brüche ist bezüglich der Addition eine kommutative* **Halbgruppe**.

Mit „Halbgruppe" wird hier die Situation erfasst, dass die Subtraktion nicht uneingeschränkt durchführbar sein muss. (So ist jede Gruppe auch eine Halbgruppe, aber nicht umgekehrt.)

Nun können wir bekanntlich Brüche auch multiplizieren, und es gilt dann:

> • *Die Menge der Brüche (ohne die Zahl Null) ist bezüglich der Multiplikation eine* **abelsche Gruppe**.

Hier wird u. a. zum Ausdruck gebracht, dass man in der Menge der Brüche *uneingeschränkt multiplizieren und dividieren* kann. Aber:

Die Division durch Null wird nicht zugelassen!

Doch warum eigentlich? Angenommen, die Division durch Null wäre „erlaubt", dann müsste z. B. $1 : 0$ einen Bruch ergeben, etwa $\frac{a}{b}$. Im Gegenzug müsste dann $\frac{a}{b} \cdot 0 = 1$ gelten. Wäre nun bereits geklärt, dass $x \cdot 0 = 0$ für alle x ist, so ergäbe sich $0 = 1$.

So geht es also nicht!

Aufgabe 7.3

Suchen Sie eine weitere Begründung dafür, die Division durch Null nicht „zuzulassen".

Weiterhin gilt mit der Sprache der Algebra (s. o.):

> • *Die Menge der positiven Brüche ist bezüglich der Multiplikation eine* abelsche Gruppe.

Das heißt u. a.: Im Gegensatz zur Subtraktion ist die Division auch in der Menge der positiven Brüche uneingeschränkt ausführbar!

Fassen wir all dieses zusammen und nehmen wir noch das Distributivgesetz hinzu, so erhalten wir:

> • *Die Menge der Brüche ist bezüglich der Addition und der Multiplikation ein* Körper.
>
> • *Die Menge der positiven Brüche ist bezüglich Addition und Multiplikation ein* Halbkörper.

Die Strukturen „Gruppe", „Körper" etc. treten in der Mathematik nicht nur bei Zahlenmengen auf, sondern an vielen Stellen. Deshalb werden diese Begriffe abstrakt und allgemein präzisiert. Insbesondere ist hervorzuheben:

> *Körper* sind algebraische Strukturen, in denen die *Bruchrechenregeln* gelten.

7.1.7 Strukturmathematische Präzisierung

Wir legen Definition (5.95) für „Gruppe" aus Abschnitt 5.3.5 auf S. 243 zugrunde und halten für die hier zu betrachtenden Zahlenbereiche insbesondere fest:

Die *Menge der ganzen Zahlen* bildet *bezüglich der Addition* eine Gruppe, nämlich $(\mathbb{Z}, +)$. Sie ist wegen der Kommutativität der Addition sogar eine *abelsche Gruppe*. Hingegen ist $(\mathbb{N}^*, +)$ keine Gruppe, sondern lediglich eine Halbgruppe: Es sind nur die Gruppenaxiome (G1) und (G2) erfüllt. $(\mathbb{N}^*, +)$ ist sogar eine *kommutative* Halbgruppe, weil die Addition kommutativ ist. Darüber hinaus besitzt $(\mathbb{N}, +)$ gegenüber $(\mathbb{N}^*, +)$ ein *neutrales Element* (nämlich 0). In $(\mathbb{Z}, +)$ ist 0 das neutrale Element, und $-a$ ist das zu a *additiv inverse Element*, also im Sinne von Definition (5.95) ist $-a := i(a)$. Aber es ist zu beachten:

(7.1) Anmerkung

„$-$" ist bei „$-a$" ein **Vorzeichen**, jedoch **kein Rechenzeichen** für die Subtraktion! **Diese beiden Minus-Zeichen sind wesentlich verschieden** und dürfen nicht verwechselt werden! Dem muss bei der begrifflichen Einführung im Mathematikunterricht dringend Rechnung getragen werden (am besten durch – zumindest vorübergehend – unterschiedliche Zeichen!). Taschenrechner und Taschencomputer sind hier durchaus ideal, sofern sie für beide Zeichen unterschiedliche Tasten mit unterschiedlicher „Funktion" anbieten!

Damit können wir eine Definition für einen wichtigen weiteren algebraischen Begriff geben:

(7.2) Definition

Es sei K eine nicht leere Menge, $\oplus$ und $\otimes$ seien Verknüpfungen mit $K \times K \subseteq D_\oplus, D_\otimes$.

$$(K, \oplus, \otimes) \text{ ist ein } \textbf{Körper} \;:\Leftrightarrow$$

(K1) $(K, \oplus, \otimes)$ ist eine abelsche Gruppe.

(K2)   Ist $\underline{0}$ das neutrale Element in $(K, \oplus)$, so ist $(K \setminus \{\underline{0}\}, \otimes)$ eine abelsche Gruppe.

(K3) $\otimes$ ist distributiv über $\oplus$.[477]

Im Mathematikunterricht und zu Beginn des Mathematikstudiums treten vor allem folgende **Körper** auf (wenngleich sie im Unterricht nicht so benannt und höchstens angedeutet sind):

- $(\mathbb{Q}, +, \cdot)$ (rationale Zahlen, im Mathematikunterricht ab Jahrgang 6/7)
- $(\mathbb{R}, +, \cdot)$ (reelle Zahlen, im Mathematikunterricht zaghaft ab Jg. 8/9 – aber nicht wirklich!)

Daneben treten folgende **Zahlenmengen** im Mathematikunterricht inhaltlich auf:

- $\mathbb{N} = \{0, 1, 2, ...\}$ und $\mathbb{N}^* = \{1, 2, 3, ...\}$ (*natürliche Zahlen*, ab Primarstufe)
- $\mathbb{Z} = \{..., -2, -1, 0, 1, 2, ...\}$ (*„ganze Zahlen"*, ab Jahrgang 6/7)
- $\mathbb{B} = \mathbb{Q}^+$ (*„Bruchzahlen"*, ab Jg. 5/6: später auch *„positive rationale Zahlen"* genannt)

Diese Zahlenmengen sind „Trägermengen"[478] für folgende algebraische Strukturen:

---

[477] Vgl. Definition (5.45) in Abschnitt 5.1.5, S. 215.
[478] Vgl. Anmerkung (2.42) auf S. 102, Anmerkung (5.98) in Abschnitt 5.35, S. 244, ferner Kapitel 8.

1. $(\mathbb{Z}, +, \cdot)$ ist kein Körper, sondern nur ein kommutativer **Ring**.[479]
   - In Ringen kann man uneingeschränkt addieren, subtrahieren und multiplizieren, aber nicht notwendig uneingeschränkt dividieren.

2. $(\mathbb{N}, +, \cdot)$ und $(\mathbb{N}^*, +, \cdot)$ sind keine Ringe, aber immerhin *kommutative Halbringe*.
   - In Halbringen kann man gegenüber Ringen nicht notwendig uneingeschränkt subtrahieren.

3. $(\mathbb{B}, +, \cdot)$ ist ebenfalls kein Körper, wohl aber ein *kommutativer Halbkörper*.
   - Man kann in einem Halbkörper, der kein Körper ist, nicht uneingeschränkt subtrahieren, und es existiert nicht notwendig ein neutrales Element bezüglich der Addition.
   - 0 ist zunächst noch nicht in $\mathbb{B}$ enthalten, könnte aber hinzugenommen werden. Es ist letztlich nur eine Geschmacksfrage oder Ansichtssache, ob man die 0 als zu den „Bruchzahlen" zugehörig ansehen möchte oder nicht!

Der Begriff „Halbkörper" ist nicht mit „Schiefkörper"[480] zu verwechseln! Bei Schiefkörpern ist die Multiplikation nicht notwendig kommutativ, sie spielen im Mathematikunterricht aber keine Rolle, *Halbkörper* hingegen schon – allerdings <u>kaum</u> *explizit thematisch im Unterricht*, sondern nur *im Sinne fachlich-didaktischen Hintergrundwissens der Lehrkräfte!*

Da wir in diesem Kapitel nur einige „Zahlenkörper" und deren „Unterstrukturen" betrachten (werden), bezeichnen wir die beiden Hauptverknüpfungen *hier* wie üblich mit „+" und „$\cdot$": Wir betrachten hier also nur den Körper $(\mathbb{Q}, +, \cdot)$ mit seinen Unterstrukturen $(\mathbb{B}, +, \cdot)$, $(\mathbb{Z}, +, \cdot)$ und $(\mathbb{N}^*, +, \cdot)$. In der Menge $\mathbb{Q}$ (später: positive Bruchzahlen, negative Bruchzahlen und die Null) sind also die anderen Mengen (nämlich $\mathbb{N}$, $\mathbb{N}^*$, $\mathbb{Z}$ und $\mathbb{B}$) als Teilmengen enthalten.

Betrachtet man $(\mathbb{Q}, +, \cdot)$ als gegeben, so liegen folgende Schreibweisen nahe:

(7.3) Bezeichnungen

Es sei $a, b, c \in \mathbb{Q}$ und $c \neq 0$.

(a) Die zu a bezüglich der Addition inverse Zahl wird mit $-a$ bezeichnet, genannt **additive Gegenzahl** von a.

(b) Die zu c bezüglich der Multiplikation inverse Zahl wird mit c^{-1} bezeichnet, genannt **multiplikative Gegenzahl** von c.

(c) **Subtraktion:** $a - b := a + (-b)$, (d) **Division:** $a : c := a \cdot c^{-1}$, (e) **Bruch:** $\frac{a}{c} := a : c$

(7.4) Anmerkungen

(a) Die mit diesen anscheinend „schlichten" Definitionen verbundenen didaktischen *Probleme des Verstehens und Lernens* sind weit *größer, als es* zunächst *erscheinen mag*!

(b) Um Missverständnissen vorzubeugen: Hier wurden *keine empfohlenen Zugangsweisen zur Behandlung im Unterricht* skizziert!

Dies ist (zunächst!) nur eine grobe *Skizze des mathematischen Hintergrundwissens*!

---

[479] Es liegt sogar ein sog. „Integritätsring" vor, aber darauf gehen wir erst in Abschnitt 8.1.2 ein.
[480] Siehe hierzu auch „Quaternionen" und „Divisionsalgebra" auf S. 420 f.

(c) Ein *Bruch* erscheint *hier* lediglich als andere Darstellung eines *Divisionsterms*. Die mit dem Bruchbegriff verbundenen *Verständnisschwierigkeiten* werden hierdurch aber *nur scheinbar hinweg trivialisiert*. Tatsächlich ist damit ja auch keineswegs geklärt, was denn $a : b$ etwa für gegebene natürliche Zahlen a, b *bedeuten* soll. „Bruch" wird in mathematischer Fachliteratur z. T. tatsächlich so definiert, wodurch die zu beobachtenden Schwierigkeiten bei der Bruchrechnung aber geradezu erst provoziert werden.

(d) Erneut ist darauf hinzuweisen, dass die *beiden* in der Definition *der Subtraktion auftretenden Minus-Zeichen wesentlich verschieden* sind und nicht verwechselt werden dürfen! Dem kann man bei der begrifflichen Einführung im Mathematikunterricht z. B. wie folgt Rechnung tragen: Betrachtet man nach den natürlichen Zahlen zunächst Bruchzahlen und in diesem Zusammenhang die „multiplikative Gegenzahl" von a (für uns: $\frac{1}{a}$ oder a^{-1}), so kann man diese zunächst mit $\overline{a}$ bezeichnen (gelesen: „a quer"), so dass also beispielsweise $3 \cdot \overline{3} = 1$ oder $4 \cdot \overline{3} = \frac{4}{3}$ gilt. Und wenn dies verstanden und beherrscht wird, kann man künftig $\overline{a} =: \frac{1}{a}$ schreiben.

Entsprechend kann man bei der Einführung der *additiven Gegenzahl* zu a vorgehen: Man bezeichnet sie erst mit $\overline{a}$ und lässt dann später den *Querstrich als „Vorzeichen" nach vorne rutschen!*

Gleichwohl ist bereits an dieser Stelle bezüglich des Themas „Bruchrechnung" folgender bedeutsamer Satz aus der Algebra zu nennen, der für beliebige Körper gilt und der hier *nur aus Gründen der leichteren Lesbarkeit* für die Verknüpfungen „+" und „ $\cdot$ " notiert wird:

(7.5) Satz

Es sei $(K, +, \cdot)$ ein Körper mit den neutralen Elementen 0 und 1.

Dann gelten unter Beachtung sinnvoller Voraussetzungen (wie Nenner $\neq 0$) folgende „Bruchrechenregeln" als Ausschärfung der Regeln (R1) bis (R5) von Seite 288, nämlich:

(a) $\dfrac{a}{b} + \dfrac{c}{d} = \dfrac{a \cdot d + b \cdot c}{b \cdot d}$ *Addition*   (b) $\dfrac{a}{b} - \dfrac{c}{d} = \dfrac{a \cdot d - b \cdot c}{b \cdot d}$ *Subtraktion*

(c) $\dfrac{a}{b} \cdot \dfrac{c}{d} = \dfrac{a \cdot c}{b \cdot d}$ *Multiplikation*   (d) $\left(\dfrac{a}{b}\right)^{-1} = \dfrac{b}{a}$ *Kehrwert eines Bruchs*

(e) $\dfrac{a}{b} : \dfrac{c}{d} = \dfrac{a \cdot d}{b \cdot c}$ *Division*   (f) $\dfrac{a}{b} = \dfrac{a \cdot c}{b \cdot c}$ *Erweitern / Kürzen*

Auf diese Weise werden oft in mathematischen Lehrbüchern und Vorlesungen zur „Algebra" die „Bruchrechenregeln" für Körper eingeführt und formal bewiesen.

Aufgabe 7.4

Beweisen Sie Satz (7.5) auf der Grundlage der Körperaxiome.
(Vgl. Literatur über Algebra oder Lineare Algebra.)

Bezüglich dieser „Bruchrechenregeln" ist jedoch zu beachten: Sie erscheinen hier nur als eine formal-algebraische Eigenschaft der *(inhaltlich noch nicht definierten!)* „Brüche" – sie haben *keinerlei Bezug zu einer inhaltlichen Deutung dessen, was Brüche denn „eigentlich sind"!*

Somit liegt zwar mit der algebraischen Präzisierung und dem Wissen um die Beweisbarkeit der Bruchrechenregeln aus den Körpereigenschaften ein wichtiges (und unverzichtbares!) *Hintergrundwissen für die Lehrerinnen und Lehrer* vor, zugleich lässt sich erahnen, dass bei den Schülerinnen und Schülern *auf diese Weise noch kein Bruchverständnis erreichbar* ist.

Wir haben uns bisher um eine gediegene Definition von „Bruch" herumgedrückt. Falls wir darunter – wie in vielen mathematischen Lehrbüchern – naiv (!) Ausdrücke verstehen, die beim Rechnen in Körpern gemäß Schreibweise (7.3.e) entstehen, dann könn(t)en wir aber wegen

$$\frac{a}{1} = a : 1 = a \cdot 1^{-1} = a \cdot 1 = a$$

(weil ja $1^{-1} = 1$ gilt) sogar *jedes Element eines Körpers als Bruch* auffassen ...

➢ Haben wir nun damit Unsinn produziert oder stattdessen Unsinn ans Tageslicht gefördert?

➢ Trifft dieses Beispiel denn inhaltlich das, was *wir* mit „Bruch" assoziieren?

➢ *Was* assoziieren wir denn nun eigentlich mit „Bruch"?

Und auch die eingangs durchgeführte Umfrage hat hier viel Klärungsbedarf aufgezeigt.

7.1.8   Brüche und „Aufbau des Zahlensystems"[481]

Die ersten Zahlen, die uns Menschen schon im Kleinkindalter begegnen, sind „Anzahlen" (Null, Eins, Zwei, Drei, Vier, ...) und „Zählzahlen" (erster, zweiter, dritter, ...) – dies alles sind also „natürliche" Zahlen.[482] So wird dann in der Grundschule der aus der Vorschulzeit bereits intuitiv bekannte „Zahlenraum" der natürlichen Zahlen schrittweise erarbeitet, vertieft und erweitert. Dabei wird nach und nach auf die Erkenntnis zugearbeitet, dass die natürlichen Zahlen nicht ausreichen, um quantitative Phänomene unseres Denkens und der Welt zu beschreiben, und dabei kommen „Brüche" bzw. „Bruchzahlen" und negative Zahlen hinzu, später dann „irrationale Zahlen" oder gar „komplexe Zahlen" und „Quaternionen".

In der Wissenschaft Mathematik wird dieser fortschreitende sog. „Aufbau des Zahlensystems" abstrakt und präzise durchgeführt: entweder axiomatisch beschreibend „von oben nach unten", *top down* (z. B. von den reellen Zahlen zu den natürlichen Zahlen) oder mit großem Aufwand konstruktiv umgekehrt „von unten nach oben", *bottom up*.[483] Bei diesem zweiten, konstruktiven Weg gibt es *grundsätzlich zwei Möglichkeiten, von den natürlichen Zahlen zu den rationalen Zahlen* zu gelangen (vgl. Bild 7.6 auf der nächsten Seite), nämlich:

---

[481]   Die übliche Bezeichnung „Zahlsystem" ist inhaltlich unpassend, sie gehört in den kaufmännischen Bereich!

[482]   Vgl. hierzu Kapitel 3, **insbesondere** auch die Tatsache, dass in der griechischen Antike, also vor rund 2500 Jahren, die „Eins" noch nicht als „Zahl" galt (nur als „Einheit", vgl. S. 125 f.), sondern die kleinste und damit „erste" Zahl war die „Zwei", denn erst von da ab beginnt ja das eigentliche „Zählen" ...

[483]   Vgl. Kapitel 8, insbesondere die Betrachtungen in Abschnitt 8.4.4, S. 406 f.

- *entweder* von den kommutativen Halbgruppen $(\mathbb{N}, +)$ oder $(\mathbb{N}^*, +)$ durch Lösen der Gleichung $b + x = a$ zur abelschen Gruppe $(\mathbb{Z}, +)$ und dann weiter über den Integritätsring $(\mathbb{Z}, +, \cdot)$;

- *oder* von der kommutativen Halbgruppe $(\mathbb{N}^*, \cdot)$ durch Lösen der Gleichung $b \cdot x = a$ zur abelschen Gruppe $(\mathbb{B}, \cdot)$ und dann weiter über den Halbkörper $(\mathbb{B}, +, \cdot)$.

Der erste Weg ist in der Hochschulmathematik üblich, der zweite in der Schulmathematik; aber auch der erste wäre (und war durchaus) in der Schule möglich. In Bild 7.6 wird der konstruktive Aufbau des Zahlensystems *bottom up* visualisiert, also ausgehend *(bottom)* von den natürlichen Zahlen schrittweise bis hin zu den Quaternionen *(up)*, die wir am Ende von Kapitel 8 noch kurz ansprechen werden.

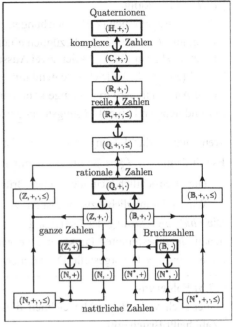

Bild 7.6: struktureller Aufbau des Zahlensystems

(7.6) Anmerkung

Der Pfeil ↔ in Bild 7.6 bedeutet hier einen „Einbettungsschritt", bei dem die gegebene algebraische Struktur in die neue mittels Konstruktion neuer Objekte so „eingebettet" wird, dass die bisherigen Rechenregeln weiterhin gelten (sog. „Permanenzprinzip") und zugleich die alten Probleme gelöst werden, wie etwa beim *Einbettungsschritt* von $(\mathbb{N}, +)$ nach $(\mathbb{Z}, +)$, so dass die Gleichung $b + x = a$ dann anschließend stets lösbar ist:

Hier wurden als neue Objekte die „negativen ganzen Zahlen" *konstruiert*.[484]

Und beim Einbettungsschritt von $(\mathbb{N}^*, \cdot)$ nach $(\mathbb{B}, \cdot)$ müssen die „Bruchzahlen" **erschaffen** werden! Oder sollten wir besser „Brüche" sagen? Ist das etwa ein Unterschied?

7.1.9 Die Menge der Bruchzahlen

Wir tasten uns weiter heran: Ein *„Bruch"* $\frac{a}{b}$ wird anscheinend durch Angabe von Zähler und Nenner eindeutig gekennzeichnet, also durch das *geordnete Zahlenpaar* (a, b), und zwar als *Lösung* von $b \cdot x = a$ mit $a, b \in \mathbb{N}^*$. Multipliziert man diese Gleichung auf beiden Seiten mit derselben Zahl c (algebraisch ist das die *„Kürzungsregel"*, s. o.), so entsteht bekanntlich eine dazu äquivalente Gleichung, die Lösung bleibt also erhalten: $b \cdot x = a \Leftrightarrow c \cdot b \cdot x = c \cdot a$. Allerdings müssen wir dabei $c \neq 0$ voraussetzen, weil sonst $b \cdot x = a \Leftrightarrow 0$ entstehen würde!

---

[484] Vgl. Vorlesungen oder Lehrbücher über den „Aufbau des Zahlensystems", z. B. [OBERSCHELP 1976].

(7.7) Anmerkung

Zwei Aussageformen (z. B. Gleichungen oder Ungleichungen) sind genau dann **äquivalent**, wenn ihre *Lösungsmengen* bezüglich einer gegebenen „Grundmenge" übereinstimmen. Formal: $P(x)$ und $Q(x)$ seien zwei Aussageformen mit der Grundmenge G. Dann ist

$P(x) \underset{G}{\Leftrightarrow} Q(x)$ gleichbedeutend mit $\{x \in G \mid P(x)\} = \{x \in G \mid Q(x)\}$.

Eine Änderung der Grundmenge kann dann natürlich eine Änderung der (in Bezug auf die Grundmenge relativen) Lösungsmenge nach sich ziehen und die Äquivalenz zerstören.

Wenn nun $\frac{a}{b}$ „die" Lösung von $b \cdot x = a$ ist, so ist $\frac{c \cdot a}{c \cdot b}$ (bzw. $\frac{a \cdot c}{b \cdot c}$) die Lösung von $c \cdot b \cdot x = c \cdot a$. Es gilt damit $\frac{a}{b} = \frac{ca}{cb} = \frac{ac}{bc}$ für alle c mit $c \neq 0$, und das hat folgende Konsequenz:

Die offensichtlich nicht identischen Brüche $\frac{a}{b}$ und $\frac{ca}{cb}$ sind dennoch irgendwie „gleich".

Wie ist das möglich, bzw. wie ist das zu verstehen?

Die *eindeutige Lösung* der Gleichung $b \cdot x = a$ bezeichnet einerseits auf dem Zahlenstrahl[485] genau *einen* bestimmten Punkt, und sie wird andererseits durch *unendlich viele Zahlenpaare* (ac, bc) mit $c \neq 0$ dargestellt. Das können wir wie folgt beschreiben:

(7.8) Folgerung

Unendlich viele Brüche bezeichnen dieselbe „Zahl" auf dem „Zahlenstrahl", und diese Zahl heißt **Bruchzahl.**

Dies ist einerseits sehr einfach – und es ist dennoch möglicherweise schwer zu verstehen.

(7.9) Beispiel

- Die *Zahlenpaare* $(2; 3)$ und $(4; 6)$ sind *verschieden*, die ihnen *entsprechenden „Brüche"* $\frac{2}{3}$ und $\frac{4}{6}$ damit auch, obwohl *sie in gewissem Sinne „gleich"* sind, denn die ihnen zugrunde liegenden Gleichungen $3x = 2$ und $6x = 4$ sind ja „gleichwertig" („äquivalent"), weil ihre beiden **Lösungszahlen** durch **denselben Punkt auf dem Zahlenstrahl** markiert werden. Sind diese beiden Brüche nun verschieden, gleichwertig oder etwa dennoch gleich?

Hier liegt ein **Kardinalproblem beim *Verständnis* der Bruchrechnung** vor! Wir werden das durch die Unterscheidung zwischen „*Bruch*" und „*Bruchzahl*" zu lösen versuchen, wie es schon in der Folgerung (7.8) angedeutet wird. Dazu verwenden wir den in der Mathematik mit „*Äquivalenzrelation*" bezeichneten Begriff.[486] Das führt zu folgendem Satz:

(7.10) Satz

In $\mathbb{N}^* \times \mathbb{N}^*$ ist durch $(a, b) \sim (c, d) :\Leftrightarrow a \cdot d = b \cdot c$ eine Äquivalenzrelation $\sim$ erklärt.

Zwei geordnete Paare (unter denen wir uns vorläufig noch Brüche vorstellen) sind also genau dann *äquivalent* bzw. *gleichwertig*, wenn *sie „über Kreuz multipliziert"* dasselbe ergeben!

---

[485]   Wir sprechen hier vom „Zahlenstrahl" und (noch) nicht von der Zahlengerade, weil wir (vorläufig) nur positive „Zahlen" betrachten und auch so tun, als würden wir nur solche kennen.

[486]   Vgl. hierzu die ausführlichen Betrachtungen in Abschnitt 5.2.

Beweis:

Reflexivität: $(a,b) \sim (a,b) \Leftrightarrow ab = ba$ ✓ (die Multiplikation ist kommutativ!)

Symmetrie: $(a,b) \sim (c,d) \underset{\text{Def.}}{\Leftrightarrow} ad = bc \underset{\text{Kommutativität}}{\Leftrightarrow} cb = da \underset{\text{Def.}}{\Leftrightarrow} (c,d) \sim (a,b)$ ✓

Transitivität:

$$(a,b) \sim (c,d) \wedge (c,d) \sim (e,f) \underset{\text{Def.}}{\Leftrightarrow} ad = bc \wedge cf = de \underset{\cdot f, b \cdot}{\Rightarrow} adf = bcf \wedge bcf = bde \Rightarrow adf = bde$$

$$\underset{\text{Assoziat., Kommut.}}{\Rightarrow} afd = bed \underset{\div d}{\Rightarrow} af = be \underset{\text{Def.}}{\Leftrightarrow} (a,b) \sim (e,f)$$ ✓ ◆

Wir diskutieren nun diesen Satz und die Konsequenzen hieraus ausführlich:

Alle Paare (bzw. vorläufig und naiv: „Brüche"), die zu einem gegebenen Paar, beispielsweise $(2;3)$, äquivalent sind, bilden gemäß Definition (5.59) eine **Äquivalenzklasse**, die hier konkret mit $[(2;3)]_{\sim}$ zur bezeichnen wäre und für die wir nun kurz einfach $[2;3]$ schreiben, allgemein $[a,b]$ anstelle von $[(a,b)]_{\sim}$. Das Paar $(2;3)$ ist dann ein **Repräsentant** dieser Klasse, weil es stellvertretend für alle (äquivalenten!) Paare dieser Klasse genommen werden kann.

Gemäß Satz (7.10) gilt nun für jedes geordnete Zahlenpaar (a,b), das zu $(2;3)$ äquivalent ist, $3a = 2b$. Die Äquivalenzklasse $[2;3]$ besteht damit aus allen Paaren (a,b) mit der Eigenschaft $3a = 2b$. Einerseits ist das geordnete Paar $(2;3)$ ein Repräsentant dieser Klasse, und andererseits dient aber auch jedes andere Element dieser Klasse als ihr Repräsentant, z. B. $(4;6)$ oder $(22;33)$. *Und alle Repräsentanten bezeichnen denselben Punkt auf dem Zahlenstrahl, also dieselbe „Zahl", die man „Bruchzahl" nennt.*

> ➢ Damit wird diese Bruchzahl sowohl durch jeden einzelnen Repräsentanten als auch durch die zugehörige Äquivalenzklasse selbst sinnvoll (!) dargestellt.

• Das ist eine Quelle für viele Verständnisprobleme im Zusammenhang mit Brüchen!

Zunächst führt uns obige Betrachtung zu der

(7.11) Definition — Menge $\mathbb{B}$ der Bruchzahlen
$$\mathbb{B} := \{[a,b] \mid a,b \in \mathbb{N}^*\}$$

(7.12) Anmerkungen

(a) Eine **Bruchzahl** ist also die **Äquivalenzklasse** $[a,b]$ aller zum Zahlenpaar (a,b) äquivalenten Paare. Dennoch bleibt **noch immer offen, was ein Bruch $\frac{a}{b}$ ist**: die Äquivalenzklasse $[a,b]$ oder der spezielle Repräsentant (a,b)? Nun liegt es aufgrund unserer bisherigen Betrachtungen nahe, die Bezeichnung „Bruch" für Repräsentanten zu reservieren und damit z. B. $\frac{2}{5}$ und $\frac{4}{10}$ als *verschiedene Brüche* anzusehen! Ein **Bruch** $\frac{a}{b}$ wäre dann streng genommen NUR eine andere Darstellung für das Zahlenpaar (a,b) und damit ein Repräsentant der Äquivalenzklasse $[a,b]$. Doch leider führt das nicht zum Ziel, weil die *Praxis im Umgang mit Brüchen (leider) nicht eindeutig* ist:

(b) Ein **Bruch** $\frac{a}{b}$ tritt nämlich in der Praxis tatsächlich *sowohl als Repräsentant als auch als Klasse* auf – und das sogar (wohlbedacht) in der wissenschaftlichen Mathematik.[487]

---

[487] Man denke etwa an die „Mediante" in der Zahlentheorie (Chuquet-Mittel), vgl. S. 284 ff.

> (c) So muss dann im jeweiligen Kontext überlegt werden, welche Deutung die richtige ist!
> Und das bereitet z. T. erhebliche Probleme bei der Bruchrechnung. So bedeutet $\frac{a}{b} = \frac{c}{d}$
> nicht etwa Gleichheit der Zahlenpaare, also *nicht* $a = c \land b = d$, sondern $(a,b) \sim (c,d)$.
> *Das alles ist recht vertrackt und offenbart große Probleme bei der Bruchrechnung!*
> (d) In einem nachgeordneten, höheren Verständnis erweist sich: $\mathbb{B} = \mathbb{Q}^+$
> (e) *„Bruchzahl"* als Bezeichnung für einen Begriff ist so abstrakt wie „natürliche Zahl".
> Es kommt darauf an, welche *Vorstellungen* von solchen „Zahlen" entwickelt werden.

Eine Möglichkeit zur *subjektiven Vorstellung* von natürlichen Zahlen liegt im *Kardinalzahl-aspekt*, also in der Bestimmung von *Anzahlen* der Elemente endlicher Mengen. Eine andere Möglichkeit liegt im *Ordinalzahlaspekt*, also in der Vorstellung bzw. Darstellung durch Punkte auf der Zahlenstrahl. Das gilt entsprechend auch für Bruchzahlen, die *durch geordnete Paare aus natürlichen Zahlen* (also gemäß Anmerkung (7.12.a) als „Brüche") *beschreibbar* sind.

Warum die letzte Einschränkung „*... Punkte, die durch geordnete Paare aus natürlichen Zahlen ... beschreibbar sind*"? Es gibt ja auch irrationale Zahlen wie etwa $\sqrt{2}$, und diese haben die Eigenschaft, dass sie *nicht* als Quotient von natürlichen Zahlen beschreibbar sind![488]

Wir betrachten aber hier (zunächst) nur (positive) rationale Zahlen.

7.1.10   Wohldefiniertheit bei Bruchverknüpfungen

Was tun wir, wenn wir z. B. die Summe oder das Produkt von zwei Brüchen „berechnen"?
- Addieren bzw. multiplizieren wir hier nun *Äquivalenzklassen* oder *Repräsentanten*?
- ➤ Ist das eine bedeutungslose, akademische Frage? – Typisch Mathematiker?

Hand aufs Herz: Haben Sie schon mal über so etwas nachgedacht?

Wir kommen dazu auf das Eingangsbeispiel der Klausurkorrektur aus Abschnitt 7.1.2 zurück, indem wir die dort verwendeten numerischen Angaben erheblich vereinfachend modifizieren, um das Wesentliche hervortreten zu lassen:

1. Der Referent vergibt auf beide Aufgaben jeweils 10 sog. erreichbare „Rohpunkte", und bei seiner Korrektur entfallen bei einem Prüfling auf die erste Aufgabe 4 erreichte und auf die zweite Aufgabe 1 erreichter Punkt. Dieser Referent kommt damit zu folgender Gesamt-bewertung: $\frac{4}{10} \oplus \frac{1}{10} = \frac{5}{20}$

2. Die Korreferentin vergibt hingegen auf die erste Aufgabe nur 5 erreichbare Rohpunkte, kommt aber ansonsten bei demselben Prüfling sinngemäß zu „gleichwertigen" Ergebnissen wie der Referent: 2 Punkte auf die erste Aufgabe und 1 Punkt auf die zweite Aufgabe, sie erhält also für die Gesamtwertung: $\frac{2}{5} \oplus \frac{1}{10} = \frac{3}{15}$

3. Obwohl beide Aufgaben für sich genommen bei beiden Referenten dieselbe prozentuale Wertung erfahren, ergibt sich bei beiden eine andere Gesamtbewertung!

➤ Sind Sie (wieder) stutzig geworden?

---

[488]   Vgl. Abschnitt 3.3.4.

Wir analysieren die Situation erneut: Bei der ersten Aufgabe wurden a von b erreichbaren Punkten erreicht, bei der zweiten Aufgabe c von d erreichbaren Punkten, und insgesamt ergeben sich $a + c$ von $b + d$ erreichbaren Punkten. Falls Sie eine Vorlesung über Algebra gehört haben, so erkennen Sie vielleicht sogleich den *fundamentalen Fehler*, der hier begangen worden ist: Die hier erklärte „Addition" von Brüchen ist **nicht wohldefiniert!** Was bedeutet das?

Sie haben gerade zur Kenntnis genommen, dass ein *Bruch üblicherweise doppeldeutig ist*, weil er sowohl als *Äquivalenzklasse* als auch als *Repräsentant dieser Klasse* gedeutet werden kann. Dabei haben Sie möglicherweise die Tragweite dieser Feststellung noch gar nicht verinnerlicht, also noch nicht „erfahren"! *Falls* wir nun obige Bruchbezeichnungen als *Namen* für die üblichen Äquivalenzklassen auffassen, so stellen wir Folgendes fest:

Die *linken Seiten* der beiden Gleichungen stimmen *dann* inhaltlich überein, denn $\frac{4}{10}$ und $\frac{2}{5}$ bezeichnen dieselbe Äquivalenzklasse.

Die *rechten Seiten* sind hingegen verschieden, denn wir können sie offensichtlich zu $\frac{1}{4}$ bzw. $\frac{1}{5}$ kürzen, und diese beiden Ausdrücke sind auf jeden Fall verschieden – sowohl als Repräsentanten als auch als Äquivalenzklassen, da offenbar auch die Repräsentanten nicht äquivalent sind. Falls nämlich die (dann als geordnete Paare aufzufassenden) „Brüche" $\frac{1}{4}$ und $\frac{1}{5}$ äquivalent wären, müsste mit Satz (7.10) gelten: $5 \cdot 1 = 1 \cdot 4$. Das ist aber falsch! Fassen wir jedoch die Bruchbezeichnungen als Namen für die Repräsentanten auf, so stimmen auch die linken Seiten nicht überein. Wie wir es also interpretieren: Die beiden Gleichungen

$$\frac{4}{10} \oplus \frac{1}{10} = \frac{5}{20} \quad \text{und} \quad \frac{2}{5} \oplus \frac{1}{10} = \frac{3}{15}$$

sind *in jedem Fall nicht gleichbedeutend!*

Der mathematische Grund hierfür ist folgender: $[(a,b) \oplus (c,d)]$ ist eine Äquivalenzklasse, die sich i. A. bei Wechsel der Repräsentanten ändert. Hingegen kann man beweisen, dass die Klassen $[(a,b) + (c,d)]$ und $[(a,b) \cdot (c,d)]$ unabhängig von der Repräsentantenwahl sind, wenn man als Paarverknüpfungen die üblichen Bruchverknüpfungen wählt.

Und genau das ist der Grund dafür, dass der mit **„Bruch" bezeichnete Begriff doppeldeutig verwendet werden darf und es auch wird – sowohl als Repräsentant als auch als Klasse.** Allerdings gilt dies nur, wenn wir uns auf die obigen beiden Verknüpfungen beziehen, es gilt nicht für die beim Chuquet-Mittel verwendete „Addition".

> Zugleich ist dies – aus mathematischer Sicht – ein großes Problem bei der Bruchrechnung, wenn diese **Doppeldeutigkeit von „Bruch"** nicht erkannt wird.

Ist nun klar, was ein „Bruch" ist? Wir fassen diese exemplarisch geführte Untersuchung in den folgenden zwei Sätzen zusammen.

> **(7.13) Satz**
> Die in $\mathbb{N}^* \times \mathbb{N}^*$ durch $[(a;b)] + [(c;d)] := [(ad + bc; bd)]$ und $[(a;b)] \cdot [(c;d)] := [(a \cdot c; b \cdot d)]$ erklärten **Klassenverknüpfungen sind wohldefiniert.**

Das sind übrigens gerade zwei der Bruchrechenregeln aus Satz (7.5) (man ersetze die Klassen durch Brüche!).

Beweis:

Es ist die *Unabhängigkeit dieser Klassen von der Repräsentantenwahl* nachzuweisen, d. h.:
Gilt $(a,b) \sim (a',b') \wedge (c,d) \sim (c',d')$, so muss auch $(ad+bc,bd) \sim (a'd'+b'c',b'd')$
und $(a \cdot c, b \cdot d) \sim (a' \cdot c', b' \cdot d')$ gelten.

Obige Voraussetzung ist wegen Satz (7.10) äquivalent zu $ab' = a'b \wedge cd' = c'd$. Die erste
Behauptung ist (wegen desselben Satzes) äquivalent zu $(ad+bc)b'd' = bd(a'd'+b'c')$. Also:

$$(ad+bc)b'd' = ab'dd' + bb'cd' \underset{ab'=a'b \,\wedge\, cd'=c'd}{=} a'bdd' + bb'c'd = bd(a'd'+b'c')$$

Die zweite Behauptung ist wegen Satz (7.10) äquivalent zu $acb'd' = bda'c'$. Es folgt:

$$acb'd' = (ab')(cd') \underset{ab'=a'b \wedge cd'=c'd}{=} (a'b)(c'd) = bda'c'.$$

$\blacklozenge$

Wir kontrastieren nun den „positiven" Satz (7.13) mit einem „negativen":

(7.14) Satz

Die in $\mathbb{N}^* \times \mathbb{N}^*$ durch $[(a;b)] \oplus [(c;d)] := [(a+c;b+d)]$ erklärte $\mathbb{N}^* \times \mathbb{N}^*$

Klassenverknüpfung ist nicht wohldefiniert.

Aufgabe 7.5

Beweisen Sie, dass analog zu Satz (7.13) in $\mathbb{N}^* \times \mathbb{N}^*$ sowohl die Subtraktion als auch die
Division von Klassen (unter gewissen Bedingungen, welchen?) wohldefiniert ist.

Der Beweis zu Satz (7.14) wurde bereits erbracht. An welcher Stelle?

7.2   Grundvorstellungen bei Brüchen

7.2.1   Vorbemerkung

Die bisherigen Betrachtungen haben gezeigt, dass wir eigentlich bereits *formal* (!) *zwischen
„Bruch" und „Bruchzahl" unterscheiden* müssten, denn:

Ein **Bruch** ist *formal* ein *geordnetes Paar* (zunächst von natürlichen Zahlen), während eine
Bruchzahl *formal* eine *Äquivalenzklasse* ist und eindeutig einen bestimmten Punkt auf dem
Zahlenstrahl bezeichnet. Diese Bruchzahl (als Äquivalenzklasse) kann dann durch unendlich
viele Brüche (nämlich ihre Repräsentanten) bezeichnet bzw. dargestellt werden.

Andererseits tritt ein Bruch gemäß Anmerkung (7.12.a) oft auch in der Rolle einer Äquivalenzklasse auf, wie wir etwa in der Gleichung $\frac{a}{b} = \frac{c}{d}$ sehen, die ja mitnichten eine Gleichheit
der Zahlenpaare bedeutet, sondern vielmehr deren Äquivalenz und damit die *Gleichheit der
Äquivalenzklassen*.

So ist nichts damit gewonnen, wenn man durch die o. g. formale Trennung zwischen Bruch
und Bruchzahl die „Probleme hinweg zu trivialisieren" meint.

Wir müssen vielmehr *mit dieser Doppeldeutigkeit konstruktiv leben*:

So müssen wir fragen und klären, welche *inneren Vorstellungen* bei den Schülerinnen und Schülern aufgerufen werden (sollen), wenn sie oder er z. B. dem „Bruch" $\frac{2}{3}$ begegnet, d. h.: Lehrkräfte müssen wissen, welche sog. **Grundvorstellungen** von Brüchen vorkommen, vor allem aber, dass es *unterschiedliche derartige Grundvorstellungen* gibt – nicht nur bei verschiedenen Menschen, sondern sogar bei jedem Individuum in unterschiedlichen Situationen:

- Grundvorstellungen zu „Bruch" können prinzipiell sowohl *subjektiv unterschiedlich* als auch *intersubjektiv kontextabhängig unterschiedlich* sein.

Es ist also für Lehrerinnen und Lehrer unverzichtbar, *wichtige Typen unterschiedlicher Grundvorstellungen zu Brüchen* zu kennen und zugleich eine Sensibilität dafür zu entwickeln, welche Grundvorstellungen bei den eigenen Schülerinnen und Schülern vorliegen (können) bzw. zu entwickeln sind.[489] [HEFENDEHL-HEBEKER 1996, 20] schreibt ganz in diesem Sinn:

> Brüche haben viele Gesichter. Wer Bruchrechnung verstehen und Brüche nicht nur nach (fehleranfälligen!) Regeln handhaben will, muß diese Gesichter angeschaut und ihre Verwandtschaft erkannt haben. Welches Gesicht ein Bruch zeigt, hängt auch vom Standpunkt des Betrachters ab.

7.2.2 Einige Einstiegsbeispiele

Wir beginnen in Tabelle 7.1 mit einem ersten Gedankenexperiment dazu, wie uns Brüche im Alltag begegnen (können): Man wird wohl bald bemerken, dass (4) im Ergebnis dasselbe bewirkt wie (5). Nun ist aus Sicht der Mathematik $\frac{6}{3} = 2$. Also kann man doch für (4) – und damit auch für (5) – offensichtlich auch (6) schreiben. Bedeutet das denn nun etwa, dass $\frac{6}{3} \neq 2$ ist? Es wird aber in (7) bis (9) noch kurioser: Wiederum wird man wohl erkennen, dass (9) im Ergebnis dasselbe bewirkt wie (10). Nun ist aus Sicht der Mathematik $\frac{10}{5} = 2$. Also kann man doch für (9) – und damit auch für (10) – offensichtlich (11) schreiben. Aber: (11) ist im Gegensatz zu (6) inhaltlich kein Unsinn, sondern durchaus sinnvoll und auch üblich, bedeutet aber inhaltlich etwas völlig anderes als (9).

Tabelle 7.1:

Beispiel	Kommentar
(1) „Nimm $\frac{1}{3}$ von $\frac{1}{2}$ ℓ Milch."	Einleuchtend und relativ leicht ausführbar!?
(2) „Nimm $\frac{2}{3}$ von $\frac{1}{2}$ ℓ Milch."	Wenn man (1) verstanden hat, wird man hier das Doppelte nehmen!?
(3) „Nimm $\frac{5}{3}$ von $\frac{1}{2}$ ℓ Milch."	Ist schon schwieriger, kann aber als das Fünffache von (1) erkannt oder gedeutet werden!?
(4) „Nimm $\frac{6}{3}$ von $\frac{1}{2}$ ℓ Milch."	Ist im Prinzip nicht schwieriger als (3)!?
(5) „Nimm das Doppelte von $\frac{1}{2}$ ℓ Milch."	Klar!?
(6) „Nimm 2 von $\frac{1}{2}$ ℓ Milch."	Das würde doch wohl jeder „normal denkende" Mensch als **Unsinn** entlarven!?
(7) „Nimm $\frac{1}{5}$ von 10 Äpfeln."	Dies ist wieder einfach zu verstehen wie (1)!?
(8) „Nimm $\frac{2}{5}$ von 10 Äpfeln."	Dies ist wieder einfach zu verstehen wie (2)!?
(9) „Nimm $\frac{10}{5}$ von 10 Äpfeln."	Das kann man analog zu (3) und zu (4) als Zehnfaches von (7) deuten.
(10) „Nimm das Doppelte von 10 Äpfeln."	Klar!?
(11) „Nimm 2 von 10 Äpfeln."	Das ist eine geradezu chaotische und sinnentstellende Umformung von (9) bzw. (10)!

---

[489] Zu Grundvorstellungen im Allgemeinen siehe u. a. [VOM HOFE 1992, 1995, 1996] und [BENDER 2019]; zu Grundvorstellungen speziell bei Brüchen siehe u. a. [HEFENDEHL-HEBEKER 1996] und [Wartha 2018].

Also nochmals: (11) bedeutet etwas völlig anderes als (9) und (10), und dabei haben wir doch *nur* die Gleichheit $\frac{10}{5} = 2$ benutzt!

Also: Gilt nun $\frac{10}{5} = 2$ oder $\frac{10}{5} \neq 2$?

Wir stoßen hier exemplarisch auf ein **neues Problem bei Brüchen**, und zwar ein *nicht-mathematisches*: **Grundvorstellungen!** Im Folgenden werden *einige ausgewählte wichtige Grundvorstellungen* aufgelistet, die im Zusammenhang mit Brüchen beobachtet worden sind.

7.2.3   Bruch als „Teil eines Ganzen" oder als „Teil mehrerer Ganzer"

Das Problem, wann denn ein „Ganzes" vorliegt, zeigte sich für mich einst sehr eindrucksvoll in einem Dialog mit meinem ersten Enkel. Diesen Dialog stellte ich daraufhin stets zu Beginn einer Vorlesung zur Didaktik der Bruchrechnung in Gestalt einer motivierenden Aufgabe:

Mein Enkel Robert saß Weihnachten 2000 (damals 3 Jahre und 8 Monate alt) bei uns am Abendbrots-tisch, auf dem u. a. ein Teller mit geviertelten Tomaten stand. Da Robert sich schon sehr für Zahlen und Bruchteile interessierte, lenkte ich das Gespräch in folgende Richtung:

O: (zeigt auf den Tomatenteller):
      „Robert, wie viel Tomatenviertel ergeben zusammen eine ganze Tomate?"

R: (sofort!): *„Gar nicht!"*

O: (ist verdutzt, überlegt, fragt dann nach kurzer Zeit der Besinnung):
      „Und wenn Du eine ganze Tomate in Viertel zerschneidest, wie viele Viertel ergibt das dann?"

R: (sofort!): *„Vier!"*

Beurteilen Sie diese Situation: Hat der Opa schlecht gefragt, oder hat Robert schlecht überlegt oder ... ? Und können wir hieraus etwas zum Thema „Bruchrechnung" lernen?

Trotz dieser offensichtlichen sprachlichen Ungenauigkeit spricht man im Zusammenhang mit Brüchen und Bruchteilen nicht nur im Alltag, sondern auch im Mathematikunterricht und in der Didaktik der Mathematik gerne von einem „Ganzen" und den „Teilen". Im Folgenden verwenden wir *„Ganzes"* in diesem üblichen, ungenauen Sinn, meinen damit also nur eine gedachte Zusammenfassung zu einem „Ganzen", *nicht* jedoch wie Robert als damals 3½-Jähriger *im Sinne einer materiellen Ganzheit!*

Als ich übrigens knapp vier Jahre später Robert auf die damalige Episode ansprach, schüt-telte er zunächst verwundert den Kopf, griente dann und sagte: *„Du hättest mich fragen müssen, wie viele Tomatenviertel **so viel wie eine ganze Tomate** ergeben!"* – Recht hatte der Knabe!

Bruchteile eines Ganzen versucht man gerne „handgreiflich" und „lebensnah" an Torten-abschnitten, Schokoladenriegeln und in den letzten Jahren auch, neuen Essgewohnheiten fol-gend, verstärkt an Pizzen statt an Torten zu veranschaulichen und verständlich zu machen.

Auf [STREEFLAND 1986] geht folgendes „Pizza-Beispiel" zurück:[490]

• 3 Pizzen sollen an 4 Kinder gerecht verteilt werden. Wie viel bekommt jedes Kind?

---

[490] Auch in [HEFENDEHL-HEBEKER 1996, 20] dargestellt.

Bild 7.7 zeigt exemplarisch drei denkbare Lösungen am sog.
Pizzamodell. Per saldo bekommt offenbar jedes Kind so viel,
wie Bild 7.8 als *Sättigungswert* zeigt. Das Ergebnis nennt
man dann nachvollziehbar *„drei Viertel"*.

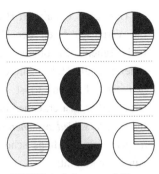

Wir beachten, dass wir uns dieses Ergebnis – nämlich drei
Viertel Pizzen – auf zwei verschiedene Weisen mit demselben
Sättigungswert (!) zustande gekommen denken können:

(1) als Teil einer ganzen Pizza – drei Viertelstücke oder ein
    Dreiviertelstück (Bild 7.8),

(2) als Teil mehrerer ganzer Pizzen – gedacht als vierter Teil
    von drei ganzen Pizzen (Bild 7.7).

Bild 7.7: Aufteilung von 3 Pizzen
an 4 Personen – 3 Beispiele

In üblicher mathematischer Symbolik lässt sich das wie folgt beschreiben:

$$\frac{3}{4} \text{ von 1 ist dasselbe wie } \frac{1}{4} \text{ von 3.}$$

Bild 7.8:
drei Viertel

Zu dieser Ergebnisgleichheit sind wir über die *Interpretation einer Handlung* gekommen,
nämlich der *gerechten Aufteilung* mehrerer gleich großer Objekte unter mehreren Personen:

- „$\frac{3}{4}$ von 1" und „$\frac{1}{4}$ von 3" *interpretiert als **Handlungen**,
  die auf verschiedenen Wegen* dasselbe Ergebnis liefern!

Alternativ kann man diese Ergebnisgleichheit auch durch
folgende Handlungen über die Aufteilung mit einem sog.
Rechteckmodell wie in Bild 7.9 erreichen:[491]

Links sehen wir die Darstellung der Handlung „$\frac{3}{4}$ von 1"
als „Teil eines Ganzen", und rechts sehen wir dagegen die
Darstellung der Handlung „$\frac{1}{4}$ von 3" als „Teil mehrerer
Ganzer".

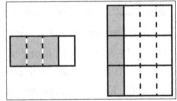

Bild 7.9: Rechteckmodell für die
Handlungen „Teil eines Ganzen" (links)
und „Teil mehrerer Ganzer" (rechts)

Diese Handlungen lassen sich konkret *enaktiv* durch Falten an Papierblättern durchführen:
Man teile *erst* einen rechteckigen Papierbogen durch zweifaches halbierendes Falten in vier
Viertel, trenne ein Viertel ab, wiederhole das für zwei weitere Bögen und lege *dann* die drei ab-
getrennten Teile längs hintereinander. Dann klebe man *erst* drei solcher Ausgangsbögen wie
rechts in Bild 7.9 übereinander und viertele *dann* diesen Großbogen durch zweifaches Falten.

Man kann diese unterschiedlichen, aber „gleichwertigen" Handlungen offenbar auch mit Hilfe
von sog. *Operatoren* beschreiben:

$$\boxed{„\frac{3}{4} \text{ von 1": erst } \xrightarrow{:4} \text{, dann } \xrightarrow{\cdot 3}} \text{ bzw. } \boxed{„\frac{1}{4} \text{ von 3": erst } \xrightarrow{\cdot 3} \text{, dann } \xrightarrow{:4}}$$

Diese „Operatoren" können wir auf der Basis von Bild 7.9 wie in Bild 7.10 visualisieren.

---

[491]   Vgl. [HEFENDEHL-HEBEKER 1996, 20] nach [PADBERG 1989].

Und zwar visualisiert Bild 7.10 am Rechteckmodell die Vertauschbarkeit der Handlungen „Vervielfachen" und „Teilen": Im oberen Teil (erst ·3, dann : 4) erscheint $\frac{3}{4}$ als „Teil mehrerer Ganzer", im unteren dagegen (erst : 4 , dann ·3) ist $\frac{3}{4}$ als „Teil eines Ganzen" interpretierbar. Wir erkennen in Bild 7.10 auch einen wichtigen *Unterschied zwischen diesen beiden Grundvorstellungen*, der allerdings schon in der Bezeichnung zum Ausdruck kommt:

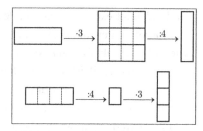

Bild 7.10: :Vertauschbarkeit von „Vervielfachen" und „Teilen" am Rechteckmodell

- Beim „Bruch als Teil eines Ganzen" kann das Ergebnis allein aus dem Ausgangsrechteck durch die Handlungen *Falten, Zerlegen* und *Neuzusammensetzen* erzeugt werden, beim „Bruch als Teil mehrerer Ganzer" muss das Ausgangsrechteck aber zunächst entsprechend vervielfacht hergestellt werden, diese Duplikate müssen zu einem größeren zusammengesetzt werden, und dann kann dieses neue Rechteck in seiner Gesamtheit gefaltet und zerlegt werden.

Nun könnten wir *spielerisch*[492] die Rollen dieser beiden Zahlen bei den Operatoren vertauschen und damit neue Operatoren bilden: Was würde wohl geschehen, wenn wir anstelle der Operatoren $\xrightarrow{\ \cdot 3\ }$ und $\xrightarrow{\ :4\ }$ die Operatoren $\xrightarrow{\ \cdot 4\ }$ und $\xrightarrow{\ :3\ }$ verwenden? Wir untersuchen dies am Pizzamodell und auch am Rechteckmodell: Zunächst das Pizzamodell: Was würde es denn hier konkret für die Praxis bedeuten, wenn wir die Operatoren $\xrightarrow{\ \cdot 4\ }$ und $\xrightarrow{\ :3\ }$ nehmen? In gewissem Sinn das „Umgekehrte" wie zuvor, nämlich:

- 4 Pizzen sollen an 3 Kinder gerecht verteilt werden. Wie viel bekommt jedes Kind?

Bild 7.11 zeigt zwei Lösungen: Jedes Kind bekommt so viel, wie es Bild 7.12 als Sättigungswert zeigt, analog zu *„vier Drittel"*. Dieser Sättigungswert ist erkennbar größer als ein

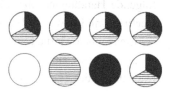

Bild 7.11: Aufteilung von 4 Pizzen an 3 Personen – 2 Beispiele

Bild 7.12: vier Drittel als Sättigungswert

„Ganzes", und somit greift hier *nicht mehr die Grundvorstellung von einem Bruch als Teil eines Ganzen.* Vielmehr liegt hier eine andere Grundvorstellung vor: *Bruch als Teil mehrerer Ganzer.*

(7.15) Feststellung

- Die Grundvorstellung vom **Bruch als Teil mehrerer Ganzer** trägt weiter als die vom „Bruch als Teil eines Ganzen"!
- Andererseits ist die Grundvorstellung vom **Bruch als Teil eines Ganzen** *eine der primären Grundvorstellungen von „Bruch"*: im etymologischen Sinn von „Bruch" gemäß Abschnitt 7.1.3 („Zerbrechen" eines Ganzen als *„Bruchteil"* dieses Ganzen).[493]

---

[492] Vgl. hier zu den Aspekt „Mathematik als Spiel des Geistes" in Abschnitt 1.1.

[493] Hinsichtlich der Problematik des „Ganzen" und seiner „Teile" sei auf die Philosophie verwiesen, z. B. G. W. FRIEDRICH HEGEL (1770–1831), *'Wissenschaft der Logik'* (2. Teil). Solche Betrachtungen passen übrigens auch zu Roberts Einstellung bezüglich der Tomatenviertel und zum Wandel seiner Auffassung (vgl. S. 302 f.).

Die Aufteilung von 4 Pizzen an 3 Kinder können wir in Analogie zu Bild 7.10 auch alternativ mit Hilfe des Rechteckmodells darstellen, wie es in Bild 7.13 zu sehen ist. Einerseits wird auch hier am Rechteckmodell deutlich, dass die Operationen „Vervielfachen" und „Teilen" ohne Einfluss auf das Ergebnis vertauschbar sind, und anderer- seits ist in anderer Weise gegenüber Bild 7.11 erkennbar, dass $\frac{4}{3}$ *nicht als Teil eines Ganzen* gedeutet werden kann, sondern *nur als Teil mehrerer Ganzer*

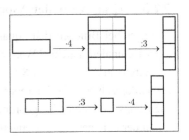

Bild 7.13: Bruch als Teil mehrerer Ganzer

7.2.4   Quasikardinaler Aspekt bei Brüchen[494]

Im letzten Abschnitt traten Formulierungen wie *„drei Viertel Pizzen"* oder *„vier Drittel Pizzen"* auf. Solchen Beschreibungen von „Bruchteilen" begegnen wir oft im Alltag, etwa bei *„zwei Drittel der Bevölkerung ..."*. Dabei bedeuten Termini wie „Drittel", „Viertel", „Fünftel" usw. etymologisch den „dritten Teil" von einem „Ganzen" usw., und z. B. „drei Viertel" sind dann einfach „drei solcher Viertel": „Drittel", „Viertel" usw. werden dann als *neue Einheit* bzw. als *neues Ganzes* begriffen, und es wird nur abgezählt, um wie viele solcher „Ganzer" es geht. In der Formulierung „drei Viertel" ist „drei" dann eine **Anzahl** als („Mächtigkeit einer Menge", genannt **„Kardinalzahl"**[494]). Aus diesem Grunde ist es seit [GRIESEL 1981] in der Didaktik der Mathematik üblich, in diesem Kontext (!) vom **quasikardinalen Aspekt** bei Brüchen zu sprechen und hierin dann eine *weitere Grundvorstellung* zu sehen.

Diese Vorstellung erlaubt ein sehr einfaches Verfahren des Addierens und Subtrahierens gleichnamiger Brüche, indem diese Verknüpfungen nämlich nur als Rechnen mit natürlichen Zahlen interpretiert werden, z. B.: $\frac{2}{7} + \frac{3}{7}$ = zwei Siebtel + drei Siebtel = fünf Siebtel = $\frac{5}{7}$.

- Die Zähler erscheinen in dieser Grundvorstellung also „quasi" als Kardinalzahl!

(7.16) Anmerkung

In der fachdidaktischen Literatur findet man die Beschreibung dieser Grundvorstellung z. T. auch durch *„Bruchzahl als Quasikardinalzahl"* ausgedrückt.[495] Diese Bezeichnung ist jedoch im Sinne der hier vorgestellten Deutung *nicht zutreffend*, weil sie nicht im Einklang mit der Auffassung von „Bruchzahl als Äquivalenzklasse" steht:[496] Denn mit Folgerung (7.8) (S. 296) bezeichnen unendlich viele (äquivalente) Brüche dieselbe *Bruchzahl*.

Aber auch *„Bruch als Quasikardinalzahl"* wäre ebenfalls nicht zutreffend, denn mit „Kardinalzahl" ist in diesen Fällen nur der Zähler gemeint, nicht aber der Bruch!

- Dagegen ist *„quasikardinaler Aspekt bei Brüchen"* eine treffende, korrekte Bezeichnung!

---

[494] Zu „Kardinalzahl" und "Ordinalzahl" vgl. Anmerkung (2.36.d) auf S. 99 und die Abschnitte 2.3.7.2, 6.1 und 6.6.
[495] Z. B. [MALLE 2004, 5].
[496] Vgl. Definition (7.11) und Anmerkung (7.12).

7.2.5   Quasiordinaler Aspekt bei Stammbrüchen

Wenn es bei Brüchen den „quasikardinalen Aspekt" gibt, dann möglicherweise auch einen „quasiordinalen Aspekt"? Was wäre wohl darunter zu verstehen?

Bereits in Abschnitt 7.1.8 wurden auf S. 294 neben den „Anzahlen" (Null, Eins, Zwei, ...) auch „Zählzahlen" erwähnt (erster, zweiter, dritter, ...), bei denen es nicht um Mächtigkeiten von Mengen, sondern um eine geordnete Reihenfolge ob Objekten geht.

In der axiomatischen Mengenlehre spricht man in diesem Zusammenhang (hier vereinfacht dargestellt) von „Ordinalzahlen". So kann man bei Brüchen tatsächlich einen *„quasiordinalen Aspekt"* ausmachen, der sich als *weitere Grundvorstellung* erweist:[497]

- Aus weißen und schwarzen Perlen soll eine Perlenkette geknüpft werden, so dass **jede vierte Perle schwarz** ist und alle anderen weiß sind.

Eine Lösung könnte z. B. wie in Bild 7.14 aussehen (mit „offenem Ende"). Solche Lösungen können wir offenbar für jeden Stammbruch[498] $\frac{1}{n}$ (also mit ganzzahligem n

Bild 7.14: **quasiordinaler Aspekt** bei *Stammbrüchen*: *„Jede vierte Perle ist schwarz gefärbt"* (offenes Ende der Perlenkette – es geht „so weiter"!)

und $n \geq 2$) erzielen, also für die Anweisung, „jede n-te Perle schwarz" zu färben.

[MALLE 2004, 5] weist darauf hin, dass die hier visualisierte Grundvorstellung noch in *zwei Unterbedeutungen* interpretiert werden kann:

(1) *Im strikten Sinn:* Auf drei weiße Perlen folgt stets eine schwarze Perle.

(2) *Im statistischen Sinn:* Ein Viertel aller Perlen ist schwarz.

Während (1) den *quasiordinalen Aspekt* beschreibt, erkennen wir in (2) den *quasikardinalen Aspekt*, der allerdings ebenfalls in Bild 7.14 visualisiert wird, also Darstellung von *„Ein Viertel aller Perlen ist schwarz gefärbt"*. Dieser quasikardinale Aspekt wird aber in Bild 7.15 dargestellt, wenn auch ganz anders (mit einem definierten Ende!). Bild 7.15 visualisiert jedoch *nicht* den quasiordinalen Aspekt!

Bild 7.15: **quasikardinaler** Aspekt: *„Ein Viertel aller Perlen ist schwarz gefärbt"* (notwendig dazu: definiertes Ende der Perlenkette)

7.2.6   Bruch als (Zahlen-)Verhältnis

Die zweifache Interpretierbarkeit von Bild 7.14 (MALLE, s. o.) zeigt, dass dieselbe Situation sowohl einen quasikardinalen als auch einen quasiordinalen Aspekt eines Bruchs aufweisen kann. Diese Perlenkettensituation lässt sich nun auf eine weitere, dritte Weise interpretieren, indem wir das *Verhältnis* von weißen und schwarzen Perlen zueinander betrachten.[499] Damit ergibt sich eine *weitere Grundvorstellung*, die wir mit Bezug auf Bild 7.14 nach [HEFENDEHL-HEBEKER 1996, 21] auf *zumindest drei verschiedene Weisen* sprachlich beschreiben können:

---

[497] In Abwandlung eines Beispiels bei [MALLE 2004, 5]; bei [HEFENDEHL-HEBEKER 1996, 21] ähnlich wie bei MALLE, wenn auch (noch) nicht als „Grundvorstellung".

[498] Vgl. S. 287 f., insbesondere Abschnitt 7.5.2.

[499] Vgl. Abschnitt 3.3.4: „Pythagoreer: Größenverhältnisse als Proportionen"

(1) Je eine von vier Perlen ist schwarz, je drei von vier sind weiß.

(2) Von den Perlen der Kette ist ein Viertel schwarz, und drei Viertel ist weiß.

(3) Die Anzahlen der schwarzen und weißen Perlen verhalten sich zueinander wie Eins zu Drei.

Diese drei Beschreibungen der Grundvorstellung von „Bruch als Verhältnis" sind zwar inhaltlich gleichwertig, und sie treffen auch auf Bild 7.15 zu. Sie gelten aber nicht mehr wie in Abschnitt 7.2.5 nur für Stammbrüche!

Im obigen Fall (3) pflegt man im Alltag auch „1 : 3" zu schreiben. Es ist aber zu beachten, dass der Doppelpunkt hier (noch) nicht in der Rolle des „geteilt durch" auftritt, erst recht noch nicht als Identifikation $1 : 3 = \frac{1}{3}$, die erst in einem späteren Stadium vorgenommen wird bzw. werden kann. *Hier werden lediglich zwei Quantitäten verglichen.* Allerdings ist zu beachten, dass es in diesem Stadium der Grundvorstellung vom „Bruch als Verhältnis" *zunächst nur* um *echte Brüche* geht, bei denen also der Zähler kleiner als der Nenner ist. Denn andernfalls sind Visualisierungen und Interpretationen wie in Bild 7.14 und Bild 7.15 nicht möglich.

In den o. g. Fällen (1) und (2) kann also das „von" zunächst nicht mehr als das Ganze ergeben![500] Damit kann der Zähler also allenfalls gleich dem Nenner sein.

Wir können nun die Perlenkette in Bild 7.14 dadurch neu strukturieren, dass wir stets „Viererpäckchen" herausgreifen und diese dann zu neuen Päckchen bündeln (z. B. wie in Bild 7.16).[501] Hier beschreibt also *„eine von vier Perlen ist schwarz"* dasselbe Verhältnis wie *„zwei von acht Perlen sind schwarz"*, wodurch $\frac{1}{4} = \frac{2}{8} = \frac{3}{12} = \ldots$ vorbereitet wird. In dieser Grundvorstellung spielen Brüche also die Rolle von „Zahlenverhältnissen".[502][503]

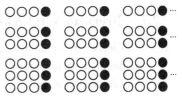

Bild 7.16: Visualisierung von
$$\frac{1}{4} = \frac{2}{8} = \frac{3}{12} = \ldots$$

Zahlenverhältnisse treten auch in der Statistik bei *relativen Häufigkeiten* als „Verhältnis der Anzahl der beobachteten Fälle zur Anzahl der möglichen Fälle" auf.

Bild 7.16 legt nun nahe, dass die Grundvorstellung vom „Bruch als Zahlenverhältnis" auch mit Hilfe des Rechteckmodells visualisiert werden kann. Bild 7.17 bis Bild 7.19 zeigen auf unterschiedliche Weise Zahlenverhältnisse:

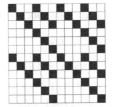 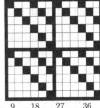

Bild 7.17: Verhältnisgleichheit $\frac{9}{36} = \frac{18}{72} = \frac{27}{106} = \frac{36}{144}$

---

[500] Man vergleiche hierzu die konstruierten und merkwürdigen Beispiele (3), (4), (5), (9) und (10) aus Tabelle 7.1 auf S. 301. Sie widersprechen einer intuitiven Auffassung des „von" und stellen bereits einen abstrahierenden Schritt der Verallgemeinerung dar.

[501] Nach [HEFENDEHL-HEBEKER 1996, 21].

[502] Vgl. hierzu auch die Zahlen- und Größenverhältnisse bei den Pythagoreern in Abschnitt 3.3.4.

[503] [HEFENDEHL-HEBEKER 1996, 21] schreibt „Brüche als Verhältniszahlen", was aber ebenso wenig zutreffend ist wie „Bruchzahl als Quasikardinalzahl" (vgl. Anmerkung (7.16)). Insbesondere sind Brüche nicht notwendig „Zahlen" – im Gegensatz zu „Bruchzahlen" (vgl. Abschnitt 7.1.9): So sind Brüche faktisch *dubiose zweideutige Gebilde*, die zwar in mathematisch strenger Sicht Äquivalenzklassen und damit dann (Bruch-)Zahlen sind, die ggf. situativ jedoch auch *nur* als Repräsentanten von Bruchzahlen (den Äquivalenzklassen) auftreten.

Bild 7.17 (auf S. 307) weist „strukturierte Zahlenverhältnisse" auf (die Figur ist „auf einen Blick" in vier kongruente Teilblöcke zerlegbar), die leicht und schnell erkennbar sind.

Bild 7.18 weist zwar „strukturierte Zahlenverhältnisse" auf (die Figur ist visuell nicht sofort in zwei kongruente Teilblöcke zerlegbar), die aber etwas schwerer erkennbar sind.

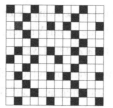
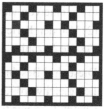

Bild 7.18: Verhältnisgleichheit $\frac{18}{72} = \frac{36}{144}$

Bild 7.19 ist „strukturlos", und hier bleibt nur mühevolles Auszählen aller schwarzen Felder, um das korrekte Verhältnis zu ermitteln.

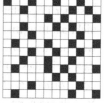

Aufgabe 7.6

(a) Stellen Sie $\frac{6}{16}$ strukturiert und unstrukturiert sowohl mit dem Perlenkettenmodell als auch mit dem Rechteckmodell dar.

(b) Bearbeiten Sie Teil (a) für $\frac{5}{4}$! Was stellen Sie fest?

Bild 7.19:
Verhältnis $\frac{36}{144}$

7.2.7 Bruch als Vergleichsinstrument — der „von-Ansatz"

Bei den Einstiegsbeispielen in Abschnitt 7.2.2 sind wir diesem Aspekt schon begegnet. Hier wurden nämlich verschiedene Objekte hinsichtlich ihrer Größe (Länge, Volumen, ...) oder ihrer Anzahl verglichen, nämlich etwa:

„Nimm das Doppelte von $\frac{1}{2}\ell$ Milch."   oder   „Nimm $\frac{2}{5}$ von 10 Äpfeln."

Im ersten Beispiel pflegt man alternativ auch „*zweimal so viel wie ...*" oder „*das Zweifache von ...*" zu sagen und im zweiten Beispiel „$\frac{2}{5}$*-mal so viel wie ...*" oder aber „*das $\frac{2}{5}$-Fache von ...*".

Hier liegt ein *alltagsüblicher Zusammenhang* zwischen folgenden Sprechweisen vor:

| ... ist x-mal so viel wie ... | oder | ... ist das x-Fache von ... | oder | ... ist x von ... |

In allen drei Sprechweisen kann x dabei sowohl ein Bruch als auch eine natürliche Zahl sein; im dritten Fall kann sich im Fall einer natürlichen Zahl entweder Unsinn oder eine andere Deutung ergeben, wie exemplarisch Tabelle 7.1 zeigt.[504]

Bei allen drei Sprechweisen dient aber ein Bruch in solchen Situationen dem *Vergleich von Größen*: Hier begegnet uns die *Grundvorstellung* von einem *Bruch als Vergleichsinstrument*!

Wir betrachten die Situation exemplarisch etwas genauer:[505]

Bild 7.20 möge drei Stäbe A, B bzw. C der Längen 6, 2 bzw. 5 (bezogen auf eine beliebige „Einheitslänge") darstellen.

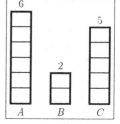

Bild 7.20: Längenvergleich
bei 3 Stäben

[504] S. 301, Beispiel (11).
[505] Nach [HEFENDEHL-HEBEKER 1996, 22].

> **Aufgabe 7.7**
>
> Stellen Sie alle Größenvergleiche von je *zwei Stäben* dar, die sich aus Bild 7.20 ergeben, und zwar jeweils in möglichst vielen unterschiedlichen, aber dennoch gleichwertigen Formulierungen.
>
> Benutzen Sie dabei auch die oben auf dieser Seite aufgeführten drei verschiedenen.

7.2.8 Subjektive Erfahrungsbereiche

Es gibt weitere wichtige Grundvorstellungen, die aber erst im Zusammenhang mit der eigentlichen Bruch*rechnung* (Addieren, Subtrahieren, Multiplizieren, Dividieren, Erweitern, Kürzen, dazu auch Größenvergleich) auftreten, die aber von uns bisher noch kaum thematisiert wurde. Wir werden solche weiteren Grundvorstellungen später erörtern. Dagegen betreffen die bisher betrachteten vor allem *inhaltliche Vorstellungen* darüber, was Brüche möglicherweise bedeuten (können). HEFENDEHL-HEBEKER schreibt hierzu:[506]

> Somit hat die rationale Zahl hinter ihrem formalisierten Schattenriß viele Gesichter. Sie alle müssen im Unterricht auftauchen, für sich betrachtet und dann zunehmend untereinander verbunden werden. Man kann nicht erwarten, daß diese Aspekte sich von selbst vernetzen und daß sich die entsprechenden Grundvorstellungen von allein ausbilden, wenn nur das formale Rechnen lange genug trainiert wird.

Hier ist zunächst hervorzuheben, dass Grundvorstellungen nicht „einfach nur da" sind bzw. sich „von alleine ausbilden". Vielmehr wird indirekt dargelegt, dass ein guter Mathematikunterricht so inszeniert werden sollte, dass sich in den Individuen *unterschiedliche Grundvorstellungen herausbilden* – der Unterricht darf also nicht auf die Fixierung nur einer oder weniger Grundvorstellungen ausgerichtet sein. Vielmehr sollte er getreu dem Motto „*Brüche haben viele Gesichter!*" gestaltet werden:[507]

> Wer wesentliche Aspekte ausblendet, braucht sich über Zeitungsmeldungen der folgenden Art nicht zu wundern: „1980 fuhr jeder zehnte Autofahrer zu schnell. Jetzt ist es nur noch jeder fünfte. Aber auch 5 % ist noch zu viel."

Hier liegen unvereinbare (falsche) Grundvorstellungen bezüglich Brüchen und „Prozenten" vor, die zu einem sorglosen, unbefangenen und unkritischen Umgang damit führen.

> **(7.17) Konsequenz**
> * Im Unterricht sollte es also darum gehen, im Sinne der „vielen Gesichter von Brüchen" sowohl unterschiedliche Grundvorstellungen aufbauen zu helfen als auch Verbindungen zwischen diesen entstehen und entdecken zu lassen!

---

[506] [HEFENDEHL-HEBEKER 1996, 47]; Hervorhebung nicht im Original. „Vernetzen" wird hier nur synonym zu „verbinden" vewendet.

[507] A. a. O.; eine Quellenangabe fehlt dort leider. Jedoch findet man diese bei [HERGET & SCHOLZ 1998, 32]: DER SPIEGEL 41/1991, S. 352. Das o. g. (gegenüber dem Original im Spiegel abgewandelte) Zitat ist in ähnlicher Form mittlerweile (unzitiert) „Folklore" in der mathematikdidaktischen Literatur.

Sog. „Interviews" mit Schülerinnen und Schülern können diese Situation besser verstehen helfen: Den Probanden werden durch einen Versuchsleiter Aufgaben gestellt, und sie werden bei dem dann folgenden Lösungsprozess durch den Versuchsleiter interviewt. Dieser darf dabei in die Lösungsprozesse nicht eingreifen, darf also die Probanden weder korrigieren noch beeinflussen. So berichtet HEFENDEHL-HEBEKER exemplarisch über ein Interview, das HASEMANN mit Anke, einer Realschülerin in Klasse 7, führte (Bild 7.21):[508]

Der Interviewer stellt Anke die folgende Aufgabe: „*Färbe zuerst $\frac{1}{4}$ des Kreises schwarz und dann noch einmal $\frac{1}{6}$ des Kreises. Welchen Bruchteil des Kreises hast du insgesamt schwarz gefärbt?*"

Anke färbt zuerst 4 Teile des Kreises, dann 6, und gibt als Antwort: „$\frac{1}{10}$ *des Ganzen.*"

Der Interviewer fordert Anke auf, die Bruchzahlen schriftlich zu addieren.

Anke tut dies ohne Mühe: „$\frac{1}{4} + \frac{1}{6} = \frac{3}{12} + \frac{2}{12} = \frac{5}{12}$"

Der Interviewer weist auf die Diskrepanz der Ergebnisse hin:

„*Was ist denn nun richtig?*"

Anke antwortet zögernd nach sechs Sekunden: „*Beides.*"

Der Interviewer fragt nach einer Begründung.

Anke: „*Ja, erstmal,* $\frac{1}{10}$ *, das habe ich ja abgezählt, und* $\frac{5}{12}$ *habe ich ja ausgerechnet.*"

Bild 7.21:
Kreisfärbung
durch Anke

Für Anke sind also diese beiden Antworten, die für uns unvereinbar sind, richtig. Wie ist so etwas möglich? Warum erkennt sie diesen Widerspruch nicht?

Seit [BAUERSFELD 1983] kennzeichnet man diese Situation durch die von ihm so genannten **subjektiven Erfahrungsbereiche (SEB)**. Bezogen auf den Fall Anke bedeutet das:

Für Anke gibt es im Zusammenhang mit Brüchen (zumindest) zwei Erfahrungsbereiche oder zwei „Welten": die *visuelle Welt* („Zeichenwelt") und die *formal-symbolische regelhafte Welt* (die „Rechenwelt"). Dies ist nichts Ungewöhnliches, sondern völlig normal – auch bei uns Erwachsenen! Das Problem bei Anke besteht aber darin, dass sie diese beiden Welten (noch!) als getrennt, also als nicht zusammengehörig wahrnimmt, dass sie also (noch!) keine Verbindungen zwischen diesen beiden Welten herstellt bzw. keine möglichen Verbindungen sieht. Ihr Wissen bleibt damit unverbunden, und deshalb sieht sie (noch) keine Widersprüche.

Bei Anke handelt es sich wohlgemerkt um eine Schülerin der 7. Klasse – die Bruchrechnung wurde (wie in Deutschland damals üblich) in Klasse 6 „behandelt", genauer: Das Interview wurde ohne Vorankündigung ein halbes Jahr *nach* (!) Behandlung der Bruchrechnung im Unterricht durchgeführt. HASEMANN schreibt hierzu (ebd. S. 16):

Dieses Beispiel zeigt ganz deutlich, daß sich die Vorstellungen der Schülerin von den Brüchen erheblich von den im Unterricht angestrebten Grundvorstellungen unterscheiden. Es zeigt aber auch, dass fehlerfreies Rechnen, also ein korrekter Umgang mit der Regel, noch keine Gewähr dafür bietet, daß die betreffende Schülerin auch die der Regel zugrunde liegenden mathematischen Beziehungen verstanden hat. Kann man nach diesen Ergebnissen erwarten, daß Schüler, denen schon die Anwendung der Rechenregeln Schwierigkeiten macht, eine korrekte Vorstellung von den Brüchen und den Bruchteilen haben? Wohl kaum.

---

[508] [HEFENDEHL-HEBEKER 1996, 47] mit Bezug auf [HASEMANN 1986].

Bei dieser Untersuchung wurden insgesamt 70 Schülerinnen und Schüler interviewt. Nur sehr wenige Schülerinnen bzw. Schüler waren in der Lage, in geometrischen Figuren gefärbte Teile korrekt mit Brüchen zu identifizieren. Die meisten Schülerinnen und Schüler störte es auch nicht, wenn sie auf verschiedenen Lösungswegen zu verschiedenen Ergebnissen kamen – wie Anke! HASEMANN schreibt dazu (ebd., S. 16):

> Sie hielten beide Ergebnisse für richtig. Die Erklärung für dieses Verhalten der Schüler ist einfach: Sie faßten die verschiedenen Darstellungsformen einer Aufgabe als unterschiedliche Aufgaben auf!

Das ist eine bedenkenswerte und merkenswerte Mitteilung, die hervorzuheben ist:

(7.18) Mögliche (falsche) Schülersicht
Unterschiedliche Darstellungen können unterschiedliche Aufgaben bedeuten!

7.2.9   Eine falsche Grundvorstellung zur Bruchaddition?

Das nächste Beispiel demonstriert diese Situation noch deutlicher (Tabelle 7.2, HASEMANN ebd.):

André hatte (wie auch Anke, s. o.) sämtliche Bruchrechenaufgaben korrekt gelöst. Am Ende des Interviews wurde ihm die nebenstehende Aufgabe vorgelegt: André löst also a) und b) rechnerisch korrekt (wenn man davon absieht, dass bei b) auf der linken Seite die Maßeinheiten fehlen, insofern also rechts formal keine korrekte Gleichung vorliegt!). Teil c) der Aufgabe wurde von André im Interview wie folgt bearbeitet (HASEMANN ebd.):

Tabelle 7.2: Aufgaben für ein Interview

Aufgabe	Andrés Lösung
a) Berechne $\frac{3}{4} + \frac{2}{5}$	$= \frac{15}{20} + \frac{8}{20} = \frac{23}{20}$
b) Berechne $\frac{3}{4}\,dm + \frac{2}{5}\,dm$	$= \frac{15}{20} + \frac{8}{20} = \frac{23}{20}\,dm$
c) In einem Flohzirkus springt ein Floh zuerst $\frac{3}{4}$ m weit, dann springt er $\frac{2}{5}$ m weit. Wie weit ist er insgesamt gesprungen?	*Lösung(sweg) wird nachfolgend im Dialog mit dem Interviewer wiedergegeben.*

A: Der gleiche Hauptnenner, das sind 20. Das mal 5 sind $\frac{15}{20}$, sind $\frac{8}{20}$, sind $\frac{23}{20}$.
I: Hm, schreib das mal hin.
A: $\frac{23}{20}$, nee, das kann nicht sein.
I: Wieso nicht?
A: ... (5 s) ... Der ist ja nicht 23 m weit gesprungen, sondern nur 5 m ... 5 von 9 m ... (5 s) ... er ist $\frac{5}{9}$ m gesprungen.
I: Kannst du noch mal erklären, wie du auf $\frac{5}{9}$ gekommen bist?
A: Indem ich das addiert habe: 3 plus 2 sind 5, 4 plus 5 sind 9, sind es Neuntel.
I: Und jetzt sagst du, das (Ergebnis $\frac{23}{20}$ m) kann nicht sein.
A: Ja, weil ich hier ..., das kann aber nicht sein. Das ist unmöglich. Der springt nicht so weit. Der springt ja nicht $\frac{23}{20}$ m, 23 m von 20. Hier mußt du nämlich keinen Hauptnenner suchen wie oben.
I: Warum nicht?
A: Ja, weil das da rauskommt, der springt gar nicht so weit, 23 von 20 m.

Wie ist so etwas möglich? Seine Gedankengänge muten wirr an. André wird wohl keine Ahnung von Mathe haben – ein hoffungsloser Fall!? Oder können wir vielleicht aus seinen Gedankengängen etwas zum Prozess des Verstehens der Bruchaddition erfahren?

Genau dies werden wir im Folgenden kurz versuchen![509] Bearbeiten Sie dazu bitte zunächst folgende Aufgabe, *bevor Sie dann weiterlesen:*

Aufgabe 7.8

- Begründen Sie Andrés unterschiedliche Lösungswege und seine Argumentationen.
- Welche Grundvorstellungen liegen seiner Vorgehensweise möglicherweise zugrunde?

HASEMANN kommentiert dieses von ihm geführte Interview wie folgt (ebd., S. 17):

Offensichtlich beurteilte André sein Rechenergebnis $\frac{23}{20}$ m von einer Bruchvorstellung aus, bei der der Zähler gegenüber dem Nenner eindeutig dominierte. Wenn auch aus dem Interview nicht ganz deutlich wird, was er sich unter $\frac{23}{20}$ m bzw. $\frac{5}{9}$ m genau vorstellte, so wird doch klar, daß er sein Augenmerk im wesentlichen nur auf die „23 m" bzw. „9 m" richtete. (Vermutlich las er die mit Brüchen geschriebenen Größen so, wie es viele andere Schüler auch taten, wenn sie nämlich z. B. schrieben:

$$\frac{5}{4}\,\text{Std.} = 5\,\text{Std. und 4 Min.}\,,$$

wenn sie also den Nenner als die Anzahl der *kleineren Maßeinheiten* lasen.) Da es André unplausibel erschien, daß ein Floh 23 m weit springen kann, änderte er seine Berechnungsmethode und wendete eine Regel an, die er vorher im Interview nie benutzt hatte. Das mit dieser neuen Regel erhaltene Ergebnis – im wesentlichen die „5 m" – erschien ihm realistischer, und seine Begründung für den Wechsel ist eindeutig: Sein erstes Ergebnis hielt einem Test an der *ihm plausibel erscheinenden Realität* nicht stand („weil das da rauskommt, der springt nicht so weit").

So ist es naheliegend, dass André $\frac{2}{5}$ dm als „2 dm von 5 dm" interpretiert hat, ähnlich wie in der Klausuraufgabe in Abschnitt 7.1.2 in der Bedeutung „2 von 5 Punkten". Und damit ist er dann – folgerichtig! – auf sein Ergebnis mit insgesamt „5 von 9 dm" gekommen, also in seiner Lesart auf $\frac{5}{9}$ dm. Kurzum: In Andrés Antwort, *„Indem ich das addiert habe ... "*, wird bis hin zum Ende des Interviews klar, dass er wohl die „falsche Bruchaddition" im Sinne der in Abschnitt 7.1.2 geschilderten *Chuquet-Mittel-Addition* verwendet hat, die jedoch manchmal durchaus angemessen ist – André hat also nicht dumm argumentiert, sondern aus dieser Warte gesehen durchaus klug! MALLE weist darauf hin, dass „2 von 5" in diesem Kontext als weitere Grundvorstellung im Sinne von *Bruch als absoluter Anteil* anzusehen ist.[510] Das würde allerdings bedeuten, dass die o. g. „falsche Bruchaddition" situativ durchaus legitim ist.

Abschließend seien die sechs zuvor angesprochenen **Grundvorstellungen** aufgelistet:

(GV1)	**Bruch als Teil eines Ganzen**	S. 302 ff.
(GV2)	**Bruch als Teil mehrerer Ganzer**	S. 302 ff.
(GV3)	**Quasikardinaler Aspekt von Brüchen**	S. 305
(GV4)	**Quasiordinaler Aspekt von Brüchen**	S. 305
(GV5)	**Bruch als (Zahlen-)Verhältnis**	S. 306 ff.
(GV6)	**Bruch als Vergleichsinstrument**	S. 308 f.

---

[509] Das ist ein Anliegen der sog. „interpretativen Unterrichtsforschung".
[510] Vgl. [MALLE 2004, 5].

7.3 Vorstellungen und Darstellungen von (Bruch-)Zahlen

7.3.1 Gewöhnliche Brüche und Dezimalbrüche

Neben den bisher betrachteten Brüchen bzw. Bruchzahlen kennt man im Alltag sog. *„Dezimalzahlen"* wie z. B. $0,75$. Und dann gilt bekanntlich $0,75 = \frac{3}{4}$, was man wohl zum „Allgemeinwissen" zählt. Aber was bedeutet eigentlich diese Gleichheit?

Wir wissen: $\frac{3}{4}$ ist ein *Bruch*, der auf dem Zahlenstrahl eindeutig eine ganz bestimmte *Bruchzahl* bezeichnet. Diese Bruchzahl könnte aber auch durch einen anderen (dazu äquivalenten) Bruch bezeichnet werden, z. B. durch $\frac{6}{8}$ oder $\frac{9}{12}$, was wir durch $\frac{3}{4} = \frac{6}{8} = \frac{9}{12}$ beschreiben.

Diese *Gleichheit bedeutet* also, *dass die (verschiedenen) Brüche dieselbe Bruchzahl bezeichnen* (oder anders: diese Brüche sind Repräsentanten derselben Äquivalenzklasse[511]). Ganz analog bedeutet damit $0,75 = \frac{3}{4}$, dass $0,75$ und $\frac{3}{4}$ ebenfalls dieselbe (Bruch-)Zahl auf dem Zahlenstrahl bezeichnen! Da nun $0,75$ bekanntlich lediglich eine Abkürzung ist für

$$\frac{7}{10} + \frac{5}{100} \quad \text{oder} \quad \frac{7}{10} + \frac{5}{10^2} \quad \text{oder} \quad \frac{75}{100} \quad \text{oder} \quad \frac{75}{10^2},$$

ist also auch $0,75$ ein *Bruch, der dieselbe Bruchzahl* wie $\frac{3}{4}$ *bezeichnet*, also ist

$$\frac{3}{4} = \frac{6}{8} = \frac{9}{12} = \dots = 0,75.$$

Die oft anzutreffende, übliche Bezeichnung „Dezimalzahlen" ruft nun leider (!) die Vorstellung wach, dass mit ihnen *neben den Bruchzahlen neue Zahlen* auftauchen, was aber *falsch* ist. Vielmehr ist auch $0,75$ wie $\frac{3}{4}$ ein Bruch, und zwar mit der Besonderheit, dass sein Nenner eine Zehnerpotenz ist. Daher heißen Brüche, deren Nenner eine Zehnerpotenz ist, „Dezimalbrüche" – wobei diese „Definition" problematisch ist, wie wir noch sehen werden.

- Wir halten fest: Die übliche Bezeichnung „Dezimalzahl" ist unpassend bzw. gar falsch!

Für „Dezimalbrüche" kennen wir die *Dezimalschreibweise* mit *Dezimalkomma*, z. B.:

$$\frac{4257}{100} = \frac{4 \cdot 1000 + 2 \cdot 100 + 5 \cdot 10 + 7}{100} = 4 \cdot 10 + 2 + \frac{5}{10} + \frac{7}{100} = 42,57$$

Im Unterschied dazu nennt man Brüche wie $\frac{3}{4}$, deren Nenner keine Zehnerpotenz ist, meist **gewöhnliche Brüche**.[512] Ferner betrachtet man bei gewöhnlichen Brüchen Sonderfälle wie *echte Brüche*, *unechte Brüche* und auch *gemischte Zahlen* (Bild 7.22):

Auch die „Dezimalbrüche" lassen sich noch untergliedern, nämlich sowohl in *abbrechende* und *nicht-abbrechende* als auch in *periodische, gemischt-periodische* und *nicht-periodische*.

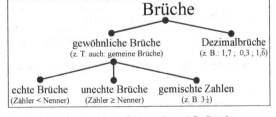

Bild 7.22: ein „Bezeichnungsbaum" für Brüche

---

[511] Vgl. Abschnitt 7.1.9.
[512] Bei [PADBERG 1989] und [PADBERG 2002] heißt es stattdessen *„gemeine"* Brüche, eine Bezeichnung, die hier bewusst vermieden wird, um keine Assoziationen mit – im Gegensatz dazu – *„netten"* Brüchen zu wecken ☺

Uns fehlt aber noch eine akzeptable Definition von „Dezimalbruch", die wir in der Literatur leider nicht einheitlich vorfinden. Ist beispielsweise $\frac{3}{10}$ ein gewöhnlicher Bruch oder ein Dezimalbruch? Wegen seines Nenners müsste man ihn eigentlich *Dezimalbruch* nennen.

Andererseits sieht er genauso aus *wie ein gewöhnlicher Bruch*! Wir lösen das vorschlagsweise wie folgt definitorisch:

(7.19) Definition[513]

Es sei $f : \mathbb{Z} \to \{0, 1, 2, \ldots, 9\}$, $f(\nu) =: a_\nu$ für alle ν, ferner $n \in \mathbb{N}$ mit $a_n \neq 0$, falls $n > 0$.

Der *Summenterm* $a_n \cdot 10^n + a_{n-1} \cdot 10^{n-1} + \ldots + a_2 \cdot 10^2 + a_1 \cdot 10^1 + a_0 + \dfrac{a_{-1}}{10^1} + \dfrac{a_{-2}}{10^2} \ldots$

heißt **Dezimalbruch** und wird abgekürzt $\boxed{a_n a_{n-1} \ldots a_2 a_1 a_0, a_{-1} a_{-2} \ldots}$ notiert.

Die Zahlen a_ν heißen **Dezimalziffern**.[514]

Damit können also zugleich abbrechende und nicht-abbrechende Dezimalbrüche als spezielle Darstellungen positiver (reeller!) Zahlen erfasst werden (wobei die nicht-abbrechenden Dezimalbrüche als unendliche Reihen stets konvergieren, wie man mit dem Majorantenkriterium der Reellen Analysis unter Verwendung geometrischer Reihen sieht).

7.3.2 Brüche als Namen für Zahlen

Am Beispiel $0,75 = \frac{3}{4}$ sahen wir bereits, dass *unterschiedliche Schreibfiguren* (hier: Bruch, Dezimalbruch) *dasselbe Objekt* (hier: Bruchzahl) *bezeichnen* können. Diese Schreibfiguren sind *Namen für Bruchzahlen*, welche durch diese Namen *nur dargestellt* werden.

Generell müssen wir also unterscheiden zwischen einer Zahl und ihrer Darstellung![515] Dazu einige

(7.20) Beispiele

(1)	$\frac{3}{8}$: gewöhnlicher Bruch $0,375$: Dezimalbruch	jeweils verschiedene Darstellungen für dieselbe Bruchzahl
(2)	$\frac{2}{3}$: gewöhnlicher Bruch $0,\overline{6}$: Dezimalbruch	
(3)	$0,2 = \frac{2}{10} = \frac{1}{5} = -(6 : (-30)) = \ldots$	
(4)	$0,\overline{9} = 1$	Stimmt denn das? Wirklich gleich?

Neben diesen Bruchzahldarstellungen sind auch folgende Zahldarstellungen aufschlussreich:

---

[513] Auch in der *mathematischen* Fachliteratur findet sich z. T. die unpassende Bezeichnung „*Dezimalzahl*", z. B. im *Lexikon der Mathematik* (Spektrum, 2003). Wir werden wohl damit leben müssen wie gleichermaßen mit „Dualzahl" usw., denn ohnehin ist stets klar, was gemeint ist: Es geht bei diesen Vorsilben nur um die „Darstellung" der Zahlen, nicht aber um ihr „Sein".

[514] Wir beachten hierbei die Bezeichnung (6.5.a) auf S. 257, demgemäß $0, 1, 2, \ldots, 9$ streng genommen keine „Zahlen" sind, sondern nur „Zeichen für Zahlen", die hier primär in der Rolle von „Dezimalziffern" auftreten.

[515] Vgl. hierzu die ausführlichen Betrachtungen in Abschnitt 3.1, ferner dazu die obige Fußnote 514.

	Darstellung von „vierundzwanzig"	
24		im Dezimalsystem
XXIV		durch römische Zahlzeichen
(Strichliste)		als Strichliste (Bierdeckel)
(Keilschrift)		in sumerisch-/babylonischer Keilschrift
$(11000)_2$		im Dualsystem

(5)

(6) $\sqrt{2} = 1{,}414\ldots = $ „positive Lösung der Gleichung $x^2 - x - 1 = 0$ " $= \ldots$

(7)
$$\tfrac{1}{2}(1 + \sqrt{5}) = \cfrac{1}{1 + \cfrac{1}{1 + \cfrac{1}{1 + \ldots}}} = [1; 1, 1, \ldots] = [1;\ \overline{1}\ ]$$

$$= \text{„positive Lösung von } x^2 - x - 1 = 0 \text{ "} = \text{„positive Lösung von } x = 1 + \tfrac{1}{x} \text{"}$$

$$= \text{„Grenzwert der Folge } \left\langle \frac{a_{n+1}}{a_n} \right\rangle \text{ mit } a_0 = a_1 = 1 \text{ und } a_{n+2} = a_n + a_{n+1} \text{"}$$

In all diesen Beispielen liegen *jeweils unterschiedliche Darstellungen für jeweils dieselbe Zahl* vor. Und zugleich sind diese Darstellungen *jeweils unterschiedliche Namen für dieselbe Zahl*. Zur Vertiefung sei auf Abschnitt 3.1 verwiesen.

7.3.3 Konkrete und abstrakte Brüche

Das *Kennenlernen* und das Aufbauen *vielseitiger Grundvorstellungen* von „Bruch" ist wichtig, um ontogenetisch einen „Begriff von Bruch" entwickeln zu können. Dazu bedarf es *vielfältiger Darstellungen von „Bruch"*. So unterscheidet man aus didaktischen Gründen ggf. insbesondere *„konkrete Brüche"* von anderen, die hier *„abstrakte Brüche"* genannt seien:

(7.21) Aspekte der Brüche bei der Einführung der Bruchzahlen

- *Größenaspekt* oder *Maßzahlaspekt*

In naiver Sicht bestehen „Größen" wie z. B. ½ m oder ¾ kg aus einer *Maßzahl* und einer *Maßeinheit*. Solche Größen wie „½ m" heißen **konkreter Bruch**. Im Gegensatz hierzu ist dann „½" (also ohne die Maßeinheit) als **abstrakter Bruch** aufzufassen.

- *Operatoraspekt*

Beispiel: „Nimm ¾ von ½ ℓ Sahne!" Hierbei ist „¾ von" der *Operator*, der aus der *Eingabe* (also hier aus dem konkreten Bruch „½ ℓ ") eine entsprechende *Ausgabe* erzeugt.

(7.22) Konkrete Brüche und Grundvorstellungen

Vor Einführung der Bruchzahlen ist ein *gründlicher Umgang mit konkreten Brüchen nötig* (z. B.: Aufteilen/Verteilen von Pizzen), um das Bruchzahlverständnis zu fundieren.

Im Zusammenhang mit dem Terminus „konkrete Brüche" sind im Unterricht insbesondere **Grundvorstellungen** zu folgenden, in Abschnitt 7.2.3 erörterten Aspekten von „Bruch" aufzubauen: (konkreter) Bruch *als Teil des Ganzen* — (konkreter) Bruch *als Teil mehrerer Ganzer*.

(7.23) Darstellung konkreter Brüche

Hierzu eignen sich **Kreisdiagramme** (Pizzen, Torten – z. B. Bild 7.11, S. 304), **Rechteck-diagramme** (Papierfaltungen, Schokoladenriegel – z. B. Bild 7.9, S. 303) und andere Muster wie z. B. Rosetten oder Dreieckspackungen, die unterschiedliche Vorzüge aufweisen.

(7.24) Repräsentationsebenen (oder: **Darstellungsebenen**)

Es ist (gemäß JEROME S. BRUNER, ebd.) auf eine angemessene und ausgewogene *Verwendung unterschiedlicher Repräsentationsebenen* der Sachverhalte zu achten, andeutungsweise:

enaktiv (handgreiflich-handelnd) – **ikonisch** (bildhaft-anschaulich) – **symbolisch** (formal-abstrakt)

Die enaktive Repräsentationsebene ist nicht Gegenstand dieses Buches (siehe aber Bild 1.18, S. 16), ikonische Repräsentationen traten in Abschnitt 7.2 dieses Kapitels mehrfach auf, und symbolische Darstellungen wurden bereits in Abschnitt 7.1 dieses Kapitels betrachtet.

(7.25) „Bruchzahl" durch Abstraktion

Bruchzahlen ergeben sich *durch Abstraktion* über folgende *Stufen des Begreifens:*

$$\boxed{\text{Konkrete Brüche} \;\rightarrow\; \text{Brüche} \;\rightarrow\; \text{Bruchzahl}}$$

Das bedeutet im Einzelnen:

○ *Konkrete Brüche* werden als *Namen für Größen* erkannt.

○ *Brüche* erweisen sich als *Namen für neue Zahlen*, nämlich den *Bruchzahlen*.

○ Vom konkreten Bruch gelangt man dabei *zum Bruch durch Abstraktion* (siehe z. B. Bild 7.23):

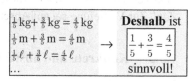

$$\frac{1}{5}\,\text{kg} + \frac{3}{5}\,\text{kg} = \frac{4}{5}\,\text{kg}$$
$$\frac{1}{5}\,\text{m} + \frac{3}{5}\,\text{m} = \frac{4}{5}\,\text{m}$$
$$\frac{1}{5}\,\ell + \frac{3}{5}\,\ell = \frac{4}{5}\,\ell$$
$$\ldots$$

Deshalb ist
$$\frac{1}{5} + \frac{3}{5} = \frac{4}{5}$$
sinnvoll!

Bild 7.23: vom konkreten Bruch zum „Bruch" durch Abstraktion

(7.26) Gleichwertigkeit konkreter Brüche

[PADBERG 2002, 53] schreibt hierzu:

Eine weitere wichtige Voraussetzung für die Entwicklung des Bruchzahlbegriffes ist die Einsicht, dass man *ein und dieselbe* Größe durch *verschiedene* konkrete Brüche benennen kann. Diese Einsicht ist gleichzeitig eine wichtige Grundlage für eine *anschauliche* Fundierung und Verankerung *des Erweiterns und Kürzens*.

Gemeint sind Beispiele wie $\frac{3}{4}\,\text{cm} = \frac{6}{8}\,\text{cm}$ und $\frac{3}{4}\,\text{kg} = \frac{6}{8}\,\text{kg}$. PADBERG spricht hier mit Recht von der „Entwicklung des *Bruchzahl*begriffs" und nicht etwa von der „Entwicklung des *Bruch-*begriffs"! Und bei „anschaulicher Fundierung" geht es um *Fundierung durch Darstellungen* (s. o. Nr. (7.24)). Die „Gleichwertigkeit konkreter Brüche" führt über die „Gleichwertigkeit von Brüchen" zur „Gleichheit von Brüchen" (vgl. die Erörterungen zu Folgerung (7.8) auf S. 296). Siehe hierzu auch „derselbe Bruch" zur „Gleichwertigkeit von Brüchen" auf S. 322 .

7.3.4   Bruchzahlen als „Zahlen"?

Zum Ende seines Abschnitts „Übergang zu den Bruchzahlen" weist PADBERG (ebd., S. 55) ausdrücklich auf das Problem hin, dass geklärt werden muss, wieso man hier von Bruch-*Zahlen* sprechen kann:

Wir müssen noch die Frage beantworten, warum die Brüche Namen für Zahlen sind. Dazu müssen wir uns fragen, was für Schüler dieser Klassenstufe bis zu diesem Zeitpunkt für Zahlen, d. h. konkret für die *natürlichen* Zahlen, charakteristisch ist.

Und er nennt dann die folgenden Aspekte. Für (natürliche) Zahlen gilt offenbar:

- Man kann mit ihnen rechnen, sie der Größe nach ordnen, sie am Zahlenstrahl darstellen, mit ihrer Hilfe Größen benennen.

Sofern bzw. sobald man nun Erfahrungen im vielfältigen Umgang mit konkreten Brüchen gewonnen hat, so kann man die Schülerinnen und Schüler zu der Einsicht führen bzw. gelangen lassen, dass dies ebenso auf die so genannten „Bruchzahlen" zutrifft. Und bezüglich der Darstellung am Zahlenstrahl gilt sogar, dass die natürlichen Zahlen als spezielle Bruchzahlen aufgefasst werden können bzw. auftreten. PADBERG schreibt (ebd.):

> Damit liegt es für Schüler nahe, auch die Brüche als Namen für Zahlen, nämlich für die Bruchzahlen, aufzufassen.

7.4 Bruchrechnung

7.4.1 Vorbemerkung

Hier soll dargestellt werden, was über den Aufbau von Grundvorstellungen und Bruchzahldarstellungen hinaus bei einem „Aufbau der Bruchrechnung" genannten Unterrichtsgang zu beachten ist, um ontogenetisch das entwickeln lassen zu können, was mathematisch in knapper Form in Satz (7.5), den sog. „Bruchrechenregeln" in Körpern, enthalten ist (S. 293).

Der Unterricht kann sich dann gewiss nicht nur darin erschöpfen, dass diese Regeln „auswendig gelernt werden" (was pädagogisch-didaktische Laien oft mit „Lernen" identifizieren), um dann deren korrekte Anwendung technisch zu trainieren, sondern diese Regeln müssen gemäß Abschnitt 1.3 im Sinne von „Begriff" auch wirklich „begriffen" werden können. (Ein für den Computer programmierter Algorithmus, der Bruchoperationen sicher und zügig ausführt, „versteht" schließlich nicht, was „er" macht!)

Über diese Bruchrechenregeln hinaus ist auch ein Größenvergleich von Brüchen erforderlich, was mathematisch bedeutet, dass nicht nur der Halbkörper der Bruchzahlen zu erkunden ist, sondern auch der *angeordnete* Halbkörper der Bruchzahlen (in Erweiterung des angeordneten Halbrings der natürlichen Zahlen gemäß Abschnitt 6.5), was schließlich bei späterer Einbeziehung „negativer Bruchzahlen" und damit der rationalen Zahlen auf den *angeordneten Körper der rationalen Zahlen* hinausläuft, der in Abschnitt 8.2.2 mathematisch behandelt wird.[516]

---

[516] In [PADBERG 2002] finden sich viele Anregungen und schöne Beispiele zur Didaktik der Bruchrechnung, auf die nachfolgend teilweise Bezug genommen wird, ohne dieses dann aus Gründen der besseren Lesbarkeit in jedem Einzelfall jeweils zu zitieren.

7.4.2   Erweitern und Kürzen

In Bild 7.16 bis Bild 7.18 sind konkrete Beispiele für das Kürzen und Erweitern erkennbar. Wir können diese Prozesse – *„Erweitern als Verfeinern"* und *„Kürzen als Vergröbern"* – enaktiv über das *Falten von rechteckförmigen Papierblättern* durchführen und wie in Bild 7.24 *ikonisch* darstellen (dort am Beispiel $\frac{2}{3} = \frac{4}{6} = \frac{8}{12}$).

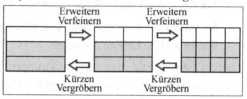

Bild 7.24: Erweitern bzw. Kürzen als
Verfeinern bzw. Vergröbern durch Falten

Auch hier ist es wieder *wichtig, zunächst mit konkreten Brüchen Erfahrungen zu sammeln* (vgl. Abschnitt 7.3.3), bevor man zu den abstrakten Regeln übergeht. So findet man etwa an einem Haushaltsmessbecher neben Einteilungen in ml oder cm^3 ggf. auch Einteilungen in ℓ, $\frac{1}{2}\ell$, $\frac{1}{4}\ell$, $\frac{1}{8}\ell$, …, und so kann man dann an konkreten Brüchen z. B. $\frac{1}{2}\ell = \frac{2}{4}\ell = \frac{4}{8}\ell$ erkennen.

Eine sehr schöne Anregung zum Thema „Erweitern und Kürzen" gibt [STREEFLAND 1986, 9 f.], die hier exemplarisch in Bild 7.25 dargestellt ist: die „gerechte Verteilung" von 18 Pizzen an 24 Kinder, die entweder alle an einem Tisch sitzen oder in zwei gleich großen Gruppen an zwei Tischen oder in sechs gleich großen Gruppen an sechs Tischen. Die „gerechte Verteilung" liefert in diesem Fall: $\frac{18}{24} = \frac{9}{12} = \frac{3}{4}$.

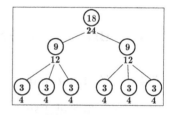

Bild 7.25: Variation der
gerechten Verteilung von Pizzen

Das kann auch gemischt variiert werden bzw. mit anderen Zahlen „durchgespielt" werden. Ferner lässt sich dieses Tischordnungsproblem auch „umkehren", wobei wir im Folgenden vereinfacht (9)12 statt $\frac{\textcircled{9}}{12}$ schreiben. Dann ist folgende Knobelaufgabe im Unterricht denkbar:[517]

Aufgabe 7.9

Wenn 24 Kinder sich 18 Pizzen gerecht teilen sollen und kein 24er-Tisch zur Verfügung steht: Welche der nachfolgenden Aufteilungsvorschläge sind dann fair, bzw. wie müssten sie aussehen, um fair zu sein? Begründe die Antwort in jedem Fall.

(a) (6)8 und (12)16,   (b) (9)12 und (9)12 ,   (c) (8)12 und (10)12,

(d) (15)? und (?)?,   (e) (?)4 und (?)8 und (?)?.

Die Schüler(innen) müssen hier aufgrund der konkreten Problemsituation zunächst entdecken bzw. erkennen, dass die Summe der Anzahl der Pizzen immer 18 und die Anzahl der Kinder immer 24 sein muss (*notwendige Bedingung!*). Und sie werden dann entdecken, dass eine korrekte summarische Zerlegung (von Zähler und Nenner) nicht automatisch eine Problemlösung liefert (*keine hinreichende Bedingung!*). Dazu passt auch die folgende Aufgabe:

---

[517] In Abwandlung von [PADBERG 2002, 64]. Diese und die nächste Aufgabe sind direkt an die Schülerinnen und Schüler gerichtet, die dennoch von *Ihnen* als Leserin oder Leser zu bearbeiten sind.

Aufgabe 7.10

An welchem Tisch erhalten die Kinder mehr Pizza: am Tisch (3)4 oder am Tisch (7)8 oder am Tisch (6)7? — Ordne diese Tische so der Reihe nach, dass Du mit *dem Tisch* beginnst, an dem die Kinder am wenigstens Pizza erhalten, und dass Du mit *dem Tisch* aufhörst, an dem es für jeden „am meisten" gibt.

Diese Aufgabe, die aus dem Zusammenhang mit Erweitern und Kürzen erwächst, weist schon in das Thema des Größenvergleichs von Brüchen hinein.

Aufgabe 7.11

Niklas sitzt am Tisch (4)5. An welchem Tisch würde er nur die halbe Portion bekommen, an welchem Tisch die doppelte Portion?

Hier sind nun mehrere Lösungen möglich. Falls die Schülerinnen und Schüler dies nicht von sich aus entdecken, wird man einen geeigneten Impuls geben: *„Gibt es andere Tische ...?"* Man kann diese Aufgabe auch offener stellen:

Aufgabe 7.12

Paul und seine Tischnachbarn bekommen jeweils nur eine halbe Pizza. An welchem Tisch sitzen sie?

Auch diese Frage ist absichtlich und provozierend „eindeutig" formuliert und soll so bewirken, dass entdeckt wird, dass mehrere Lösungen möglich sind.

Es sei betont, dass im Unterricht die *Bezeichnungen „Erweitern" und „Kürzen" nicht zu früh* fallen dürfen, sondern dass es zunächst um das *inhaltliche Erarbeiten von Grundvorstellungen* hierzu geht (vgl. auch das bereits angesprochene „Vergröbern" und „Verfeinern").

Durch Abstraktion, ausgehend von konkreten Brüchen, können dann die formalen Regeln für das Erweitern und Kürzen *entdeckt* (!) werden. So kann man etwa aus

$$\frac{1}{2}\,\text{kg} = \frac{2}{4}\,\text{kg}, \ \frac{1}{2}\,\text{m} = \frac{2}{4}\,\text{m}, \ \frac{1}{2}\,\ell = \frac{2}{4}\,\ell$$

erkennen, dass für die Gleichwertigkeit konkreter Brüche deren Maßeinheit belanglos ist. Wir betrachten nun das *Faltbeispiel* für $\frac{2}{3} = \frac{4}{6} = \frac{8}{12}$ aus Bild 7.24. Beim ersten Faltvorgang werden sowohl die drei Teile, die das *Ganze* ausmachen, halbiert als auch die beiden Teile, die den *Anteil* ausmachen, so dass jeweils doppelt so viele Teile entstehen, das Ergebnis, nämlich der *Bruchteil*, jedoch erhalten bleibt. Und Entsprechendes gilt auch für den nächsten Schritt des Faltens. Das lässt sich wie in Bild 7.26 beschreiben.

$$\frac{2}{3} \ \overset{\overset{\longrightarrow}{\text{verfeinern}}}{\underset{\underset{\longleftarrow}{\text{vergröbern}}}{=}} \ \frac{2\cdot 2}{3\cdot 2} = \frac{4}{6} \ \overset{\overset{\longrightarrow}{\text{verfeinern}}}{\underset{\underset{\longleftarrow}{\text{vergröbern}}}{=}} \ \frac{4\cdot 2}{6\cdot 2} = \frac{8}{12}$$

Bild 7.26: Darstellung von $\frac{2}{3} = \frac{4}{6} = \frac{8}{12}$ als Verfeinerung bzw. als Vergröberung

Dabei kann man aber offenbar auch *direkt* vom ersten Bruch durch Vierteln zum letzten kommen, wie es in Bild 7.27 dargestellt ist.

$$\frac{2}{3} \ \overset{\overset{\longrightarrow}{\text{verfeinern}}}{\underset{\underset{\longleftarrow}{\text{vergröbern}}}{=}} \ \frac{2\cdot 4}{3\cdot 4} = \frac{8}{12}$$

Bild 7.27: Verfeinern, Vergröbern

Nach vielfachen entsprechenden Erfahrungen kann abstrahierend anhand der in Bild 7.24 (S. 318) dargestellten Rechteckunterteilung das *Verfeinern der Unterteilung als* **Erweitern der Brüche** und das *Vergröbern der Unterteilung als* **Kürzen der Brüche** – als *Beschreibung gleichwertiger Handlungen* – eingeführt werden.

- Diese Einsicht führt (aus unserer Sicht!) zunächst zu einer symbolischen Bruchrechenregel für das Erweitern (*von links nach rechts* zu lesen):

> **(7.26) Erweitern** (1. Fassung)
>
> Für alle $k, m, n \in \mathbb{N}^*$ gilt $\dfrac{m}{n} = \dfrac{m \cdot k}{n \cdot k}$

- Sofern Zähler und Nenner nur natürliche Zahlen sind (was anfangs der Fall ist), ist diese Regel „formal entschlackt" formulierbar:

> **(7.27) Erweitern** (2. Fassung)
>
> Es gilt stets: $\dfrac{m}{n} = \dfrac{m \cdot k}{n \cdot k}$

> ➢ Schlichter: Zähler und Nenner werden *beim Erweitern mit derselben natürlichen Zahl multipliziert*, und der neue Bruch bezeichnet dieselbe Bruchzahl wie der Ausgangsbruch.

Für uns ist klar, dass dieselbe Regel beim Lesen von rechts nach links zugleich das *Kürzen* bedeutet. Aber für Schülerinnen und Schüler muss anfangs deutlicher hervortreten, dass man beim Lesen von rechts nach links Zähler und Nenner durch *dieselbe Zahl dividiert* und dass man vor allem noch nicht von solch einer Produktdarstellung von Zähler und Nenner ausgehen kann! So sollte man das *Kürzen* in der Form $\frac{m}{n} = \frac{m:k}{n:k}$ erfassen, damit deutlich wird, dass sowohl der Zähler als auch der Nenner durch dieselbe Zahl dividiert werden. Damit tritt aber zugleich eine wichtige Einschränkung in den Blick: Zähler und Nenner müssen durch dieselbe Zahl (ohne Rest!) *teilbar* sein! Während also das Erweitern (als Verfeinerung) theoretisch beliebig weit getrieben werden kann, endet – in diesem Anfangsstadium! – das Kürzen (Vergröbern) dann, wenn Zähler und Nenner keinen gemeinsamen Teiler mehr haben (wenn sie also *teilerfremd* sind)! *Wir* können diese *Kürzungsregel* wie folgt formulieren:

> **(7.28) Kürzen** (1. Fassung)
>
> Für alle $k, m, n \in \mathbb{N}^*$, für die $k \mid m \wedge k \mid n$ erfüllt ist, gilt: $\dfrac{m}{n} = \dfrac{m : k}{n : k}$.

Auch diese (noch nicht altersgemäße) als Gleichung formulierte Regel ist (zunächst) von links nach rechts zu lesen.

Sofern man wieder nur solche Brüche betrachtet, deren Zähler und Nenner natürliche Zahlen sind (s. o.), kann man diese Regel auch einfacher formulieren, etwa:

> **(7.29) Kürzen** (2. Fassung)
>
> Ist k ein Teiler sowohl von m als auch von n, so gilt stets: $\dfrac{m}{n} = \dfrac{m : k}{n : k}$.

> ➢ Schlichter: Zähler und Nenner werden *beim Kürzen durch dieselbe natürliche Zahl dividiert* (sofern diese Zahl ein *gemeinsamer Teiler* von Zähler und Nenner ist),
> und der neue Bruch bezeichnet wieder dieselbe Bruchzahl wie der Ausgangsbruch.

Beim schriftlichen Notieren des Erweiterns bzw. Kürzens ist es hilfreich und oft üblich, die jeweilige *Erweiterungszahl* bzw. *Kürzungszahl* über bzw. unter dem Gleichheitszeichen zu notieren, wobei dann stets *alles von links nach rechts zu lesen* ist, beispielsweise:

$$\frac{2}{3} \overset{3}{=} \frac{6}{9} \overset{2}{=} \frac{12}{18} \quad \text{bzw.} \quad \frac{12}{18} \underset{2}{=} \frac{6}{9} \underset{3}{=} \frac{2}{3}$$

$$\underset{\substack{\rightarrow \\ \text{Erweitern,} \\ \text{Verfeinern}}}{} \qquad\qquad \underset{\substack{\rightarrow \\ \text{Kürzen,} \\ \text{Vergröbern}}}{}$$

Beide Handlungen sind *invers* zueinander. Beim Kürzen geht es auch anders: $\frac{12}{18} \underset{3}{=} \frac{4}{6} \underset{2}{=} \frac{2}{3}$

In beiden Fällen erhalten wir hier – ausgehend von $\frac{12}{18}$ – denselben nicht mehr kürzbaren Bruch $\frac{2}{3}$, jedoch auf verschiedenen Wegen. Einen solchen nicht mehr kürzbaren Bruch nennt man manchmal **Kernbruch** oder **Grundform des Bruchs**.[518]

Obige „Gleichheit" der Brüche besagt, dass diese Brüche *gleichwertig* sind, was wiederum bedeutet, dass sie *dieselbe Bruchzahl bezeichnen* (vgl. Abschnitt 7.1.9). Und wir wissen bereits, dass Brüche, die durch Erweitern bzw. Kürzen auseinander hervorgehen, gleichwertig sind. Doch nun sehen wir folgende **Merkwürdigkeit:** Wegen

$$\frac{12}{18} \underset{2}{=} \frac{6}{9} \overset{}{=} \frac{2}{3} \quad \text{und} \quad \frac{12}{18} \underset{3}{=} \frac{4}{6} \underset{2}{=} \frac{2}{3}$$

sind speziell $\frac{4}{6}$ und $\frac{6}{9}$ zwar gleichwertig, aber keiner der beiden Brüche ist direkt mittels Kürzen oder Erweitern (mittels einer natürlichen Zahl!) direkt in den anderen überführbar, vielmehr ist (in diesem Beispiel!) stets ein Umweg nötig, etwa:

$$\frac{4}{6} \overset{3}{=} \frac{12}{18} \underset{2}{=} \frac{6}{9} \quad \text{oder} \quad \frac{6}{9} \overset{2}{=} \frac{12}{18} \underset{3}{=} \frac{4}{6}$$

Um Missverständnissen vorzubeugen: Es gibt auch andere Umwege (sogar beliebig viele, weil man ja anstelle des mittleren Bruches einen anderen nehmen kann, der aus dem ersten durch Erweitern hervorgeht)!

Aufgabe 7.13

Zeigen Sie die Gleichwertigkeit von $\frac{10}{16}$ und $\frac{15}{24}$ auf drei verschiedenen Wegen. Welchen Kernbruch haben diese beiden Brüche?

Im oben ausführlich betrachteten Beispiel ergab sich $\frac{2}{3}$ als *der* Kernbruch, und auch in der Aufgabenstellung ist *der* Kernbruch gesucht. Doch nun entsteht eine typisch mathematische Frage: Könnte es denn noch einen anderen Kernbruch geben? Anders gefragt:

Gibt es eigentlich zu jedem Bruch (mindestens) einen Kernbruch („*Existenz*") und falls „ja", kann es dann mehrere oder immer nur einen geben („*Eindeutigkeit*")?

- *Gibt es also stets genau einen Kernbruch?*

---

[518] [PADBERG 2002, 69]

Da *Mathematikunterricht mehr* sein muss *als nur Rechnen* und auch *in Grundfragen mathematischer Denk- und Argumentationsweise einführen* muss (und dieses von Anbeginn an!), sollten auch solche Existenz- und Eindeutigkeitsfragen im Unterricht auftauchen. Hierbei ist es vor allem wichtig, dass diese *Frage gestellt* wird (möglichst von den Schülerinnen und Schülern selbst) – dabei müssen beileibe nicht alle Fragen auch stets gleich eine Antwort finden. Auf keinen Fall darf es aber passieren, dass die Lehrkraft eine solche Schülerfrage, wenn sie denn erfreulicherweise auftreten sollte, als unsinnig oder nicht zur Sache gehörend zurückweist. Deshalb ist es wichtig, dass die Lehrerinnen und Lehrer über hinreichende *Fachkenntnisse, -fähigkeiten und -fertigkeiten* verfügen, damit sie Schülerbeiträge überhaupt fair würdigen können. Andernfalls kann großer Schaden angerichtet werden.

Die hier gestellte Frage nach der Eindeutigkeit des Kernbruchs kann argumentierend und plausibel behandelt werden, wie es folgende (nicht schülergerechte) Argumentation zeigt:

Wir haben gesehen, dass man einen gegebenen Bruch auf verschiedenen Wegen schrittweise kürzen kann und dass dieses Verfahren dann irgendwann mit einem nicht mehr kürzbaren Bruch endet, nämlich mit *dem* Kernbruch (wobei wir vorläufig noch „mit *einem* Kernbruch" sagen sollten).

Was haben wir dabei der Reihe nach getan? In jedem Schritt haben wir Zähler und Nenner jeweils durch dieselbe natürliche Zahl ohne Rest geteilt, wobei wir solche Zahlen „Teiler" nennen. Und hier spielt nun der „Fundamentalsatz der Zahlentheorie" eine Rolle, der natürlich hier nicht bewiesen werden kann, der aber in Ansätzen altersgemäß heuristisch anhand von Beispielen erarbeitet wird: *„Jede natürliche Zahl lässt sich eindeutig als Produkt von Primzahlpotenzen darstellen."*

Insbesondere heißt das hier: Wenn wir bei jedem Kürzungsschritt nur Primzahlen benutzen, ist es völlig egal, wie wir vorgehen, weil wir ja immer nur mit den gemeinsamen Primzahlen kürzen können, und wir kürzen auch mit allen diesen! Wir *müssen* dann stets bei demselben Kernbruch landen, wenn wir mit *allen* gemeinsamen Primfaktoren gekürzt haben!

Wir können nun diese *induktiv*[519] gewonnene Erkenntnis wie folgt beschreiben:

(7.30) Gleichwertigkeit von zwei Brüchen (1. Fassung)
Zwei Brüche sind gleichwertig, wenn sie durch Kürzen in *denselben Kernbruch* überführt werden können.

Hier dürfte zwar sogar „genau dann" stehen, aber altersgemäß reicht es in dieser Form vorläufig völlig aus. Aufgrund der heuristischen Vorgehensweise haben wir aber auch erkannt, dass man diese Gleichwertigkeit *auch über das Erweitern* entdecken kann, wobei dieser Prozess wegen des Verfeinerns beliebig weit getrieben werden kann, so dass es also beim Erweitern kein Pendant zum „Kernbruch" wie beim Kürzen gibt. Es gilt also ein *zweites Kriterium*:

(7.31) Gleichwertigkeit von zwei Brüchen (2. Fassung)
Zwei Brüche sind gleichwertig, wenn sie durch Erweitern in *denselben Bruch* überführt werden können.

Auch hier dürfte sogar „genau dann" stehen. Wir beachten ferner, dass hier „derselbe Bruch" bedeutet, dass Zähler und Nenner der zu „vergleichenden" Brüche jeweils *identisch* sind!

---

[519] Betreffend „induktiv" vgl. Abschnitt 5.3.1.3, S. 232.

Wir verfügen damit bereits über zwei Kriterien zur Untersuchung der Gleichwertigkeit von zwei Brüchen. Anhand von Beispielen lässt sich aber *induktiv* auch folgendes praktisches *drittes Kriterium* erarbeiten:

(7.32) Gleichwertigkeit von zwei Brüchen (3. Fassung)

Zwei Brüche $\frac{a}{b}$ und $\frac{c}{d}$ sind genau dann gleichwertig, wenn $ad = bc$ gilt.

Hier werden Zähler und Nenner „über Kreuz" multipliziert. Dieses praktische dritte Kriterium können wir auch aus dem zweiten *beweisen*, wenn wir dieses (als Hintergrundwissen für die Lehrkräfte) formal untersuchen (hier nur in einer Richtung):

Es seien zwei Brüche $\frac{a}{b}$ und $\frac{c}{d}$ gegeben. Falls sie gleichwertig sind, gibt es wegen (7.31) zwei Erweiterungszahlen m und n, so dass gilt:

$$\frac{a}{b} = \frac{ma}{mb} = \frac{nc}{nd} = \frac{c}{d} \text{ mit } ma = nc \text{ und } mb = nd,$$

denn die beiden „mittleren" Brüche sind nicht ja nur gleichwertig, sondern wegen des Erweiterns sogar *übereinstimmend*! Sollte nun schon bekannt sein, dass man z. B. $mb = nd$ nach jedem der vorkommenden Faktoren „auflösen" kann, etwa $n = m\frac{b}{d}$, so kann man dies in $ma = nc$ einsetzen und erhält $ma = m\frac{b}{d}c$. Teilt man hier beide Seiten durch m und multipliziert noch mit d, so folgt $ad = bc$, was zu beweisen war.

Zum Abschluss sei noch ein Nomenklatur-Problem genannt, das [Padberg 2002, 70] erwähnt und das im Unterricht zu beachten ist:

> Die Bezeichnungen *Erweitern* und *Kürzen* sind nicht unproblematisch, da wir im täglichen Leben mit dem Begriff des Erweierns die Vorstellung des Vergrößerns, mit dem Begriff des Kürzens (Beispiel: Kürzen des Gehalts) die Vorstellung des Verkleinerns verbinden, während sowohl das Erweitern als auch das Kürzen die betreffende Bruchzahl unverändert lassen.

7.4.3 Größenvergleich von Brüchen

Padberg schreibt hierzu (ebd., S. 74 f.) u. a. (mit Bezug auf die Grundvorstellungen „Bruch als Teil eines Ganzen" und „Bruch als Teil mehrerer Ganzer"):

> Haben die Schüler im Zusammenhang mit der Erarbeitung des Bruchzahlbegriffs [...] die beiden Grundvorstellungen für Brüche erworben, so lässt sich u. a. auf dieser Grundlage der Größenvergleich von Brüchen *anschaulich und variationsreich* durchführen. Während es nämlich bei den natürlichen Zahlen im wesentlichen nur *eine* Strategie gibt, um Zahlen hinsichtlich der Größe zu vergleichen, gibt es bei den Brüchen sehr viele, *verschiedene* Strategien in Abhängigkeit von den gegebenen Brüchen. Der übliche Standardweg über den Hauptnenner sollte daher *keineswegs* rasch, sondern erst nach einem *längeren*, variationsreichen Agieren auf der semantischen Ebene eingeführt werden – und zwar als eine Strategie zum Größenvergleich, die im konkreten Einzelfall oft *nicht* optimal ist, mit deren Hilfe wir aber *stets* beliebige Brüche miteinander vergleichen können.

Der zitierte „übliche Standardweg" ist derjenige, zwei Brüche $\frac{a}{b}$ und $\frac{c}{d}$ gleichnamig zu machen, entweder über den Hauptnenner oder einfach über das Produkt der Nenner, also durch erweiternde Umwandlung in $\frac{ad}{bd}$ und $\frac{cb}{db}$, um dann nur noch die beiden Zähler ad und bc vergleichen zu müssen.

Wichtig ist es also, *vor* Erarbeiten und Anwenden dieser Vergleichsmethode andere konkrete Verfahren kennengelernt und inhaltlich verstanden zu haben. Wir betrachten zunächst einige Sonderfälle:

(7.33) Vergleich gleichnamiger Brüche

Dies sind Brüche mit gleichem Nenner, z. B. $\frac{2}{7}$ und $\frac{4}{7}$. So kann man $\frac{2}{7} < \frac{4}{7}$ einerseits über den *quasikardinalen Aspekt* erkennen, andererseits aber auch über die erste Grundvorstellung als *Teil eines Ganzen:* Das Ganze wird in sieben Teile geteilt, und davon werden zwei bzw. vier Teile genommen!

(7.34) Vergleich von Stammbrüchen

Wie kann man z. B. $\frac{1}{7} < \frac{1}{5}$ erkennen? Mit der ersten Grundvorstellung, denn wenn man das Ganze in sieben Teile teilt, ist jeder Teil kleiner als bei Aufteilung in fünf Teile.

(7.35) Vergleich von zählergleichen Brüchen

Wie erkennt man z. B. $\frac{2}{7} < \frac{2}{5}$? Zunächst über die zweite Grundvorstellung („Teile zwei Ganze in sieben bzw. in fünf Teile!"), dann auch über die erste Grundvorstellung („Teile ein Ganzes in sieben bzw. in fünf Teile, und nimm davon jeweils zwei Teile!").

Es ist aber auch wichtig und reizvoll, andere Argumentationen beim Größenvergleich von Brüchen heranzuziehen. Einige Beispiele:[520]

(1) $\frac{4}{5} < \frac{6}{7}$, denn: $\frac{4}{5}$ ist um $\frac{1}{5}$ kleiner als 1, $\frac{6}{7}$ ist um $\frac{1}{7}$ kleiner als 1, und $\frac{1}{5} > \frac{1}{7}$.

(2) $\frac{3}{8} < \frac{5}{9}$, denn: $\frac{3}{8} < \frac{1}{2}$ (warum?) und $\frac{5}{9} > \frac{1}{2}$.

(3) $\frac{3}{8} < \frac{4}{7}$, denn: $\frac{3}{8} < \frac{3}{7}$ und $\frac{3}{7} < \frac{4}{7}$; oder in anderer Begründung: $\frac{3}{8} < \frac{4}{8}$ und $\frac{4}{8} < \frac{4}{7}$.

Beim letzten Beispiel wurde ein Bruch „eingeschoben", so dass man folgende Argumente anwenden konnte:

○ Haben zwei Brüche denselben Zähler, so ist derjenige mit größerem Nenner kleiner.

○ Haben zwei Brüche denselben Nenner, so ist derjenige mit größerem Zähler größer.

Aufgabe 7.14

Geben Sie jeweils unterschiedliche Begründungen an für:
$$\frac{6}{7} < \frac{7}{6}, \quad \frac{3}{2} < \frac{5}{3}, \quad \frac{7}{9} > \frac{3}{5}, \quad \frac{5}{11} < \frac{7}{9}$$

Solche Erfahrungen im Größenvergleich von Brüchen können nun dazu führen, mehrere Brüche der Größe nach zu ordnen. Wenn wir sie dann noch als konkrete Brüche auffassen, etwa bezogen auf eine Längeneinheit e (z. B. $e = 10\,\text{cm}$), so kann man z. B. $\frac{1}{3}$ durch den konkreten Bruch $\frac{1}{3}e$ als Punkt auf dem Zahlenstrahl abtragen (1 Einheit = $10\,\text{cm}$) – und man kann dann auch gleich gewöhnliche Brüche (also ohne Maßeinheiten) nehmen.

---

[520] Aus [PADBERG 2002, 76].

(7.36) Beispiel

Im Unterricht werde folgende Aufgabe gestellt:

○ *Schreibe alle Brüche auf, deren Nenner höchstens 4 ist und deren Zähler nicht größer als der Nenner ist. Ordne diese Brüche dann der Größe nach und trage sie auf dem Zahlenstrahl ab (1 Einheit = 10 cm).*

Es ergibt sich $\frac{1}{4} < \frac{1}{3} < \frac{1}{2} = \frac{2}{4} < \frac{2}{3} < \frac{3}{4} < \frac{1}{1} = \frac{2}{2} = \frac{3}{3} = \frac{4}{4}$ bzw. $\frac{1}{4} < \frac{1}{3} < \frac{1}{2} < \frac{2}{3} < \frac{3}{4} < \frac{1}{1}$, wenn nur die Kernbrüche notiert werden.

Hier tritt der merkwürdige „Bruch" $\frac{1}{1}$ auf, den wir zwar mit 1 identifizieren können, aber dann könnten wir eigent-

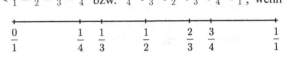

Bild 7.28: Bruchanordnung auf dem Zahlenstrahl

lich auch den „Bruch" $\frac{0}{1}$ „zulassen" und diesen mit 0 identifizieren. Bild 7.28 veranschaulicht diesen neuen Sachverhalt. Die Aufgabe werde nun variierend erweitert:

○ *Ergänze nun alle Kernbrüche, deren Nenner höchstens 5 ist und deren Zähler nicht größer als der Nenner ist!*

Als Lösung ergibt sich $\frac{0}{1} < \frac{1}{5} < \frac{1}{4} < \frac{1}{3} < \frac{2}{5} < \frac{1}{2} < \frac{3}{5} < \frac{2}{3} < \frac{3}{4} < \frac{4}{5} < \frac{1}{1}$.

Bild 7.29 visualisiert diese Lösung und zeigt eine „Verfeinerung" in anderem Sinn als bisher, weil hier nämlich gegenüber Bild 7.28 auch „Zwischen-

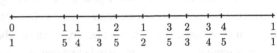

Bild 7.29: verfeinerte Bruchanordnung aus Bild 7.28

brüche" erscheinen.

Nun beginnt „**Mathematik als Spiel des Geistes**":[521]

➤ Zunächst entdecken wir die **Symmetrie** der beiden Darstellungen am Zahlenstrahl: *Jeweils in der Mitte „liegt" $\frac{1}{2}$, und die anderen Brüche links und rechts davon liegen hierzu spiegelsymmetrisch.*

➤ Der Bruch $\frac{1}{5}$ in Bild 7.29 liegt derart zwischen seinen beiden Nachbarn, dass sein Zähler die Summe der Nachbarzähler und sein Nenner die Summe der Nachbarnenner ist, also $\frac{1}{5} = \frac{0+1}{1+4}$ („Chuquet-Mittel", vgl. S. 284 ff.).

➤ Das gilt erstaunlicherweise auch für alle anderen hinzugekommenen Brüche: $\frac{2}{5} = \frac{1+1}{3+2}$, $\frac{3}{5} = \frac{1+2}{2+3}$ und $\frac{4}{5} = \frac{3+1}{3+1}$.

➤ Hinschauen entdecken wir darüber hinaus: *Jeder Bruch aus Bild 7.29 (bis auf die beiden Randbrüche) liegt in diesem Sinn zwischen seinen beiden Nachbarn*, denn es gilt $\frac{1+1}{5+3} = \frac{2}{8} = \frac{1}{4}$, $\frac{1+2}{4+5} = \frac{3}{9} = \frac{1}{3}$ usw.

➤ Und diese zuletzt entdeckte Eigenschaft gilt auch schon in Bild 7.28, wie wir mit neuem Blick erst jetzt sehen.

➤ Und was würden wir erhalten, wenn wir in Bild 7.29 nach diesem Muster neue Brüche einfügen?

---

[521] Vgl. Abschnitt 1.1.

Aufgabe 7.15

(a) Berechnen Sie aus den in Bild 7.29 auftretenden Brüchen alle neuen „Zwischenbrüche" nach dem Schema „(Zähler + Zähler) : (Nenner + Nenner)", und ordnen Sie dann alle Brüche der Größe nach.

(b) Schreiben Sie alle Brüche auf, deren Nenner höchstens 7 ist und deren Zähler nicht größer als der Nenner ist. Ordnen Sie diese Brüche dann der Größe nach, und bestätigen Sie, dass auch hier wieder die bereits entdeckte „Zwischenbrucheigenschaft" gilt. (Müssen diese Brüche vollständig gekürzt sein?)

Das führt uns zum nächsten Thema.[522]

7.4.4 Addition von Brüchen

Es mag verblüffen, dass wir hier mit der Addition beginnen, wo doch die Bruchaddition bekanntermaßen „technisch" schwieriger ist als die Bruchmultiplikation. Aber das ist Absicht, denn archetypisch liegt die Addition von „Zahlen" näher als die Multiplikation, die als eine zusammengefasste Addition erscheint – möchte man meinen.

Nach dem letzten Beispiel liegt es nahe, Brüche gemäß der „Regel" $\frac{a}{b} + \frac{c}{d} = \frac{a+c}{b+d}$ zu addieren. Und entsprechend könnte man dann Brüche subtrahieren, multiplizieren, dividieren!? Denn warum sollte das eigentlich nicht gehen, wenn Brüche doch *Zahlen* bezeichnen, nämlich *Bruchzahlen*, denn mit Zahlen kann man ja rechnen, wie wir uns klargemacht haben!

Und zugleich sollten wir uns fragen: *Was soll* denn *die Summe von zwei Brüchen bedeuten?* Denn wir hatten uns ja auch gefragt, was ein *Bruch* bedeuten soll, was *Kürzen* und *Erweitern* bedeuten soll, … Dazu waren wir jeweils von *konkreten Brüchen* ausgegangen. Orientieren wir uns daher zunächst an einfachen Beispielen mit konkreten Brüchen:

• Was könnte denn $\frac{1}{4}\,\ell + \frac{3}{4}\,\ell$ bedeuten, oder was möchten wir, dass es bedeuten *soll*?

Naheliegend ist es doch, dieses als Zusammenschütten der beiden Flüssigkeitsmengen, etwa Wasser, in ein Gefäß zu verstehen, und dann würden wir natürlich $1\,\ell$ erhalten. Und was würden wir erhalten, wenn wir obige „Regel" anwenden? Dies: $\frac{1+3}{4+4}\,\ell = \frac{4}{8}\,\ell = \frac{1}{2}\,\ell$.

Aber das widerspricht unserer Lebenserfahrung, denn es ist ja bereits $\frac{3}{4}\,\ell > \frac{2}{4}\,\ell = \frac{1}{2}\,\ell$!

Nehmen wir ein anderes Beispiel mit nicht gleichnamigen Brüchen, etwa $\frac{1}{4}\,\ell + \frac{1}{2}\,\ell$. Hier müsste sich aus der Anschauung $\frac{3}{4}\,\ell$ ergeben, unsere obige „Regel" würde aber $\frac{2}{6}\,\ell = \frac{1}{3}\,\ell$ liefern, was wegen $\frac{1}{4} < \frac{1}{3} < \frac{1}{2}$ aber wiederum unsinnig wäre!

Wir können solche Beispiele auch für andere konkrete Brüche bilden, etwa für Längen oder Gewichte, und stets erhalten wir solch merkwürdige Ergebnisse.

Was bedeutet das für uns? *Wenn wir wollen*, dass die Addition von Brüchen zusammenpasst mit unseren Alltagserfahrungen über die Addition von Größen mit ganzzahligen Maßzahlen, also z. B. $2\,\mathrm{m} + 3\,\mathrm{m} = 5\,\mathrm{m}$, dann müsste entsprechend $\frac{1}{4}\,\mathrm{m} + \frac{1}{2}\,\mathrm{m} = \frac{3}{4}\,\mathrm{m}$ ergeben, nicht aber $\frac{1}{3}\,\mathrm{m}$. Die oben entdeckte „Regel" ist hierfür also untauglich!

---

[522] In Abschnitt 7.5.4 auf S. 357 ff. werden wir auf diese Entdeckungen kurz zurückkommen.

Hier kommt es nun darauf an, dass die Schülerinnen und Schüler erleben und erkennen, dass es nicht darum geht, „wie man Brüche addiert", sondern dass es darum geht, wie „man Brüche addieren will"!

Noch etwas genauer: Es fällt nicht vom Himmel, was Bruchaddition bedeutet, sondern wir Menschen müssen verabreden bzw. definieren, was für uns Bruchaddition sein soll – denn:

- *Definitionen sind immer auch eine Frage des Wollens!*[523]

Es steht nun fest, dass wir obige „Regel" *nicht* für das verwenden können, was uns inhaltlich für die Addition von Brüchen vorschwebt. Dennoch war doch diese Regel ganz hübsch und auch praktisch, wie wir am Beispiel (7.36) zu den „Zwischenbrüchen" gesehen haben.

Aufgabe 7.16

Wir definieren eine ungewöhnliche Bruchaddition durch $\frac{a}{b} \oplus \frac{c}{d} = \frac{a+c}{b+d}$.

- Warum taugt dies nicht zur Definition dessen, was wir unter „Bruchaddition" verstehen *wollen*?
- Zeigen Sie, dass diese merkwürdige Definition aber geeignet ist, um Mischungsverhältnisse zu berechnen.

Warum beginnen wir nun mit der *Addition* von Brüchen und nicht mit der *Multiplikation*?

Die „technische" Multiplikation von Brüchen ist zwar wegen $\frac{a}{b} \cdot \frac{c}{d} = \frac{a \cdot c}{b \cdot d}$ viel einfacher als die „technische" Addition von Brüchen, weil man ja nur die Zähler bzw. die Nenner miteinander multiplizieren muss und keinen Hauptnenner zu bilden hat. (Entsprechendes gilt für den Vergleich von Subtraktion und Division.) Dafür ist aber eine *inhaltliche Deutung* der Addition von Brüchen einfacher als bei der Multiplikation von Brüchen: So kann man die Summe von zwei gewöhnlichen Brüchen auf die von zwei konkreten zurückführen, also z. B. $\frac{2}{3} + \frac{3}{5}$ durch $\frac{2}{3}\,\text{m} + \frac{3}{5}\,\text{m}$ deuten. Doch was soll dagegen $\frac{2}{3} \cdot \frac{3}{5}$ für sich genommen bedeuten?

Wir beginnen daher mit der Addition von Brüchen. Auch hier geht der Umgang mit konkreten Brüchen dem mit abstrakten voraus. Das Beispiel $2\,\text{m} + 3\text{m}$ zeigt uns bereits, dass auf den Vorerfahrungen der *Addition von Größen mit natürlichen Zahlen als Maßzahlen* aufgebaut werden kann, insbesondere, wenn man sich diese Größen durch Punkte auf dem Zahlenstrahl vorstellt: Dann können wir die Summe der konkreten Brüche als additive Zusammensetzung von Strecken deuten, also als *Streckenaddition*.

Am einfachsten geht dies bei gleichnamigen Brüchen (Bild 7.30), wobei hier vereinfachend die Maßeinheit der konkreten Brüche (z. B. cm oder kg oder ...) weggelassen wurde.

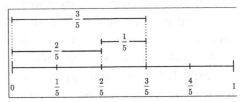

Bild 7.30: Addition gleichnamiger Brüche

---

[523] In Anlehnung an [FISCHER & MALLE 1985, 151], die in Bezug auf die von ihnen so genannten „theoretische Begriffe" (wie z. B. „Teilbarkeit" und „Stetigkeit") schreiben: *„[...] theoretische Begriffe [...] sind hingegen Ausdruck eines bestimmten Wollens [...]"*.

Eine solche Darstellung wie in (Bild 7.30) ist auch tragfähig, falls die Summe zweier konkreter Brüche mehr als ein Ganzes ergibt! Ein Grundverständnis für die Summe gleichnamiger Brüche ergibt sich natürlich auch über den quasikardinalen Aspekt! Aber letztlich treten gerade wegen dieses Aspekts bei der Addition von gleichnamigen Brüchen keine nennenswerten Schwierigkeiten auf, so dass andere vertraute Darstellungen für Brüche wie das Rechteckmodell (z. B. durch Falten), das Pizzamodell und das Rosettenmodell *hier* keine wesentlichen Vorteile bei der Verständnisbildung für die Bruchaddition bringen. Wir gehen daher zur *Addition nicht gleichnamiger Brüche* über:

(7.37) Beispiel $\frac{1}{2}$ m $+ \frac{1}{4}$ m

In Analogie zur Bild 7.30 erhalten wir Bild 7.31. Entscheidend ist hierbei, dass mit Bezug auf die Erfahrungen zum Erweitern und Kürzen erkannt wird, dass $\frac{1}{2} = \frac{2}{4}$ ist und dass also damit dieser Fall über den Prozess der Verfeinerung *auf die*

Bild 7.31: Addition nicht gleichnamiger Brüche

Addition gleichnamiger Brüche zurückführbar ist (quasikardinaler Aspekt!).

Das Rechteckmodell (Bild 7.32) und das Pizzamodell leisten dies ebenfalls: Auch hier erhält man $\frac{3}{4}$ als Ergebnis.

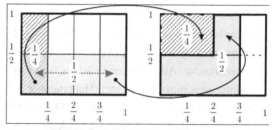

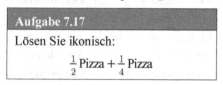

Aufgabe 7.17

Lösen Sie ikonisch:

$$\frac{1}{2}\,\text{Pizza} + \frac{1}{4}\,\text{Pizza}$$

Bild 7.32: Addition ungleichnamiger Brüche

Beispiel (7.37) ließ sich leicht bearbeiten, weil man nur einen der beiden Brüche erweitern musste. Das geht jedoch beim nächsten Beispiel nicht:

(7.38) Beispiel $\frac{2}{3}$ Flächeninhalt $+ \frac{3}{5}$ Flächeninhalt

Bild 7.33 zeigt das Prinzip: Dargestellt sind im oberen Teil *zwei Ganze* als fett umrahmte Rechtecke, und in einem sind $\frac{3}{5}$ und im anderen $\frac{2}{3}$ markiert. Jetzt kommt es darauf an, diese beiden Teilrechtecke in jeweils gleich große („deckungsgleiche") Teile zu zerlegen und diese zu einer neuen Figur zusammenzusetzen. Der untere Teil von

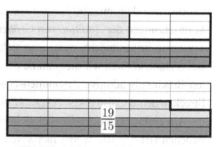

Bild 7.33: Addition ungleichnamiger Brüche

Bild 7.33 zeigt eine mögliche Lösungsdarstellung, die sich durch Abzählen zu $\frac{19}{15}$ ergibt.

In Beispiel (7.37) konnten die beiden Teilrechtecke zu einem neuen Rechteck zusammengesetzt werden; in Beispiel (7.38) gelingt das nicht so schön: Wir entdecken *nur eine Möglichkeit*, nämlich 19 kleine Teilrechtecke mit dem Flächeninhalt $\frac{1}{15}$ nebeneinander zu legen (das geht allerdings *auf zwei Weisen:* vertikal und horizontal).

Zwar könnten wir jedes dieser Teilrechtecke in Bild 7.33 halbieren, so dass wir daraus ein Rechteck, bestehend aus zweien zu je 19 Teilen vom Flächeninhalt $\frac{1}{30}$ zusammensetzen können – aber dabei würden wir als Trick eine eigentlich unnötige Verfeinerung anwenden!

> **Aufgabe 7.18**
>
> Geben Sie zwei nicht gleichnamige Brüche an, bei denen kein Nenner ein Vielfaches des anderen ist, so dass sich deren Summe im Rechteckmodell als neues Rechteck darstellen lässt, das auf jeder Seite aus mindestens zwei Teilrechtecken besteht.
> Dies soll ohne eine zusätzliche Verfeinerung gelöst werden.

Finden Sie eine Lösung? Vielleicht gar mehrere? Und falls Sie eine Lösung finden sollten, entsteht die Frage, wie die Ausgangsbrüche beschaffen sein müssen, damit solch eine Lösung stets existiert! Auch kann es durchaus sein, dass dieses Problem gar nicht lösbar ist!

Mathematik treiben heißt nämlich nicht nur, Lösungen und Beweise für vorgelegte Probleme zu finden, sondern vor allem auch, (sinnvolle) *Fragen* zu *stellen*!

In Beispiel (7.37) war einer der beiden Nenner Teiler des anderen Nenners, der kleinere Nenner war also *gemeinsamer Teiler* beider Nenner, ja sogar der *größte gemeinsame Teiler*. In Beispiel (7.38) waren beide Nenner *teilerfremd* (insbesondere waren es *Primzahlen*). Wir betrachten noch ein weiteres Beispiel, bei dem beide Nenner einerseits nicht teilerfremd sind und andererseits auch keiner der beiden Nenner Teiler des anderen ist:

(7.39) Beispiel $\frac{3}{4}$ Flächeninhalt $+ \frac{5}{6}$ Flächeninhalt

Die Aufteilung von „zwei Ganzen", bezogen auf die beiden gegebenen Nenner, ergibt zunächst 18 bzw. 20 neue kleinere Teilrechtecke, zusammen also 38 Teilrechtecke. Und da ein Ganzes erkennbar aus $4 \cdot 6 = 24$ Teilrechtecken besteht, ergibt sich (unter Weglassung der Maßeinheiten) $\frac{3}{4} + \frac{5}{6} = \frac{38}{24}$.

Falls schon Kompetenzen im Kürzen und Erweitern vorliegen, erkennt man $\frac{38}{24} = \frac{19}{12}$, also müsste man doch diesen Bruch auch direkt darstellen können! Wie geht das? Wir müssen statt auf 24 auf 12 Teile (als einem Ganzen!) beziehen und müssen „davon" 19 Teile nehmen (Bruch als Teil mehrerer Ganzer). Dazu brauchen wir in Bild 7.34 nur jeweils 2 nebeneinander liegende kleine Teilrechtecke zu einem neuen, größeren Teilrechteck zu „bündeln".

Falls noch keine Kompetenzen im Kürzen und Erweitern vorliegen, läge hier eine Gelegenheit vor, dies zu entdecken oder zu festigen. Auch kann man $\frac{19}{12} = 1\frac{7}{12}$ ... ansprechen.

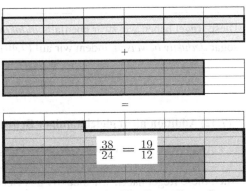

Bild 7.34: $\frac{3}{4} + \frac{5}{6} = \frac{38}{24} = \frac{19}{12} = 1\frac{14}{24} = 1\frac{7}{12}$ dargestellt am Rechteckmodell

Wir analysieren nun unsere Vorgehensweise bei $\frac{3}{4} + \frac{6}{6} = \frac{38}{24}$ (und bei entsprechenden Beispielen): Der neue Nenner ergibt sich hier als Produkt der beiden Ausgangsnenner. Aber warum? Das Ausgangsrechteck wird bezüglich einer Seite geviertelt und bezüglich der anderen gesechstelt, und das ergibt insgesamt $4 \cdot 6 = 24$ neue „Basisrechtecke". Und der neue Zähler? Da die zunächst 3 Teile im oberen Rechteck *gesechstelt* wurden, ergab dies dann $3 \cdot 6 = 18$ neue (kleinere) Teile (Anzahl der gegebenen Teile multipliziert mit dem zweiten Nenner). Und da die 5 Teile im zweiten Rechteck *geviertelt* wurden, ergab dies dann $5 \cdot 4 = 20$ neue (kleinere) Teile (Anzahl der gegebenen Teile multipliziert mit dem ersten Nenner).

Wir haben andererseits gesehen, dass es auch einfacher möglich gewesen wäre: Die zunächst 3 Teile im oberen Rechteck *dritteln* (statt sie zu sechsteln), also $3 \cdot 3 = 9$ neue (kleinere) Teile bilden. Und die 5 Teile im zweiten Rechteck *halbieren* (statt sie zu vierteln), also $5 \cdot 2 = 10$ neue (kleinere) Teile (Anzahl der gegebenen Teile multipliziert mit dem ersten Nenner). Und in jedem der beiden Fälle läuft es darauf hinaus, die beiden gegebenen Brüche zu *verfeinern* bzw. zu *erweitern*, und zwar so, dass sie *gleichnamig* werden! Das geht offenbar immer, indem man jeden der beiden Brüche mit dem Nenner des anderen erweitert, und es geht manchmal „sparsamer", wenn nämlich die beiden Nenner nicht teilerfremd sind: Dann suchen wir das *kleinste gemeinsame Vielfache* der beiden Nenner!

Insgesamt haben wir nun Regeln für die Bruchaddition entdeckt, die wir auch (ähnlich wie beim Erweitern und Kürzen) *symbolisch aufschreiben* können. Wir formulieren diese Regeln gestaffelt nach zunehmender Komplexität, wie wir sie entdeckt haben:

(7.40) Addition gleichnamiger Brüche

Für alle $a, b, c \in \mathbb{N}^*$ gilt: $\dfrac{a}{b} + \dfrac{c}{b} = \dfrac{a+c}{b}$

Dies ergibt sich aus dem *quasikardinalen Aspekt* als Grundvorstellung (Abschnitt 7.2.4).

(7.41) Addition nicht gleichnamiger Brüche, wenn *ein Nenner Teiler des anderen* ist

Für alle $a, b, c, d \in \mathbb{N}^*$ gilt: $\dfrac{a}{b} + \dfrac{c}{b \cdot d} = \dfrac{a \cdot d + c}{b \cdot d}$

Diese Regel haben wir zwar ebenfalls *induktiv* aus Beispielen gewonnen, aber wir können sie sogar *deduktiv beweisen*, indem wir auf (7.40) und das Erweitern zurückgreifen:

$$\frac{a}{b} + \frac{c}{b \cdot d} \overset{d}{=} \frac{a \cdot d}{b \cdot d} + \frac{c}{b \cdot d} \underset{\substack{\text{Addition} \\ \text{gleichnamiger} \\ \text{Brüche}}}{=} \frac{a \cdot d + c}{b \cdot d}$$

(7.42) Addition nicht gleichnamiger Brüche, wenn *kein Nenner Teiler des anderen* ist.

Für alle $a, b, c, d \in \mathbb{N}^*$ gilt: $\dfrac{a}{b} + \dfrac{c}{d} = \dfrac{a \cdot d + b \cdot c}{b \cdot d}$

Auch diese Regel haben wir induktiv aus Beispielen gewonnen, und wir können sie ebenfalls unter Rückgriff auf (7.40) und das Erweitern *beweisen*:

$$\frac{a}{b} + \frac{c}{d} \overset{d}{\underset{b}{=}} \frac{a \cdot d}{b \cdot d} + \frac{c}{d} = \frac{a \cdot d}{b \cdot d} + \frac{b \cdot c}{b \cdot d} \underset{\substack{\text{Addition} \\ \text{gleichnamiger} \\ \text{Brüche}}}{=} \frac{a \cdot d + b \cdot c}{b \cdot d}$$

Und schließlich verallgemeinern wir die letzte Regel durch „sparsame" Erweiterung:

(7.43) Addition nicht gleichnamiger Brüche, wenn *kein Nenner Teiler des anderen* ist, unter *Rückgriff auf ein gemeinsames Vielfaches der Nenner*

Für alle $a, b, c, d, e, f \in \mathbb{N}^*$ gilt: Wenn $b \cdot e = d \cdot f$, dann ist $\dfrac{a}{b} + \dfrac{c}{d} = \dfrac{a \cdot e + c \cdot f}{b \cdot e}$.

Im Summenbruch kann man anstelle von $b \cdot e$ auch $d \cdot f$ schreiben. Der Abstraktionsgrad der Regel (7.43) ist recht hoch, und *ihr didaktischer Nutzen ist fraglich*. Berücksichtigt man, dass es eigentlich nur darauf ankommt, die gegebenen Brüche gleichnamig zu machen, um dann die erste Regel anzuwenden, so können wir abschließend einfach notieren:

(7.44) Addition von Brüchen

(1) Gleichnamige Brüche werden addiert, indem der Nenner beibehalten wird und sich der neue Zähler als Summe ihrer Zähler ergibt.

(2) Nichtgleichnamige Brüche werden addiert, indem man sie zunächst durch Erweitern gleichnamig macht und dann Regel (1) anwendet.

Wir beachten, dass diese Regeln hier *am Ende eines Entdeckungs- und Entwicklungsprozesses* stehen, nicht aber am Anfang!

Nachdem nun auf reichhaltige Weise Grundvorstellungen zur Addition von Brüchen aufgebaut worden sind, um eine Verständnisbasis zu legen, und nachdem daraus induktiv (und auch deduktiv) Additionsregeln gewonnen wurden, müssen selbstverständlich auch *rechentechnische Fertigkeiten entwickelt* werden, wie auch [PADBERG 2002, 96] feststellt:

Zur *Einübung* des Additionskalküls sind vielfältige Übungen notwendig.

Und er gibt dazu interessante Beispiele an (ebd., S. 96 f.):

(7.45) Beispiele — „Zauberquadrate"

(a) *Ergänzen Sie die Zauberquadrate.*
In jeder Zeile, in jeder Spalte und jeder Diagonalen soll die Summe 1 herauskommen!

$\frac{4}{15}$		$\frac{2}{15}$
	$\frac{1}{3}$	
$\frac{8}{15}$	$\frac{2}{5}$	

	$\frac{1}{18}$	$\frac{5}{9}$
	$\frac{1}{3}$	

(b) *Füllen Sie die Zauberquadrate aus.*
In jeder Zeile, in jeder Spalte und jeder Diagonalen soll dieselbe Summe herauskommen!

$\frac{1}{2}$	$\frac{2}{5}$	$\frac{3}{4}$	$\frac{1}{4}$
		$\frac{1}{4}$	
		$\frac{1}{5}$	$\frac{7}{10}$
$\frac{4}{5}$	$\frac{1}{10}$		

$\frac{5}{8}$	$1\frac{1}{2}$		$\frac{7}{8}$
	$\frac{1}{2}$	$\frac{1}{2}$	
1			$1\frac{3}{8}$
	$\frac{3}{8}$		2

Wir sehen natürlich schnell, dass alle Zauberquadrate *überbestimmt* sind, dass es also gar keine Lösung geben muss. Im Sinne mathematischen Argumentierens sollte man daher nicht nur diese Quadrate ausfüllen lassen, sondern auch dieses Problem erörtern. Dies lässt sich ja überzeugend demonstrieren, indem man nur eine der vorgegebenen Zahlen abändert.

Aufgabe 7.19

Ersetzen Sie im ersten Zauberquadrat $\frac{1}{3}$ durch $\frac{1}{5}$.

(a) Nun ist keine Lösung mehr möglich. Warum?

(b) Können Sie durch Änderung weiterer Zahlen eine Lösung erzwingen?

Aufgabe 7.20

Füllen Sie die leeren Felder jeweils bitte so aus, dass für jedes Quadrat ein *eigenes* Bildungsgesetz beachtet wird!

Welches sind jeweils mögliche Bildungsgesetze?

1	1	1	1	1
1	2	3	4	5
1	3	6	10	
1	4			
1				

1	$\frac{1}{2}$	$\frac{1}{3}$	$\frac{1}{4}$	
$\frac{1}{2}$	$\frac{1}{6}$	$\frac{1}{12}$	$\frac{1}{20}$	
$\frac{1}{3}$	$\frac{1}{12}$	$\frac{1}{30}$		
$\frac{1}{4}$				

7.4.5 Subtraktion von Brüchen

Aufgabe 7.20 zeigt das „arithmetische" und das „harmonische" Dreieck.[524] Mit dem zweiten Zauberquadrat (dem harmonischen Dreieck) kommen wir zur Subtraktion (es geht auch mit anderen Beispielen – aber dieses ist recht anspruchsvoll):

Wir erkennen $\frac{1}{2} + \frac{1}{2} = 1$, $\frac{1}{3} + \frac{1}{6} = \frac{1}{2}$, $\frac{1}{4} + \frac{1}{12} = \frac{1}{3}$ usw.

Das können wir wie folgt verbal beschreiben:

(1) In der ersten Zeile und in der ersten Spalte stehen der Reihe nach sog. „Stammbrüche".

(2) Weiterhin ist jedes Element die Summe aus seinem rechten und seinem unteren Nachbarn. Wenn also ein Element noch nicht bekannt ist, z. B. dasjenige unter $\frac{1}{12}$ in der zweiten Spalte – nennen wir es x – dann gilt also: $\frac{1}{30} + x = \frac{1}{12}$. Erweitern wir nun beide Brüche zum Hauptnenner 60, so müssen wir $\frac{2}{60} + x = \frac{5}{60}$ lösen, und wir erkennen sofort $x = \frac{3}{60} = \frac{1}{20}$.

Verallgemeinert geht es um die Lösung x einer Gleichung $a + x = b$, wenn a und b gegeben sind, was zu $x = b - a$ mit der „Differenz" $b - a$ und der „Subtraktion" als weiterer Operation führt. Analog machen wir es nun bei Brüchen, indem wir die *Differenz von zwei Brüchen auf die Summe von zwei Brüchen zurückführen*, also:

---

[524] Vgl. [HISCHER & SCHEID 1995, 93 ff.].

$\dfrac{a}{b} - \dfrac{c}{d}$ lässt sich durch einen Bruch $\dfrac{x}{y}$ ersetzen, für den gilt: $\dfrac{c}{d} + \dfrac{x}{y} = \dfrac{a}{b}$.

Warum *„ein"* Bruch und nicht *„der"* Bruch? Wir wissen ja, dass es beliebig viele Brüche gibt, die dieselbe Bruchzahl bezeichnen. Und *„Gleichheit" von Brüchen bedeutet* ja, dass diese (durchaus unterschiedlichen!) Brüche *Darstellungen derselben Bruchzahl* sind!

Aber wodurch ist z. B. $\dfrac{1}{3} - \dfrac{1}{2}$ ersetzbar? Für einen Lösungsbruch würde gelten: $\dfrac{1}{2} + \dfrac{x}{y} = \dfrac{1}{3}$. Da nun aber $\dfrac{1}{2} > \dfrac{1}{3}$ gilt, ist auch $\dfrac{1}{2} + \dfrac{x}{y} > \dfrac{1}{3}$, und es kann daher keinen Bruch geben, der dieselbe Bruchzahl wie $\dfrac{1}{3} - \dfrac{1}{2}$ darstellt. Oder noch genauer: Es gibt gar keine Bruchzahl, die durch $\dfrac{1}{3} - \dfrac{1}{2}$ dargestellt wird, und $\dfrac{1}{3} - \dfrac{1}{2}$ ist (an dieser Stelle noch!) ein *sinnloser Ausdruck!*

Somit müssen wir die Differenz von Brüchen etwas genauer beschreiben:

> **(7.46) Subtraktion von Brüchen**
>
> Sind $\dfrac{a}{b}$ und $\dfrac{c}{d}$ Brüche mit $\dfrac{a}{b} > \dfrac{c}{c}$, so gilt:
>
> $\dfrac{a}{b} - \dfrac{c}{c}$ ist durch einen Bruch $\dfrac{x}{y}$ ersetzbar, für den gilt: $\dfrac{c}{d} + \dfrac{x}{y} = \dfrac{a}{b}$

Ist das nun eine Definition oder ein Satz? Die recht dubiose Antwort: Beides liegt vor!

Und zwar ist zu beachten: Zunächst seien zwei Brüche $\dfrac{a}{b}$ und $\dfrac{c}{d}$ gegeben, für die $\dfrac{a}{b} > \dfrac{c}{d}$ gilt. Sodann ist *anschaulich klar*, dass ein weiterer Bruch und $\dfrac{x}{y}$ existiert, so dass $\dfrac{x}{y} + \dfrac{c}{d} = \dfrac{a}{b}$ gilt (vgl. Abschnitt 7.4.2). Und dieser Bruch $\dfrac{x}{y}$ ergibt sich als „Differenz" der beiden gegebenen, die somit in üblicher Weise anschaulich erklärt ist. Würden wir das „sauber" aufschreiben, so ergäbe sich zunächst der (zu beweisende) *Satz*, dass bei der gegebenen Voraussetzung stets ein solcher Bruch existiert, der die letztgenannte Gleichung „erfüllt", und diese Lösung wird dann als „Differenz" der beiden gegebenen Brüche *definiert*.

Wir können nun nicht nur die Bruchaddition über das Rechteckmodell *ikonisch* veranschaulichen, sondern auch die Bruchsubtraktion. (Dazu betrachte man die Beispiele in Bild 7.31 bis Bild 7.33 „invers"!) Und in einfachen Fällen geht so etwas auch *enaktiv* durch Falten eines Papierblatts.

> **Aufgabe 7.21**
>
> Berechnen Sie durch Falten jeweils eines Papierblatts $\dfrac{2}{3} + \dfrac{1}{4}$ und $\dfrac{2}{3} - \dfrac{1}{4}$.

7.4.6 Multiplikation von Brüchen[525]

Wie bei der Addition geht es auch bei der Multiplikation zunächst darum, dem *Produkt* von *zwei Brüchen* eine *Bedeutung* zu geben, also zugehörige Grundvorstellungen aufzubauen. Auch hier gehen wir stufenweise mit zunehmender Komplexität vor.

---

[525] Vgl. hierzu [PADBERG 2002, 123 ff.].

① $\boxed{n \cdot \dfrac{a}{b}}$ Hierbei sind n, a, b wieder natürliche Zahlen.

Diesen Ausdruck können wir (wie bei der Einführung der Multipli- $n \cdot \dfrac{a}{b} = \underbrace{\dfrac{a}{b} + \dfrac{a}{b} + \ldots + \dfrac{a}{b}}_{n \text{ Summanden}}$

kation natürlicher Zahlen) als Zusammenfassung für eine fortge-

setzte Addition auffassen, also wie nebenstehend.[526]

In dieser Sichtweise wird konsequent der *Kardinalzahlaspekt von natürlichen* Zahlen zu-

grunde gelegt, es wird also gezählt bzw. angegeben, wie viele Summanden auftreten, also gilt:

$$\boxed{n \cdot \dfrac{a}{b} = \underbrace{\dfrac{a}{b} + \ldots + \dfrac{a}{b}}_{\text{Bruchaddition}} = \dfrac{a + \ldots + a}{b} = \dfrac{n \cdot a}{b}} \qquad (7.4\text{-}1)$$

Und wegen der Multiplikation natürlicher Zahlen folgt: $n \cdot \dfrac{a}{b} = \dfrac{n \cdot a}{b} = \dfrac{a \cdot n}{b}$

Es ist aber $\dfrac{a}{b} \cdot n$ noch zu definieren:

② $\boxed{\dfrac{a}{b} \cdot n}$ Hier gibt es zumindest die folgenden beiden Deutungsansätze:

②(a)   Permanenzprinzip

Das Permanenzprinzip besagt, dass die „bisherigen" Gesetze auch über die

bisherigen Fälle hinaus (also „weiterhin") gelten sollen, und daher wird dann $\boxed{\dfrac{a}{b} \cdot n := n \cdot \dfrac{a}{b}}$

dieses Produkt einfach wie nebenstehend definitorisch festgesetzt. Das ist

jedoch ein *rein formales Argument*, das *nichts zur inhaltlichen Klärung beiträgt*.

Gleichwohl ist dieses „Permanenzprinzip" in der Mathematik wichtig, und es wird oft

genutzt, um „fortschreiten" zu können. Dennoch versuchen wir es alternativ auch auf der Basis

einer inhaltlichen Deutung von $\dfrac{a}{b} \cdot n$ (in Schulbüchern dann z. T. als $n \cdot \dfrac{a}{b}$, s. o.).

②(b)   „von-Ansatz"

Hier greifen wir also auf eine wichtige Grundvorstellung zum Bruchverständnis zurück: „Bruch

als Vergleichsinstrument" (in Abschnitt 7.2.7 auf S. 308 f.). Bei Übertragung auf das noch zu

definierende Produkt $\dfrac{a}{b} \cdot n$ würde dieser „von-Ansatz" ergeben:

$\boxed{\dfrac{a}{b} \cdot n}$ bedeutet $\boxed{\dfrac{a}{b} \text{ von } n}$ $\qquad\qquad$ (7.4-2)

Aber passen die beiden Deutungsansätze ① und ②(a) zusammen?

Nach ① ist $n \cdot \dfrac{a}{b} = \dfrac{n \cdot a}{b}$, und nach ②(a) ist $\dfrac{a}{b} \cdot n = \dfrac{a \cdot n}{b}$.

Wegen der Kommutativität der Multiplikation in $\mathbb{N}$ ist $n \cdot a = a \cdot n$, und so würde folgen:

$\boxed{n \cdot \dfrac{a}{b} = \dfrac{a}{b} \cdot n}$ $\qquad\qquad$ (7.4-3)

---

[526] Hinweis: In Schulbüchern wird dieses Produkt manchmal durch $\dfrac{a}{b} n$ bezeichnet. Wie man es auch macht:
Auf jeden Fall sind beide Ausdrücke vom Ansatz bzw. der Intention her zunächst streng zu unterscheiden.

(7.47) Beispiele

- „$\frac{2}{3} \cdot 9$" bedeutet zunächst „zwei Drittel von 9", also „6" (im Schulbuch z. T. als „$9 \cdot \frac{2}{3}$").
- „$\frac{3}{4} \cdot 5$" bedeutet zunächst „drei Viertel von 5" (im Schulbuch z. T. als „$5 \cdot \frac{3}{4}$").

Während man im ersten Beispiel unter direktem Rückgriff auf den *quasikardinalen Aspekt* (vgl. Abschnitt 7.2.4) zum Ergebnis kommt (ein Drittel von 9 ist 3, also ...), greift dieser Aspekt beim zweiten Beispiel nicht direkt. Aber die Grundvorstellung „Bruch als Teil mehrerer Ganzer" und das Rechteckmodell aus Abschnitt 7.2.3 helfen uns weiter (Bild 7.35):

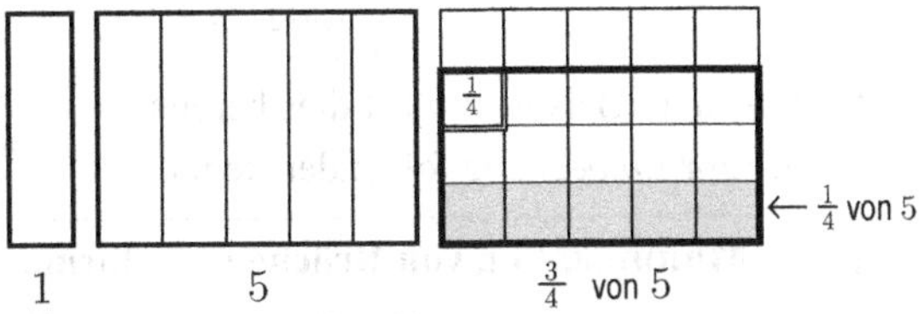

Man kann „quasikardinal" die „Viertel von Eins" abzählen und als Ergebnis „15 Viertel" erhalten.

Wir können $\frac{3}{4} \cdot 5$ auch durch Falten am Rechteckmodell darstellen (Bild 7.36), wobei neben dem „*von-Aspekt*" wieder der *quasikardinale Aspekt* zum Tragen kommt: Erst „ein Viertel von 5" darstellen und dann „drei Viertel von 5".

Bild 7.35: Darstellung von „$\frac{3}{4} \cdot 5$" mit dem Rechteckmodell und der Grundvorstellung „Bruch als Teil mehrerer Ganzer"

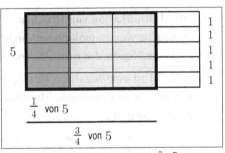

Bild 7.36: Darstellung von „$\frac{3}{4} \cdot 5$" mit dem Rechteckmodell durch Falten und durch den quasikardinalen Aspekt

➤ **Problem des „von-Ansatzes"**

Interpretiert man „$\frac{a}{b} \cdot n$" als „$\frac{a}{b}$ von n", so ist hierbei „$\frac{a}{b}$ von" als **Operator** aufzufassen (zu „Operator" vgl. S. 188), der also auf das nachfolgende Glied multiplikativ *wirkt*.

Dann entstehen inhaltliche Probleme wie bereits in Abschnitt 7.2.2 dargestellt, z. B.:

- „$\frac{2}{5}$ von 10" bedeutet „$\frac{2}{5} \cdot 10$" (also 4) ,
- „2 von 10" bedeutet dagegen *nicht* „$2 \cdot 10$".

Wir beachten: Die *Alltagssprechweise „x von ..." ist kontextabhängig zu interpretieren!*

❸ $\boxed{\frac{a}{b} \cdot \frac{c}{d}}$ Dies ist der nächste Schritt der Verallgemeinerung: „Bruch mal Bruch"

Auch hier gibt es wieder unterschiedliche Interpretationsmöglichkeiten.

❸(a) „**von-Ansatz**"

Analog zu „$\frac{a}{b} \cdot n$" können wir hier folgende Deutung wählen:

$\boxed{\frac{a}{b} \cdot \frac{c}{d}}$ bedeutet $\boxed{\frac{a}{b} \text{ von } \frac{c}{d}}$ (7.4-4)

(In manchen Schulbüchern wäre es „$\frac{c}{d}$ von $\frac{a}{b}$".)

(7.48) Beispiel

„$\frac{2}{3} \cdot \frac{4}{5}$“ als „$\frac{2}{3}$ von $\frac{4}{5}$“ (Bild 7.37)

Man entdeckt durch das Falten:

$$\frac{2}{3} \cdot \frac{4}{5} = 8 \text{ Fünfzehntel} = \underbrace{\frac{8}{15}}_{\substack{\text{weitere}\\\text{Entdeckung}}} = \frac{2 \cdot 4}{3 \cdot 5}$$

Durch weitere Beispiele führt dies bereits *induktiv* zur *Entdeckung* folgender Regel:

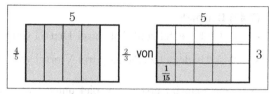

Bild 7.37: Darstellung von „$\frac{2}{3} \cdot \frac{4}{5}$“
mit dem Rechteckmodell durch Falten,
den „von-Ansatz“ und den quasikardinalen Aspekt

(7.49) Multiplikation von Brüchen — formal

Für alle $a, b, c, d \in \mathbb{N}^*$ gilt: $\dfrac{a}{b} \cdot \dfrac{c}{d} = \dfrac{a \cdot c}{b \cdot d}$

Diese Regel kann man auch verbalisieren:

(7.50) Multiplikation von Brüchen — verbal

Zwei Brüche werden multipliziert, indem das Produkt der Zähler den neuen Zähler und das Produkt der Nenner den neuen Nenner ergibt.

Diese Regel ist eine *induktive Verallgemeinerung aus selbst erfahrenen Beispielen*. Wenden wir nun auf die so gewonnene Multiplikationsregel die Kommutativität der Multiplikation in $\mathbb{N}$ an, so erhalten wir:

$$\underset{\substack{\text{Multipl.-Regel}\\\text{für Brüche}}}{\frac{a}{b} \cdot \frac{c}{d} =} \underset{\substack{\text{Kommutativität}\\\text{der Multipl. in } \mathbb{N}}}{\frac{a \cdot c}{b \cdot d} =} \underset{\substack{\text{Multipl.-Regel}\\\text{für Brüche}}}{\frac{c \cdot a}{d \cdot b} =} \frac{c}{d} \cdot \frac{a}{b}$$

verschiedene Bedeutung

Wir beachten, dass aufgrund des gewählten „von-Ansatzes“ die beiden Bruchprodukte per definitionem (im Ergebnis noch) nicht notwendig dasselbe bedeuten:

„$\frac{a}{b} \cdot \frac{c}{d}$“ bedeutet „$\frac{a}{b}$ von $\frac{c}{d}$“   *versus*   „$\frac{c}{d} \cdot \frac{a}{b}$“ bedeutet „$\frac{c}{d}$ von $\frac{a}{b}$“

③(b)   **Gleichungsketten**[527] (ein *Permanenzprinzip*)

Die drei ersten Gleichungen in Bild 7.38 ergeben sich durch die schon bekannte Regel (7.4-3) für $n \cdot \frac{a}{b}$. Dann kann man entdecken, dass man von einer Gleichung zur nächsten kommt, indem man links den Faktor durch 5 dividiert und rechts den Zähler (und damit gewissermaßen in „Umkehrung“ von (7.4-3) den Bruch) durch 5 „dividiert“, was aber streng genommen noch gar nicht geklärt ist.

Da man von der dritten zur vierten Gleichung auf der linken Seite ebenfalls durch diesen Schritt weiter kommt, ist es im Sinne eines „Permanenzprinzips“ naheliegend, auch rechts so vorzugehen, also zu dem Ausdruck $\frac{6}{7} : 5$ zu kommen, der noch zu deuten ist.

$$:5\left(50 \cdot \frac{3}{7} = \frac{150}{7} \right):5$$
$$:5\left(10 \cdot \frac{3}{7} = \frac{30}{7} \right):5$$
$$:5\left(2 \cdot \frac{3}{7} = \frac{6}{7} \right.$$
$$\frac{2}{5} \cdot \frac{3}{7} = \underbrace{\frac{6}{7} : 5 = \frac{6}{7 \cdot 5}}_{\text{muss schon bekannt sein!}} = \frac{2 \cdot 3}{5 \cdot 7}$$

Bild 7.38: Gleichungskette – Permanenzprinzip

---

[527] Vgl. [PADBERG 2002, 131 ff.].

Sollte also die Division eines Bruchs durch eine natürliche Zahl schon bekannt sein, so ist das Problem gelöst, und man hat auf diese Weise induktiv auf anderem Wege die Multiplikationsregel (7.49) bzw. (7.50) für Brüche entdeckt. Andernfalls liegt hier eine Motivation dafür vor, nach der Bedeutung der Division eines Bruchs durch eine natürliche Zahl zu fragen.

③(c) Flächeninhalt

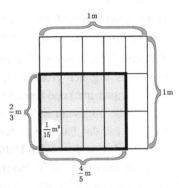

Bild 7.39 symbolisiert die „Fliesenauslegung" eines Quadrats mit $1\,\mathrm{m}$ Kantenlänge durch insgesamt 15 Fliesen, woraus sich die Fliesenabmessungen ergeben. Gesucht sei der „Flächeninhalt" des grau hervorgehobenen Teilrechtecks.[528] Das gesamte Rechteck ist ein Quadrat mit der Kantenlänge $1\,\mathrm{m}$, es hat also den Flächeninhalt $1\,\mathrm{m}^2$.

Dieses besteht aus kongruenten Fliesen mit den Kantenlängen von jeweils $\frac{2}{3}\,\mathrm{m}$ und $\frac{4}{5}\,\mathrm{m}$. Durch die gitterartige Einteilung dieses Quadrats bezüglich der Nenner dieser beiden Brüche, also in 3 bzw. in 5 Teile, wird es in 15 Fliesen zerlegt, von denen jede also so groß wie $\frac{1}{15}$ des Flächeninhalts des Quadrats ist, was den Flächeninhalt $\frac{1}{15}\,\mathrm{m}^2$ definiert.

Bild 7.39: Fliesengitter zur Darstellung von Bruchteilen

Da das zu untersuchende Rechteck die Kantenlängen $\frac{2}{3}\,\mathrm{m}$ und $\frac{4}{5}\,\mathrm{m}$ hat, können wir abzählen, dass es aus 8 Teilrechtecken besteht, von denen jedes $\frac{1}{15}\,\mathrm{m}^2$ groß ist, so dass wir für dieses Rechteck nach dem quasikardinalen Aspekt einen Flächeninhalt von $\frac{8}{15}\,\mathrm{m}^2$ erhalten. Bezogen auf die Maßeinheiten kann damit entdeckt werden, dass $\frac{2}{3}\cdot\frac{4}{5}=\frac{8}{15}=\frac{2\cdot 4}{3\cdot 5}$ gilt.

Diese Deutung der Bruchmultiplikation ist aber etwas anderes als der erörterte *von-Ansatz* in Bild 7.37. Ferner ist zu beachten, dass wir im Gegensatz zur Darstellung des *von-Ansatzes* mit Hilfe von beliebigen Rechtecken bei dieser Deutung von einem *Quadrat* ausgehen, um damit die Flächeneinheit $1\,\mathrm{m}^2$ (oder mit anderer Maßeinheit) darstellen zu können.

(7.51) Konsequenz

Die Regel $\frac{a}{b}\cdot\frac{c}{d}=\frac{a\cdot c}{b\cdot d}$ kann durch unterschiedliche inhaltliche Deutungen *plausibel* gemacht werden – und zwar jeweils sowohl ikonisch als auch enaktiv!

Wir haben in (7.4-3) festgestellt, dass die Deutungsansätze für $n\cdot\frac{a}{b}$ und $\frac{a}{b}\cdot n$ insofern zusammenpassen, als dass sich diese beiden Terme erfreulicherweise als gleich(wertig) erweisen. Aber passt das auch zu den Deutungsansätzen für $\frac{a}{b}\cdot\frac{c}{d}$? Nun gilt:

$$\frac{a}{b}\cdot n \underset{②}{=} \frac{a\cdot n}{b} = \frac{a\cdot n}{b\cdot 1} \underset{③}{=} \frac{a}{b}\cdot\frac{n}{1}$$

Wenn wir die in Körpern gültige „Kürzungsregel" $xy=xz \Rightarrow y=z$ zur Verfügung hätten, wäre diese Gleichung höchst erfreulich, weil dann nämlich $\frac{n}{1}=n$ wäre. So aber kann die erkannte „Lücke" im bisherigen Aufbau ein Anlass dafür sein, die noch fällige *Einbettung* von $\mathbb{N}$ in $\mathbb{B}$ vorzunehmen, bevor wir uns der *Division von Brüchen* widmen.

---

[528] Beispiel aus [PADBERG 2002, 134].

7.4.7   Einbettung der Menge der natürlichen Zahlen in die Menge der Bruchzahlen

Die natürlichen Zahlen sollen nun gemäß folgendem Ziel als Bruchzahlen aufgefasst werden: **Einbettung** von $\mathbb{N}^*$ in $\mathbb{B}$ über $\frac{m}{1} := m$ (für alle $m \in \mathbb{N}^*$).

Dazu eignet sich die **Grundvorstellung** „*Bruch als Teil mehrerer Ganzer*" (Bild 7.40).

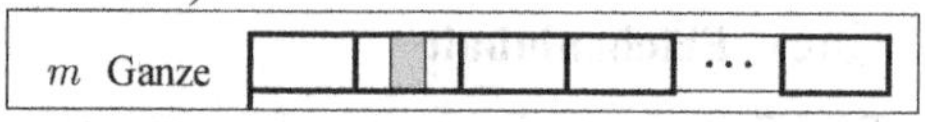

Bild 7.40: zu „Bruch als Teil mehrerer Ganzer"

Teilt man jedes dieser m „Ganzen" (also jeden der in Bild 7.40 zu sehenden „großen Kästen") in jeweils n gleich große Teile auf (in Bild 7.40 wird dies an einem Kasten für den Fall $n = 3$ angedeutet) und betrachtet man in jedem Kasten genau einen dieser kleineren Teile, so werden die insgesamt m Teile durch den Bruchteil $\frac{m}{n}$ beschrieben (Bruch als Teil mehrerer Ganzer). Für den Fall $n = 2$ teilt man also jeden der m Kästen in zwei Teile auf, nimmt davon jeweils eine der beiden Hälften, so dass die Gesamtheit dieser insgesamt m kleineren Teile durch den Bruchteil $\frac{m}{2}$ beschrieben wird. Wir gehen nun zum Fall $n = 1$ über, was so zu deuten ist, dass jeder der m Kästen jeweils „in einen Teil aufgeteilt" wird (was merkwürdig klingen mag). Konsequenterweise kann dann die Gesamtheit dieser insgesamt m „Teile" durch den „Bruchteil" $\frac{m}{1}$ beschrieben werden. Da andererseits diese „Gesamtheit" nach Voraussetzung durch die „Anzahl" m beschrieben wird, ist es sinnvoll, $\frac{m}{1} = m$ zu definieren.

Diese Definition lässt sich sogar sinnvoll auf den Fall $m = 0$ übertragen, wenn man verabredet, dass $\frac{0}{b}$ bei einem von Null verschiedenen Nenner „0 Teile von b" bedeuten soll (vgl. hierzu auch die Beispiele in Bild 7.30 und Bild 7.31).

7.4.8   Identifizierung von Bruchschreibweise und Divisionsschreibweise

Es liegt nahe, „Bruch" und „Quotient" über $m : n = \frac{m}{n}$ zu identifizieren, wobei darauf hinzuweisen ist, dass dies tatsächlich noch einer Definition bedarf. Folgender Weg liegt nahe:

$$\underset{\substack{\text{geteilt} \\ \text{durch}}}{m : n} = \underset{\substack{\text{Einbet-} \\ \text{tung}}}{\frac{m}{1} : \frac{n}{1}} = \underset{\substack{\text{Bruch-} \\ \text{division}}}{\frac{m}{1} \cdot \frac{1}{n}} = \underset{\substack{\text{Bruch-} \\ \text{multipl.}}}{\frac{m \cdot 1}{1 \cdot n}} = \frac{m}{n}$$

Leider scheidet dieser Weg an dieser Stelle aus, weil die dafür erforderliche Division von Brüchen weder inhaltlich noch formal geklärt ist. Wir müssen also einen anderen Weg suchen, und dazu bietet es sich an, den *quasikardinalen Aspekt* heranzuziehen, den wir wie bei der obigen Begründung der Einbettung bereits unausgesprochen in der Gestalt von „Einteln" in 7.4.7 bei $\frac{m}{1} := m$ benutzt haben. Wir machen uns das zunächst an einem **Beispiel** klar:

$$\underset{\substack{\text{Division} \\ \text{„geht nicht"}}}{3 : 2} = 3\,\text{Ganze} : 2 = 6\,\text{Halbe} : 2 = 3\,\text{Halbe} = \frac{3}{2}$$

Das kann man als eine *Aufgabe zum Verteilen* auffassen, die wir wie folgt verallgemeinern:

$$\boxed{\underset{\substack{\text{Division} \\ \text{„geht nicht"}}}{m : n} = m\,\text{Ganze} : n = (m \cdot n \,\text{„}n\text{-tel"}) : n = m\,\text{„}n\text{-tel"} = \frac{m}{n}} \qquad (7.4\text{-}5)$$

Bei solch einer Vorgehensweise kann man schon frühzeitig $\frac{a}{b}$ als „ *a geteilt durch* b" lesen.

7.4.9 Division von Brüchen

Wiederum muss es zunächst darum gehen, dem *Quotienten zweier Brüche eine Bedeutung* zu geben, also zugehörige Grundvorstellungen aufzubauen. Wie bei der Addition und der Multiplikation gehen wir hierbei stufenweise mit zunehmender Komplexität vor.

① $\boxed{\dfrac{a}{b} : n}$ Hierbei stehen n, a, b wieder für natürliche Zahlen.

Das ist als *Aufgabe des Verteilens* deutbar: Der Bruchteil $\frac{a}{b}$ soll an n Personen gerecht in Form von gleichmäßigen Portionen verteilt werden. Wie groß ist jede Portion als Bruchteil?

①(a) **Flächendarstellung**, z. B. bei: $\boxed{\dfrac{6}{5} : 4}$

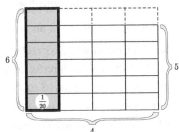
Bild 7.41: Flächendarstellung von
$\frac{6}{5} : 4 = \frac{6}{20}$

Zunächst wird im Rechteckmodell $\frac{6}{5}$ dargestellt (z. B. durch Falten), und dann wird dieser Bruchteil (z. B. durch Falten) in 4 gleich große Teile geteilt. Zu Beginn wird also in Bild 7.41 ein rechteckiges Blatt durch horizontales Falten gefünftelt, und mit einem zweiten solchen Blatt wird nach oben ein Fünftel *angeklebt*. Damit wurden zunächst $\frac{6}{5}$ realisiert, die nun noch durch Querfalten in vier Teile geteilt werden. Da das Ausgangsrechteck durch Fünfteln und Vierteln in 20 Teile zerlegt wurde, ist jedes Teilrechteck $\frac{1}{20}$ davon, und somit erhalten wir enaktiv $\frac{6}{5} : 4 = \frac{6}{20}$, woran wir weiterhin $\frac{6}{5} : 4 = \frac{6}{20} = \frac{6}{5 \cdot 4}$ entdecken, was über andere Beispiele *induktiv* zu folgender Regel führt:

$$\boxed{\dfrac{a}{b} : n = \dfrac{a}{b \cdot n}} \tag{7.4-6}$$

①(b)   **Divisor teilt Zähler**, z. B.: $\boxed{\dfrac{4}{9} : 2}$

Dies ist zum Einstieg einfacher als der gerade beschriebene Fall, und es geht ohne Veranschaulichung mit dem *quasikardinalen Aspekt:* $\frac{4}{9}$ als „vier Neuntel", davon die Hälfte ergibt „zwei Neuntel", also ist $\frac{4}{9} : 2 = \frac{2}{9}$. Aber es geht prinzipiell *auch durch Falten*, wie es in Bild 7.42 dargestellt ist (wenn man vom technischen Problem des „Neuntelns" absieht).

Bild 7.42: $\frac{4}{9} : 2 = \frac{2}{9}$ durch Falten: erst neunteln, 4 Teile nehmen, also $\frac{4}{9}$, und das dann durch 2 teilen.

①(c)   **Divisor teilt Zähler nicht**, z. B.: $\boxed{\dfrac{3}{5} : 2}$

Es geht dann zwar wie in ①(a), aber es gibt auch die erfolgreiche Strategie durch *Verfeinern* und *Falten* (Bild 7.43). Aufgrund der bisherigen Kenntnisse und Erfahrungen können die Schülerinnen und Schüler das ggf. selbstständig erarbeiten.

Und so kommt man auch auf diesem Wege induktiv zu obiger Regel (7.4-6).

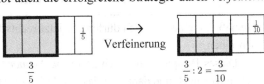
Bild 7.43: $\frac{3}{5} : 2 = \frac{3}{10}$ durch Verfeinern und Falten

② $\boxed{\dfrac{a}{b} : \dfrac{c}{d}}$ — **Definition der Bruchdivision über das Größenverhältnis:** *Grundidee*

Diese *Grundidee* beschreiben wir durch ein einfaches Beispiel über den *von-Aspekt*:

$\boxed{\dfrac{2}{5} \text{ von } \dfrac{9}{8}\,\mathrm{m} \text{ ergibt damit bekanntlich } \dfrac{2}{5}\cdot\dfrac{9}{8}\,\mathrm{m}, \text{ und das ist } \dfrac{9}{20}\,\mathrm{m}}$.

Dieses deuten wir nun ganz analog wie früher bei der ganzzahligen Division:

- Die Strecke $\dfrac{9}{20}\,\mathrm{m}$ ist $\dfrac{2}{5}$-mal in der Strecke $\dfrac{9}{8}\,\mathrm{m}$ enthalten.

Das können wir aber auch bekanntlich mit Hilfe des Terminus „Messen" ausdrücken:

- Die Strecke $\dfrac{9}{20}\,\mathrm{m}$ wird $\dfrac{2}{5}$-mal von der Strecke $\dfrac{9}{8}\,\mathrm{m}$ gemessen.

Und dafür schreiben wir analog zu früheren Aufgaben: $\boxed{\dfrac{9}{20}\,\mathrm{m} : \dfrac{9}{8}\,\mathrm{m} = \dfrac{2}{5}}$

Dabei beachten wir, dass rechts keine Maßeinheit steht, denn hier wird ja nur angegeben, *wie viel Mal* die zweite Strecke in der ersten enthalten ist. Aber es wird hier nur die Grundidee beschrieben, was $\frac{9}{20}\,\mathrm{m} : \frac{9}{8}\,\mathrm{m}$ *bedeuten* soll oder kann!

Hingegen *fehlt noch ein Verfahren* und damit eine Rechenregel für die Division zweier beliebiger Brüche, die aus obigem Beispiel noch nicht einfach induktiv zu ersehen ist.

③ $\boxed{\dfrac{a}{b} : \dfrac{c}{d}}$ — **Definition der Bruchdivision über das Größenverhältnis:** *Verfahren*

Wir wählen wieder wie schon in früheren Situationen *gestufte Zugänge*:

③(a)   **Divisor-Zähler teilt Dividend-Zähler** (bei gleichen Nennern), z. B.: $\boxed{\dfrac{8}{5}\,\mathrm{m} : \dfrac{2}{5}\,\mathrm{m}}$

Es geht hier um die mit Bild 7.44 zusammenhängende Frage:

- „Wie oft ist $\frac{2}{5}\,\mathrm{m}$ in $\frac{8}{5}\,\mathrm{m}$ enthalten?"

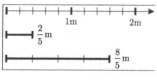

Bild 7.44: Lösung von
$\frac{8}{5}\,\mathrm{m} : \frac{2}{5}\,\mathrm{m}$ durch *Aufteilen*

Das ist dann eine *Aufgabe des Aufteilens* (im Unterschied zum „Verteilen" auf S. 339): Zunächst wird $\frac{2}{5}\,\mathrm{m}$ realisiert, *entweder* als $\frac{2}{5}$ von $1\,\mathrm{m}$ („Bruch als Teil eines Ganzen" – *oder* über $\frac{1}{5}\,\mathrm{m}$ und dann über den *quasikardinalen Aspekt*) *oder* direkt als $\frac{1}{5}$ von $2\,\mathrm{m}$ (*Bruch als Teil mehrerer Ganzer*). Entsprechend wird $\frac{8}{5}\,\mathrm{m}$ realisiert (*entweder* über $\frac{2}{5}\,\mathrm{m}$ und dann über den quasikardinalen Aspekt *oder* über „Bruch als Teil mehrerer Ganzer"). Sodann wird erkannt: $\frac{8}{5}\,\mathrm{m} = 4 \cdot \frac{2}{5}\,\mathrm{m}$.

Das lässt sich auch wie folgt formulieren: „Die $\frac{8}{5}\,\mathrm{m}$ lange Strecke wird von der $\frac{2}{5}\,\mathrm{m}$ langen Strecke 4-mal gemessen." Dafür schreiben wir dann wie früher: $\frac{8}{5}\,\mathrm{m} : 4 = \frac{2}{5}\,\mathrm{m}$.

Damit haben wir induktiv folgende Regel erarbeitet:

$\boxed{\text{Für alle } a, b, c \in \mathbb{N}^* \text{ gilt, falls } c \text{ Teiler von } a \text{ ist: } \dfrac{a}{b} : \dfrac{c}{b} = a : c}$ (7.4-7)

Gemäß Gleichung (7.4-5) dürfen wir jetzt rechts für den Quotienten $a : c$ auch den Bruch $\frac{a}{c}$ schreiben.

Dieses Beispiel war durch *„Gleiche Nenner"* und *„Divisor-Zähler teilt Dividend-Zähler"* gekennzeichnet, und dann war das Ergebnis der „Bruchdivision" eine natürliche Zahl. Vielleicht gibt es noch andere Fälle, bei denen die Division auch aufgeht? Wir versuchen es mal:

③(b)   **Bruch-Division „geht auf"**, also: $\boxed{\dfrac{a}{b} : \dfrac{c}{d} \in \mathbb{N}^*}$

Das bedeutet:

- Die Strecke der Länge $\frac{a}{b}$ m wird von der Strecke der Länge $\frac{c}{d}$ m **ganzzahlig gemessen.**

Und das bedeutet nun, dass ein $k \in \mathbb{N}^*$ existiert, so dass gilt:

$$\frac{a}{b} = k \cdot \frac{c}{d} \tag{7.4.-8}$$

Wenn die beiden Nenner b und d gleich wären, wüssten wir nach ③(a), wie es geht. Aber wir können sie ja *gleichnamig machen*: Das geht auf dem „sturen Weg" stets über das Produkt der beiden Nenner, d. h. durch

$$\frac{a}{b} \overset{d}{=} \frac{a \cdot d}{b \cdot d} \quad \text{und} \quad \frac{c}{d} \overset{b}{=} \frac{b \cdot c}{b \cdot d}, \quad \text{also} \quad \frac{a}{b} : \frac{c}{d} = \frac{a \cdot d}{b \cdot d} : \frac{b \cdot c}{b \cdot d}. \tag{7.4-9}$$

Um ③(a) anwenden zu können, müssen wir „nur" noch zeigen, dass bc Teiler von ad ist. Dazu wenden wir auf $\frac{a}{b} = k \cdot \frac{c}{d}$ die erarbeiteten Regeln über die Multiplikation an:

$$b \cdot \frac{a}{b} \underset{\substack{\text{Bruch mal}\\\text{nat. Zahl}}}{=} \frac{b \cdot a}{b} \underset{\substack{1 \text{ neutral}\\\text{in } (\mathbb{N}, \cdot)}}{=} \frac{b \cdot a}{b \cdot 1} \overset{b}{=} \frac{a}{1} \underset{\substack{\text{Einbettung}\\\text{von } \mathbb{N} \text{ in } \mathbb{B}}}{=} a \tag{7.4-10}$$

$$b \cdot \frac{a}{b} \underset{(7.4\text{-}9)}{=} b \cdot \left(k \cdot \frac{c}{d} \right) \underset{\substack{\text{Bruch mal}\\\text{nat. Zahl}}}{=} b \cdot \frac{kc}{d} \underset{\substack{\text{Bruch mal}\\\text{nat. Zahl,}\\\text{Assoz. in } (\mathbb{N}, \cdot)}}{=} \frac{bkc}{d} \tag{7.4-11}$$

Aus beiden Gleichungen folgt

$$ad \underset{\substack{\text{Bruch mal}\\\text{nat. Zahl}}}{=} \frac{bck}{d} \cdot d \underset{\substack{\text{Einbettung}\\\text{von } \mathbb{N} \text{ in } \mathbb{B}}}{=} \frac{bck}{d} \cdot \frac{d}{1} \underset{\substack{\text{Bruch mal}\\\text{Bruch}}}{=} \frac{bck \cdot d}{d \cdot 1} \overset{d}{=} \frac{bck}{1} \underset{\substack{\text{Einbettung}\\\text{von } \mathbb{N} \text{ in } \mathbb{B}}}{=} bck = k \cdot (bc) \tag{7.4-12}$$

Somit ist bc Teiler von ad, und mit (7.4-7) folgt aus (7.4-9):

$$\frac{a}{b} : \frac{c}{d} = (a \cdot d) : (b \cdot c) \tag{7.4-13}$$

Wegen (7.4-5) folgt schließlich:

$$\frac{a}{b} : \frac{c}{d} = (a \cdot d) : (b \cdot c) = \frac{a \cdot d}{b \cdot c} \underset{\substack{\text{Bruch mal}\\\text{Bruch}}}{=} \frac{a}{b} \cdot \frac{d}{c} \tag{7.4-14}$$

Obige abstrakte Rechnung war schon recht anspruchsvoll, aber: Das war Mathematik! Und es war ein *richtiger Beweis* (durch *lokales Ordnen*, vgl. Abschnitt 5.3.1.1, S. 230) für:

(7.52) Entdeckung — Division von Brüchen (formal für einen Sonderfall)

Es seien $a, b, c, d, k \in \mathbb{N}^*$ und $\dfrac{a}{b} = k \cdot \dfrac{c}{d}$. Dann gilt: $\boxed{\dfrac{a}{b} : \dfrac{c}{d} = \dfrac{a}{b} \cdot \dfrac{d}{c}}$

Hierbei ist Folgendes zu beachten: Diese „Entdeckung" kann unter der Voraussetzung als Satz ausgesprochen werden, dass für beliebige Brüche deren Quotient überhaupt ein sinnvolles Gebilde ist. Dieses haben wir hilfsweise mit der *Grundidee des Messens* in ② gelöst. Für den Beweis musste ferner auf die Einbettung von $\mathbb{N}$ in $\mathbb{B}$ und die Identifizierung von „Bruch" und „Quotient" zurückgegriffen werden.

Es fehlt aber noch eine Verallgemeinerung von (7.52) auf alle Brüche! Doch auf welcher Basis soll ein solcher Satz bewiesen werden? Das bisherige Konzept basiert auf der „Grundidee des Messens", wie wir sie bereits in der Proportionenlehre bei den älteren Pythagoreern finden (vgl. Abschnitt 3.3.4.3). Im Fall ③(b) haben wir wegen der Voraussetzung (7.4-8) *ganzzahlige Größenverhältnisse* betrachtet, und diese sind also durch $k : 1$ mit $k \in \mathbb{N}^*$ beschreibbar.

Und der allgemeine Fall nichtganzzahliger Größenverhältnisse wurde von den Pythagoreern mit Hilfe der hier stets abbrechenden Wechselwegnahme gelöst. Das legt nahe, eine **Definition für die Division von zwei beliebigen Brüchen** zu entwickeln. Wir beginnen mit einem Beispiel in Anlehnung an Aufgabe 3.2.a (S. 131) aus Abschnitt 3.3.4.4.

(7.53) Beispiel — Bruchdivision für den allgemeinen Fall durch Wechselwegnahme

Es seien zwei Stangen der Längen $\ell_1 = \frac{6}{5}$ m und $\ell_2 = \frac{4}{3}$ m gegeben. Gesucht sei das Größenverhältnis $\ell_1 : \ell_2 = \frac{6}{5} : \frac{4}{3}$ im pythagoreischen Sinn.

Wir wenden dazu den Wechselwegnahmealgorithmus aus Bild 3.10 und die Beziehungen aus Folgerung (3.10) an und erhalten (unter Ausnutzung von $\frac{6}{5} < \frac{4}{3}$ gemäß Abschnitt 7.4.3):

$$\mathrm{ggM}\left(\tfrac{6}{5},\tfrac{4}{3}\right) = \mathrm{ggM}\left(\tfrac{6}{5},\tfrac{4}{3}-\tfrac{6}{5}\right) = \mathrm{ggM}\left(\tfrac{18}{15},\tfrac{2}{15}\right) = \mathrm{ggM}\left(0,\tfrac{2}{15}\right) = \tfrac{2}{15}$$

$\frac{2}{15}$ ist also ein gemeinsames Maß mit $\frac{6}{5} \overset{3}{=} \frac{18}{15} = 9 \cdot \frac{2}{15}$ und $\frac{4}{3} \overset{5}{=} \frac{20}{15} = 10 \cdot \frac{2}{15}$, und somit folgt $\frac{6}{5} : \frac{4}{3} = 9 : 10$. Gemäß (7.4-7) können wir $9 : 10$ mit $\frac{9}{10}$ identifizieren, und das veranlasst uns, auch $\frac{6}{5} : \frac{4}{3}$ mit einem Bruch zu identifizieren, aber mit welchem?

Versuchsweise Anwendung von (7.52) liefert $\frac{6}{5} \cdot \frac{3}{4} = \frac{6 \cdot 3}{5 \cdot 4} = \frac{9}{10} = 9 : 10$, was nahelegt, (7.52) für alle Brüche als sinnvolle Definition zu akzeptieren. Wir untersuchen das allgemein:

$\frac{a}{b}$ und $\frac{c}{d}$ seien zwei beliebige Brüche, $\frac{e}{f}$ ihr per Wechselwegnahme ermittelbares und damit existierendes größtes gemeinsames Maß, so dass $\frac{a}{b} = m \cdot \frac{e}{f}$ und $\frac{c}{d} = n \cdot \frac{e}{f}$ mit $m, n \in \mathbb{N}^*$ gilt, also einerseits $\frac{a}{b} = \frac{me}{f}$ und $\frac{c}{d} = \frac{ne}{f}$ und andererseits $\frac{a}{b} : \frac{c}{d} = m : n$ als pythagoreisches Größenverhältnis. Es ist $\frac{a}{b} \cdot \frac{d}{c}$ zu berechnen und mit $\frac{a}{b} : \frac{c}{d}$ zu vergleichen, dazu benötigen wir $\frac{d}{c}$: Mit $\frac{u}{v} = \frac{x}{y} \Leftrightarrow uy = vx$ und $\frac{v}{u} = \frac{y}{x} \Leftrightarrow vx = uy$ ist $\frac{u}{v} = \frac{x}{y} \Leftrightarrow \frac{v}{u} = \frac{y}{x}$, also gilt $\frac{d}{c} = \frac{f}{ne}$.

So erhalten wir $\frac{a}{b} \cdot \frac{d}{c} = \frac{me}{f} \cdot \frac{f}{ne} = \frac{m}{n} = m : n = \frac{a}{b} : \frac{c}{d}$, was folgende Definition nahelegt:

(7.54) Definition — Division von Brüchen (formal und allgemein)

Es seien $a, b, c, d, k \in \mathbb{N}^*$. Dann gilt:

$$\frac{a}{b} : \frac{c}{d} := \frac{a}{b} \cdot \frac{d}{c}$$

Zwar wurde diese Bruchrechenregel (7.54) für die Division basierend auf der pythagoreischen Proportionenlehre und der Wechselwegnahme begründet, aber diese Begründung war recht abstrakt, so dass sie nachfolgend an einem konkreten Beispiel überprüft werden soll:

(7.55) Bruchdivision — exemplarische Plausibilitätskontrolle

Beispiel: „Wie oft wird $\frac{6}{5}$ m von $\frac{2}{3}$ m gemessen?" Wir rechnen mit den Maßzahlen und erhalten

$$\underset{(7.53)}{\frac{6}{5} : \frac{2}{3}} = \underset{\text{Bruchmultiplikation}}{\frac{6}{5} \cdot \frac{3}{2}} = \frac{6 \cdot 3}{5 \cdot 2}_2 = \frac{3 \cdot 3}{5 \cdot 1} = \frac{9}{5} .$$

Dieses Ergebnis bedeutet, dass $\frac{6}{5}$ m das „$\frac{9}{5}$-Fache von $\frac{2}{3}$ m" ist. Ist das sinnvoll? Die Probe liefert $\frac{9}{5} \cdot \frac{2}{3} = \frac{9 \cdot 2}{5 \cdot 3}_3 = \frac{3 \cdot 2}{5 \cdot 1} = \frac{6}{5}$, stimmt!

Und so erweist sich (an weiteren Beispielen) die Definition in (7.54) insgesamt als sinnvoll – und zwar auch dann, wenn sie nicht mittels Wechselwegnahme begründet worden wäre, sondern wenn sie nur *induktiv* durch Verallgemeinerung von (7.52) entstanden wäre.

Wir kontrastieren daher das in (7.53) beschriebene „pythagoreische" Verfahren durch ein anderes, das alternativ oder ergänzend verwendbar ist:

④ $\boxed{\dfrac{a}{b} : \dfrac{c}{d}}$ — **Definition der Bruchdivision über Flächenmessung**

④(a)   Problem: Von einem Rechteck seien der Flächeninhalt und eine Kantenlänge bekannt. Wie groß ist die andere Kantenlänge?

Zunächst setzen wir voraus, dass schon erarbeitet wurde, dass der Flächeninhalt A eines Rechtecks, dessen Kantenlängen die Maßzahlen p und q haben mögen (wobei $p, q \in \mathbb{B}$ ist), wie auch bei ganzzahligen Kantenlängen durch $A = p \cdot q$ berechnet werden kann. Das haben wir zwar hier nicht ausdrücklich behandelt, es ergibt sich aber aus den Überlegungen zur Multiplikation von Brüchen beim Flächeninhalt wie in ③(c) auf S. 340.

Es seien somit A und p gegeben und die weitere Kantenlänge x (anstelle von q) gesucht, so dass dann $A = p \cdot x$ erfüllt ist. Wie bisher in anderen Fällen üblich, ist es dann naheliegend, das gesuchte Ergebnis als Quotienten zu schreiben, also als $x = A : p$.

Wir beachten, dass $A : p$ *in diesem Stadium* nicht etwa ein Bruch ist, sondern ein Quotient. Auf diese Weise kommen wir zu einer anders begründeten Definition für die Division von Brüchen, die aber mit der ersten zusammenpassen muss. Wir betrachten dazu zwei Beispiele.

④(b) **Beispiel 1**: $A = \dfrac{3}{4}\,\text{m}^2$, $p = \dfrac{2}{5}\,\text{m}$, $q = ?$

Es ist also $\dfrac{3}{4}\,\text{m}^2 : \dfrac{2}{5}\,\text{m}$ zu berechnen. Gesucht ist eine Lösung für $\dfrac{2}{5}\,\text{m} \cdot \square\,\text{m} = \dfrac{3}{4}\,\text{m}^2$.

Dieses Problem lösen wir nun ikonisch oder gar enaktiv mit Hilfe des Rechteckmodells in der Darstellung gemäß Bild 7.45 (nächste Seite), indem wir schrittweise wie folgt vorgehen:

- Erzeugung des Flächeninhalts $\frac{3}{4}\,\text{m}^2$ als $\frac{3}{4}$ eines Quadrats der Kantenlänge $1\,\text{m}$,
- Fünfteln einer Kantenlänge und Markieren der neuen Kantenlänge $\frac{2}{5}\,\text{m}$,
- Betrachten des durch diese Kantenlänge gegebenen neuen kleineren Rechtecks als Teil desjenigen Rechtecks mit dem Inhalt $\frac{3}{4}\,\text{m}^2$,
- Verschieben aller 9 überzähligen kleinen Teilrechtecke (die alle den Flächeninhalt $\frac{1}{20}\,\text{m}^2$ haben, was hier aber nicht verwendet wird) so weit nach rechts,
- bis mit Hilfe weiterer Zerlegung ganz am Ende ein neues Rechteck mit dem Flächeninhalt $\frac{3}{4}\,\text{m}^2$ und der einen Kantenlänge $\frac{2}{5}\,\text{m}$ entsteht.

Die gesuchte Kantenlänge wird abgelesen, und man sieht: $\dfrac{3}{4}:\dfrac{2}{5}=\dfrac{15}{8}=\dfrac{3\cdot5}{4\cdot2}=\dfrac{3}{4}\cdot\dfrac{5}{2}$.

④(c)   **Beispiel 2:** $\dfrac{4}{3}\,\mathrm{m}^2:\dfrac{6}{5}\,\mathrm{m}=?$

Mit Blick auf die bisherigen Entdeckungen folgt mit etwas mehr Aufwand (Bild 7.46):

$$\frac{4}{3}:\frac{6}{5}=\frac{10}{9}\overset{2}{=}\frac{10\cdot2}{9\cdot2}=\frac{4\cdot5}{3\cdot6}=\frac{4}{3}\cdot\frac{5}{6}$$

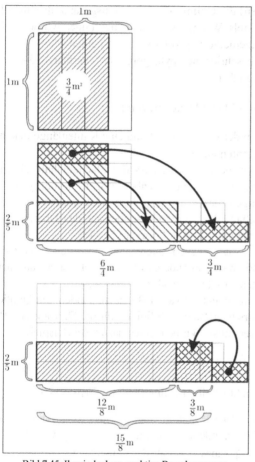

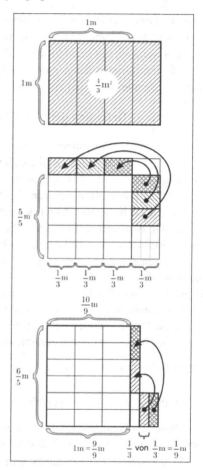

Bild 7.45: Ikonische bzw. enaktive Berechnung von

$$\frac{3}{4}\,\mathrm{m}^2:\frac{2}{5}\,\mathrm{m}=\frac{15}{8}\,\mathrm{m}$$

Bild 7.46: Ikonische bzw. enaktive Berechnung von

$$\frac{4}{3}\,\mathrm{m}^2:\frac{6}{5}\,\mathrm{m}=\frac{10}{9}\,\mathrm{m}$$

So kommt man also auch mit diesem experimentellen Ansatz über die Flächenmessung (wie in diesen beiden Beispielen) *induktiv* zu der allgemeinen Divisionsregel in Definition (7.54) (siehe S. 342. Das ist dann zwar kein formaler Beweis, aber dennoch sowohl altersgemäß als auch intellektuell redlich.

7.4.10 Doppelbrüche

Mit Bezug auf die „Einbettung" gemäß Abschnitt 7.4.9 und die Definition (7.54) liegt nun folgende Definition nahe:

> **(7.56) Definition — Doppelbruch**
>
> Für alle $a, b, c, d \in \mathbb{N}^*$ gilt: $\boxed{\dfrac{a}{b} : \dfrac{c}{d} =: \dfrac{\frac{a}{b}}{\frac{c}{d}}}$

Da der Quotient zweier Brüche bereits definiert ist, scheint dies nur noch die Vereinbarung einer Schreibweise zu sein, so dass wir künftig „Quotient" und „Bruch" formal identifizieren können.

Jedoch: Es muss noch die Kompatibilität mit dem Sonderfall $\frac{m}{1} = m$ überprüft werden:

$$\underbrace{\frac{\frac{a}{1}}{\frac{c}{1}}}_{\text{Einbettung}} = \underbrace{\frac{a}{c}}_{(7.54)} = a : c = \underbrace{\frac{a}{1} : \frac{c}{1}}_{\text{Einbettung}}$$

Da mit $\frac{a}{b}$ und $\frac{c}{d}$ auch $\frac{a}{b} + \frac{c}{d}$, $\frac{a}{b} - \frac{c}{d}$ (unter Beachtung der Subtraktionsregel (7.46) auf S. 333), $\frac{a}{b} \cdot \frac{c}{d}$ und $\frac{a}{b} : \frac{c}{d}$ wieder Brüche sind und da gemäß dem Beispiel (7.53) Zähler und Nenner eines Bruchs selbst Brüche sein dürfen, sind beliebig komplizierte „Doppelbrüche" wohldefiniert, die man schrittweise unter Beachtung der bereits bekannten Bruchrechenregeln umformen und „vereinfachen" kann.

Derartige Ausdrücke treten in der Praxis auf, und es ist daher wichtig, dass sie sicher umgeformt und „ausgerechnet" werden können. Eine händische Beherrschung der zugrundeliegenden Bruchrechenregeln erfordert ein erhebliches Training zum Aufbau entsprechender Fähigkeiten, Fertigkeiten und Geschicklichkeiten („Kalkülkompetenzen") – und das ist merkwürdigerweise *ohne ein tieferes Verständnis* des Bruchbegriffs und der Bruch-Operationen möglich!

Daher sind solche Tätigkeiten auch automatisierbar, und sie sind mittlerweile sogar auf einfachen Taschenrechnern verfügbar.

Allgemeinbildung muss aber erheblich mehr sein als das Training automatisierbarer Tätigkeiten und abrufbarer Kenntnisse.

• Die vorliegenden Betrachtungen sollten deutlich machen, dass im Sinne eines Allgemeinbildungsanspruchs die Entwicklung einer an „*Grundvorstellungen*" orientierten *Entwicklung des „Bruchbegriffs" unverzichtbar* ist – ebenso, wie es beispielsweise in der Reellen Analysis *nicht* darum gehen kann, wie man Grenzwerte oder Integrale ausrechnet, sondern als „Richtschnur" im Blick behält, worum es inhaltlich gilt, nämlich um eine entsprechende *ontogenetische Begriffsbildung* gemäß Abschnitt 1.3.

7.5   Bruchentwicklung

7.5.1   Vorbemerkung

Die Bezeichnung „Bruchentwicklung" ist zunächst doppeldeutig: So kann man darunter in Analogie zur „Entwicklung des Zahlbegriffs" (wie es in Kapitel 3 dargestellt worden ist) die „Entwicklung des Bruchbegriffs" verstehen. Und so wird man dann – ebenso wie bei der Entwicklung des Zahlbegriffs – zwischen der kulturhistorischen und der ontogenetischen Entwicklung des Bruchbegriffs zu unterscheiden haben (vgl. Abschnitt 1.3.2.1). Fragen der ontogenetischen Entwicklung des Bruchbegriffs wurden in den vorangehenden drei Abschnitten bereits angesprochen, und kulturhistorische Aspekte tauchten marginal in Abschnitt 7.1 auf, insbesondere aber schon in Abschnitt 3.3 beim „Zahlbegriff der Antike".

In diesem Abschnitt soll ein weiterer Aspekt von „Bruchentwicklung" angesprochen werden: die *Darstellung reeller Zahlen als Summe von Brüchen.*

So ist jedem, der sich professionell mit Mathematik befasst, spätestens seit einer Grundvorlesung in Analysis bekannt, dass sich jede reelle Zahl als Grenzwert einer Folge rationaler Zahlen darstellen lässt, und es gibt auch vielfältige und interessante Darstellungen rationaler Zahlen als endliche Summen rationaler Zahlen – das alles dann im Zusammenhang mit den sog. „endlichen und unendlichen Reihen". Solche hier so genannten „Bruchentwicklungen", die uns andeutungsweise bereits in Abschnitt 3.3 unter kulturhistorischen Aspekten in Gestalt von Stammbruchentwicklungen bei den Ägyptern und Sexagesimalbruchentwicklungen bei den Babyloniern begegneten, werden zum Abschluss dieses Kapitels kurz angesprochen.

Und zwar betrachten wir *Stammbruchentwicklungen* und *Kettenbruchentwicklungen* unter dem Aspekt von endlichen und unendlichen Reihen, außerdem sog. *Farey-Folgen* als endliche Folgen, die – in einem neuen, anderen Sinn als bisher – beliebig „verfeinerbar" sind.

Zuvor seien noch spitzfindige Anmerkungen zu den üblicherweise mit „Reihe" bezeichneten Objekten eingestreut: Eine „Reihe" ist in der Analysis die **Partialsummenfolge** einer unendlichen *Zahlenfolge.* Gemäß Bezeichnung (6.9) können wir eine Folge als eine Funktion auffassen, deren Definitionsmenge die Trägermenge einer Dedekind-Peano-Algebra ist, und aufgrund des Monomorphie-Satzes können wir als Trägermenge ohne Beschränkung der Allgemeinheit die Menge der natürlichen Zahlen wählen und damit kurz sagen: Eine **Folge** ist eine Funktion f mit $D_f = \mathbb{N}$, eine **reelle Zahlenfolge** ist dementsprechend eine Folge f mit $W_f \subset \mathbb{R}$ ($W_f = \mathbb{R}$ ist übrigens bei dieser Begriffsauffassung nicht möglich. Warum?).

Damit bezieht sich eine **Reihe** als *Partialsummenfolge einer Zahlenfolge* immer auf eine konkret gegebene Folge, und wenn diese z. B. mit $\langle a_n \rangle$ bezeichnet ist, so ergibt sich ihre Partialsummenfolge (als **Folge ihrer Partialsummen**) in „sauberer Notation" zu

$$\left\langle \sum_{\nu=0}^{n} a_\nu \right\rangle =: \sum \langle a_n \rangle ,$$

was in naiver, „elementarer" Schreibweise durch $a_0, a_0 + a_1, a_0 + a_1 + a_2, \ldots$ andeutbar ist.

Nun tauchen sofort (hier nur rhetorisch gestellte) Fragen auf:

(1) Jede Reihe ist damit eine Zahlenfolge, andererseits kann man jede Zahlenfolge als Reihe schreiben. *Warum hat man also zwei Namen für dasselbe Objekt?*

(2) „Unendliche Reihen" pflegt man mit $\sum_{n=0}^{\infty} a_n$ zu bezeichnen (was genauer mit $\sum \langle a_n \rangle$ zu bezeichnen wäre). Doch was soll man dann von der üblichen Sprechweise „$\sum_{n=0}^{\infty} a_n$ konvergiert" halten, wenn der Grenzwert dieser „Reihe" ebenfalls mit $\sum_{n=0}^{\infty} a_n$ bezeichnet wird? *Wie kann denn eine Folge dasselbe sein wie ihr Grenzwert?*

7.5.2 Stammbruchentwicklungen

In der Antike musste man bereits vor rund 4000 Jahren aus ganz praktischen Gründen auch Bruchteile von „Ganzen" darstellen und mit diesen rechnen. Die Babylonier benutzten dafür das Sexagesimalsystem,[529] und die Ägypter lösten das mit Hilfe von „Stammbrüchen".[530]

Diese Methode zur Darstellung von Bruchteilen eines Ganzen durch Stammbrüche begegnet uns etwa 1850 vor der Zeitenwende. Stammbrüche sind in heutiger Sichtweise Brüche mit dem Zähler 1 und ganzzahligem positivem Nenner. Überliefert wurden uns Kenntnisse darüber u. a. im berühmten *Rechenbuch des Ahmes*.[531] Die Ägypter konnten demgemäß einen *Bruchteil als Summe verschiedener Stammbrüche* darstellen, z. B. in unserer Notation

$$\frac{7}{10} = \frac{1}{3} + \frac{1}{5} + \frac{1}{6}, \text{ aber auch } \frac{7}{10} = \frac{1}{2} + \frac{1}{5},$$

was bereits zeigt, dass eine solche Darstellung zwar ggf. möglich ist, aber nicht eindeutig sein muss.

Die Ägypter verwendeten auch zur Zahlendarstellung ihre sog. Hieroglyphen als Bilderschrift. So stellt z. B. MORITZ CANTOR dies 1880 ausführlich dar, wie es ein Ausschnitt in Bild 7.47[532] zeigt. Wir erkennen daraus, dass die ägyptische Zahlendarstellung prinzipiell auf einem dekadischen System zu beruhen scheint. Durch Bündelung konnten dann mit diesen „Dezimalziffern" andere natürliche Zahlen dargestellt werden.

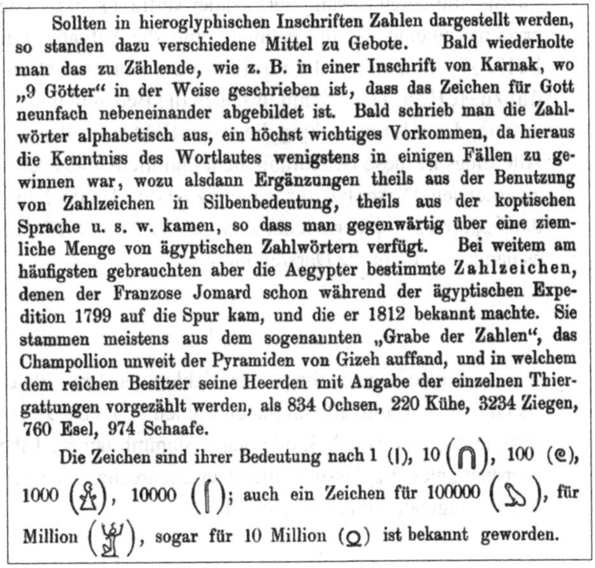

Sollten in hieroglyphischen Inschriften Zahlen dargestellt werden, so standen dazu verschiedene Mittel zu Gebote. Bald wiederholte man das zu Zählende, wie z. B. in einer Inschrift von Karnak, wo „9 Götter" in der Weise geschrieben ist, dass das Zeichen für Gott neunfach nebeneinander abgebildet ist. Bald schrieb man die Zahlwörter alphabetisch aus, ein höchst wichtiges Vorkommen, da hieraus die Kenntniss des Wortlautes wenigstens in einigen Fällen zu gewinnen war, wozu alsdann Ergänzungen theils aus der Benutzung von Zahlzeichen in Silbenbedeutung, theils aus der koptischen Sprache u. s. w. kamen, so dass man gegenwärtig über eine ziemliche Menge von ägyptischen Zahlwörtern verfügt. Bei weitem am häufigsten gebrauchten aber die Aegypter bestimmte Zahlzeichen, denen der Franzose Jomard schon während der ägyptischen Expedition 1799 auf die Spur kam, und die er 1812 bekannt machte. Sie stammen meistens aus dem sogenannten „Grabe der Zahlen", das Champollion unweit der Pyramiden von Gizeh auffand, und in welchem dem reichen Besitzer seine Heerden mit Angabe der einzelnen Thiergattungen vorgezählt werden, als 834 Ochsen, 220 Kühe, 3234 Ziegen, 760 Esel, 974 Schaafe. Die Zeichen sind ihrer Bedeutung nach 1 (I), 10 (∩), 100 (℮), 1000 (𓆼), 10000 (𓂭); auch ein Zeichen für 100000 (𓎖), für Million (𓁨), sogar für 10 Million (Q) ist bekannt geworden.

Bild 7.47: Ägyptische Hieroglyphen als dekadische Zahlzeichen

---

[529] Vgl. Abschnitt 3.3.1 und die Andeutung auf S. 287.

[530] Vgl. die ersten Andeutungen in Abschnitt 3.3.2 (S. 121) und auf S. 287 f.

[531] Aus dem „Papyrus Rhind" (siehe nächste Seite und Abschnitt 1.1.5.2).

[532] Ausschnitt aus [CANTOR 1880, 38].

Bild 7.48:
„236"

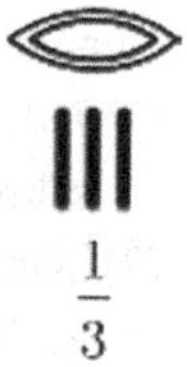

Bild 7.49:
Horusauge

Bild 7.48 zeigt symbolisch die Nachbildung einer Hieroglyphendarstellung, hier von „236". Für unseren heutigen „echten Bruch" $\frac{2}{3}$ hatten die Ägypter ein eigenes Symbol.[533] Andere Bruchteile stellten sie als Summen von Stammbrüchen dar (s. o.), die aus unserem Verständnis den Zähler „Eins" hatten. Diesen symbolisierten sie durch ein sog. „Horusauge", das direkt über dem „Nenner" platziert wurde.[533] Bild 7.49 zeigt eine nachträgliche Simulation einer Hieroglyphendarstellung von $\frac{1}{3}$.

Der Orientalist NEUGEBAUER kennzeichnet in seinen Darstellungen Stammbrüche durch einen Querstrich über dem Nenner, also z. B. $\bar{3}$ für $\frac{1}{3}$.[534]

So entsteht die Frage, ob und wie man einen beliebigen gegebenen Bruch in eine Summe von Stammbrüchen zerlegen kann. Schon auf S. 287 hatten wir an einem Beispiel gesehen, dass solche Zerlegungen prinzipiell nicht eindeutig sein müssen.

Bild 7.50 zeigt exemplarisch unterschiedliche Stammbruchentwicklungen eines Bruchs, die von Hörern in einer meiner Vorlesungen spontan erfunden wurden. Insbesondere wird die Frage entstehen, ob und wie man ggf. solche Summendarstellungen systematisch erzeugen kann und wie das damals die Ägypter gemacht haben könnten. Das 'Rechenbuch des AHMES'[535] gibt darüber Auskunft, wie es z. B. MORITZ CANTOR berichtet:[536]

Nach dieser Bemerkung lässt sich sofort erkennen, dass es eine Aufgabe gab, welche Ahmes unbedingt an die Spitze stellen musste, mit deren Lösung der Schüler vertraut sein musste, bevor er an irgend eine andere Rechnung ging, die Aufgabe: e i n e n b e l i e b i g e n B r u c h a l s S u m m e v o n S t a m m b r ü c h e n d a r z u s t e l l e n. Das scheint uns auch die Bedeutung der T a b e l l e zu sein, deren Entwickelung die ersten Blätter des Papyrus füllt. Allerdings ist diese Bedeutung nicht unmittelbar aus dem Wortlaut zu erkennen. Dieser heisst vielmehr zuerst : „Theile 2 durch 3", dann „durch 5", später wieder z. B. „theile 2 durch 17", kurzum, es handelt sich um die Darstellung von

$$\frac{2}{2n+1}$$

(wo n der Reihe nach die ganzen Zahlen von 1 bis 49 bedeutet, als Divisoren mithin alle ungraden Zahlen von 3 bis 99 erscheinen), als Summe von 2, 3, oder gar 4 Stammbrüchen. Tabellarisch geordnet unter Weglassung aller Zwischenrechnungen gewinnt Ahmes folgende Zerlegungen […]

$$\frac{3}{7} = \frac{1}{3} + \frac{1}{11} + \frac{1}{231}$$
$$= \frac{1}{6} + \frac{1}{4} + \frac{1}{84}$$
$$= \frac{1}{4} + \frac{1}{7} + \frac{1}{28}$$
$$= \frac{1}{15} + \frac{1}{3} + \frac{1}{35}$$
$$= \frac{1}{9} + \frac{1}{4} + \frac{1}{15} + \frac{1}{1260}$$
$$= \frac{1}{8} + \frac{1}{4} + \frac{1}{19} + \frac{1}{1064}$$
$$= \frac{1}{8} + \frac{1}{4} + \frac{1}{20} + \frac{1}{280}$$

Bild 7.50: Stammbruchentwicklungen von $\frac{3}{7}$

---

[533] [RESNIKOFF & WELLS 1983, 51]

[534] [RESNIKOFF & WELLS 1983, 52]

[535] Aus dem Papyrus Rhind, vgl. Abschnitt 3.3.2.

[536] [CANTOR 1880, 22]

$\dfrac{2}{3} = \dfrac{2}{3}$	$\dfrac{2}{23} = \dfrac{1}{12} \; \dfrac{1}{276}$
$\dfrac{2}{5} = \dfrac{1}{3} \; \dfrac{1}{15}$	$\dfrac{2}{25} = \dfrac{1}{15} \; \dfrac{1}{75}$
$\dfrac{2}{7} = \dfrac{1}{4} \; \dfrac{1}{28}$	$\dfrac{2}{27} = \dfrac{1}{18} \; \dfrac{1}{54}$
$\dfrac{2}{9} = \dfrac{1}{6} \; \dfrac{1}{18}$	$\dfrac{2}{29} = \dfrac{1}{24} \; \dfrac{1}{58} \; \dfrac{1}{174} \; \dfrac{1}{232}$
$\dfrac{2}{11} = \dfrac{1}{6} \; \dfrac{1}{66}$	$\dfrac{2}{31} = \dfrac{1}{20} \; \dfrac{1}{124} \; \dfrac{1}{155}$
$\dfrac{2}{13} = \dfrac{1}{8} \; \dfrac{1}{52} \; \dfrac{1}{104}$	$\dfrac{2}{33} = \dfrac{1}{22} \; \dfrac{1}{66}$
$\dfrac{2}{15} = \dfrac{1}{10} \; \dfrac{1}{30}$	$\dfrac{2}{35} = \dfrac{1}{30} \; \dfrac{1}{42}$
$\dfrac{2}{17} = \dfrac{1}{12} \; \dfrac{1}{51} \; \dfrac{1}{68}$	$\dfrac{2}{37} = \dfrac{1}{24} \; \dfrac{1}{111} \; \dfrac{1}{296}$
$\dfrac{2}{19} = \dfrac{1}{12} \; \dfrac{1}{76} \; \dfrac{1}{114}$	$\dfrac{2}{39} = \dfrac{1}{26} \; \dfrac{1}{78}$
$\dfrac{2}{21} = \dfrac{1}{14} \; \dfrac{1}{42}$	$\dfrac{2}{41} = \dfrac{1}{24} \; \dfrac{1}{246} \; \dfrac{1}{328}$

Bild 7.51: Anfang der Stammbruchtabelle aus dem Rechenbuch des Ahmes (aus [CANTOR 1880, 22])

Bild 7.51 zeigt den ersten Teil dieser so bei CANTOR angegebenen Tabelle, wobei die Pluszeichen (wie bei den Ägyptern) jeweils hinzuzudenken sind.[536] An einem Beispiel in Bild 7.52 sei verdeutlicht, wie aus unserer Sicht mit Hilfe dieser Tabelle (und mit anschließendem Zusammenfassen, Kürzen und Umordnen) eine Stammbruchzerlegung eines gegebenen Bruchs konstruiert werden kann.

$$\frac{5}{7} = \frac{1}{7} + \frac{2}{7} + \frac{2}{7}$$
$$= \frac{1}{7} + \left(\frac{1}{4} + \frac{1}{28}\right) + \left(\frac{1}{4} + \frac{1}{28}\right)$$
$$= \frac{1}{7} + \frac{2}{4} + \frac{2}{28}$$
$$= \frac{1}{7} + \frac{1}{2} + \frac{1}{14} = \frac{1}{2} + \frac{1}{7} + \frac{1}{14}$$

Bild 7.52: Beispiel einer Stammbruchentwicklung auf Basis von Bild 7.50

Der aus Pisa stammende FIBONACCI lebte von 1170 bis ca. 1250. Er ist durch die nach ihm benannte Folge wohlbekannt:[537] $1, 1, 2, 3, 5, 8, \ldots$, allgemein $a_{n+2} = a_n + a_{n+1}$.

Sein richtiger Name ist LEONARDO DA PISA, während „Fibonacci" auf „filio Bonacij", also „Sohn des Bonaccio" (Bonaccio: „der Gute") zurückgeht. Im Jahre 1202 erschien sein berühmtes Buch 'Liber Abaci' („Rechenbuch") in fünfzehn Kapiteln.

MORITZ CANTOR schreibt dazu:[538]

> Von einem pisaner Schreiber wissen wir, der am Ende des XII. Jahrhunderts in Bugia lebte. Seinen Namen kennen wir nicht, wohl aber einen spöttischen Beinamen, den er führte, Bonaccio (der Gute), und welcher sich in der Ueberschrift eines von seinem Sohne Leonardo verfassten Werkes erhalten hat: Incipit liber Abaci Compositus a leonardo filio Bonacij Pisano. In Anno M°CC°II°. Er liess diesen Sohn Leonardo aus der Heimath kommen, um ihn bei einem Rechenmeister unterrichten zu lassen. Er sollte verschiedene Tage – per aliquot dies – dem Studium des Abacus widmen. Er wurde in die Kunst mit Hilfe der neun Zahlzeichen der Inder eingeführt, fand an der Wissenschaft Vergnügen, lernte auf Handelsreisen, die er später nach Aegypten, Syrien, Griechenland, Sicilien und der Provence unternahm, Alles kennen, was an jene Rechnungsverfahren sich anschloss. Aber dies Alles, sagt Leonardo, und der Algorismus und die Bögen des Pictagoras schienen mir nur ebensoviele Irrthümer verglichen mit der Methode der Inder. Er habe desshalb eben die Methode der Inder enger umfasst, habe Eigenes hinzugefügt, Manches von den Feinheiten der geometrischen Kunst des Euclid beigesetzt und so das Werk geschaffen, welches er jetzt in 15 Abschnitten veröffentliche, damit das Geschlecht der Lateiner hinfort nicht mehr unwissend in diesen Dingen befunden werde.

---

[537] Vgl. Abschnitt 3.3.5.7.
[538] [CANTOR 1892, 5]

In der That scheint das umfangreiche Werk – der vorhandene Abdruck erfüllt 459 Seiten – den Erfolg gehabt zu haben, welchen Leonardo sich von ihm versprach.

Noch Jahrhunderte hindurch ist die Nachwirkung dieses merkwürdigen Buches unmittelbar zu erweisen. Die von Leonardo gebrauchten Beispiele sind von zähester Lebenskraft und haben, theilweise selbst aus grauester Vergangenheit stammend, weitere Zeiträume durchlebt als die stolzesten Bauten des Alterthums.

Die o. g. fünfzehn Kapitel führt [CANTOR 1892, 7] wie folgt in deutscher Übersetzung auf:

1. Von der Kenntnis der neun Zahlzeichen der Inder und wie mittels derselben jede Zahl anzuschreiben sei; ferner welche Zahlen und wie sie durch die Hände behalten werden können, sowie die Einführungen des Abacus (pag. 2–6).
2. Vom Vervielfachen ganzer Zahlen (pag. 7–18).
3. Vom Zusammenzählen ganzer Zahlen (pag. 18–22).
4. Von dem Abziehen kleinerer Zahlen von grösseren (pag. 22–23).
5. Von dem Theilen ganzer Zahlen (pag. 23–47).
6. Vom Vervielfachen ganzer Zahlen mit Brüchen (pag. 47–63).
7. Vom Zusammenzählen, Abziehen und Theilen der Zahlen mit Brüchen und von der Zerlegung vielfacher Theile in einzelne (pag. 63–83).
8. Von der Auffindung der Preise der Waaren nach der grösseren Weise (pag. 83–118).
9. Von dem Umtausche der Waaren und ähnlichen Dingen (pag. 118–135).
10. Von der Genossenschaft unter Gesellschaftern (pag. 135–143).
11. Von der Mischung der Münzen (pag. 143–166).
12. Von der Auflösung vieler Aufgaben, die wir als mannigfache bezeichnen (pag. 166–318).
13. Von der Regel Elchatayn[539] und wie durch dieselbe fast alle mannigfache Aufgaben des Abacus gelöst werden (pag. 318–352).
14. Von der Auffindung der Quadrat- und Kubikwurzeln und von deren gegenseitiger Vervielfachung, Theilung und Abziehung, sowie von der Behandlung der mit ganzen Zahlen verbundenen Wurzelgrössen und ihren Wurzeln (pag. 352–387).
15. Von den Regeln, die zur Geometrie gehören und von den Aufgaben der Aljebra und Almuchabala (pag. 387–459).

Das liest sich fast wie ein Auszug aus einem Lehrplan für den Mathematikunterricht der Jahrgänge 5 bis 8.

Das Kapitel 7 im 'Liber Abaci' enthält in verbaler Formulierung Formeln zur Ermittlung gewisser Stammbruchentwicklungen, die in heutiger Formulierung lauten würden:[540]

(7.57) Stammbruchentwicklung — Formeln für Sonderfälle (FIBONACCI 1202)

(a) $$\frac{a}{na-1} = \frac{1}{n} + \frac{1}{n(na-1)}$$ (b) $$\frac{a+1}{na-1} = \frac{1}{na-1} + \frac{1}{n} + \frac{1}{n(na-1)}$$

(c) $$\frac{2a+3}{(2n+1)(2a+1)-1} = \frac{1}{2n+1} + \frac{1}{(2n+1)a+n} + \frac{1}{(2n+1)[(2n+1)(2a+1)-1]}$$

---

[539] Die „Regula Elchatayn" (arabisch „al-khaṭā'ayn") heißt im Deutschen „doppelter falscher Ansatz". Der Ägypter ABU KAMIL (ca. 880, vgl. Abschnitt 2.2.3, S. 54) widmete diesem Thema ein eigenes Buch.

[540] [CANTOR 1892, 12]

Für diese Sonderfälle lassen sich damit schnell Stammbruchentwicklungen angeben, z. B.:

$$\frac{5}{9} = \frac{5}{2 \cdot 5 - 1} = \frac{1}{2} + \frac{1}{18}, \quad \frac{7}{11} = \frac{6+1}{2 \cdot 6 - 1} = \frac{1}{11} + \frac{1}{2} + \frac{1}{22}, \quad \frac{5}{14} = \frac{2 \cdot 1 + 3}{(2 \cdot 2 + 1) \cdot (2 \cdot 1 + 1) - 1} = \frac{1}{5} + \frac{1}{7} + \frac{1}{70}$$

Aufgabe 7.22

(a) Geben Sie für jede der drei Stammbruchformeln ein eigenes Beispiel an.

(b) Beweisen Sie die drei Stammbruchformeln von FIBONACCI.

(c) Für welche der Zerlegungen in Bild 7.51 gilt $\dfrac{2}{2n+1} = \dfrac{1}{n+1} + \dfrac{1}{(n+1)(2n+1)}$?

Wie können wir z. B. die erste Formel (7.57.a) deuten? – Es sei ein Bruch gegeben, bei dem der Nenner um Eins kleiner als ein gewisses Vielfaches des Zählers ist. Dann erhalten wir sofort eine Zerlegung in die Summe von zwei verschiedenen Stammbrüchen, z. B.:

$$\frac{2}{11} = \frac{2}{6 \cdot 2 - 1} = \frac{1}{6} + \frac{1}{6 \cdot (6 \cdot 2 - 1)} = \frac{1}{6} + \frac{1}{66}, \quad \frac{5}{14} = \frac{5}{3 \cdot 5 - 1} = \frac{1}{3} + \frac{1}{3 \cdot (3 \cdot 5 - 1)} = \frac{1}{3} + \frac{1}{42}$$

Bei entsprechender Übung kann man diese Formeln „stur" anwenden wie z. B. beim schriftlichen Multiplizieren oder Dividieren. Die zweite Formel (7.57.b) unterscheidet sich von der ersten nur dadurch, dass der Zähler des gegebenen Bruchs um Eins größer ist und dass sich zu der vorherigen Zerlegung nur „vorne" noch der entsprechende Bruch hinzugesellt, z. B.:

$$\frac{3}{11} = \frac{2+1}{6 \cdot 2 - 1} = \frac{1}{6 \cdot 2 - 1} + \frac{1}{6} + \frac{1}{6 \cdot (6 \cdot 2 - 1)} = \frac{1}{11} + \frac{1}{6} + \frac{1}{66}$$

$$\frac{6}{14} = \frac{5+1}{3 \cdot 5 - 1} = \frac{1}{3 \cdot 5 - 1} + \frac{1}{3} + \frac{1}{3 \cdot (3 \cdot 5 - 1)} = \frac{1}{14} + \frac{1}{3} + \frac{1}{42}$$

Und damit folgt indirekt durch Kürzen auch: $\dfrac{3}{7} = \dfrac{1}{3} + \dfrac{1}{14} + \dfrac{1}{42}$

Hätte man beim letzten Beispiel allerdings zuvor gekürzt, also $\frac{6}{14} = \frac{3}{7}$, so hätte weder Formel (7.57.a) noch Formel (7.57.b) weitergeführt, womit wir sehen, dass manchmal vorheriges Erweitern hilfreich sein kann. Auch Formel (7.57.c) würde bei $\frac{3}{7}$ nicht helfen.

Aufgabe 7.23

Untersuchen Sie, ob die indirekt erhaltene Stammbruchentwicklung $\dfrac{3}{7} = \dfrac{1}{3} + \dfrac{1}{14} + \dfrac{1}{42}$ mit einer der drei Fibonacci-Formeln direkt (ohne anschließendes Kürzen) erzeugt werden kann.

Die Fibonacci-Formeln helfen aufgrund der Termstruktur der linken Seiten nur in Sonderfällen weiter, um eine Stammbruchentwicklung zu erzeugen. FIBONACCI hat aber im selben Kapitel einen *Algorithmus* angegeben, der zu *jedem* gegebenen vollständig gekürzten Bruch eine Stammbruchentwicklung liefert. Das Prinzip dabei ist Folgendes:

➤ Suche zu dem gegebenen Bruch den größten Stammbruch, der noch kleiner oder gleich als der gegebene Bruch ist.

➤ Wenn dieser Stammbruch gleich dem gegebenen Bruch ist, ist das Verfahren beendet.

➤ Andernfalls bilde die Differenz zwischen dem gegebenen Bruch und dem Stammbruch, und beginne wieder beim ersten Schritt.

Dieser Algorithmus sucht also „gierig" stets den größten im jeweiligen Bruch „enthaltenen" Stammbruch. Er heißt daher auch „*gieriger Algorithmus*" (englisch: *Greedy Algorithm*). [CANTOR 1892, 12 f.] beschreibt diesen Algorithmus, der sich wie folgt darstellen lässt:

(7.58) Stammbruchentwicklung — gieriger Algorithmus (FIBONACCI 1202)

(1)   Gegeben: $a, b \in \mathbb{N}$ mit $1 < a < b$ und $\mathrm{ggT}(a, b) = 1$.

(2)   Wähle n so, dass $\dfrac{1}{n} < \dfrac{a}{b} < \dfrac{1}{n-1}$.

(3)   Ausgabe: $\dfrac{1}{n}$ (4)   Bilde $q := \dfrac{a}{b} - \dfrac{1}{n}$ (> 0).

(5)   Wähle $a, b \in \mathbb{N}$ so, dass $\dfrac{a}{b} = q$ und $\mathrm{ggT}(a, b) = 1$.

(6)   Falls $a > 1$, dann gehe zu (2).   (7)   Ausgabe: $\dfrac{a}{b}$ ☞   fertig!

Die Startbedingung $\mathrm{ggT}(a, b) = 1$ stellt sicher, dass a und b teilerfremd sind und dass also der mit a und b gebildete Bruch $\frac{a}{b}$ vollständig gekürzt ist.

Aufgabe 7.24

Welche Stammbruchentwicklungen liefert der gierige Algorithmus für $\frac{3}{7}$ und $\frac{9}{13}$?

Folgende Fragen drängen sich beim Thema „Stammbruchentwicklungen" angesichts von Bild 7.51 (S. 349) und weiteren „Erlebnissen" mit Stammbrüchen auf:[541]

- *Existiert zu jedem echten Bruch stets eine Stammbruchentwicklung?*

Der *gierige Algorithmus* beantwortet das positiv.

- *Wie viele Stammbruchentwicklungen gibt es zu einem gegebenen echten Bruch $\frac{a}{b}$?*

Es sei $\frac{a}{b} = \frac{1}{m_0} + \frac{1}{m_1} + \ldots + \frac{1}{m_k}$, $m_i < m_{i+1}$ und $n := m_k + 1$. Dann gibt es $c, d \in \mathbb{N}^*$ mit

$\mathrm{ggT}(c, d) = 1$ und $\frac{1}{m_k} = \frac{1}{n} + \frac{c}{d}$, also $\frac{c}{d} = \frac{1}{n-1} - \frac{1}{n} = \frac{1}{(n-1) \cdot n} < \frac{1}{n}$.

Damit ist $\dfrac{1}{m_0} + \ldots + \dfrac{1}{m_{k-1}} + \dfrac{1}{m_k + 1} + \dfrac{1}{m_k \cdot (m_k + 1)}$ eine weitere Stammbruchentwicklung von $\frac{a}{b}$,

z. B.: $\frac{1}{2} + \frac{1}{3} = \frac{1}{2} + \frac{1}{4} + \frac{1}{12} = \ldots$, also folgt:

➤ Jeder echte Bruch besitzt unendlich viele Stammbruchentwicklungen!

- *Sind Stammbruchentwicklungen stets endlich, können sie auch nicht-abbrechend sein?*

Gewiss können Stammbruchentwicklungen nicht-abbrechend sein, z. B.: $\frac{1}{2} = \frac{1}{4} + \frac{1}{8} + \frac{1}{16} + \ldots$

Aufgabe 7.25

Existiert zu jedem echten Bruch eine nicht-abbrechende Stammbruchentwicklung?

---

[541]   Wir betrachten wie bisher nur „positive" Brüche.

Es gibt aber auch nicht-konvergierende unendliche Reihen, deren Summanden Stammbrüche sind, wie man an der bekannten *harmonischen Reihe* sieht.

Bild 7.52 zeigt nicht nur, dass ein gegebener Bruch unterschiedliche Stammbruchentwicklungen besitzen kann, sondern dass man – zumindest hier – mit einer beschränkten Anzahl von Summanden auskommen kann. Gilt das vielleicht immer? Damit ergeben sich weitere Fragen:

- *Gibt es „kürzeste" Stammbruchentwicklungen in dem Sinne, dass eine für alle Brüche gültige minimale Obergrenze der Summandenanzahl ihrer Stammbruchentwicklung existiert?*
- *Gibt es gar „kürzeste" Entwicklungen mit „minimalen" Nennern?*

Diese Fragen sind einfach formulierbar und durchaus naheliegend wie der „große Satz" von FERMAT.[542] Während aber 1993/1994 der rund 350 Jahre alte Satz von FERMAT endlich bewiesen werden konnte, gibt es als Antwort auf obige Fragen bisher nur einige Vermutungen.

Die erste, bisher noch unbewiesene Vermutung geht auf die ungarischen Mathematiker PÁL ERDŐS (1913–1996) und ERNST GABOR STRAUS (1922–1983) zurück und lautet:[543]

(7.59) Vermutung

(PÁL ERDŐS und ERNST GABOR STRAUS, 1948)

Es sei $n \in \mathbb{N}$ beliebig gewählt mit $n \geq 2$.

$$\text{Dann ist } \frac{4}{n} = \frac{1}{x} + \frac{1}{y} + \frac{1}{z} \text{ stets in } \mathbb{N}^* \text{ lösbar.}$$

Hier dürfen die Stammbruchnenner offenbar gleich sein, z. B. $\frac{4}{2} = 2 = \frac{1}{2} + \frac{1}{2} + \frac{1}{1}$.

ANDRZEJ SCHINZEL (geb. 1937) und WACŁAW SIERPIŃSKI (1882–1969) variierten 1956 die Erdős-Straus-Vermutung:

Zu jeder natürlichen Zahl a gibt es eine Zahl N, so dass $\frac{a}{b}$ für alle b mit $b > N$ als Summe von höchstens drei Stammbrüchen darstellbar ist.

Mitte der 1990er Jahre hatte CHRISTIAN ELSHOLTZ gemeinsam mit ARND ROTH die Erdős-Straus-Vermutung numerisch mittels Computer bis $n = 4 \cdot 10^{11}$ bestätigt, dieses Ergebnis aber damals noch nicht veröffentlicht.[544]

2011 hielt ALAN SWETT noch den Rekord mit $n = 10^{14}$. 2014 überprüfte S. SALEZ diese Vermutung mit Computerhilfe bis $n = 10^{17}$, und das ist der Rekord bis zum Stand Mai 2020.

[ELZHOLTZ & TAO 2011] und [ELSHOLTZ & PLANITZER 2020] fanden zahlreiche neue Ergebnisse zu der nun schon sogar „Erdős-Straus-Gleichung" genannten Vermutung,[544] aber *„bis heute ist eine Lösung des Problems nicht einmal in Reichweite".*[545]

---

[542] Vgl. Abschnitt 5.3.1.2.

[543] Vgl. [ELSHOLTZ 2001, 3209].

[544] Nach einer dankenswerten Mitteilung von CHRISTIAN ELSHOLTZ (TU Graz) vom 14. 09. 2011. Weitergehende Untersuchungen zur *Lösungsanzahl* dieser „Erdős-Straus-Gleichung" findet man in [ELSHOLTZ & TAO 2011].

[545] Alles nach einer neuen Mitteilung von CHRISTIAN ELSHOLTZ (TU Graz) vom 13. 05. 2020, für die ich ihm auch erneut wieder sehr danke.

7.5.3   Kettenbruchentwicklungen

Im 17. Jh. „erfand" der Holländer CHRISTIAAN HUYGENS[546] die sog. „Kettenbrüche", um damit Brüche mit großem Zähler und Nenner durch solche mit kleinerem Zähler und Nenner gut anzunähern, was für den Bau von Zahnradkoppelungen aus fertigungstechnischen Gründen sehr nützlich und wichtig war. Das sich hierauf gründende Verfahren liefert sogar stets sog. *beste Näherungsbrüche* (was umseitig knapp erläutert wird). Der zugehörige Algorithmus lässt sich leicht verbal beschreiben, wobei wir uns auf den Fall der Kettenbruchentwicklung echter Brüche beschränken können (also solcher, die kleiner als Eins sind):

(7.60) Kettenbruchentwicklung — Algorithmus (CHRISTIAAN HUYGENS, 17. Jh.)

(1)   Gegeben: $a, b \in \mathbb{N}$ und $1 < a < b$. ($\frac{a}{b}$ ist dann ein echter Bruch.)

(2)   Bilde den Kehrwert von $\frac{a}{b}$.
      (Dieser Kehrwert ist größer als Eins, weil $\frac{a}{b}$ ein echter Bruch ist.)

(3)   Zerlege den Kehrwert in eine Summe aus einer natürlichen Zahl (seinen „Ganzteil") und einen echten Bruch (der dann kleiner als Eins ist).

(4)   Notiere diesen Ganzteil.

(5)   Falls dieser echte Bruch ein Stammbruch ist, so ist das Verfahren beendet.

(6)   Mache bei (2) weiter.

Die auf diese Weise notierten Ganzteile heißen „Teilnenner" des gesuchten Kettenbruchs. Ein Beispiel klärt das Verfahren, wobei wir sogar mit einem unechten Bruch starten:

$$\frac{1355}{946} = 1 + \frac{409}{946} = 1 + \cfrac{1}{\frac{946}{409}} = 1 + \cfrac{1}{2 + \frac{128}{409}} = 1 + \cfrac{1}{2 + \cfrac{1}{\frac{409}{128}}} = 1 + \cfrac{1}{2 + \cfrac{1}{3 + \frac{25}{128}}} = 1 + \cfrac{1}{2 + \cfrac{1}{3 + \cfrac{1}{\frac{128}{25}}}}$$

$$= 1 + \cfrac{1}{2 + \cfrac{1}{3 + \cfrac{1}{5 + \frac{3}{25}}}} = 1 + \cfrac{1}{2 + \cfrac{1}{3 + \cfrac{1}{5 + \frac{1}{\frac{25}{3}}}}} = 1 + \cfrac{1}{2 + \cfrac{1}{3 + \cfrac{1}{5 + \cfrac{1}{8 + \frac{1}{3}}}}} =: [1; 2, 3, 5, 8, 3]$$

$[1; 2, 3, 5, 8, 3]$ ist eine in der Literatur übliche Abkürzung für solche Kettenbrüche, wobei nach dem Semikolon die sog. „Teilnenner" erscheinen. Interessant ist nun, dass beim Abbrechen nach irgendeinem Teilnenner stets ein ganz vorzüglicher („bester") *Näherungsbruch* des gegebenen Bruchs entsteht und dass diese Näherungsbrüche eine *Intervallschachtelung* für den gegebenen Bruch liefern. Auch dies wollen wir an diesem Beispiel nachrechnen, wobei wir die Näherungsbrüche hier der Reihe nach mit $k_0, k_1, \ldots, k_5$ bezeichnen. Dann ergibt sich (man möge dies jeweils einzeln nachrechnen):

---

[546] Siehe zu HUYGENS auch S. 165.

$k_0 = 1$, $\quad k_1 = 1 + \frac{1}{2} = \frac{3}{2} = 1,5$, $\quad k_2 = 1 + \frac{1}{2+\frac{1}{3}} = \frac{10}{7} \approx 1,42857$, $\quad k_3 = \ldots = \frac{53}{37} \approx 1,43243$,

$k_4 = \ldots = \frac{434}{303} \approx 1,43234$, $\quad k_5 = \ldots = \frac{1355}{945} \approx 1,43235$.

Und wir erkennen nun in der *Folge der Näherungsbrüche* sogar eine **Intervallschachtelung** für den gegebenen Bruch (Bild 7.53). Die hier an einem Beispiel entdeckten Eigenschaften lassen sich allgemein beweisen (es gibt eine spannende Theorie der Kettenbrüche, insbesondere OSKAR PERRON: '*Die Lehre von den Kettenbrüchen*', Erstauflage 1929).

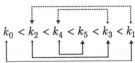

$k_0 < k_2 < k_4 < k_5 < k_3 < k_1$

Bild 7.53: Näherungsbrüche als Intervallschachtelung

CHRISTIAAN HUYGENS (1629–1695) stand seinerzeit vor der Aufgabe, ein Zahnradmodell des Sonnensystems zu bauen. Für gekoppelte Zahnräder musste dabei gelten:

$$\frac{\text{Zahnanzahl von Zahnrad 1}}{\text{Zahnanzahl von Zahnrad 2}} = \frac{\text{Umlaufzeit von Planet 1}}{\text{Umlaufzeit von Planet 2}}$$

Wegen der durch gute Messungen bedingten großen Zahnanzahlen war für eine technische Realisierung ein *Näherungsmodell* erforderlich. Die Kettenbruchapproximation leistet hier gute Dienste: Ist z. B. das Zahnanzahlverhältnis $\frac{1355}{946}$ durch einen Bruch zu approximieren, bei dem Zähler und Nenner fertigungstechnisch bedingt kleiner als 100 sein müssen, so wähle man hier den dritten Näherungsbruch k_3 und erhält für die Abweichung vom vorgegebenen Wert: $\left| \frac{1355}{946} - \frac{53}{37} \right| = \frac{3}{35002} \approx 0,000086 < 10^{-4}$

Die Approximation von $\frac{1355}{946}$ mit Hilfe eines Dezimalbruchs erfordert bei gleicher „Güte" mindestens den Nenner 10 000, während wir so mit dem Nenner 37 ausgekommen sind. Das macht die Bezeichnung „beste Näherungsbrüche" plausibel. Bereits an dem auf der vorigen Seite dargestellten Beispiel ist erkennbar, dass der Kettenbruchalgorithmus genauso abläuft wie der Algorithmus der Wechselwegnahme in Abschnitt 3.3.4.4 (S. 128):

Im ersten Schritt wird die kleinere Größe 946 einmal von der größeren 1355 „weggenommen", was 409 als neue kleinere Größe liefert. Dann wird 409 von der neuen größeren Größe 946 zweimal weggenommen, was 128 als neue kleinere Größe liefert usw. Der Unterschied gegenüber der Wechselwegnahme besteht also nur darin, dass man sich bei der Kettenbruchentwicklung für die im Prozess auftretenden Teilnenner interessiert, während diese vom Ziel der Wechselwegnahme her uninteressant sind und man hierbei den am Ende auftretenden ggT haben möchte. Das sei am selben Beispiel verdeutlicht:

$$\text{ggT}(1355, 946) = \text{ggT}(409, 946) = \text{ggT}(409, 128) = \text{ggT}(25, 128) = \text{ggT}(25, 3)$$
$$= \text{ggT}(1, 3) \qquad = \text{ggT}(1, 0) \qquad = 1$$

Speziell hat damit *jeder Bruch* (als Darstellung einer positiven rationalen Zahl) eine *eindeutige endliche derartige Kettenbruchentwicklung.* Andererseits tauchte in Abschnitt 3.3.5.7 auf S. 144 im Zusammenhang mit der Wechselwegnahme am Pentagramm der „nichtabbrechende periodische Kettenbruch" $[1; \overline{1}]$ auf, und zwar (in naiver Sicht) als eine neuartige Darstellung für eine irrationale Zahl.

Eine genauere Untersuchung erfordert zunächst eine Definition von „Kettenbruch" und auch von „unendlicher Kettenbruch". Bei den bisherigen beiden Beispielen (auf der vorigen Seite und in Abschnitt 3.3.5.7) waren die „Teilzähler" der Kettenbrüche alle 1 (was nicht sein muss), aber wir betrachten nur solche Kettenbrüche, und die nennt man „regulär".

Nachfolgende „Definition" ist nicht streng, aber sie beschreibt anschaulich das, was die bisherigen Beispiele gezeigt haben und was gemeint ist:

(7.61) Definition

Es sei $\langle a_n \rangle : \mathbb{N} \to \mathbb{N}^*$. Dann gilt für alle $n > 0$:

$$[a_0; a_1, ..., a_n] := a_0 + \cfrac{1}{a_1 + ... \cfrac{1}{a_{n-1} + \frac{1}{a_n}}}$$

$[a_0; a_1, ..., a_n]$ heißt **endlicher regulärer Kettenbruch** der Tiefe n.

In der Theorie der Kettenbrüche lässt sich beweisen, dass mit der in Definition (7.61) vorausgesetzten Folge $\langle a_n \rangle$ der „Teilnenner" jede so definierte *„Folge endlicher regulärer Kettenbrüche"* konvergiert, und zwar alternierend um den Grenzwert, wie Bild 7.53 nahelegt.

Positive rationale Zahlen besitzen (wie wir von der Wechselwegnahme her wissen, vgl. Abschnitt 3.3.4.4) eine abbrechende Kettenbruchentwicklung, und abbrechende reguläre Kettenbrüche lassen sich in endlich viel Rechenschritten in einen üblichen Bruch umwandeln, so dass jeder abbrechende reguläre Kettenbruch eine rationale Zahl darstellt.

Wenn wir nun einen Algorithmus finden, der für jede positive reelle Zahl einen abbrechenden bzw. nichtabbrechenden regulären Kettenbruch liefert, so dass dieser Algorithmus mit der Wechselwegnahme übereinstimmt, wissen wir, dass nichtabbrechende reguläre Kettenbrüche Darstellungen irrationaler Zahlen sind.

Wir benutzen dazu die Funktion floor („Ganzteilfunktion"), für die gilt: $\text{floor} : \mathbb{R} \to \mathbb{Z}$ mit $\text{floor}(x) \leq x < \text{floor}(x) + 1$, kurz: $\text{floor}(x) =: \lfloor x \rfloor$, also $0 \leq x - \lfloor x \rfloor < 1$. (Der Funktionsterm wurde früher mit $[x]$ statt heute sinnig mit $\lfloor x \rfloor$ bezeichnet, damals genannt „Gauß-Klammer"; als Pendant zur Funktion floor hat man heute die Funktion ceiling mit $\text{ceeling}(x) =: \lceil x \rceil$.

Damit ergibt sich:

(7.62) Kettenbruchalgorithmus

Es sei $x \in \mathbb{R}^+$ gegeben.
Mit $a_0 := \lfloor x \rfloor$ kann man 1 maximal a_0-mal von x „wegnehmen".

(∗) Falls $\lfloor x \rfloor < x$, also $0 < x - \lfloor x \rfloor < 1$, bilden wir $x = \lfloor x \rfloor + (x - \lfloor x \rfloor) = \lfloor x \rfloor + \cfrac{1}{\frac{1}{x - \lfloor x \rfloor}}$.

Dabei ist $x' := \cfrac{1}{x - \lfloor x \rfloor} > 1$, und wir bilden dann $a_1 := \lfloor x' \rfloor \geq 1$, also $0 \leq x' - \lfloor x' \rfloor < 1$, setzen $x := x'$ und machen bei (∗) weiter, wobei das Verfahren bei $x = 0$ terminiert.

Für $x \in \mathbb{Q}^+$ stimmt der Algorithmus erkennbar mit der Wechselwegnahme überein, wobei Letztere identisch mit der *euklidischen Division mit Rest* ist. Aus der Identifikation dieser beiden Algorithmen folgt nun mit Satz (3.9), Definition (3.13) und Definition (3.19):

(7.63) Folgerung — Irrationalitätskriterium

Für alle $x \in \mathbb{R}^+$ gilt: $x \in \mathbb{Q}^+$ $\Leftrightarrow$ die Kettenbruchentwicklung von x bricht ab.

Beispielsweise erhält man für die Anfänge der Kettenbruchentwicklungen von e und π :
$$e = [2; 1, 2, 1, 1, 4, 1, 1, 6, 1, 1, 8, 1, \ldots] \qquad \pi = [3; 7, 15, 1, 292, 1, 1, 1, 2, 1, 3, 1, 14, 2, \ldots]$$
Die Irrationaliät von π ist also in gewissem Sinn „schlimmer" als die von e .

Aufgabe 7.26

Ermitteln Sie aus den Näherungsbrüchen der angegebenen Kettenbruchentwicklungen von e und π die Anfangsglieder der jeweiligen Intervallschachtelungen (vgl. Bild 7.53).

(7.64) Beispiele

Die positive Lösung von $x^2 = a^2 + 1$ ist $\sqrt{a^2 + 1}$, und es ist $x^2 = a^2 + 1 \Leftrightarrow x = a + \frac{1}{a+x}$, was den nichtabbrechenden periodischen Kettenbruch $[a; 2a, 2a, \ldots] =: [a; \overline{2a}]$ liefert. Damit sind $\sqrt{2}$, $\sqrt{5}$, $\sqrt{10}$, $\sqrt{17}$, ..., $\sqrt{a^2 + 1}$ für alle $a \in \mathbb{N}$ irrational.

Schön ist auch folgende *Eulersche Kettenbruchentwicklung*: $\frac{e+1}{e-1} = [2; 6, 10, 14, 18, 22, \ldots]$.

7.5.4 Farey-Folgen und Fordkreise

1816 beschrieb der britische GEOLOGE JOHN **FAREY** (1766–1826) in der Zeitschrift 'Philosophical Magazine' in einem Brief mit dem Titel *"On a curious property of vulgar fractions"* exemplarisch die später nach ihm benannten „Farey-Folgen" (englisch: "Farey series"). Für beliebiges $n \in \mathbb{N}^*$ erfasst man diese *Farey-Brüche der Ordnung* n oft als Menge durch:
$$\left\{ \frac{a}{b} \mid a, b \in \mathbb{N}^* \ \wedge \ 0 \le \frac{a}{b} \le 1 \ \wedge \ b \le n \right\} \tag{7.5-1}$$

Da hier vollständig gekürzte Brüche interessieren, der Größe nach geordnet in aufsteigender Reihenfolge, würde sich z. B. für $n = 5$
$$\left\{ \frac{0}{1}, \frac{1}{5}, \frac{1}{4}, \frac{1}{3}, \frac{2}{5}, \frac{1}{2}, \frac{3}{5}, \frac{2}{3}, \frac{3}{4}, \frac{4}{5}, \frac{1}{1} \right\}$$
ergeben. Und so sehen wir, dass die *Mengenschreibweise für dieses Unterfangen ungeeignet* ist, weil es bei ihr ja gerade *nicht* auf die Reihenfolge der Elemente ankommt. Da nun eine *endliche Folge aus* k *Gliedern* als (geordnetes) k-Tupel aufgefasst werden kann, symbolisieren wir obige (geordnete!) *Farey-Folge der Ordnung* 5 besser durch das 11-Tupel
$$\left(\frac{0}{1}, \frac{1}{5}, \frac{1}{4}, \frac{1}{3}, \frac{2}{5}, \frac{1}{2}, \frac{3}{5}, \frac{2}{3}, \frac{3}{4}, \frac{4}{5}, \frac{1}{1} \right), \text{ bezeichnet mit } \mathcal{F}_5 . \tag{7.5-2}$$

Nun liegt aber ein noch weit ärgeres Problem vor: Bei der Untersuchung der Farey-Brüche geht es – wie oben erwähnt – um *vollständig gekürzte Brüche*, also um die in (7.5-1) aufgeführten Brüche $\frac{a}{b}$ in ihrer Deutung als *Repräsentanten*, nicht aber um die (eigentlich) damit bezeichneten Äquivalenzklassen, wie es in Abschnitt 7.1 bezüglich der *Doppeldeutigkeit von „Bruch"* ausführlich untersucht worden ist.

Es darf also keiner der in (7.5-2) aufgeführten Brüche „erweitert" notiert werden! Weil es aber in der Mathematik üblich ist, bei der Betrachtung von Farey-Folgen die dort verwendeten Brüche als Repräsentanten und damit als Zahlenpaare und nicht als die von ihnen repräsentierten Äquivalenzklassen zu benutzen, ist damit folgende These belegt:[547]

- *Selbst Mathematiker verwenden den mit „Bruch" bezeichneten Begriff doppeldeutig – wenn auch „situativ korrekt".*

Damit können wir nun Farey-Folgen definieren und beachten dabei zugleich, dass in diesem Abschnitt das Symbol $\frac{a}{b}$, also der „Bruch", stets für das Zahlenpaar (a,b) steht, nicht aber für die mit $[(a,b)]_\sim$ bezeichnete Äquivalenzklasse.[547] In einem Schritt der Verallgemeinerung modifizieren wir obige beschreibende Mengendarstellung (7.5-1) analog zu (7.5-2) zwecks Darstellung von k-Tupeln wie folgt für beliebiges $n \in \mathbb{N}^*$:

(7.65) Definition

Es sei $n \in \mathbb{N}^*$. Dann ist die **„Farey-Folge der Ordnung** n" erklärt durch:

$$\mathscr{F}_n := \left(\frac{a}{b} \mid a,b \in \mathbb{N}^* \wedge 0 \leq \frac{a}{b} \leq 1 \wedge b \leq n \wedge \mathrm{ggT}(a,b) = 1 \right)$$

Hinweis: Der Klammerterm ist eine *temporäre Abkürzung* für das geordnete k-Tupel der Brüche im Sinne von Beispiel (7.5-2), ohne das allgemein mengentheoretisch zu definieren.

Die Schreibweise in Definition (7.65) wird also durch die *zusätzliche Verabredung* eindeutig, dass die Glieder dieses k-Tupels (also dieser endlichen Folge) der Größe nach in aufsteigender Reihenfolge notiert sind, wobei sie vollständig gekürzt sind. Allerdings werden wir im vorliegenden Rahmen über die Gliederanzahl k dieses k-Tupels allgemein keine Aussage treffen können. Die Glieder einer speziellen Farey-Folge nennen wir auch *Farey-Brüche*.

Das auf S. 284 ff. und S. 326 f. erörterte durch $\frac{a}{b} + \frac{c}{d} = \frac{a+c}{b+d}$ definierte *Chuquet-Mittel* von zwei (als Repräsentanten gedachten!) und hier *vollständig gekürzten Brüchen* $\frac{a}{b}$ und $\frac{c}{d}$ heißt in der Zahlentheorie „Mediante" (wird dann also in der Zahlentheorie auf „Bruch als Zahlenpaar" bezogen), und man kann zu folgenden *Vermutungen* gelangen:

- Jedes Glied (bis auf das erste und das letzte) ist die Mediante der beiden Nachbarn.

- Für *benachbarte* Farey-Brüche $\frac{a}{b}$ und $\frac{a'}{b'}$ gilt stets: $\mid a'b - b'a \mid = 1$.

CHARLES HAROS hatte beide Vermutungen 1802 bewiesen, während FAREY sie später (unabhängig von HAROS) nur entdeckt hatte und CAUCHY dann FAREYs Vermutungen bewies.[548]

---

[547] Vgl. hierzu Anmerkung (7.12.a) auf S. 297.
[548] [Lexikon der Mathematik 2003, 911]

1938 publizierte LESTER RANDOLPH FORD jr., ehemals Herausgeber der beliebten Zeitschrift 'The American Mathematical Monthly', eine Visualisierung der Farey-Folgen durch
jeweils eine endliche Folge von Kreisen, die seitdem **Ford-Kreise** heißen:[549]

Jeder (vollständig gekürzte!) Farey-Bruch $\frac{a}{b}$ wird als Kreis um den Punkt $(\frac{a}{b}, r)$ mit dem
Radius $r := (2b^2)^{-1}$ dargestellt. Schnell entdeckt man:

- Alle Ford-Kreise einer Farey-Folge „liegen" spiegelsymmetrisch auf der Rechtsachse.
- Die Ford-Kreise je zweier benachbarter Farey-Brüche berühren sich.
- Je zwei Ford-Kreise einer Farey-Folge haben höchstens einen gemeinsamen Punkt – es gibt
  keine Überlappungen.

Bild 7.54 zeigt die elf Glieder von $\mathcal{F}_5$ der Reihe nach von links nach rechts in abwechseln-
den Graustufen. Da jeder Ford-Kreis einen Farey-Bruch visualisiert und jeder Farey-Bruch
(bis auf die „Randbrüche") die Mediante (ein *Mittelwert*) seiner beiden Nachbarn ist, werden
hier *geometrische Mitten visualisiert*, d. h., jeder Ford-Kreis (bis auf die zwei „Randkreise")
ist eine „Mitte" zwischen seinen beiden „andersfarbigen" Nachbarn

Es ist nicht nur jeder Farey-Bruch (bis auf die Randbrüche) die Mediante seiner beiden
Nachbarn und jeder Fordkreis (bis auf die Randkreise) die „Mitte" zwischen seinen beiden
Nachbarkreisen, sondern aus der Farey-Folge der Ordnung n erhält man die Farey-Folge der
Ordnung $n + 1$, indem zwischen je zwei benachbarte Farey-Brüche deren Mediante eingefügt
wird, sofern deren Nenner nicht größer als $n + 1$ ist (analog bei den Fordkreisen), so dass man
auf diese Weise die Farey-Folgen beliebig „verfeinern" kann.

Es sei abschließend noch auf die auf S. 325 f. in Beispiel (7.36) erwähnten Aspekte verwiesen, die eine interessante Möglichkeit zur Behandlung von Farey-Folgen zur Vertiefung beim
Thema „Bruchrechnung" bedeuten.

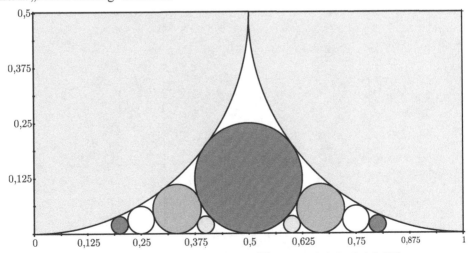

Bild 7.54: Visualisierung aller 11 Brüche von $\mathcal{F}_5$ durch Ford-Kreise (vgl. S. 357).

---

[549]   [FORD 1938]

8 Struktur der Zahlenbereiche

8.1 Ganze Zahlen und rationale Zahlen

8.1.1 Unvollständigkeiten des angeordneten Halbrings der natürlichen Zahlen

Diese Überschrift enthält die implizite Behauptung, dass das durch den angeordneten Halbring $(\mathbb{N}, +, \cdot, \leq)$ (vgl. Abschnitt 6.5) gegebene Axiomensystem nicht vollständig ist. Gemäß Abschnitt 5.3.2.4 und Anmerkung (6.6.c) auf S. 257 würde das bedeuten, dass es möglich ist, ein weiteres Axiom hinzuzufügen, welches mit Hilfe der bereits vorhandenen nicht beweisbar ist, wobei dieses neue Axiomensystem dennoch *widerspruchsfrei* ist und damit nach Abschnitt 5.3.2.2 ein Modell besitzt.

$(\mathbb{N}, +)$ ist keine Gruppe, sondern nach Folgerung (6.40) (nur) ein *kommutatives, reguläres Monoid*. Würden wir den (konstruierten) angeordneten Halbring $(\mathbb{N}, +, \cdot, \leq)$ durch einen angeordneten Halbring $(M, +, \cdot, \leq)$ ersetzen, bei dem $(M, +)$ eine abelsche Gruppe wäre, so wäre $(M, +, \cdot, \leq)$ sogar ein kommutativer Ring, was für $(\mathbb{N}, +, \cdot, \leq)$ nicht gilt. Auch in diesem Sinn könnte man $(\mathbb{N}, +, \cdot, \leq)$ durchaus „unvollständig" nennen. Darüber hinaus ist $(\mathbb{N}, +, \cdot, \leq)$ auch *noch in einem anderen Sinne unvollständig*:

Und zwar gilt für alle $a, b \in \mathbb{N}$ bzw. $a, b \in \mathbb{N}^*$:

- $a + x = b$ ist lösbar in $\mathbb{N}$ $\Leftrightarrow$ $a \leq b$, z. B.: $3 + x = 2$ ist nicht lösbar in $\mathbb{N}$.
- $a \cdot x = b$ ist lösbar in $\mathbb{N}^*$ $\Leftrightarrow$ $a \mid b$, z. B.: $3 \cdot x = 2$ ist nicht lösbar in $\mathbb{N}^*$.
- $a < x < b$ ist lösbar in $\mathbb{N}$ $\Leftrightarrow$ $a + 1 < b$, z. B.: $2 < x < 3$ ist nicht lösbar in $\mathbb{N}$.

Diese letzten drei Beispiele offenbaren **drei Unvollständigkeiten** von $(\mathbb{N}, +, \cdot, \leq)$, denn:

- Wäre $(\mathbb{N}, +)$ eine *Gruppe*, so läge die erste Unvollständigkeit nicht vor.
- Wäre $(\mathbb{N}^*, \cdot)$ eine *Gruppe*, so läge die zweite Unvollständigkeit nicht vor.
- Wäre $(\mathbb{N}, \leq)$ eine *dichte Totalordnung*, so läge die dritte Unvollständigkeit nicht vor.

Unser Ziel soll es daher zunächst sein, diese drei zuletzt beschriebenen „Unvollständigkeiten" zu beseitigen, indem wir zu der Trägermenge $\mathbb{N}$ jeweils diejenigen Elemente hinzufügen, die benötigt werden, um obige Gleichungen bzw. die Ungleichung stets lösen zu können. Die Strategie besteht also im Ergänzen der „fehlenden Lösungen" – oder anders formuliert: in der „*Elimination des Unerwünschten*". [550]

Hierfür nutzen wir **grundlegende Sätze der Algebra** als Hilfssätze aus, die wir aber nicht beweisen. Ferner machen wir davon Gebrauch, dass gemäß Abschnitt 6.5 $(\mathbb{N}, +)$ und $(\mathbb{N}^*, \cdot)$ jeweils *kommutative reguläre Halbgruppen* sind und dass $(\mathbb{N}, \leq)$ eine *Totalordnung* ist.

---

[550] Vgl. die in der Bezeichnung (6.1) als „Verbot des Unerwünschten" beschriebene Strategie, die auf dasselbe hinausläuft.

8.1.2   Einbettung — eine Übersicht

(8.1) Hilfssatz

Jede kommutative reguläre Halbgruppe $(H, *)$ lässt sich in eine kleinste abelsche Gruppe $(G, \bullet)$ einbetten, die bis auf Isomorphie eindeutig bestimmt ist.

„Einbetten" bedeutet dabei: $H \subseteq G$ und $a \bullet b = a * b$ für alle $a, b \in H$, d. h., $\bullet$ stimmt auf H mit $*$ überein, was man auch in der Form $\bullet \,|\, (H \times H) = *$ schreiben kann ($*$ ist also die *Restriktion* von $\bullet$ auf $H \times H$).

(8.2) Definition

Die gemäß Hilfssatz (8.1) eindeutig existierende kleinste Gruppe $(G, \bullet)$ ist die **Quotientengruppe** von $(H, *)$.

Wenn man sich das grundlegende Prinzip der Einbettung klargemacht hat, darf man beide Verknüpfungen auch mit demselben Symbol kennzeichnen – zumindest, nachdem man die Einbettung durchgeführt hat.

Die Quotientengruppe von $(\mathbb{N}, +)$ ist dann $(\mathbb{Z}, +)$, die *additive Gruppe der ganzen Zahlen* (wobei man diese hier treffender eigentlich *„Differenzengruppe"* nennen könnte). Und die Quotientengruppe von $(\mathbb{N}^*, \cdot)$ ist $(\mathbb{B}, \cdot)$, die *multiplikative Gruppe der Bruchzahlen*, wobei man in der Mathematik $\mathbb{Q}^+$ anstelle von $\mathbb{B}$ schreibt („positive rationale Zahlen").

$(\mathbb{N}, +)$ wird damit in $(\mathbb{Z}, +)$ eingebettet, und $(\mathbb{N}^*, \cdot)$ wird in $(\mathbb{B}, \cdot)$ eingebettet. Dieses sind verschiedene Vorgehensweisen, man kann nicht beide gemeinsam wählen, sondern man muss sich für einen der beiden Wege entscheiden. Der erste Weg ist typisch in der Wissenschaft Mathematik, der zweite Weg hingegen liegt oft der Vorgehensweise im Mathematikunterricht zugrunde. Bei jedem der beiden Wege muss man dann die jeweils nicht benutzte Verknüpfung auf die durch Einbettung entstandene „Oberstruktur" fortsetzen.[551]

Beim ersten Weg wird also die Multiplikation aus dem kommutativen Ring $(\mathbb{N}, +, \cdot)$ auf die abelsche Gruppe $(\mathbb{Z}, +)$ fortgesetzt, wodurch der **Integritätsring** $(\mathbb{Z}, +, \cdot)$ entsteht, also ein kommutativer nullteilerfreier Ring (der darüber hinaus auch ein Einselement besitzt). Und beim zweiten Weg wird die Addition aus $(\mathbb{N}^*, +, \cdot)$ auf $(\mathbb{B}, \cdot)$ fortgesetzt, wodurch der (kommutative) **Halbkörper** $(\mathbb{B}, +, \cdot)$ entsteht (in dem man also noch nicht „uneingeschränkt" subtrahieren kann). Und nun greift wieder ein Satz der Algebra:

(8.3) Hilfssatz

Jeder Integritätsring $(I, \oplus, \otimes)$ lässt sich in einen kleinsten Körper $(K, *, \bullet)$ einbetten, der bis auf Isomorphie eindeutig bestimmt ist.

„Einbetten" ist wieder ganz analog zu verstehen.

(8.4) Definition

Der gemäß Hilfssatz (8.3) eindeutig existierende kleinste Oberkörper $(K, *, \bullet)$ heißt **Quotientenkörper** von $(I, \oplus, \otimes)$.

---

[551] Vgl. hierzu Bild 7.6 auf S. 295.

Dieser Quotientenkörper von $(\mathbb{Z}, +, \cdot)$ ist dann $(\mathbb{Q}, +, \cdot)$, der Körper der rationalen Zahlen. Andererseits würde der alternative Weg über die Erweiterung des Halbkörpers $(\mathbb{B}, +, \cdot)$ im Sinne der Isomorphie ebenfalls $(\mathbb{Q}, +, \cdot)$ liefern. Bild 7.6 auf S. 295 zeigt eine Übersicht über mögliche Schritte beim *konstruktiven Aufbau des Zahlensystems*, wobei hier auch schon die reellen Zahlen, die komplexen Zahlen und die Quaternionen mit aufgenommen worden sind. Wäre nun die Beseitigung der o. g. Unvollständigkeit bezüglich der Ordnungsrelation ein weiterer Anlass und Weg, um die rationalen Zahlen „gleichwertig" zu konstruieren?[552]

Da die Hilfssätze (8.1) und (8.3) nur Existenzsätze sind, bleibt noch unklar, wie denn die jeweilige Einbettung „konstruktiv" organisiert werden soll bzw. kann. Das sei nun im Grundsatz dargestellt. Die einzelnen **Konstruktionen erfolgen häufig in folgenden Etappen:**[553]

(1) Gegeben ist ein **Verknüpfungsgebilde** (M, $*_1$, ...).

   Dabei sind $*_1$, ... hier zunächst Verknüpfungen, verallgemeinert: Relationen.

(2) Erkläre eine **Äquivalenzrelation** $\sim$ auf M^2 mittels $*_1$, ...

(3) Erkläre **Verknüpfungen** $\bullet_1$, ... auf M^2 mittels $*_1$, ...

(4) Bei zweckmäßiger Wahl der Äquivalenzrelation $\sim$ und der Verknüpfungen $*_1$, ... ist $\sim$ sogar eine **Kongruenzrelation**[554] auf M^2 bezüglich $\bullet_1$, ...

(5) Bilde die **Zerlegung** (auch „Partition" oder „Quotientenmenge") $M^2\big/_{\sim}$.

   Diese Quotientenmenge ist die Menge aller Äquivalenzklassen, die durch die Äquivalenzrelation $\sim$ „induziert" werden.

(6) Erkläre **Klassenoperationen** $\odot_1$, ... auf $M^2\big/_{\sim}$ durch $[a]_\sim \odot_1 [b]_\sim := [a \bullet_1 b]_\sim$, ...

   Diese Klassenoperationen sind **wohldefiniert**, weil nämlich die Äquivalenzrelation $\sim$ eine Kongruenzrelation bezüglich $\bullet_1$, ... ist!

(7) Bei zweckmäßiger Wahl von $\sim$ und $*_1$, ... ist (M, $*_1$, ...) **isomorph eingebettet** in ($M^2\big/_{\sim}$, $\odot_1$, ...), und diese neue Struktur besitzt die Unvollständigkeit von (M, $*_1$, ...) nicht mehr.

Was bedeutet dabei „wohldefiniert"? Was kann schiefgehen? Betrachten wir Brüche als Zahlenpaare und definieren eine „Addition" gemäß $(a, b) \oplus (c, d) := (a + c, b + d)$, so ist z. B.

$$\frac{4}{10} \oplus \frac{1}{10} = \frac{5}{20} = \frac{1}{4} \quad \text{und} \quad \frac{2}{5} \oplus \frac{1}{10} = \frac{3}{15} = \frac{1}{5},$$

also ist das Ergebnis abhängig von den Repräsentanten, und *deshalb* ist diese „Addition" *nicht wohldefiniert*! Wohldefiniertheit bedeutet also Repräsentantenunabhängigkeit![555]

Diese Etappen werden nun zunächst für die wesentlichen Erweiterungsschritte von $\mathbb{N}$ nach $\mathbb{Z}$ und von $\mathbb{Z}$ nach $\mathbb{Q}$ angedeutet.

---

[552] Wir verfolgen diesen Weg hier nicht, er sei eigenen Studien der Leserinnen und Leser empfohlen.

[553] Vgl. wegen der strukturellen Bezeichnungen Kapitel 5, insbesondere die Abschnitte 5.1.5 und 5.2.2.

[554] Eine Äquivalenzrelation $\sim$ ist eine *Kongruenzrelation* bezüglich $*$, falls $a \sim b \wedge c \sim d \Rightarrow a * c \sim b * d$.

[555] Vgl. bezüglich dieser „Addition" und der „Wohldefiniertheit" Abschnitt 7.1.10 und das Chuquet-Mittel, S. 284.

8.1.3   Konstruktion des Rings der ganzen Zahlen — Skizze

Problem:	Lösbarkeit von $a + x = b$ in $\mathbb{N}$ bei gegebenen $a, b \in \mathbb{N}$
Idee:	$x = b - a$
Aufgabe:	„Differenz" erklären

Wir beachten, dass zwar im bisherigen axiomatischen Aufbau die Addition und die Multiplikation mit Hilfe des Rekursionssatzes in $\mathbb{N}$ definiert werden konnten, dass wir jedoch bisher weder über die Subtraktion noch über die Division als weitere Verknüpfung verfügen.

Heuristisch gilt z. B. $2 = 5 - 3 = 8 - 6$, und wir sehen: Die Summe der äußeren Glieder ist gleich der Summe der inneren Glieder:

$$5 - 3 = 8 - 6 \qquad \text{oder} \qquad 5 + 6 = 3 + 8$$

Wir können damit die geordneten Paare $(5;\, 3)$ und $(8;\, 6)$ als *gleichwertig* bezüglich der Beschreibung der Zahl 2 ansehen: Sie sind *differenzgleich*. Das gibt Anlass zur Definition einer Relation in $\mathbb{N}^2$, die sich als Äquivalenzrelation erweisen wird:

(8.5) Definition

$$\bigwedge_{a,b,c,d \in \mathbb{N}} (a,b) \sim (c,d) \;:\leftrightarrow\; a + d = b + c$$

Weiterhin gilt beispielsweise heuristisch:

$$
\begin{array}{ccccc}
2 & = & 8 - 6 & \wedge & 3 = 7 - 4 & \Rightarrow & 2 + 3 = (8 + 7) - (6 + 4) \\
(8;\ 6) & & & (7;\ 4) & & (8 + 7\ ;\ 6 + 4) \\
2 & & & 3 & & 2 \quad + \quad 3
\end{array}
$$

Das führt zur Definition einer Verknüpfung auf $\mathbb{N}^2$:

(8.6) Definition

$$\bigwedge_{a,b,c,d \in \mathbb{N}} (a,b) \oplus (c,d) := (a + c, b + d)$$

(8.7) Satz

$\sim$ ist auf $\mathbb{N}^2$ eine *Kongruenzrelation* bezüglich $\oplus$.

Aufgabe 8.1

Beweisen Sie Satz (8.7) unter Berücksichtigung von Fußnote 554.

Wir kommen im nächsten Schritt zur Definition der *Quotientenmenge*, die durch die Äquivalenzrelation $\sim$ als eine *Zerlegung* induziert wird, also als Menge aller Äquivalenzklassen, die wir wegen Satz (8.7) auch als *Menge aller Kongruenzklassen* bezeichnen können:

(8.8) Definition

$$\hat{\mathbb{Z}} := (\mathbb{N} \times \mathbb{N}) / \sim$$

Es wird sich zeigen, dass wir mit $\hat{\mathbb{Z}}$ im Wesentlichen bereits die Menge der ganzen Zahlen „konstruiert" haben!

Es ist $\hat{\mathbb{Z}} = \{[(a,b)]_\sim \mid a,b \in \mathbb{N}\}$ mit $[(a,b)]_\sim = \{(x,y) \in \mathbb{N} \times \mathbb{N} \mid (x,y) \sim (a,b)\}$, d. h.: $[(a,b)]_\sim$ ist die zum Repräsentanten (a,b) gehörende Kongruenzklasse.

Wenn keine Missverständnisse zu befürchten sind, werden wir künftig kurz $[a,b]_\sim$ anstelle von $[(a,b)]_\sim$ schreiben, oder wir werden ggf. gar den Index $\sim$ weglassen.

Wegen Satz (8.7) ist nun folgende *Klassenoperation* auf $\hat{\mathbb{Z}}$ *wohldefiniert*:

(8.9) Definition

$$\bigwedge_{\alpha,\beta \in \mathbb{N}^2} [\alpha] \boxplus [\beta] := [\alpha \oplus \beta]$$

$[\alpha]$ steht hier als Kurzbezeichnung für die Klasse $[a,b]_\sim$ usw., und um nicht zu verschleiern, dass es sowohl um die Repräsentantenverknüpfung $\oplus$ als auch um eine zu definierende Klassenverknüpfung geht, wurde für Letztere mit $\boxplus$ ein anderes Symbol gewählt.

Es muss sich nun erweisen, dass $\boxplus$ auf $\mathbb{N}$ „irgendwie" mit $+$ übereinstimmt. Dazu müssen wir zunächst in $\hat{\mathbb{Z}}$ diejenigen Klassen identifizieren, die den natürlichen Zahlen entsprechen. Welche können das sein? Da wir uns heuristisch die ganzen Zahlen als Differenzen von natürlichen Zahlen vorstellen, liegt es nahe, jede natürliche Zahl n in der Form $n = n - 0$ darzustellen, also durch das geordnete Paar $(n;0)$. Das führt uns zur nächsten Definition:

(8.10) Definition

$$\hat{\mathbb{N}} := \{[n;\,0] \mid n \in \mathbb{N}\}, \quad \varphi := (\mathbb{N} \to \hat{\mathbb{N}};\, n \mapsto [n;\,0])$$

$\hat{\mathbb{N}}$ ist also ein Pendant zu $\mathbb{N}$. Ersichtlich gilt $\hat{\mathbb{N}} \subseteq \hat{\mathbb{Z}}$, und sodann kann man beweisen:

(8.11) Satz

(a) $(\hat{\mathbb{N}}, \boxplus)$ ist ein kommutatives Monoid.

(b) $(\hat{\mathbb{Z}}, \boxplus)$ ist eine abelsche Gruppe, und zwar die Quotientengruppe von $(\hat{\mathbb{N}}, \boxplus)$.

(c) $(\mathbb{N}, +)$ ist isomorph zu $(\hat{\mathbb{N}}, \boxplus)$, und φ ist ein vermittelnder Isomorphismus.

Damit ist die kommutative, reguläre Halbgruppe $(\mathbb{N}, +)$ **isomorph** in die Quotientengruppe $(\hat{\mathbb{Z}}, \boxplus)$ **eingebettet**, die gemäß Hilfssatz (8.1) – bis auf Isomorphie – eindeutig existiert.

In Bild 8.1 wird dieser Prozess der Einbettung für die Trägermengen visualisiert: Die Trägermenge $\hat{\mathbb{N}}$ der zu $(\mathbb{N}, +)$ isomorphen Halbgruppe $(\hat{\mathbb{N}}, \boxplus)$ wird aus $\hat{\mathbb{Z}}$ entfernt, und dann wird sie durch die gegebene Trägermenge $\mathbb{N}$ ersetzt.

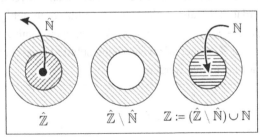

Bild 8.1: Einbettung von $\mathbb{N}$ in $\mathbb{Z}$

Das führt dann zur Definition der Menge der ganzen Zahlen:

(8.12) Definition — Menge der ganzen Zahlen

$$\mathbb{Z} := (\hat{\mathbb{Z}} \setminus \hat{\mathbb{N}}) \cup \mathbb{N}$$

Es ist somit $\hat{\mathbb{Z}} \setminus \hat{\mathbb{N}} = \mathbb{Z} \setminus \mathbb{N}$. Nun fehlt aber noch ein wesentlicher Schritt: Die auf $\mathbb{N}$ bereits erklärte Addition muss auf $\hat{\mathbb{Z}}$ fortgesetzt werden. Dazu dient uns naheliegend die bereits in $(\hat{\mathbb{Z}}, \boxplus)$ erklärte „Addition".

(8.13) Definition

$$\psi := \varphi \cup \mathrm{id}_{\mathbb{Z} \setminus \mathbb{N}}$$

Damit ist ψ eine Fortsetzung von φ auf $\mathbb{Z}$.

(8.14) Satz

$$\psi \text{ ist eine Bijektion von } \mathbb{Z} \text{ auf } \hat{\mathbb{Z}}.$$

Der einfache Beweis soll in einer Übungsaufgabe erbracht werden. Damit können wir nun die Addition auf $\mathbb{Z}$ erklären:

(8.15) Definition

$$\bigwedge_{a,b \in \mathbb{Z}} a +_{\mathbb{Z}} b := \psi^{-1}(\psi(a) \boxplus \psi(b))$$

Hier wird also die strukturerhaltende Abbildung ψ „rückwärts" zur Definition angewendet: Gesucht ist die Summe zweier beliebiger ganzer Zahlen aus $\mathbb{Z}$. Stattdessen werden deren Bilder in $\hat{\mathbb{Z}}$ „addiert", und das Urbild dieser „Hilfssumme" ergibt die gesuchte Summe in $\mathbb{Z}$. Es muss aber noch gezeigt werden, dass die so auf $\mathbb{Z}$ definierte Addition nun auf $\mathbb{N}$ mit der auf $\mathbb{N}$ bereits gegebenen Addition übereinstimmt:

(8.16) Satz

(a) $+_{\mathbb{Z}}$ ist eine Fortsetzung von $+_{\mathbb{N}}$.

(b) ψ^{-1} ist ein Isomorphismus von $(\hat{\mathbb{Z}}, \boxplus)$ auf $(\mathbb{Z}, +_{\mathbb{Z}})$.

Wir beachten, dass (a) gleichbedeutend ist mit $+_{\mathbb{N}} \subseteq +_{\mathbb{Z}}$. Und (b) zeigt uns, dass auch $(\mathbb{Z}, +_{\mathbb{Z}})$ eine Gruppe ist. Auch der Beweis von Satz (8.16) erfolgt in einer Übungsaufgabe.

In der Gruppe $(\mathbb{Z}, +_{\mathbb{Z}})$ gibt es zu jedem $x \in \mathbb{Z}$ ein eindeutig bestimmtes „additiv inverses Element". Dieses sei mit $i(x)$ bezeichnet (damit ist also i die auf $\mathbb{Z}$ erklärte einstellige „Inversenfunktion"), d. h., für alle $x \in \mathbb{Z}$ gilt $x + i(x) = i(x) + x = 0$. Wir kommen damit zur noch ausstehenden Definition der Subtraktion in $\mathbb{Z}$, wobei wir wieder eine subtile Unterscheidung zwischen „Vorzeichen" und „Rechenzeichen" treffen werden:[556]

(8.17) Definition

$$\bigwedge_{a \in \mathbb{Z}} \overline{a} := i(a), \quad \bigwedge_{a,b \in \mathbb{Z}} a -_{\mathbb{Z}} b := a + \overline{b}.$$

---

[556] Vgl. hierzu Anmerkung (7.1) auf S. 291.

Da nun $(\mathbb{Z}, +_{\mathbb{Z}})$ gemäß Satz (8.16), Satz (8.11) und Hilfssatz (8.1) die bis auf Isomorphie eindeutig bestimmte kleinste Obergruppe von $(\mathbb{N}, +)$ ist, nämlich deren *Quotientengruppe*, enthält $\mathbb{Z}$ alle „Quotienten" aus $\mathbb{N}$, hier also alle „Differenzen" von natürlichen Zahlen. Und wegen der Minimalität sind das dann bereits alle ganzen Zahlen. Also haben wir:

(8.18) Folgerung

$$\mathbb{Z} = \{a -_{\mathbb{Z}} b \mid a, b \in \mathbb{N}\}$$

(8.19) Anmerkung

(a) Wir schreiben künftig $a - b$ statt $a -_{\mathbb{Z}} b$ usw., wenn keine Missverständnisse entstehen.

(b) Bei diesem Konstruktionsprozess werden in Definition (8.8) zunächst *differenzgleiche Paare* natürlicher Zahlen gebildet und zu *Äquivalenzklassen differenzgleicher Paare* zusammengefasst (vgl. Aufgabe 5.8.d in Abschnitt 5.2.1). Konkret bedeutet dies, dass wir bei diesem Einbettungsprozess von $(\mathbb{N}, +)$ das „Fehlende" ergänzen, das wir zuvor als „Unvollständigkeit" erkannt hatten – nämlich die „Differenzen".[557] Dabei ist jedoch Folgendes bemerkenswert: Die so konstruierte Obermenge $\mathbb{Z}$ enthält nicht nur die in $\mathbb{N}$ noch fehlenden Differenzen, damit $a + x = b$ in $\mathbb{Z}$ bei gegebenen $a, b \in \mathbb{N}$ stets lösbar ist, sondern $a + x = b$ ist jetzt auch in $\mathbb{Z}$ bei gegebenen $a, b \in \mathbb{Z}$ stets lösbar – und das war (zumindest hier) nicht von vornherein zu erwarten![558]

Wie geht es nun weiter? – Wir folgen Bild 7.6 (S. 295) und müssen zunächst die Multiplikation von $(\mathbb{N}, \cdot)$ auf $\mathbb{Z}$ fortsetzen, um damit den Halbring $(\mathbb{N}, +, \cdot)$ in die Struktur $(\mathbb{Z}, +, \cdot)$ einbetten zu können, die sich dann als *Ring* erweisen wird, genauer sogar als **Integritätsring** (das ist ein *nullteilerfreier Ring mit Einselement* – früher meist „Integritätsbereich" genannt).

Da wir die ganzen Zahlen als *Klassen differenzgleicher Paare* konstruiert haben, die ganzen Zahlen somit durch geordnete Paare $(a, b) \in \mathbb{N} \times \mathbb{N}$ repräsentiert sehen, wobei diese Paare für die „Differenzen" $a - b$ stehen, nutzen wir folgende vertraute Beziehung heuristisch für die zu definierende Multiplikation: $(a - b) \cdot (c - d) = (ac + bd) - (ad + bc)$.

Dies können wir nun formal in Analogie zu Definition (8.6) in eine weitere Definition gießen, um dann auch einen Satz in Analogie zu Satz (8.7) zu erhalten:

(8.20) Definition

$$\bigwedge_{a,b,c,d \in \mathbb{N}} (a, b) \odot (c, d) := (ac + bd, ad + bc)$$

(8.21) Satz

$$\sim \text{ ist auf } \mathbb{N}^2 \text{ bezüglich } \odot \text{ eine } \textit{Kongruenzrelation.}$$

---

[557] Auf S. 361 bezeichneten wir diese Strategie als „*Elimination des Unerwünschten*".

[558] Dies alles wird allerdings in der „Algebra" genannten Disziplin mittels Hilfssatz (8.1) grundsätzlich (!) geklärt.

Wir wissen bereits mit Satz (8.7), dass $\sim$ eine Äquivalenzrelation ist. Und so muss wie im Beweis von Satz (8.7) nur noch die darüber hinaus zusätzlich für Kongruenzrelationen geltende Eigenschaft bewiesen werden. Auch das soll einer Übungsaufgabe vorbehalten bleiben.

Aufgabe 8.2

Beweisen Sie die Sätze (8.14), (8.16) und (8.21).

Damit ist auch die folgende Klassenoperation *wohldefiniert*:

(8.22) Definition

$$\bigwedge_{\alpha,\beta \in \mathbb{N}^2} [\alpha] \boxdot [\beta] := [\alpha \odot \beta]$$

Sodann kann man beweisen:

(8.23) Satz

$$(\hat{\mathbb{Z}}, \boxplus, \boxdot) \text{ ist ein Integritätsring.}$$

- $(\hat{\mathbb{Z}}, \boxplus, \boxdot)$ ist also ein kommutativer, nullteilerfreier Ring mit Einselement.
- Welches ist das Einselement, also das neutrale Element bezüglich der Multiplikation?

Und analog zu Definition (8.15) lässt sich damit dann die Multiplikation auf $\mathbb{Z}$ erklären:

(8.24) Definition

$$\bigwedge_{a,b \in \mathbb{Z}} a \cdot_{\mathbb{Z}} b := \psi^{-1}(\psi(a) \boxdot \psi(b))$$

Und es ergibt sich in Analogie zu Satz (8.16):

(8.25) Satz

(a) $\cdot_{\mathbb{Z}}$ ist eine Fortsetzung von $\cdot_{\mathbb{N}}$.

(b) ψ^{-1} ist ein Isomorphismus von $(\hat{\mathbb{Z}}, \boxplus, \boxdot)$ auf $(\mathbb{Z}, +_{\mathbb{Z}}, \cdot_{\mathbb{Z}})$.

Der einfache Beweis in Analogie zu dem von Satz (8.16) sei den Leserinnen und Lesern zur Übung überlassen, es folgt schließlich mit Satz (8.23) die angestrebte wichtige Feststellung:

(8.26) Folgerung

$$(\mathbb{Z}, +_{\mathbb{Z}}, \cdot_{\mathbb{Z}}) \text{ ist ein Integritätsring.}$$

Auf die Indizes bei den Verknüpfungen in $(\mathbb{Z}, +_{\mathbb{Z}}, \cdot_{\mathbb{Z}})$ können und werden wir künftig verzichten, sofern keine Missverständnisse möglich sind.

8.1.4 Konstruktion des Körpers der rationalen Zahlen — Skizze

Problem:	Lösbarkeit von $ax + b = c$ in $\mathbb{Z}$ bei gegebenen $a, b, c \in \mathbb{Z}$ mit $a \neq 0$
Idee:	$x = \dfrac{c - b}{a}$
Aufgabe:	„Quotient" erklären

Der konstruktive Aufbau erfolgt hier ganz entsprechend zu demjenigen, den wir bei der Konstruktion des Rings der ganzen Zahlen gewählt haben. Dieser Weg sei im Folgenden daher nur kurz angedeutet:

Beim Aufbau von $\mathbb{Z}$ fehlten uns die *Differenzen* zu beliebigen natürlichen Zahlen, die wir dann mit Hilfe von geordneten Paaren natürlicher Zahlen, einer Paarverknüpfung und einer Äquivalenzrelation in der Menge dieser Paare erklärten, wobei diese Äquivalenzrelation dann sogar eine Kongruenzrelation bezüglich dieser „Paaraddition" war.

Nunmehr brauchen wir *Quotienten* von ganzen Zahlen, die wir ebenfalls als Äquivalenzklassen geordneter Paare (a, b) erklären werden. Da wir diese dann als „Brüche" $\frac{a}{b}$ auffassen wollen, werden wir zweckmäßigerweise $b \neq 0$ voraussetzen. Wir betrachten also geordnete Paare aus $\mathbb{Z} \times \mathbb{Z}^*$ mit $\mathbb{Z}^* := \mathbb{Z} \setminus \{0\}$.

Unser *Hintergrundwissen über die Bruchrechenregeln,*[559]

$$\frac{a}{b} = \frac{c}{d} \Leftrightarrow ad = bc, \quad \frac{a}{b} + \frac{c}{d} = \frac{ad + bc}{bd} \quad \text{und} \quad \frac{a}{b} \cdot \frac{c}{d} = \frac{ac}{bd},$$

führt uns nun zur Definition der erforderlichen Beziehungen und Verknüpfungen: Zunächst erklären wir auf $\mathbb{Z} \times \mathbb{Z}^*$ eine Äquivalenzrelation durch $(a, b) \sim (c, d) :\Leftrightarrow ad = bc$, dazu dann Paarverknüpfungen durch $(a, b) \oplus (c, d) := (ad + bc, bd)$ und $(a, b) \odot (c, d) := (ac, bd)$, so dass sich $\sim$ bezüglich dieser Verknüpfungen als Kongruenzrelation erweist und damit die Klassenverknüpfungen $[\alpha] \boxplus [\beta] := [\alpha \oplus \beta]$ und $[\alpha] \boxdot [\beta] := [\alpha \odot \beta]$ wohldefiniert sind.

Mit $\tilde{\mathbb{Q}} := (\mathbb{Z} \times \mathbb{Z}^*) / \sim = \{[(a, b)]_\sim \mid a \in \mathbb{Z} \wedge b \in \mathbb{Z}^*\}$ ist $\tilde{\mathbb{Q}}$ die Quotientenmenge, die uns zum Körper der rationalen Zahlen führen wird.

Wir wählen dann wieder $\tilde{\mathbb{Z}} := \{[a; 1] \mid a \in \mathbb{Z}\}$ und dazu $\varphi := (\mathbb{Z} \to \tilde{\mathbb{Z}}; a \mapsto [a; 1])$, womit sich Folgendes ergibt: Zunächst ist $\tilde{\mathbb{Z}} \subseteq \tilde{\mathbb{Q}}$, und dann ist $(\tilde{\mathbb{Z}}, \boxplus, \boxdot)$ ein Integritätsring mit dem Quotientenkörper $(\tilde{\mathbb{Q}}, \boxplus, \boxdot)$, und insbesondere ist $(\tilde{\mathbb{Z}}, \boxplus, \boxdot)$ isomorph zu $(\mathbb{Z}, +, \cdot)$ mit φ als vermittelndem Isomorphismus. Der Integritätsring $(\mathbb{Z}, +, \cdot)$ ist damit isomorph in den konstruierten Quotientenkörper $(\tilde{\mathbb{Q}}, \boxplus, \boxdot)$ eingebettet, so dass man anschließend die rationalen Zahlen durch $\mathbb{Q} := (\tilde{\mathbb{Q}} \setminus \tilde{\mathbb{Z}}) \cup \mathbb{Z}$ definieren kann mit $\tilde{\mathbb{Q}} \setminus \tilde{\mathbb{Z}} = \mathbb{Q} \setminus \mathbb{Z}$.

Es verläuft also bis hierher alles analog wie bei der Erweiterung von $\mathbb{N}$ nach $\mathbb{Z}$, aber auch noch bei den letzten fehlenden Schritten: Durch $\psi := \varphi \cup \mathrm{id}_{\mathbb{Q} \setminus \mathbb{Z}}$ wird eine Fortsetzung von φ gebildet, so dass ψ eine Bijektion von $\mathbb{Q}$ auf $\tilde{\mathbb{Q}}$ ist.

Damit lassen sich wie in Definition (8.1) und (8.24) Addition und Multiplikation auf $\mathbb{Q}$ definieren, die sich als Fortsetzungen der Addition und Multiplikation auf $\mathbb{Z}$ erweisen.

---

[559] Vgl. Satz (7.5) auf S. 293.

Schließlich ist ψ^{-1} ein Isomorphismus von $(\tilde{\mathbb{Q}}, \boxplus, \boxdot)$ auf $(\mathbb{Q}, +_\mathbb{Q}, \cdot_\mathbb{Q})$, womit nach Weglassung der Indizes $(\mathbb{Q}, +, \cdot)$ also der Quotientenkörper des Integritätsrings $(\mathbb{Z}, +, \cdot)$ mit $\mathbb{N} \subset \mathbb{Z} \subset \mathbb{Q}$ ist. Da $(\mathbb{Q}, +, \cdot)$ ein Körper ist, ist $(\mathbb{Q}^*, \cdot)$ eine abelsche Gruppe, wobei $\mathbb{Q}^* := \mathbb{Q} \setminus \{0\}$ gilt. Damit gibt es in $(\mathbb{Q}^*, \cdot)$ eine Inversenfunktion bezüglich der Multiplikation, die vorübergehend mit j bezeichnet sei, so dass also $a \cdot j(a) = j(a) \cdot a = 1$ für alle $a \in \mathbb{Q}^*$ gilt. Somit kann der **Quotient** von zwei rationalen Zahlen über $\frac{a}{b} := a \cdot j(b)$ als Bruch[560] definiert werden, und mit 1 als neutralem Element bezüglich der Multiplikation folgt

$$j(a) = \frac{1}{a} =: a^{-1}.$$

Nun bleibt noch zu erwähnen, dass sich beweisen lässt, dass für die so konstruierte Menge aufgrund der entwickelten Verknüpfungen folgende übliche Darstellungen gelten, die man im naiven Sinn gerne zur „Definition" der rationalen Zahlen verwendet:[561]

(8.27) Satz

Die Menge der rationalen Zahlen lässt sich wie folgt darstellen:

$$\mathbb{Q} = \left\{ \frac{a}{b} \mid a \in \mathbb{Z} \wedge b \in \mathbb{N}^* \right\} \quad \text{oder alternativ} \quad \mathbb{Q} = \left\{ \frac{a-b}{c} \mid a, b, c \in \mathbb{N}^* \right\}$$

8.2 Der archimedisch angeordnete, unvollständige Körper der rationalen Zahlen

8.2.1 Der angeordnete Ring der ganzen Zahlen

Wir werden nun mit Bezug auf Bild 7.6 (S. 295) zunächst die *Ordnungsrelation* von $\mathbb{N}$ auf $\mathbb{Z}$ *fortsetzen*. Dieses Problem lösen wir in Analogie zu Definition (6.41), indem wir heuristisch $a \leq b \Leftrightarrow b - a \geq 0 \Leftrightarrow b - a \in \mathbb{N}$ in $\mathbb{N}$ nutzen, und das führt zu:

(8.28) Definition

$$(1) \quad \leq_\mathbb{Z} := \{(a,b) \in \mathbb{Z}^2 \mid \bigvee_{x \in \mathbb{N}} a + x = b\},$$

$$(2) \quad <_\mathbb{Z} := \leq_\mathbb{Z} \setminus \mathrm{id}_\mathbb{Z}, \quad (3) \quad \geq_\mathbb{Z} := \leq_\mathbb{Z}^{-1}, \quad (4) \quad >_\mathbb{Z} := <_\mathbb{Z}^{-1}.$$

Der folgende Satz besagt, dass $\leq_\mathbb{Z}$ eine (echte) Fortsetzung von $\leq_\mathbb{N}$ bzw. dass $\leq_\mathbb{N}$ eine (sogar echte) Einschränkung (Restriktion) von $\leq_\mathbb{Z}$ ist:

(8.29) Satz

$$\leq_\mathbb{Z} \cap (\mathbb{N} \times \mathbb{N}) = \leq_\mathbb{N} \subset \leq_\mathbb{Z}$$

---

[560] Vgl. Abschnitt 7.4.9. Die dort genannten didaktischen Probleme des Bruchbegriffs werden durch diese in der Mathematik übliche Notation jedoch keineswegs ausgehebelt bzw. „hinweg trivialisiert"!

[561] Vgl. hierzu die Umfrageergebnisse in Abschnitt 7.1.5.

Beweis:

Wegen Definition (6.41) auf S. 275 und Definition (8.28) ist zunächst

$$\leq_\mathbb{N} := \{(m,n) \in \mathbb{N}^2 \mid \bigvee_{k \in \mathbb{N}} m + k = n\} \subseteq \leq_\mathbb{Z} \text{ und damit auch } \leq_\mathbb{Z} \cap (\mathbb{N} \times \mathbb{N}) = \leq_\mathbb{N}.$$

Wegen $-1 = i(1) \in \mathbb{Z} \setminus \mathbb{N}$ (vgl. Definition (8.17)) ist $(-1;\ 0) \notin \leq_\mathbb{N}$, aber es ist $(-1;\ 0) \in \mathbb{Z}^2$. Wegen $(-1) + 1 = 0$ (Gruppeneigenschaft von $(\mathbb{Z},+)$) und $1 \in \mathbb{N}$ ist aber $(-1;\ 0) \in \leq_\mathbb{Z}$. Damit ist $\leq_\mathbb{N} \neq \leq_\mathbb{Z}$, und also folgt $\leq_\mathbb{N} \subset \leq_\mathbb{Z}$.   ◆

(8.30) Satz — Monotonie von $\leq$ bezüglich $+$

$$\bigwedge_{a,b,c \in \mathbb{Z}} \left(a \leq_\mathbb{Z} b \leftrightarrow a + c \leq_\mathbb{Z} b + c\right)$$

Beweis:

$a, b, c \in \mathbb{Z}$ seien beliebig gewählt. Dann gilt:

$$a \leq_\mathbb{Z} b \Leftrightarrow \bigvee_{x \in \mathbb{N}} a + x = b \underset{\substack{(\mathbb{Z},+) \text{ ist Gruppe} \\ (\text{Kürzungsregeln}\,!)}}{\Leftrightarrow} \bigvee_{x \in \mathbb{N}} (a + c) + x = b + c \Leftrightarrow a + c \leq_\mathbb{Z} b + c$$ ◆

Die Bezeichnung „**Monotonie**" meint nur eine Richtung (von links nach rechts)! Wegen der Gruppeneigenschaft von $(\mathbb{Z},+)$ gelten hier aber sogar beide Richtungen.

Künftig schreiben wir nur $\leq$ statt $\leq_\mathbb{Z}$, sofern keine Missverständnisse entstehen können, und damit erhalten wir:

(8.31) Satz

$(\mathbb{Z},+)$ ist eine Totalordnung.

Beweis:

Wir nehmen hier Bezug auf die Definitionen (5.55) und (5.75) in Abschnitt 5.2.1 und 5.2.3. Im Folgenden seien $a, b, c \in \mathbb{Z}$ stets beliebig gewählt.

- *Reflexivität*

In der Gruppe $(\mathbb{Z},+)$ gilt $a + 0 = a$ mit $0 \in \mathbb{Z}$ für alle $a \in \mathbb{Z}$, also ist $a \leq a$.

- *Identitivität*

Es sei $a \leq b \wedge b \leq a$. Wir müssen zeigen, dass dann $a = b$ gilt.

Gemäß Definition (8.28) existieren $x, y \in \mathbb{N}$ mit $a + x = b$ und $b + y = a$. Durch Einsetzen erhalten wir $(a + x) + y = a$, und das ist wegen der Assoziativität der Addition äquivalent zu $a + (x + y) = a + 0$. Mit der Kürzungsregel folgt hieraus $x + y = 0$, und wegen $x, y, 0 \in \mathbb{N}$ bedeutet das mit Definition (6.41) $x \leq 0$. Zugleich gilt nach Satz (6.43.a) $x \geq 0$, also ist $x \leq 0 \wedge x \geq 0$. Wegen Folgerung (6.45.b) ist $m \leq n$ äquivalent zu $m < n \vee m = n$, also gilt $(x < 0 \vee x = 0) \wedge (x > 0 \vee x = 0)$.

Mittels zweifacher Anwendung der Distributivität gemäß Satz (2.15) ist das äquivalent zu $(x < 0 \wedge x > 0) \vee (x < 0 \wedge x = 0) \vee (x = 0 \wedge x > 0) \vee x = 0$. Wegen der Trichotomie in $(\mathbb{N}, \leq)$ gemäß Folgerung (6.45.g) ist genau eine der drei Aussagen $x < 0$, $x = 0$, $x > 0$ wahr. Damit sind die ersten drei Klammerausdrücke in dem obigen langen Term falsch, und es bleibt nur $x = 0$. Wegen $a + x = b$ führt das schließlich zu $a = b$.

- *Transitivität*

Es ist $a \leq b \wedge b \leq c \Rightarrow a \leq c$ zu zeigen.

Aus $a \leq b \wedge b \leq c$ folgt die Existenz von $x, y \in \mathbb{N}$ mit $a + x = b$ und $b + y = c$, und durch Einsetzen ergibt sich hieraus $(a + x) + y = c$. Das Assoziativgesetz der Addition liefert $a + (x + y) = c$. Dabei ist $x + y \in \mathbb{N}$, weil $(\mathbb{N}, +)$ ein Monoid ist. Also existiert ein $z \in \mathbb{N}$ mit $a + z = c$, und das bedeutet $a \leq c$.

- *Vergleichbarkeit (Konnexität)*

Es ist zu zeigen, dass stets $a \leq b \vee b \leq a$ gilt.

Nach Folgerung (8.18) ist jede ganze Zahl als Differenz natürlicher Zahlen darstellbar, also gilt etwa $a = m_1 - n_1$ und $b = m_2 - n_2$ mit $m_1, n_1, m_2, n_2 \in \mathbb{N}$. Die Behauptung kann dann wie folgt äquivalent umgeformt werden. Dabei müssen wir präzise zwischen $\leq_\mathbb{Z}$ und $\leq_\mathbb{N}$ unterscheiden, weil sonst gar nicht erkannt wird, was zu tun ist. Wir werden daher zunächst $\leq_\mathbb{Z}$ statt $\leq$ schreiben:

$$a \leq_\mathbb{Z} b \vee b \leq_\mathbb{Z} a \quad \Leftrightarrow \quad m_1 - n_1 \leq_\mathbb{Z} m_2 - n_2 \vee m_2 - n_2 \leq_\mathbb{Z} m_1 - n_1$$

$$\underset{\text{Monotonie}}{\Leftrightarrow} \quad m_1 + n_2 \leq_\mathbb{Z} m_2 + n_1 \vee m_2 + n_1 \leq_\mathbb{Z} m_1 + n_2$$

$$\underset{m_i + n_k \in \mathbb{N}}{\Leftrightarrow} \quad m_1 + n_2 \leq_\mathbb{N} m_2 + n_1 \vee m_2 + n_1 \leq_\mathbb{N} m_1 + n_2$$

Bei der zweiten Umformung wurde Satz (8.30), die Monotonie, in beiden Richtungen angewendet, und zwar einmal, indem $n_1 + n_2$ addiert wurde, und zum anderen, indem $-(n_1 + n_2)$ addiert wurde. Bei der dritten Umformung wurde Satz (8.29) angewendet. Die letzte Aussage ist wahr, weil $(\mathbb{N}, \leq)$ gemäß Satz (6.44) eine Totalordnung ist. ◆

Mit Definition (5.55) in Abschnitt 5.2.1 wurde eine *strenge Ordnung* bzw. eine *Striktordnung* erklärt (siehe auch Abschnitt 5.2.3). Mit Definition (8.28) und Satz (8.31) folgt dann:

(8.32) Folgerung

$(\mathbb{Z}, <)$ ist eine Striktordnung.

Weiterhin benötigen wir die mit *„angeordneter Ring, ...“* bezeichneten Begriffe:

(8.33) Definition

Es sei $(R, \oplus, \otimes)$ ein Ring (bzw. ein Integritätsring bzw. ein Körper) mit dem Nullelement 0_R, und es sei $\sqsubseteq R \times R$.

$(R, \oplus, \otimes, \sqsubseteq)$ ist ein **angeordneter Ring**
(bzw. **angeordneter Integritätsring** bzw. **angeordneter Körper**) $:\Leftrightarrow$

$(R, \sqsubseteq)$ ist eine Totalordnung $\wedge (a \sqsubseteq b \Rightarrow a \oplus c \sqsubseteq b \oplus c) \wedge (0_R \sqsubseteq a \wedge 0_R \sqsubseteq b \to 0_R \sqsubseteq a \otimes b)$

Die letzten beiden Bedingungen im Definiens sind die **Monotoniegesetze** bezüglich der Addition bzw. der Multiplikation, die wir ähnlich schon bei den natürlichen Zahlen in Satz (6.50) kennengelernt haben. Die Bezeichnung „Anordnung" in Definition (8.33) (also mit der Vorsilbe „An") soll dabei auf die Vergleichbarkeit (die Konnexität) hinweisen, was bedeutet: Für beliebige $a, b \in R$ gilt stets $a \sqsubseteq b \vee b \sqsubseteq a$. Und so liegt folgender Satz nahe:

(8.34) Satz

$(\mathbb{Z}, +, \cdot, \leq)$ ist ein angeordneter Integritätsring.

Aufgabe 8.3

Beweisen Sie Satz (8.34).

8.2.2   Der angeordnete Körper der rationalen Zahlen

Wir werden nun – wiederum mit Bezug auf Bild 7.6 – die Ordnungsrelation von $\mathbb{Z}$ auf $\mathbb{Q}$ fortsetzen. Dafür ist es nützlich, zu vereinbaren, was unter einer *„positiven rationalen Zahl"* (bzw. einer *„nicht-negativen rationalen Zahl"*) zu verstehen ist (vgl. (Satz (8.27)).

(8.35) Definition

$$\mathbb{Q}^+ := \{\frac{a}{b} \mid a, b \in \mathbb{N}^*\}, \; \mathbb{Q}_0^+ := \mathbb{Q}^+ \cup \{0\}$$

Und damit können wir in Verallgemeinerung von Definition (8.28) vereinbaren:

(8.36) Definition

$$\leq_{\mathbb{Q}} := \{(a, b) \in \mathbb{Q}^2 \mid \bigvee_{x \in \mathbb{Q}_0^+} a + x = b\}, \; \geq_{\mathbb{Q}} := \leq_{\mathbb{Q}}^{-1}, \; <_{\mathbb{Q}} := \leq_{\mathbb{Q}}^{-1} \cup \operatorname{id}_{\mathbb{Q}}, \; >_{\mathbb{Q}} := <_{\mathbb{Q}}^{-1}$$

Aufgabe 8.4

Beweisen Sie folgende Mengendarstellungen:

(a) $\leq_{\mathbb{Z}} = \{(a, b) \in \mathbb{Z}^2 \mid b - a \in \mathbb{N}\}$ (b) $\leq_{\mathbb{Q}} = \{(a, b) \in \mathbb{Q}^2 \mid b - a \in \mathbb{Q}_0^+\}$

Die in dieser Aufgabe zu beweisenden Mengendarstellungen beschreiben Sachverhalte, die – in anderer Form – bereits aus dem Mathematikunterricht bekannt sein dürften. Das gilt auch für die nachfolgenden, unmittelbar einleuchtenden Zusammenhänge:

$\leq_{\mathbb{Q}} \cap (\mathbb{Z} \times \mathbb{Z}) = \leq_{\mathbb{Z}} \subset \leq_{\mathbb{Q}}, \; \mathbb{Q}_0^+ = \{a \in \mathbb{Q} \mid a \geq_{\mathbb{Q}} 0\}, \; \mathbb{Q}^+ = \{a \in \mathbb{Q} \mid a >_{\mathbb{Q}} 0\}, \; \mathbb{N}^* \subset \mathbb{Q}^+, \; \mathbb{N} \subset \mathbb{Q}_0^+.$

Auch hier werden wir künftig die Indizes an den Symbolen der Ordnungsrelationen weglassen, wenn keine Missverständnisse zu befürchten sind. Dann gilt in Analogie zu Satz (8.31):

(8.37) Satz

$(\mathbb{Q}, \leq)$ ist eine Totalordnung.

Der Beweis sei eigenen Erkundungen der Leserinnen und Lesern überlassen, und so kommen wir gleich darauf aufbauend zum nächsten wichtigen Satz, wobei wir (wie schon zuvor bemerkt) die Indizes bei den Verknüpfungen und der Ordnungsrelation fortlassen:

(8.38) Satz

$(\mathbb{Q}, +, \cdot, \leq)$ ist ein angeordneter Körper.

Hier sind „nur" noch die *Monotoniegesetze* bezüglich der Addition und der Multiplikation zu beweisen (vgl. Definition (8.33)), die also bezüglich $(\mathbb{Q}, +, \cdot, \leq)$ lauten:

$$a \leq b \Rightarrow a + c \leq b + c \quad \text{und} \quad 0 \leq a \wedge 0 \leq b \Rightarrow 0 \leq a \cdot b$$

$(\mathbb{Q}_0^+, \cdot)$ ist damit ein Monoid. Wir halten fest, dass in dem konstruierten angeordneten Körper $(\mathbb{Q}, +, \cdot, \leq)$ alle „gewohnten" Rechenregeln beweisbar sind. Diese wenden wir künftig an.[562]

Aufgabe 8.5

Beweisen Sie die Gültigkeit des Monotoniegesetzes bezüglich der Addition in $(\mathbb{Q}, +, \cdot, \leq)$.

8.2.3   Dichtheit des angeordneten Körpers der rationalen Zahlen

In der Algebra beweist man folgenden wichtigen Satz, den wir als Hilfssatz verwenden:[563]

(8.39) Hilfssatz

Jeder angeordnete Körper $(K, \oplus, \otimes, \sqsubseteq)$ enthält einen zu $(\mathbb{Q}, +, \cdot, \leq)$ isomorphen Unterkörper.

Daraus erhalten wir sofort:

(8.40) Folgerung

$(\mathbb{Q}, +, \cdot, \leq)$ ist im Sinne der Isomorphie der kleinste angeordnete Körper.

Insbesondere lassen sich damit endliche Körper nicht anordnen, und daraus folgt, dass es keine endlichen angeordneten Körper gibt. Hilfssatz (8.39) erleichtert vieles, weil wir nun ohne Beschränkung der Allgemeinheit („o. B. d. A.") für das Weitere voraussetzen können:

(8.41) Voraussetzung

$(K, +, \cdot, \leq)$ ist ein angeordneter Körper mit $\mathbb{Q} \subseteq K$,
mit dem Nullelement 0 und dem Einselement 1.

Für Körper gilt definitionsgemäß $0 \neq 1$, weil sowohl $(K, +)$ als auch $(K \setminus \{0\}, \cdot)$ jeweils als abelsche Gruppen vorausgesetzt werden (mit zusätzlicher Gültigkeit des Distributivgesetzes). Für angeordnete Körper ist darüber hinaus $0 < 1$ beweisbar, und man kann die Gültigkeit etwa der folgenden (vielleicht schon aus dem Mathematikunterricht vertrauten) nützlichen Ungleichungen beweisen:[564]

(8.42) Satz

In $(K, +, \cdot, \leq)$ gilt:

(1) $x < y \Leftrightarrow x + z < y + z$,   (2) $x < y \Leftrightarrow -y < -x$,   (3) $0 < x \wedge 0 < y \Rightarrow 0 < xy$,

(4) $x < y \wedge z > 0 \Rightarrow xz < yz$,   (5) $0 < x < y \Leftrightarrow 0 < \frac{1}{y} < \frac{1}{x}$.

---

[562] Ein Beweis des Monotoniegesetzes bzgl. der Multiplikation findet sich z. B. bei [OBERSCHELP 1976].
[563] Vgl. Lehrbücher zur Algebra, z. B. [COHEN & EHRLICH 1963] oder [HORNFECK 1969].
[564] Vgl. z. B. [OBERSCHELP 1976] und [COHEN & EHRLICH 1963].

Hierbei beachten wir die auf S. 370 skizzierte Einführung von Quotienten $\frac{a}{b} := a \cdot j(b)$ in $(\mathbb{Q}, +, \cdot)$ mit Hilfe der zu a „Multiplikativ-Inversen" $j(a)$, woraus sich $j(a) = \frac{1}{a}$ ergab.

Aufgabe 8.6

(a) Beweisen Sie in Satz (8.42) die Ungleichungen (1) bis (4).

(b) Lösen Sie $\frac{1}{x} < 1$ in $(\mathbb{Q}, +, \cdot, \leq)$.

Bekanntlich kann man zwischen je zwei rationalen Zahlen wieder eine rationale Zahl finden, so dass also zu beliebigen $a, b \in \mathbb{Q}$ mit $a < b$ stets ein $c \in \mathbb{Q}$ mit $a < c < b$ existiert. Für $a, b \in \mathbb{Z}$ hingegen gilt dies nicht stets, denn wenn $b = a + 1$ und $a < c < b$ gilt, so ist $c \in \mathbb{Z}$ nicht möglich. (Für $a \geq 0$ ist dies sofort ersichtlich, weil $a + 1$ Nachfolger von $a \in \mathbb{N}$ ist.)

Damit sind die Totalordnungen $(\mathbb{Q}, \leq)$ und $(\mathbb{Z}, \leq)$ grundsätzlich wie folgt unterscheidbar, indem wir den Fall beschreiben, dass zwischen je zwei Elemente stets ein weiteres „passt":

(8.43) Definition

Es sei $(M, \sqsubseteq)$ ein Totalordnung und $\emptyset \neq T \subseteq M$.

$$(T, \sqsubseteq) \text{ ist } \textbf{dicht} \text{ in } (M, \sqsubseteq) \; :\Leftrightarrow \; \bigvee_{a, b \in M} \left(a \sqsubset b \to \bigvee_{c \in T} a \sqsubset c \sqsubset b \right)$$

Den Fall „$(M, \sqsubseteq)$ ist dicht in $(M, \sqsubseteq)$" kennzeichnet man durch „$(M, \sqsubseteq)$ ist **dicht in sich**". Wenn keine Missverständnisse entstehen können, sagt man auch einfach: „T ist dicht in M" bzw. „M ist dicht in sich" (oder auch nur: „M ist **dicht**").

(8.44) Satz

$(K, \leq)$ ist dicht in sich.

Beweis:
Es sei $a, b \in K$ mit $a < b$. Mit Satz (8.42.1) ergibt sich:

$$a < b \Rightarrow a + a < a + b \wedge a + b < b + b \Leftrightarrow a + a < a + b < b + b$$

$$\underset{2 \in \mathbb{Q}}{\Rightarrow} 2 \cdot a = (1+1) \cdot a = 1 \cdot a + 1 \cdot a = a + a < a + b < b + b = \ldots = 2 \cdot b, \text{ also } 2a < 2b.$$

Wegen $0 < 1 < 2$ gilt nach Satz (8.42.5) $\frac{1}{2} > 0$, und damit folgt unter Anwendung von Satz (8.42.3) weiter, indem wir $2a < 2b$ mit $\frac{1}{2}$ multiplizieren:

$$a = (\tfrac{1}{2} \cdot 2) \cdot a = \tfrac{1}{2} \cdot (2 \cdot a) < \tfrac{1}{2} \cdot (a + b) < \ldots = b, \text{ also } a < \tfrac{1}{2} \cdot (a + b) < b.$$

Und mit $\frac{1}{2} \in K$ und $a + b \in K$ ist schließlich $c := \frac{1}{2} \cdot (a + b) \in K$, weil $(K, +, \cdot)$ ein Körper ist.

$\blacklozenge$

Als Beweisidee ist das *arithmetische Mittel* verwendet worden.

(8.45) Folgerung

Die rationalen Zahlen sind dicht in sich.

(8.46) Satz

Zwischen je zwei rationalen Zahlen liegen unendlich viele rationale Zahlen.

Beweis:

Es seien $a, b \in \mathbb{Q}$ mit $a < b$. Wegen Folgerung (8.45) existiert ein $c_0 \in \mathbb{Q}$ mit $a < c_0 < b$.

Wir wählen nun $g := \left(\mathbb{Q} \to \mathbb{Q}; x \mapsto \frac{a+x}{2} \right)$.

Dann ist $(\mathbb{Q}, c_0, g)$ eine 0-1-Algebra. Nach dem Rekursionssatz (6.30) existiert damit genau eine Folge f mit folgenden Eigenschaften:

$f(0) = c_0$ und $f(n+1) = g(f(n)) =: c_{n+1}$ für alle $n \in \mathbb{N}$, also $c_{n+1} = f(n+1) = \frac{a+f(n)}{2} = \frac{a+c_n}{2}$.

Mit $M := \{ c_n \mid n \in \mathbb{N} \}$ und $\varphi(c_n) := c_{n+1}$ ist (M, c_0, φ) eine 0-1-Algebra, die auch die Axiome **(P3)** und **(P4)** erfüllt (was noch zu beweisen ist).

Gemäß Folgerung (6.53) ist M damit unendlich.   ♦

Aufgabe 8.7

Es sei $a, b \in \mathbb{Q}$ und $c_0 \in \mathbb{Q}$ mit $a < c_0 < b$. Nach dem Rekursionssatz existiert eindeutig eine Folge $\langle c_n \rangle$ mit der Eigenschaft $c_{n+1} = \frac{a+c_n}{2}$ für alle $n \in \mathbb{N}$.

Es sei nun ferner $M := \{ c_n \mid n \in \mathbb{N} \}$ und $\varphi(c_n) := c_{n+1}$.

Beweisen Sie, dass (M, c_0, φ) dann eine 0-1-Algebra ist, die auch die Dedekind-Peano-Axiome **(P3)** und **(P4)** erfüllt!

8.2.4 Archimedizität des angeordneten Körpers der rationalen Zahlen

Anschaulich ist klar, dass die Folge $\langle c_n \rangle$ aus Aufgabe 8.7 streng monoton fällt und gegen a konvergiert. Für $a = 0$ hätten wir eine streng monoton fallende Nullfolge, z. B. für $b = 1$ und $c_0 = \frac{1}{2}$ lauten die ersten Folgenglieder: $\frac{1}{2}, \frac{1}{4}, \frac{1}{8}, \dots$.

Wir sehen schon daran, dass es *beliebig kleine positive rationale Zahlen* gibt, oder anders:

(8.47) Folgerung

Es gibt keine kleinste positive rationale Zahl.

Wir können es auch so sagen:

Zu jeder positiven rationalen Zahl finden wir eine kleinere positive rationale Zahl.

Für positive ganze Zahlen gilt hingegen die entsprechende Aussage nicht.

Gehen wir andererseits (ebenfalls für $a = 0$) zur Kehrwertfolge von $\langle c_n \rangle$ über: 2, 4, 8, ..., so erhalten wir offenbar beliebig große rationale Zahlen, was uns nicht überrascht, oder anders:

Zu jeder rationalen Zahl gibt es eine noch größere rationale Zahl.

Dies gilt entsprechend auch für die ganzen Zahlen.

So ist aufgrund unserer bisherigen Erfahrung speziell Folgendes *plausibel*:

(1)   Zu jedem $a \in \mathbb{Q}^+$ gibt es ein $n \in \mathbb{N}^*$ mit $0 < \dfrac{1}{n} < a$.

(2)   Zu jedem $a \in \mathbb{Q}^+$ gibt es ein $n \in \mathbb{N}^*$ mit $a < n$.

Mit Satz (8.42.d) sind (1) und (2) äquivalent. Ist nun $a \in \mathbb{Q}^+$ und b eine kleinere positive rationale Zahl, so ist gemäß Definition (8.35) $b = m/n \in \mathbb{Q}^*$ mit $m, n \in \mathbb{N}^*$, also folgt $0 < 1/n \leq m/n < a$, womit (2) und damit auch (1) bewiesen ist. Da jeder angeordnete Körper $(K, +, \cdot, \leq)$ einen zu $(\mathbb{Q}, +, \cdot, \leq)$ isomorphen Unterkörper enthält und da wir *deshalb* in der Voraussetzung (8.41) o. B. d. A. $(K, +, \leq)$ mit $\mathbb{Q} \subseteq K$ wählen konnten, gilt darüber hinaus $\mathbb{N} \subset K$. Sodann scheint es naheliegend und geradezu selbstverständlich zu sein, dass wir in den beiden obigen Aussagen (1) und (2) jeweils $\mathbb{Q}^+$ sogar durch K^+ ersetzen können. Jedoch wird die Verblüffung groß sein, zu erfahren, dass dies *nicht* gilt, wie Beispiele zeigen.

Zuvor definieren wir K^+, Definition (8.35) und $\mathbb{Q}^+ = \{a \in \mathbb{Q} \mid a >_\mathbb{Q} 0\}$ verallgemeinernd:

(8.48) Definition

$$K^+ := \{a \in K \mid a > 0\}, \quad K_0^+ := K^+ \cup \{0\}$$

Falls für $(K, +, \cdot, \leq)$ anstelle von $(\mathbb{Q}, +, \cdot, \leq)$ die obigen Eigenschaften (1) bzw. (2) *nicht* gelten würden, so bedeutete dies bei formallogischer Negation:

$$(1^*) \quad \bigvee_{a \in K^+} \bigwedge_{n \in \mathbb{N}^*} a \leq \frac{1}{n}, \quad (2^*) \quad \bigvee_{a \in K^+} \bigwedge_{n \in \mathbb{N}^*} n \leq a$$

Ein Element a vom Typ (1^*) heißt *infinitesimal*, ein Element a vom Typ (2^*) heißt hingegen *unendlich groß*, wobei man dann definitorisch sogar die strenge Ordnungsrelation wählt.[565] Und in (2^*) kann man offenbar auch $\mathbb{N}$ anstelle von $\mathbb{N}^*$ nehmen. Damit würden wir erhalten:

(8.49) Definition

Es sei $a \in K^+$ beliebig gewählt.

(a) a ist **infinitesimal** $:\Leftrightarrow \displaystyle\bigwedge_{n \in \mathbb{N}^*} a < \frac{1}{n}$ (b) a ist **unendlich groß** $:\Leftrightarrow \displaystyle\bigwedge_{n \in \mathbb{N}} n < a$

(8.50) Satz

In jedem angeordneten Körper gilt:

Es gibt infinitesimale Elemente $\Leftrightarrow$ Es gibt unendliche große Elemente

---

565   Vgl. z. B. [OBERSCHELP 1968, 92].

Aufgabe 8.8

(a) Beweisen Sie Satz (8.50).

(b) Zeigen Sie, dass es in $(\mathbb{Q}, +, \cdot, \leq)$ weder unendlich große Elemente noch infinitesimale Elemente gibt.

Aufgabe 8.8.b ist leider nur ein Negativbeispiel. Es fehlt uns aber noch ein Positivbeispiel, mit dem belegt wird, dass es tatsächlich infinitesimale Elemente (und wegen Satz (8.50)) dann auch unendlich große Elemente) gibt. Andernfalls wäre Definition (8.49) inhaltsleer, und so möge man zur Kenntnis nehmen, dass man eine solche Definition erst dann aufschreiben sollte, wenn dadurch tatsächlich ein neuer Begriff in abgrenzender Weise erfasst wird.[566]

Mit dem folgenden Beispiel soll zumindest *plausibel* gemacht werden, dass es derartige merkwürdige angeordnete Körper mit infinitesimalen und mit unendlich großen Elementen gibt.

(8.51) Beispiel

Mit $x \notin \mathbb{Q}$ sei $\mathbb{Q}(x)$ die Menge aller „Brüche" $\dfrac{a_0 + \ldots + a_m x^m}{b_0 + \ldots + b_n x^n}$ mit Koeffizienten $a_\mu, b_\nu \in \mathbb{Q}$, wobei stets $b_n \neq 0$ gilt und ferner $a_m \neq 0$ gilt, sofern $m > 0$ ist. $\mathbb{Q}(x)$ besteht also aus allen „Brüchen", die wir als *Funktionsterme gebrochen-rationaler Funktionen* ansehen können, die wir hier „Polynombrüche" nennen können. Wir unterstellen jetzt in naiver Sicht, dass wir mit solchen Polynombrüchen „wie gewohnt" rechnen können, womit sich $(\mathbb{Q}(x), +, \cdot)$ als Körper offenbart, in den $(\mathbb{Q}, +, \cdot)$ eingebettet ist.

Im Sinne der Äquivalenz von Brüchen[567] erklären wir nun (wohldefiniert) die **Gleichheit von zwei solchen Polynombrüchen** durch $\dfrac{p}{q} = \dfrac{r}{s} :\Leftrightarrow ps = qr$.

Das ist eine Fortsetzung der Gleichheit in $\mathbb{Q}$. (Warum?) Nun brauchen wir noch eine Fortsetzung der Ordnungsrelation von $\mathbb{Q}$ auf $\mathbb{Q}(x)$, die wir wie folgt wählen:

$$\frac{a_0 + \ldots + a_m x^m}{b_0 + \ldots + b_n x^n} \sqsupset 0 :\Leftrightarrow a_m b_n > 0 \quad (\text{„}\sqsupset\text{" werde gelesen als } \textit{„nach"})$$

Auch diese Relation ist wohldefiniert.

Weiterhin vereinbaren wir für beliebige Polynombrüche $f, g \in \mathbb{Q}(x)$:

$f \sqsupset g :\Leftrightarrow f - g \sqsupset 0$,

$f \sqsupseteq g :\Leftrightarrow f \sqsupset g \vee f = g$ (*„nach oder gleich"*)

$f \sqsubset g :\Leftrightarrow g \sqsupset f$ (*„vor"*),

$f \sqsubseteq g :\Leftrightarrow f \sqsubset g \vee f = g$ (*„vor oder gleich"*)

Mit diesen Vereinbarungen zeigt sich, dass $(\mathbb{Q}(x), +, \cdot, \sqsubseteq)$ ein angeordneter Körper ist.

Speziell ist z. B. $x = \dfrac{1 \cdot x + 0 \cdot x^0}{1 \cdot x^0} \in \mathbb{Q}(x)$ mit $1 \cdot 1 = 1 > 0$, also ist $x \sqsupset 0$.

---

[566] Man vergleiche hierzu die Ausführungen zur Begriffsbildung in Abschnitt 1.3.
[567] Vgl. Satz (7.10) und die Betrachtungen auf S. 369 oben.

Damit erweist sich x hier als unendlich groß! Warum? Gemäß Definition (8.49.b) ist zu zeigen, dass $x \sqsupset n$ für alle $n \in \mathbb{N}$ gilt. Äquivalenzumformung liefert:

$$x \sqsupset n \Leftrightarrow x - n \sqsupset 0 \Leftrightarrow \frac{1 \cdot x + (-n)}{1} \sqsupset 0 \Leftrightarrow 1 \cdot 1 > 0 \Leftrightarrow \text{W} \checkmark$$

$x^2, x^3, \ldots$ sind weitere Beispiele für unendlich große Elemente, und entsprechend sind z. B. $\dfrac{1}{x}, \dfrac{1}{x^2}, \dfrac{1}{x^3}, \ldots$ infinitesimal. Beweis?

Es gibt also sowohl angeordnete Körper wie etwa $(\mathbb{Q}, +, \cdot, \leq)$ *ohne* infinitesimale und ohne unendliche große Elemente als auch angeordnete Körper wie etwa $(\mathbb{Q}(x), +, \cdot, \sqsubseteq)$ *mit* infinitesimalen und auch unendlich großen Elementen, so dass man diese Körpertypen nomenklatorisch unterscheiden kann: Man nennt angeordnete Körper, in denen es keine infinitesimalen Elemente (also auch keine unendlich großen) Elemente gibt, *archimedisch angeordnet*. Warum?

Nach der Entdeckung der Inkommensurabilität[568] wurde die pythagoreische Proportionenlehre durch EUDOXOS VON KNIDOS (ca. 400–347 v. Chr.) neu begründet, wie sie im V. Buch der „Elemente" von EUKLID dargestellt ist, wo die „Gleichartigkeit von Größenverhältnissen" neu begründet wird. Unter den 18 dazu eingangs aufgeführten Definitionen findet sich als vierte eine, die man „Messbarkeitsaxiom" nennt und die – bezogen auf Größen – lautet:[569]

> Daß sie ein **Verhältnis zueinander haben**, sagt man von Größen, die vervielfältigt einander übertreffen können.

Nun ist zwar in anderen Definitionen von „gleichartigen Größen" die Rede, hier aber nicht explizit, sondern nur implizit dadurch, dass sie „ein Verhältnis zueinander haben" können, was ja nur für gleichartige Größen möglich ist. Und wir wissen bereits aus Abschnitt 3.3.4, dass für die Pythagoreer auch nach der Entdeckung der Inkommensurabilität zwei beliebige gleichartige Größen mittels Eudoxos' neuem Ansatz stets ein „abstraktes" Verhältnis haben, das durch die Wechselwegnahme beschrieben wird. Berücksichtigen wir das, so bleibt als Wesentliches der o. g. „Definition 4" bei EUKLID, dass von zwei beliebigen gleichartigen Größen stets eine (die kleinere von beiden) in entsprechender Vervielfältigung die andere übertreffen kann.[570]

Das bedeutet im bisherigen Kontext: Sind zwei positive rationale Zahlen a, b gegeben mit $a < b$, so gibt es stets eine natürliche Zahl n mit $b < n \cdot a$. Das nimmt man üblicherweise zur Definition der *Archimedizität*. Die Ursprünge dieses „Axioms" sind aber gemäß obiger Darstellung bereits in EUDOXOS' Axiom bei EUKLID sehen. Jedoch schränkt [VOLKERT 1987, 22] ein:

> Die [...] angegebene Formulierung [...] findet sich genau genommen erst bei Archimedes (z. B. in der Einleitung zur „Kreismessung").

Wir bleiben daher bei der Namenszuweisung zu ARCHIMEDES von Syrakus (287–212 v. Chr.), wählen aber eine einfachere Definition und zeigen dann, dass beide äquivalent sind.

---

[568]   Vgl. Abschnitt 3.3.4.

[569]   [EUKLID 1962, 91, Nr. 4].

[570]   Aber genau das brauchten wir schon für die Wechselwegnahme, wobei wir immer einen Schritt vor dem Übertreffen aufgehört haben.

(8.52) Definition

$$(K,+,\cdot,\leq) \text{ ist } \textbf{archimedisch angeordnet} \quad :\Leftrightarrow \quad \bigvee_{a\in K}\bigwedge_{n\in\mathbb{N}} a < n$$

Wir konnten das nur wegen der Voraussetzung $\mathbb{N}\subset\mathbb{Q}\subseteq K$ (siehe S. 374) in dieser verein-fachten Weise formulieren! Andernfalls ist im folgenden Satz (e) oder (f) zu nehmen:

(8.53) Satz

Folgende Aussagen sind im angeordneten Körper $(K,+,\cdot,\leq)$ **paarweise äquivalent:**

(a) $(K,+,\cdot,\leq)$ ist archimedisch angeordnet. $\qquad$ (b) $\displaystyle\bigwedge_{a\in K}\bigvee_{n\in\mathbb{N}} a \leq n$

(c) Es gibt in K keine unendlich großen Elemente.

(d) Es gibt in K keine infinitesimalen Elemente.

(e) $\displaystyle\bigwedge_{a,b\in K}\left(0 < a < b \rightarrow \bigvee_{n\in\mathbb{N}^*} b \leq na\right)$ $\qquad$ (f) $\displaystyle\bigwedge_{a,b\in K}\left(0 < a < b \rightarrow \bigvee_{n\in\mathbb{N}^*} b < na\right)$

Die letzte Eigenschaft (f) ist die „historische", allgemeine, auf EUDOXOS zurückgehende.

Beweis:

(a)$\Leftrightarrow$(b): Wegen $a \leq n \Leftrightarrow a < n \vee a = n$ gilt $a < n \Rightarrow a \leq n$, ferner ist $a \leq n \Rightarrow a < n+1$.

(b)$\Leftrightarrow$(c): Ist trivial wegen Definition (8.49.b).

(c)$\Leftrightarrow$(d): Ist trivial wegen Satz (8.50).

(e)$\Leftrightarrow$(f): Es sei also jeweils $0 < a < b$. Generell gilt $b < na \Rightarrow b \leq na$,

$\qquad\qquad$ und weiterhin gilt wegen $0 < a:\ b \leq na \Rightarrow b < na + a = (n+1)a$.

(a)$\Leftrightarrow$(f): Es sei $0 < a < b$.

$\qquad\qquad$ „$\Rightarrow$": Wegen $a > 0$ ist $c := \frac{b}{a} \in K$, also existiert ein $n \in \mathbb{N}$ mit $c < n$.

$\qquad\qquad$ Wiederum wegen $a > 0$ gilt mit Satz (8.42.4) $ca < na$, also $b < na$.

$\qquad\qquad$ „$\Leftarrow$": Fall 1: $a \leq 1$, dann ist $a < 1 + 1 = 2 =: n$.

$\qquad\qquad\qquad\quad$ Fall 2: $a > 1$, dann ist $0 < 1 < a$ mit $1 \in K$,

$\qquad\qquad\qquad\quad$ und es existiert ein $n \in \mathbb{N}$ mit $a < n \cdot 1 = n$. $\qquad\qquad\qquad$ ◆

(8.54) Beispiel (kleiner „Forschungsauftrag")

Es sei L die Menge der formalen „Laurent-Reihen" $\displaystyle\sum_{v=-\infty}^{+\infty} r_v x^v$ (vgl. Funktionentheorie),

wobei hier $r_v \in \mathbb{Q}$ für alle $v \in \mathbb{Z}$ und ferner $r_v \neq 0$ für endlich viele v mit $v < 0$ gelte.
In L erklären wir Addition, Multiplikation und Ordnung wie folgt:

Addition: gliedweise wie üblich

Multiplikation: „Einsammeln" der Potenzen $\displaystyle\left(\sum_{v=-\infty}^{+\infty} r_v x^v\right) \cdot \left(\sum_{v=-\infty}^{+\infty} s_v x^v\right) := \sum_{v=-\infty}^{+\infty}\left(\sum_{p+q=v} r_p s_q\right)x^v$

Ordnung: $\displaystyle\sum_{v=-\infty}^{+\infty} r_v x^v < \sum_{v=-\infty}^{+\infty} s_v x^v :\Leftrightarrow \bigvee_{k\in\mathbb{Z}}\left(r_k < s_k \wedge \bigwedge_{v<k} r_k = s_k\right)$

➤ Ist dann $(L,+,\cdot,\leq)$ ein (angeordneter) Körper, evtl. ein archimedisch angeordneter Körper?

8.55 Anmerkung

Analysis in nicht-archimedisch angeordneten Körpern führt zur **Non-Standard Analysis**.

Aufgabe 8.9

Wir haben $(\mathbb{Q}(x), +, \cdot, \sqsubseteq)$ als nicht archimedisch angeordneten Körper kennengelernt und in diesem Zusammenhang unendlich große Elemente und infinitesimale Elemente definiert. Untersuchen Sie, welche der folgenden Elemente aus $\mathbb{Q}(x)$ infinitesimal bzw. unendlich groß sind, und ordnen Sie diese Elemente, wenn möglich, in einer Ungleichungskette an, beginnend mit dem kleinsten Element:

$$x^2, \quad \frac{1}{x-1}, \quad x^2 + \frac{1}{x-1}, \quad x^2 \cdot \frac{1}{x-1}, \quad \frac{5}{7}, \quad \frac{5}{7} - x^2, \quad \frac{5}{7} + \frac{1}{x-1}$$

8.2.5 Folgenkonvergenz in angeordneten Körpern

Unsere Kenntnis über angeordnete Körper ist gewachsen: Gemäß Satz (8.38) wissen wir, dass $(\mathbb{Q}, +, \cdot, \leq)$ ein angeordneter Körper ist. Nach Folgerung (8.40) gilt darüber hinaus, dass $(\mathbb{Q}, +, \cdot, \leq)$ bis auf Isomorphie unter allen angeordneten Körpern minimal ist. Da wir nun nach Aufgabe 8.8.b wissen, dass es in $(\mathbb{Q}, +, \cdot, \leq)$ weder unendlich große noch infinitesimale Elemente gibt, ist $(\mathbb{Q}, +, \cdot, \leq)$ mit Satz (8.53) sogar archimedisch angeordnet, und es folgt verschärfend (vgl. zu beiden Aussagen Satz (8.42)):

(8.56) Folgerung

$(\mathbb{Q}, +, \cdot, \leq)$ ist im Sinne der Isomorphie der kleinste archimedisch angeordnete Körper.

Andererseits haben wir in Beispiel (8.51) bei dem angeordneten Körper $(\mathbb{Q}(x), +, \cdot, \sqsubseteq)$ gesehen, dass bei „Vergrößerung" der Trägermenge die Archimedizität verloren gehen kann. Kann vielleicht auch die Möglichkeit verloren gehen, einen Körper $(K, +, \cdot)$ anordnen zu können? Zumindest wissen wir mit Folgerung (8.40), dass die Trägermenge nicht „kleiner" als $\mathbb{Q}$ sein kann, weil sich endliche Körper nach Folgerung (8.40) nicht anordnen lassen.

Und so erhebt sich weitergehend die Frage, welche Eigenschaften ein angeordneter Körper $(K, +, \cdot, \leq)$ über die Archimedizität hinaus ggf. noch haben kann, genauer: Welche Axiome kann man dem Axiomensystem eines archimedisch angeordneten Körpers noch hinzufügen, so dass diese einerseits nicht ableitbar sind und das (neue) Axiomensystem andererseits noch erfüllbar ist? Oder anders mit Bezug auf Abschnitt 2.3.10 und insbesondere Abschnitt 5.3.2.4:

Unter welcher Bedingung ist dieses Axiomensystem *vollständig*? Es wird sich erweisen, dass das **Axiomensystem** für den angeordneten Körper der reellen Zahlen **vollständig** ist, dass damit also $(\mathbb{R}, +, \cdot, \leq)$ unter allen angeordneten Körpern im Sinne der Isomorphie **maximal** ist.

Um dies zu erkennen, müssen wir das Axiomensystem für einen archimedisch angeordneten Körper um ein geeignetes Axiom erweitern, so dass wir dann ein vollständiges Axiomensystem erhalten, welches als Modell (bis auf Isomorphie nur!) die reellen Zahlen besitzt.

Diesem Ziel dienen die Abschnitte 8.2.6 und 8.3. Wir verwenden für die weiteren Betrachtungen wieder o. B. d. A. die Voraussetzung (8.41) und Definition (8.48):

(8.57) Voraussetzung für das Folgende

$(K, +, \cdot, \leq)$ ist ein angeordneter Körper mit $\mathbb{Q} \subseteq K$ und $K^+ := \{a \in K \mid a > 0\}$.

Zunächst benötigen wir einige Eigenschaften aus der Reellen Analysis. Für alle $x, y \in K$ gilt $x < y \; \dot\vee \; x = y \; \dot\vee \; x > y$ (Trichotomie) und damit ist in Totalordnungen $\max\{x, y\}$ definiert:

(8.58) Definition

Für alle $x, y \in K$ gilt: $\max\{x, y\} := \begin{cases} x & \text{für } x > y \\ y & \text{für } x \leq y \end{cases}$ und $|x|_K := \mathrm{abs}_K(x) := \max\{-x, x\}$.

Statt $|x|_K$ schreiben wir kurz $|x|$, wenn alles klar ist. Sodann lässt sich beweisen:

(8.59) Satz
Für alle $x, y \in K$ gilt:

(a) $|x| = |-x| \geq 0$,   (b) $x \leq |x|$,   (c) $-x \leq |x|$,

(d) $|x| = 0 \Leftrightarrow x = 0$,   (e) $|xy| = |x| \cdot |y|$,   (f) $\big| |x| - |y| \big| \leq |x + y| \leq |x| + |y|$.

Gemäß Bezeichnung (6.9) ist eine *Folge* eine Funktion, deren Definitionsbereich die Träger-menge einer Dedekind-Peano-Algebra ist, für die wir jetzt speziell $\mathbb{N}$ wählen. Wir betrachten demgemäß künftig Folgen von $\mathbb{N}$ in K, genannt *„Folgen über K"*. Gilt $f(n) = a_n$ für eine Folge f, so bezeichnen wir diese mit $\langle a_n \rangle$, und es ist dann $f = \langle f(n) \rangle = \langle a_n \rangle$.

(8.60) Definition

$\mathrm{F}_K := K^{\mathbb{N}}$ („Menge aller Folgen über K", also $\mathrm{F}_K = \{f \mid f : \mathbb{N} \to K\}$).

$\underline{0} := \langle 0 \rangle$ („konstante" Folge aus Nullen), $\underline{1} := \langle 1 \rangle$ („konstante" Folge aus Einsen).

Für alle $\langle a_n \rangle, \langle b_n \rangle \in \mathrm{F}_K$ gilt: $\langle a_n \rangle + \langle b_n \rangle := \langle a_n + b_n \rangle$, $\langle a_n \rangle \cdot \langle b_n \rangle := \langle a_n \cdot b_n \rangle$.

Hier wird also mit Folgen als eigenständigen Objekten „gerechnet". Zwar könnten wir für diese Verknüpfungen neue Symbole wie z. B. $\langle a_n \rangle \oplus \langle b_n \rangle := \langle a_n + b_n \rangle$ etc. einführen, jedoch verzichten wir darauf, weil hier keine Missverständnisse zu befürchten sind.

(8.61) Satz

$(\mathrm{F}_K, +, \cdot)$ ist ein kommutativer Ring mit Nullteilern.

Das Nullelement ist $\underline{0}$, und das Einselement ist $\underline{1}$.

Beweis:
Die zu beweisenden Ringeigenschaften gehen direkt auf die Ringeigenschaften von $(K, +, \cdot)$ zurück, ebenso der Nachweis von $\underline{0}$ als Nullelement und von $\underline{1}$ als Einselement. Das alles muss hier nicht vorgerechnet werden. Es bleibt zu zeigen, dass Nullteiler existieren, dass also $\langle a_n \rangle \cdot \langle b_n \rangle = \underline{0}$ möglich ist, obwohl $\langle a_n \rangle \neq \underline{0}$ und $\langle b_n \rangle \neq \underline{0}$ gilt.

Mit $a_n := \begin{cases} 1 & \text{für } n = 0 \\ 0 & \text{sonst} \end{cases}$ und $b_n := \begin{cases} 1 & \text{für } n = 1 \\ 0 & \text{sonst} \end{cases}$ erhalten wir das Gewünschte, denn

dann ist $\langle a_n \rangle \cdot \langle b_n \rangle = (1, 0, 0, \ldots) \cdot (0, 1, 0, \ldots) = (0, 0, 0, \ldots) = \underline{0}$ mit $\langle a_n \rangle, \langle b_n \rangle \in \mathrm{F}_K \setminus \underline{0}$.   ◆

(8.62) Definition

Es sei $\langle a_n \rangle \in F_K$ beliebig gewählt: $\langle a_n \rangle$ ist **beschränkt** $:\Leftrightarrow \bigvee\limits_{s \in K^*} \bigwedge\limits_{v \in \mathbb{N}} |a_v| \leq s$,

$$\mathrm{BF}_K := \{\langle a_n \rangle \in F_K \,|\, \langle a_n \rangle \text{ ist beschränkt}\}.$$

BF_K ist also die Menge aller Folgen über K, die *beschränkt* sind. Wir könnten zwar noch genauer *„beschränkt in K"* sagen, verzichten aber in diesem Rahmen darauf.

(8.63) Definition

Es sei $\langle a_n \rangle \in F_K$ beliebig gewählt:

$$\langle a_n \rangle \text{ ist \textbf{konvergent in } } K \;:\Leftrightarrow\; \bigvee\limits_{a \in K} \bigwedge\limits_{\varepsilon \in K^+} \bigvee\limits_{n \in \mathbb{N}} \bigwedge\limits_{v \in \mathbb{N}} \left(v \geq n \to |a_v - a| < \varepsilon \right)$$

$$\mathrm{KF}_K := \{\langle a_n \rangle \in F_K \,|\, \langle a_n \rangle \text{ ist konvergent in } K\}$$

KF_K ist also die Menge aller Folgen über K, die in K konvergieren. Aber warum der Zusatz „in K"? Das wird sich noch als wesentlich erweisen. Die Situation sei vorab an einem einfachen Beispiel erläutert: Es ist $\sqrt{2} \in \mathbb{R} \setminus \mathbb{Q}$. Dennoch lässt sich $\sqrt{2}$ *durch eine Folge rationaler Zahlen approximieren*, so z. B. durch die Folge „ihrer" Dezimalbrüche als deren „Grenzwert": $1, 1.1, 1.14, 1.141, \ldots$ Von der hierdurch angedeuteten Folge aus $F_\mathbb{Q}$ gilt dann: Sie konvergiert zwar in $\mathbb{R}$, nicht aber in $\mathbb{Q}$. Dies macht deutlich, dass es bei der Aussage über die Konvergenz nicht nur auf die Menge ankommt, aus der die Folgenglieder stammen, sondern auch auf die Menge, aus der der „Grenzwert" zu nehmen ist!

(8.64) Satz

Wenn ein a gemäß Definition (8.63) existiert, dann eindeutig.

Beweis:

Es seien $\langle a_n \rangle \in \mathrm{KF}_K$ und $a_1, a_2 \in K$ mit

$$\bigwedge\limits_{\varepsilon \in K^+} \bigvee\limits_{n_1 \in \mathbb{N}} \bigwedge\limits_{v \in \mathbb{N}} \left(v \geq n_1 \to |a_v - a_1| < \varepsilon \right) \text{ und } \bigwedge\limits_{\varepsilon \in K^+} \bigvee\limits_{n_2 \in \mathbb{N}} \bigwedge\limits_{v \in \mathbb{N}} \left(v \geq n_2 \to |a_v - a_2| < \varepsilon \right).$$

Annahme: $a_1 \neq a_2$. Dann ist $\varepsilon := \frac{1}{2}|a_1 - a_2| \in K^+$. n_1 und n_2 seien zu diesem ε gewählt.

Mit $n := \max\{n_1, n_2\}$ folgt für alle v mit $v \geq n$ und mit dem „Teleskopsummen-Trick":

$$2\varepsilon = |a_1 - a_2| = |a_1 - a_v + a_v - a_2| \leq |a_1 - a_v| + |a_v - a_2| < \varepsilon + \varepsilon = 2\varepsilon$$

Wir haben so auf logisch korrektem Weg die falsche Aussage $2\varepsilon < 2\varepsilon$ erhalten, damit war die Voraussetzung (die Annahme!) falsch, also deren Gegenteil richtig, d. h., es gilt $a_1 = a_2$.   ◆

Erst jetzt darf man den Wert a in Definition (8.63) „Grenzwert" der Folge $\langle a_n \rangle$ nennen:

(8.65) Bezeichnung

Es sei $\langle a_n \rangle \in \mathrm{KF}_K$ beliebig gewählt.

Der gemäß Satz (8.64) eindeutig existierende Wert $a \in K$ heißt

Grenzwert (oder **Limes**) von $\langle a_n \rangle$ **in** K, geschrieben $a =: \lim_K \langle a_n \rangle$.

$\lim_K$ erscheint hier als **Operator**, der *auf die Folgen* aus KF_K, der Menge der in K konvergenten Folgen, *anwendbar* ist und diesen ihren eindeutig existierenden Grenzwert zuordnet! Die althergebrachte Schreibweise $\lim\limits_{x\to\infty} a_n$ mit dem Symbol ∞ benötigen wir hier nicht.

In Definition (8.60) hatten wir in F_K, der Menge aller Folgen über K, eine Addition und eine Multiplikation erklärt, so dass dann $(\mathrm{F}_K,+,\cdot)$ ein kommutativer Ring mit Nullteilern ist. Zusätzlich erklären wir jetzt noch eine „Skalarenmultiplikation" in $(\mathrm{F}_K,+,\cdot)$:[571]

(8.66) Definition

$$\bigwedge_{\langle a_n\rangle\in\mathrm{F}_K}\ \bigwedge_{c\in K} c\cdot\langle a_n\rangle := \langle c\cdot a_n\rangle$$

Die bekannten Grenzwertsätze können wir nun vereinfacht „funktional" darstellen:

(8.67) Satz

Für alle $\langle a_n\rangle,\langle b_n\rangle\in\mathrm{KF}_K$ und alle $c\in K$ gilt:

$$(1)\ \lim_K\left(\langle a_n\rangle\overset{+}{\underset{\cdot}{}}\langle b_n\rangle\right)=\lim_K\langle a_n\rangle\overset{+}{\underset{\cdot}{}}\lim_K\langle b_n\rangle,\quad (2)\ \lim_K\left(c\cdot\langle a_n\rangle\right)=c\cdot\lim_K\langle a_n\rangle\,.$$

Auf die aus der Reellen Analysis bekannten Beweise können wir hier verzichten.[572]

Neben konvergenten Folgen kennen wir die sog. **Cauchy-Folgen**, die seit GEORG CANTOR auch **Fundamentalfolgen** heißen. In Vorlesungen zu Analysis I erfährt man dann u. a., dass jede konvergente Folge eine Fundamentalfolge ist und umgekehrt.

- *Leider ist dies nur bedingt richtig – im Allgemeinen ist es sogar falsch!*

Jedoch bedeuten „Cauchy-Folgen" und „Fundamentalfolgen" z. B. in der „Reellen Analysis" dasselbe – wo noch? Das können wir nun klären und auf diesem Wege Wesentliches über den Unterschied zwischen rationalen Zahlen und reellen Zahlen erfahren.

(8.68) Definition

Es sei $\langle a_n\rangle\in\mathrm{F}_K$ beliebig gewählt:

$$\langle a_n\rangle\ \text{ist }\textbf{Cauchy-Folge}\ :\Leftrightarrow\ \bigwedge_{\varepsilon\in K^+}\ \bigvee_{n\in\mathbb{N}}\ \bigwedge_{\mu,\nu\in\mathbb{N}}\left(\mu,\nu\ge n\to|a_\mu-a_\nu|<\varepsilon\right)$$

$$\mathrm{CF}_K := \{\langle a_n\rangle\in\mathrm{F}_K\mid\langle a_n\rangle\ \text{ist konvergent in }K\}$$

Es fällt vor allem auf, dass in Definition (8.68) der „Grenzwert" nicht explizit auftritt – und *das ist auch das besondere Kennzeichen dieses „Cauchyschen Konvergenzkriteriums"!*

(8.69) Definition

Es sei $\langle a_n\rangle\in\mathrm{KF}_K$ beliebig gewählt.

(1) $\langle a_n\rangle$ ist **Nullfolge** $:\Leftrightarrow\ \lim_K\langle a_n\rangle=0$, (2) $\mathrm{NF}_K := \{\langle a_n\rangle\in\mathrm{F}_K\mid\lim_K\langle a_n\rangle=0\}$.

NF_K ist also die Menge aller Folgen über K, „Nullfolge über K" ist nicht nötig. Warum?

---

[571] $(\mathrm{F}_K,+)$ ist also ein Vektorraum über dem Körper $(K,+,\cdot)$.

[572] Damit ist auch $(\mathrm{KF}_K,+,\cdot)$ ein Ring, $(\mathrm{KF}_K,+)$ ist ein Vektorraum über $(K,+,\cdot)$, und $\lim_K$ ist ein Vektorraum-Endomorphismus.

(8.70) Satz

$$\mathrm{NF}_K \subseteq| \ \mathrm{KF}_K \subseteq| \ \mathrm{CF}_K \subseteq| \ \mathrm{BF}_K \subseteq| \ F_K$$

Dies ist eine vereinfachte Notation dafür, dass hier eine *Unterringkette* vorliegt. Präziser müsste es z. B. heißen: $(\mathrm{NF}_K, +, \cdot) \subseteq| \ (\mathrm{KF}_K, +, \cdot)$, und das bedeutet dann, dass $(\mathrm{NF}_K, +, \cdot)$ ein Unterring von $(\mathrm{KF}_K, +, \cdot)$ ist. Dabei steht vorsichtshalber zunächst überall $\subseteq|$, obwohl teilweise auch $\subset|$ stehen könnte (unter welchen Bedingungen?)

Die Nullfolgen über K bilden also einen Unterring im Ring der in K konvergenten Folgen, das ist ein Unterring im Ring der Cauchy-Folgen, der ein Unterring im Ring aller beschränkten Folgen ist und der schließlich ein Unterring im Ring aller Folgen über K ist.

Das ist dann erheblich mehr als die bereits aus Anfängervorlesungen zur Analysis bekannten Aussagen, dass jede Nullfolge konvergent ist, dass jede konvergente Folge eine Cauchy-Folge ist und dass jede solcher Folgen beschränkt ist, weil nun noch hinzu kommt, dass all diese Folgenmengen jede für sich eine *algebraische Struktur* bilden, nämlich einen *Ring*.

Zum Beweis von Satz (8.70):

Aus Vorlesungen zur Algebra ist das *„Unterringkriterium"* bekannt: Differenz und Produkt zweier beliebiger Elemente müssen wieder in der entsprechenden Trägermenge liegen, also wäre hier zu zeigen, wenn man das direkt nachweisen will:

- Differenz und Produkt von je zwei Nullfolgen ergibt stets wieder eine Nullfolge.
- Differenz und Produkt zwei konvergenter Folgen ergibt stets wieder eine konvergente Folge.
- Differenz und Produkt von zwei Cauchy-Folgen ergibt stets wieder eine Cauchy-Folge.
- Differenz und Produkt zwei beschränkter Folgen ergibt stets wieder eine beschränkte Folge.

Die zugehörigen Beweise sind aus der Reellen Analysis bekannt. Satz (8.70) ist also nur eine *algebraische Beschreibung bekannter Sachverhalte aus der Reellen Analysis.*

Es sei nun $(R, \oplus, \otimes)$ ein beliebiger Ring und $(U, \oplus, \otimes)$ irgendein Unterring, wofür wir wie oben kurz $U \subseteq| R$ schreiben, sofern bezüglich der Operationen alles klar ist.

$(U, \oplus, \otimes)$ heißt dann darüber hinaus **Ideal** in $(R, \oplus, \otimes)$, hier in Kurzform notiert als $U \subseteq\|_ R$, falls also $r \otimes u \in U \wedge u \otimes r \in U$ für alle $u \in U$ und alle $r \in R$ gilt.[573]

Damit gilt dann über Satz (8.70) hinaus:

(8.71) Satz

$$\mathrm{NF}_K \subseteq\| \ \mathrm{KF}_K, \quad \mathrm{NF}_K \subseteq\| \ \mathrm{CF}_K, \quad \mathrm{NF}_K \subseteq\| \ \mathrm{BF}_K.$$

Das hieran Wesentliche und über Satz (8.70) Hinausgehende kennen wir ebenfalls bereits aus der Reellen Analysis: Das Produkt einer konvergenten Folge mit einer Nullfolge ergibt stets wieder eine Nullfolge usw., in verbaler algebraischer Formulierung gilt also:

- Die Nullfolgen sind ein Ideal sowohl im Ring der konvergenten Folgen als auch im Ring der Cauchy-Folgen und ferner auch im Ring der beschränkten Folgen.

---

[573] Die Bezeichnung „Ideal" und die Idealtheorie gehen auf RICHARD DEDEKIND zurück, vgl. hierzu [LÖWE 2007].

Aufgabe 8.10

(a) Zum Beweis von Satz (8.71) genügt es, $\mathrm{NF}_K \subseteq_{\parallel} \mathrm{BF}_K$ zu beweisen. Begründung?

(b) Beweisen Sie Satz (8.71) mit den hier vorgestellten Mitteln.

(c) Kann man in Satz (8.67) auf die explizite Formulierung der Beziehung
$\lim_K (\langle a_n \rangle - \langle b_n \rangle) = \lim_K \langle a_n \rangle - \lim_K \langle b_n \rangle$ verzichten? Ggf. warum?

(8.72) Anmerkung

Die Idealtheorie der Algebra sichert die Existenz der „**Faktorringe**" $\mathrm{KF}_K / \mathrm{NF}_K$, $\mathrm{CF}_K / \mathrm{NF}_K$ und $\mathrm{BF}_K / \mathrm{NF}_K$ (hier noch ohne Notierung der relevanten Verknüpfungen). Die Elemente dieser Faktorringe sind dann **Klassen äquivalenter Folgen**. Speziell gilt:

$$\mathrm{CF}_K / \mathrm{NF}_K = \left\{ \left[\langle a_n \rangle \right]_{\mathrm{CF}_K} \mid \langle a_n \rangle \in \mathrm{CF}_K \right\}.$$

Mit $\left[\langle a_n \rangle \right]_{\mathrm{CF}_K} := \left\{ \langle b_n \rangle \in \mathrm{CF}_K \mid \langle b_n \rangle \sim \langle a_n \rangle \right\}$ und $\langle b_n \rangle \sim \langle a_n \rangle :\Leftrightarrow \langle b_n \rangle \sim \langle a_n \rangle \in \mathrm{NF}_K$.[574]

Dabei ist $\sim$ zunächst eine **Äquivalenzrelation** (zwei Cauchy-Folgen sind also genau dann äquivalent, wenn ihre Differenz eine Nullfolge ist), darüber hinaus ist $\sim$ auch eine **Kongruenzrelation** in CF_K bezüglich der Folgenoperationen. Damit sind die folgenden **Klassenoperationen wohldefiniert** (jetzt ohne Index „CF_K" notiert):

$$\left[\langle a_n \rangle \right] \boxplus \left[\langle b_n \rangle \right] := \left[\langle a_n \rangle + \langle b_n \rangle \right] \quad \text{und} \quad \left[\langle a_n \rangle \right] \boxdot \left[\langle b_n \rangle \right] := \left[\langle a_n \rangle \cdot \langle b_n \rangle \right].$$

Unter welcher Voraussetzung kann nun einer dieser möglichen Faktorringe sogar ein Körper sein? Hier ist die vermutlich überraschende Antwort:

(8.73) Satz

$(K, +, \cdot, \leq)$ ist archimedisch angeordnet $\Rightarrow$ $(\mathrm{CF}_K / \mathrm{NF}_K, \boxplus, \boxdot)$ ist ein Körper

---

Der „algebraische" Hintergrund für diesen Satz ist:

- *Der Ring der Nullfolgen ist ein maximales Ideal im Ring der Cauchyfolgen.*

Wir führen den Beweis direkt, also ohne diesen wichtigen algebraischen Hilfssatz. Da wir mit Anmerkung (8.72) fast schon wissen, dass $(\mathrm{CF}_K / \mathrm{NF}_K, \boxplus, \boxdot)$ ein Ring ist, müssen wir „nur noch" zeigen, dass die Multiplikation kommutativ ist und dass zu jedem vom Nullelement verschiedenen Element ein multiplikativ inverses Element existiert. Um Letzteres nachzuweisen, müssen wir uns zuvor Klarheit darüber verschaffen, was hier eigentlich das „Nullelement" und was das „Einselement" ist!

Und für die Konstruktion eines inversen Elementes liegt es nahe, einer gegebenen Cauchy-Folge die Folge ihrer Kehrwerte zuzuordnen, wobei man lediglich darauf achten muss, den Folgengliedern, die ggf. Null sind, geeignete Werte zuzuordnen.

Damit ist der aufwendige Beweisgang skizziert, den wir in neun Schritten durchführen:

---

[574] Vgl. hierzu die Darstellung der „Etappen der Konstruktion" auf S. 363.

Beweis:

(1) Behauptung: $(\mathrm{CF}_K/\mathrm{NF}_K, \boxdot)$ ist kommutativ.

Das gilt wegen $\langle a_n \rangle \cdot \langle b_n \rangle = \langle a_n \cdot b_n \rangle = \langle b_n \cdot a_n \rangle = \langle b_n \rangle \cdot \langle a_n \rangle$.

(2) Behauptung: $[\underline{0}]$ ist das Nullelement von $(\mathrm{CF}_K/\mathrm{NF}_K, \boxplus, \boxdot)$.

Offensichtlich ist $\underline{0} \in \mathrm{NF}_K \subseteq \mathrm{BF}_K$, also ist $[\underline{0}] \in \mathrm{CF}_K/\mathrm{NF}_K$, und da $\underline{0}$ nach Satz (8.61) das Nullelement in $(\mathrm{F}_K, +, \cdot)$ ist, folgt $\left[\langle a_n \rangle \right] \boxplus \left[\underline{0} \right] = \left[\langle a_n \rangle + \underline{0} \right] = \left[\langle a_n + 0 \rangle \right] = \left[\langle a_n \rangle \right]$.

$[\underline{0}]$ ist damit eine „Rechtsnull", also eine „Null".

(3) Behauptung: $[\underline{1}]$ ist das Einselement von $(\mathrm{CF}_K/\mathrm{NF}_K, \boxplus, \boxdot)$.

Mit $\underline{1} \in \mathrm{KF}_K$ ist $\underline{1} \in \mathrm{CF}_K$, also $[\underline{1}] \in \mathrm{CF}_K/\mathrm{NF}_K$, und da $\underline{1}$ Einselement in $(\mathrm{F}_K, +, \cdot)$ ist, folgt $\left[\langle a_n \rangle \right] \boxdot \left[\underline{1} \right] = \left[\langle a_n \rangle \cdot \underline{1} \right] = \left[\langle a_n \cdot 1 \rangle \right] = \left[\langle a_n \rangle \right]$.

$[\underline{1}]$ ist damit eine „Rechtseins", also auch eine „Eins".

(4) Es sei $\langle a_n \rangle \in \mathrm{F}_K$ und $\langle \hat{a}_n \rangle \in \mathrm{F}_K$ mittels: $\hat{a}_0 := 1$, $\hat{a}_\nu := \begin{cases} a_\nu & \text{für } a_\nu \neq 0 \\ \frac{1}{\nu} & \text{für } a_\nu = 0 \end{cases}$ für $\nu > 0$.

Damit ist $\hat{a}_\nu \neq 0$ für alle $\nu \in \mathbb{N}$, und wir können von $\langle \hat{a}_n \rangle$ ihre „Kehrwertfolge" bilden, die sich andererseits von $\langle a_n \rangle$ nur „wenig" unterscheidet, was genauer beschreibbar ist:

(5) Behauptung: $\langle \hat{a}_n - a_n \rangle \in \mathrm{NF}_K \wedge \langle \hat{a}_n \rangle \in \mathrm{CF}_K$.

Per definitionem gilt für alle $\nu \in \mathbb{N}^*$: $\hat{a}_\nu - a_\nu = \frac{1}{\nu} \vee \hat{a}_\nu - a_\nu = 0$, also $\left| \hat{a}_\nu - a_\nu \right| \leq \frac{1}{\nu}$.

Jetzt werden wir erstmals die *Archimedizität* ausnutzen: Es sei $\varepsilon \in K^+$ beliebig gewählt, dann ist nach Satz (8.42.5) auch $\frac{1}{\varepsilon} \in K^+$. Wegen der Archimedizität existiert ein $n \in \mathbb{N}^*$ mit $\frac{1}{\varepsilon} < n$. Wieder mit Satz (8.42.5) oder mit der Monotonie bezüglich der Multiplikation folgt $\frac{1}{n} < \varepsilon$, und für alle $\nu \in \mathbb{N}^*$ mit $\nu \geq n$ folgt mit Satz (8.42.5) $\frac{1}{\nu} \leq \frac{1}{n}$. Also ist damit $\left| \hat{a}_\nu - a_\nu \right| < \varepsilon$ für alle $\nu \in \mathbb{N}^*$ mit $\nu \geq n$, und das bedeutet $\langle \hat{a}_n - a_n \rangle \in \mathrm{NF}_K$.

Aus $\langle \hat{a}_n - a_n \rangle \in \mathrm{NF}_K \subseteq \mathrm{CF}_K$ und $\langle a_n \rangle \in \mathrm{CF}_K$ folgt schließlich wegen der Abgeschlossenheit der Folgenaddition in CF_K: $\langle \hat{a}_n - a_n \rangle + \langle a_n \rangle \in \mathrm{CF}_K$, also $\langle \hat{a}_n \rangle \in \mathrm{CF}_K$.

(6) Behauptung: $\langle a_n \rangle \in \mathrm{CF}_K \setminus \mathrm{NF}_K \Rightarrow \bigvee_{q \in K^+} \bigvee_{n \in \mathbb{N}^*} \bigwedge_{\substack{\nu \in \mathbb{N}^* \\ \nu \geq n}} |a_\nu| \geq q$

$\langle a_n \rangle$ sei eine Cauchy-Folge, jedoch keine Nullfolge. Mit Definition (8.63) folgt dann:

$\langle a_n \rangle \notin \mathrm{NF}_K \Leftrightarrow \bigvee_{\varepsilon \in K^+} \bigwedge_{\nu \in \mathbb{N}} \bigvee_{\mu \in \mathbb{N}} \left(\mu > \nu \wedge |a_\mu| \geq \varepsilon \right)$. Ein solches ε sei fest gewählt.

Damit folgt dann aus Definition (8.68) wegen $\langle a_n \rangle \in \mathrm{CF}_K$: $\bigvee_{n \in \mathbb{N}^*} \bigwedge_{\substack{\mu, \nu \in \mathbb{N}^* \\ \mu, \nu \geq n}} |a_\mu - a_\nu| < \frac{\varepsilon}{2} \in K^+$.

Ein solches n sei fest gewählt. Nun sei weiterhin $\nu \in \mathbb{N}^*$ beliebig mit $\nu \geq n$ gewählt, ferner $\mu \in \mathbb{N}^*$ so, dass $\mu \geq \nu$ (also auch $\mu \geq n$) und $|a_\mu| \geq \varepsilon$ gilt.

Dann folgt mit Satz (8.59):

$|a_\nu| = |a_\mu - (a_\mu - a_\nu)| \geq \left| |a_\mu| - |a_\mu - a_\nu| \right| \geq |a_\mu| - |a_\mu - a_\nu| > \varepsilon - \frac{\varepsilon}{2} = \frac{\varepsilon}{2} =: q \in K^+$.

(7) Behauptung: Es gibt ein größtes $n \in \mathbb{N}$ mit $a_n = 0$.

Denn andernfalls gäbe es zu jedem n ein v mit $v \geq n$ und $|a_v| = a_v = 0 < q$ für jedes $q \in K^+$ im Widerspruch zu (6)! Damit sind wir in der Lage, im nächsten Schritt zu dem vom Nullelement $[\underline{0}]$ verschiedenen Element $[\langle a_n \rangle]$ ein „inverses Element" anzugeben:

(8) Behauptung: $\left\langle \dfrac{1}{\hat{a}_n} \right\rangle \in \mathrm{CF}_K$. (Das heißt: Diese Folge ist eine Cauchy-Folge.)

Wegen $\hat{a}_v \neq 0$ für alle $v \in \mathbb{N}$ ist $\left\langle \dfrac{1}{\hat{a}_n} \right\rangle \in \mathrm{F}_K$ Für alle $\mu, v \in \mathbb{N}$ ist $\left| \dfrac{1}{\hat{a}_\mu} - \dfrac{1}{\hat{a}_v} \right| = \left| \dfrac{\hat{a}_\mu - \hat{a}_v}{\hat{a}_\mu \hat{a}_v} \right|$.

Gemäß (6) existieren $q \in K^+$ und $n_1 \in \mathbb{N}$ mit $|a_v| \geq q$ für alle $v \in \mathbb{N}$ mit $v \geq n_1$.

Wegen (7) können wir n_1 so groß wählen, dass $a_v \neq 0$ für alle $v \in \mathbb{N}$ mit $v \geq n_1$ gilt.

Gemäß (4) ist dann $\hat{a}_v = a_v$ für alle diese v, also $\left| \dfrac{1}{\hat{a}_\mu \hat{a}_v} \right| \leq \dfrac{1}{q^2}$ für alle μ, v mit $\mu, v \geq n_1$.

Es sei nun ein $\varepsilon \in K^+$ fest gewählt. Unter Ausnutzung der *Archimedizität* hatten wir in (5) gezeigt, dass $\langle \hat{a}_n \rangle \in \mathrm{CF}_K$ gilt. Das bedeutet mit diesem gewählten ε:

$$\bigvee_{n_2 \in \mathbb{N}} \bigwedge_{\mu, v \in \mathbb{N}} \left(\mu, v \geq n_2 \rightarrow |\hat{a}_\mu - \hat{a}_v| < \varepsilon q^2 \right) \text{ mit } \varepsilon q^2 \in K^+.$$

Mit $n := \max\{n_1, n_2\}$ gilt dann für alle μ, v mit $\mu, v \geq n$: $\left| \dfrac{1}{\hat{a}_\mu} - \dfrac{1}{\hat{a}_v} \right| < \dfrac{1}{q^2} \cdot \varepsilon \cdot q^2 = \varepsilon$.

(9) Behauptung: $\left((\mathrm{CF}_K / \mathrm{NF}_K) \setminus \{[\underline{0}]\}, \boxdot \right)$ ist eine Gruppe.

Zunächst stellen wir $[\underline{0}] = \mathrm{NF}_K$ fest. (Warum gilt das?)

Weiterhin ist $\mathrm{NF}_K \in \mathrm{CF}_K / \mathrm{NF}_K$, das heißt, die Menge der Nullfolgen ist eine *Äquivalenzklasse* in dem von ihr induzierten Faktorring, nämlich dessen Nullelement $[\underline{0}]$.

Es sei nun $\alpha \in \left(\mathrm{CF}_K / \mathrm{NF}_K \right) \setminus \{\mathrm{NF}_K\}$, also eine vom Nullelement des Faktorrings verschiedene Äquivalenzklasse. Dann existiert eine Folge $\langle a_n \rangle \in \mathrm{CF}_K$ mit $\alpha = [\langle a_n \rangle] \neq \mathrm{NF}_K$.

Eine solche Folge $\langle a_n \rangle$ sei nun fest gewählt. Weil α und NF_K Äquivalenzklassen sind (und damit zu einer Partition bzw. Zerlegung von CF_K gehören), gilt $\alpha \cap \mathrm{NF}_K = \varnothing$, d. h., $\langle a_n \rangle \notin \mathrm{NF}_K$, und damit ist $\langle a_n \rangle \in \mathrm{CF}_K \setminus \mathrm{NF}_K$.

Zu dieser Folge $\langle a_n \rangle$ bilden wir nun die Folge $\langle \hat{a}_n \rangle$ gemäß der Vorschrift in (4).

Wegen (8) (dort wurde die Archimedizität ausgenutzt) ist $\left\langle \dfrac{1}{\hat{a}_n} \right\rangle \in \mathrm{CF}_K$.

Wegen (5) (auch dort wurde die Archimedizität ausgenutzt) ist $[\langle \hat{a}_n \rangle] = [\langle a_n \rangle] = \alpha$.

Wenn wir nun $\beta := \left\langle \dfrac{1}{\hat{a}_n} \right\rangle$ setzen, so folgt: $\alpha \boxdot \beta = [\langle \hat{a}_n \rangle] \boxdot \left[\left\langle \dfrac{1}{\hat{a}_n} \right\rangle \right] = [\langle 1 \rangle] = [\underline{1}]$.

Wir müssen noch sicherstellen, dass β aus $\left(\mathrm{CF}_K / \mathrm{NF}_K \right) \setminus \{[\underline{0}]\}$ stammt:
Wäre $\beta = [\underline{0}]$, so folgte aufgrund der Ringeigenschaft von $(\mathrm{CF}_K / \mathrm{NF}_K, \boxplus, \boxdot)$, dass $\alpha \boxdot \beta = [\underline{0}]$ gilt, im Widerspruch zu $\alpha \boxdot \beta = [\underline{1}] \neq [\underline{0}]$. $\quad \blacklozenge$

8.2.6   Unvollständigkeit des angeordneten Körpers der rationalen Zahlen

In Abschnitt 8.1.1 wurden „Unvollständigkeiten" von $(\mathbb{N}, +, \cdot, \leq)$ skizziert, und es wurde betont, dass die konstruktive Erweiterung der Zahlensystems davon geleitet sei, ggf. erkannte *Unvollständigkeiten* zu beseitigen. Doch welche Unvollständigkeit(en) besitzt $(\mathbb{Q}, +, \cdot, \leq)$?

Für das Folgende setzen wir die üblichen, uns vertrauten algebraischen Eigenschaften im Umgang mit $\mathbb{N}$, $\mathbb{Z}$ und $\mathbb{Q}$ voraus, tun aber zunächst so, als seien dieses bereits „alle Zahlen".

Exemplarisch greifen wir auf das historische Beispiel der *Entdeckung der Irrationalität* durch mutmaßlich HIPPASOS VON METAPONT (aus Abschnitt 3.3.5) zurück: Hier zeigte sich aufgrund der nichtabbrechenden Wechselwegnahme am regelmäßigen Fünfeck, dass für die Seitenlänge s und die Diagonalenlänge d gilt:

$$\bigwedge_{m,n \in \mathbb{N}^*} \frac{d}{s} \neq \frac{m}{n}.$$

Falls denn $\frac{d}{s}$ die Bedeutung einer „Zahl" haben sollte, so wäre wegen $\mathbb{Q}^+ = \{a \in \mathbb{Q} \mid a >_{\mathbb{Q}} 0\}$ und Definition (8.35) $\frac{d}{s} \notin \mathbb{Q}^+$. Nun hatten wir in Abschnitt 3.3.4.4 in Gleichung (3.3-1) gesehen, dass $\frac{d}{s} = \frac{s}{d-s}$ gilt, worin sich das Nichtabbrechen der Fünfeckfolge zeigt. Setzen wir wie dort $x := \frac{d}{s}$, so folgt $x = \frac{1}{x-1}$, was zu $x^2 - x - 1 = 0$ äquivalent ist.

Würden wir nun von der fiktiven Situation ausgehen, *nur die rationalen Zahlen* zu kennen, und würden wir dann diese Gleichung so interpretieren, dass sie der Bestimmung der Schnittpunkte einer Parabel mit der x-Achse dienen möge, so läge mit Bild 8.2 die kuriose Situation vor, dass wir zwar bei $x \approx 1{,}6$ eine Nullstelle „sehen", dass dort aber gemäß $\{x \in \mathbb{Q}^+ \mid x^2 - x - 1 = 0\} = \emptyset$ wegen $\frac{d}{s} \notin \mathbb{Q}^+$ in diesem Fall keine Nullstelle existiert (s. o.).

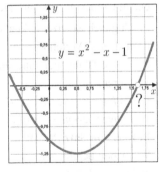

Bild 8.2: Existiert ein Schnittpunkt?

Solche *Unvollständigkeiten* des tatsächlichen Nichtvorhandenseins scheinbar (!) vorliegender Nullstellen könnten ein Anlass zur „Erweiterung" des archimedisch angeordneten Körpers $(\mathbb{Q}, +, \cdot, \leq)$ sein. So hatten wir in Folgerung (3.22) festgehalten, dass $\frac{1}{2}(1 + \sqrt{5})$ die hier „fehlende" positive Nullstelle ist und dass diese „Zahl" also nicht rational sein kann. Damit ist dann aber auch $\sqrt{5}$ nicht rational. Denn wäre $\sqrt{5}$ rational, so auch $\frac{1}{2}(1 + \sqrt{5})$, weil $(\mathbb{Q}, +, \cdot)$ ein Körper ist.

Ein anderer üblicherweise genannter Anlass zur Erweiterung von $(\mathbb{Q}, +, \cdot, \leq)$ beruht auf der Irrationaliät von $\sqrt{2}$ als gesuchter positiver Nullstelle von $x^2 - 2 = 0$.[575] Diese Unvollständigkeit ließe sich zwar einfach dadurch beseitigen, dass man zum *Zerfällungskörper* von $x^2 - 2 = 0$ übergeht, also zu dem, was üblicherweise mit $\mathbb{Q}[\sqrt{2}] := \{a + b\sqrt{2} \mid a, b \in \mathbb{Q}\}$ bezeichnet wird (gelesen „$\mathbb{Q}$ adjungiert $\sqrt{2}$ "), wobei – vielleicht überraschenderweise – gilt:

$$\mathbb{Q}[\sqrt{2}] = \mathbb{Q}(\sqrt{2}) := \left\{ \frac{a + b\sqrt{2}}{c + d\sqrt{2}} \mid a, b, c, d \in \mathbb{Q} \wedge \text{Nenner} \neq 0 \right\}.$$

---

[575] Vgl. Abschnitt 3.3.4.6.

Wir müssen aber beachten, dass man in unserem bisherigen Aufbau noch nicht von „ $\sqrt{2}$ "
sprechen kann. Vor allem aber führen weder eine solche Erweiterung noch die zuvor skizzierte bzw. ähnlich begründete Erweiterung zu einem wirklichen Durchbruch mit Blick auf die
Konstruktion der reellen Zahlen. Denn es ist leicht zu zeigen, dass sowohl $\mathbb{Q}$ als auch $\mathbb{Q}(\sqrt{2})$
abzählbar sind, während sich $\mathbb{R}$ als überabzählbar erweist.[576] Wie kommen wir weiter?

So wird sich die *Unterscheidung zwischen konvergenten Folgen und Fundamentalfolgen als
wesentlich* herausstellen (wie wir bereits in Abschnitt 8.2.5 auf S. 384 angedeutet haben), und es
wird für die angestrebte Körpererweiterung sogar *zielführend sein, diese Unterscheidung
aufzuheben!* Zuvor betrachten wir als motivierendes Beispiel eine konkrete Folge.

(8.74) Satz

Es sei $a_0 := 1$ und $a_{n+1} := \frac{1}{2}\left(a_n + \frac{2}{a_n}\right)$ für alle $n \in \mathbb{N}$. Dann ist $\langle a_n \rangle \in \mathrm{CF}_\mathbb{Q} \setminus \mathrm{KF}_\mathbb{Q}$.

In verbaler Interpretation: Es gibt eine Folge rationaler Zahlen, die nicht in $\mathbb{Q}$ konvergiert
und dennoch eine Cauchy-Folge ist. Und damit wird die Behauptung von S. 384 belegt, dass
das aus der Anfängervorlesung in Analysis wohlbekannte „Cauchy-Kriterium" mitnichten bereits *generell* ein Konvergenzkriterium ist – wohl aber gilt dies in der Reellen Analysis, was
jedoch den Anfängerinnen und Anfängern an dieser Stelle (leider!) kaum klar wird. Diese
Folge $\langle a_n \rangle$ ist gemäß Rekursionssatz wohldefiniert. Unterstellen wir ihre Konvergenz mit
einem Grenzwert a, so ergäbe sich mit Satz (8.67) $a = \frac{1}{2}\left(a + \frac{2}{a}\right)$ und daraus dann $a = \sqrt{2}$.

Zugleich ist anzumerken, dass diese Folge einen Spezialfall des in Abschnitt 3.3.4.6 betrach-
teten Heron-Verfahrens zur Approximation von Quadratwurzeln beschreibt und dass das
Heron-Verfahren nur eine andere Formulierung des rund 2 000 Jahre älteren babylonischen
Verfahrens ist.

- *So hat also dieser Satz (8.74) – der exemplarisch deutlich macht, dass es nicht
  konvergierende Cauchy-Folgen gibt – einen rund 4 000 Jahre alten Vorlauf!*

Beweis von Satz (8.74):
Wir haben bereits gezeigt: Falls $\langle a_n \rangle$ konvergiert, dann gegen $\sqrt{2}$ und damit nicht in $\mathbb{Q}$. Es
bleibt zu zeigen, dass $\langle a_n \rangle$ eine Fundamentalfolge (= Cauchy-Folge) ist.

Zunächst betrachten wir die beiden Folgen $\langle x_n \rangle$ und $\langle y_n \rangle$ aus Abschnitt 3.3.4.6, für die
wir $y_n - x_n < (y_0 - x_0) \cdot 2^{-n}$ in (3.3-9) gezeigt hatten, also $y_n - x_n < 2^{-n}$, falls $x_0 = 1$ und
$y_0 = 2$, woraus wegen $x_n < y_n$, $x_n < x_{n+1}$ und $y_{n+1} < y_n$ (jeweils für alle $n \in \mathbb{N}$) folgt:

$$0 < y_n - y_{n+1} < y_n - x_{n+1} < y_n - x_n < 2^{-n} \tag{8.2-1}$$

Daraus ergibt sich mit vollständiger Induktion,

$$0 < y_\mu - y_\nu < 2^{-\mu} \text{ für alle } \mu, \nu \in \mathbb{N} \text{ mit } \mu < \nu, \tag{8.2-2}$$

und es gilt dann erst recht:

$$|y_\mu - y_\nu| < \frac{1}{2^\mu} \text{ für alle } \mu, \nu \in \mathbb{N} \text{ mit } \mu < \nu . \tag{8.2-3}$$

---

[576] Darauf gehen wir in Abschnitt 8.4.5 ein.

Für das Weitere identifizieren wir $\langle a_n \rangle$ mit dieser Folge $\langle y_n \rangle$.

Es sei nun ein $\varepsilon \in \mathbb{Q}^+$ beliebig gewählt. Damit ist nach Satz (8.42.5) auch $\varepsilon^{-1} \in \mathbb{Q}^+$. Wegen der *Archimedizität* existiert ein $n_0 \in \mathbb{Q}$ mit $n_0 > \varepsilon^{-1}$.

Mittels vollständiger Induktion zeigt man, dass $n < 2^n$ für alle $n \in \mathbb{N}$ gilt ($0 < 2^0$ ist klar, und aus $n < 2^n$ für ein n folgt $n+1 < 2^n + 1 \le 2^n + 2^n = 2^{n+1}$; hierbei wurde $1 \le 2^n$ benutzt, was ebenfalls durch vollständige Induktion folgt: $2^{n+1} = 2 \cdot 2^n = 2^n + 2^n > 1$).

Damit ist $2^{n_0} > \varepsilon^{-1}$. Zu jedem $\varepsilon \in \mathbb{Q}^+$ existiert also ein $n_0 \in \mathbb{Q}$ mit $2^{-n_0} < \varepsilon$

Mit vollständiger Induktion erhält man $n > m \Rightarrow 2^n > 2^m$, also $n > m \Rightarrow 2^{-n} < 2^{-m}$, und damit folgt schließlich:

$$\bigwedge_{\varepsilon \in \mathbb{Q}^+} \bigvee_{n_0 \in \mathbb{N}} \bigwedge_{\mu, \nu \in \mathbb{N}} \left(\mu, \nu \ge n_0 \rightarrow |y_\mu - y_\nu| < \varepsilon \right) \qquad \bullet$$

(8.75) Folgerung

$$KF_\mathbb{Q} \subset CF_\mathbb{Q}$$

Verbal: Jede in $\mathbb{Q}$ konvergente Folge über $\mathbb{Q}$ ist zwar eine Cauchy-Folge über $\mathbb{Q}$, jedoch ist die Umkehrung falsch.

Falls es also gelingt, einen Erweiterungskörper von $(\mathbb{Q}, +, \cdot, \le)$ zu finden bzw. zu konstruieren, der diese *diagnostizierte Unvollständigkeit der Nichtkonvergenz gewisser Cauchy-Folgen* nicht mehr besitzt, so wäre dieser Körper *in diesem Sinne nicht mehr unvollständig*. Das gibt Anlass zu der folgenden Definition.

(8.76) Definition
Es sei $(K, +, \cdot, \le)$ ein angeordneter Körper.

$$(K, +, \cdot, \le) \text{ ist \textbf{vollständig}} :\Leftrightarrow KF_K = CF_K$$

(8.77) Folgerung

$$(\mathbb{Q}, +, \cdot, \le) \text{ ist nicht vollständig.}$$

Definition (8.76) kann noch „inhaltsleer" sein. Unsere Aufgabe wird es nun sein, den archimedisch angeordneten Körper der rationalen Zahlen zu einem in diesem Sinne *vollständigen, archimedisch angeordneten Körper* zu erweitern. Das führt uns dann zu den *reellen Zahlen*.

Jedoch:

Es wird sich erweisen, dass **das hierdurch gekennzeichnete Axiomensystem auch im axiomatischen Sinn „vollständig"** ist, dass es also *keiner Erweiterung mehr fähig* ist, wie es bereits in Abschnitt 5.3.2.4 beschrieben wurde. Daher ist dann die *Namensgebung* in Definition (8.76) *auch in diesem „axiomatischen" Sinn sinnvoll*!

Die *Forderung* in Definition (8.76), dass jede Cauchy-Folge konvergent ist, wird deshalb auch häufig **Vollständigkeitsaxiom** genannt. – **„Vollständigkeit" ist hier also doppeldeutig!**

Abschließend sei angemerkt, dass man die Formulierung „vollständig angeordneter Körper" findet, die dann aber als *wenig glücklich* und gar als *verfehlt* anzusehen ist, weil ja nicht die Anordnung „vollständig" ist. Vielmehr ist „*vollständiger, angeordneter Körper*" treffend!

8.3 Konstruktion der reellen Zahlen über Fundamentalfolgen

8.3.1 Der Körper der reellen Zahlen

Wir knüpfen an Satz (8.73) an und werden nachweisen, dass wir damit unser Ziel im Wesentlichen schon erreicht haben, was durch die folgende Bezeichnung unterstrichen wird:

(8.78) Definition

$$\tilde{\mathbb{R}} := \mathrm{CF}_{\mathbb{Q}}/\mathrm{NF}_{\mathbb{Q}}$$

$\tilde{\mathbb{R}}$ ist also die Trägermenge des *Faktorrings*; sie besteht aus den durch das *maximale Ideal* $\mathrm{NF}_{\mathbb{Q}}$ induzierten *Äquivalenzklassen*. Aus Anmerkung (8.72) wissen wir, dass zwei Cauchy-Folgen in diesem Fall genau dann *äquivalent* sind, wenn ihre Differenz ein Nullfolge ist, und dass diese *Äquivalenzrelation* bezüglich der Folgenverknüpfungen sogar eine *Kongruenzrelation* ist, so dass die *Klassenverknüpfungen wohldefiniert* sind, wobei sich der Faktorring als ein Körper erwies. Also haben wir:

(8.79) Folgerung

$$(\tilde{\mathbb{R}}, \boxplus, \boxdot) \text{ ist ein Körper.}$$

Wir werden nun in Analogie zur Konstruktion von $\mathbb{Z}$ und von $\mathbb{Q}$ zeigen, dass der bereits konstruierte Körper $(\tilde{\mathbb{R}}, \boxplus, \boxdot)$ einen zu $(\mathbb{Q}, +, \cdot)$ isomorphen Unterkörper enthält. Dieser Unterkörper muss aus den Klassen bestehen, deren Repräsentanten (also Cauchy-Folgen) in $\mathbb{Q}$ konvergieren, und als deren Repräsentanten können wir die konstanten Folgen $\underline{a}$ mit $a \in \mathbb{Q}$ (wie in Definition (8.60)) wählen.

Das legt folgende Definition für die Trägermenge des gesuchten Unterkörpers nahe:

(8.80) Definition

$$\tilde{\mathbb{Q}} := \{ [\underline{a}] \mid a \in \mathbb{Q} \}$$

Da $\tilde{\mathbb{R}}$ definitionsgemäß aus allen Äquivalenzklassen der Cauchy-Folgen aus $\mathbb{Q}$ besteht, gilt zunächst $\tilde{\mathbb{Q}} \subseteq \tilde{\mathbb{R}}$, wobei wir wegen Satz (8.74) $\tilde{\mathbb{Q}} \subset \tilde{\mathbb{R}}$ erwarten dürfen.

(8.81) Satz

Es sei $\langle a_n \rangle \in \mathrm{KF}_{\mathbb{Q}}$ und $a \in \mathbb{Q}$. Dann gilt:

$$\langle a_n \rangle \in [\underline{a}] \Leftrightarrow \lim_{\mathbb{Q}} \langle a_n \rangle = a$$

Wir beachten hierbei, dass die Funktion $\lim_{\mathbb{Q}}$ (als „Operator") definitionsgemäß nur auf den in $\mathbb{Q}$ konvergenten Folgen operiert.

Beweis:

$$\langle a_n \rangle \in [\underline{a}] \Leftrightarrow \langle a_n \rangle - \underline{a} \in \mathrm{NK}_{\mathbb{Q}} \Leftrightarrow \langle a_n - a \rangle \in \mathrm{NK}_{\mathbb{Q}} \Leftrightarrow \lim_{\mathbb{Q}} \langle a_n - a \rangle = 0 \Leftrightarrow \bigwedge_{\varepsilon \in \mathbb{Q}^+} \bigvee_{n_0 \in \mathbb{N}} \bigwedge_{\substack{\nu \in \mathbb{N} \\ \nu \geq n}} |a_\nu - a| < \varepsilon \qquad \blacklozenge$$

Damit hat $\tilde{\mathbb{Q}}$ in der Tat die Eigenschaften der Trägermenge eines gesuchten zu $(\mathbb{Q}, +, \cdot)$ isomorphen Unterkörpers:

> **(8.82) Folgerung**
>
> $\tilde{\mathbb{Q}}$ ist die Menge derjenigen Äquivalenzklassen
> von rationalen Cauchyfolgen, die in $\mathbb{Q}$ konvergieren.

In Analogie zu den früheren Erweiterungen definieren wir (vgl. z. B. Definition (8.10)):

> **(8.83) Definition**
>
> $$\varphi := (\mathbb{Q} \to \tilde{\mathbb{Q}}; \, a \mapsto [\underline{a}])$$

> **(8.83) Satz**
> $(\mathbb{Q}, +, \cdot)$ ist isomorph zu $(\tilde{\mathbb{Q}}, \boxplus, \boxdot)$, und φ ist ein vermittelnder Isomorphismus.

Beweis:

φ ist offensichtlich bijektiv, $(\tilde{\mathbb{Q}}, \boxplus, \boxdot)$ ist offensichtlich ein Verknüpfungsgebilde (also bezüglich der beiden Verknüpfungen abgeschlossen), und φ ist strukturerhaltend:

$$\varphi(a + b) = \ldots = [\underline{a + b}] = [\underline{a}] \boxplus [\underline{b}] = \varphi(a) \boxplus \varphi(b), \quad \varphi(a \cdot b) = \ldots = \varphi(a) \boxdot \varphi(b) \qquad \blacklozenge$$

In diesem Sinne ist damit $(\mathbb{Q}, +, \cdot)$ isomorph in $(\tilde{\mathbb{R}}, \boxplus, \boxdot)$ eingebettet, und wir können den Prozess nun analog zu Definition (8.12) usw. durchführen (vgl. auch Bild 8.1, S.365):

> **(8.84) Definition — Menge der reellen Zahlen**
>
> $$\mathbb{R} := (\tilde{\mathbb{R}} \setminus \tilde{\mathbb{Q}}) \cup \mathbb{Q}$$

Es bleibt nachzuweisen, dass wir unser Ziel erreicht haben. Zunächst müssen wieder die Verknüpfungen von $\mathbb{Q}$ auf $\mathbb{R}$ fortgesetzt werden.

> **(8.85) Definition**
>
> $$\psi := \varphi \cup \mathrm{id}_{\mathbb{R} \setminus \mathbb{Q}}$$

Dann erkennen wir sofort:

> **(8.86) Satz**
>
> ψ ist eine Bijektion von $\mathbb{R}$ auf $\tilde{\mathbb{R}}$.

(8.87) Definition

$$\bigwedge_{a,b\in\mathbb{R}} \left(a +_{\mathbb{R}} b := \psi^{-1}(\psi(a) \boxplus \psi(b)) \quad \wedge \quad a \cdot_{\mathbb{R}} b := \psi^{-1}(\psi(a) \boxdot \psi(b)) \right)$$

(8.88) Satz

$+_{\mathbb{R}}$ ist Fortsetzung von $+_{\mathbb{Q}}$, $\cdot_{\mathbb{R}}$ ist Fortsetzung von $\cdot_{\mathbb{Q}}$, und ψ^{-1} ist ein Isomorphismus.

Wir verzichten bei Satz (8.88) ebenso wie bei Satz (8.25) auf einen expliziten Beweis und überlassen diesen geflissentlich der je individuellen Vertiefung. So erweist sich $(\mathbb{R},+_{\mathbb{R}}, \cdot_{\mathbb{R}})$ als isomorph zu dem konstruierten Körper $(\tilde{\mathbb{R}}, \boxplus, \boxdot)$, in den $(\mathbb{Q},+,\cdot)$ isomorph eingebettet ist (s. o.), so dass also $(\mathbb{R},+_{\mathbb{R}}, \cdot_{\mathbb{R}})$ ein sog. **Erweiterungskörper** von $(\mathbb{Q},+_{\mathbb{Q}}, \cdot_{\mathbb{Q}})$ ist.

8.3.2 Der archimedisch angeordnete Körper der reellen Zahlen

Die Indizes an den Verknüpfungssymbolen $+_{\mathbb{R}}$ und $\cdot_{\mathbb{R}}$ werden wir künftig – wie bei der bisherigen Vorgehensweise – weglassen, sofern keine Missverständnisse entstehen können.

Die Fortsetzung der Ordnung von $(\mathbb{Q},+,\cdot)$ auf $(\mathbb{R},+,\cdot)$ wird von folgender Idee getragen: Zunächst wird im Restklassenkörper $(\tilde{\mathbb{R}}, \boxplus, \boxdot)$ (mit $\tilde{\mathbb{R}} := CF_{\mathbb{Q}}/NF_{\mathbb{Q}}$, vgl. Definition (8.78)) eine Totalordnungsrelation $\sqsubseteq$ erklärt, die dann mit Hilfe der Bijektion ψ aus Definition (8.85) auf den Körper $(\mathbb{R},+,\cdot)$ übertragen wird.

Zur Definition von $\sqsubseteq$ gehen wir in zwei Schritten vor:

(8.89) Definition

Es seien $\langle a_n\rangle, \langle b_n\rangle \in CF_{\mathbb{Q}}$. Dann gilt:

$$\langle a_n\rangle \precsim \langle b_n\rangle :\Leftrightarrow \bigvee_{n\in\mathbb{N}} \bigwedge_{\nu\in\mathbb{N}} \left(\nu \geq n \to a_\nu \leq b_\nu \right) \quad \text{(gelesen: „... gleich oder kleiner ...")}$$

Oder anders – gewissermaßen „invers" – formuliert: Von irgendeinem Index n ab ist kein Folgenglied von $\langle a_n\rangle$ größer als ein Folgenglied von $\langle b_n\rangle$.[577] Eine raffinierte Idee!

$\precsim$ ist *keine* Totalordnungsrelation! (Wieso? Welche Eigenschaften einer Totalordnungsrelation sind nicht erfüllt?) Dennoch können wir mit Hilfe der Relation $\precsim$ eine Totalordnungsrelation definieren, wobei wir uns mit Definition (8.78) daran erinnern, dass $\tilde{\mathbb{R}}$ aus Äquivalenzklassen von rationalen Cauchy-Folgen besteht, deren Differenz jeweils eine Nullfolge ist.

(8.90) Definition

Es seien $\alpha, \beta \in \tilde{\mathbb{R}}$. Dann gilt: $\quad \alpha \sqsubseteq \beta :\Leftrightarrow \bigvee_{\langle a_n\rangle \in \alpha} \bigvee_{\langle b_n\rangle \in \beta} \langle a_n\rangle \precsim \langle b_n\rangle$

Sind z. B. $\langle a_n\rangle, \langle b_n\rangle \in CF_{\mathbb{Q}}$ beliebig gegeben, so gilt $\langle a_n\rangle \precsim \langle b_n\rangle \Rightarrow [\langle a_n\rangle] \sqsubseteq [\langle b_n\rangle]$, jedoch gilt die Umkehrung hiervon nicht notwendig.

---

[577] Manchmal hört oder liest man auch die Bezeichnung „Folgeglied", was aber etwas ganz anderes als „Folgenglied" ist: So ist zwar jedes Folgenglied als Folgeglied auffassbar, aber nicht umgekehrt.

Aufgabe 8.11

(a) Warum ist $\widetilde{<}$ keine Totalordnungsrelation?

(b) Warum gilt bei $\langle a_n \rangle \widetilde{<} \langle b_n \rangle \Rightarrow [\langle a_n \rangle] \sqsubseteq [\langle b_n \rangle]$ nicht notwendig die Umkehrung?

(8.91) Satz

$$(\widetilde{\mathbb{R}}, \sqsubseteq) \text{ ist eine Totalordnung.}$$

Der aufwändige **Beweis** sei hier nur **teilweise** durchgeführt, und zwar nur für die Reflexivität und die Identitivität:

Reflexivität: Es sei $\alpha \in \widetilde{\mathbb{R}}$ beliebig gegeben. Dann existiert ein $\langle a_n \rangle \in CF_{\mathbb{Q}}$ mit $[\langle a_n \rangle] = \alpha$. Offensichtlich gilt $\langle a_n \rangle \widetilde{<} \langle a_n \rangle$, also ist $\alpha \sqsubseteq \alpha$!

Identitivität: Es sei $\alpha \sqsubseteq \beta \wedge \beta \sqsubseteq \alpha$. Dann existieren zunächst Cauchy-Folgen $\langle a_n \rangle, \langle a' \rangle \in \alpha$ und $\langle b_n \rangle, \langle b' \rangle \in \beta$ mit $\langle a_n \rangle \widetilde{<} \langle b_n \rangle \wedge \langle b'_n \rangle \widetilde{<} \langle a'_n \rangle$.

Gemäß Definition (8.89) existieren dann $n_1, n_2 \in \mathbb{N}$ so, dass für alle $\nu \in \mathbb{N}$ mit $\nu \geq n_3$ und $n_3 := \max\{n_1, n_2\}$ gilt: $a_\nu \leq b_\nu \wedge b'_\nu \leq a'_\nu$.

Nun gilt weiterhin $\langle a_n \rangle \sim \langle a'_n \rangle \wedge \langle b_n \rangle \sim \langle b' \rangle$, also $\langle a_n - a'_n \rangle \in NF_{\mathbb{Q}}$ und $\langle b_n - b'_n \rangle \in NF_{\mathbb{Q}}$. Aufgrund der Definition von „Nullfolge" bedeutet das:

$$\bigwedge_{\varepsilon \in \mathbb{Q}^+} \bigvee_{n_4 \in \mathbb{N}} \bigwedge_{\nu \in \mathbb{N}} (\nu \geq n_4 \rightarrow |a_\nu - a'_\nu| < \varepsilon) \quad \text{und} \quad \bigwedge_{\varepsilon \in \mathbb{Q}^+} \bigvee_{n_5 \in \mathbb{N}} \bigwedge_{\nu \in \mathbb{N}} (\nu \geq n_5 \rightarrow |b_\nu - b'_\nu| < \varepsilon).$$

Nun sei ε beliebig gewählt und $n := \max\{n_3, n_4, n_5\}$. Dann gilt für alle $\nu \in \mathbb{N}$ mit $\nu \geq n$: $|a_\nu - a'_\nu| < \varepsilon \wedge |b_\nu - b'_\nu| < \varepsilon$.

Insbesondere gilt:

$$|a_\nu - a'_\nu| < \varepsilon \Leftrightarrow -\varepsilon < a_\nu - a'_\nu < \varepsilon \Leftrightarrow a'_\nu - \varepsilon < a_\nu < a'_\nu + \varepsilon,$$

$$|b_\nu - b'_\nu| < \varepsilon \Leftrightarrow -\varepsilon < b_\nu - b'_\nu < \varepsilon \Leftrightarrow b'_\nu - \varepsilon < b_\nu < b'_\nu + \varepsilon.$$

Wegen $a_\nu \leq b_\nu \wedge b'_\nu \leq a'_\nu$ für alle $\nu \geq n$ folgt:
$a'_\nu - \varepsilon < a_\nu \leq b_\nu < b'_\nu + \varepsilon \leq a'_\nu + \varepsilon$, also ist $-\varepsilon < b_\nu - a'_\nu < \varepsilon$, und wir haben damit gezeigt:

$$\bigwedge_{\varepsilon \in \mathbb{Q}^+} \bigvee_{n \in \mathbb{N}} \bigwedge_{\nu \in \mathbb{N}} (\nu \geq n \rightarrow |b_\nu - a'_\nu| < \varepsilon).$$

Das bedeutet nun $\langle b_n - a'_n \rangle \in NF_{\mathbb{Q}}$, und schließlich folgt damit weiter:

$$\langle b_n - a'_n \rangle \in NF_{\mathbb{Q}} \Leftrightarrow \langle b_n \rangle \sim \langle a'_n \rangle \Leftrightarrow [\langle b_n \rangle] = [\langle a'_n \rangle] \Leftrightarrow \alpha = \beta.$$

Insgesamt haben wir also gezeigt: $\alpha \sqsubseteq \beta \wedge \beta \sqsubseteq \alpha \Rightarrow \alpha = \beta$. $\blacklozenge$

Nach Folgerung (8.79) ist $(\widetilde{\mathbb{R}}, \boxplus, \boxdot)$ ein Körper. Mit Satz (8.91) führt das zu:

(8.92) Satz

$$(\widetilde{\mathbb{R}}, \boxplus, \boxdot, \sqsubseteq) \text{ ist ein angeordneter Körper.}$$

Zum Beweis ist allerdings „nur noch" zu zeigen, dass die *Monotoniegesetze* (als *Verträglich-keitsbedingungen*) gemäß Definition (8.33) gelten. Auf den aufwändigen Beweis soll hier ebenfalls verzichtet werden, er sei der eigenen Übung überlassen.

Nun ist wieder (wie analog auch schon früher) die Ordnungsrelation von $\tilde{\mathbb{R}}$ auf $\mathbb{R}$ zu übertragen, wobei wir die Abbildung ψ aus Definition (8.85) verwenden:

(8.93) Definition

$$\leq_{\mathbb{R}} := \{(a,b) \in \mathbb{R}^2 \mid \psi(a) \sqsubseteq \psi(b)\}$$

Der folgende Satz beschreibt, dass $\leq_{\mathbb{R}}$ eine Fortsetzung von $\leq_{\mathbb{Q}}$ auf $\mathbb{R}$ ist:

(8.94) Satz

$$\leq_{\mathbb{R}} \cap \mathbb{Q}^2 = \leq_{\mathbb{Q}}$$

Beweis:

Wegen $\psi|\mathbb{Q} = \varphi$ gilt:

$$(a,b) \in \leq_{\mathbb{R}} \cap \mathbb{Q}^2 \Leftrightarrow \varphi(a) \sqsubseteq \varphi(b) \Leftrightarrow [\underline{a}] \sqsubseteq [\underline{b}] \Leftrightarrow \bigvee_{\langle a_n \rangle \in [\underline{a}]} \bigvee_{\langle b_n \rangle \in [\underline{b}]} \bigvee_{n_1 \in \mathbb{N}} \bigwedge_{\nu \in \mathbb{N}} \left(\nu \geq n_1 \to a_\nu \leq_{\mathbb{Q}} b_\nu \right).$$

$\langle a_n \rangle$, $\langle b_n \rangle$ und n_1 seien fest gewählt.

Es ist dann $\langle a_n - a \rangle \in \mathrm{NF}_{\mathbb{Q}}$ und $\langle b_n - b \rangle \in \mathrm{NF}_{\mathbb{Q}}$, d. h.:

$$\bigwedge_{\varepsilon \in \mathbb{Q}^+} \bigvee_{n_2 \in \mathbb{N}} \bigwedge_{\substack{\nu \in \mathbb{N} \\ \nu \geq n_2}} \left(|a_\nu - a| <_{\mathbb{Q}} \varepsilon \land |b_\nu - b| <_{\mathbb{Q}} \varepsilon \right)$$

Mit der Trichotomie in $(\mathbb{Q}, \leq_{\mathbb{Q}})$ führen wir die Annahme $a >_{\mathbb{Q}} b$ zu einem Widerspruch:

Es sei $\varepsilon := \frac{a-b}{3} \in \mathbb{Q}^+$, und dann folgt mit $n := \max\{n_1, n_2\}$ für alle ν mit $\nu \geq n$:

$$a_\nu \leq_{\mathbb{Q}} b_\nu \land -\varepsilon <_{\mathbb{Q}} a_\nu - a \land b_\nu - b <_{\mathbb{Q}} \varepsilon$$

$$\Rightarrow a_\nu \leq_{\mathbb{Q}} b_\nu \land \frac{2a+b}{3} <_{\mathbb{Q}} a_\nu \land b_\nu <_{\mathbb{Q}} \frac{a+2b}{3}$$

$$\Rightarrow a_\nu \leq_{\mathbb{Q}} b_\nu <_{\mathbb{Q}} \frac{a+b}{3} + \frac{b}{3} <_{\mathbb{Q}} \frac{a+b}{3} + \frac{a}{3} <_{\mathbb{Q}} a_\nu$$

Da wir durch korrektes logisches Schließen die falsche Aussage $a_\nu <_{\mathbb{Q}} a_\nu$ erhalten haben, war die Voraussetzung (die obige Annahme) falsch, also gilt wegen der Trichotomie $a \leq_{\mathbb{Q}} b$.

Wir haben damit $\leq_{\mathbb{R}} \cap \mathbb{Q}^2 \subseteq \leq_{\mathbb{Q}}$ bewiesen, und es bleibt nur noch die andere Richtung zu untersuchen, wobei sich sofort ergibt:

$$a \leq_{\mathbb{Q}} b \underset{\mathrm{Def.(8.89)}}{\Rightarrow} \underline{a} \overline{<} \underline{b} \underset{\mathrm{Def.(8.90)}}{\Rightarrow} [\underline{a}] \sqsubseteq [\underline{b}] \quad \checkmark$$

$\blacklozenge$

Das führt zu:

(8.95) Satz

$(\mathbb{R}, +_{\mathbb{R}}, \cdot_{\mathbb{R}}, \leq_{\mathbb{R}})$ ist ein angeordneter Körper mit $(\mathbb{Q}, +_{\mathbb{Q}}, \cdot_{\mathbb{Q}}, \leq_{\mathbb{Q}})$ als echtem Unterkörper.

Beweis:

Gemäß Satz (8.88) ist ψ^{-1} ein Isomorphismus von $(\mathbb{R}, +_\mathbb{R}, \cdot_\mathbb{R})$ auf $(\tilde{\mathbb{R}}, \boxplus, \boxdot)$.

Daher genügt es zu zeigen, dass ψ^{-1} ein Ordnungshomomorphismus ist. Es sei daher $a, b \in \mathbb{R}$, $\psi(a) =: \alpha \in \tilde{\mathbb{R}}$ und $\psi(b) =: \beta \in \tilde{\mathbb{R}}$. Damit folgt:

$$\alpha \sqsubseteq \beta \Leftrightarrow \psi(a) \sqsubseteq \psi(b) \underset{\text{Def.(8.93)}}{\Leftrightarrow} a \leq_\mathbb{R} b \Leftrightarrow \psi^{-1}(\alpha) \leq_\mathbb{R} \psi^{-1}(\beta) \qquad \blacklozenge$$

(8.96) Satz

$(\mathbb{R}, +_\mathbb{R}, \cdot_\mathbb{R}, \leq_\mathbb{R})$ ist archimedisch angeordnet.

Beweis:

Es ist zu zeigen: $\bigwedge\limits_{a \in \mathbb{R}} \bigvee\limits_{n \in \mathbb{N}} a <_\mathbb{R} n$. Es sei daher ein $a \in \mathbb{R}$ beliebig gewählt. Dann folgt:

$$a \in \mathbb{R} \Rightarrow \psi(a) \in \tilde{\mathbb{R}} = \mathrm{CF}_\mathbb{Q} / \mathrm{NF}_\mathbb{Q} \Rightarrow \bigvee\limits_{\langle a_n \rangle \in \mathrm{CF}_\mathbb{Q}} \psi(a) = [\langle a_n \rangle] \Rightarrow \bigvee\limits_{\langle a_n \rangle \in \mathrm{CF}_\mathbb{Q}} a = \psi^{-1}([\langle a_n \rangle]).$$

$\langle a_n \rangle$ sei nun fest gewählt. Wir beachten, dass $a_n \in \mathbb{Q}$ für alle n gilt. Es folgt:

$$\langle a_n \rangle \in \mathrm{CF}_\mathbb{Q} \Rightarrow \langle a_n \rangle \in \mathrm{BF}_\mathbb{Q} \Rightarrow \bigvee\limits_{s \in \mathbb{Q}^+} \bigvee\limits_{v \in \mathbb{N}} -s \leq a_v \leq s.$$

Eine solche Schranke s sei fest gewählt. Wegen der Archimedizität von $(\mathbb{Q}, +_\mathbb{Q}, \cdot_\mathbb{Q}, \leq_\mathbb{Q})$ existiert dann ein $m \in \mathbb{N}$ mit $s <_\mathbb{Q} m$ und also auch mit $s \leq_\mathbb{Q} m$.

Aus $\bigvee\limits_{v \in \mathbb{N}} -s \leq a_v \leq s$ und $s \leq m$ (in $\mathbb{Q}$) folgt schließlich:

$$\left(\bigwedge\limits_{v \in \mathbb{N}} a_v \leq m \right) \Rightarrow \langle a_n \rangle \tilde{\leq} \underline{m} \Rightarrow [\langle a_n \rangle] \sqsubseteq [\underline{m}] \Leftrightarrow \psi(a) \sqsubseteq \varphi(m) \underset{\varphi = \psi | \mathbb{Q}}{\Leftrightarrow} \psi(a) \sqsubseteq \psi(m) \Leftrightarrow a \leq_\mathbb{R} m$$

$\blacklozenge$

(8.97) Folgerung

Es gibt weder infinitesimale noch unendlich große reelle Zahlen.

Wir lassen nun künftig die Indizes „$\mathbb{R}$" weg, wenn keine Missverständnisse zu befürchten sind, und wir setzen $\mathbb{R}^+ := \{a \in \mathbb{R} \mid a > 0\}$.

Der archimedisch angeordnete unvollständige *Körper der rationalen Zahlen* ist nunmehr eingebettet in den archimedisch angeordneten *Körper der reellen* Zahlen, wobei noch nachzuweisen bleibt, dass dieser *vollständig* ist, um damit unser Hauptziel zu erreichen.

8.3.3   Zur Vollständigkeit des Axiomensystems der reellen Zahlen: Übersicht

Das ist nun ein *wesentlicher letzter Aspekt* beim konstruktiven Aufbau des Zahlensystems, der hier jedoch nur noch angedeutet sei (mehr dazu z. B. bei [OBERSCHELP 1968]).

In Abschnitt 8.2.6 hatten wir gesehen, dass in dem archimedisch angeordneten Körper $(\mathbb{Q}, +, \cdot, \leq)$ nicht jede aus rationalen Zahlen bestehende Cauchy-Folge (bzw. *Fundamentalfolge*, was dasselbe ist!), in diesem Körper konvergiert – wir nannten diesen Körper deshalb „unvollständig". Das war der Anlass für die durchgeführte Erweiterung zum archimedisch angeordneten Körper $(\mathbb{R}, +, \cdot, \leq)$.

Nun ist noch der Nachweis zu führen, dass dieser archimedisch angeordnete Körper $(\mathbb{R}, +, \cdot, \leq)$ *vollständig* in dem Sinne ist, dass die bei $(\mathbb{Q}, +, \cdot, \leq)$ *diagnostizierte Unvollständigkeit* nicht mehr auftritt. Dazu geht man in zwei Schritten vor:

Erster Schritt:

Es ist nachzuweisen, dass gilt:

Jede Fundamentalfolge *rationaler* Zahlen konvergiert gegen eine *reelle* Zahl.

Das klappt deshalb, weil wir die Erweiterung von $(\mathbb{Q}, +, \cdot, \leq)$ nach $(\mathbb{R}, +, \cdot, \leq)$ so eingerichtet hatten, dass wir die „fehlenden Grenzwerte" in Form von *Klassen von Fundamentalfolgen, deren Differenz eine Nullfolge ist*, hinzugefügt haben. Das entspricht demselben Prinzip, das wir bei der Konstruktion der ganzen und der rationalen Zahlen angewendet haben:

- *Wir fügen genau diejenigen Objekte konstruktiv als Äquivalenzklassen hinzu, die uns fehlen, um die jeweils diagnostizierte „Unvollständigkeit" zu beseitigen.*

Zweiter Schritt:

Es ist nachzuweisen, dass gilt:

Jede Fundamentalfolge *reeller* Zahlen konvergiert gegen eine *reelle* Zahl.

Und dann ergeben sich vier weitere Folgerungen:

(8.98) Folgerungen

(1) Jede Fundamentalfolge reeller Zahlen konvergiert gegen eine reelle Zahl, die entweder eine rationale Zahl oder andernfalls die dieser Folge zugeordnete Äquivalenzklasse von Fundamentalfolgen ist.

(2) „**Cauchy-Kriterium** der reellen Analysis": Notwendig und hinreichend für die Konvergenz einer Folge reeller Zahlen ist, dass sie eine Fundamentalfolge ist.

(3) $KF_{\mathbb{Q}} \subset CF_{\mathbb{Q}} \subset CF_{\mathbb{R}} = KF_{\mathbb{R}} \subset BF_{\mathbb{R}}$

(4) Zu jeder Fundamentalfolge reeller Zahlen gibt es eine (in $\mathbb{R}$) *grenzwertgleiche* Fundamentalfolge rationaler Zahlen.

„*Grenzwertgleich*" dürfen wir erst jetzt sagen, nachdem feststeht, dass jede Fundamentalfolge reeller Zahlen gegen eine reelle Zahl konvergiert. $(\mathbb{R}, +, \cdot, \leq)$ ist also **vollständig**!

8.3.4   Zur Monomorphie des Axiomensystems der reellen Zahlen

Auch hier können wir im vorliegenden Rahmen nur wenige Andeutungen machen und verweisen zugleich wieder auf [OBERSCHELP 1968]. Folgende Ergebnisse sind hervorzuheben:

- Jeder archimedisch angeordnete Körper lässt sich isomorph in den vollständigen, archimedisch angeordneten Körper $(\mathbb{R}, +_{\mathbb{R}}, \cdot_{\mathbb{R}}, \leq_{\mathbb{R}})$ einbetten.

- Jeder vollständige, archimedisch angeordnete Körper ist isomorph zum vollständigen, archimedisch angeordneten Körper der reellen Zahlen.

- Es gibt im Sinne der Isomorphie genau einen vollständigen, archimedisch angeordneten Körper, nämlich $(\mathbb{R}, +, \cdot, \leq)$.

- Das durch *„vollständiger, archimedisch angeordneter Körper"* gekennzeichnete Axiomensystem ist monomorph („kategorisch").

Beispiele für **monomorphe Axiomensysteme**:

- Dedekind-Peano-Axiome – *Modell:* $(\mathbb{N}, 0, \nu)$

- „kleinster" archimedisch angeordneter Ring – *Modell:* $(\mathbb{Z}, +, \cdot, \leq)$

- „kleinster" archimedisch angeordneter Körper – *Modell:* $(\mathbb{Q}, +, \cdot, \leq)$

- vollständiger, archimedisch angeordneter Körper – *Modell:* $(\mathbb{R}, +, \cdot, \leq)$

Beispiele für Strukturen, die durch nicht-monomorphe Axiomensysteme gekennzeichnet sind, etwa: Gruppe, Ring, Körper, Vektorraum. Und es ergibt sich:

(8.99) Folgerung

$(\mathbb{R}, +, \cdot, \leq)$ ist im Sinne der Isomorphie der größte archimedisch angeordnete Körper.

Damit ist das zugehörige Axiomensystem nicht mehr erweiterbar und also auch **im Sinne der axiomatischen Methode vollständig.** Das bedeutet:

- Das „Vollständigkeitsaxiom" für archimedisch angeordnete Körper
  („Jede Fundamentalfolge konvergiert") ist ein **Maximalitätsaxiom!**

8.4   Ergänzungen und Ausblick

8.4.1   Axiomatische Kennzeichnung der reellen Zahlen und der Unterstrukturen

Mit Definition (6.2) und Bezeichnung (6.5) wurde eine axiomatische „Definition" der Menge der natürlichen Zahlen entwickelt: Ausgehend von einer intuitiven Vorstellung der natürlichen Zahlen in der Beschreibung als „Kettenmodell" wurden diagnostizierte Eigenschaften dieses Modells *axiomatisch beschrieben* und dann in Gestalt einer „Dedekind-Peano-Algebra" erfasst. Mit Satz (6.26) wurde festgehalten, dass zwei beliebige Dedekind-Peano-Algebren stets isomorph sind, dass also das Dedekind-Peanosche Axiomensystem *monomorph* ist.

Hierauf aufbauend haben wir dann die Strukturen der ganzen, der rationalen und der reellen Zahlen sukzessive *konstruiert* und schließlich die Struktur der reellen Zahlen als *vollständigen, archimedisch angeordneten Körper* beschrieben.

Da nun im letzten Abschnitt mitgeteilt wurde, dass das hierdurch gekennzeichnete Axiomensystem ebenfalls monomorph ist, könnte man auf die Idee kommen, auch die Struktur der reellen Zahlen einfach „axiomatisch zu definieren", anstatt sie aufwändig zu konstruieren. In der Tat ist dieses eine übliche Alternative, mit der man die reellen Zahlen zu Beginn einer Anfängervorlesung über reelle Analysis axiomatisch (und zeitsparend!) „einzuführen" pflegt.

OLIVER DEISER schreibt hierzu in seinem Buch „Reelle Zahlen":[578]

Aufgrund seiner offensichtlichen Wichtigkeit ist dieses Thema an zahlreichen Stellen bis ins Detail durchgeführt worden, und bei manchem Mathematiker ist beim Stichwort „Konstruktion von $\mathbb{R}$" dann auch ein gewisser Überdruß anzumerken. In der Analysis wird der Körper $\mathbb{R}$ zumeist einfach vorausgesetzt; die Konstruktion wird auf Seminare verschoben und entsprechend motivierten Studenten zur sinnvollen Freizeitgestaltung ans Herz gelegt. Beides geschieht zurecht, möchte man hinzufügen, denn innerhalb der Differential- und Integralrechnung bringt zeitraubend-aufwendige Konstruktion nur wenig an Mehrwert. Hier folgt die Mathematik pragmatisch noch ganz der Tradition von Newton und Leibniz bis Gauß, und arbeitet recht unbekümmert und ungemein erfolgreich mit allerlei Arten von Zahlen, ohne ständig das mengentheoretische Verfassungsgericht zu bemühen. Andererseits haben auch detaillierte technische Konstruktionspläne einen gewissen Charme, und die didaktische Besonderheit, das zu errichtende Bauwerk bereits klar vor Augen zu haben, unterstützt das „Selberzeichnen"; wenige Hinweise zur Dedekind- oder Cantor-Konstruktion genügen dann auch zumeist, um ein „ja, so geht's!"-Erlebnis auszulösen. Die Struktur $\mathbb{R}$ ist so vertraut, daß sie rekonstruiert werden kann und nicht neu konstruiert werden muß.

Mit der „Cantor-Konstruktion" meint DEISER die in den Abschnitten 8.2 und 8.3 skizzierte *Konstruktion über Fundamentalfolgen*, die andere ist die *alternativ begründete Konstruktion von* DEDEKIND über die nach ihm benannten „Schnitte" (siehe [DEDEKIND 1872]):

(8.100) Definition[579]

Es sei $(M, \leq)$ eine Totalordnung und $S, T \subseteq M$.

(a) (S, T) ist ein **Schnitt** in $(M, \leq)$

   $:\Leftrightarrow \{S, T\}$ ist eine Zerlegung von $M \;\wedge\; \bigvee_{s \in S} \bigwedge_{t \in T} s < t$

(b) S ist **Unterklasse** von $(M, \leq)$ und T ist **Oberklasse** von $(M, \leq)$

   $:\Leftrightarrow (S, T)$ ist Schnitt in $(M, \leq)$

(c)   Es sei (S, T) ein Schnitt in $(M, \leq)$.

   (S, T) ist eine **Lücke** in $(M, \leq)$

   $:\Leftrightarrow S$ besitzt in $(M, \leq)$ kein Maximum $\;\wedge\; T$ besitzt in $(M, \leq)$ kein Minimum

(d) $(M, \leq)$ ist **lückenlos**

   $:\Leftrightarrow$ Es existieren in $(M, \leq)$ keine Lücken

---

[578]   [DEISER 2007, 107]

[579]   Bezüglich „Zerlegung" siehe Definition (5.62), bezüglich „Maximum" und „Minimum" siehe Definition (5.83).

Die *erste axiomatische Kennzeichnung der reellen Zahlen in der Neuzeit* stammt aus dem Jahre 1900 von DAVID HILBERT (1862–1943), und zwar kennzeichnet er den Strukturbereich „Reelle Zahlen" als *„maximal" unter allen archimedisch angeordneten Körpern*, also im Sinne der Schlussbemerkung von Abschnitt 8.3.4.

Nun setzt allerdings die übliche Definition der Archimedizität bereits die natürlichen Zahlen voraus. Wenn wir aber einen Weg beschreiten wollen, bei dem sich die Menge der natürlichen Zahlen als auszusondernde Teilmenge der Menge der reellen Zahlen ergibt, können wir die Archimedizität dabei nicht verwenden.

Man kann dennoch in Anlehnung an RICHARD DEDEKIND einen solchen Weg wählen, indem das Ergebnis seiner Konstruktion über die nach ihm benannten *Schnitte* analog zu HILBERT als Axiomensystem zum Ausgangspunkt der Betrachtungen gemacht wird, wobei sich dieses Axiomensystem dann als gleichwertig zu dem von HILBERT angegebenen erweist:

Darauf baut die nächste Definition auf, einen angeordneten Körper zugrunde legend:[580]

(8.101) Definition

Es sei $(K, +, \cdot, \leq)$ ein angeordneter Körper.

$\quad\quad (K, +, \cdot, \leq)$ ist **lückenlos** $:\Leftrightarrow \quad (K, \leq)$ ist lückenlos

---

Es erhebt sich die Frage, ob es einen lückenlosen angeordneten Körper gibt, sofern man einen solchen nicht konstruiert hat. Und weiterhin ist zu fragen, wie sich zwei beliebige derartige Körper ggf. unterscheiden (wobei sich auch dieses Axiomensystem als monomorph erweist).

Denken wir intuitiv an die Zahlengerade, und stellen wir uns diese als „lückenlos" vor, denken wir uns ferner die *Addition* durch die *Aneinandersetzung von Strecken*, die *Multiplikation* durch die *Anwendung des Strahlensatzes* und schließlich die Ordnungsrelation durch die *Lagebeziehungen der Punkte* auf der Zahlengeraden realisiert, so gelangen wir zu der

---

(8.102) Überzeugung

Es gibt einen lückenlosen, angeordneten Körper.

Diesen Körper bezeichnen wir mit $(\mathbb{R}, +, \cdot, \leq)$ und nennen die Elemente von $\mathbb{R}$ **reelle Zahlen**.

Diese Vorgehensweise entspricht derjenigen der älteren Pythagoreer mit ihrer Grundüberzeugung *„Alles ist Zahl"* und der zugehörigen Grundüberzeugung, dass je zwei gleichartige Größen ein gemeinsames Maß besitzen (vgl. Abschnitt 3.3.4). Nunmehr können wir die Menge $\mathbb{N}$, die wir in Kapitel 6 *axiomatisch charakterisiert* und so *definiert* haben, als eine Teilmenge der in diesem Alternativkonzept ihrerseits axiomatisch charakterisierten Menge $\mathbb{R}$ *definieren*, darauf aufbauend dann $\mathbb{Z}$ und $\mathbb{Q}$ *definieren*.

[MAINZER 1988, 39] beschreibt dieses Ziel so, dass die „*natürlichen, ganzen und rationalen Zahlen im reellen Zahlkörper wiedergefunden werden"*. Wie geht man dazu vor?

---

[580]   Vgl. hierzu Abschnitt 8.4.2.

Da $(\mathbb{R}, +, \cdot)$ ein Körper ist, existieren die neutralen Elemente bezüglich der Addition und der Multiplikation, die wir wie üblich mit 0 und 1 bezeichnen. Da in $\mathbb{R}$ die Addition erklärt ist, ist durch $\nu := (\mathbb{R} \to \mathbb{R}\,; x \mapsto x + 1)$ die *Nachfolgerfunktion* definiert, wie sie in Kapitel 6 bei der Entwicklung der Dedekind-Peano-Axiome betrachtet wurde. Und nun liegt es nahe, die Menge aller durch $x + 1$ gebildeten „iterierten" Nachfolger von 0 als Menge der natürlichen Zahlen zu verstehen.

Wir betrachten das genauer: Es sei $T \subseteq \mathbb{R}$, und es gelte $0 \in T$ und $x \in T \Rightarrow x + 1 \in T$. Die gemäß Mainzer (s. o.) „wiederzufindende" und damit zu definierende Menge $\mathbb{N}$ erfüllt gewiss diese Eigenschaften, aber offensichtlich z. B. auch $\mathbb{Z}$, $\mathbb{Q}$, $\mathbb{R}$ und ferner z. B. auch $\mathbb{N} \cup \{x + 0,5 \mid x \in \mathbb{N}\}$. Nun erinnern die o. g. Eigenschaften sehr an das *Induktionsaxiom* (N5) in Abschnitt 6.2 (bzw. verallgemeinert (P5) in Abschnitt 6.3), wobei dann allerdings noch über alle diese Mengen per Allquantor quantifiziert wird mit der Forderung, dass stets $T = \mathbb{N}$ zu gelten habe. Übersetzt auf die hier vorliegende Situation bedeutet das nun, dass T unter all diesen Mengen *minimal* sein muss, was über den Durchschnitt aller dieser Teilmengen regelbar ist. Zu den Mengen $\mathbb{Z}$ bzw. $\mathbb{Q}$ gelangen wir dann über Differenzen- bzw. Quotientenbildung.

Wir erfassen diese beiden Schritte der Reihe nach mit zwei Definitionen:

(8.103) Definition

Es sei $T \subseteq \mathbb{R}$. T ist **induktiv** in $\mathbb{R}$ $:\Leftrightarrow$ $0 \in T$ $\wedge$ $x \in T \Rightarrow x + 1 \in T$

Hier werden also gerade der Induktionsanfang und der Induktionsschluss aus dem Induktionsaxiom ausgenutzt. Der wesentliche und quantifizierende Teil des Induktionsaxioms findet dann – wie bereits angekündigt – in der folgenden *Definition* von $\mathbb{N}$ seinen Niederschlag:

(8.104) Definition

$\mathbb{N} := \bigcap\limits_{T \in \mathfrak{P}(\mathbb{R})} \{T \mid T \text{ ist induktiv in } \mathbb{R}\}, \quad \mathbb{N}^* := \mathbb{N} \setminus \{0\}$ **Menge der natürlichen Zahlen**

$\mathbb{Z} := \{x - y \mid x \in \mathbb{N} \wedge y \in \mathbb{N}\}, \quad\quad\quad \mathbb{Z}^* := \mathbb{Z} \setminus \{0\}$ **Menge der ganzen Zahlen**

$\mathbb{Q} := \left\{\dfrac{x}{y} \;\middle|\; x \in \mathbb{Z} \wedge y \in \mathbb{N}^*\right\}, \quad\quad\quad \mathbb{Q}^* := \mathbb{Q} \setminus \{0\}$ **Menge der rationalen Zahlen**

Entsprechend ist $\mathbb{R}^* := \mathbb{R} \setminus \{0\}$.

8.4.2   Äquivalente Fassungen des Vollständigkeitsaxioms der reellen Zahlen

In Abschnitt 5.3.2.4 wurde die „Vollständigkeit" eines Axiomensystems beschrieben, und in Abschnitt 8.3.3 wurde festgehalten, dass die Forderung, dass in archimedisch angeordneten Körpern jede Fundamentalfolge (Cauchy-Folge) konvergiert, in diesem Sinne ein Vollständigkeitsaxiom ist. Das wurde gemäß HILBERT so formuliert, dass dieses Vollständigkeitsaxiom ein *Maximalitätsaxiom* ist, welches den archimedisch angeordneten Körper der reellen Zahlen als (im Sinne der Isomorphie) maximal unter allen solchen Körpern beschreibt (vgl. S. 401).

Da nun auf S. 401 oben mitgeteilt wurde, dass das auf DEDEKIND zurückgehende Axiomensystem für die reellen Zahlen äquivalent zu dem von HILBERT ist, da beide Axiomensysteme einen angeordneten Körper zugrunde legen und da sich schließlich bei DEDEKIND die reellen Zahlen gegenüber den rationalen Zahlen dadurch auszeichnen, dass sie lückenlos sind, kann man gemäß Definition (8.100.d) auch das Axiom der Lückenlosigkeit von DEDEKIND als *Vollständigkeitsaxiom* ansehen. Legt man diese Sichtweise zugrunde, so gibt es recht unterschiedliche, aber gleichwohl äquivalente Fassungen des „Vollständigkeitsaxioms" der reellen Zahlen. Die wichtigsten seien nachfolgend zusammengestellt und durch Beispiele erläutert:[581]

(8.105) Satz — äquivalente Beschreibungen der Vollständigkeit der reellen Zahlen

Es sei $(K, +, \cdot, \leq)$ ein angeordneter Körper mit $(\mathbb{Q}, +, \cdot, \leq)$ als Unterkörper.
Dann sind folgende Axiome bzw. Axiomengruppen paarweise äquivalent:

(V1) **Dedekind-Axiom:** $(K, +, \cdot, \leq)$ ist lückenlos.

(V2) **Archimedes-Axiom und Cauchy-Axiom:** $(K, +, \cdot, \leq)$ ist archimedisch angeordnet, und jede Fundamentalfolge (Cauchy-Folge) aus K konvergiert in K.

(V3) **Monotonieaxiom:** Jede monotone, beschränkte Folge aus K konvergiert in K.

(V4) **Archimedes-Axiom und Intervallschachtelungsaxiom:** $(K, +, \cdot, \leq)$ ist archimedisch angeordnet, und jede Intervallschachtelung in K besitzt einen Kern in K.[582]

(V5) **Archimedes-Axiom und Halbierungsaxiom:** $(K, +, \cdot, \leq)$ ist archimedisch angeordnet, und jede fortgesetzte Halbierung in K besitzt einen Kern in K.

(V6) **Supremumsaxiom:** Jede nicht leere, nach oben beschränkte Teilmenge von K besitzt ein Supremum in K.

(V7) **Infimumsaxiom:** Jede nicht leere, nach unten beschränkte Teilmenge von K besitzt ein Infimum in K.

(V8) **Bolzano-Weierstraß-Axiom:** Jede unendliche, beschränkte Teilmenge von K besitzt mindestens einen Häufungspunkt in K.

(V9) **Heine-Borel-Axiom:** Zu jeder offenen Überdeckung $\mathscr{B}$[583] einer kompakten Teilmenge T von K existiert eine endliche Teilmenge $\mathscr{T}$[584] von $\mathscr{B}$, die bereits T überdeckt.

(V10) **Zusammenhangsaxiom:** Es gibt keine Zerlegung von K in zwei offene Teilmengen.

(V11) **Zwischenwert-Axiom:** Jede auf einem abgeschlossenen Intervall aus K definierte stetige Funktion besitzt die Zwischenwerteigenschaft.

(V12) **$\mathbb{N}$-Beschränktheitsaxiom:** Jede auf einem abgeschlossenen Intervall stetige Funktion ist dort durch eine natürliche Zahl beschränkt.

(V13) **Maximumsaxiom:** Jede auf einem abgeschlossenen Intervall stetige Funktion nimmt dort ihr Maximum an.

---

[581] Vgl. [STEINER 1966], [HISCHER & SCHEID 1982] und [HISCHER & SCHEID 1995].

[582] Erläuterung von „Kern" siehe nächste Seite.

[583] $\mathscr{B}$ ist das große „B" in der Schriftart „Sütterlin".

[584] $\mathscr{T}$ ist das große „T" in Sütterlin.

Auf den umfangreichen Beweis müssen wir hier verzichten. Er bietet sich erfahrungsgemäß als interessante Aufgabe für diverse Studienarbeiten an.[585] Den Beweis dieses Satzes wird man zweckmäßigerweise in einem geeigneten Ringschluss führen.[586] Die Reihenfolge der Axiome in Satz (8.104) wurde nach Aspekten der Ähnlichkeit dieser Axiome gewählt, nicht aber nach Aspekten der Beweisökonomie.

(V2), (V4) und (V5) benutzen explizit das Archimedes-Axiom, in allen anderen Axiomen ist die Archimedizität damit aber implizit enthalten. (V2), (V3), (V4) und (V5) benutzen den Folgen- und Folgenkonvergenzbegriff. (V8), (V9) und (V10) sind topologischer Art.

Zu (V9): Das Mengensystem $\mathcal{L}$ ist genau dann eine *Überdeckung* von T, wenn $T \subseteq \bigcup_{B \in \mathcal{L}} B$ gilt; eine Überdeckung $\mathcal{L}$ ist genau dann *offen*, wenn die Elemente von $\mathcal{L}$ offene Mengen sind. Schließlich nehmen (V11), (V12) und (V13) Bezug auf die Stetigkeit.

In (V4) und (V5) wird nicht die *Eindeutigkeit des Kerns* gefordert, denn diese lässt sich *beweisen*. (Der *Kern* einer Intervallschachtelung ist Element der Schnittmenge aller Intervalle der Schachtelung, deren Länge per definitionem gegen 0 geht.)

Bei den unten folgenden Beispielen benutzen wir aus Gründen der besseren Vergleichbarkeit stets die Irrationalität von $\sqrt{2}$ und darüber hinaus folgende Schreibweisen:

(8.106) Voraussetzung

(a) $(K, +, \cdot, \leq)$ ist ein angeordneter Körper mit $(\mathbb{Q}, +, \cdot, \leq)$ als Unterkörper.

(b)   Für alle $a, b \in K$ und $\emptyset \neq T \subseteq K$ gilt:

$$[a;b]_T := \{x \in T \mid a \leq x \leq b\} \qquad [a;b[_T := \{x \in T \mid a \leq x < b\}$$
$$]a;b]_T := \{x \in T \mid a < x \leq b\} \qquad]a;b[_T := \{x \in T \mid a < x < b\}$$
$$[a;\rightarrow[_T := \{x \in T \mid a \leq x\} \qquad]a;\rightarrow[_T := \{x \in T \mid a < x\}$$
$$]\leftarrow;b]_T := \{x \in T \mid x \leq b\} \qquad]\leftarrow;b[_T := \{x \in T \mid x < b\}$$

Den Index T lassen wir fort, wenn keine Missverständnisse zu befürchten sind. Es wurde nicht $a \leq b$ vorausgesetzt, so dass das abgeschlossene Intervall $[a;b]$ auch leer sein kann.

(8.107) Beispiele zu Satz (8.105)

(V1): $M_1 := \{x \in \mathbb{Q} \mid x < 0 \vee x^2 < 2\}$ und $M_2 := \{x \in \mathbb{Q} \mid x > 0 \wedge x^2 > 2\}$. $\{M_1, M_2\}$ ist ein Schnitt in $\mathbb{Q}$, aber M_1 besitzt kein maximales und M_2 kein minimales Element.

(V2): Die Folge $\langle y_n \rangle$ in (3.3-11) von Abschnitt 3.3.4.6 ist eine Cauchy-Folge (Fundamentalfolge), konvergiert aber nicht in $\mathbb{Q}$.

(V3): Obige Folge $\langle y_n \rangle$ ist monoton fallend und nach unten beschränkt, konvergiert aber nicht in $\mathbb{Q}$.

(V4): Mit der Folge $\langle y_n \rangle$ bilde man die Folge $\langle x_n \rangle$ mit $x_n y_n = 2$ für alle $n \in \mathbb{N}$ (vgl. Abschnitt 3.3.4.6). Dann ist $\langle [x_n, y_n] \rangle$ eine Intervallschachtelung ohne Kern in $\mathbb{Q}$.

(V5): Mit zwei rationalen Zahlen a_0, b_0 gemäß $a_0 < b_0$ und den Mengen aus (V1) wird eine *Intervallfolge* $\langle [a_n, b_n] \rangle$ gebildet:

---

[585] Womit insbesondere Staatsexamensarbeiten, Bachelor- und Masterarbeiten gemeint sind.
[586] Vgl. z. B. [COHEN & EHRLICH 1963] und [STEINER 1966].

$$[a_{n+1}, b_{n+1}] := [a_n, \tfrac{1}{2}(a_n + b_n)], \text{ falls } \tfrac{1}{2}(a_n + b_n) \in M_1, \text{ und}$$

$$[a_{n+1}, b_{n+1}] := [\tfrac{1}{2}(a_n + b_n), b_n], \text{ falls } \tfrac{1}{2}(a_n + b_n) \in M_2.$$

$\langle [a_n, b_n] \rangle$ ist dann eine *fortgesetzte Halbierung*, hat aber keinen Kern in $\mathbb{Q}$.

(V6) und **(V7)**: $\{x \in \mathbb{Q} \mid x^2 < 2\}$ ist nach oben und nach unten beschränkt, hat aber in $\mathbb{Q}$ weder ein Supremum noch ein Infimum.

(V8): Die Glieder der Folge $\langle y_n \rangle$ im Beispiel zu (V2) bilden eine beschränkte unendliche Menge rationaler Zahlen, die keinen Häufungspunkt in $\mathbb{Q}$ besitzt.

(V9): Es sei M die Menge der Glieder der im Beispiel zu (V4) benutzten Folge $\langle y_n \rangle$. Diese Menge ist beschränkt, und da sie keinen Häufungspunkt in $\mathbb{Q}$ besitzt, ist sie in $\mathbb{Q}$ auch abgeschlossen (jedoch nicht in $\mathbb{R}$!). Wir betrachten nun die durch

$$\mathcal{B} :=]\tfrac{3}{2}, \tfrac{5}{2}[\cup \{]y_{n+2}, y_n[\mid n \in \mathbb{N} \}$$

definierte Menge $\mathcal{B}$[587] (also eine Menge offener Intervalle), angedeutet:

$$\mathcal{B} = \left\{]\tfrac{3}{2}, \tfrac{5}{2}[, \ ]y_2, y_0[, \ ]y_3, y_1[, \ \dots \right\}$$

Da $\langle y_n \rangle$ streng monoton fällt, gilt $y_{n+1} \in]y_{n+2}, y_n[$ für alle $n \in \mathbb{N}$. Folglich ist $\mathcal{B}$ eine offene Überdeckung von M, denn es ist auch $y_0 = 2 \in]\tfrac{3}{2}, \tfrac{5}{2}[$. Es sei nun $\mathcal{T}$ eine endliche Teilmenge von $\mathcal{B}$.[588] Dann existiert offenbar ein $m \in \mathbb{N}$ mit $]y_{m+2}, y_m[\in \mathcal{T}$, jedoch mit $]y_{n+2}, y_n[\notin \mathcal{T}$ für alle n mit $n > m$. Wegen $y_{m+3} < y_{m+2}$ existiert dann aber kein Intervall $I \in \mathcal{T}$ mit $y_{m+3} \in I$, und damit ist $\mathcal{T}$ *keine Überdeckung* von M.

(V10): M_1 und M_2 aus (V1) bilden eine Zerlegung von $\mathbb{Q}$ in zwei offene Teilmengen.

(V11): Mit $f := ([0; 2]_{\mathbb{Q}} \to \mathbb{Q}; x \mapsto x^2 - 2)$ liegt eine solche gesuchte stetige Funktion vor.

(V12) und **(V13):** Hier wähle man $f := ([0; 2]_{\mathbb{Q}} \to \mathbb{Q}; x \mapsto \frac{1}{|x^2 - 2|})$ als stetige Funktion.[589]

Im Axiom (V5) tritt eine *fortgesetzte Halbierung* auf. Das ist eine Intervallschachtelung, bei der jedes Intervall die linke oder die rechte Hälfte des vorangehenden Intervalls ist. Diese Spezialisierung des Intervallschachtelungsaxioms erweist sich als besonders günstig, wenn man (V6), (V3) oder (V11) herleiten will, also den *Satz von der oberen Grenze*, den *Hauptsatz über monotone Folgen* oder den *Zwischenwertsatz*, den wir nun exemplarisch beweisen:

(8.108) Zwischenwertsatz

Es seien $a, b \in \mathbb{R}$, $a < b$ und $f : [a, b] \to \mathbb{R}$ mit $f(a) < f(b)$. Dann gilt:

f ist stetig auf $[a, b] \ \wedge \ d \in]f(a), f(b)[\ \Rightarrow \ $ es existiert ein $c \in [a; b]$ mit $f(c) = d$.

Beweis dieses Zwischenwertsatzes mit Hilfe fortgesetzter Halbierung:

---

[587] $\mathcal{B}$ ist das große B in Sütterlin.
[588] $\mathcal{T}$ ist das große T in Sütterlin.
[589] In der Tat ist f überall stetig, denn einerseits ist $\sqrt{2} \notin D_f$, und andererseits sind Polstellen keine Unstetigkeitsstellen (obwohl das oft – gerade im Mathematikunterricht – behauptet wird).

Wir betrachten eine Folge $\langle [a_n, b_n] \rangle$, ähnlich wie im Beispiel zu (V5), wie folgt modifiziert:

$[a_{n+1}, b_{n+1}] := [a_n, \frac{1}{2}(a_n + b_n)]$, falls $f(\frac{1}{2}(a_n + b_n)) \geq d$, sonst $[a_{n+1}, b_{n+1}] := [\frac{1}{2}(a_n + b_n), b_n]$.

c sei Kern der Intervallschachtelung, also $c = \lim\langle a_n \rangle \in [a;b]$. Wegen der Stetigkeit von f speziell an der Stelle c gilt $\lim\langle f(a_n) \rangle = f(\lim\langle a_n \rangle) = f(c)$ und $\lim\langle f(b_n) \rangle = f(\lim b_n) = f(c)$.

Wegen $c \in [a;b]$ und $f(a_n) \leq d \leq f(b_n)$ für alle $n \in \mathbb{N}$ folgt daher $f(c) = d$.

$\blacklozenge$

8.4.3   Alternative Konstruktionsmöglichkeiten der Menge der reellen Zahlen

In Abschnitt 8.3 wurde der archimedisch angeordnete, unvollständige Körper der rationalen Zahlen dadurch vervollständigt, dass dieser Körper insofern *erweitert* wurde, als dass in dem neuen Oberkörper nunmehr jede Fundamentalfolge konvergiert und somit dieser Körper dann *vollständig* ist. Diese Vervollständigung wurde also dadurch erreicht, dass das Axiom (V2) *auf konstruktivem Wege „eingelöst"* worden ist.

RICHARD DEDEKIND hat 1872, wie schon erwähnt, erstmalig eine konstruktive Erweiterung der rationalen Zahlen vorgestellt, und zwar mit Hilfe seiner Schnitte (vgl. Definition (8.100)). Das lässt zugleich folgenden Schluss zu:

Jedes der Axiome (V1) bis (V13) wird prinzipiell dazu geeignet sein, eine konstruktive Erweiterung des angeordneten Körpers der rationalen Zahlen zum archimedisch angeordneten, vollständigen Körper der reellen Zahlen durchzuführen. (In dieser Formulierung wurde bei „rationalen Zahlen" absichtlich „archimedisch" weggelassen. Warum? Die Antwort ist in der Gesamtheit der Axiome (V1) bis (V13) zu finden!)

Worin unterscheiden sich solche unterschiedlichen Konstruktionsverfahren? Erste Hinweise liefert uns schon der Vergleich zwischen dem DEDEKINDschen Weg über Schnitte und dem CANTORschen Weg über Fundamentalfolgen: Die Konstruktion über DEDEKINDsche Schnitte liefert in sehr eleganter, schneller Form die lückenlose Totalordnung $(\mathbb{R}, \leq)$, recht großen Aufwand muss man dagegen bei der Fortsetzung der Addition und der Multiplikation von $\mathbb{Q}$ auf $\mathbb{R}$ treiben, wie es bereits in dem Klassiker „Grundlagen der Analysis" von EDMUND LANDAU dargestellt ist.[590] Stattdessen hat sich die von GEORG CANTOR begründete Konstruktion von $\mathbb{R}$ mit Hilfe von Fundamentalfolgen (Cauchy-Folgen) etabliert,[591] wohl auch deshalb, weil hier der für die Reelle Analysis wesentliche Begriff der *Fundamentalfolge* in Gestalt des sog. *„Cauchyschen Konvergenzkriteriums"* zur Geltung kommt:

In der Reellen Analysis ist eine Folge genau dann konvergent, wenn das Cauchy-Kriterium erfüllt ist – während in der „rationalen Analysis" Cauchy-Folgen jedoch nicht notwendig konvergent sind, was ja die beschriebene konstruktive Vervollständigung veranlasst.

---

[590] [LANDAU 1930]
[591] Vgl. etwa [OBERSCHELP 1976].

Die Konstruktion von $\mathbb{R}$ aus $\mathbb{Q}$ über die Konvergenz von Cauchy-Folgen ist zwar recht aufwändig, wie wir in den Abschnitten 8.2 und 8.3 gesehen haben, hingegen ist die Fortsetzung der Addition und der Multiplikation von $\mathbb{Q}$ auf $\mathbb{R}$ inklusive der Ordnungsrelation relativ einfach.

Gleichwohl sind weitere, auf den anderen Vollständigkeitsaxiomen beruhende Konstruktionsmöglichkeiten bedenkenswert, so z. B. ein Weg über Intervallschachtelungen.[592]

8.4.4 Reelle Zahlen: „Konstruktion" versus „axiomatische Kennzeichnung"

Wie man nun auch die Konstruktion der reellen Zahlen, ausgehend von den natürlichen Zahlen, vornimmt, stets ist bei sorgfältigem Vorgehen ein sehr großer Aufwand erforderlich. Das Ziel wäre dabei, die Existenz eines Modells für das Axiomensystem der reellen Zahlen zu sichern. Man müsste von einer Dedekind-Peano-Algebra ausgehen, deren Existenz nur mittels der axiomatischen Mengenlehre „gesichert" werden kann, indem man ein Modell konstruiert. Viel klüger wäre man dann aber auch nicht, man hätte nur gezeigt:

- *Die reellen Zahlen existieren, falls die axiomatische Mengenlehre widerspruchsfrei ist.*

Das ist zwar grundlagentheoretisch von großem Interesse, weil damit die Argumentationsbasis möglichst klein gehalten wird, jedoch sind daraus Konsequenzen für eine Behandlung der reellen Zahlen im Mathematikunterricht ableitbar: Eine strenge Konstruktion der reellen Zahlen scheidet hier schon wegen des enormen Aufwandes für den Schulunterricht aus – und vor allem ist sie weder sinnvoll noch möglich. Andeutungen sind aber andererseits nur für diejenigen verständlich, die ohnehin schon wissen, worum es geht.

Eine rein axiomatische Charakterisierung der reellen Zahlen in dem Sinne, dass man sich „verbietet", $\mathbb{N}$, $\mathbb{Z}$ und $\mathbb{Q}$ zu kennen, um diese Bereiche dann als Teilmengen von $\mathbb{R}$ aussondernd" zu definieren, muss auch ausscheiden, weil sie nicht an das *Vorwissen* anknüpft und vor allem damit weder kulturhistorische noch ontogenetische Aspekte berücksichtigt.

So bleibt als dritte Möglichkeit ein Mittelweg, wie wir ihn schon am Ende von Abschnitt 6.1 angedeutet haben und wie er auch kulturhistorisch redlich ist: Die Gesamtheit der reellen Zahlen ist durch die Punkte der Zahlengeraden bereits real gegeben, und die Schülerinnen und Schüler „entdecken" – ihrem jeweiligen Kenntnis- und Entwicklungsstand gemäß – gewisse Eigenschaften der Zahlenbereiche.

Man könnte diese axiomatisch-konstruierende Mischmethode als *entdeckende Beschreibung der reellen Zahlen* kennzeichnen – aber nicht als *„Einführung der reellen Zahlen"* und *schon gar nicht als „Konstruktion der reellen Zahlen"*!

Wir greifen ganz in diesem Sinne das bereits am Ende von Abschnitt 6.1 genannte Zitat von HANS FREUDENTHAL auf und erweitern es:[593]

---

[592] Diese Wege können ein vorzügliches Terrain für anspruchsvolle Examensarbeiten sein (vgl. Fußnote 585, S. 404).

[593] [FREUDENTHAL 1973, 195]; Hervorhebungen nicht im Original.

Die Zahlengerade soll [...] fast vom Anfang des Rechnens an gebraucht werden. Zunächst werden auf ihr nur die natürlichen Zahlen bemerkt und markiert; dann melden sich beim Subtrahieren die negativen ganzen Zahlen an und werden angezeichnet, beim Teilen oder Schrumpfen kommen die gewöhnlichen Brüche hinzu, beim Messen sind es vielmehr die Dezimalbrüche, erst die endlichen dann die unendlichen. So wird die Zahlengerade gefüllt – ich meine nicht mit Zahlen oder Punkten, sondern mit zahlenmäßig erfaßten Punkten. <u>Es gibt bei diesem Verfahren keine Einführung von neuen Zahlen,</u> keine prinzipielle Erweiterung des Zahlenbereichs, sondern ein immer wachsendes „erforschtes Gebiet". <u>Die reellen Zahlen sind von vornherein durch ihr anschauliches Bild gegeben,</u> ebenso die Operationen: die Addition als Verschiebung, die Multiplikation als Streckung, und auch die Rechengesetze sind evident oder leicht zu veranschaulichen.

Gleichwohl wird es für angehende und praktizierende Mathematiklehrkräfte nicht vergeblich sein, sich intensiv mit den *Schönheiten und den Mühen des konstruktiven Aufbaus der Zahlenbereiche* einerseits und ihren axiomatischen Kennzeichnungsmöglichkeiten andererseits zu befassen, um den eigenen Blick für das Ganze zu weiten, kritische Ansätze der Schülerinnen und Schüler erkennen und fördern zu können – oder einfach nur darüber erzählen zu können.

8.4.5   Abzählbarkeit, Überabzählbarkeit und Transzendenz

Die bisherigen Betrachtungen in diesem Kapitel haben vielfältige Einsichten in die Struktur der reellen Zahlen ermöglicht – Einsichten aufgrund der *algebraischen Struktur* dieses Körpers, der sich unter allen archimedisch angeordneten Körpers im Sinne der Isomorphie als *maximal* erweist:

- Es gibt keinen „größeren" archimedisch angeordneten Körper.

Zugleich haben sich die rationalen Zahlen als *minimal* in dem Sinne erwiesen, dass der angeordnete Körper der rationalen Zahlen im Sinne der Isomorphie der kleinste ist, dabei zugleich ebenfalls archimedisch angeordnet. Mit der *Abzählbarkeit* bzw. der *Überabzählbarkeit* liegen jedoch weitere tiefliegende Eigenschaften vor, die jedoch nur bzw. „schon" ihre Trägermengen und Teilmengen daraus betreffen. Das wird im Folgenden exemplarisch kurz angedeutet.

Gemäß Abschnitt 6.6 und Definition (6.60.a) ist eine Menge M genau dann **abzählbar**, wenn eine Bijektion von $\mathbb{N}$ auf M existiert, was wir in Folgerung (6.63) so gekennzeichnet haben, dass M die Trägermenge einer Dedekind-Peano-Algebra ist. Unter Bezug auf Bild 6.14 aus Abschnitt 6.6 (S. 278) können wir die Abzählbarkeit durch ein **Reißverschlussmodell** visualisieren:

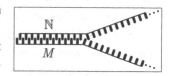

Ein nicht-abbrechend gedachter Reißverschluss besteht aus einem Paar exakt zusammenpassender Reißverschlusshälften, deren eine Hälfte für die Menge $\mathbb{N}$ und deren andere für die zu betrachtende „abzählbare" Menge M steht (Bild 8.3).

Bild 8.3: Reißverschlussmodell für „Abzählbarkeit"

Mit dem Reißverschlussmodell wird sofort klar, dass auch $\mathbb{Z}$ abzählbar ist: Auf der unteren Reißverschlusshälfte ordnen wir die ganzen Zahlen wie $0, -1, +1, -2, +2, -3, +3, \ldots$ an. Entsprechendes gilt z. B. für die Menge der geraden Zahlen und für die Menge der Primzahlen.

Und in diesem Sinne gibt es dann z. B. *genauso viele Primzahlen wie natürliche Zahlen* und *genauso viele gerade natürliche Zahlen wie natürliche Zahlen*, obwohl doch nur jede zweite natürliche Zahl eine gerade Zahl ist und man deshalb sagen möchte, dass es nur halb so viele gerade Zahlen wie natürliche Zahlen gibt. Daraus folgt, dass man *unterschiedliche „Anzahlbegriffe"* bilden kann. „Jedes Zweite von …" bedeutet im Endlichen stets die Hälfte („quasiordinaler Aspekt" bei Brüchen, vgl. Abschnitt 7.2.5), nicht aber im Unendlichen.

Der folgende Satz mag verblüffen, wenn man ihn noch nicht kennt:

(8.109) Satz
Die Menge der rationalen Zahlen ist abzählbar.

Wie soll man denn alle rationalen Zahlen auf der unteren Reißverschlusshälfte aufreihen, wenn zwischen je zwei rationalen Zahlen aufgrund der Dichtheit eine weitere rationale Zahl liegt (sogar unendlich viele)? Das kann also nur funktionieren, wenn man sie nicht der Größe nach ordnet! Es gibt viele Beweismöglichkeiten, die die Darstellbarkeit rationaler Zahlen durch Brüche ganzer Zahlen gemäß Definition (8.104) ausnutzen, so z. B. „geometrische":

Beweise:
Bild 8.4 zeigt drei Beweise „ohne Worte", wobei in der Mitte und rechts zunächst nur die positiven rationalen Zahlen abgezählt werden. Mittels Reißverschlussmodell kommt man dann anschließend wie bei den ganzen Zahlen zu einer Abzählung von allen rationalen Zahlen.

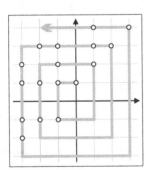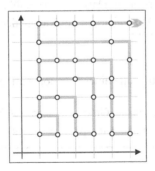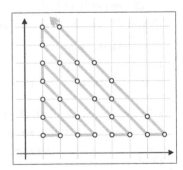

Bild 8.4: Drei unterschiedliche Abzählungen von $\mathbb{Q}$: Die Koordinaten (p, q) der durch weiße Kreise hervorgehobenen Punkte stellen jeweils die zu durchlaufenden Brüche p/q dar.

Die linke Darstellung in Bild 8.4 sei exemplarisch näher erläutert: Wir fassen jede rationale Zahl als Paar (a, b) ganzer Zahlen mit $b \neq 0$ und damit als Bruch $\frac{a}{b}$ auf und stellen demgemäß alle rationalen Zahlen als Gitterpunkte in einem Koordinatensystem dar. Wegen der Kürzbarkeit der Brüche werden die rationalen Zahlen dabei mehrdeutig dargestellt. Auf jeden Fall tritt jede rationale Zahl mindestens einmal als Gitterpunkt auf. Eine Abzählung erhalten wir dann wie folgt: Wir beginnen beim Punkt $(0;1)$ (einer Darstellung für 0) und durchlaufen – wie visualisiert – spiralig alle Gitterpunkte, deren zweite Koordinate stets nicht 0 ist.

Dabei werden die rationalen Zahlen *in der Reihenfolge ihres Auftretens nummeriert*, sofern sie nicht bereits vorher erfasst waren. (Die Einheiten des Gitternetzes müssen wegen der Kürzbarkeit der Brüche nicht Eins sein, weshalb die Achsen auch nicht vermaßt wurden.)

Ähnlich verlaufen die Abzählungen in den anderen beiden Beispielen für $\mathbb{Q}^+$, aus denen sich – wie bereits angedeutet – Abzählungen für $\mathbb{Q}$ ergeben.

Es sei (neben vielen anderen Möglichkeiten) noch ein weiterer, eher formaler Beweis gegeben, und zwar wieder zunächst nur für $\mathbb{Q}^+$: Jede positive rationale Zahl ist eindeutig als vollständig gekürzter Bruch $\frac{a}{b}$ mit $a, b \in \mathbb{N}^*$ darstellbar, also als Zahlenpaar $(a, b) \in \mathbb{N}^* \times \mathbb{N}^*$.

Damit ist durch $H := (\mathbb{N}^* \times \mathbb{N}^* \to \mathbb{N}^*; (a, b) \mapsto a + b)$ eine Funktion definiert (eine Verknüpfung in $\mathbb{N}^*$), wobei $H(a, b)$ **Höhe** von $\frac{a}{b}$ heißen möge. Bei gegebener Höhe h gibt es nur endlich viele Brüche mit dieser Höhe (und zwar maximal $h - 1$, dargestellt durch die gekürzten Paare aus $\{ (1, h - 1), (2, h - 2), ..., (h - 1, 1) \}$).

Alle Brüche werden nun „grüppchenweise" nach aufsteigender Höhe – beginnend mit der Höhe 2 – innerhalb dieser „Höhengruppen" beliebig nummeriert und damit dann insgesamt gemäß Reißverschlussmodell angeordnet. Wie bei den beiden rechten Darstellungen in Bild 8.4 erhält man auch daraus eine Abzählung für $\mathbb{Q}$.

Der Beginn einer solchen Abzählung nach „aufsteigender Höhe" kann wie folgt aussehen:

$$\frac{1}{1}, \frac{1}{2}, \frac{2}{1}, \frac{1}{3}, \frac{3}{1}, \frac{1}{4}, \frac{2}{3}, \frac{3}{2}, \frac{4}{1}, \frac{5}{1}, \frac{1}{5}, \frac{1}{6}, \frac{2}{5}, \frac{3}{4}, \frac{4}{3}, \frac{5}{2}, \frac{6}{1}, \cdots$$

Es ist eine hübsche Übung für die Bruchrechnung in den unteren Jahrgängen, eine solche vollständig gekürzte Reihung zu erstellen. Darüber hinaus führt dieser Beweis der Abzählbarkeit von $\mathbb{Q}$ auf einen Beweis der Abzählbarkeit der Menge der algebraischen Zahlen:

(8.110) Definition

Es sei $\alpha \in \mathbb{R}$.

α ist **algebraisch** $:\Leftrightarrow$ α ist Nullstelle eines Polynoms mit ganzzahligen Koeffizienten

---

α ist also genau dann algebraisch (vom Grad n), wenn es Zahlen $a_0, a_1, ..., a_n \in \mathbb{Z}$ mit $n \in \mathbb{N}^*$ und $a_n \neq 0$ gibt, so dass $a_n \alpha^n + a_{n-1} \alpha^{n-1} + ... + a_1 \alpha + a_0 = 0$ gilt.

(8.111) Satz

Die Menge der algebraischen Zahlen ist abzählbar.

Beweis:

Jeder „Polynomfunktion" f mit ganzzahligen Koeffizienten (s. o.) ordnen wir eine **Höhe** mittels $H(f) := n + \sum_{\nu=0}^{n} |a_\nu|$ zu. Es gibt nur endlich viele Polynome gegebener Höhe, und jedes Polynom hat nur endlich viele Nullstellen. Daraus ergibt sich eine Abzählung für die Menge all dieser Nullstellen, die definitionsgemäß die Menge der algebraischen Zahlen ist. ◆

Aufgabe 8.12

Erfinden Sie weitere (ggf. geometrische) Beweise für die Abzählbarkeit von $\mathbb{Q}$!

Mit Satz (6.62) wissen wir, dass die Potenzmenge jeder abzählbaren Menge überabzählbar ist, also sind z. B. $\mathcal{P}(\mathbb{N})$ und $\mathcal{P}(\mathbb{Q})$ überabzählbar, ebenso $\mathcal{P}(\mathbb{A})$, wenn $\mathbb{A}$ die gerade betrachtete **Menge der algebraischen Zahlen** ist. Dabei haben wir möglicherweise noch keine Vorstellung davon, wie diese Potenzmengen „aussehen". Insbesondere wissen wir noch nicht, ob es evtl. *überabzählbare Zahlenmengen* gibt. Ist z. B. $\mathbb{R}$ abzählbar oder überabzählbar?

Um es nicht zu kompliziert zu gestalten, betrachten wir nur eine echte Teilmenge von $\mathbb{R}$, nämlich das offene Intervall $]0; 1[$.[594]

Hier gilt zunächst (vermutlich überraschenderweise?):[595]

(8.112) Satz

$]0; 1[$ und $\mathbb{R}$ sind gleichmächtig.

Beweisskizze:

Es ist eine Bijektion von $]0; 1[$ auf $\mathbb{R}$ anzugeben. Wir wählen $\varphi := (\,]0; 1[\, \to \mathbb{R}^+; x \mapsto \frac{1}{x} - 1)$.

Sodann ist φ ersichtlich bijektiv, und damit sind zunächst $]0; 1[$ und $\mathbb{R}^+$ gleichmächtig. Mit $\exp = (\mathbb{R} \to \mathbb{R}^+; x \mapsto e^x)$ ist $\exp$ bekanntlich bijektiv, also ist die Umkehrfunktion $\log$ eine Bijektion von $\mathbb{R}^+$ auf $\mathbb{R}$, und damit ist $\log \circ \varphi$ eine Bijektion von $]0; 1[$ auf $\mathbb{R}$. ◆

Um $\mathbb{R}$ auf Abzählbarkeit oder Überabzählbarkeit zu untersuchen, kann man also gleichwertig das offene Intervall $]0; 1[$ untersuchen. Dazu nutzen wir naiv die geläufige Tatsache aus, dass sich jede positive reelle Zahl, die kleiner als 1 ist, als Dezimalbruch $0, a_1 a_2 a_3 \ldots$ mit Dezimalziffern $a_1, a_2, a_3, \ldots \in \{0, 1, 2, 3, 4, 5, 6, 7, 8, 9\}$ darstellen lässt, wobei diese Darstellung sogar stets eindeutig ist, sofern „Neuner-Perioden" ausgeschlossen werden, denn z. B.:

$$0, \overline{9} = 9 \cdot 0, \overline{1} = 9 \cdot \Sigma_{\nu=1}^{\infty} \left(\tfrac{1}{10}\right)^{\nu} = 9 \cdot \left(-1 + \Sigma_{\nu=0}^{\infty} \left(\tfrac{1}{10}\right)^{\nu}\right) = 9 \cdot \left(-1 + \tfrac{1}{1 - \frac{1}{10}}\right) = 9 \cdot \tfrac{10}{9} = 1$$

In der Menge dieser Dezimalbrüche tritt aber auch die 0 als $0, \overline{0}$ auf, so dass wir anstelle von $]0; 1[$ das halboffene Intervall $[0; 1[$ betrachten. Wäre diese Menge abzählbar, so gäbe es eine Folge $\langle x_n \rangle$ über $\mathbb{N}^*$ mit $\{x_n \mid n \in \mathbb{N}^*\} = [0; 1[$ und $x_m = x_n \Leftrightarrow m = n$. Die Folgenglieder x_n könnten wir dann in einer Liste gemäß dem Reißverschlussmodell wie nebenstehend anordnen. Dabei würde also $a_{\mu\nu} \in \{0, 1, 2, \ldots, 9\}$ gelten.

$$
\begin{aligned}
x_1 &= 0, a_{11} a_{12} a_{13} \ldots a_{1n} \ldots \\
x_2 &= 0, a_{21} a_{22} a_{23} \ldots a_{2n} \ldots \\
x_3 &= 0, a_{31} a_{32} a_{33} \ldots a_{3n} \ldots \\
&\vdots \\
x_m &= 0, a_{m1} a_{m2} a_{m3} \ldots a_{mn} \ldots \\
&\vdots
\end{aligned}
$$

Bild 8.5: Zur Überabzählbarkeit von $\mathbb{R}$

Wir definieren nun $x := 0, a_1 a_2 a_3 \ldots \in [0; 1[$ durch

$$a_n := \begin{cases} 1, & \text{falls } a_{nn} = 0 \\ 0, & \text{falls } a_{nn} \neq 0 \end{cases}.$$ Dann ist $x \neq x_m$ für alle $m \in \mathbb{N}$, obwohl $x \in [0; 1[$. Widerspruch!

Damit haben wir bewiesen:

---

[594]   Vgl. Voraussetzung (8.105.b) auf S. 404.
[595]   Vgl. die Bemerkungen im Anschluss an Satz (6.61).

(8.113) Satz

Die Menge der reellen Zahlen ist überabzählbar.

(8.114) Anmerkung

Diesen Beweis stellte GEORG CANTOR 1891 öffentlich vor.[596] In der Literatur tritt der Beweis daher meistens als *„zweites Cantorsches Diagonalverfahren"* auf, weil die zum Widerspruch führende Zahl mittels der „Diagonalelemente" der Liste konstruiert wurde.

- Diese namentliche Zuordnung ist allerdings falsch, denn dieses Diagonal-Verfahren hat gemäß [FELGNER 2002 c, 650] zuerst PAUL DU BOIS-REYMOND 1873 entwickelt.[597]

Und FELGNER ergänzt hierzu:[598]

- CANTOR hat diese Arbeit von DU BOIS-REYMOND sehr gut gekannt und darüber auch mit MITTAG-LEFFLER in Stockholm korrespondiert. Wie so oft hat auch hier CANTOR Ideen seiner Kollegen ohne Zitat übernommen.

Wegen dieser üblichen Fehlzuordnung dieses „zweiten Diagonalverfahrens" zu CANTOR wird der auf Bild 8.4 (S. 409) beruhende, auf CANTOR zurückgehende *Beweis der Abzählbarkeit* von $\mathbb{Q}$ *„erstes Cantorsches Diagonalverfahren"* genannt.

Allerdings gibt es neben dem o. g. „zweiten Diagonalverfahren" zum Beweis der Überabzählbarkeit der Menge der reellen Zahlen ein weiteres, das in der Tat CANTOR 1873 vorgestellt hat und das in einem gewissem Zusammenhang mit dem sog. „Cantorschen Diskontinuum" zu sehen ist.[599] Nachfolgend sei eine Variante dieses Beweises dargestellt,[600] ergänzt um eine Visualisierung der für diesen Beweis wesentlichen Rekursion:

Zweiter Beweis von Satz (8.112) (nach CANTOR, 1873):

Bild 8.6 visualisiert den Prozess: Eine Intervallfolge $\langle I_n \rangle$ wird rekursiv definiert, beginnend mit dem Intervall $I_0 := [0\,;1]$.

Ist nun ein Intervall I_n gegeben, so wird es *bezüglich seiner Länge gedrittelt*, so dass ein *linkes Drittel* $L(I_n) =: L_n$ und ein *rechtes Drittel* $R(I_n) =: R_n$ entstehen, wobei das mittlere Drittel hier nicht interessiert.

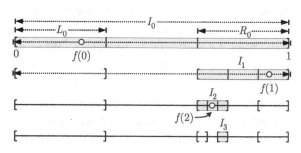

Bild 8.6: Anfang der Intervallfolge $\langle I_n \rangle$ gemäß CANTOR

---

[596] Nach einem Hinweis von [DEISER 2007, 76].

[597] Zu DU BOIS-REYMOND vgl. auch die Betrachtungen zum Funktionsbegriff in den Abschnitten 4.7.3 und 4.9.

[598] In einer Mitteilung an mich am 13. 1. 2013.

[599] Vgl. [HISCHER & SCHEID 1995, 181] und die Hinweise auf S. 415.

[600] Vgl. [HISCHER & SCHEID 1992, 53], ferner [DEISER 2007, 76], der allerdings statt [0; 1] ein beliebiges Intervall [a; b] nimmt.

Ferner sei eine *beliebige Folge* $\langle f(n) \rangle$ mit $f(n) \in [0\,;1]$ für alle $n \in \mathbb{N}$ gegeben. Damit wird dann eine benötigte Intervallfolge $\langle I_n \rangle$ mittels nebenstehender Rekursionsvorschrift erklärt, die man anhand von Bild 8.6 exemplarisch verinnerlichen möge.

$$I_{n+1} := \begin{cases} L(I_n) & \text{für } f(n) \in R(I_n) \\ R(I_n) & \text{sonst} \end{cases}$$

Aufgrund der Konstruktion gilt $I_{n+1} \subset I_n$ (echte Teilmenge) für alle $n \in \mathbb{N}$, und wegen der fortgesetzten Drittelung ist $\lim \langle I_n \rangle = 0$, so dass eine Intervallschachtelung vorliegt, die gemäß Satz (8.105.V4) einen eindeutigen Kern k mit $k \in [0\,;1]$ besitzt.

Ebenso gilt aufgrund der Konstruktion $f(n) \neq k$ für alle $n \in \mathbb{N}$, wie man schon an Bild 8.6 exemplarisch sieht und wie man dann wohl auch allgemein einsehen wird. Damit ist aber f, aufgefasst als $f : \mathbb{N} \to [0\,;1]$, *nicht surjektiv* und erst recht *nicht bijektiv*.

Da nun die Folge $\langle f(n) \rangle$ beliebig gewählt war, folgt, dass es keine Bijektion von $\mathbb{N}$ auf $[0\,;1]$ gibt, was bedeutet, dass $[0\,;1]$ überabzählbar ist und mit den Sätzen (8.112) und (8.13) auch $\mathbb{R}$ überabzählbar ist.

♦

Da mit Satz 8.111 die Menge der algebraischen Zahlen abzählbar ist, die Menge aller reellen Zahlen aber überabzählbar ist (s. o. oder Satz 8.113), gibt es *nicht-algebraische Zahlen*:

(8.114) Definition

Eine reelle Zahl ist genau dann **transzendent**, wenn sie nicht algebraisch ist.

Mit Satz (8.111) und Satz (8.113) erhalten wir damit:

(8.115) Folgerung

Die Menge der transzendenten Zahlen ist überabzählbar.

Und dies zieht eine weitere bedeutsame Folgerung nach sich:

(8.116) Folgerung

Fast jede reelle Zahl ist transzendent.

(8.117) Anmerkungen — didaktische Konsequenzen

Folgerung (8.116) hat nun fatale Konsequenzen für den Mathematikunterricht: So besteht ein üblicher Vorstoß von den rationalen Zahlen zu den reellen Zahlen – oft *unredlich* „*Einführung der reellen Zahlen*" genannt – darin, die Irrationalität von $\sqrt{2}$ beweisen zu wollen bzw. – im günstigen Fall – diese Irrationalität sogar „entdecken" zu lassen. Doch Folgerung (8.116) zeigt, dass damit gar nichts gewonnen ist, weil man noch „unendlich" weit davon entfernt ist, das erkannt zu haben, was die reellen Zahlen bezüglich eines „Mehr" gegenüber den (nur) irrationalen Zahlen *eigentlich* ausmacht: Denn es wurde ja auf diese Weise nur entdeckt, dass die Punkte auf der Zahlengeraden nicht allein durch rationale Zahlen beschreibbar sind, sondern dass dazu irrationale Zahlen erforderlich sind – wofür aber der „namenlose" Nachweis über das Pentagramm nach HIPPASOS (ohne Bezeichnung einer konkreten irrationalen Zahl) geeigneter wäre (vgl. Abschnitt 3.3.5).

Kurzum: So wird zwar das „Irrationale" als solches entdeckt, nicht aber (aus unserer Perspektive) die „Menge der reellen Zahlen". Die reellen Zahlen in ihrer gesamten Wucht erhalten wir aber erkenntnistheoretisch auf einen Schlag (ohne Axiomatik und ohne Konstruktion) mit Hilfe ihrer Überabzählbarkeit – sofern diese für Schülerinnen und Schüler erkennbar bzw. gar entdeckbar gemacht werden kann, was einer geeigneten didaktischen Reduktion bedarf. Und erst das macht dann „Mathematik" aus und ist nicht nur „Rechnen".

Ein solcher Weg wäre z. B. dadurch möglich, dass man die Menge der reellen Zahlen als durch die Menge der positiven und der negativen (endlichen und unendlichen) Dezimalbrüche gegeben sieht: Die endlichen und periodischen unter ihnen sind die rationalen Zahlen, und alle anderen sind die irrationalen, die (aus unserer Sicht) die transzendenten Zahlen mit enthalten. Einer *fatalen eingeschränkten Identifikation* von „irrational" nur mit „$\sqrt{2}$ & Co." würde dadurch vorgebeugt, und im Laufe der Zeit kann dieses „Irrationale" aufgefächert werden, z. B. über die Abzählbarkeit, wozu die *Muße* reichen möge.[601]

Problematisch an diesem Wege ist zwar aus höherer Sicht die Begründung der üblichen Verknüpfungen Addition usw., nicht aber aus „naiver" und elementarer Sicht, wenn man etwa geometrisch die Addition als „Streckenaddition" und die Multiplikation über den Strahlensatz begründet. (Man vergleiche hierzu die Betrachtungen auf S. 401 und S. 408.)

Mit Folgerung (8.115) wissen *wir* zwar, dass es transzendente Zahlen gibt, jedoch ist damit noch keine einzige konkret bekannt, denn hier liegt nur ein (nicht konstruktiver!) Existenzbeweis vor. So zeigt sich, dass es äußerst schwer ist, irgendeine transzendente Zahl explizit anzugeben, obwohl fast jede reelle Zahl transzendent ist. – Ist das merkwürdig oder trivial?

JOSEPH LIOUVILLE (1809–1882) konstruierte im Jahre 1844 mit Hilfe von Kettenbrüchen die nach ihm benannte Klasse der *Liouvilleschen Zahlen*, z. B. $\sum_{n=0}^{\infty} 10^{-n!} = 0,110001000\ldots$.

Zwar ist die Irrationalität dieser Zahl aufgrund der offensichtlichen Nichtperiodizität sofort zu erkennen, jedoch ist der Nachweis der Transzendenz dieser Zahl keineswegs trivial, und er bedarf erheblicher Anstrengungen (vgl. etwa [SIEGEL 1967]). Immerhin bietet ein solcher Weg über erkennbar nicht-periodische Dezimalbrüche ein enormes Potential zu *Erfindung beliebiger irrationaler Zahlen*, etwa: 0,1101001000... oder 0,12345678910111213...

1873 bewies CHARLES HERMITE (1822–1901) die Transzendenz der Eulerschen Zahl e, und neun Jahre später gelang es FERDINAND V. LINDEMANN (1852–1939), das Geheimnis von π zu lüften, indem er bewies, dass $e^{ix} + 1 = 0$ (mit der imaginären Einheit i, vgl. Abschnitt 8.4.6, S. 415) für keine algebraische Zahl x lösbar ist. Da EULER schon vorher $e^{i\pi} + 1 = 0$ bewiesen hatte, war damit die Transzendenz von π (basierend auf der Transzendenz von e) bewiesen.[602] Damit war auch endgültig das dritte „klassische Problem der Antike" negativ geklärt, nämlich die *Quadratur des* Kreises (also die konstruktive Verwandlung eines Kreises in ein flächeninhaltsgleiches Quadrat mit Hilfe nur von Zirkel und Lineal, vgl. Abschnitt 1.1.2).

---

[601] Vgl. hierzu die Ausführungen über „Mathematik und Spiel" in Abschnitt 1.1 – „schole" = „Muße"!?
[602] Die Irrationaliät von π hatte JOHANN HEINRICHT LAMBERT bereits 1766 bewiesen, vgl. S. 167.

Aber der Merkwürdigkeiten bei reellen Zahlen gibt es noch weitere: Wenn man das in Bild 8.6 dargestellte Intervalldrittelungsverfahren so modifiziert, dass man (ohne Verwendung der dort benutzten Folge $\langle f(n) \rangle$) nach jeder Intervalldrittelung das mittlere Drittel „löscht", also dieses gewissermaßen „wegwischt", so verdoppelt sich bei jedem Schritt die Anzahl der „stehengebliebenen Intervalle", deren Länge sich zugleich bei jedem Schritt drittelt. Setzt man diesen Prozess ad infinitum fort, so konvergieren die Intervalllängen gegen Null, während deren Anzahl über alle Grenzen wächst, was mit „elementaren" Mitteln der Reellen Analysis nachrechenbar ist. Doch nun wird es wirklich dubios: Die Vereinigungsmenge der „stehengebliebenen Intervalle" (die ja jedes für sich die „Länge" Null haben) ist überabzählbar, während die Summe ihrer Längen Null ist (das „Maß"). Das ist das „*Cantorsche Diskontinuum*".[603]

Zwei beliebige abzählbare Mengen sind per definitionem gleichmächtig. Als Folge von Satz (6.62) wissen wir (wie schon erwähnt), dass die Potenzmenge von $\mathcal{P}(\mathbb{N})$ überabzählbar ist, und mit Satz (8.112) ist auch $\mathbb{R}$ überabzählbar. Sind diese Mengen etwa auch gleichmächtig? In der Tat lässt sich $|\mathcal{P}(\mathbb{N})| = |\mathbb{R}|$ beweisen, worauf wir hier verzichten müssen und stattdessen z. B. auf [DEISER 2007, 78] verweisen.

Insbesondere wird für den Beweis der *Satz von Cantor und Bernstein* benutzt, der besagt: Gilt für die Mächtigkeiten zweier Mengen A und B sowohl $|A| \leq |B|$ als auch $|A| \geq |B|$, so folgt $|A| = |B|$.[604] Eigentlich schön und plausibel – aber sehr tief liegend!

Dieser *Satz von Cantor und Bernstein* weist eine Ähnlichkeit mit dem *Extensionalitätsprinzip* für Mengen auf, das in Abschnitt 2.3.7.3 erörtert worden ist.

Unterstellen wir nun, dass $|A| < |B|$ für zwei Mengen A und B so erklärt ist, dass „ $\mathbb{R}$ ist mächtiger als $\mathbb{N}$ " (als *ein* wichtiger Unterschied zwischen $\mathbb{N}$ und $\mathbb{R}$) durch $|\mathbb{N}| < |\mathbb{R}|$ beschreibbar ist, so entsteht die Frage, ob es eine Menge X gibt mit $|\mathbb{N}| < |X| < |\mathbb{R}|$.

Das beantwortete 1878 GEORG CANTOR mit seiner berühmten *Kontinuumshypothese* CH, die die Existenz einer solchen Menge X negiert, was positiv gewendet bedeuten würde:

Ist A eine unendliche Teilmenge von $\mathbb{R}$, so ist entweder $|A| = |\mathbb{N}|$ oder $|A| = |\mathbb{R}|$.

Doch damit nicht genug: 1938 bewies KURT GÖDEL (1906–1978), dass CH innerhalb der axiomatischen Mengenlehre *unbeweisbar* ist, und 1963 zeigte PAUL JOSEPH COHEN (1934–2007) ergänzend, dass CH *nicht widerlegbar* ist.

8.4.6   Komplexe Zahlen und Quaternionen

Es mag kaum verwundern, wenn jemand behauptet, dass die Gleichung $x^2 + 1 = 0$ „nicht lösbar" sei, weil sie äquivalent zu $x^2 = -1$ und das Quadrat jeder von Null verschiedenen „Zahl" stets positiv sei, was man seit der Schule wisse. Doch wenn dann trotzdem jemand einfach $\sqrt{-1} =: \mathrm{i}$ definiert und so $\mathrm{i}^2 = -1$ erhält, ist diese Gleichung plötzlich „lösbar", so wie z. B. die zunächst in $\mathbb{N}$ nicht lösbare Gleichung $x + 1 = 0$ durch die „Erfindung" negativer ganzer Zahlen lösbar wird – also ein *deus ex machina*? Wo ist denn nun das Problem?

---

[603]   Z. B. bei [HISCHER & SCHEID 1992, 181 f.] dargestellt.

[604]   Vgl. z. B. [DEISER 2007, 73]. Hierzu muss natürlich erst definiert werden, was $|A| \leq |B|$ bedeuten soll.

Noch dazu kann man damit neue „Zahlen" wie $2 - 3\,\mathrm{i}$ usw. bilden und mit diesen sogar
munter „wie bisher" rechnen, indem man „einfach" alle bisherigen Rechenregeln unter Beachtung von $\mathrm{i}^2 = -1$ anwendet.

Man nennt dann $\{a + b\,\mathrm{i} \mid a,b \in \mathbb{R}\}$ *Menge der komplexen*
Zahlen, bezeichnet diese Menge mit $\mathbb{C}$, definiert dann den
Realteil durch $\mathrm{Re}(a + b\,\mathrm{i}) := a$ und den *Imaginärteil* durch
$\mathrm{Im}(a + b\,\mathrm{i}) := b$ und veranschaulicht diese *komplexen Zahlen*
als Zahlenpaare (a,b) in der *„Gauß'schen Zahlenebene"*
durch Punkte, die man als „Vektoren" auffassen kann, weil die
„Summe" solcher Zahlenpaare durch die „Vektoraddition" interpretierbar ist, wie es Bild 8.7 zeigt.

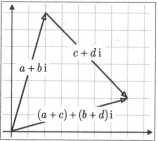

Bild 8.7: Addition in $\mathbb{C}$

Multipliziert man unbekümmert und naiv zwei derartige komplexe Zahlen, z. B. $a + b\,\mathrm{i}$ und
$c + d\,\mathrm{i}$, so erhält man $(a + b\,\mathrm{i}) \cdot (c + d\,\mathrm{i}) = (ac - bd) + (ad + bc)\,\mathrm{i}$, was Assoziationen an die
Matrizenmultiplikation zu wecken vermag:

$$\begin{pmatrix} a & -b \\ b & a \end{pmatrix} \cdot \begin{pmatrix} c & -d \\ d & c \end{pmatrix} = \begin{pmatrix} ac - bd & -(ad + bc) \\ ad + bc & ac - bd \end{pmatrix} \tag{8.4-1}$$

Sollte man etwa die Addition komplexer Zahlen als Matrizenaddition interpretieren können?

$$\begin{pmatrix} a & -b \\ b & a \end{pmatrix} + \begin{pmatrix} c & -d \\ d & c \end{pmatrix} = \begin{pmatrix} a + c & -(b + d) \\ b + d & a + c \end{pmatrix} \tag{8.4-2}$$

Das klappt in der Tat! Und es legt nahe, die komplexen Zahlen als Matrizen zu „definieren":

$$\mathbb{C} := \left\{ \begin{pmatrix} a & -b \\ b & a \end{pmatrix} \middle| a,b \in \mathbb{R} \right\} \tag{8.4-3}$$

Solche Matrizen lassen sich als geordnete Paare von geordneten Paaren definieren, nämlich
durch $((a,b),(-b,a))$, was über das Paarmengenprinzip (2.44) abgesichert ist. Und wir können
dann mit Hilfe dieser „Matrizendefinition" nachrechnen, dass $(\mathbb{C}, +, \cdot)$ ein **Körper** ist.

Doch wo bleibt die „imaginäre Einheit" i? Gemäß der ursprünglichen Darstellung $a + b\,\mathrm{i}$
würde sie nun die Gestalt $0 + 1 \cdot \mathrm{i}$ haben (müssen), und mit der „Matrizengestalt" gemäß (8.4-3)
ergibt sich, wobei das „Ergebnis" in der Tat für „-1" steht (also für i^2) :

$$\begin{pmatrix} 0 & -1 \\ 1 & 0 \end{pmatrix} \cdot \begin{pmatrix} 0 & -1 \\ 1 & 0 \end{pmatrix} = \begin{pmatrix} 0 - 1 & -(0 + 0) \\ 0 + 0 & 0 - 1 \end{pmatrix} = \begin{pmatrix} -1 & 0 \\ 0 & -1 \end{pmatrix}, \text{ also: } \begin{pmatrix} 0 & -1 \\ 1 & 0 \end{pmatrix} =: \mathrm{i} \tag{8.4-4}$$

Und damit können wir unseren ersten „naiven Ansatz" für $a + b\,\mathrm{i}$ wie folgt „sauber" retten:

$$a + b \cdot \mathrm{i} := \begin{pmatrix} a & -b \\ b & a \end{pmatrix} \text{ für alle } a,b \in \mathbb{R}, \text{ also z. B.: } \begin{pmatrix} -1 & 0 \\ 0 & -1 \end{pmatrix} = -1 \tag{8.4-5}$$

Nun können wir ferner die in (8.4-3) auftretenden Matrizen als *Abbildungsmatrizen affiner*
Abbildungen in der zweidimensionalen euklidischen Ebene deuten, und zwar als *Drehstre-*
ckungen um den Koordinatenursprung als Drehzentrum mit einem Streckfaktor k, der gleich
der Determinante der Matrix ist. Damit gilt dann offenbar:

$$\begin{pmatrix} a & -b \\ b & a \end{pmatrix} = k \begin{pmatrix} \cos\varphi & -\sin\varphi \\ \sin\varphi & \cos\varphi \end{pmatrix} \quad \text{mit } \varphi = \arccos\frac{a}{k} \text{ und } k = \sqrt{a^2 + b^2} \qquad (8.4\text{-}6)$$

Dabei ist $\sqrt{a^2 + b^2}$ der **Betrag** der komplexen Zahl $a + b\,\mathrm{i}$, bezeichnet mit $|a + b\,\mathrm{i}| := \sqrt{a^2 + b^2}$, und der Winkel φ wird hier **Argument** dieser komplexen Zahl genannt, was beides in Bild 8.8 visualisiert wird.

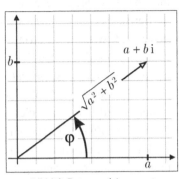

Bild 8.8: Betrag und Argument einer komplexen Zahl

Unter Anwendung unserer Kenntnisse über die Matrizenmultiplikation und über trigonometrische Funktionen, und zwar insbesondere die Additionstheoreme, kommen wir nun zu der Deutung, dass zwei komplexe Zahlen multipliziert werden, indem ihre Beträge multipliziert und ihre Argumente addiert werden.

Somit „liegen" alle komplexen Zahlen mit demselben Betrag auf einem Kreis, dessen Radius dieser Betrag ist, und insbesondere liegen alle komplexen Zahlen mit dem Betrag 1 auf dem *Einheitskreis*, und bei deren Multiplikation ergibt sich wieder eine komplexe Zahl auf dem Einheitskreis, deren Argument die Summe der beiden Ausgangsargumente ist. Das alles haben wir bereits in Abschnitt 2.2.5.1 angedeutet und benutzt, und zwar in Verbindung mit der *Eulerschen Formel* und der *Formel von de Moivre*.

Diese Schilderung eines „naiven" Zugangs zu den komplexen Zahlen spiegelt zugleich einen Abriss der kulturhistorischen Entstehung des mit der Bezeichnung „komplexe Zahl" verbundenen Begriffs wider, der erst mit Beginn der Neuzeit in der Mathematik auftaucht, erst schemenhaft und schließlich systematisch, gekrönt durch die „Funktionentheorie" und die heute selbstverständlichen und unverzichtbaren Anwendungen in Physik und Elektrotechnik.

FELIX KLEIN schreibt in Bd. I der ‚*Elementarmathematik vom höheren Standpunkte aus'*:[605]

Zum ersten Male sollen die imaginären Zahlen 1545 bei *Cardano*, allerdings mehr beiläufig, bei der Auflösung der kubischen Gleichung aufgetreten sein. Für die weitere Entwicklung können wir wieder die gleiche Bemerkung machen wie bei den negativen Zahlen, *daß sich nämlich die imaginären Zahlen ohne und selbst gegen den Willen des einzelnen Mathematikers beim Rechnen immer wieder von selbst einstellten und erst ganz allmählich in dem Maße, in dem sie sich als nützlich erwiesen, weitere Verbreitung fanden.* Freilich war den Mathematikern dabei recht wenig wohl zumute, die imaginären Zahlen behielten lange einen etwas *mystischen* Anstrich, so wie sie ihn heute noch für jeden Schüler haben, der zum ersten Male von jenem merkwürdigen $i = \sqrt{-1}$ hört. Ich erwähne als Beleg gern eine sehr bezeichnende Äußerung von *Leibniz* aus dem Jahre *1702*, die etwa so lautet: „Die imaginären Zahlen sind eine feine und wunderbare Zuflucht des göttlichen Geistes, beinahe ein Amphibium zwischen Sein und Nichtsein." Im *18. Jahrhundert* wird zwar das Begriffliche darin noch keineswegs aufgeklärt, dafür wird aber durch *Euler ihre grundlegende Bedeutung für die Funktionentheorie* erkannt; er stellt *1748* jene wunderbare Relation auf:

$$e^{ix} = \cos x + i\sin x\,,\; [\dots].$$

---

[605] [KLEIN 1924, 61]; in der letzten Zeile des Zitats würde man heute e und i (als Konstanten) nicht kursiv setzen.

Sehr spannend ist die kulturhistorische Entwicklung des Phänomens „komplexe Zahlen" in der Mathematik, die in vorzüglicher Weise von [REMMERT 1988] geschildert wird und hier nicht besser wiedergegeben werden kann, so dass nur wenige Andeutungen genügen mögen.

Bereits bei HIERONIMUS CARDANO (1501–1576)[606] tauchten (unausgesprochen) komplexe Zahlen auf, wenn er etwa (in heutiger Notation) bei der Gleichung $x \cdot (10 - x) = 40$ mit den Lösungen $5 + \sqrt{-15}$ und $5 - \sqrt{-15}$ arbeitet und sogar deren Produkt bildet und hierbei anmerkt, *„die kreuzweise entstehenden [imaginären] Produkte fallen weg".*[607] Indirekt tauchen auch bei CARDANOs Methode der Lösung kubischer Gleichungen z. T. komplexe (Zwischen-) Lösungen auf, ohne dass dies von ihm problematisiert wird. (Dieses sieht man z. B. an den Termen der „Zwischenlösungen" in Aufgabe 2.1.a, wenn dort $b < 0$ ist.)

Wir überschlagen BOMBELLI, DESCARTES, NEWTON, LEIBNIZ, EULER und WALLIS[608] und machen einen großen Sprung zu CARL FRIEDRICH GAUß (1777–1855). REMMERT schreibt (ebd., S. 49 f.):

> Die Ansichten über komplexe Zahlen ändern sich durch das Wirken von Carl Friedrich GAUSS. Er kennt die Interpretation komplexer Zahlen als Punkte der Zahlenebene seit etwa 1796, er benutzt sie 1799 in seiner Dissertation, wo er den Fundamentalsatz der Algebra beweist [...],[609] allerdings noch in vorsichtiger Verhüllung. Im Jahre 1811 schreibt GAUSS an BESSEL [...]: „So wie man sich das ganze Reich aller reellen Größen durch eine unendliche gerade Linie denken kann, so kann man das *ganze* Reich aller Grössen, reeller oder imaginärer Grössen sich durch eine unendliche Ebene sinnlich machen, worin jeder Punct, durch Abscisse = a Ordinate = b bestimmt, die Grösse $a + bi$ gleichsam repräsentirt."

Das ist also die Darstellung der komplexen Zahlen in der *Gauß'schen Zahlenebene* gemäß Bild 8.7. REMMERT erwähnt weiterhin (ebd., S. 50):

> Spätestens 1815 war GAUSS im vollen Besitz der geometrischen Theorie. Doch zur echten Verbreitung gelangte die komplexe Zahlenebene erst ab 1831 durch die GAUSSsche Abhandlung „Theoria Residuorum Biquadraticorum, Commentatio Secunda" [...]. Er prägt den Ausdruck „komplexe Zahl" und beschreibt die Einstellung seiner Zeitgenossen zu diesen Zahlen wie folgt: „allein die den reellen Grössen gegenübergestellten imaginären – ehemals, und hin und wieder noch jetzt, obwohl unschicklich, *unmögliche* genannt – sind noch immer weniger eingebürgert als nur geduldet, und erscheinen also mehr wie ein an sich inhaltsleeres Zeichenspiel, dem man ein denkbares Substrat unbedingt abspricht, ohne doch den reichen Tribut, welchen dieses Zeichenspiel zuletzt in den Schatz der Verhältnisse der reellen Grössen steuert, verschmähen zu wollen. [...] Hat man diesen Gegenstand bisher aus einem falschen Gesichtspunkt betrachtet und eine geheimnisvolle Dunkelheit dabei gefunden, so ist dies grossenteils den wenig schicklichen Benennungen zuzuschreiben. Hätte man $+1, -1, \sqrt{-1}$ nicht positive, negative, imaginäre (oder gar unmögliche) Einheit, sondern etwa directe, inverse, laterale Einheit genannt, so hätte von einer solchen Dunkelheit kaum die Rede sein können."

---

[606] Vgl. Abschnitt 2.2.4.
[607] REMMERT (ebd., S. 46).
[608] Mehr dazu bei REMMERT (ebd., S. 47 ff.).
[609] Vgl. den Kommentar zu Gleichung (2.2-19) in Abschnitt 2.2.5.1.

Und REMMERT hat auch noch Folgendes bei seinen Recherchen „ausgegraben" (ebd., S. 51):

„Sie haben das Unmögliche möglich gemacht" steht 1849 in einer Glückwunschadresse des Collegium Carolinum von Braunschweig (der heutigen Technischen Universität Braunschweig) an GAUSS anlässlich seines 50jährigen Doktor-Jubiläums. Die Deutsche Bundespost gab 1977 anläßlich der 200. Wiederkehr des GAUSSschen Geburtstages eine Briefmarke mit der GAUSSschen Zahlenebene heraus.

Sir WILLIAM ROWAN HAMILTON (1805–1865), ein irischer Mathematiker und Physiker, war mit der GAUß'schen geometrischen Deutung komplexer Zahlen als Punkte bzw. Vektoren in der Ebene begrifflich noch nicht zufrieden und präsentierte 1835 erstmalig eine Definition der komplexen Zahlen als Menge geordneter Paare reeller Zahlen, also in unserer Notation durch $\mathbb{C} := \mathbb{R} \times \mathbb{R}$, wobei dann Addition und Multiplikation durch $(a,b) + (c,d) := (a+c, b+d)$ und $(a,b) \cdot (c,d) := (ac - bd, ad + bc)$ definiert waren, also so, wie es auch (8.4-2) und (8.4-1) gleichwertig ausdrücken.

Damit konnte auch bewiesen werden, dass die klassischen Rechengesetze wie Kommutativität, Assoziativität und Distributivität erhalten bleiben und dass (in unserer Sichtweise) auch $(\mathbb{C}, +, \cdot)$ ein **Körper** ist.

Sowohl in der HAMILTONschen Definition als auch in der (gleichwertigen) gemäß (8.4-3) erkennen wir, dass $(\mathbb{C}, +, \cdot)$ eine *echte Körpererweiterung* von $(\mathbb{R}, +, \cdot)$ ist, indem nämlich der Imaginärteil identisch 0 gewählt wird und dann erkennbar die Verknüpfungen in $(\mathbb{C}, +, \cdot)$ mit denen in $(\mathbb{R}, +, \cdot)$ übereinstimmen.

Nun ist gemäß Abschnitt 8.3.4 $(\mathbb{R}, +, \cdot, \leq)$ maximal unter allen archimedisch angeordneten Körpern (Folgerung 8.99, S. 399). Gemäß Abschnitt 8.4.2 gibt es aber auch andere, äquivalente axiomatische Fassungen der Vollständigkeit angeordneter Körper, die das Archimedes-Axiom nicht explizit enthalten, was zur Folge hat, dass $(\mathbb{R}, +, \cdot, \leq)$ auch maximal unter allen angeordneten Körpern ist (alles jeweils im Sinne der Isomorphie). Das bedeutet nun, dass es keine echte Erweiterung von $(\mathbb{R}, +, \cdot, \leq)$ zu einem angeordneten Körper gibt bzw. geben kann. Da gleichwohl $(\mathbb{C}, +, \cdot)$ eine echte Körpererweiterung von $(\mathbb{R}, +, \cdot)$ ist, bedeutet das schließlich, dass sich in $(\mathbb{C}, +, \cdot)$ keine Totalordnungsrelation erklären lässt unter Aufrechterhaltung der Monotoniegesetze als Verträglichkeitsaxiomen.[610]

Aufmerksame Leserinnen und Leser werden jetzt irritiert sein, denn in Aufgabe 5.9.b von Abschnitt 5.2.3 sollte doch gezeigt werden, dass die dort definierte Relation eine Totalordnungsrelation in $\mathbb{C}$ ist, und außerdem weiß man doch nach dem Wohlordnungssatz (5.86) von ZERMELO, *dass jede Menge sogar wohlgeordnet werden kann*. Das ist alles weiterhin richtig, aber:

Das Problem ist eben, dass keine der auf diese Weise möglichen Totalordnungsrelationen verträglich ist mit den Körpereigenschaften, d. h., dass die Monotoniegesetze mit keiner dieser Relationen erfüllbar sind.

---

[610] Vgl. S. 372.

Man erhält also mit der Erweiterung von $(\mathbb{R}, +, \cdot)$ nach $(\mathbb{C}, +, \cdot)$ nicht nur viele neue Möglichkeiten, insbesondere in der Funktionentheorie und den technisch-physikalischen Anwendungen, sondern man muss zugleich auf die Möglichkeit der Anordnung verzichten. Der eine Vorteil wird mit einem Nachteil erkauft.

HAMILTON und auch HERMANN GÜNTHER GRAßMANN (1809–1877), wie HAMILTON Mathematiker und Physiker, aber auch Philologe, dachten beide unabhängig voneinander und nahezu zeitgleich über eine weitere „hyperkomplexe" Erweiterung des Körpers der komplexen Zahlen nach, was bei HAMILTON 1843 zur „Erfindung" der *Quaternionen* führte, und

kurz darauf konstruierten GRAVES und CAYLEY ihre Oktaven.[611]

HAMILTON löste diese Aufgabe erfolgreich, musste aber neben dem Verlust der Ordnungsrelation bei der Erweiterung von $(\mathbb{R}, +, \cdot)$ nach $(\mathbb{C}, +, \cdot)$ einen weiteren Verlust in Kauf nehmen: Die Kommutativität der Multiplikation ging verloren, es lag nur noch ein „Schiefkörper" vor. Hamilton entdeckte diesen sog. **Quaternionenschiefkörper** bei dem Versuch, die räumliche Geometrie so durch neuartige „Zahlen" (also durch die „Quaternionen") zu beschreiben, wie bereits die ebene Geometrie durch komplexe Zahlen beschreibbar ist. Dazu braucht man offensichtlich aufgrund der Dreidimensionaliät des Anschauungsraums neben den beiden „Einheiten" 1 und i der Ebene eine weitere, die etwa mit j bezeichnet sei. Seine Versuche zeigten dann aber, dass das nicht ausreicht und erstaunlicherweise (?) eine weitere, vierte „Einheit" erforderlich ist, die seitdem mit k bezeichnet wird (eine *Konstante* wie 1, i und j, also keine Variable, daher hier nicht kursiv gesetzt), so dass gilt:

$$i^2 = -1, \ j^2 = -1, \ k^2 = -1 . \tag{8.4-7}$$

Und das Unternehmen erwies sich erst dann als erfolgreich, nachdem er außerdem forderte:

$$i \cdot j = +k, \ j \cdot k = +i, \ k \cdot i = +j, \tag{8.4-8}$$

$$j \cdot i = -k, \ k \cdot j = -i, \ i \cdot k = -j. \tag{8.4-9}$$

Damit ergeben sich nun die **Quaternionen** als *vierdimensionale Vektoren* vom Typ:

$$d + i \cdot a + j \cdot b + k \cdot c \ \text{ mit } \ a, b, c, d \in \mathbb{R}. \tag{8.4-10}$$

Die Addition erfolgt „komponentenweise", die Multiplikation unter Anwendung des Distributivgesetzes und der Berücksichtigung von (8.4-7) bis (8.4.-9), was ein mühsames Unterfangen ist. Interessanterweise gibt es nun aber neben dieser Darstellung der Quaternionen als *Quadrupel* (was auch den Namen begründet) analog zu (8.4-3) eine *Darstellung durch Matrizen*:

$$\mathbb{H} := \left\{ \begin{pmatrix} \alpha & -\overline{\beta} \\ \beta & \overline{\alpha} \end{pmatrix} \ \Big| \ \alpha, \beta \in \mathbb{C} \right\} . \tag{8.4-11}$$

Die Bezeichnung $\mathbb{H}$ zu Ehren von Hamilton ist mittlerweile üblich. Dabei ist $\overline{\alpha}$ die zu α **konjugiert komplexe Zahl**, also mit $\alpha = a + ib$ ist $\overline{\alpha} := a - ib$.

---

[611] [Koecher & Remmert, 1988, 149]

Wir zeigen abschließend kurz, dass $(\mathbb{H}, +, \cdot)$ ein Schiefkörper ist und nutzen dabei aus, dass $(\mathbb{C}, +, \cdot)$ ein Körper ist und dass ferner $\overline{\overline{\alpha}} = \alpha$ für alle $\alpha \in \mathbb{C}$ gilt:

$\mathbb{H}$ ist offensichtlich bezüglich der Matrizenaddition abgeschlossen, Kommutativität und Assoziativität übertragen sich von $(\mathbb{C}, +)$ auf $(\mathbb{H}, +)$, und die Nullmatrix tritt als additiv neutrales Element auf. Weiterhin folgt:

$$\begin{pmatrix} \alpha & -\overline{\beta} \\ \beta & \overline{\alpha} \end{pmatrix} \cdot \begin{pmatrix} \gamma & -\overline{\delta} \\ \delta & \overline{\gamma} \end{pmatrix} = \begin{pmatrix} \alpha\gamma - \overline{\beta}\delta & -\alpha\overline{\delta} - \overline{\beta}\,\overline{\gamma} \\ \beta\lambda + \overline{\alpha}\delta & -\beta\overline{\delta} + \overline{\alpha}\,\overline{\gamma} \end{pmatrix} = \begin{pmatrix} \alpha\gamma - \overline{\beta}\delta & \overline{\beta\lambda + \overline{\alpha}\delta} \\ \beta\lambda + \overline{\alpha}\delta & \overline{\alpha\gamma - \overline{\beta}\delta} \end{pmatrix} \in \mathbb{H} \qquad (8.4\text{-}12)$$

Damit ist $\mathbb{H}$ auch bezüglich der Matrizenmultiplikation abgeschlossen. Da die Matrizenmultiplikation als Verkettung von Abbildungen deutbar ist und die Verkettung assoziativ ist, ist die Multiplikation auch assoziativ; aber sie ist nicht kommutativ, wie folgendes Beispiel zeigt:

$$\begin{pmatrix} 1+i & i \\ i & 1-i \end{pmatrix} \cdot \begin{pmatrix} i & -1+i \\ 1+i & -i \end{pmatrix} = \begin{pmatrix} i-1+i-1 & -2+1 \\ -1+2 & -i-1-i-1 \end{pmatrix} = \begin{pmatrix} 2i-2 & -1 \\ 1 & -2i-2 \end{pmatrix} =: H_1$$

$$\begin{pmatrix} i & -1+i \\ 1+i & -i \end{pmatrix} \begin{pmatrix} 1+i & i \\ i & 1-i \end{pmatrix} = \begin{pmatrix} i-1-i-1 & -1+2i \\ 2i+1 & i-1-i-1 \end{pmatrix} = \begin{pmatrix} -2 & -1+2i \\ 1+2i & -2 \end{pmatrix} =: H_2 \neq H_1$$

Die Einheitsmatrix ist neutrales Element bezüglich der Multiplikation, und die Distributivität kann man analog zu (8.4-12) nachrechnen, was den Leserinnen und Lesern überlassen sei. Damit ist $(\mathbb{H}, +, \cdot)$ als echte Erweiterung von $(\mathbb{C}, +, \cdot)$ zwar kein Körper, aber es liegt eine *Divisionsalgebra* vor, auch *Schiefkörper* genannt. *Divisonsalgebren* sind dadurch gekennzeichnet, dass die Division (bis auf die nicht mögliche Division durch Null) stets eindeutig durchführbar ist.

Zur spannenden Geschichte von HAMILTONs Entdeckung der Quaternionen sei auf die schönen Darstellungen in [VAN DER WAERDEN 1976] und [KOECHER & REMMERT 1988, 155 ff.] verwiesen.

9 Gleichungen und Gleichheit

9.1 Vorbemerkungen

Warum ein Kapitel mit diesem Titel in diesem Buch? Zwar betreffen die Termini „Gleichung"
und „Gleichheit" einerseits zweifelsfrei wesentliche grundlegende Begriffe der Mathematik,
begegnen sie uns doch beide in nahezu allen Gebieten der Mathematik. Doch andererseits
wurden diese Termini im vorliegenden Buch bisher von Anfang an stets selbstredend verwendet. Entsprechend wird wohl für alle, die sich mit Mathematik befassen, *intuitiv* klar sein, was
eine *Gleichung ist*, ohne dass sie dafür eine „Definition" parat haben, gehen sie wohl seit ihrer Schulzeit mit dem Wort „Gleichung" in einer Weise um, wie es LUDWIG WITTGENSTEIN in
seinen *'Philosophischen Abhandlungen'*, Nr. 43, formulierte:

> Die Bedeutung eines Wortes ist sein Gebrauch in der Sprache.

So definiert FLORIAN CAJORI in seinem 1919 erschienenen Werk *'Theorie der Gleichungen'*
(239 Seiten) an keiner Stelle „Gleichung". Und auch in dem 1990 von GERHARD KOWOL
erschienenen Buch *'Gleichungen: eine historisch-phänomenologische Darstellung'* (294
Seiten) sucht man vergeblich eine entsprechende Definition. Stattdessen betrachten beide
Autoren eine Fülle unterschiedlicher Gleichungs*typen* – wenn auch mit je eigenem Anliegen.

Ebenso findet man im 2015 von REGINA BRUDER et al. herausgegebenen *'Handbuch der
Mathematikdidaktik'* – wie bei CAJORI und KOWOL – nirgendwo eine *Definition* von „Gleichung", obwohl doch „Gleichungslehre" ein klassischer Gegenstand des Mathematikunterrichts
ist. Zwar werden Gleichungen hier in einem mit „Algebraunterricht" überschriebenen Abschnitt
in ihrer dort typischen Vielfalt *betrachtet*, womit aber nicht die „Algebra" genannte moderne
Strukturtheorie gemeint ist, sondern die *Schulalgebra*, die im Sinne der „klassischen" Algebra
(mit Bezug z. B. auf die *'Vollständige Anleitung zur Algebra'* von LEONHARD EULER, 1771)
jedoch letztlich nur eine *Gleichungslehre* ist.

Eine Definition von „Gleichung" wird also mit Blick auf die Unterrichtsgestaltung auch in
dem angesprochenen Handbuch offensichtlich für nicht erforderlich gehalten. Und dabei ist man
doch in der Mathematik stets bemüht, alle verwendeten Termini möglichst *explizit* zu definieren,
zumindest aber *implizit* – wie solche anscheinend selbstredenden wie „Zahl" bei DEDEKIND in
'Was sind und was sollen die Zahlen?' (1888). Warum nicht also auch bei „Gleichung"?

So entsteht der Eindruck, dass es sowohl in der Mathematik als auch in der Didaktik der
Mathematik andere Sorgen gibt, als der Frage nachzugehen, was denn eine Gleichung *eigentlich*
ist – und das gilt vermutlich auch für den damit zusammenhängenden Begriff der „Gleichheit".

Diesen spontanen Eindruck scheint schon die Betrachtung so simpler Gebilde wie
„$3+5=8$" zu bestätigen. Denn hier ist doch wohl (bereits in der Grundschule) gewiss klar, was
diese „Gleichung" bedeutet! – Wirklich? Schauen wir mal genauer hin:

© Der/die Autor(en), exklusiv lizenziert durch
Springer-Verlag GmbH, DE, ein Teil von Springer Nature 2021
H. Hischer, *Grundlegende Begriffe der Mathematik: Entstehung
und Entwicklung*, https://doi.org/10.1007/978-3-662-62233-9_9

Das Gebilde „$3 + 5 = 8$" kann als das *Ergebnis der Rechenaufgabe* „$3 + 5$" angesehen werden, was man auch ohne das Gleichheitszeichen hätte schreiben können, nämlich als „$3 + 5$ *ergibt* 8". Das Gleichheitszeichen wäre in dieser Interpretation also nur eine Kurzfassung für „ergibt", es wäre hier komplett verzichtbar! Aber was bedeutet *dann* „$8 = 3 + 5$"? Hier müsste das Gleichheitszeichen wohl in ganz anderer Lesart auftreten: „8 *ist zerlegbar in die Summe* $3 + 5$". Wir stehen hier also vor der Situation, dass ein („anscheinend" oder gar „scheinbar"?) mathematisches Symbol situativ unterschiedlich interpretierbar ist.

Dem steht nun aber entgegen, dass man sowohl „8" als auch „$3 + 5$" als *„Zeichen für Zahlen"* auffassen kann, und zwar hier für *dieselbe Zahl*, was dann zur *Gleichwertigkeit* der Schreibweisen „$3 + 5 = 8$" und „$8 = 3 + 5$" führen würde. Hingegen zeigen die ersten Beispiele, dass dort „3", „5" und „8" bereits selber als *Zahlen* aufgefasst werden, nicht aber als *Zeichen für Zahlen*. Doch was ist „richtig"?[612]

Und wenn nun auf zumindest einer Seite des Gleichheitszeichens noch Variablen hinzukommen, entsteht ein weiterer, völlig neuer Deutungsbedarf zur Klärung der Frage dessen, was denn eigentlich eine „Gleichung" ist.

Diesen Fragen soll hier auf unterschiedlichen Wegen nachgegangen werden, beginnend mit einem kurzen Blick in ausgewählte Quellen. Losgelöst davon wird danach zunächst phänomenologisch untersucht, wie uns Gleichungen und Gleichheit einerseits *innerhalb der Mathematik* und andererseits *sprachlich jenseits der Mathematik* begegnen. Nach solchen Vorbetrachtungen wird ein durch „Gleichheit" und „Identität" angedeuteter Themenbereich vielschichtig betrachtet. Und schließlich wird darauf aufbauend eine *Definition* für „Gleichung" entwickelt.[613]

9.2   Eine erste Bestandsaufnahme zum Gleichungsbegriff

9.2.1   Ein kurzer Blick in die Literatur

HEINRICH WEBER und JOSEF WELLSTEIN schreiben in ihrer 'Enzyklopädie der Elementarmathematik' (1903), die sich gemäß Untertitel an „Lehrer und Studierende" wendet, im „Ersten Buch" (*Grundlagen der Arithmetik*) im „Ersten Abschnitt" (*Natürliche Zahlen*) auf S. 17:

> Ein Satz, der ausspricht, daß ein Zeichen *a* dieselbe Bedeutung haben soll wie ein anderes Zeichen *b*, den wir in der mathematischen Zeichensprache auch so ausdrücken $a = b$, heißt eine Gleichung.

Die hier vorliegende inhaltliche Beschreibung von „Gleichung" wirkt auf den ersten Blick einleuchtend und akzeptabel. Jedoch wirft sie auch Fragen auf, weil das Zitat dort bereits zu Beginn auftritt:

---

[612] Vgl. hierzu die Erörterungen in Abschnitt 3.1 „Was ist eine Zahl?", S. 111 ff.

[613] Diesem Kapitel liegen meine „Studien zum Gleichungsbegriff" zugrunde, die seit April 2018 in konstruktiver Zusammenarbeit mit ULRICH FELGNER (Universität Tübingen) entstanden und bei ihm zu dem Essay „Die Begriffe der Äquivalenz, der Gleichheit und der Identität" führten, siehe [FELGNER 2020 a].

Denn was soll sich die Leserschaft, an die das Buch gerichtet ist, unter der „*Bedeutung eines Zeichens*" vorstellen – unter welcher Voraussetzung haben zwei Zeichen denn „dieselbe Bedeutung"? Und weshalb schreiben die Autoren, „*daß ein Zeichen a dieselbe Bedeutung haben soll* ...*" und nicht „... *dieselbe Bedeutung hat* ...*"?

Ist all das Absicht mit einem tieferen Sinn? Und wenn das so sein sollte, darf man dann wirklich erwarten, dass solche Feinheiten von den avisierten Adressaten kritisch erkannt werden können oder gar erkannt werden? Welchen „Nutzen" hat also eine solche Mitteilung (bzw. Erläuterung) an dieser Stelle für die Angesprochenen, ohne dass beispielsweise auf den Essay '*Über Sinn und Bedeutung*' von GOTTLOB FREGE (1892) eingegangen wird?

Das 1961 von JOSEF NAAS und HERMANN LUDWIG SCHMID herausgegebene zweibändige '*Mathematische Wörterbuch*' enthält in Band 1 auf S. 640 einen recht umfangreichen Eintrag zu „Gleichung", der wie folgt beginnt (ebd.):

> Eine mathematische *Gleichung* ist ein aus Zeichen für gewisse feste mathematische Gegenstände (wie Mengen, Zahlen, Funktionen, Operationen etc.) und aus Variablen für die Elemente gewisser Bereiche (der *Variabilitätsbereiche* dieser Variablen) mathematischer Gegenstände (wie den Bereich der reellen Zahlen, den Bereich der ein stelligen reellen Funktionen etc.) zusammengesetzter und im Rahmen der jeweils betrachteten mathematischen Theorie sinnvoller Ausdruck, in dem das *Gleichheitszeichen* „=" (als Zeichen der Identität, d. h. der völligen Übereinstimmung von Dingen) auftritt.

Anders als bei WEBER & WELLSTEIN (s. o.) folgt eine Präzisierung des o. g. Eintrags:

> Der Begriff des sinnvollen Ausdruckes, wie er hier inhaltlich verwendet wurde, kann durch Formalisierung der jeweils betrachteten Theorie innerhalb der mathematischen Logik genau präzisiert werden. „Sinnvoll" ist dabei nicht mit „richtig" zu verwechseln. Genauso wie es in der Umgangssprache falsche sinnvolle Aussagen gibt (z. B.: Die Sonne kreist um die Erde), gibt es auch falsche Gleichungen (z. B. 1 = 2).

Es folgen „Ausdrücke" als Beispiele für „Gleichungen": $0 = 0$, $(a+b)^2 = a^2 + 2a \cdot b + b^2$, $a \cdot x + b = 0$, $\sqrt{x} = -1$, aber z. B. auch $1 = 2$, ferner noch einige Differentialgleichungen. Sodann wird erläutert, was es bedeutet, dass eine Gleichung „*erfüllt*" ist, was eine „*Bestimmungsgleichung*" ist, dass Variablen situativ „*Bekannte*" oder „*Unbekannte*" genannt werden, und es wird darauf hingewiesen, dass Termini wie *Zahlengleichung*, *algebraische Gleichung*, *Differentialgleichung* und *Funktionalgleichung*

> von der zugrunde gelegten Bedeutung der in der betreffenden [Gleichung] verwendeten Zeichen (für feste mathematische Gegenstände) und Variablen

herrühren. Nach Erläuterung der Bedeutung von $A = B = ... = Z$ (und inhaltlich erklärungslos von „$\neq$" als „ungleich") endet dann dieser Eintrag zu „Gleichung" wie folgt:

> Da man im mathematischen Sprachgebrauch oft auch schon dann von Gleichheit spricht, wenn nur eine Äquivalenzrelation (und nicht die Identität) zugrunde liegt (Vektoren heißen z. B. „gleich", wenn sie dieselbe Richtung und dieselbe Länge haben), so nennt man im weiteren Sinne auch einen innerhalb einer betrachteten Theorie sinnvollen Ausdruck, in dem das Gleichheitszeichen „=" nur als Zeichen für eine zugrunde liegende Äquivalenzrelation auftritt, eine *Gleichung*.

Während im vorseitigen ersten Zitat bei NAAS & SCHMID eine „Gleichung" dadurch gekennzeichnet ist, dass das hierin vorliegende „Gleichheitszeichen" die „Identität" der beidseits auftretenden „Dinge" meint, kann es nun merkwürdigerweise in *erweiterndem Sinn* die (durch eine *Äquivalenzrelation* beschriebene) „Äquivalenz" zweier Dinge bedeuten. Dieser erweiternd zu deutende Zusammenhang zwischen „Gleichung" und „Äquivalenzrelation" und der Bezug auf „Identität" werden später in den Abschnitten 9.4.4 f. ausführlich erörtert.

Recht knapp wird dagegen in zwei neueren Nachschlagewerken erklärt, was eine „Gleichung" ist: Sowohl im '*Duden: Rechnen und Mathematik*' von 1985 (ebd.) als auch im '*Lexikon der Mathematik*' von 2000 (ebd.) wird dies schlicht über eine *Gleichheit von Termen* erledigt, in Letzterem wie folgt:

> zwei durch ein Gleichheitszeichen verbundene Terme, also z. B. $T_1 = T_2$ für Terme T_1, T_2,
> gesprochen „T_1 gleich T_2".

Das ist zwar zutreffend, jedoch insofern noch nicht zufriedenstellend, weil es offenbar nicht erklärenswert zu sein scheint, was das hier auftretende „Gleichheitszeichen" *bedeuten soll*, und das gilt ebenso für die hier nicht geklärte „Gleichheit von Termen".

Und z. B. im '*Dictionary of Mathematics*' von BOROWSKI und BORWEIN (1989) wird auf S. 194 "*equation*" kurz und bündig als "*a formula that asserts that two expressions have the same value*" beschrieben:

Mittels einer Gleichung würde also demgemäß *behauptet* werden, dass zwei Ausdrücke „denselben Wert" haben (was nicht eintreten muss), wobei der Terminus "*formula*" beinhalten mag, dass hier Variablen vorkommen (was bei Gleichungen nicht sein muss). Auch "*the same value*" scheint für die Autoren nicht erklärenswert zu sein. Sie unterscheiden ferner zwischen einer "*identical equation*" (einer allgemeingültigen Gleichung, "*usually called an IDENTITY*") und einer "*conditional equation*" (einer „Bedingungsgleichung").

Eine weitere Literatur-Recherche bleibe den Leserinnen und Lesern vorbehalten.

9.2.2 Kommentierung und Konsequenzen

Derartige „Definitionen" (es sind eigentlich eher Beschreibungen) wie die drei letztgenannten sind u. a. deshalb nicht zufriedenstellend, weil sie sich nur auf eine anscheinend selbstredende Bedeutung von „Gleichheit" gründen. So ähneln solche Beschreibungen wegen der Nichterläuterung der Bedeutung sowohl des Gleichheitszeichens als auch der „Gleichheit" dem Versuch, einen „Bruch" als ein Gebilde zu kennzeichnen, das aus zwei untereinandergeschriebenen „Termen" besteht, die durch eine „Bruchstrich" genannte Linie „getrennt" sind: Selbst wenn man hinzufügen würde, dass diese Linie die Bedeutung eines Divisionszeichens *haben kann* oder *haben soll* oder ggf. sogar *hat*, würde man damit weder der Sinnhaftigkeit noch der *Erscheinungsvielfalt von „Brüchen"* gerecht werden.

Ganz in diesem Sinn stellt sich darüber hinausgehend im *mathematikdidaktischen* Kontext jenseits möglicher Definitionen die Frage, ob es zu den mit den Termini „Gleichung" und

„Gleichheit" gemeinten Begriffen sog. *Grundvorstellungen* gibt (wie z. B. bei „Bruch"[614]), die dann im Unterricht fruchtbar geweckt und entwickelt oder zumindest beobachtet werden können. Das erfordert allerdings *zuvor* eine Analyse der *Erscheinungsvielfalt von „Gleichungen"*!

Dabei ist zu beachten, dass „Gleichungen" in der Mathematik nicht nur im numerischen Kontext auftreten (wenn auch im Mathematik*unterricht* vor allem dort in der „Algebra" genannten „Gleichungslehre"), sondern auch z. B. in jeglichen Geometrien und in Mengenlehren, und allgemein wohl auch in den meisten auf Mengen bezogenen Kontexten, wofür die bisher angedeuteten „Definitions-Beispiele" nicht zu taugen „scheinen". Oder etwa doch?

Der mit dem Terminus „Gleichung" verbundene Begriff ist gewiss für die Mathematik und ihre Anwendungen sowohl typisch als auch unverzichtbar. Also liegt hier möglicherweise ein *grundlegender Begriff der Mathematik* vor? Und vielleicht handelt es sich sogar um einen *Grundbegriff der Mathematik*?[615]

Ein bescheidenes Ziel der hier nachfolgend vorgelegten Betrachtungen wird es daher sein, sich einer Antwort auf die Frage zu nähern, was eine *Gleichung ist* bzw. *sein soll* oder *sein kann* und ob und ggf. wie man dieses hinreichend präzise erfassen kann. Auf dem Wege zu einer solchen Klärung wird es unvermeidlich sein, *vorläufig* den Terminus „Gleichung" *naiv* zu verwenden (wie in den bisherigen Kapiteln), um nicht „sprachlos" zu bleiben oder werden zu müssen. Zunächst geht es um *phänomenologische Aspekte* von Gleichungen bzw. zum *Gleichungsbegriff*.

9.3   Phänomenologische Aspekte zum Gleichungsbegriff

9.3.1   Vorbemerkungen

In diesem Abschnitt werden sowohl mathematische als auch sprachliche *Phänomene* betrachtet, in denen uns Gleichungen in ihrer *Erscheinungsvielfalt* (mit Blick auf ggf. noch zu entwickelnde „Grundvorstellungen"[614]) *begegnen*, um sich dann einem (zunächst zumindest präformalen) Verständnis von „Gleichung" nähern zu können – dieses als Basis dafür, durch Hinzuziehung weiterer mathematischer und historischer Aspekte dann eine Möglichkeit zu eröffnen, eine (zumindest implizite?) Definition für „Gleichung" entwickeln zu können.

Methodisch liegt es damit nahe, intuitive, möglicherweise nur unbewusst vorhandene Vorstellungen von „Gleichungen" zu sammeln und diese dann zu analysieren – in der Erwartung, damit einen Beitrag zur Beantwortung der Frage zu liefern, was denn „eigentlich" Gleichungen *sind* bzw. was man darunter verstehen *will* und wie man sie also ggf. kennzeichnen oder gar definieren *kann*. Wir gehen daher im *folgenden Abschnitt* zunächst von einem „naiven" Standpunkt aus der Frage nach, in welchen vorrangigen Kontexten man es in der Mathematik und insbesondere im Mathematikunterricht mit „Gleichungen" zu tun hat:

---

[614]   Vgl. S. 249, S. 251, S. 427 und Abschnitt 7.2 auf S. 300 ff.; weitere Betrachtungen z. B. bei [WARTHA 2018], insbesondere ausführlich [BENDER 2019] generell zu Grundvorstellungen mit vielen Literaturhinweisen.

[615]   Siehe zu diesen Termini die hier vorgenommene Sprachregelung auf S. 49 unten.

Im unterrichtlichen Kontext ist das vor allem der sog. „algebraische" Bereich (im Sinne der klassischen Algebra gemäß EULER, vgl. S. 52 f. und S. 423). Und sodann soll in einem *weiteren Abschnitt* untersucht werden, welche sprachlichen Aspekte mit dem Terminus „Gleichung" – auch jenseits der Mathematik – verbunden sind.

Dabei kann das Thema „Gleichung" letztlich nur dann akzeptabel einer Klärung zugeführt werden, wenn die damit zusammenhängenden und gewiss auch zugrundeliegenden Termini *„Gleichheit"* und *„gleich"* analysiert werden! Wir können also keineswegs auf eine Analyse von „Gleichheit" verzichten, auch wenn BLAISE PASCAL (1623–1662) in einem unvollendeten, posthum veröffentlichten Essay, genannt *'De L'Esprit Géométrique'*, behauptet hat, dass eine Definition nicht erforderlich sei, wie [FELGNER 2020 a, 119] anmerkt:

> [Pascal] hielt diesen Begriff für einen *„primitiven"* Begriff, der allen Menschen, die der Sprache mächtig sind, unmittelbar vertraut sei und insofern auch nicht definiert werden müsse. Die Art dieses Vertrautseins hielt er für ein natürliches Prinzipienwissen des Herzens, ein *„sentiment du coeur"*, also ein Wissen, das jede Rationalität übersteigt.

Und in [FELGNER 2020 b, 135] wird vertiefend ausgeführt, ähnlich wie bei [BEDÜRFTIG & MURAWSKI 2012, 52]:

> *Pascal* meinte, daß man in einer mathematischen Disziplin zuerst diejenigen Begriffe aufsuchen sollte, die auch ohne genauere Festlegung jedem Menschen unmittelbar verständlich seien. [...] Beispiele solcher „primitiven Begriffe" sind seiner Meinung nach: *Raum, Zeit, Bewegung, Zahl, Gleichheit* [...].

Hingegen ist für GOTTLOB FREGE die „Gleichheit" des Reflektierens wert, wie die Einleitung seines Essays *'Über Sinn und Bedeutung'* zeigt (siehe [FREGE 1892, 25]):

> Die Gleichheit fordert das Nachdenken heraus durch Fragen, die sich daran knüpfen und nicht ganz leicht zu beantworten sind. Ist sie eine Beziehung? eine Beziehung zwischen Gegenständen? oder zwischen Namen oder Zeichen für Gegenstände?[616]

Und in einer Fußnote zu obigem Zitat ergänzt FREGE:

> Ich brauche dies Wort im Sinne von Identität und verstehe „$a = b$" in dem Sinne von „a ist dasselbe wie b" oder „a und b fallen zusammen".

Wir beachten, dass FREGE die „Gleichheit" hier nur im Kontext mit dem „Gleichheitszeichen" und mit der „Identität" erörtert, er betrachtet hier also nicht so etwas wie „Gleichheit an sich".

So stellt sich die Frage, ob eine allgemeinere Betrachtung von „Gleichheit" jenseits der Mathematik hilfreich sein kann. Sind damit gemäß FREGE „Identität" und „Gleichheit" etwa „gleichbedeutend"? Wie kann das sein? Im Kontext von „Gleichung" wird daher neben „Gleichheit" auch dem nachzuspüren sein, was unter „Identität" zu verstehen ist:

> Da sich im Sprachgebrauch zu „gleich" das „Vergleichen" gesellt, entsteht nämlich bei zwei „zu vergleichenden Dingen" oft die Frage, ob diese denn nun „gleich" oder gar „identisch" seien, ob man also situativ z. B. (wie es üblich ist) *„die gleichen"* oder *„dieselben"* sagen müsse.

---

[616] Vier Jahre zuvor spricht DEDEKIND im Vorwort von [DEDEKIND 1888] von „Dingen" statt von „Gegenständen".

Wann also sollte man zwei Dinge „*gleich*" nennen, wann sind sie dagegen sogar als „*identisch*" aufzufassen? Und worin besteht eigentlich der Unterschied zwischen „*Gleichheit*" und „*Identität*"? So soll im Sinne der hier anstehenden Analyse des mit „Gleichung" gemeinten Begriffs an späterer Stelle möglichen Bedeutungen von „gleich", „Gleichheit", „identisch" und „Identität" vorsichtig und elementar nachgespürt werden. Im Essay [FELGNER 2020 a] wird dies wohl erstmalig ausführlich untersucht.

Wir werden uns jedoch nicht davon lösen können und dürfen, in welchen Kontexten „Gleichungen" in der Mathematik (und z. B. in den Naturwissenschaften) tatsächlich auftreten. Auch der Mathematikunterricht als ein weiterer „Nutzer" von Gleichungen ist hierbei heranzuziehen.

9.3.2   Mathematisch-inhaltliche Aspekte

Es folgt daher zunächst eine beispielhaft-elementare Bestandsaufnahme zum Auftreten von Gleichungen in unterschiedlichen (hier allerdings nur numerischen, wenn auch bedeutsamen) Bereichen, um erste gewisse Gemeinsamkeiten und Unterschiede erkennen zu können, die eine Ordnung und eine Kategorisierung nahelegen. Eine solche bereits vorsichtig geordnete (und gewiss *noch unvollständige*) Sammlung könnte die folgende sein:

(1)   Geradengleichung, Kreisgleichung, Parabelgleichung,

(2)   Lineare Gleichung, Quadratische Gleichung, Kubische Gleichung, Bruchgleichung, Wurzelgleichung, Gleichung *n*-ten Grades, Algebraische Gleichung (Polynomiale Gleichung), Trigonometrische Gleichung,

(3)   Funktionalgleichung, Differenzengleichung, Differentialgleichung, Algebro-Differentialgleichung, Integralgleichung,

(4)   Laplace-Gleichung,

(5)   Diophantische Gleichung,

(6)   Bestimmungsgleichung, Bedingungsgleichung,

(7)   Definitionsgleichung,

(8)   Rekursionsgleichung,

(9)   Funktionsgleichung.

Neben diesen vorrangig (zwar nicht stets nur) in die Mathematik gehörenden Beispielen findet man weitere aus Physik und Chemie wie etwa die folgenden:

(10)   Bewegungsgleichung, Wärmeleitungsgleichung, Schwingungsgleichung, Wellengleichung, Schrödingergleichung,

(11)   Reaktionsgleichung,

(12)   Nernst-Gleichung.

Und man stößt auf weitere Termini, die das Wort „Gleichung" enthalten:

(13)   Ungleichung, Gleichungssystem, Gleichungslösung, Gleichungslehre, Gleichsetzungsverfahren, Gleichungstypen und -arten.

In diese Liste gehören auch Termini, die das Wort „Gleichung" nicht enthalten und dennoch ganz offensichtlich damit zu tun haben:

(14)   Formel, Gesetz, Regel.

Dass auch diese letzten Beispiele in diese Sammlung gehören, sieht man an den üblichen Termini „Formelsammlung", „Distributivgesetz" und „Kettenregel".

Es sei nun kurz dargestellt, welche Kriterien zu dieser Sortierung geführt haben:

Ad (1):   Diese Namen beziehen sich auf die Analytische Geometrie, denn jene Gleichungen *beschreiben* jeweils analytisch sog. elementare „Kurven".

Ad (2):   Diese Namen beziehen sich auf die formale Struktur der sie bildenden „Terme". Zu diesen Gleichungstypen gehören aber auch jeweils bestimmte *Lösungsverfahren* zur Ermittlung ihrer *Nullstellen* – ganz im Sinne der historischen Wurzeln der Algebra.

Ad (3):   Hier liegen grundsätzlich andere Typen als bisher vor, denn es werden – im Unterschied zu (2) – *Funktionen als „Lösungen"* gesucht, so z. B. in der Funktionalgleichung $f(xy) = f(x)f(y)$ mit $f(x) = x^a$ als der (!) allgemeinen Lösung.

Ad (4):   Dies ist die bekannte, in der Physik bedeutsame partielle Differentialgleichung 2. Ordnung, die den Laplace-Operator enthält.

Ad (5):   *Diophantische Gleichungen* werden in der Zahlentheorie betrachtet: Es sind *polynomiale Gleichungen mit ganzzahligen Koeffizienten*, bei denen nur *positive rationale Lösungen* gesucht sind. Gegenüber den in (2) genannten Typen liegt also in zweifacher Hinsicht eine Einschränkung vor: bezüglich der Termstruktur *und* bezüglich der Grundmenge.

Ad (6):   *„Bestimmungsgleichung"* ist eine im Mathematikunterricht (leider?) kaum mehr verwendete Bezeichnung für Gleichungen zur *mathematischen Beschreibung gegebener Probleme*, wobei deren *zu bestimmende Lösungen* eine gesuchte „Problemlösung" liefern. Im engeren Sinne kann es eine *Gleichung zur Bestimmung von Nullstellen* sein, jedoch können alle vorgenannten Typen als „Bestimmungsgleichung" auftreten, denn z. B. dienen ja Funktionalgleichungen (speziell z. B. Differentialgleichungen und Differenzengleichungen) usw. der *Bestimmung von Lösungsfunktionen.*

            „Bedingungsgleichungen" treten – insbesondere bei Differentialgleichungen – u. a. im Zusammenhang mit *Anfangs-, Neben- oder Randbedingungen* auf.

Ad (7):   Bei *Definitionsgleichungen* werden nicht etwa „Lösungen" gesucht wie bei (1) bis (6), sondern neue „*Gebilde*" werden durch sie *definiert*, indem sie auf etwas Bekanntes zurückgeführt werden, z. B. $a \uparrow b := a^b$.

Ad (8):   Eine *Rekursionsgleichung* beschreibt eine gegebene Situation *rekursiv*, z. B. den Aufbau einer Folge $\langle a_n \rangle$ mittels $a_{n+1} = -2a_n$, oder eine neue Folge kann auf diese Weise *definiert* werden, z. B. durch $a_{n+1} := -2a_n$.

Ad (9):   Ebenso kann eine *Funktionsgleichung* der *Beschreibung* einer vorliegenden Situation dienen, indem man z. B. feststellt, dass im konkreten Fall etwa $f(x) = 2^x$ gilt; oder aber sie dient als „Definitionsgleichung" der *Definition* einer (termdefinierbaren!) Funktion wie z. B. $f(x) := 2^x$. Auch anders erklärte Funktionen wie abschnittsweise definierbare Funktionen oder die *Dirichletfunktion* könnte man hier hinzurechnen.

Ad (10):   Mit solchen in die Physik gehörenden Gleichungen lassen sich zeitabhängige oder ortsabhängige oder zeit- *und* ortsabhängige *Phänomene* (vielfach durch partielle Differentialgleichungen) *beschreiben.*

Ad (11):   *Reaktionsgleichungen* kennt man in der Kernphysik und in der Chemie, und sie dienen dort der *Beschreibung von Umwandlungsphänomenen* und auch deren Verständnis: Mit ihnen wird eine Reaktions*richtung* (z. B. beim Kernzerfall oder einer endothermen bzw. exothermen chemischen Reaktion) durch einen *Richtungspfeil* $\to$ statt durch ein Gleichheitszeichen beschrieben. Obwohl linke und rechte Seite dieser „Gleichungen" augenscheinlich *nicht übereinstimmen* (also nicht „gleich" sind?), stimmt die „Gesamtbilanz" zwischen links und rechts. Insofern liegt dann doch eine „Gleichheit" vor, wie z. B. bei $2H_2 + O_2 \to 2H_2O$ (hier ohne Energiebilanz), was selbstredend „Gleichung" genannt wird. Bei „Gleichgewichtsreaktionen" verwendet man den Doppelpfeil $\rightleftarrows$.

Ad (12):   Die *Nernst-Gleichung* ist ein Beispiel für in der Chemie bekannte *quantitativ beschreibbare Phänomene*, konkret hier für einen logarithmisch darstellbaren Zusammenhang bei Red-Ox-Reaktionen.

Die in (13) und (14) genannten Beispiele bedürfen keiner Erläuterung, sie zeigen, wie weit der Bogen beim Thema „Gleichung" zu spannen ist.

Zusammenfassung:

- *Gleichungen können ...*

   ... der formalen Beschreibung mathematischer oder auch außermathematischer Probleme oder Phänomene oder Prozesse *dienen,*

   ... der formalen Beschreibung erkannter oder erdachter funktionaler Zusammenhänge *dienen,*

   ... der Definition neuer Funktionen dienen,

   ... dem Ziel des Lösens mathematisch beschreibbarer, konkret ggf. speziell auch funktional beschreibbarer Phänomene oder Probleme oder Prozesse sowohl innerhalb als auch außerhalb der Mathematik *dienen.*

Und folgende weitere wichtige, hier auftretende Aspekte sind hervorzuheben:

- *Mit Gleichungen* lässt sich eine *„Gleichheit" ...*

   ... feststellen oder *behaupten,*

   ... erreichen (indem z. B. nach allen „Lösungen" gesucht wird, für die diese Gleichheit dann gilt),

   ... per definitionem festsetzen bzw. *vereinbaren* (z. B. für Funktionen).

9.3.3   Sprachliche Aspekte

Das Nomen „Gleichung" könnte in Gestalt von „Gleich-*ung*" offenbar als Zusammensetzung aus dem Adjektiv „gleich" und dem *Suffix* „-ung" aufgefasst werden, also als eine sog. *Adjektiv-zu-Nomen-Suffigierung*, und es würde dann als eine *Derivation* (Ableitung) von „gleich" erscheinen.

Jedoch betrachtet man sprachwissenschaftlich jene Nomen, die mit dem Suffix „-ung" zusammengesetzt sind, so, als wären sie durch Suffigierung eines Verbs oder eines Nomens entstanden. Insofern wird daher das Nomen „Gleichung" als eine Zusammensetzung aus dem (derzeit wenig gebräuchlichen) *Verb* „gleichen" und dem *Nominalisierungs-Suffix* „-ung" *aufgefasst*, und das ist dann also eine *Verb-zu-Nomen-Suffigierung*.[617]

Entsprechend wird z. B. auch „Rechnung" als eine Verb-zu-Nomen-Suffigierung von „rechnen" mit dem Suffix „-ung" aufgefasst. Im Gegensatz dazu könnte „Bildung" spontan als eine *Nomen-zu-Nomen-Suffigierung* von „Bild" angesehen werden, jedoch fasst man dieses Wort in der sprachwissenschaftlichen Systematik ebenfalls wie „Rechnung" als eine Verb-zu-Nomen-Suffigierung auf, nämlich als Derivation von „bilden", Letzteres im Sinne von „ein Bild schaffen". (Dabei ist es im vorliegenden Kontext irrelevant, ob „bilden" etymologisch auf „Bild" zurückgeht, oder ob es eher umgekehrt war: War erst das „Bild" da oder erst „bilden"?)

Diese allseits vertrauten Beispiele „Bildung" und „Rechnung" machen zugleich deutlich, dass solche aus einem Verb abgeleitete Nomina mit dem Suffix „-ung" sowohl einen *Prozess* (also die „Entsteh-*ung*", sic!) als auch ein *Produkt* oder einen *Zustand* (also ein „Ergeb-*nis*", hier mit „-nis" als einem anderen Suffix) eines solchen Prozesses bezeichnen können:

Und so bedeutet bekanntlich „Bildung" im pädagogischen Kontext sowohl einen *Weg* (also einen Prozess) zu einem Ziel als auch ein solches *Ziel* selber (also ein Produkt bzw. einen Zustand als Ergebnis), wobei gelegentlich entweder nur das eine oder nur das andere gemeint sein kann. Damit wird das früher anzutreffende pädagogische Petitum „Der Weg ist das Ziel!" als *einseitig* und als *nicht haltbar* entlarvt, wie es WOLFGANG KLAFKI in der von ihm begründeten sog. *kategorialen Bildung* als *Dichotomie von formaler und materialer Bildung* (quasi als Versöhnung zwischen diesen beiden) ausführt.[618]

Und eine „Rechnung" (als ein vorliegendes Dokument, also primär als ein Produkt) setzt voraus, dass zuvor „gerechnet" worden ist, also eine „Rechnung" im Sinne einer *Handlung* bzw. eines *Prozesses* (!) durchgeführt wurde, die *dann* zu diesem „Rechnung" genannten *Ergebnis* bzw. *Produkt* (!) geführt hat.

Übertragen wir diese sprachlichen Vorbetrachtungen nun auf das Nomen „Gleichung", so müssen wir die Bedeutung von „gleichen" (s. o.) als dem zugrunde liegenden Verb in den Blick nehmen:

---

[617] Siehe z. B. http://canoonet.eu/services/WordformationRules/Derivation/To-N/Suffixe/ung.html, dort auch weitere zugehörige Links (29. 07. 2019).

[618] [KLAFKI 2007]; knappe Übersichtsdarstellung hierzu z. B. in [HISCHER 2016; S. 9 ff.].

Mit der Formulierung *„Sie gleichen einander wie ein Ei dem anderen."* kommt eine *Übereinstimmung zweier Dinge* zum Ausdruck, hier wird also ein Zustand bzw. ein Produkt beschrieben. Andererseits ist der Satz *„Sie sollen einander gleichen wie ein Ei dem anderen!"* eine Aufforderung zu einer Handlung, also zu einem Prozess im Sinne von *„gleichen"* als *„gleichmachen"*.

Zusammenfassend können wir in einer „Gleich-*ung*" sowohl ein *Ergebnis* oder einen *Zustand* oder ein *Produkt* erkennen – nämlich eine „Gleich-*heit*" oder ein „Gleich-*sein*" von irgendetwas Vorliegendem (nämlich von mindestens zwei irgendwie gearteten „Dingen") – als auch einen *Weg* dorthin, der als ein „Gleich-*werden*" (also als *Prozess*) oder als ein „Ver-*gleichen*" (also als Handlung, die ja auch ein Prozess ist) zustande gekommen sein kann.

Der Prozesscharakter wird übrigens besonders deutlich bei „An-*gleichung*",[619] denn dieses Wort ist durch eine Nomen-zu-Nomen-Präfigierung mit dem *Präfix* „An-" aus „Gleichung" entstanden: Hier dominiert also der prozessuale Aspekt!

All dies setzt nun im mathematischen Kontext (zwecks eindeutiger Kommunikation) einen Konsens bezüglich einer Auffassung von „gleich" voraus, die im möglichen Ergebnis bzw. Zustand in Gestalt einer „Gleich-*heit*" (mit „-heit" als einem weiteren Nominalisierungssuffix) zum Ausdruck kommt.

Während also das Nomen „Gleich-*heit*" nur die *Eigenschaft* „gleich" meint, also das „Gleich-*sein*" als einen Zustand oder ein Ergebnis, bedeutet das Nomen „Gleich-*ung*" weitaus mehr: nämlich darüber hinaus *auch* einen möglichen *Weg* dorthin, was als „Gleich-*werden*" aufzufassen ist!

Zusammenfassung:

- *Der Terminus „Gleichung" begegnet uns im umgangssprachlichen*
  Verständnis janusköpfig sowohl in einem „Gleich-Werden" als auch
  in einem „Gleich-Sein" (bzw. in einer „Gleichheit").

Diese beim alltäglichen Umgang mit „Gleichungen" im mathematischen Kontext vermutlich kaum bewussten Nuancen sind für das Folgende mit zu (be)denken.

9.3.4 Resümee

Wesentliches aus den Betrachtungen der beiden vorherigen Abschnitte lässt sich offensichtlich knapp wie folgt erfassen: Eine Gleichung kann einerseits dem

- *Feststellen einer Gleichheit* („Gleichung als Gleich-Sein")

dienen, und andererseits kann sie dem

- *Erreichen einer Gleichheit* („Gleichung als Gleich-Werden")

dienen. Diese beiden Aspekte schließen sich nicht per se aus.

---

[619] Siehe hierzu die Abhandlung [FELGNER 2016] über den Begriff der Angleichung bei DIOPHANT und FERMAT.

So bleibt zu klären, wann (insbesondere im mathematischen Kontext) zwei dort betrachtete Dinge als „gleich" zu betrachten sind, dieses auch im Unterschied bzw. in Abgrenzung dazu, wann dort zwei Dinge als „identisch" anzusehen sind – und darüber hinaus ist ein „Vergleich" (sic!) mit Alltagsauffassungen von „gleich" und „identisch" sowohl naheliegend als auch sinnvoll.

In diesem Kontext sei das ebenfalls auf „gleich" zurückgehende „Gleichnis" erwähnt, das via „tertium comparationis" als eine „Gleichheit" bzw. ein „Gleichsein" besonderer Art auffassbar ist (vgl. hierzu Abschnitt 9.4.9 auf S. 452 f.).

So liest man dazu in MEYERS KONVERSATIONSLEXIKON von 1895, Band 7:

> **Gleichnis** (lat. simile), eine poetische Ausdrucks- oder Darstellungsweise, die neben ein zu charakterisierendes Objekt (eine Eigenschaft, ein Geschehen etc.) vergleichend ein andres stellt, das, einer andern Lebenssphäre angehörig, doch mit jenem das Merkmal (den Charakterzug, das bedeutungsvolle Moment), um dessen Hervorhebung es sich im gegeben Falle handelt, gemein hat. Das zur Charakterisierung herangezogene Objekt muß das hervorzuhebende Merkmal oder Moment besonders deutlich und eindringlich, unmittelbar anschaulich oder überzeugend an sich tragen. Zugleich muß die Übereinstimmung oder der Vergleichspunkt (das tertium comparationis) natürlich und ungesucht in die Augen springen.

Dieses „tertium comparationis" ist auch als „Drittengleichheit" bekannt, die auf S. 444 und in Abschnitt 9.4.9 erörtert wird,

9.4   Gleichheit und Identität

FELGNER beendet seine Analyse zum Gleichheitsbegriff mit einem verblüffenden Resümee (siehe [FELGNER 2020 a, 127]):

> Diese und viele ähnlich lautende Belege zeigen, daß man in guter Gesellschaft ist, wenn man sich dafür entscheidet, einen Ausdruck wie $a = b$ als *Gleichung* zu lesen, aber zugleich betont, daß damit eigentlich eine *Identitifikation* gemeint ist. Es wäre auch nicht falsch, $a = b$ als *Äquivalenz* zu lesen, denn wenn a und b identisch sind, dann sind sie auch äquivalent, aber dann wäre das eigentlich Gemeinte ziemlich verfehlt. Am einfachsten wäre es jedoch, $a = b$ als das, was es sein soll, nämlich als Identifikation zu lesen und von „= " als dem *Zeichen der Identität* zu sprechen.

Das wird in diesem Abschnitt erläutert. Dazu werden aus unterschiedlichen Perspektiven einige wenige wichtige Aspekte von „gleich" und „identisch" phänomenologisch betrachtet.

9.4.1   Gleichheit und Identität im alltagssprachlichen Verständnis

Wenn wir davon ausgehen, dass die „Gleichheit" im *mathematischen Kontext* (Unterricht, Studium, Forschung) offenbar erfolgreich – undefiniert und auch ohne tiefere Erörterung – eine große Rolle spielt, so sei *zunächst* nur angedeutet, welches Verständnis von „Gleichheit" *alltagssprachlich* im Sinne von LUDWIG WITTGENSTEIN *im Gebrauch* ist.[620]

---

[620] Vgl. das Eingangszitat auf S. 423.

Außerhalb der Mathematik wird keineswegs immer sorgsam zwischen „der gleiche" (getrennt geschrieben) und „derselbe" (zusammen geschrieben) unterschieden, und andererseits mag gelegentlich sogar der Eindruck entstehen, dass manche Mitmenschen ungerechtfertigt auf einer solchen Unterscheidung beharren. Aber worin kann oder sollte eigentlich ein derartiger Unterschied bestehen, bzw. wieso sollte man solche Bezeichnungen wie „der gleiche" und „derselbe" wann und wie unterscheiden und angemessen verwenden?

- Es geht also um folgende Kombinationen bzw. Demonstrativpronomina (letztgenannte sind „anaphorische Pronomina der dritten Person"):

  1. *der gleiche, die gleiche, das gleiche* – 2. *derselbe, dieselbe, dasselbe*

Diese Bezeichnungen treten sowohl in der mündlichen Umgangssprache als auch in der Schriftsprache auf, wobei die drei Demonstrativpronomina jeweils für *identische Dinge* reserviert sind, die drei erstgenannten Kombinationen hingegen für *gleiche Dinge*.[621]

Im DUDEN-Newsletterarchiv wurde diese Situation in einem (nicht mehr verfügbaren) Newsletter vom 23.07.2004 wie folgt erläutert:[622]

> Die Demonstrativpronomen *derselbe, dieselbe, dasselbe* bringen ebenso wie *der/die/ das gleiche* eine Übereinstimmung oder Identität zum Ausdruck. *Sie trug dasselbe/das gleiche Kleid wie die Gastgeberin.* Es gibt aber nicht nur eine Identität des einzelnen Wesens oder Dings (*Er besucht dieselbe Schule wie ich*), sondern auch eine Identität der Art oder Gattung (*Sie hat die gleiche Augenfarbe wie ihr Bruder*). Im Allgemeinen ergibt es sich aus dem Kontext, ob eine Identität der Gattung oder doch eine Identität des einzelnen Wesens oder Gegenstands gemeint ist, sodass eine strenge Unterscheidung zwischen *derselbe* und *der gleiche* nicht immer nötig ist.

Die Behauptung, dass „*eine strenge Unterscheidung ... nicht immer nötig*" sei, mag verwundern, zumindest findet sie im Alltag nicht immer statt. (Ist sie denn stets möglich oder sinnvoll?) – *Im wissenschaftlichen Kontext erscheint jedoch solch eine Unbestimmtheit als nicht tragbar!* Im Newsletter ging es dann wie folgt weiter:

> Bei unserem Beispielsatz *Sie trug dasselbe/das gleiche Kleid wie die Gastgeberin* versteht es sich von selbst, dass hier zwei Kleider im Spiel sind.

ULRICH FELGNER teilte mir hierzu am 31.03.2019 mit:

> Die beiden Frauen können nur dann dasselbe Kleid tragen, wenn die eine sich umzieht und es der anderen überlässt. Aber sie können beide simultan ein gleiches Kleid tragen.

Der o. a. Newsletter endete wie folgt, was nicht zu kommentieren ist:

> Es gibt aber durchaus Fälle, in denen Missverständnisse möglich sind. Ein Satz wie *Die beiden Monteure der Firma fahren denselben Wagen* sagt aus, dass beide Monteure den vorhandenen Firmenwagen abwechselnd benutzen. Will man aber zum Ausdruck bringen, dass beide einen Wagen desselben Fabrikats benutzen, sollte man in jedem Fall sagen: *Die beiden Monteure der Firma fahren den gleichen Wagen.*

---

[621]   Bezüglich „Ding" vgl. Fußnote 625 auf S. 439.

[622]   http://www.duden.de:80/deutsche_sprache/newsletter/archiv.php?id=98
      (Dieser am 06. 07. 2018 gefundene Link war am 01. 02. 2019 nicht mehr gültig.)

9.4.2   Gleichheit im Rechtswesen

Die bisherigen Betrachtungen legen es nahe, „Identität" im Sinne von „Übereinstimmung" zu
deuten. Andererseits scheint eine Unterscheidung zwischen „die gleiche" und „dieselbe" mit
Bezug auf eine Unterscheidung zwischen „gleich" bzw. „identisch" keineswegs immer trivial
zu sein. Ist all das akzeptabel? Wir tasten uns heran: In MEYERS KONVERSATIONSLEXIKON
von 1895 liest man dazu in Band 7 unter dem Stichwort „Gleichheit":

> Im Rechts- und Staatsleben versteht man unter [Gleichheit] die gleichmäßige Anwendung der
> Rechtsgrundlagen auf alle Staatsangehörigen. Man pflegt diesen Grundsatz regelmäßig unter den
> sogen. allgemeinen Menschenrechten mit aufzuführen, und in verschiedenen deutschen Verfas-
> sungsurkunden, wie z. B. in denjenigen von Bayern, Sachsen und Baden, ist die [Gleichheit] vor
> dem Gesetz ausdrücklich als Grundsatz aufgestellt.

Die hier als ein „allgemeines Menschenrecht" beschriebene „Gleichheit" tritt bekanntlich u. a.
seit der Aufklärung, in der amerikanischen Unabhängigkeitserklärung, bei der Französischen
Revolution und dann in der Deklaration der Menschenrechte der UNO vom 10. 12. 1948 auf
– und anschließend auch im Grundgesetz der Bundesrepublik Deutschland kurz und bündig in
Artikel 3, Absatz 1:

> Alle Menschen sind vor dem Gesetz gleich.

Wir beachten hier den Zusatz „vor dem Gesetz", womit „gleich" relativiert wird, was erhel-
lend ist, aber ein Verständnis von „gleich" (noch) nicht erleichtert. Immerhin zeigt sich damit,
dass der Gleichheitsbegriff nicht nur typisch für die Mathematik ist, denn vielmehr ist er auch
im Rechtswesen von großer Bedeutung:

> So verfasste OTTO MAINZER 1929 das Buch *'Gleichheit vor dem Gesetz – Gerechtigkeit und
> Recht'* als Rechtsauslegung von Artikel 109 I der 1919 proklamierten Reichsverfassung der
> Weimarer Republik, in der es zu Beginn heißt:[623]

> Alle Deutschen sind vor dem Gesetze gleich. Männer und Frauen haben grundsätzlich dieselben
> staatsbürgerlichen Rechte und Pflichten.

In beiden o. g. Verfassungs-Zitaten wird „gleich" damit relativiert, denn keineswegs wird ja
gesagt, dass alle Menschen „gleich sind", sondern nur, dass sie *„vor dem Gesetz gleich sind"*.

> Ferner ist zu beachten, dass in den obigen Phrasen *„sind vor dem Gesetz gleich"* und
> *„haben [...] dieselben [...] Rechte und Pflichten"* die eigentlich unterschiedlichen Kennzeich-
> nungen „gleich" und „dieselben" erstaunlicherweise als „bedeutungsgleich" oder als „wir-
> kungsgleich" erscheinen könnten – ganz im Gegensatz zur in Abschnitt 9.4.1 erwähnten Unter-
> scheidung zwischen „die gleichen" und „dieselben".

> Eine genauere Betrachtung zeigt jedoch, dass in diesem verfassungsrechtlichen Kontext
> **für gleiche Menschen dieselben Gesetze** gelten – eine wohl verblüffende Beziehung zwischen
> „gleich" und „identisch" (sofern man „identisch" und „dieselben" wechselseitig zuordnen mag)!

---

[623] [MAINZER 1929; S. 20, S. 26]

MAINZER geht in seiner Rechtsauslegung noch darüber hinaus, indem er im Kapitel *„Der Begriff der Gleichheit"* unter „gleich" grundsätzlich eine von ihm so genannte *„absolute Gleichheit"* versteht. So schreibt er zu Beginn auf S. 24:

> „Gleich" drückt in der deutschen Sprache nämlich, wenn es ohne Zusatz gebraucht wird, nur den Begriff völliger Übereinstimmung (in allen Eigenschaften) der verglichenen oder gleichgesetzten Gegenstände aus („absolute" Gleichheit).

Würde man dem folgen, so gäbe es in der Tat keinen Unterschied zwischen „gleich" und „identisch" – also so wie im (scheinbar) auf die Mathematik bezogenen Eingangszitat von FELGNER zu Beginn dieses Abschnitts 9.4 auf S. 434?

Doch das würde dann auch hier *„die gleiche* versus *dieselbe"* usw. betreffen. Wie soll man dem zustimmen können? Und das auch für die Mathematik?

Zwei Seiten später präzisiert MAINZER dies relativierend wie folgt:

> Vielmehr ist die Gleichheit der Deutschen vor dem Gesetz in der vollen Schwere des Sprachgebrauchs zu verstehen, nach dem „Gleichheit" das Gegenteil von „Ungleichheit", d. h. völlige Gleichheit bedeutet, und eine Einschränkung folgt erst daraus, daß diese absolute Gleichheit durch die Beziehung „vor dem Gesetz" nur für das Verhältnis der Bürger zum Gesetze verheißen wird.

„Gleichheit" wäre hier demgemäß *in Bezug auf gegebene Bedingungen* als „in jeder Hinsicht gleich" zu verstehen (wie also hier im Zitat mit Bezug auf „das Gesetz"), anders gesagt:

> All diese Anmerkungen mögen deutlich machen, dass eine allgemeine inhaltliche Erörterung der Attribute „gleich" und „identisch" keineswegs trivial ist. In den folgenden Abschnitten werden dazu z. T. auch Analysen aus dem Essay [FELGNER 2020 a] über *Äquivalenz, Gleichheit und Identität* zitiert, referiert und ergänzt.

9.4.3   Übereinstimmung bezüglich „aller Merkmale"?

FELGNER geht auf die umgangssprachliche Verwendung der „Gleichheit" ein und verweist dazu auf das 'Deutsche Wörterbuch' von WAHRIG et al. (1981), demgemäß zwei Dinge dann „gleich" seien, wenn sie *„in allen oder den wesentlichen Merkmalen übereinstimmen"* würden (ähnlich wie bei obigem Zitat von MAINZER), und er schreibt (siehe [FELGNER 2020, 111]):

> Zwei verschiedene Dinge können also, auch wenn sie nicht in allen Merkmalen übereinstimmen, dennoch als *gleich* bezeichnet werden, wenn sie in all den Merkmalen, die im betrachteten Kontext relevant sind, übereinstimmen.

Das ist nachvollziehbar und passt zu der im vorigen Abschnitt zitierten „Gleichheit vor dem Gesetz". Und in der „Übereinstimmung in all den betrachteten Merkmalen" zeigt sich eine „relative Gleichheit", die dennoch mit der von MAINZER angeführten „absoluten Gleichheit" korreliert (s. o.; siehe ferner das Zitat zu „Gleichnis" auf S. 434), was sowohl verblüffend als auch merkwürdig ist.

Gleichwohl stellt sich die Frage, was „alle Merkmale" eines Dings sein sollen, um eine diesbezügliche Übereinstimmung „zweier Dinge" prüfen zu können. Kann es die überhaupt geben? Dann im Sinne einer „absoluten Gleichheit"?

Gemäß [FELGNER 2020 a, 111] geht „*gleich*" etymologisch auf das mittelhochdeutsche „*gelich*" mit der Bedeutung einer „mehreren zukommenden Form oder *Ge*-stalt des *Leibes* oder des *Körpers*" zurück, wobei „lich" (auch „lika") für „Leib, Körper, Gestalt" steht und das Präfix „*ge*" eine *Kollektiv-Bildung* andeute. Damit habe „gleich" die ursprüngliche, umgangssprachliche Bedeutung von „*Übereinstimmung der Gestalt*".

Er merkt anschließend ferner an, dass im Griechischen isos die „*Übereinstimmung in der Form, der* Gestalt, *der Größe*" bedeute und dann zugehörig isotês „*die Gleichheit*" sei; im Lateinischen stehe aequus für „*gleich*", aequalitas sei „*die Gleichheit*", und adaequalitas sei die „*Angleichung*".

Den Fortgang der historischen Entwicklung von der Antike bis hin zunächst zu LEGENDRE kommentiert er danach aufschlussreich wie folgt (siehe [FELGNER 2020, 113]):

> Mit dem Begriff der Gleichheit ist offenbar eine eigenartige Beliebigkeit (oder Ungenauigkeit) verknüpft, die für die Umgangssprache angemessen, für den Gebrauch in der Mathematik aber unpassend ist […]. Man hat sich daher in der Neuzeit allmählich angewöhnt, statt von *gleichen Linien*, etwas genauer von *gleichlangen Linien*, oder statt von *gleichen Körpern* von *gleichgroßen Körpern* etc. zu sprechen. Die Merkmale, worin die Gegenstände übereinstimmen, sollten mitgenannt werden […]!

> Der Begriff der Gleichheit ist nur dann klar und exakt, wenn die Gesamtheit aller Merkmale, auf die es ankommt, angegeben wird. Die Relation der Gleichheit ist auch nur dann *transitiv*, wenn sich die einzelnen Gleichheitsbeziehungen immer auf *dieselben* Merkmale beziehen.

Und das führt ihn dann zu folgender bedeutenden heutigen Sichtweise (ebd.):

> Wenn nur endlich viele Merkmale in Betracht gezogen werden, dann ist der zugehörige Gleichheitsbegriff in der zugrunde gelegten Sprache *definierbar*. Wenn jedoch von *Gleichheit* im *absoluten Sinne* gesprochen wird, d. h. in Bezug auf *alle* Merkmale, die in der Sprache, die zum jeweiligen wissenschaftlich betriebenen Fachgebiet gehört, ausdrückbar sind, dann handelt es sich um *Ununterscheidbarkeit* (lat.: indiscernibilitas, engl.: indistinguishability). Der Begriff der Ununterscheidbarkeit gehört jedoch in der Regel entweder einer infinitären Sprache oder einer Sprache 2. Stufe an. Der Umgang mit diesem Begriff wirft daher besondere Probleme auf.[624]

„*Gleichheit*" wäre damit *relativ* zu verstehen: „Übereinstimmung bezüglich aller konkret festzulegenden Merkmale" in einer „Sprache" (s. o.). Doch dann bedeutet „*Übereinstimmung bezüglich aller Merkmale*" sogar „*Ununterscheidbarkeit*" und bezieht sich auf alle Merkmale, die in der „Sprache" eines wissenschaftlichen Gebiets „formulierbar" sind.

Damit scheint „Ununterscheidbarkeit" dasselbe zu bedeuten wie „Identität"! Wirklich?

Wir betrachten daher zunächst, was „Identität" bedeuten *könnte*:

---

[624]   Zu „Sprachen 2. Stufe" und zu „infinitären Sprachen" siehe Fußnote 631 auf S. 447

9.4.4   Gleichheit – Ununterscheidbarkeit – Identität

Es sei eine fiktive Situation betrachtet: Zwei Personen mögen *jede von einem Ding*[625] spre-chen, d. h., sie sprechen *zunächst von zwei* Dingen, die sich aber im Gespräch *bezüglich aller betrachteten Eigenschaften* als übereinstimmend erweisen und sich so *in jeder* (betrachteten!) *Hinsicht gleichen*. Doch dann stellt sich heraus, dass sie nicht nur (in diesem Sinn!) *ununter-scheidbar* sind, sondern dass beide Personen sogar *ein-und-dasselbe* Ding meinen.

Man sagt dann, dass diese „beiden Dinge" *identisch* seien, denn es gibt ja deren nur eines! Somit ist „Identität" in diesem *Alltagskontext* ein Sonderfall der „Gleichheit", als Lehnwort vom spätlateinischen identitas, einer Nominalisierung von idem, das für „derselbe", „dieselbe", „dasselbe" steht. Gemäß [FELGNER 2020 a, 116] sei hierfür im Deutschen statt „Identität" das Wort „Einerleyheit" üblich gewesen.

Die in obigem Eingangsbeispiel betrachteten „beiden" fiktiven „identischen" Dinge (deren es ja nur eines gibt!) waren also gemäß dieser althergebrachten Sprechweise nur „einerlei" und nicht „zweierlei" oder „vielerlei". Wenn man heute allerdings sagt, dass *„mir etwas einerlei"* ist, dann meint man damit wohl eher, dass *„es mir gleich"* (oder *„gleichgültig"* oder *„egal"*) ist, wobei „egal" in diesem Fall synonym für „gleich" stünde. Bei dieser Sprechweise wären also die Attribute „gleich" und „identisch" bedeutungsgleich (sic!). Das wirkt dubios.

Diese Thematik sei mit zwei weiteren Bespielen jenseits der Mathematik umkreist:

Sind *zwei* Elektronen eigentlich *gleich* oder *ununterscheidbar*? Können sie gar *identisch* sein? Das macht deutlich, dass diese Fragen müßig sind, solange man nicht klärt, welche (Modell-)Vorstellung von Elektronen man hier gerade zugrunde legt: Was *ist* (aus welcher Sicht) ein Elektron? Gehören Ort und Zeit dazu?

Und wenn man eine digitale Datei in Kopie auf einem weiteren Datenträger ablegt, so kann man auch hier fragen, ob diese „beiden" Dateien dann identisch oder nur „gleich" seien. Falls der Kopiervorgang fehlerfrei war, so sind sie immerhin *ununterscheidbar*.

So liegt diesem letztgenannten Problem die Frage zugrunde, was eine Datei *an sich ist*, denn sie ist ja nicht notwendigerweise an einen materiellen „Träger" gebunden: Es kommt also darauf an, zu klären, in welchem Kontext man „Datei" *wie* definieren *will!* Ist eine konkrete Datei „einerlei" (und also „einzigartig")? Anders: Kann sie nur genau einmal auftreten?

VOLTAIRE schreibt in seinem ʻ*Dictionnaire Philosophique*ʻ (ʻPhilosophisches Lexikon', 1786) auf S. 225, dass « Identité » nur « même chose » (dieselbe Sache) bedeute, was im Fran-zösischen am besten als « mêmeté » zu beschreiben sei und das wir mit *„Selbigkeit"* übersetzen können.

---

[625] Für „Ding" entstand im Spätlateinischen der Terminus „entitas" für das „Seiende" als Nominalisierung von „ens" für „seiend", wobei „entitas" dann u. a. auch das „Wesen" eines Dings als dessen „Substanz" meinte und damit dann auch dessen „Identität", also die „identitas", mit ausmachte.
Die Wortähnlichkeit zwischen entitas und identitas ist verblüffend und mag einen Zusammenhang suggerieren. Jedoch liegt hier gemäß einem Hinweis von ULRICH FELGNER an mich nur eine rhetorische „Assonanz" vor. Man beachte dazu auch das Zitat zu QUINE am Ende dieses Kapitels auf S. 469, der das Phänomen aufgreift.

Damit würde „selbig" erstaunlicherweise als eine *Eigenschaft* erscheinen, die „einem identischen Objekt" quasi als „einzigartig" (im Sinne des o. g. Beispiels) zukommt.[626] Im Deutschen kennt man hierzu ältere Formulierungen wie *„Es handelt sich um (den) selbigen"* (dann auch in anderem Sinn als *„Es handelt sich um den gleichen"*).

VOLTAIRE fügte übrigens seinem oben genannten Lexikoneintrag « Identité » unmittelbar den folgenden Kommentar hinzu (ebd.):

> Ce sujet est bien plus intéressant qu'on ne pense.

In der Tat: *Dieses Thema der Identität ist interessanter, als man denkt!*

In diesem Sinn schrieb LUDWIG WITTGENSTEIN gemäß einem Hinweis von [FELGNER 2020 a, 110] in einem Brief an BERTRAND RUSSELL vom 29. 10. 1913 (und ähnlich schon zuvor in einem Brief vom 17. 10. 1913):

> Die Identität ist der Teufel in Person und ungeheuer wichtig, sehr viel wichtiger, als ich (bisher) glaubte.

Worin zeigt sich nun – in der Mathematik, in der Logik – eine Abgrenzung zwischen *gleich*, *ununterscheidbar* und *identisch*? Gibt es überhaupt eine solche?

Diese Frage lässt sich im Rahmen der sog. *Modelltheorie* untersuchen, wie es FELGNER mit Bezug auf [CHANG & KEISLER 1973] darstellt. Zunächst sei nur sein Ergebnis mitgeteilt, auf das an späterer Stelle kurz eingegangen wird:

> So zeigt sich, dass in der Modelltheorie einerseits „identisch" ein Sonderfall von „ununterscheidbar" und andererseits „ununterscheidbar" ein Sonderfall von „gleich" ist. Damit ist „ununterscheidbar" eine Verschärfung von „gleich", und „identisch" ist eine Verschärfung von „ununterscheidbar" – anders formuliert: Zwei *gleiche Dinge* sind *nicht notwendig ununterscheidbar* und können also dennoch *unterscheidbar* sein – und zwei *ununterscheidbare Dinge* sind *nicht notwendig identisch*, es können also tatsächlich *zwei Individuen* sein!

Das ist verblüffend und zunächst kaum nachvollziehbar, zumal die zugrundeliegende modelltheoretische Begründung hier nicht dargestellt ist und in diesem Rahmen auch nicht dargestellt werden kann. Die drei eingangs aufgeführten Beispiele mögen das jedoch zumindest plausibel machen. Dieses vertiefend betont FELGNER mit Bezug auf seine modelltheoretischen Untersuchungen, dass die Eigenschaft der „Unterscheidbarkeit" *von der Reichhaltigkeit der zugrunde gelegten Sprache*[631] abhängt, und er schreibt dazu (siehe [FELGNER 2020, 118]):[627]

> Der Begriff der Identität macht eine ontologische Aussage – nämlich die *Einerleiheit von Dingen* –, während im Begriff der Gleichheit – genauso wie im Begriff der Ununterscheidbarkeit – nur etwas über die sprachlich ausdrückbaren *Eigenschaften von Dingen* ausgesagt wird. Der **Begriff der Identität ist** zudem **sprachunabhängig**, während der **Begriff der Gleichheit** […] ganz wesentlich **von der zugrundegelegten Sprache abhängig** ist.

---

[626]   Verkürzt man diese Eigenschaft „selbig" zu dem germanischen Stammwort „selb", so würde die frühere „neue" Rechtschreibweise „selb-ständig" anstelle der heute vom DUDEN (gemäß dankenswertem Hinweis von WILFRIED HERGET) wieder (!) empfohlenen „selbst-ständig" schlagartig plausibel werden.

[627]   Hervorhebungen im Fettdruck nicht im Original.

Im Rahmen der Korrespondenz während der Entstehung dieser Analysen zum Gleichungsbegriff schrieb mir ULRICH FELGNER, dass die *Identität zwar nicht explizit definierbar* sei, aber

> auch wenn der Begriff der Identität undefinierbar sein sollte, heißt das nicht, daß wir nicht verstehen könnten, was mit ihm gemeint ist. Um das Gemeinte voll erfassen zu können, werden neben begrifflichen Erläuterungen auch Verweise auf die Anschauung und den Gebrauch der in Frage stehenden Begriffe benötigt, also Verweise, die in der (eigentlichen) Mathematik jedoch nicht zur Verfügung stehen. Die Undefinierbarkeit besagt, daß wir nicht mit anderen Begriffen allein den gesamten Inhalt des Identitätsbegriffes erfassen können.

Das alles führt uns zu folgender

Sprachregelung:

Wenn man sagt, dass zwei Objekte „identisch" seien, so bezieht sich das nicht auf deren „*Namen*", sondern auf die *beiden* damit bezeichneten „*Dinge*", die also *ein-und-dasselbe* Ding sind. Diese „Dinge" sind dann *einerlei* – es liegt somit *nur ein* Ding vor![625]

9.4.5   Gleichheit und Äquivalenz in der Mathematik

ALEXANDER MARKOWICH OSTROWSKI führt in seinem Buch '*Vorlesungen über Differential- und Integralrechnung*' (Band 1, 1965) zu Beginn auf S. 16 drei von ihm so genannte *Grundeigenschaften der Gleichheitsbeziehungen* auf, und zwar die bekannten Eigenschaften einer Äquivalenzrelation: *Reflexivität, Symmetrie* und *Transitivität*. Darüber hinaus zeigt der Plural „Gleichheitsbeziehungen" an, dass für ihn deren *mehrere* existieren, dass er also nicht etwa eine „Gleichheit an sich" betrachtet! Dazu schreibt er ergänzend auf S. 17:

> Die drei Grundeigenschaften der Gleichheitsbeziehungen erscheinen auf den ersten Blick ganz trivial und zugleich überflüssig, weil mit dem Begriff der Gleichheit «selbstverständlich» verbunden.
>
> Dies wäre indessen nur dann richtig, wenn es sich um die restlose *Identität* handelte, und um restlose Identitäten handelt es sich in der Wissenschaft so gut wie nie.

Zur Erläuterung wählt OSTROWSKI das Beispiel

$$\frac{2}{3} = \frac{4}{6}$$

und weist dann darauf hin, dass

> die Symbole auf beiden Seiten sicherlich nicht identisch [sind]. Sie drücken zwar die gleiche *Quantität* aus, bedeuten aber, sogar als *Operationen* aufgefasst, etwas durchaus Verschiedenes.

Hierin sind zwei „Grundvorstellungen" von „Bruch" erkennbar.[614] Und OSTROWSKI stellt hier der „Gleichheit" die „Identität" gegenüber, wobei für ihn offenbar „Identität" zugleich (erklärungslos!) „restlose Identität" bedeutet, während „Gleichheit" gewissermaßen „weicher" aufzufassen ist – also nicht stets schon als „Identität".

So würden wir heute z. B. sagen, dass diese beiden „Brüche" genannten Schreibfiguren verschiedene Symbole sind, die aber, wenn man sie als Zeichen für Zahlen auffasst, *dieselbe Zahl* bezeichnen. Insofern wäre *dann* die im Zitat dargestellte Gleichung als eine Identität aufzufassen – dieses im Einklang mit der *Sprachregelung* am Ende des letzten Abschnitts.

Aus dem Beispiel einer reflexiven, symmetrischen, jedoch *nicht* transitiven, „stammverwandt" genannten, Relation (vgl. S. 444) schließt OSTROWSKI dann (ebd.):

> Daher sollte das Gleichheitszeichen für irgendwelche Objekte in der Mathematik nur dann
> gebraucht werden, wenn die dadurch definierte «Gleichheit» die drei Grundeigenschaften der
> Reflexivität, Symmetrie und Transitivität besitzt.

Hierin zeigt sich erneut seine „Offenheit" gegenüber „Gleichheit". Aber ist denn „Gleichheit"
etwa synonym mit „Äquivalenz"?

Auch [NAAS & SCHMID 1967, Band 1] widmen dem Terminus „Gleichheit" auf S. 639 einen
Eintrag:

> Gleichheit ist eine Äquivalenzrelation. Umgekehrt kann jede Äquivalenzrelation $x\,R\,y$ als eine
> besondere Art von Gleichheit „R" aufgefaßt werden.

Das könnte so gedeutet werden, dass kein Unterschied zwischen der „Gleichheit" (als einer
Relation) und einer Äquivalenzrelation besteht, was verwundern mag.

[FELGNER 2020 a, 109] weist diesbezüglich auf das 1930 erschienene Buch 'Grundlagen der
Geometrie' von GERHARD HESSENBERG hin, in dem der Autor zu einem noch schärferen
Schluss als NAAS & SCHMID kommt, und er schreibt (ebd.):

> Er kommt nach einer ausführlichen Diskussion zum Schluß, daß die Relation der Gleichheit nichts
> anderes als eine *Äquivalenzrelation* sei, also eine symmetrische, transitive und reflexive Relation,
> und daß auch umgekehrt jede symmetrische, transitive und reflexive Relation eine Gleichheitsbe-
> ziehung sei. Die Begriffe *Gleichheit* und *Äquivalenz* wären demnach synonym.

Das steht im Einklang mit den bereits beschriebenen Auffassungen von OSTROWSKI und
NAAS & SCHMID. Wir prüfen daher, ob wir einer solchen Synonymität von „Gleichheit" und
„Äquivalenz" zustimmen können, benötigen dafür jedoch akzeptable *Kriterien* für die
„Gleichheit", die wir denen für die „Äquivalenz" gegenüberstellen können!

Dazu ziehen wir die 'Grundlagen der Mathematik, I' von HILBERT & BERNAYS (1934) zu
Rate. Auf S. 163 betrachten sie zunächst im schon bisher beschriebenen Verständnis die
„Identität":

> Die *Identität,* welche wir sprachlich in Sätzen wie „*a* ist dasselbe Ding wie *b*" zum Ausdruck brin-
> gen, hat äußerlich betrachtet die Form eines Prädikates mit zwei Subjekten.

In „*§ 2. Die elementare Zahlentheorie*" auf S. 22 verwenden sie dann zunächst

> das Zeichen $=$ zur Mitteilung der figürlichen Übereinstimmung, das Zeichen $\neq$ zur Mitteilung
> der Verschiedenheit zweier Ziffern: die Zeichen $<$, $>$ zur Bezeichnung der noch zu erklärenden
> Größenbeziehung zwischen Ziffern.

Diese von ihnen so genannte *„figürliche Übereinstimmung"* bezieht sich hier als „Ziffern-
gleichheit" auf die von ihnen „Ziffern" genannten, beliebig lang zu denkenden *Zahlzeichen*
1, 11, 111, 1111, … und ist als „Identität dieser Zahlzeichen" aufzufassen. Auf S. 164 fügen
sie dann motivierend ein „elementares" Beispiel ein:

Eine gewisse Formalisierung der Identität haben wir bereits zur Verfügung durch die Möglichkeit, Variablen zu identifizieren. So wird z. B. durch die Formel $\overline{<(a,a)}$ zur Darstellung gebracht, daß die Beziehung „<" nicht zwischen a und demselben Ding besteht.

$<(a, a)$ bedeutet $a < a$, und der Oberstrich in der Formel bei obigem Zitat bezeichnet die logische Verneinung von $<(a, a)$, die wir heute mittels $\neg\, a < a$ darstellen. Mit Blick auf die geplante *Axiomatisierung der Gleichheit* stellen Hilbert & Bernays dann ergänzend fest:

Aber hiermit kommen wir nicht aus, wenn wir z. B. den Satz wiedergeben wollen: „Wenn a nicht kleiner als b und b nicht kleiner als a ist, so ist a dasselbe Ding wie b."

Sie schreiben dann, einen Ausweg aus diesem Dilemma andeutend:

Wir führen nun ein Prädikatensymbol für die Identität ein. Und zwar nehmen wir als solches, da wir keinen Anlaß haben, die Identität von der arithmetischen „Gleichheit" zu unterscheiden, das gewöhnliche Gleichheitszeichen
$$a = b \quad \text{(„}a \text{ gleich } b\text{").}$$

Darauf aufbauend formulieren sie die von ihnen so genannten „**Gleichheitsaxiome**"

(J1) $a = a$,
(J2) $a = b \rightarrow (A(a) \rightarrow A(b))$,

und sie kommentieren diese wie folgt:

Inhaltlich kann die Formel (J1) als Formalisierung des „Satzes der Identität" angesprochen werden, und der Formel (J2) entspricht der Satz, daß Gleiches für Gleiches gesetzt werden kann.

Beide Axiome drücken aus, was wir wohl wie selbstverständlich mit „Gleichheit" verbinden:
- Gemäß (J1) ist jedes Ding sich selbst gleich,

und das zweite Axiom können wir „elementar" wie folgt plausibel machen:
- Ist $A(a)$ eine Aussageform und gilt $a = b$, dann gilt auch $A(a) \rightarrow A(b)$, d. h., dann folgt aus $A(a)$ stets auch $A(b)$.

Überraschenderweise lässt sich dann allein darauf gründend beweisen, dass diese so durch nur zwei Axiome charakterisierte „Gleichheitsrelation" eine *Äquivalenzrelation* ist:

1. (J1) ist ersichtlich gerade die **Reflexivität**.

2. Mit „$A(x)$" in der Interpreation von „$x = a$" wird (J2) zu $a = b \rightarrow (a = a \rightarrow b = a)$. Mit (J1) und dem *modus ponens* (dieser besagt kurz: „aus ϕ und $\phi \rightarrow \psi$ folgt ψ") ergibt sich: $a = b \rightarrow b = a$, und das ist die **Symmetrie**.

3. Mit „$A(x)$" in der Interpretation von „$x = c$" wird (J2) zu $a = b \rightarrow (a = c \rightarrow b = c)$. Aus $a = b \rightarrow (a = c \rightarrow b = c)$ ergibt sich mittels Tausch von a und b: $b = a \rightarrow (b = c \rightarrow a = c)$. Mit $a = b \rightarrow b = a$ (der „Symmetrie", s. o.) ergibt sich über den *Kettenschluss* (dieser besagt kurz: „aus $\phi \rightarrow \psi$ und $\psi \rightarrow \theta$ folgt $\phi \rightarrow \theta$"): $a = b \rightarrow b = a \rightarrow (b = c \rightarrow a = c)$, und damit also $a = b \rightarrow (b = c \rightarrow a = c)$. Zusammenfassend folgt $a = b \wedge b = c \rightarrow a = c$, und das ist die **Transitivität**.

Bereits die beiden Gleichheitsaxiome (J1) und (J2) erhalten also erstaunlicherweise die *drei Eigenschaften einer Äquivalenzrelation*: Reflexivität, Symmetrie und Transitivität:

(R) $a = a$, (S) $a = b \rightarrow b = a$, (T) $a = b \wedge b = c \rightarrow a = c$.[628]

Nehmen wir nun die Position ein, „Gleichheitsaxiome" aufgrund unseres intuitiven, unreflektierten und seit langem geübten Umgangs mit der „Gleichheit" *entdecken zu wollen*, so stehen wir vor einem Problem:

(J1) ist zwar so naheliegend und selbstverständlich, dass man es kaum notieren mag, aber (J2)? *Wie soll man das entdecken?* Die Verwendung dieses Axioms bei HILBERT und BERNAYS mag daher Bewunderung bewirken.

Dagegen ist die in $a = b \rightarrow b = a$ in obigem Beweis zum Ausdruck kommende *Symmetrie* plausibel und von der zu beschreibenden „Gleichheit" wie selbstverständlich zu erwarten. Anders ist es hingegen bei der in $a = b \wedge b = c \rightarrow a = c$ erscheinenden *Transitivität*. Diese erweist sich zwar als nachvollziehbar, aber wie soll man *hier* darauf kommen?

Naheliegender ist stattdessen wohl die sog. „**Drittengleichheit**":

$$(D) \ a = c \wedge b = c \rightarrow a = b$$

Diese lässt sich verbal wie folgt plausibel beschreiben:

* *Wenn zwei Dinge einem dritten Ding gleich sind, dann sind sie auch untereinander gleich.*

Diese „Drittengleichheit" (vgl. dazu S. 452) ist nicht transitiv, wie man z. B. anhand der „Kleiner-als"-Relation sieht, also folgt (T) nicht aus (D). Es folgt andererseits aber auch (D) nicht aus (T), wie man anhand der von OSTROWSKI „stammverwandt" genannten Relation (vgl. S. 442) sehen kann, die er wie folgt definiert (ebd., S. 20):

> Wir wollen z. B. zwei Menschen a und b «*stammverwandt*» nennen, wenn eines der Eltern von a die gleiche Muttersprache hat wie eines der Eltern von b.

Obwohl die Axiome (D) und (T) also nicht äquivalent sind, gilt dies nun erstaunlicherweise für die beiden *Axiomensysteme* {(R), (S), (T)} und {(R), (S), (D)}, wie sich leicht beweisen lässt. Damit halten wir fest:

* Für die „**Gleichheit**" gelten anscheinend alternativ folgende Axiome:

  1. (R) $a = a$,   (S) $a = b \rightarrow b = a$,   (T) $a = b \wedge b = c \rightarrow a = c$.

  2. (R) $a = a$,   (S) $a = b \rightarrow b = a$,   (D) $a = c \wedge b = c \rightarrow a = b$.

Da hier nun andererseits jeweils das Axiomensystem einer Äquivalenzrelation vorliegt, würden „gleich" und „äquivalent" übereinstimmen, „Gleichheit" und „Äquivalenz" wären dann in der Tat Synonyme.

Doch haben wir damit wirklich das Gewünschte erreicht?

HILBERT & BERNAYS schreiben dazu (ebd., S. 167):

---

[628] Der Einfachheit halber steht auch hier nur der Subjunktionspfeil ohne Allquantor.

Diese drei Eigenschaften der Reflexivität, der Symmetrie und Transitivität zusammen werden oft als charakterisierende Eigenschaften der Gleichheitsbeziehung genannt. Dabei handelt es sich aber nicht um die Gleichheit speziell im Sinne der Identität, sondern vielmehr nur um *irgendeine Art von Übereinstimmung.*

Auch [FELGNER 2020 a] befasst sich in seiner Untersuchung mit der Frage nach dem Unterschied zwischen „Gleichheit" und „Äquivalenz" und kommt zu dem Ergebnis, dass zwar jede Gleichheitsrelation eine Äquivalenzrelation ist und umgekehrt, die beiden Begriffe sich aber dennoch subtil unterscheiden (ebd., S. 117):

> Die Begriffe der *Äquivalenz* und der *Gleichheit* haben also dieselbe Bedeutung, sie sind *synonym* (συνώνυμος = dasselbe benennend). Sie haben also dieselbe *Extension*, aber sie haben nicht dieselbe *Intension*. Niemand würde in einem mathematischen Kontext den Ausdruck „ *ist gleich"* durch „ *ist äquivalent"* ersetzen – auch nicht umgekehrt. Anders als im Begriff der Gleichheit muß im Begriff der Äquivalenz nicht explizit auf die Übereinstimmung der jeweils relevanten Merkmale Bezug genommen werden.

9.4.6   Ungleichheit und Verschiedenheit

Nachdem die mit dem Terminus „Gleichheit" verbundenen Aspekte erörtert worden sind, scheint es nun ein Leichtes zu sein, entsprechend zu klären, was mathematisch mit „Ungleichheit" gemeint ist.

Beginnen wir mit dem Paar „Gleichheit – Ungleichheit". Das Präfix „un-" bezeichnet bei Nomen und Adjektiven eine Verneinung oder eine negative Bewertung, „ungleich" bedeutet damit „nicht gleich". Damit wäre all das, was nicht „gleich" ist, als „ungleich" anzusehen. Die „Gleichheit von Dingen" beinhaltet aber, dass die „Kriterien der Vergleichbarkeit" mit zu nennen sind (vgl. das erste Zitat von [FELGNER 2020, 113] auf S. 438):

> Die Merkmale, worin die Gegenstände übereinstimmen, sollten mitgenannt werden! […]. Der Begriff der *Gleichheit* ist nur dann klar und exakt, wenn die Gesamtheit aller Merkmale, auf die es ankommt, angegeben wird. Die Relation der *Gleichheit* ist auch nur dann *transitiv*, wenn sich die einzelnen Gleichheitsbeziehungen immer auf *dieselben* Merkmale beziehen.

Folglich *muss* sich „Ungleichheit" auf jeweils dieselben Kriterien beziehen, und wir können zunächst notieren:

- Genau dann gilt $a \neq b$, wenn $a = b$ *nicht* gilt, formal: $a \neq b \Leftrightarrow \neg\, a = b$.

Damit können z. B. Äpfel und Birnen durchaus „vergleichbar" sein, falls man geeignete Kriterien findet bzw. nennt (z. B. Gewicht, Volumen, …).

➢ *„ungleich" ist damit stets kontextbezogen relativ zu „gleich" zu sehen!*

Andererseits treten beispielsweise in angeordneten Körpern wie etwa in $(\mathbb{R}, +, \cdot, \leq)$ die „Ungleichheitszeichen" $<, \leq, >$ und $\geq$ auf, die entsprechend definiert sind, etwa

$$a \leq b \Leftrightarrow a = b \vee \exists x : x > 0 \wedge a + x = b$$

usw., ähnlich in anderen Ordnungsstrukturen wie z. B. in Verbänden.

Wir haben es also in der Mathematik mit *zwei unterschiedlichen Typen von Ungleichheiten* zu tun, nämlich *einerseits* mit Bezug auf einen konkreten Gleichheitsbegriff mittels $a \neq b$ (s. o.), *andererseits* mit Bezug auf einen Positivitätsbegriff in einer Ordnungsstruktur.

Beachten wir nun – wie bereits festgestellt –, dass jede Identität auch eine Gleichheit ist, dass aber nicht notwendigerweise das Umgekehrte gilt, so könnte man die Frage stellen, ob denn auch irgendwelche zwei „Dinge" un-identisch" (im Sinne von „nicht identisch") sein können und was das sein könnte: Kann es also eine „Un-Identität" geben?

Dann wären zunächst alle falschen Gleichheits-*Aussagen* wie z. B. $7 + 5 = 10$ als „Un-Identitäten" anzusehen, weil sie formal wie eine Identität aussehen.

Aber auch alle Variablen enthaltenden „Gleichungen" würden dazu gehören, ferner auch „Ungleichungen" – und schließlich alles, was nicht eine Identität ist. Doch damit würde es sich aber als un-sinnig erweisen, in der Mathematik von „un-identisch" oder von einer „Un-Identität" zu sprechen, und das mag ein Grund dafür sein, dass dieser Terminus in der Mathematik nicht existiert.

Schließlich sei noch auf den bisher nicht verwendeten Terminus „verschieden" eingegangen. Dieser ist in der Mathematik selten anzutreffen, was daran liegen mag, dass seine Bedeutungsvielfalt im Alltag reichhaltig ist, wie eine Suche nach Synonymen zeigt. Zwar könnte man spontan geneigt sein, im mathematischen Kontext „verschieden" als synonym zu „ungleich" anzusehen. Aber nach den bisherigen Betrachtungen könnten zwei „verschiedene" Dinge in bestimmter Hinsicht ggf. als „gleich" gelten, so dass sie dann nicht „ungleich" wären, weil „ungleich" gleichbedeutend mit „nicht gleich" ist.

Damit wäre dann „verschieden" nicht synonym zu „ungleich". Was also soll „verschieden" bedeuten?

Bei [DEDEKIND 1888, 1] finden wir sinngemäß die Auffassung,

* *„verschieden" ist kontradiktorisches Gegenteil von „identisch",*

ebenso später bei [HILBERT & BERNAYS 1934, 163]:[629]

> In jeder axiomatischen Theorie werden die Grundverknüpfungen bezogen auf ein oder mehrere Systeme von Dingen, innerhalb deren man die Sonderung der Individuen als bestehend voraussetzt. Dieser Auffassung entspricht es auch, daß in diesen Theorien (im allgemeinen) die Identität bzw. ihr Gegenteil, die Verschiedenheit, nicht mit unter den implizite durch die Axiome zu charakterisierenden Grundbeziehungen – wie z. B. in der Geometrie den Beziehungen der Inzidenz, des Zwischenliegens, der Kongruenz – aufgeführt, sondern als ein Begriff der inhaltlichen Logik benutzt wird.

Wir halten fest:

* „nicht identisch" und „verschieden" sind zwar *Synonyme*, jedoch sind „ungleich" und „verschieden" im mathematischen Kontext aufgrund der Reihung „gleich – ununterscheidbar – identisch" *keine Synonyme* (vgl. Abschnitt 9.4.4).[630]

---

[629] Hervorhebung nicht im Original.

[630] Allerdings sieht DEDEKIND „ungleich" und „verschieden" in seinem Buch ʻ*Stetigkeit und irrationale Zahlen*ʼ (1872) damals noch als Synonyme an (ebd., S. 13)!

9.4.7   Zu einer axiomatischen Fassung des Identitätsbegriffs

FELGNERs bisher schon zitierte Abhandlung über „Äquivalenz, Gleichheit und Identität" zielt auf die Formulierung und den Beweis des **Vollständigkeitssatzes** von KURT GÖDEL (1930). Diesem Satz hat FELGNER jedoch eine andere Form gegeben, um den Aspekt der *impliziten Definierbarkeit* des *Begriffs der Identität*, eingeschränkt auf Sprachen der ersten Stufe[631], hervorzuheben. Dadurch macht er deutlich, dass alles, was vom *Inhalt der Identität* durch Sprachen erster Stufe ausdrückbar ist, aus den beiden folgenden – hier zunächst unverständlich bleibenden – Axiomen (i) und (ii) beweisbar ist:

(i) $\forall x\,(x \equiv x)$,

(ii) *für jede $\mathcal{L}$-Formel Φ die Aussage:* $\forall x\,\forall y\,(x \equiv y \Rightarrow (\Phi \Rightarrow \Phi^*))$.

Der von FELGNER in Anlehnung an GÖDEL geführte Beweis (ebd.) ist in diesem Rahmen nicht vermittelbar. Sein Satz kann jedoch inhaltlich andeutungsweise plausibel gemacht werden:

Eine „formale Sprache $\mathcal{L}$" ($\mathcal{L}$ steht für „lingua") ist in der Mathematischen Logik eine *künstliche Sprache* (wie auch eine Programmiersprache), derer sich die Mathematik für die Formulierung von Definitionen, Theoremen und Beweisen bedienen kann. Sie enthält ein „Alphabet" für festgelegte Zeichen („Konstanten") und „außerlogische Zeichen" wie Variablen, Operationszeichen usw. (s. o.), so dass man damit zunächst „nicht-logische Terme" bilden kann und schließlich mittels Relationszeichen und „logischen Zeichen" wie ¬, ⇒ und z. B. dem Allquantor $\forall$ zu sog. „$\mathcal{L}$-Formeln" kommt (naiv denke man an Aussagen und Aussageformen), die also in der vorgelegten Sprache $\mathcal{L}$ „formulierbar" sind.

Der von FELGNER formulierte Satz lautet dann (ebd. 2020 a, S. 125):

• **Satz:**
Für jede formale Sprache $\mathcal{L}$ der ersten Stufe[631], *die das 2-stellige Relations-Zeichen* $\equiv$ *unter ihren außerlogischen Zeichen enthält, und die mit den üblichen logischen Zeichen* ¬, ⇒, $\forall$ *ausgestattet ist, gilt, dass jede $\mathcal{L}$-Formel Ψ, die in allen solchen $\mathcal{L}$-Strukturen gilt, in denen die Relation* $\equiv$ *durch die Identität interpretiert wird, auch aus den üblichen Axiomen für* ¬, ⇒, $\forall$ *zusammen mit der folgenden Liste* (i) & (ii) *von $\mathcal{L}$-Formeln rein syntaktisch mit den üblichen Herleitungsregeln des Prädikatenkalküls der 1. Stufe gewonnen werden kann,*

(i) $\forall x\,(x \equiv x)$,

(ii) *für jede $\mathcal{L}$-Formel Φ die Aussage:* $\forall x\,\forall y\,(x \equiv y \Rightarrow (\Phi \Rightarrow \Phi^*))$.

Damit kommen wir zu einer Deutung der beiden Axiome (i) und (ii) aus dem oben angegebenen Satz:

---

[631] „Sprachen der 1. Stufe" gestatten *Quantifizierungen nur über Elemente des Objektbereichs,* „Sprachen der 2. Stufe" z. B. auch über deren Teilmengen, „infinitäre Sprachen" z. B. Formeln „unendlicher Länge" wie $\forall x\,(A_1(x) \land A_2(x) \land \ldots)$. Zu den hier verwendeten Quantorsymbolen vgl. S. 73 f.

Zunächst fällt die rein äußerliche Ähnlichkeit mit den von HILBERT & BERNAYS verwendeten Gleichheitsaxiomen (J1) und (J2) auf:[632]

$$\text{(J1)} \quad a = a,$$

$$\text{(J2)} \quad a = b \rightarrow (A(a) \rightarrow A(b)).$$

Das gilt insbesondere für die jeweils ersten Axiome (J1) und (i). Die Autoren verwenden hier
das Gleichheitszeichen als „*Prädikatensymbol für die Identität*", denn sie sehen „*keinen
Anlaß [...], die Identität von der arithmetischen Gleichheit zu unterscheiden*".[633]

FELGNER verwendet stattdessen das Zeichen „≡" als ein „leeres Zeichen" und schreibt erläuternd:[634]

> Man kann das Zeichen „=" als Symbol verwenden, womit dann gemeint ist, daß es unausgesprochen
> einen bestimmten Inhalt meint und daß man diese Bedeutungen immer meint, wenn es benutzt wird.
> Das Wort „Symbol" ist ja aus „syn" und „ballein" zusammengesetzt und deutet an, daß hier einem
> Gegenstand eine Bedeutung „hinzugefügt" (!!) wurde, die er von sich aus gar nicht hat. Ich verwen-
> de in dem Satz ein Zeichen (ich habe ≡ gewählt) aber als leeres Zeichen. Dazu sollte ein weniger
> übliches Zeichen gewählt werden. Ich hätte auch irgendeine andere unübliche Figur nehmen kön-
> nen. Es muß nur klar sein, daß mit dem Zeichen kein stillschweigend vereinbarter Inhalt verbunden
> ist und daß man nur solche Beweisregeln verwenden darf, die ausdrücklich angegeben sind.

Im Zentrum des zweiten Axioms (ii) steht ohne hier notierte Quantoren: $x \equiv y \Rightarrow (\Phi \Rightarrow \Phi^*)$.
Das ähnelt (J2) bei HILBERT & BERNAYS. Doch was bedeutet „$\Phi \Rightarrow \Phi^*$"?
[FELGNER 2020 a, 120] schreibt dazu, dass

> [...] Φ die Menge aller Formeln einer vorgegebenen Sprache $\mathscr{L}$ durchläuft, in denen die Variable x
> frei vorkommt und y eine Variable ist, durch die x in Φ frei ersetzt werden kann, und Φ^* aus Φ
> dadurch hervorgeht, daß an einigen Stellen, an denen x frei vorkommt, x durch y ersetzt wird.

Und er erläutert in einer Fußnote, was „*frei ersetzbar*" bedeutet (ebd.):

> Sei Φ eine Formel, x eine Variable und sei t ein Term. Dann ist x in Φ durch t *frei ersetzbar*,
> wenn an jeder Stelle, an der x in Φ frei vorkommt, keine Variable, die in t vorkommt, in den
> Wirkungsbereich eines Quantors gerät.

Im Axiom (J2) von HILBERT & BERNAYS ist $A(b)$ diejenige „Formel" (wir können „Aussageform" sagen), die aus $A(a)$ hervorgeht, indem an *jeder* Stelle, an der dort die Variable a steht,
diese durch b ersetzt wird. Damit schließt FELGNERs Axiomensystem dasjenige von HILBERT
& BERNAYS ein – es ist also *umfassender*!

Was wurde dadurch erreicht?

FELGNER stützt seine Untersuchung auf Betrachtungen von GOTTLOB FREGE, denen solche
von GOTTFRIED WILHELM LEIBNIZ vorausgehen. So schreibt [FELGNER 2020 a, 122] mit Bezug
auf FREGES '*Begriffsschrift*' (1879, ebd., §8, S. 15):

---

[632] Vgl. S. 443.
[633] Vgl. S. 443.
[634] In einer Mitteilung vom 13. 11. 2019 an mich.

In seiner *'Begriffsschrift'* aus dem Jahre 1879 führt FREGE einen sehr starken Gleichheitsbegriff ein, den er „*Inhaltsgleichheit*" nennt. Zwei Namen *A* und *B* sind *inhaltsgleich*, in Zeichen *A* ≡ *B*, wenn die von ihnen bezeichneten Gegenstände dieselben Attribute (!) besitzen [...]. In den Logik-Kalkül kann er von dieser Definition nur das aufnehmen, was formalisierbar ist. Es sind dies (in Anlehnung an ARISTOTELES und LEIBNIZ) die folgenden „*Gleichheits-Axiome*" (loc. cit. p. 50) – wobei wir die heute übliche Notation verwenden.

FELGNER übersetzt also FREGES (im Zitat nicht aufgeführten) Axiome in folgende Notation und erhält damit genau die im obigen Satz angegebenen Formulierungen:

(i) $\forall x\,(x \equiv x)$,

(ii) *für jede $\mathcal{L}$-Formel* Φ *die Aussage:* $\forall x\,\forall y\,(x \equiv y \Rightarrow (\Phi \Rightarrow \Phi^*))$.

In (ii) ist $\mathcal{L}$ die Sprache (erster Stufe)[631] der jeweils betrachteten mathematischen Situation, und Φ^* entsteht aus Φ wie im vorseitigen Zitat angegeben. Doch was ist der Unterschied zum von FELGNER angegebenen Satz? Hierzu muss man wissen, dass bereits LEIBNIZ versucht hatte, eine Definition für die „Identität" zu geben, die sich gemäß [FELGNER 2020 a] wie folgt notieren lässt:

$$\forall x\,\forall y\,(x \equiv y \Leftrightarrow \forall \Phi(\Phi \Leftrightarrow \Phi^*))$$

Wegen der Doppelpfeile wäre dies sogar eine *Definition* der Identität, denn LEIBNIZ war aufgrund des sog. *Individuationsprinzips* davon überzeugt, dass sich die „Identität" definieren lasse. Dieses Prinzip besagt in heutiger Sichtweise (sehr verkürzt dargestellt), dass zwei ununterscheidbare Dinge stets identisch und damit „einerlei" sind (vgl. Abschnitt 9.4.4, S. 439 ff.), dass also „ununterscheidbar" und „identisch" bedeutungsgleich sind, *dem hier jedoch nicht gefolgt wird* (vgl. Abschnitt 9.4.4, S. 439 f.)!

FREGE war aber gemäß FELGNER der Auffassung, dass eine solche Definition der Identität *nicht möglich* sei, dass also die rechte Seite in (ii) *nur eine notwendige* Bedingung für die Identität sei. Und zwar schreibt [FELGNER 2020 a, 124]:

> In (ii) wird also nicht versucht, den Begriff der Identität zu definieren, sondern nur die Gültigkeit von einigen Eigenschaften gefordert, die zum Inhalt des Begriffes der Identität gehören. FREGE mußte auf die hinreichende Bedingung verzichten, weil ihre Gültigkeit nur unter der Voraussetzung des Individuations-Prinzips zu rechtfertigen wäre, aber dieses Prinzip in der Mathematik ungültig ist [...]. Überdies wäre die hinreichende Bedingung nur in einer infinitären Sprache oder einer Sprache der 2. Stufe ausdrückbar.[631]

Vorliegende Betrachtungen zu *Gleichheit* und *Identität* sind zielgerichtet in Bezug auf die Bedeutung für die Mathematik. Die Betrachtungen in der Philosophie sind jedoch sowohl umfassender als auch inkonsistent oder gar widersprüchlich. So vertritt LUDWIG WITTGENSTEIN in seinem *'Tractatus logico-philosophicus'* bei Nr. 5.5303 die Auffassung:

> Von *zwei* Dingen zu sagen, sie seien identisch, ist ein Unsinn, und von *Einem* zu sagen, er sei identisch mit sich selbst, sagt gar nichts.

Für die Mathematik wurde mit FELGNERS Satz Klarheit geschaffen.

9.4.8   Ein kritischer Rückblick

Alle Wissenschaften bedienen sich im Rahmen ihrer sich weiter entwickelnden Fachsprachen zwecks eindeutiger interner Kommunikation der *Prägung fachlicher Termini* (es heißt hier bewusst nicht „Begriffe"). Hierbei werden auch in der Alltagssprache übliche, anscheinend sinnfällige Termini verwendet (aber auch aus Fremdsprachen und „alten Sprachen"). In der Mathematik denke man hierbei z. B. in der Analysis an die Termini „Folge", „stetig", „Schranke" oder „Grenze", in der Topologie an „Kurve" und „Kreis" oder „Nachbarschaft".

Eine solche Vorgehensweise der Verwendung alltagssprachlicher Termini ist situativ sinnvoll. Allerdings besteht dabei die Gefahr einer unangemessenen partiellen Rückwirkung auf die Alltagssprache: so etwa, wenn Mathematiker sich darüber mokieren, falls jemand im Alltagskontext beispielsweise die Beschreibung *„fast alle"* verwendet, wobei dann doch „alle" aber nur „endliche viele" sind. Und dabei hat man in der „Alltagskommunikation" doch ein gutes (wenn auch nicht stets scharfes) Gefühl dafür, was denn situativ mit *„fast alle"* gemeint ist (was dann allerdings mathematisch „nicht passt").

Für Lehrpersonen kommt es nun darauf an, bei der Einführung neuer Fachtermini durch fachinterne Neuinterpretation bereits existierender Alltagstermini vorsichtig vorzugehen und zu verdeutlichen, dass und weshalb man diesen nun in neuer Weise zu verstehenden Terminus in diesem Kontext so und nicht anders verstehen will, ferner, dass dies keineswegs bedeuten würde, diesen nun auch im Alltagskontext genau so und nicht anders verstehen zu sollen oder gar zu müssen. Hierzu schrieb mir ULRICH FELGNER vertiefend das Folgende in Bezug auf „Gleichheit" und „Identität":[635]

> Manche Begriffe der Mathematik, z. B. der Begriff der „Menge" kommen aus der Umgangssprache und werden dann in der Mathematik in einem leicht veränderten Sinne gebraucht. Aber die Begriffe der Gleichheit und der Identität werden in der Mathematik so gebraucht (oder: sollten so gebraucht werden), wie sie ursprünglich in den Umgangssprachen entstanden sind. Nur die Alltagssprache hat die exakte Verwendung im Laufe der Jahrhunderte verwässert und verschlampert.

Man denke hierbei z. B. an den Terminus „Folge": Bei Fernsehserien ist jeder einzelne Film dieser gesamten Serie eine „Folge", im mathematischen Verständnis wäre jedoch die gesamte Serie als „Folge" zu bezeichnen, während die einzelnen Filme dieser Serie in der Mathematik dann „Folgenglieder" heißen (nicht etwa „Folgeglieder", was etwas anderes ist und mit „folgen" zusammenhängt). Wenn „Folge" nun in der Mathematik in bestimmter Weise zu verstehen ist, wäre es unsinnig, sich zu erheben und sich über eine „falsche" Bezeichnungsweise bei den Fernsehsendern zu beschweren. Zudem ist die heutige mathematische Bedeutung von „Folge" relativ neu, denn noch EULER sprach synonym dazu von „Progression" oder „Reihe"[636], und noch zum Ende des 19. Jahrhunderts sprach man von einer „Reihe" als einer *„nach einem bestimmten Gesetz gebildete Folge von Größen"*.[637]

---

[635] Am 14. 02. 2020 .
[636] HISCHER & SCHEID, *Materialien zum Analysisunterricht*, Freiburg: Herder, 1982.
[637] [MEYERS KONVERSATIONSLEXIKON, Band 14, 1897].

Diese Vorbetrachtungen sollten nun auch in Bezug auf Interpretationen von „gleich", „Gleichheit" und „Identität" beachtet werden: So wurde in Abschnitt 9.4.4 auf S. 441 wohlbegründet folgende *Sprachregelung zur Deutung für „identisch"* getroffen:

„Zwei Dinge" können nur dann identisch sein, wenn sie eines sind, also *ein-und-dasselbe* sind bzw. *einerlei* sind. Das bedeutet: Wenn zwei Dinge tatsächlich *einzeln und unabhängig voneinander* existieren sollten und dennoch in jeder Hinsicht übereinstimmen, so sind sie lediglich *ununterscheidbar*, nicht aber *identisch*.

Das steht jedoch nicht im Einklang mit Alltagsauffassungen, bei denen man – neben anzutreffenden Wendungen wie „kaum unterscheidbar" oder „fast identisch" – zwei voneinander getrennt existierende, gleichwohl ununterscheidbare Dinge durchaus als „identisch" anzusehen pflegt: „Identisch" und „ununterscheidbar" werden dann also als Synonyme angesehen – ganz im Gegensatz zur hier vorgestellten Auffassung (vgl. die *Sprachregelung* auf S. 441).

Ferner: Während wir also nun im mathematischen Kontext Demonstrativpronomina wie „dasselbe" usw. nur auf (im Sinne obiger Sprachregelung) „identische Dinge" (deren es also dann nur eines gibt) beziehen, so können sich im Alltagskontext scheinbar kuriose Situationen ergeben, etwa bei einer Feststellung wie: *„Elefanten und Büffel fressen dasselbe Gras."* Das hier zur Debatte stehende „Ding" ist keineswegs das gerade konkret von einem Tier gefressene Gras als etwas Materielles, sondern es geht um „Gras" als „Gattung" (vgl. das Newsletter-Zitat auf S. 435), und auch die „Tiere" sind hier nur als Gattungen, nicht als Individuen gemeint.

Der Terminus *„gleich"* begegnet uns in vielen Wortzusammensetzungen, so beispielsweise den folgenden:

Alltagskontext: *angleichen, begleichen, vergleichen / ohnegleichen, seinesgleichen / gleichschalten, gleichsetzen, gleichstellen, gleichwerden, gleichziehen / gleichartig, gleichbedeutend, gleichgesinnt, gleichlautend / vergleichbar, unvergleichbar, unvergleichlich / gleichgültig, gleichrangig, gleichwertig / Gleichstand, Gleichstellung, Gleichmacherei …*

Mathematik: *gleichsetzen, gleichnamig, gleichseitig, gleichwinklig, …*

Physik: *gleichviel, gleichzeitig, Gleichgewicht, Gleichspannung …*

Der in den vorherigen Abschnitten erörtere Terminus „gleich" taucht hier in Wortbildungen von Verben, Adjektiven, Adverbien und Nomen auf, z. T. im mathematischen Kontext. Ein inhaltlicher Vergleich solcher Wortbildungen mit einem für die Mathematik angestrebtem Verständnis bietet sich an, kann und soll aber hier nicht durchdekliniert werden.

So richten wir nachfolgend den Blick *nur auf „mathematiknahe"* wie:

gleichsetzen, gleichwertig, angleichen, vergleichen

- **Gleichsetzen**

Die mathematische Bedeutung liegt i. d. R. im „Gleichsetzen von Termen", was dann bekanntermaßen zu „Gleichungen" mit dem Ziel deren Lösung führt.

Ein „Gleichsetzen" findet man auch *außerhalb der Mathematik,* so gemäß DUDEN z. B. synonym zu „als gleichwertig ansehen" oder „vergleichbar machen", ferner „als gleich ansehen" oder „über einen Kamm scheren", aber auch „als dasselbe ansehen" oder „identifizieren": Dann liegt *nicht* der Fall vor, dass zwei gegebene Dinge schon „gleich sind", sondern dass sie erst „gleich gemacht" werden sollen (und auch können).

Wenn „gleich" jedoch relativ in Bezug auf festzulegende Merkmale zu verstehen ist, geht das streng genommen nur dann, wenn man die Merkmale ändert, und bei *„als dasselbe ansehen"* oder *„identifizieren"* (s. o.) geht es im vorgestellten Verständnis von „identisch" eigentlich (!) nicht. Hier ist man offensichtlich im Alltag großzügiger oder ungenauer.

- **Gleichwertig**

„Gleichwertig" ist in der Mathematik als „Äquivalenz" erklärt, im Alltag offenbar großzügiger wie z. B. bei „als gleichwertig ansehen" (s. o.).

- **Angleichen**

Hier ist auf die Abhandlung [FELGNER 2016] zu verweisen, in der nachgewiesen wird, dass die von FERMAT entwickelte bekannte Methode der Berechnung der Tangentensteigung eigentlich ein „Gleichwerden" als ein „Sich-Angleichen" ist, d. h. ein *Sich-Näher-Kommen,* bis sie zu einem einzigen Punkt verschmolzen sind.

- **Vergleichbar**

Wenn in der *Mathematik* zwei Dinge auf „Vergleichbarkeit" überprüft werden sollen, also „verglichen" werden sollen, so dienen dazu „Gleichungen" oder „Ungleichungen". Eine *außermathematische* Deutung von „vergleichbar" ist (neben anderen denkbaren) auch beim „Gleichsetzen" (s. o.) erkennbar.

9.4.9   Tertium comparationis – Drittengleichheit

Ein weiterer Aspekt der *Vergleichbarkeit* ist im tertium comparationis (vgl. S. 434) zu sehen. Diese auch so genannte „**Drittengleichheit**" kann bei einer Äquivalenzrelation als eines der drei sie charakterisierenden Axiome alternativ zum (damit nicht äquivalenten!) Axiom der Transitivität gewählt werden (vgl. S. 444). In der Mathematik wird es aber kaum als Alternative erwähnt, obwohl es gemäß [FELGNER 2020 a] bereits in der griechischen Antike bei ARISTOTELES im siebten Buch von dessen 'Topik' als eines seiner allgemeinen Gesetze für den Umgang mit *Aussagen über identische Objekte* auftritt, und zwar lautet es dort (ebd.):

(A1):   *Wenn a und b dasselbe Ding und ebenso a und c dasselbe Ding bezeichnen,*
          dann bezeichnen auch b und c dasselbe Ding.

Als weiteres der beiden o. g. „Gesetze von ARISTOTELES" nennt FELGNER:

(A2):   *Wenn a und b dasselbe Ding bezeichnen, dann muß auch jede Eigenschaft,*
          die dem mit a bezeichneten Ding zugesprochen wird,
          ebenfalls dem mit b bezeichneten Ding zugesprochen werden.

Während nun (A1) für sich bereits schon für die *Gleichheit* gilt, trifft (A2) hingegen erst für die *Identität* zu, weil hier ja *jede Eigenschaft* angesprochen wird.

In MEYERS KONVERSATIONSLEXIKON von 1897 findet man passend zu (A1) folgenden Eintrag zum „Tertium comparationis":

> **Tertium comparationis** (lat. »Das Dritte der Vergleichung«), der Vergleichspunkt, das, worin zwei verglichene Dinge übereinstimmen.

Das bedeutet für die „vergleichende" Betrachtung zweier beliebiger Dinge: Man suche ein drittes Ding, das zumindest solche Merkmale aufweist, die *auf jedes der beiden gegebenen Dinge* zutreffen. Dieses dritte Ding ist der „Vergleichspunkt". Die beiden gegebenen Dinge sind dann in *dieser (!) Hinsicht vergleichbar* und also in *diesem Sinne* „gleich".

Abschließend sei angemerkt, dass der Theologe ADOLF JÜLICHER (1857–1938) das tertium comparationis zur Auslegung von „Gleichnissen" (vgl. S. 434) herangezogen hatte.[638] Es ist ferner ein typisches Element in der Rhetorik und in der Lyrik, und es wurde – wenn auch in der Fachwelt umstritten – zur Deutung der bei HOMER auftretenden Gleichnisse herangezogen.

9.5   Ein allgemeiner Gleichungsbegriff

9.5.1   Vorbemerkung

Wir sind nun in der Lage, zu *definieren*, was man unter einer „Gleichung" verstehen kann bzw. soll, indem wir das in Abschnitt 9.4 auf S. 434 genannte Eingangszitat von FELGNER zugrunde legen, das am Ende seiner Untersuchung über Äquivalenz, Gleichheit und Identität als *Konsequenz* seiner modelltheoretisch fundierten Untersuchung steht:

> Diese und viele ähnlich lautende Belege zeigen, daß man in guter Gesellschaft ist, wenn man sich dafür entscheidet, einen Ausdruck wie $a = b$ als *Gleichung* zu lesen, aber zugleich betont, daß damit eigentlich eine *Identifikation* gemeint ist.

FELGNER spricht hier von „*Identifikation*" anstelle von „*Identität*" und vermeidet damit eine Doppeldeutigkeit von „*Identität*" (einerseits im Sinne einer *Eigenschaft*, andererseits als ein *Gebilde* wie *Gleichung*, im Englischen *equation* bzw. im Französischen *équation* genannt, wobei „Equation" merkwürdigerweise im Deutschen nicht üblich ist). Wenn wir darüber hinaus „Identifizierung" statt „Identifikation" sagen würden, ergäbe sich eine sehr schöne terminologische Kontrastierung von „*gleich vs. identisch*" mit „*Gleich-ung vs. Identifizier-ung*". Der statische Aspekt des Gleich-Seins bzw. des Identisch-Seins, also eines Zustands oder Produkts, würde dann mit dem dynamischen eines Prozesses kontrastiert werden.[639]

Diese Betrachtungen deuten bereits einen Weg an, wie wir zu einer Definition dessen kommen können, was unter einer „Gleichung" zu verstehen ist:

---

[638]   Siehe hierzu u. a. den Permalink https://www.bibelwissenschaft.de/stichwort/48932/.
[639]   Vgl. hierzu die philologischen Betrachtungen in Abschnitt 9.3.3.

In dem o. g. Zitat können wir ein Gebilde der Form $a = b$ nur dann als eine Identifizierung (bzw. gleichwertig als Identifikation, s. o.) ansehen, wenn sowohl a als auch b jeweils *Namen* für konkrete Objekte aus einem gegebenen Individuenbereich sind (die man dann „Konstante" nennt) und wenn ferner a und b *dasselbe Ding* (Objekt) bezeichnen und also identisch sind.

Nun ist „nur noch" ein Weg zu beschreiben, wie man von den beiderseits des „Gleichheitszeichens" (als dem Zeichen der Identität) befindlichen o. g. „Konstanten" a und b zu „variablenhaltigen" Termen kommt. Und die in Abschnitt 9.3 zusammengestellten phänomenologischen Aspekte sind zu berücksichtigen.

9.5.2   Zur Definition von „Gleichung"

Das „Herzstück" einer zu entwickelnden Definition für „Gleichung" liegt uns bereits in dem in Abschnitt 9.5.1 erneut wiedergegebenem Zitat von FELGNER vor, das zugleich die Quintessenz seines Essays (2020 a, ebd.) ist und das wir offenbar wie folgt aufschlüsseln können:

(i)   Wir verwenden das Zeichen „=" inhaltlich *primär* als *Zeichen der Identität* zweier
         Dinge, *lesen* es aber als „gleich" oder „ist gleich", genannt **„Gleichheitszeichen"**.

(ii)   Jedes so entstandene formale Gebilde der Gestalt „ $a = b$ " nennen wir **„Gleichung"**.

Das scheint oberflächlich gesehen mit dem enzyklopädischen Eintrag im *'Lexikon der Mathematik'* (2000, ebd.) vereinbar zu sein, wie es auf S. 426 zitiert wurde:

> **Gleichung**, zwei durch ein Gleichheitszeichen verbundene Terme, also z. B. $T_1 = T_2$ für Terme T_1, T_2, gesprochen „ T_1 gleich T_2"[,]

Hinsichtlich des *Gleichheitszeichens*, das in (i) inhaltlich als „Zeichen der Identität" betrachtet wird, findet man im *'Lexikon der Mathematik'* jedoch nur die Mitteilung, dass es 1557 von ROBERT RECORDE eingeführt wurde, um die „Gleichheit zweier algebraischer Terme" auszudrücken.[640] Worin eine solche „Gleichheit" besteht oder bestehen könnte, wird nicht mitgeteilt, auch nicht in dem umfangreichen Eintrag zu „Term" (ebd.), und die in (i) genannte „Identität" führt hier zunächst auch noch nicht weiter. (Zu „Identität" liegt dort kein Eintrag im hier vorliegenden Sinn vor.)

Immerhin suggeriert hier der Hinweis auf „algebraische Terme", dass es „nicht-algebraische Terme" geben könnte, was aber nicht thematisiert wird – auch im Eintrag zu „Term" tritt „algebraisch" nicht auf; möglicherweise ist nur eine Abgrenzung gegenüber „logischen Termen" gemeint, die also Gegenstand der Mathematischen Logik sind.

Da das *'Lexikon der Mathematik'* uns hier nicht weiter führt, beziehen wir uns auf Elemente der „Mathematischen Logik", wie sie z. B. in Kapitel 2 des gleichnamigen Vorlesungsskripts [FELGNER 2002] zu finden sind. FELGNER unterscheidet hier bei *logischen Termen* zwischen „offenen" und „konstanten" Termen (letztere nennt man auch „geschlossen"), was zu erläutern ist, wobei wir die weiteren Betrachtungen sinngemäß auf „algebraische Terme" übertragen:

---

[640]   Siehe hierzu Abschnitt 9.6, S. 462 ff.

„Algebraisch" soll hier bedeuten, dass mit Bezug auf Kapitel 5 ein *Verknüpfungsgebilde* $(M, *_1, *_2, \ldots)$ betrachtet wird, das aus einer nichtleeren *Trägermenge* M besteht, in der endlich viele zweistellige *Operationen* $*_1, *_2, \ldots$ (auch „Verknüpfungen" genannt) erklärt sind, also $*_1, *_2, \ldots : M \times \ldots \times M \to M$. Diese Verknüpfungen unterliegen „Gesetzen" wie z. B. dem Kommutativgesetz und ggf. „Verträglichkeitsaxiomen" wie z. B. dem Distributivgesetz.

Um allgemein zu definieren, was „Terme" sind, lassen wir den Zusatz „algebraisch" fortan weg und betrachten einfach „Strukturen", die ja z. B. auch geometrischer oder topologischer Art sein können. Und weiterhin können einstellige *Funktionen* $f_1, f_2, \ldots : M \to M$ vorliegen, so dass dann daraus gebildete *„Strukturen"* $(M, *_1, *_2, \ldots, f_1, f_2, \ldots)$ zu betrachten sind, also Gebilde wie Gruppen, Körper wie z. B. $(\mathbb{R}, +, \cdot)$ oder Mengenalgebren wie $(\mathcal{P}(M), \cap, \cup)$[641]. Auch können einzelne sog. „Konstanten" als feste Elemente zur jeweiligen Struktur hinzugenommen werden, z. B. „0" (wie bei einer Dedekind-Peano-Algebra)[642] oder „$\varnothing$".

(∗) „**Terme**" werden nun in derartigen Strukturen ähnlich wie in der Mathematischen Logik gebildet, und zwar durch *rekursiven Aufbau* mittels der in der betreffenden Struktur verfügbaren Operationen (s. o.) aus *Konstanten* (z. B. konkreten Zahlzeichen wie z. B. 0, 1, …, e, π, $\log_2(3)$, aus Zeichen für konkrete (konstante) Mengen wie $\varnothing$ oder $\mathbb{N}$ und aus *Variablen, Funktionstermen* und *Klammernpaaren*.

Diejenigen Elemente, aus denen bezüglich einer gegebenen Struktur auf diese Weise Terme gebildet werden, gehören dann zu einer konkreten **Sprache**[643] $\mathcal{L}$, zu der aber noch weitere Elemente wie z. B. logische Junktoren ($\land, \lor, \neg$) oder Quantoren („für alle", „es gibt") gehören können. Damit kommen wir zu „offenen" und zu „konstanten" Termen, vorab jedoch:

(9.1) Definition

Es sei $(M, \ldots)$ eine Struktur und T ein Term gemäß (∗). Dann ist

$$Fr(T) := \text{Menge aller in } T \text{ vorkommenden Variablen.}$$

$Fr(T)$ besteht also aus allen in T „**frei vorkommenden** (d. h. nicht gebundenen) **Variablen**". So ist z. B. $Fr(e^2) = \varnothing$, also $|Fr(e^2)| = 0$, hingegen ist $Fr(e^x) = \{x\}$, also $|Fr(e^x)| = 1$.

Das Kürzel „Fr" ist passend zu „freien Variablen" bei Aussageformen gewählt worden – im Gegensatz zu (z. B. mittels Quantoren) „gebundenen Variablen" (vgl. hierzu Abschnitt 2.3.5, S. 85). So gelangen wir mit Bezug auf FELGNER (siehe vorige Seite unten) zu folgender

---

(9.2) Definition

Bezüglich einer gegebenen Struktur $(M, \ldots)$ und jeden dort gebildeten Term T gilt:

- T ist ein **konstanter Term** $:\Leftrightarrow$ $Fr(T) = \varnothing$
- T ist ein **offener Term** $:\Leftrightarrow$ $Fr(T) \neq \varnothing$

Damit können wir nun definieren, was unter einer „Gleichung" zu verstehen ist.

---

[641] Vgl. Abschnitt 5.3, speziell auch Abschnitt 5.3.4.
[642] Siehe Abschnitte 6.3 und 6.4.
[643] Zu „Sprache" vgl. Fußnote 624 auf S. 436 und Fußnote 631 auf S. 447.

Zunächst seien aber Betrachtungen auf Basis der bisherigen Analysen und Deutungen einge-schoben, die auf eine Mitteilung von ULRICH FELGNER an mich zurückgehen:[644]

> Eine **Gleichung** ist im eigentlichen (ursprünglichen) Sinne eine in einer Sprache formulierte Aussage, in der ausgedrückt wird, daß zwei Namen (oder allgemeiner: zwei konstante Terme) gleiche Objekte bezeichnen würden.

Um das als eine Definition zu wählen, wäre zunächst zu klären, was „gleich" bedeuten soll, aber das haben wir (für die Mathematik!) bereits zu Beginn dieses Abschnitts auf S. 454 unter (i) festgelegt: In der Mathematik bedeutet „Gleichheit" stets „Identität" zweier Dinge, die mit dem Zeichen „=" formal zum Ausdruck gebracht wird, wobei jetzt hinzukommt, dass diese Dinge hier „konstante Terme" sind. Damit wäre also zunächst $2 = 3$ keine Gleichung, wohl aber $2 + 3 = 5$, wenn wir hinzufügen, dass $2 + 3$ und 5 für uns nicht selbst schon „Dinge" sind, sondern nur Namen für solche. FELGNER fügt daher obiger Mitteilung erläuternd hinzu:

> Ich habe hier ganz bewußt den Konjunktiv verwendet („würden"), denn das, was in einer Gleichung ausgedrückt wird, kann zutreffend sein, kann aber auch falsch sein. Im „Volksmund" wird eine Gleichsetzung allerdings nur dann als Gleichung bezeichnet, wenn sie wahr ist. Es ist jedoch sinn-voll, wie es in der Mathematik auch üblich ist, die Frage nach der Form einer Aussage von der Frage nach ihrer Wahrheit (die ja nur als Frage nach der Beweisbarkeit Sinn macht) zu trennen.

Mit Bezug auf die sprachunabhängige **Identität** gemäß S. 440, wie sie im von FELGNER formulierten und bewiesenen **Vollständigkeitssatz** von GÖDEL auf S. 447 gekennzeichnet wurde, bezeichnen wir die Identität nun nicht mehr wie dort mit dem Zeichen ≡, sondern wie in (i) auf S. 454 mit dem Gleichheitszeichen „=" und definieren nun „ Gleichung":

(9.3) Definition
S und T seien Terme in $(M, \ldots)$, und $=$ sei das *Zeichen der Identität*:
Dann ist $S = T$ eine **Gleichung**. ($=$ wird gelesen als „ist gleich".)

Es muss hierbei nachdrücklich und erneut auf die wohl überraschende, nun schon mehrfach erwähnte Feststellung der *Interpretation von „gleich" innerhalb der Mathematik* hingewiesen werden, wie es auch FELGNER in der oben erwähnten Mitteilung nochmals betont:[644]

> Objekte aus einem Bereich mathematischer Objekte heißen „gleich" (*par abus de language*, wie BOURBAKI sagen würde), wenn sie identisch sind, d. h., wenn sie dieselben Objekte sind.

> Damit wäre das Wort „gleich", das in der Umgangssprache recht weitgreifend verstanden wird, für die Mathematik in einem etwas engeren Sinne präzise festgelegt.

Konstante Terme S und T bezeichnen *Elemente* aus M und sind dann *Namen für Dinge*.[625] Wenn sie *dasselbe Ding* bezeichnen, sind ihre Interpretationen *identisch*. Wenn mindestens einer dieser beiden Terme *offen* ist, können *Einsetzungen* in *allen* Variablen zu einer wahren Aussage führen, die Gleichung ist dann *lösbar*, ggf. sogar für alle Einsetzungen (dann ist sie *allgemeingültig*). Wenn jedoch keine Einsetzung zu einer wahren Aussage führt, ist sie *unlös-bar*. Das führt zu folgender

---

[644] In einem Brief vom 17. 03. 2020 an mich.

> **(9.4) Folgerung**
>
> Für jede Gleichung $S = T$ in einer gegebenen Struktur $(M, \ldots)$ gilt:
>
> (a) Falls S und T konstante Terme sind,
>
> so ist $S = T$ entweder eine wahre Aussage oder eine falsche Aussage.
>
> (b) Ist mindestens einer der beiden Terme, S oder T, offen,
>
> so ist die Gleichung entweder *lösbar* (ggf. *allgemeingültig*) oder *unlösbar*.

Wir beachten, dass diese Definitionen und die Folgerung *nicht nur* für numerische Verknüpfungsgebilde wie z. B. $(\mathbb{R}, +, \cdot)$ gelten, sondern *für jede Struktur, in der Terme gebildet werden können und miteinander verglichen werden sollen*, denn alles basiert auf der *sprachunabhängigen (!) Identität* von Dingen, wie es schon auf S. 440 formuliert wurde:

> Der Begriff der Identität ist zudem sprachunabhängig, während der Begriff der Gleichheit [...] ganz wesentlich von der zugrundegelegten Sprache abhängig ist.

Gleichwohl muten die vorseitigen Vorbetrachtungen zur Definition eines Gleichungsbegriffs merkwürdig an, wenn man sie nur für sich betrachtet, weil auf diesem Wege wohl kaum nachvollziehbar wird, weshalb Gebilde wie $S = T$ als *Gleichungen* bezeichnet werden sollen, wo doch hier eigentlich kaum etwas „gleich" ist, sondern allenfalls identisch. Wir kommen dazu auf die Betrachtungen von Abschnitt 9.3 zurück, die von der hier vorgelegten Definition von „Gleichung" nicht losgelöst werden können. Passend hierzu schrieb mir FELGNER[645] mit Bezug auf unsere bisherigen jeweiligen Betrachtungen zu Gleichheit und Identität:

> Die Analyse der Begriffe Äquivalenz, Gleichheit und Identität bezieht sich eigentlich nur auf Ausdrücke der Form $a = b$, wobei a und b Namen für Dinge (also Elemente von Strukturen) sind, also konstante Terme. Der Umgang mit offenen Termen ist in der Umgangssprache nicht verankert. Man kann also nur festhalten, daß man in der Mathematik den vertrauten Sprachgebrauch erweitert hat und jeden sprachlichen Ausdruck der Form $s(x, y, \ldots) = t(x, y, \ldots)$ als „Gleichung" bezeichnet, so wie es Ihre Beispiele aus Abschnitt 9.3 nahelegen. Ein solcher Ausdruck kann in einer Struktur allgemeingültig, oder erfüllbar oder gar unerfüllbar (also falsch) sein. Der hier verwendete Sprachgebrauch ist daher nicht mehr aus der Umgangssprache begründbar. Genauso ist es ja schon in der elementaren Arithmetik: Multiplikation mit positiven ganzen Zahlen ist noch inhaltlich ein „Vervielfältigen", aber „Multiplikation" mit gebrochenen Zahlen oder gar negativen Zahlen ist kein „Vervielfältigen" mehr. Hier wird der Sprachgebrauch erweitert.

Erweiterungen des Sprachgebrauchs sind typisch für die Mathematik, nämlich bei Abstraktionen in Begriffsbildungsprozessen. Und weil bei Gebilden wie $S = T$, wenn offene Terme vorhanden sind, wahrlich eigentlich nichts mehr „gleich" ist, muss der kargen Definition (9.3) für „Gleichung" tunlichst erläuternd begründend an die Seite gestellt werden, weshalb solche „Gleichung" genannten Gebilde gleichwohl diese eigentlich ungerechtfertigte Bezeichnung erhalten und – das ist wichtig: – weshalb dieser Terminus „Gleichung" *gleichwohl in neuer Sichtweise* eine große Berechtigung erfahren kann. Die dazu flankierenden Betrachtungen liegen in Abschnitt 9.3 vor und werden hier erneut knapp aufgeführt.

---

[645]   Am 14. 02. 2020.

- **Zur Bedeutung bzw. zu den Zwecken** von Gleichungen:

  Gleichungen dienen…

  … *der formalen Beschreibung* mathematischer oder auch außermathematischer Probleme oder Phänomene oder Prozesse, ggf. auch über sog. „Bedingungsgleichungen" als (Anfangs-, Neben- oder Randbedingungen),

  … *der formalen Beschreibung* erkannter oder erdachter funktionaler Zusammenhänge,

  … *der Definition neuer Funktionen* (auch „Folgen" sind Funktionen!) oder

  … *dem Ziel des Lösens* mathematisch beschreibbarer, konkret ggf. speziell auch funktional beschreibbarer Phänomene oder Probleme oder Prozesse sowohl innerhalb als auch außerhalb der Mathematik (dann u. a. als sog. „Bestimmungsgleichungen").

Und es sind vor allem sprachliche Aspekte von S. 433 zu ergänzen, mit welchen betont wird, dass das Suffix „-ung" bei einem Nomen sowohl einen Prozess als auch einen Zustand (Produkt) zum ‚Ausdruck bringt:

- *Der Terminus „Gleichung" begegnet uns im umgangssprachlichen Verständnis janusköpfig sowohl in einem „Gleich-Werden" als auch in einem „Gleich-Sein" (bzw. in einer „Gleichheit").*

So kann eine Gleichung einerseits dem

- *Feststellen einer Gleichheit* („Gleichung als Gleich-Sein")

dienen, und andererseits kann sie dem

- *Erreichen einer Gleichheit* („Gleichung als Gleich-Werden")

dienen. Diese beiden Aspekte schließen sich nicht per se aus.

9.5.3   Zur Vorgehensweise im Rückblick

In einem *ersten Schritt* betrachte man Gebilde wie $7 + 5 = 12$ (dem berühmten Beispiel von IMMANUEL KANT für ein „synthetisches Urteil a priori"), bei dem man geneigt sein kann, es *nicht* als eine Identifizierung aufzufassen, weil beidseits von „=" *keine identischen Zeichenfolgen* stehen. Jedoch ist nun zu berücksichtigen, ob die Zeichenfolge $7 + 5$ *als eine Zahl* oder nur als ein *Zeichen für eine Zahl* aufzufassen ist, womit zu beantworten ist:

Was ist eigentlich eine „Zahl"?

Spätestens seit RICHARD DEDEKIND ist man in der Mathematik der Auffassung, $7 + 5$ und 12 jeweils als *Zeichen für dieselbe Zahl* anzusehen, also als *nur zwei verschiedene Namen* für *ein-und-dieselbe Zahl*.[646]

---

[646] Sollte die spiralige Entwicklung im Mathematikunterricht ebenfalls zum diesem Standpunkt führen? Ist das aus didaktischer Perspektive anzustreben?

➢ Das Gebilde $7 + 5 = 12$ ist dann gemäß (i) aus S. 454 als *Identifizierung* und schließlich gemäß (ii) als *Gleichung* aufzufassen.

• Dem liegt die Auffassung zugrunde:
Nicht bereits die Zeichen müssen identisch sein, sondern die so bezeichneten Dinge!

In einem *zweiten Schritt* erweist sich auch $a = a$ gemäß (i) als eine Identifizierung und gemäß (ii) dann als Gleichung, denn beidseits des (hier semantisch bisher nicht weiter erörterten, aber dennoch allseits vertrauten) Zeichens „=" steht *dasselbe Zeichen*.

Schwieriger wird es in einem *dritten Schritt* z. B. bei $7x + 5x = 12x$. Die beiden Zeichen (besser vielleicht: Zeichenfolgen) $7x + 5x$ und $12x$ sind offensichtlich nicht identisch. Aber wenn man etwas Sinnvolles für x einsetzt (nämlich ein Zeichen für eine konkrete, beliebige „konstante Zahl"), erhält man mit Bezug auf die o. g. DEDEKINDsche Auffassung auch *stets* eine *Identifizierung* gemäß (i), also gemäß (ii) eine Gleichung, obwohl hier ja naiv betrachtet zunächst wahrlich nichts „gleich" ist.

☞ *Dies ist ein erster deutlicher Abstraktionsschritt.*

Gleichungen dieses Typs, die also bei jeder Einsetzung für die Variablen (aus einem gegebenen Einsetzungsbereich) eine Identifizierung liefern, nennt man bekanntlich „allgemeingültig".

Anders ist es hingegen bei Gebilden wie beispielsweise $a = b$ oder $2x + 5 = 6$:

Gebilde wie $7 + 5 = 12$, $a = a$, $a = b$ oder $2x + 5 = 6$ heißen in der Mathematischen Logik „Formeln", in der „Aussagenlogik" sind es im ersten Fall „Aussagen", und in den anderen drei Fällen sind es „Aussageformen". Bei den letzten beiden entstehen nur bei *manchen* Einsetzungen Identifizierungen, sodass *dann* (!) die Vereinbarung (i) zutreffend ist und also *dann* (!) *Identifizierungen* und also gemäß (ii) *Gleichungen* vorliegen. Andernfalls sind es „nur" falsche Aussagen und also *keine Identifizierungen*.

Gleichwohl bezeichnet man in der Mathematik bekanntlich auch solche, „nicht allgemeingültigen" Gebilde als „Gleichungen".

☞ *Dies ist ein weiterer erheblicher (und eigentlich recht merkwürdiger!) Abstraktionsschritt in Bezug auf den Terminus „Gleichung".*

Allerdings zeigt sich damit ein bisher übersehenes, aber auftretendes Problem:

❖ Da bei Einsetzungen in variablenhaltige Gebilde („offene Terme") falsche Aussagen und also *keine Identifizierungen* entstehen *können*, wir aber gleichwohl – wie üblich – von „Gleichungen" sprechen *wollen*, müssen wir das auch bei (i) zulassen und z. B. $2 = 3$ als eine „Gleichung" ansprechen, obwohl *keine Identifizierung* vorliegt.

Eine solche „falsche Aussage" könnten wir zwar als „Ungleichung" ansehen, jedoch widerspräche das dem seit Langem üblichen Gebrauch, was in Abschnitt 9.5.5 kurz betrachtet wird (siehe auch vgl. S. 445).

Diese exemplarische Skizze ist offensichtlich allgemeiner durchführbar, indem man zunächst für den numerischen Bereich den Körper der reellen oder komplexen Zahlen (als spezielle „algebraische" Strukturen) wie auf S. 455 „offene Terme" zugrunde legt.

Hier ist anzumerken, dass man z. T. noch die früher übliche Auffassung findet, *allgemein-gültige* Gleichungen (bei stets mitgedachten Definitionsbereichen für die Einsetzungen bei den Variablen) *als Identifizierungen* anzusehen, und zwar nicht nur beim Typ $T(x) = T(x)$, sondern auch z. B. bei $(a + b)^2 = a^2 + 2ab + b^2$, was man dann (ohne Quantoren) als $(a + b)^2 \equiv a^2 + 2ab + b^2$ zu schreiben pflegte. Auf diese Sicht- und Schreibweise mittels $\equiv$ kann man nun getrost verzichten.

9.5.4   Gleichungen in nicht-numerischen Strukturen

Im Anschluss an Folgerung (9.4) auf S. 457 wurde betont, dass die Definition (9.3) für „Gleichung" nicht nur für den numerischen Bereich gilt, sondern wegen der Sprachunabhängigkeit der Identität *für jede Struktur, in der Terme gebildet werden können und miteinander verglichen werden sollen.* Dazu einige Beispiele:

Zwei *Mengen A* und *B* sind definitionsgemäß *gleich*, wenn sie *dieselben Elemente* enthalten, wenn also aus $x \in A$ stets auch $x \in B$ folgt und umgekehrt. Damit sind zwei „gleiche" Mengen sogar stets *identisch!*

Sind „Gleichungen" zwischen Mengen evtl. immer Identifizierungen? So ist beispielsweise die DE MORGANsche Regel $(A \cup B) \cap B = B$ *allgemeingültig*, denn für jede Einsetzung ergibt sich bekanntlich eine Gleichheit und damit eine Identität. Ausgehend hiervon könnten wir (z. B. bei zwei gegebenen Mengen *A* und *B*) übergehen zu $(A \cup B) \cap X = B$ und dann nach denjenigen Mengen X suchen, bei denen beide Seiten identisch sind. Dann liegt wie im Körper $(\mathbb{R}, +, \cdot)$[647] eine *zu lösende Gleichung* vor, jedoch *keine Identifizierung.* Das macht exemplarisch deutlich, dass man hier wie auch schon im vorigen Abschnitt zu „Gleichungen" gelangt.

In *Analytischen Geometrien* werden alle betrachteten Objekte und ihre Relationen auf Elemente und Relationen in Körpern zurückgeführt, und damit gelten hier dieselben Betrachtungen zu „Gleichungen".

In *Axiomatischen Geometrien* werden grundlegende Elemente wie „Punkt" oder „Gerade" *nicht explizit* definiert, sondern *nur implizit* mittels Axiomen in ihrem Zusammenspiel. Da Punkte und Geraden hier *nicht* wie in der Analytischen Geometrie mittels Koordinaten *unterscheidbar* sind, also *ununterscheidbar* sind (wenn auch *nicht identisch*[648]), „gleichen" sich alle Punkte, so wie sich z. B. hier auch alle Geraden „gleichen". Jedoch können zwei Punkte bzw. zwei Geraden *zusammenfallen*, und sie sind dann also *identisch!*

So gilt z. B.: In Axiomatischen Geometrien sind zwei *„gleiche" Punkte nicht notwendig identisch* (während zwei *gleiche Zahlen* stets identisch sind)!

Da in Axiomatischen Geometrien die Objekte mit ihren Beziehungen und Operationen in der Mengensprache beschrieben werden, gelangen wir auch in Axiomatischen Geometrien zu *Gleichungen.*

---

[647] Körper der reellen Zahlen, Konstruktion siehe Abschnitt 8.3.1, S. 392 ff.
[648] Zu „identisch vs. ununterscheidbar" vgl. die Abschnitte 9.4.3 und 9.4.4.

9.5.5 Ungleichungen

Was sind nun „Ungleichungen"? Auf S. 445 f. hatten wir – einen Gleichheitsbegriff vorausgesetzt – einen „Standard-Typ" einer „Ungleichheit" zweier Dinge a, b formal-logisch durch $a \neq b \Leftrightarrow \neg a = b$ gekennzeichnet. Damit müsste z. B. $5^3 = -2$ eine Ungleichung sein, weil die „beiden Seiten" nicht identisch sind (d. h.: nicht dieselbe Zahl bezeichnen).

Da jedoch auch dieses Gebilde gemäß Definition (9.3) auf S. 456 formal „Gleichung" heißt, können wir es nicht zugleich (sic!) „Ungleichung" nennen (vgl. S. 459 oben). Wir schließen uns hier versuchsweise NAAS & SCHMID (1961, Bd. 2) an, die auf S. 783 schreiben:

> Eine mathematische Gleichung, in der das Gleichheitszeichen „=" ersetzt ist durch $\neq$ oder
> – sofern Größenvergleiche innerhalb der jeweils betrachteten Theorie überhaupt sinnvoll sind (z. B.
> wenn eine Ordnungsrelation < eingeführt ist) – durch eines der Ungleichheitszeichen < (kleiner); >
> (größer); $\leqq$, auch $\leq$ (kleiner oder gleich); $\geqq$, auch $\geq$ (größer oder gleich), heißt eine *Ungleichung*.

Es ist zwar klar, was gemeint ist, aber die Formulierung ist nicht glücklich, weil eine „mathematische Gleichung" im tradierten Verständnis nicht zugleich eine „Ungleichung" sein kann. Man kann das aber sofort z. B. wie folgt retten:

„Ersetzt man in einer mathematischen Gleichung das Gleichheitszeichen „ = " durch eines der Ungleichheitszeichen ..., so erhält man eine Ungleichung. "

Doch wie kommt es zur Bezeichnung „Un-gleichung"? In dem Terminus „Ungleichung" verweist das Präfix „Un-" nicht etwa auf eine logische Verneinung von „Gleichung" (was sollte das auch sein?), sondern dieses bezieht sich nur auf separat definierte „Ungleichheitszeichen" (wie im obigen Zitat von NAAS & SCHMID), die auf entsprechende 2-stellige Relationen verweisen, welche bei $\neq$ allgemein definiert werden können (s. o.) und bei den anderen in entsprechenden Ordnungsstrukturen.

Eine „Ungleichung" ist also ein Gebilde, das aus zwei Termen besteht, die durch ein sog. „Ungleichheitszeichen" (s. o., auch $\subseteq$ usw.) verbunden sind. „Lösungen" einer aus offenen Termen bestehenden Ungleichung sind alle Einsetzungen, die eine wahre (!) Aussage liefern.

Allerdings entsteht nun ein gewichtiges Problem: Man könnte geneigt sein, ein „allgemeines" Zeichen für „ungleich", hier etwa temporär mit „$\bowtie$" bezeichnet, in Anlehnung an $a \neq b \Leftrightarrow \neg a = b$ durch $a \bowtie b \Leftrightarrow \neg a = b$ zu kennzeichnen. Da wir aber auch z. B. $\leq$ als ein Zeichen der „Ungleichheit" zu nennen pflegen (siehe auch obiges Zitat von NAAS & SCHMID), würde auch $a \leq b \Leftrightarrow \neg a = b$ gelten, was (schon wegen der Lesart „kleiner oder gleich") zu $a < b \vee a = b \Leftrightarrow \neg a = b$ führt. Wenn hier $a = b$ wahr ist, so ist die linke Seite wahr, die rechte aber nicht, also liegt ein Widerspruch vor, den wir aber dadurch auflösen könnten, dass wir $\leq$ nicht als Zeichen der „Ungleichheit" ansehen. Das widerspricht jedoch dem tatsächlichen Gebrauch, obwohl es inhaltlich Unsinn ist, denn dieses Zeichen schließt ja auch die Gleichheit ein.

Wir sind hier also mit einer Situation konfrontiert, die leider in ihrer offensichtlichen Unsystematik der Tradition geschuldet ist, mit der wir aber leben müssen und es gewiss auch problemlos können.

9.6 Zum Gleichheitszeichen

Woher kommt bzw. worauf gründet sich das in der Mathematik seit Langem weltweit übliche Gleichheitszeichen „=“, und wie kam es dazu?

MORITZ CANTOR berichtet, dass ROBERT RECORDE (1510–1558), Leibarzt erst von König Eduard VI. und danach von Königin Maria Tudor, dieses Gleichheitszeichen in seinem Buch *'The Whetstone of Witte'* (1557) eingeführt habe:[649]

> Es ist eine Algebra, welche er […] in Form eines englischen Gespräches zwischen Lehrer und Schüler veröffentlicht hat. Sie führt den Titel: The *Whetstone of witte* in Folge eines recht kühnen Wortspiels: aus *Regula Coss* wurde *cos ingenii*, daraus durch Uebersetzung der Wetzstein des Witzes. Jedenfalls hatte also Recorde die Algebra nicht als *Regula della Cosa*, sondern als *Regula Coss* d. h. aus einem in Deutschland verfassten Werke kennen gelernt. Am bekanntesten ist aus Recorde's Algebra die Einführung des Gleichheitszeichens geworden. Recorde bediente sich dazu des wenn auch nicht sofort, doch endlich zur alleinigen Uebung gewordenen ═══, weil nichts einander gleicher sein könne, als zwei parallele Strichelchen.

Auf S. 236 seines Buchs[650] beginnt das Kapitel “The rule of equation, commonly called Algebers Rule”, in dem es also um das „*Lösen von Gleichungen*“ in der „*Algebra*“ geht.

Auf S. 238 lässt RECORDE dann den *master* (also den o. g. Lehrer) zum *scholar* sagen:

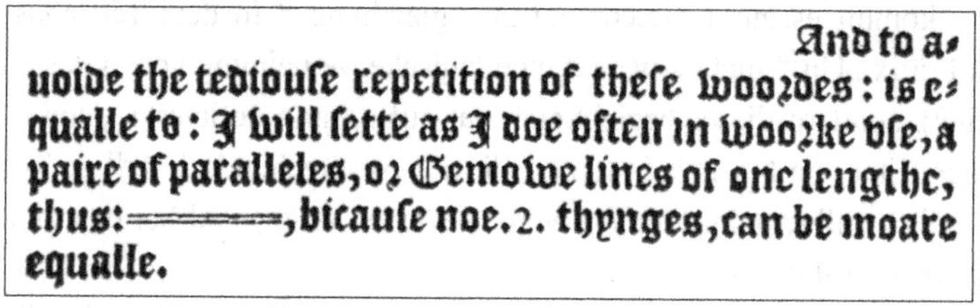
And to a-
uoide the tediouse repetition of these woordes : is e-
qualle to : I will sette as I doe often in woorke vse, a
paire of paralleles, or Gemowe lines of one lengthe,
thus:═════, bicause noe .2. thynges, can be moare
equalle.

Bild 9.1: Ausschnitt aus ROBERT RECORDE: *'The Whetstone of Witte'* (1557, ebd., S. 238, unpaginiert)

RECORDE wählt also das aus zwei parallelen, gleichlangen Strichen (den “Gemowe lines”, von lat. geminus = doppelt) bestehende, heute so genannte „Gleichheits-Zeichen“ als eine sinnfällige Abkürzung, um solch *„langweilige verbale Wiederholungen“* wie „ist gleich“ (“is equalle to”) zu vermeiden. Und er begründet diese Symbolwahl damit, dass *„keine zwei Dinge gleicher sein können*“ (“… bicause noe .2. thynges, can be moare equalle”).

Direkt dazu gibt er *sechs Beispiele* an, als erstes davon das in Bild 9.2 gezeigte, das auch ein „langes Plus-Zeichen“ enthält:

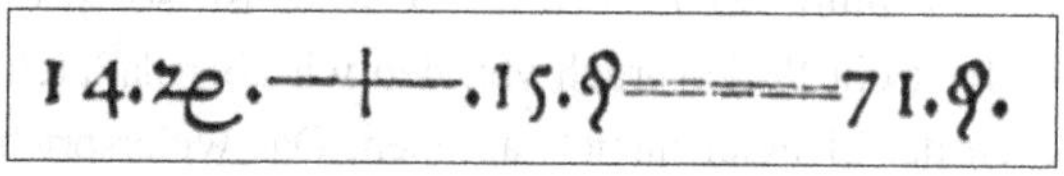

Bild 9.2: Gleichheitszeichen bei RECORDE (1557, ebd., S. 238, unpaginiert)

[649] [CANTOR,1892, Band 2, S. 440], [CANTOR,11900, Band 2, S. 479]. Mit dem im Zitat erwähnten „in Deutschland verfassten Werke” ist wohl das Buch [RUDOLFF 525] gemeint, vgl. auch das Zitat zu Fußnote 653 auf S. 464.

[650] Nachfolgende Seitenangaben zu RECORDE beziehen sich auf die PDF-Seitennummern im Literaturverzeichnis genannten Digitalisats.

Die hier auftretenden (wohl kryptisch anmutenden) Symbole ℞ und φ erläutert RECORDE bereits auf S. 148 f. in dem "*The arte of coßike nombers*" überschriebenen Teil des Buches neben 23 weiteren sog. „cossischen Zahlen", von denen Bild 9.3 die ersten fünf zeigt:

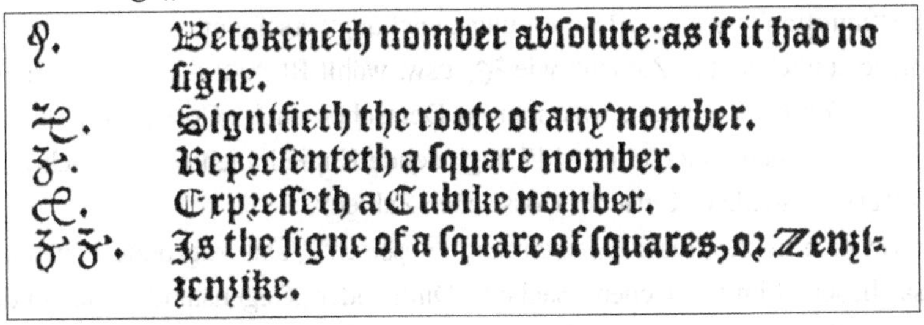
φ. Betokeneth nomber abſolute: as if it had no ſigne.
℞. Signifieth the roote of any nomber.
ʒ. Repreſenteth a ſquare nomber.
ᶜe. Expreſſeth a Cubike nomber.
ʒʒ. Is the ſigne of a ſquare of ſquares, or Zenzizenzike.

Bild 9.3: Die ersten fünf (von insgesamt 25) *coßike nombers* bei RECORDE (ebd., S. 148, unpaginiert)

Das erstgenannte Zeichen φ, also die zweite der in Bild 9.2 auftretenden „cossischen Zahlen", steht demgemäß für eine „bezeichnete" ("betokeneth") (oder „benannte") Zahl, während ℞ hier – zunächst rätselhaft – für die „Wurzel irgendeiner Zahl" ("roote of any nomber") steht.

Der *master* kommentiert dann dieses erste Beispiel ("In the firſte") in Bild 9.4:

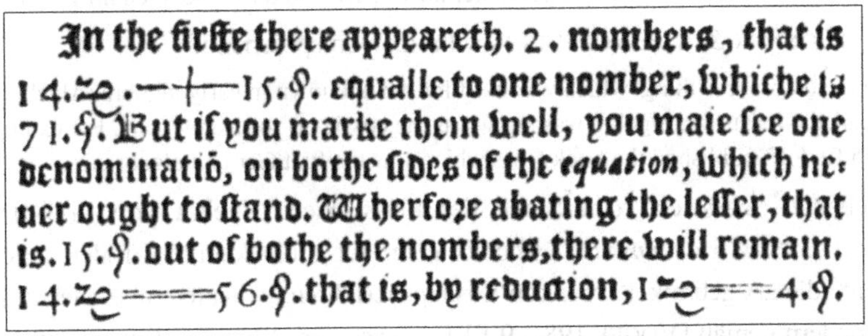
In the firſte there appeareth. 2. nombers, that is 14.℞.—+—15.φ. equalle to one nomber, whiche is 71.φ. But if you marke them well, you maie ſee one denominatiō, on bothe ſides of the *equation*, which never ought to ſtand. Wherfore abating the leſſer, that is. 15.φ. out of bothe the nombers, there will remain. 14.℞ ====== 56.φ. that is, by reduction, 1.℞ ==== 4.φ.

Bild 9.4: Lösen der „Gleichung" aus Bild 9.2 (RECORDE, ebd., Bildmontage aus S. 238 und S. 239)

Dem ersten Satz entnehmen wir, dass die „Summe" der beiden "nombers" auf der „linken Seite" in Bild 9.2 also "equalle" zur "nomber" auf der „rechten" Seite ist. Und wenn man diese beiden "nombers" *wohl betrachtet* ("mark them well"), dann sieht man *„auf beiden Seiten der Gleichung"* (denn hier taucht wieder der Terminus "equation" auf!) einen „Ausdruck" ("denomination"), der dort *niemals stehen sollte* ("never ought zu stand").

Der *master* erläutert dann dem *scholar*, dass beide Seiten der Gleichung ("both sides of the *equation*") um den kleineren der beiden Ausdrücke „vermindert" werden ("abating the letter"), nämlich um 15.φ, erhält daraus 14.℞ ====== 56.φ, und das liefert schließlich durch „Reduktion" 1℞ ==== 4.φ. Wir können das so interpretieren, dass das erste Symbol ℞ als eine Variable im Sinne einer „Unbekannten" auftritt ist, dass hingegen das zweite Symbol φ im pythagoreischen Sinn für die „Einheit"[651] steht, deren Vielfachheit gezählt wird (hier also links das 15-fache bzw. rechts das 71-fache dieser „Einheit"), so dass wir diese Gleichung als $14x + 15 = 71$ lesen können, die über „Verminderung" zu $14x = 56$ und „Reduktion" zur o. g. „Lösung" 4 führt.

[651] Vgl. Abschnitt 3.3.4.2 auf S. 125 f.

Wir beachten, dass RECORDE diese gesuchte Lösung "roote" (also „Wurzel") nennt, sodass „Wurzel" hier im heutigen Sinn als „Lösung einer algebraischen Gleichung" erscheint,[652] insbesondere also als „Unbekannte", deren „Wert zu bestimmen" ist, sodass also die in Bild 9.2 dargestellte "equation" als eine „Bestimmungsgleichung" erscheint.

Für solche „unbekannten Zahlen" wie $\mathcal{z}e$ usw. wählt RECORDE – wie schon erwähnt – die Bezeichnung "Coßike nombers", was man im Deutschen auch „Cossische Zahlen" nennt, und so trägt dieses in seinem Buch auf S. 147 beginnende Kapitel auch die Überschrift "The arte of coßike nombers", also „Die Kunst der Cossischen Zahlen".

Doch wie kam es zu dieser Bezeichnung „cossisch"? Das zugrunde liegende italienische Wort „cosa" bedeutet im Deutschen „Sache", „Ding" oder „Gegenstand", und bei dem hier kurz beschriebenen Beipiel ist ein „richtiger Wert" für dieses „Ding" als „Lösung" gesucht. In diesem Sinn findet man beispielsweise in Band 4 von MEYERS KONVERSATIONS-LEXIKON von 1895 auf S. 355 folgende klärende Information zu „coßik" usw.:

> **Cosa** (ital., »Sache, Ding«), in der Algebra (s. d.) früher Bezeichnung der unbekannten, zu findenden Größe, daher der Ausdruck regola della cosa, »Regel Coß«, für Algebra, und cossisch für algebraisch, Cossisten für Algebraiker im 15., 16. und teilweise noch im 17. Jahrh.

Und J. J. O'CONNOR & E. F. ROBERTSON schreiben entsprechend:[653]

> *Cosa* is Latin[654] for a 'thing' which was used for the unknown in early algebra. Algebraists were called cossists and algebra was known as the cossic art for many years. For example in 1525 Rudolff published the book Coss which was the first German algebra text.

Damit bedeutet „cossisch" (im Sinne der klassischen Algebra von LEONHARD EULER) „algebraisch". "Coßike Numbers" sind Zeichen für „unbekannte Größen", derer sich die „Cossisten" (die „Algebraiker") bei den Lösungsverfahren bedienten, aber sie sind *nicht unabhängig*, sondern gemäß [VOGEL 1981, 9 f.] *Potenzen* der „Wurzel": Bezeichnet man wie oben die „Wurzel" mit x, so treten als „cossische Zahlen" der Reihe nach x^0, x^1, x^2, x^3, x^4... auf, was bedeutet, dass es hier um die „Nullstellen von Polynomen" geht – und das ist dann aus unserer Sicht auch die Bedeutung der cossischen Zahlen in Bild 9.3, wobei x^0 also für die vorseitig erwähnte „pythagoreische Einheit" steht. Wir können die Gleichung aus Bild 9.2 im Sinne von VOGEL (ebd.) also auch in der Form $14x^1 + 15x^0 = 71x^0$ schreiben.

Und was bedeutet der Buchtitel '*Whetstone of witte*', den CANTOR mit '*Der Wetzstein des Witzes*' übersetzt? Hierzu liest man bei "MacTutor":[653]

> The word *cos* is Latin for *whetstone*, a stone for sharpening razors and tools. Hence the pun – it was an algebra book on which to sharpen one's mathematical wit!

CANTORS Übersetzung von "witte" mit „Witz" ist also ohne weitere Erläuterung nicht zutreffend, zumindest aber missverständlich:

---

[652] Vgl. zu „Wurzel" die Anmerkung (2.1) auf S. 59.

[653] "Mac Tutor": http://www-history.mcs.st-and.ac.uk/Biographies/Recorde.html (01. 07. 2020)

[654] "Latin" ist nicht korrekt, es muss „Italian" heißen.
    Im Lateinischen tritt „cos" in der Bedeutung „Wetzstein" auf, wie es die Autoren im folgenden Zitat auf der nächsten Seite korrekt schreiben.

Zwar ist "Whetstone" in der Tat ein „Wetzstein" zum Schärfen von Werkzeugen, jedoch ist 'Whetstone of witte' ein raffiniertes *Wortspiel* ("pun") von RECORDE, das zum Ausdruck bringt, dass sein „Algebra-Buch" der „Schärfung des Verstandes" dienen soll, wie es O'CONNOR & ROBERTSON im letztgenannten Zitat (s. o.) beschreiben.

Wenngleich also CANTORs Übersetzung von "𝔴𝔦𝔱𝔱𝔢" (im heutigen Englisch ist es "wit" statt "witte") mit „Witz" genau genommen nicht korrekt war, so besteht gleichwohl aus heutiger Sicht der „Witz" der von ROBERT RECORDE progagierten „cossischen" (in später üblicher Sprachregelung: „algebraischen"[655]) Methode darin, numerisch beschreibbare Probleme durch Aufstellung von „Gleichungen" unter Verwendung *einer Variablen* für die „unbekannte" Größe und deren Potenzen, den *„Coßike Numbers"*, zu lösen: Es geht also um (positive) Nullstellen von Polynomen in einer Variablen.

Zeitlich nahezu parallel dazu gibt es weitere Vorschläge zur Etablierung eines Symbols für das Gleichheitszeichen. So berichtet MORITZ CANTOR bezüglich XYLANDER (alias WILHELM HOLZMAN, 1532–1566):[656]

> In der Xylanderschen Diophantübersetzung findet sich auf S. 9 und öfter ein Gleichheitszeichen in Gestalt zweier senkrechten Parallelstriche ‖. Ueber den Ursprung des Zeichens ist nichts angegeben. Vielleicht war in Xylanders griechischer Vorlage das Wort ἴσοι durch zwei ιι abgekürzt, während eine Pariser Handschrift bekanntlich ein ι als Abkürzungszeichen dafür benutzt [...]. Jedenfalls erkennt man aus Xylanders Zeichen, dass das von Recorde erfundene damals, also 18 Jahre nach dessen Veröffentlichung [...], sich noch nicht verbreitet hatte.

Das hier zitierte „ἴσοι" bedeutet „gleich" und wurde gemäß einem Hinweis von FELGNER an mich bereits von DIOPHANT in der o. g. Abkürzung ιι benutzt.

Auch SIMON STEVIN (1548?–1620) hat angeblich ein Gleichheitszeichen vorgeschlagen, nämlich (:). So liest man in der 'Allgemeinen Encyclopädie der Wissenschaften und Künste' von ERSCH & GRUBER (1819, ebd., S. 109), dass

> [Stevin] seine Arithmetik 1585 und bald nachher seine Algebra herausgab. [...] Er benennt z. B. die Potenzen nach den Exponenten [...]. Den Exponenten setzt er hinter die Zahl in einen kleinen Kreis geschlossen [...]. Sowol diese Kreise, als sein Gleichheitszeichen (:) sind nicht lange in Gebrauch geblieben.

DESCARTES benutzte in seiner 'Géométrie' (1637) für die Kennzeichnung „gleicher Terme" im algebraisch-funktionalen Zusammenhang noch das Zeichen ∞ (trotz des 80 Jahre zuvor von RECORDE erfundenen langen Gleichheitszeichens).

Die folgende Abbildung (Bild 9.5) zeigt eine so gesetzte Gleichung aus seiner späteren 'Geometria' (1649, S. 26) mit langen Plus- und Minuszeichen ähnlich wie bei RECORDE (so auch schon in der o. g. 'Géométrie' von 1637, S. 322, dort mit yy statt y^2), was in heutiger Darstellung zu lesen ist als $y^2 = cy - \frac{cxy}{b} + ay - ac$:

---

[655]   Wobei „algebraisch" in der Strukturmathematik *nicht* die *Lösungsmethoden* meint!
[656]   [CANTOR 1892, 509], [CANTOR 1900, 552].

$$y^2 \ \infty \ cy - \frac{cxy}{b} + ay - ac$$

Bild 9.5: Gleichheitszeichen bei DESCARTES ('*Geometria*', 1649, ebd., S. 26)

Gemäß einer Mitteilung von ULRICH FELGNER hatten die Setzer damals beim Buchdruck für das hier verwendete Zeichen ∞ eine ähnliche Drucktype (Letter) in ihrem Setzkasten, nämlich als eine Ligatur aus dem griechischen Omikron (o) und dem klein darüber stehenden Ypsilon (υ) (für das heutige griechische „ou", gelesen „u"), der nur um 90° nach links gekippt werden musste, oder auch nach rechts, was dann so etwas wie ∞ oder ⸤ ergab. Das letztgenannte Zeichen sollte an die lateinische Ligatur „æ" erinnern und für aequalis oder aequus („gleich") stehen.

JOHANN BERNHARD BASEDOW teilt in seinen '*Grundsätze(n) der reinen Mathematik*' (1774) das Ergebnis einer Rechnung *zunächst* nur mittels „*ist*" mit, z. B. „*Es ist 4 und 3 zusammen 7*" (ebd., S. 9) oder „$\frac{7}{100}$ *ist 0,7*" (ebd., S. 63). Erst ab Kapitel V, „*Anfang der Buchstabenrechnung und Algebra*" (ebd., S. 81 ff.), führt BASEDOW auf S. 84 das Gleichheitszeichen (und die heute üblichen Ungleichheitszeichen) mittels *Vereinbarungen* bzw. *Verabredungen* mit Bezug auf seine vorherigen Sprechweisen „ist" oder „ist gleich" ein, wie sie in Bild 9.6 zu sehen sind, wobei „Gleichheit" für ihn selbstredend „gleich viel" bedeutet:

> **Die gewöhnlichſten algebraiſchen Zei-chen ſind:** 1) Das Zeichen der **Gleichheit** (=) zwiſchen 2 Zeichen von Zahlen und Gröſſen, welche gleich viel bedeuten. Z. E. 7 = VII, leſet 7 iſt (oder iſt gleich) VII.
>
> 2) Das Zeichen der **Ungleichheit** (_⟩[⟨]) zwiſchen Zeichen ungleicher Dinge, kehrt die Deffnung nach dem Gröſſern, die Spitze nach dem Kleinern. Z. E. L ⟩ 49, oder 49 ⟨ L.

Bild 9.6: BASEDOW, aus '*Grundsätze der reinen Mathematik*', 1774,
Kapitel V, „*Anfang der Buchstabenrechnung und Algebra*", S. 84

Wir beachten, dass BASEDOW hier nicht von „Zahlen", sondern von „Zeichen für Zahlen" spricht. Die beiden verschiedenen Zeichen 7 und VII *bezeichnen* damit dieselbe Zahl und sind also gemäß DEDEKIND *identisch* (vgl. das Zitat auf S. I und die „Sprachregelung" auf S. 441).

Das könnte zu der Vermutung führen, dass BASEDOW bezüglich des Zahlbegriffs einen platonistischen Standpunkt vertritt, jedoch teilte mir FELGNER dazu mit:

Man denkt allzu leicht an den platonistischen Standpunkt, der irreführend ist. Ich denke, daß Basedow dennoch Nominalist ist, denn er führt in seinen Büchern nur Zahlzeichen ein. Diese Zeichen erhalten Bedeutungen, wenn sie für Anzahlen von natürlichen Dingen benutzt werden.

Während RECORDE das Gleichheitszeichen zur Beschreibung einfacher Probleme verwendet und DESCARTES damit analytische Zusammenhänge beschreibt, verwendet BASEDOW das Gleichheitszeichen hier noch nicht *im „algebraischen" Kontext* des Lösens von Gleichungen, sondern *nur im rechnerischen Kontext* zur Beschreibung von resultierenden Fakten, nämlich der „Gleichheit" numerischer (variablenfreier) Terme im Sinne von „ist" oder „ist gleich". In diesem Zusammenhang ist anzumerken, dass auch in der frühen praktischen Rechenkunst ein *Gleichheitszeichen weder üblich noch nöt*ig gewesen sei, worauf FELGNER ebenfalls hinwies:

> In der praktischen Rechenkunst, die nur von den Algorithmen des Rechnens (etwa im alexandrinischen Zahlsystem oder im indisch-arabischen dezimalen Stellenwertsystem oder irgend einem anderen Zahlsystem) handelt, muß man weder von Gleichheit noch von Identität sprechen, weil ja nur mitgeteilt werden muß, zu welchen Zahlen die jeweils verwendeten Algorithmen führen. Warum sollte man beispielsweise sagen, daß die Summe von 7 und 5 *„gleich"* 12 wäre, wenn es doch ausreicht zu sagen, daß 7 plus 5 zwölf *ergibt.*

Und zum Buch 'Algorismus' des Persers ALCHWARISMI[657] (820) teilte er mir ergänzend mit:

> Dieses Werk beschreibt die Algorithmen des Addierens, Subtrahierens, Multiplizierens, Dividierens und Wurzelziehens von Zahlen [...]. Das Ergebnis einer Multiplikation beispielsweise wird in der Form *„17 multipliziert mit 129 ist 2193"* oder *„ergibt 2193"* mitgeteilt.

Auch LEONHARD EULER verwendet 1771 in seiner 'Anleitung zur Algebra' zunächst noch nicht das Gleichheitszeichen, sondern – wie auch später BASEDOW (s. o.) – nur „ist", und zwar auf S. 6 in „Capitel 2", dort zur „*Erklärung der Zeichen + plus und – minus*":

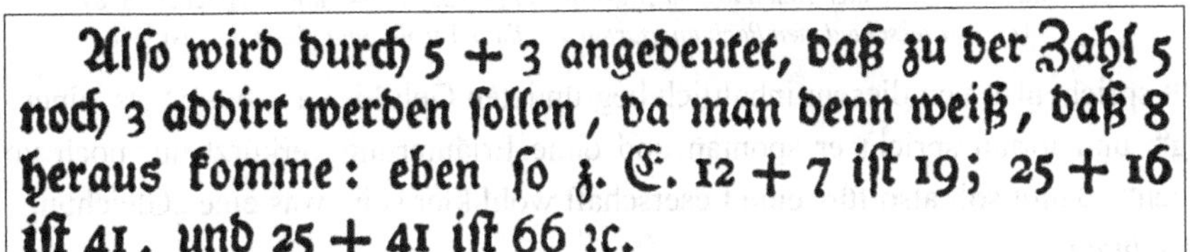

> **Also wird durch 5 + 3 angedeutet, daß zu der Zahl 5 noch 3 addirt werden sollen, da man denn weiß, daß 8 heraus komme: eben so z. E. 12 + 7 ist 19; 25 + 16 ist 41, und 25 + 41 ist 66 ꝛc.**

Bild 9.7: EULER, aus 'Anleitung zur Algebra', 1771, Capitel 2, S. 6. *Erklärung von +plus, –minus*

EULER führt in seiner 'Anleitung zur Algebra' das *Gleichheitszeichen* erst an später Stelle ein, und zwar in Capitel 20:[658]

> Wir haben bisher verschiedene Rechnungsarten, als die Addition, Subtraction, Multiplication und Division, die Erhebung zu Potestäten, und endlich die Ausziehung der Wurzeln, vorgetragen.
>
> Daher wird es nicht wenig zu besserer Erläuterung dienen, wenn wir den Ursprung dieser Rechnungsarten und ihre Verbindung unter sich deutlich erklären, damit man erkennen möge, ob noch andere dergleichen Arten möglich seyn oder nicht.
>
> Zu diesem Ende brauchen wir ein neues Zeichen, welches anstatt der bisher so häufig vorgekommenen Redensart, ist so viel als gesetzt werden kann. Dieses Zeichen ist nun =, und wird ausgesprochen, ist gleich. Also, wenn geschrieben wird a=b, so ist die Bedeutung, daß a eben so viel sey als b, oder daß dem b gleich sey; also ist z. E. 3·5=15.

---

[657]   Siehe S. 53.
[658]   Transkription aus EULER: 'Anleitung zur Algebra', 1771, Erster Abschnitt, Capitel 20,
   S. 86: *Von den verschiedenen Rechnungsarten und ihrer Verbindung überhaupt*, Nr. 206.

Man beachte, dass EULER hier nicht erörtert, was „Gleichheit" *ist*, sondern er bezieht sich auf seine *„bisher häufig vorgekommene Redensart, ist so viel als"*, wofür er das Zeichen „=" einführt, *„ausgesprochen, ist gleich"*. Er erläutert dann darüber hinaus noch die Bedeutung als *„ist eben so viel ... als"*. Berücksichtigen wir, dass sein Leserkreis erst an die gesamte Thematik sacht herangeführt und nicht vorzeitig abgestoßen werden soll, so ist seine Vorgehensweise als methodisch sehr geschickt anzusehen. Und so fährt er gleich anschließend, auf den bisherigen Kapiteln aufbauend, auf S. 86 in Nr. 207 fort:[658]

> Die erste Rechnungsart, welche sich unserm Verstand darstellt, ist unstreitig die Addition, durch welche zwey Zahlen zusammen addirt, oder die Summe derselben gefunden werden soll. Es seyn demnach a und b die zwey gegebenen Zahlen, und ihre Summe werde durch den Buchstaben c angedeutet, so hat man a + b = c. Also, wenn die beyden Zahlen a und b bekannt sind, so lehrt die Addition, wie man daraus die Zahl c finden soll.

Und sogleich im nachfolgenden Absatz, Nr. 208, leitet EULER, fast nebenbei, methodisch raffiniert eine erstaunliche Wende bezüglich einer gewissermaßen „inversen" Interpretation des zuvor erstmalig benutzten Gleichheitszeichens ein:

> **Man behalte diese Vergleichung a + b = c, kehre aber jetzt die Frage um, und frage, wenn die Zahlen a und c bekannt sind, wie man die Zahl b finden soll.**

Bild 9.8: EULER, aus '*Anleitung zur Algebra*', 1771, Erster Abschnitt, Capitel 20, S. 87: *Von den verschiedenen Rechnungsarten und ihrer Verbindung überhaupt*, Nr. 208

EULER spricht also von diesem inhaltlich begründeten Gebilde „a + b = c" als einer „Vergleichung", und fortan spricht er spontan und ohne Erläuterung verkürzt nur noch von „Gleichungen". Damit soll also für seine Leserschaft wohl klar sein, was eine „Gleichung" ist: eine *Vergleichung*!

Der gesamte Kontext suggeriert, dass es ihm dabei nicht um die Feststellung einer „Gleichheit" geht, sondern um das „Vergleichen" *mit* (in heutiger Terminologie:) *dem Ziel des Lösens der* auf diese Weise entstehenden *„Gleichungen"*. So können wir hier bei EULER in dem Terminus „Gleichung" eine sinnige Abkürzung für die „Vergleichung" sehen, wobei dann der „Prozess-Aspekt von Gleichungen" betont wird (vgl. hierzu die „Zusammenfassung" auf S. 431). „Gleichung" als „Vergleichung" tritt schon bei ADAM RIES als „*Vorgleichung*" synonym zu „Equationes" auf:

> [...] Nach denen will ich euch acht vorgleichung Equationes genant, So Algebras anzeiget [...] erklehren [...],

und er *„vorgleicht"* zwei numerische Ausdrücke beim Lösungsprozess.[659]

Diese historischen Beispiele zur Entwicklung der Bedeutung von „ist gleich" und zur Entstehung des Gleichheitszeichens sind wohl auch in didaktischer Hinsicht bedenkenswert.

---

[659] Siehe im Detail hierzu [KAUNZNER & WUßING 1992] und [WUßING 1993].

9.7   Schlussbemerkung

Die hier vorgelegten Analysen und Reflexionen stellen eine Bestandsaufnahme zunächst trivial anmutender mathematisch-logischer Situationen rund um das Thema „Gleichung" dar – und zwar durchaus im Sinne von *„Philosophie als Hinterfragung des Selbstverständlichen und der Bedingungen der Möglichkeit seines Seins"*, einer hier nur verkürzend dargestellten Kennzeichnung in Anlehnung an GÜNTHER PATZIG.[660]

So begründet FELGNER in seinem Essay,[661] dass es sinnvoll ist, einen *in der Mathematik* auftretenden Ausdruck wie $a = b$ zwar als „Gleichung" zu lesen, jedoch zugleich betont, dass damit *„eigentlich eine Identifikation gemeint ist"*,[662] sodass das Gleichheitszeichen *„als Zeichen der Identität"*[662] aufzufassen ist. In dem Sinne ist dann der *mathematische Gleichheitsbegriff* auf die *Identität* zurückführbar. Dem scheint entgegenzustehen, dass die Gleichheit in der Mathematik in aller Regel offensichtlich *nicht* die Identität ist, wie wir gesehen haben. Wohl aber kann man eine als „Identität" verstandene „Gleichheit" beim Vorliegen „allgemeingültiger" Gleichungen akzeptieren, weil dann bei *allen* zulässigen Einsetzungen in der Tat eine „Identität" beider Seiten vorliegt, damit dann auch deren „Gleichheit".

Andererseits treten „Gleichungen" in der Mathematik und ihren Anwendungen *vor allem* (!) im Rahmen des *„Lösens" von Gleichungen* auf, wozu auch Funktionalgleichungen und speziell Differentialgleichungen gehören. Aber dort „ist" gar nichts gleich, sondern es sind „Lösungen" derart gesucht, dass *dann* bei *deren* „Einsetzungen" Identifikationen *entstehen*. Der Terminus „Gleichung" scheint also *in jenen Fällen nicht gerechtfertigt* zu sein, sondern ist wohl nur der historischen Tatsache geschuldet, dass man „Einsetzungen" sucht, die *dann* im Sinne der „Identität" eine „Gleichheit" liefern. Das wiederum passt aber zu dem auf S. 432 f. und nochmals auf S. 458 betonten sprachlichen Aspekt von „Gleich-ung"als „Gleich-werden". Damit schließt sich der Kreis zum seit fünf Jahrhunderten praktizierten Gebrauch des Terminus „Gleichung", womit schon deshalb zweifelsfrei *einer der grundlegenden Begriffe der Mathematik* bezeichnet wird.

Deutlich wird eine im Sinne der hier vorgelegten Ausführungen allerdings *unzulängliche Sichtweise* bezüglich „Gleichung" bei folgendem nicht haltbaren Zitat:

> […] wenn wir das Gleichheitszeichen benutzen, behaupten [wir], die beiden Objekte auf den beiden Seiten seien *exakt dieselben* […].[663]

Auf den Philosophen WILLARD VAN ORMAN QUINE (1908–2000) geht folgender nachdenkenswerter Slogan zurück, einem wunderbaren Wortspiel zwischen „identitas" und „entitas" als einer sog. „rhetorischen Assonanz", wie sie z. B. bei [BÉZIAU 2003, 9] zu finden ist:[664]

No entity without identity.

---

[660]   Siehe das vollständige Zitat aus [PATZIG 1962, 14] auf S. 35 oben.

[661]   [Felgner 2020 a].

[662]   Siehe das Zitat von FELGNER auf S. 434.

[663]   [HOUSTON 2012, 37].

[664]   Siehe hierzu auch die Fußnote 625 auf S. 439 zu QUINE, dort auch Anmerkungen zu entitas und identitas.

10 Zu den Lösungen der Aufgaben

Aufgabe 2.1 (S. 56)

(a) Aus $x^3 + bx = c$ folgt mit $x = u - v$: $u^3 - 3u^2v + 3uv^2 - v^3 + b \cdot (u - v) = c$, also
$u^3 - v^3 + b \cdot (u - v) = c + 3uv \cdot (u - v)$. Mit den behaupteten Termen für u und v ist
$u^3 - v^3 = c$ und $u^3 v^3 = (b/3)^3$, also $3uv = b$. ($b, c > 0$ wurde hier nicht benötigt.)

(b) $u^3 = \sqrt{10^2 + 2^3} + 10 = \sqrt{108} + 10$, $v^3 = \sqrt{108} - 10$.

Es ist $(x^3 + 6x - 20) : (x - 2) = x^2 + 2x + 10$, und $x^2 + 2x + 10 = 0$ hat die beiden komplexen Lösungen $-1 \pm 3\,\mathrm{i}$. Damit gibt es genau eine reelle Nullstelle, und es ergibt sich ohne konkretes Nachrechnen $\sqrt[3]{\sqrt{108} + 10} - \sqrt[3]{\sqrt{108} - 10} = 2$.

Diese Gleichheit erhält man auch durch mehrfache geschickte handschriftliche Umformungen, aber auch „stur" mit Hilfe eines Computeralgebrasystems. (Führen Sie beides durch!) Der oben angegebene Lösungsweg ist eleganter.

(c) Wegen (b) und $(\sqrt{3} + 1) - (\sqrt{3} - 1) = 2$ ist die Behauptung plausibel.

Deren Gültigkeit lässt sich aber ohne (b) direkt zeigen:
$\sqrt[3]{\sqrt{108} \pm 10} = \sqrt{3} \pm 1 \Leftrightarrow 6\sqrt{3} \pm 10 = 3\sqrt{3} + 9 + 3\sqrt{3} \pm 1 \Leftrightarrow 6\sqrt{3} = 6\sqrt{3}$.

(d) Analog zu (a) folgt $u^3 = \sqrt{(c/2)^2 - (b/3)^3} + c/2$ und $v^3 = \sqrt{(c/2)^2 - (b/3)^3} - c/2$,
indem in (a) b formal durch $-b$ ersetzt wird. Hier ist dann $u^3 v^3 = -(b/3)^3 = (-b/3)^3$.

(e) Gegeben sei die Normalform $\xi^3 + a\xi^2 + b\xi + c = 0$. Wir versuchen es mit der durch $x := \xi + d$ definierten Substitution, ersetzen also ξ durch $x - d$.

1) Es ergibt sich $x^3 + (a - 3d)x^2 + (b - 2ad + 3d^2)x + ad^2 - bd + c - d^3 = 0$.
Das quadratische Glied wird Null, falls $a - 3d = 0$ gilt, also folgt $d = a/3$.

2) Hier muss $3d^2 - 2ad + b = 0$ erfüllt sein, also ist $d = a/3 \pm \sqrt{(a/3)^2 - (b/3)}$.

3) Es muss $d^3 - ad^2 + bd - c = 0$ sein. Hier liegt wieder eine Gleichung dritten Grades vor, was auf das Ausgangsproblem zurückführt und nicht weiterführt.

Aufgabe 2.2 (S. 61)

(a) $x_1 + \omega \cdot x_3 + \omega^2 \cdot x_2 = (\alpha_1 + \alpha_2) + \omega \cdot (\omega^2 \cdot \alpha_1 + \omega \cdot \alpha_2) + \omega^2 \cdot (\omega \cdot \alpha_1 + \omega^2 \cdot \alpha_2)$
$= 3\alpha_1 + (1 + \omega + \omega^2)\alpha_2 = 3\alpha_1 = 3u_1'$

wegen $1 + \omega + \omega^2 = 0$, wie die „Vektoraddition" dieser drei Einheitswurzeln am Einheitskreis zeigt (vgl. Abschnitt 8.4.6), oder wie man mittels (2.2-13) nachrechnet:
$1 + \omega + \omega^2 = 1 + \mathrm{e}^{\mathrm{i}\cdot\frac{2\pi}{3}} + \mathrm{e}^{\mathrm{i}\cdot\frac{4\pi}{3}} = 1 + \frac{1}{2}(-1 + \mathrm{i}\cdot\sqrt{3}) + \frac{1}{2}(-1 - \mathrm{i}\cdot\sqrt{3}) = 0$

Analog bestätigt man die übrigen fünf Euler-Bézout-Gleichungen.

(b) $\xi^3 + 3\xi^2 + 6\xi + 5 = 0$; mittels $x := \xi + \frac{a}{3}$, also $\xi = x - 1$, folgt: $x^3 + 3x + 1 = 0$.

Die Substitutionen $u + v = x$, $u \cdot v = -\frac{p}{3}$ liefern $(u - \frac{1}{u})^3 + 3(u - \frac{1}{u}) + 1 = 0$, also

$u^6 - 3u^4 + 3u^2 - 1 + 3u^4 - 3u^2 + u^3 = 0$ und damit $u^6 + u^3 - 1 = 0$ (wie erwartet), also $q = 1$ und (wie schon oben) $p = 3$.

© Der/die Autor(en), exklusiv lizenziert durch
Springer-Verlag GmbH, DE, ein Teil von Springer Nature 2021
H. Hischer, *Grundlegende Begriffe der Mathematik: Entstehung und Entwicklung*, https://doi.org/10.1007/978-3-662-62233-9_10

Mit $z := u^3$ erhalten wir die quadratische Gleichung $z^2 + z - 1 = 0$ mit den beiden (hier reellen) Lösungen $z_1 := \frac{1}{2}(\sqrt{5} - 1) > 0$ und $z_2 := -\frac{1}{2}(\sqrt{5} + 1) < 0$.

Wir müssen nun zu den (jeweils drei) dritten Wurzeln von z_1 und z_2 übergehen. Die jeweils existierenden reellen dritten Wurzeln von z_1 bzw. z_2 seien wieder mit α_1 bzw. α_2 bezeichnet, und es sei wieder $\omega := e^{i \cdot \frac{2\pi}{3}} = \frac{1}{2}(-1 + i \cdot \sqrt{3})$. Für die drei Lösungen von $x^3 + 3x + 1 = 0$ erhalten wir dann: $x_1 = \alpha_1 + \alpha_2 = \sqrt[3]{\frac{1}{2}(\sqrt{5} - 1)} - \sqrt[3]{\frac{1}{2}(\sqrt{5} + 1)} \in \mathbb{R}$,

$$x_2 = \omega \cdot \alpha_1 + \omega^2 \cdot \alpha_2 = \omega \cdot \sqrt[3]{\frac{1}{2}(\sqrt{5} - 1)} - \omega^2 \cdot \sqrt[3]{\frac{1}{2}(\sqrt{5} + 1)} \text{ und}$$

$$x_3 = \omega^2 \cdot \alpha_1 + \omega \cdot \alpha_2 = \omega^2 \cdot \sqrt[3]{\frac{1}{2}(\sqrt{5} - 1)} - \omega \cdot \sqrt[3]{\frac{1}{2}(\sqrt{5} + 1)}.$$

Hier können wir noch $\omega = -\frac{1}{2}(1 - i \cdot \sqrt{3})$ und $\omega^2 = -\frac{1}{2}(1 + i \cdot \sqrt{3})$ einsetzen und nach Realteil und Imaginärteil sortieren, und es ergibt sich:

$$x_2 = (-\frac{1}{2}(1 - i \cdot \sqrt{3})) \cdot \sqrt[3]{\frac{1}{2}(\sqrt{5} - 1)} + (-\frac{1}{2}(1 + i \cdot \sqrt{3})) \cdot (-\sqrt[3]{\frac{1}{2}(\sqrt{5} + 1)})$$

$$= \frac{1}{2} \cdot \left(-\sqrt[3]{\frac{1}{2}(\sqrt{5} - 1)} + \sqrt[3]{\frac{1}{2}(\sqrt{5} + 1)}\right) + i \cdot \frac{1}{2}\sqrt{3} \cdot \left(\sqrt[3]{\frac{1}{2}(\sqrt{5} - 1)} + \sqrt[3]{\frac{1}{2}(\sqrt{5} + 1)}\right)$$

$$x_3 = (-\frac{1}{2}(1 + i \cdot \sqrt{3})) \cdot \sqrt[3]{\frac{1}{2}(\sqrt{5} - 1)} + (-\frac{1}{2}(1 - i \cdot \sqrt{3})) \cdot (-\sqrt[3]{\frac{1}{2}(\sqrt{5} + 1)})$$

$$= \frac{1}{2} \cdot \left(-\sqrt[3]{\frac{1}{2}(\sqrt{5} - 1)} + \sqrt[3]{\frac{1}{2}(\sqrt{5} + 1)}\right) - i \cdot \frac{1}{2}\sqrt{3} \cdot \left(\sqrt[3]{\frac{1}{2}(\sqrt{5} - 1)} + \sqrt[3]{\frac{1}{2}(\sqrt{5} + 1)}\right)$$

Notwendige Kontrolle: Die Summe der drei Nullstellen ist Null, die Summe der beiden komplexen Nullstellen ist reell! (Natürlich erhält man diese drei Lösungen per Knopfdruck mit Hilfe eines Computeralgebrasystems. Aber dieses Erlebnis führt nicht zur Hochachtung vor dem 500 Jahre alten auf CARDANO zurückgehenden Verfahren!) Wir sind noch nicht fertig, denn dies sind noch nicht die gesuchten Lösungen. Diese erhalten wir jedoch schnell durch die Transformation $\xi = x - 1$, also:

$$\xi_1 = -1 + \sqrt[3]{\frac{1}{2}(\sqrt{5} - 1)} - \sqrt[3]{\frac{1}{2}(\sqrt{5} + 1)} \in \mathbb{R}$$

$$\xi_2 = -1 + \frac{1}{2} \cdot \left(-\sqrt[3]{\frac{1}{2}(\sqrt{5} - 1)} + \sqrt[3]{\frac{1}{2}(\sqrt{5} + 1)}\right) + i \cdot \frac{1}{2}\sqrt{3} \cdot \left(\sqrt[3]{\frac{1}{2}(\sqrt{5} - 1)} + \sqrt[3]{\frac{1}{2}(\sqrt{5} + 1)}\right)$$

$$\xi_3 = -1 + \frac{1}{2} \cdot \left(-\sqrt[3]{\frac{1}{2}(\sqrt{5} - 1)} + \sqrt[3]{\frac{1}{2}(\sqrt{5} + 1)}\right) - i \cdot \frac{1}{2}\sqrt{3} \cdot \left(\sqrt[3]{\frac{1}{2}(\sqrt{5} - 1)} + \sqrt[3]{\frac{1}{2}(\sqrt{5} + 1)}\right)$$

Hinreichende Kontrolle der reellen Nullstelle, also: $\xi_1^3 + 3\xi_1^2 + 6\xi_1 + 5 = 0$?

Zunächst gilt: $\left(\sqrt[3]{\frac{1}{2}(\sqrt{5} - 1)} - \sqrt[3]{\frac{1}{2}(\sqrt{5} + 1)}\right)^2 = \sqrt[3]{\frac{1}{2}(3 - \sqrt{5})} - 2 + \sqrt[3]{\frac{1}{2}(3 + \sqrt{5})}$

Es folgt: $\xi_1^2 = -1 + 2 \cdot \left(\sqrt[3]{\frac{1}{2}(\sqrt{5} + 1)} - \sqrt[3]{\frac{1}{2}(\sqrt{5} - 1)}\right) + \left(\sqrt[3]{\frac{1}{2}(3 + \sqrt{5})} + \sqrt[3]{\frac{1}{2}(3 - \sqrt{5})}\right)$ und

$$\xi_1^3 = \xi_1^2 \cdot \xi_1 = \left(2 \cdot \left(\sqrt[3]{\frac{1}{2}(\sqrt{5} + 1)} - \sqrt[3]{\frac{1}{2}(\sqrt{5} - 1)}\right) + \sqrt[3]{\frac{1}{2}(3 + \sqrt{5})} + \sqrt[3]{\frac{1}{2}(3 - \sqrt{5})} - 1\right)$$

$$\cdot \left(-1 + \sqrt[3]{\frac{1}{2}(\sqrt{5} - 1)} - \sqrt[3]{\frac{1}{2}(\sqrt{5} + 1)}\right)$$

$$= \ldots = -3 \cdot \left(\sqrt[3]{\frac{1}{2}(3 + \sqrt{5})} + \sqrt[3]{\frac{1}{2}(3 - \sqrt{5})}\right) - \sqrt[3]{\sqrt{5} + 2} + \sqrt[3]{\sqrt{5} - 2} + 5, \text{ also ergibt sich:}$$

$$\xi_1^3 + 3\xi_1^2 + 6\xi_1 + 5 = \ldots = 1 - \sqrt[3]{\sqrt{5} + 2} + \sqrt[3]{\sqrt{5} - 2}.$$

Wenn ξ_1 richtig wäre, müsste $1 - \sqrt[3]{\sqrt{5}+2} + \sqrt[3]{\sqrt{5}-2} = 0$ gelten, d. h., es müsste

$\sqrt[3]{\sqrt{5}+2} - \sqrt[3]{\sqrt{5}-2} = 1$ gelten. Überraschenderweise (?) wird das durch ein Computer-algebrasystem (CAS) sofort bestätigt. Doch (wie) kann man das händisch nachweisen?

Wegen $\sqrt[3]{\sqrt{5}+2} - \sqrt[3]{\sqrt{5}-2} \in \mathbb{R}^+$ ist $\sqrt[3]{\sqrt{5}+2} - \sqrt[3]{\sqrt{5}-2} = 1 \Leftrightarrow \left(\sqrt[3]{\sqrt{5}+2} - \sqrt[3]{\sqrt{5}-2}\right)^3 = 1$,

mit $\left(\sqrt[3]{\sqrt{5}+2} - \sqrt[3]{\sqrt{5}-2}\right)^3 = \ldots = 4 - 3 \cdot \left(\sqrt[3]{\sqrt{5}+2} - \sqrt[3]{\sqrt{5}-2}\right)$.

Mit $\sqrt[3]{\sqrt{5}+2} - \sqrt[3]{\sqrt{5}-2} =: y$ ist also $y^3 = 4 - 3y$ oder $y \cdot (y^2 + 3) = 4$.

Diese Gleichung ist für $y = 1$ lösbar. Wegen $(y^3 + 3y - 4) : (y - 1) = y^2 + y + 4$ sind die

anderen Lösungen komplex, nämlich $-\frac{1}{2} \pm \frac{i}{2}\sqrt{15}$, die hier aber wegen $y \in \mathbb{R}^+$ nicht in

Frage kommen, so dass in der Tat $\sqrt[3]{\sqrt{5}+2} - \sqrt[3]{\sqrt{5}-2} = 1$ gilt.

Suchen Sie andere und ggf. kürzere Beweise!

Nachfolgend dazu ein eleganter Vorschlag von LUTZ G. LUCHT (TU Clausthal):

> Wegen $\sqrt[3]{\sqrt{5}+2} \cdot \sqrt[3]{\sqrt{5}-2} = 1$ lautet die Behauptung gleichwertig:
>
> $\sqrt[3]{\sqrt{5}+2}$ ist Lösung der Gleichung $y^2 - y - 1 = 0$.
>
> Nun sind die beiden Lösungen dieser Gleichung $1 \pm \sqrt{5}$ (vgl. Abschnitt 3.3.5.7).
>
> Da nur die positive Lösung in Frage kommt, gilt $\sqrt[3]{\sqrt{5}+2} = 1 + \sqrt{5}$, und dies ist
>
> in der Tat richtig, wie eine leichte Anwendung des binomischen Satzes zeigt. [665]

Alternative Möglichkeit zur Kontrolle der drei Nullstellen ξ_1, ξ_2, ξ_3:

Für das gegebene Polynom gilt: $\xi^3 + 3\xi^2 + 6\xi + 5 = (\xi - \xi_1)(\xi - \xi_2)(\xi - \xi_3)$

Dadurch ergibt sich eine Kontrollmöglichkeit mit dem Viëtaschen Wurzelsatz wie folgt:

$(\xi - \xi_2)(\xi - \xi_3) = \xi^2 - (\xi_2 + \xi_3) \cdot \xi + \xi_2 \cdot \xi_3$, also:

$(\xi - \xi_1)(\xi - \xi_2)(\xi - \xi_3) = (\xi - \xi_1)(\xi^2 - (\xi_2 + \xi_3) \cdot \xi + \xi_2 \cdot \xi_3)$

$= \xi^3 - (\xi_1 + \xi_2 + \xi_3)\xi^2 + (\xi_1 \cdot \xi_2 + \xi_2 \cdot \xi_3 + \xi_3 \cdot \xi_1) \cdot \xi - \xi_1 \cdot \xi_2 \cdot \xi_3$

Koeffizientenvergleich für das quadratische Glied liefert schnell:

$\xi_1 + \xi_2 + \xi_3 = \left(-1 + \sqrt[3]{\frac{1}{2}(\sqrt{5}-1)} - \sqrt[3]{\frac{1}{2}(\sqrt{5}+1)}\right) + \left(-2 - \sqrt[3]{\frac{1}{2}(\sqrt{5}-1)} + \sqrt[3]{\frac{1}{2}(\sqrt{5}+1)}\right) \stackrel{!}{=} -3$

Der Vergleich der restlichen beiden Koeffizienten führt aber zu einem erheblichen Rechenaufwand ohne erkennbaren Vorteil gegenüber dem oben eingeschlagenen Weg.

So ist $\xi_2 \cdot \xi_3 = \left(-1 + \frac{1}{2} \cdot \left(-\sqrt[3]{\frac{1}{2}(\sqrt{5}-1)} + \sqrt[3]{\frac{1}{2}(\sqrt{5}+1)}\right)\right)^2 + \frac{3}{4} \cdot \left(\sqrt[3]{\frac{1}{2}(\sqrt{5}-1)} + \sqrt[3]{\frac{1}{2}(\sqrt{5}+1)}\right)^2$.

Aufgabe 2.3 (S. 69)

Der Gültigkeitsnachweis der ersten Gleichung erfordert nur elementare Termumformung. Eine vergleichende Termumformung der beiden Seiten der zweiten Gleichung zeigt zwar, dass diese nicht übereinstimmen, gibt aber keinen Aufschluss über den Fehler.

---

[665] Bei diesem Beweis wurde unausgesprochen der Viëtasche Wurzelsatz benutzt! Wo, wie?

Das gelingt aber, wenn man nach Symmetrieverletzungen der Terme sucht. So ergibt sich links als erstes Produkt $4x^2u^2$, das jedoch auf der rechten Seite nicht entstehen kann, es sei denn, dass man den ersten Summanden $2xy$ durch $2xu$ ersetzt, was aus Symmetriegründen auch besser zum vierten Summanden $2yv$ der ersten Klammer passt. Und nunmehr stimmen die beiden Seiten beim Ausmultiplizieren überein!

Aufgabe 2.4 (S. 86)

(a.1) $\displaystyle\bigwedge_{y}\bigvee_{x} P(x,y) \Leftrightarrow \bigvee_{x}\bigwedge_{y} P(x,y)$ Das ist falsch, Beispiel: Zu jedem $y \in \mathbb{N}$ existiert zwar ein $x \in \mathbb{N}$ mit $x = 2y$, aber es existiert kein $x \in \mathbb{N}$ mit $x = 2y$ für alle $y \in \mathbb{N}$. Es gilt aber die Implikation von rechts nach links.

(a.2) $\displaystyle\bigwedge_{x} P(x) \vee Q(x) \Leftrightarrow \bigwedge_{x} P(x) \vee \bigwedge_{x} Q(x)$ Das ist falsch, Beispiel: Wähle in der Menge $\mathbb{N}$ $P(x) :\Leftrightarrow x > 0$ und $Q(x) :\Leftrightarrow x \leq 0$. Es gilt aber die Implikation von rechts nach links.

(a.3) $\displaystyle\bigwedge_{x} P(x) \wedge Q(x) \Leftrightarrow \bigwedge_{x} P(x) \wedge \bigwedge_{x} Q(x)$ Das gilt stets, weil die Konjunktion genau dann wahr ist, wenn beide Teile wahr sind.

(a.4) $\displaystyle\bigvee_{x} P(x) \vee Q(x) \Leftrightarrow \bigvee_{x} P(x) \vee \bigvee_{x} Q(x)$ Das gilt stets, weil die Adjunktion genau dann wahr ist, wenn mindestens ein Teil wahr ist.

(a.5) $\displaystyle\bigvee_{x} P(x) \wedge Q(x) \Leftrightarrow \bigvee_{x} P(x) \wedge \bigvee_{x} Q(x)$ Das ist falsch, denn links müssen beide Aussageformen *bei derselben Einsetzung* erfüllt sein, rechts aber nicht notwendig, denn rechts dürfen sogar verschiedene Variablen stehen. Es gilt damit aber die Implikation von links nach rechts.

(a.6) $\displaystyle\bigvee_{x} P(x) \vee Q(x) \Leftrightarrow \bigvee_{x} P(x) \vee \bigvee_{y} Q(y)$ Dies ist gleichbedeutend mit (a.4), weil y hier eine gebundene Variable ist.

(b.1)

NOR		
p	q	$p \downarrow q$
w	w	f
w	f	f
f	w	f
f	f	w

(b.2) Es gilt ersichtlich:

$$p \downarrow q \Leftrightarrow \neg(p \vee q)$$

(b.3) NOR steht für die Negation von „ODER" („OR").

(b.4)

NAND		
p	q	$p \mid q$
w	w	f
w	f	w
f	w	w
f	f	w

(b.5)

$$\neg p \Leftrightarrow p \downarrow p, \qquad p \wedge q \Leftrightarrow (p \downarrow p) \downarrow (q \downarrow q)$$

$$p \vee q \Leftrightarrow ((p \downarrow p) \downarrow (p \downarrow p)) \downarrow ((q \downarrow q) \downarrow (q \downarrow q)),$$

$$p \rightarrow q \Leftrightarrow ((p \downarrow p) \downarrow ((q \downarrow q) \downarrow (q \downarrow q)))$$
$$\downarrow ((p \downarrow p) \downarrow ((q \downarrow q) \downarrow (q \downarrow q)))$$

(b.6) Es ist z. B. $(\text{f} \downarrow \text{f}) \downarrow \text{w} \Leftrightarrow \text{w} \downarrow \text{w} \Leftrightarrow \text{f}$, aber $\text{f} \downarrow (\text{f} \downarrow \text{w}) \Leftrightarrow \text{f} \downarrow \text{f} \Leftrightarrow \text{w}$, und damit ist die NOR-Verknüpfung *nicht assoziativ*.

(c) $\displaystyle\bigcap_x P(x) \Leftrightarrow \neg \bigvee_x P(x) \Leftrightarrow \bigwedge_x \neg P(x), \quad \bigvee_x P(x) \Leftrightarrow \neg \bigwedge_x \neg P(x) \Leftrightarrow \neg \bigcap_x P(x)$

$\displaystyle\bigwedge_x P(x) \Leftrightarrow \bigcap_x \neg P(x) \Leftrightarrow \neg \bigvee_x \neg P(x)$

(d)   Es ist zu klären, wie viele Verknüpfungstafeln aufstellbar sind: Das sind alle Tafeln mit genau 4 w (1 Tafel), alle Tafeln mit genau 3 w (4 Tafeln), alle Tafeln mit genau 2 w (6 Tafeln), alle Tafeln mit genau 1 w (4 Tafeln) und 1 Tafel mit genau 1 w, insgesamt also 16 Tafeln.

Aufgabe 2.5 (S. 98)

(a) $\displaystyle\bigwedge_x x \notin A \Leftrightarrow \neg \bigvee_x x \in A \Leftrightarrow \bigcap_x x \in A$

(b)   Mit $L := \{x \mid x \neq x\}$ ist $y \in L \Leftrightarrow y \neq y$. Nun ist $y \neq y \Leftrightarrow \neg(y = y)$, und wenn wir $y = y \Leftrightarrow \text{W}$ unterstellen, $y = y$ also als Tautologie ansehen, dann ist $y \neq y \Leftrightarrow \text{F}$ und wegen $y \in L \Leftrightarrow y \neq y$ auch $y \in L \Leftrightarrow \text{F}$. Andererseits gilt mit Definition (2.25) und Bezeichnung (2.28) $y \in \varnothing \Leftrightarrow F$, also $y \in L \Leftrightarrow y \in \varnothing$, was gleichbedeutend mit $\displaystyle\bigwedge_x x \in L \leftrightarrow x \in \varnothing$ ist. Das Extensionalitätsprinzip liefert $L = \varnothing$.

(c.1)   Gemäß Definition von $A \subseteq B$ gilt $A \subseteq A \Leftrightarrow \displaystyle\bigwedge_x (x \in A \rightarrow x \in A)$.

Es ist also zu zeigen, dass $x \in A \rightarrow x \in A$ eine Tautologie ist. Der einzige Fall, dass eine Subjunktion falsch ist (nämlich $\text{W} \rightarrow \text{F}$), tritt hier aber nicht ein.

(c.2) $\varnothing \subseteq A \Leftrightarrow \displaystyle\bigwedge_x (x \in \varnothing \rightarrow x \in A)$. Wegen $x \in \varnothing \Leftrightarrow F$ ist die Subjunktion stets wahr.

(c.3)   Per definitionem ist $A \subseteq \varnothing \Leftrightarrow \displaystyle\bigwedge_x (x \in A \rightarrow x \in \varnothing)$. Dabei ist $x \in \varnothing \Leftrightarrow \text{F}$.

Wegen der Allgemeingültigkeit dieser Subjunktion kann der Fall $x \in A \leftrightarrow \text{W}$ nicht eintreten, d. h., es ist $x \in A \Leftrightarrow \text{F}$ oder anders $\displaystyle\bigwedge_x x \notin A$, also $A = \varnothing$.

Ist andererseits $A = \varnothing$, so folgt wegen $M \subseteq M$ und also $\varnothing \subseteq \varnothing$ auch $A \subseteq \varnothing$.

(c.4) $A \subseteq B \wedge B \subseteq C \Rightarrow A \subseteq C$

Der Beweis sei zur Abwechslung mit Hilfe einer Wahrheitstafel geführt:

①	②	③	④	⑤	⑥	⑦	⑧
$x \in A$	$x \in B$	$x \in C$	①→②	②→③	④∧⑤	①→③	⑥→⑦
w	w	w	w	w	w	w	w
w	w	f	w	f	f	f	w
w	f	w	f	w	f	w	w
w	f	f	f	w	f	f	w
f	w	w	w	w	w	w	w
f	w	f	w	f	f	w	w
f	f	w	w	w	w	w	w
f	f	f	w	w	w	w	w

(c.5) $A = B \Leftrightarrow A \subseteq B \wedge B \subseteq A$, der Beweis erfolgt ebenfalls mittels Wahrheitstafel:

①	②	③	④	⑤	⑥	⑦
$x \in A$	$x \in B$	① → ②	② → ①	③ ∧ ④	① ↔ ②	⑤ ↔ ⑥
w	w	w	w	w	w	w
w	w	w	w	w	w	w
w	f	f	w	f	f	w
w	f	f	w	f	f	w
f	w	w	f	f	f	w
f	w	w	f	f	f	w
f	f	w	w	w	w	w
f	f	w	w	w	w	w

In Spalte ⑥ wurde die Definition der Mengengleichheit ausgenutzt. Der Beweis geht ohne Wahrheitstafel kürzer mit dem Extensionalitätsprinzip und mit (a.3):

$$A \subseteq B \wedge B \subseteq A \underset{\text{Definition } \subseteq}{\Leftrightarrow} \quad \bigwedge_{x} (x \in A \to x \in B) \wedge \bigwedge_{x} (x \in B \to x \in A)$$

$$\underset{\text{(a.3)}}{\Leftrightarrow} \bigwedge_{x} (x \in A \to x \in B \wedge x \in B \to x \in A) \underset{\text{Identitivität}}{\Leftrightarrow} \bigwedge_{x} (x \in A \leftrightarrow x \in B)$$

$$\underset{\text{Extensionalitätsprinzip in Def. (2.23)}}{\Leftrightarrow} \qquad A = B$$

Beachte: $A = B \Leftrightarrow A \subseteq B \wedge B \subseteq A$ *ist* das Extensionalitätsprinzip in anderer Fassung!

(d.1) Wegen $A \cup \varnothing = A$ und $A \cup A' = X$ folgt $\varnothing' = \varnothing' \cup \varnothing = \varnothing \cup \varnothing' = X$.
Wegen $(A')' = A$ und $\varnothing' = X$ folgt $X' = (\varnothing')' = \varnothing$.
Es gilt $A \setminus B = \{x \mid x \in A \wedge x \notin B\}$. Im exemplarischen Beweis zu Satz (2.33) wurde bereits $x \notin B \Leftrightarrow x \in B'$ gezeigt. Mit $A \cap B = \{x \mid x \in A \wedge x \in B\}$ folgt dann $A \setminus B = \{x \mid x \in A \wedge x \in B'\} = A \cap B'$.

(d.2) $(A \cap B')' \cup B = (A' \cup (B')') \cup B = (A' \cup B) \cup B = A' \cup (B \cup B) = A' \cup B$

Nebenstehendes Bild zeigt schrittweise die Veranschaulichung von $(A \cap B')' \cup B = A' \cup B$ durch Venn-Diagramme:

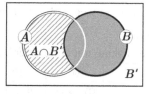
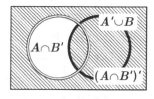

$(A \cap B \cap C) \cup (A' \cap B \cap C) \cup B' \cup C'$
$= (A \cap (B \cap C)) \cup (A' \cap (B \cap C)) \cup (B \cap C)'$
$= ((A \cup A') \cap (B \cap C)) \cup (B \cap C)' = (X \cap (B \cap C)) \cup (B \cap C)'$
$= (B \cap C) \cup (B \cap C)' = X$

$((A' \cap B) \cup (B' \cup C'))' = (A' \cap B)' \cap (B \cap C) = (A \cup B') \cap (B \cap C)$
$= (A \cap B \cap C) \cup (B' \cap B \cap C) = (A \cap B \cap C) \cup (\varnothing \cap C)$
$= (A \cap B \cap C) \cup \varnothing = A \cap B \cap C$

(d.3) • $(A \setminus B) \setminus C = (A \setminus C) \setminus B$:

$(A \setminus B) \setminus C = \{x \mid x \in A \setminus B \wedge x \notin C\} = \{x \mid (x \in A \wedge x \notin B) \wedge x \notin C\}$

$\underset{\text{Assoziativität}}{=} \{x \mid x \in A \wedge (x \notin B \wedge x \notin C)\}$

$\underset{\text{Kommutativität}}{=} \{x \mid x \in A \wedge (x \notin C \wedge x \notin B)\}$

$\underset{\text{Assoziativität}}{=} \{x \mid (x \in A \wedge x \notin C) \wedge x \notin B\} = (A \setminus C) \setminus B$

• $(A \cup B) \setminus C = (A \setminus C) \cup (B \setminus C)$

$(A \cup B) \setminus C = \{x \mid (x \in A \vee x \in B) \wedge x \notin C\}$

$\underset{\text{Distributivität}}{=} \{x \mid (x \in A \wedge x \notin C) \vee (x \in B \wedge x \notin C)\} = (A \setminus C) \cup (B \setminus C)$

• $A \setminus (B \cup C) = (A \setminus B) \cap (A \setminus C)$

$A \setminus (B \cup C) = \{x \mid x \in A \wedge x \notin (B \cup C)\} = \{x \mid x \in A \wedge \neg\, x \in (B \cup C)\}$

$= \{x \mid x \in A \wedge \neg (x \in B \vee x \in C)\} \underset{\text{de Morgan}}{=} \{x \mid x \in A \wedge (x \notin B \wedge x \notin C)\}$

$\underset{\text{Assoz., Kommut., Idempotenz}}{=} \{x \mid (x \in A \wedge x \notin C) \wedge (x \notin B \wedge x \notin C)\} = (A \setminus B) \cap (A \setminus C)$

• $A \setminus (B \setminus C) = (A \setminus B) \cup (A \cap C)$:

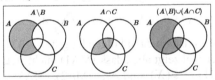

• $A \triangle B = (A \cup B) \setminus (A \cap B)$, dabei ist $A \triangle B := (A \setminus B) \cup (B \setminus A)$:

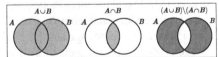

• $A \cap B = (A \cup B) \setminus (A \triangle B)$:

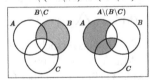

(d.4) • $A \cup (B \triangle C) = (A \cup B) \triangle (A \cup C)$

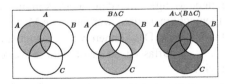
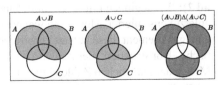

Diese Aussage ist also falsch!

- $A \cap (B \bigtriangleup C) = (A \cap B) \bigtriangleup (A \cap C)$

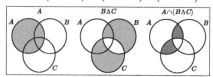 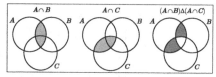

Zusätzlich sei ein formaler Beweis geführt:

$A \cap (B \bigtriangleup C) = A \cap ((B \setminus C) \cup (C \setminus B)) = (A \cap (B \setminus C)) \cup (A \cap (C \setminus B))$

$(A \cap B) \bigtriangleup (A \cap C) = ((A \cap B) \setminus (A \cap C)) \cup ((A \cap C) \setminus (A \cap B))$

Der Beweis ist erbracht, wenn $(A \cap B) \setminus (A \cap C) = A \cap (B \setminus C)$ geklärt ist:

$(A \cap B) \setminus (A \cap C) = \{x \mid x \in A \wedge x \in B \wedge \neg(x \in A \wedge x \in C)\}$

$\quad = \{x \mid x \in A \wedge x \in B \wedge (x \notin A \vee x \notin C)\}$

$\quad = \{x \mid \underbrace{(x \in A \wedge x \in B \wedge x \notin A)}_{\Leftrightarrow F} \vee (x \in A \wedge x \in B \wedge x \notin C)\}$

$\quad = \{x \mid x \in A \wedge (x \in B \wedge x \notin C)\} = A \cap (B \setminus C)$

Aufgabe 2.6 (S. 103)

(a) Es sei also X eine Menge und $\mathcal{A} \subseteq \mathcal{P}(X)$, und vorausgesetzt werden die Axiome:

(MA2) $\bigwedge\limits_{A,B \in \mathcal{A}} A \cup B \in \mathcal{A}$, (MA3) $\bigwedge\limits_{A,B \in \mathcal{A}} A \setminus B \in \mathcal{A}$, (MA7) $\bigwedge\limits_{A,B \in \mathcal{A}} A \cap B \in \mathcal{A}$.

Zu untersuchen ist, ob dann Folgendes gilt: (MA1) $X \in \mathcal{A}$. Beweisversuche schlagen fehl; ein Beispiel zeigt aber, dass (MA1) nicht stets gilt: Mit $X := \{1, 2\}$ und $\mathcal{A} := \{\varnothing, \{1\}\} \subset \mathcal{P}(X)$ sind zwar (MA2), (MA3) und (MA7) erfüllt, nicht aber (MA1).

(b) Zunächst existieren die trivialen Mengenalgebren $\{\varnothing, X\}$ und $\{\varnothing, \mathcal{P}(X)\}$ über X, und wegen (MA1) und (MA4) gilt $\{\varnothing, X\} \subseteq \mathcal{A}$ für jede Mengenalgebra ($X, \mathcal{A}$). Falls noch eine weitere Mengenalgebra $\mathcal{A}$ über X existiert, so muss sie eine einelementige oder zweielementige Teilmenge aus $\{1, 2, 3\}$ enthalten. Versuchsweise sei $\{1\} \in \mathcal{A}$ gewählt. Wegen (MA5) ist dann auch $\complement\{2, 3\} = \{1\} \in \mathcal{A}$. Damit ergeben sich alle Mengenalgebren über X zu: $\{\varnothing, X\}, \{\varnothing, \{1\}, \{2, 3\}, X\}, \{\varnothing, \{2\}, \{1, 3\}, X\}, \{\varnothing, \{3\}, \{1, 2\}, X\}, \{\varnothing, \mathcal{P}(X)\}$

(c) ad 1): Die ersten fünf Elemente ergeben sich der Reihe nach konstruktiv zu:

$\varnothing$, $\{\varnothing\} \cup \varnothing = \{\varnothing\}$, $\{\{\varnothing\}\} \cup \{\varnothing\} = \{\{\varnothing\}, \varnothing\}$,

$\{\{\{\varnothing\}, \varnothing\}\} \cup \{\{\varnothing\}, \varnothing\} = \{\{\{\varnothing\}, \varnothing\}, \{\varnothing\}, \varnothing\}$,

$\{\{\{\{\varnothing\}, \varnothing\}, \{\varnothing\}, \varnothing\}\} \cup \{\{\{\varnothing\}, \varnothing\}, \{\varnothing\}, \varnothing\} = \{\{\{\{\varnothing\}, \varnothing\}, \{\varnothing\}, \varnothing\}, \{\{\varnothing\}, \varnothing\}, \{\varnothing\}, \varnothing\}$

Zusammengefasst und umgestellt erhalten wir für die ersten fünf Elemente:

$\varnothing$, $\{\varnothing\}$, $\{\varnothing, \{\varnothing\}\}$, $\{\varnothing, \{\varnothing\}, \{\{\varnothing\}, \varnothing\}\}$, $\{\varnothing, \{\varnothing\}, \{\varnothing, \{\varnothing\}\}, \{\varnothing, \{\varnothing\}, \{\{\varnothing\}, \varnothing\}\}\}$

ad 2): Wir beginnen mit einer „nullelementigen Menge". In jedem Schritt kommt zu der zuletzt konstruierten Menge ein weiteres Element hinzu, und zwar diejenige Menge, deren einziges Element diese zuletzt konstruierte Menge ist. Das können wir als mengentheoretische „Konstruktion" der Zahlen 0, 1, 2, 3, 4, … auffassen, so dass auf diese Weise die Menge der natürlichen Zahlen konstruiert wird.

ad 3): Da keine Universalmenge als „Obermenge" gegeben ist, kann schon formal keine Mengenalgebra vorliegen. Speziell ist keine Komplementbildung möglich.

Aufgabe 2.7 (S. 106)

(a) Es liegt nahe, wie im Beweis von Satz (2.46) vorzugehen. Zunächst sei gefragt: Existiert die Menge $\{a, \{a, b\}\}$? Zu zwei beliebigen Objekten a und b existiert aufgrund des Paarmengenprinzips $\{a, b\}$, und mit a und $\{a, b\}$ existiert dann ganz entsprechend $\{a, \{a, b\}\}$. Damit ist $\{a, \{a, b\}\} = \{c, \{c, d\}\} \Leftrightarrow a = c \wedge b = d$ zu beweisen, wobei die Richtung $\Leftarrow$ wieder trivial ist. Es gelte nun $\{a, \{a, b\}\} = \{c, \{c, d\}\}$. Wegen des Extensionalitätsprinzips folgt $a = c \vee a = \{c, d\}$. Falls $a = c$ gilt, so ist $\{a, \{a, b\}\} = \{a, \{a, d\}\}$, also folgt $\{a, b\} = a \vee \{a, b\} = \{a, d\}$, wobei aus Sicht einer „naiven Mengenlehre" $a = \{a, b\}$ wohl unsinnig ist, so dass also $\{a, b\} = \{a, d\}$ und damit $b = d$ folgt. Der Fall $a = \{c, d\}$ würde in „naiver" Sicht ebenfalls als unsinnig erscheinen, und so erhalten wir per saldo $a = c \wedge b = d$. Doch warum soll z. B. $a = \{a, b\}$ nicht möglich sein? Speziell sei gefragt: Gibt es ein x mit $x = \{x\}$?

Tatsächlich wird das in der *axiomatischen Mengenlehre* untersucht und dann üblicherweise durch das *Fundierungsaxiom* ausgeschlossen, demgemäß jede nichtleere Menge x ein Element y mit $x \cap y = \varnothing$ enthält, was sich auch so formulieren lässt, dass es keine Menge x mit $x \in x$ gibt (vgl. Abschnitt 2.3.7.1, S. 75). Das sei der individuellen Vertiefung angeraten – wir haben ja mit Definition (2.45) etwas Passendes gewählt.

(b) Analog zu Satz (2.46) müsste gelten: $(a, b, c) = (d, e, f) \Leftrightarrow a = d \wedge b = e \wedge c = f$

Würde man nun $(a, b, c) := \{\{a\}, \{a, b\}, \{a, b, c\}\}$ definieren, so ergäbe sich z. B.:

$(1, 2, 1) = \{\{1\}, \{1, 2\}, \{1, 2, 1\}\} = \{\{1\}, \{1, 2\}, \{1, 2\}\} = \{\{1\}, \{1, 2\}\}$

$(1, 2, 2) = \{\{1\}, \{1, 2\}, \{1, 2, 2\}\} = \{\{1\}, \{1, 2\}, \{1, 2\}\} = \{\{1\}, \{1, 2\}\}$

Damit wäre allerdings $(1, 2, 1) = (1, 2, 2)$, womit diese Definition nicht zum Ziel führt.

(c) Es ist $\bigwedge\limits_{x, A} \left(x \in A \leftrightarrow \{x\} \subseteq A \right)$ zu zeigen.

Wir interpretieren $\{x\}$ als aufzählende Darstellung einer (einelementigen) Menge, so dass also $x \in \{x\}$ gilt. Es sei nun $\{x\} \subseteq A$. Das bedeutet definitionsgemäß, dass für alle y gilt: $y \in \{x\} \rightarrow y \in A$, wobei $y \in \{x\}$ nur für $y = x$ wahr ist, und damit folgt $x \in A$. Gilt andererseits $x \in A$ für irgendein x, so ist wegen $x \in \{x\}$ (s. o.) die Subjunktion $y \in \{x\} \rightarrow y \in A$ für alle y wahr, weil $y \in \{x\}$ nur für $y = x$ wahr ist, und damit gilt gemäß Definition der Mengeninklusion $\{x\} \subseteq A$.

(d) A und B seien nicht-leere Mengen. Aufgrund des Paarmengenprinzips existiert für beliebige $a \in A$ und $b \in B$ stets die Menge $\{\{a\}, \{a, b\}\}$, die mit (a, b) bezeichnet und „geordnetes Paar" genannt wird. Mit A und B existiert $A \cup B$ (was in der axiomatischen Mengenlehre durch ein eigenes Axiom gesichert wird). Aufgrund des Potenzmengenprinzips existiert die Potenzmenge $\mathscr{P}(A \cup B)$, die u. a. alle einelementigen Mengen $\{a\}$ und alle zweielementigen Mengen $\{a, b\}$ mit $a \in A$ und $b \in B$ enthält, weil ja auch $a, b \in A \cup B$ gilt. Ferner existiert die Potenzmenge von $\mathscr{P}(A \cup B)$, also $\mathscr{P}(\mathscr{P}(A \cup B))$, deren Elemente Teilmengen von $\mathscr{P}(A \cup B)$ sind, also u. a. auch alle zweielementigen Mengen vom Typ $\{\{a\}, \{a, b\}\}$ mit $a \in A$ und $b \in B$. Aufgrund des Aussonderungsprinzips können wir nun folgende Teilmenge von $\mathscr{P}(\mathscr{P}(A \cup B))$ bilden:

$\{\{\{a\}, \{a, b\}\} \mid a \in A \wedge b \in B\} = \{(a, b) \mid a \in A \wedge b \in B\} =: A \times B$

(e) Es ist $A_1 \times \ldots \times A_n = \{(a_1, \ldots, a_n) \mid a_1 \in A_1 \wedge \ldots \wedge a_n \in A_n\}$ zu beweisen.

Das machen wir durch vollständige Induktion über n und beachten dabei folgende zugrunde liegende Definitionen: $A^1 := A$, $A^{n+1} := A^n \times A$ (für $n \geq 1$) und ferner $(a_1, a_2, \ldots, a_{n-1}, a_n) := ((a_1, a_2, \ldots, a_{n-1}), a_n)$ für $n \geq 3$.

Als Induktionsanfang wählen wir $n = 2$ wegen $A \times B := \{(a,b) \mid a \in A \wedge b \in B\}$.

Es gelte nun $A_1 \times \ldots \times A_n = \{(a_1, \ldots, a_n) \mid a_1 \in A_1 \wedge \ldots \wedge a_n \in A_n\}$ für ein n, $n \geq 2$:

$$A_1 \times \ldots \times A_n \times A_{n+1} \underset{\text{Def.}}{=} (A_1 \times \ldots \times A_n) \times A_{n+1}$$

$$\underset{\text{Ind.Vor.}}{=} \{((a_1, \ldots, a_n), a_{n+1}) \mid (a_1 \in A_1 \wedge \ldots \wedge a_n \in A_n) \wedge a_{n+1} \in A_{n+1}\}$$

$$\underset{\text{Def.}}{=} \{(a_1, \ldots, a_n, a_{n+1}) \mid a_1 \in A_1 \wedge \ldots \wedge a_n \in A_n \wedge a_{n+1} \in A_{n+1}\}$$

Aufgabe 3.1 (S. 120)

Die Daten aus Bild 3.9 wurden zwecks Verarbeitung mit Tabellenkalkulation zerlegt
(a) (nächste Seite). Die gesuchten, errechneten **dezimalen Darstellungen** sind **fett** hervorge-
und hoben. Die Werte in der Spalte „b" wurden gemäß $b^2 = c^2 - a^2$ ergänzt. Die Werte in der
(b) Spalte „$\sec^2(\alpha)$" wurden aus den links daneben stehenden sexagesimalen Darstellungen
durch dezimale Umwandlung berechnet und auf 10 Nachkommastellen gerundet.

									$\sec^2(\alpha)$			a	b				c	
1	59	0	15						1,9834027778	1	59	**119**	**120**	2	49		**169**	*1*
1	56	56	58	14	50	6	15		1,9491585521	56	7	**3367**	**3456**	1	20	25	**4825**	*2*
1	55	7	41	15	33	45			1,9188021267	1	16	41 → **4601**	**4800**	1	50	49	**6649**	*3*
1	53	10	29	32	52	16			1,8862479067	3	31	49 → **12709**	**1350**	5	9	1	**18541**	*4*
1	48	54	1	40					1,8150077160	1	5	**65**	**72**	1	37		**97**	*5*
1	47	6	41	40					1,7851929012	5	19	**319**	**360**	8	1		**481**	*6*
1	43	11	56	28	26	40			1,7199836763	38	11	**2291**	**2700**	59	1		**3541**	*7*
1	41	33	45	14	3	45			1,6927094184	13	19	**799**	**960**	20	49		**1249**	*8*
1	38	33	36	36					1,6426694444	8	1	**481**	**600**	12	49		**769**	*9*
1	35	10	2	28	27	24	26	40	1,5861225661	1	22	41 → **4961**	**6480**	2	16	1	**8161**	*10*
1	33	45							1,5625000000		45	**45**	**60**	1	15		**75**	*11*
1	29	21	54	2	15				1,4894168403	27	59	**1679**	**2400**	48	49		**2929**	*12*
1	27	0	3	45					1,4500173611	2	41	**161**	**240**	4	49		**289**	*13*
1	25	48	51	35	6	40			1,4302388203	29	31	**1771**	**2700**	53	49		**3229**	*14*
1	23	13	46	40					1,3871604938		28	**28**	**45**		53		**53**	*15*

(c) Es bieten sich zwei Wege an:

1. Man rechnet nach, dass die gegebenen Darstellungen von $\sec^2(\alpha)$ (als Summe von Sexagesimalbrüchen) jeweils mit $\frac{c^2}{b^2}$ übereinstimmen, z. B. in Zeile 1:

$$1 + \frac{59}{60} + \frac{15}{60^3} = \frac{28561}{14400} = \left(\frac{169}{129}\right)^2$$

Den kompletten Nachweis führt man z. B. mittels Tabellenkalkulation.

2. Entwicklung von $\frac{c^2}{b^2}$ in Sexagesimalbruchsummen führt zu einem Algorithmus für schriftliches Dividieren im Sexagesimalsystem, der dann auch programmierbar ist.

(d) $f(a,c) := \dfrac{c^2}{c^2 - a^2} = \dfrac{c^2}{b^2} = \sec^2(\alpha) = \dfrac{1}{\cos^2(\alpha)} = \dfrac{\cos^2(\alpha) + \sin^2(\alpha)}{\cos^2(\alpha)} = 1 + \tan^2(\alpha)$

Aufgabe 3.2 (S. 131)

(a) $\mathrm{ggM}(8{,}4;\ 18{,}9) = \mathrm{ggM}(8{,}4;\ 2{,}1) = \mathrm{ggM}(0;\ 2{,}1) = 2{,}1$

$$\mathrm{ggM}\left(\tfrac{13}{30}; \tfrac{5}{42}\right) = \mathrm{ggM}\left(\tfrac{91}{210}; \tfrac{25}{210}\right) = \mathrm{ggM}\left(\tfrac{16}{210}; \tfrac{25}{210}\right) = \mathrm{ggM}\left(\tfrac{16}{210}; \tfrac{9}{210}\right) = \mathrm{ggM}\left(\tfrac{7}{210}; \tfrac{9}{210}\right)$$

$$= \mathrm{ggM}\left(\tfrac{7}{210}; \tfrac{2}{210}\right) = \mathrm{ggM}\left(\tfrac{1}{210}; \tfrac{2}{210}\right) = \mathrm{ggM}\left(\tfrac{1}{210}; 0\right) = \tfrac{1}{210}$$

(b.1) Wir beachten, dass „Größen" hier stets positiv sind:

$$\frac{m - x}{y - m} = \frac{x}{x} \Leftrightarrow mx - x^2 = xy - mx \Leftrightarrow 2mx = x^2 + xy \Leftrightarrow m = \frac{x + y}{2},$$

$$\frac{m - x}{y - m} = \frac{x}{m} \Leftrightarrow m^2 - mx = xy - mx \Leftrightarrow m = \sqrt{xy},$$

$$\frac{m - x}{y - m} = \frac{x}{y} \Leftrightarrow my - xy = xy - mx \Leftrightarrow m = \frac{2xy}{x + y}$$

(b.2) Die Gültigkeit dieser drei Gleichungen erkennt man durch „Hinsehen".

Aufgabe 3.3 (S. 205)

$x \le H(x,y) \Leftrightarrow x(x + y) \le 2xy \Leftrightarrow x^2 \le xy \Leftrightarrow x \le y$, stimmt nach Voraussetzung.

$H(x,y) \le G(x,y) \Leftrightarrow \dfrac{2xy}{x + y} \le \sqrt{xy} \Leftrightarrow 2\sqrt{xy} \le x + y \Leftrightarrow 4xy \le (x + y)^2 \Leftrightarrow (x - y)^2 \ge 0$,

stimmt.

$G(x,y) \le A(x,y) \Leftrightarrow \sqrt{xy} \le \dfrac{x + y}{2} \Leftrightarrow 2\sqrt{xy} \le x + y \Leftrightarrow \dots \Leftrightarrow (x - y)^2 \ge 0$, stimmt.

Geometrischer Beweis: $x + y$ ist der Durchmesser, also ist $\frac{x+y}{2}$ der Radius mit $\frac{x+y}{2} \le y$.

Nach dem Höhensatz hat die mit $G(x,y)$ bezeichnete Strecke die Länge $\sqrt{xy}$. Diese Höhe ist zugleich Kathete im Dreieck mit der Hypotenusenlänge $A(x,y)$, also gilt $G(x,y) \le A(x,y)$. In diesem Dreieck ist die mit $H(x,y)$ bezeichnete Strecke die Länge des Hypotenusenabschnitts. Gemäß dem Kathetensatz gilt $H(x,y) \cdot A(x,y) = (G(x,y))^2$, also ist $H(x,y)$ tatsächlich das harmonische Mittel, und weil hier $H(x,y)$ die Länge des Hypotenusenabschnitts und $G(x,y)$ die Länge der Kathete ist, gilt darüber hinaus $H(x,y) \le G(x,y)$. Es bleibt noch $x \le H(x,y)$ zu zeigen. Dazu betrachte man den Kreis um den Mittelpunkt des gegebenen Halbkreises mit dem Radius $A(x,y) - H(x,y)$, und sofort ist ersichtlich, dass stets $x \le H(x,y)$ gilt.

Aufgabe 5.1 (S.205)

Bezüglich der hier verwendeten Intervallschreibweise sei auf die Voraussetzung (8.105) in Abschnitt 8.4.1 verwiesen.

(a) $\boxed{R_1}$: $\mathrm{D}_{R_1} = [-\tfrac{5}{3}; \tfrac{5}{3}]$, $\mathrm{W}_{R_1} = [-\tfrac{5}{4}; \tfrac{5}{4}]$, Graph: Ellipse mit den Halbachsen $\tfrac{5}{3}$ und $\tfrac{5}{4}$; es liegt keine Funktion vor, weil z. B. $(0; -\tfrac{5}{4}) \in R_1 \wedge (0; \tfrac{5}{4}) \in R_1 \wedge -\tfrac{5}{4} \ne \tfrac{5}{4}$ gilt.

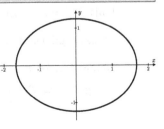

$\boxed{R_2}$: $D_{R_2} = [0; 5]$, $W_{R_2} = [0; 5]$, der Graph ist das Quadrat $[0; 5] \times [0; 5]$, Beweis:

1) $x \geq 0$: $\ x + |y| = x + y \Leftrightarrow |y| = y \Leftrightarrow y \geq 0$

2) $x < 0$: $\ -x + |y| = -x + y \Leftrightarrow 2x = |y| - y$

    a) $y \geq 0$: $2x = y - y \Leftrightarrow x = 0$, im Widerspruch zu $x < 0$.

    b) $y < 0$: $2x = -2y$, im Widerspruch zu $x < 0 \wedge y < 0$.

Somit bleibt nur $x \geq 0 \wedge y \geq 0$ und per saldo $(x, y) \in [0; 5] \times [0; 5]$. Keine Funktion!

$\boxed{R_3}$: $D_{R_3} = [0; \frac{5}{3}]$, $W_{R_3} = [0; \frac{5}{4}]$, Graph: Ellipsenbogen aus dem I. Quadranten; Funktion!

$\boxed{R_4}$: Zunächst ist $D_{R_4} \subseteq [-1; 1]$; für $x = -1$ ist $y = \frac{1}{2}$, für $x = 0$

ist $y = 0$, und für $x = 1$ ist $y = 1 + y$ nicht lösbar, also ist $x = 1$

nicht möglich. Für $x \neq 0$ und $x \neq 1$ ist $y = 1 + \frac{1}{x-1}$, also folgt

$D_{R_4} = [-1; 1[$ und $W_{R_4} =] \leftarrow; \frac{1}{2}]$.

Der Graph ist ein Hyperbelabschnitt aus $[-1; 1[$.

Hier liegt eine Funktion vor.

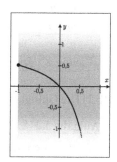

$\boxed{R_5}$: $\frac{1}{x} \leq 1 \Leftrightarrow x < 0 \vee (x > 0 \wedge x \leq 1)$, also $D_{R_5} = [\leftarrow; 0[\ \cup \ ]1; \rightarrow [= \mathbb{R} \setminus [0; 1]$,

$W_{R_5} = \mathbb{R}$; der Graph ist die gesamte Ebene ohne den vertikalen Streifen zwischen $x = 0$
und $x = 1$; es liegt erkennbar keine Funktion vor!

$\boxed{R_6}$: $D_{R_6} = [-1; 0[$, $W_{R_6} =]0; \frac{1}{2}[$; der Graph besteht nur aus dem Hyperbel-Ast im
II. Quadranten ohne $(0; 0)$, als Restriktion der Funktion R_4 ist auch R_6 eine Funktion.

(b) • $(R \cap S)^{-1} = \{(y, x) \mid (x, y) \in R \cap S\} = \{(y, x) \mid (x, y) \in R \wedge (x, y) \in S\}$

    $= \{(y, x) \mid (x, y) \in R\} \cap \{(y, x) \mid (x, y) \in S\} = R^{-1} \cap S^{-1}$

• $(R^{-1})^{-1} = \{(x, y) \mid (y, x) \in R^{-1}\} \underset{(y,x) \in R^{-1} \Leftrightarrow (x,y) \in R}{=} \{(x, y) \mid (x, y) \in R\} = R$.

• Falls $R = S$, dann ist $R^{-1} = (R)^{-1} = (S)^{-1} = S^{-1}$.

  Falls $R^{-1} = S^{-1}$, dann ist $R = (R^{-1})^{-1} = (S^{-1})^{-1} = S$.

• Zunächst gilt per definitionem: $R^{-1} \subseteq S^{-1} \Leftrightarrow \bigwedge_{x,y} \left((y, x) \in R^{-1} \rightarrow (y, x) \in S^{-1} \right)$.

  Nun ist $(y, x) \in R^{-1} \Leftrightarrow (x, y) \in R$ und $(y, x) \in S^{-1} \Leftrightarrow (x, y) \in S$, also folgt:

  $R^{-1} \subseteq S^{-1} \Leftrightarrow \bigwedge_{x,y} \left((x, y) \in R \rightarrow (x, y) \in S \right) \Leftrightarrow R \subseteq S$.

Aufgabe 5.2 (S. 208)

(a) Zunächst gilt gemäß Definition (5.22.a): $R[M] = \{y \mid \bigvee_{x \in M} (x,y) \in R\}$

Entsprechend folgt: $R^{-1}[M] = \{y \mid \bigvee_{x \in M} (x,y) \in R^{-1}\} = \{x \mid \bigvee_{y \in M} (y,x) \in R^{-1}\}$

Im letzten Schritt wurden nur die beiden gebundenen Variablen erfolgreich ausgetauscht.

Wegen $(y,x) \in R^{-1} \Leftrightarrow (x,y) \in R$ folgt: $R^{-1}[M] = \{x \mid \bigvee_{y \in M} (x,y) \in R\}$.

(b) Wegen $R[M] = \{y \mid \bigvee_{x \in M} (x,y) \in R\}$ gilt für diese $x \in M$ stets auch $x \in D_R$ und damit

immer $x \in M \cap D_R$, womit also $R[M] = R[M \cap D_R]$ gilt. Analog dazu folgt mit (a)

auch $R^{-1}[M] = R^{-1}[M \cap W_R]$.

(c) Falls $M \cap D_R = \varnothing$, dann folgt mit (b) und Def. (5.22.a): $R[M] = R[\varnothing] = \varnothing$

Falls $R[M] = \varnothing$, so existiert zu keinem y ein $x \in M$ mit $(x,y) \in R$, so dass also

$D_R = \varnothing$ und damit auch $M \cap D_R = \varnothing$ folgt.

Analog verläuft mit (a) die Argumentation für $R^{-1}[M] = \varnothing \Leftrightarrow M \cap W_R = \varnothing$.

(d) $R[M] \subseteq W_R$ und $R[D_R] = W_R$ folgen direkt aus Def. (5.22.a), und analog folgen

$R^{-1}[M] \subseteq D_R$ und $R^{-1}[W_R] = D_R$ direkt aus (a).

(e) $f[M] \underset{(b)}{=} f[M \cap D_f] = \{y \mid \bigvee_{x \in M \cap D_f} (x,y) \in f\} \underset{f \text{ ist Funktion}}{=} \{y \mid \bigvee_{x \in M \cap D_f} y = f(x)\}$

$= \{f(x) \mid x \in M \cap D_f\}$

$f^{-1}[M] \underset{(a)}{=} \{x \mid \bigvee_{y \in M} (x,y) \in f\} \underset{f \text{ ist Funktion}}{=} \{x \mid \bigvee_{y \in M} y = f(x)\} = \{x \in D_f \mid \bigvee_{y \in M} y = f(x)\}$

$= \{x \in D_f \mid f(x) \in M\}$

$f[M] \subseteq W_f$ und $f^{-1}[M] \subseteq D_f$ ist trivial, denn das gilt bereits für Relationen.

(f) $f \mid M \underset{\text{Def. (5.22.d), Def. (2.47)}}{=} \{(x,f(x)) \mid x \in D_f\} \cap \{(x,y) \mid x \in M \wedge y \in W_f\}$

$= \{(x,f(x)) \mid x \in M \cap D_f\}$

Der letzte Schritt erfolgte durch „scharfes Hinsehen": Wegen der Durchschnittsbildung

enthält $f \mid M$ nur Paare $(x,f(x))$ aus der ersten Menge mit $x \in D_f$, wobei außerdem

$x \in M$ erfüllt sein muss, während $y \in W_f$ wegen $y = f(x)$ ohnehin gilt.

(g) f ist Restriktion von $g \underset{\text{Def. (5.22.c)}}{\Leftrightarrow} f \subseteq g \underset{\text{Def. (5.5.b)}}{\Leftrightarrow} D_f \subseteq D_g$

Der weitere Beweis ist z. B. ähnlich wie der Beweis von Satz (5.21) führbar:

„$\Rightarrow$" $f \subseteq g \Rightarrow D_f \subseteq D_g \Rightarrow D_f \cap D_g = D_f$. Weiterhin gilt:

$x \in D_f = D_f \cap D_g \Rightarrow (x,f(x)) \in f \wedge (x,g(x)) \in g$

Wegen $f \subseteq g$ ist aber auch $(x,f(x)) \in g$, und mit der Rechtseindeutigkeit von g

folgt $f(x) = g(x)$.

„$\Leftarrow$" Wegen $D_f \subseteq D_g$, $f(x) = g(x)$: $f = \{(x,f(x)) \mid x \in D_f\} \subseteq \{(x,g(x)) \mid x \in D_g\} = g$

Gemäß Definition (5.22.c) gilt: $f \subseteq g \Leftrightarrow f$ ist Restriktion von g

Aufgabe 5.3 (S. 211)

(a) Wegen Satz (5.24.d) gilt $f^{-1}[M] \subseteq D_f$ für alle Mengen M, also ist $f^{-1}[T] \subseteq D_f$. Ferner gilt stets $f[M] \subseteq W_f$ und $f[D_f] = W_f$, und so bleibt nur $f[f^{-1}[T]] \subseteq T$.

Falls nun $f: A \xrightarrow{\text{auf}} B$, also $f[A] = f[D_f] = W_f = B$, so kann die in Bild 5.4 dargestellte Situation nicht eintreten, denn nun ist $T \subseteq f[A]$ und damit $T \setminus f[A] = \emptyset$ und folglich $f[f^{-1}[T]] = T$, wie auch Bild 5.4 deutlich macht.

(b) Wegen Satz (5.24.d) gilt $f[M] \subseteq W_f$ für alle Mengen M, also ist $f[S] \subseteq W_f$.

Falls nun $f: A \xrightarrow[1-1]{} B$ gilt, so besitzt jedes $y \in f[S]$ wegen der Linkseindeutigkeit von f genau ein Urbild x' mit $x' \in A$. Da aber per Konstruktion von $f[S]$ zu dem y ein $x \in A$ mit $f(x) = y \in f[S]$ existiert, gilt $x' = x$ und damit $f^{-1}[f[S]] = S$.

Falls aber f nicht linkseindeutig (also nicht injektiv) ist, so kann der Fall $x' \neq x$ mit $x' \in A \setminus S$ eintreten, so dass daher allgemein nur $f^{-1}[f[S]] \supseteq S$ gilt.

Aufgabe 5.4 (S. 212)

(a) $\{1,2\}^{\{1\}} = \{f \mid f: \{1\} \to \{1,2\}\}$: Es gibt also genau die beiden Möglichkeiten $f(1) = 1$ bzw. $f(1) = 2$, also $\{1,2\}^{\{1\}} = \{\{(1;1)\}, \{(1;2)\}\}$.

Damit ist $\left|\{1,2\}^{\{1\}}\right| = 2$ in Übereinstimmung mit $2^1 = 2$.

$\{1,2,3\}^{\{1,2\}} = \{f \mid f: \{1,2\} \to \{1,2,3\}\}$: Jedem Element aus $\{1,2\}$ können genau drei der Werte aus $\{1,2,3\}$ zugeordnet werden.

Das ergibt die neun nebenstehenden Funktionen, in Übereinstimmung mit $3^2 = 9$.

$$\begin{aligned}&\{(1;1),(2;1)\},\ \{(1;1),(2;2)\},\ \{(1;1),(2;3)\},\\ &\{(2;1),(2;1)\},\ \{(2;1),(2;2)\},\ \{(2;1),(2;3)\},\\ &\{(3;1),(2;1)\},\ \{(3;1),(2;2)\},\ \{(3;1),(2;3)\}.\end{aligned}$$

(b) Es sei M eine Menge mit $|M| =: n \in \mathbb{N}$. Eine Relation in M ist eine Teilmenge von $M \times M$, also ist die Menge aller binären Relation in M die Potenzmenge von $M \times M$, und für die gesuchte Anzahl ergibt sich: $|\mathcal{P}(M \times M)| = 2^{|M^2|} = 2^{|M|^2} = 2^{n^2}$

Die Anzahl der rechtseindeutigen Relationen ist die Anzahl der Funktionen mit $D_f \subseteq M$, also mit $D_f \in \mathcal{P}(M)$, d. h., $|D_f| \in \{0, 1, \dots, n\}$.

Für die gesuchte Anzahl ergibt sich daher:

$$\sum_{T \in \mathcal{P}(M)} |M^T| = \sum_{T \in \mathcal{P}(M)} n^{|T|} = \sum_{k=0}^{n} \binom{n}{k} \cdot n^k = \sum_{k=0}^{n} \binom{n}{k} \cdot 1^{n-k} \cdot n^k = (n+1)^k$$

Diejenigen Relationen darunter (die also Funktionen sind), die zugleich linkstotal, rechtstotal und linkseindeutig sind, sind Permutationen, und $n!$ ist deren Anzahl.

Da die Permutationen spezielle Funktionen und die Funktionen spezielle Relationen sind, folgt zusammenfassend: $n! < (n+1)^n < 2^{n^2}$ für alle $n \in \mathbb{N}^*$.

(c) Gemäß (b) ist die Anzahl der binären Relationen in $\{1,2\}$: $2^{2^2} = 2^4 = 16$.

Mit der nachfolgenden systematischen Aufstellung werden dann alle Fälle erfasst. Dabei bedeuten **LE, RE, LT, RT** der Reihe nach *linkseindeutig, rechtseindeutig, linkstotal* und *rechtstotal*. Es zeigt sich, dass „links" so zu deuten ist, dass von dem betreffenden Element (mindestens) ein Pfeil ausgeht, während „rechts" so zu deuten ist, dass bei dem betreffenden Element (mindestens) ein Pfeil ankommt.

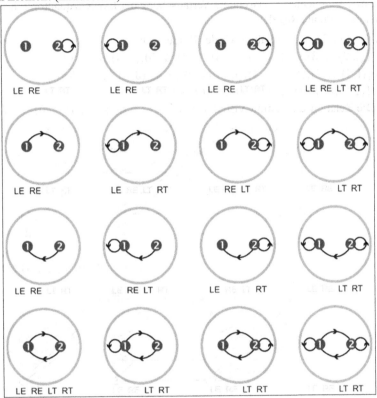

Aufgabe 5.5 (S. 216)
Hier müssen Sie selber erfinderisch sein, das kann Ihnen nicht abgenommen werden.
Bitte teilen Sie Ihre Ergebnisse dem Autor mit, damit sie publik gemacht werden können!

Aufgabe 5.6 (S. 217)

(a) R, S, T seien beliebige binäre Relationen. Mit Definition (5.47) und der praktischen verkürzenden Schreibweise gemäß Definition (5.5.a) folgt:

$$(T \circ S) \circ R = \{(x,w) \mid \bigvee_y \left(xRy \wedge y(T \circ S)w \right)\} = \{(x,w) \mid \bigvee_y \left(xRy \wedge \bigvee_z ySz \wedge zTw \right)\}$$

Nun können wir nicht formal in Anlehnung an Aufgabe 2.4.5 argumentieren, womit der hier vorliegende Fall auch nicht erfasst wird: Der Existenzquantor für y „wirkt" nur auf die ersten beiden Terme xRy und ySz, während der zweite Existenzquantor für z nur auf die letzten beiden Terme ySz und zTw zTw „wirkt".

Deshalb können wir unter Beibehaltung der Äquivalenz der „aussondernden" Bedingung den zweiten Quantor „nach vorne ziehen" und erhalten, wobei wir außerdem das Assoziativgesetz bezüglich der Konjunktion anwenden und dann die Quantoren vertauschen:

$$(T \circ S) \circ R = \{(x,w) \mid \bigvee_{y} \bigvee_{z} xRy \wedge ySz \wedge zTw\} = \{(x,w) \mid \bigvee_{z} \left(xRy \wedge ySz \wedge \bigvee_{y} zTw\right)\}$$
$$= \{(x,w) \mid \bigvee_{z} \left(x(S \circ R)z \wedge \bigvee_{y} zTw\right)\} = T \circ (S \circ R)$$

(Die hier argumentativ verwendete Vertauschung der Existenzquantoren liefert zugleich eine neue formale Regel!)

(b) Mit $M = \{1, 2, \ldots, 5\}$ erhalten wir der Reihe nach:

$R = \{(1, 2), (1, 3), (1, 4), (1, 5), (2, 3), (2, 4), (2, 5), (3, 4), (3, 5), (4, 5)\}$
$S = \{(1, 1), (1, 2), (1, 3), (1, 4), (1, 5), (2, 2), (2, 4), (3, 3), (4, 4), (5, 5)\}$
$T = \{(1, 2), (1, 3), (1, 4), (1, 5), (2, 4), (2, 5)\}$

Die Relationsdiagramme visualisieren $T \circ (S \circ R) = \{(1, 4), (1, 5)\} = (T \circ S) \circ R$ ..

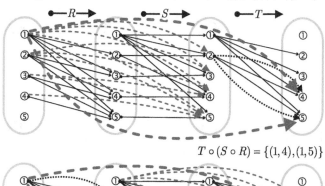

$$T \circ (S \circ R) = \{(1, 4), (1, 5)\}$$

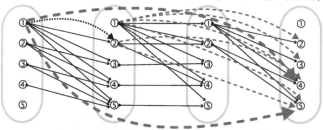

Aufgabe 5.7 (S. 219)

(a) Die Eigenschaft „reflexiv" bedeutet in der Pfeilsprache, dass bei *jedem* Element eine Schleife vorliegt. Entsprechend bedeutet „irreflexiv", dass bei *keinem* Element eine Schleife vorliegt, und „konnex" bedeutet, dass zwischen je zwei beliebigen Elementen eine Verbindung besteht. Das macht deutlich, dass hierbei jeweils zwingend über die Bezugsmenge M zu quantifizieren ist.

Die restlichen Eigenschaften sind über die „wenn … dann …"-Beziehung (Subjunktion) erklärt. Sie sind also auch dann wahr, wenn die Voraussetzung nicht zutrifft, und daher braucht in der Allquantifizierung die Bezugsmenge nicht genannt zu werden.

(b) Gemäß (a) ist eine Relation *nicht reflexiv*, wenn *bei mindestens einem Element keine Schleife* vorliegt, bei den anderen dürfen aber Schleifen vorliegen – damit eine Relation *irreflexiv* ist, darf es aber *nirgends Schleifen* geben.

Es sind also „*bei einem ... keine ...*" und „*bei keinem ... eine ...*" streng zu unterscheiden: „nicht reflexiv" ist *kontradiktorisch* zu „reflexiv", hingegen ist „irreflexiv" *konträr* zu „reflexiv" (vgl. Abschnitt 2.3.3.6).

(c) Es sind viele Beispiele denkbar. Betrachten wir etwa das nebenstehende für eine identitive Relation aus Definition (5.5.2): Nennen wir das Element rechts unten etwa x und zugleich auch y, also $x = y$, so ist zwar die Bedingung $x\,R\,y \wedge y\,R\,x \to x = y$ erfüllt, nicht aber die für Asymmetrie geltende Bedingung $x\,R\,y \to \neg y\,R\,x$, die speziell hier $x = y \to \neg y = x$ lauten würde.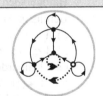

(d) Bei der für die Symmetrie (in M) geltenden Implikation $x\,R\,y \Rightarrow y\,R\,x$ muss die Voraussetzung $x\,R\,y$ nicht für alle $x, y \in M$ erfüllt sein (sie kann sogar für alle falsch sein), damit diese Implikation wahr ist. Gilt beispielsweise $x'\,R\,y' \to y'\,R\,x'$ für ein konkretes Paar $(x', y') \in M \times M$, so kann dennoch $x'\,R\,y'$ falsch und $y'\,R\,x'$ wahr sein. Damit wäre aber $x'\,R\,y' \wedge y'\,R\,x'$ falsch, und zugleich wäre $x'\,R\,y' \wedge y'\,R\,x' \to x'\,R\,x'$ aufgrund der Transitivität wahr, obwohl $x'\,R\,x'$ falsch sein kann.

Aufgabe 5.8 (S. 220)

(a) R_1 ist identitiv, und R_2 ist irreflexiv, symmetrisch und transitiv.

(b)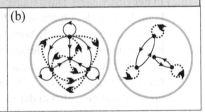

(c) $\nearrow\!\!\!\!\!/$ ist nur irreflexiv, asymmetrisch und konnex.

(d) Die Relation ist reflexiv ($a - b = a - b$), symmetrisch ($a - b = c - d \Rightarrow c - d = a - b$) und transitiv ($a - b = c - d \wedge c - d = e - f \Rightarrow a - b = e - f$).

Aufgabe 5.9 (S. 228)

(a.1) Eine solche minimale Ergänzung zu einer Halbordnung ist nur bei R_1 möglich, wie es nebenstehend dargestellt ist: Es sind nur eine „Transitivitätslücke" und eine „Reflexivitätslücke" zu schließen. Hierbei ergibt sich erkennbar sogar eine Totalordnung, weil nun jedes Element mit jedem sogar direkt verbunden ist.

(a.2) In dem Pfeildiagramm zu (a1) liegt das Element unten rechts (innen weiß markiert) erkennbar „vor allen anderen" und ist daher ein Minimum. Das zentrale Element liegt hingegen „hinter allen anderen" und ist daher ein Maximum.

(b.1) $\sqsubset := \{(w, z) \in \mathbb{C}^2 \mid \operatorname{Re} w < \operatorname{Re} z \vee (\operatorname{Re} w = \operatorname{Re} z \wedge \operatorname{Im} w < \operatorname{Im} z)\}$, $\sqsubseteq := \sqsubset \cup \operatorname{id}_{\mathbb{C}}$. $(\mathbb{C}, \sqsubseteq)$ ist gemäß Satz (5.76.a) eine Halbordnung, falls $(\mathbb{C}, \sqsubset)$ eine Striktordnung ist, und falls $\sqsubseteq$ konnex ist, ist $(\mathbb{C}, \sqsubseteq)$ sogar eine Totalordnung. $(\mathbb{C}, \sqsubset)$ ist gemäß Definition (5.55) eine Striktordnung, falls $\sqsubset$ asymmetrisch und transitiv ist: *Asymmetrie* von $\sqsubset$: Es sei $\alpha = x_1 + i\,y_1$, $\beta = x_2 + i\,y_2$ mit $x_1, x_2, y_1, y_2 \in \mathbb{R}$ und $\alpha \sqsubset \beta$. Wegen $\alpha \sqsubset \beta$ gilt $x_1 < x_2 \vee (x_1 = x_2 \wedge y_1 < y_2)$, wegen der Trichotomie ist damit $\neg x_2 < x_1$ (∗). Falls $x_1 < x_2$ nicht eintritt, ist $x_1 = x_2 \wedge y_1 < y_2$, also $\neg y_2 < y_1$ (∗∗). Zu zeigen ist $\neg \beta \sqsubset \alpha$, also $\neg(x_2 < x_1 \vee (x_1 = x_2 \wedge y_2 < y_1))$, was äquivalent ist zu $\neg x_2 < x_1 \wedge (x_1 \neq x_2 \vee \neg y_2 < y_1)$.

Das lässt sich äquivalent umformen zu

$(\neg x_2 < x_1 \wedge x_1 \neq x_2) \vee (\neg x_2 < x_1 \wedge \neg y_2 < y_1)$, und für den ersten Teil gilt:

$\neg x_2 < x_1 \wedge x_1 \neq x_2 \Leftrightarrow \neg(x_2 < x_1 \vee x_1 = x_2) \Leftrightarrow x_2 > x_1$. Mit (∗) ist $x_2 > x_1 \Leftrightarrow \mathrm{F}$,
und wegen $\mathrm{F} \vee p \Leftrightarrow p$ ist $\neg x_2 < x_1 \wedge (x_1 \neq x_2 \vee \neg y_2 < y_1) \Leftrightarrow \neg x_2 < x_1 \wedge \neg y_2 < y_1$
Der rechts stehende konjunktive Term ist wegen (∗) und (∗∗) wahr, und da er aufgrund
der Umformungen äquivalent zur zu beweisenden Aussage ist, ist der Beweis erbracht.

Transitivität von $\sqsubset$: Es sei $\alpha_1 \sqsubset \alpha_2 \wedge \alpha_2 \sqsubset \alpha_3$ mit $\alpha_k = x_k + \mathrm{i}\,y_k$ $(k \in \{1,2,3\})$.

Fall 1: $x_1 < x_2 \wedge x_2 < x_3 \Rightarrow x_1 < x_3 \Rightarrow \alpha_1 \sqsubset \alpha_3$

Fall 2: $x_1 < x_2 \wedge x_2 = x_3 \wedge y_2 < y_3 \Rightarrow x_1 < x_3 \Rightarrow \alpha_1 \sqsubset \alpha_3$

Fall 3: $x_1 = x_2 \wedge y_1 < y_2 \wedge x_2 < x_3 \Rightarrow x_1 < x_3 \Rightarrow \alpha_1 \sqsubset \alpha_3$

Fall 4: $x_1 = x_2 \wedge y_1 < y_2 \wedge x_2 = x_3 \wedge y_2 < y_3 \Rightarrow x_1 = x_3 \wedge y_1 < y_3 \Rightarrow \alpha_1 \sqsubset \alpha_3$

Konnexität von $\sqsubset$: Es sei wieder $\alpha = x_1 + \mathrm{i}\,y_1$ und $\beta = x_2 + \mathrm{i}\,y_2$ mit $x_1, x_2, y_1, y_2 \in \mathbb{R}$.
Anwendung der Trichotomie in $(\mathbb{R}, \le)$ liefert folgende Fälle:

Fall 1: $x_1 < x_2 \vee x_2 < x_1 \Rightarrow \alpha \sqsubset \beta \vee \beta \sqsubset \alpha \Rightarrow \alpha \sqsubseteq \beta \vee \beta \sqsubseteq \alpha$

Fall 2: $x_1 = x_2 \wedge (y_1 < y_2 \vee y_2 < y_1) \Rightarrow \alpha \sqsubset \beta \vee \beta \sqsubset \alpha \Rightarrow \alpha \sqsubseteq \beta \vee \beta \sqsubseteq \alpha$

Fall 3: $x_1 = x_2 \wedge y_1 = y_2 \Rightarrow \alpha = \beta \Rightarrow \alpha \sqsubseteq \beta \vee \beta \sqsubseteq \alpha$

(b.2) In nebenstehender Darstellung sei z eine beliebige
komplexe Zahl, aufgefasst als Punkt in der Gaußschen Zahlenebene. Alle komplexen Zahlen, die als
Punkte in der grau unterlegten rechten Halbebene
einschließlich der dick schwarz gezeichneten offenen Halbgeraden liegen, sind dann „größer" als z,
und alle anderen, also in der schraffierten Halbebene einschließlich der gestrichelten offenen
Halbgeraden sind „kleiner" als z.

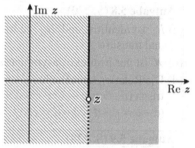

(c)   Bereits in Aufgabe 2.3.2.c wurde gezeigt, dass stets gilt: 1) $A \subseteq A$ (Reflexivität),
2) $A = B \Leftrightarrow A \subseteq B \wedge B \subseteq A$ (Extensionalitätsprinzip, es umfasst die Identitivität) und
3) $A \subseteq B \wedge B \subseteq C \Rightarrow A \subseteq C$ (Transitivität). Damit ist $(\mathcal{P}(M), \subseteq)$ für jede Menge M
eine Halbordnung.
Es ist $\mathcal{P}(\{1,2,3\}) = \{\varnothing, \{1\}, \{2\}, \{3\}, \{1,2\}, \{2,3\}, \{1,3\}, \{1,2,3\}\}$.
$\{\varnothing, \{1\}\}$ und $\{\varnothing, \{1\}, \{2\}, \{1,2,3\}\}$ besitzen beide ein größtes und ein kleinstes Element.
$\{\{2\}, \{3\}, \{2,3\}\}$ und $\{\{1\}, \{2\}, \{1,2,3\}\}$ besitzen ein größtes, aber kein kleinstes Element.
$\{\varnothing, \{1\}, \{2\}\}$ und $\{\{1\}, \{1,2\}, \{1,3\}\}$ besitzen ein kleinstes, aber kein größtes Element.
$\{\{1\}, \{2\}\}$ und $\{\{1,2\}, \{2,3\}\}$ besitzen weder ein kleinstes noch kein größtes Element.

(d)   Es sei (M, R) ist Striktordnung, also ist R asymmetrisch und transitiv, aber auch
irreflexiv und identitiv. Zu zeigen ist, dass $R \cup \mathrm{id}_M$ reflexiv, identitiv und transitiv ist.
Wir schreiben wieder $x\,R\,y \Leftrightarrow: x \sqsubset y$ und $x\,R \cup \mathrm{id}_M\,y \Leftrightarrow: x \sqsubseteq y$. Die Reflexivität ist
bei $R \cup \mathrm{id}_M$ trivial gegeben $(x = x \Leftrightarrow (x, x) \in \mathrm{id}_M \Leftrightarrow (x, x) \in R \cup \mathrm{id}_M)$, und sowohl
die Identitivität als auch die Transitivität übertragen sich von $\sqsubset$ auf $\sqsubseteq$:

$x \sqsubseteq y \wedge y \sqsubseteq z \Leftrightarrow (x \sqsubset y \vee x = y) \wedge (y \sqsubset z \vee y = z)$

$\Leftrightarrow (x \sqsubset y \wedge y \sqsubset z) \vee (x \sqsubset y \wedge y = z) \vee (x = y \wedge y \sqsubset z) \vee (x = y \wedge y = z)$

$\underset{\text{Transitivität von } \sqsubset}{\Rightarrow} \quad x \sqsubset z \vee x \sqsubset z \vee x \sqsubset z \vee x = z \Leftrightarrow x \sqsubset z \vee x = z \Leftrightarrow x \sqsubseteq z$

(Es hätte im letzten Schritt auch genügt, $x \sqsubset y \wedge y \sqsubset x$ durch F zu ersetzen.)

$$x \sqsubseteq y \wedge y \sqsubseteq z \Leftrightarrow (x \sqsubset y \vee x = y) \wedge (y \sqsubset z \vee y = z)$$
$$\Leftrightarrow (x \sqsubset y \wedge y \sqsubset z) \vee (x \sqsubset y \wedge y = z) \vee (x = y \wedge y \sqsubset z) \vee (x = y \wedge y = z)$$
$$\underset{\text{Transitivität von } \sqsubset}{\Rightarrow} \quad x \sqsubset z \vee x \sqsubset z \vee x \sqsubset z \vee x = z \Leftrightarrow x \sqsubset z \vee x = z \Leftrightarrow x \sqsubseteq z$$

Aufgabe 5.10 (S. 237)

Es sei $(X, \mathcal{A})$ eine Mengenalgebra gemäß Definition (2.3.31), d. h. X ist eine Menge, $\mathcal{A} \subseteq \mathcal{P}(X)$, und es sind folgende Axiome erfüllt:

(MA1) $X \in \mathcal{A}$, (MA2) $\bigwedge_{A,B \in \mathcal{A}} A \cup B \in \mathcal{A}$ und (MA3) $\bigwedge_{A,B \in \mathcal{A}} A \setminus B \in \mathcal{A}$
Darüber hinaus gilt gemäß Satz (2.3.34):

(MA4) $\varnothing \in \mathcal{A}$, (MA5) $\bigwedge_{A \in \mathcal{A}} A' \in \mathcal{A}$, (MA6) $\bigwedge_{A,B \in \mathcal{A}} A \triangle B \in \mathcal{A}$, (MA7) $\bigwedge_{A,B \in \mathcal{A}} A \cap B \in \mathcal{A}$
Für die Boolesche Algebra legen wir Definition (5.89) zugrunde, müssen also mit Bezug auf $(X, \mathcal{A})$ eine Struktur $(\mathcal{B}, \sqcup, \sqcap, \zeta, \underline{0}, \underline{1})$ beschreiben. Hier bietet sich folgende Wahl an:
$\underline{0} := \varnothing$, $\underline{1} := X$, $\zeta(A) := A'$ für alle $A \in \mathcal{A}$, $\sqcup := \cup$ und $\sqcap := \cap$.
Dann sieht man mit einem Blick, dass alle Axiome von (B1) bis inklusive (B10) erfüllt sind.

Aufgabe 5.11 (S. 245)

(a)   Wähle $M := \mathbb{N} \cup \{\infty\}$ mit $m * n := m + n$, $m + \infty := \infty + m := \infty$ und $i(m) := \infty$ für alle $m, n \in \mathbb{N}$, also $m + 0 = m$ und $m + i(m) = \infty$ für alle $m \in M$.

(b.1) $x * y = 0$: Wegen $0 \in \mathbb{R}$ ist (G1) ✓, wegen $(x*y)*z = 0*z = 0 = x*0 = x*(y*z)$ ist (G2) ✓.
  (G3): $x * e = x \Leftrightarrow 0 = x$: Es existiert kein Rechtsneutrales (auch kein Linksneutrales)
  (G4): $x * i(x) = f \Leftrightarrow 0 = f$. Eine Rechtsinversenfunktion i ist beliebig wählbar, also
    z. B. $i(x) := x$, denn damit ist $x * i(x) = 0$ für alle $x \in \mathbb{R}$. ✓
  (G5): $x * y = 0 = y * x$ ✓

(b.2) $x * y = y$: (G1) ist wegen $y \in \mathbb{R}$ trivial erfüllt. ✓
  (G2): $(x * y) * z = y * z = z = x * z = x * (y * z)$ ✓
  (G3): $x * e = x \Leftrightarrow e = x$, (G3) ist nicht erfüllt. Gibt es vielleicht ein Linksneutrales?
    $e * x = x \Leftrightarrow x = x$, damit kann jedes Element als Linksneutrales fungieren.
  (G4): $x * i(x) = f \Leftrightarrow i(x) = f$. Es gibt also eine Rechtsinversenfunktion, obwohl kein
    Rechtsneutrales existiert. ✓
    Gibt es auch eine Linksinversenfunktion?
    $i(x) * x = f \Leftrightarrow x = f$, es gibt also keine Linksinversenfunktion. Klar?
  (G5): Beispiel: $1 * 2 = 2$, $2 * 1 = 1$, (G5) ist nicht erfüllt.

(b.3) $x * y = (x + y)^2$. (G1) ist wegen $(x + y)^2 \in \mathbb{R}$ trivial erfüllt. ✓
  (G2): $(x * y) * z = (x+y)^2 * z = ((x+y)^2 + z)^2 = x^4 + 4x^2 y^2 + y^4 + 2(x+y)^2 z + z^2$
    $x * (y * z) = x * (y + z)^2 = (x + (y+z)^2)^2 = x^2 + \dots$ Hier tritt x^4 nicht auf, also
    können beide Terme nicht für alle Belegungen übereinstimmen. Diese Verknüp-
    fung ist daher *nicht assoziativ*.
  (G3): $x * e = x \Leftrightarrow (x + e)^2 = x \Leftrightarrow x^2 + 2xe + e^2 = x \Leftrightarrow e = -x \pm \sqrt{x}$. Leider ist e
    von x abhängig, zu jedem $x \in \mathbb{R}^+$ existiert also lediglich ein *Privat-Rechts-*
    neutrales, und damit ist (G3) *nicht erfüllt*.
  (G4): $x * i(x) = f \Leftrightarrow (x + i(x))^2 = f \Leftrightarrow i(x) = -x \pm \sqrt{f}$. Offenbar kann man f
    beliebig wählen, z. B. $f := 0$, und dann ist $i(x) = -x$, und in der Tat ist dann
    $x * (-x) = 0$ für alle $x \in \mathbb{R}$, obwohl kein Rechtsneutrales existiert. ✓
  (G5): $x * y = (x + y)^2 = (y + x)^2 = y * x$ ✓

(b.4) $x * y = e^{x+y}$. Wegen $e^x \in \mathbb{R}^+$ für alle $x \in \mathbb{R}$ ist (G1) trivial erfüllt. ✓

(G2): $(x * y) * z = e^{x+y} * z = e^{e^{x+y}+z}$, $x * (y * z) = x * e^{y+z} = e^{x+e^{y+z}}$

Die Gleichheitsbedingung liefert $e^{x+y} + z = x + e^{y+z}$. Etwa für $x = y = 0$ und $z = 1$ folgt $2 = e$, also ist $e^{x+y} + z = x + e^{y+z}$ gewiss nicht allgemeingültig, und diese Verknüpfung ist daher nicht assoziativ.

(G3): $x * e = x \Leftrightarrow e^{x+e} = x$. Zwar darf $x = 0$ sein, aber es ist stets $e^{\cdots} \neq 0$. Somit existiert kein Rechtsneutrales, entsprechend auch kein Linksneutrales. (Man beachte bei der Schreibweise den Unterschied zwischen der *Eulerschen Zahl* e als einer *Konstanten* und der *Variablen* e für das rechtsneutrale Element!)

(G4): $x * i(x) = f \Leftrightarrow e^{x+i(x)} = f \Leftrightarrow x + i(x) = \ln(f) \Leftrightarrow i(x) = \ln(f) - x$

Hier kann man offenbar $f \in \mathbb{R}^+$ beliebig wählen, etwa $f := 1$, und erhält dann dazu eine Rechtsinversenfunktion (die wegen der Kommutativität auch Linksinversenfunktion ist), hier dann also $i(x) = -x$. Die Kontrolle bestätigt das: $x * i(x) = x * (-x) = e^0 = 1$ für alle $x \in \mathbb{R}^+$. ✓

(G5): $x * y = e^{x+y} = e^{y+x} = y * x$ ✓

(b.5) $x * y = x + y - xy$. (G1) ist wieder offensichtlich erfüllt. ✓

(G2): $(x * y) * z = x + y + z - (xy + yz + zx) + xyz = x * (y * z)$ ✓

(G3): $x * e = x \Leftrightarrow x + e - xe = x \Leftrightarrow e \cdot (1 - x) = 0$. Das ist genau dann für alle $x \in \mathbb{R}$ erfüllt, wenn $e := 0$ gewählt wird: 0 ist rechts- und linksneutral. ✓

(G4): $x * i(x) = 0 \Leftrightarrow x + i(x) - x \cdot i(x) = 0 \Leftrightarrow i(x) \cdot (x - 1) = x$.

Für $x \neq 1$ ist $i(x) := \frac{x}{x-1}$ wählbar, denn dann ist $x * \frac{x}{x-1} = x + \frac{x}{x-1} - x \cdot \frac{x}{x-1} = 0$.

Für $x = 1$ setzen wir an: $1 * i(1) = 0 \Leftrightarrow 1 + i(1) - 1 \cdot i(1) = 0 \Leftrightarrow 1 = 0 \Leftrightarrow$ F.

Somit existiert bezüglich des neutralen Elements 0 weder eine Rechtsinversenfunktion noch eine Linksinversenfunktion. $(\mathbb{R}, *)$ ist also keine Gruppe.

(Es bleibt damit aber offen, ob trotz Fehlens eines neutralen Elements eine Inversenfunktion wie z. B. in (b.3) existiert. Untersuchen Sie das!)

(G5): $x * y = x + y - xy = x + y - yx = y * x$ ✓

(b.6) $x * y = x - y - xy$. (G1) ist wieder offensichtlich erfüllt. ✓

(G2): $(1 * 0) * 1 = 1 * 1 = -1$, $1 * (0 * 1) = 1 * (-1) = 3$, also ist $*$ nicht assoziativ.

(G3): $x * e = x \Leftrightarrow x - e - xe = x \Leftrightarrow e \cdot (1 + x) = 0$. Das ist genau dann für alle $x \in \mathbb{R}$ erfüllt, wenn $e := 0$ gewählt wird: 0 ist rechtsneutral. ✓

$e * x = x \Leftrightarrow e - x - xe = x \Leftrightarrow e \cdot (1 - x) = 2x$. Zwar ist diese Gleichung für $x \neq 1$ nach e auflösbar, aber e ist dann nicht unabhängig von x, sodass also kein Linksneutrales existiert.

(G4): $x * i(x) = 0 \Leftrightarrow x - i(x) - x \cdot i(x) = 0 \Leftrightarrow i(x) \cdot (x + 1) = x$. Für $x \neq -1$ kann man $i(x) := \frac{x}{x+1}$ wählen, denn $x * \frac{x}{x+1} = x - \frac{x}{x+1} - x \cdot \frac{x}{x+1} = 0$. Für $x = -1$ setzen wir an: $-1 * i(-1) = 0 \Leftrightarrow -1 - i(-1) + 1 \cdot i(-1) = 0 \Leftrightarrow -1 = 0 \Leftrightarrow$ F. Somit existiert keine Rechtsinversenfunktion. Existiert evtl. eine Linksinversenfunktion?

$i(x) * x = f \Leftrightarrow i(x) - x - i(x) \cdot x = f \Leftrightarrow i(x) \cdot (1 - x) = f + x$

Für $x \neq 1$ kann man f beliebig wählen und erhält $i(x) = \frac{f+x}{1-x}$. Für $x = 1$ ist $f + x = 0$, also ist f nicht unabhängig von x wählbar, und damit existiert auch keine Linksinversenfunktion.

(G5): $1 * 0 = 1$, $0 * 1 = -1$, also ist $*$ nicht kommutativ.

(b.7) $x * y := \sqrt[3]{x^3 + y^3}$. (G1) ist wieder offensichtlich erfüllt, denn die dritte Wurzel aus einer beliebigen reellen Zahl ist stets eindeutig definiert. ✓

(G2): $x * e = x \Leftrightarrow \sqrt[3]{x^3 + e^3} = x \Leftrightarrow x^3 + e^3 = x^3 \Leftrightarrow e = 0$ ✓ (auch linksneutral)

(G4): $x * i(x) = 0 \Leftrightarrow \sqrt[3]{x^3 + (i(x))^3} = 0 \Leftrightarrow x^3 + (i(x))^3 = 0 \Leftrightarrow i(x) = -x$ ✓
(auch Linksinversenfunktion)

(G5): $*$ ist offensichtlich auch kommutativ. ✓

Damit ist $(\mathbb{R}, *)$ in diesem Fall eine abelsche Gruppe.

(c.1) $(i(a) * a) * (i(a) * i(i(a))) = (i(a) * a) * e = i(a) * a$
$i(a) * (a * i(a)) * i(i(a)) = (i(a) * e) * i(i(a)) = i(a) * i(i(a)) = e$
Wegen (G2) ist $(i(a) * a) * (i(a) * i(i(a))) = i(a) * (a * i(a)) * i(i(a))$, also $i(a) * a = e$.

(c.2) $e * a \underset{(G2)}{=} (a * i(a)) * a \underset{(c.1)}{=} a * (i(a) * a) \underset{(G3)}{=} a * e = a$

(c.3) $a * x = b$ ist lösbar mit $x := i(a) * b$, denn: $a * (i(a) * b) \underset{(G2)}{=} (a * i(a)) * b \underset{(G3)}{=} e * b \underset{(c.2)}{=} b$
Aus $a * x' = a * x$ mit $x' \in G$ folgt
$x' \underset{(c.1)}{=} e * x' = (i(a) * a) * x' \underset{(G2)}{=} i(a) * (a * x') = i(a) * (a * x) \underset{(G2),\,(c.1),\,(c.2)}{=} x$
Analog verläuft der Beweis für die Eindeutigkeit der Lösung von $x * a = b$.

(c.4) $i(i(a)) = i(i(a)) * e = i(i(a)) * (i(a) * a) = (i(i(a)) * i(a)) * a = e * a = a$

(c.5) Es gilt $(i(b) * i(a)) * (a * b) \underset{(G2)}{=} i(b) * (i(a) * a) * b \underset{(c.1),\,(G2)}{=} i(b) * (e * b) \underset{(c.2)}{=} i(b) * b \underset{(c.1)}{=} e$
und $i(a * b) * (a * b) \underset{(c.1)}{=} e$, mit (c.3) folgt daher $i(a * b) = i(b) * i(a)$.

(c.6) $a * b = a * c \Rightarrow i(a) * (a * b) = i(a) * (a * c) \underset{(G2)}{\Leftrightarrow} \underbrace{(i(a) * a)}_{e} * b = \underbrace{(i(a) * a)}_{e} * c \underset{(c.2)}{\Leftrightarrow} b = c$

(c.7) „$\Rightarrow$“ $i(a * b) = i(b) * i(a) = i(a) * i(b)$
„$\Leftarrow$“ $a * b \underset{(c.4)}{=} i(i(a * b)) \underset{(c.5)}{=} i(i(b) * i(a)) \underset{\text{Voraussetzung}}{=} i(i(b)) * i(i(a)) \underset{(c.4)}{=} b * a$

(c.8) $(a * b)^2 = a^2 * b^2 \underset{(G2)}{\Leftrightarrow} a * ((b * a) * b) = a * ((a * b) * b) \underset{(c.6)}{\Rightarrow} b * a = a * b$
Der letzte Schritt ist umkehrbar, und damit gilt auch die Umkehrung des Satzes.

(c.9) Mit $a^2 = e$ für alle $a \in G$ gilt wegen $a * b \in G$ für alle $a, b \in G$ auch $(a * b)^2 \in G$, und es folgt $(a * b)^2 = e$. Wegen $a^2 * b^2 = e * e = e$ ist $(a * b)^2 = a^2 * b^2$ für alle $a * b \in G$, und mit (c.8) folgt schließlich, dass $(G, *)$ abelsch ist. Die Umkehrung ist falsch, wie man z. B. an der abelschen Gruppe $(\mathbb{Z}, +)$ sieht, denn $x + x = 0 \Leftrightarrow x = 0$.

(d)   Für alle $a, x, y \in \mathbb{R}$ sei $x * y := a \cdot (1 + xy) + 2(x + y)$. Lässt sich a so wählen, dass $(\mathbb{R} \setminus \{-a\}, *)$ eine abelsche Gruppe ist?
Die Verknüpfung $*$ ist erkennbar kommutativ. Es ist also zu klären, ob a so wählbar ist, dass $(\mathbb{R} \setminus \{-a\}, *)$ eine Gruppe ist.
Wir untersuchen zunächst die *Assoziativität*.

$$(x * y) * z = (a \cdot (1 + xy) + 2(x + y)) * z$$

$$= (a \cdot (1 + (a \cdot (1 + xy) + 2(x + y)) \cdot z) + 2((a \cdot (1 + xy) + 2(x + y)) + z)$$

$$= (a + a^2 z + a^2 xyz + 2axz + 2ayz) + (2a + 2axy + 4x + 4y + 2z)$$

$$= 3a + 4x + 4y + (2 + a^2)z + 2a(xy + yz + zx) + a^2 xyz$$

$$x * (y * z) = (z * y) * x = (a \cdot (1 + zy) + 2(z + y)) * x$$

$$= (a \cdot (1 + (a \cdot (1 + zy) + 2(z + y)) \cdot x) + 2((a \cdot (1 + zy) + 2(z + y)) + x)$$

$$= (a + a^2 x + a^2 xyz + 2axz + 2ayx) + (2a + 2azy + 4z + 4y + 2x)$$

$$= 3a + (2 + a^2)x + 4y + 4z + 2a(xy + yz + zx) + a^2 xyz$$

Koeffizientenvergleich führt auf die Forderung $2 + a^2 = 4$, also $a = \pm\sqrt{2}$. Genau für einen dieser beiden Werte von a ist also die Verknüpfung assoziativ. Nachfolgend sei nun zunächst $a := \sqrt{2}$ gewählt.

Wir untersuchen nun (G1), die *Abgeschlossenheit*:

$x * y \in \mathbb{R}$ ist trivial, es bleibt $x * y \neq -\sqrt{2}$ (für alle $x, y \in \mathbb{R} \setminus (-\sqrt{2})$ zu zeigen:

$$x * y = -\sqrt{2} \Leftrightarrow \sqrt{2} \cdot (1 + xy) + 2(x + y) = -\sqrt{2} \Leftrightarrow 1 + xy + \sqrt{2}x + y = -1$$

$$\Leftrightarrow x(y + \sqrt{2}) + \sqrt{2}(y + \sqrt{2}) = 0 \Leftrightarrow (x + \sqrt{2})(y + \sqrt{2}) = 0 \Leftrightarrow x = -\sqrt{2} \vee y = -\sqrt{2}$$

Für den Fall $a := -\sqrt{2}$ ergibt sich analog $x * y = \sqrt{2} \Leftrightarrow x = \sqrt{2} \vee y = \sqrt{2}$.

Somit ist $\mathbb{R} \setminus \{-a\}$ in beiden möglichen Fällen $a = \pm\sqrt{2}$ abgeschlossen bezüglich $*$.

Linksneutrales Element: Wir betrachten zunächst $a = \sqrt{2}$.

$$e * x = x \Leftrightarrow \sqrt{2} \cdot (1 + ex) + 2(e + x) = x \Leftrightarrow e \cdot (2 + \sqrt{2}x) = -x - \sqrt{2}$$

$$\Leftrightarrow e \cdot \sqrt{2} \cdot (x + \sqrt{2}) = -(x + \sqrt{2}) \Leftrightarrow e = -\tfrac{1}{2}\sqrt{2} \quad (\text{wegen } x \neq -\sqrt{2})$$

(Analog ergibt sich $e = \tfrac{1}{2}\sqrt{2}$ für $a = -\sqrt{2}$.)

Linksinversenfunktion: Auch hier betrachten wir zunächst $a = \sqrt{2}$.

$$i(x) * x = -\tfrac{1}{2}\sqrt{2} \Leftrightarrow \sqrt{2} \cdot (1 + i(x) \cdot x) + 2(i(x) + x) = -\tfrac{1}{2}\sqrt{2}$$

$$\Leftrightarrow (\sqrt{2} \cdot x + 2) \cdot i(x) = -\tfrac{1}{2}\sqrt{2} - \sqrt{2} - 2x \Leftrightarrow (x + \sqrt{2}) \cdot i(x) = -\tfrac{3}{2} - \sqrt{2} \cdot x$$

$$\Leftrightarrow i(x) = -\frac{\sqrt{2} \cdot x + \tfrac{3}{2}}{x + \sqrt{2}} \Leftrightarrow i(x) = -\frac{\sqrt{2} \cdot (x + \sqrt{2}) - \tfrac{1}{2}}{x + \sqrt{2}} \Leftrightarrow i(x) = \frac{1}{2(x + \sqrt{2})} - \sqrt{2}$$

Ähnlich berechnet sich die Linksinversenfunktion für $a = -\sqrt{2}$.

Sowohl für $a = \sqrt{2}$ als auch für $a = -\sqrt{2}$ liegt damit eine abelsche Gruppe vor.

(e)   Die vorliegende Menge ist bezüglich der gegebenen Verknüpfung erkennbar abgeschlossen, also ist (G1) erfüllt, ebenso ist (G3) erfüllt (denn 1 ist rechtsneutrales Element, zu 3 ist 2 rechtsinvers, und 3 ist rechtsinvers zu 2), und schließlich ist die Verknüpfung wegen der Symmetrie zur Hauptdiagonalen kommutativ. Es fehlt noch der Nachweis der Assoziativität. Dieses für alle Fälle nachzuweisen, ist mühsam, aber es geht eleganter:

Gemäß Beispiel (2.5) auf S. 65 kann diese Tafel als isomorph zur dortigen Permutations-
tafel angesehen werden. Permuationen sind Funktionen, und bereits die Verkettung von
Relationen ist gemäß Aufgabe 5.6.a (siehe Lösung S. 485 f.) assoziativ. (Mit elementaren
Kenntnissen der Gruppentheorie wäre es noch einfacher, weil es bis auf Isomorphie
genau eine Gruppe der Ordnung 3 gibt, nämlich die entsprechende zyklische Gruppe.)

Aufgabe 6.1 (S. 258)

Die Voraussetzungen aus Definition (6.2) sind jeweils erfüllt. Im Einzelnen gilt:

	(a)	(b)	(c)	(d)	(e)	(f)	(g)	(h)
(P1)	✓	✓	✓	✓	✓	✓	✓	✓
(P2)	✓	✓	—	✓	✓	✓	✓	✓
(P3)	✓	—	✓	—	—	✓	✓	—
(P4)	—	—	—	✓	—	—	—	✓
(P5)	—	—	—	—	—	✓	—	✓

Aufgabe 6.2 (S. 260)

(a) Vorausgesetzt wird die Peano-Dedekind-Algebra $(\mathbb{N}, 0, \nu)$ mit $1 := \nu(0)$ und ferner:

(1) $n + 0 = n$, (2) $n + \nu(m) = \nu(n + m)$, (3) $n \cdot 0 = 0$, (4) $n \cdot \nu(m) = n \cdot m + n$.

Die Beweise im Einzelnen:

(i) $\nu(n) = \underset{(1)}{\nu(n + 0)} = \underset{(2)}{n + \nu(0)} \underset{\text{Voraussetzung}}{=} n + 1$

(ii) Beweis von $\nu(n + m) = \nu(n) + m$ durch vollständige Induktion über m.

$m = 0$: Für alle $n \in \mathbb{N}$ gilt: $\nu(n + 0) \underset{(1)}{=} \nu(n) \underset{(1)}{=} \nu(n) + 0$ ✓

Für ein m und alle $n \in \mathbb{N}$ gelte $\nu(n + m) = \nu(n) + m$. Dann folgt:

$\nu(n + \nu(m)) \underset{(2)}{=} \nu(\nu(n + m)) \underset{\text{Ind.-Vor.}}{=} \nu(\nu(n) + m) \underset{(2)}{=} \nu(n) + \nu(m)$ ✓

(iii) Beweis von $0 + n = n$ durch vollständige Induktion über n.

$n = 0$: $0 + 0 \underset{(1)}{=} 0$ ✓

Für ein n gelte $0 + n = n$. Dann folgt:

$0 + \nu(n) \underset{(2)}{=} \nu(0 + n) \underset{\text{Ind.-Vor.}}{=} \nu(n)$ ✓

(iv) $n \cdot 1 \underset{\text{Voraussetzung}}{=} n \cdot \nu(0) \underset{(4)}{=} n \cdot 0 + n \underset{(3)}{=} 0 + n \underset{(iii)}{=} n$ ✓

(b) $(\mathbb{N}^*, 1, \ldots)$: Mit $e := 1$ wähle man $\varphi := (\mathbb{N}^* \to \mathbb{N}^*; n \mapsto n + 1)$.

$(2\mathbb{N}+1, \ldots, \ldots)$: Man wähle $M := 2\mathbb{N} + 1$, $e := 1$, $\varphi := (M \to M; n \mapsto n + 2)$.

$(\{n^2 \mid n \in \mathbb{N}\}, \ldots, \ldots)$: $M := \{n^2 \mid n \in \mathbb{N}\}$, $e := 0$, $\varphi := (M \to M; n \mapsto (\sqrt{n} + 1)^2)$

$(\mathbb{Z}, \ldots, \ldots)$: $M := \mathbb{Z}$, $e := 0$, $\varphi: M \to M$ mit $\varphi(n) := \begin{cases} 1 & \text{für } n = 0 \\ -n & \text{für } n > 0 \\ -n + 1 & \text{für } n < 0 \end{cases}$.

$(\mathbb{R}, \ldots, \ldots)$ lässt sich wegen der Überabzählbarkeit von $\mathbb{R}$ (vgl. S. 412) nicht zu einer
Dedekind-Peano-Algebra komplettieren.

Aufgabe 6.3 (S. 261)

Die in der Beweisskizze von Satz (6.11) aufgeführten fünf Beispiele haben ersichtlich die geforderte Eigenschaft, genau vier der fünf Axiome zu erfüllen (in der Reihenfolge (**P1**) bis (**P5**)). Alternativ kann man z. B. auch Beispiele in Gestalt von Relationsgraphen ähnlich wie in Aufgabe 6.1 konstruieren.

Aufgabe 6.4 (S. 268)

(M, e, φ) und (N, e, ψ) seien 0-1-Algebren.

(a) **Satz:** Wenn β ein 0-1-Isomorphismus von (M, e, φ) auf (N, f, ψ) ist, dann ist β^{-1} ein 0-1-Isomorphismus von (N, f, ψ) auf (M, e, φ).

Beweis:

Es sei β ein 0-1-Isomorphismus von (M, e, φ) auf (N, f, ψ), also gilt: $\beta : M \overset{\text{auf}}{\underset{\text{1-1}}{\rightarrow}} N$, $\beta \circ \varphi = \psi \circ \beta$ und $\beta(e) = f$.

Dann folgt $\beta^{-1} : N \overset{\text{auf}}{\underset{\text{1-1}}{\rightarrow}} M$. Zu zeigen bleibt: $\beta^{-1} \circ \psi = \varphi \circ \beta^{-1}$ und $\beta^{-1}(f) = e$.

Zunächst gilt: $\beta(e) = f \Rightarrow \beta^{-1}(f) = \beta^{-1}(\beta(e)) = (\beta^{-1} \circ \beta)(e) = \text{id}(e) = e$

Ferner folgt aus $\beta \circ \varphi = \psi \circ \beta$ aufgrund der Assoziativität der Relationenverkettung:

$\beta^{-1} \circ (\beta \circ \varphi) \circ \beta^{-1} = \beta^{-1} \circ (\psi \circ \beta) \circ \beta^{-1} = (\beta^{-1} \circ \psi) \circ (\beta \circ \beta^{-1}) = (\beta^{-1} \circ \psi) \circ \text{id} = (\beta^{-1} \circ \psi)$ ◆

(b) **Satz:** Wenn (M, e, φ) eine Dedekind-Peano-Algebra ist und $(M, e, \varphi) \simeq (N, f, \psi)$ gilt, dann ist (N, f, ψ) eine Dedekind-Peano-Algebra.

Beweis:

Es sei α der gemäß Satz (6.24) eindeutig existierende 0-1-Homomorphismus von (M, e, φ) in (N, f, ψ), für den also gilt: $\alpha \circ \varphi = \psi \circ \alpha \wedge \alpha(e) = f$. Wegen $(M, e, \varphi) \simeq (N, f, \psi)$ existiert sogar ein Isomorphismus von (M, e, φ) auf (N, f, ψ). Aufgrund der Eindeutigkeit des Homomorphismus α ist α dieser Isomorphismus. Es sind noch die Dedekind-Peano-Axiome zu überprüfen:

(**P1**) und (**P2**) gelten, weil (N, f, ψ) eine 0-1-Algebra ist. Dabei ist $f = \alpha(e)$ (s. o.).

(**P3**): Es sei angenommen, dass $f \in \psi[N]$ eintritt, also $f = \psi(n)$ mit einem $n \in N$.

Wegen $\alpha^{-1} : N \rightarrow M$ und $f = \alpha(e)$ wäre dann $e = \alpha^{-1}(f) = (\alpha^{-1} \circ \psi)(n)$ mit $\alpha \circ \varphi = \psi \circ \alpha$, also $\alpha^{-1} \circ \psi = \alpha^{-1} \circ (\alpha \circ \varphi) \circ \alpha^{-1} = \varphi \circ \alpha^{-1}$ und damit $e = \varphi(\underbrace{\alpha^{-1}(n)}_{\in M}) \in M$ im Widerspruch zu $e \notin \varphi[M]$. Damit gilt also $f \notin \psi[N]$.

(**P4**): Aus $\alpha \circ \varphi = \psi \circ \alpha$ folgt $\psi = \alpha \circ \varphi \circ \alpha^{-1}$. Als bijektive Funktionen sind α und α^{-1} injektiv, also linkseindeutig, φ ist nach Voraussetzung linkseindeutig, also auch ψ.

(**P5**): Es sei $U \subseteq N$, $f \in U$ und $\psi[U] \subseteq U$. Zu zeigen ist: $U = N$.

Mit $T := \alpha^{-1}[U]$ ist $T \subseteq M$, und wegen der Injektivität von α gilt gemäß Satz (5.36.b) $\alpha[T] = \alpha[\alpha^{-1}[U]] = U$. Nach Voraussetzung gilt (**P5**) in (M, e, φ). Wegen $f \in U$ und $T := \alpha^{-1}[U]$ ist $e = \alpha^{-1}(f) \in T$. Es bleibt noch $\varphi[T] \subseteq T$ zu zeigen, woraus dann $T = M$ folgen würde und woraus $U = N$ abzuleiten wäre. Dazu sei $t \in T$ beliebig gewählt. Dazu sei $t \in T$ beliebig gewählt. Dann ist $\varphi(t) = \alpha^{-1}(\psi(\alpha(t)))$ mit $\alpha(t) =: u \in U$, also $\psi(u) \in U$ wegen $\psi[U] \subseteq U$, also $\varphi(t) = \alpha^{-1}(\psi(u)) \in T$ wegen $\alpha[T] = U$ (s. o.) und damit $\varphi[T] \subseteq T$, so dass in der Tat $T = M$ wegen (**P5**) gilt. Wegen $\alpha[T] = U$ (s. o.) folgt weiter $U = \alpha[M]$, und weil α als Bijektion eine Surjektion von M auf N ist, folgt schließlich $U = N$. ◆

Aufgabe 6.5 (S. 269)

Wegen Satz (6.26) ist jeweils nur ein vermittelnder Isomorphismus anzugeben. Es ist naheliegend, dass φ_a bzw. φ die gesuchten Isomorphismen sind. Die Beweisskizze im Anschluss an den Satz (6.26) enthält bereits die wesentlichen Schritte, so dass hier auf eine detaillierte Ausführung verzichtet werden kann. Stattdessen soll nur kurz das Wesentliche anhand des Kettenmodells visualisiert werden:

Durch Hinzufügen von $a \notin M$ entsteht ein strukturidentisches („isomorphes") Ketten-

modell, für das dann ebenfalls die Dedekind-Peano-Axiome gelten.

Entsprechendes gilt, wenn aus dem ersten Modell das Anfangselement e entfernt wird.

Aufgabe 6.6 (S. 275)

(a) **Satz (6.39.h):** $m + \ell = n + \ell \Leftrightarrow m = n$

- Beweis von $m + \ell = n + \ell \Rightarrow m = n$ durch vollständige Induktion über l:

Induktionsbeginn: $m + 0 = n + 0 \underset{\text{Satz (6.39.a)}}{\Leftrightarrow} m = n$ ✓

Induktionsvoraussetzung: $m + \ell = n + \ell \Rightarrow m = n$ (für ein ℓ und alle m, n)

Induktionsbehauptung: $m + (\ell + 1) = n + (\ell + 1) \Rightarrow m = n$ (für das ℓ und alle m, n)

Induktionsschluss: $m + (\ell + 1) = n + (\ell + 1) \underset{\text{Satz (6.39.f, g)}}{\Leftrightarrow} (m + 1) + \ell = (n + 1) + \ell$

$\underset{\text{Ind.-Vor.}}{\Rightarrow} m + 1 = n + 1 \underset{\text{(P4)}}{\Rightarrow} m = n$ ✓

- Beweis von $m = n \Rightarrow m + \ell = n + \ell$ durch vollständige Induktion über l:

Wegen Satz (6.39.a) ist $m + 0 = m$, also folgt $m = n \Rightarrow m + 0 = n + 0$. ✓

Es sei $m = n \Rightarrow m + \ell = n + \ell$ für ein ℓ und alle m, n erfüllt, dann gilt:

$m + \ell = n + \ell \Rightarrow (m + \ell) + 1 = (n + \ell) + 1 \Leftrightarrow m + (\ell + 1) = n + (\ell + 1)$,

also folgt insgesamt: $m = n \Rightarrow m + (\ell + 1) = n + (\ell + 1)$ ✓

Satz (6.39.i): $m \neq 0 \Rightarrow m + n \neq 0$

Beweis durch vollständige Induktion über n:

Induktionsbeginn: $m \neq 0 \underset{m+0=m}{\Leftrightarrow} m + 0 \neq 0$ ✓

Induktionsvoraussetzung: $m \neq 0 \Rightarrow m + n \neq 0$ (für ein n und alle m)

Induktionsbehauptung: $m \neq 0 \Rightarrow m + (n + 1) \neq 0$

Induktionsschluss: $m + (n + 1) = (m + n) + 1 \underset{\text{(P3)}}{\neq} 0$ ✓

Satz (6.39.j): $m + n = 0 \Leftrightarrow m = 0 \wedge n = 0$

Die Richtung „$\Leftarrow$" ist wegen $0 + 0 = 0$ (siehe Satz (6.39.a)) trivial.

Kontraposition zur Richtung „$\Rightarrow$": $m \neq 0 \vee n \neq 0 \Rightarrow m + n \neq 0$

Das gilt aber wegen Satz (6.39.i) (s. o.).

(b) Es ist zu zeigen, dass $\leq_\mathbb{N}$ identitiv, transitiv und konnex ist (vgl. Def. (5.55) und (5.52)).

identitiv: Es sei $m \leq_\mathbb{N} n \wedge n \leq_\mathbb{N} m$, also $m + k = n \wedge n + \ell = m$ mit $k, \ell \in \mathbb{N}$. Dann folgt $m + k + \ell = m$, also $m + k + \ell = m + 0$ und die Kürzungsregel führt zu $k + \ell = 0$, woraus $k = 0 \wedge \ell = 0$ folgt, also ist $m = n$.

transitiv: Es sei $m \leq_\mathbb{N} n \wedge n \leq_\mathbb{N} p$, also $m + k = n \wedge n + \ell = p$ mit $k, \ell \in \mathbb{N}$.

Es folgt: $(m + k) + \ell = p$, also $m + (k + \ell) = p$ mit $k + \ell \in \mathbb{N}$ und damit $m \leq_\mathbb{N} p$.

konnex: Es ist zu zeigen, dass $m \leq_\mathbb{N} n \vee n \leq_\mathbb{N} m$ für alle $m, n \in \mathbb{N}$ gilt.
Beweis durch vollständige Induktion über m.

Induktionsbeginn: Wegen $0 + n = n$ (nach Satz (6.39.e)) ist $0 \leq_\mathbb{N} n$. ✓

Induktionsvoraussetzung: $m \leq_\mathbb{N} n \vee n \leq_\mathbb{N} m$ (für ein m und alle n)

Induktionsbehauptung: $m + 1 \leq_\mathbb{N} n \vee n \leq_\mathbb{N} m + 1$ (für dieses m und alle n)

Induktionsschluss:

Wir betrachten zunächst den Fall $m \leq_\mathbb{N} n$, d. h. $m + k = n$ mit einem $k \in \mathbb{N}$.

Wegen Satz (6.43.d) ist $k = 0 \vee k \geq_\mathbb{N} 1$. Falls $k = 0$ gilt, folgt $m = n$ und daraus $m + 1 = n + 1$, also $m + 1 \leq_\mathbb{N} n$ gemäß Definition (6.41). Falls jedoch $k = 0$ gilt, so ist $k \geq_\mathbb{N} 1$ wegen $k = 0 \vee k \geq_\mathbb{N} 1$ (s. o.). Dann ist gemäß Definition (6.41) $1 + \ell = k$ mit einem $\ell \in \mathbb{N}$. Es folgt: $\underbrace{(m + 1) + \ell}_{\text{Assoz.}} = m + (1 + \ell) = m + k = \underline{n}$, also $m + 1 \leq_\mathbb{N} n$.

Damit gilt also auch $m + 1 \leq_\mathbb{N} n \vee n \leq_\mathbb{N} m + 1$ unter der Voraussetzung $m \leq_\mathbb{N} n$.

Falls nun $m \leq_\mathbb{N} n$ nicht gilt und also gemäß Induktionsvoraussetzung der Fall $n \leq_\mathbb{N} m$ eintritt, so folgt wegen $m \leq_\mathbb{N} m + 1$ und der Transitivität $n \leq_\mathbb{N} m + 1$, so dass auch in diesem Fall per saldo $m + 1 \leq_\mathbb{N} n \vee n \leq_\mathbb{N} m + 1$ gilt. ✓

Aufgabe 6.7 (S. 277)

(a.a) $m \cdot 0 = 0$ folgt direkt aus Satz (6.46) und Definition (6.47).

(a.b) $m(n + 1) = mn + m$ folgt direkt aus Satz (6.46) und Definition (6.47).

(a.c) $m \cdot 1 = m \cdot (0 + 1) \underset{\text{(a.b)}}{=} m \cdot 0 + m \underset{\text{(a.a)}}{=} 0 + m = m$

(a.d) Beweis von $(m + 1)n = mn + n$ durch vollständige Induktion über n.

$$(m + 1) \cdot 0 = 0 = 0 + 0 \underset{\text{(a.a)}}{=} m \cdot 0 + 0 \quad ✓$$
$$\underset{\text{(a.a)}}{}$$

Es sei nun $(m + 1)n = mn + n$ für ein n und alle m, dann ist zu zeigen:

$(m + 1)(n + 1) = m(n + 1) + (n + 1)$ für dieses n und alle m. Das ergibt sich wie folgt:

$$(m + 1)(n + 1) \underset{\text{(a.b)}}{=} (m + 1)n + (m + 1) \underset{\text{Ind.-Vor.}}{=} (mn + n) + (m + 1) \underset{\text{Assoz.}}{=} mn + (n + (m + 1))$$
$$\underset{\text{Assoz.}}{=} mn + ((n + m) + 1) \underset{\text{Kommut.}}{=} mn + ((m + n) + 1) \underset{\text{Assoz.}}{=} mn + (m + (n + 1))$$
$$\underset{\text{Assoz.}}{=} (mn + m) + (n + 1) \underset{\text{(a.b)}}{=} m(n + 1) + (n + 1) \quad ✓$$

(a.e) Beweis von $0 \cdot m = 0$ durch vollständige Induktion: Wegen (1) ist $0 \cdot 0 = 0$. ✓

Es sei nun $0 \cdot m = 0$ für ein m. Es folgt: $0 \cdot (m + 1) \underset{\text{(a.b)}}{=} 0 \cdot m + 0 = 0 \cdot m \underset{\text{Ind.-Vor.}}{=} 0$ ✓

(a.f) $1 \cdot m = (0+1) \cdot m \underset{\text{(a.d)}}{=} 0 \cdot m + m \underset{\text{(a.e)}}{=} 0 + m = m$

(a.g) Beweis von $mn = nm$ durch vollständige Induktion über n.

Induktionsbeginn: $m \cdot 0 \underset{\text{(a.a)}}{=} 0$ ✓

Induktionsvoraussetzung: $mn = nm$ für ein n und alle m.

Induktionsbehauptung: $m(n+1) = (n+1)m$ für dieses n und alle m.

Induktionsschluss: $m(n+1) \underset{\text{(a.b)}}{=} mn + m \underset{\text{Ind.-Vor.}}{=} nm + m \underset{\text{(a.d)}}{=} (n+1)m$ ✓

(a.h) Beweis von $\ell(mn) = (\ell m)n$ durch vollständige Induktion über n.

Induktionsbeginn: $\ell(m \cdot 0) \underset{\text{(a.a)}}{=} \ell \cdot 0 \underset{\text{(a.a)}}{=} 0 \underset{\text{(a.a)}}{=} (\ell m) \cdot 0$ ✓

Induktionsvoraussetzung: $\ell(mn) = (\ell m)n$ für ein n und alle ℓ, m.

Induktionsbehauptung: $\ell(m(n+1)) = (\ell m)(n+1)$ für dieses n und alle ℓ, m.

Induktionsschluss:
$(\ell m)(n+1)) \underset{\text{(a.b)}}{=} (\ell m)n + \ell m \underset{\text{Ind.-Vor.}}{=} \ell(mn) + \ell m \underset{\text{(a.i)}}{=} \ell(mn + m) \underset{\text{(a.b)}}{=} \ell(m(n+1))$ ✓

Während des Beweises haben wir also festgestellt, dass das noch nicht bewiesene Distributivgesetz weiterhilft. Das muss nun noch nachgeholt werden, wobei darauf zu achten ist, dass (a.h) nicht verwendet wird.

(a.i) Beweis von $\ell(m+n) = \ell m + \ell n$ durch vollständige Induktion über n.

Induktionsbeginn: $\ell(m+0) = \ell m = \ell m + 0 \underset{\text{(a.a)}}{=} \ell m + \ell \cdot 0$ ✓

Induktionsvoraussetzung: $\ell(m+n) = \ell m + \ell n$ für ein n und alle ℓ, m.

Induktionsbehauptung: $\ell(m+(n+1)) = \ell m + \ell(n+1)$ für dieses n und alle ℓ, m.

Induktionsschluss:
$\ell(m+(n+1)) \underset{\text{Kommut.}}{=} \ell(m+(1+n)) \underset{\text{Assoz.}}{=} \ell((m+1)+n)$
$\underset{\text{Ind.-Vor.}}{=} \ell(m+1) + \ell n \underset{\text{(a.b)}}{=} (\ell m + \ell) + \ell n \underset{\text{Assoz.}}{=} \ell m + (\ell + \ell n)$
$\underset{\text{Kommut.}}{=} \ell m + (\ell n + \ell) \underset{\text{(a.b)}}{=} \ell m + \ell(n+1)$ ✓

Das andere Distributivgesetz, $(\ell + m)n = \ell n + mn$, gilt wegen der Kommutativität der Multiplikation und wurde deshalb im Satz (6.49) nicht explizit notiert.

(b.1) $\underline{3^2} = 3^1 \cdot 3 = 3 \cdot (2+1) = 3 \cdot 2 + 3 = 3 \cdot (1+1) + 3 = (3 \cdot 1 + 3) + 3 = (3 + (2+1)) + 3$
$= (3+2) + (1+3) = (3+(1+1)) + (3+1) = ((3+1)+1) + 4 = (4+1) + 4 = \underline{5+4}$
$= 5 + (3+1) = 5 + (1+3) = (5+1) + 3 = (2+1) = 6 + (1+2) = (6+1) + 2 = \underline{7+2}$
$= 7 + (1+1) = (7+1) + 1 = 8 + 1 = \underline{9}$

(b.2) $5 \cdot 4 + 1 = (4+1) \cdot 4 + 1 = 4 \cdot ((3+1)+1) + 1 = \ldots = ((4 \cdot 3 + 4) + 4) + 1 = 3 \cdot 4 + 4 + 5$

Also gilt: $\underline{3 \cdot (4+3)} = 5 \cdot 4 + 1 \Leftrightarrow 3 \cdot 4 + 3 \cdot 3 = 3 \cdot 4 + (5+4) \underset{\text{Kürzungsregel}}{\Leftrightarrow} \underline{3^2 = 5+4}$

Die letzte Gleichung gilt wegen (b.1), also gilt auch die erste.

(b.3) Es ist $\underline{4} = 3+1 = (2+1)+1 = 2+(1+1) = \underline{2+2} = 2\cdot(1+1) = 2^1\cdot 2 = \underline{2^2}$, also gilt

$$3^{\underline{4}} = 3^{2+2} = \underline{3^2\cdot 3^2} \text{ und}$$

$$3^{\underline{2}} = 5+4 = 2^2+(2^2+1) = (2^2+2^2)+1 = 2^2\cdot(1+1)+1 = 2^2\cdot 2+1 = \underline{2^3+1} .$$

Damit gilt mit (b.1) und unter Verwendung der Monotonie gemäß Satz (6.50.e):

$$9\cdot 2^3+2 < 3^4 \Leftrightarrow 3^2\cdot 2^3+2 < 3^2\cdot(2^3+1) \Leftrightarrow 3^2\cdot 2^3+2 < 3^2\cdot 2^3+3^2 \Leftrightarrow 2 < 3^2$$

$$\Leftrightarrow 2+0 < 7+2 \Leftrightarrow 2+0 < 2+7 \Leftrightarrow 0 < 7$$

Wegen $7 = \nu(6)$ ist gemäß **(P3)** $7 \neq 0$, wegen Satz (6.43.a) ist also $7 > 0$, und damit ist auch $9\cdot 2^3+2 < 3^4$ wahr.

Aufgabe 6.8 (S. 282)

Vorausgesetzt wird $A \subseteq \mathbb{N}$ mit der Eigenschaft $\bigwedge\limits_{x\in\mathbb{N}}\left(x+1\in A \to x\in A\right) \wedge \bigvee\limits_{x\in A} x+1\notin A$.

Und für alle $n\in\mathbb{N}$ ist $\mathbb{Z}_n = \{x\in\mathbb{N} \mid x < n\} = \{a\in\mathbb{N} \mid a < n\}$, wobei jetzt a statt x geschrieben wurde, um Bezeichnungskollisionen mit der Voraussetzung zu vermeiden. Hier erfüllt also n die Eigenschaft von $x+1$ im zweiten Teil der Voraussetzung, denn es ist $n\notin\mathbb{Z}_n$, falls wir es mit $\mathbb{Z}_n = A$ versuchen.

Aus $\mathbb{Z}_{n+1} = \mathbb{Z}_n \cup \{n\}$ folgt mit $\mathbb{Z}_0 = \varnothing$ der Reihe nach $\mathbb{Z}_1 = \{0\}$, $\mathbb{Z}_2 = \{0,1\}$, ..., $\mathbb{Z}_n = \{0,1,2,\dots,n-2,n-1\}$. Die Bedingung $x+1\in A \to x\in A$ wird für alle $x\in\mathbb{Z}_n$ erfüllt, denn jedes Element aus $\mathbb{Z}_n$ bis auf 0 ist Nachfolger eines Elements aus $\mathbb{Z}_n$. Jeder Anfang $\mathbb{Z}_n$ von $\mathbb{N}$ erfüllt also die Eigenschaft $x+1\in\mathbb{Z}_n \Rightarrow x\in\mathbb{Z}_n$, und mit $x := n-1$ (für $n > 0$) ist $x\in\mathbb{Z}_n$ und $x+1 = n\notin\mathbb{Z}_n$. Damit erfüllt für $n > 0$ jeder Anfang $\mathbb{Z}_n$ von $\mathbb{N}$ die in der Voraussetzung genannten Eigenschaften, aber auch für $n = 0$ (warum?).

Ist umgekehrt eine Menge A mit der Eigenschaft $x+1\in A \Rightarrow x\in A$ und einem $y\in A$ mit $y+1\notin A$ gegeben, so ist zunächst $y+1 > y$. Gemäß Satz (6.18.f) gibt es zu jedem Element u außer dem Anfangselement 0 genau einen Vorgänger v , wobei zwischen dem Vorgänger v und seinem Nachfolger u gemäß Satz (6.39.c) die Beziehung $u = v+1$ besteht, also $v = u-1$, sofern $u \geq 1$ bzw. $v \geq 0$ gilt. Damit erhalten wir aus $x+1\in A \Rightarrow x\in A$ und $y\in A$ mit $y+1\notin A$: $\{y, y-1, y-2, \dots, 2, 1, 0\} \subseteq A$. Da nun $A \subseteq \mathbb{N}$ vorausgesetzt wurde, sind dies bereits alle Elemente von A . (Würde z. B. $A \subseteq \mathbb{Q}$ vorausgesetzt werden, so könnte zusätzlich beispielsweise auch $\{\frac{1}{2}, \frac{1}{2}+1, \frac{1}{2}+2, \dots, \frac{1}{2}+(y-1)\} \subseteq A$ gelten.)

Aufgabe 7.1 (S. 286)

Wir setzen die Rechenregeln in einem angeordneten Körper wie z. B. $(\mathbb{Q},+,\cdot,\leq)$ oder $(\mathbb{R},+,\cdot,\leq)$ voraus, und es sei $\frac{a}{b} < \frac{c}{d}$ mit $a,b,c,d > 0$. Dann gilt:

$$\frac{a}{b} < \frac{c}{d} \Leftrightarrow ad < bc \underset{\text{Monotonie bzgl. +}}{\Leftrightarrow} ad+ab < bc+ab \Leftrightarrow a(b+d) < b(a+c) \Leftrightarrow \frac{a}{b} < \frac{a+c}{b+d}$$

$$\frac{a}{b} < \frac{c}{d} \Leftrightarrow ad < bc \underset{\text{Monotonie bzgl. +}}{\Leftrightarrow} ad+cd < bc+cd \Leftrightarrow (a+c)d < (b+d)c \Leftrightarrow \frac{a+c}{b+d} < \frac{c}{d}$$

Aufgabe 7.2 (S. 287)

Beispielsweise: $\dfrac{3}{7} = \dfrac{1}{4}+\dfrac{1}{7}+\dfrac{1}{28} = \dfrac{1}{4}+\dfrac{1}{6}+\dfrac{1}{84}$, $\dfrac{99}{100} = \dfrac{1}{2}+\dfrac{49}{100} = \dfrac{1}{2}+\dfrac{1}{4}+\dfrac{6}{25} = \dfrac{1}{2}+\dfrac{1}{4}+\dfrac{1}{5}+\dfrac{1}{25}$.

Aufgabe 7.3 (S. 290)

Ermitteln der Lösung(en) einer Gleichung in der Menge der rationalen Zahlen auf zwei verschiedenen Wegen führt hier zu kuriosen Ergebnissen. Wo steckt der Fehler?

$$
\begin{aligned}
& 2x^2 - 8x + 10 = (x-2)^2 + 2 \quad |-2 \\
\Leftrightarrow\quad & 2x^2 - 8x + 8 = (x-2)^2 \\
\Leftrightarrow\quad & 2\cdot(x^2 - 4x + 4) = (x-2)^2 \\
\Leftrightarrow\quad & 2\cdot(x-2)^2 = (x-2)^2 \quad |:(x-2)^2 \\
\Leftrightarrow\quad & 2 = 1
\end{aligned}
$$

$$
\begin{aligned}
& 2x^2 - 8x + 10 = (x-2)^2 + 2 \quad |-2 \\
\Leftrightarrow\quad & \cdots \\
\Leftrightarrow\quad & 2\cdot(x-2)^2 = (x-2)^2 \quad |-(x-2)^2 \\
\Leftrightarrow\quad & (x-2)^2 = 0 \\
\Leftrightarrow\quad & x = 2
\end{aligned}
$$

Der rechte Weg ist richtig, diese Gleichung hat tatsächlich nur eine Lösung, nämlich 2. Das bedeutet nun, dass links beim letzten Umformungsschritt durch Null dividiert wurde, und das führt zu der falschen Aussage $2 = 1$.

Denn Division einer Gleichung auf beiden Seiten durch dieselbe Zahl bzw. Multiplikation beider Seiten mit derselben Zahl ist nämlich genau dann eine Äquivalenzumformung, wenn diese Zahl von Null verschieden ist. Und hier bedeutet das nun, dass die Division durch einen Term nur dann eine Äquivalenzumformung darstellt, wenn dieser Term nicht Null wird bzw. nicht Null werden kann.

Aufgabe 7.4 (S. 293)

(a) und (b)   Wir wenden das Distributivgesetze an und benötigen für das multiplikativ inverse Element von a, das mit $j(a)$ bezeichnet sei, die Darstellung als $\frac{1}{a}$, die sich wegen der Eindeutigkeit dieses Inversen aus $a \cdot \frac{1}{a} = a : a = 1$ zu $\frac{1}{a} = j(a) =: a^{-1}$ ergibt.

$$
\frac{ad \pm bc}{bd} = (ad \pm bc)(bd)^{-1} = (add^{-1}b^{-1}) \pm (cbb^{-1}d^{-1}) = ab^{-1} \pm cd^{-1} = \frac{a}{b} \pm \frac{c}{d}
$$

(c) $\dfrac{a}{b} \cdot \dfrac{c}{d} = (ab^{-1})(cd^{-1}) = (ab^{-1})(d^{-1}c) = (ac)(b^{-1}d^{-1}) = (ac)(db)^{-1} = \dfrac{ac}{bd}$

(d)   Es gilt gemäß (c): $\dfrac{a}{b} \cdot \dfrac{b}{a} = \dfrac{ab}{ab} = 1$

Wegen der Eindeutigkeit des multiplikativ inversen Elements folgt: $\left(\dfrac{a}{b}\right)^{-1} = \dfrac{b}{a}$

(e) $\dfrac{a}{b} : \dfrac{c}{d} = \dfrac{a}{b} \cdot \left(\dfrac{c}{d}\right)^{-1} = \dfrac{a}{b} \cdot \dfrac{d}{c} = \dfrac{ad}{bc}$

(f)   Es ist $\dfrac{c}{c} = c \cdot c^{-1} = c \cdot j(c) = 1$, also folgt: $\dfrac{a}{b} = \dfrac{a}{b} \cdot 1 = \dfrac{a}{b} \cdot \dfrac{c}{c} = \dfrac{a \cdot c}{b \cdot c}$

Aufgabe 7.5 (S. 300)

Wir orientieren uns im Ansatz für die Klassenoperationen an den Bruchrechenregeln.

Subtraktion: Ansatz: $[(a;b)] - [(c;d)] := [(ad - bc; bd)]$

Es kann der Beweis (7.13) übernommen werden, indem überall $+$ durch $-$ ersetzt wird.

Division: Ein naheliegender erster Ansatz $[(a;b)] \div [(c;d)] := [((ad):(bc); bd)]$ scheitert sofort, weil $(ad):(bc)$ in $\mathbb{N}$ nicht erklärt ist, denn genau das ist ja erst einzuführen.

Aber die „Bruchrechenregel" für die Division hilft: $[(a;b)] \div [(c;d)] = [(a;b)] \cdot [(d;c)]$.

Es wird also mit dem „Kehrwert" multipliziert, und mit Bezug auf Satz (7.13) liefert das den *Ansatz* für die Division: $[(a;b)] \div [(c;d)] := [(a \cdot d; b \cdot c)]$. Das führt zum Beweis:

Es ist die *Unabhängigkeit dieser Klassen von der Repräsentantenwahl* nachzuweisen, d. h.:
Gilt $(a,b) \sim (a',b') \wedge (c,d) \sim (c',d')$, so muss auch $(a \cdot d, b \cdot c) \sim (a' \cdot d', b' \cdot c')$ gelten.

Die Voraussetzung ist wegen Satz (7.10) äquivalent zu $ab' = a'b \wedge cd' = c'd$.

Die Behauptung ist wegen Satz (7.10) äquivalent zu $adb'c' = bca'd'$. Es folgt:
$$adb'c' = (ab')(c'd) \underset{ab'=a'b \wedge c'd=cd'}{=} (a'b)(cd') = bca'd'.$$

Da sich die Betrachtungen auf Paare aus $\mathbb{N}^* \times \mathbb{N}^*$ beziehen, gibt es keine Einschränkungen.
Der Beweis zu Satz (7.14) erfolgte bereits vor Satz (7.13) auf S. 299 über das Chuquet-Mittel.

Aufgabe 7.6 (S. 308)

(a) Bei $\frac{6}{16}$ geht es ähnlich wie in Bild 7.16 bis Bild 7.19, wobei wegen $\frac{6}{16} = \frac{3}{8}$ weniger Möglichkeiten in Frage kommen.

(b) Bei $\frac{5}{4}$ liegt versagen diese Modelle, weil kein „Teil eines Ganzen" vorliegt.

Aufgabe 7.7 (S. 309)

Vergleich der Längen von A und B

- A ist drei **mal** so lang wie B.

- Die Länge von A beträgt das Dreifache der Länge **von** B.

- B ist $\frac{1}{3}$ **mal** so lang wie A.

- Die Länge von B beträgt $\frac{1}{3}$ der Länge **von** A.

Vergleich der Längen von A und C

- A ist $\frac{6}{5}$ **mal** so lang wie C.

- Die Länge von A beträgt das $\frac{6}{5}$-Fache der Länge **von** C.

- Die Länge von A beträgt $\frac{6}{5}$ der Länge **von** C.

- C ist $\frac{5}{6}$ **mal** so lang wie A.

- Die Länge von C beträgt $\frac{5}{6}$ der Länge **von** A.

Vergleich der Längen von B und C

- B ist $\frac{2}{5}$ **mal** so lang wie C.

- Die Länge von B beträgt das $\frac{2}{5}$-Fache der Länge **von** C.

- Die Länge von B beträgt $\frac{2}{5}$ der Länge **von** C.

- C ist $2\frac{1}{2}$ **mal** so lang wie B.

- Die Länge von C beträgt $\frac{5}{2}$ der Länge **von** B.

Weitere denkbare Vergleichsformulierungen

- Drei Stäbe der Länge von B sind zusammen genau so lang wie A.

- Die Längen der Stäbe von A und B verhalten sich wie 3:2.

- Fünf Stäbe der Länge von A sind zusammen genau so lang wie sechs Stäbe der Länge von C.

- Die Längen der Stäbe von A und C verhalten sich wie 6:5.

- Fünf Stäbe der Länge von B sind zusammen genau so lang wie zwei Stäbe der Länge von C.

- Die Längen der Stäbe von B und C verhalten sich wie 2:5.

Aufgabe 7.8 (S. 312)

Man beachte hierzu den Deutungsversuch von Hasemann im Anschluss an die Aufgabenformulierung. Ferner ist es plausibel, dass die Chuquet-Mittel-Bildung als „falsche Bruchaddition" hier Pate gestanden hat, wie es im Anschluss an das Hasemann-Zitat ausgeführt wird.

Aufgabe 7.9 (S. 318)

(a) Wenn man 12 Pizzen an einem 16er-Tisch gerecht aufteilt, kann man auch zwei 8er-Tische nehmen und auf jedem Tisch 6 Pizzen anbieten. $(6)8$ und $(12)16$ sind also gleichwertige Angebote. Ein 24er-Tisch lässt sich in drei 8er-Tische aufteilen, auf dem dann jeweils ein Drittel von 18 Pizzen stehen müsste, also jeweils 6 Pizzen. Daher sind $(6)8$ und $(12)16$ faire Angebote anstelle von $(18)24$.

(b) „$(9)12$ und $(9)12$" ist eine gleichwertige Aufteilung von $(18)24$ auf zwei 12er-Tische.

(c) „$(8)12$ und $(10)12$" ist zwar eine summarisch korrekte Aufteilung von $(18)24$ auf zwei Tische, jedoch sind beide Aufteilungen untereinander nicht gleichwertig, und keine von beiden ist gleichwertig zu $(18)24$, wie man auch an (b) sieht.

(d) Bei korrekter fairer Aufteilung ist die Anzahl der Personen je Tisch immer um ein Drittel größer als die Anzahl der Pizzen je Tisch. Damit wäre ein Tisch durch $(15)20$ beschreibbar, und für den anderen ergäbe sich $(3)4$, was ebenfalls fair zu anderen Daten passt.

(e) Aus $(?)4$ ergibt sich mit (d) $(3)4$ und aus $(?)8$ mit (a) $(6)8$. Damit bleibt für den dritten Tisch als „Differenz" $(9)12$, was nach (b) eine faire Belegung ist.

Aufgabe 7.10 (S. 319)

$(3)4$ würde an einem 8er-Tisch zu $(6)8$, also erhalten die Kinder am 4er-Tisch weniger Pizza als die Kinder am 8er-Tisch mit 7 Pizzen. Die 7 Kinder am 6er-Tisch erhalten mehr Pizza als die 4 Kinder am 3er-Tisch, weil Letztere nämlich gleichwertig mit dem 8er-Tisch zu $(7)8$ sind, also haben wir bisher die Rangfolgen $(3)4 < (7)8$ und $(3)4 < (6)7$. Es müssen noch $(7)8$ und $(6)7$ verglichen werden, die wir dazu zu großen Tischen mit gleich viel Kindern „aufblasen": Aus 7 Konstellationen $(7)8$ machen wir $(49)56$, und aus 8 Konstellationen $(6)7$ machen wir $(48)56$, und nun sehen wir, dass $(6)7 < (7)8$ gilt, womit sich insgesamt $(3)4 < (6)7 < (7)8$ ergibt.

Aufgabe 7.11 (S. 319)

Wenn sich doppelt so viel Kinder die Pizzen teilen müssen, erhält jeder die halbe Portion wie an $(4)5$, also passiert das Niklas an $(4)10$. Die doppelte Portion erhält er an einem Tisch mit halb so viel Kindern (was hier nicht geht) oder mit doppelt so viel Pizzen, also bei der Konstellation $(8)5$.

Aufgabe 7.12 (S. 319)

Es sind dann auf dem Tisch nur halb so viele Pizzen, wie Kinder an ihm sitzen. Das könnten z. B. die Konstellationen $(1)2$, $(2)4$, $(3)6$, … sein.

Aufgabe 7.13 (S. 321)

- Pizza-Tisch-Modell: Hier ist mit der bisherigen Argumentation $(10)16 = (15)24$.
- Erst kürzen, dann erweitern: $\frac{10}{16} = \frac{5}{2}\frac{3}{8} = \frac{15}{24}$, erst erweitern, dann kürzen: $\frac{10}{16} = \frac{3}{48}\frac{30}{2} = \frac{15}{24}$
- Beide Brüche haben den Kernbruch $\frac{5}{8}$.

Aufgabe 7.14 (S. 324)

- $\frac{6}{7} < \frac{7}{6}$: $\frac{6}{7} < 1$ und $1 < \frac{7}{6}$; $\frac{6}{7} = \frac{36}{42} < \frac{49}{42} = \frac{7}{6}$
- $\frac{3}{2} < \frac{5}{3}$: $\frac{3}{2}$ ist um $\frac{1}{2}$ größer als 1 , $\frac{5}{3}$ ist um $\frac{2}{3}$ größer als 1 , und $\frac{2}{3} > \frac{1}{2}$; $\frac{3}{2} = \frac{9}{6} < \frac{10}{6} = \frac{5}{3}$
- $\frac{7}{9} > \frac{3}{5}$: $\frac{7}{9}$ ist um $\frac{2}{9}$ kleiner als 1, $\frac{3}{5}$ ist um $\frac{2}{5}$ kleiner als 1, und $\frac{2}{5} < \frac{3}{5}$; $\frac{7}{9} = \frac{35}{45} > \frac{27}{45} = \frac{3}{5}$
- $\frac{5}{11} < \frac{7}{9}$: $\frac{5}{11} < \frac{7}{9} < \frac{7}{9}$; $\frac{5}{11} = \frac{45}{99} < \frac{77}{99} = \frac{7}{9}$

Aufgabe 7.15 (S. 326)

(a) $\frac{0}{1} < \frac{1}{6} < \frac{1}{5} < \frac{2}{9} < \frac{1}{4} < \frac{2}{7} < \frac{1}{3} < \frac{3}{8} < \frac{2}{5} < \frac{3}{7} < \frac{1}{2} < \frac{4}{7} < \frac{3}{5} < \frac{5}{8} < \frac{2}{3} < \frac{5}{7} < \frac{3}{4} < \frac{7}{9} < \frac{4}{5} < \frac{5}{6} < \frac{1}{1}$

(b) $\frac{0}{1} < \frac{1}{7} < \frac{1}{6} < \frac{1}{5} < \frac{1}{4} < \frac{2}{7} < \frac{1}{3} < \frac{2}{5} < \frac{3}{7} < \frac{1}{2} < \frac{4}{7} < \frac{3}{5} < \frac{2}{3} < \frac{5}{7} < \frac{3}{4} < \frac{4}{5} < \frac{5}{6} < \frac{6}{7} < \frac{1}{1}$

$\frac{0}{1} \oplus \frac{1}{6} = \frac{1}{7} , \frac{1}{7} \oplus \frac{1}{5} = \frac{2}{12} = \frac{1}{6} , \frac{1}{6} \oplus \frac{1}{4} = \frac{2}{10} = \frac{1}{5} , \frac{1}{5} \oplus \frac{2}{7} = \frac{3}{12} = \frac{1}{4} , \frac{1}{4} \oplus \frac{1}{3} = \frac{2}{7} , …$

Sind die Ausgangsbrüche nicht vollständig gekürzt, so ergeben sich andere „Zwischenbrüche", was daran liegt, dass diese Addition nicht wohldefiniert ist!

Aufgabe 7.16 (S. 327)

- Wenn man Bruchteile von realen Größen wie Gewichten, Längen oder Volumina addiert, ist zu erwarten, dass sich insgesamt mehr als die „Summe" der beiden einzelnen Teile ergibt. Bei der Chuquet-Mittel-Addition ergibt sich jedoch eine „Summe", die zwischen den beiden Ausgangswerten liegt, insbesondere also immer kleiner als die größere der beiden ist.
- Das zeigte sich bereits bei der Schorle-Mischung in Bild 7.3 auf S. 285.

Aufgabe 7.17 (S. 328)

Bild 7.31 zeigt eine mögliche Lösung. Eine andere ergibt sich z. B. ähnlich wie in Bild 7.7.

Aufgabe 7.18 (S. 329)

Ein einfaches Beispiel ist $\frac{1}{4} + \frac{1}{6} = \frac{5}{12}$:

Man teile ein Rechteck gleichmäßig in 4 horizontale und in 6 vertikale Streifen; das ergibt ohne zusätzliche Verfeinerung 24 Vierundzwanzigstel, von denen man je zwei zusammenliegende zu einem Zwölftel blockt, von denen zwei ein Sechstel und drei ein Viertel ergeben, die man zu einem Rechteck mit zwei mal 5 Kantenteilen neu zusammenlegt.

Aufgabe 7.19 (S. 332)

(a) Die Diagonalensumme sinkt dann um $\frac{2}{15}$, damit müssen dann aber auch alle Zeilen- und Spaltensummen um $\frac{2}{15}$ sinken. Dazu muss in der mittleren Spalte das oberste und das unterste Element um jeweils $\frac{2}{15}$ sinken. Das aber bedeutet, dass diese Spaltensumme um den doppelten Wert sinkt und somit die Bedingung nicht eingehalten werden kann.

(Hinzu kommt, dass der unterste Wert der mittleren Spalte negativ werden müsste.)

(b) Dazu erhalten Sie keine Antwort, das müssen Sie ohne Hilfe lösen.

Aufgabe 7.20 (S. 332)

Bildungsgesetze:

Linkes Quadrat: **arithmetisches Dreieck bzw. Pascalsches Dreieck.**

Rechtes Quadrat: **harmonisches Dreieck:** Differenz untereinanderstehender Brüche ergibt den rechts neben dem oben stehenden Bruch.

1	1	1	1	1
1	2	3	4	5
1	3	6	10	15
1	4	10	20	35
1	5	15	35	70

1	$\frac{1}{2}$	$\frac{1}{3}$	$\frac{1}{4}$	$\frac{1}{5}$
$\frac{1}{2}$	$\frac{1}{6}$	$\frac{1}{12}$	$\frac{1}{20}$	$\frac{1}{30}$
$\frac{1}{3}$	$\frac{1}{12}$	$\frac{1}{30}$	$\frac{1}{60}$	
$\frac{1}{4}$	$\frac{1}{20}$	$\frac{1}{60}$		
$\frac{1}{5}$	$\frac{1}{30}$			

Aufgabe 7.21 (S. 333)

$$\frac{2}{3}+\frac{1}{4}$$
$$=\frac{11}{12}$$

$$\frac{2}{3}-\frac{1}{4}$$
$$=\frac{5}{12}$$

Aufgabe 7.22 (S. 351)

(a) Zum Beispiel für $a = 3$, $n = 4$: $\quad \dfrac{3}{11}=\dfrac{1}{4}+\dfrac{1}{44}, \quad \dfrac{4}{11}=\dfrac{1}{11}+\dfrac{1}{4}+\dfrac{1}{44}, \quad \dfrac{9}{62}=\dfrac{1}{9}+\dfrac{1}{31}+\dfrac{1}{558}.$

(b) Das ist einfach mittels Termumformung beweisbar – am besten sowohl per Hand als auch per Computeralgebrasystem!

(c) $\dfrac{2}{5}, \dfrac{2}{7}, \dfrac{2}{11}$ und $\dfrac{2}{23}$ sind gemäß $\quad \dfrac{2}{2n+1}=\dfrac{1}{n+1}+\dfrac{1}{(n+1)(2n+1)}$ darstellbar.

Aufgabe 7.23 (S. 351)

Unter der Voraussetzung des Nichtkürzens sind die Zähler und die Nenner zu vergleichen. Wegen drei Summanden sind nur die zweite und die dritte Formel zu untersuchen.

(1) $a + 1 = 3 \wedge na - 1 = 7 \Rightarrow 2n = 8 \Leftrightarrow n = 4$. Jedoch taucht $\frac{1}{4}$ nicht auf.

(2) $2a + 3 = 3 \wedge (2n+1)(2a+1) - 1 = 7 \Rightarrow a = 0 \wedge 2n = 7$, ganzzahlig nicht lösbar.

Damit ist $\dfrac{3}{7}=\dfrac{1}{3}+\dfrac{1}{14}+\dfrac{1}{42}$ durch keine der drei Fibonacci-Formeln direkt erzeugbar.

Aufgabe 7.24 (S. 352)

$$\frac{3}{7}=\frac{1}{3}+\frac{1}{11}+\frac{1}{231}, \qquad \frac{9}{13}=\frac{1}{2}+\frac{1}{6}+\frac{1}{39}$$

Aufgabe 7.25 (S. 352)

Der Greedy-Algorithmus zeigt, dass es zu jedem Bruch eine Stammbruchentwicklung gibt. Auf S. 352 wurde gezeigt, dass jeder Stammbruch in die Summe zweier Stammbrüche (mit dann größeren und verschiedenen Nennern) zerlegbar ist. Damit existiert zu jeder endlichen Stammbruchentwicklung eine um einen Bruch längere, indem der letzte Stammbruch in die Summe zweier Stammbrüche zerlegt wird. Das liefert einen nichtabbrechenden Algorithmus, so dass damit zu jedem Bruch eine nicht abbrechende Stammbruchentwicklung existiert.

Aufgabe 7.26 (S. 357)

Die ersten Näherungsbrüche von $e = [2; 1, 2, 1, 1, 4, 1, 1, 6, 1, 1, 8, 1, \ldots]$ sind $2, 3, \frac{8}{3}, \frac{11}{4}, \frac{19}{7}, \frac{87}{32}, \ldots$,

angenähert $2, 3, 2.\overline{6}, 2.75, 2.71428_5, 2.71875, \ldots$, also: $2 < \frac{8}{3} < \frac{19}{7} < \ldots < e < \ldots < \frac{87}{32} < \frac{11}{4} < 3$

Die ersten Näherungsbrüche von $\pi = [3; 7, 15, 1, 292, 1, 1, 1, 2, 1, 3, \ldots]$ sind $3, \frac{22}{7}, \frac{333}{106}, \frac{355}{113}, \frac{103993}{33102}, \ldots$,

angenähert $3, 3.14285714_2, 3.14150943_3, 3.14159292_0, 3.14159265_3, \ldots$, also:

$3 < \frac{333}{106} < \frac{103993}{33102} < \ldots < \pi < \ldots < \frac{355}{113} < \frac{22}{7}$

Dabei ist der fünfte Wert, nämlich 3.14159265_3, bereits eine stellengenaue Approximation!

Aufgabe 8.1 (S. 364)

Dieser Beweis wurde bereits in Kapitel 7 mit den Sätzen (7.10) und (7.13) erbracht.

Aufgabe 8.2 (S. 368)

zu Satz (8.14): Wegen $\psi = \varphi \cup \mathrm{id}_{\mathbb{Z}\setminus\mathbb{N}}$ ist $D_\psi = D_\varphi \cup D_{\mathrm{id}_{\mathbb{Z}\setminus\mathbb{N}}} = \mathbb{N} \cup \underbrace{(\mathbb{Z} \setminus \mathbb{N})}_{\mathbb{N} \subset \mathbb{Z}} = \mathbb{Z}$.

Wegen $\varphi = (\mathbb{N} \to \hat{\mathbb{N}}; n \mapsto [n; 0]) \wedge \hat{\mathbb{N}} = \{[n; 0] \mid n \in \mathbb{N}\}$ ist φ bijektiv, $\mathrm{id}_{\mathbb{Z}\setminus\mathbb{N}}$ ist ohnehin bijektiv, und damit ist ψ bijektiv.

zu Satz (8.16): Für alle $a, b \in \mathbb{N}$ gilt:

$$a +_{\mathbb{Z}} b := \psi^{-1}(\psi(a) \boxplus \psi(b)) = \psi^{-1}(\varphi(a) \boxplus \varphi(b)) = \psi^{-1}([a; 0] \boxplus [b; 0]) = \psi^{-1}([(a; 0) \oplus (b; 0)])$$

$$= \psi^{-1}([(a +_{\mathbb{N}} b; 0)]) = \psi^{-1}(\varphi(a +_{\mathbb{N}} b)) = \psi^{-1}(\psi(a +_{\mathbb{N}} b)) = a +_{\mathbb{N}} b$$

Damit ist zunächst $+_{\mathbb{Z}}$ eine Fortsetzung von $+_{\mathbb{N}}$.

Da ψ eine Bijektion von $\mathbb{Z}$ auf $\hat{\mathbb{Z}}$ ist, ist ψ^{-1} eine Bijektion von $\hat{\mathbb{Z}}$ auf $\mathbb{Z}$.

Es bleibt zu zeigen, dass ψ^{-1} strukturerhaltend ist. Genau das ist aber bereits in Definition (8.15) enthalten, die wir auch seitenverkehrt lesen können: $\psi^{-1}(\psi(a) \boxplus \psi(b)) = a +_{\mathbb{Z}} b$ (*)
Da ψ eine Bijektion von $\mathbb{Z}$ auf $\hat{\mathbb{Z}}$ ist, erfassen wir mit $\psi(a) \boxplus \psi(b)$ alle Summen in $\hat{\mathbb{Z}}$, doch damit ist (*) gerade die noch nachzuweisende strukturerhaltende Beziehung!

zu Satz (8.21): Dieser Beweis wurde bereits im Wesentlichen in Kapitel 7 mit den Sätzen (7.10) und (7.13) erbracht, wenn auch dort zunächst nur für $\mathbb{N}^* \times \mathbb{N}^*$ statt für $\mathbb{N}^2$.

Hier kommen nun die Paare vom Typ $(0, n)$ und $(n, 0)$ und das Paar $(0, 0)$ hinzu, was aber nichts ändert, da hier nur multipliziert und nicht dividiert wird.

Aufgabe 8.3 (S. 373)

Gemäß Folgerung (8.26) ist $(\mathbb{Z}, +_{\mathbb{Z}}, \cdot_{\mathbb{Z}})$ ein Integritätsring, und gemäß Satz (8.30) liegt Monotonie bezüglich der Addition vor. So bleibt nur noch die Monotonie bezüglich der Multiplikation nachzuweisen, also: $0 \leq_{\mathbb{Z}} a \wedge 0 \leq_{\mathbb{Z}} b \Rightarrow 0 \leq_{\mathbb{Z}} ab$.

Es sei daher $0 \leq_{\mathbb{Z}} a \wedge 0 \leq_{\mathbb{Z}} b$, d. h.: Es gibt $k, \ell \in \mathbb{N}$ mit $a = k \wedge b = \ell$, also $a, b \in \mathbb{N}$.
Da $\mathbb{N}$ bezüglich der Multiplikation eine Halbgruppe ist, folgt $ab \in \mathbb{N}$ und damit $0 \leq_{\mathbb{Z}} ab$.

Aufgabe 8.4 (S. 373)

(a) $\leq_{\mathbb{Z}} = \{(a, b) \in \mathbb{Z}^2 \mid \bigvee_{x \in \mathbb{N}} a + x = b\}$. Da $(\mathbb{Z}, +)$ eine Gruppe ist, sind Gleichungen wie
$a + x = b$ sogar stets eindeutig lösbar, und zwar mit $x = b - a$, wobei in diesem Fall sogar
$x \in \mathbb{N}$ gilt. Daher folgt: $\leq_{\mathbb{Z}} = \{(a, b) \in \mathbb{Z}^2 \mid b - a \in \mathbb{N}\}$.

(b) Gemäß Definition (8.36) ist die Situation bei $\leq_\mathbb{Q}$ ähnlich wie bei $\leq_\mathbb{Z}$: In der Gruppe $(\mathbb{Q}, +)$ sind Gleichungen wie $a + x = b$ sogar eindeutig lösbar mit $x = b - a$, wobei in diesem Fall sogar $x \in \mathbb{Q}_0^+$ gilt, also folgt: $\leq_\mathbb{Q} = \{(a,b) \in \mathbb{Q}^2 \mid b - a \in \mathbb{Q}_0^+\}$.

Aufgabe 8.5 (S. 374)

Es sei also $a, b, c \in \mathbb{Q}$ mit $a \leq_\mathbb{Q} b$. Dann existiert ein $x \in \mathbb{Q}_0^+$ mit $a + x = b$. Daraus folgt:

$\underline{(a + c) + x} = a + (c + x) = a + (x + c) = \underset{a+x=b}{(a + x) + c} = \underline{b + c}$, also $a + c \leq_\mathbb{Q} b + c$.

Aufgabe 8.6 (S. 375)

(a.1) Gemäß Def. (8.33) gilt $x \leq y \Rightarrow x + z \leq y + z$ und $0 \leq x \wedge 0 \leq y \Rightarrow 0 \leq xy$.

Wegen $x < y :\Leftrightarrow x \leq y \wedge x \neq y$ folgt dann: $x < y \Rightarrow x + z \leq y + z \wedge x \neq y$.

Aus der Annahme $x + z = y + z$ folgt mit der Kürzungsregel $x = y$ im Widerspruch zu $x \neq y$, und damit gilt $x < y \Rightarrow x + z < y + z$ für alle $z \in K$.

Durch Addition mit folgt daraus andererseits wegen $z + i(z) = 0$:

$x + z < y + z \Rightarrow (x + z) + i(z) < (y + z) + i(z) \Leftrightarrow \ldots \Leftrightarrow x < y$.

Und damit gilt per saldo: $x < y \Leftrightarrow x + z < y + z$.

(a.2) Addition von $-(x + y) \in K$ zu $x < y$ führt mit (a.1) zu: $x < y \Leftrightarrow -y < -x$.

(a.3) $0 < x \wedge 0 < y \Leftrightarrow (0 \leq x \wedge 0 \neq x) \wedge (0 \leq y \wedge 0 \neq y) \Leftrightarrow (0 \leq x \wedge 0 \leq y) \wedge (x \neq 0 \wedge y \neq 0)$
$\Rightarrow 0 \leq xy \wedge (x \neq 0 \wedge y \neq 0)$

Wegen der Nullteilerfreiheit in Körpern ist $xy = 0 \Leftrightarrow x = 0 \vee y = 0$, was gleichwertig durch $xy \neq 0 \Leftrightarrow x \neq 0 \wedge y \neq 0$ beschreibbar ist, so dass also gilt:

$0 \leq xy \wedge (x \neq 0 \wedge y \neq 0) \Leftrightarrow 0 \leq xy \wedge xy \neq 0 \Leftrightarrow 0 < xy$.

Zusammenfassend wurde gezeigt: .

(Die umgekehrte Richtung gilt nicht. Warum?)

(a.4) $x < y \wedge z > 0 \underset{(a.3)}{\Leftrightarrow} 0 < y - x \wedge 0 < z \Rightarrow 0 < (y - x)z \Leftrightarrow 0 < yz - xz \Leftrightarrow xz < yz$

(b) Das Lösen von $\frac{1}{x} < 1$ scheint unproblematisch zu sein, aber Achtung:

Falls $x > 0$, dann gilt: $\frac{1}{x} < 1 \underset{\text{Monotonie}}{\Rightarrow} \frac{1}{x} \cdot x < 1 \cdot x \Leftrightarrow x > 1$.

Falls aber $x < 0$, dann ist $\frac{1}{x} < 0$, also: $\frac{1}{x} < 0 < 1$.

Als Lösungsmenge ergibt sich daher: $\{x \in \mathbb{Q} \mid x < 0 \vee x > 1\} = \mathbb{Q} \setminus [0; 1]$.

Aufgabe 8.7 (S. 376)

(P3): Es ist zu zeigen, dass $\varphi(c_n) \neq c_0$ für alle $n \in \mathbb{N}$ gilt. Das bedeutet anschaulich, dass keines der Folgenglieder c_n jemals mit c_0 übereinstimmt, dass also $\varphi(c_n) = c_0$ für kein n lösbar ist. Konkret sehen wir zwar $\varphi(c_n) = c_0 \Leftrightarrow \frac{a + c_n}{2} = c_0 \Leftrightarrow c_n = 2c_0 - a$, aber das hilft nicht wirklich weiter. Wir betrachten daher die Folge $\langle c_n \rangle$ etwas genauer:

Wegen $c_{n+1} = \frac{a + c_n}{2}$ ist $c_{n+1} = A(a, c_n)$ (arithmetisches Mittel, vgl. Abschnitt 3.3.4.5), und mit $a < c_0$ ist $a < c_1 < c_0$ (vgl. die „babylonische Ungleichungskette" aus Aufgabe 3.3).

Mit vollständiger Induktion ergibt sich $a < c_n < c_{n-1} < \ldots < c_1 < c_0$ für alle $n \in \mathbb{N}$ und damit $\varphi(c_n) \neq c_0$ für alle $n \in \mathbb{N}$.

(P4): Es ist zu zeigen, dass φ injektiv ist. Für alle $m, n \in \mathbb{N}$ gilt:

$\varphi(c_m) = \varphi(c_n) \Leftrightarrow \frac{a+c_m}{2} = \frac{a+c_n}{2} \Leftrightarrow c_m = c_n$, und wegen $a < c_n < c_{n-1} < \ldots < c_1 < c_0$ gilt $c_m = c_n \Leftrightarrow m = n$.

Aufgabe 8.8 (S. 378)

(a) Es sei $(K, +, \cdot, \leq)$ ein angeordneter Körper, $a \in K^+$. Gemäß Definition (8.49) gilt:

a ist infinitesimal $\Leftrightarrow a < \frac{1}{n}$ für alle $n \in \mathbb{N}^*$, a ist unendlich groß $\Leftrightarrow n < a$ für alle $n \in \mathbb{N}$.

In $(K, +, \cdot, \leq)$ gilt gemäß Satz (8.42.5) $0 < x < y \Leftrightarrow 0 < \frac{1}{y} < \frac{1}{x}$, damit folgt mit $n \in \mathbb{N}^*$ $0 < a < \frac{1}{n} \Leftrightarrow 0 < n < \frac{1}{a}$. Wegen $a \in K^+$ und $n \in \mathbb{N}^*$ gilt dann auch $a < \frac{1}{n} \Leftrightarrow n < \frac{1}{a}$.

Gilt die rechte Seite, so gilt wegen $n > 0$ erst recht $0 < \frac{1}{a}$, und wenn $n < \frac{1}{a}$ für alle $n \in \mathbb{N}$ gilt, dann auch für alle $n \in \mathbb{N}^*$. Ferner ist $a \in K^+ \Leftrightarrow \frac{1}{a} \in K^+$, so dass in $n < \frac{1}{a}$ mit dem $\frac{1}{a}$ wegen $a \in K^+$ ebenfalls alle Elemente aus K^+ erfasst werden.

Die Äquivalenz $0 < a < \frac{1}{n} \Leftrightarrow 0 < n < \frac{1}{a}$ beschreibt also, dass aus der Existenz eines infinitesimalen Elements auch die eines unendlich großen erfolgt und umgekehrt.

Zusammengefasst: Entscheidend für diesen Satz ist $0 < x < y \Leftrightarrow 0 < \frac{1}{y} < \frac{1}{x}$.

(b) Wegen Satz (8.50) genügt es, zu zeigen, dass kein infinitesimales Element existiert.

Angenommen, es gäbe ein infinitesimales Element $a \in \mathbb{Q}^+$.

Dann bilden wir $b := A(0, a) = \frac{a}{2}$. Wegen $a \in \mathbb{Q}^+ \subset \mathbb{Q}$ und $2 \in \mathbb{N}^* \subset \mathbb{Q}^+ \subset \mathbb{Q}$ ist $b = \frac{a}{2} = a \cdot j(2) \in \mathbb{Q}^+$, und wegen $0 < x < y \Rightarrow 0 < x < A(x, y) < y$ gilt $0 < b < a$.

Damit kann aber a nicht infinitesimal sein, weil eine kleinere positive rationale Zahl existiert. Und a kann damit auch nicht unendlich groß sein.

Aufgabe 8.9 (S. 381)

Wir beachten $\frac{a_0 + \ldots + a_m x^m}{b_0 + \ldots + b_n x^n} \sqsupset 0 :\Leftrightarrow a_m b_n > 0$ und $f \sqsupset g :\Leftrightarrow f - g \sqsupset 0$.

Bereits daraus ergibt sich z. B. $\ldots \sqsupset x^2 \sqsupset x \sqsupset 1 \sqsupset \frac{1}{x} \sqsupset \frac{1}{x^2} \sqsupset \ldots$. Im Einzelnen gilt:

$x^2 \sqsupset \frac{1}{x-1}$ wegen $x^2 - \frac{1}{x-1} = \frac{1 \cdot x^3 - x}{1 \cdot x - 1} \sqsupset 0$, denn $1 \cdot 1 > 0$.

$x^2 + \frac{1}{x-1} \sqsupset x^2$ wegen $x^2 + \frac{1}{x-1} - x^2 = \frac{1}{1 \cdot x - 1} \sqsupset 0$, denn $1 \cdot 1 > 0$.

$x^2 + \frac{1}{x-1} \sqsupset \frac{1}{x-1}$ wegen $x^2 + \frac{1}{x-1} - \frac{1}{x-1} = x^2 \sqsupset 0$.

$x^2 \sqsupset x^2 \cdot \frac{1}{x-1}$ wegen $x^2 - x^2 \cdot \frac{1}{x-1} = \frac{1 \cdot x^3 - 2x^2}{1 \cdot x - 1} \sqsupset 0$, denn $1 \cdot 1 > 0$, usw.

Insgesamt ergibt sich: $x^2 + \frac{1}{x-1} \sqsupset x^2 \sqsupset x^2 \cdot \frac{1}{x-1} \sqsupset \frac{5}{7} + \frac{1}{x-1} \sqsupset \frac{5}{7} \sqsupset \frac{5}{7} - x^2$.

Aufgabe 8.10 (S. 386)

(a) Gemäß Satz (8.70) liegt die Unterringkette $\mathrm{NF}_K \subseteq_\mathrm{I} \mathrm{KF}_K \subseteq_\mathrm{I} \mathrm{CF}_K \subseteq_\mathrm{I} \mathrm{BF}_K \subseteq_\mathrm{I} \mathrm{F}_K$ vor. Satz (8.71) besagt darüber hinaus, dass der Nullfolgenring auch ein Ideal in jedem der drei Oberringe ist, was konkret bezüglich des Rings BF_K der beschränkten Folgen bedeutet, dass das Produkt jeder Nullfolge mit einer beliebigen beschränkten Folge wieder eine Nullfolge gibt. Da sowohl die Menge der konvergenten Folgen als auch die Menge der Fundamentalfolgen Teilmengen der Menge der beschränkten Folgen sind, ist klar, dass das Produkt jeder Nullfolge mit einer beliebigen konvergenten Folge oder einer beliebigen Fundamentalfolge wieder eine Nullfolge ist. Somit ist Satz (8.71) bewiesen, wenn $\mathrm{NF}_K \subseteq_\mathrm{II} \mathrm{BF}_K$ bewiesen ist.

(b) Es sei $\langle a_n \rangle$ eine Nullfolge. Gemäß Definition (8.69) bedeutet das, dass $\langle a_n \rangle$ konvergent ist mit $\lim_K \langle a_n \rangle = 0$. Das bedeutet gemäß Definition (8.63) in Verbindung mit Satz (8.64) und Satz (8.65): $\bigwedge\limits_{\varepsilon \in K^+} \bigvee\limits_{n \in \mathbb{N}} \bigwedge\limits_{\nu \in \mathbb{N}} \left(\nu \geq n \rightarrow |a_\nu| < \varepsilon \right)$

Beschränktheit von $\langle a_n \rangle$ bedeutet gemäß Definition (8.62): $\bigvee\limits_{s \in K^*} \bigwedge\limits_{\nu \in \mathbb{N}} |a_\nu| \leq s$

Da $\langle a_n \rangle$ eine Nullfolge ist, seien entsprechend ein beliebiges ε und ein dazu existierendes n fest gewählt, wobei o. B. d. A. $n > 0$ sei. Dann gibt es nur endlich viele Folgenglieder a_μ mit $\mu \in \mathbb{Z}_n$ (vgl. hierzu Definition (6.60)), die also „vor" a_n liegen. Unter diesen endlichen vielen Gliedern gibt eines mit maximalem Betrag. Wir wählen dann $s := \max\{\varepsilon, \max\{|a_\mu| \mid \mu \in \mathbb{Z}_n\}\}$, und nun gilt $\bigwedge\limits_{\nu \in \mathbb{N}} |a_\nu| \leq s$.

(c) Falls $\lim_K(\langle a_n \rangle + \langle b_n \rangle) = \lim_K \langle a_n \rangle + \lim_K \langle b_n \rangle$ und $\lim_K(c \cdot \langle a_n \rangle) = c \cdot \lim_K \langle a_n \rangle$ gilt, so folgt mit $c = -1$:
$$\lim_K(\langle a_n \rangle - \langle b_n \rangle) = \lim_K(\langle a_n \rangle + (-1) \cdot \langle b_n \rangle) = \lim_K \langle a_n \rangle + \lim_K((-1) \cdot \langle b_n \rangle)$$
$$= \lim_K \langle a_n \rangle + (-1) \cdot \lim_K \langle b_n \rangle = \lim_K \langle a_n \rangle - \lim_K \langle b_n \rangle$$
Hier wurde ausgenutzt, dass man mit Folgen wie mit den Elementen eines Rings rechnen kann, wobei „Konstante" wie c oder -1 als konstante Folge interpretierbar ist, oder man deutet die Folgen als „Vektoren" in einem Vektorraum über dem Körper $(K, +, \cdot, \leq)$.

Aufgabe 8.11 (S. 395)

(a) Die Konnexität ist nicht erfüllt, Beispiel: $\langle (\frac{1}{2})^n \rangle$ und $\langle (-\frac{1}{2})^n \rangle$.

Beides sind Nullfolgen, also konvergente Folgen und damit auch Fundamentalfolgen. Aber von keiner Stelle an sind alle Glieder einer der beiden Folgen größer oder gleich allen Gliedern der anderen Folge, so dass $\langle a_n \rangle \widetilde{<} \langle b_n \rangle$ nicht gilt.

(b) Die beiden Folgen aus (a) zeigen das, denn es gilt $[\langle (\frac{1}{2})^n \rangle] = [\langle (-\frac{1}{2})^n \rangle]$ und damit auch $[\langle (\frac{1}{2})^n \rangle] \sqsubseteq [\langle (-\frac{1}{2})^n \rangle]$. Suchen Sie weitere Beispiele!

Aufgabe 8.12 (S. 411)

Hier sind Ihre Vorschläge gefragt!

Literatur

Andersen, Kirsti [1990]: *Algebraische Lösungen der Gleichungen dritten und vierten Grades in der Renaissance*. In: [Scholz, 1990, 157 – 191].

Ausubel, David P. [1974]: *Psychologie des Unterrichts*. Band 1. Weinheim / Basel: Beltz.

von der Bank, Marie-Christine [2016]: *Fundamentale Ideen der Mathematik – Weiterentwicklung einer Theorie zu deren unterrichtspraktischer Nutzung*. Dissertation. Universität des Saarlandes.

Baron, Margaret E. [1969]: The *Origins Of The Infinitesimal Calculus*. Oxford / London / Edinburgh / New York / Toronto /Sidney / Paris / Braunschweig: Pergamon Press.

Basedow, Johann Bernhard [1774]: *Grundsätze der reinen Mathematik*. Leipzig: Bey Siegfried Lebrecht Crusius.

Bauersfeld, Heinrich [1983]: *Subjektive Erfahrungsbereiche als Grundlage einer Interaktionstheorie des Mathematiklernens und -Lehrens*. In: Bauersfeld, Heinrich et al.: Lernen und Lehren von Mathematik. Analysen zum Unterrichtshandeln. Köln: Aulis, 1983.

Beard [1909]: Solution of problem No. 16381. In: *Mathematical questions and solutions* **15**(1909), 110 – 111.

Becker, Oskar (Hg.) [1965]: *Zur Geschichte der griechischen Mathematik*. Darmstadt: Wissenschaftliche Buchgesellschaft.

Becker, Oskar & Hofmann, Joseph Ehrenfried [1951]: *Geschichte der Mathematik*. Bonn: Athenäum Verlag.

Bedürftig, Thomas & Murawski, Roman [2012]: *Philosophie der Mathematik*. Berlin / Boston: de Gruyter, 2., erweiterte Auflage.

Behnke, Heinrich & Bachmann, Friedrich & Fladt, Kuno & Süss, Wilhelm [1962]: *Grundzüge der Mathematik – für Lehrer an Gymnasien sowie für Mathematiker in Industrie und Wirtschaft. Band I: Grundlagen der Mathematik, Arithmetik und Algebra*. Göttingen: Vandenhoeck & Ruprecht (2., durchgesehene und erweiterte Auflage; 1. Auflage 1958).

Bender, Peter [2019]: Drei Jahrzehnte wissenschaftliche und praktische Aufarbeitung des didaktischen Konstrukts „Grundvorstellungen (und Grundverständnisse) mathematischer Inhalte" (GVV). Eine Ergänzung. In: *Mitteilungen der Gesellschaft für Didaktik der Mathematik*, 107, Juli 2019, 65 – 67.

Béziau, Jean-Yves [2003]: Quine On Identity. In: *Principia* 7 (2003)1 – 2, 1 – 15.

Bock, Hans & Gimpel, Manfred [1975]: *Probleme, die beim Definieren mathematischer Begriffe auftreten*. In: [Bock & Walsch 1975, 143 – 159].

Bock, Hans & Walsch, Werner (Hg.) [1975]: *Zum logischen Denken im Mathematikunterricht. Eine Sammlung von Einzelbeiträgen*. Berlin: Volk und Wissen Volkseigener Verlag.

© Der/die Herausgeber bzw. der/die Autor(en), exklusiv lizenziert durch
Springer-Verlag GmbH, DE, ein Teil von Springer Nature 2021
H. Hischer, *Grundlegende Begriffe der Mathematik: Entstehung und Entwicklung*, https://doi.org/10.1007/978-3-662-62233-9

Bos, Henk J. M. & Reich, Karin [1990]: *Der doppelte Auftakt zur frühzeitlichen Algebra: Viète und Descartes.* In: [Scholz 1990, 183 – 234].

Boyer, Carl B. [1947]: Note on an Early Graph of Statistical Data (Huygens 1669). In: *Isis* 37(1947)3/4, 148 – 149.

— [1968]: *A History of Mathematics.* New York / Chichester / Brisbane / Toronto: John Wiley & Sons.

Braunmühl, Anton v. [1900]: *Geschichte der Trigonometrie.* Leipzig. (Nachdruck 1971 bei Dr. Sändig)

Bromme, Rainer & Steinbring, Heinz [1990]: *Die epistemologische Struktur mathematischen Wissens im Unterrichtsprozeß. Eine empirische Analyse von vier Unterrichtsstunden in der Sekundarstufe I.* In: Bromme, R. & Steinbring, H. & Seeger, F. (Hrsg.): Aufgaben als Anforderungen an Lehrer und Schüler – Empirische Untersuchungen. Köln: Aulis Verlag Deubner & Co., S. 151 – 229.

Bruder, Regina & Hefendehl-Hebeker, Lisa & Schmidt-Thieme, Barbara & Weigand, Hans-Georg (Hrsg.) [2015]: *Handbuch der Mathematikdidaktik.* Wiesbaden / Berlin: Springer Spektrum.

Bruner, Jerome S. [1970]: *Der Prozeß der Erziehung.* Berlin: Schwann / Düsseldorf: Berlin Verlag (1. Auflage der deutschen Ausgabe).

Cajori, Florian [1919]: *An Introduction To The Modern Theory Of Equations.* London: MacMillan & Co.

Campbell-Kelly, M. & Croarken, M. & Flood, R. G. & Robson, E. (ed.) [2003]: *The History of Mathematical Tables from Sumer to Spreadsheets.* Oxford: Oxford University Press.

Cantor, Moritz [1892]: *Vorlesungen über Geschichte der Mathematik.* Zweiter Band; von 1200 – 1668. Leipzig: Teubner.

— [1900]: *Vorlesungen über Geschichte der Mathematik,* Zweiter Band. Leipzig: B. G. Teubner, Zweite Auflage.

— [1898]: *Vorlesungen über Geschichte der Mathematik.* Dritter (Schluss-)Band; von 1668 – 1758. Leipzig: Teubner.

Chang, Chen-Chung & Keisler, H. Jerome [1973]: *Model Theory.* North-Holland Publishing Company: Amsterdam.

Cohen, Leon W. & Ehrlich, Gertrude [1963]: *The Structure of the Real Number System.* Toronto / New York / London: Van Nostrand Company.

Coxeter, Harold Scott MacDonald [1963]: *Unvergängliche Geometrie.* Basel / Stuttgart: Birkhäuser.

Dedekind, Richard [1872]: *Stetigkeit und Irrationalzahlen.* Braunschweig: Vieweg.

— [1888]: *Was sind und was sollen die Zahlen?* Braunschweig: Vieweg. (Neunte unveränderte Auflage 1961).

Deiser, Oliver [2010]: *Einführung in die Mengenlehre.* Berlin / Heidelberg: Springer (3., korrigierte Auflage; 1. Auflage 2000; 2., korrigierte und erheblich erweiterte Auflage 2004).

— [2007]: Reelle Zahlen. Das klassische Kontinuum und die natürlichen Folgen. Berlin / Heidelberg: Springer.

Descartes, René [1637]: *La Géomètrie.* In: *Discours De La Méthode Pour bien conduire sa raison.* (pp. 295 – 413). Leyde: Maire.

— [1649]: *Geometria.* Lugduni Batavorum: Maire.

Dirichlet, Peter Gustav Lejeune [1829]: Sur la convergence de séries trigonométriques qui serves à représenter une fonction arbitraire entre de limites données. In: *Journal für die reine und angewandte Mathematik,* **4**(1829), 157 – 169.

— [1837]: Über die Darstellung ganz willkürlicher Functionen durch Sinus- und Cosinusreihen. *Repertorium der Physik,* **I**(1937), 152 – 174.

Dormolen, Johan van [1978]: *Didaktik der Mathematik.* Braunschweig: Vieweg.

Du Bois-Reymond, Paul [1875]: Versuch einer Classification der willkürlichen Functionen reeller Argumente nach ihren Aenderungen in den kleinsten Intervallen. In: *Journal für die reine und angewandte Mathematik,* **79**(1875), 21 – 37.

— [1876]: Untersuchungen über die Konvergenz und Divergenz der Fourierschen Darstellungsformeln. In: *Abhandlungen der Kgl. bayerischen Akademie der Wissenschaften,* II. Kl. XII. Bd. II. Abt., München 1876. Nachdruck unter dem Titel: „Abhandlung über die Darstellung der Funktionen durch trigonometrische Reihen" in: Ostwalds Klassiker der Exakten Wissenschaften, Leipzig: Verlag Wilhelm Engelmann, 1912.

Duden Rechnen und Mathematic [1985]: Mannheim/Wien/Zürich: Bibliographisches Institut (Bearbeitung: HARALD SCHEID), 4., völlig neu bearbeitete Auflage.

Ebbinghaus, Heinz-Dieter [1988]: *Mengenlehre und Mathematik.* In: [Ebbinghaus et al. 1988, 298 – 319].

Ebbinghaus, Heinz-Dieter & Hermes, Hans & Hirzebruch, Friedrich & Koecher, Max & Mainzer, Klaus & Neukirch, Jürgen & Prestel, Alexander & Remmert, Reinhold: [1988]: *Zahlen.* Berlin / Heidelberg / New York / London / Paris / Tokyo: Springer (2., überarbeitete und ergänzte Auflage; 1. Auflage 1983).

Ebden, E. J. [1908]: Questions Proposées, Nr. 1655. In: *Mathesis. Recuil mathématique à l'usage des écoles spéciales* **22**(1908), 32.

— [1909]: Problem No. 16381. In: *Mathematical questions and solutions* **15**(1909), 11.

Edelmann, Walter [1996]: *Lernpsychologie.* Weinheim: Psychologie Verlags Union, Verlagsgruppe Beltz (5., vollständig überarbeitete Auflage).

— [2000]: *Lernpsychologie.* Weinheim: Psychologie Verlags Union, Verlagsgruppe Beltz (6., vollständig überarbeitete Auflage).

Elsholtz, Christian [2001]: Sums of k Unit Fractions. In:
Transactions of the American Mathematical Society, **353**(2001)8, 3209 – 3227.

Elsholtz, Christian & Tao, Terence [2011]: *Counting the Number of Solutions to the Erdős-Straus Equation on Unit Fractions.*
In: http://arxiv.org/abs/1107.1010v3 (aktuelle Version vom 29. 07. 2011).

Elsholtz, Christian & Planitzer, Stefan [2020]: The number of solutions of the Erdső-Straus Equation and sums of k unit fractions Proc. In: *Roy. Soc. Edinburgh Sect.* A, **150**(2020), no. 3, 1401 – 1427.

Ernst, Bruno [1985]: *Abenteuer mit unmöglichen Figuren.* Berlin: Taco Verlagsgesellschaft.

Ersch, J. S. & Gruber, J. G. (Hrsg.) [1819]: *Allgemeine Encyclopädie der Wissenschaften und Künste,* Dritter Theil. Leipzig: Verlag Johann Friedrich Gleditsch.

Euklid [1962]: *Die Elemente. Buch I – XIII.* Herausgegeben und ins Deutsche übersetzt von Clemens Thaer. Darmstadt: Wissenschaftliche Buchgesellschaft.

Euler, Leonhard [1771]: *Vollständige Anleitung zur Algebra.* St. Petersburg: Kayserliche Akademie der Wissenschaften.
Teil 1: Von den verschiedenen Rechnungsarten mit einfachen Größen.
Teil 2: Von den algebraischen Gleichungen und derselben Auflösung.

Euler, Leonhard [1988]: *Introduction to Analysis of the Infinite.* Nachdruck in englischer Übersetzung des lateinischen Originals „Introductio in analysin infinitorum" von 1748. New York / Berlin / Heidelberg: Springer.

Felgner, Ulrich [2002 a]: *Der Begriff der Funktion.* In: Felix Hausdorff – Gesammelte Werke Band II, Grundzüge der Mengenlehre. New York / Berlin / Heidelberg: Springer, 621 – 633.

— [2002 b]: *Der Begriff der Kardinalzahl.* In: Felix Hausdorff – Gesammelte Werke Band II, Grundzüge der Mengenlehre. New York / Berlin / Heidelberg: Springer, 634 – 644.

— [2002 c]: *Die Hausdorffsche Theorie der n-alpha-Mengen und ihre Wirkungsgeschichte.* In: Felix Hausdorff – Gesammelte Werke Band II, Grundzüge der Mengenlehre. New York / Berlin / Heidelberg, 645 – 674.

— [2002 d]: *Mathematische Logik.* Vorlesungsskript in 4 Kapiteln (PDF-Datei), Universität Tübingen, Sommersemester 2002.

— [2005]: Über den Ursprung des Wurzelzeichens.
In: *Mathematische Semesterberichte* **52** (2005)1, 1 – 7.

— [2016]: Der Begriff der ‚Angleichung' (παρισότης, adaequatio) bei Diophant und Fermat.
In: *Sudhoffs Archiv* **100** (2016)1, 83 – 109.

— [2020 a]: Die Begriffe der Äquivalenz, der Gleichheit und der Identität. In: *Jahresberichte der Deutschen Mathematiker-Vereinigung* **122**(2020)2, 109 – 129.

— [2020 b]: *Philosophie der Mathematik in der Antike und in der Neuzeit.* Basel: Birkhäuser (Springer International Publishing AG).

Fischer, Roland & Malle, Günter [1985]: *Mensch und Mathematik*. Mannheim / Wien / Zürich: BI Wissenschaftsverlag.

Ford, Lester R. [1938]: Fractions.
In: *The American Mathematical Monthly*, **45**(1938)9, 586 –601.

Fourier, Jean Baptiste Joseph [1833]: *Recherches Statistique sur la Ville de Paris et le Département de la Seine* (Année 1821). Paris: De l'Imprimerie Royale. (Deuxièmes Édition).

Frege, Gottlob [1879]: Begriffsschrift, eine der arithmetischen nachgebildete Formelsprache des reinen Denkens. Halle a. d. S.: Verlag von Louis Nebert.

— [1891]: *Function und Begriff*. Vortrag, gehalten vor der Jenaischen Gesellschaft für Medizin und Naturwissenschaft am 0. 1. 1891. (Nachdruck in [Patzig 1962, 16 – 37].)

— [1892 a]: Über Sinn und Bedeutung. In: *Zeitschrift für Philosophie und philosophische Kritik*, N. F. **98**(1891), 145 – 161. (Nachdruck in [Patzig 1962, 38 – 63])

— [1892 b]: Über Begriff und Gegenstand. In: *Vierteljahresschrift für wissenschaftliche Philosophie*, **16**(1892), 192 – 205. (Nachdruck in [Patzig 1962, 64 – 78]).

Freudenthal, Hans [1973]: *Mathematik als pädagogische Aufgabe*. Band 1. Stuttgart: Klett.

Friendly, Michael & Denis, Daniel J. [2001]: *Milestones in the History of Thematic Cartography, Statistical Graphics, and Data Visualization.* Web document, http://www.datavis.ca/milestones/. Accessed: July 26, 2011.

Fritz, Kurt v. [1945]: The Discovery of Incommensurability by Hippasus of Metapontum.
In: *Annals of Mathematics* **46**(1945)2, 242–264.

— [1965]: *Die Entdeckung der Inkommensurabilität durch Hippasos von Metapont.*
In: [Becker 1965, 271–307]. Übersetzter Nachdruck aus [v. Fritz 1945].

Funkhouser, H. Gray [1936]: A note on a tenth century graph. In: *Osiris*, (1936)1, 260 – 262.

Glaeser, Georg [2005]: *Geometrie und ihre Anwendungen.*
München: Spektrum Akademischer Verlag.

Goldstein, Catherine [1990]: *Algebra in der Zahlentheorie von Fermat bis Lagrange.*
In: [Scholz 1990, 252 – 264].

Graetzer, Jonas [1883]: Edmund *Halley und Caspar Neumann. Ein Beitrag zur Geschichte der Bevölkerungs-Statistik.* Breslau: Druck und Verlag von S. Schottlaender.

Graunt, John [1665]: *Natural and Political Observations mentioned in a following Index, and made upon the Bills of Mortality.* London: Royal Society, 3. Auflage (1. Auflage 1662).

Gray, Jeremy J. [1990 a]: *Algebra in der Geometrie von Newton bis Plücker.*
In [Scholz 1990, 265 – 292].

— [1990 b]: *Herausbildung von strukturellen Grundkonzepten der Algebra im 19. Jahrhundert.* In: [Scholz 1990, 293 – 323].

Griesel, Heinz [1981]: Der quasikardinale Aspekt in der Bruchrechnung.
In: *Der Mathematikunterricht* **27**(1981)4, 87 – 95.

Günther, Sigmund [1877]: Die Anfänge und Entwickelungsstadien des Coordinatenprincipes. In: *Abhandlungen der naturhistorischen Gesellschaft zu Nürnberg*, **VI**(1877), 19.

Guggenberger, Bernd [1987]: *Das Menschenrecht auf Irrtum – Anleitung zur Unvollkommenheit*. München / Wien: Carl Hanser Verlag.

Halley, Edmund [1686]: A Discourse of the Rule of the Decrease of the Height of the Mercury in the Barometer, According as Places are Elevated Above the Surface of the Earth, with an Attempt to Discover the True Reason of the Rising and Falling of the Mercury, upon Change of Weather. In: *Philosophical Transactions* **16**(1686 – 1692), 104 – 116.

Hasemann, Klaus [1986]: Bruchvorstellungen und die Addition von Bruchzahlen. In: *mathematik lehren,* Nr. 16, 1986, 16 – 19.

Hausdorff, Felix [1914]: *Grundzüge der Mengenlehre*. Leipzig: Verlag von Veit & Comp.

Hefendehl-Hebeker, Lisa [1996]: *Brüche haben viele Gesichter*. In: [vom Hofe 1996, 20 – 48].

Heller, Siegfried [1965]: *Die Entdeckung der stetigen Teilung durch die Pythagoreer*. In: [Becker & Hofmann 1965, 319 – 354].

Herget, Wilfried & Malitte, Eva & Richter, Karin [2000]: *Funktionen haben viele Gesichter – auch im Unterricht!* In: Flade, Lothar & Herget, Wilfried (Hrsg.): *Mathematik lehren und lernen nach TIMSS – Anregungen für die Sekundarschulen*. Berlin: Verlag Volk und Wissen, 2000, 115 – 124.

Herget, Wilfried; Scholz, Dietmar [1998]: *Die etwas andere Aufgabe – aus der Zeitung. Mathematik-Aufgaben Sek. I.* Seelze: Kallmeyer.

Hermes, Hans & Markwald, Werner [1962]: *Grundlagen der Mathematik*. In: [Behnke et. al. 1962, 1 – 89].

Hessenberg, Gerhard [1930]: *Grundlagen der Geometrie*. (Posthum herausgegeben von Dr. W. Schwan.) Berlin: Göschens Lehrbücherei, Gruppe I, Bd. 17. (Eine erheblich erweiterte 2. Auflage gab 1967 Justus Diller heraus, Berlin: de Gruyter.)

Heymann, Hans Werner [1996]: *Allgemeinbildung und Mathematik.. Studien zur Schulpädagogik..* Band 13, Reihe Pädagogik. Weinheim / Basel: Beltz.

Hilbert, David & Bernays, Paul [1934]: *Grundlagen der Mathematik*. Berlin / Heidelberg: Springer. (1968 in zweiter Auflage unter dem Titel „Grundlagen der Mathematik I" erschienen.)

Hischer, Horst [1981]: „Historische Verankerung" als methodische Variante im Mathematikunterricht. In: *Beiträge zum Mathematikunterricht*. Hannover: Schroedel, S. 43.

— [1982]: *Begriffsbildung im Mathematikunterricht*. Unveröffentlicher Vortrag auf dem Niedersächsischen Mathematikdidaktikerkolloquium. (Entwickelt in Anlehnung an [Bock & Gimpel 1975], [van Dormolen 1978], und [Wittmann 1978].)

— [1994 a]: Geschichte der Mathematik als didaktischer Aspekt (1): Entdeckung der Irrationalität am Pentagon – Ein Beispiel für den Sekundarbereich I. In: *Mathematik in der Schule* **32**(1994)4, 238 – 248.

— [1994 b]: Geschichte der Mathematik als didaktischer Aspekt (2): Lösung klassischer Probleme mit Hilfe von Trisectrix und Quadratrix – Ein Beispiel für die gymnasiale Oberstufe. In: *Mathematik in der Schule* **32**(1994)5, 279 – 291.

— [1996]: *Begriffs-Bilden und Kalkulieren vor dem Hintergrund von Computeralgebrasystemen.* In: Hischer, Horst & Weiß, Michael (Hrsg.): Rechenfertigkeit und Begriffsbildung. Tagungsband. Hildesheim: Franzbecker, 1996, S. 8 – 19.

— [1997]: „*Fundamentale Ideen" und „Historische Verankerung" – dargestellt am Beispiel der Mittelwertbildung.* Vortragskurzfassung in Müller, K. P. (Hrsg.): Beiträge zum Mathematikunterricht. Hildesheim: Franzbecker, 223 – 226.

— [1998]: „Fundamentale Ideen" und „Historische Verankerung" – dargestellt am Beispiel der Mittelwertbildung. In: *mathematica didactica* **12**(1998)1, 3 – 21.

— [2000]: *Klassische Probleme der Antike – Beispiele zur „Historischen Verankerung".* In: Blankenagel, Jürgen & Spiegel, Wolfgang (Hrsg.): Mathematikdidaktik aus Begeisterung für die Mathematik – Festschrift für Harald Scheid. Stuttgart / Düsseldorf / Leipzig: Klett, 97 – 118.

— [2002 a]: *Mathematikunterricht und Neue Medien – Hintergründe und Begründungen in fachdidaktischer und fachübergreifender Sicht.* Hildesheim: Franzbecker.

— [2002 b]: Viertausend Jahre Mittelwertbildung – Eine fundamentale Idee der Mathematik und didaktische Implikationen. In: *mathematica didactica* **25**(2002)2, 3 – 51.

— [2002 c]: *Zur Geschichte des Funktionsbegriffs.* (Vortragsausarbeitung; wurde als Kapitel 21 eingearbeitet in [Hischer 2002 a]).

— [2003 a]: Mittelwertbildung – eine der ältesten mathematischen Ideen. In: *mathematik lehren*, 2003, Heft 119, 40 – 46.

— [2003 b]: *Moritz Cantor und die krumme Linie des Archytas von Tarent.* In: Hefendehl-Hebecker, Lisa & Hußmann, Stephan (Hrsg.): Mathematikdidaktik zwischen Fachorientierung und Empirie. Festschrift für Norbert Knoche. Hildesheim: Franzbecker, S. 72 – 83.

— [2004]: Mittenbildung als fundamentale Idee. In: *Der Mathematikunterricht* **50**(2004)5, 4 – 13.

— [2010]: *Was sind und was sollen Medien, Netze und Vernetzungen? – Vernetzung als Medium zur Weltaneignung.* Hildesheim: Franzbecker.

— [2012]: *Grundlegende Begriffe der Mathematik: Entstehung und Entwicklung. Struktur – Funktion – Zahl.* Wiesbaden: Springer Spektrum.

— [2016]: *Mathematik – Medien – Bildung. Medialitätsbewusstsein als Bildungsziel: Theorie und Beispiele.* Wiesbaden: Springer Spektrum.

— [2018]: *Die drei klassischen Probleme der Antike. Historische Befunde und didaktische Aspekte.* Hildesheim: Franzbecker. (Zweite, durchgesehene, korrigierte und erweiterte Auflage; 1. Auflage 2015).

Hischer, Horst & Lambert, Anselm [2002]: *Begriffs-Bildung und Computeralgebra.* In: [Hischer 2002 a, 138 – 166].

— [2003]: Was ist ein numerischer Mittelwert? – Zur axiomatischen Präzisierung einer fundamentalen Idee. In: *mathematica didactica* **26**(2003)1, 3 – 42.

Hischer, Horst & Lucht, Lutz [1976]: Zum Verständnis des Induktionsaxioms. In: *Mathematisch-Physikalische Semesterberichte*, Neue Folge **23**(1976)2, 228 – 236.

Hischer-Buhrmester, Monika [2004]: *Mittelwerte und Mitten in der Musik.* In: [Hischer 2004, 14 – 17].

Hofe, Rudolf vom [1992]: Grundvorstellungen mathematischer Inhalte als didaktisches Modell. In: *Journal für Mathematik-Didaktik* **13**(1992)4, 345 – 364.

— [1995]: *Grundvorstellungen mathematischer Inhalte.* Heidelberg / Berlin / Oxford: Spektrum Akademischer Verlag.

— (Hrsg.) [1996]: Grundvorstellungen. Themenheft *mathematik lehren*, Nr. 78.

Hornfeck, Bernhard [1969]: *Algebra.* Berlin: de Gruyter & Co.

Hornfeck, Bernhard & Lucht, Lutz [1970]: *Einführung in die Mathematik.* Berlin: de Gruyter.

Houston, Kevin [2012]: *Wie man mathematisch denkt. Eine Einführung in die mathematische Arbeitstechnik für Studienanfänger.* Wiesbaden: Springer Spektrum.

Høyrup, Jens [1990]: *„Algebraische" Prozeduren in der vorgriechischen Mathematik.* In: [Scholz 1990, 13 – 44].

Huizinga, Johan [1987]: *Homo Ludens – Vom Ursprung der Kultur im Spiel.* Reinbek bei Hamburg: Rowohlt. (Die Originalausgabe erschien 1938 als „Homo Ludens".)

von Humboldt, Alexander [1817]: Sur les lignes isothermes. In: *Annales de chimie et de physique*, **5**(1817), 102 – 112.

Jahnke, Hans Niels [1995]: *Al-Kwarizmi und Cantor in der Lehrerbildung.* In: Biehler, Rolf et. al. (Hg.): Mathematik allgemeinbildend unterrichten: Impulse für Lehrerbildung und Schule. Köln: Aulis Verlag Deubner & Co.

— [1998]: Historische Erfahrungen mit Mathematik. In: *mathematik lehren*, Heft 91, Dez. 1998, 4 – 8.

— (Hrsg.) [1999]: *Geschichte der Analysis.* Heidelberg / Berlin: Spektrum Akademischer Verlag.

Jahnke, Thomas [1993]: Das Simpsonsche Paradoxon verstehen – ein Beitrag des Mathematikunterrichts zur Allgemeinbildung. In: *Journal für Mathematikdidaktik* **14**(1993)3/4, 221 – 242.

Kaunzner, Wolfgang & Wußing, Hans (Hrsg.): *Adam Ries: Coß.* Stuttgart / Leipzig: Teubner, 1992.

Klafki, Wolfgang [2007]: *Neue Studien zur Bildungstheorie und Didaktik – Zeitgemäße Allgemeinbildung und kritisch-konstruktive Didaktik.* Weinheim / Basel: Beltz (6., erheblich erweiterte, durchsichtiger gegliederte und überarbeitete Fassung der 1. Auflage von 1985).

Klein, Felix [1924]: *Elementarmathematik vom höheren Standpunkte aus.* Band 1: Arithmetik, Algebra, Analysis. Berlin / Göttingen / Heidelberg: Springer (3. Auflage).

Klir, George J. & Folger, Tina A. [1988]: *Fuzzy Sets, Uncertainty, and Information.* New Jersey: Prentice Hall.

Koecher, Max & Remmert, Reinhold [1988]: *Reelle Divisonsalgebren.* Teil B innerhalb von Kapitel 3 in: [Ebbinghaus et. al. 1988, 149 – 181].

Kowol, Gerhard [1990]: *Gleichungen: eine historisch-phänomenologische Darstellung.* Stuttgart: Verlag freies Geistesleben.

Krüger, Katja [2000]: Erziehung zum funktionalen Denken. Begriffsgeschichte eines didaktischen Prinzips. Berlin: Logos Verlag.

Lambert, Anselm [2003]: *Begriffsbildung im Mathematikunterricht.* In: Bender, Peter & Herget, Wilfried & Weigand, Hans-Georg & Weth, Thomas (Hrsg.): Lehr- und Lernprogramme für den Mathematik-unterricht. Bericht über die 20. Jahrestagung des AK MU&I in der GDM . Hildesheim: Franzbecker, (91 – 104).

Lambert, Johann Heinrich [1779]: *Pyrometrie oder vom Maaße des Feuers und der Wärme.* Berlin: Haude und Spener.

Landau, Edmund [1930]: *Grundlagen der Analysis.* Leipzig: Akademische Verlagsgesellschaft. (Nachdrucke u. a. bei Chelsea, New York.)

Lexikon der Mathematik [2000]: Heidelberg: Spektrum Akademischer Verlag GmbH.

Löwe, Harald [2007]: *Dedekinds Theorie der Ideale.* In: Harborth, Heiko & Heuer, Maria & Löwe, Harald & Löwen, Rainer & Sonar, Thomas (Hg.): Gedenkschrift für Richard Dedekind. Braunschweig: Appelhans Verlag.

Lorenzen, Paul [1970]: *Formale Logik.* Berlin: de Gruyter. (Erstauflage 1958).

Maaß, Jürgen [1988]: Mathematik als soziales System. Geschichte und Perspektiven der Mathematik aus systemtheoretischer Sicht. Weinheim: Deutscher Studien Verlag.

Mainzer, Klaus [1988]: *Reelle Zahlen.* Kapitel 2 in [Ebbinghaus et al. 1988, 23 – 44].

Mainzer, Otto [1929]: *Gleichheit vor dem Gesetz – Gerechtigkeit und Recht.* Entwickelt an der Frage: Welche Gewalten bindet der Gleichheitssatz in Art. 109 I RV? Berlin/Heidelberg: Springer.

Malle, Günter [2004]: Grundvorstellungen zu Bruchzahlen. In: *mathematik lehren*, Heft Nr. 123, 2004, 4 – 8.

Markwald, Werner [1972]: *Einführung in die formale Logik* und Metamathematik. Stuttgart: Klett.

Marquard, Odo [1981]: *Vernunft als Grenzreaktion. Zur Verwandlung der Vernunft durch die Theodizee.* In: Poser, Hans (Hg.): *Wandel des Vernunftbegriffs.* Freiburg / München: Verlag Karl Alber, 1981, 107 – 133.

— [1986]: Entlastungen. *Theodizeemotive in der neuzeitlichen Philosophie.* In (derselbe): *Apologie des Zufälligen. Philosophische Studien.* Stuttgart: Reclam, 11 – 32.

Mertens, Volker & Möller, Hartmut [1990]: *Einstimmige Musik des Mittelalters*. In: Schnaus, Peter (Hrsg.): Europäische Musik in Schlaglichtern. Mannheim: Meyers Lexikon Verlag, 1990.

Meyer, Jörg [1994]: Über einige Paradoxa aus der Stochastik. In: Müller, K.-P. (Hg.): *Beiträge zum Mathematikunterricht* 1994. Hildesheim: Franzbecker.

Meyer, Michael [2007]: Entdecken und Begründen im Mathematikunterricht – zur Rolle der Abduktion und des Arguments. In: *Journal für Mathematikdidaktik* **28**(2007)3/4, 286 – 310.

Meyers Konversationslexikon. Leipzig und Wien: Bibliographisches Institut. Fünfte, gänzlich neu bearbeitete Auflage. Vierter Band 1895; Siebenter Band 1895; Vierzehnter Band 1897; Sechzehnter Band 1897.

Naas, Josef & Schmid, Hermann Ludwig [1961]: *Mathematisches Wörterbuch – mit Einbeziehung der theoretischen Physik.* (Im Auftrage des Instituts für Reine Mathematik an der Deutschen Akademie der Wissenschaften zu Berlin.). Band I und Band II. Berlin/Stuttgart: Akademie-Verlag und B. G. Teuber. (1962 erschien von beiden Bänden jeweils die zweite, unveränderte Auflage.)

Napier, John [1614]: *Mirifici Logarithmorum Canonis Descriptio Ejusque usus, in utraque Trigonometria; ut etiam in omni Logistica Mathematica, Amplissimi, Facillimi & expeditißimi explicatio.* Edinburgi: ex officina Andreæ Hart.

Naraniengar, M. T. [1909]: Solution of problem No. 16381. In: *Mathematical questions and solutions* **15**(1909), 46 – 47.

Neugebauer, Otto [1935]: *Mathematische Keilschrifttexte. Quellen und Studien zur Geschichte der Mathematik, Astronomie und Physik.* Abteilung A, Band 3. Berlin: Verlag Julis Springer.

Neugebauer, Otto & Sachs, Abraham Joseph [1945]: *Mathematical Cuneiform Texts.* New Haven, Connecticut: American Oriental Society.

Neunzert, Helmut [1990]: *Sind echte Anwendungen der Mathematik entweder zu trivial oder zu schwierig?* Vortrag am 02. 10. 1990 auf der 10. Bundesfachleitertagung Mathematik in Burg Gemen.

Oakley, Cletus O. & Baker, Justine C. [1978]: The Morley trisector theorem. In: *American Mathematical Monthly,* **85**(1978), 737 – 745.

Oberschelp, Arnold [1968]: *Aufbau des Zahlensystems.* Göttingen: Vandenhoeck & Ruprecht (1. Auflage; 3. Auflage 1976).

Oresme, Nicolas [1486]: *Tractatus de latitudinibus formarum.* Padua: Matthaeus Cerdonis. (Inkunabel; gemäß [Cantor 1892, 117] möglicherweise vor 1361 geschrieben, dann 1482, 1486, 1505 und 1515 im Druck erschienen.)

Ostrowski, Alexander Markowich [1965]: *Vorlesungen über Differential- und Integralrechnung,* Band 1. Basel: Birkhäuser.

Padberg, Friedhelm [2002]: *Didaktik der Bruchrechnung: Gemeine Brüche – Dezimalbrüche.* Heidelberg / Berlin: Spektrum Akademischer Verlag..

Patzig, Günther (Hg.) [1962]: *Gottlob Frege – Funktion, Begriff, Bedeutung. Fünf logische Studien.* Göttingen: Vandenhoek & Ruprecht. (2002 erschien im selben Verlag durch Mark Textor eine neue Herausgabe, 2007 in erneuter Auflage.)

Perron, Oskar [1954]: *Die Lehre von den Kettenbrüchen.* Band 1: Elementare Kettenbrüche. Stuttgart: Teubner (3., verbesserte und erweiterte Auflage; Erstauflage 1929).

Playfair, William [1786]: *The Commercial and Political Atlas; Representing by Means of Stained Copperplate Charts, the Exports, Imports, and General Trade of England, at a Single View.* London, 1785-6. The Making Of The Modern World.

— [1821]: *A Letter on our Agricultural Distresses, their Causes and Remedies: Accompanied with Tables and Copper-Plate Charts Shewing and Comparing the Prices of Wheat, Bread, and Labour from 1565 to 1821.* London, 1821.

— [2005] : *The Commercial and Political Atlas and Statistical Breviary. Edited and Introduced by Howard Wainer and Ian Spence.* New York: Cambridge University Press.

Pottmann, Helmut & Wallner, Johannes [2010]: Freiformarchitektur und Mathematik. In: *Mitteilungen der DMV* **18**(2010)2, 88 – 95.

Rademacher, Hans & Toeplitz, Otto [1968]: *Von Zahlen und Figuren.* Berlin / Heidelberg / New York: Springer, Heidelberger Taschenbücher, Band 50. (Erstauflage Berlin, 1930).

Recorde, Robert [1557]: *The Whetstone of Witte, whiche is the seconde parte of arithmetike: containyng thextraction of rootes: the cossike practise, with the rule of Equation: and the woorkes of surde nombers.* London.
Digitalisat (Public Domain Mark Ⓢ): https://archive.org/details/TheWhetstoneOfWitte/

Rembowski, Verena [2018]: *Eine semiotische und philosophisch-psychologische Perspektive auf Begriffsbildung im Geometrieunterricht.* Dissertation, Universität des Saarlandes.

Remmert, Reinhold [1988]: *Komplexe Zahlen.* Kapitel 3 in [Ebbinghaus et. al. 1988, 45 – 78].

Resnikoff, H. L. & Wells, R. O. [1983]: *Mathematik im Wandel der Kulturen.* Braunschweig: Vieweg.

Robson, Eleanor [2001]: Neither Sherlock Holmes nor Babylon: A Reassessment of Plimpton 322. In: *Historia Mathematica* **28**(2001) 167 – 206.

— [2002 a]: Words and Pictures – New Light on Plimpton 322. In: *American Mathematical Monthly* **109**(2002)2, 105 – 120.

— [2002 b]: *Guaranteed genuine Babylonian originals: The Plimpton Collection and the Early History of Mathematical Assyriology.* In: C. Wunsch (ed.): Mining the Archives: Festschrift for C. B. F. Walker. Dresden: ISLET 2002, 245 – 292.

— [2003]: *Tables and tabular formatting in Sumer, Babylonia, and Assyria, 2500–50 BCE.* In: [Campbell-Kelly et. al. 2003, 18 – 47].

Rudolff, Christoff [1525]: *Behend vnnd Hübsch Rechnung durch die kunstreichen regeln Algebra, so gemeimblich die Coß genannt werden.* Argentorati: Cephaleus.

Ruprecht, Horst [1989]: *Spiel-Räume fürs Leben – Musikerziehung in einer gefährdeten Welt.* (Festvortrag auf der 7. Bundesschulmusikwoche in Karlsruhe 1988). In: Ehrenforth, Karl-Heinrich (Hrsg.): Mainz: der Kongreßbericht 7. Bundesschulmusikwoche Karlsruhe 1988, 32 – 39.

Russell, Bertrand & Whitehead, Alfred North [1910]: *Principia Mathematica,* Vol. 1. Cambridge: Cambridge University Press.

Satyanarayanar [1909]: Solution of problem No. 16381. In: *Mathematical questions and solutions* 15(1909), 22 – 24.

Scholz, Erhard (Hg.) [1990]: *Geschichte der Algebra.* Eine Einführung. Mannheim / Wien / Zürich: BI Wissenschaftsverlag.

Schubring, Gert [1978]: *Das genetische Prinzip in der Mathematik-Didaktik.* Stuttgart: Klett-Cotta.

Schupp, Hans [1984]: Optimieren als Leitlinie im Mathematikunterricht. In: *Mathematische Semesterberichte* 31(1984), 59 – 76.

— [1992]: *Optimieren. Extremwertbestimmung im Mathematikunterricht.* Mannheim: BI Wissenschaftsverlag.

Schweiger, Fritz [1982]: „Fundamentale Ideen" der Analysis und handlungsorientierter Unterricht. In: *Beiträge zum Mathematikunterricht* 1982. Hannover: Schroedel, 103 – 111.

— [1992]: Fundamentale Ideen – Eine geisteswissenschaftliche Studie zur Mathematikdidaktik. In: *Journal für Mathematikdidaktik* 13(1992)2/3, 199 – 214.

— [2010]: *Fundamentale Ideen. In: Schriften zur Didaktik der Mathematik und Informatik an der Universität* Salzburg, Band 3. Aachen: Shaker Verlag.

Scriba, Christoph J. & Schreiber, Peter [2002]: *5000 Jahre Geometrie – Geschichte, Kulturen, Menschen.* Berlin / Heidelberg / New York: Springer (1. Nachdruck).

Seckel, Al [2005]: *Große Meister der Optischen Illusionen. Band 1: von Arcimboldo bis Kitaoka.* Wien: Tosa Verlagsgesellschaft.

Seeger, Falk [1990]: Die Analyse von Interaktion und Wissen im Mathematikunterricht und die Grenzen der Lehrbarkeit. In: *Journal für Mathematikdidaktik* 11(1990)2, 129 – 153.

Sesiano. Jacques [1990] *Rhetorische Algebra in der arabisch-islamischen Welt.* In: [Scholz 1990, 97 – 128].

Siegel, Carl Ludwig [1967]: *Transzendente Zahlen.* Mannheim: Bibliographisches Institut. (BI Hochschultaschenbücher, Band 137).

Steinbring, Heinz [1993]: Die Konstruktion mathematischen Wissens im Unterricht – Eine epistemologische Methode der Interaktionsanalyse. In: *Journal für Mathematikdidaktik* 14(1993)2, 113 – 145.

Steiner, Hans-Georg [1966]: Äquivalente Fassungen des Vollständigkeitsaxioms für die Theorie der reellen Zahlen.
In: *Mathematisch-Physikalische Semesterberichte* **13**(1966), 180 – 201.

— [1969]: Aus der Geschichte des Funktionsbegriffs.
In: *Der Mathematikunterricht* **15**(1969)3, 13 – 39.

Stillwell, John [1989]: *Mathematics and its History*. New York: Springer

Stone, Marshall Harvey [1936]: The Theory of Representation for Boolean Algebras.
In: *Transactions of the American Mathematical Society*, **40**(1936)1, 37 – 111.

Streefland, L. [1986]: Pizzas, Anregungen – ja schon für die Grundschule.
In: *mathematik lehren*, Heft Nr. 16, 1986, 8 – 11.

Struik, Dirk Jan [1972]: *Abriß der Geschichte der Mathematik*. Berlin: VEB Deutscher Verlag der Wissenschaften (5. deutschsprachige Auflage, 1. deutschsprachige Auflage 1961; erstmals 1948 unter dem Titel „A Concise History of Mathematics" bei Dover Publications Inc. erschienen).

Strunz, Kurt [1968]: *Der neue Mathematikunterricht in pädagogisch-psychologischer Sicht*. Heidelberg: Quelle & Meyer. (Fünfte, völlig umgearbeitete und stark erweiterte Auflage der „Pädagogischen Psychologie des mathematischen Denkens", 1. Auflage 1952.)

Süßmilch, Johann Peter [1761]: *Die göttliche Ordnung in den Veränderungen des menschlichen Geschlechts, aus der Geburt, dem Tode und der Fortpflanzung desselben erwiesen* von Johann Peter Süßmilch, Königl. Preuß. Oberkonsitorialrath, Probst in Cölln, und Mitglieder der Königl. Academie der Wissenschaften. Erster Theil [...]. Zwote und ganz umgearbeitete Ausgabe. Berlin: Verlag des Buchladens der Realschule. (2008 als Reprint: Hildesheim / Zürich / New York: Georg Olms Verlag.)

Taylor, F. Glanville & Marr, W. L. [1913]: The Six Trisectors of each of the Angles of a Triangle. In: *Proceedings of the Edinburgh Mathematical Society* **32**(1913), 119 – 131.

Toeplitz, Otto [1927]: Das Problem der Universitätsvorlesungen über Infinitesimalrechnung und ihrer Abgrenzung gegenüber der Infinitesimalrechnung an den höheren Schulen.
In: *Jahresbericht der Deutschen Mathematiker-Vereinigung* **36**(1927), 88 – 100.

Tufte, Edward R. [1983]: *The Visual Display of Quantitative Information*.
Cheshire, Connecticut: Graphics Press (12. Auflage März 1992).

van der Waerden: siehe Waerden.

van Dormolen: siehe Dormolen.

Varga, Tamás [1972]: *Mathematische Logik für Anfänger. Teil I: Aussagenlogik*.
Frankfurt a. M. / Zürich: Verlag Harri Deutsch.

Vogel, Kurt [1981]: *Die erste deutsche Algebra aus dem Jahre 1481*. Nach einer Handschrift aus C 80 Dresdensis herausgegeben und erläutert. München: Verlag der Bayerischen Akademie des Wissenschaften.

Volkert, Klaus [1988]: *Geschichte der Analysis*. Mannheim / Wien / Zürich: BI Wissenschaftsverlag.

Vollmer, Gerhard [1988 a]: *Was können wir wissen?* Band 1: Die Natur der Erkenntnis – Beiträge zur Evolutionären Erkenntnistheorie. Stuttgart: Hirzel Verlag, 2., durchgesehene Auflage.

— [1988 b]: *Was können wir wissen?* Band 2: Die Erkenntnis der Natur – Beiträge zur Evolutionären Erkenntnistheorie. Stuttgart: Hirzel Verlag, 2., durchgesehene Auflage.

Vollrath, Hans-Joachim [1968]: Die Geschichtlichkeit der Mathematik als didaktisches Problem. In: *Neue Sammlung* **8**(1968), 108–112.

— [1976]: Die Bedeutung methodischer Variablen für den Analysisunterricht. In: *Der Mathematikunterricht* **22**(1976)5, 7–24.

— [1989]: Funktionales Denken. In: *Journal für Mathematikdidaktik*, **10**(1989)1, 3 – 37.

Voltaire [1786]: *Dictionnaire Philosophique*. Band 41 (Buchstabe H – L). In: Œuvres Complètes. Gotha: Charles-Guillaume Ettinger.

Von der Bank: siehe Bank.

vom Hofe: siehe Hofe.

von Braunmühl: siehe Braunmühl.

von Fritz: siehe Fritz.

Waerden, Bartel L. van der [1965]: *Die Arithmetik der Pythagoreer*. In: [Becker 1965, 203 – 254]. (Nachdruck aus: *Mathematische Annalen* **120**(1947/1949), 127 – 153 und 676 – 700.

— [1976]: Hamilton's Discovery of Quaternions. In: *Mathematics Magazine*, 49(1976)5, 227 – 234. (Übersetzung der deutschen Fassung: Hamilton's Entdeckung der Quaternionen. In: Veröffentlichungen der Joachim Jungius-Gesellschaft Hamburg. Göttingen: Vandenhoeck & Ruprecht, 1974).

Wagner, Wolf-Rüdiger [2016]: *Medialitätsbewusstsein*. Kapitel 4 in [Hischer 2016].

Wahrig, Gerhard & Krämer, Hildegard & Zimmermann, Harald (Hrsg.) [1981]: *Brockhaus – Wahrig: Deutsches Wörterbuch in 6 Bänden*. Band 3. Wiesbaden: Brockhaus.

Wartha, Sebastian [2018]: Brüche und Rechenoperationen verstehen oder Bruchrechnen können? In: *Mitteilungen der Deutschen Mathematiker-Vereinigung*, **26**(2018)1, 31 – 37.

Williams, Christopher J. K. [2001]: The analytic and numerical definition of the geometry of the British Museum Great Court Roof. In: *Mathematics & Design* 2001, 434 – 440.

Wittenberg, Alexander Israel [1990]: *Bildung und Mathematik – Mathematik als exemplarisches Gymnasialfach*. Stuttgart: Klett. (Erstausgabe 1963, geschrieben in Québec, Kanada.)

Wittgenstein, Ludwig [1960]: *Tractatus logico-philosophicus – Logisch-philosophische Abhandlung*. Frankfurt am Main: Suhrkamp. (Fertiggestellt 1918, erstmals verlegt 1921 im letzten Band von Ostwalds „Annalen der Naturphilosophie"; erste deutsche Einzelausgabe 1960 bei Suhrkamp).

— [2017]: *Philosophische Untersuchungen*
(1945 fertiggestellt, 1953 post mortem erstmals im Druck erschienen.)
Frankfurt am Main: Suhrkamp, 2003, 8. Auflage 2017

Wittmann, Erich Christian [1972]: *Infinitesimalrechnung I in genetischer Darstellung*. Ratingen / Kastellaun / Düsseldorf: Henn-Verlag.

— [1973]: *Infinitesimalrechnung II in genetischer Darstellung*. Ratingen usw.: Henn-Verlag.

— [1978]: *Grundfragen des Mathematikunterrichts*. Braunschweig: Vieweg (fünfte, neu bearbeitete und erweiterte Auflage; 1. Auflage 1974).

Wolff, Christian [1710]: De*r Anfangs-Gründe Aller Mathematischen Wissenschaften Erster Theil, Welcher Einen Unterricht Von Der Mathematischen Lehrart [...] enthält'*. Halle: Rengertsche Buchhandlung.

Wußing, Hans [1993]: Über den Codex C 411 von Abraham Ries zur Coß. In: NTM (*Zeitschrift für Geschichte der Wissenschaften, Technik und Medizin*), **2**(1993), 83 – 99.

Yager, R. R. & Ovchinnikov, S. & Tong, R. M. & Nguyen, H. T. (Hg.) [1987]: *Fuzzy Sets and Applications*. Selected Papers by L. A. Zadeh. New York: John Wiley & Sons.

Zadeh, Lotfi A. [1984]: *Coping with the Imprecision of the Real World*. Interview mit Zadeh in der Zeitschrift „Association for Computing Machinery" (ACM, 27. April 1984, 304–311), Nachdruck in [Yager et al. 1987, 9 – 28].

Bildquellennachweise

Abbildung[666]	Quellenangabe
Bild 1.1 – Bild 1.3	Selbst erstellte Abbildungen.
Bild 1.4	[SCRIBA & SCHREIBER 2002, 7].
Bild 1.5 *	[SCRIBA & SCHREIBER 2002, 8].
Bild 1.6	Foto: Saale-Unstrut-Tourismus e.V., mit freundlicher Genehmigung durch die Kulturbetriebe Burgenlandkreis GmbH am 12.06.2020.
Bild 1.7 – Bild 1.15	Selbst erstellte Abbildungen.
Bild 1.16, Bild 1.17	2005 im WWW gefunden; Bild 1.17 findet man mit Invers-Suche, Bild 1.16 jedoch nicht mehr.
Bild 1.18 – Bild 1.20	Selbst erstellte Abbildungen.
Bild 1.21 – Bild 1.22	Mit freundlicher Genehmigung des Autors CHRIS WILLIAMS vom 11. 06. 2020.
Bild 1.23 – Bild 1.29	Selbst erstellte Abbildungen.
Bild 2.1 *	HIERONIMUS CARDANO, Portraitsammlung der Herzog-August-Bibliothek Wolfenbüttel, Signatur: Portr I 2311a (03. 07. 2020).
Bild 2.2	Selbst erstellte Abbildung.
Bild 2.3 *	LEONHARD EULER, Portraitsammlung der Herzog-August-Bibliothek Wolfenbüttel, Signatur: Portr I 3996 (03. 07. 2020).
Bild 2.4 – Bild 2.11, Bild 3.1	Selbst erstellte Abbildungen.
Bild 3.2	Selbst erstellte Abbildung, korrigiert dargestellt in Anlehnung an [RESNIKOFF & WELLS 1983, 18].
Bild 3.3 *	[FOWLER & ROBSON 1998, 367].
Bild 3.4	Selbst erstellte Abbildung in Anlehnung an [RESNIKOFF & WELLS 1983, 65] mit Korrektur eines dort vorhandenen Fehlers.
Bild 3.5	Selbst erstellte Abbildung .
Bild 3.6 *	[RESNIKOFF & WELLS 1983, 62] .
Bild 3.7 *	[ROBSON 2001, 171] und [ROBSON 2002 a, 105], außerdem persönlich von der Autorin erhalten.
Bild 3.8 – Bild 3.17	Selbst erstellte Abbildungen.
Bild 3.18	https://de.wikipedia.org/wiki/datei:pyrite-250186.jpg (27.06.2020) Foto und Lizenz von Rob Lavinsky, iRocks.com – CC-BY-SA-3.0.
Bild 3.19 – Bild 3.27, Bild 4.1 – Bild 4.6	Selbst erstellte Abbildungen.
Bild 4.7	[FUNKHAUSER 1936, 261].
Bild 4.8 *	[ORESME 1486], Anfang der ersten Seite der Inkunabel dieses Traktats.
Bild 4.9 *	Selbst erstellte Montage aus Bildern der ersten drei Seiten aus [ORESME 1486].
Bild 4.10 *	Aus der siebtletzten Seite von [ORESME 1486] .
Bild 4.11 *	[RHETICUS 1551], selbst erstellter Ausschnitt aus der ersten Tafel (30. 03. 2016).
Bild 4.12 – Bild 4.13 *	[NAPIER 1614].
Bild 4.14 *	Selbst erstellter Ausschnitt aus Bild 4.13.
Bild 4.15 *	Sterbetabelle aus [GRAUNT 1665, 174].
Bild 4.16 *	[GRAUNT 1665], Titelseite.
Bild 4.17	Lebenslinie von Huygens (mit freundlicher Genehmigung des Max-Planck-Instituts für Wissenschaftsgeschichte, Berlin, geliefert am 05. 04. 2016).
Bild 4.18 *	CHRISTIAAN HUYGENS, Portraitsammlung der Herzog-August-Bibliothek Wolfenbüttel, Signatur: Portr. II 2663 (03. 07. 2020).

[666] Für die Abbildungen der in dieser Tabelle mit * markierten Bildnummern beruht die Zitierbefugnis für dieses Buch auf dem „Gesetz über Urheberrecht und verwandte Schutzrechte (Urheberrechtsgesetz, § 51 Zitate)", zu finden unter: https://www.gesetze-im-internet.de/urhg/__51.html (abgerufen am 27. 06. 2020). Diese Zitierbefugnis umfasst ausdrücklich *die Nutzung einer Abbildung oder sonstigen Vervielfältigung des zitierten Werkes, auch wenn diese selbst durch ein Urheberrecht oder ein verwandtes Schutzrecht geschützt ist.* "

© Der/die Herausgeber bzw. der/die Autor(en), exklusiv lizenziert durch
Springer-Verlag GmbH, DE, ein Teil von Springer Nature 2021
H. Hischer, *Grundlegende Begriffe der Mathematik: Entstehung und Entwicklung*, https://doi.org/10.1007/978-3-662-62233-9

Abbildung[666]	Quellenangabe
Bild 4.19 *	EDMUND HALLEY, Portraitsammlung der Herzog-August-Bibliothek Wolfenbüttel, Signatur: Portr. I 5571.1 (03. 07. 2020)..
Bild 4.20	[HALLEY 1686] in http://www.jstor.org/stable/101848?seq=1#page_scan_tab_contents (Public Domain gemäß freundlicher Mitteilung von JSTOR am 06. 04. 2016)
Bild 4.21	[SÜßMILCH 1761], Titelseite (mit freundlicher Genehmigung) vom Max-Planck-Institut für demografische Forschung Rostock, 17. 06. 2020).
Bild 4.22	[SÜßMILCH 1761, 280], Lizenz siehe Bild 4.21.
Bild 4.23	Aus [LAMBERT 1779, 358] (mit freundlicher Genehmigung durch das Max-Planck-Institut für Wissenschaftsgeschichte Berlin, 16.06. 2020).
Bild 4.24 – Bild 4.25	Aus [LAMBERT 1779], Tafel VII im Anhang (Lizenzen siehe Bild 4.23).
Bild 4.26, Bild 4.27	Selbst erstellte Abbildungen. Bild 4.26 als Nachbildung an das Original bei [FRIENDLY & DENIS 2001].
Bild 4.28 *	JAMES WATT, Portraitsammlung der Herzog-August-Bibliothek Wolfenbüttel, Signatur: Portr. II 5792 (03. 07. 2020).
Bild 4.29 *	ALEXANDER VON HUMBOLDT, Portraitsammlung der Herzog-August-Bibliothek Wolfenbüttel, Signatur: Portr. I 6513 (03. 07. 2020).
Bild 4.30 *	Anhang zu [VON HUMBOLDT 1817] (selbst erstelltes und bearbeitetes Digitalisat) .
Bild 4.31 *	S. 112 der nicht paginierten Fassung von [FOURIER 1833].
Bild 4.32 *	ISAAC NEWTON, Portraitsammlung der Herzog-August-Bibliothek Wolfenbüttel, Signatur: Portr. III 1068 (03. 07. 2020).
Bild 4.33 *	GOTTFRIED WILHELM LEIBNIZ, Portraitsammlung der Herzog-August-Bibliothek Wolfenbüttel, Signatur: Portr. II 3123 (03. 07. 2020).
Bild 4.34	Selbst erstellte Abbildung.
Bild 4.35 *	JAKOB I. BERNOULLI, Portraitsammlung der Herzog-August-Bibliothek Wolfenbüttel, Signatur: Portr. I 1010 (03. 07. 2020).
Bild 4.36 *	JOHANN I. BERNOULLI, Portraitsammlung der Herzog-August-Bibliothek Wolfenbüttel, Signatur: Portr. II 379 (03. 07. 2020).
Bild 4.37 *	LEONHARD EULER, Portraitsammlung der Herzog-August-Bibliothek Wolfenbüttel, Signatur: : Portr. II 1481 (03. 07. 2020).
Bild 4.38 *	[DEDEKIND 1888, 6], selbst erstelltes Digitalisat.
Bild 4.39 – Bild 4.50, Bild 5.1 – Bild 5.8, Bild 6.1 – Bild 6.12	Selbst erstellte Abbildungen.
Aufgabe 6.1	Selbst erstellte Abbildungen.
Bild 6.13, Bild 6.14, Bild 7.1 – Bild 7.6	Selbst erstellte Abbildungen.
Bild 7.7 – Bild 7.21	Selbst erstellte Abbildungen, z. T. basierend auf mittlerweile üblichen Darstellungen in der Standardliteratur zur Didaktik der Bruchrechnung.
Bild 7.22	Selbst erstellte Abbildung.
Bild 7.23 – Bild 7.46	Selbst erstellte Abbildungen, z. T. basierend auf mittlerweile üblichen Darstellungen in der Standardliteratur zur Didaktik der Bruchrechnung.
Bild 7.47 *	[CANTOR 1880, 38], Ausschnitt.
Bild 7.48 – Bild 7.50	Selbst erstellte Abbildungen.
Bild 7.51 *	[CANTOR 1880, 22].
Bild 7.52 – Bild 7.54, Bild 8.1 – Bild 8.8	Selbst erstellte Abbildungen.
Bild 9.1 – Bild 9.4 *	Selbst erstellte Ausschnitte aus [RECORDE 1557] (unpaginiertes Werk).
Bild 9.5 *	Selbst erstellter Ausschnitt aus [DESCARTES 1649, 26].
Bild 9.6 *	Selbst erstellter Ausschnitt aus [BASEDOW 1774, Kapitel V, S. 84].
Bild 9.7 *	Selbst erstellter Ausschnitt aus [EULER 1771, 1771, Capitel 2, S. 6].
Bild 9.8 *	Selbst erstellter Ausschnitt aus [EULER 1771, 1771, Capitel 20, S. 87].
Kapitel 10: Lösungen	Selbst erstellte Abbildungen.

Index